수산물
품질관리사

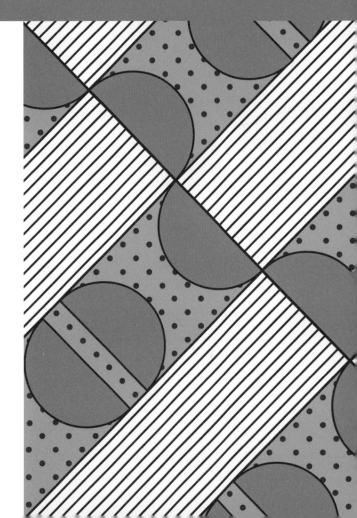

PREFACE

우리나라에서 농산물의 경우 2000년 이후부터 농산물품질관리사라는 전문자격시험이 시행되면서 농산물품질에 대한 전반적인 관리와 유지가 체계적으로 이루어졌지만 수산물은 그 수요에 비하여 자격증과 관리 체계가 턱없이 빈약하였다.

특히 일본의 후쿠시마 원전 사태와 원산지 및 유통기한 속임 등과 같은 행위들로 국민들의 수산물 먹거리에 대한 우려가 날로 커지면서 수산물안전과 품질관리를 위한 제도 마련이 시급하였다. 이에 정부는 2015년부터 수산물품질관리사 제도가 실시되었다.

본서는 수산물품질관리사 자격 시험을 대비하기 위하여 다음과 같은 특징을 담고 있다.
1. 수산물품질관리사 자격 취득을 위해 반드시 알고 있어야 하는 내용을 위주로 서술하였다.
2. 글만으로 이해가 어려운 부분은 그림과 도표, 사진 등 다양한 자료를 첨부하여 이해력을 높였다.
3. 출제 가능성이 있는 문제들을 각 과목별로 선별 배치하였다.

본서가 수험생 여러분들의 합격의 안내자가 될 수 있기를 바란다.

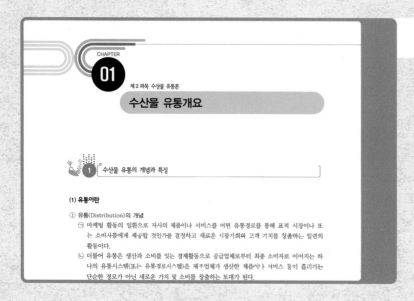

CHAPTER

01

제2과목 수산물 유통론

수산물 유통개요

1 수산물 유통의 개념과 특징

(1) 유통이란

① 유통(Distribution)의 개념
   ㉠ 마케팅 활동의 일환으로 자사의 제품이나 서비스를 어떤 유통경로를 통해 표적 시장이나 또는 소비자들에게 제공할 것인가를 결정하고 새로운 시장기회의 고객 가치를 창출하는 일련의 활동이다.
   ㉡ 더불어 유통은 생산과 소비를 잇는 경제활동으로 공급업체로부터 최종 소비자로 이어지는 하나의 유통시스템(또는 유통경로시스템)은 제조업체가 생산한 제품이나 서비스 등이 흘러가는 단순한 경로가 아닌 새로운 가치 및 소비를 창출하는 토대가 된다.

수산물을 집하하는 역할을 하며, 이와는 반대로 원양어업 등과 같은 커다란 규모의 어업생산의 수산물들을 각각의 소비시장에 적은 양으로 분할하는 기능을 말한다.
⑧ 정보전달 기능 : 공급된 수산물들에 대한 일종의 정보(원산지, 신선도 등)를 제공해서 공급자 및 소비자 사이의 인식의 거리를 서로 연결시켜 주는 기능을 말한다.

수산물유통론

참고 수산물 유통과정 상에서 발생 가능한 문제들
• 수산물 유통 상에서 문제가 되는 것은 수산물 그 자체가 부패성이 강하여 상품성이 극히 낮다.
• 공산품과는 달리 직접 추출하는 '소재중심형(素材中心型)' 생산물이기 때문에 등급화·규격화, 표준화 등이 어렵다.
• 또한 계절적·지역적 생산의 특수성으로 인하여 수급조절이 곤란하다.
• 생산규모의 영세성과 생산의 분산으로 말미암아 유통활동이 저하되는 현상이 나타난다.
• 특히 수산물은 가격 및 소득에 대한 탄력성이 낮아 공급량에 의한 가격결정이 불가능하다. 통상적으로 휴어 시의 가격 '등귀율(騰貴率)'은 풍어시의 가격폭락을 메워주지 못할 뿐만 아니라, 수량, 시간 및 공급조절능력의 결여로 인해 어가(魚價)의 심한 계절 변동은 생산자의 소득을 불안정하게 하는 중요 원인이 되고 있다.

(4) 수산물 유통 활동 체계

구분	내용	예
상적유통활동	수산물 소유권 이전에 관한 활동	상거래 활동
		유통 금융·보험 활동 : 상적 유통 측면 지원
		기타 조성 활동 : 수산물 수집, 상품 구색
물적유통활동	수산물 자체의 이전에 관한 활동	운송 활동 : 수송, 하역
		보관 활동 : 냉동, 냉장
		정보 전달 활동 : 정보 검색

STRUCTURE

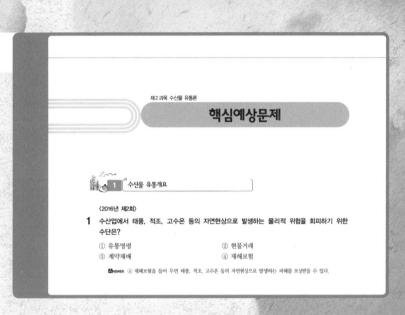

제2과목 수산물 유통론

핵심예상문제

1 수산물 유통개요

〈2016년 제2회〉

1 수산업에서 태풍, 적조, 고수온 등의 자연현상으로 발생하는 물리적 위험을 회피하기 위한 수단은?

① 유통명령   ② 현물거래
③ 계약재배   ④ 재해보험

ANSWER ④ 재해보험을 들어 두면 태풍, 적조, 고수온 등의 자연현상으로 발생하는 피해를 보상받을 수 있다.

① 거래시간은 24시간이다.
② 거래대상 지역은 일부지역에 국한되어 있다.
③ 고객수요에 대해서는 온라인으로 수시 획득한다.
④ 고객들의 욕구를 신속하게 포착하고 즉각적으로 대응한다.

ANSWER 전자상거래의 거래대상 지역은 전 세계적이다.

※ 전자상거래 & 전통적 상거래의 비교

유통채널	전자상거래	전통적 상거래
유통채널	기업 ↔ 소비자	기업 → 도매상 → 소매상
거래대상의 지역	전 세계적	일부의 지역
거래시간	24시간	제한된 영업시간
고객수요의 파악	재입력이 불필요한 디지털, 온라인상에서 수시로 획득	정보의 재입력이 필요, 데이터 영업사원이 획득
마케팅 활동	기업과 고객과의 쌍방향 통신을 통한 1:1 마케팅	소비자들의 의사에 관계없이 진행하는 일방적 마케팅
고객에 대한 대응	소비자들의 욕구를 신속하게 포착하고 즉시적으로 대응	소비자 욕구포착의 어려움, 대응의 지연
판매의 거점	온라인 공간	판매공간이 필요
소요자본	인터넷 서버의 구입, 홈페이지 구축 등에 있어 상대적으로 적은 비용의 소요	건물, 토지 등의 구입에 있어 큰 액수의 자금이 필요

10 다음의 내용은 소매거래와 도매거래의 차이점을 설명한 표이다. 괄호 안에 들어갈 말로 가장 적절한 것은?

	소매거래	도매거래
마진율	(㉠)	(㉡)
판매량	소량판매의 위주로 이루어진다.	대량판매의 위주로 이루어진다.

INFORMATION

1. 수산물 품질관리사 개요

수산물의 적절한 품질관리를 통하여 안정성을 확보하고, 상품성을 향상하며 공정하고, 투명한 거래를 유도하기 위한 전문인력을 확보하기 위함

※ 근거 법령 : 농수산물 품질관리법 시행령 제40조의4

2. 수행직무

① 수산물의 등급판정
② 수산물의 생산 및 수확 후 품질관리 기술지도
③ 수산물의 출히 시기 조절 및 품질관리 기술시노
④ 수산물의 선별 저장 및 포장시설 등의 운영관리

3. 응시자격

제한없음[농수산물 품질관리법 시행령 제40조의4]

※ 단, 수산물 품질관리사의 자격이 취소된 날부터 2년이 지나지 아니한 자는 응시할 수 없음
 [농수산물 품질관리법 제107조]

4. 시험과목 및 방법

구분	시험과목	문항수	시험시간	시험방법
제1차 시험	1. 수산물 품질관리 관련 법령 2. 수산물 유통론 3. 수확 후 품질관리론 4. 수산 일반	100문항	120분	객관식 4지 선택형
제2차 시험	1. 수산물품질관리실무 2. 수산물등급판정실무	30문항	100분	단답형 서술형

5. 과목별 시험시간

구분	시험과목	입실완료	시험시간	문항수
제1차 시험	1. 수산물 품질관리 관련 법령 2. 수산물 유통론 3. 수확 후 품질관리론 4. 수산 일반	09:00	09:30~11:30 (120분)	과목별 25문항 (총100문항)
제2차 시험	1. 수산물품질관리실무 2. 수산물등급판정실무	09:00	09:30~11:10 (100분)	단답형 20문항 서술형 10문항 (총30문항)

6. 합격기준(농수산물 품질관리법 시행령 제40조의4)

구분	합격결정기준
제1차 시험	각 과목 100점을 만점으로 하여 각 과목 40점 이상의 점수를 획득한 사람 중 평균점수가 60점 이상인 사람을 합격자로 결정
제2차 시험	제1차 시험에 합격한 사람을 대상으로 100점 만점으로 하여 60점 이상인 사람을 합격자로 결정

CONTENTS

CONTENTS

수산물 품질관리 관련 법령

농수산물 품질관리법령

 **총칙**

(1) 법 제1조(목적)

이 법은 농수산물의 적절한 품질관리를 통하여 농수산물의 안전성을 확보하고 상품성을 향상하며 공정하고 투명한 거래를 유도함으로써 농어업인의 소득 증대와 소비자 보호에 이바지하는 것을 목석으로 한다.

(2) 법 제2조(정의)

① 이 법에서 사용하는 용어의 뜻은 다음과 같다.

　　1. '농수산물'이란 다음의 농산물과 수산물을 말한다.

구분	내용
농산물	「농업·농촌 및 식품산업 기본법」의 농산물
수산물	「수산업·어촌 발전 기본법」에 따른 어업활동으로부터 생산되는 산물(「소금산업 진흥법」에 따른 소금은 제외).

　　2. '생산자단체'란 「농업·농촌 및 식품산업 기본법」, 「수산업·어촌 발전 기본법」의 생산자단체와 그 밖에 농림축산식품부령 또는 해양수산부령으로 정하는 단체를 말한다.

> ▶ **시행규칙 제2조(생산자단체의 범위)**
>
> 「농수산물 품질관리법」에서 '농림축산식품부령 또는 해양수산부령으로 정하는 단체'란 다음의 단체를 말한다.
> 1. 「농어업경영체 육성 및 지원에 관한 법률」에 따라 설립된 영농조합법인 또는 영어조합법인
> 2. 「농어업경영체 육성 및 지원에 관한 법률」에 따라 설립된 농업회사법인 또는 어업회사법인

3. '물류표준화'란 농수산물의 운송·보관·하역·포장 등 물류의 각 단계에서 사용되는 기기·용기·설비·정보 등을 규격화하여 호환성과 연계성을 원활히 하는 것을 말한다.

4. '농산물우수관리'란 농산물(축산물은 제외)의 안전성을 확보하고 농업환경을 보전하기 위하여 농산물의 생산, 수확 후 관리(농산물의 저장·세척·건조·선별·박피·절단·조제·포장 등을 포함) 및 유통의 각 단계에서 작물이 재배되는 농경지 및 농업용수 등의 농업환경과 농수산물에 잔류할 수 있는 농약, 중금속, 잔류성 유기오염물질 또는 유해생물 등의 위해요소를 적절하게 관리하는 것을 말한다.

5. '이력추적관리'란 농수산물(축산물은 제외)의 안전성 등에 문제가 발생할 경우 해당 농수산물을 추적하여 원인을 규명하고 필요한 조치를 할 수 있도록 농수산물의 생산단계부터 판매단계까지 각 단계별로 정보를 기록·관리하는 것을 말한다.

6. '지리적표시'란 농수산물 또는 농수산가공품의 명성·품질, 그 밖의 특징이 본질적으로 특정 지역의 지리적 특성에 기인하는 경우 해당 농수산물 또는 농수산가공품이 그 특정 지역에서 생산·제조 및 가공되었음을 나타내는 표시를 말한다.

7. '동음이의어 지리적표시'란 동일한 품목에 대한 지리적표시에 있어서 타인의 지리적표시와 발음은 같지만 해당 지역이 다른 지리적표시를 말한다.

8. '지리적표시권'이란 이 법에 따라 등록된 지리적표시(동음이의어 지리적표시를 포함)를 배타적으로 사용할 수 있는 지식재산권을 말한다.

9. '유전자변형농수산물'이란 인공적으로 유전자를 분리하거나 재조합하여 의도한 특성을 갖도록 한 농수산물을 말한다.

10. '유해물질'이란 농약, 중금속, 항생물질, 잔류성 유기오염물질, 병원성 미생물, 곰팡이 독소, 방사성물질, 유독성 물질 등 식품에 잔류하거나 오염되어 사람의 건강에 해를 끼칠 수 있는 물질로서 총리령으로 정하는 것을 말한다.

11. '농수산가공품'이란 다음의 것을 말한다.

구분	내용
농산가공품	농산물을 원료 또는 재료로 하여 가공한 제품
수산가공품	수산물을 대통령령으로 정하는 원료 또는 재료의 사용비율 또는 성분함량 등의 기준에 따라 가공한 제품

▶ **시행령 제2조(수산가공품의 기준)**

「농수산물 품질관리법」에 따른 수산가공품은 다음의 어느 하나에 해당하는 제품으로 한다.

1. 수산물을 원료 또는 재료의 50퍼센트를 넘게 사용하여 가공한 제품
2. 1에 해당하는 제품을 원료 또는 재료의 50퍼센트를 넘게 사용하여 2차 이상 가공한 제품
3. 수산물과 그 가공품, 농산물(임산물 및 축산물을 포함)과 그 가공품을 함께 원료·재료로 사용한 가공품인 경우에는 수산물 또는 그 가공품의 함량이 농산물 또는 그 가공품의 함량보다 많은 가공품

---

② 이 법에서 따로 정의되지 아니한 용어는 「농업·농촌 및 식품산업 기본법」과 「수산업·어촌 발전 기본법」에서 정하는 바에 따른다.

(3) 법 제3조(농수산물품질관리심의회의 설치)

① 이 법에 따른 농수산물 및 수산가공품의 품질관리 등에 관한 사항을 심의하기 위하여 농림축산식품부장관 또는 해양수산부장관 소속으로 농수산물품질관리심의회를 둔다.

② 심의회는 위원장 및 부위원장 각 1명을 포함한 60명 이내의 위원으로 구성한다.

③ 위원장은 위원 중에서 호선하고 부위원장은 위원장이 위원 중에서 지명하는 사람으로 한다.

④ 위원은 다음의 사람으로 한다.
  1. 교육부, 산업통상자원부, 보건복지부, 환경부, 식품의약품안전처, 농촌진흥청, 산림청, 특허청, 공정거래위원회 소속 공무원 중 소속 기관의 장이 지명한 사람과 농림축산식품부 소속 공무원 중 농림축산식품부장관이 지명한 사람 또는 해양수산부 소속 공무원 중 해양수산부장관이 지명한 사람
  2. 다음의 단체 및 기관의 장이 소속 임원·직원 중에서 지명한 사람
    가. 「농업협동조합법」에 따른 농업협동조합중앙회
    나. 「산림조합법」에 따른 산림조합중앙회
    다. 「수산업협동조합법」에 따른 수산업협동조합중앙회
    라. 「한국농수산식품유통공사법」에 따른 한국농수산식품유통공사
    마. 「식품위생법」에 따른 한국식품산업협회
    바. 「정부출연연구기관 등의 설립·운영 및 육성에 관한 법률」에 따른 한국농촌경제연구원
    사. 「정부출연연구기관 등의 설립·운영 및 육성에 관한 법률」에 따른 한국해양수산개발원
    아. 「과학기술분야 정부출연연구기관 등의 설립·운영 및 육성에 관한 법률」에 따른 한국식품연구원
    자. 「한국보건산업진흥원법」에 따른 한국보건산업진흥원
    차. 「소비자기본법」에 따른 한국소비자원
  3. 시민단체(「비영리민간단체 지원법」에 따른 비영리민간단체)에서 추천한 사람 중에서 농림축산식품부장관 또는 해양수산부장관이 위촉한 사람
  4. 농수산물의 생산·가공·유통 또는 소비 분야에 전문적인 지식이나 경험이 풍부한 사람 중에서 농림축산식품부장관 또는 해양수산부장관이 위촉한 사람

⑤ 위원의 임기는 3년으로 한다.

⑥ 심의회에 농수산물 및 농수산가공품의 지리적표시 등록심의를 위한 지리적표시 등록심의 분과위원회를 둔다.

⑦ 심의회의 업무 중 특정한 분야의 사항을 효율적으로 심의하기 위하여 대통령령으로 정하는 분야별 분과위원회를 둘 수 있다.

⑧ 지리적표시 등록심의 분과위원회 및 분야별 분과위원회에서 심의한 사항은 심의회에서 심의된 것으로 본다.

⑨ 농수산물 품질관리 등의 국제동향을 조사·연구하게 하기 위하여 심의회에 연구위원을 둘 수 있다.

⑩ ①~⑨에서 규정한 사항 외에 심의회 및 분과위원회의 구성과 운영 등에 필요한 사항은 대통령령으로 정한다.

(4) 법 제4조(심의회의 직무)

심의회는 다음의 사항을 심의한다.

1. 표준규격 및 물류표준화에 관한 사항
2. 농산물우수관리·수산물품질인증 및 이력추적관리에 관한 사항
3. 지리적표시에 관한 사항
4. 유전자변형농수산물의 표시에 관한 사항
5. 농수산물(축산물은 제외)의 안전성조사 및 그 결과에 대한 조치에 관한 사항
6. 농수산물(축산물은 제외) 및 수산가공품의 검사에 관한 사항
7. 농수산물의 안전 및 품질관리에 관한 정보의 제공에 관하여 총리령, 농림축산식품부령 또는 해양수산부령으로 정하는 사항
8. 수출을 목적으로 하는 수산물의 생산·가공시설 및 해역(海域)의 위생관리기준에 관한 사항
9. 수산물 및 수산가공품의 위해요소중점관리기준에 관한 사항
10. 지정해역의 지정에 관한 사항
11. 다른 법령에서 심의회의 심의사항으로 정하고 있는 사항
12. 그 밖에 농수산물 및 수산가공품의 품질관리 등에 관하여 위원장이 심의에 부치는 사항

 농수산물의 표준규격 및 품질관리

제1절 농수산물의 표준규격

(1) 법 제5조(표준규격)

① 농림축산식품부장관 또는 해양수산부장관은 농수산물(축산물은 제외)의 상품성을 높이고 유통 능률을 향상시키며 공정한 거래를 실현하기 위하여 농수산물의 포장규격과 등급규격(표준규격)을 정할 수 있다.

② 표준규격에 맞는 농수산물(표준규격품)을 출하하는 자는 포장 겉면에 표준규격품의 표시를 할 수 있다.

③ 표준규격의 제정기준, 제정절차 및 표시방법 등에 필요한 사항은 농림축산식품부령 또는 해양수산부령으로 정한다.

(2) 시행규칙 제5조(표준규격의 제정)

① 농수산물의 표준규격은 포장규격 및 등급규격으로 구분한다.

② ①에 따른 포장규격은 「산업표준화법」에 따른 한국산업표준에 따른다. 다만, 한국산업표준이 제정되어 있지 아니하거나 한국산업표준과 다르게 정할 필요가 있다고 인정되는 경우에는 보관·수송 등 유통 과정의 편리성, 폐기물 처리문제를 고려하여 다음의 항목에 대하여 그 규격을 따로 정할 수 있다.

    1. 거래단위

    2. 포장치수

    3. 포장재료 및 포장재료의 시험방법

    4. 포장방법

    5. 포장설계

    6. 표시사항

    7. 그 밖에 품목의 특성에 따라 필요한 사항

③ 등급규격은 품목 또는 품종별로 그 특성에 따라 고르기, 크기, 형태, 색깔, 신선도, 건조도, 결점, 숙도(熟度) 및 선별 상태 등에 따라 정한다.

④ 국립농산물품질관리원장, 국립수산물품질관리원장 또는 산림청장은 표준규격의 제정 또는 개정을 위하여 필요하면 전문연구기관 또는 대학 등에 시험을 의뢰할 수 있다.

    ※ 국립농산물품질관리원장, 국립수산물품질관리원장 또는 산림청장은 표준규격을 제정, 개정 또는 폐지하는 경우에는 그 사실을 고시하여야 한다〈시행규칙 제6조〉.

(3) 시행규칙 제7조(표준규격품의 출하 및 표시방법 등)

① 농림축산식품부장관, 해양수산부장관, 특별시장·광역시장·도지사·특별자치도지사는 농수산물을 생산, 출하, 유통 또는 판매하는 자에게 표준규격에 따라 생산, 출하, 유통 또는 판매하도록 권장할 수 있다.

② 표준규격품을 출하하는 자가 표준규격품임을 표시하려면 해당 물품의 포장 겉면에 '표준규격품'이라는 문구와 함께 다음의 사항을 표시하여야 한다.

    1. 품목

    2. 산지

    3. 품종(다만, 품종을 표시하기 어려운 품목은 국립농산물품질관리원장, 국립수산물품질관리원장 또는 산림청장이 정하여 고시하는 바에 따라 품종의 표시를 생략)

    4. 생산 연도(곡류만 해당)

    5. 등급

    6. 무게(실중량). 다만, 품목 특성상 무게를 표시하기 어려운 품목은 국립농산물품질관리원장, 국립수산물품질관리원장 또는 산림청장이 정하여 고시하는 바에 따라 개수(마릿수) 등의 표시를 단일하게 할 수 있다.

    7. 생산자 또는 생산자단체의 명칭 및 전화번호

제2절 농산물 우수관리(농산물 관련 범위로 삭제함)

제3절 수산물에 대한 품질인증

(1) 법 제14조(수산물 등의 품질인증)

① 해양수산부장관은 수산물의 품질을 향상시키고 소비자를 보호하기 위하여 품질인증제도를 실시한다.

▶ 시행규칙 제28조(수산물 등의 품질인증 대상품목)

품질인증 대상품목은 식용을 목적으로 생산한 수산물로 한다.

② 품질인증을 받으려는 자는 해양수산부령으로 정하는 바에 따라 해양수산부장관에게 신청하여야 한다.

▶ 시행규칙 제30조(품질인증의 신청)

수산물에 대하여 품질인증을 받으려는 자는 수산물 품질인증 (연장)신청서에 다음의 서류를 첨부하여 국립수산물품질관리원장 또는 품질인증기관으로 지정받은 기관(이하 "품질인증기관")의 장에게 제출하여야 한다.
1. 신청 품목의 생산계획서
2. 신청 품목의 제조공정 개요서 및 단계별 설명서

③ 품질인증을 받은 자는 품질인증을 받은 수산물의 포장·용기 등에 해양수산부령으로 정하는 바에 따라 품질인증품임을 표시할 수 있다.

▶ 시행규칙 제32조(품질인증품의 표시사항 등)

① 수산물 품질인증 표시는 시행규칙 별표 7과 같다.
② 수산물의 품질인증의 표시항목별 인증방법은 다음과 같다.
　1. 산지 : 해당 품목이 생산되는 시·군·구의 행정구역 명칭으로 인증하되, 신청인이 강·해역 등 특정지역의 명칭으로 인증받기를 희망하는 경우에는 그 명칭으로 인증할 수 있다.
　2. 품명 : 표준어로 인증하되, 그 명칭이 명확하지 아니한 경우 또는 소비자가 식별하는 데 지장이 없다고 인정되는 경우에는 해당 품목의 생태·형태·용도 등에 따라 산지에서 관행적으로 사용되는 명칭으로 인증할 수 있다.
　3. 생산자 또는 생산자집단 : 명칭(법인의 경우에는 명칭과 그 대표자의 성명을 포함)·주소 및 전화번호
　4. 생산조건 : 자연산과 양식산으로 인증한다.
③ 품질인증의 표시를 하려는 자는 품질인증을 받은 수산물의 포장·용기의 겉면에 소비자가 알아보기 쉽도록 표시하여야 한다. 다만, 포장하지 아니하고 판매하는 경우에는 해당 물품에 꼬리표를 부착하여 표시할 수 있다.

④ 품질인증의 기준·절차·표시방법 및 대상품목의 선정 등에 필요한 사항은 해양수산부령으로 정한다.

(2) 시행규칙 제29조(품질인증의 기준)

① 품질인증을 받기 위해서는 다음의 기준을 모두 충족해야 한다.
  1. 해당 수산물이 그 산지의 유명도가 높거나 상품으로서의 차별화가 인정되는 것일 것
  2. 해당 수산물의 품질 수준 확보 및 유지를 위한 생산기술과 시설·자재를 갖추고 있을 것
  3. 해당 수산물의 생산·출하 과정에서의 자체 품질관리체제와 유통 과정에서의 사후관리체제를 갖추고 있을 것
② 기준의 세부적인 사항은 국립수산물품질관리원장이 정하여 고시한다.
③ 국립수산물품질관리원장은 품질인증의 기준을 정하기 위한 자료 조사 및 그 시안의 작성을 다음의 어느 하나에 해당하는 기관 또는 연구소에 의뢰할 수 있다.
  1. 해양수산부 소속 기관
  2. 「정부출연연구기관 등의 설립·운영 및 육성에 관한 법률」 또는 「과학기술분야 정부출연연구기관 등의 설립·운영 및 육성에 관한 법률」에 따른 식품 관련 전문연구기관
  3. 「고등교육법」에 따른 학교 또는 그 연구소

(3) 수산물 품질인증 표시(시행규칙 별표 7)

① 표지도형

② 제도법
  1. 도형표시
     ㉠ 표지도형의 가로의 길이(사각형의 왼쪽 끝과 오른쪽 끝의 폭 : W)를 기준으로 세로의 길이는 0.95×W의 비율로 한다.
     ㉡ 표지도형의 흰색모양과 바깥 테두리(좌·우 및 상단부만 해당)의 간격은 0.1×W로 한다.
     ㉢ 표지도형의 흰색모양 하단부 좌측 태극의 시작점은 상단부에서 0.55×W 아래가 되는 지점으로 하고, 우측 태극의 끝점은 상단부에서 0.75×W 아래가 되는 지점으로 한다.
  2. 표지도형의 한글 및 영문 글자는 고딕체로 하고, 글자 크기는 표지도형의 크기에 따라 조정한다.

3. 표지도형의 색상은 녹색을 기본색상으로 하고, 포장재의 색깔 등을 고려하여 파란색 또는 빨간색으로 할 수 있다.

4. 표지도형 내부의 '품질인증', '(QUALITY SEAFOOD)' 및 'QUALITY SEAFOOD'의 글자 색상은 표지도형 색상과 동일하게 하고, 하단의 '해양수산부'와 'MOF KOREA'의 글자는 흰색으로 한다.

5. 배색 비율은 녹색 C80+Y100, 파란색 C100+M70, 빨간색 M100+Y100+K10으로 한다.

6. 표지도형의 크기는 포장재의 크기에 따라 조정한다.

7. 표지도형 밑에 인증기관명과 인증번호를 표시한다.

8. 표지도형의 위치는 포장재 주 표시면의 옆면에 표시하되, 포장재 구조상 옆면에 표시하기 어려울 경우에는 표시위치를 변경할 수 있다.

(4) 시행규칙 제31조(품질인증 심사 절차)

① 국립수산물품질관리원장 또는 품질인증기관의 장은 품질인증의 신청을 받은 경우에는 심사일정을 정하여 그 신청인에게 통보하여야 한다.

② 국립수산물품질관리원장 또는 품질인증기관의 장은 필요한 경우 그 소속 심사담당자와 신청인의 업체 소재지를 관할하는 특별자치도지사·시장·군수·구청장이 추천하는 공무원으로 심사반을 구성하여 품질인증의 심사를 하게 할 수 있다.

③ 생산자집단이 수산물의 품질인증을 신청한 경우에는 생산자집단 구성원 전원에 대하여 각각 심사를 하여야 한다. 다만, 국립수산물품질관리원장이 필요하다고 인정하여 고시하는 경우에는 국립수산물품질관리원장이 정하는 방법에 따라 일부 구성원을 선정하여 심사할 수 있다.

④ 국립수산물품질관리원장 또는 품질인증기관의 장은 품질인증의 기준에 적합한지를 심사한 후 적합한 경우에는 품질인증을 하여야 한다.

⑤ 국립수산물품질관리원장 또는 품질인증기관의 장은 심사를 한 결과 부적합한 것으로 판정된 경우에는 지체 없이 그 사유를 분명히 밝혀 신청인에게 알려주어야 한다. 다만, 그 부적합한 사항이 10일 이내에 보완할 수 있다고 인정되는 경우에는 보완기간을 정하여 신청인으로 하여금 보완하도록 한 후 품질인증을 할 수 있다.

⑥ 품질인증의 심사를 위한 세부적인 절차 및 방법 등에 관하여 필요한 사항은 국립수산물품질관리원장이 정하여 고시한다.

(5) 시행규칙 제33조(품질인증서의 발급 등)

① 국립수산물품질관리원장 또는 품질인증기관의 장은 수산물의 품질인증을 한 경우에는 수산물(수산특산물) 품질인증서를 발급한다.

② 수산물(수산특산물) 품질인증서를 발급받은 자는 품질인증서를 잃어버리거나 품질인증서가 손상된 경우에는 수산물 품질인증 재발급신청서에 손상된 품질인증서를 첨부(품질인증서가 손상되어 재발급 받으려는 경우만 해당)하여 국립수산물품질관리원장 또는 품질인증기관의 장에게 제출하여야 한다.

(6) 법 제15조(품질인증의 유효기간 등)

① 품질인증의 유효기간은 품질인증을 받은 날부터 2년으로 한다. 다만, 품목의 특성상 달리 적용할 필요가 있는 경우에는 4년의 범위에서 해양수산부령으로 유효기간을 달리 정할 수 있다.

> ▶ 시행규칙 제34조(품질인증의 유효기간)
> '품목의 특성상 달리 적용할 필요가 있는 경우'란 생산에서 출하될 때까지의 기간이 1년 이상인 경우를 말한다. 이 경우 유효기간은 3년 또는 4년으로 하되 생산에 필요한 기간을 고려하여 국립수산물품질관리원장이 정하여 고시한다.

② 품질인증의 유효기간을 연장받으려는 자는 유효기간이 끝나기 전에 해양수산부령으로 정하는 바에 따라 해양수산부장관에게 연장신청을 하여야 한다.

③ 해양수산부장관은 신청을 받은 경우 품질인증의 기준에 맞다고 인정되면 유효기간의 범위에서 유효기간을 연장할 수 있다.

(7) 시행규칙 제35조(유효기간의 연장신청)

① 수산물의 품질인증 유효기간을 연장받으려는 자는 해당 품질인증을 한 기관의 장에게 수산물 품질인증 (연장)신청서에 품질인증서 원본을 첨부하여 그 유효기간이 끝나기 1개월 전까지 제출하여야 한다.

② 국립수산물품질관리원장 또는 품질인증기관의 장은 수산물 품질인증 유효기간의 연장신청을 받은 경우에는 그 기간을 연장할 수 있다. 이 경우 유효기간이 끝나기 전 6개월 이내에 조사한 결과 품질인증기준에 적합하다고 인정된 경우에는 관련 서류만 확인하여 유효기간을 연장할 수 있다.

③ 품질인증기관이 지정 취소 등의 처분을 받아 품질인증 업무를 수행할 수 없는 경우에는 국립수산물품질관리원장에게 수산물 품질인증 (연장)신청서를 제출할 수 있다.

④ 국립수산물품질관리원장 또는 품질인증기관의 장은 신청인에게 연장절차와 연장신청 기간을 유효기간이 끝나기 2개월 전까지 미리 알려야 한다. 이 경우 통지는 휴대전화 문자메세지, 전자우편, 팩스, 전화 또는 문서 등으로 할 수 있다.

(8) 법 제16조(품질인증의 취소)

해양수산부장관은 품질인증을 받은 자가 다음의 어느 하나에 해당하면 품질인증을 취소할 수 있다. 다만, 1에 해당하면 품질인증을 취소하여야 한다.

1. 거짓이나 그 밖의 부정한 방법으로 인증을 받은 경우
2. 품질인증의 기준에 현저하게 맞지 아니한 경우
3. 정당한 사유 없이 품질인증품 표시의 시정명령, 해당 품목의 판매금지 또는 표시정지 조치에 따르지 아니한 경우
4. 전업·폐업 등으로 인하여 품질인증품을 생산하기 어렵다고 판단되는 경우

(9) 법 제17조(품질인증기관의 지정 등)

① 해양수산부장관은 수산물의 생산조건, 품질 및 안전성에 대한 심사·인증을 업무로 하는 법인 또는 단체로서 해양수산부장관의 지정을 받은 자(품질인증기관)로 하여금 품질인증에 관한 업무를 대행하게 할 수 있다.

② 해양수산부장관, 특별시장·광역시장·도지사·특별자치도지사(시·도지사) 또는 시장·군수·구청장(자치구의 구청장)은 어업인 스스로 수산물의 품질을 향상시키고 체계적으로 품질관리를 할 수 있도록 하기 위하여 품질인증기관으로 지정받은 다음의 단체 등에 대하여 자금을 지원할 수 있다.

1. 수산물 생산자단체(어업인 단체만을 말함)
2. 수산가공품을 생산하는 사업과 관련된 법인(「민법」에 따른 법인만을 말함)

③ 품질인증기관으로 지정을 받으려는 자는 품질인증 업무에 필요한 시설과 인력을 갖추어 해양수산부장관에게 신청하여야 하며, 품질인증기관으로 지정받은 후 해양수산부령으로 정하는 중요사항이 변경되었을 때에는 변경신고를 하여야 한다. 다만, 품질인증기관의 지정이 취소된 후 2년이 지나지 아니한 경우에는 신청할 수 없다.

④ 품질인증기관의 지정 기준, 절차 및 품질인증 업무의 범위 등에 필요한 사항은 해양수산부령으로 정한다.

(10) 법 제18조(품질인증기관의 지정 취소 등)

① 해양수산부장관은 품질인증기관이 다음의 어느 하나에 해당하면 그 지정을 취소하거나 6개월 이내의 기간을 정하여 품질인증 업무의 전부 또는 일부의 정지를 명할 수 있다. 다만, 1부터 4까지 및 6 중 어느 하나에 해당하면 품질인증기관의 지정을 취소하여야 한다.

1. 거짓이나 그 밖의 부정한 방법으로 품질인증기관으로 지정받은 경우
2. 업무정지 기간 중 품질인증 업무를 한 경우
3. 최근 3년간 2회 이상 업무정지처분을 받은 경우
4. 품질인증기관의 폐업이나 해산·부도로 인하여 품질인증 업무를 할 수 없는 경우

5. 품질인증기관의 지정에 따른 변경신고를 하지 아니하고 품질인증 업무를 계속한 경우
6. 지정기준에 미치지 못하여 시정을 명하였으나 그 명령을 받은 날부터 1개월 이내에 이행하지 아니한 경우
7. 업무범위를 위반하여 품질인증 업무를 한 경우
8. 다른 사람에게 자기의 성명이나 상호를 사용하여 품질인증 업무를 하게 하거나 품질인증기관 지정서를 빌려준 경우
9. 품질인증 업무를 성실하게 수행하지 아니하여 공중에 위해를 끼치거나 품질인증을 위한 조사 결과를 조작한 경우
10. 정당한 사유 없이 1년 이상 품질인증 실적이 없는 경우

② ①에 따른 지정 취소 및 업무정지의 세부 기준은 해양수산부령으로 정한다.

(11) 법 19조(품질인증 관련 보고 및 점검 등)

해양수산부장관은 품질인증을 위하여 필요하다고 인정하면 품질인증기관 또는 품질인증을 받은 자에 대하여 그 업무에 관한 사항을 보고하게 하거나 자료를 제출하게 할 수 있으며 관계 공무원에게 사무소 등에 출입하여 시설·장비 등을 점검하고 관계 장부나 서류를 조사하게 할 수 있다.

제4절 삭제 〈2012.6.1.〉

제5절 이력추적관리(농산물 관련 범위로 삭제함)

제6절 사후관리 등

(1) 법 제28조(지위의 승계 등)

① 다음의 어느 하나에 해당하는 사유로 발생한 권리·의무를 가진 자가 사망하거나 그 권리·의무를 양도하는 경우 또는 법인이 합병한 경우에는 상속인, 양수인 또는 합병 후 존속하는 법인이나 합병으로 설립되는 법인이 그 지위를 승계할 수 있다.
1. 우수관리인증기관의 지정
2. 우수관리시설의 지정
3. 품질인증기관의 지정

② 지위를 승계하려는 자는 승계의 사유가 발생한 날부터 1개월 이내에 농림축산식품부령 또는 해양수산부령으로 정하는 바에 따라 각각 지정을 받은 기관에 신고하여야 한다.

(2) 법 제29조(거짓표시 등의 금지)

① 누구든지 다음의 표시·광고 행위를 하여서는 아니 된다.
1. 표준규격품, 우수관리인증농산물, 품질인증품, 이력추적관리농산물(우수표시품)이 아닌 농수산물(우수관리인증농산물이 아닌 농산물의 경우에는 승인을 받지 아니한 농산물을 포함) 또는 농수산가공품에 우수표시품의 표시를 하거나 이와 비슷한 표시를 하는 행위
2. 우수표시품이 아닌 농수산물(우수관리인증농산물이 아닌 농산물의 경우에는 승인을 받지 아니한 농산물을 포함) 또는 농수산가공품을 우수표시품으로 광고하거나 우수표시품으로 잘못 인식할 수 있도록 광고하는 행위

② 누구든지 다음의 행위를 하여서는 아니 된다.
1. 표준규격품의 표시를 한 농수산물에 표준규격품이 아닌 농수산물 또는 농수산가공품을 혼합하여 판매하거나 혼합하여 판매할 목적으로 보관하거나 진열하는 행위
2. 우수관리인증의 표시를 한 농산물에 우수관리인증농산물이 아닌 농산물 또는 농산가공품을 혼합하여 판매하거나 혼합하여 판매할 목적으로 보관하거나 진열하는 행위
3. 품질인증품의 표시를 한 수산물에 품질인증품이 아닌 수산물을 혼합하여 판매하거나 혼합하여 판매할 목적으로 보관 또는 진열하는 행위
4. 이력추적관리의 표시를 한 농산물에 이력추적관리의 등록을 하지 아니한 농산물 또는 농산가공품을 혼합하여 판매하거나 혼합하여 판매할 목적으로 보관하거나 진열하는 행위

(3) 법 제30조(우수표시품의 사후관리)

농림축산식품부장관 또는 해양수산부장관은 우수표시품의 품질수준 유지와 소비자 보호를 위하여 필요한 경우에는 관계 공무원에게 다음의 조사 등을 하게 할 수 있다.
1. 우수표시품의 해당 표시에 대한 규격·품질 또는 인증·등록 기준에의 적합성 등의 조사
2. 해당 표시를 한 자의 관계 장부 또는 서류의 열람
3. 우수표시품의 시료(試料) 수거

(4) 법 제31조(우수표시품에 대한 시정조치)

① 농림축산식품부장관 또는 해양수산부장관은 표준규격품 또는 품질인증품이 다음의 어느 하나에 해당하면 대통령령으로 정하는 바에 따라 그 시정을 명하거나 해당 품목의 판매금지 또는 표시 정지의 조치를 할 수 있다.
1. 표시된 규격 또는 해당 인증·등록 기준에 미치지 못하는 경우
2. 전업·폐업 등으로 해당 품목을 생산하기 어렵다고 판단되는 경우
3. 해당 표시방법을 위반한 경우

② 농림축산식품부장관은 조사 등의 결과 우수관리인증농산물이 ① 1에 해당하면 대통령령으로 정하는 바에 따라 해당 품목의 판매금지 조치를 할 수 있고, 우수관리인증의 취소 사유의 어느 하나에 해당하면 해당 우수관리인증기관에 다음의 어느 하나에 해당하는 처분을 하도록 요구하여야 한다.

1. 우수관리인증의 취소
2. 우수관리인증의 표시정지
3. 시정명령

③ 우수관리인증기관은 요구가 있는 경우 이에 따라야 하고, 처분 후 지체 없이 농림축산식품부장관에게 보고하여야 한다.

④ ②의 경우 우수관리인증기관의 지정이 취소된 후 새로운 우수관리인증기관이 지정되지 아니하거나 해당 우수관리인증기관이 업무정지 중인 경우에는 농림축산식품부장관이 ② 각 호의 어느 하나에 해당하는 처분을 할 수 있다.

3 지리적표시

제1절 등록

(1) 법 제32조(지리적표시의 등록)

① 농림축산식품부장관 또는 해양수산부장관은 지리적 특성을 가진 농수산물 또는 농수산가공품의 품질 향상과 지역특화산업 육성 및 소비자 보호를 위하여 지리적표시의 등록 제도를 실시한다.

> ▶ 시행령 제12조(지리적표시의 대상지역)
>
> 지리적표시의 등록을 위한 지리적표시 대상지역은 자연환경적 및 인적 요인을 고려하여 다음의 어느 하나에 따라 구획하여야 한다. 다만, 「인삼산업법」에 따른 인삼류의 경우에는 전국을 단위로 하나의 대상지역으로 한다.
> 1. 해당 품목의 특성에 영향을 주는 지리적 특성이 동일한 행정구역, 산, 강 등에 따를 것
> 2. 해당 품목의 특성에 영향을 주는 지리적 특성, 서식지 및 어획·채취의 환경이 동일한 연안해역(「연안관리법」에 따른 연안해역)에 따를 것. 이 경우 연안해역은 위도와 경도로 구분하여야 한다.

② 지리적표시의 등록은 특정지역에서 지리적 특성을 가진 농수산물 또는 농수산가공품을 생산하거나 제조·가공하는 자로 구성된 법인만 신청할 수 있다. 다만, 지리적 특성을 가진 농수산물 또는 농수산가공품의 생산자 또는 가공업자가 1인인 경우에는 법인이 아니라도 등록신청을 할 수 있다.

③ ②에 해당하는 자로서 지리적표시의 등록을 받으려는 자는 농림축산식품부령 또는 해양수산부령으로 정하는 등록 신청서류 및 그 부속서류를 농림축산식품부령 또는 해양수산부령으로 정하는 바에 따라 농림축산식품부장관 또는 해양수산부장관에게 제출하여야 한다. 등록한 사항 중 농림축산식품부령 또는 해양수산부령으로 정하는 중요 사항을 변경하려는 때에도 같다.

▶ **시행규칙 제56조(지리적표시의 등록 및 변경)**

① 지리적표시의 등록을 받으려는 자는 지리적표시 등록(변경) 신청서에 다음의 서류를 첨부하여 농산물(임산물은 제외)은 국립농산물품질관리원장, 임산물은 산림청장, 수산물은 국립수산물품질관리원장에게 각각 제출하여야 한다. 다만, 지리적표시의 등록을 받으려는 자가 「상표법 시행령」의 지리적 표시의 정의와 일치함을 증명할 수 있는 서류를 특허청장에게 제출한 경우(2011년 1월 1일 이후에 제출한 경우만 해당)에는 지리적표시 등록(변경) 신청서에 해당 사항을 표시하고 3부터 6까지의 서류를 제출하지 아니할 수 있다.

1. 정관(법인인 경우만 해당)
2. 생산계획서(법인의 경우 각 구성원별 생산계획을 포함)
3. 대상품목·명칭 및 품질의 특성에 관한 설명서
4. 해당 특산품의 유명성과 역사성을 증명할 수 있는 자료
5. 품질의 특성과 지리적 요인과 관계에 관한 설명서
6. 지리적표시 대상지역의 범위
7. 자체품질기준
8. 품질관리계획서

② ① 각 호 외의 부분 단서에 해당하는 경우 국립농산물품질관리원장, 산림청장 또는 국립수산물품질관리원장은 특허청장에게 해당 서류의 제출 여부를 확인한 후 그 사본을 요청하여야 한다.

③ 지리적표시로 등록한 사항 중 다음의 어느 하나의 사항을 변경하려는 자는 지리적표시 등록(변경) 신청서에 변경사유 및 증거자료를 첨부하여 농산물은 국립농산물품질관리원장, 임산물은 산림청장, 수산물은 국립수산물품질관리원장에게 각각 제출하여야 한다.

1. 등록자
2. 지리적표시 대상지역의 범위
3. 자체품질기준 중 제품생산기준, 원료생산기준 또는 가공기준

④ 삭제 〈2016.12.30.〉

⑤ 지리적표시의 등록 및 변경에 관한 세부 사항은 농림축산식품부장관 또는 해양수산부장관이 정하여 고시한다.

---

④ 농림축산식품부장관 또는 해양수산부장관은 등록 신청을 받으면 지리적표시 등록심의 분과위원회의 심의를 거쳐 등록거절 사유가 없는 경우 지리적표시 등록 신청 공고결정을 하여야 한다. 이 경우 농림축산식품부장관 또는 해양수산부장관은 신청된 지리적표시가 「상표법」에 따른 타인의 상표(지리적 표시 단체표장을 포함)에 저촉되는지에 대하여 미리 특허청장의 의견을 들어야 한다.

⑤ 농림축산식품부장관 또는 해양수산부장관은 공고결정을 할 때에는 그 결정 내용을 관보와 인터넷 홈페이지에 공고하고, 공고일부터 2개월간 지리적표시 등록 신청서류 및 그 부속서류를 일반인이 열람할 수 있도록 하여야 한다.

⑥ 누구든지 공고일부터 2개월 이내에 이의 사유를 적은 서류와 증거를 첨부하여 농림축산식품부장관 또는 해양수산부장관에게 이의신청을 할 수 있다.

⑦ 농림축산식품부장관 또는 해양수산부장관은 다음의 경우에는 지리적표시의 등록을 결정하여 신청자에게 알려야 한다.

    1. 이의신청을 받았을 때에는 지리적표시 등록심의 분과위원회의 심의를 거쳐 등록을 거절할 정당한 사유가 없다고 판단되는 경우

    2. 기간에 이의신청이 없는 경우

▶ **시행규칙 제58조(지리적표시의 등록공고 등)**

① 국립농산물품질관리원장, 산림청장, 국립수산물품질관리원장은 지리적표시의 등록을 결정한 경우에는 다음의 사항을 공고하여야 한다.

    1. 등록일 및 등록번호

    2. 지리적표시 등록자의 성명, 주소(법인의 경우에는 그 명칭 및 영업소의 소재지) 및 전화번호

    3. 지리적표시 등록 대상품목 및 등록명칭

    4. 지리적표시 대상지역의 범위

    5. 품질의 특성과 지리적 요인의 관계

    6. 등록자의 자체품질기준 및 품질관리계획서

② 국립농산물품질관리원장, 산림청장, 국립수산물품질관리원장은 지리적표시를 등록한 경우에는 지리적표시 등록증을 발급하여야 한다.

③ 국립농산물품질관리원장, 산림청장, 국립수산물품질관리원장은 지리적표시의 등록을 취소하였을 때에는 다음의 사항을 공고하여야 한다.

    1. 취소일 및 등록번호

    2. 지리적표시 등록 대상품목 및 등록명칭

    3. 지리적표시 등록자의 성명, 주소(법인의 경우에는 그 명칭 및 영업소의 소재지) 및 전화번호

    4. 취소사유

---

⑧ 농림축산식품부장관 또는 해양수산부장관이 지리적표시의 등록을 한 때에는 지리적표시권자에게 지리적표시등록증을 교부하여야 한다.

⑨ 농림축산식품부장관 또는 해양수산부장관은 등록 신청된 지리적표시가 다음의 어느 하나에 해당하면 등록의 거절을 결정하여 신청자에게 알려야 한다.

    1. 먼저 등록 신청되었거나, 등록된 타인의 지리적표시와 같거나 비슷한 경우

    2. 「상표법」에 따라 먼저 출원되었거나 등록된 타인의 상표와 같거나 비슷한 경우

    3. 국내에서 널리 알려진 타인의 상표 또는 지리적표시와 같거나 비슷한 경우

    4. 일반명칭[농수산물 또는 농수산가공품의 명칭이 기원적(起原的)으로 생산지나 판매장소와 관련이 있지만 오래 사용되어 보통명사화된 명칭]에 해당되는 경우

    5. 지리적표시 또는 동음이의어 지리적표시의 정의에 맞지 아니하는 경우

    6. 지리적표시의 등록을 신청한 자가 그 지리적표시를 사용할 수 있는 농수산물 또는 농수산가공품을 생산·제조 또는 가공하는 것을 업으로 하는 자에 대하여 단체의 가입을 금지하거나 가입조건을 어렵게 정하여 실질적으로 허용하지 아니한 경우

▶ 시행령 제15조(지리적표시의 등록거절 사유의 세부기준)

지리적표시 등록거절 사유의 세부기준은 다음과 같다.

1. 해당 품목이 농수산물인 경우에는 지리적표시 대상지역에서만 생산된 것이 아닌 경우

1의2. 해당 품목이 농수산가공품인 경우에는 지리적표시 대상지역에서만 생산된 농수산물을 주원료로 하여 해당 지리적표시 대상지역에서 가공된 것이 아닌 경우

2. 해당 품목의 우수성이 국내 및 국외에서 모두 널리 알려지지 아니한 경우

3. 해당 품목이 지리적표시 대상지역에서 생산된 역사가 깊지 않은 경우

4. 해당 품목의 명성·품질 또는 그 밖의 특성이 본질적으로 특정지역의 생산환경적 요인과 인적 요인 모두에 기인하지 아니한 경우

5. 그 밖에 농림축산식품부장관 또는 해양수산부장관이 지리적표시 등록에 필요하다고 인정하여 고시하는 기준에 적합하지 않은 경우

⑩ 지리적표시 등록 대상품목, 대상지역, 신청자격, 심의·공고의 절차, 이의신청 절차 및 등록거절 사유의 세부기준 등에 필요한 사항은 대통령령으로 정한다.

(2) 시행령 제14조(지리적표시의 심의·공고·열람 및 이의신청 절차)

① 농림축산식품부장관 또는 해양수산부장관은 지리적표시의 등록 또는 중요 사항의 변경등록 신청을 받으면 그 신청을 받은 날부터 30일 이내에 지리적표시 분과위원회에 심의를 요청하여야 한다.

② 지리적표시 분과위원장은 ①에 따른 요청을 받은 경우 농림축산식품부령 또는 해양수산부령으로 정하는 바에 따라 심의를 위한 현지 확인반을 구성하여 현지 확인을 하도록 하여야 한다. 다만, 중요 사항의 변경등록 신청을 받아 ①에 따른 요청을 받은 경우에는 지리적표시 분과위원회의 심의 결과 현지 확인이 필요하지 아니하다고 인정하면 이를 생략할 수 있다.

③ 농림축산식품부장관 또는 해양수산부장관은 지리적표시 분과위원회에서 지리적표시의 등록 또는 중요 사항의 변경등록을 하기에 부적합한 것으로 의결되면 지체 없이 그 사유를 구체적으로 밝혀 신청인에게 알려야 한다. 다만, 부적합한 사항이 30일 이내에 보완될 수 있다고 인정되면 일정 기간을 정하여 신청인에게 보완하도록 할 수 있다.

④ 공고결정에는 다음의 사항을 포함하여야 한다.

1. 신청인의 성명·주소 및 전화번호

2. 지리적표시 등록 대상품목 및 등록 명칭

3. 지리적표시 대상지역의 범위

4. 품질, 그 밖의 특징과 지리적 요인의 관계

5. 신청인의 자체 품질기준 및 품질관리계획서

6. 지리적표시 등록 신청서류 및 그 부속서류의 열람 장소

⑤ 농림축산식품부장관 또는 해양수산부장관은 이의신청에 대하여 지리적표시 분과위원회의 심의를 거쳐 그 결과를 이의신청인에게 알려야 한다.

⑥ 규정한 사항 외에 지리적표시의 심의·공고·열람 및 이의신청 등에 필요한 사항은 농림축산식품부령 또는 해양수산부령으로 정한다.

(3) 법 제33조(지리적표시 원부)

① 농림축산식품부장관 또는 해양수산부장관은 지리적표시 원부에 지리적표시권의 설정·이전·변경·소멸·회복에 대한 사항을 등록·보관한다.

② 지리적표시 원부는 그 전부 또는 일부를 전자적으로 생산·관리할 수 있다.

③ 지리적표시 원부의 등록·보관 및 생산·관리에 필요한 세부사항은 농림축산식품부령 또는 해양수산부령으로 정한다.

(4) 법 제34조(지리적표시권)

① 지리적표시 등록을 받은 자(지리적표시권자)는 등록한 품목에 대하여 지리적표시권을 갖는다.

② 지리적표시권은 다음의 어느 하나에 해당하면 각각 이해당사자 상호간에 대하여는 그 효력이 미치지 아니한다.

　1. 동음이의어 지리적표시. 다만, 해당 지리적표시가 특정지역의 상품을 표시하는 것이라고 수요자들이 뚜렷하게 인식하고 있어 해당 상품의 원산지와 다른 지역을 원산지인 것으로 혼동하게 히는 경우는 제외한다.

　2. 지리적표시 등록신청서 제출 전에 「상표법」에 따라 등록된 싱표 또는 출원심사 중인 상표

　3. 지리적표시 등록신청서 제출 전에 「종자산업법」 및 「식물신품종 보호법」에 따라 등록된 품종 명칭 또는 출원심사 중인 품종 명칭

　4. 지리적표시 등록을 받은 농수산물 또는 농수산가공품(지리적표시품)과 동일한 품목에 사용하는 지리적 명칭으로서 등록 대상지역에서 생산되는 농수산물 또는 농수산가공품에 사용하는 지리적 명칭

③ 지리적표시권자는 지리적표시품에 농림축산식품부령 또는 해양수산부령으로 정하는 바에 따라 지리적표시를 할 수 있다. 다만, 지리적표시품 중 「인삼산업법」에 따른 인삼류의 경우에는 농림축산식품부령으로 정하는 표시방법 외에 인삼류와 그 용기·포장 등에 '고려인삼', '고려수삼', '고려홍삼', '고려태극삼' 또는 '고려백삼' 등 '고려'가 들어가는 용어를 사용하여 지리적표시를 할 수 있다.

▶ **시행규칙 제60조(지리적표시품의 표시방법)**

지리적표시권자가 그 표시를 하려면 지리적표시품의 포장·용기의 겉면 등에 등록 명칭을 표시하여야 하며, 별표 15에 따른 지리적표시품의 표시를 하여야 한다. 다만, 포장하지 아니하고 판매하거나 낱개로 판매하는 경우에는 대상품목에 스티커를 부착하거나 표지판 또는 푯말로 표시할 수 있다.

---

(5) 지리적표시품의 표시(시행규칙 별표 15)

① 지리적표시품의 표지

② 제도법

1. 도형표시
   ㉠ 표지도형의 가로의 길이(사각형의 왼쪽 끝과 오른쪽 끝의 폭 : W)를 기준으로 세로의 길이 는 0.95×W의 비율로 한다.
   ㉡ 표지도형의 흰색모양과 바깥 테두리(좌 · 우 및 상단부만 해당)의 간격은 0.1×W로 한다.
   ㉢ 표지도형의 흰색모양 하단부 좌측 태극의 시작점은 상단부에서 0.55×W 아래가 되는 지 점으로 하고, 우측 태극의 끝점은 상단부에서 0.75×W 아래가 되는 지점으로 한다.
2. 표지도형의 한글 및 영문 글자는 고딕체로 하고, 글자 크기는 표지도형의 크기에 따라 조정 한다.
3. 표지도형의 색상은 녹색을 기본색상으로 하고, 포장재의 색깔 등을 고려하여 파란색 또는 빨 간색으로 할 수 있다.
4. 표지도형 내부의 '지리적표시', '(PGI)' 및 'PGI'의 글자 색상은 표지도형 색상과 동일하게 하고, 하단의 '농림축산식품부'와 'MAFRA KOREA' 또는 '해양수산부'와 'MOF KOREA'의 글자는 흰 색으로 한다.
5. 배색 비율은 녹색 C80+Y100, 파란색 C100+M70, 빨간색 M100+Y100+K10으로 한다.

③ 표시사항

	등록 명칭 :　　　　(영문등록 명칭)
	지리적표시관리기관 명칭, 지리적표시 등록 제　　호
	생산자 :
	주소(전화) :
이 상품은 「농수산물 품질관리법」에 따라 지리적표시가 보호되는 제품입니다.	

	등록 명칭 :　　　　(영문등록 명칭)
	지리적표시관리기관 명칭, 지리적표시 등록 제　　호
	생산자 :
	주소(전화) :
이 상품은 「농수산물 품질관리법」에 따라 지리적표시가 보호되는 제품입니다.	

④ 표시방법

1. 크기 : 포장재의 크기에 따라 표지의 크기를 키우거나 줄일 수 있다.
2. 위치 : 포장재 주 표시면의 옆면에 표시하되, 포장재 구조상 옆면에 표시하기 어려울 경우에는 표시위치를 변경할 수 있다.
3. 표시내용은 소비자가 쉽게 알아볼 수 있도록 인쇄하거나 스티커로 포장재에서 떨어지지 않도록 부착하여야 한다.
4. 포장하지 않고 낱개로 판매하는 경우나 소포장 등으로 지리적표시품의 표지를 인쇄하거나 부착하기에 부적합한 경우에는 표지도표와 등록 명칭만 표시할 수 있다.
5. 글자의 크기(포장재 15kg 기준)

구분	크기
등록 명칭(한글, 영문)	가로 2.0cm(57pt.) × 세로 2.5cm(71pt.)
등록번호, 생산자, 주소(전화)	가로 1cm(28pt.) × 세로 1.5cm(43pt.)
그 밖의 문자	가로 0.8cm(23pt.) × 세로 1cm(28pt.)

6. ③의 표시사항 중 표준규격, 우수관리인증 등 다른 규정 또는 「양곡관리법」 등 다른 법률에 따라 표시하고 있는 사항은 그 표시를 생략할 수 있다.

(6) 법 제35조(지리적표시권의 이전 및 승계)

지리적표시권은 타인에게 이전하거나 승계할 수 없다. 다만, 다음의 어느 하나에 해당하면 농림축산식품부장관 또는 해양수산부장관의 사전 승인을 받아 이전하거나 승계할 수 있다.

1. 법인 자격으로 등록한 지리적표시권자가 법인명을 개정하거나 합병하는 경우
2. 개인 자격으로 등록한 지리적표시권자가 사망한 경우

(7) 법 제36조(권리침해의 금지 청구권 등)

① 지리적표시권자는 자신의 권리를 침해한 자 또는 침해할 우려가 있는 자에게 그 침해의 금지 또는 예방을 청구할 수 있다.
② 다음의 어느 하나에 해당하는 행위는 지리적표시권을 침해하는 것으로 본다.

1. 지리적표시권이 없는 자가 등록된 지리적표시와 같거나 비슷한 표시(동음이의어 지리적표시의 경우에는 해당 지리적표시가 특정 지역의 상품을 표시하는 것이라고 수요자들이 뚜렷하게 인식하고 있어 해당 상품의 원산지와 다른 지역을 원산지인 것으로 수요자로 하여금 혼동하게 하는 지리적표시만 해당)를 등록품목과 같거나 비슷한 품목의 제품 · 포장 · 용기 · 선전물 또는 관련 서류에 사용하는 행위
2. 등록된 지리적표시를 위조하거나 모조하는 행위
3. 등록된 지리적표시를 위조하거나 모조할 목적으로 교부 · 판매 · 소지하는 행위
4. 그 밖에 지리적표시의 명성을 침해하면서 등록된 지리적표시품과 같거나 비슷한 품목에 직접 또는 간접적인 방법으로 상업적으로 이용하는 행위

(8) 법 제37조(손해배상청구권 등)

① 지리적표시권자는 고의 또는 과실로 자신의 지리적표시에 관한 권리를 침해한 자에게 손해배상을 청구할 수 있다. 이 경우 지리적표시권자의 지리적표시권을 침해한 자에 대하여는 그 침해행위에 대하여 그 지리적표시가 이미 등록된 사실을 알았던 것으로 추정한다.

② 손해액의 추정 등에 관하여는 「상표법」 제110조 및 제114조를 준용한다.

(9) 법 제38조(거짓표시 등의 금지)

① 누구든지 지리적표시품이 아닌 농수산물 또는 농수산가공품의 포장·용기·선전물 및 관련 서류에 지리적표시나 이와 비슷한 표시를 하여서는 아니 된다.

② 누구든지 지리적표시품에 지리적표시품이 아닌 농수산물 또는 농수산가공품을 혼합하여 판매하거나 혼합하여 판매할 목적으로 보관 또는 진열하여서는 아니 된다.

⑽ 법 제39조(지리적표시품의 사후관리)

① 해양수산부장관은 지리적표시품의 품질수준 유지와 소비자 보호를 위하여 관계 공무원에게 다음의 사항을 지시할 수 있다.

　　1. 지리적표시품의 등록기준에의 적합성 조사

　　2. 지리적표시품의 소유자·점유자 또는 관리인 등의 관계 장부 또는 서류의 열람

　　3. 지리적표시품의 시료를 수거하여 조사하거나 전문시험기관 등에 시험 의뢰

② 조사·열람 또는 수거에 관하여는 농산물우수관리 관련 보고 및 점검 규정을 준용한다.

③ 조사·열람 또는 수거를 하는 관계 공무원에 관하여는 농산물우수관리 관련 보고 및 점검 규정을 준용한다.

④ 해양수산부장관은 지리적표시의 등록 제도의 활성화를 위하여 다음의 사업을 할 수 있다.

　　1. 지리적표시의 등록 제도의 홍보 및 지리적표시품의 판로지원에 관한 사항

　　2. 지리적표시의 등록 제도의 운영에 필요한 교육·훈련에 관한 사항

　　3. 지리적표시 관련 실태조사에 관한 사항

⑾ 법 제40조(지리적표시품의 표시 시정 등)

해양수산부장관은 지리적표시품이 다음의 어느 하나에 해당하면 대통령령으로 정하는 바에 따라 시정을 명하거나 판매의 금지, 표시의 정지 또는 등록의 취소를 할 수 있다.

　1. 등록기준에 미치지 못하게 된 경우

　2. 표시방법을 위반한 경우

　3. 해당 지리적표시품 생산량의 급감 등 지리적표시품 생산계획의 이행이 곤란하다고 인정되는 경우

⑿ 시정명령 등의 처분기준(시행령 별표 1)

① 일반기준

1. 위반행위가 둘 이상인 경우
   ㉠ 각각의 처분기준이 시정명령, 인증취소 또는 등록취소인 경우에는 하나의 위반행위로 간주한다. 다만 각각의 처분기준이 표시정지인 경우에는 각각의 처분기준을 합산하여 처분할 수 있다.
   ㉡ 각각의 처분기준이 다른 경우에는 그 중 무거운 처분기준을 적용한다. 다만, 각각의 처분기준이 표시정지인 경우에는 무거운 처분기준의 2분의 1까지 가중할 수 있으며, 이 경우 각 처분기준을 합산한 기간을 초과할 수 없다.
2. 위반행위의 횟수에 따른 행정처분의 기준은 최근 1년간 같은 위반행위로 행정처분을 받는 경우에 적용한다. 이 경우 행정처분 기준의 적용은 같은 위반행위에 대하여 최초로 행정처분을 한 날과 다시 같은 위반행위로 적발한 날을 기준으로 한다.
3. 생산자단체의 구성원의 위반행위에 대해서는 1차적으로 위반행위를 한 구성원에 대하여 행정처분을 하되, 그 구성원이 소속된 조직 또는 단체에 대해서는 그 구성원의 위반의 정도를 고려하여 처분을 경감하거나 그 구성원에 대한 처분기준보다 한 단계 낮은 처분기준을 적용한다.
4. 위반행위의 내용으로 보아 고의성이 없거나 특별한 사유가 있다고 인정되는 경우에는 그 처분을 표시정지의 경우에는 2분의 1의 범위에서 경감할 수 있고, 인증취소·등록취소인 경우에는 6개월 이상의 표시정지 처분으로 경감할 수 있다.

② 개별기준

1. 표준규격품

위반행위	근거 법조문	행정처분 기준		
		1차 위반	2차 위반	3차 위반
1) 표준규격품 의무표시사항이 누락된 경우	법 제31조 제1항제3호	시정명령	표시정지 1개월	표시정지 3개월
2) 표준규격이 아닌 포장재에 표준규격품의 표시를 한 경우	법 제31조 제1항제1호	시정명령	표시정지 1개월	표시정지 3개월
3) 표준규격품의 생산이 곤란한 사유가 발생한 경우	법 제31조 제1항제2호	표시정지 6개월		
4) 내용물과 다르게 거짓표시나 과장된 표시를 한 경우	법 제31조 제1항제3호	표시정지 1개월	표시정지 3개월	표시정지 6개월

2. 우수관리인증농산물

위반행위	근거 법조문	행정처분 기준		
		1차 위반	2차 위반	3차 위반
1) 우수관리기준에 미치지 못한 경우	법 제31조 제2항	표시정지 1개월	표시정지 3개월	표시정지 6개월

3. 품질인증품

위반행위	근거 법조문	행정처분 기준		
		1차 위반	2차 위반	3차 위반
1) 의무표시사항이 누락된 경우	법 제31조 제1항제3호	시정명령	표시정지 1월	표시정지 3월
2) 품질인증을 받지 아니한 제품을 품질인증품 으로 표시한 경우	법 제31조 제1항제3호	인증취소		
3) 품질인증기준에 위반한 경우	법 제31조 제1항제1호	표시정지 3월	표시정지 6월	
4) 품질인증품의 생산이 곤란하다고 인정 되는 사유가 발생한 경우	법 제31조 제1항제2호	인증취소		
5) 내용물과 다르게 거짓표시 또는 과장된 표 시를 한 경우	법 제31조 제1항제3호	표시정지 1월	표시정지 3월	인증취소

4. 지리적표시품

위반행위	근거 법조문	행정처분 기준		
		1차 위반	2차 위반	3차 위반
1) 지리적표시품 생산계획의 이행이 곤란 하다고 인정되는 경우	법 제40조 제3호	등록 취소		
2) 등록된 지리적표시품이 아닌 제품에 지리적표시를 한 경우	법 제40조 제1호	등록 취소		
3) 지리적표시품이 등록기준에 미치지 못 하게 된 경우	법 제40조 제1호	표시정지 3개월	등록 취소	
4) 의무표시사항이 누락된 경우	법 제40조 제2호	시정명령	표시정지 1개월	표시정지 3개월
5) 내용물과 다르게 거짓표시나 과장된 표 시를 한 경우	법 제40조 제2호	표시정지 1개월	표시정지 3개월	등록 취소

제2절 지리적표시의 심판

(1) 법 제42조(지리적표시심판위원회)

① 해양수산부장관은 다음의 사항을 심판하기 위하여 해양수산부장관 소속으로 지리적표시심판위원
   회를 둔다.
   1. 지리적표시에 관한 심판 및 재심
   2. 지리적표시 등록거절 또는 등록 취소에 대한 심판 및 재심
   3. 그 밖에 지리적표시에 관한 사항 중 대통령령으로 정하는 사항
② 심판위원회는 위원장 1명을 포함한 10명 이내의 심판위원으로 구성한다.
③ 심판위원회의 위원장은 심판위원 중에서 해양수산부장관이 정한다.

④ 심판위원은 관계 공무원과 지식재산권 분야나 지리적표시 분야의 학식과 경험이 풍부한 사람 중에서 해양수산부장관이 위촉한다.

⑤ 심판위원의 임기는 3년으로 하며, 한 차례만 연임할 수 있다.

⑥ 심판위원회의 구성·운영에 관한 사항과 그 밖에 필요한 사항은 대통령령으로 정한다.

(2) 법 제43조(지리적표시의 무효심판)

① 지리적표시에 관한 이해관계인 또는 지리적표시 등록심의 분과위원회는 지리적표시가 다음의 어느 하나에 해당하면 무효심판을 청구할 수 있다.

　　1. 등록거절 사유에 해당함에도 불구하고 등록된 경우

　　2. 지리적표시 등록이 된 후에 그 지리적표시가 원산지 국가에서 보호가 중단되거나 사용되지 아니하게 된 경우

② 심판은 청구의 이익이 있으면 언제든지 청구할 수 있다.

③ 지리적표시를 무효로 한다는 심결이 확정되면 그 지리적표시권은 처음부터 없었던 것으로 보고, 지리적표시를 무효로 한다는 심결이 확정되면 그 지리적표시권은 그 지리적표시가 ① 2에 해당하게 된 때부터 없었던 것으로 본다.

④ 심판위원회의 위원장은 심판이 청구되면 그 취지를 해당 지리적표시권자에게 알려야 한다.

(3) 법 제44조(지리적표시의 취소심판)

① 지리적표시가 다음의 어느 하나에 해당하면 그 지리적표시의 취소심판을 청구할 수 있다.

　　1. 지리적표시 등록을 한 후 지리적표시의 등록을 한 자가 그 지리적표시를 사용할 수 있는 농수산물 또는 농수산가공품을 생산 또는 제조·가공하는 것을 업으로 하는 자에 대하여 단체의 가입을 금지하거나 어려운 가입조건을 규정하는 등 단체의 가입을 실질적으로 허용하지 아니한 경우 또는 그 지리적표시를 사용할 수 없는 자에 대하여 등록 단체의 가입을 허용한 경우

　　2. 지리적표시 등록 단체 또는 그 소속 단체원이 지리적표시를 잘못 사용함으로써 수요자로 하여금 상품의 품질에 대하여 오인하게 하거나 지리적 출처에 대하여 혼동하게 한 경우

② 취소심판은 취소 사유에 해당하는 사실이 없어진 날부터 3년이 지난 후에는 청구할 수 없다.

③ 취소심판을 청구한 경우에는 청구 후 그 심판청구 사유에 해당하는 사실이 없어진 경우에도 취소 사유에 영향을 미치지 아니한다.

④ 취소심판은 누구든지 청구할 수 있다.

⑤ 지리적표시 등록을 취소한다는 심결이 확정된 때에는 그 지리적표시권은 그때부터 소멸된다.

⑥ 심판의 청구에 관하여는 지리적표시의 무효심판 규정을 준용한다.

(4) 법 제45조(등록거절 등에 대한 심판)

지리적표시 등록의 거절을 통보받은 자 또는 등록이 취소된 자는 이의가 있으면 등록거절 또는 등록취소를 통보받은 날부터 30일 이내에 심판을 청구할 수 있다.

(5) 법 제46조(심판청구 방식)

① 지리적표시의 무효심판·취소심판 또는 지리적표시 등록의 취소에 대한 심판을 청구하려는 자는 다음의 사항을 적은 심판청구서에 신청자료를 첨부하여 심판위원회의 위원장에게 제출하여야 한다.
  1. 당사자의 성명과 주소(법인인 경우에는 그 명칭, 대표자의 성명 및 영업소 소재지)
  2. 대리인이 있는 경우에는 그 대리인의 성명 및 주소나 영업소 소재지(대리인이 법인인 경우에는 그 명칭, 대표자의 성명 및 영업소 소재지)
  3. 지리적표시 명칭
  4. 지리적표시 등록일 및 등록번호
  5. 등록취소 결정일(등록의 취소에 대한 심판청구만 해당한다)
  6. 청구의 취지 및 그 이유
② 지리적표시 등록거절에 대한 심판을 청구하려는 자는 다음의 사항을 적은 심판청구서에 신청 자료를 첨부하여 심판위원회의 위원장에게 제출하여야 한다.
  1. 당사자의 성명과 주소(법인인 경우에는 그 명칭, 대표자의 성명 및 영업소 소재지)
  2. 대리인이 있는 경우에는 그 대리인의 성명 및 주소나 영업소 소재지(대리인이 법인인 경우에는 그 명칭, 대표자의 성명 및 영업소 소재지)
  3. 등록신청 날짜
  4. 등록거절 결정일
  5. 청구의 취지 및 그 이유
③ 제출된 심판청구서를 보정(補正)하는 경우에는 그 요지를 변경할 수 없다. 다만, 청구의 이유는 변경할 수 있다.
④ 심판위원회의 위원장은 청구된 심판에 지리적표시 이의신청에 관한 사항이 포함되어 있으면 그 취지를 지리적표시의 이의신청자에게 알려야 한다.

(6) 법 제47조(심판의 방법 등)

① 심판위원회의 위원장은 심판이 청구되면 심판의 합의체 규정에 따라 심판하게 한다.
② 심판위원은 직무상 독립하여 심판한다.

(7) 법 제48조(심판위원의 지정 등)

① 심판위원회의 위원장은 심판의 청구 건별로 합의체를 구성할 심판위원을 지정하여 심판하게 한다.

② 심판위원회의 위원장은 심판위원 중 심판의 공정성을 해칠 우려가 있는 사람이 있으면 다른 심판위원에게 심판하게 할 수 있다.

③ 심판위원회의 위원장은 지정된 심판위원 중에서 1명을 심판장으로 지정하여야 한다.

④ 지정된 심판장은 심판위원회의 위원장으로부터 지정받은 심판사건에 관한 사무를 총괄한다.

(8) 법 제49조(심판의 합의체)

① 심판은 3명의 심판위원으로 구성되는 합의체가 한다.

② 합의체의 합의는 과반수의 찬성으로 결정한다.

③ 심판의 합의는 공개하지 아니한다.

제3절 재심 및 소송

(1) 법 제51조(재심의 청구)

① 심판의 당사자는 심판위원회에서 확정된 심결에 대하여 이의가 있으면 재심을 청구할 수 있다.

② 재심청구에 관하여는 「민사소송법」 제451조 및 제453조제1항을 준용한다.

(2) 법 제52조(사해심결에 대한 불복청구)

① 심판의 당사자가 공모하여 제3자의 권리 또는 이익을 침해할 목적으로 심결을 하게 한 경우에 그 제3자는 그 확정된 심결에 대하여 재심을 청구할 수 있다.

② 재심청구의 경우에는 심판의 당사자를 공동피청구인으로 한다.

(3) 법 제53조(재심에 의하여 회복된 지리적표시권의 효력제한)

다음의 어느 하나에 해당하는 경우 지리적표시권의 효력은 해당 심결이 확정된 후 재심청구의 등록 전에 선의로 한 행위에는 미치지 아니한다.

1. 지리적표시권이 무효로 된 후 재심에 의하여 그 효력이 회복된 경우
2. 등록거절에 대한 심판청구가 받아들여지지 아니한다는 심결이 있었던 지리적표시 등록에 대하여 재심에 의하여 지리적표시권의 설정등록이 있는 경우

(4) 법 제54조(심결 등에 대한 소송)

① 심결에 대한 소송은 특허법원의 전속관할로 한다.

② 소송은 당사자, 참가인 또는 해당 심판이나 재심에 참가신청을 하였으나 그 신청이 거부된 자만 제기할 수 있다.

③ 소송은 심결 또는 결정의 등본을 송달받은 날부터 60일 이내에 제기하여야 한다.

④ ③의 기간은 불변기간으로 한다.

⑤ 심판을 청구할 수 있는 사항에 관한 소송은 심결에 대한 것이 아니면 제기할 수 없다.

⑥ 특허법원의 판결에 대하여는 대법원에 상고할 수 있다.

 유전자변형농수산물의 표시

(1) 법 제56조(유전자변형농수산물의 표시)

① 유전자변형농수산물을 생산하여 출하하는 자, 판매하는 자, 또는 판매할 목적으로 보관·진열하는 자는 대통령령으로 정하는 바에 따라 해당 농수산물에 유전자변형농수산물임을 표시하여야 한다.

② 유전자변형농수산물의 표시대상품목, 표시기준 및 표시방법 등에 필요한 사항은 대통령령으로 정한다.

(2) 시행령 제19조(유전자변형농수산물의 표시대상품목)

유전자변형농수산물의 표시대상품목은 「식품위생법」에 따른 안전성 평가 결과 식품의약품안전처장이 식용으로 적합하다고 인정하여 고시한 품목(해당 품목을 싹틔워 기른 농산물을 포함)으로 한다.

(3) 시행령 제20조(유전자변형농수산물의 표시기준 등)

① 유전자변형농수산물에는 해당 농수산물이 유전자변형농수산물임을 표시하거나, 유전자변형농수산물이 포함되어 있음을 표시하거나, 유전자변형농수산물이 포함되어 있을 가능성이 있음을 표시하여야 한다.

② 유전자변형농수산물의 표시는 해당 농수산물의 포장·용기의 표면 또는 판매장소 등에 하여야 한다.

③ 유전자변형농수산물의 표시기준 및 표시방법에 관한 세부사항은 식품의약품안전처장이 정하여 고시한다.

④ 식품의약품안전처장은 유전자변형농수산물인지를 판정하기 위하여 필요한 경우 시료의 검정기관을 지정하여 고시하여야 한다.

(4) 법 제57조(거짓표시 등의 금지)

유전자변형농수산물의 표시를 하여야 하는 자는 다음의 행위를 하여서는 아니 된다.

1. 유전자변형농수산물의 표시를 거짓으로 하거나 이를 혼동하게 할 우려가 있는 표시를 하는 행위
2. 유전자변형농수산물의 표시를 혼동하게 할 목적으로 그 표시를 손상·변경하는 행위
3. 유전자변형농수산물의 표시를 한 농수산물에 다른 농수산물을 혼합하여 판매하거나 혼합하여 판매할 목적으로 보관 또는 진열하는 행위

(5) 법 제58조(유전자변형농수산물 표시의 조사)

식품의약품안전처장은 유전자변형농수산물의 표시 여부, 표시사항 및 표시방법 등의 적정성과 그 위반 여부를 확인하기 위하여 대통령령으로 정하는 바에 따라 관계 공무원에게 유전자변형표시 대상 농수산물을 수거하거나 조사하게 하여야 한다. 다만, 농수산물의 유통량이 현저하게 증가하는 시기 등 필요할 때에는 수시로 수거하거나 조사하게 할 수 있다.

(6) 시행령 제21조(유전자변형농수산물의 표시 등의 조사)

① 유전자변형표시 대상 농수산물의 수거·조사는 업종·규모·거래품목 및 거래형태 등을 고려하여 식품의약품안전처장이 정하는 기준에 해당하는 영업소에 대하여 매년 1회 실시한다.
② ①에 따른 수거·조사의 방법 등에 관하여 필요한 사항은 총리령으로 정한다.

(7) 법 제59조(유전자변형농수산물의 표시 위반에 대한 처분)

① 식품의약품안전처장은 유전자변형수산물의 표시 및 거짓표시 등의 금지를 위반한 자에 대하여 다음의 어느 하나에 해당하는 처분을 할 수 있다.
  1. 유전자변형농수산물 표시의 이행·변경·삭제 등 시정명령
  2. 유전자변형 표시를 위반한 농수산물의 판매 등 거래행위의 금지
② 식품의약품안전처장은 거짓표시 등의 금지를 위반한 자에게 ①에 따른 처분을 한 경우에는 처분을 받은 자에게 해당 처분을 받았다는 사실을 공표할 것을 명할 수 있다.
③ 식품의약품안전처장은 유전자변형농수산물 표시의무자가 거짓표시 등의 금지규정을 위반하여 처분이 확정된 경우 처분내용, 해당 영업소와 농수산물의 명칭 등 처분과 관련된 사항을 대통령령으로 정하는 바에 따라 인터넷 홈페이지에 공표하여야 한다.
④ 처분과 공표명령 및 인터넷 홈페이지 공표의 기준·방법 등에 필요한 사항은 대통령령으로 정한다.

(8) 시행령 제22조(공표명령의 기준·방법 등)

① 공표명령의 대상자는 처분을 받은 자 중 다음의 어느 하나의 경우에 해당하는 자로 한다.

　　1. 표시위반물량이 농산물의 경우에는 100톤 이상, 수산물의 경우에는 10톤 이상인 경우

　　2. 표시위반물량의 판매가격 환산금액이 농산물의 경우에는 10억 원 이상, 수산물인 경우에는 5억 원 이상인 경우

　　3. 적발일을 기준으로 최근 1년 동안 처분을 받은 횟수가 2회 이상인 경우

② 공표명령을 받은 자는 지체 없이 다음의 사항이 포함된 공표문을 「신문 등의 진흥에 관한 법률」에 따라 등록한 전국을 보급지역으로 하는 1개 이상의 일반일간신문에 게재하여야 한다.

　　1. 「농수산물 품질관리법」 위반사실의 공표라는 내용의 표제

　　2. 영업의 종류

　　3. 영업소의 명칭 및 주소

　　4. 농수산물의 명칭

　　5. 위반내용

　　6. 처분권자, 처분일 및 처분내용

③ 식품의약품안전처장은 지체 없이 다음의 사항을 식품의약품안전처의 인터넷 홈페이지에 게시하여야 한다.

　　1. '「농수산물 품질관리법」 위반사실의 공표'라는 내용의 표제

　　2. 영업의 종류

　　3. 영업소의 명칭 및 주소

　　4. 농수산물의 명칭

　　5. 위반내용

　　6. 처분권자, 처분일 및 처분내용

④ 식품의약품안전처장은 공표를 명하려는 경우에는 위반행위의 내용 및 정도, 위반기간 및 횟수, 위반행위로 인하여 발생한 피해의 범위 및 결과 등을 고려하여야 한다. 이 경우 공표명령을 내리기 전에 해당 대상자에게 소명자료를 제출하거나 의견을 진술할 수 있는 기회를 주어야 한다.

⑤ 식품의약품안전처장은 공표를 하기 전에 해당 대상자에게 소명자료를 제출하거나 의견을 진술할 수 있는 기회를 주어야 한다.

5 농수산물의 안전성조사 등

(1) 법 제60조(안전관리계획)

① 식품의약품안전처장은 농수산물(축산물은 제외)의 품질 향상과 안전한 농수산물의 생산·공급을 위한 안전관리계획을 매년 수립·시행하여야 한다.

② 시·도지사 및 시장·군수·구청장은 관할 지역에서 생산·유통되는 농수산물의 안전성을 확보하기 위한 세부추진계획을 수립·시행하여야 한다.

③ 안전관리계획 및 세부추진계획에는 안전성조사, 위험평가 및 잔류조사, 농어업인에 대한 교육, 그 밖에 총리령으로 정하는 사항을 포함하여야 한다.

④ 식품의약품안전처장은 시·도지사 및 시장·군수·구청장에게 세부추진계획 및 그 시행 결과를 보고하게 할 수 있다.

(2) 법 제61조(안전성조사)

① 식품의약품안전처장이나 시·도지사는 농수산물의 안전관리를 위하여 농수산물 또는 농수산물의 생산에 이용·사용하는 농지·어장·용수(用水)·자재 등에 대하여 다음의 조사(안전성조사)를 하여야 한다.

1. 농산물

구분	내용
생산단계	총리령으로 정하는 안전기준에의 적합 여부
유통·판매 단계	「식품위생법」 등 관계 법령에 따른 유해물질의 잔류허용기준 등의 초과 여부

2. 수산물

구분	내용
생산단계	총리령으로 정하는 안전기준에의 적합 여부
저장단계 및 출하되어 거래되기 이전 단계	「식품위생법」 등 관계 법령에 따른 잔류허용기준 등의 초과 여부

② 식품의약품안전처장은 생산단계 안전기준을 정할 때에는 관계 중앙행정기관의 장과 협의하여야 한다.

③ 안전성조사의 대상품목 선정, 대상지역 및 절차 등에 필요한 세부적인 사항은 총리령으로 정한다.

(3) 법 제62조(시료 수거 등)

① 식품의약품안전처장이나 시·도지사는 안전성조사, 위험평가 또는 잔류조사를 위하여 필요하면 관계 공무원에게 다음의 시료 수거 및 조사 등을 하게 할 수 있다. 이 경우 무상으로 시료 수거를 하게 할 수 있다.

1. 농수산물과 농수산물의 생산에 이용·사용되는 토양·용수·자재 등의 시료 수거 및 조사

2. 해당 농수산물을 생산, 저장, 운반 또는 판매(농산물만 해당)하는 자의 관계 장부나 서류의 열람

② 시료 수거, 조사 또는 열람에 관하여는 농산물우수관리 관련 보고 및 점검 규정을 준용한다.

③ 시료 수거, 조사 또는 열람을 하는 관계 공무원에 관하여는 농산물우수관리 관련 보고 및 점검 규정을 준용한다.

(4) 법 제63조(안전성조사 결과에 따른 조치)

① 식품의약품안전처장이나 시·도지사는 생산과정에 있는 농수산물 또는 농수산물의 생산을 위하여 이용·사용하는 농지·어장·용수·자재 등에 대하여 안전성조사를 한 결과 생산단계 안전기준을 위반한 경우에는 해당 농수산물을 생산한 자 또는 소유한 자에게 다음의 조치를 하게 할 수 있다.

1. 해당 농수산물의 폐기, 용도 전환, 출하 연기 등의 처리

2. 해당 농수산물의 생산에 이용·사용한 농지·어장·용수·자재 등의 개량 또는 이용·사용의 금지

3. 그 밖에 총리령으로 정하는 조치

② 식품의약품안전처장이나 시·도지사는 유통 또는 판매 중인 농산물 및 저장 중이거나 출하되어 거래되기 전의 수산물에 대하여 안전성조사를 한 결과 「식품위생법」 등에 따른 유해물질의 잔류 허용기준 등을 위반한 사실이 확인될 경우 해당 행정기관에 그 사실을 알려 적절한 조치를 할 수 있도록 하여야 한다.

(5) 법 제64조(안전성검사기관의 지정)

① 식품의약품안전처장은 안전성조사 업무의 일부와 시험분석 업무를 전문적·효율적으로 수행하기 위하여 안전성검사기관을 지정하고 안전성조사와 시험분석 업무를 대행하게 할 수 있다.

② 안전성검사기관으로 지정받으려는 자는 안전성조사와 시험분석에 필요한 시설과 인력을 갖추어 식품의약품안전처장에게 신청하여야 한다. 다만, 안전성검사기관 지정이 취소된 후 2년이 지나지 아니하면 안전성검사기관 지정을 신청할 수 없다.

③ 안전성검사기관의 지정 기준 및 절차와 업무 범위 등에 필요한 사항은 총리령으로 정한다.

(6) 법 제65조(안전성검사기관의 지정 취소 등)

① 식품의약품안전처장은 안전성검사기관이 다음의 어느 하나에 해당하면 지정을 취소하거나 6개월 이내의 기간을 정하여 업무의 정지를 명할 수 있다. 다만, 1 또는 2에 해당하면 지정을 취소하여야 한다.

1. 거짓이나 그 밖의 부정한 방법으로 지정을 받은 경우

2. 업무의 정지명령을 위반하여 계속 안전성조사 및 시험분석 업무를 한 경우

3. 검사성적서를 거짓으로 내준 경우

4. 그 밖에 총리령으로 정하는 안전성검사에 관한 규정을 위반한 경우

② 지정 취소 등의 세부 기준은 총리령으로 정한다.

(7) 법 제66조(농수산물안전에 관한 교육 등)

① 식품의약품안전처장이나 시·도지사는 안전한 농수산물의 생산과 건전한 소비활동을 위하여 필요한 사항을 생산자, 유통종사자, 소비자 및 관계 공무원 등에게 교육·홍보하여야 한다.

② 식품의약품안전처장은 생산자·유통종사자·소비자에 대한 교육·홍보를 단체·기관 및 시민단체(안전한 농수산물의 생산과 건전한 소비활동과 관련된 시민단체로 한정)에 위탁할 수 있다. 이 경우 교육·홍보에 필요한 경비를 예산의 범위에서 지원할 수 있다.

(8) 법 제67조(분석방법 등 기술의 연구개발 및 보급)

식품의약품안전처장이나 시·도지사는 농수산물의 안전관리를 향상시키고 국내외에서 농수산물에 함유된 것으로 알려진 유해물질의 신속한 안전성조사를 위하여 안전성 분석방법 등 기술의 연구개발과 보급에 관한 시책을 마련하여야 한다.

(9) 법 제68조(농산물의 위험평가 등)

① 식품의약품안전처장은 농산물의 효율적인 안전관리를 위하여 다음의 식품안전 관련 기관에 농산물 또는 농산물의 생산에 이용·사용하는 농지·용수·자재 등에 잔류하는 유해물질에 의한 위험을 평가하여 줄 것을 요청할 수 있다.

1. 농촌진흥청

2. 산림청

3. 「과학기술분야 정부출연연구기관 등의 설립·운영 및 육성에 관한 법률」에 따른 한국식품연구원

4. 「한국보건산업진흥원법」에 따른 한국보건산업진흥원

5. 대학의 연구기관

6. 그 밖에 식품의약품안전처장이 필요하다고 인정하는 연구기관

② 식품의약품안전처장은 위험평가의 요청 사실과 평가 결과를 공표하여야 한다.

③ 식품의약품안전처장은 농산물의 과학적인 안전관리를 위하여 농산물에 잔류하는 유해물질의 실태를 조사를 할 수 있다.

④ 위험평가의 요청과 결과의 공표에 관한 사항은 대통령령으로 정하고, 잔류조사의 방법 및 절차 등 잔류조사에 관한 세부사항은 총리령으로 정한다.

⑽ 시행령 제23조(농산물 등의 위험평가의 요청과 그 결과의 공표)

식품의약품안전처장은 위험평가의 요청 사실과 평가 결과를 농수산물안전정보시스템 및 식품의약품안전처의 인터넷 홈페이지에 게시하는 방법으로 공표하여야 한다.

6 지정해역의 지정 및 생산·가공시설의 등록·관리

(1) 법 제69조(위생관리기준)

해양수산부장관은 외국과의 협약을 이행하거나 외국의 일정한 위생관리기준을 지키도록 하기 위하여 수출을 목적으로 하는 수산물의 생산·가공시설 및 수산물을 생산하는 해역의 위생관리기준을 정하여 고시한다.

(2) 법 제70조(위해요소중점관리기준)

① 해양수산부장관은 외국과의 협약에 규정되어 있거나 수출 상대국에서 정하여 요청하는 경우에는 수출을 목적으로 하는 수산물 및 수산가공품에 유해물질이 섞여 들어오거나 남아 있는 것 또는 수산물 및 수산가공품이 오염되는 것을 방지하기 위하여 생산·가공 등 각 단계를 중점적으로 관리하는 위해요소중점관리기준을 정하여 고시한다.

② 해양수산부장관은 국내에서 생산되는 수산물의 품질 향상과 안전한 생산·공급을 위하여 생산단계, 저장단계(생산자가 저장하는 경우만 해당) 및 출하되어 거래되기 이전 단계의 과정에서 유해물질이 섞여 들어오거나 남아 있는 것 또는 수산물이 오염되는 것을 방지하는 것을 목적으로 하는 위해요소중점관리기준을 정하여 고시한다.

③ 해양수산부장관은 등록한 생산·가공시설 등을 운영하는 자에게 위해요소중점관리기준을 준수하도록 할 수 있다.

④ 해양수산부장관은 위해요소중점관리기준을 이행하는 자에게 해양수산부령으로 정하는 바에 따라 그 이행 사실을 증명하는 서류를 발급할 수 있다.

⑤ 해양수산부장관은 위해요소중점관리기준이 효과적으로 준수되도록 하기 위하여 등록을 한 자(그 종업원을 포함)와 등록을 하려는 자(그 종업원을 포함)에게 위해요소중점관리기준의 이행에 필요한 기술·정보를 제공하거나 교육훈련을 실시할 수 있다.

> ▶ **시행규칙 제85조(위해요소중점관리기준 이행증명서의 발급)**
> 국립수산물품질관리원장은 위해요소중점관리기준을 이행하는 자가 위해요소중점관리기준의 이행 사실을 증명하는 서류의 발급을 신청하는 경우에는 위해요소중점관리기준이행증명서를 발급한다. 이 경우 수산물 및 수산가공품을 수입하는 국가 또는 위해요소중점관리기준을 이행하는 자가 특별히 요구하는 서식이 있는 경우에는 그에 따라 발급할 수 있다.

(3) 법 제71조(지정해역의 지정)

① 해양수산부장관은 위생관리기준에 맞는 해역을 지정해역으로 지정하여 고시할 수 있다.

② 지정해역의 지정절차 등에 필요한 사항은 해양수산부령으로 정한다.

(4) 시행규칙 제86조(지정해역의 지정 등)

① 해양수산부장관이 지정해역으로 지정할 수 있는 경우는 다음과 같다.

   1. 지정해역 지정을 위한 위생조사·점검계획을 수립한 후 해역에 대하여 조사·점검을 한 결과에 따라 해양수산부장관이 정하여 고시한 해역의 지정해역위생관리기준에 적합하다고 인정하는 경우

   2. 시·도지사가 요청한 해역이 지정해역위생관리기준에 적합하다고 인정하는 경우

② 시·도지사는 지정해역을 지정받으려는 경우에는 다음의 서류를 갖추어 해양수산부장관에게 요청하여야 한다.

   1. 지정받으려는 해역 및 그 부근의 도면

   2. 지정받으려는 해역의 위생조사 결과서 및 지정해역 지정의 타당성에 대한 국립수산과학원장의 의견서

   3. 지정받으려는 해역의 오염 방지 및 수질 보존을 위한 지정해역 위생관리계획서

③ 시·도지사는 국립수산과학원장에게 의견서를 요청할 때에는 해당 해역의 수산자원과 폐기물처리시설·분뇨시설·축산폐수·농업폐수·생활폐기물 및 그 밖의 오염원에 대한 조사자료를 제출하여야 한다.

④ 해양수산부장관은 지정해역을 지정하는 경우 다음의 구분에 따라 지정할 수 있으며, 이를 지정한 경우에는 그 사실을 고시하여야 한다.

구분	내용
잠정지정해역	1년 이상의 기간 동안 매월 1회 이상 위생에 관한 조사를 하여 그 결과가 지정해역위생관리기준에 부합하는 경우
일반지정해역	2년 6개월 이상의 기간 동안 매월 1회 이상 위생에 관한 조사를 하여 그 결과가 지정해역위생관리기준에 부합하는 경우

(5) 시행규칙 제87조(지정해역의 관리 등)

① 국립수산과학원장은 지정된 지정해역에 대하여 매월 1회 이상 위생에 관한 조사를 하여야 한다.

② 국립수산과학원장은 위생조사를 한 결과 지정해역이 지정해역위생관리기준에 부합하지 아니하게 된 경우에는 지체 없이 그 사실을 해양수산부장관, 국립수산물품질관리원장 및 시·도지사에게 보고하거나 통지하여야 한다.

③ 보고·통지한 지정해역이 지정해역위생관리기준으로 회복된 경우에는 지체 없이 그 사실을 해양수산부장관, 국립수산물품질관리원장 및 시·도지사에게 보고하거나 통지하여야 한다.

(6) 법 제72조(지정해역 위생관리종합대책)

① 해양수산부장관은 지정해역의 보존·관리를 위한 지정해역 위생관리종합대책을 수립·시행하여야 한다.

② 종합대책에는 다음의 사항이 포함되어야 한다.
1. 지정해역의 보존 및 관리(오염 방지에 관한 사항을 포함)에 관한 기본방향
2. 지정해역의 보존 및 관리를 위한 구체적인 추진 대책
3. 그 밖에 해양수산부장관이 지정해역의 보존 및 관리에 필요하다고 인정하는 사항

③ 해양수산부장관은 종합대책을 수립하기 위하여 필요하면 다음의 자(관계 기관의 장)의 의견을 들을 수 있다. 이 경우 해양수산부장관은 관계 기관의 장에게 필요한 자료의 제출을 요청할 수 있다.
1. 해양수산부 소속 기관의 장
2. 지정해역을 관할하는 지방자치단체의 장
3. 「수산업협동조합법」에 따른 조합 및 중앙회의 장

④ 해양수산부장관은 종합대책이 수립되면 관계 기관의 장에게 통보하여야 한다.

⑤ 해양수산부장관은 통보한 종합대책을 시행하기 위하여 필요하다고 인정하면 관계 기관의 장에게 필요한 조치를 요청할 수 있다. 이 경우 관계 기관의 장은 특별한 사유가 없으면 그 요청에 따라야 한다.

(7) 법 제73조(지정해역 및 주변해역에서의 제한 또는 금지)

① 누구든지 지정해역 및 지정해역으로부터 1킬로미터 이내에 있는 해역에서 다음의 어느 하나에 해당하는 행위를 하여서는 아니 된다.
1. 「해양환경관리법」에 따른 오염물질을 배출하는 행위
2. 「수산업법」에 따른 어류등양식어업을 하기 위하여 설치한 양식어장의 시설에서 「해양환경관리법」에 따른 오염물질을 배출하는 행위
3. 양식어업을 하기 위하여 설치한 양식시설에서 「가축분뇨의 관리 및 이용에 관한 법률」에 따른 가축(개와 고양이를 포함)을 사육(가축을 방치하는 경우를 포함)하는 행위

② 해양수산부장관은 지정해역에서 생산되는 수산물의 오염을 방지하기 위하여 양식어업의 어업권자(「수산업법」에 따라 인가를 받아 어업권의 이전·분할 또는 변경을 받은 자와 양식시설의 관리를 책임지고 있는 자를 포함)가 지정해역 및 주변해역 안의 해당 양식시설에서 「약사법」에 따른 동물용 의약품을 사용하는 행위를 제한하거나 금지할 수 있다. 다만, 지정해역 및 주변해역에서 수산물의 질병 또는 전염병이 발생한 경우로서 「수산생물질병 관리법」에 따른 수산질병관리사나 「수의사법」에 따른 수의사의 진료에 따라 동물용 의약품을 사용하는 경우에는 예외로 한다.

③ 해양수산부장관은 동물용 의약품을 사용하는 행위를 제한하거나 금지하려면 지정해역에서 생산되는 수산물의 출하가 집중적으로 이루어지는 시기를 고려하여 3개월을 넘지 아니하는 범위에서 그 기간을 지정해역(주변해역을 포함)별로 정하여 고시하여야 한다.

(8) 법 제74조(생산·가공시설 등의 등록 등)

① 위생관리기준에 맞는 수산물의 생산·가공시설과 위해요소중점관리기준을 이행하는 시설을 운영하는 자는 생산·가공시설등을 해양수산부장관에게 등록할 수 있다.

② 등록을 한 자는 그 생산·가공시설등에서 생산·가공·출하하는 수산물·수산물가공품이나 그 포장에 위생관리기준에 맞는다는 사실 또는 위해요소중점관리기준을 이행한다는 사실을 표시하거나 그 사실을 광고할 수 있다.

③ 생산·가공업자등은 대통령령으로 정하는 사항을 변경하려면 해양수산부장관에게 신고하여야 한다.

▶ **시행령 제24조(수산물 생산·가공시설 등의 등록사항 등)**

1. 위생관리기준에 맞는 수산물의 생산·가공시설과 위해요소중점관리기준을 이행하는 생산·가공시설 등의 명칭 및 소재지
2. 생산·가공시설등의 대표자 성명 및 주소
3. 생산·가공품의 종류

---

④ 생산·가공시설등의 등록절차, 등록방법, 변경신고절차 등에 필요한 사항은 해양수산부령으로 정한다.

(9) 시행규칙 제88조(수산물의 생산·가공시설 등의 등록신청 등)

① 수산물의 생산·가공시설을 등록하려는 자는 생산·가공시설 등록신청서에 다음의 서류를 첨부하여 국립수산물품질관리원장에게 제출하여야 한다. 다만, 양식시설의 경우에는 7의 서류만 제출한다.
1. 생산·가공시설의 구조 및 설비에 관한 도면
2. 생산·가공시설에서 생산·가공되는 제품의 제조공정도
3. 생산·가공시설의 용수배관 배치도
4. 위해요소중점관리기준의 이행계획서(외국과의 협약에 규정되어 있거나 수출상대국에서 정하여 요청하는 경우만 해당)
5. 다음의 구분에 따른 생산·가공용수에 대한 수질검사성적서(생산·가공시설 중 선박 또는 보관시설은 제외)
   가. 유럽연합에 등록하게 되는 생산·가공시설 : 수산물 생산·가공시설의 위생관리기준의 수질검사항목이 포함된 수질검사성적서
   나. 그 밖의 생산·가공시설 : 「먹는물수질기준 및 검사 등에 관한 규칙」에 따른 수질검사성적서
6. 선박의 시설배치도(유럽연합에 등록하게 되는 생산·가공시설 중 선박만 해당)
7. 어업의 면허·허가·신고, 수산물가공업의 등록·신고, 「식품위생법」에 따른 영업의 허가·신고, 공판장·도매시장 등의 개설 허가 등에 관한 증명서류(면허·허가·등록·신고의 대상이 아닌 생산·가공시설은 제외)

② 위해요소중점관리기준을 이행하는 위해요소중점관리기준 이행시설을 등록하려는 자는 위해요소중점관리기준 이행시설 등록신청서에 다음의 서류를 첨부하여 국립수산물품질관리원장에게 제출하여야 한다.

1. 위해요소중점관리기준 이행시설의 구조 및 설비에 관한 도면
2. 위해요소중점관리기준 이행시설에서 생산·가공되는 수산물·수산가공품의 생산·가공 공정도
3. 위해요소중점관리기준 이행계획서
4. 어업의 면허·허가·신고, 수산물가공업의 등록·신고, 「식품위생법」에 따른 영업의 허가·신고, 공판장·도매시장 등의 개설허가 등에 관한 증명서류(면허·허가·등록·신고의 대상이 아닌 위해요소중점관리기준 이행시설은 제외)

③ 등록신청을 받은 국립수산물품질관리원장은 다음의 사항을 조사·점검한 후 이에 적합하다고 인정하는 경우에는 생산·가공시설에 대해서는 수산물의 생산·가공시설 등록증을 신청인에게 발급하고, 위해요소중점관리기준 이행시설에 대해서는 위해요소중점관리기준 이행시설 등록증을 발급한다.

1. 생산·가공시설 : 해양수산부장관이 정하여 고시한 시설위생관리기준에 적합할 것. 다만, 패류 양식시설은 지정해역에 있어야 한다.
2. 위해요소중점관리기준 이행시설 : 해양수산부장관이 정하여 고시한 위해요소중점관리기준에 적합할 것

④ 국립수산물품질관리원장은 조사·점검을 하는 경우에는 수산물검사관이 조사·점검하게 하여야 한다. 다만, 선박이 해외수역 또는 공해(公海) 등에 위치하는 등 부득이한 경우에는 국립수산물품질관리원장이 지정하는 자가 조사·점검하게 할 수 있다.

⑤ 등록사항의 변경신고를 하려는 경우에는 생산·가공시설 등록 변경신고서 또는 위해요소중점관리기준 이행시설 등록 변경신고서에 다음의 서류를 첨부하여 국립수산물품질관리원장에게 제출하여야 한다.

1. 생산·가공시설 등록증 또는 위해요소중점관리기준 이행시설 등록증
2. 등록사항의 변경을 증명할 수 있는 서류

⑥ 국립수산물품질관리원장은 생산·가공시설을 등록하거나 위해요소중점관리기준 이행시설을 등록한 경우에는 해양수산부장관에게 보고하여야 하고, 위해요소중점관리기준을 이행하는 시설을 등록한 경우에는 관할 시·도지사에게도 통지하여야 한다.

⑩ 시행령 제26조(공동 조사·점검의 요청방법 등)

생산·가공시설 등을 등록한 자는 조사·점검을 해양수산부장관으로부터 사전에 통지받은 경우에는 해양수산부령으로 정하는 공동조사·점검신청서를 해양수산부장관에게 제출하여 공동으로 조사·점검을 실시하여 줄 것을 요청할 수 있다.

(11) 법 제75조(위생관리에 관한 사항 등의 보고)

① 해양수산부장관은 생산·가공업자등으로 하여금 생산·가공시설등의 위생관리에 관한 사항을 보고하게 할 수 있다.

② 해양수산부장관은 권한을 위임받거나 위탁받은 기관의 장으로 하여금 지정해역의 위생조사에 관한 사항과 검사의 실시에 관한 사항을 보고하게 할 수 있다.

③ 보고의 절차 등에 필요한 사항은 해양수산부령으로 정한다.

(12) 시행규칙 제89조(위생관리에 관한 사항 등의 보고)

국립수산물품질관리원장 또는 시·도지사(조사·점검기관의 장)는 다음의 사항을 생산·가공시설과 위해요소중점관리기준 이행시설의 대표자로 하여금 보고하게 할 수 있다.

1. 수산물의 생산·가공시설등에 대한 생산·원료입하·제조 및 가공 등에 관한 사항
2. 생산·가공시설등의 중지·개선·보수명령등의 이행에 관한 사항

(13) 법 제76조(조사·점검)

① 해양수산부장관은 지정해역으로 지정하기 위한 해역과 지정해역으로 지정된 해역이 위생관리기준에 맞는지를 조사·점검하여야 한다.

② 해양수산부장관은 생산·가공시설등이 위생관리기준과 위해요소중점관리기준에 맞는지를 조사·점검하여야 한다. 이 경우 그 조사·점검의 주기는 대통령령으로 정한다.

> **▶ 시행령 제25조(조사·점검의 주기)**
>
> 생산·가공시설 등에 대한 조사·점검주기는 2년에 1회 이상으로 한다. 다만, 위생관리기준에 맞추거나 또는 위해요소중점관리기준을 이행하여야 하는 생산·가공시설등에 대한 조사·점검 주기는 외국과의 협약에 규정되어 있거나 수출 상대국에서 정하여 요청하는 경우 이를 반영할 수 있다.

③ 해양수산부장관은 다음의 어느 하나에 해당하는 사항을 위하여 필요한 경우에는 관계 공무원에게 해당 영업장소, 사무소, 창고, 선박, 양식시설 등에 출입하여 관계 장부 또는 서류의 열람, 시설·장비 등에 대한 점검을 하거나 필요한 최소량의 시료를 수거하게 할 수 있다.

1. ①, ②에 따른 조사·점검
2. 오염물질의 배출, 가축의 사육행위 및 동물용 의약품의 사용 여부의 확인·조사

④ 해양수산부장관은 생산·가공시설등이 다음의 요건을 모두 갖춘 경우 생산·가공업자등의 요청에 따라 해당 관계 행정기관의 장에게 공동으로 조사·점검할 것을 요청할 수 있다.

1. 「식품위생법」 및 「축산물위생관리법」 등 식품 관련 법령의 조사·점검 대상이 되는 경우
2. 유사한 목적으로 6개월 이내에 2회 이상 조사·점검의 대상이 되는 경우. 다만, 외국과의 협약사항 또는 시정조치의 이행 여부를 조사·점검하는 경우와 위법사항에 대한 신고·제보를 받거나 그에 대한 정보를 입수하여 조사·점검하는 경우는 제외한다.

⑤ 규정된 사항 외에 조사·점검의 절차와 방법 등에 필요한 사항은 해양수산부령으로 정하고, 공동 조사·점검의 요청방법 등에 필요한 사항은 대통령령으로 정한다.

(14) 시행규칙 제90조(조사·점검)

① 국립수산과학원장은 조사·점검결과를 종합하여 다음 연도 2월 말일까지 해양수산부장관에게 보고하여야 한다.
② 조사·점검기관의 장은 생산·가공시설 등을 조사·점검하는 경우 다음의 기준에 따라야 한다.
　1. 국립수산물품질관리원장은 수산물검사관이 조사·점검하게 할 것. 다만, 선박이 해외수역 또는 공해 등에 있는 등 부득이한 경우에는 국립수산물품질관리원장이 지정하는 자가 조사·점검하게 할 수 있다.
　2. 시·도지사는 국립수산물품질관리원장 또는 국립수산과학원장이 실시하는 위해요소중점관리기준에 관한 교육을 1주 이상 이수한 관계 공무원이 조사·점검하게 할 것

(15) 법 제77조(지정해역에서의 생산제한 및 지정해제)

해양수산부장관은 지정해역이 위생관리기준에 맞지 아니하게 되면 대통령령으로 정하는 바에 따라 지정해역에서의 수산물 생산을 제한하거나 지정해역의 지정을 해제할 수 있다.

(16) 시행령 제27조(지정해역에서의 생산제한)

① 지정해역에서 수산물의 생산을 제한할 수 있는 경우는 다음과 같다.
　1. 선박의 좌초·충돌·침몰, 그 밖에 인근에 위치한 폐기물처리시설의 장애 등으로 인하여 해양오염이 발생한 경우
　2. 지정해역이 일시적으로 위생관리기준에 적합하지 아니하게 된 경우
　3. 강우량의 변화 등에 따른 영향으로 지정해역의 오염이 우려되어 해양수산부장관이 수산물의 생산제한이 필요하다고 인정하는 경우
② 지정해역에서의 수산물에 대한 생산제한의 절차·방법, 그밖에 필요한 사항은 해양수산부령으로 정한다.

(17) 시행령 제28조(지정해역의 지정해제)

해양수산부장관은 지정해역에 대한 최근 2년 6개월간의 조사·점검 결과를 평가한 후 위생관리기준에 적합하지 아니하다고 인정되는 경우에는 지정해역의 전부 또는 일부를 해제하고, 그 내용을 고시하여야 한다.

> ▶ **시행규칙 제92조(지정해역에서의 생산제한 및 생산제한 해제)**
>
> 시·도지사는 지정해역이 지정해역에서의 생산제한 규정의 어느 하나에 해당하는 경우에는 즉시 지정해역에서의 생산을 제한하는 조치를 하여야 하며, 생산이 제한된 지정해역이 지정해역위생관리기준에 적합하게 된 경우에는 즉시 생산제한을 해제하여야 한다.

(18) 법 제78조(생산·가공의 중지 등)

해양수산부장관은 생산·가공시설등이나 생산·가공업자등이 다음의 어느 하나에 해당하면 대통령령으로 정하는 바에 따라 생산·가공·출하·운반의 시정·제한·중지 명령, 생산·가공시설등의 개선·보수 명령 또는 등록취소를 할 수 있다. 다만, 1에 해당하면 그 등록을 취소하여야 한다.

1. 거짓이나 그 밖의 부정한 방법으로 제74조에 따른 등록을 한 경우
2. 위생관리기준에 맞지 아니한 경우
3. 위해요소중점관리기준을 이행하지 아니하거나 불성실하게 이행하는 경우
4. 조사·점검 등을 거부·방해 또는 기피하는 경우
5. 생산·가공시설등에서 생산된 수산물 및 수산가공품에서 유해물질이 검출된 경우
6. 생산·가공·출하·운반의 시정·제한·중지 명령이나 생산·가공시설등의 개선·보수 명령을 받고 그 명령에 따르지 아니하는 경우

> ▶ **시행령 제29조(중지·개선·보수명령 등)**
>
> ① 생산·가공·출하·운반의 시정·제한·중지 명령, 생산·가공시설등의 개선·보수명령(이하 "중지·개선·보수명령등") 및 등록취소의 기준은 별표 2와 같다.
> ② 중지·개선·보수명령등 및 등록취소에 관한 세부절차 및 방법 등에 관하여 필요한 사항은 해양수산부령으로 정한다.

(19) 중지 · 개선 · 보수명령 등 및 등록취소의 기준(시행령 별표 2)

1. 일반기준

    가. 위반행위가 둘 이상인 경우로서 그에 해당하는 각각의 처분기준이 다른 경우에는 그 중 무거운 처분기준을 적용한다.

    나. 위반행위가 둘 이상인 경우로서 각 위반행위에 대한 처분기준이 시정명령 또는 개선 · 보수 명령인 경우에는 처분을 가중하여 생산 · 가공 · 출하 · 운반의 제한 · 중지 명령을 할 수 있다.

    다. 위반행위의 횟수에 따른 처분의 기준은 처분일을 기준으로 최근 1년간 같은 위반행위로 처분을 받는 경우에 적용한다.

    라. 위반사항의 내용으로 보아 그 위반의 정도가 경미하거나 그 밖의 특별한 사유가 있다고 인정되는 경우에는 그 처분을 경감할 수 있으며, 처분 전에 원인규명 등을 통하여 그 사유가 명확한 경우에 처분을 한다.

    마. 등록한 생산 · 가공시설 등에서 생산된 물품에 대하여 외국에서 위반사항이 통보된 경우에는 조사 · 점검 등을 통하여 그 사유가 명백한 경우에 처분을 할 수 있다.

2. 개별기준

위반행위	근거 법조문	행정처분 기준		
		1차 위반	2차 위반	3차 위반
가. 위생관리기준에 적합하지 않은 경우	법 제78조 제2호			
1) 위생관리기준에 중대하게 미달되어 수산물 및 수산가공품의 품질수준의 유지에 영향을 줄 우려가 있다고 인정되는 경우		생산 · 가공 · 출하 · 운반의 제한 · 중지 명령 또는 생산 · 가공시설 등의 개선 · 보수 명령	등록취소	
2) 위생관리기준에 경미하게 미달되나 수산물 및 수산가공품의 품질수준의 유지에 영향을 줄 우려가 있다고 인정되는 경우		생산 · 가공 · 출하 · 운반의 시정명령 또는 생산 · 가공시설등의 개선 · 보수 명령	생산 · 가공 · 출하 · 운반의 제한 · 중지 명령	등록취소
나. 위해요소중점관리기준을 이행하지 않거나 불성실하게 이행하는 경우	법 제78조 제3호			
1) 이행하지 않는 경우		생산 · 가공 · 출하 · 운반의 제한 · 중지 명령	등록취소	
2) 불성실하게 이행하는 경우		시정명령	생산 · 가공 · 출하 · 운반의 제한 · 중지 명령	등록취소

다. 생산·가공시설등에서 생산된 수산물 및 수산가공품에서 위해물이 검출된 경우	법 제78조 제5호			등록취소
1) 시정이 가능한 위해물이 발견된 경우		생산·가공·출하·운반의 시정 명령	생산·가공·출하·운반의 제한·중지 명령	등록취소
2) 시정이 불가능한 위해물이 발견된 경우		생산·가공·출하·운반의 제한·중지 명령	등록취소	
라. 거짓 또는 그 밖의 부정한 방법으로 등록을 한 경우	법 제78조 제1호	등록취소		
마. 조사·점검을 거부·방해 또는 는 기피한 경우	법 제78조 제4호	생산·가공·출하·운반의 제한·중지 명령	등록취소	
바. 중지·개선·보수명령 등을 받고 이에 불응하는 경우	법 제78조 제6호	등록취소		

(20) 시행규칙 제93조(생산·가공의 중지·개선·보수명령 등)

① 조사·점검기관의 장은 수산물의 생산·가공·출하·운반의 시정·제한·중지 명령 또는 생산·가공시설등의 개선·보수명령을 한 경우에는 그 준수 여부를 수시로 확인하여야 하며, 중지·개선·보수 명령등의 기간이 끝난 경우에는 시설위생관리기준에 적합한지를 조사·점검하여야 한다.

② 수산물의 생산·가공시설등의 등록이 취소된 자는 발급받은 생산·가공시설등의 등록증을 지체 없이 반납하여야 한다.

7 농수산물 등의 검사 및 검정

제1절 농산물 검사(농산물 관련 항목으로 삭제함)

제2절 수산물 및 수산가공품의 검사

(1) 법 제88조(수산물 등에 대한 검사)

① 다음의 어느 하나에 해당하는 수산물 및 수산가공품은 품질 및 규격이 맞는지와 유해물질이 섞여 들어오는지 등에 관하여 해양수산부장관의 검사를 받아야 한다.
  1. 정부에서 수매·비축하는 수산물 및 수산가공품

2. 외국과의 협약이나 수출 상대국의 요청에 따라 검사가 필요한 경우로서 해양수산부장관이 정하여 고시하는 수산물 및 수산가공품

▶ **시행규칙 제110조(수산물 등에 대한 검사기준)**

수산물 및 수산가공품에 대한 검사기준은 국립수산물품질관리원장이 활어패류 · 건제품 · 냉동품 · 염장품 등의 제품별 · 품목별로 검사항목, 관능검사(官能檢査)의 기준 및 정밀검사의 기준을 정하여 고시한다.

---

② 해양수산부장관은 ① 외의 수산물 및 수산가공품에 대한 검사 신청이 있는 경우 검사를 하여야 한다. 다만, 검사기준이 없는 경우 등 해양수산부령으로 정하는 경우에는 그러하지 아니한다.

③ 검사를 받은 수산물 또는 수산가공품의 포장 · 용기나 내용물을 바꾸려면 다시 해양수산부장관의 검사를 받아야 한다.

④ 해양수산부장관은 규정에도 불구하고 다음의 어느 하나에 해당하는 경우에는 검사의 일부를 생략할 수 있다.

  1. 지정해역에서 위생관리기준에 맞게 생산 · 가공된 수산물 및 수산가공품
  2. 등록한 생산 · 가공시설등에서 위생관리기준 또는 위해요소중점관리기준에 맞게 생산 · 가공된 수산물 및 수산가공품
  3. 다음의 어느 하나에 해당하는 어선으로 해외수역에서 포획하거나 채취하여 현지에서 직접 수출하는 수산물 및 수산가공품(외국과의 협약을 이행하여야 하거나 외국의 일정한 위생관리기준 · 위해요소중점관리기준을 준수하여야 하는 경우는 제외)
    가. 「원양산업발전법」에 따른 원양어업허가를 받은 어선
    나. 「식품산업진흥법」에 따라 수산물가공업(대통령령으로 정하는 업종에 한정)을 신고한 자가 직접 운영하는 어선
  4. 검사의 일부를 생략하여도 검사목적을 달성할 수 있는 경우로서 대통령령으로 정하는 경우

⑤ 검사의 종류와 대상, 검사의 기준 · 절차 및 방법, 검사의 일부를 생략하는 경우 그 절차 및 방법 등은 해양수산부령으로 정한다.

▶ **시행령 제32조(수산물 등에 대한 검사의 일부생략)**

① '대통령령으로 정하는 업종'이란 「식품산업진흥법 시행령」에 따른 선상수산물가공업을 말한다.
② '대통령령으로 정하는 경우'란 다음과 같다.
  1. 수산물 및 수산가공품을 수입하는 국가에서 일정한 항목만을 검사하여 줄 것을 요청한 경우
  2. 수산물 또는 수산가공품이 식용이 아닌 경우

---

(2) 수산물 및 수산가공품에 대한 검사의 종류 및 방법(시행규칙 별표 24)

① 서류검사
1. '서류검사'란 검사신청 서류를 검토하여 그 적합 여부를 판정하는 검사로서 다음의 수산물·수산가공품을 그 대상으로 한다.
   ㉠ 수산물 및 수산가공품
   ㉡ 국립수산물품질관리원장이 필요하다고 인정하는 수산물 및 수산가공품
2. 서류검사는 다음과 같이 한다.
   ㉠ 검사신청 서류의 완비 여부 확인
   ㉡ 지정해역에서 생산하였는지 확인(지정해역에서 생산되어야 하는 수산물 및 수산가공품만 해당한다)
   ㉢ 생산·가공시설 등이 등록되어야 하는 경우에는 등록 여부 및 행정처분이 진행 중인지 여부 등
   ㉣ 생산·가공시설 등에 대한 시설위생관리기준 및 위해요소중점관리기준에 적합한지 확인(등록시설만 해당한다)
   ㉤ 「원양산업발전법」에 따른 원양어업의 허가 여부 또는 「식품산업진흥법」에 따른 수산물가공업의 신고 여부의 확인(수신물 및 수신가공품만 해당한다)
   ㉥ 외국에서 검사의 일부를 생략해 줄 것을 요청하는 서류의 직징성 여부

② 관능검사
1. '관능검사'란 오관(五官)에 의하여 그 적합 여부를 판정하는 검사로서 다음의 수산물 및 수산가공품을 그 대상으로 한다.
   ㉠ 수신물 및 수신가공품으로서 외국요구기준을 이행했는지를 확인하기 위하여 품질·포장재·표시사항 또는 규격 등의 확인이 필요한 수산물·수산가공품
   ㉡ 검사신청인이 위생증명서를 요구하는 수산물·수산가공품(비식용수산·수산가공품은 제외한다)
   ㉢ 정부에서 수매·비축하는 수산물·수산가공품
   ㉣ 국내에서 소비하는 수산물·수산가공품
2. 관능검사는 다음과 같이 한다. 국립수산물품질관리원장이 전수검사가 필요하다고 정한 수산물 및 수산가공품 외에는 다음의 표본추출방법으로 한다.
   ㉠ 무포장 제품(단위 중량이 일정하지 않은 것)

신청 로트(Lot)의 크기	관능검사 채점 지점(마리)
1톤 미만	2
1톤 이상~3톤 미만	3
3톤 이상~5톤 미만	4
5톤 이상~10톤 미만	5
10톤 이상~20톤 미만	6
20톤 이상	7

ⓒ 포장 제품(단위 중량이 일정한 블록형의 무포장 제품을 포함한다)

신청 개수	추출 개수	채점 개수
4개 이하	1	1
5개 이상~50개 이하	3	1
51개 이상~100개 이하	5	2
101개 이상~200개 이하	7	2
201개 이상~300개 이하	9	3
301개 이상~400개 이하	11	3
401개 이상~500개 이하	13	4
501개 이상~700개 이하	15	5
701개 이상~1,000개 이하	17	5
1,001개 이상	20	6

③ 정밀검사
  1. '정밀검사'란 물리적·화학적·미생물학적 방법으로 그 적합 여부를 판정하는 검사로서 다음의 수산물·수산가공품을 그 대상으로 한다.
    ㉠ 검사신청인 또는 외국요구기준에서 분석증명서를 요구하는 수산물 및 수산가공품
    ㉡ 관능검사결과 정밀검사가 필요하다고 인정되는 수산물 및 수산가공품
    ㉢ 외국요구기준에 따라 수출된 수산물 및 수산가공품에서 유해물질이 검출된 경우 그 수산물 및 수산가공품의 생산·가공시설에서 생산·가공되는 수산물
  2. 정밀검사는 다음과 같이 한다.
    외국요구기준에서 정한 검사방법이 있는 경우에는 그 방법으로 하고, 그 방법이 없을 때에는 「식품위생법」에 따른 식품등의 공전(公典)에서 정한 검사방법으로 한다.

(3) 시행규칙 제111조(수산물 등에 대한 검사신청)

① 수산물 및 수산가공품의 검사 또는 수산물 및 수산가공품의 재검사를 받으려는 검사신청인은 수산물·수산가공품 (재)검사신청서에 다음의 구분에 따른 서류를 첨부하여 국립수산물품질관리원장 또는 지정받은 수산물검사기관의 장에게 제출하여야 한다.
  1. 검사신청인 또는 수입국이 요청하는 기준·규격으로 검사를 받으려는 경우 : 그 기준·규격이 명시된 서류 또는 검사 생략에 관한 서류
  2. 지정해역에서 위생관리기준에 맞게 생산·가공된 수산물 및 수산가공품 또는 생산·가공시설 등에서 위생관리기준 또는 위해요소중점관리기준에 맞게 생산·가공된 수산물 및 수산가공품에 해당하는 경우 : 수산물·수산가공품의 생산·가공 일지
  3. 어선으로 해외수역에서 포획하거나 채취하여 현지에서 직접 수출하는 수산물 및 수산가공품에 해당하는 경우 : 선장의 확인서
  4. 재검사인 경우 : 재검사 사유서

② 수산물 및 수산가공품에 대한 검사신청은 검사를 받으려는 날의 5일 전부터 미리 신청할 수 있으며, 미리 신청한 검사장소·검사희망일 등 주요 사항이 변경되는 경우에는 즉시 그 내용을 문서로 신고하여야 한다. 이 경우 처리기간의 기산일(起算日)은 검사희망일부터 산정하며, 미리 신청한 검사희망일을 연기하여 그 지연된 기간은 검사 처리기간에 산입(算入)하지 아니한다.

(4) 시행규칙 제112조(수산물 등에 대한 검사시료 수거)

① 수산물 및 수산가공품의 검사를 위한 필요한 최소량의 검사시료의 수거량 및 수거방법은 국립수산물품질관리원장이 정하여 고시한다.

② 수산물검사관은 검사시료를 수거하는 경우에는 검사시료 수거증을 해당 검사신청인에게 발급하여야 한다.

(5) 시행규칙 제115조(수산물 등에 대한 검사의 일부 생략)

① 국립수산물품질관리원장은 다음의 어느 하나에 해당하는 경우에는 검사 중 관능검사 및 정밀검사를 생략할 수 있다. 이 경우 수산물·수산가공품 (재)검사신청서에 다음의 구분에 따른 서류를 첨부하여야 한다.
  1. 지정해역에서 위생관리기준에 맞게 생산·가공된 수산물 및 수산가공품 또는 생산·가공시설 등에서 위생관리기준 또는 위해요소중점관리기준에 맞게 생산·가공된 수산물 및 수산가공품에 해당하는 수산물 및 수산가공품 : 다음의 사항을 적은 생산·가공일지
     가. 품명
     나. 생산(가공)기간
     다. 생산량 및 재고량
     라. 품질관리자 및 포장재
  2. 어선으로 해외수역에서 포획하거나 채취하여 현지에서 직접 수출하는 수산물·수산가공품 : 다음의 사항을 적은 선장의 확인서
     가. 어선명
     나. 어획기간
     다. 어장 위치
     라. 어획물의 생산·가공 및 보관 방법
  3. 식용이 아닌 수산물·수산가공품 : 다음의 사항을 적은 생산·가공 일지
     가. 품명
     나. 생산(가공)기간
     다. 생산량 및 재고량
     라. 품질관리자 및 포장재
     마. 자체 품질관리 내용
② 국립수산물품질관리원장은 수산물 및 수산가공품을 수입하는 국가(수입자를 포함한다)에서 일정 항목만의 검사를 요청하는 서류 또는 검사 생략에 관한 서류를 제출하는 경우에는 검사 중 요청한 검사항목에 대해서만 검사할 수 있다.

(6) 법 제89조(수산물검사기관의 지정 등)

① 해양수산부장관은 검사 업무나 재검사 업무를 수행할 수 있는 생산자단체 또는 「과학기술분야 정부출연연구기관 등의 설립·운영 및 육성에 관한 법률」에 따라 설립된 식품위생 관련 기관을 수산물검사기관으로 지정하여 검사 또는 재검사 업무를 대행하게 할 수 있다.

② 수산물검사기관으로 지정받으려는 자는 검사에 필요한 시설과 인력을 갖추어 해양수산부장관에게 신청하여야 한다.

③ 수산물검사기관의 지정기준, 지정절차 및 검사 업무의 범위 등에 필요한 사항은 해양수산부령으로 정한다.

(7) 수산물검사기관의 지정기준(시행규칙 별표 25)

① 조직 및 인력

    1. 검사의 통일성을 유지하고 업무수행을 원활하게 하기 위하여 검사관리 부서를 두어야 한다.

    2. 검사대상 종류별로 3명 이상의 검사인력을 확보하여야 한다.

② 시설 : 검사관이 근무할 수 있는 적정한 넓이의 사무실과 검사대상품의 분석, 기술훈련, 검사용 장비관리 등을 위하여 검사 현장을 관할하는 사무소별로 10제곱미터 이상의 분석실이 설치되어야 한다.

③ 장비 : 검사에 필요한 기본 검사장비와 종류별 검사장비를 갖추어야 하며, 장비확보에 대한 세부 기준은 해양수산부장관이 정하여 고시한다.

④ 검사업무 규정 : 다음의 사항이 모두 포함된 검사업무 규정을 작성하여야 한다.

    1. 검사업무의 절차 및 방법

    2. 검사업무의 사후관리 방법

    3. 검사의 수수료 및 그 징수방법

    4. 검사원의 준수사항 및 자체관리·감독 요령

    5. 그 밖에 해양수산부장관이 검사업무의 수행에 필요하다고 인정하여 고시하는 사항

(8) 법 제90조(수산물검사기관의 지정 취소 등)

① 해양수산부장관은 수산물검사기관이 다음의 어느 하나에 해당하면 그 지정을 취소하거나 6개월 이내의 기간을 정하여 검사 업무의 전부 또는 일부의 정지를 명할 수 있다. 다만, 1 또는 2에 해당하면 그 지정을 취소하여야 한다.

    1. 거짓이나 그 밖의 부정한 방법으로 지정받은 경우

    2. 업무정지 기간 중에 검사 업무를 한 경우

    3. 지정기준에 미치지 못하게 된 경우

    4. 검사를 거짓으로 하거나 성실하지 아니하게 한 경우

    5. 정당한 사유 없이 지정된 검사를 하지 아니하는 경우

② 지정 취소 등의 세부 기준은 그 위반행위의 유형 및 위반 정도 등을 고려하여 해양수산부령으로 정한다.

(9) 법 제91조(수산물검사관의 자격 등)

① 수산물검사업무나 재검사 업무를 담당하는 수산물검사관은 다음의 어느 하나에 해당하는 사람으로서 대통령령으로 정하는 국가검역·검사기관(국립수산물품질관리원)의 장이 실시하는 전형시험에 합격한 사람으로 한다. 다만, 대통령령으로 정하는 수산물 검사 관련 자격 또는 학위를 갖고 있는 사람에 대하여는 대통령령으로 정하는 바에 따라 전형시험의 전부 또는 일부를 면제할 수 있다.
  1. 국가검역·검사기관에서 수산물 검사 관련 업무에 6개월 이상 종사한 공무원
  2. 수산물 검사 관련 업무에 1년 이상 종사한 사람
② 수산물검사관의 자격이 취소된 사람은 자격이 취소된 날부터 1년이 지나지 아니하면 전형시험에 응시하거나 수산물검사관의 자격을 취득할 수 없다.
③ 국가검역·검사기관의 장은 수산물검사관의 검사기술과 자질을 향상시키기 위하여 교육을 실시할 수 있다.
④ 국가검역·검사기관의 장은 전형시험의 출제 및 채점 등을 위하여 시험위원을 임명·위촉할 수 있다. 이 경우 시험위원에게는 예산의 범위에서 수당을 지급할 수 있다.
⑤ 수산물검사관의 전형시험의 구분·방법, 합격자의 결정, 수산물검사관의 교육 등에 필요한 세부사항은 해양수산부령으로 정한다.

▶ **시행령 제33조(수산물검사관 전형시험의 면제)**

다음의 어느 하나에 해당하는 사람은 수산물검사관 전형시험의 전부를 면제한다.
1. 「국가기술자격법」에 따른 수산양식기사·수산제조기사·수질환경산업기사 또는 식품산업기사 이상의 자격이 있는 사람
2. 「고등교육법」에 따른 대학 또는 해양수산부장관이 인정하는 외국의 대학에서 수산가공학·식품가공학·식품화학·미생물학·생명공학·환경공학 또는 이와 관련된 분야를 전공하고 졸업한 사람 또는 이와 동등 이상의 학력이 있는 사람

---

(10) 법 제92조(수산물검사관의 자격취소 등)

① 국가검역·검사기관의 장은 수산물검사관에게 다음의 어느 하나에 해당하는 사유가 발생하면 그 자격을 취소하거나 6개월 이내의 기간을 정하여 자격의 정지를 명할 수 있다.
  1. 거짓이나 그 밖의 부정한 방법으로 검사나 재검사를 한 경우
  2. 이 법 또는 이 법에 따른 명령을 위반하여 현저히 부적격한 검사 또는 재검사를 하여 정부나 수산물검사기관의 공신력을 크게 떨어뜨린 경우
② 자격 취소 및 정지에 필요한 세부사항은 해양수산부령으로 정한다.

(11) 법 제93조(검사 결과의 표시)

수산물검사관은 검사한 결과나 재검사한 결과 다음의 어느 하나에 해당하면 그 수산물 및 수산가공품에 검사 결과를 표시하여야 한다. 다만, 살아 있는 수산물 등 성질상 표시를 할 수 없는 경우에는 그러하지 아니하다.

1. 검사를 신청한 자(검사신청인)가 요청하는 경우
2. 정부에서 수매 · 비축하는 수산물 및 수산가공품인 경우
3. 해양수산부장관이 검사 결과를 표시할 필요가 있다고 인정하는 경우
4. 검사에 불합격된 수산물 및 수산가공품으로서 관계 기관에 폐기 또는 판매금지 등의 처분을 요청하여야 하는 경우

▶ 수산물 및 수산가공품에 대한 검사 결과 표시 구분(시행규칙 별표 28)

1. 수출용
   봉인, 합격증인 및 등급증인, 소인
2. 정부 비축용 및 국내 소비용
   등급증인, 합격증인, 불합격증인, 검인, 봉함지

---

(12) 법 제94조(검사증명서의 발급)

해양수산부장관은 검사 결과나 재검사 결과 검사기준에 맞는 수산물 및 수산가공품과 검사의 일부를 생략할 수 있는 수산물 및 수산가공품의 검사신청인에게 해양수산부령으로 정하는 바에 따라 그 사실을 증명하는 검사증명서를 발급할 수 있다.

(13) 법 제95조(폐기 또는 판매금지 등)

① 해양수산부장관은 검사나 재검사에서 부적합 판정을 받은 수산물 및 수산가공품의 검사신청인에게 그 사실을 알려주어야 한다.
② 해양수산부장관은 「식품위생법」에서 정하는 바에 따라 관할 특별자치도지사 · 시장 · 군수 · 구청장에게 부적합 판정을 받은 수산물 및 수산가공품으로서 유해물질이 검출되어 인체에 해를 끼칠 수 있다고 인정되는 수산물 및 수산가공품에 대하여 폐기하거나 판매금지 등을 하도록 요청하여야 한다.

(14) 법 제96조(재검사)

① 검사한 결과에 불복하는 자는 그 결과를 통지받은 날부터 14일 이내에 해양수산부장관에게 재검사를 신청할 수 있다.
② 재검사는 다음의 어느 하나에 해당하는 경우에만 할 수 있다. 이 경우 수산물검사관의 부족 등 부득이한 경우 외에는 처음에 검사한 수산물검사관이 아닌 다른 수산물검사관이 검사하게 하여야 한다.
   1. 수산물검사기관이 검사를 위한 시료 채취나 검사방법이 잘못되었다는 것을 인정하는 경우

2. 전문기관(해양수산부장관이 정하여 고시한 식품위생 관련 전문기관)이 검사하여 수산물검사기관의 검사 결과와 다른 검사 결과를 제출하는 경우

③ 재검사의 결과에 대하여는 같은 사유로 다시 재검사를 신청할 수 없다.

(15) 법 제97조(검사판정의 취소)

해양수산부장관은 검사나 재검사를 받은 수산물 또는 수산가공품이 다음의 어느 하나에 해당하면 검사판정을 취소할 수 있다. 다만, 1에 해당하면 검사판정을 취소하여야 한다.

1. 거짓이나 그 밖의 부정한 방법으로 검사를 받은 사실이 확인된 경우
2. 검사 또는 재검사 결과의 표시 또는 검사증명서를 위조하거나 변조한 사실이 확인된 경우
3. 검사 또는 재검사를 받은 수산물 또는 수산가공품의 포장이나 내용물을 바꾼 사실이 확인된 경우

제3절 검정

(1) 법 제98조(검정)

① 농림축산식품부장관 또는 해양수산부장관은 농수산물 및 농산가공품의 거래 및 수출·수입을 원활히 하기 위하여 다음의 검정을 실시할 수 있다. 다만, 「종자산업법」에 따른 종자에 대한 검정은 제외한다.

1. 농산물 및 농산가공품의 품위·성분 및 유해물질 등
2. 수산물의 품질·규격·성분·잔류물질 등
3. 농수산물의 생산에 이용·사용하는 농지·어장·용수·자재 능의 품위·성분 빛 유해물질 등

② 농림축산식품부장관 또는 해양수산부장관은 검정신청을 받은 때에는 검정 인력이나 검정 장비의 부족 등 검정을 실시하기 곤란한 사유가 없으면 검정을 실시하고 신청인에게 그 결과를 통보하여야 한다.

③ 검정의 항목·신청절차 및 방법 등 필요한 사항은 농림축산식품부령 또는 해양수산부령으로 정한다.

▶ **수산물 검정항목(시행규칙 별표 30)**

구분	검정항목
일반성분 등	수분, 회분, 지방, 조섬유, 단백질, 염분, 산가, 전분, 토사, 휘발성 염기질소, 엑스분, 열탕불용해잔사물, 젤리강도(한천), 수소이온농도(pH), 당도, 히스타민, 트리메틸아민, 아미노질소, 전질소, 비타민 A, 이산화황(SO_2), 붕산, 일산화탄소
식품첨가물	인공감미료
중금속	수은, 카드뮴, 구리, 납, 아연 등
방사능	방사능
세균	대장균군, 생균수, 분변계대장균, 장염비브리오, 살모넬라, 리스테리아, 황색포도상구균
항생물질	옥시테트라사이클린, 옥소린산
독소	복어독소, 패류독소
바이러스	노로바이러스

(2) 시행규칙 제125조(검정절차 등)

① 검정을 신청하려는 자는 국립농산물품질관리원장, 국립수산물품질관리원장 또는 지정받은 검정 기관의 장에게 검정신청서에 검정용 시료를 첨부하여 검정을 신청하여야 한다.

② 국립농산물품질관리원장, 국립수산물품질관리원장 또는 지정검정기관의 장은 시료를 접수한 날 부터 7일 이내에 검정을 하여야 한다. 다만, 7일 이내에 분석을 할 수 없다고 판단되는 경우에 는 신청인과 협의하여 검정기간을 따로 정할 수 있다.

③ 국립농산물품질관리원장, 국립수산물품질관리원장 또는 검정기관의 장은 원활한 검정업무의 수 행을 위하여 필요하다고 판단되는 경우에는 신청인에게 최소한의 범위에서 시설, 장비 및 인력 등의 제공을 요청할 수 있다.

(3) 법 제98조의2(검정결과에 따른 조치)

① 농림축산식품부장관 또는 해양수산부장관은 검정을 실시한 결과 유해물질이 검출되어 인체에 해 를 끼칠 수 있다고 인정되는 농수산물 및 농산가공품에 대하여 생산자 또는 소유자에게 폐기하 거나 판매금지 등을 하도록 하여야 한다.

② 농림축산식품부장관 또는 해양수산부장관은 생산자 또는 소유자가 ①의 명령을 이행하지 아니하 거나 농수산물 및 농산가공품의 위생에 위해가 발생한 경우 농림축산식품부령 또는 해양수산부 령으로 정하는 바에 따라 검정결과를 공개하여야 한다.

(4) 시행규칙 제128조의2(검정결과에 따른 조치)

① 국립농산물품질관리원장 또는 국립수산물품질관리원장은 검정을 실시한 결과 유해물질이 검출되 어 인체에 해를 끼칠 수 있다고 인정되는 경우에는 해당 농수산물·농산가공품의 생산자·소유 자에게 다음의 조치를 하도록 그 처리방법 및 처리기한을 정하여 알려 주어야 한다. 이 경우 조 치 대상은 검정신청서에 기재된 재배지 면적 또는 물량에 해당하는 농수산물·농산가공품에 한 정한다.

  1. 해당 유해물질이 시간이 지남에 따라 분해·소실되어 일정 기간이 지난 후에 식용으로 사용 하는 데 문제가 없다고 판단되는 경우 : 해당 유해물질이 「식품위생법」의 식품 또는 식품첨가 물에 관한 기준 및 규격에 따른 잔류허용기준 이하로 감소하는 기간 동안 출하 연기 또는 판 매금지

  2. 해당 유해물질의 분해·소실기간이 길어 국내에서 식용으로 사용할 수 없으나, 사료·공업용 원료 및 수출용 등 식용 외의 다른 용도로 사용할 수 있다고 판단되는 경우 : 국내 식용으로 의 판매금지

  3. 1, 2의 방법으로 처리할 수 없는 경우 : 일정한 기한을 정하여 폐기

② 해당 생산자등은 조치를 이행한 후 그 결과를 국립농산물품질관리원장 또는 국립수산물품질관리 원장에게 통보하여야 한다.

③ 지정검정기관의 장은 검정을 실시한 농수산물·농산가공품 중에서 유해물질이 검출되어 인체에 해를 끼칠 수 있다고 인정되는 것이 있는 경우에는 다음의 서류를 첨부하여 그 사실을 지체 없이 국립농산물품질관리원장 또는 국립수산물품질관리원장에게 통보하여야 한다. 이 경우 그 통보 사실을 해당 생산자등에게도 동시에 알려야 한다.
1. 검정신청서 사본 및 검정증명서 사본
2. 조치방법 등에 관한 지정검정기관의 의견

(5) 시행규칙 제128조의3(검정결과의 공개)

국립농산물품질관리원장 또는 국립수산물품질관리원장은 검정결과를 공개하여야 하는 사유가 발생한 경우에는 지체 없이 다음의 사항을 국립농산물품질관리원 또는 국립수산물품질관리원의 홈페이지(게시판 등 이용자가 쉽게 검색하여 볼 수 있는 곳)에 12개월간 공개하여야 한다.
1. '폐기 또는 판매금지 등의 명령을 이행하지 아니한 농수산물 또는 농산가공품의 검정결과' 또는 '위생에 위해가 발생한 농수산물 또는 농산가공품의 검정결과'라는 내용의 표제
2. 검정결과
3. 공개이유
4. 공개기간

(6) 법 제99조(검정기관의 지정 등)

① 농림축산식품부장관 또는 해양수산부장관은 검정에 필요한 인력과 시설을 갖춘 기관을 지정하여 검정을 대행하게 할 수 있다.
② 검정기관으로 지정을 받으려는 자는 검정에 필요한 인력과 시설을 갖추어 농림축산식품부장관 또는 해양수산부장관에게 신청하여야 한다. 검정기관으로 지정받은 후 농림축산식품부령 또는 해양수산부령으로 정하는 중요 사항이 변경되었을 때에는 농림축산식품부령 또는 해양수산부령으로 정하는 바에 따라 변경신고를 하여야 한다.
③ 검정기관 지정이 취소된 후 1년이 지나지 아니하면 검정기관 지정을 신청할 수 없다.
④ 검정기관의 지정기준 및 절차와 업무 범위 등에 필요한 사항은 농림축산식품부령 또는 해양수산부령으로 정한다.

(7) 법 제100조(검정기관의 지정 취소 등)

① 농림축산식품부장관 또는 해양수산부장관은 검정기관이 다음의 어느 하나에 해당하면 지정을 취소하거나 6개월 이내의 기간을 정하여 해당 검정 업무의 정지를 명할 수 있다. 다만, 1 또는 2에 해당하면 지정을 취소하여야 한다.
1. 거짓이나 그 밖의 부정한 방법으로 지정을 받은 경우
2. 업무정지 기간 중에 검정 업무를 한 경우
3. 검정 결과를 거짓으로 내준 경우

4. 변경신고를 하지 아니하고 검정 업무를 계속한 경우

5. 지정기준에 맞지 아니하게 된 경우

6. 그 밖에 농림축산식품부령 또는 해양수산부령으로 정하는 검정에 관한 규정을 위반한 경우

제4절 금지행위 및 확인 · 조사 · 점검 등

(1) 법 제101조(부정행위의 금지 등)

누구든지 검사, 재검사 및 검정과 관련하여 다음의 행위를 하여서는 아니 된다.

1. 거짓이나 그 밖의 부정한 방법으로 검사 · 재검사 또는 검정을 받는 행위

2. 검사를 받아야 하는 농수산물 및 수산가공품에 대하여 검사를 받지 아니하는 행위

3. 검사 및 검정 결과의 표시, 검사증명서 및 검정증명서를 위조하거나 변조하는 행위

4. 검사를 받지 아니하고 포장 · 용기나 내용물을 바꾸어 해당 농수산물이나 수산가공품을 판매 · 수출하거나 판매 · 수출을 목적으로 보관 또는 진열하는 행위

5. 검정 결과에 대하여 거짓광고나 과대광고를 하는 행위

(2) 법 제102조(확인 · 조사 · 점검 등)

① 농림축산식품부장관 또는 해양수산부장관은 정부가 수매하거나 수입한 농수산물 및 수산가공품 등 대통령령으로 정하는 농수산물 및 수산가공품의 보관창고, 가공시설, 항공기, 선박, 그 밖에 필요한 장소에 관계 공무원을 출입하게 하여 확인 · 조사 · 점검 등에 필요한 최소한의 시료를 무상으로 수거하거나 관련 장부 또는 서류를 열람하게 할 수 있다.

> ▶ **시행령 제35조(확인 · 조사 · 점검 대상 등)**
>
> 법 제102조 제1항에서 "정부가 수매하거나 수입한 농수산물 및 수산가공품 등 대통령령으로 정하는 농수산물 및 수산가공품"이란 다음과 같다.
> 1. 정부가 수매하거나 수입한 농수산물 및 수산가공품
> 2. 생산자단체등이 정부를 대행하여 수매하거나 수입한 농수산물 및 수산가공품
> 3. 정부가 수매 또는 수입하여 가공한 농수산물 및 수산가공품

② 시료 수거 또는 열람에 관하여는 농산물우수관리 관련 보고 및 점검 규정을 준용한다.

③ 출입 등을 하는 관계 공무원에 관하여는 농산물우수관리 관련 보고 및 점검 규정을 준용한다.

8 보칙

(1) 법 제103조(정보제공 등)

① 농림축산식품부장관, 해양수산부장관 또는 식품의약품안전처장은 농수산물의 안전성조사 등 농수산물의 안전과 품질에 관련된 정보 중 국민이 알아야 할 필요가 있다고 인정되는 정보는 「공공기관의 정보공개에 관한 법률」에서 허용하는 범위에서 국민에게 제공하여야 한다.

② 농림축산식품부장관, 해양수산부장관 또는 식품의약품안전처장은 국민에게 정보를 제공하려는 경우 농수산물의 안전과 품질에 관련된 정보의 수집 및 관리를 위한 정보시스템(농수산물안전정보시스템)을 구축·운영하여야 한다.

③ 농수산물안전정보시스템의 구축과 운영 및 정보제공 등에 필요한 사항은 총리령, 농림축산식품부령 또는 해양수산부령으로 정한다.

(2) 시행규칙 제132조(농수산물안전정보시스템의 운영)

① 농림축산식품부장관 또는 해양수산부장관은 농수산물안전정보시스템을 효율적으로 운영하기 위하여 농수산물의 품질에 관한 정보를 생성하는 기관에 대하여 농림축산식품부장관 또는 해양수산부장관이 정하여 고시하는 농수산물안전정보시스템의 운영기관에 해당 정보를 제공하게 요청할 수 있다.

② 정보를 생성하는 기관에 대한 정보제공 요청 범위 및 제공절차 등은 농림축산식품부장관 또는 해양수산부장관이 정하여 고시한다.

③ 운영기관은 다음의 업무를 수행한다.
  1. 농수산물안전정보시스템의 유지·관리 업무
  2. 농수산물 품질 관련 정보의 수집, 분류, 배포 등 정보관리 업무
  3. 데이터표준, 연계표준 및 정보시스템 개발표준 등 표준관리 업무
  4. 고객관리 업무
  5. 농수산물안전정보시스템의 홍보
  6. 사용자 교육
  7. 그 밖에 농수산물안전정보시스템의 운영에 필요한 업무

(3) 법 제104조(농수산물 명예감시원)

① 농림축산식품부장관 또는 해양수산부장관이나 시·도지사는 농수산물의 공정한 유통질서를 확립하기 위하여 소비자단체 또는 생산자단체의 회원·직원 등을 농수산물 명예감시원으로 위촉하여 농수산물의 유통질서에 대한 감시·지도·계몽을 하게 할 수 있다.

② 농림축산식품부장관 또는 해양수산부장관이나 시·도지사는 농수산물 명예감시원에게 예산의 범위에서 감시활동에 필요한 경비를 지급할 수 있다.

③ 농수산물 명예감시원의 자격, 위촉방법, 임무 등에 필요한 사항은 농림축산식품부령 또는 해양수산부령으로 정한다.

(4) 시행규칙 제133조(농수산물 명예감시원의 자격 및 위촉방법 등)

① 국립농산물품질관리원장, 국립수산물품질관리원장, 산림청장 또는 시·도지사는 다음의 어느 하나에 해당하는 사람 중에서 농수산물 명예감시원을 위촉한다.
　1. 생산자단체, 소비자단체 등의 회원이나 직원 중에서 해당 단체의 장이 추천하는 사람
　2. 농수산물의 유통에 관심이 있고 명예감시원의 임무를 성실히 수행할 수 있는 사람

② 명예감시원의 임무는 다음과 같다.
　1. 농수산물의 표준규격화, 농산물우수관리, 품질인증, 친환경수산물인증, 농수산물 이력추적관리, 지리적표시, 원산지표시에 관한 지도·홍보 및 위반사항의 감시·신고
　2. 그 밖에 농수산물의 유통질서 확립과 관련하여 국립농산물품질관리원장, 국립수산물품질관리원장, 산림청장 또는 시·도지사가 부여하는 임무

③ 명예감시원의 운영에 관한 세부 사항은 국립농산물품질관리원장, 국립수산물품질관리원장, 산림청장 또는 시·도지사가 정하여 고시한다.

(5) 법 제105조(농산물품질관리사 및 수산물품질관리사)

농림축산식품부장관 또는 해양수산부장관은 농산물 및 수산물의 품질 향상과 유통의 효율화를 촉진하기 위하여 농산물품질관리사 및 수산물품질관리사 제도를 운영한다.

(6) 법 제106조(농산물품질관리사 또는 수산물품질관리사의 직무)

① 농산물품질관리사는 다음의 직무를 수행한다.
　1. 농산물의 등급 판정
　2. 농산물의 생산 및 수확 후 품질관리기술 지도
　3. 농산물의 출하 시기 조절, 품질관리기술에 관한 조언
　4. 그 밖에 농산물의 품질 향상과 유통 효율화에 필요한 업무로서 농림축산식품부령으로 정하는 업무

② 수산물품질관리사는 다음의 직무를 수행한다.
　1. 수산물의 등급 판정
　2. 수산물의 생산 및 수확 후 품질관리기술 지도
　3. 수산물의 출하 시기 조절, 품질관리기술에 관한 조언
　4. 그 밖에 수산물의 품질 향상과 유통 효율화에 필요한 업무로서 해양수산부령으로 정하는 업무

> ▶ 시행규칙 제134조의2(수산물품질관리사의 업무)
>
> '해양수산부령으로 정하는 업무'란 다음의 업무를 말한다.
> 1. 수산물의 생산 및 수확 후의 품질관리기술 지도
> 2. 수산물의 선별·저장 및 포장 시설 등의 운용·관리
> 3. 수산물의 선별·포장 및 브랜드 개발 등 상품성 향상 지도
> 4. 포장수산물의 표시사항 준수에 관한 지도
> 5. 수산물의 규격출하 지도

(7) 법 제107조(농산물품질관리사 또는 수산물품질관리사의 시험·자격부여 등)

① 농산물품질관리사 또는 수산물품질관리사가 되려는 사람은 농림축산식품부장관 또는 해양수산부장관이 실시하는 농산물품질관리사 또는 수산물품질관리사 자격시험에 합격하여야 한다.

② 농산물품질관리사 또는 수산물품질관리사의 자격이 취소된 날부터 2년이 지나지 아니한 사람은 농산물품질관리사 또는 수산물품질관리사 자격시험에 응시하지 못한다.

③ 농산물품질관리사 또는 수산물품질관리사 자격시험의 실시계획, 응시자격, 시험과목, 시험방법, 합격기준 및 자격증 발급 등에 필요한 사항은 대통령령으로 정한다.

(8) 법 제107조의2(농산물품질관리사 또는 수산물품질관리사의 교육)

① 농림축산식품부령 또는 해양수산부령으로 정하는 농산물품질관리사 또는 수산물품질관리사는 업무 능력 및 자질의 향상을 위하여 필요한 교육을 받아야 한다.

② 교육의 방법 및 실시기관 등에 필요한 사항은 농림축산식품부령 또는 해양수산부령으로 정한다.

> ▶ 시행규칙 제136조의4(농산물품질관리사 또는 수산물품질관리사의 교육 대상)
>
> 법 제107조의2 제1항에서 "농림축산식품부령 또는 해양수산부령으로 정하는 농산물품질관리사 또는 수산물품질관리사"란 농수산물 유통 관련 사업자 또는 기관·단체에 채용된 농산물품질관리사 또는 수산물품질관리사 중에서 최근 2년 이내에 교육을 받은 사실이 없는 사람을 말한다.

> ▶ **시행규칙 제136조의5(농산물품질관리사 또는 수산물품질관리사의 교육 방법 및 실시기관 등)**
>
> ① 교육 실시기관은 다음의 어느 하나에 해당하는 기관으로서 수산물품질관리사의 교육 실시기관은 해양수산부장관이, 농산물품질관리사의 교육 실시기관은 국립농산물품질관리원장이 각각 지정하는 기관으로 한다.
> 1. 「한국농수산식품유통공사법」에 따른 한국농수산식품유통공사
> 2. 「한국해양수산연수원법」에 따른 한국해양수산연수원
> 3. 농림축산식품부 또는 해양수산부 소속 교육기관
> 4. 「민법」에 따라 설립된 비영리법인으로서 농산물 또는 수산물의 품질 또는 유통 관리를 목적으로 하는 법인
> ② 교육 실시기관이 실시하는 농산물품질관리사 또는 수산물품질관리사 교육에는 다음의 내용을 포함하여야 한다.
> 1. 농산물 또는 수산물의 품질 관리와 유통 관련 법령 및 제도
> 2. 농산물 또는 수산물의 등급 판정과 생산 및 수확 후 품질관리기술
> 3. 그 밖에 농산물 또는 수산물의 품질 관리 및 유통과 관련된 교육
> ③ 교육 실시기관은 필요한 경우 교육을 정보통신매체를 이용한 원격교육으로 실시할 수 있다.
> ④ 교육 실시기관은 교육을 이수한 사람에게 이수증명서를 발급하여야 하며, 교육을 실시한 다음 해 1월 15일까지 농산물품질관리사 교육 실시 결과는 국립농산물품질관리원장에게, 수산물품질관리사 교육 실시 결과는 해양수산부장관에게 각각 보고하여야 한다.
> ⑤ 교육에 필요한 경비(교재비, 강사 수당 등을 포함한다)는 교육을 받는 사람이 부담한다.
> ⑥ 규정한 사항 외에 교육 실시기관의 지정, 교육시간, 이수증명서의 발급, 교육 실시 결과의 보고 등 교육에 필요한 사항은 해양수산부장관 또는 국립농산물품질관리원장이 각각 정하여 고시한다.

(9) 법 제108조(농산물품질관리사 또는 수산물품질관리사의 준수사항)

① 농산물품질관리사 또는 수산물품질관리사는 농수산물의 품질 향상과 유통의 효율화를 촉진하여 생산자와 소비자 모두에게 이익이 될 수 있도록 신의와 성실로써 그 직무를 수행하여야 한다.

② 농산물품질관리사 또는 수산물품질관리사는 다른 사람에게 그 명의를 사용하게 하거나 그 자격증을 빌려주어서는 아니 된다.

(10) 법 제109조(농산물품질관리사 또는 수산물품질관리사의 자격 취소)

농림축산식품부장관 또는 해양수산부장관은 다음의 어느 하나에 해당하는 사람에 대하여 농산물품질관리사 또는 수산물품질관리사 자격을 취소하여야 한다.

 1. 농산물품질관리사 또는 수산물품질관리사의 자격을 거짓 또는 부정한 방법으로 취득한 사람
 2. 다른 사람에게 농산물품질관리사 또는 수산물품질관리사의 명의를 사용하게 하거나 자격증을 빌려준 사람

(11) 법 제110조(자금 지원)

정부는 농수산물의 품질 향상 또는 농수산물의 표준규격화 및 물류표준화의 촉진 등을 위하여 다음의 어느 하나에 해당하는 자에게 예산의 범위에서 포장자재, 시설 및 자동화장비 등의 매입 및 농산물품질관리사 또는 수산물품질관리사 운용 등에 필요한 자금을 지원할 수 있다.

1. 농어업인
2. 생산자단체
3. 우수관리인증을 받은 자, 우수관리인증기관, 농산물 수확 후 위생·안전 관리를 위한 시설의 사업자 또는 우수관리인증 교육을 실시하는 기관·단체

▶ **시행규칙 제137조(자금지원)**

법 제110조 제3호에 따른 "농산물 수확 후 위생·안전 관리를 위한 시설의 사업자"는 우수관리시설의 지정을 받으려는 자 또는 지정을 받은 자로 한다.

---

4. 이력추적관리 또는 지리적표시의 등록을 한 자
5. 농산물품질관리사 또는 수산물품질관리사를 고용하는 등 농수산물의 품질 향상을 위하여 노력하는 산지·소비지 유통시설의 사업자
6. 안전성검사기관 또는 위험평가 수행기관
7. 농수산물 검사 및 검정 기관
8. 그 밖에 농림축산식품부령 또는 해양수산부령으로 정하는 농수산물 유통 관련 사업자 또는 단체

▶ **시행규칙 제138조(유통 관련 사업자 및 단체)**

법 제110조 제8호에서 "농림축산식품부령 또는 해양수산부령으로 정하는 유통 관련 사업자 또는 단체"란 다음의 어느 하나에 해당하는 자를 말한다.

1. 다음의 어느 하나에 해당하는 시장 등을 개설·운영하는 자
   가. 「농수산물 유통 및 가격안정에 관한 법률」에 따른 농수산물도매시장
   나. 「농수산물 유통 및 가격안정에 관한 법률」에 따른 농수산물공판장
   다. 「농수산물 유통 및 가격안정에 관한 법률」에 따른 농수산물종합유통센터
   라. 「농수산물 유통 및 가격안정에 관한 법률」에 따른 농수산물산지유통센터
2. 「농수산물 유통 및 가격안정에 관한 법률」에 따른 도매시장법인, 시장도매인, 중도매인(仲都賣人), 매매참가인, 산지유통인(産地流通人) 및 이들로 구성된 단체
3. 농수산물을 계약재배 또는 양식하거나 수집하여 포장·판매하는 업을 전문으로 하는 사업자 또는 단체
4. 품질인증 또는 친환경수산물인증을 받은 사업자 또는 단체

---

(12) 법 제111조(우선구매)

① 농림축산식품부장관 또는 해양수산부장관은 농수산물 및 수산가공품의 유통을 원활히 하고 품질 향상을 촉진하기 위하여 필요하면 우수표시품, 지리적표시품 등을 「농수산물 유통 및 가격안정에 관한 법률」에 따른 농수산물도매시장이나 농수산물공판장에서 우선적으로 상장(上場)하거나 거래하게 할 수 있다.

② 국가 · 지방자치단체나 공공기관은 농수산물 또는 농수산가공품을 구매할 때에는 우수표시품, 지리적표시품 등을 우선적으로 구매할 수 있다.

(13) 법 제112조(포상금)

식품의약품안전처장은 유전자변형농수산물의 표시 규정 또는 거짓표시 등의 금지 규정을 위반한 자를 주무관청 또는 수사기관에 신고하거나 고발한 자 등에게는 대통령령으로 정하는 바에 따라 예산의 범위에서 포상금을 지급할 수 있다.

(14) 법 제113조(수수료)

다음의 어느 하나에 해당하는 자는 총리령, 농림축산식품부령 또는 해양수산부령으로 정하는 바에 따라 수수료를 내야 한다. 다만, 정부가 수매하거나 수출 또는 수입하는 농수산물 등에 대하여는 총리령, 농림축산식품부령 또는 해양수산부령으로 정하는 바에 따라 수수료를 감면할 수 있다.

1. 우수관리인증을 신청하거나 우수관리인증의 갱신심사, 유효기간연장을 위한 심사 또는 우수관리인증의 변경을 신청하는 자
2. 우수관리인증기관의 지정을 신청하거나 갱신하려는 자
3. 우수관리시설의 지정을 신청하거나 갱신을 신청하는 자
4. 품질인증을 신청하거나 품질인증의 유효기간 연장신청을 하는 자
5. 품질인증기관의 지정을 신청하는 자
6. 삭제 〈2012.6.1.〉
7. 「특허법」에 따른 기간연장신청 또는 수계신청을 하는 자
8. 지리적표시의 무효심판, 지리적표시의 취소심판, 지리적표시의 등록 거절 · 취소에 대한 심판 또는 재심을 청구하는 자
9. 보정을 하거나 「특허법」에 따른 제척 · 기피신청, 참가신청, 비용액결정의 청구, 집행력 있는 정본의 청구를 하는 자. 이 경우 재심에서의 신청 · 청구 등을 포함한다.
10. 안전성검사기관의 지정을 신청하는 자
11. 생산 · 가공시설등의 등록을 신청하는 자
12. 농산물의 검사 또는 재검사를 신청하는 자
13. 농산물검사기관의 지정을 신청하는 자
14. 수산물 또는 수산가공품의 검사나 재검사를 신청하는 자
15. 수산물검사기관의 지정을 신청하는 자

16. 검정을 신청하는 자
17. 검정기관의 지정을 신청하는 자

⒂ 법 제114조(청문 등)

① 농림축산식품부장관, 해양수산부장관 또는 식품의약품안전처장은 다음의 어느 하나에 해당하는 처분을 하려면 청문을 하여야 한다.
　1. 우수관리인증기관의 지정 취소
　2. 우수관리시설의 지정 취소
　3. 품질인증의 취소
　4. 품질인증기관의 지정 취소 또는 품질인증 업무의 정지
　5. 이력추적관리 등록의 취소
　6. 표준규격품 또는 품질인증품의 판매금지나 표시정지, 우수관리인증농산물의 판매금지 또는 우수관리인증의 취소나 표시정지
　7. 지리적표시품에 대한 판매의 금지, 표시의 정지 또는 등록의 취소
　8. 안전성검사기관의 지정 취소
　9. 생산 · 가공시설등이나 생산 · 가공업자등에 대한 생산 · 가공 · 출하 · 운반의 시정 · 제한 · 중지 명령, 생산 · 가공시설등의 개선 · 보수 명령 또는 등록의 취소
　10. 농산물검사기관의 지정 취소
　11. 검사판정의 취소
　12. 수산물검사기관의 지정 취소 또는 검사업무의 정지
　13. 검사판정의 취소
　14. 검정기관의 지정 취소
　15. 농산물품질관리사 또는 수산물품질관리사 자격의 취소
② 국립농산물품질관리원장은 농산물검사관 자격의 취소를 하려면 청문을 하여야 한다.
③ 국가검역 · 검사기관의 장은 수산물검사관 자격의 취소를 하려면 청문을 하여야 한다.
④ 우수관리인증기관은 우수관리인증을 취소하려면 우수관리인증을 받은 자에게 의견 제출의 기회를 주어야 한다.
⑤ 우수관리인증기관은 우수관리시설의 지정을 취소하려면 우수관리시설의 지정을 받은 자에게 의견제출의 기회를 주어야 한다.
⑥ 품질인증기관은 품질인증의 취소를 하려면 품질인증을 받은 자에게 의견 제출의 기회를 주어야 한다.
⑦ 의견 제출에 관하여는 「행정절차법」 제22조제4항부터 제6항까지 및 제27조를 준용한다. 이 경우 '행정청' 및 '관할행정청'은 각각 '우수관리인증기관' 또는 '품질인증기관'으로 본다.

(16) 법 제115조(권한의 위임·위탁 등)

① 이 법에 따른 농림축산식품부장관, 해양수산부장관 또는 식품의약품안전처장의 권한은 그 일부를 대통령령으로 정하는 바에 따라 소속 기관의 장, 농촌진흥청장, 산림청장, 시·도지사 또는 시장·군수·구청장에게 위임할 수 있다.

② 이 법에 따른 농림축산식품부장관, 해양수산부장관 또는 식품의약품안전처장의 업무는 그 일부를 대통령령으로 정하는 바에 따라 다음의 자에게 위탁할 수 있다.

1. 생산자단체
2. 「공공기관의 운영에 관한 법률」에 따른 공공기관
3. 「정부출연연구기관 등의 설립·운영 및 육성에 관한 법률」에 따른 정부출연연구기관 또는 「과학기술분야 정부출연연구기관 등의 설립·운영 및 육성에 관한 법률」에 따른 과학기술분야 정부출연연구기관
4. 「농어업경영체 육성 및 지원에 관한 법률」에 따라 설립된 영농조합법인 및 영어조합법인 등 농림 또는 수산 관련 법인이나 단체

(17) 법 제116조(벌칙 적용 시의 공무원 의제)

다음의 어느 하나에 해당하는 사람은 「형법」 제129조부터 제132조까지의 규정에 따른 벌칙을 적용할 때에는 공무원으로 본다.

1. 심의회의 위원 중 공무원이 아닌 위원
2. 우수관리인증 또는 우수관리시설의 지정 업무에 종사하는 우수관리인증기관의 임원·직원
3. 품질인증 업무에 종사하는 품질인증기관의 임원·직원
4. 심판위원 중 공무원이 아닌 심판위원
5. 안전성조사와 시험분석 업무에 종사하는 안전성검사기관의 임원·직원
6. 농산물 검사, 재검사 및 이의신청 업무에 종사하는 농산물검사기관의 임원·직원
7. 검사 및 재검사 업무에 종사하는 수산물검사기관의 임원·직원
8. 검정 업무에 종사하는 검정기관의 임원·직원
9. 위탁받은 업무에 종사하는 생산자단체 등의 임원·직원

9 벌칙

(1) 법 제117조(벌칙)

다음의 어느 하나에 해당하는 자는 7년 이하의 징역 또는 1억 원 이하의 벌금에 처한다. 이 경우 징역과 벌금은 병과(倂科)할 수 있다.

1. 유전자변형농수산물의 표시를 거짓으로 하거나 이를 혼동하게 할 우려가 있는 표시를 한 유전자변형농수산물 표시의무자
2. 유전자변형농수산물의 표시를 혼동하게 할 목적으로 그 표시를 손상·변경한 유전자변형농수산물 표시의무자
3. 유전자변형농수산물의 표시를 한 농수산물에 다른 농수산물을 혼합하여 판매하거나 혼합하여 판매할 목적으로 보관 또는 진열한 유전자변형농수산물 표시의무자

(2) 법 제118조(벌칙)

「해양환경관리법」에 따른 기름을 배출한 자는 5년 이하의 징역 또는 5천만 원 이하의 벌금에 처한다.

(3) 법 제119조(벌칙)

다음의 어느 하나에 해당하는 자는 3년 이하의 징역 또는 3천만 원 이하의 벌금에 처한다.

1. 우수표시품이 아닌 농수산물(우수관리인증농산물이 아닌 농산물의 경우에는 승인을 받지 아니한 농산물을 포함한다) 또는 농수산가공품에 우수표시품의 표시를 하거나 이와 비슷한 표시를 한 자
1의2. 우수표시품이 아닌 농수산물(우수관리인증농산물이 아닌 농산물의 경우에는 승인을 받지 아니한 농산물을 포함한다) 또는 농수산가공품을 우수표시품으로 광고하거나 우수표시품으로 잘못 인식할 수 있도록 광고한 자
2. 다음의 어느 하나에 해당하는 행위를 한 자
   가. 표준규격품의 표시를 한 농수산물에 표준규격품이 아닌 농수산물 또는 농수산가공품을 혼합하여 판매하거나 혼합하여 판매할 목적으로 보관하거나 진열하는 행위
   나. 우수관리인증의 표시를 한 농산물에 우수관리인증농산물이 아닌 농산물(제7조제4항에 따른 승인을 받지 아니한 농산물을 포함한다) 또는 농산가공품을 혼합하여 판매하거나 혼합하여 판매할 목적으로 보관하거나 진열하는 행위
   다. 품질인증품의 표시를 한 수산물에 품질인증품이 아닌 수산물 또는 수산가공품을 혼합하여 판매하거나 혼합하여 판매할 목적으로 보관 또는 진열하는 행위
   라. 이력추적관리의 표시를 한 농산물에 이력추적관리의 등록을 하지 아니한 농산물 또는 농산가공품을 혼합하여 판매하거나 혼합하여 판매할 목적으로 보관하거나 진열하는 행위

3. 지리적표시품이 아닌 농수산물 또는 농수산가공품의 포장·용기·선전물 및 관련 서류에 지리적 표시나 이와 비슷한 표시를 한 자
4. 지리적표시품에 지리적표시품이 아닌 농수산물 또는 농수산가공품을 혼합하여 판매하거나 혼합하여 판매할 목적으로 보관 또는 진열한 자
5. 「해양환경관리법」에 따른 폐기물, 유해액체물질 또는 포장유해물질을 배출한 자
6. 거짓이나 그 밖의 부정한 방법으로 농산물의 검사, 농산물의 재검사, 수산물 및 수산가공품의 검사, 수산물 및 수산가공품의 재검사 및 검정을 받은 자
7. 검사를 받아야 하는 수산물 및 수산가공품에 대하여 검사를 받지 아니한 자
8. 검사 및 검정 결과의 표시, 검사증명서 및 검정증명서를 위조하거나 변조한 자
9. 검정 결과에 대하여 거짓광고나 과대광고를 한 자

(4) 법 제120조(벌칙)

다음의 어느 하나에 해당하는 자는 1년 이하의 징역 또는 1천만 원 이하의 벌금에 처한다.
1. 이력추적관리의 등록을 하지 아니한 자
2. 시정명령(표시방법에 대한 시정명령은 제외한다), 판매금지 또는 표시정지 처분에 따르지 아니한 자
3. 시정명령(표시방법에 대한 시정명령은 제외한다)이나 판매금지 조치에 따르지 아니한 자
4. 처분을 이행하지 아니한 자
5. 공표명령을 이행하지 아니한 자
6. 조치를 이행하지 아니한 자
7. 동물용 의약품을 사용하는 행위를 제한하거나 금지하는 조치에 따르지 아니한 자
8. 지정해역에서 수산물의 생산제한 조치에 따르지 아니한 자
9. 생산·가공·출하 및 운반의 시정·제한·중지 명령을 위반하거나 생산·가공시설등의 개선·보수 명령을 이행하지 아니한 자
9의2. 조치를 이행하지 아니한 자
10. 검사를 받아야 하는 농산물에 대하여 검사를 받지 아니한 자
11. 검사를 받지 아니하고 해당 농수산물이나 수산가공품을 판매·수출하거나 판매·수출을 목적으로 보관 또는 진열한 자
12. 다른 사람에게 농산물품질관리사 또는 수산물품질관리사의 명의를 사용하게 하거나 그 자격증을 빌려준 자

(5) 법 제121조(과실범)

과실로 죄를 범한 자는 3년 이하의 징역 또는 3천만 원 이하의 벌금에 처한다.

(6) 법 제122조(양벌규정)

법인의 대표자나 법인 또는 개인의 대리인, 사용인, 그 밖의 종업원이 그 법인 또는 개인의 업무에 관하여 위반행위를 하면 그 행위자를 벌하는 외에 그 법인 또는 개인에게도 해당 조문의 벌금형을 과(科)한다. 다만, 법인 또는 개인이 그 위반행위를 방지하기 위하여 해당 업무에 관하여 상당한 주의와 감독을 게을리 하지 아니한 경우에는 그러하지 아니하다.

(7) 법 제123조(과태료)

① 다음의 어느 하나에 해당하는 자에게는 1천만 원 이하의 과태료를 부과한다.
  1. 수거·조사·열람 등을 거부·방해 또는 기피한 자
  2. 등록한 자로서 변경신고를 하지 아니한 자
  3. 등록한 자로서 이력추적관리의 표시를 하지 아니한 자
  4. 등록한 자로서 이력추적관리기준을 지키지 아니한 자
  5. 표시방법에 대한 시정명령에 따르지 아니한 자
  6. 유전자변형농수산물의 표시를 하지 아니한 자
  7. 유전자변형농수산물의 표시방법을 위반한 자
② 다음의 어느 하나에 해당하는 자에게는 100만 원 이하의 과태료를 부과한다.
  1. 양식시설에서 가축을 사육한 자
  2. 보고를 하지 아니하거나 거짓으로 보고한 생산·가공업자 등
③ 과태료는 대통령령으로 정하는 바에 따라 농림축산식품부장관, 해양수산부장관, 식품의약품안전처장 또는 시·도지사가 부과·징수한다.

CHAPTER

02

제1과목 수산물 품질관리 관련 법령

농수산물 유통 및 가격안정에 관한 법령

1 총칙

(1) 법 제1조(목적)

이 법은 농수산물의 유통을 원활하게 하고 적정한 가격을 유지하게 함으로써 생산자와 소비자의 이익을 보호하고 국민생활의 안정에 이바지함을 목적으로 한다.

(2) 법 제2조(정의)

이 법에서 사용하는 용어의 뜻은 다음과 같다.

1. '농수산물'이란 농산물·축산물·수산물 및 임산물 중 농림축산식품부령 또는 해양수산부령으로 정하는 것을 말한다.
2. '농수산물도매시장'이란 특별시·광역시·특별자치시·특별자치도 또는 시가 양곡류·청과류·화훼류·조수육류·어류·조개류·갑각류·해조류 및 임산물 등 대통령령으로 정하는 품목의 전부 또는 일부를 도매하게 하기 위하여 관할구역에 개설하는 시장을 말한다.

▶ **시행령 제2조(농수산물도매시장의 거래품목)**

1. 양곡부류 : 미곡·맥류·두류·조·좁쌀·수수·수수쌀·옥수수·메밀·참깨 및 땅콩
2. 청과부류 : 과실류·채소류·산나물류·목과류·버섯류·서류·인삼류 중 수삼 및 유지작물류와 두류 및 잡곡 중 신선한 것
3. 축산부류 : 조수육류 및 난류
4. 수산부류 : 생선어류·건어류·염건어류·염장어류·조개류·갑각류 해조류 및 젓갈류
5. 화훼부류 : 절화·절지·절엽 및 분화
6. 약용작물부류 : 한약재용 약용작물(야생물이나 그 밖에 재배에 의하지 아니한 것을 포함한다). 다만, 「약사법」에 따른 한약은 의약품판매업의 허가를 받은 것으로 한정한다.
7. 그 밖에 농어업인이 생산한 농수산물과 이를 단순가공한 물품으로서 개설자가 지정하는 품목

---

3. '중앙도매시장'이란 특별시·광역시·특별자치시 또는 특별자치도가 개설한 농수산물도매시장 중 해당 관할구역 및 그 인접지역에서 도매의 중심이 되는 농수산물도매시장으로서 농림축산식품부령 또는 해양수산부령으로 정하는 것을 말한다.

▶ **시행규칙 제3조(중앙도매시장)**

1. 서울특별시 가락동 농수산물도매시장
2. 서울특별시 노량진 수산물도매시장
3. 부산광역시 엄궁동 농산물도매시장
4. 부산광역시 국제 수산물도매시장
5. 대구광역시 북부 농수산물도매시장
6. 인천광역시 구월동 농수산물도매시장
7. 인천광역시 삼산 농산물도매시장
8. 광주광역시 각화동 농산물도매시장
9. 대전광역시 오정 농수산물도매시장
10. 대전광역시 노은 농산물도매시장
11. 울산광역시 농수산물도매시장

---

4. '지방도매시장'이란 중앙도매시장 외의 농수산물도매시장을 말한다.
5. '농수산물공판장'이란 지역농업협동조합, 지역축산업협동조합, 품목별·업종별협동조합, 조합공동사업법인, 품목조합연합회, 산림조합 및 수산업협동조합과 그 중앙회(농협경제지주회사를 포함), 그 밖에 내통령령으로 정하는 생산자 관련 단체와 공익상 필요하다고 인정되는 법인으로서 대통령령으로 정하는 법인(공익법인)이 농수산물을 도매하기 위하여 특별시장·광역시장·특별자치시장·도지사 또는 특별자치도지사의 승인을 받아 개설·운영하는 사업장을 말한다.

▶ **시행령 제3조(농수산물공판장의 개설자)**

① '대통령령으로 정하는 생산자 관련 단체'란 다음의 단체를 말한다.
  1. 「농어업경영체 육성 및 지원에 관한 법률」에 따른 영농조합법인 및 영어조합법인과 농업회사법인 및 어업회사법인
  2. 「농업협동조합법」에 따른 농협경제지주회사의 자회사
② '대통령령으로 정하는 법인'이란 「한국농수산식품유통공사법」에 따른 한국농수산식품유통공사를 말한다.

---

6. '민영농수산물도매시장'이란 국가, 지방자치단체 및 농수산물공판장을 개설할 수 있는 자 외의 자(민간인 등)가 농수산물을 도매하기 위하여 시·도지사의 허가를 받아 특별시·광역시·특별자치시·특별자치도 또는 시 지역에 개설하는 시장을 말한다.
7. '도매시장법인'이란 농수산물도매시장의 개설자로부터 지정을 받고 농수산물을 위탁받아 상장하여 도매하거나 이를 매수하여 도매하는 법인(도매시장법인의 지정을 받은 것으로 보는 공공출자법인 포함)을 말한다.

8. '시장도매인'이란 농수산물도매시장 또는 민영농수산물도매시장의 개설자로부터 지정을 받고 농수산물을 매수 또는 위탁받아 도매하거나 매매를 중개하는 영업을 하는 법인을 말한다.

9. '중도매인'이란 농수산물도매시장·농수산물공판장 또는 민영농수산물도매시장의 개설자의 허가 또는 지정을 받아 다음의 영업을 하는 자를 말한다.

   가. 농수산물도매시장·농수산물공판장 또는 민영농수산물도매시장에 상장된 농수산물을 매수하여 도매하거나 매매를 중개하는 영업

   나. 농수산물도매시장·농수산물공판장 또는 민영농수산물도매시장의 개설자로부터 허가를 받은 비상장(非上場) 농수산물을 매수 또는 위탁받아 도매하거나 매매를 중개하는 영업

10. '매매참가인'이란 농수산물도매시장·농수산물공판장 또는 민영농수산물도매시장의 개설자에게 신고를 하고, 농수산물도매시장·농수산물공판장 또는 민영농수산물도매시장에 상장된 농수산물을 직접 매수하는 자로서 중도매인이 아닌 가공업자·소매업자·수출업자 및 소비자단체 등 농수산물의 수요자를 말한다.

11. '산지유통인'(産地流通人)이란 농수산물도매시장·농수산물공판장 또는 민영농수산물도매시장의 개설자에게 등록하고, 농수산물을 수집하여 농수산물도매시장·농수산물공판장 또는 민영농수산물도매시장에 출하(出荷)하는 영업을 하는 자(법인을 포함)를 말한다.

12. '농수산물종합유통센터'란 국가 또는 지방자치단체가 설치하거나 국가 또는 지방자치단체의 지원을 받아 설치된 것으로서 농수산물의 출하 경로를 다원화하고 물류비용을 절감하기 위하여 농수산물의 수집·포장·가공·보관·수송·판매 및 그 정보처리 등 농수산물의 물류활동에 필요한 시설과 이와 관련된 업무시설을 갖춘 사업장을 말한다.

13. '경매사'(競賣士)란 도매시장법인의 임명을 받거나 농수산물공판장·민영농수산물도매시장 개설자의 임명을 받아, 상장된 농수산물의 가격 평가 및 경락자 결정 등의 업무를 수행하는 자를 말한다.

14. '농수산물 전자거래'란 농수산물의 유통단계를 단축하고 유통비용을 절감하기 위하여 「전자문서 및 전자거래 기본법」에 따른 전자거래의 방식으로 농수산물을 거래하는 것을 말한다.

(3) 법 제3조(다른 법률의 적용 배제)

이 법에 따른 농수산물도매시장(이하 '도매시장'), 농수산물공판장(이하 '공판장'), 민영농수산물도매시장(이하 '민영도매시장') 및 농수산물종합유통센터(이하 '종합유통센터')에 대하여는 「유통산업발전법」의 규정을 적용하지 아니한다.

2 농수산물의 생산조정 및 출하조절

(1) 법 제4조(주산지의 지정 및 해제 등)

① 시·도지사는 농수산물의 경쟁력 제고 또는 수급을 조절하기 위하여 생산 및 출하를 촉진 또는 조절할 필요가 있다고 인정할 때에는 주요 농수산물의 생산지역이나 생산수면(이하 '주산지')을 지정하고 그 주산지에서 주요 농수산물을 생산하는 자에 대하여 생산자금의 융자 및 기술지도 등 필요한 지원을 할 수 있다.

> ▶ 시행령 제4조(주산지의 지정·변경 및 해제)
> ① 주요 농수산물의 생산지역이나 생산수면(주산지)의 지정은 읍·면·동 또는 시·군·구 단위로 한다.
> ② 특별시장·광역시장·특별자치시장·도지사 또는 특별자치도지사는 주산지를 지정하였을 때에는 이를 고시하고 농림축산식품부장관 또는 해양수산부장관에게 통지하여야 한다.
> ③ 주산지 지정의 변경 또는 해제에 관하여는 ① 및 ②를 준용한다.

② 주요 농수산물은 국내 농수산물의 생산에서 차지하는 비중이 크거나 생산·출하의 조절이 필요한 것으로서 농림축산식품부장관 또는 해양수산부장관이 지정하는 품목으로 한다.

③ 주산지는 다음의 요건을 갖춘 지역 또는 수면(水面) 중에서 구역을 정하여 지정한다.
   1. 주요 농수산물의 재배면적 또는 양식면적이 농림축산식품부장관 또는 해양수산부장관이 고시하는 면적 이상일 것
   2. 주요 농수산물의 출하량이 농림축산식품부장관 또는 해양수산부장관이 고시하는 수량 이상일 것

④ 시·도지사는 지정된 주산지가 지정요건에 적합하지 아니하게 되었을 때에는 그 지정을 변경하거나 해제할 수 있다.

⑤ 주산지의 지정, 주요 농수산물 품목의 지정 및 주산지의 변경·해제에 필요한 사항은 대통령령으로 정한다.

(2) 시행령 제5조(주요 농수산물 품목의 지정)

농림축산식품부장관 또는 해양수산부장관은 주요 농수산물 품목을 지정하였을 때에는 이를 고시하여야한다.

(3) 법 제5조의2(농수산물 유통 관련 통계작성 등)

① 농림축산식품부장관 또는 해양수산부장관은 농수산물의 수급안정을 위하여 가격의 등락 폭이 큰 주요 농수산물의 유통에 관한 통계를 작성·관리하고 공표하되, 필요한 경우 통계청장과 협의할 수 있다.

② 농림축산식품부장관 또는 해양수산부장관은 통계 작성을 위하여 필요한 경우 관계 중앙행정기관의 장 또는 지방자치단체의 장 등에게 자료의 제공을 요청할 수 있다. 이 경우 자료제공을 요청받은 관계 중앙행정기관의 장 또는 지방자치단체의 장 등은 특별한 사유가 없으면 자료를 제공하여야 한다.

③ 규정한 사항 외에 농수산물의 유통에 관한 통계 작성·관리 및 공표 등에 필요한 사항은 대통령령으로 정한다.

(4) 법 제5조의3(종합정보시스템의 구축·운영)

① 농림축산식품부장관 및 해양수산부장관은 농수산물의 원활한 수급과 적정한 가격 유지를 위하여 농수산물유통 종합정보시스템을 구축하여 운영할 수 있다.

② 농림축산식품부장관 및 해양수산부장관은 농수산물유통 종합정보시스템의 구축·운영을 대통령령으로 정하는 전문기관에 위탁할 수 있다.

> ▶ 시행령 제6조(종합정보시스템 구축·운영 업무의 위탁 등)
>
> ① 농림축산식품부장관 및 해양수산부장관은 농수산물유통 종합정보시스템(이하 "종합정보시스템")의 구축·운영 업무를 다음의 기관에 위탁한다.
> 1. 농산물의 경우 : 「한국농수산식품유통공사법」에 따른 한국농수산식품유통공사
> 2. 수산물의 경우 : 「정부출연연구기관 등의 설립·운영 및 육성에 관한 법률」에 따른 한국해양수산개발원
> ② 농림축산식품부장관 및 해양수산부장관은 위탁 업무 수행에 필요한 경비를 지원할 수 있다.

③ 규정한 사항 외에 농수산물유통 종합정보시스템의 구축·운영 등에 필요한 사항은 대통령령으로 정한다.

> ▶ 시행령 제6조의2(종합정보시스템의 구축·운영 등)
>
> ① 농림축산식품부장관 및 해양수산부장관은 농수산물의 원활한 수급과 적정한 가격 유지를 위하여 필요한 농수산물의 생산, 유통 및 소비 등에 관한 정보를 수집할 수 있다.
> ② 농림축산식품부장관 및 해양수산부장관은 정보 수집을 위하여 필요한 경우 관계 중앙행정기관의 장 또는 지방자치단체의 장 등에게 자료의 제공을 요청할 수 있다.
> ③ 규정한 사항 외에 종합정보시스템의 구축·운영에 필요한 세부사항은 농림축산식품부장관 및 해양수산부장관이 정한다.

(5) 법 제8조(가격 예시)

① 농림축산식품부장관 또는 해양수산부장관은 농림축산식품부령 또는 해양수산부령으로 정하는 주요 농수산물의 수급조절과 가격안정을 위하여 필요하다고 인정할 때에는 해당 농산물의 파종기 또는 수산물의 종자입식 시기 이전에 생산자를 보호하기 위한 하한가격(이하 '예시가격')을 예시할 수 있다.

② 농림축산식품부장관 또는 해양수산부장관은 예시가격을 결정할 때에는 해당 농산물의 농림업관측, 주요 곡물의 국제곡물관측 또는 「수산물 유통의 관리 및 지원에 관한 법률」에 따른 수산업관측 결과, 예상 경영비, 지역별 예상 생산량 및 예상 수급상황 등을 고려하여야 한다.

③ 농림축산식품부장관 또는 해양수산부장관은 예시가격을 결정할 때에는 미리 기획재정부장관과 협의하여야 한다.

④ 농림축산식품부장관 또는 해양수산부장관은 가격을 예시한 경우에는 예시가격을 지지하기 위하여 농림업관측·국제곡물관측 또는 수산업관측의 지속적 실시, 「수산물 유통의 관리 및 지원에 관한 법률」에 따른 계약생산 또는 계약출하의 장려, 「수산물 유통의 관리 및 지원에 관한 법률」에 따른 수매 및 처분, 유통협약 및 유통조절명령, 「수산물 유통의 관리 및 지원에 관한 법률」에 따른 비축사업 등을 연계하여 적절한 시책을 추진하여야 한다.

(6) 법 제10조(유통협약 및 유통조절명령)

① 주요 농수산물의 생산자, 산지유통인, 저장업자, 도매업자·소매업자 및 소비자 등의 대표는 해당 농수산물의 자율적인 수급조절과 품질향상을 위하여 생산조정 또는 출하조절을 위한 유통협약을 체결할 수 있다.

② 농림축산식품부장관 또는 해양수산부장관은 부패하거나 변질되기 쉬운 농수산물로서 농림축산식품부령 또는 해양수산부령으로 정하는 농수산물에 대하여 현저한 수급 불안정을 해소하기 위하여 특히 필요하다고 인정되고 농림축산식품부령 또는 해양수산부령으로 정하는 생산자등 또는 생산자단체가 요청할 때에는 공정거래위원회와 협의를 거쳐 일정 기간 동안 일정 지역의 해당 농수산물의 생산자등에게 생산조정 또는 출하조절을 하도록 하는 유통조절명령(이하 '유통명령')을 할 수 있다.

③ 유통명령에는 유통명령을 하는 이유, 대상 품목, 대상자, 유통조절방법 등 대통령령으로 정하는 사항이 포함되어야 한다.

④ 생산자등 또는 생산자단체가 유통명령을 요청하려는 경우에는 내용이 포함된 요청서를 작성하여 이해관계인·유통전문가의 의견수렴 절차를 거치고 해당 농수산물의 생산자등의 대표나 해당 생산자단체의 재적회원 3분의 2 이상의 찬성을 받아야 한다.

⑤ 유통명령을 하기 위한 기준과 구체적 절차, 유통명령을 요청할 수 있는 생산자등의 조직과 구성 및 운영방법 등에 관하여 필요한 사항은 농림축산식품부령 또는 해양수산부령으로 정한다.

(7) 시행령 제11조(유통조절명령)

유통조절명령에는 다음의 사항이 포함되어야 한다.

1. 유통조절명령의 이유(수급·가격·소득의 분석 자료를 포함)
2. 대상 품목
3. 기간
4. 지역
5. 대상자
6. 생산조정 또는 출하조절의 방안
7. 명령이행 확인의 방법 및 명령 위반자에 대한 제재조치
8. 사후관리와 그 밖에 농림축산식품부장관 또는 해양수산부장관이 유통조절에 관하여 필요하다고 인정하는 사항

(8) 시행규칙 제10조(유통명령의 대상 품목)

유통조절명령을 내릴 수 있는 농수산물은 다음의 농수산물 중 농림축산식품부장관 또는 해양수산부장관이 지정하는 품목으로 한다.

1. 유통협약을 체결한 농수산물
2. 생산이 전문화되고 생산지역의 집중도가 높은 농수산물

(9) 시행규칙 제11조(유통명령의 요청자 등)

① 법 제10조 제2항에서 '농림축산식품부령 또는 해양수산부령으로 정하는 생산자등 또는 생산자단체'란 다음의 생산자등 또는 생산자단체로서 농수산물의 수급조절 및 품질향상 능력 등 농림축산식품부장관 또는 해양수산부장관이 정하는 요건을 갖춘 자를 말한다.

1. 유통명령 대상 품목인 농수산물의 수급조절과 품질향상을 위하여 유통조절추진위원회를 구성·운영하는 생산자등
2. 유통명령 대상 품목인 농수산물을 주로 생산하는 생산자단체

② 요청자가 유통명령을 요청하는 경우에는 유통명령 요청서를 해당 지역에서 발행되는 일간지에 공고하거나 이해관계자 대표 등에게 발송하여 10일 이상 의견조회를 하여야 한다.

⑽ 시행규칙 제11조의2(유통명령의 발령기준 등)

유통명령을 발하기 위한 기준은 다음의 사항을 감안하여 농림축산식품부장관 또는 해양수산부장관이 정하여 고시한다.

1. 품목별 특성
2. 관측 결과 등을 반영하여 산정한 예상 가격과 예상 공급량

(11) 시행규칙 제12조(유통조절추진위원회의 조직 등)

① 유통명령을 요청하려는 생산자등은 유통명령 대상 품목의 생산자, 산지유통인, 저장업자, 도매업자·소매업자 및 소비자 등의 대표가 참여하여 유통명령의 요청 및 유통조절 추진에 관한 사항을 협의하는 유통조절추진위원회를 구성하여야 하며, 유통명령의 원활한 시행을 위하여 필요한 경우에는 해당 농수산물의 주요 생산지에 유통조절추진위원회의 지역조직을 둘 수 있다.

② 유통조절추진위원회의 구성 및 운영방법 등에 관한 세부적인 사항은 농림축산식품부장관 또는 해양수산부장관이 정한다.

③ 농림축산식품부장관 또는 해양수산부장관은 유통조절추진위원회의 생산·출하조절 등 수급안정을 위한 활동을 지원할 수 있다.

(12) 법 제11조(유통명령의 집행)

① 농림축산식품부장관 또는 해양수산부장관은 유통명령이 이행될 수 있도록 유통명령의 내용에 관한 홍보, 유통명령 위반자에 대한 제재 등 필요한 조치를 하여야 한다.

② 농림축산식품부장관 또는 해양수산부장관은 필요하다고 인정하는 경우에는 지방자치단체의 장, 해당 농수산물의 생산자등의 조직 또는 생산지단체로 하여금 유통명령 집행업무의 일부를 수행하게 할 수 있다.

(13) 법 제12조(유통명령 이행자에 대한 지원 등)

① 농림축산식품부장관 또는 해양수산부장관은 유통협약 또는 유통명령을 이행한 생산자등이 그 유통협약이나 유통명령을 이행함에 따라 발생하는 손실에 대하여는 농산물가격안정기금 또는 수산발전기금으로 그 손실을 보전(補塡)하게 할 수 있다.

② 농림축산식품부장관 또는 해양수산부장관은 유통명령 집행업무의 일부를 수행하는 생산자등의 조직이나 생산자단체에 필요한 지원을 할 수 있다.

③ 유통명령 이행으로 인한 손실 보전 및 유통명령 집행업무의 지원에 필요한 사항은 대통령령으로 정한다.

3 농수산물도매시장

(1) 법 제17조(도매시장의 개설 등)

① 도매시장은 대통령령으로 정하는 바에 따라 부류별로 또는 둘 이상의 부류를 종합하여 중앙도매시장의 경우에는 특별시·광역시·특별자치시 또는 특별자치도가 개설하고, 지방도매시장의 경우에는 특별시·광역시·특별자치시·특별자치도 또는 시가 개설한다. 다만, 시가 지방도매시장을 개설하려면 도지사의 허가를 받아야 한다.

> ▶ **시행령 제15조(도매시장의 개설)**
>
> 도매시장은 양곡부류·청과부류·축산부류·수산부류·화훼부류 및 약용작물부류별로 개설하거나 둘 이상의 부류를 종합하여 개설한다.

② 시가 지방도매시장의 개설허가를 받으려면 농림축산식품부령 또는 해양수산부령으로 정하는 바에 따라 지방도매시장 개설허가 신청서에 업무규정과 운영관리계획서를 첨부하여 도지사에게 제출하여야 한다.

③ 특별시·광역시·특별자치시 또는 특별자치도가 도매시장을 개설하려면 미리 업무규정과 운영관리계획서를 작성하여야 하며, 중앙도매시장의 업무규정은 농림축산식품부장관 또는 해양수산부장관의 승인을 받아야 한다.

④ 중앙도매시장의 개설자가 업무규정을 변경하는 때에는 농림축산식품부장관 또는 해양수산부장관의 승인을 받아야 하며, 지방도매시장의 개설자(시가 개설자인 경우만 해당한다)가 업무규정을 변경하는 때에는 도지사의 승인을 받아야 한다.

⑤ 시가 지방도매시장을 폐쇄하려면 그 3개월 전에 도지사의 허가를 받아야 한다. 다만, 특별시·광역시·특별자치시 및 특별자치도가 도매시장을 폐쇄하는 경우에는 그 3개월 전에 이를 공고하여야 한다.

⑥ 업무규정으로 정하여야 할 사항과 운영관리계획서의 작성 및 제출에 필요한 사항은 농림축산식품부령 또는 해양수산부령으로 정한다.

(2) 시행규칙 제15조(도매시장의 장소 이전 등)

① 시가 지방도매시장의 장소를 이전하려는 경우에는 장소 이전 허가신청서에 업무규정과 운영관리계획서를 첨부하여 도지사에게 제출하여야 한다.

② 특별시·광역시·특별자치시 또는 특별자치도가 농수산물도매시장을 개설한 경우에는 작성한 도매시장의 업무규정 및 운영관리계획서를 농림축산식품부장관 또는 해양수산부장관에게 제출하여야 한다. 해당 도매시장의 업무규정을 변경한 경우에도 또한 같다.

(3) 시행규칙 제16조(업무규정)

① 도매시장의 업무규정에 정할 사항은 다음과 같다.
1. 도매시장의 명칭·장소 및 면적
2. 거래품목
3. 도매시장의 휴업일 및 영업시간
4. 「지방공기업법」에 따른 지방공사, 공공출자법인 또는 한국농수산식품유통공사를 시장관리자로 지정하여 도매시장의 관리업무를 하게 하는 경우에는 그 관리업무에 관한 사항
5. 지정하려는 도매시장법인의 적정 수, 임원의 자격, 자본금, 거래규모, 순자산액 비율, 거래대금의 지급보증을 위한 보증금 등 그 지정조건에 관한 사항
6. 도매시장법인이 다른 도매시장법인을 인수·합병하려는 경우 도매시장법인의 임원의 자격, 자본금, 사업계획서, 거래대금의 지급보증을 위한 보증금 등 그 승인요건에 관한 사항
7. 중도매업의 허가에 관한 사항, 중도매인의 적정 수, 최저거래금액, 거래대금의 지급보증을 위한 보증금, 시설사용계약 등 그 허가조건에 관한 사항
8. 법인인 중도매인이 다른 법인인 중도매인을 인수·합병하려는 경우 거래규모, 거래보증금 등 그 승인요건에 관한 사항
9. 산지유통인의 등록에 관한 사항
10. 출하자 신고 및 출하 예약에 관한 사항
11. 도매시장법인의 매수거래 및 상장되지 아니한 농수산물의 중도매인 거래허가에 관한 사항
12. 도매시장법인 또는 시장도매인의 매매방법에 관한 사항
13. 도매시장법인 및 시장도매인의 거래의 특례에 관한 사항
14. 도매시장법인의 겸영(兼營)에 관한 사항
15. 도매시장법인 또는 시장도매인 공시에 관한 사항
16. 지정하려는 시장도매인의 적정 수, 임원의 자격, 자본금, 거래규모, 순자산액 비율, 거래대금의 지급보증을 위한 보증금, 최저거래금액 등 그 지정조건에 관한 사항
17. 시장도매인이 다른 시장도매인을 인수·합병하려는 경우 시장도매인의 임원의 자격, 자본금, 사업계획서, 거래대금의 지급보증을 위한 보증금 등 그 승인요건에 관한 사항
18. 최소출하량의 기준에 관한 사항
19. 농수산물의 안전성 검사에 관한 사항
20. 표준하역비를 부담하는 규격출하품과 표준하역비에 관한 사항
21. 도매시장법인 또는 시장도매인의 대금결제방법과 대금 지급의 지체에 따른 지체상금의 지급 등 대금결제에 관한 사항
22. 개설자, 도매시장법인, 시장도매인 또는 중도매인이 징수하는 도매시장 사용료, 부수시설 사용료, 위탁수수료, 중개수수료 및 정산수수료
23. 지방도매시장의 운영 등의 특례에 관한 사항
24. 시설물의 사용기준 및 조치에 관한 사항
25. 도매시장법인, 시장도매인, 도매시장공판장, 중도매인의 시설사용면적 조정·차등지원 등에 관한 사항

26. 도매시장거래분쟁조정위원회의 구성·운영 및 분쟁 심의대상 등에 관한 세부 사항
27. 최소경매사의 수에 관한 사항
28. 도매시장법인의 매매방법에 관한 사항
29. 대량입하품 등의 우대조치에 관한 사항
30. 전자식경매·입찰의 예외에 관한 사항
31. 정산창구의 운영방법 및 관리에 관한 사항
32. 표준송품장의 양식 및 관리에 관한 사항
33. 판매원표의 관리에 관한 사항
34. 표준정산서의 양식 및 관리에 관한 사항
35. 시장관리운영위원회의 운영 등에 관한 사항
36. 매매참가인의 신고에 관한 사항
37. 그 밖에 도매시장 개설자가 도매시장의 효율적인 관리·운영을 위하여 필요하다고 인정하는 사항
② 도매시장의 업무규정에는 도매시장공판장의 운영 등에 관한 사항을 정할 수 있다.

(4) 법 제18조(개설구역)

① 도매시장의 개설구역은 도매시장이 개설되는 특별시·광역시·특별자치시·특별자치도 또는 시의 관할구역으로 한다.
② 농림축산식품부장관 또는 해양수산부장관은 해당 지역에서의 농수산물의 원활한 유통을 위하여 필요하다고 인정할 때에는 도매시장의 개설구역에 인접한 일정 구역을 그 도매시장의 개설구역으로 편입하게 할 수 있다. 다만, 시가 개설하는 지방도매시장의 개설구역에 인접한 구역으로서 그 지방도매시장이 속한 도의 일정 구역에 대하여는 해당 도지사가 그 지방도매시장의 개설구역으로 편입하게 할 수 있다.

(5) 법 제19조(허가기준 등)

① 도지사는 허가신청의 내용이 다음의 요건을 갖춘 경우에는 이를 허가한다.
　1. 도매시장을 개설하려는 장소가 농수산물 거래의 중심지로서 적절한 위치에 있을 것
　2. 기준에 적합한 시설을 갖추고 있을 것
　3. 운영관리계획서의 내용이 충실하고 그 실현이 확실하다고 인정되는 것일 것
② 도지사는 요구되는 시설이 갖추어지지 아니한 경우에는 일정한 기간 내에 해당 시설을 갖출 것을 조건으로 개설허가를 할 수 있다.
③ 특별시·광역시·특별자치시 또는 특별자치도가 도매시장을 개설하려면 ①의 요건을 모두 갖추어 개설하여야 한다.

(6) 법 제20조(도매시장 개설자의 의무)

① 도매시장 개설자는 거래 관계자의 편익과 소비자 보호를 위하여 다음의 사항을 이행하여야 한다.
    1. 도매시장 시설의 정비 · 개선과 합리적인 관리
    2. 경쟁 촉진과 공정한 거래질서의 확립 및 환경 개선
    3. 상품성 향상을 위한 규격화, 포장 개선 및 선도(鮮度) 유지의 촉진
② 도매시장 개설자는 효과적으로 이행하기 위하여 이에 대한 투자계획 및 거래제도 개선방안 등을 포함한 대책을 수립 · 시행하여야 한다.

(7) 법 제21조(도매시장의 관리)

① 도매시장 개설자는 소속 공무원으로 구성된 도매시장 관리사무소를 두거나 「지방공기업법」에 따른 지방공사(이하 '관리공사'), 공공출자법인 또는 한국농수산식품유통공사 중에서 시장관리자를 지정할 수 있다.
② 도매시장 개설자는 관리사무소 또는 시장관리자로 하여금 시설물관리, 거래질서 유지, 유통 종사자에 대한 지도 · 감독 등에 관한 업무 범위를 정하여 해당 도매시장 또는 그 개설구역에 있는 도매시장의 관리업무를 수행하게 할 수 있다.

(8) 시행규칙 제18조(도매시장 관리사무소 등의 업무)

도매시장 개설자가 도매시장 관리사무소 또는 시장관리자로 하여금 하게 할 수 있는 도매시장의 관리 업무는 다음과 같다.
    1. 도매시장 시설물의 관리 및 운영
    2. 도매시장의 거래질서 유지
    3. 도매시장의 도매시장법인, 시장도매인, 중도매인 그 밖의 유통업무종사자에 대한 지도 · 감독
    4. 도매시장법인 또는 시장도매인이 납부하거나 제공한 보증금 또는 담보물의 관리
    5. 도매시장의 정산창구에 대한 관리 · 감독
    6. 도매시장사용료 · 부수시설사용료의 징수
    7. 그 밖에 도매시장 개설자가 도매시장의 관리를 효율적으로 수행하기 위하여 업무규정으로 정하는 사항의 시행

(9) 법 제22조(도매시장의 운영 등)

도매시장 개설자는 도매시장에 그 시설규모 · 거래액 등을 고려하여 적정 수의 도매시장법인 · 시장도매인 또는 중도매인을 두어 이를 운영하게 하여야 한다. 다만, 중앙도매시장의 개설자는 농림축산식품부령 또는 해양수산부령으로 정하는 부류에 대하여는 도매시장법인을 두어야 한다.

(10) 시행규칙 제18조의2(도매시장법인을 두어야 하는 부류)

① '농림축산식품부령 또는 해양수산부령으로 정하는 부류'란 청과부류와 수산부류를 말한다.

② 농림축산식품부장관 또는 해양수산부장관은 부류가 적절한지를 2017년 8월 23일까지 검토하여 해당 부류의 폐지, 개정 또는 유지 등의 조치를 하여야 한다.

③ 농림축산식품부장관 또는 해양수산부장관은 검토를 위하여 도매시장 거래실태와 현실 여건 변화 등을 매년 분석하여야 한다.

(11) 법 제23조(도매시장법인의 지정)

① 도매시장법인은 도매시장 개설자가 부류별로 지정하되, 중앙도매시장에 두는 도매시장법인의 경우에는 농림축산식품부장관 또는 해양수산부장관과 협의하여 지정한다. 이 경우 5년 이상 10년 이하의 범위에서 지정 유효기간을 설정할 수 있다.

② 도매시장법인의 주주 및 임직원은 해당 도매시장법인의 업무와 경합되는 도매업 또는 중도매업(仲都賣業)을 하여서는 아니 된다. 다만, 도매시장법인이 다른 도매시장법인의 주식 또는 지분을 과반수 이상 양수(이하 '인수')하고 양수법인의 주주 또는 임직원이 양도법인의 주주 또는 임직원의 지위를 겸하게 된 경우에는 그러하지 아니하다.

③ 도매시장법인이 될 수 있는 자는 다음의 요건을 갖춘 법인이어야 한다.

   1. 해당 부류의 도매업무를 효과적으로 수행할 수 있는 지식과 도매시장 또는 공판장 업무에 2년 이상 종사한 경험이 있는 업무집행 담당 임원이 2명 이상 있을 것

   2. 임원 중 이 법을 위반하여 금고 이상의 실형을 선고받고 그 형의 집행이 끝나거나(집행이 끝난 것으로 보는 경우를 포함) 집행이 면제된 후 2년이 지나지 아니한 사람이 없을 것

   3. 임원 중 파산선고를 받고 복권되지 아니한 사람이나 피성년후견인 또는 피한정후견인이 없을 것

   4. 임원 중 도매시장법인의 지정취소처분의 원인이 되는 사항에 관련된 사람이 없을 것

   5. 거래규모, 순자산액 비율 및 거래보증금 등 도매시장 개설자가 업무규정으로 정하는 일정 요건을 갖출 것

④ 도매시장법인이 지정된 후 요건을 갖추지 아니하게 되었을 때에는 3개월 이내에 해당 요건을 갖추어야 한다.

⑤ 도매시장법인은 해당 임원이 요건을 갖추지 아니하게 되었을 때에는 그 임원을 지체 없이 해임하여야 한다.

⑥ 도매시장법인의 지정절차와 그 밖에 지정에 필요한 사항은 대통령령으로 정한다.

(12) 시행령 제17조(도매시장법인의 지정절차 등)

① 도매시장법인의 지정을 받으려는 자는 도매시장법인 지정신청서에 다음의 서류를 첨부하여 도매시장 개설자에게 제출하여야 한다. 이 경우 도매시장법인 지정신청서를 받은 도매시장 개설자는 「전자정부법」에 따른 행정정보의 공동이용을 통하여 신청인의 법인 등기사항증명서를 확인하여야 한다.

1. 정관
2. 주주 명부
3. 임원의 이력서
4. 해당 법인의 직전 회계연도의 재무제표와 그 부속서류(신설 법인의 경우에는 설립일을 기준으로 작성한 대차대조표)
5. 사업시작 예정일부터 5년간의 사업계획서(산지활동계획, 경매사확보계획, 농수산물판매계획, 자금운용계획, 조직 및 인력운용계획 등을 포함한다)
6. 거래규모, 순자산액 비율 및 거래보증금 등 도매시장 개설자가 업무규정으로 정한 요건을 갖추고 있음을 증명하는 서류

② 도매시장 개설자는 신청을 받았을 때에는 업무규정으로 정한 도매시장법인의 적정수의 범위에서 이를 지정하여야 한다.

(13) 법 제23조의2(도매시장법인의 인수·합병)

① 도매시장법인이 다른 도매시장법인을 인수하거나 합병하는 경우에는 해당 두매시장 개설자의 승인을 받아야 한다.
② 도매시장 개설자는 다음의 어느 하나에 해당하는 경우를 제외하고는 인수 또는 합병을 승인하여야 한다.
1. 인수 또는 합병의 당사자인 도매시장법인이 요건을 갖추지 못한 경우
2. 그 밖에 이 법 또는 다른 법령에 따른 제한에 위반되는 경우
③ 합병을 승인하는 경우 합병을 하는 도매시장법인은 합병이 되는 도매시장법인의 지위를 승계한다.
④ 도매시장법인의 인수·합병승인절차 등에 관하여 필요한 사항은 농림축산식품부령 또는 해양수산부령으로 정한다.

(14) 시행규칙 제18조의3(도매시장법인의 인수·합병의 승인 등)

① 도매시장법인이 도매시장 개설자의 인수·합병의 승인을 받으려는 경우에는 도매시장법인 인수·합병 승인신청서에 다음의 서류(전자문서를 포함)를 첨부하여 인수·합병 등기신청을 하기 전에 해당 도매시장 개설자에게 제출하여야 한다.
1. 「상법」에 따른 주주총회의 승인을 받은 인수·합병계약서 사본
2. 인수·합병 전후의 주주 명부
3. 인수·합병 후 도매시장법인 임원의 이력서
4. 인수·합병을 하는 도매시장법인 및 인수·합병이 되는 도매시장법인의 인수·합병 직전연도의 재무제표 및 그 부속서류
5. 인수·합병이 되는 도매시장법인의 잔여 지정기간 동안의 사업계획서
6. 인수·합병 후 거래규모, 순자산액 비율 및 출하대금의 지급보증을 위한 거래보증금 확보를 증명하는 서류

② 도매시장 개설자는 도매시장법인이 도매시장법인의 지정규정의 요건을 갖춘 경우에만 인수·합병을 승인할 수 있다.

③ 도매시장 개설자는 도매시장법인이 제출한 신청서에 흠이 있는 경우 그 신청서의 보완을 요청할 수 있다.

④ 도매시장 개설자는 요건을 갖추고 있는지를 확인하고 신청서를 접수한 날부터 30일 이내에 그 승인 여부를 결정하여 지체 없이 신청인에게 문서로 통보하여야 한다. 이 경우 승인하지 아니하는 경우에는 그 사유를 분명히 밝혀야 한다.

(15) 법 제24조(공공출자법인)

① 도매시장 개설자는 도매시장을 효율적으로 관리·운영하기 위하여 필요하다고 인정하는 경우에는 도매시장법인을 갈음하여 그 업무를 수행하게 할 공공출자법인을 설립할 수 있다.

② 공공출자법인에 대한 출자는 다음의 어느 하나에 해당하는 자로 한정한다. 이 경우 1~3에 해당하는 자에 의한 출자액의 합계가 총출자액의 100분의 50을 초과하여야 한다.

  1. 지방자치단체

  2. 관리공사

  3. 농림수협등

  4. 해당 도매시장 또는 그 도매시장으로 이전되는 시장에서 농수산물을 거래하는 상인과 그 상인단체

  5. 도매시장법인

  6. 그 밖에 도매시장 개설자가 도매시장의 관리·운영을 위하여 특히 필요하다고 인정하는 자

③ 공공출자법인에 관하여 이 법에서 규정한 사항을 제외하고는 「상법」의 주식회사에 관한 규정을 적용한다.

④ 공공출자법인은 「상법」에 따른 설립등기를 한 날에 도매시장법인의 지정을 받은 것으로 본다.

(16) 법 제25조(중도매업의 허가)

① 중도매인의 업무를 하려는 자는 부류별로 해당 도매시장 개설자의 허가를 받아야 한다.

② 도매시장 개설자는 다음의 어느 하나에 해당하는 경우를 제외하고는 ①에 따른 허가 및 ⑦에 따른 갱신허가를 하여야 한다.

  1. ③의 어느 하나에 해당하는 경우

  2. 그 밖에 이 법 또는 다른 법령에 따른 제한에 위반되는 경우

③ 다음의 어느 하나에 해당하는 자는 중도매업의 허가를 받을 수 없다.

  1. 파산선고를 받고 복권되지 아니한 사람이나 피성년후견인

  2. 이 법을 위반하여 금고 이상의 실형을 선고받고 그 형의 집행이 끝나거나(집행이 끝난 것으로 보는 경우를 포함) 면제되지 아니한 사람

  3. 중도매업의 허가가 취소(1에 해당하여 취소된 경우는 제외)된 날부터 2년이 지나지 아니한 자

4. 도매시장법인의 주주 및 임직원으로서 해당 도매시장법인의 업무와 경합되는 중도매업을 하려는 자

5. 임원 중에 1~4까지의 어느 하나에 해당하는 사람이 있는 법인

6. 최저거래금액 및 거래대금의 지급보증을 위한 보증금 등 도매시장 개설자가 업무규정으로 정한 허가조건을 갖추지 못한 자

④ 법인인 중도매인은 임원이 결격사유에 해당하게 되었을 때에는 그 임원을 지체 없이 해임하여야 한다.

⑤ 중도매인은 다음의 행위를 하여서는 아니 된다.

1. 다른 중도매인 또는 매매참가인의 거래 참가를 방해하는 행위를 하거나 집단적으로 농수산물의 경매 또는 입찰에 불참하는 행위

2. 다른 사람에게 자기의 성명이나 상호를 사용하여 중도매업을 하게 하거나 그 허가증을 빌려주는 행위

⑥ 도매시장 개설자는 중도매업의 허가를 하는 경우 5년 이상 10년 이하의 범위에서 허가 유효기간을 설정할 수 있다. 다만, 법인이 아닌 중도매인은 3년 이상 10년 이하의 범위에서 허가 유효기간을 설정할 수 있다.

⑦ 허가 유효기간이 만료된 후 계속하여 중도매업을 하려는 자는 농림축산식품부령 또는 해양수산부령으로 정하는 바에 따라 갱신허가를 받아야 한다.

(17) 시행규칙 제19조(중도매업의 허가절차)

① 중도매업의 허가를 받으려는 자는 도매시장의 개설자가 정하는 허가신청서에 다음의 서류를 첨부하여 도매시장의 개설자에게 제출하여야 한다. 이 경우 중도매업의 허가를 받으려는 자가 법인인 경우에는 도매시장의 개설자가 「전자정부법」에 따른 행정정보의 공동이용을 통하여 법인등기부등본을 확인하여야 한다.

1. 개인의 경우
   가. 이력서
   나. 은행의 잔고증명서

2. 법인의 경우
   가. 삭제 〈2017.2.13〉
   나. 주주명부
   다. 삭제 〈2008.10.15〉
   라. 해당 법인의 직전 회계연도의 재무제표 및 그 부속서류(신설법인의 경우 설립일 기준으로 작성한 대차대조표)

② 중도매업의 갱신허가를 받으려는 자는 허가의 유효기간이 만료되기 30일 전까지 도매시장의 개설자가 정하는 갱신허가신청서에 다음의 서류를 첨부하여 도매시장의 개설자에게 제출하여야 한다.

1. 허가증 원본

2. 개인의 경우 : 은행의 잔고증명서

3. 법인의 경우

　　가. 주주명부(변경사항이 있는 경우에만 해당)

　　나. 해당 법인의 직전 회계연도의 재무제표 및 그 부속서류

③ 도매시장의 개설자는 갱신허가를 한 경우에는 유효기간이 만료되는 허가증을 회수한 후 새로운 허가증을 발급하여야 한다.

(18) 법 제25조의2(법인인 중도매인의 인수·합병)

법인인 중도매인의 인수·합병에 대하여는 도매시장법인의 인수·합병 규정을 준용한다. 이 경우 '도매시장법인'은 '법인인 중도매인'으로 본다.

(19) 법 제25조의3(매매참가인의 신고)

매매참가인의 업무를 하려는 자는 농림축산식품부령 또는 해양수산부령으로 정하는 바에 따라 도매시장·공판장 또는 민영도매시장의 개설자에게 매매참가인으로 신고하여야 한다.

> **▶ 시행규칙 제19조의3(매매참가인의 신고)**
>
> 매매참가인의 업무를 하려는 자는 매매참가인 신고서에 다음의 서류를 첨부하여 도매시장·공판장 또는 민영도매시장 개설자에게 제출하여야 한다.
>
> 1. 개인의 경우
>
> 　　가. 신분증 사본 또는 사업자등록증 1부
>
> 　　나. 증명사진(2.5㎝×3.5㎝) 2매
>
> 2. 법인의 경우 : 법인 등기사항증명서 1부

(20) 법 제26조(중도매인의 업무 범위 등의 특례)

허가를 받은 중도매인은 도매시장에 설치된 도매시장공판장에서도 그 업무를 할 수 있다.

(21) 법 제27조(경매사의 임면)

① 도매시장법인은 도매시장에서의 공정하고 신속한 거래를 위하여 농림축산식품부령 또는 해양수산부령으로 정하는 바에 따라 일정 수 이상의 경매사를 두어야 한다.

② 경매사는 경매사 자격시험에 합격한 사람으로서 다음의 어느 하나에 해당하지 아니한 사람 중에서 임명하여야 한다.

　1. 피성년후견인 또는 피한정후견인

　2. 이 법 또는 「형법」 제129조부터 제132조까지의 죄 중 어느 하나에 해당하는 죄를 범하여 금고 이상의 실형을 선고받고 그 형의 집행이 끝나거나(집행이 끝난 것으로 보는 경우를 포함) 집행이 면제된 후 2년이 지나지 아니한 사람

3. 이 법 또는 「형법」 제129조부터 제132조까지의 죄 중 어느 하나에 해당하는 죄를 범하여 금고 이상의 형의 집행유예를 선고받거나 선고유예를 받고 그 유예기간 중에 있는 사람

4. 해당 도매시장의 시장도매인, 중도매인, 산지유통인 또는 그 임직원

5. 면직된 후 2년이 지나지 아니한 사람

6. 업무정지기간 중에 있는 사람

③ 도매시장법인은 경매사가 ② 1~4까지의 어느 하나에 해당하는 경우에는 그 경매사를 면직하여야 한다.

④ 도매시장법인이 경매사를 임면(任免)하였을 때에는 농림축산식품부령 또는 해양수산부령으로 정하는 바에 따라 그 내용을 도매시장 개설자에게 신고하여야 하며, 도매시장 개설자는 농림축산식품부장관 또는 해양수산부장관이 지정하여 고시한 인터넷 홈페이지에 그 내용을 게시하여야 한다.

▶ **시행규칙 제20조(경매사의 임면)**

① 도매시장법인이 확보하여야 하는 경매사의 수는 2명 이상으로 하되, 도매시장법인별 연간 거래물량 등을 고려하여 업무규정으로 그 수를 정한다.

② 도매시장법인이 경매사를 임면(任免)한 경우에는 임면한 날부터 30일 이내에 도매시상 개설자에게 신고하여야 한다.

---

(22) 법 제27조의2(경매사 자격시험)

① 경매사 자격시험은 농림축산식품부장관 또는 해양수산부장관이 실시하되, 필기시험과 실기시험으로 구분하여 실시한다.

② 농림축산식품부장관 또는 해양수산부장관은 경매사 자격시험에서 부정행위를 한 사람에 대하여 해당 시험의 정지·무효 또는 합격 취소 처분을 한다. 이 경우 처분을 받은 사람에 대해서는 처분이 있은 날부터 3년간 경매사 자격시험의 응시자격을 정지한다.

③ 농림축산식품부장관 또는 해양수산부장관은 처분(시험의 정지는 제외)을 하려는 때에는 미리 그 처분 내용과 사유를 당사자에게 통지하여 소명할 기회를 주어야 한다.

④ 농림축산식품부장관 또는 해양수산부장관은 경매사 자격시험의 관리에 관한 업무를 대통령령으로 정하는 바에 따라 시험관리 능력이 있다고 인정하는 관계 전문기관에 위탁할 수 있다.

⑤ 경매사 자격시험의 응시자격, 시험과목, 시험의 일부 면제, 시험방법, 자격증 발급, 그 밖에 시험에 관하여 필요한 사항은 대통령령으로 정한다.

▶ **시행령 제17조의2(경매사 자격시험의 관리)**

① 농림축산식품부장관 또는 해양수산부장관은 경매사 자격시험의 관리(경매사 자격증 발급은 제외)에 관한 업무를 「한국산업인력공단법」에 따른 한국산업인력공단에 위탁한다.
② 한국산업인력공단이 시험을 실시하려는 경우에는 시험의 일시·장소 및 방법 등 시험 실시에 관한 계획을 수립하여 농림축산식품부장관 또는 해양수산부장관의 승인을 받아야 한다.
③ 한국산업인력공단은 시험의 실시에 필요한 실비를 농림축산식품부령 또는 해양수산부령으로 정하는 바에 따라 징수할 수 있다.

(23) 시행령 제17조의3(시험과목 및 시험의 일부 면제 등)

① 시험은 제1차 선택형 필기시험(제1차시험)과 제2차 실기시험(제2차시험)으로 구분하여 부류별로 시행한다. 이 경우 제2차시험은 제1차시험에 합격한 사람 또는 제1차시험을 면제받은 사람을 대상으로 시행한다.
② 제1차시험은 법과 그 하위법령, 농수산물 유통론, 상품성 평가로 하며, 제2차시험은 모의경매 진행으로 한다.
③ 제1차시험에 합격한 사람이 다음 회의 시험에 응시하는 경우 제1차시험을 면제하며, 제2차시험에 합격한 사람이 다른 부류의 시험에 응시하는 경우에는 다음 회의 시험에 한정하여 제1차시험의 농수산물 유통론을 면제한다.
④ 청과부류·수산부류의 시험은 매년 실시하고, 그 밖의 부류의 시험은 2년마다 실시한다. 다만, 농림축산식품부장관 또는 해양수산부장관은 신속한 인력 충원이 필요하다고 인정하는 경우에는 시험의 실시 연도를 변경할 수 있다.
⑤ 시험의 합격자 결정은 제1차시험에서는 과목당 100점을 만점으로 하여 각 과목의 점수가 40점 이상이고 전 과목 평균점수가 60점 이상인 사람으로 하며, 제2차시험에서는 100점을 만점으로 하여 70점 이상인 사람으로 한다.

(24) 시행령 제17조의5(경매사 자격증의 발급 등)

① 농림축산식품부장관 또는 해양수산부장관은 경매사 자격증의 발급에 관한 업무를 한국농수산식품유통공사에 위탁한다.
② 한국농수산식품유통공사의 장은 시험에 합격한 사람에 대하여 경매사 자격증을 발급하고 경매사 자격 등록부에 이를 적어야 한다.
③ 한국농수산식품유통공사의 장은 경매사 자격증의 발급에 필요한 실비를 농림축산식품부령 또는 해양수산부령으로 정하는 바에 따라 징수할 수 있다.

(25) 법 제29조(산지유통인의 등록)

① 농수산물을 수집하여 도매시장에 출하하려는 자는 농림축산식품부령 또는 해양수산부령으로 정하는 바에 따라 부류별로 도매시장 개설자에게 등록하여야 한다. 다만, 다음의 어느 하나에 해당하는 경우에는 그러하지 아니하다.
  1. 생산자단체가 구성원의 생산물을 출하하는 경우
  2. 도매시장법인이 매수한 농수산물을 상장하는 경우
  3. 중도매인이 비상장 농수산물을 매매하는 경우
  4. 시장도매인이 매매하는 경우
  5. 그 밖에 농림축산식품부령 또는 해양수산부령으로 정하는 경우
② 도매시장법인, 중도매인 및 이들의 주주 또는 임직원은 해당 도매시장에서 산지유통인의 업무를 하여서는 아니 된다.
③ 도매시장 개설자는 이 법 또는 다른 법령에 따른 제한에 위반되는 경우를 제외하고는 등록을 하여주어야 한다.
④ 산지유통인은 등록된 도매시장에서 농수산물의 출하입무 외의 판매·매수 또는 중개업무를 하여서는 아니 된다.
⑤ 도매시상 개설자는 등록을 하여야 하는 자가 등록을 하지 아니하고 산지유통인의 업무를 하는 경우에는 도매시장에의 출입을 금지·제한하거나 그 밖에 필요한 조치를 할 수 있다.
⑥ 국가나 지방자치단체는 산지유통인의 공정한 거래를 촉진하기 위하여 필요한 지원을 할 수 있다.

(26) 시행규칙 제24조(산지유통인의 등록)

① 산지유통인으로 등록하려는 자는 도매시장의 개설자가 정한 등록신청서를 도매시장 개설자에게 제출하여야 한다.
② 도매시장 개설자는 산지유통인의 등록을 하였을 때에는 등록대장에 이를 적고 신청인에게 등록증을 발급하여야 한다.
③ ②에 따라 등록증을 발급받은 산지유통인은 등록한 사항에 변경이 있는 때에는 도매시장 개설자가 정하는 변경등록신청서를 도매시장 개설자에게 제출하여야 한다.

(27) 시행규칙 제25조(산지유통인 등록의 예외)

1. 종합유통센터·수출업자 등이 남은 농수산물을 도매시장에 상장하는 경우
2. 도매시장법인이 다른 도매시장법인 또는 시장도매인으로부터 매수하여 판매하는 경우
3. 시장도매인이 도매시장법인으로부터 매수하여 판매하는 경우

(28) 법 제30조(출하자 신고)

① 도매시장에 농수산물을 출하하려는 생산자 및 생산자단체 등은 농수산물의 거래질서 확립과 수급안정을 위하여 농림축산식품부령 또는 해양수산부령으로 정하는 바에 따라 해당 도매시장의 개설자에게 신고하여야 한다.

② 도매시장 개설자, 도매시장법인 또는 시장도매인은 신고한 출하자가 출하 예약을 하고 농수산물을 출하하는 경우에는 위탁수수료의 인하 및 경매의 우선 실시 등 우대조치를 할 수 있다.

(29) 시행규칙 제25조의3(산지유통인 등록 및 출하자 신고의 관리)

농림축산식품부장관 또는 해양수산부장관은 산지유통인 등록 및 출하자 신고에 관한 업무를 관리하기 위하여 정보통신망을 운영할 수 있다.

(30) 법 제31조(수탁판매의 원칙)

① 도매시장에서 도매시장법인이 하는 도매는 출하자로부터 위탁을 받아 하여야 한다. 다만, 농림축산식품부령 또는 해양수산부령으로 정하는 특별한 사유가 있는 경우에는 매수하여 도매할 수 있다.

▶ **시행규칙 제26조(수탁판매의 예외)**

① 도매시장법인이 농수산물을 매수하여 도매할 수 있는 경우는 다음과 같다.
  1. 농림축산식품부장관 또는 해양수산부장관의 수매에 응하기 위하여 필요한 경우
  2. 다른 도매시장법인 또는 시장도매인으로부터 매수하여 도매하는 경우
  3. 해당 도매시장에서 주로 취급하지 아니하는 농수산물의 품목을 갖추기 위하여 대상 품목과 기간을 정하여 도매시장 개설자의 승인을 받아 다른 도매시장으로부터 이를 매수하는 경우
  4. 물품의 특성상 외형을 변형하는 등 가공하여 도매하여야 하는 경우로서 도매시장 개설자가 업무규정으로 정하는 경우
  5. 도매시장법인이 겸영사업에 필요한 농수산물을 매수하는 경우
  6. 수탁판매의 방법으로는 적정한 거래물량의 확보가 어려운 경우로서 농림축산식품부장관 또는 해양수산부장관이 고시하는 범위에서 중도매인 또는 매매참가인의 요청으로 그 중도매인 또는 매매참가인에게 정가·수의매매로 도매하기 위하여 필요한 물량을 매수하는 경우

② 도매시장법인은 ①에 따라 농수산물을 매수하여 도매한 경우에는 업무규정에서 정하는 바에 따라 다음의 사항을 도매시장 개설자에게 지체 없이 알려야 한다.
  1. 매수하여 도매한 물품의 품목·수량·원산지·매수가격·판매가격 및 출하자
  2. 매수하여 도매한 사유

---

② 중도매인은 도매시장법인이 상장한 농수산물 외의 농수산물은 거래할 수 없다. 다만, 농림축산식품부령 또는 해양수산부령으로 정하는 도매시장법인이 상장하기에 적합하지 아니한 농수산물과 그 밖에 이에 준하는 농수산물로서 그 품목과 기간을 정하여 도매시장 개설자로부터 허가를 받은 농수산물의 경우에는 그러하지 아니하다.

▶ **시행규칙 제27조(상장되지 아니한 농수산물의 거래허가)**

중도매인이 도매시장의 개설자의 허가를 받아 도매시장법인이 상장하지 아니한 농수산물을 거래할 수 있는 품목은 다음과 같다. 이 경우 도매시장개설자는 시장관리운영위원회의 심의를 거쳐 허가하여야 한다.
1. 연간 반입물량 누적비율이 하위 3퍼센트 미만에 해당하는 소량 품목
2. 품목의 특성으로 인하여 해당 품목을 취급하는 중도매인이 소수인 품목
3. 그 밖에 상장거래에 의하여 중도매인이 해당 농수산물을 매입하는 것이 현저히 곤란하다고 도매시장 개설자가 인정하는 품목

---

③ 중도매인이 물품을 농수산물 전자거래소에서 거래하는 경우에는 그 물품을 도매시장으로 반입하지 아니할 수 있다.
④ 중도매인은 도매시장법인이 상장한 농수산물을 농림축산식품부령 또는 해양수산부령으로 정하는 연간 거래액의 범위에서 해당 도매시장의 다른 중도매인과 거래하는 경우를 제외하고는 다른 중도매인과 농수산물을 거래할 수 없다.

▶ **시행규칙 제27조의2(중도매인 간 거래 규모의 상한 등)**

① 중도매인이 해당 도매시장의 다른 중도매인과 거래하는 경우에는 중도매인이 다른 중도매인으로부터 구매한 연간 총 거래액이나 다른 중도매인에게 판매한 연간 총 거래액이 해당 중도매인의 전년도 연간 구매한 총 거래액이나 판매한 총 거래액 각각(중도매인 간 거래액은 포함하지 아니한다)의 20퍼센트 미만이어야 한다.
② 다른 중도매인과 거래한 중도매인은 다른 중도매인으로부터 구매한 농수산물의 품목, 수량, 구매가격 및 판매자에 관한 자료를 업무규정에서 정하는 바에 따라 매년 도매시장 개설자에게 통보하여야 하며, 필요한 경우 다른 중도매인에게 판매한 농수산물의 품목, 수량, 판매가격 및 구매자에 관한 자료를 업무규정에서 정하는 바에 따라 매년 도매시장 개설자에게 통보할 수 있다.

---

⑤ 중도매인 간 거래액은 최저거래금액 산정 시 포함하지 아니한다.
⑥ 다른 중도매인과 농수산물을 거래한 중도매인은 농림축산식품부령 또는 해양수산부령으로 정하는 바에 따라 그 거래 내역을 도매시장 개설자에게 통보하여야 한다.

(31) 법 제32조(매매방법)

도매시장법인은 도매시장에서 농수산물을 경매·입찰·정가매매 또는 수의매매(隨意賣買)의 방법으로 매매하여야 한다. 다만, 출하자가 매매방법을 지정하여 요청하는 경우 등 농림축산식품부령 또는 해양수산부령으로 매매방법을 정한 경우에는 그에 따라 매매할 수 있다.

(32) 시행규칙 제28조(매매방법)

① '농림축산식품부령 또는 해양수산부령으로 매매방법을 정한 경우'란 다음과 같다.
　1. 경매 또는 입찰
　　가. 출하자가 경매 또는 입찰로 매매방법을 지정하여 요청한 경우(2. 가부터 자까지의 규정에 해당하는 경우는 제외)
　　나. 시장관리운영위원회의 심의를 거쳐 매매방법을 경매 또는 입찰로 정한 경우
　　다. 해당 농수산물의 입하량이 일시적으로 현저하게 증가하여 정상적인 거래가 어려운 경우 등 정가매매 또는 수의매매의 방법에 의하는 것이 극히 곤란한 경우
　2. 정가매매 또는 수의매매
　　가. 출하자가 정가매매·수의매매로 매매방법을 지정하여 요청한 경우(1 나 및 다에 해당하는 경우는 제외)
　　나. 시장관리운영위원회의 심의를 거쳐 매매방법을 정가매매 또는 수의매매로 정한 경우
　　다. 전자거래 방식으로 매매하는 경우
　　라. 다른 도매시장법인 또는 공판장(경매사가 경매를 실시하는 농수산물집하장을 포함)에서 이미 가격이 결정되어 바로 입하된 물품을 매매하는 경우로서 당해 물품을 반출한 도매시장법인 또는 공판장의 개설자가 가격·반출지·반출물량 및 반출차량 등을 확인한 경우
　　마. 해양수산부장관이 거래방법·물품의 반출 및 확인절차 등을 정한 산지의 거래시설에서 미리 가격이 결정되어 입하된 수산물을 매매하는 경우
　　바. 경매 또는 입찰이 종료된 후 입하된 경우
　　사. 경매 또는 입찰을 실시하였으나 매매되지 아니한 경우
　　아. 도매시장 개설자의 허가를 받아 중도매인 또는 매매참가인외의 자에게 판매하는 경우
　　자. 천재·지변 그 밖의 불가피한 사유로 인하여 경매 또는 입찰의 방법에 의하는 것이 극히 곤란한 경우
② 정가매매 또는 수의매매 거래의 절차 등에 관하여 필요한 사항은 도매시장 개설자가 업무규정으로 정한다.

(33) 법 제33조(경매 또는 입찰의 방법)

① 도매시장법인은 도매시장에 상장한 농수산물을 수탁된 순위에 따라 경매 또는 입찰의 방법으로 판매하는 경우에는 최고가격 제시자에게 판매하여야 한다. 다만, 출하자가 서면으로 거래 성립 최저가격을 제시한 경우에는 그 가격 미만으로 판매하여서는 아니 된다.

② 도매시장 개설자는 효율적인 유통을 위하여 필요한 경우에는 농림축산식품부령 또는 해양수산부령으로 정하는 바에 따라 대량 입하품, 표준규격품, 예약 출하품 등을 우선적으로 판매하게 할 수 있다.

③ ①에 따른 경매 또는 입찰의 방법은 전자식(電子式)을 원칙으로 하되 필요한 경우 농림축산식품부령 또는 해양수산부령으로 정하는 바에 따라 거수수지식(擧手手指式), 기록식, 서면입찰식 등의 방법으로 할 수 있다. 이 경우 공개경매를 실현하기 위하여 필요한 경우 농림축산식품부장관, 해양수산부장관 또는 도매시장 개설자는 품목별·도매시장별로 경매방식을 제한할 수 있다.

(34) 시행규칙 제30조(대량 입하품 등의 우대)

도매시장 개설자는 다음의 품목에 대하여 도매시장법인 또는 시장도매인으로 하여금 우선적으로 판매하게 할 수 있다.

1. 대량 입하품
2. 도매시장 개설자가 선정하는 우수출하주의 출하품
3. 예약 출하품
4. 「농수산물 품질관리법」에 따른 표준규격품 및 우수관리인증농산물
5. 그 밖에 도매시장 개설자가 도매시장의 효율적인 운영을 위하여 특히 필요하다고 업무규정으로 정하는 품목

(35) 시행규칙 제31조(전자식 경매·입찰의 예외)

거수수지식·기록식·서면입찰식 등의 방법으로 경매 또는 입찰을 할 수 있는 경우는 다음과 같다.

1. 농수산물의 수급조절과 가격안정을 위하여 수매·비축 또는 수입한 농수산물을 판매하는 경우
2. 그 밖에 품목별·지역별 특성을 고려하여 도매시장 개설자가 필요하다고 인정하는 경우

(36) 법 제34조(거래의 특례)

도매시장 개설자는 입하량이 현저히 많아 정상적인 거래가 어려운 경우 등 농림축산식품부령 또는 해양수산부령으로 정하는 특별한 사유가 있는 경우에는 그 사유가 발생한 날에 한정하여 도매시장법인의 경우에는 중도매인·매매참가인 외의 자에게, 시장도매인의 경우에는 도매시장법인·중도매인에게 판매할 수 있도록 할 수 있다.

(37) 시행규칙 제33조(거래의 특례)

① 도매시장법인이 중도매인·매매참가인 외의 자에게, 시장도매인이 도매시장법인·중도매인에게 농수산물을 판매할 수 있는 경우는 다음과 같다.
   1. 도매시장법인의 경우
      가. 해당 도매시장의 중도매인 또는 매매참가인에게 판매한 후 남는 농수산물이 있는 경우
      나. 도매시장 개설자가 도매시장에 입하된 물품의 원활한 분산을 위하여 특히 필요하다고 인정하는 경우
      다. 도매시장법인이 겸영사업으로 수출을 하는 경우
   2. 시장도매인의 경우 : 도매시장 개설자가 도매시장에 입하된 물품의 원활한 분산을 위하여 특히 필요하다고 인정하는 경우
② 도매시장법인·시장도매인은 ①에 따라 농수산물을 판매한 경우에는 다음의 사항을 적은 보고서를 지체 없이 도매시장 개설자에게 제출하여야 한다.
   1. 판매한 물품의 품목·수량·금액·출하자 및 매수인
   2. 판매한 사유

(38) 법 제35조(도매시장법인의 영업제한)

① 도매시장법인은 도매시장 외의 장소에서 농수산물의 판매업무를 하지 못한다.
② ①에도 불구하고 도매시장법인은 다음의 어느 하나에 해당하는 경우에는 해당 거래물품을 도매시장으로 반입하지 아니할 수 있다.
   1. 도매시장 개설자의 사전승인을 받아 「전자문서 및 전자거래 기본법」에 따른 전자거래 방식으로 하는 경우
   2. 농림축산식품부령 또는 해양수산부령으로 정하는 일정 기준 이상의 시설에 보관·저장 중인 거래 대상 농수산물의 견본을 도매시장에 반입하여 거래하는 것에 대하여 도매시장 개설자가 승인한 경우

> ▶ 시행규칙 제33조의2(견본거래 대상 물품의 보관·저장시설의 기준)
>
> '농림축산식품부령 또는 해양수산부령으로 정하는 일정 기준 이상의 시설'이란 다음의 시설을 말한다.
>   1. 165제곱미터 이상의 농산물 저온저장시설
>   2. 냉장 능력이 1천톤 이상이고 「농수산물 품질관리법」에 따라 수산물가공업(냉동·냉장업)을 등록한 시설

③ ②에 따른 전자거래 및 견본거래 방식 등에 관하여 필요한 사항은 농림축산식품부령 또는 해양수산부령으로 정한다.

> **시행규칙 제33조의3(전자거래방식에 의한 거래)**

① 도매시장법인이 「전자문서 및 전자거래 기본법」에 따른 전자거래방식으로 전자거래를 하려면 전자거래시스템을 구축하여 도매시장 개설자의 승인을 받아야 한다.

② 전자거래시스템의 구성 및 운영방식 등에 필요한 세부사항은 농림축산식품부장관 또는 해양수산부장관이 정한다.

> **시행규칙 제33조의4(견본거래방식에 의한 거래)**

① 도매시장법인이 견본거래를 하려면 견본거래 대상물품 보관 및 저장시설에 보관 · 저장 중인 농수산물을 대표할 수 있는 견본품을 경매장에 진열하고 거래하여야 한다.

② 견본품의 수량, 견본거래의 승인 절차 및 거래시간 등은 도매시장의 개설자가 업무규정으로 정한다.

④ 도매시장법인은 농수산물 판매업무 외의 사업을 겸영(兼營)하지 못한다. 다만, 농수산물의 선별 · 포장 · 가공 · 제빙(製氷) · 보관 · 후숙(後熟) · 저장 · 수출입 등의 사업은 농림축산식품부령 또는 해양수산부령으로 정하는 바에 따라 겸영할 수 있다.

> **시행규칙 제34조(도매시장법인의 겸영)**

① 농수산물의 선별 · 포장 · 가공 · 제빙(製氷) · 보관 · 후숙(後熟) · 저장 · 수출입 · 배송(노매시장법인이나 해당 도매시장 중도매인의 농수산물 판매를 위한 배송으로 한정) 등의 사업(이하 '겸영사업')을 겸영하려는 도매시장법인은 다음의 요건을 충족하여야 한다. 이 경우 1부터 3까지의 기준은 직전 회계연도의 내자대조표를 통하여 산정한다.
  1. 부채비율(부채/자기자본×100)이 300퍼센트 이하일 것
  2. 유동부채비율(유동부채/부채총액×100)이 100퍼센트 이하일 것
  3. 유동비율(유동자산/유동부채×100)이 100퍼센트 이상일 것
  4. 당기순손실이 2개 회계연도 이상 계속하여 발생하지 아니할 것

② 도매시장법인은 겸영사업을 하려는 경우에는 그 겸영사업 개시 전에 겸영사업의 내용 및 계획을 해당 도매시장 개설자에게 알려야 한다. 이 경우 도매시장법인이 해당 도매시장 외의 장소에서 겸영사업을 하려는 경우에는 겸영하려는 사업장 소재지의 시장(도매시장 개설자와 다른 경우에만 해당) · 군수 또는 자치구의 구청장에게도 이를 알려야 한다.

③ 도매시장법인은 겸영사업을 하는 경우 전년도 겸영사업 실적을 매년 3월 31일까지 해당 도매시장 개설자에게 제출하여야 한다.

⑤ 도매시장 개설자는 산지(産地) 출하자와의 업무 경합 또는 과도한 겸영사업으로 인하여 도매시장법인의 도매업무가 약화될 우려가 있는 경우에는 대통령령으로 정하는 바에 따라 겸영사업을 1년 이내의 범위에서 제한할 수 있다.

(39) 시행령 제17조의6(도매시장법인의 겸영사업의 제한)

① 도매시장 개설자는 도매시장법인이 겸영사업(兼營事業)으로 수탁·매수한 농수산물을 규정을 위반하여 판매함으로써 산지 출하자와의 업무 경합 또는 과도한 겸영사업으로 인한 도매시장법인의 도매업무 약화가 우려되는 경우에는 시장관리운영위원회의 심의를 거쳐 겸영사업을 다음과 같이 제한할 수 있다.

   1. 제1차 위반 : 보완명령

   2. 제2차 위반 : 1개월 금지

   3. 제3차 위반 : 6개월 금지

   4. 제4차 위반 : 1년 금지

② ①에 따라 겸영사업을 제한하는 경우 위반행위의 차수(次數)에 따른 처분기준은 최근 3년간 같은 위반행위로 처분을 받은 경우에 적용한다.

(40) 법 제35조의2(도매시장법인 등의 공시)

① 도매시장법인 또는 시장도매인은 출하자와 소비자의 권익보호를 위하여 거래물량, 가격정보 및 재무상황 등을 공시(公示)하여야 한다.

② ①에 따른 공시내용, 공시방법 및 공시절차 등에 관하여 필요한 사항은 농림축산식품부령 또는 해양수산부령으로 정한다.

▶ **시행규칙 제34조의2(도매시장법인 등의 공시)**

① 도매시장법인 또는 시장도매인이 공시하여야 할 내용은 다음과 같다.

   1. 거래일자별·품목별 반입량 및 가격정보

   2. 주주 및 임원의 현황과 그 변동사항

   3. 겸영사업을 하는 경우 그 사업내용

   4. 직전 회계연도의 재무제표

② ①에 따른 공시는 해당 도매시장의 게시판이나 정보통신망에 하여야 한다.

---

(41) 법 제36조(시장도매인의 지정)

① 시장도매인은 도매시장 개설자가 부류별로 지정한다. 이 경우 5년 이상 10년 이하의 범위에서 지정 유효기간을 설정할 수 있다.

② ①에 따른 시장도매인이 될 수 있는 자는 다음의 요건을 갖춘 법인이어야 한다.

   1. 임원 중 이 법을 위반하여 금고 이상의 실형을 선고받고 그 형의 집행이 끝나거나(집행이 끝난 것으로 보는 경우를 포함) 집행이 면제된 후 2년이 지나지 아니한 사람이 없을 것

2. 임원 중 해당 도매시장에서 시장도매인의 업무와 경합되는 도매업 또는 중도매업을 하는 사람이 없을 것
3. 임원 중 파산선고를 받고 복권되지 아니한 사람이나 피성년후견인 또는 피한정후견인이 없을 것
4. 임원 중 시장도매인의 지정취소처분의 원인이 되는 사항에 관련된 사람이 없을 것
5. 거래규모, 순자산액 비율 및 거래보증금 등 도매시장 개설자가 업무규정으로 정하는 일정 요건을 갖출 것

③ 시장도매인은 해당 임원이 요건을 갖추지 아니하게 되었을 때에는 그 임원을 지체 없이 해임하여야 한다.

④ 시장도매인의 지정절차와 그 밖에 지정에 필요한 사항은 대통령령으로 정한다.

(42) 시행령 제18조(시장도매인의 지정절차 등)

① 시장도매인 지정을 받으려는 자는 시장도매인 지정신청서에 다음의 서류를 첨부하여 도매시장 개설자에게 제출하여야 한다. 이 경우 시장도매인의 지정절차에 관하여는 도매시장법인의 지정설치를 준용한다.
1. 정관
2. 주주 명부
3. 임원의 이력서
4. 해당 법인의 직전 회계연도의 재무제표와 그 부속서류(신설 법인의 경우에는 설립일을 기준으로 작성한 대차대조표)
5. 사업시작 예정일부터 5년간의 사업계획서(산지활동계획, 농수산물판매계획, 자금운용계획, 조직 및 인력운용계획 등을 포함)
6. 거래규모, 순자산액 비율 및 거래보증금 등 도매시장 개설자가 업무규정으로 정한 요건을 갖추고 있음을 증명하는 서류

② 도매시장 개설자는 ①에 따라 신청을 받았을 때에는 업무규정으로 정한 시장도매인의 적정수의 범위에서 이를 지정하여야 한다.

(43) 법 제36조의2(시장도매인의 인수 · 합병)

시장도매인의 인수 · 합병에 대하여는 도매시장법인의 인수 · 합병 규정을 준용한다. 이 경우 '도매시장법인'은 '시장도매인'으로 본다.

(44) 법 제37조(시장도매인의 영업)

① 시장도매인은 도매시장에서 농수산물을 매수 또는 위탁받아 도매하거나 매매를 중개할 수 있다. 다만, 도매시장 개설자는 거래질서의 유지를 위하여 필요하다고 인정하는 경우 등 농림축산식품 부령 또는 해양수산부령으로 정하는 경우에는 품목과 기간을 정하여 시장도매인이 농수산물을 위탁받아 도매하는 것을 제한 또는 금지할 수 있다.

② 시장도매인은 해당 도매시장의 도매시장법인·중도매인에게 농수산물을 판매하지 못한다.

(45) 시행규칙 제35조(시장도매인의 영업)

① 도매시장에서 시장도매인이 매수·위탁 또는 중개할 때에는 출하자와 협의하여 송품장에 적은 거래방법에 따라서 하여야 한다.

② 도매시장 개설자는 거래질서 유지를 위하여 필요한 경우에는 업무규정으로 정하는 바에 따라 시장도매인이 거래한 명세를 도매시장 개설자가 설치한 거래신고소에 제출하게 할 수 있다.

③ 도매시장 개설자가 시장도매인이 농수산물을 위탁받아 도매하는 것을 제한하거나 금지할 수 있는 경우는 다음과 같다.

   1. 대금결제 능력을 상실하여 출하자에게 피해를 입힐 우려가 있는 경우
   2. 표준정산서에 거래량·거래방법을 거짓으로 적는 등 불공정행위를 한 경우
   3. 그 밖에 도매시장 개설자가 도매시장의 거래질서 유지를 위하여 필요하다고 인정하는 경우

④ 도매시장 개설자는 시장도매인의 거래를 제한하거나 금지하려는 경우에는 그 대상자, 거래제한 또는 거래금지의 사유 해당 농수산물의 품목 및 기간을 정하여 공고하여야 한다.

(46) 법 제38조(수탁의 거부금지 등)

도매시장법인 또는 시장도매인은 그 업무를 수행할 때에 다음의 어느 하나에 해당하는 경우를 제외하고는 입하된 농수산물의 수탁을 거부·기피하거나 위탁받은 농수산물의 판매를 거부·기피하거나, 거래 관계인에게 부당한 차별대우를 하여서는 아니 된다.

   1. 유통명령을 위반하여 출하하는 경우
   2. 출하자 신고를 하지 아니하고 출하하는 경우
   3. 안전성 검사 결과 그 기준에 미달되는 경우
   4. 도매시장 개설자가 업무규정으로 정하는 최소출하량의 기준에 미달되는 경우
   5. 그 밖에 환경 개선 및 규격출하 촉진 등을 위하여 대통령령으로 정하는 경우

> ▶ 시행령 제18조의2(수탁을 거부할 수 있는 사유)
>
> "대통령령으로 정하는 경우"란 농림축산식품부장관, 해양수산부장관 또는 도매시장 개설자가 정하여 고시한 품목을 「농수산물 품질관리법」에 따른 표준규격에 따라 출하하지 아니한 경우를 말한다.

(47) 법 제38조의2(출하 농수산물의 안전성 검사)

① 도매시장 개설자는 해당 도매시장에 반입되는 농수산물에 대하여 「농수산물 품질관리법」에 따른 유해물질의 잔류허용기준 등의 초과 여부에 관한 안전성 검사를 하여야 한다. 이 경우 도매시장 개설자 중 시는 해당 도매시장의 개설을 허가한 도지사 소속의 검사기관에 안전성 검사를 의뢰할 수 있다.

② 도매시장 개설자는 안전성 검사 결과 그 기준에 못 미치는 농수산물을 출하하는 자에 대하여 1년 이내의 범위에서 해당 도매시장에 출하하는 것을 제한할 수 있다. 이 경우 다른 도매시장 개설자로부터 안전성 검사 결과 출하 제한을 받은 자에 대하여도 또한 같다.

③ 안전성 검사의 실시 기준 및 방법과 출하제한의 기준 및 절차 등에 관하여 필요한 사항은 농림축산식품부령 또는 해양수산부령으로 정한다.

(48) 시행규칙 제35조의2(안전성 검사의 실시 기준 및 방법 등)

① 안전성 검사의 실시 기준 및 방법은 별표 1과 같다.

② 도매시장 개설자는 안전성 검사 결과 기준미달로 판정되면 기준미달품 출하자(다른 도매시장 개설자로부터 안전성 검사 결과 출하제한을 받은 자를 포함)에 대하여 다음에 따라 도매시장에 출하하는 것을 제한할 수 있다.
  1. 최근 1년 이내에 1회 적발 시 : 1개월
  2. 최근 1년 이내에 2회 적발 시 : 3개월
  3. 최근 1년 이내에 3회 적발 시 : 6개월

③ 출하제한을 하는 경우에 도매시장 개설자는 안전성 검사 결과 기준 미달품 발생사항과 출하제한 기간 등을 해당 출하자와 다른 도매시장 개설자에게 서면 또는 전자적 방법 등으로 알려야 한다.

(49) 출하농수산물 안전성 검사 실시 기준 및 방법(시행규칙 별표 1)

① 안전성 검사 실시기준
  1. 안전성 검사계획 수립 : 도매시장 개설자는 검사체계, 검사시기와 주기, 검사품목, 수거시료 및 기준미달품의 관리방법 등을 포함한 안전성 검사계획을 수립하여 시행한다.
  2. 안정성 검사 실시를 위한 농수산물 종류별 시료 수거량
    ㉠ 곡류·두류 및 그 밖의 자연산물 : 1kg 이상 2kg 이하
    ㉡ 채소류 및 과실류 자연산물 : 2kg 이상 5kg 이하
    ㉢ 묶음단위 농산물의 한 묶음 중량이 수거량 이하인 경우 한 묶음씩 수거하고, 한 묶음이 수거량 이상인 시료는 묶음의 일부를 시료수거 단위로 할 수 있다. 다만, 묶음단위의 일부를 수거하면 상품성이 떨어져 거래가 곤란한 경우에는 묶음단위 전체를 수거할 수 있다.

ⓔ 수산물의 종류별 시료 수거량

종류별	수거량
초대형어류(2kg 이상/마리)	1마리 또는 2kg 내외
대형어류(1kg 이상~2kg 미만/마리)	2마리 또는 2kg 내외
중형어류(500g 이상~1kg 미만/마리)	3마리 또는 2kg 내외
준중형어류(200g 이상~500g 미만/마리)	5마리 또는 2kg 내외
소형어류(200g 미만/마리)	10마리 또는 2kg 내외
패류	1kg 이상 2kg 이하
그 밖의 수산물	1kg 이상 2kg 이하

※ 시료 수거량은 마리수를 기준으로 함을 원칙으로 한다. 다만, 마리수를 시료를 수거하기가 곤란한 경우에는 2kg 범위에서 분할 수거할 수 있다.

※ 패류는 껍질이 붙어있는 상태에서 육량을 고려하여 1kg부터 2kg까지의 범위에서 수거한다.

3. 안정성 검사 실시를 위한 시료수거 시기 : 시료수거는 도매시장에서 경매 전에 실시하는 것을 원칙으로 하되, 필요할 경우 소매상으로 거래되기 전 단계에서 실시할 수 있다.

4. 안전성 검사 실시를 위한 시료 수거 방법

ⓐ 출하일자 · 출하자 · 품목이 같은 물량을 하나의 모집단으로 한다.

ⓑ 조사대상 모집단의 대표성이 확보될 수 있도록 포장단위당 무게, 적재상태 등을 고려하여 수거지점(대상)을 무작위로 선정한다.

ⓒ 시료수거 대상 농수산물의 품질이 균일하지 않을 때에는 외관 및 냄새, 그 밖의 상황을 판단하여 이상이 있는 것 또는 의심스러운 것을 우선 수거할 수 있다.

ⓓ 시료 수거 시에는 반드시 출하자의 인적사항을 정확히 파악하여야 한다.

② 안전성 검사 방법

농수산물의 안전성 검사는 「식품위생법」에 따른 식품등의 공전의 검사방법에 따라 실시한다.

(50) 법 제39조(매매 농수산물의 인수 등)

① 도매시장법인 또는 시장도매인으로부터 농수산물을 매수한 자는 매매가 성립한 즉시 그 농수산물을 인수하여야 한다.

② 도매시장법인 또는 시장도매인은 매수인이 정당한 사유 없이 매수한 농수산물의 인수를 거부하거나 게을리하였을 때에는 그 매수인의 부담으로 해당 농수산물을 일정 기간 보관하거나, 그 이행을 최고(催告)하지 아니하고 그 매매를 해제하여 다시 매매할 수 있다.

③ 차손금(差損金)이 생겼을 때에는 당초의 매수인이 부담한다.

(51) 법 제40조(하역업무)

① 도매시장 개설자는 도매시장에서 하는 하역업무의 효율화를 위하여 하역체제의 개선 및 하역의 기계화 촉진에 노력하여야 하며, 하역비의 절감으로 출하자의 이익을 보호하기 위하여 필요한 시책을 수립·시행하여야 한다.

② 도매시장 개설자가 업무규정으로 정하는 규격출하품에 대한 표준하역비(도매시장 안에서 규격출하품을 판매하기 위하여 필수적으로 드는 하역비)는 도매시장법인 또는 시장도매인이 부담한다.

③ 농림축산식품부장관 또는 해양수산부장관은 하역체제의 개선 및 하역의 기계화와 규격출하의 촉진을 위하여 도매시장 개설자에게 필요한 조치를 명할 수 있다.

④ 도매시장법인 또는 시장도매인은 도매시장에서 하는 하역업무에 대하여 하역 전문업체 등과 용역계약을 체결할 수 있다.

(52) 법 제41조(출하자에 대한 대금결제)

① 도매시장법인 또는 시장도매인은 매수하거나 위탁받은 농수산물이 매매되었을 때에는 그 대금의 전부를 출하자에게 즉시 결제하여야 한다. 다만, 대금의 지급방법에 관하여 도매시장법인 또는 시장도매인과 출하자 사이에 특약이 있는 경우에는 그 특약에 따른다.

② 대금결제는 도매시장법인 또는 시장도매인이 표준송품장(標準送品狀)과 판매원표(販賣元標)를 확인하여 작성한 표준정산서를 출하자에게 발급하여, 출하자가 이를 별도의 정산 창구에 제시하고 대금을 수령하도록 하는 방법으로 하여야 한다. 다만, 도매시장 개설자가 농림축산식품부령 또는 해양수산부령으로 정하는 바에 따라 인정하는 도매시장법인의 경우에는 출하자에 대금을 직접 결제할 수 있다.

③ 표준송품장, 판매원표, 표준정산서, 대금결제의 방법 및 절차 등에 관하여 필요한 사항은 농림축산식품부령 또는 해양수산부령으로 정한다.

(53) 시행규칙 제36조(대금결제의 절차 등)

① 별도의 정산 창구(대금정산조직을 포함)를 통하여 출하대금결제를 하는 경우에는 다음의 절차에 따른다.
   1. 출하자는 송품장을 작성하여 도매시장법인 또는 시장도매인에게 제출
   2. 도매시장법인 또는 시장도매인은 출하자에게서 받은 송품장의 사본을 도매시장 개설자가 설치한 거래신고소에 제출
   3. 도매시장법인 또는 시장도매인은 표준정산서를 출하자와 정산 창구에 발급하고, 정산 창구에 대금결제를 의뢰
   4. 정산 창구에서는 출하자에게 대금을 결제하고, 표준정산서 사본을 거래신고소에 제출

② 출하대금결제와 판매대금결제를 위한 정산창구의 운영방법 및 관리에 관한 사항은 도매시장 개설자가 업무규정으로 정한다.

(54) 시행규칙 제37조(도매시장법인의 직접 대금결제)

도매시장 개설자가 업무규정으로 정하는 출하대금결제용 보증금을 납부하고 운전자금을 확보한 도매시장법인은 출하자에게 출하대금을 직접 결제할 수 있다.

(55) 시행규칙 제37조의2(표준송품장의 사용)

① 도매시장에 농수산물을 출하하려는 자는 표준송품장을 작성하여 도매시장법인·시장도매인 또는 공판장 개설자에게 제출하여야 한다.

② 도매시장·공판장 및 민영도매시장 개설자나 도매시장법인 및 시장도매인은 출하자가 표준송품장을 이용하기 쉽도록 이를 보급하고, 작성요령을 배포하는 등 편의를 제공하여야 한다.

③ 표준송품장을 받은 자는 업무규정으로 정하는 바에 따라 보관·관리하여야 한다.

(56) 시행규칙 제38조(표준정산서)

도매시장법인·시장도매인 또는 공판장 개설자가 사용하는 표준정산서에는 다음의 사항이 포함되어야 한다.

1. 표준정산서의 발행일 및 발행자명
2. 출하자명
3. 출하자 주소
4. 거래형태(매수·위탁·중개) 및 매매방법(경매·입찰, 정가·수의매매)
5. 판매 명세(품목·품종·등급별 수량·단가 및 거래단위당 수량 또는 무게), 판매대금총액 및 매수인
6. 공제 명세(위탁수수료, 운송료 선급금, 하역비, 선별비 등 비용) 및 공제금액 총액
7. 정산금액
8. 송금 명세(은행명·계좌번호·예금주)

(57) 법 제41조의2(대금정산조직 설립의 지원)

도매시장 개설자는 도매시장법인·시장도매인·중도매인 등이 공동으로 다음의 대금의 정산을 위한 조합, 회사 등(이하 '대금정산조직')을 설립하는 경우 그에 대한 지원을 할 수 있다.

1. 출하대금
2. 도매시장법인과 중도매인 또는 매매참가인 간의 농수산물 거래에 따른 판매대금

(58) 법 제42조(수수료 등의 징수제한)

① 도매시장 개설자, 도매시장법인, 시장도매인, 중도매인 또는 대금정산조직은 해당 업무와 관련하여 징수 대상자에게 다음의 금액 외에는 어떠한 명목으로도 금전을 징수하여서는 아니 된다.

1. 도매시장 개설자가 도매시장법인 또는 시장도매인으로부터 도매시장의 유지·관리에 필요한 최소한의 비용으로 징수하는 도매시장의 사용료
2. 도매시장 개설자가 도매시장의 시설 중 농림축산식품부령 또는 해양수산부령으로 정하는 시설에 대하여 사용자로부터 징수하는 시설 사용료
3. 도매시장법인이나 시장도매인이 농수산물의 판매를 위탁한 출하자로부터 징수하는 거래액의 일정 비율 또는 일정액에 해당하는 위탁수수료
4. 시장도매인 또는 중도매인이 농수산물의 매매를 중개한 경우에 이를 매매한 자로부터 징수하는 거래액의 일정 비율에 해당하는 중개수수료
5. 거래대금을 정산하는 경우에 도매시장법인·시장도매인·중도매인·매매참가인 등이 대금정산조직에 납부하는 정산수수료

② 사용료 및 수수료의 요율은 농림축산식품부령 또는 해양수산부령으로 정한다.

(59) 시행규칙 제39조(사용료 및 수수료 등)

① 도매시장 개설자가 징수하는 도매시장 사용료는 다음의 기준에 따라 도매시장 개설자가 이를 정한다. 다만, 도매시장의 시설중 도매시장 개설자의 소유가 아닌 시설에 대한 사용료는 징수하지 아니한다.

1. 도매시장 개설자가 징수할 사용료 총액이 해당 도매시장 거래금액의 1천분의 5(서울특별시 소재 중앙도매시장의 경우에는 1천분의 5.5)를 초과하지 아니할 것. 다만, 다음의 방식으로 거래한 경우 그 거래한 물량에 대해서는 해당 거래금액의 1천분의 3을 초과하지 아니하여야 한다.
   가. 물품을 농수산물 전자거래소에서 거래한 경우
   나. 삭제 〈2017.6.9.〉
   다. 정가·수의매매를 전자거래방식으로 한 경우와 거래 대상 농수산물의 견본을 도매시장에 반입하여 거래한 경우
2. 도매시장법인·시장도매인이 납부할 사용료는 해당 도매시장법인·시장도매인의 거래금액 또는 매장면적을 기준으로 하여 징수할 것

② 도매시장 개설자가 시설사용료를 징수할 수 있는 시설은 다음의 시설로 하며, 연간 시설 사용료는 해당 시설의 재산가액의 1천분의 50(중도매인 점포·사무실의 경우에는 재산가액의 1천분의 10)을 초과하지 아니하는 범위에서 도매시장 개설자가 정한다. 다만, 도매시장의 시설 중 도매시장 개설자의 소유가 아닌 시설에 대한 사용료는 징수하지 아니한다.

1. 필수시설 중 저온창고
2. 부수시설 중 농산물 품질관리실, 축산물위생검사 사무실 및 도체(屠體) 등급판정 사무실을 제외한 시설

③ 저온창고의 사용료를 계산할 때 다음의 농산물에 대한 것은 산입하지 아니한다.

1. 도매시장에서 매매되기 전에 저온창고에 보관된 출하자 농산물
2. 정가매매 또는 수의매매로 거래된 농산물

④ 위탁수수료의 최고한도는 다음과 같다. 이 경우 도매시장의 개설자는 그 한도에서 업무규정으로

위탁수수료를 정할 수 있다.

1. 양곡부류 : 거래금액의 1천분의 20
2. 청과부류 : 거래금액의 1천분의 70
3. 수산부류 : 거래금액의 1천분의 60
4. 축산부류 : 거래금액의 1천분의 20(도매시장 또는 공판장 안에 도축장이 설치된 경우 「축산물 위생관리법」에 따라 징수할 수 있는 도살·해체수수료는 이에 포함되지 아니한다)
5. 화훼부류 : 거래금액의 1천분의 70
6. 약용작물부류 : 거래금액의 1천분의 50

⑤ 일정액의 위탁수수료는 도매시장법인이 정하되, 그 금액은 ④에 따른 최고한도를 초과할 수 없다.

⑥ 중도매인이 징수하는 중개수수료의 최고한도는 거래금액의 1천분의 40으로 하며, 도매시장 개설 자는 그 한도에서 업무규정으로 중개수수료를 정할 수 있다.

⑦ 시장도매인이 출하자와 매수인으로부터 각각 징수하는 중개수수료는 해당 부류 위탁수수료 최고 한도의 2분의 1을 초과하지 못한다. 이 경우 도매시장 개설자는 그 한도에서 업무규정으로 중개 수수료를 정할 수 있다.

⑧ 정산수수료의 최고한도는 다음의 구분에 따르며, 도매시장 개설자는 그 한도에서 업무규정으로 정산수수료를 정할 수 있다.

1. 정률(定率)의 경우 : 거래건별 거래금액의 1천분의 4
2. 정액의 경우 : 1개월에 70만 원

(60) 법 제42조의2(지방도매시장의 운영 등에 관한 특례)

지방도매시장의 개설자는 해당 도매시장의 규모 및 거래물량 등에 비추어 필요하다고 인정하는 경우 농림축산식품부령 또는 해양수산부령으로 정하는 사유와 다른 내용의 특례를 업무규정으로 정할 수 있다.

4 농수산물공판장 및 민영농수산물도매시장 등

(1) 법 제43조(공판장의 개설)

① 생산자단체와 공익법인이 공판장을 개설하려면 기준에 적합한 시설을 갖추고 시·도지사의 승인 을 받아야 한다. 다만, 농업협동조합중앙회가 개설한 공판장은 농협경제지주회사 및 그 자회사 가 개설한 것으로 본다.

② ①의 경우에는 허가기준 규정을 준용한다.

(2) 시행령 제19조(농수산물공판장의 개설승인신청)

농수산물공판장을 개설하려는 자는 해당 공판장의 소재지를 관할하는 시장·군수·자치구의 구청장 또는 「제주특별자치도 설치 및 국제자유도시 조성을 위한 특별법」에 따른 행정시장의 의견을 첨부하여 시·도지사에게 공판장 개설승인신청을 하여야 한다.

(3) 법 제44조(공판장의 거래 관계자)

① 공판장에는 중도매인, 매매참가인, 산지유통인 및 경매사를 둘 수 있다.

② 공판장의 중도매인은 공판장의 개설자가 지정한다. 이 경우 중도매인의 지정 등에 관하여는 중도매업의 허가 규정을 준용한다.

③ 농수산물을 수집하여 공판장에 출하하려는 자는 공판장의 개설자에게 산지유통인으로 등록하여야 한다. 이 경우 산지유통인의 등록 등에 관하여는 산지유통인의 등록 규정을 준용한다.

④ 공판장의 경매사는 공판장의 개설자가 임면한다. 이 경우 경매사의 자격기준 및 업무 등에 관하여는 경매사의 임면 및 경매사의 업무 규정을 준용한다.

(4) 법 제45조(공판장의 운영 등)

공판장의 운영 및 거래방법 등에 관하여는 수탁판매의 원칙, 매매방법, 경매 및 입찰의 방법, 거래의 특례, 수탁의 거부금지, 매매농수산물의 인수, 하역업무, 대금결제, 수수료 등의 징수제한 규정을 준용한다. 다만, 공판장의 규모·거래물량 등에 비추어 이를 준용하는 것이 적합하지 아니한 공판장의 경우에는 개설자가 합리적이라고 인정되는 범위에서 업무규정으로 정하는 바에 따라 운영 및 거래방법 등을 달리 정할 수 있다.

(5) 법 제46조(도매시장공판장의 운영 등에 관한 특례)

① 도매시장공판장의 운영 및 거래방법 등에 관하여는 출하자 신고, 수탁판매의 원칙, 매매방법, 경매 또는 입찰의 방법, 거래의 특례, 도매시장법인의 영업제한, 도매시장법인 등의 공시, 수탁의 거부금지, 매매농수산물의 인수, 하역업무, 대금결제, 대금정산조직 설립의 지원, 수수료 등의 징수 제한 규정을 준용한다.

② 도매시장공판장의 중도매인에 관하여는 중도매업의 허가, 수탁판매의 원칙, 수수료 등의 징수제한, 교육훈련 규정을 준용한다.

③ 도매시장공판장의 산지유통인에 관하여는 산지유통인의 등록 규정을 준용한다.

④ 도매시장공판장의 경매사에 관하여는 경매사의 임면, 경매사의 업무 규정을 준용한다.

⑤ 도매시장공판장은 농림수협 등의 유통자회사(流通子會社)로 하여금 운영하게 할 수 있다.

(6) 법 제47조(민영도매시장의 개설)

① 민간인등이 특별시·광역시·특별자치시·특별자치도 또는 시 지역에 민영도매시장을 개설하려면 시·도지사의 허가를 받아야 한다.

② 민간인등이 민영도매시장의 개설허가를 받으려면 농림축산식품부령 또는 해양수산부령으로 정하는 바에 따라 민영도매시장 개설허가 신청서에 업무규정과 운영관리계획서를 첨부하여 시·도지사에게 제출하여야 한다.

③ 업무규정 및 운영관리계획서에 관하여는 도매시장의 개설 규정을 준용한다.

④ 시·도지사는 다음의 어느 하나에 해당하는 경우를 제외하고는 ①에 따라 허가하여야 한다.

　1. 민영도매시장을 개설하려는 장소가 교통체증을 유발할 수 있는 위치에 있는 경우

　2. 민영도매시장의 시설이 기준에 적합하지 아니한 경우

　3. 운영관리계획서의 내용이 실현 가능하지 아니한 경우

　4. 그 밖에 이 법 또는 다른 법령에 따른 제한에 위반되는 경우

⑤ 시·도지사는 민영도매시장 개설허가의 신청을 받은 경우 신청서를 받은 날부터 30일 이내(이하 "허가 처리기간")에 허가 여부 또는 허가처리 지연 사유를 신청인에게 통보하여야 한다. 이 경우 허가 처리기간에 허가 여부 또는 허가처리 지연 사유를 통보하지 아니하면 허가 처리기간의 마지막 날의 다음 날에 허가를 한 것으로 본다.

⑥ 시·도지사는 ⑤에 따라 허가처리 지연 사유를 통보하는 경우에는 허가 처리기간을 10일 범위에서 한 번만 연장할 수 있다.

(7) 시행규칙 제41조(민영도매시장의 개설허가 절차)

민영도매시장을 개설하려는 자는 시·도지사가 정하는 개설허가신청서에 다음의 서류를 첨부하여 시·도지사에게 제출하여야 한다.

　1. 민영도매시장의 업무규정

　2. 운영관리계획서

　3. 해당 민영도매시장의 소재지를 관할하는 시장 또는 자치구의 구청장의 의견서

(8) 법 제48조(민영도매시장의 운영 등)

① 민영도매시장의 개설자는 중도매인, 매매참가인, 산지유통인 및 경매사를 두어 직접 운영하거나 시장도매인을 두어 이를 운영하게 할 수 있다.

② 민영도매시장의 중도매인은 민영도매시장의 개설자가 지정한다. 이 경우 중도매인의 지정 등에 관하여는 중도매업의 허가 규정을 준용한다.

③ 농수산물을 수집하여 민영도매시장에 출하하려는 자는 민영도매시장의 개설자에게 산지유통인으로 등록하여야 한다. 이 경우 산지유통인의 등록 등에 관하여는 산지유통인의 등록 규정을 준용한다.

④ 민영도매시장의 경매사는 민영도매시장의 개설자가 임면한다. 이 경우 경매사의 자격기준 및 업무 등에 관하여는 경매사의 임면 및 경매사의 업무 규정을 준용한다.

⑤ 민영도매시장의 시장도매인은 민영도매시장의 개설자가 지정한다. 이 경우 시장도매인의 지정 및 영업 등에 관하여는 시장도매인의 지정, 시장도매인의 영업, 수탁의 거부금지, 매매농수산물의 인수, 출하자에 대한 대금결제 및 수수료 등의 징수제한 규정을 준용한다.

⑥ 민영도매시장의 개설자가 중도매인, 매매참가인, 산지유통인 및 경매사를 두어 직접 운영하는 경우 그 운영 및 거래방법 등에 관하여는 수탁판매의 원칙, 매매방법, 경매 및 입찰의 방법, 거래의 특례, 수탁의 거부금지, 매매농수산물의 인수, 하역업무, 대금결제, 수수료 등의 징수제한 규정을 준용한다. 다만, 민영도매시장의 규모·거래물량 등에 비추어 해당 규정을 준용하는 것이 적합하지 아니한 민영도매시장의 경우에는 그 개설자가 합리적이라고 인정되는 범위에서 업무규정으로 정하는 바에 따라 그 운영 및 거래방법 등을 달리 정할 수 있다.

(9) 법 제49조(산지판매제도의 확립)

① 농림수협등 또는 공익법인은 생산지에서 출하되는 주요 품목의 농수산물에 대하여 산지경매제를 실시하거나 계통출하(系統出荷)를 확대하는 등 생산사 보호를 위한 판매대책 및 선별·포장·저장 시설의 확충 등 산지 유통대책을 수립·시행하여야 한다.

② 농림수협등 또는 공익법인은 경매 또는 입찰의 방법으로 창고경매, 포전경매(圃田競賣) 또는 선상경매(船上競賣) 등을 할 수 있다.

(10) 시행규칙 제42조(창고경매 및 포전경매)

지역농업협동조합, 지역축산업협동조합, 품목별·업종별협동조합, 조합공동사업법인, 품목조합연합회, 농협경제지주회사, 산림조합 및 수산업협동조합과 그 중앙회(이하 "농림수협 등") 또는 한국농수산식품유통공사가 창고경매나 포전경매(圃田競賣)를 하려는 경우에는 생산농가로부터 위임을 받아 창고 또는 포전상태로 상장하되, 품목의 작황·품질·생산량 및 시중가격 등을 고려하여 미리 예정가격을 정할 수 있다.

(11) 법 제50조(농수산물집하장의 설치·운영)

① 생산자단체 또는 공익법인은 농수산물을 대량 소비지에 직접 출하할 수 있는 유통체제를 확립하기 위하여 필요한 경우에는 농수산물집하장을 설치·운영할 수 있다.

② 국가와 지방자치단체는 농수산물집하장의 효과적인 운영과 생산자의 출하편의를 도모할 수 있도록 그 입지 선정과 도로망의 개설에 협조하여야 한다.

③ 생산자단체 또는 공익법인은 운영하고 있는 농수산물집하장 중 공판장의 시설기준을 갖춘 집하장을 시·도지사의 승인을 받아 공판장으로 운영할 수 있다.

(12) 시행령 제20조(농수산물집하장의 설치 · 운영)

① 지역농협협동조합, 지역축산업협동조합, 품목별 · 업종별협동조합, 조합공동사업법인, 품목조합연합회, 산림조합 및 수산업협동조합과 그 중앙회(농협경제지주회사를 포함)나 생산자 관련 단체 또는 공익법인이 농수산물집하장을 설치 · 운영하려는 경우에는 농수산물의 출하 및 판매를 위하여 필요한 적정 시설을 갖추어야 한다.

② 농업협동조합중앙회 · 산림조합중앙회 · 수산업협동조합중앙회의 장 및 농협경제지주회사의 대표이사는 농수산물집하장의 설치와 운영에 필요한 기준을 정하여야 한다.

(13) 법 제51조(농수산물산지유통센터의 설치 · 운영 등)

① 국가나 지방자치단체는 농수산물의 선별 · 포장 · 규격출하 · 가공 · 판매 등을 촉진하기 위하여 농수산물산지유통센터를 설치하여 운영하거나 이를 설치하려는 자에게 부지 확보 또는 시설물 설치 등에 필요한 지원을 할 수 있다.

② 국가나 지방자치단체는 농수산물산지유통센터의 운영을 생산자단체 또는 전문유통업체에 위탁할 수 있다.

③ 농수산물산지유통센터의 운영 등에 필요한 사항은 농림축산식품부령 또는 해양수산부령으로 정한다.

(14) 시행규칙 제42조의2(농수산물산지유통센터의 운영)

농수산물산지유통센터의 운영을 위탁한 자는 시설물 및 장비의 유지 · 관리 등에 소요되는 비용에 충당하기 위하여 농수산물산지유통센터의 운영을 위탁받은 자와 협의하여 매출액의 1천분의 5를 초과하지 아니하는 범위에서 시설물 및 장비의 이용료를 징수할 수 있다.

(15) 법 제52조(농수산물 유통시설의 편의제공)

국가나 지방자치단체는 그가 설치한 농수산물 유통시설에 대하여 생산자단체, 수산업협동조합중앙회 또는 공익법인으로부터 이용 요청을 받으면 해당 시설의 이용, 면적 배정 등에서 우선적으로 편의를 제공하여야 한다.

5 농수산물 유통기구의 정비 등

(1) 법 제62조(정비 기본방침 등)

농림축산식품부장관 또는 해양수산부장관은 농수산물의 원활한 수급과 유통질서를 확립하기 위하여 필요한 경우에는 다음의 사항을 포함한 농수산물 유통기구 정비기본방침을 수립하여 고시할 수 있다.

1. 시설기준에 미달하거나 거래물량에 비하여 시설이 부족하다고 인정되는 도매시장·공판장 및 민영도매시장의 시설 정비에 관한 사항
2. 도매시장·공판장 및 민영도매시장 시설의 바꿈 및 이전에 관한 사항
3. 중도매인 및 경매사의 가격조작 방지에 관한 사항
4. 생산자와 소비자 보호를 위한 유통기구의 봉사(奉仕) 경쟁체제의 확립과 유통 경로의 단축에 관한 사항
5. 운영 실적이 부진하거나 휴업 중인 도매시장의 정비 및 도매시장법인이나 시장도매인의 교체에 관한 사항
6. 소매상의 시설 개선에 관한 사항

(2) 법 제63조(지역별 정비계획)

① 시·도지사는 기본방침이 고시되었을 때에는 그 기본방침에 따라 지역별 정비계획을 수립하고 농림축산식품부장관 또는 해양수산부장관의 승인을 받아 그 계획을 시행하여야 한다.
② 농림축산식품부장관 또는 해양수산부장관은 지역별 정비계획의 내용이 기본방침에 부합되지 아니하거나 사정의 변경 등으로 실효성이 없다고 인정하는 경우에는 그 일부를 수정 또는 보완하여 승인할 수 있다.

(3) 법 제64조(유사 도매시장의 정비)

① 시·도지사는 농수산물의 공정거래질서 확립을 위하여 필요한 경우에는 농수산물도매시장과 유사(類似)한 형태의 시장을 정비하기 위하여 유사 도매시장구역을 지정하고, 농림축산식품부령 또는 해양수산부령으로 정하는 바에 따라 그 구역의 농수산물도매업자의 거래방법 개선, 시설 개선, 이전대책 등에 관한 정비계획을 수립·시행할 수 있다.
② 특별시·광역시·특별자치시·특별자치도 또는 시는 정비계획에 따라 유사 도매시장구역에 도매시장을 개설하고, 그 구역의 농수산물도매업자를 도매시장법인 또는 시장도매인으로 지정하여 운영하게 할 수 있다.

③ 농림축산식품부장관 또는 해양수산부장관은 시·도지사로 하여금 정비계획의 내용을 수정 또는 보완하게 할 수 있으며, 정비계획의 추진에 필요한 지원을 할 수 있다.

(4) 시행규칙 제43조(유사 도매시장의 정비)

① 시·도지사는 다음의 지역에 있는 유사 도매시장의 정비계획을 수립하여야 한다.
　1. 특별시·광역시
　2. 국고 지원으로 도매시장을 건설하는 지역
　3. 그 밖에 시·도지사가 농수산물의 공공거래질서 확립을 위하여 특히 필요하다고 인정하는 지역
② 유사 도매시장의 정비계획에 포함되어야 할 사항은 다음과 같다.
　1. 유사 도매시장구역으로 지정하려는 구체적인 지역의 범위
　2. 지역에 있는 농수산물도매업자의 거래방법의 개선방안
　3. 유사 도매시장의 시설 개선 및 이전대책
　4. 대책을 시행하는 경우의 대상자 선발기준

(5) 법 제65조(시장의 개설·정비 명령)

① 농림축산식품부장관 또는 해양수산부장관은 기본방침을 효과적으로 수행하기 위하여 필요하다고 인정할 때에는 도매시장·공판장 및 민영도매시장의 개설자에 대하여 대통령령으로 정하는 바에 따라 도매시장·공판장 및 민영도매시장의 통합·이전 또는 폐쇄를 명할 수 있다.
② 농림축산식품부장관 또는 해양수산부장관은 농수산물을 원활하게 수급하기 위하여 특정한 지역에 도매시장이나 공판장을 개설하거나 제한할 필요가 있다고 인정할 때에는 그 지역을 관할하는 특별시·광역시·특별자치시·특별자치도 또는 시나 농림수협등 또는 공익법인에 대하여 도매시장이나 공판장을 개설하거나 제한하도록 권고할 수 있다.
③ 정부는 명령으로 인하여 발생한 도매시장·공판장 및 민영도매시장의 개설자 또는 도매시장법인의 손실에 관하여는 대통령령으로 정하는 바에 따라 정당한 보상을 하여야 한다.

(6) 시행령 제33조(시장의 정비명령)

① 농림축산식품부장관 또는 해양수산부장관이 도매시장·공판장 및 민영도매시장의 통합·이전 또는 는 폐쇄를 명령하려는 경우에는 그에 필요한 적정한 기간을 두어야 하며, 다음의 사항을 비교·검토하여 조건이 불리한 시장을 통합·이전 또는 폐쇄하도록 하여야 한다.
　1. 최근 2년간의 거래 실적과 거래 추세
　2. 입지조건
　3. 시설현황
　4. 통합·이전 또는 폐쇄로 인하여 당사자가 입게 될 손실의 정도

② 농림축산식품부장관 또는 해양수산부장관은 도매시장·공판장 및 민영도매시장의 통합·이전 또는 폐쇄를 명령하려는 경우에는 미리 관계인에게 ①의 사항에 대하여 소명을 하거나 의견을 진술할 수 있는 기회를 주어야 한다.

③ 농림축산식품부장관 또는 해양수산부장관은 명령으로 인하여 발생한 손실에 대한 보상을 하려는 경우에는 미리 관계인과 협의를 하여야 한다.

(7) 법 제66조(도매시장법인의 대행)

① 도매시장 개설자는 도매시장법인이 판매업무를 할 수 없게 되었다고 인정되는 경우에는 기간을 정하여 그 업무를 대행하거나 관리공사 또는 다른 도매시장법인으로 하여금 대행하게 할 수 있다.

② 도매시장법인의 업무를 대행하는 자에 대한 업무처리기준과 그 밖에 대행에 관하여 필요한 사항은 도매시장 개설자가 정한다.

(8) 법 제67조(유통시설의 개선 등)

① 농림축산식품부장관 또는 해양수산부장관은 농수산물의 원활한 유통을 위하어 도매시장·공판장 및 민영도매상의 개설자나 도매시장법인에 대하여 농수산물의 판매·수송·보관·저장 시설의 개선 및 정비를 명할 수 있다.

② 도매시장·공판장 및 민영도매시장이 보유하여야 하는 시설의 기준은 부류별로 그 지역의 인구 및 거래물량 등을 고려히여 농림축산식품부령 또는 해양수산부령으로 정한다.

(9) 시행규칙 제44조(시설기준)

① 부류별 도매시장·공판장·민영도매시장이 보유하여야 하는 시설의 최소기준은 별표 2와 같다.

② 시·도지사는 축산부류의 도매시장 및 공판장 개설자에 대하여 시설 외에 「축산물위생관리법」에 따른 도축장 또는 도계장 시설을 갖추게 할 수 있다.

⑽ 농수산물도매시장·공판장 및 민영도매시장의 시설기준(시행규칙 별표 2)

부류별 / 시설		양곡	청과			수산			축산			화훼	약용작물
도시인구별 (단위: 명)		–	30만 미만	30만 이상 100만 미만	100만 이상	30만 미만	30만 이상 100만 미만	100만 이상	30만 미만	30만 이상 100만 미만	100만 이상	–	–
		m²	m²	m²	m²	m²	m²	m²	m²	m²	m²	m²	m²
필수 시설	대지	1,650	3,300	8,250	16,500	1,650	3,300	6,600	1,320	2,640	5,280	1,650	1,650
	건물	660	1,320	3,300	6,600	660	1,320	2,640	530	1,060	2,110	660	660
	경매장(유개[有蓋])	500	990	2,480	4,950	500	990	1,980	170	330	660	500	500
	주차장	500	330	830	1,650	170	330	660	170	330	660	330	330
	저온창고(농수산물도매시장만 해당한다)		300	500	1,000								
	냉장실					17 (20톤)	30 (40톤)	50 (60톤)	70 (80톤)	130 (160톤)	200 (240톤)		
	저빙실					17 (20톤)	30 (40톤)	50 (60톤)					
	쓰레기 처리장	30	30	70	100	30	70	100	70	130	200	30	30
	위생시설 (수세식 화장실)	30	30	70	100	30	70	100	30	70	100	30	30
	사무실	30	30	50	70	30	50	70	30	70	100	30	30
	하주대기실	30	30	50	70	30	50	70	30	70	100	30	30
	출하상담실												

부류별	양곡	청과	수산	축산	화훼	약용작물
부수 시설	상온창고, 중도매인 점포, 중도매인 사무실	저온창고(공판장 및 민영도매시장만 해당한다), 상온창고, 가공처리장, 재발효 및 추열실, 중도매인 점포, 중도매인 사무실, 소각시설, 농산물 품질관리실, 대금정산조직 사무실, 수출지원실	상온창고, 가공처리장, 제빙시설, 염장조, 염장실, 중도매인 점포, 중도매인 사무실, 소각시설, 용융기, 대금정산조직 사무실, 수출지원실	식육운반차량, 중도매인 사무실, 축산물 위생검사시설 및 사무실, 도체 등급판정시설 및 사무실, 부산물처리시설, 농산물 품질관리실, 부분육 가공처리시설, 대금정산조직 사무실	저온창고, 상온창고, 중도매인 점포, 중도매인 사무실	상온창고, 중도매인 점포, 중도매인 사무실
기타 시설	가. 회의실, 경비실, 기계실등 나. 금융기관의 점포 다. 기타 이용자의 편의를 위하여 필요한 시설					

⑾ 법 제68조(농수산물 소매유통의 개선)

① 농림축산식품부장관, 해양수산부장관 또는 지방자치단체의 장은 생산자와 소비자를 보호하고 상거래질서를 확립하기 위한 농수산물 소매단계의 합리적 유통 개선에 대한 시책을 수립·시행할 수 있다.

② 농림축산식품부장관 또는 해양수산부장관은 ①에 따른 시책을 달성하기 위하여 농수산물의 중도매업·소매업, 생산자와 소비자의 직거래사업, 생산자단체 및 대통령령으로 정하는 단체가 운영하는 농수산물직판장, 소매시설의 현대화 등을 농림축산식품부령 또는 해양수산부령으로 정하는 바에 따라 지원·육성한다.

③ 농림축산식품부장관, 해양수산부장관 또는 지방자치단체의 장은 ②에 따른 농수산물소매업자 등이 농수산물의 유통 개선과 공동이익의 증진 등을 위하여 협동조합을 설립하는 경우에는 도매시장 또는 공판장의 이용편의 등을 지원할 수 있다.

(12) 시행령 제34조(농수산물직판장의 운영단체)

'대통령령으로 정하는 단체'란 소비자단체 및 지방자치단체의 장이 직거래사업의 활성화를 위하여 필요하다고 인정하여 지정하는 단체를 말한다.

(13) 시행규칙 제45조(농수산물 소매유통의 지원)

농림축산식품부장관 또는 해양수산부장관이 지원할 수 있는 사업은 다음과 같다.
① 농수산물의 생산자 또는 생산자단체와 소비자 또는 소비자단체 간의 직거래사업
② 농수산물소매시설의 현대화 및 운영에 관한 사업
③ 농수산물직판장의 설치 및 운영에 관한 사업
④ 그 밖에 농수산물직거래 및 소매유통의 활성화를 위하여 농림축산식품부장관 또는 해양수산부장관이 인정하는 사업

(14) 법 제69조(종합유통센터의 설치)

① 국가나 지방자치단체는 종합유통센터를 설치하여 생산자단체 또는 전문유통업체에 그 운영을 위탁할 수 있다.
② 국가나 지방자치단체는 종합유통센터를 설치하려는 자에게 부지 확보 또는 시설물 설치 등에 필요한 지원을 할 수 있다.
③ 농림축산식품부장관, 해양수산부장관 또는 지방자치단체의 장은 종합유통센터가 효율적으로 그 기능을 수행할 수 있도록 종합유통센터를 운영하는 자 또는 이를 이용하는 자에게 그 운영방법 및 출하 농어가에 대한 서비스의 개선 또는 이용방법의 준수 등 필요한 권고를 할 수 있다.
④ 농림축산식품부장관, 해양수산부장관 또는 지방자치단체의 장은 종합유통센터를 운영하는 자 및 지원을 받아 종합유통센터를 운영하는 자가 권고를 이행하지 아니하는 경우에는 일정한 기간을 정하여 운영방법 및 출하 농어가에 대한 서비스의 개선 등 필요한 조치를 할 것을 명할 수 있다.
⑤ 종합유통센터의 설치, 시설 및 운영에 관하여 필요한 사항은 농림축산식품부령 또는 해양수산부령으로 정한다.

(15) 시행규칙 제46조(종합유통센터의 설치 등)

① 국가 또는 지방자치단체의 지원을 받아 종합유통센터를 설치하려는 자는 지원을 받으려는 농림축산식품부장관, 해양수산부장관 또는 지방자치단체의 장에게 다음의 사항이 포함된 종합유통센터 건설사업계획서를 제출하여야 한다.

1. 신청지역의 농수산물 유통시설 현황, 종합유통센터의 건설 필요성 및 기대효과
2. 운영자 선정계획, 세부적인 운영방법과 물량처리계획이 포함된 운영계획서 및 운영수지분석
3. 부지 · 시설 및 물류장비의 확보와 운영에 필요한 자금 조달계획
4. 그 밖에 농림축산식품부장관, 해양수산부장관 또는 지방자치단체의 장이 종합유통센터 건설의 타당성 검토를 위하여 필요하다고 판단하여 정하는 사항

② 농림축산식품부장관, 해양수산부장관 또는 지방자치단체의 장은 사업계획서를 제출받았을 때에는 사업계획의 타당성을 고려하여 지원 대상자를 선정하고, 부지 구입, 시설물 설치, 장비 확보 및 운영을 위하여 필요한 자금을 보조 또는 융자하거나 부지 알선 등의 행정적인 지원을 할 수 있다.

③ 국가 또는 지방자치단체가 설치하는 종합유통센터 및 지원을 받으려는 자가 설치하는 종합유통센터가 갖추어야 하는 시설기준은 농수산물종합유통센터의 시설기준과 같다.

④ 지원을 하려는 지방자치단체의 장은 제출받은 종합유통센터 건설사업계획서와 해당 계획의 타당성 등에 대한 검토의견서를 농림축산식품부장관 및 해양수산부장관에게 제출하되, 시장 · 군수 또는 구청장의 경우에는 시 · 도지사의 검토의견서를 첨부하여야 하며, 농림축산식품부장관 및 해양수산부장관은 이에 대하여 의견을 제시할 수 있다.

(16) 시행규칙 제47조(종합유통센터의 운영)

① 국가 또는 지방자치단체가 종합유통센터를 설치하여 운영을 위탁할 수 있는 생산자단체 또는 전문유통업체는 다음의 자로 한다.

1. 농림수협등(유통자회사를 포함)
2. 종합유통센터의 운영에 필요한 자금과 경영능력을 갖춘 자로서 농림축산식품부장관, 해양수산부장관 또는 지방자치단체의 장이 농수산물의 효율적인 유통을 위하여 특히 필요하다고 인정하는 자
3. 종합유통센터를 운영하기 위하여 국가 또는 지방자치단체와 농림수협 등 및 인정을 받은 자가 출자하여 설립한 법인

② 국가 또는 지방자치단체(이하 '위탁자')가 종합유통센터를 설치하여 운영을 위탁하려는 때에는 농수산물의 수집능력 · 분산능력, 투자계획, 경영계획 및 농수산물 유통에 대한 경험 등을 기준으로 하여 공개적인 방법으로 운영주체를 선정하여야 한다. 이 경우 위탁자는 5년 이상의 기간을 두어 위탁기간을 설정할 수 있다.

③ 위탁자는 종합유통센터의 시설물 및 장비의 유지·관리 등에 드는 비용에 충당하기 위하여 운영 주체와 협의하여 운영주체로부터 종합유통센터의 시설물 및 장비의 이용료를 징수할 수 있다. 이 경우 이용료 총액은 해당 종합유통센터 매출액의 1천분의 5를 초과할 수 없으며, 위탁자는 이용료 외에는 어떠한 명목으로도 금전을 징수해서는 아니 된다.

(17) 법 제70조(유통자회사의 설립)

① 농림수협등은 농수산물 유통의 효율화를 도모하기 위하여 필요한 경우에는 종합유통센터·도매 시장공판장을 운영하거나 그 밖의 유통사업을 수행하는 별도의 법인(이하 '유통자회사')을 설립· 운영할 수 있다.

> ▶ 시행규칙 제48조(유통자회사의 사업범위)
>
> 유통자회사가 수행하는 '그 밖의 유통사업'의 범위는 다음과 같다.
> 1. 농림수협등이 설치한 농수산물직판장 등 소비지유통사업
> 2. 농수산물의 상품화 촉진을 위한 규격화 및 포장 개선사업
> 3. 그 밖에 농수산물의 운송·저장사업 등 농수산물 유통의 효율화를 위한 사업

② 유통자회사는 「상법」상의 회사이어야 한다.
③ 국가나 지방자치단체는 유통자회사의 원활한 운영을 위하여 필요한 지원을 할 수 있다.

(18) 법 제70조의2(농수산물 전자거래의 촉진 등)

① 농림축산식품부장관 또는 해양수산부장관은 농수산물 전자거래를 촉진하기 위하여 한국농수산식 품유통공사 및 농수산물 거래와 관련된 업무경험 및 전문성을 갖춘 기관으로서 대통령령으로 정 하는 기관에 다음의 업무를 수행하게 할 수 있다.
   1. 농수산물 전자거래소(농수산물 전자거래장치와 그에 수반되는 물류센터 등의 부대시설을 포 함)의 설치 및 운영·관리
   2. 농수산물 전자거래 참여 판매자 및 구매자의 등록·심사 및 관리
   3. 농수산물 전자거래 분쟁조정위원회에 대한 운영 지원
   4. 대금결제 지원을 위한 정산소(精算所)의 운영·관리
   5. 농수산물 전자거래에 관한 유통정보 서비스 제공
   6. 그 밖에 농수산물 전자거래에 필요한 업무
② 농림축산식품부장관 또는 해양수산부장관은 농수산물 전자거래를 활성화하기 위하여 예산의 범 위에서 필요한 지원을 할 수 있다.
③ 규정한 사항 외에 거래품목, 거래수수료 및 결제방법 등 농수산물 전자거래에 필요한 사항은 농 림축산식품부령 또는 해양수산부령으로 정한다.

(19) 시행규칙 제49조(농수산물전자거래의 거래품목 및 거래수수료 등)

① 거래품목은 농수산물로 한다.
② 거래수수료는 농수산물 전자거래소를 이용하는 판매자와 구매자로부터 다음의 구분에 따라 징수하는 금전으로 한다.
 1. 판매자의 경우 : 사용료 및 판매수수료
 2. 구매자의 경우 : 사용료
③ 거래수수료는 거래액의 1천분의 30을 초과할 수 없다.
④ 농수산물 전자거래소를 통하여 거래계약이 체결된 경우에는 한국농수산식품유통공사가 구매자를 대신하여 그 거래대금을 판매자에게 직접 결제할 수 있다. 이 경우 한국농수산식품유통공사는 구매자로부터 보증금, 담보 등 필요한 채권확보수단을 미리 마련하여야 한다.
⑤ 규정한 사항 외에 농수산물전자거래에 관하여 필요한 사항은 한국농수산식품유통공사의 장이 농림축산식품부장관 또는 해양수산부장관의 승인을 받아 정한다.

(20) 법 제70조의3(농수산물 전자거래 분쟁조정위원회의 설치)

① 농수산물 전자거래에 관한 분쟁을 조정하기 위하여 한국농수산식품유통공사와 기관에 농수산물 전자거래 분쟁조정위원회를 둔다.
② 분쟁조정위원회는 위원장 1명을 포함하여 9명 이내의 위원으로 구성하고, 위원은 농림축산식품부장관 또는 해양수산부장관이 임명하거나 위촉하며, 위원장은 위원 중에서 호선(互選)한다.
③ 규정한 사항 외에 위원의 자격 및 임기, 위원의 제척(除斥)·기피·회피 등 분쟁조정위원회의 구성·운영에 필요한 사항은 대통령령으로 정한다.

(21) 시행령 제35조(분쟁조정위원회의 구성 등)

① 농수산물전자거래분쟁조정위원회의 위원은 다음의 어느 하나에 해당하는 사람으로 한다.
 1. 판사·검사 또는 변호사의 자격이 있는 사람
 2. 「고등교육법」에 따른 학교에서 법률학을 가르치는 부교수급 이상의 직에 있거나 있었던 사람
 3. 「농업·농촌 및 식품산업 기본법」에 따른 농업, 식품산업 또는 「수산업·어촌 발전 기본법」에 따른 수산업 분야의 법인, 단체 또는 기관 등에서 10년 이상의 근무경력이 있는 사람
 4. 「비영리민간단체 지원법」에 따른 비영리민간단체에서 추천한 사람
 5. 그 밖에 농수산물의 유통과 전자거래, 분쟁조정 등에 관하여 학식과 경험이 풍부하다고 인정되는 사람
② 분쟁조정위원회 위원의 임기는 2년으로 한다.

(22) 시행령 제35조의2(위원의 제척·기피·회피)

① 분쟁조정위원회의 위원이 다음의 어느 하나에 해당하는 경우에는 해당 분쟁조정사건의 조정에서 제척된다.
   1. 위원 또는 그 배우자가 해당 사건의 당사자가 되거나 해당 사건에 관하여 공동권리자 또는 의무자의 관계에 있는 경우
   2. 위원이 해당 사건의 당사자와 친족관계에 있거나 있었던 경우
   3. 위원이 해당 사건에 관하여 증언이나 감정을 한 경우
   4. 위원이 해당 사건에 관하여 당사자의 대리인으로서 관여하거나 관여하였던 경우
② 분쟁 당사자는 위원에게 공정한 조정을 기대하기 어려운 사정이 있는 경우에는 분쟁조정위원회에 기피신청을 할 수 있다. 이 경우 위원장은 기피신청이 타당하다고 인정하는 때에는 기피의 결정을 한다.
③ 위원이 제척 또는 기피의 사유에 해당하는 때에는 위원장의 허가를 받아 스스로 해당 사건의 조정을 회피할 수 있다.

(23) 시행령 제35조의3(위원장의 직무)

① 분쟁조정위원회의 위원장은 분쟁조정위원회를 대표하며, 그 업무를 총괄한다.
② 분쟁조정위원회의 위원장이 부득이한 사유로 직무를 수행할 수 없는 때에는 위원장이 미리 지명한 위원이 그 직무를 대행한다.

(24) 시행령 제35조의4(분쟁조정위원회의 운영 등)

① 분쟁조정위원회의 위원장은 분쟁조정위원회의 회의를 소집하고, 그 의장이 된다.
② 분쟁조정위원회의 회의는 재적위원 과반수의 출석으로 개의하고, 출석위원 과반수의 찬성으로 의결한다.
③ 분쟁조정위원회의 업무를 효율적으로 수행하기 위하여 필요한 경우에는 소위원회를 둘 수 있다.
④ 분쟁조정위원회 또는 소위원회에 출석한 위원에 대해서는 예산의 범위에서 수당과 여비를 지급할 수 있다. 다만, 공무원인 위원이 소관업무와 직접적으로 관련하여 출석하는 경우에는 그러하지 아니하다.

(25) 시행령 제35조의5(분쟁의 조정 등)

① 농수산물전자거래와 관련한 분쟁의 조정을 받으려는 자는 분쟁조정위원회에 분쟁의 조정을 신청할 수 있다.
② 분쟁조정위원회는 분쟁조정 신청을 받은 날부터 20일 이내에 조정안을 작성하여 분쟁 당사자에게 이를 권고하여야 한다. 다만, 부득이한 사정으로 그 기한을 연장하려는 경우에는 그 사유와 기한을 명시하고 분쟁 당사자에게 통보하여야 한다.

③ 분쟁조정위원회는 권고를 하기 전에 분쟁 당사자 간의 합의를 권고할 수 있다.

④ 분쟁 당사자가 조정안에 동의하면 분쟁조정위원회는 조정서를 작성하여야 하며, 분쟁 당사자로 하여금 이에 기명·날인하도록 한다.

⑤ 이 영에서 규정한 사항 외에 분쟁조정위원회 및 소위원회의 구성·운영, 그 밖에 분쟁조정에 관한 세부절차 등에 관하여 필요한 사항은 분쟁조정위원회의 의결을 거쳐 위원장이 정한다.

(26) 법 제72조(유통 정보화의 촉진)

① 농림축산식품부장관 또는 해양수산부장관은 유통 정보의 원활한 수집·처리 및 전파를 통하여 농수산물의 유통효율 향상에 이바지할 수 있도록 농수산물 유통 정보화와 관련한 사업을 지원하여야 한다.

② 농림축산식품부장관 또는 해양수산부장관은 정보화사업을 추진하기 위하여 정보기반의 정비, 정보화를 위한 교육 및 홍보사업을 직접 수행하거나 이에 필요한 지원을 할 수 있다.

(27) 법 제73조(재정 지원)

정부는 농수산물 유통구조 개선과 유통기구의 육성을 위하여 도매시장·공판장 및 민영도매시장의 개설자에 대하여 예산의 범위에서 융자하거나 보조금을 지급할 수 있다.

(28) 법 제74조(거래질서의 유지)

① 누구든지 도매시장에서의 정상적인 거래와 도매시장 개설자가 정하여 고시하는 시설물의 사용기준을 위반하거나 적절한 위생·환경의 유지를 저해하여서는 아니 된다. 이 경우 도매시장 개설자는 도매시장에서의 거래질서가 유지되도록 필요한 조치를 하여야 한다.

② 농림축산식품부장관, 해양수산부장관, 도지사 또는 도매시장 개설자는 대통령령으로 정하는 바에 따라 소속 공무원으로 하여금 이 법을 위반하는 자를 단속하게 할 수 있다.

③ 단속을 하는 공무원은 그 권한을 표시하는 증표를 관계인에게 보여주어야 한다.

(29) 시행령 제36조(위법행위의 단속)

농림축산식품부장관 또는 해양수산부장관은 위법행위에 대한 단속을 효과적으로 하기 위하여 필요한 경우 이에 대한 단속 지침을 정할 수 있다.

(30) 법 제75조(교육훈련 등)

① 농림축산식품부장관 또는 해양수산부장관은 농수산물의 유통 개선을 촉진하기 위하여 경매사, 중도매인 등 농림축산식품부령 또는 해양수산부령으로 정하는 유통 종사자에 대하여 교육훈련을 실시할 수 있다.

② 농림축산식품부장관 또는 해양수산부장관은 교육훈련을 농림축산식품부령 또는 해양수산부령으로 정하는 기관에 위탁하여 실시할 수 있다.

(31) 시행규칙 제50조(교육훈련 등)

① 교육훈련의 대상자는 다음과 같다.
1. 도매시장법인, 공공출자법인, 공판장(도매시장공판장을 포함) 및 시장도매인의 임직원
2. 경매사
3. 중도매인(법인을 포함)
4. 산지유통인
5. 종합유통센터를 운영하는 자의 임직원
6. 농수산물의 출하조직을 구성·운영하고 있는 농어업인
7. 농수산물의 저장·가공업에 종사하는 자
8. 그 밖에 농림축산식품부장관 또는 해양수산부장관이 필요하다고 인정하는 자

② 농림축산식품부장관 또는 해양수산부장관은 유통종사자에 대한 교육훈련을 한국농수산식품유통공사에 위탁하여 실시한다. 이 경우 도매시장법인 또는 시장도매인의 임원이나 경매사로 신규 임용 또는 임명되었거나 중도매업의 허가를 받은 자(법인의 경우에는 임원을 말한다)는 그 임용·임명 또는 허가 후 1년(2016년 7월 1일부터 2018년 7월 1일까지 임용·임명 또는 허가를 받은 자는 1년 6개월) 이내에 교육훈련을 받아야 한다.

③ 교육훈련의 위탁을 받은 한국농수산식품유통공사의 장은 매년도의 교육훈련계획을 수립하여 농림축산식품부장관 또는 해양수산부장관에게 보고하여야 한다.

(32) 법 제76조(실태조사 등)

농림축산식품부장관 또는 해양수산부장관은 도매시장을 효율적으로 운영·관리하기 위하여 필요하다고 인정할 때에는 농림축산식품부령 또는 해양수산부령으로 정하는 법인 등으로 하여금 도매시장에 대한 실태조사를 하게 하거나 운영·관리의 지도를 하게 할 수 있다.

> ▶ 시행규칙 제51조(실태조사 등)
>
> 농림축산식품부장관 또는 해양수산부장관이 도매시장에 대한 실태조사를 하게 하거나 운영·관리의 지도를 하게 할 수 있는 법인은 한국농수산식품유통공사 및 한국농촌경제연구원으로 한다.

(33) 법 제77조(평가의 실시)

① 농림축산식품부장관 또는 해양수산부장관은 도매시장 개설자의 의견을 수렴하여 도매시장의 거래제도 및 물류체계 개선 등 운영·관리와 도매시장법인·도매시장공판장·시장도매인의 거래실적, 재무 건전성 등 경영관리에 관한 평가를 실시하여야 한다. 이 경우 도매시장 개설자는 평가에 필요한 자료를 농림축산식품부장관 또는 해양수산부장관에게 제출하여야 한다.

② 도매시장 개설자는 중도매인의 거래 실적, 재무 건전성 등 경영관리에 관한 평가를 실시할 수 있다.

③ 도매시장 개설자는 평가 결과와 시설규모, 거래액 등을 고려하여 도매시장법인, 시장도매인, 중도매인에 대하여 시설 사용면적의 조정, 차등 지원 등의 조치를 할 수 있다.

④ 농림축산식품부장관 또는 해양수산부장관은 평가 결과에 따라 도매시장 개설자에게 다음의 명령이나 권고를 할 수 있다.

　1. 부진한 사항에 대한 시정 명령

　2. 부진한 도매시장의 관리를 관리공사 또는 한국농수산식품유통공사에 위탁 권고

　3. 도매시장법인, 시장도매인 또는 도매시장공판장에 대한 시설 사용면적의 조정, 차등 지원 등의 조치 명령

⑤ 평가 및 자료 제출에 관한 사항은 농림축산식품부령 또는 해양수산부령으로 정한다.

(34) 시행규칙 제52조(도매시장 등의 평가)

① 도매시장 평가는 다음의 절차 및 방법에 따른다.

　1. 농림축산식품부장관 또는 해양수산부장관은 다음 연도의 평가대상·평가기준 및 평가방법 등을 정하여 매년 12월 31일까지 도매시장 개설자와 도매시장법인·도매시장공판장·시장도매인에게 통보

　2. 도매시장법인등은 재무제표 및 제1호에 따른 평가기준에 따라 작성한 실적보고서를 다음 연도 3월 15일까지 도매시장 개설자에게 제출

　3. 도매시장 개설자는 다음의 자료를 다음 연도 3월 31일까지 농림축산식품부장관 또는 해양수산부장관에게 제출

　　가. 도매시장개설자가 평가기준에 따라 작성한 도매시장 운영·관리 보고서

　　나. 도매시장법인등이 제출한 재무제표 및 실적보고서

　4. 농림축산식품부장관 또는 해양수산부장관은 평가기준 및 평가방법에 따라 평가를 실시하고, 그 결과를 공표

② 도매시장 개설자가 중도매인에 대한 평가를 하는 경우에는 운영규정에 따라 평가기준, 평가방법 등을 평가대상 연도가 도래하기 전까지 미리 통보한 후 중도매인으로부터 제출받은 자료로 연간 운영실적을 평가하고 그 결과를 공표할 수 있다.

③ 그 밖에 도매시장 평가 실시 및 그 평가 결과에 따른 조치에 관한 세부 사항은 농림축산식품부장관 또는 해양수산부장관이 정한다.

(35) 법 제78조(시장관리운영위원회의 설치)

① 도매시장의 효율적인 운영·관리를 위하여 도매시장 개설자 소속으로 시장관리운영위원회(이하 '위원회')를 둔다.

② 위원회는 다음의 사항을 심의한다.

1. 도매시장의 거래제도 및 거래방법의 선택에 관한 사항

2. 수수료, 시장 사용료, 하역비 등 각종 비용의 결정에 관한 사항

3. 도매시장 출하품의 안전성 향상 및 규격화의 촉진에 관한 사항

4. 도매시장의 거래질서 확립에 관한 사항

5. 정가매매·수의매매 등 거래 농수산물의 매매방법 운용기준에 관한 사항

6. 최소출하량 기준의 결정에 관한 사항

7. 그 밖에 도매시장 개설자가 특히 필요하다고 인정하는 사항

③ 위원회의 구성·운영 등에 필요한 사항은 농림축산식품부령 또는 해양수산부령으로 정한다.

(36) 시행규칙 제54조(시장관리운영위원회의 구성 등)

① 시장관리운영위원회는 위원장 1명을 포함한 20명 이내의 위원으로 구성한다.

② 시장관리운영위원회의 구성·운영 등에 필요한 사항은 도매시장 개설자가 업무 규정으로 정한다.

(37) 법 제78조의2(도매시장거래 분쟁조정위원회의 설치 등)

① 도매시장 내 농수산물의 거래 당사자 간의 분쟁에 관한 사항을 조정하기 위하여 도매시장 개설자 소속으로 도매시장거래 분쟁조정위원회를 둔다.

② 조정위원회는 당사자의 한쪽 또는 양쪽의 신청에 의하여 다음의 분쟁을 심의·조정한다.

1. 낙찰자 결정에 관한 분쟁

2. 낙찰가격에 관한 분쟁

3. 거래대금의 지급에 관한 분쟁

4. 그 밖에 도매시장 개설자가 특히 필요하다고 인정하는 분쟁

③ 조정위원회의 구성·운영에 필요한 사항은 대통령령으로 정한다.

(38) 시행령 제36조의2(도매시장거래 분쟁조정위원회의 구성 등)

① 도매시장거래 분쟁조정위원회는 위원장 1명을 포함하여 9명 이내의 위원으로 구성한다.

② 조정위원회의 위원장은 위원 중에서 도매시장 개설자가 지정하는 사람으로 한다.

③ 조정위원회의 위원은 다음의 어느 하나에 해당하는 사람 중에서 도매시장 개설자가 임명하거나 위촉한다. 이 경우 출하자 대표 및 변호사에 해당하는 사람이 1명 이상 포함되어야 한다.

1. 출하자를 대표하는 사람

2. 변호사의 자격이 있는 사람

3. 도매시장 업무에 관한 학식과 경험이 풍부한 사람

4. 소비자단체에서 3년 이상 근무한 경력이 있는 사람

④ 조정위원회의 위원의 임기는 2년으로 한다.

⑤ 조정위원회에 출석한 위원에게는 예산의 범위에서 수당과 여비를 지급할 수 있다. 다만, 공무원인 위원이 소관 업무와 직접적으로 관련하여 조정위원회의 회의에 출석하는 경우에는 그러하지 아니하다.

⑥ 조정위원회의 구성·운영 등에 관한 세부 사항은 도매시장 개설자가 업무 규정으로 정한다.

(39) 시행령 제36조의3(도매시장 거래 분쟁조정)

① 도매시장 거래 당사자 간에 발생한 분쟁에 대하여 당사자는 조정위원회에 분쟁조정을 신청할 수 있다.

② 조정위원회의 효율적인 운영을 위하여 분쟁조정을 신청받은 조정위원회의 위원장은 조정위원회를 개최하기 전에 사전 조정을 실시하여 분쟁 당사자 간 합의를 권고할 수 있다.

③ 분쟁조정을 신청받은 조정위원회는 신청을 받은 날부터 30일 이내에 분쟁 사항을 심의·조정하여야 한다. 이 경우 조정위원회는 필요하다고 인정하는 경우 분쟁 당사자의 의견을 들을 수 있다.

7 보칙

(1) 법 제79조(보고)

① 농림축산식품부장관, 해양수산부장관 또는 시·도지사는 도매시장·공판장 및 민영도매시장의 개설자로 하여금 그 재산 및 업무집행 상황을 보고하게 할 수 있으며, 농수산물의 가격 및 수급 안정을 위하여 특히 필요하다고 인정할 때에는 도매시장법인으로 하여금 그 재산 및 업무집행 상황을 보고하게 할 수 있다.

② 도매시장·공판장 및 민영도매시장의 개설자는 도매시장법인·시장도매인으로 하여금 기장사항(記帳事項), 거래명세 등을 보고하게 할 수 있으며, 농수산물의 가격 및 수급 안정을 위하여 특히 필요하다고 인정할 때에는 중도매인 또는 산지유통인으로 하여금 업무집행 상황을 보고하게 할 수 있다.

(2) 법 제80조(검사)

① 농림축산식품부장관, 해양수산부장관, 도지사 또는 도매시장 개설자는 농림축산식품부령 또는 해양수산부령으로 정하는 바에 따라 소속 공무원으로 하여금 도매시장·공판장·민영도매시장 및 도매시장법인의 업무와 이에 관련된 장부 및 재산상태를 검사하게 할 수 있다.

② 도매시장 개설자는 필요하다고 인정하는 경우에는 시장관리자의 소속 직원으로 하여금 도매시장 법인 및 시장도매인이 갖추어 두고 있는 장부를 검사하게 할 수 있다.

③ 검사를 하는 공무원과 검사를 하는 직원에 관하여는 거래질서의 유지 규정을 준용한다.

(3) 시행규칙 제55조(검사의 통지)

① 농림축산식품부장관, 해양수산부장관, 도지사 또는 도매시장 개설자가 도매시장·공판장·민영 도매시장 및 도매시장법인의 업무와 이에 관련된 장부 및 재산상태를 검사하려는 때에는 미리 검사의 목적·범위 및 기간과 검사공무원의 소속·직위 및 성명을 통지하여야 한다.

② 도매시장 개설자가 도매시장법인 또는 시장도매인의 장부를 검사하려는 때에는 미리 검사의 목적·범위 및 기간과 검사직원의 소속·직위 및 성명을 통지하여야 한다.

(4) 법 제81조(명령)

① 농림축산식품부장관, 해양수산부장관 또는 시·도지사는 도매시장·공판장 및 민영도매시장의 적정한 운영을 위하여 필요하다고 인정할 때에는 도매시장·공판장 및 민영도매시장의 개설자에 대하여 업무규정의 변경, 업무처리의 개선, 그 밖에 필요한 조치를 명할 수 있다.

② 농림축산식품부장관, 해양수산부장관 또는 도매시장 개설자는 도매시장법인 및 시장도매인에 대하여 업무처리의 개선 및 시장질서 유지를 위하여 필요한 조치를 명할 수 있다.

③ 농림축산식품부장관은 기금에서 융자 또는 대출받은 자에 대하여 감독상 필요한 조치를 명할 수 있다.

(5) 법 제82조(허가 취소 등)

① 시·도지사는 지방도매시장 개설자(시가 개설자인 경우만 해당)나 민영도매시장 개설자가 다음의 어느 하나에 해당하는 경우에는 개설허가를 취소하거나 해당 시설을 폐쇄하거나 그 밖에 필요한 조치를 할 수 있다.
  1. 허가나 승인 없이 지방도매시장 또는 민영도매시장을 개설하였거나 업무규정을 변경한 경우
  2. 제출된 업무규정 및 운영관리계획서와 다르게 지방도매시장 또는 민영도매시장을 운영한 경우
  3. 명령을 위반한 경우

② 농림축산식품부장관, 해양수산부장관, 시·도지사 또는 도매시장 개설자는 도매시장법인, 시장도 매인 또는 도매시장공판장의 개설자(이하 '도매시장법인등')가 다음의 어느 하나에 해당하면 6개월 이내의 기간을 정하여 해당 업무의 정지를 명하거나 그 지정 또는 승인을 취소할 수 있다.
  1. 지정조건 또는 승인조건을 위반하였을 때
  2. 「축산법」을 위반하여 등급판정을 받지 아니한 축산물을 상장하였을 때
  3. 경합되는 도매업 또는 중도매업을 하였을 때
  4. 지정요건을 갖추지 못하거나 같은 해당 임원을 해임하지 아니하였을 때

5. 일정 수 이상의 경매사를 두지 아니하거나 경매사가 아닌 사람으로 하여금 경매를 하도록 하였을 때

6. 해당 경매사를 면직하지 아니하였을 때

7. 산지유통인의 업무를 하였을 때

8. 수탁판매의 원칙을 위반하여 매수하여 도매를 하였을 때

9. 삭제 〈2014.3.24.〉

10. 경매 또는 입찰의 방법 규정을 위반하여 경매 또는 입찰을 하였을 때

11. 거래의 특례 규정을 위반하여 지정된 자 외의 자에게 판매하였을 때

12. 도매시장 외의 장소에서 판매를 하거나 농수산물 판매업무 외의 사업을 겸영하였을 때

13. 공시하지 아니하거나 거짓된 사실을 공시하였을 때

14. 지정요건을 갖추지 못하거나 요건을 갖추지 못한 해당 임원을 해임하지 아니하였을 때

15. 제한 또는 금지된 행위를 하였을 때

16. 시장도매인의 영업을 위반하여 해당 도매시장의 도매시장법인·중도매인에게 판매를 하였을 때

17. 수탁 또는 판매를 거부·기피하거나 부당한 차별대우를 하였을 때

18. 표준하역비의 부담을 이행하지 아니하였을 때

19. 대금의 전부를 즉시 결제하지 아니하였을 때

20. 대금결제 방법을 위반하였을 때

21. 수수료 징수제한 규정을 위반하여 수수료 등을 징수하였을 때

22. 시설물의 사용기준을 위반하거나 개설자가 조치하는 사항을 이행하지 아니하였을 때

23. 정당한 사유 없이 검사에 응하지 아니하거나 이를 방해하였을 때

24. 도매시장 개설자의 조치명령을 이행하지 아니하였을 때

25. 농림축산식품부장관, 해양수산부장관 또는 도매시장 개설자의 명령을 위반하였을 때

③ 평가 결과 운영 실적이 농림축산식품부령 또는 해양수산부령으로 정하는 기준 이하로 부진하여 출하자 보호에 심각한 지장을 초래할 우려가 있는 경우 도매시장 개설자는 도매시장법인 또는 시장도매인의 지정을 취소할 수 있으며, 시·도지사는 도매시장공판장의 승인을 취소할 수 있다.

▶ **시행규칙 제52조의2(도매시장법인의 지정취소 등)**

① 도매시장 개설자는 도매시장법인 또는 시장도매인이 다음의 어느 하나에 해당하는 경우에는 도매시장법인 또는 시장도매인의 지정을 취소할 수 있다.
  1. 평가 결과 해당 지정기간에 3회 이상 또는 2회 연속 부진평가를 받은 경우
  2. 평가 결과 해당 지정기간에 3회 이상 재무건전성 평가점수가 도매시장법인 또는 시장도매인의 평균점수의 3분의 2 이하인 경우

② 시·도지사는 도매시장공판장이 평가 결과 최근 5년간 3회 이상 또는 2회 연속 부진평가를 받은 경우 도매시장공판장의 승인을 취소할 수 있다.

---

④ 농림축산식품부장관·해양수산부장관 또는 도매시장 개설자는 경매사가 다음의 어느 하나에 해당하는 경우에는 도매시장법인 또는 도매시장공판장의 개설자로 하여금 해당 경매사에 대하여 6개월 이내의 업무정지 또는 면직을 명하게 할 수 있다.

1. 상장한 농수산물에 대한 경매 우선순위를 고의 또는 중대한 과실로 잘못 결정한 경우
2. 상장한 농수산물에 대한 가격평가를 고의 또는 중대한 과실로 잘못 결정한 경우
3. 상장한 농수산물에 대한 경락자를 고의 또는 중대한 과실로 잘못 결정한 경우

⑤ 도매시장 개설자는 중도매인 또는 산지유통인이 다음의 어느 하나에 해당하면 6개월 이내의 기간을 정하여 해당 업무의 정지를 명하거나 중도매업의 허가 또는 산지유통인의 등록을 취소할수 있다.
1. 허가조건을 갖추지 못하거나 요건을 갖추지 못한 해당 임원을 해임하지 아니하였을 때
2. 다른 중도매인 또는 매매참가인의 거래 참가를 방해하거나 정당한 사유 없이 집단적으로 경매 또는 입찰에 불참하였을 때
2의2. 다른 사람에게 자기의 성명이나 상호를 사용하여 중도매업을 하게 하거나 그 허가증을 빌려 주었을 때
3. 산지유통인의 업무를 하여서는 아니되는 자가 해당 도매시장에서 산지유통인의 업무를 하였을 때
4. 산지유통인이 등록되지 아니한 도매시장에서 판매·매수 또는 중개 업무를 하였을 때
5. 허가 없이 상장된 농수산물 외의 농수산물을 거래하였을 때
6. 중도매인이 도매시장 외의 장소에서 농수산물을 판매하는 등의 행위를 하였을 때
6의2. 중도매인이 다른 중도매인과 농수산물을 거래하였을 때
7. 수수료 징수 규정을 위반하여 수수료 등을 징수하였을 때
8. 시설물의 사용기준을 위반하거나 개설자가 조치하는 사항을 이행하지 아니하였을 때
9. 검사에 정당한 사유 없이 응하지 아니하거나 이를 방해하였을 때

⑥ 규정에 따른 위반행위별 처분기준은 농림축산식품부령 또는 해양수산부령으로 정한다.
⑦ 도매시장 개설자가 중도매업의 허가를 취소한 경우에는 농림축산식품부장관 또는 해양수산부장관이 지정하여 고시한 인터넷 홈페이지에 그 내용을 게시하여야 한다.

(6) 위반행위별 처분기준(시행규칙 별표 4)

① 일반기준
1. 위반행위가 둘 이상인 경우에는 그중 무거운 처분기준을 적용하며, 둘 이상의 처분기준이 모두 업무정지인 경우에는 그중 무거운 처분기준의 2분의 1까지 가중할 수 있다. 이 경우 각 처분기준을 합산한 기간을 초과할 수 없다.
2. 위반행위의 차수에 따른 처분의 기준은 행정처분을 한 날과 그 처분후 1년 이내에 다시 같은 위반행위를 적발한 날로 하며, 3차 위반 시의 처분기준에 따른 처분 후에도 같은 위반사항이 허가취소 규정에 따른 범위에서 가중처분을 할 수 있다.
3. 행정처분의 순서는 주의, 경고, 업무정지 6개월 이내, 지정(허가, 승인, 등록) 취소의 순으로 하며, 업무정지의 기간은 6개월 이내에서 위반 정도에 따라 10일, 15일, 1개월, 3개월 또는 6개월로 하여 처분한다.
4. 이 기준에 명시되지 않은 위반행위에 대해서는 이 기준 중 가장 유사한 사례에 준하여 처분한다.

5. 처분권자는 위반행위의 동기·내용·횟수 및 위반 정도 등 다음의 가중 사유 또는 감경 사유에 해당 하는 경우 그 처분기준의 2분의 1 범위에서 가중하거나 감경할 수 있다.

ㄱ 가중 사유

가) 위반행위가 고의나 중대한 과실에 의한 경우

나) 위반의 내용·정도가 중대하여 출하자, 소비자 등에게 미치는 피해가 크다고 인정되는 경우

ㄴ 감경 사유

ⓐ 사소한 부주의나 오류로 인한 것으로 인정되는 경우

ⓑ 위반의 내용·정도가 경미하여 출하자, 소비자 등에게 미치는 피해가 적다고 인정되는 경우

ⓒ 도매시장법인, 시장도매인의 중앙평가 결과 우수 이상, 중도매인 개설자 평가 결과 우수 이상인 경우(최근 5년간 2회 이상)

ⓓ 위반 행위자가 처음 해당 위반행위를 한 경우로서 5년 이상 도매시장법인, 시장도매인, 중도매인 업무를 모범적으로 해 온 사실이 인정되는 경우

ⓔ 위반행위자가 해당 위반행위로 인하여 검사로부터 기소유예 처분을 받거나 법원으로부터 선고유예 판결을 받은 경우

② 개별기준

1. 도매시장법인, 시장도매인 또는 도매시장공판장 개설자에 대한 행정처분

위반사항	근거 법조문	처분기준		
		1차	2차	3차
1) 도매시장법인, 시장도매인 또는 도매시장공판장 개설자가 지정조건 또는 승인조건을 위반한 경우	법 제82조 제2항제1호	경고	업무정지 3개월	지정 (승인)취소
2) 「축산법」을 위반하여 등급판정을 받지 않은 축산물을 상장한 경우	법 제82조 제2항제2호	업무정지 15일	업무정지 1개월	업무정지 3개월
3) 경합되는 도매업 또는 중도매업을 한 경우	법 제82조 제2항제3호	경고	업무정지 10일	업무정지 1개월
4) 도매시장법인의 지정요건인 순자산액 비율 및 거래보증금을 갖추지 못한 경우	법 제82조 제2항제4호	업무정지 15일	업무정지 1개월	업무정지 3개월
5) 도매시장법인이 지정요건을 기한에 갖추지 못한 경우	법 제82조 제2항제4호	지정취소	–	–
6) 요건을 갖추지 못한 해당 임원을 해임하지 않은 경우	법 제82조 제2항제4호	경고	지정취소	–
7) 일정 수 이상의 경매사를 두지 않거나 경매사가 아닌 사람으로 하여금 경매를 하도록 한 경우	법 제82조 제2항제5호	경고	업무정지 10일	업무정지 1개월

위반행위	근거 법조문	1차	2차	3차
8) 면직처분 해당 경매사를 면직하지 않은 경우	법 제82조 제2항제6호	경고	업무정지 10일	업무정지 1개월
9) 도매시장법인, 중도매인 등이 산지유통인의 업무를 한 경우	법 제82조 제2항제7호	경고	업무정지 10일	업무정지 1개월
10) 출하자로부터 위탁받지 않은 농수산물을 매수하여 도매를 한 경우	법 제82조 제2항제8호	업무정지 15일	업무정지 1개월	업무정지 3개월
11) 상장된 농수산물을 수탁된 순위에 따라 경매 또는 입찰의 방법으로 최고가격 제시자에게 판매하지 않은 경우	법 제82조 제2항제10호	주의	경고	업무정지 1개월
12) 출하자가 거래 성립 최저가격을 제시한 농수산물을 출하자의 승낙 없이 그 가격 미만으로 판매한 경우	법 제82조 제2항제10호	주의	경고	업무정지 10일
13) 지정된 자 외의 자에게 판매한 경우	법 제82조 제2항제11호	경고	업무정지 15일	업무정지 1개월
14) 도매시장 외의 장소에서 판매를 하거나 농수산물의 판매업무 외의 사업을 겸영한 경우	법 제82조 제2항제12호	경고	업무정지 15일	업무정지 1개월
15) 공시하지 않거나 거짓의 사실을 공시한 경우	법 제82조 제2항제13호	경고	업무정지 10일	업무정지 1개월
16) 시장도매인의 지정요건인 순자산액 비율 및 거래보증금을 갖추지 못한 경우	법 제82조 제2항제14호	업무정지 15일	업무정지 1개월	업무정지 3개월
17) 도매시장 개설자가 지정조건에서 정한 최저거래금액기준에 미달한 경우 가) 1개월 무실적 나) 2개월 무실적 다) 3개월 무실적 라) 3개월 평균거래실적이 월간 최저거래금액 기준에 미달한 경우	법 제82조 제2항제14호	주의 경고 지정취소 주의	 경고	 업무정지 10일
18) 시장도매인 법인의 임원이 결격사유에 해당한 경우 해당 임원을 해임하지 않은 경우	법 제82조 제2항제14호	경고	지정취소	–
19) 제한 또는 금지된 행위를 한 경우	법 제82조 제2항제15호	경고	업무정지 15일	업무정지 1개월

20) 시장도매인이 해당 도매시장의 도매시장법인·중도매인에게 판매를 한 경우	법 제82조 제2항제16호	업무정지 15일	업무정지 1개월	업무정지 3개월
21) 수탁 또는 판매를 거부·기피하거나 부당한 차별대우를 한 경우	법 제82조 제2항제17호	경고	업무정지 10일	업무정지 1개월
22) 표준하역비의 부담을 이행하지 않은 경우	법 제82조 제2항제18호	경고	업무정지 15일	업무정지 1개월
23) 대금의 전부를 즉시 결제하지 않은 경우	법 제82조 제2항제19호	업무정지 15일	업무정지 1개월	업무정지 3개월
24) 대금결제의 방법을 위반한 경우	법 제82조 제2항제20호	경고	업무정지 1개월	업무정지 3개월
25) 한도를 초과하여 수수료 등을 징수한 경우	법 제82조 제2항제21호	업무정지 15일	업무정지 1개월	업무정지 3개월
26) 시설물의 사용기준을 위반하거나 개설자가 조치하는 사항을 이행하지 않은 경우	법 제82조 제2항제22호	경고	업무정지 10일	업무정지 1개월
27) 정당한 사유 없이 따른 검사에 응하지 않거나 검사를 방해한 경우	법 제82조 제2항제23호	경고	업무정지 10일	업무정지 1개월
28) 도매시장 개설자의 조치명령을 이행하지 않은 경우	법 제82조 제2항제24호	경고	업무정지 10일	업무정지 1개월
29) 농림축산식품부장관, 해양수산부장관 또는 도매시장 개설자의 명령을 위반한 경우	법 제82조 제2항제25호	업무정지 15일	업무정지 1개월	업무정지 3개월

※ 비고:「축산법」에 따른 처분 등의 요청권자가 일정 기간의 업무정지(업무정지를 갈음하는 과징금 부과를 포함한다)나 그 밖에 필요한 조치를 요청한 경우에는 ②의 처분기준의 범위에서 그 요청에 따른 처분을 할 수 있다.

2. 중도매인에 대한 행정처분

위반사항	근거 법조문	처분기준		
		1차	2차	3차
1) 중도매업의 허가의 규정을 위반하여 허가조건을 갖추지 못한 경우(도매시장공판장의 운영 특례규정에 따라 준용되는 경우를 포함한다)	법 제82조 제5항제1호	경고	업무정지 3개월	허가취소
2) 중도매업의 허가 규정을 위반하여 개설자가 허가조건에서 정한 최저거래금액기준에 미달하는 경우 　가) 1개월 무실적 　나) 2개월 무실적 　다) 3개월 무실적 　라) 3개월 평균거래실적이 월간 최저거래금액 기준에 미달한 경우	법 제82조 제5항제1호	주의 경고 허가취소 주의	경고	업무정지 10일
3) 중도매업의 허가 규정을 위반하여 개설자가 허가조건에서 성한 거래대금의 시급보증을 위한 보증금을 충족하지 못한 경우	법 제82조 세5항세1호	업무정지 15일	업무정지 1개월	업무정지 3개월
4) 중도매업의 허가 규정을 위반하여 자격요건을 갖추지 않은 임원을 해임하지 않은 경우	법 제82조 제5항제1호	경고	허가취소	―
5) 다른 중도매인 또는 매매참가인의 거래참가를 빙해하거나 정당힌 사유 없이 집단적으로 경매 또는 입찰에 불참한 경우 　가) 주동자 　나) 단순가담자	법 제82조 제5항제2호	업무정지 3개월 업무정지 10일	허가취소 업무정지 1개월	업무정지 3개월
6) 다른 사람에게 자기의 성명이나 상호를 사용하여 중도매업을 하게 하거나 그 허가증을 빌려준 경우	법 제82조제5항 제2호의2	업무정지 3개월	허가 취소	
7) 중도매인 및 이들의 주주 또는 임직원이 산지유통인의 업무를 한 경우	법 제82조 제5항제3호	경고	업무정지 10일	업무정지 1개월
8) 허가 없이 상장된 농수산물 외의 농수산물을 거래한 경우	법 제82조 제5항제5호	업무정지 15일	업무정지 1개월	업무정지 3개월

9) 중도매인이 도매시장 외의 장소에서 농수산물을 판매하는 등의 행위를 한 경우	법 제82조 제5항제6호			
가) 도매시장 외의 장소에서 판매를 한 경우		경고	업무정지 15일	업무정지 1개월
나) 수탁 또는 판매를 거부·기피하거나 부당한 차별대우를 한 경우		경고	업무정지 10일	업무정지 1개월
다) 매수한 농수산물을 즉시 인수하지 않은 경우		경고	업무정지 10일	업무정지 15일
라) 표준하역비의 부담을 이행하지 않은 경우		경고	업무정지 15일	업무정지 1개월
마) 대금의 전부를 즉시 결제하지 않은 경우		업무정지 15일	업무정지 1개월	업무정지 3개월
바) 표준정산서의 사용, 대금결제의 방법 및 절차를 위반한 경우		경고	업무정지 1개월	업무정지 3개월
사) 도매시장 개설자의 조치명령을 이행하지 않은 경우		경고	업무정지 10일	업무정지 1개월
10) 다른 중도매인과 농수산물을 거래한 경우	법 제82조제5항 제6호의2	경고	업무정지 10일	업무정지 1개월
11) 수수료 징수 규정을 위반하여 수수료 등을 징수한 경우	법 제82조 제5항제7호	입무정지 15일	업무정지 1개월	업무정지 3개월
12) 개설자가 조치하는 사항을 이행하지 않거나 시설물의 사용기준을 위반한 경우(중대한 시설물의 사용기준을 위반한 경우를 제외한다)	법 제82조 제5항제8호	경고	업무정지 10일	업무정지 1개월
13) 다른 사람에게 시설을 재임대 하는 등 중대한 시설물의 사용기준을 위반한 경우	법 제82조 제5항제8호	업무정지 3개월	허가취소	
14) 검사에 정당한 사유 없이 응하지 않거나 검사를 방해한 경우	법 제82조 제5항제9호	경고	업무정지 10일	업무정지 1개월

3. 산지유통인에 대한 행정처분

위반사항	근거 법조문	처분기준		
		1차	2차	3차
등록된 도매시장에서 농수산물의 출하업무 외에 판매·매수 또는 중개업무를 한 경우	법 제82조 제5항제4호	경고	등록취소	—

4. 경매사에 대한 행정처분

위반사항	근거 법조문	처분기준		
		1차	2차	3차
업무를 부당하게 수행하여 도매시장의 거래질서를 문란하게 한 경우	법 제82조 제4항			
1) 도매시장법인이 상장한 농수산물에 대한 경매우선순위의 결정을 문란하게 한 경우		업무정지 10일	업무정지 15일	업무정지 1개월
2) 도매시장법인이 상장한 농수산물의 가격평가를 문란하게 한 경우		업무정지 10일	업무정지 15일	업무정지 1개월
3) 도매시장법인이 상장한 농수산물의 경락자의 결정을 문란하게 한 경우		업무정지 15일	업무정지 3개월	업무정지 6개월

(7) 법 제83조(과징금)

① 농림축산식품부장관, 해양수산부장관, 시·도지사 또는 도매시장 개설자는 도매시장법인 등이 허가 취소 사유에 해당하거나 중도매인이 허가 취소 사유에 해당하여 업무정지를 명하려는 경우, 그 업무의 정지가 해당 업무의 이용자 등에게 심한 불편을 주거나 공익을 해칠 우려가 있을 때에는 업무의 정지를 갈음하여 도매시장법인 등에는 1억 원 이하, 중도매인에게는 1천만 원 이하의 과징금을 부과할 수 있다.

② ①에 따라 과징금을 부과하는 경우에는 다음의 사항을 고려하여야 한다.
  1. 위반행위의 내용 및 정도
  2. 위반행위의 기간 및 횟수
  3. 위반행위로 취득한 이익의 규모

③ 과징금의 부과기준은 대통령령으로 정한다.

④ 농림축산식품부장관, 해양수산부장관, 시·도지사 또는 도매시장 개설자는 과징금을 내야 할 자가 납부기한까지 내지 아니하면 납부기한이 지난 후 15일 이내에 10일 이상 15일 이내의 납부기한을 정하여 독촉장을 발부하여야 한다.

⑤ 농림축산식품부장관, 해양수산부장관, 시·도지사 또는 도매시장 개설자는 독촉을 받은 자가 그 납부기한까지 과징금을 내지 아니하면 과징금 부과처분을 취소하고 업무정지처분을 하거나 국세체납처분의 예 또는 「지방세외수입금의 징수 등에 관한 법률」에 따라 과징금을 징수한다.

(8) 과징금의 부과기준(시행령 별표 1)

① 일반기준
  1. 업무정지 1개월은 30일로 한다.
  2. 위반행위의 종류에 따른 과징금의 금액은 업무정지 기간에 과징금 부과기준에 따라 산정한 1일당 과징금 금액을 곱한 금액으로 한다.

3. 업무정지를 갈음한 과징금 부과의 기준이 되는 거래금액은 처분 대상자의 전년도 연간 거래액을 기준으로 한다. 다만, 신규사업, 휴업 등으로 1년간의 거래금액을 산출할 수 없을 경우에는 처분일 기준 최근 분기별, 월별 또는 일별 거래금액을 기준으로 산출한다.

4. 도매시장의 개설자는 1일당 과징금 금액을 30퍼센트의 범위에서 가감하는 사항을 업무규정으로 정하여 시행할 수 있다.

5. 부과하는 과징금은 과징금의 상한을 초과할 수 없다.

② 과징금 부과기준

1. 도매시장법인(도매시장공판장의 개설자를 포함)

연간 거래액	1일당 과징금 금액
100억 원 미만	40,000원
100억 원 이상 200억 원 미만	80,000원
200억 원 이상 300억 원 미만	130,000원
300억 원 이상 400억 원 미만	190,000원
400억 원 이상 500억 원 미만	240,000원
500억 원 이상 600억 원 미만	300,000원
600억 원 이상 700억 원 미만	350,000원
700억 원 이상 800억 원 미만	410,000원
800억 원 이상 900억 원 미만	460,000원
900억 원 이상 1천억 원 미만	520,000원
1천억 원 이상 1천500억 원 미만	680,000원
1천500억 원 이상	900,000원

2. 시장도매인

연간 거래액	1일당 과징금 금액
5억 원 미만	4,000원
5억 원 이상 10억 원 미만	6,000원
10억 원 이상 30억 원 미만	13,000원
30억 원 이상 50억 원 미만	41,000원
50억 원 이상 70억 원 미만	68,000원
70억 원 이상 90억 원 미만	95,000원
90억 원 이상 110억 원 미만	123,000원
110억 원 이상 130억 원 미만	150,000원
130억 원 이상 150억 원 미만	178,000원
150억 원 이상 200억 원 미만	205,000원
200억 원 이상 250억 원 미만	270,000원
250억 원 이상	680,000원

3. 중도매인

연간 거래액	1일당 과징금 금액
5억 원 미만	4,000원
5억 원 이상 10억 원 미만	6,000원
10억 원 이상 30억 원 미만	13,000원
30억 원 이상 50억 원 미만	41,000원
50억 원 이상 70억 원 미만	68,000원
70억 원 이상 90억 원 미만	95,000원
90억 원 이상 110억 원 미만	123,000원
110억 원 이상	150,000원

(9) 법 제84조(청문)

농림축산식품부장관, 해양수산부장관, 시·도지사 또는 도매시상 개설자는 다음의 어느 하나에 해당하는 처분을 하려면 청문을 하여야 한다.
1. 도매시장법인등의 지정취소 또는 승인취소
2. 중도매업의 허가취소 또는 산지유통인의 등록취소

(10) 법 제85조(권한의 위임 등)

① 이 법에 따른 농림축산식품부장관 또는 해양수산부장관의 권한은 대통령령으로 정하는 바에 따라 그 일부를 산림청장, 시·도지사 또는 소속 기관의 장에게 위임할 수 있다.
② 다음에 따른 도매시장 개설자의 권한은 대통령령으로 정하는 바에 따라 시장관리자에게 위탁할 수 있다.
1. 산지유통인의 등록과 도매시장에의 출입의 금지·제한 또는 그 밖에 필요한 조치
2. 도매시장법인·시장도매인·중도매인 또는 산지유통인에 대한 보고명령

(11) 시행령 제37조(권한의 위임·위탁)

① 농림축산식품부장관 또는 해양수산부장관은 특별시·광역시·특별자치시·특별자치도 외의 지역에 개설하는 지방도매시장·공판장 및 민영도매시장에 대한 통합·이전·폐쇄 명령 및 개설·제한 권고의 권한을 도지사에게 위임한다.
② 도매시장 개설자는 「지방공기업법」에 따른 지방공사, 공공출자법인 또는 한국농수산식품유통공사를 시장관리자로 지정한 경우에는 다음의 권한을 그 기관의 장에게 위탁한다.
1. 산지유통인의 등록과 도매시장에의 출입의 금지·제한, 그 밖에 필요한 조치
2. 도매시장법인·시장도매인·중도매인 또는 산지유통인의 업무집행 상황 보고명령

8 벌칙

(1) 법 제86조(벌칙)

다음의 어느 하나에 해당하는 자는 2년 이하의 징역 또는 2천만 원 이하의 벌금에 처한다.

1. 수입 추천신청을 할 때에 정한 용도 외의 용도로 수입농산물을 사용한 자
1의2. 도매시장의 개설구역이나 공판장 또는 민영도매시장이 개설된 특별시·광역시·특별자치시·특별자치도 또는 시의 관할구역에서 허가를 받지 아니하고 농수산물의 도매를 목적으로 지방도매시장 또는 민영도매시장을 개설한 자
2. 지정을 받지 아니하거나 지정 유효기간이 지난 후 도매시장법인의 업무를 한 자
3. 허가 또는 갱신허가를 받지 아니하고 중도매인의 업무를 한 자
4. 등록을 하지 아니하고 산지유통인의 업무를 한 자
5. 도매시장 외의 장소에서 농수산물의 판매업무를 하거나 농수산물 판매업무 외의 사업을 겸영한 자
6. 지정을 받지 아니하거나 지정 유효기간이 지난 후 도매시장 안에서 시장도매인의 업무를 한 자
7. 승인을 받지 아니하고 공판장을 개설한 자
8. 업무정지처분을 받고도 그 업(業)을 계속한 자

(2) 법 제87조(벌칙)

삭제 〈2017.3.21.〉

(3) 법 제88조(벌칙)

다음의 어느 하나에 해당하는 자는 1년 이하의 징역 또는 1천만 원 이하의 벌금에 처한다.

1. 도매시장법인의 인수·합병 규정을 위반하여 인수·합병을 한 자
2. 중도매인의 행위 규정을 위반하여 다른 중도매인 또는 매매참가인의 거래 참가를 방해하거나 정당한 사유 없이 집단적으로 경매 또는 입찰에 불참한 자
3. 다른 사람에게 자기의 성명이나 상호를 사용하여 중도매업을 하게 하거나 그 허가증을 빌려 준 자
4. 경매사의 임면 규정을 위반하여 경매사를 임면한 자
5. 산지유통인 등록 규정을 위반하여 산지유통인의 업무를 한 자
6. 산지유통인 등록 규정을 위반하여 출하업무 외의 판매·매수 또는 중개 업무를 한 자
7. 수탁판매의 원칙을 위반하여 매수하거나 거짓으로 위탁받은 자 또는 상장된 농수산물 외의 농수산물을 거래한 자
7의2. 수탁판매의 원칙을 위반하여 다른 중도매인과 농수산물을 거래한 자
8. 시장도매인의 제한 또는 금지를 위반하여 농수산물을 위탁받아 거래한 자

9. 시장도매인으로 해당 도매시장의 도매시장법인 또는 중도매인에게 농수산물을 판매한 자
10. 수수료 징수제한 규정을 위반하여 수수료 등 비용을 징수한 자
11. 조치명령을 위반한 자

(4) 법 제89조(양벌규정)

법인의 대표자나 법인 또는 개인의 대리인, 사용인, 그 밖의 종업원이 그 법인 또는 개인의 업무에 관하여 위반행위를 하면 그 행위자를 벌하는 외에 그 법인 또는 개인에게도 해당 조문의 벌금형을 과(科)한다. 다만, 법인 또는 개인이 그 위반행위를 방지하기 위하여 해당 업무에 관하여 상당한 주의와 감독을 게을리하지 아니한 경우에는 그러하지 아니하다.

(5) 법 제90조(과태료)

① 다음의 어느 하나에 해당하는 자에게는 1천만 원 이하의 과태료를 부과한다.
1. 유통명령을 위반한 자
2. 표준계약서와 다른 계약서를 사용하면서 표준계약서로 거짓 표시하거나 농림축산식품부 또는 그 표식을 사용한 매수인
② 다음의 어느 하나에 해당하는 자에게는 500만 원 이하의 과태료를 부과한다.
1. 포전매매의 계약을 서면에 의한 방식으로 하지 아니한 매수인
2. 단속을 기피한 자
3. 보고를 하지 아니하거나 거짓된 보고를 한 자
③ 다음의 어느 하나에 해당하는 자에게는 100만 원 이하의 과태료를 부과한다.
1. 경매사 임면 신고를 하지 아니한 자
2. 산지유통인 등록 규정에 따른 도매시장 또는 도매시장공판장의 출입제한 등의 조치를 거부하거나 방해한 자
3. 출하 제한을 위반하여 출하(타인명의로 출하하는 경우를 포함한다)한 자
3의2. 포전매매의 계약을 서면에 의한 방식으로 하지 아니한 매도인
4. 도매시장에서의 정상적인 거래와 시설물의 사용기준을 위반하거나 적절한 위생·환경의 유지를 저해한 자(도매시장법인, 시장도매인, 도매시장공판장의 개설자 및 중도매인은 제외한다)
5. 보고(공판장 및 민영도매시장의 개설자에 대한 보고는 제외한다)를 하지 아니하거나 거짓된 보고를 한 자
6. 명령을 위반한 자
④ 규정에 따른 과태료는 대통령령으로 정하는 바에 따라 농림축산식품부장관, 해양수산부장관, 시·도지사 또는 시장이 부과·징수한다.

(6) 과태료 부과기준(시행령 별표 2)

① 일반기준

　가. 위반행위의 횟수에 따른 과태료의 가중된 부과기준은 최근 2년간 같은 위반행위로 과태료 부과처분을 받은 경우에 적용한다. 이 경우 기간의 계산은 위반행위에 대하여 과태료 부과처분을 받은 날과 그 처분 후 다시 같은 위반행위를 하여 적발된 날을 기준으로 한다.

　나. 가목에 따라 가중된 부과처분을 하는 경우 가중처분의 적용 차수는 그 위반행위 전 부과처분 차수(가목에 따른 기간 내에 과태료 부과처분이 둘 이상 있었던 경우에는 높은 차수를 말한다)의 다음 차수로 한다.

　다. 부과권자는 다음 어느 하나에 해당하는 경우에는 개별기준에 따른 과태료 금액의 2분의 1 범위에서 그 금액을 줄일 수 있다.

　　1) 위반행위가 사소한 부주의나 오류로 인정되는 경우

　　2) 위반사항을 시정하거나 해소하기 위한 노력이 인정되는 경우

② 개별기준

(단위 : 만 원)

위반행위	근거 법조문	위반횟수별 과태료 금액		
		1회	2회	3회 이상
가. 유통명령을 위반한 경우	법 제90조제1항제1호	250	500	1,000
나. 경매사 임면(任免) 신고를 하지 않은 경우	법 제90조제3항제1호	12	25	50
다. 산지유통인 등록 규정을 따른 도매시장 또는 도매시장 공판장의 출입제한 등의 조치를 거부하거나 방해한 경우	법 제90조제3항제2호	25	50	100
라. 출하 제한을 위반하여 출하(타인명의로 출하하는 경우를 포함한다)한 경우	법 제90조제3항제3호	25	50	100
마. 매수인이 포전매매의 계약을 서면에 의한 방식으로 하지 않은 경우	법 제90조제2항제1호	125	250	500
바. 매도인이 포전매매의 계약을 서면에 의한 방식으로 하지 않은 경우	법 제90조제3항제3호의2	25	50	100
사. 매수인이 표준계약서와 다른 계약서를 사용하면서 표준계약서로 거짓 표시하거나 농림수산식품부 또는 그 표식을 사용한 경우	법 제90조제1항제2호	1,000		
아. 도매시장에서의 정상적인 거래와 시설물의 사용기준을 위반하거나 적절한 위생·환경의 유지를 저해한 경우(도매시장법인, 시장도매인, 도매시장공판장의 개설자 및 중도매인은 제외한다)	법 제90조제3항제4호	25	50	100
자. 단속을 기피한 경우	법 제90조제2항제2호	125	250	500
차. 보고를 하지 않거나 거짓 보고를 한 경우	법 제90조제2항제3호	125	250	500
카. 보고(공판장 및 민영도매시장의 개설자에 대한 보고는 제외한다)를 하지 않거나 거짓 보고를 한 경우	법 제90조제3항제5호	25	50	100
타. 명령을 위반한 경우	법 제90조제3항제6호	25	50	100

CHAPTER

03

제1과목 수산물 품질관리 관련 법령

농수산물의 원산지 표시에 관한 법령

1 총칙

(1) 법 제1조(목적)

이 법은 농산물·수산물이나 그 가공품 등에 대하여 적정하고 합리적인 원산지 표시를 하도록 하여 소비자의 알권리를 보장하고, 공정한 거래를 유도함으로써 생산자와 소비자를 보호하는 것을 목적으로 한다.

(2) 법 제2조(정의)

이 법에서 사용하는 용어의 뜻은 다음과 같다.

1. '농산물'이란 「농업·농촌 및 식품산업 기본법」에 따른 농산물을 말한다.
2. '수산물'이란 「수산업·어촌 발전 기본법」에 따른 어업(수산동식물을 포획·채취하거나 양식하는 산업, 염전에서 바닷물을 자연 증발시켜 소금을 생산하는 산업)활동으로부터 생산되는 산물을 말한다.
3. '농수산물'이란 농산물과 수산물을 말한다.
4. '원산지'란 농산물이나 수산물이 생산·채취·포획된 국가·지역이나 해역을 말한다.
5. '식품접객업'이란 「식품위생법」에 따른 식품접객업을 말한다.
6. '집단급식소'란 「식품위생법」에 따른 집단급식소를 말한다.
7. '통신판매'란 「전자상거래 등에서의 소비자보호에 관한 법률」에 따른 통신판매(전자상거래로 판매되는 경우를 포함) 중 대통령령으로 정하는 판매를 말한다.

> ▶ **시행령 제2조(통신판매의 범위)**
>
> 「농수산물의 원산지 표시에 관한 법률」에서 '대통령령으로 정하는 판매'란 우편, 전기통신, 그 밖에 농림축산식품부와 해양수산부의 공동부령으로 정하는 것(광고물·광고시설물·방송·신문 또는 잡지)을 이용한 판매를 말한다.

8. 이 법에서 사용하는 용어의 뜻은 이 법에 특별한 규정이 있는 것을 제외하고는 「농수산물 품질관리법」, 「식품위생법」, 「대외무역법」이나 「축산물 위생관리법」에서 정하는 바에 따른다.

(3) 법 제3조(다른 법률과의 관계)

이 법은 농수산물 또는 그 가공품의 원산지 표시에 대하여 다른 법률에 우선하여 적용한다.

(4) 법 제4조(농수산물의 원산지 표시의 심의)

이 법에 따른 농산물·수산물 및 그 가공품 또는 조리하여 판매하는 쌀·김치류 및 축산물(「축산물 위생관리법」에 따른 축산물) 및 수산물 등의 원산지 표시 등에 관한 사항은 「농수산물 품질관리법」에 따른 농수산물품질관리심의회에서 심의한다.

2 원산지 표시 등

(1) 법 제5조(원산지 표시)

① 대통령령으로 정하는 농수산물 또는 그 가공품을 수입하는 자, 생산·가공하여 출하하거나 판매하는 자(통신판매를 포함) 또는 판매할 목적으로 보관·진열하는 자는 다음에 대하여 원산지를 표시하여야 한다.
  1. 농수산물
  2. 농수산물 가공품(국내에서 가공한 가공품은 제외)
  3. 농수산물 가공품(국내에서 가공한 가공품에 한정)의 원료
② 다음의 어느 하나에 해당하는 때에는 원산지를 표시한 것으로 본다.
  1. 「농수산물 품질관리법」 또는 「소금산업 진흥법」에 따른 표준규격품의 표시를 한 경우
  2. 「농수산물 품질관리법」에 따른 우수관리인증의 표시, 품질인증품의 표시 또는 「소금산업 진흥법」에 따른 우수천일염인증의 표시를 한 경우
  2의2. 「소금산업 진흥법」에 따른 천일염생산방식인증의 표시를 한 경우
  3. 「소금산업 진흥법」에 따른 친환경천일염인증의 표시를 한 경우
  4. 「농수산물 품질관리법」에 따른 이력추적관리의 표시를 한 경우
  5. 「농수산물 품질관리법」 또는 「소금산업 진흥법」에 따른 지리적표시를 한 경우
  5의2. 「식품산업진흥법」에 따른 원산지인증의 표시를 한 경우
  5의3. 「대외무역법」에 따라 수출입 농수산물이나 수출입 농수산물 가공품의 원산지를 표시한 경우
  6. 다른 법률에 따라 농수산물의 원산지 또는 농수산물 가공품의 원료의 원산지를 표시한 경우

③ 식품접객업 및 집단급식소 중 대통령령으로 정하는 영업소나 집단급식소를 설치·운영하는 자는 대통령령으로 정하는 농수산물이나 그 가공품을 조리하여 판매·제공하는 경우(조리하여 판매 또는 제공할 목적으로 보관·진열하는 경우를 포함)에 그 농수산물이나 그 가공품의 원료에 대하여 원산지(쇠고기는 식육의 종류를 포함)를 표시하여야 한다. 다만, 「식품산업진흥법」에 따른 원산지인증의 표시를 한 경우에는 원산지를 표시한 것으로 보며, 쇠고기의 경우에는 식육의 종류를 별도로 표시하여야 한다.

▶ 시행령 제4조(원산지 표시를 하여야 할 자)

'대통령령으로 정하는 영업소나 집단급식소를 설치·운영하는 자'란 「식품위생법 시행령」의 휴게음식점영업, 일반음식점영업 또는 위탁급식영업을 하는 영업소나 집단급식소를 설치·운영하는 자를 말한다.

---

④ 표시대상, 표시를 하여야 할 자, 표시기준은 대통령령으로 정하고, 표시방법과 그 밖에 필요한 사항은 농림축산식품부와 해양수산부의 공동부령으로 정한다.

(2) 영업소 및 집단급식소의 원산지 표시방법(시행규칙 별표 4)

① 공통적 표시방법

1. 음식명 바로 옆이나 밑에 표시대상 원료인 농수산물명과 그 원산지를 표시한다. 다만, 모든 음식에 사용된 특정 원료의 원산지가 같은 경우 그 원료에 대해서는 다음 예시와 같이 일괄하여 표시할 수 있다.

[예시]

우리 업소에서는 "국내산 쌀"만 사용합니다.

우리 업소에서는 "국내산 배추와 고춧가루로 만든 배추김치"만 사용합니다.

우리 업소에서는 "국내산 한우 쇠고기"만 사용합니다.

우리 업소에서는 "국내산 넙치"만을 사용합니다.

---

2. 원산지의 글자 크기는 메뉴판이나 게시판 등에 적힌 음식명 글자 크기와 같거나 그 보다 커야 한다.

3. 원산지가 다른 2개 이상의 동일 품목을 섞은 경우에는 섞음 비율이 높은 순서대로 표시한다.

[예시 1] 국내산(국산)의 섞음 비율이 외국산보다 높은 경우

– 쇠고기 : 불고기(쇠고기 : 국내산 한우와 호주산을 섞음), 설렁탕(육수 : 국내산 한우, 쇠고기 : 호주산), 국내산 한우 갈비뼈에 호주산 쇠고기를 접착(接着)한 경우 : 소갈비(갈비뼈 : 국내산 한우, 쇠고기 : 호주산) 또는 소갈비(쇠고기 : 호주산)

– 돼지고기, 닭고기 등 : 고추장불고기(돼지고기 : 국내산과 미국산을 섞음), 닭갈비(닭고기 : 국내산과 중국산을 섞음)

– 쌀, 배추김치 : 쌀(국내산과 미국산을 섞음), 배추김치(배추 : 국내산과 중국산을 섞음, 고춧가루 : 국내산과 중국산을 섞음)

– 넙치, 조피볼락 등 : 조피볼락회(조피볼락 : 국내산과 일본산을 섞음)

> **[예시 2] 국내산(국산)의 섞음 비율이 외국산보다 낮은 경우**
>
> 불고기(쇠고기 : 호주산과 국내산 한우를 섞음), 죽(쌀 : 미국산과 국내산을 섞음), 낙지볶음(낙지 : 일본산과 국내산을 섞음)

4. 쇠고기, 돼지고기, 닭고기, 오리고기, 넙치, 조피볼락 및 참돔 등을 섞은 경우 각각의 원산지를 표시한다.

> **[예시]**
>
> 햄버그스테이크(쇠고기 : 국내산 한우, 돼지고기 : 덴마크산), 모둠회(넙치 : 국내산, 조피볼락 : 중국산, 참돔 : 일본산), 갈낙탕(쇠고기 : 미국산, 낙지 : 중국산)

5. 원산지가 국내산(국산)인 경우에는 "국산"이나 "국내산"으로 표시하거나 해당 농수산물이 생산된 특별시·광역시·특별자치시·도·특별자치도명이나 시·군·자치구명으로 표시할 수 있다.

6. 농수산물 가공품을 사용한 경우에는 그 가공품에 사용된 원료의 원산지를 표시하되, 다음 1) 및 2)에 따라 표시할 수 있다.

> **[예시]**
>
> 부대찌개(햄(돼지고기 : 국내산)), 샌드위치(햄(돼지고기 : 독일산))

1) 외국에서 가공한 농수산물 가공품 완제품을 구입하여 사용한 경우에는 그 포장재에 적힌 원산지를 표시할 수 있다.

> **[예시]**
>
> 소세지야채볶음(소세지 : 미국산), 김치찌개(배추김치 : 중국산)

2) 국내에서 가공한 농수산물 가공품의 원료의 원산지가 영 별표 1 제3호마목에 따라 원료의 원산지가 자주 변경되어 "외국산"으로 표시된 경우에는 원료의 원산지를 "외국산"으로 표시할 수 있다.

> **[예시]**
>
> 피자(햄(돼지고기 : 외국산)), 두부(콩 : 외국산)

7. 농수산물과 그 가공품을 조리하여 판매 또는 제공할 목적으로 냉장고 등에 보관·진열하는 경우에는 제품 포장재에 표시하거나 냉장고 등 보관장소 또는 보관용기별 앞면에 일괄하여 표시한다.

8. 삭제 〈2017. 5. 30.〉

② 영업형태별 표시방법

1. 휴게음식점영업 및 일반음식점영업을 하는 영업소

1) 원산지는 소비자가 쉽게 알아볼 수 있도록 업소 내의 모든 메뉴판 및 게시판(메뉴판과 게시판 중 어느 한 종류만 사용하는 경우에는 그 메뉴판 또는 게시판을 말한다)에 표시하여야 한다. 다만, 아래의 기준에 따라 제작한 원산지 표시판을 아래 2)에 따라 부착하는 경우에는 메뉴판 및 게시판에는 원산지 표시를 생략할 수 있다.

　　가) 표제로 "원산지 표시판"을 사용할 것

　　나) 표시판 크기는 가로 × 세로(또는 세로 × 가로) 29cm × 42cm 이상일 것

　　다) 글자 크기는 60포인트 이상(음식명은 30포인트 이상)일 것

　　라) ③의 원산지 표시대상별 표시방법에 따라 원산지를 표시할 것

　　마) 글자색은 바탕색과 다른 색으로 선명하게 표시

2) 원산지를 원산지 표시판에 표시할 때에는 업소 내에 부착되어 있는 가장 큰 게시판(크기가 모두 같은 경우 소비자가 가장 잘 볼 수 있는 게시판 1곳)의 옆 또는 아래에 소비자가 잘 볼 수 있도록 원산지 표시판을 부착하여야 한다. 게시판을 사용하지 않는 업소의 경우에는 업소의 주 출입구 입장 후 정면에서 소비자가 잘 볼 수 있는 곳에 원산지 표시판을 부착 또는 게시하여야 한다.

3) 1) 및 2)에도 불구하고 취식(取食)장소가 벽(공간을 분리할 수 있는 칸막이 등을 포함)으로 구분된 경우 취식장소별로 원산지가 표시된 게시판 또는 원산지 표시판을 부착해야 한다. 다만, 부착이 이려울 경우 타 위치의 원산지 표시판 부착 여부에 상관없이 원산지 표시가 된 메뉴판을 반드시 세공하여야 한다.

2. 위탁급식영업을 하는 영업소 및 집단급식소

1) 식당이나 취식장소에 월간 메뉴표, 메뉴판, 게시판 또는 푯말 등을 사용하여 소비자(이용자를 포함)가 원산지를 쉽게 확인할 수 있도록 표시하여야 한다.

2) 교육 · 보육시설 등 미성년자를 대상으로 하는 영업소 및 집단급식소의 경우에는 1)에 따른 표시 외에 원산지가 적힌 주간 또는 월간 메뉴표를 작성하여 가정통신문(전자적 형태의 가정통신문을 포함)으로 알려주거나 교육 · 보육시설 등의 인터넷 홈페이지에 추가로 공개하여야 한다.

3. 장례식장, 예식장 또는 병원 등에 설치 · 운영되는 영업소나 집단급식소의 경우에는 1 및 2에도 불구하고 소비자(취식자를 포함)가 쉽게 볼 수 있는 장소에 푯말 또는 게시판 등을 사용하여 표시할 수 있다.

③ 원산지 표시대상별 표시방법

1. 축산물의 원산지 표시방법 : 축산물의 원산지는 국내산(국산)과 외국산으로 구분하고, 다음의 구분에 따라 표시한다.

1) 쇠고기

　　가) 국내산(국산)의 경우 "국산"이나 '국내산'으로 표시하고, 식육의 종류를 한우, 젖소, 육우로 구분하여 표시한다. 다만, 수입한 소를 국내에서 6개월 이상 사육한 후 국내산(국산)으로 유통하는 경우에는 "국산"이나 "국내산"으로 표시하되, 괄호 안에 식육의 종류 및 출생국가명을 함께 표시한다.

> **[예시]**
> 소갈비(쇠고기 : 국내산 한우), 등심(쇠고기 : 국내산 육우), 소갈비(쇠고기 : 국내산 육우(출생국 : 호주))

나) 외국산의 경우에는 해당 국가명을 표시한다.

> **[예시]**
>
> 소갈비(쇠고기 : 미국산)

2) 돼지고기, 닭고기, 오리고기 및 양고기(염소 등 산양 포함)
    가) 국내산(국산)의 경우 "국산"이나 "국내산"으로 표시한다. 다만, 수입한 돼지 또는 양을 국내에서 2개월 이상 사육한 후 국내산(국산)으로 유통하거나, 수입한 닭 또는 오리를 국내에서 1개월 이상 사육한 후 국내산(국산)으로 유통하는 경우에는 "국산"이나 "국내산"으로 표시하되, 괄호 안에 출생국가명을 함께 표시한다.

> **[예시]**
>
> 삼겹살(돼지고기 : 국내산), 삼계탕(닭고기 : 국내산), 훈제오리(오리고기 : 국내산), 삼겹살(돼지고기 : 국내산(출생국 : 덴마크)), 삼계탕(닭고기 : 국내산(출생국 : 프랑스)), 훈제오리(오리고기 : 국내산(출생국 : 중국))

    나) 외국산의 경우 해당 국가명을 표시한다.

> **[예시]**
>
> 삼겹살(돼지고기 : 덴마크산), 염소탕(염소고기 : 호주산), 삼계탕(닭고기 : 중국산), 훈제오리(오리고기 : 중국산)

2. 쌀(찹쌀, 현미, 찐쌀을 포함한다. 이하 같다) 또는 그 가공품의 원산지 표시방법 : 쌀 또는 그 가공품의 원산지는 국내산(국산)과 외국산으로 구분하고, 다음의 구분에 따라 표시한다.
    1) 국내산(국산)의 경우 "밥(쌀 : 국내산)", "누룽지(쌀 : 국내산)"로 표시한다.
    2) 외국산의 경우 쌀을 생산한 해당 국가명을 표시한다.

> **[예시]**
>
> 밥(쌀 : 미국산), 죽(쌀 : 중국산)

3. 배추김치의 원산지 표시방법
    1) 국내에서 배추김치를 조리하여 판매·제공하는 경우에는 "배추김치"로 표시하고, 그 옆에 괄호로 배추김치의 원료인 배추(절인 배추를 포함한다)의 원산지를 표시한다. 이 경우 고춧가루를 사용한 배추김치의 경우에는 고춧가루의 원산지를 함께 표시한다.

> **[예시]**
>
> – 배추김치(배추 : 국내산, 고춧가루 : 중국산), 배추김치(배추 : 중국산, 고춧가루 : 국내산)
> – 고춧가루를 사용하지 않은 배추김치 : 배추김치(배추 : 국내산)

    2) 외국에서 제조·가공한 배추김치를 수입하여 조리하여 판매·제공하는 경우에는 배추김치를 제조·가공한 해당 국가명을 표시한다.

> **[예시]**
>
> 배추김치(중국산)

4. 콩(콩 또는 그 가공품을 원료로 사용한 두부류·콩비지·콩국수)의 원산지 표시방법 : 두부류, 콩비지, 콩국수의 원료로 사용한 콩에 대하여 국내산(국산)과 외국산으로 구분하여 다음의 구분에 따라 표시한다.

   1) 국내산(국산) 콩 또는 그 가공품을 원료로 사용한 경우 "국산"이나 "국내산"으로 표시한다.

> **[예시]**
>
> 두부(콩 : 국내산), 콩국수(콩 : 국내산)

   2) 외국산 콩 또는 그 가공품을 원료로 사용한 경우 해당 국가명을 표시한다.

> **[예시]**
>
> 두부(콩 : 중국산), 콩국수(콩 : 미국산)

5. 넙치, 소피볼락, 참돔, 미꾸라지, 뱀장어, 낙지, 명태, 고등어, 갈치, 오징어, 꽃게 및 참조기의 원산지 표시방법 : 원산지는 국내산(국산), 원양산 및 외국산으로 구분하고, 다음의 구분에 따라 표시한다.

   1) 국내산(국산)의 경우 "국산"이나 "국내산" 또는 "연근해산"으로 표시한다.

> **[예시]**
>
> 넙치회(넙치 : 국내산), 참돔회(참돔 : 연근해산)

   2) 원양산의 경우 "원양산" 또는 "원양산, 해역명"으로 한다.

> **[예시]**
>
> 참돔구이(참돔 : 원양산), 넙치매운탕(넙치 : 원양산, 태평양산)

   3) 외국산의 경우 해당 국가명을 표시한다.

> **[예시]**
>
> 참돔회(참돔 : 일본산), 뱀장어구이(뱀장어 : 영국산)

(3) 시행령 제3조(원산지의 표시대상)

① '대통령령으로 정하는 농수산물 또는 그 가공품'이란 다음의 농수산물 또는 그 가공품을 말한다.

   1. 유통질서의 확립과 소비자의 올바른 선택을 위하여 필요하다고 인정하여 농림축산식품부장관과 해양수산부장관이 공동으로 고시한 농수산물 또는 그 가공품
   2. 「대외무역법」에 따라 산업통상자원부장관이 공고한 수입 농수산물 또는 그 가공품

② 원산지의 표시대상에 따른 농수산물 가공품의 원료에 대한 원산지 표시대상은 다음과 같다. 다만, 물, 식품첨가물, 주정 및 당류는 배합 비율의 순위와 표시대상에서 제외한다.

  1. 원료 배합 비율에 따른 표시대상

    가. 사용된 원료의 배합 비율에서 한 가지 원료의 배합 비율의 합이 98퍼센트 이상인 원료가 있는 경우에는 그 원료

    나. 사용된 원료의 배합 비율에서 두 가지 원료의 배합 비율의 합이 98퍼센트 이상인 원료가 있는 경우에는 배합 비율이 높은 순서의 2순위까지의 원료

    다. 가목과 나목 외의 경우에는 배합 비율이 높은 순서의 3순위까지의 원료

    라. 가목부터 다목까지의 규정에도 불구하고 김치류 중 고춧가루(고춧가루가 포함된 가공품을 사용하는 경우에는 그 가공품에 사용된 고춧가루를 포함)를 사용하는 품목은 고춧가루를 제외한 원료 중 배합 비율이 가장 높은 순서의 2순위까지의 원료와 고춧가루

  2. 「식품위생법」에 따른 식품 등의 표시기준 및 「축산물 위생관리법」에 따른 축산물의 표시기준에서 정한 복합원재료를 사용한 경우에는 농림축산식품부장관과 해양수산부장관이 공동으로 정하여 고시하는 기준에 따른 원료

③ ②를 적용할 때 원료 농수산물의 명칭을 제품명 또는 제품명의 일부로 사용하는 경우로서 그 원료 농수산물이 같은 항에 따른 표시대상이 아닌 경우에는 그 원료 농수산물을 함께 표시대상으로 하여야 한다.

④ '대통령령으로 정하는 농수산물이나 그 가공품을 조리하여 판매·제공하는 경우'란 다음의 것을 조리하여 판매·제공하는 경우를 말한다. 이 경우 조리에는 날 것의 상태로 조리하는 것을 포함하며, 판매·제공에는 배달을 통한 판매·제공을 포함한다.

  1. 쇠고기(식육, 포장육, 식육가공품을 포함)

  2. 돼지고기(식육·포장육·식육가공품을 포함)

  3. 닭고기(식육·포장육·식육가공품을 포함)

  4. 오리고기(식육·포장육·식육가공품을 포함)

  5. 양(염소 등 산양을 포함)고기(식육·포장육·식육가공품을 포함)

  6. 밥, 죽, 누룽지에 사용하는 쌀(쌀가공품을 포함하며, 쌀에는 찹쌀, 현미 및 찐쌀을 포함)

  7. 배추김치(배추김치가공품을 포함)의 원료인 배추(얼갈이배추와 봄동배추를 포함)와 고춧가루

  7의2. 두부류(가공두부, 유바는 제외), 콩비지, 콩국수에 사용하는 콩(콩가공품을 포함)

  8. 넙치, 조피볼락, 참돔, 미꾸라지, 뱀장어, 낙지, 명태(황태, 북어 등 건조한 것은 제외), 고등어, 갈치, 오징어, 꽃게 및 참조기(해당 수산물가공품을 포함)

  9. 조리하여 판매·제공하기 위하여 수족관 등에 보관·진열하는 살아있는 수산물

⑤ 농수산물이나 그 가공품의 신뢰도를 높이기 위하여 필요한 경우에는 표시대상이 아닌 농수산물과 그 가공품의 원료에 대해서도 그 원산지를 표시할 수 있다. 이 경우 표시기준과 표시방법을 준수하여야 한다.

(4) 원산지의 표시기준(시행령 별표 1)

① 농수산물

　1. 국산 농수산물

　　㉠ **국산 농산물** : '국산'이나 '국내산' 또는 그 농산물을 생산·채취·사육한 지역의 시·도명이나 시·군·구명을 표시한다.

　　㉡ **국산 수산물** : '국산'이나 '국내산' 또는 '연근해산'으로 표시한다. 다만, 양식 수산물이나 연안정착성 수산물 또는 내수면 수산물의 경우에는 해당 수산물을 생산·채취·양식·포획한 지역의 시·도명이나 시·군·구명을 표시할 수 있다.

　2. 원양산 수산물

　　㉠ 「원양산업발전법」에 따라 원양어업의 허가를 받은 어선이 해외수역에서 어획하여 국내에 반입한 수산물은 '원양산'으로 표시하거나 '원양산' 표시와 함께 '태평양', '대서양', '인도양', '남빙양', '북빙양'의 해역명을 표시한다.

　　㉡ ㉠에 따른 표시 외에 연안국 법령에 따라 별도로 표시하여야 하는 사항이 있는 경우에는 ㉠에 따른 표시와 함께 표시할 수 있다.

　　㉢ 원산지가 다른 동일 품목을 혼합한 농수산물

　　　1) 국산 농수산물로서 그 생산 등을 한 지역이 각각 다른 동일 품목의 농수산물을 혼합한 경우에는 혼합 비율이 높은 순서로 3개 지역까지의 시·도명 또는 시·군·구명과 그 혼합 비율을 표시하거나 '국산', '국내산' 또는 '연근해산'으로 표시한다.

　　　2) 동일 품목의 국산 농수산물과 국산 외의 농수산물을 혼합한 경우에는 혼합비율이 높은 순서로 3개 국가(지역, 해역 등)까지의 원산지와 그 혼합비율을 표시한다.

　　㉣ **2개 이상의 품목을 포장한 수산물** : 서로 다른 2개 이상의 품목을 용기에 담아 포장한 경우에는 혼합 비율이 높은 2개까지의 품목을 대상으로 1. ㉡, 2 및 ②의 기준에 따라 표시한다.

② 수입 농수산물과 그 가공품 및 반입 농수산물과 그 가공품

　1. 수입 농수산물과 그 가공품은 「대외무역법」에 따른 통관 시의 원산지를 표시한다.

　2. 「남북교류협력에 관한 법률」에 따라 반입한 농수산물과 그 가공품(반입농수산물등)은 반입 시의 원산지를 표시한다.

③ 농수산물 가공품(수입농수산물등 또는 반입농수산물등을 국내에서 가공한 것을 포함)

　1. 사용된 원료의 원산지를 ① 및 ②의 기준에 따라 표시한다.

　2. 원산지가 다른 동일 원료를 혼합하여 사용한 경우에는 혼합 비율이 높은 순서로 2개 국가(지역, 해역 등)까지의 원료 원산지와 그 혼합 비율을 각각 표시한다.

　3. 원산지가 다른 동일 원료의 원산지별 혼합 비율이 변경된 경우로서 그 어느 하나의 변경의 폭이 최대 15퍼센트 이하이면 종전의 원산지별 혼합 비율이 표시된 포장재를 혼합 비율이 변경된 날부터 1년의 범위에서 사용할 수 있다.

　4. 사용된 원료(물, 식품첨가물 및 주정 및 당류는 제외)의 원산지가 모두 국산일 경우에는 원산지를 일괄하여 '국산'이나 '국내산' 또는 '연근해산'으로 표시할 수 있다.

5. 원료의 수급 사정으로 인하여 원료의 원산지 또는 혼합 비율이 자주 변경되는 경우로서 다음의 어느 하나에 해당하는 경우에는 농림축산식품부장관과 해양수산부장관이 공동으로 정하여 고시하는 바에 따라 원료의 원산지와 혼합 비율을 표시할 수 있다.

    ㉠ 특정 원료의 원산지나 혼합 비율이 최근 3년 이내에 연평균 3개국(회) 이상 변경되거나 최근 1년 동안에 3개국(회) 이상 변경된 경우와 최초 생산일부터 1년 이내에 3개국 이상 원산지 변경이 예상되는 신제품인 경우

    ㉡ 원산지가 다른 동일 원료를 사용하는 경우

    ㉢ 정부가 농수산물 가공품의 원료로 공급하는 수입쌀을 사용하는 경우

    ㉣ 그 밖에 농림축산식품부장관과 해양수산부장관이 공동으로 필요하다고 인정하여 고시하는 경우

(5) 법 제6조(거짓 표시 등의 금지)

① 누구든지 다음의 행위를 하여서는 아니 된다.

  1. 원산지 표시를 거짓으로 하거나 이를 혼동하게 할 우려가 있는 표시를 하는 행위

  2. 원산지 표시를 혼동하게 할 목적으로 그 표시를 손상·변경하는 행위

  3. 원산지를 위장하여 판매하거나, 원산지 표시를 한 농수산물이나 그 가공품에 다른 농수산물이나 가공품을 혼합하여 판매하거나 판매할 목적으로 보관이나 진열하는 행위

② 농수산물이나 그 가공품을 조리하여 판매·제공하는 자는 다음의 행위를 하여서는 아니 된다.

  1. 원산지 표시를 거짓으로 하거나 이를 혼동하게 할 우려가 있는 표시를 하는 행위

  2. 원산지를 위장하여 조리·판매·제공하거나, 조리하여 판매·제공할 목적으로 농수산물이나 그 가공품의 원산지 표시를 손상·변경하여 보관·진열하는 행위

  3. 원산지 표시를 한 농수산물이나 그 가공품에 원산지가 다른 동일 농수산물이나 그 가공품을 혼합하여 조리·판매·제공하는 행위

③ 원산지를 혼동하게 할 우려가 있는 표시 및 위장판매의 범위 등 필요한 사항은 농림축산식품부와 해양수산부의 공동 부령으로 정한다.

④ 「유통산업발전법」에 따른 대규모점포를 개설한 자는 임대의 형태로 운영되는 점포(임대점포)의 임차인 등 운영자가 ① 또는 ②의 어느 하나에 해당하는 행위를 하도록 방치하여서는 아니 된다.

⑤ 「방송법」에 따른 승인을 받고 상품소개와 판매에 관한 전문편성을 행하는 방송채널사용사업자는 해당 방송채널 등에 물건 판매중개를 의뢰하는 자가 ①항 또는 ②항 어느 하나에 해당하는 행위를 하도록 방치하여서는 아니된다.

(6) 원산지를 혼동하게 할 우려가 있는 표시 및 위장판매의 범위(시행규칙 별표 5)

① 원산지를 혼동하게 할 우려가 있는 표시

  1. 원산지 표시란에는 원산지를 바르게 표시하였으나 포장재·푯말·홍보물 등 다른 곳에 이와 유사한 표시를 하여 원산지를 오인하게 하는 표시 등을 말한다.

2. 일반적인 예는 다음과 같으며 이와 유사한 사례 또는 그 밖의 방법으로 기망(欺罔)하여 판매하는 행위를 포함한다.

　　㉠ 원산지 표시란에는 외국 국가명을 표시하고 인근에 설치된 현수막 등에는 '우리 농산물만 취급', '국산만 취급', '국내산 한우만 취급' 등의 표시·광고를 한 경우

　　㉡ 원산지 표시란에는 외국 국가명 또는 '국내산'으로 표시하고 포장재 앞면 등 소비자가 잘 보이는 위치에는 큰 글씨로 '국내생산', '경기특미' 등과 같이 국내 유명 특산물 생산지역명을 표시한 경우

　　㉢ 게시판 등에는 '국산 김치만 사용합니다'로 일괄 표시하고 원산지 표시란에는 외국 국가명을 표시하는 경우

　　㉣ 원산지 표시란에는 여러 국가명을 표시하고 실제로는 그 중 원료의 가격이 낮거나 소비자가 기피하는 국가산만을 판매하는 경우

② 원산지 위장판매의 범위

1. 원산지 표시를 잘 보이지 않도록 하거나, 표시를 하지 않고 판매하면서 사실과 다르게 원산지를 알리는 행위 등을 말한다.

2. 일반적인 예는 다음과 같으며 이와 유사한 사례 또는 그 밖의 방법으로 기망하여 판매하는 행위를 포함한다.

　　㉠ 외국산과 국내산을 진열·판매하면서 외국 국가명 표시를 잘 보이지 않게 가리거나 대상 농수산물과 떨어진 위치에 표시하는 경우

　　㉡ 외국산의 원산지를 표시하지 않고 판매하면서 원산지가 어디냐고 물을 때 국내산 또는 원양산이라고 대답하는 경우

　　㉢ 진열장에는 국내산만 원산지를 표시하여 진열하고, 판매 시에는 냉장고에서 원산지 표시가 안 된 수입산을 꺼내 주는 경우

(7) 법 제6조의2(과징금)

① 농림축산식품부장관, 해양수산부장관, 관세청장, 특별시장·광역시장·특별자치시장·도지사 또는 특별자치도지사(시·도지사)는 원산지 표시를 거짓·혼동하게 표시하여 2년간 2회 이상 위반한 자에게 그 위반금액의 5배 이하에 해당하는 금액을 과징금으로 부과·징수할 수 있다. 이 경우 거짓표시행위로 위반한 횟수와 조리하여 판매·제공하는 자의 위반행위의 위반한 횟수는 합산한다.

② 위반금액은 위반한 농수산물이나 그 가공품의 판매금액으로서 각 위반행위별 판매금액을 모두 더한 금액을 말한다.

③ 과징금 부과·징수의 세부기준, 절차, 그 밖에 필요한 사항은 대통령령으로 정한다.

④ 농림축산식품부장관, 해양수산부장관, 관세청장, 시·도지사는 과징금을 내야 하는 자가 납부기한까지 내지 아니하면 국세 또는 지방세 체납처분의 예에 따라 징수한다.

▶ **시행령 제5조의2(과징금의 부과 및 징수)**

① 과징금의 부과기준은 별표 1의2와 같다.

② 농림축산식품부장관, 해양수산부장관 또는 특별시장·광역시장·특별자치시장·도지사·특별자치도지사(이하 "시·도지사")는 과징금을 부과하려면 그 위반행위의 종류와 과징금의 금액 등을 명시하여 과징금을 낼 것을 과징금 부과대상자에게 서면으로 알려야 한다.

③ ②에 따라 통보를 받은 자는 납부 통지일부터 30일 이내에 과징금을 농림축산식품부장관, 해양수산부장관 또는 시·도지사가 정하는 수납기관에 내야 한다. 다만, 천재지변이나 그 밖의 부득이한 사유로 납부기한까지 과징금을 낼 수 없는 경우에는 그 사유가 없어진 날부터 7일 이내에 내야 한다.

④ 농림축산식품부장관, 해양수산부장관 또는 시·도지사는 과징금 부과처분을 받은 자가 다음의 어느 하나에 해당하는 사유로 과징금의 전액을 한꺼번에 내기 어렵다고 인정되는 경우에는 그 납부기한을 연장하거나 분할 납부하게 할 수 있다. 이 경우 필요하다고 인정하는 때에는 담보를 제공하게 할 수 있다.

　1. 재해 등으로 재산에 현저한 손실을 입은 경우

　2. 경제 여건이나 사업 여건의 악화로 사업이 중대한 위기에 있는 경우

　3. 과징금을 한꺼번에 내면 자금사정에 현저한 어려움이 예상되는 경우

⑤ 과징금의 납부기한의 연장 또는 분할 납부를 하려는 자는 그 납부기한의 5일 전까지 납부기한의 연장 또는 분할 납부의 사유를 증명하는 서류를 첨부하여 농림축산식품부장관, 해양수산부장관 또는 시·도지사에게 신청하여야 한다.

⑥ 납부기한의 연장은 그 납부기한의 다음 날부터 1년을 초과할 수 없다.

⑦ 분할 납부를 하게 하는 경우 각 분할된 납부기한의 간격은 4개월을 초과할 수 없으며, 분할 횟수는 3회를 초과할 수 없다.

⑧ 농림축산식품부장관, 해양수산부장관 또는 시·도지사는 납부기한이 연장되거나 분할 납부가 허용된 과징금의 납부의무자가 다음의 어느 하나에 해당하게 되면 납부기한 연장 또는 분할 납부 결정을 취소하고 과징금을 한꺼번에 징수할 수 있다.

　1. 분할 납부하기로 결정된 과징금을 납부기한까지 내지 아니한 경우

　2. 강제집행, 경매의 개시, 법인의 해산, 국세 또는 지방세의 체납처분을 받은 경우 등 과징금의 전부 또는 잔여분을 징수할 수 없다고 인정되는 경우

⑨ 과징금을 받은 수납기관은 지체없이 그 사실을 농림축산식품부장관, 해양수산부장관 또는 시·도지사에게 알려야 한다.

⑩ 규정한 사항 외에 과징금의 부과·징수에 필요한 사항은 농림축산식품부와 해양수산부의 공동부령으로 정한다.

(8) 법 제7조(원산지 표시 등의 조사)

① 농림축산식품부장관, 해양수산부장관, 관세청장이나 시·도지사는 원산지의 표시 여부·표시사항과 표시방법 등의 적정성을 확인하기 위하여 대통령령으로 정하는 바에 따라 관계 공무원으로 하여금 원산지 표시대상 농수산물이나 그 가공품을 수거하거나 조사하게 하여야 한다. 이 경우 관세청장의 수거 또는 조사 업무는 원산지 표시 대상 중 수입하는 농수산물이나 농수산물 가공품(국내에서 가공한 가공품은 제외)에 한정한다.

② 조사 시 필요한 경우 해당 영업장, 보관창고, 사무실 등에 출입하여 농수산물이나 그 가공품 등에 대하여 확인·조사 등을 할 수 있으며 영업과 관련된 장부나 서류의 열람을 할 수 있다.

③ 수거·조사·열람을 하는 때에는 원산지의 표시대상 농수산물이나 그 가공품을 판매하거나 가공하는 자 또는 조리하여 판매·제공하는 자는 정당한 사유 없이 이를 거부·방해하거나 기피하여서는 아니 된다.

④ 수거 또는 조사를 하는 관계 공무원은 그 권한을 표시하는 증표를 지니고 이를 관계인에게 내보여야 하며, 출입 시 성명·출입시간·출입목적 등이 표시된 문서를 관계인에게 교부하여야 한다.

(9) 시행령 제6조(원산지 표시 등의 조사)

① 농림축산식품부장관, 해양수산부장관이나 시·도지사는 원산지 표시대상 농수산물이나 그 가공품에 대한 수거·조사를 업종, 규모, 거래 품목 및 거래 형태 등을 고려하여 매년 자체 계획을 수립하고 그에 따라 실시한다.

② 농림축산식품부장관과 해양수산부장관은 수거한 시료의 원산지를 판정하기 위하여 필요한 경우에는 검정기관을 지정·고시할 수 있다.

(10) 법 제8조(영수증 등의 비치)

원산지를 표시하여야 하는 자는 「축산물 위생관리법」이나 「가축 및 축산물 이력관리에 관한 법률」 등 다른 법률에 따라 발급받은 원산지 등이 기재된 영수증이나 거래명세서 등을 매입일부터 6개월간 비치·보관하여야 한다.

(11) 법 제9조(원산지 표시 등의 위반에 대한 처분 등)

① 농림축산식품부장관, 해양수산부장관, 관세청장 또는 시·도지사는 원산지 표시나 거짓 표시 등의 금지를 위반한 자에 대하여 다음의 처분을 할 수 있다. 다만, 식품접객업 및 집단급식소 중 영업소나 집단급식소를 설치·운영하는 자가 농수산물이나 그 가공품을 조리하여 판매·제공하는 경우 그 농수산물이나 그 가공품의 원료에 대하여 원산지(쇠고기는 식육의 종류를 포함)를 표시하여야 하는 규정을 위반한 자에 대한 처분은 1에 한정한다.
1. 표시의 이행·변경·삭제 등 시정명령
2. 위반 농수산물이나 그 가공품의 판매 등 거래행위 금지

② 농림축산식품부장관, 해양수산부장관, 관세청장 또는 시·도지사는 다음의 자가 원산지 표시나 거짓 표시 등의 금지를 위반하여 농수산물이나 그 가공품 등의 원산지 등을 2회 이상 표시하지 아니하거나 거짓으로 표시함에 따라 ①에 따른 처분이 확정된 경우 처분과 관련된 사항을 공표하여야 한다.

관 련 법 령

1. 원산지의 표시를 하도록 한 농수산물이나 그 가공품을 생산·가공하여 출하하거나 판매 또는 판매할 목적으로 가공하는 자
2. 음식물을 조리하여 판매·제공하는 자

③ 공표를 하여야 하는 사항은 다음과 같다.
1. 처분 내용
2. 해당 영업소의 명칭
3. 농수산물의 명칭
4. 처분을 받은 자가 입점하여 판매한 「방송법」에 따른 방송채널사용사업자 또는 「전자상거래 등에서의 소비자보호에 관한 법률」에 따른 통신판매중개업자의 명칭
5. 그 밖에 처분과 관련된 사항으로서 대통령령으로 정하는 사항

④ 공표는 다음의 자의 홈페이지에 공표한다.
1. 농림축산식품부
2. 해양수산부
2의2. 관세청
3. 국립농산물품질관리원
4. 대통령령으로 정하는 국가검역·검사기관
5. 특별시·광역시·특별자치시·도·특별자치도, 시·군·구(자치구를 말한다)
6. 한국소비자원
7. 그 밖에 대통령령으로 정하는 주요 인터넷 정보제공 사업자

⑤ 처분과 공표의 기준·방법 등에 관하여 필요한 사항은 대통령령으로 정한다.

⑿ 시행령 제7조(원산지 표시 등의 위반에 대한 처분 및 공표)

① 원산지 표시 등의 위반에 대한 처분은 다음의 구분에 따라 한다.
1. 원산지 표시를 위반한 경우 : 표시의 이행명령 또는 거래행위 금지
2. 식품접객업 및 집단급식소 중 영업소나 집단급식소를 설치·운영하는 자가 농수산물이나 그 가공품을 조리하여 판매·제공하는 경우 그 농수산물이나 그 가공품의 원료에 대하여 원산지 (쇠고기는 식육의 종류를 포함)를 표시하여야 하는 규정을 위반한 경우 : 표시의 이행명령
3. 거짓 표시 등의 금지를 위반한 경우 : 표시의 이행·변경·삭제 등 시정명령 또는 거래행위 금지

② 홈페이지 공표의 기준·방법은 다음과 같다.
1. 공표기간 : 처분이 확정된 날부터 12개월
2. 공표방법

가. 농림축산식품부, 해양수산부, 국립농산물품질관리원, 국립수산물품질관리원, 특별시 · 광역시 · 특별자치시 · 도 · 특별자치도(이하 "시 · 도"), 시 · 군 · 구(자치구를 말한다) 및 한국소비자원의 홈페이지에 공표하는 경우 : 이용자가 해당 기관의 인터넷 홈페이지 첫 화면에서 볼 수 있도록 공표

나. 주요 인터넷 정보제공 사업자의 홈페이지에 공표하는 경우 : 이용자가 해당 사업자의 인터넷 홈페이지 화면 검색창에 "원산지"가 포함된 검색어를 입력하면 볼 수 있도록 공표

③ "대통령령으로 정하는 사항"이란 다음의 사항을 말한다.

1. "「농수산물의 원산지 표시에 관한 법률」 위반 사실의 공표"라는 내용의 표제
2. 영업의 종류
3. 영업소의 주소(「유통산업발전법」에 따른 대규모점포에 입점 · 판매한 경우 그 대규모점포의 명칭 및 주소를 포함)
4. 농수산물 가공품의 명칭
5. 위반 내용
6. 처분권자 및 처분일
7. 처분을 받은 자가 입점하여 판매한 「방송법」에 따른 방송채널사용사업자의 채널명 또는 「전자상거래 등에서의 소비자보호에 관한 법률」에 따른 통신판매중개업자의 홈페이지 주소

④ "대통령령으로 정하는 국가검역 · 검사기관"이란 국립수산물품질관리원을 말한다.

⑤ "대통령령으로 정하는 주요 인터넷 정보제공 사업자"란 포털서비스(다른 인터넷주소 · 정보 등의 검색과 전자우편 · 커뮤니티 등을 제공하는 서비스를 말한다)를 제공하는 자로서 공표일이 속하는 연도의 진년도 밀 기준 직진 3개월간의 일일평균 이용자수가 1천만 명 이상인 정보통신서비스 제공자를 말한다.

⒀ 제7조의2(농수산물 원산지 표시제도 교육)

① 농수산물 원산지 표시제도 교육은 다음의 내용을 포함하여야 한다.

1. 원산지 표시 관련 법령 및 제도
2. 원산지 표시방법 및 위반자 처벌에 관한 사항

② 원산지 교육은 2시간 이상 실시되어야 한다.

③ 원산지 교육의 대상은 다음의 어느 하나에 해당하는 자로 한다.

1. 농수산물이나 그 가공품 등의 원산지 등을 표시하지 아니하여 처분을 2회 이상 받은 자
2. 농수산물이나 그 가공품 등의 원산지 등을 거짓으로 표시하여 처분을 받은 자

④ 농림축산식품부장관, 해양수산부장관 또는 시 · 도지사는 제3항에 따른 원산지 교육을 받아야 하는 자(이하 이 항에서 "원산지 교육대상자"라 한다)에게 농림축산식품부와 해양수산부의 공동부령으로 정하는 사유가 있는 경우에는 원산지 교육대상자의 종업원 중 원산지 표시의 관리책임을 맡은 자에게 원산지 교육대상자를 대신하여 원산지 교육을 받게 할 수 있다.

⑤ 원산지 교육을 실시하는 교육기관은 다음과 같다.

1. 「농업 · 농촌 및 식품산업 기본법」에 따른 농림수산식품교육문화정보원

2. 농림축산식품부장관과 해양수산부장관이 공동으로 정하여 고시하는 교육전문기관 또는 단체

⑥ ①부터 ⑤까지에서 정한 사항 외에 원산지 교육의 방법, 절차, 그 밖에 교육에 필요한 사항은 교육시행지침으로 정한다.

⒁ 법 제9조의2(원산지 표시 위반에 대한 교육)

① 농림축산식품부장관, 해양수산부장관, 관세청장 또는 시·도지사는 원산지의 표시를 하도록 한 농수산물이나 그 가공품을 생산·가공하여 출하하거나 판매 또는 판매할 목적으로 가공하는 자와 음식물을 조리하여 판매·제공하는 자가 원산지 등을 2회 이상 표시하지 아니하거나 거짓으로 표시하여 처분이 확정된 경우에는 농수산물 원산지 표시제도 교육을 이수하도록 명하여야 한다.

② 이수명령의 이행기간은 교육 이수명령을 통지받은 날부터 최대 3개월 이내로 정한다.

③ 농림축산식품부장관과 해양수산부장관은 농수산물 원산지 표시제도 교육을 위하여 교육시행지침을 마련하여 시행하여야 한다.

④ 교육내용, 교육대상, 교육기관, 교육기간 및 교육시행지침 등 필요한 사항은 대통령령으로 정한다.

▶ **시행령 제7조의2(농수산물 원산지 표시제도 교육)**

① 농수산물 원산지 표시제도 교육은 다음의 내용을 포함하여야 한다.
   1. 원산지 표시 관련 법령 및 제도
   2. 원산지 표시방법 및 위반자 처벌에 관한 사항
② 원산지 교육은 2시간 이상 실시되어야 한다.
③ 원산지 교육의 대상은 다음의 어느 하나에 해당하는 자로 한다.
   1. 농수산물이나 그 가공품 등의 원산지 등을 표시하지 아니하여 처분을 2회 이상 받은 자
   2. 농수산물이나 그 가공품 등의 원산지 등을 거짓으로 표시하여 처분을 받은 자
④ 농림축산식품부장관, 해양수산부장관 또는 시·도지사는 원산지 교육을 받아야 하는 자에게 농림축산식품부와 해양수산부의 공동부령으로 정하는 사유가 있는 경우에는 원산지 교육대상자의 종업원 중 원산지 표시의 관리책임을 맡은 자에게 원산지 교육대상자를 대신하여 원산지 교육을 받게 할 수 있다.
⑤ 원산지 교육을 실시하는 교육기관은 다음과 같다.
   1. 「농업·농촌 및 식품산업 기본법」에 따른 농림수산식품교육문화정보원
   2. 농림축산식품부장관과 해양수산부장관이 공동으로 정하여 고시하는 교육전문기관 또는 단체
⑥ ①부터 ⑤까지에서 정한 사항 외에 원산지 교육의 방법, 절차, 그 밖에 교육에 필요한 사항은 교육시행지침으로 정한다.

⒂ 법 제10조(농수산물의 원산지 표시에 관한 정보제공)

① 농림축산식품부장관 또는 해양수산부장관은 농수산물의 원산지 표시와 관련된 정보 중 방사성물질이 유출된 국가 또는 지역 등 국민이 알아야 할 필요가 있다고 인정되는 정보에 대하여는 「공공기관의 정보공개에 관한 법률」에서 허용하는 범위에서 이를 국민에게 제공하도록 노력하여야 한다.

② 정보를 제공하는 경우 심의회의 심의를 거칠 수 있다.

③ 농림축산식품부장관 또는 해양수산부장관은 국민에게 정보를 제공하고자 하는 경우 「농수산물 품질관리법」에 따른 농수산물안전정보시스템을 이용할 수 있다.

3 보칙

(1) 법 제11조(명예감시원)

① 농림축산식품부장관, 해양수산부장관 또는 시·도지사는 「농수산물 품질관리법」의 농수산물 명예감시원에게 농수산물이나 그 가공품의 원산지 표시를 지도·홍보·계몽과 위반사항의 신고를 하게 할 수 있다.

② 농림축산식품부장관, 해양수산부장관 또는 시·도지사는 활동에 필요한 경비를 지급할 수 있다.

(2) 법 제12조(포상금 지급 등)

① 농림축산식품부장관, 해양수산부장관, 관세청장 또는 시·도지사는 원산지 표시 및 거짓 표시 등의 금지를 위반한 자를 주무관청이나 수사기관에 신고하거나 고발한 자에 대하여 대통령령으로 정하는 바에 따라 예산의 범위에서 포상금을 지급할 수 있다.

② 농림축산식품부장관 또는 해양수산부장관은 농수산물 원산지 표시의 활성화를 모범적으로 시행하고 있는 지방자치단체, 개인, 기업 또는 단체에 대하여 우수사례로 발굴하거나 시상할 수 있다.

③ ②에 따른 시상의 내용 및 방법 등에 필요한 사항은 농림축산식품부와 해양수산부의 공동 부령으로 정한다.

> **▶ 시행령 제8조(포상금)**
> ① 포상금 지급 등에 따른 포상금은 200만 원의 범위에서 지급할 수 있다.
> ② 포상금 지급 등에 따른 신고 또는 고발이 있은 후에 같은 위반행위에 대하여 같은 내용의 신고 또는 고발을 한 사람에게는 포상금을 지급하지 아니한다.
> ③ 규정한 사항 외에 포상금의 지급 대상자, 기준, 방법 및 절차 등에 관하여 필요한 사항은 농림축산식품부장관과 해양수산부장관이 공동으로 정하여 고시한다.

(3) 법 제13조(권한의 위임 및 위탁)

이 법에 따른 농림축산식품부장관, 해양수산부장관, 관세청장 또는 시·도지사의 권한은 그 일부를 대통령령으로 정하는 바에 따라 소속 기관의 장, 관계 행정기관의 장 또는 시장·군수·구청장(자치구의 구청장을 말한다. 이하 같다)에게 위임 또는 위탁할 수 있다.

(4) 시행령 제9조(권한의 위임·위탁)

① 농림축산식품부장관은 농산물 및 그 가공품(통관 단계의 수입 농산물 및 그 가공품은 제외)에 관한 다음의 권한을 국립농산물품질관리원장에게 위임하고, 해양수산부장관은 수산물 및 그 가공품(통관 단계의 수입 수산물 및 그 가공품은 제외)에 관한 다음의 권한을 국립수산물품질관리원장에게 위임한다.

1. 과징금의 부과·징수

1의2. 원산지 표시대상 농수산물이나 그 가공품의 수거·조사

2. 처분 및 공표

2의2. 원산지 표시 위반에 대한 교육

3. 명예감시원의 감독·운영 및 경비의 지급

4. 포상금의 지급

5. 과태료의 부과·징수

② 국립농산물품질관리원장 및 국립수산물품질관리원장은 농림축산식품부상관 또는 해양수산부장관의 승인을 받아 위임받은 권한의 일부를 소속 기관의 장에게 재위임할 수 있다.

③ 시·도지사는 다음의 권한을 시장·군수·구청장(자치구의 구청장을 말한다)에게 위임한다.

1. 과징금의 부과·징수

1의2. 원산지 표시대상 농수산물이나 그 가공품의 수거·조사

2. 처분 및 공표

2의2. 원산지 표시 위반에 대한 교육

3. 명예감시원의 감독·운영 및 경비의 지급

4. 포상금의 지급

5. 과태료의 부과·징수

④ 농림축산식품부장관과 해양수산부장관은 통관 단계에 있는 수입 농수산물과 그 가공품에 관한 다음의 권한을 관세청장에게 위탁한다.

1. 과징금의 부과·징수

2. 원산지 표시대상 수입 농수산물이나 수입 농수산물가공품의 수거·조사

3. 처분 및 공표

4. 원산지 표시 위반에 대한 교육

5. 포상금의 지급

6. 과태료의 부과·징수

⑤ 관세청장은 위탁받은 권한을 소속 기관의 장에게 재위임할 수 있다.

▶ **시행령 제9조의2(고유식별정보의 처리)**

농림축산식품부장관, 해양수산부장관(농림축산식품부장관 또는 해양수산부장관의 권한을 위임·위탁받은 자를 포함)이나 시·도지사(해당 권한이 위임·위탁된 경우에는 그 권한을 위임·위탁받은 자를 포함)는 다음의 사무를 수행하기 위하여 불가피한 경우 「개인정보 보호법 시행령」에 따른 주민등록번호가 포함된 자료를 처리할 수 있다.

    1. 과징금의 부과·징수에 관한 사무

    1의2. 원산지 표시 등의 조사에 관한 사무

    1의3. 원산지 표시 등의 위반에 대한 처분 및 공표에 관한 사무

    1의4. 원산지 표시 위반 교육에 관한 사무

    2. 명예감시원 신고 및 경비지급에 관한 사무

    3. 포상금 지급에 관한 사무

(5) 법 제13조의2(행정기관 등의 업무협조)

① 국가 또는 지방자치단체, 그 밖에 법령 또는 조례에 따라 행정권한을 가지고 있거나 위임 또는 위탁받은 공공단체나 그 기관 또는 사인은 원산지 표시제의 효율적인 운영을 위하여 서로 협조하여야 한다.

② 농림축산식품부장관 또는 해양수산부장관 또는 관세청장은 원산지 표시제의 효율적인 운영을 위하여 필요한 경우 국가 또는 지방자치단체의 전자정보처리 체계의 정보 이용 등에 대한 협조를 관계 중앙행정기관의 장, 시·도지사 또는 시장·군수·구청장에게 요청할 수 있다. 이 경우 협조를 요청받은 관계 중앙행정기관의 장, 시·도지사 또는 시장·군수·구청장은 특별한 사유가 없으면 이에 따라야 한다.

③ 협조의 절차 등은 대통령령으로 정한다.

▶ **시행령 제9조의3(행정기관 등의 업무협조 절차)**

농림축산식품부장관 또는 해양수산부장관은 전자정보처리 체계의 정보 이용 등에 대한 협조를 관계 중앙행정기관의 장, 시·도지사 또는 시장·군수·구청장에게 요청할 경우 다음의 사항을 구체적으로 밝혀야 한다.

1. 협조 필요 사유

2. 협조 기간

3. 협조 방법

4. 그 밖에 필요한 사항

 **4** 벌칙

(1) 법 제14조(벌칙)

① 거짓표시 등의 금지 규정을 위반한 자는 7년 이하의 징역이나 1억 원 이하의 벌금에 처하거나 이를 병과할 수 있다.

② ①의 죄로 형을 선고받고 그 형이 확정된 후 5년 이내에 다시 동일한 규정을 위반한 자는 1년 이상 10년 이하의 징역 또는 500만 원 이상 1억 5천만 원 이하의 벌금에 처하거나 이를 병과할 수 있다.

(2) 법 제16조(벌칙)

원산지 표시 등의 위반에 따른 처분을 이행하지 아니한 자는 1년 이하의 징역이나 1천만 원 이하의 벌금에 처한다.

(3) 법 제17조(양벌규정)

법인의 대표자나 법인 또는 개인의 대리인, 사용인, 그 밖의 종업원이 그 법인 또는 개인의 업무에 관하여 벌칙의 어느 하나에 해당하는 위반행위를 하면 그 행위자를 벌하는 외에 그 법인이나 개인에게도 해당 조문의 벌금형을 과(科)한다. 다만, 법인 또는 개인이 그 위반행위를 방지하기 위하여 해당 업무에 관하여 상당한 주의와 감독을 게을리하지 아니한 경우에는 그러하지 아니하다.

(4) 법 제18조(과태료)

① 다음의 어느 하나에 해당하는 자에게는 1천만 원 이하의 과태료를 부과한다.
  1. 원산지 표시를 하지 아니한 자
  2. 원산지의 표시방법을 위반한 자
  3. 임대점포의 임차인 등 운영자가 거짓표시 등의 금지 규정의 어느 하나에 해당하는 행위를 하는 것을 알았거나 알 수 있었음에도 방치한 자
  3의2. 거짓표시 등의 금지를 위반하여 해당 방송채널 등에 물건 판매중개를 의뢰한 자가 거짓표시 등의 금지 ①항 또는 ②항의 어느 하나에 해당하는 행위를 하는 것을 알았거나 알 수 있었음에도 방치한 자
  4. 수거ㆍ조사ㆍ열람을 거부ㆍ방해하거나 기피한 자
  5. 영수증이나 거래명세서 등을 비치ㆍ보관하지 아니한 자

② 원산지 표시 위반에 대한 교육을 이수하지 아니한 자에게는 500만원 이하의 과태료를 부과한다.

③ 과태료는 대통령령으로 정하는 바에 따라 농림축산식품부장관, 해양수산부장관, 관세청장 또는 시ㆍ도지사가 부과ㆍ징수한다.

(5) 과태료 부과기준(시행령 별표 2)

① 일반기준

1. 위반행위의 횟수에 따른 과태료의 기준은 최근 1년간 같은 유형(개별기준으로 구분한다)의 위반행위로 과태료 부과처분을 받은 경우에 적용한다. 이 경우 위반행위에 대하여 과태료 부과처분을 한 날과 다시 같은 유형의 위반행위를 적발한 날을 각각 기준으로 하여 위반 횟수를 계산한다.

2. 부과권자는 다음의 어느 하나에 해당하는 경우에 과태료 금액을 100분의 50의 범위에서 감경할 수 있다. 다만 과태료를 체납하고 있는 위반행위자의 경우에는 그러하지 아니하다.

   ㉠ 위반행위자가 「질서위반행위규제법 시행령」 과태료 감경사유의 어느 하나에 해당하는 경우

   ㉡ 위반행위자가 자연재해·화재 등으로 재산에 현저한 손실이 발생했거나 사업여건의 악화로 중대한 위기에 처하는 등의 사정이 있는 경우

   ㉢ 그 밖에 위반행위의 정도, 위반행위의 동기와 그 결과 등을 고려하여 과태료를 감경할 필요가 있다고 인정되는 경우

② 개별기준

위반행위	근거 법조문	과태료 금액		
		1차 위반	2차 위반	3차 위반
가. 원산지 표시를 하지 않은 경우	법 제18조 제1항제1호	5만 원 이상 1,000만 원 이하		
나. 영업소나 집단급식소를 설치·운영하는 자가 원산지 표시를 하지 않은 경우	법 제18조 제1항제1호			
1) 삭제〈2017.5.29.〉				
2) 쇠고기의 원산지를 표시하지 않은 경우		100만 원	200만 원	300만 원
3) 쇠고기 식육의 종류만 표시하지 않은 경우		30만 원	60만 원	100만 원
4) 돼지고기의 원산지를 표시하지 않은 경우		30만 원	60만 원	100만 원
5) 닭고기의 원산지를 표시하지 않은 경우		30만 원	60만 원	100만 원
6) 오리고기의 원산지를 표시하지 않은 경우		30만 원	60만 원	100만 원
7) 양고기의 원산지를 표시하지 않은 경우		30만 원	60만 원	100만 원
8) 쌀의 원산지를 표시하지 않은 경우		30만 원	60만 원	100만 원
9) 배추 또는 고춧가루의 원산지를 표시하지 않은 경우		30만 원	60만 원	100만 원
10) 콩의 원산지를 표시하지 않은 경우		30만 원	60만 원	100만 원
11) 넙치, 조피볼락, 참돔, 미꾸라지, 뱀장어, 낙지, 명태, 고등어, 갈치, 오징어, 꽃게 및 참조기의 원산지를 표시하지 않은 경우		품목별 각 30만 원	품목별 각 60만 원	품목별 각 100만 원
12) 살아있는 수산물의 원산지를 표시하지 않은 경우		5만 원 이상 1,000만 원 이하		
다. 원산지의 표시방법을 위반한 경우	법 제18조 제1항제2호	5만 원 이상 1,000만 원 이하		

라. 임대점포의 임차인 등 운영자가 거짓표시 금지 규정의 어느 하나에 해당하는 행위를 하는 것을 알았거나 알 수 있었음에도 방치한 경우	법 제18조 제1항제3호	100만 원	200만 원	400만 원
마. 거짓 표시 등의 금지를 위반하여 해당 방송채널 등에 물건 판매중개를 의뢰한 자가 금지행위 규정의 어느 하나에 해당하는 행위를 하는 것을 알았거나 알 수 있었음에도 방치한 경우	법 제18조 제1항제3호의2	100만 원	200만 원	400만 원
바. 수거 · 조사 · 열람을 거부 · 방해하거나 기피한 경우	법 제18조 제1항제4호	100만 원	300만 원	500만 원
사. 영수증이나 거래명세서 등을 비치 · 보관하지 않은 경우	법 제18조 제1항제5호	20만 원	40만 원	80만 원
아. 원산지 표시 위반에 대한 교육을 이수하지 않은 경우	법 제18조제2항	30만 원	60만 원	100만 원

제1과목 수산물 품질관리 관련 법령

친환경농어업 육성 및 유기식품 등의 관리·지원에 관한 법률

1 총칙

(1) 법 제1조(목적)

이 법은 농어업의 환경보전기능을 증대시키고 농어업으로 인한 환경오염을 줄이며, 친환경농어업을 실천하는 농어업인을 육성하여 지속가능한 친환경농어업을 추구하고 이와 관련된 친환경농수산물과 유기식품 등을 관리하여 생산자와 소비자를 함께 보호하는 것을 목적으로 한다.

(2) 법 제2조(정의)

이 법에서 사용하는 용어의 뜻은 다음과 같다.

1. '친환경농어업'이란 합성농약, 화학비료 및 항생제·항균제 등 화학자재를 사용하지 아니하거나 그 사용을 최소화하고 농업·수산업·축산업·임업 부산물의 재활용 등을 통하여 생태계와 환경을 유지·보전하면서 안전한 농산물·수산물·축산물·임산물을 생산하는 산업을 말한다.
2. '친환경농수산물'이란 친환경농어업을 통하여 얻는 것으로 다음의 어느 하나에 해당하는 것을 말한다.
   가. 유기농수산물
   나. 무농약농산물, 무항생제축산물, 무항생제수산물 및 활성처리제 비사용 수산물(무농약농수산물등)
3. '유기(Organic)'란 인증기준을 준수하고, 허용물질을 최소한으로 사용하면서 유기식품 및 비식용유기가공품을 생산, 제조·가공 또는 취급하는 일련의 활동과 그 과정을 말한다.
4. '유기식품'이란 「농업·농촌 및 식품산업 기본법」의 식품 중에서 유기적인 방법으로 생산된 유기농수산물과 유기가공식품(유기농수산물을 원료 또는 재료로 하여 제조·가공·유통되는 식품)을 말한다.
5. '비식용유기가공품'이란 사람이 직접 섭취하지 아니하는 방법으로 사용하거나 소비하기 위하여 유기농수산물을 원료 또는 재료로 사용하여 유기적인 방법으로 생산, 제조·가공 또는 취급되는 가공품을 말한다. 다만, 「식품위생법」에 따른 기구, 용기·포장, 「약사법」에 따른 의약외품 및 「화장품법」에 따른 화장품은 제외한다.

6. '유기농어업자재'란 유기농수산물을 생산, 제조·가공 또는 취급하는 과정에서 사용할 수 있는 허용물질을 원료 또는 재료로 하여 만든 제품을 말한다.

7. '허용물질'이란 유기식품등, 무농약농수산물등 또는 유기농어업자재를 생산, 제조·가공 또는 취급하는 모든 과정에서 사용 가능한 것으로서 농림축산식품부령 또는 해양수산부령으로 정하는 물질을 말한다.

8. '취급'이란 농수산물, 식품, 비식용가공품 또는 농어업용자재를 저장, 포장(소분 및 재포장을 포함), 운송, 수입 또는 판매하는 활동을 말한다.

9. '사업자'란 친환경농수산물, 유기식품등 또는 유기농어업자재를 생산, 제조·가공하거나 취급하는 것을 업(業)으로 하는 개인 또는 법인을 말한다.

▶ **시행규칙 제2조(정의)**

이 규칙에서 사용하는 용어의 정의는 다음과 같다.

1. '친환경어업'이란 친환경농어업 중 수산물을 생산하는 산업을 말한다.
2. '친환경수산물'이란 친환경어업을 통하여 얻는 것으로서 다음의 어느 하나에 해당하는 것을 말한다.
   가. 유기수산물
   나. 무항생제수산물 및 활성처리제 비사용 수산물(무항생제수산물등)
3. '유기식품'이란 유기수산물 및 유기가공식품(유기수산물을 원료 또는 재료로 하여 제조·가공·유통되는 식품)을 말한다.
4. '활성처리제'란 양식어장에서 잡조(雜藻) 제거와 병해방제용으로 사용되는 유기산 또는 산성전해수를 주성분으로 하는 물질로서 해양수산부장관이 고시하는 활성처리제 사용기준에 적합한 물질을 말한다.

---

(3) 허용물질의 종류(시행규칙 별표 1)

① 유기식품에 사용가능한 물질
　1. 유기수산물
　　㉠ 사료에 사용이 가능한 물질
　　　ⓐ 사료원료

사용가능 물질	사용가능 조건
「농림축산식품부 소관 친환경농어업 육성 및 유기식품 등의 관리·지원에 관한 법률 시행규칙」의 유기배합사료 제조용 물질 중 단미사료	「농림축산식품부 소관 친환경농어업 육성 및 유기식품 등의 관리·지원에 관한 법률 시행규칙」 유기배합사료 제조용 물질 중 단미사료의 사용가능 조건에 적합한 것
어분과 어유	유기수산물 인증기준에 맞게 생산된 것의 가공부산물 또는 식용으로 어획된 어류의 가공부산물에서 유래된 것

ⓑ 사료 첨가제 등

사용가능 물질	사용가능 조건
「농림축산식품부 소관 친환경농어업 육성 및 유기식품 등의 관리 · 지원에 관한 법률 시행규칙」의 유기배합사료 제조용 물질 중 보조사료	「농림축산식품부 소관 친환경농어업 육성 및 유기식품 등의 관리 · 지원에 관한 법률 시행규칙」 유기배합사료 제조용 물질 중 보조사료의 사용가능 조건에 적합한 것

ⓛ 양식 장비나 시설의 청소를 위하여 사용이 가능한 물질

   ⓐ 양식생물(수산동물)이 없는 경우

사용가능 물질	사용가능 조건
• 오존	• 사람의 건강 또는 양식장 환경에 위해(危害) 요소로 작용하는 것은 사용할 수 없음.
• 식염(염화나트륨)	
• 차아염소산 나트륨	
• 차아염소산 칼슘	
• 석회(생석회, 산화칼슘)	
• 가성소다	
• 알코올	
• 과산화수소	
• 유기산제(아세트산, 젖산, 구연산)	
• 부식산	
• 과산화초산	
• 요오드포	
• 과산화아세트산 및 과산화옥탄산	
• 차밖	• 새우 양식에 한정함.

   ⓑ 양식생물(수산동물)이 있는 경우

사용가능 물질	사용가능 조건
• 석회석(탄산칼슘)	• pH 조절에 한정함.
• 백운석(白雲石)	• 새우 양식의 pH 조절에 한정함.

ⓒ 양식 장비나 시설의 소독을 위하여 사용이 가능한 물질 :「동물용 의약품등 취급규칙」에 따라 동물용의약외품으로 제조품목허가를 받거나 제조품목신고를 한 물질만 사용할 수 있고, 이 경우 양식생물 또는 사료에 접촉하지 않도록 사용하여야 한다.

2. 유기가공식품

   ⓛ 식품첨가물 또는 가공보조제로 사용이 가능한 물질 :「농림축산식품부 소관 친환경농어업 육성 및 유기식품 등의 관리 · 지원에 관한 법률 시행규칙」의 식품첨가물 또는 가공보조제로 사용이 가능한 물질을 사용할 수 있다. 이 경우 식품첨가물 또는 가공보조제로 사용 시 허용여부와 허용범위는 「농림축산식품부소관 친환경농어업 육성 및 유기식품 등의 관리 · 지원에 관한 법률 시행규칙」 식품첨가물 또는 가공보조제로 사용이 가능한 물질 규정을 준용한다.

   ⓛ 기구 · 설비의 세척 · 살균소독제로 사용할 수 있는 물질 : 식품첨가물 및 가공보조제로 사용이 가능한 물질과 「식품위생법」에 따라 식품의약품안전처장이 식품첨가물의 기준 및 규격에 관하여 고시한 기구 등의 살균소독제만 사용할 수 있다.

② 무항생제수산물등에 사용가능한 물질

　　1. 무항생제수산물 : 일반사료를 사용할 수 있다. 다만, 항생제, 합성항균제, 성장촉진제, 호르몬제의 물질을 사료에 첨가해서는 안 된다.

　　2. 활성처리제 비사용 수산물 : 양식 장비나 시설의 청소 또는 소독을 위하여 각각 양식 장비나 시설의 청소를 위하여 사용이 가능한 물질 또는 양식 장비나 시설의 소독을 위하여 사용이 가능한 물질을 사용할 수 있다.

(4) 법 제3조(국가와 지방자치단체의 책무)

① 국가는 친환경농어업 및 유기식품등에 관한 기본계획과 정책을 세우고 지방자치단체 및 농어업인 등의 자발적 참여를 촉진하는 등 친환경농어업 및 유기식품등을 진흥시키기 위한 종합적인 시책을 추진하여야 한다.

② 지방자치단체는 관할구역의 지역적 특성을 고려하여 친환경농어업 및 유기식품등에 관한 육성정책을 세우고 적극적으로 추진하여야 한다.

(5) 법 제4조(사업자의 책무)

사업자는 화학적으로 합성된 자재를 사용하지 아니하거나 그 사용을 최소화하는 등 환경친화적인 생산, 제조·가공 또는 취급 활동을 통하여 환경오염을 최소화하면서 환경보전과 지속가능한 농어업의 경영이 가능하도록 노력하고, 다양한 친환경농수산물, 유기식품등 또는 유기농어업자재를 생산·공급할 수 있도록 노력하여야 한다.

(6) 법 제5조(민간단체의 역할)

친환경농어업 관련 기술연구와 친환경농수산물, 유기식품등 또는 유기농어업자재 등의 생산·유통·소비를 촉진하기 위하여 구성된 민간단체는 국가와 지방자치단체의 친환경농어업 및 유기식품등에 관한 육성시책에 협조하고 그 회원들과 사업자 등에게 필요한 교육·훈련·기술개발·경영지도 등을 함으로써 친환경농어업 및 유기식품등의 발전을 위하여 노력하여야 한다.

(7) 법 제6조(다른 법률과의 관계)

이 법에서 정한 친환경농수산물, 유기식품등 및 유기농어업자재의 표시와 관리에 관한 사항은 다른 법률에 우선하여 적용한다.

(1) 법 제7조(친환경농어업 육성계획)

① 농림축산식품부장관 또는 해양수산부장관은 관계 중앙행정기관의 장과 협의하여 5년마다 친환경 농어업 발전을 위한 친환경농업 육성계획 또는 친환경어업 육성계획을 세워야 한다.

② 육성계획에는 다음의 사항이 포함되어야 한다.

  1. 농어업 분야의 환경보전을 위한 정책목표 및 기본방향

  2. 농어업의 환경오염 실태 및 개선대책

  3. 합성농약, 화학비료 및 항생제 · 항균제 등 화학자재 사용량 감축 방안

  3의2. 친환경 약제와 병충해 방제 대책

  4. 친환경농어업 발전을 위한 각종 기술 등의 개발 · 보급 · 교육 및 지도 방안

  5. 친환경농어업의 시범단지 육성 방안

  6. 친환경농수산물과 그 가공품 및 유기식품등의 생산 · 유통 · 수출 활성화와 연계강화 및 소비 촉진 방안

  7. 친환경농어업의 공익적 기능 증대 방안

  8. 친환경농어업 발전을 위한 국제협력 강화 방안

  9. 육성계획 추진 재원의 조달 방안

  10. 인증기관의 육성 방안

  11. 그 밖에 친환경농어업의 발전을 위하여 농림축산식품부령 또는 해양수산부령으로 정하는 사항

③ 농림축산식품부장관 또는 해양수산부장관은 세운 육성계획을 특별시장 · 광역시장 · 특별자치시 장 · 도지사 또는 특별자치도지사(이하 시 · 도지사)에게 알려야 한다.

(2) 시행규칙 제4조(친환경어업 육성계획에 포함되어야 하는 사항)

① 어장의 수질 등 어업 환경 관리 방안

② 질병의 친환경적 관리 방안

③ 환경친화형 어업 자재의 개발 및 보급과 어업 폐자재의 활용 방안

④ 수산물의 부산물 등의 자원화 및 적정 처리 방안

⑤ 유기식품 또는 무항생제수산물등의 품질관리 방안

⑥ 유기식품 또는 무항생제수산물등의 수출 · 수입에 관한 사항

⑦ 국내 친환경어업의 기준 및 목표에 관한 사항

⑧ 그 밖에 해양수산부장관이 친환경어업 발전을 위하여 필요하다고 인정하는 사항

(3) 법 제8조(친환경농어업 실천계획)

① 시·도지사는 육성계획에 따라 친환경농어업을 발전시키기 위한 특별시·광역시·특별자치시·도 또는 특별자치도 친환경농어업 실천계획을 세우고 시행하여야 한다.

② 시·도지사는 시·도 실천계획을 세웠을 때에는 농림축산식품부장관 또는 해양수산부장관에게 제출하고, 시장·군수 또는 자치구의 구청장에게 알려야 한다.

③ 시장·군수·구청장은 시·도 실천계획에 따라 친환경농어업을 발전시키기 위한 시·군·자치구 실천계획을 세워 시·도지사에게 제출하고 적극적으로 추진하여야 한다.

(4) 법 제9조(농어업으로 인한 환경오염 방지)

국가와 지방자치단체는 농약, 비료, 가축분뇨, 폐농어업자재 및 폐수 등 농어업으로 인하여 발생하는 환경오염을 방지하기 위하여 농약의 안전사용기준 및 잔류허용기준 준수, 비료의 작물별 살포기준량 준수, 가축분뇨의 방류수 수질기준 준수, 폐농어업자재의 투기(投棄) 방지 및 폐수의 무단 방류 방지 등의 시책을 적극적으로 추진하여야 한다.

(5) 법 제10조(농어업 자원 보전 및 환경 개선)

① 국가와 지방자치단체는 농지, 농어업 용수, 대기 등 농어업 자원을 보전하고 토양 개량, 수질 개선 등 농어업 환경을 개선하기 위하여 농경지 개량, 농어업 용수 오염 방지, 온실가스 발생 최소화 등의 시책을 적극적으로 추진하여야 한다.

② ①에 따른 시책을 추진할 때 「토양환경보전법」 및 「환경정책기본법」에 따른 기준을 적용한다.

(6) 법 제11조(농어업 자원·환경 및 친환경농어업 등에 관한 실태조사·평가)

① 농림축산식품부장관·해양수산부장관 또는 지방자치단체의 장은 농어업 자원 보전과 농어업 환경 개선을 위하여 농림축산식품부령 또는 해양수산부령으로 정하는 바에 따라 다음의 사항을 주기적으로 조사·평가하여야 한다.

1. 농경지의 비옥도(肥沃度), 중금속, 농약성분, 토양미생물 등의 변동사항
2. 농어업 용수로 이용되는 지표수와 지하수의 수질
3. 농약·비료·항생제 등 농어업투입재의 사용 실태
4. 수자원 함양(涵養), 토양 보전 등 농어업의 공익적 기능 실태
5. 축산분뇨 퇴비화 등 해당 농어업 지역에서의 자체 자원 순환사용 실태
5의2. 친환경농어업 및 친환경농수산물의 유통·소비 등에 관한 실태
6. 그 밖에 농어업 자원 보전 및 농어업 환경 개선을 위하여 필요한 사항

② 농림축산식품부장관 또는 해양수산부장관은 농림축산식품부 또는 해양수산부 소속 기관의 장 또는 그 밖에 농림축산식품부령 또는 해양수산부령으로 정하는 자에게 ① 각 호의 사항을 조사·평가하게 할 수 있다.

(7) 시행규칙 제5조(어업 자원과 어업 환경의 실태조사 및 평가)

① 국립수산과학원장 또는 지방자치단체의 장은 어업 자원과 어업 환경에 대한 실태조사 및 평가를 하려는 경우에는 항목별 조사·평가 방법, 조사·평가의 시기 및 주기 등이 포함된 조사 및 평가에 필요한 계획을 수립하고, 이에 따라 조사·평가를 하여야 한다.

② 지방자치단체의 장은 국립수산과학원장이 실시하는 실태조사 및 평가에 적극 협조하여야 하며, 실태조사 및 평가를 실시한 경우에는 그 결과를 국립수산과학원장에게 제출하여야 한다.

③ 국립수산과학원장은 실태조사 및 평가의 결과와 제출받은 실태조사 및 평가의 결과를 활용하기 위한 어업환경자원 정보체계를 구축하여야 한다.

(8) 시행규칙 제6조(실태조사·평가기관)

해양수산부장관은 해양수산부 소속 기관의 장 또는 다음의 자에게 어업자원과 어업환경 및 친환경어업 등의 실태조사 및 평가의 사항을 조사·평가하게 할 수 있다.

1. 국립환경과학원
2. 「한국농어촌공사 및 농지관리기금법」에 따른 한국농어촌공사
3. 「정부출연연구기관 등의 설립·운영 및 육성에 관한 법률」에 따른 한국해양수산개발원
4. 그 밖에 해양수산부장관이 정하여 고시하는 친환경어업 관련 단체·연구기관 또는 조사전문업체

(9) 법 제12조(사업장에 대한 조사)

① 농림축산식품부장관·해양수산부장관 또는 지방자치단체의 장은 농어업 자원과 농어업 환경의 실태조사를 위하여 필요하면 관계 공무원에게 해당 지역 또는 그 지역에 잇닿은 다른 사업자의 사업장에 출입하게 하거나 조사 및 평가에 필요한 최소량의 조사 시료(試料)를 채취하게 할 수 있다.

② 조사 대상 사업장의 소유자·점유자 또는 관리인은 정당한 사유 없이 조사행위를 거부·방해하거나 기피하여서는 아니 된다.

③ 다른 사업자의 사업장에 출입하려는 사람은 그 권한을 표시하는 증표를 지니고 이를 관계인에게 보여주어야 한다.

(10) 법 제13조(친환경농어업 기술 등의 개발 및 보급)

① 농림축산식품부장관·해양수산부장관 또는 지방자치단체의 장은 친환경농어업을 발전시키기 위하여 친환경농어업에 필요한 기술과 자재 등의 연구·개발과 보급 및 교육·지도에 필요한 시책을 마련하여야 한다.

② 농림축산식품부장관·해양수산부장관 또는 지방자치단체의 장은 친환경농어업에 필요한 기술 및 자재를 연구·개발·보급하거나 교육·지도하는 자에게 필요한 비용을 지원할 수 있다.

(11) 법 제14조(친환경농어업에 관한 교육·훈련)

농림축산식품부장관·해양수산부장관 또는 지방자치단체의 장은 친환경농어업 발전을 위하여 농어업인, 친환경농수산물 소비자 및 관계 공무원에 대하여 교육·훈련을 할 수 있다.

(12) 법 제15조(친환경농어업의 기술교류 및 홍보 등)

① 국가, 지방자치단체, 민간단체 및 사업자는 친환경농어업의 기술을 서로 교류함으로써 친환경농어업 발전을 위하여 노력하여야 한다.
② 농림축산식품부장관·해양수산부장관 또는 지방자치단체의 장은 친환경농어업 육성을 효율적으로 추진하기 위하여 우수 사례를 발굴·홍보하여야 한다.

(13) 법 제16조(친환경농수산물 등의 생산·유통·수출 지원)

농림축산식품부장관·해양수산부장관 또는 지방자치단체의 장은 예산의 범위에서 다음의 물품의 생산자, 생산자단체, 유통업자, 수출업자 및 인증기관에 대하여 필요한 시설의 설치자금 등을 친환경농어업에 대한 기여도 및 평가등급에 따라 차등하여 지원할 수 있다.
1. 이 법에 따라 인증을 받은 유기식품등 또는 친환경농수산물
2. 이 법에 따라 공시를 받은 유기농어업자재

(14) 시행령 제2조(친환경농어업에 대한 기여도)

농림축산식품부장관, 해양수산부장관 또는 지방자치단체의 장은 「친환경농어업 육성 및 유기식품 등의 관리·지원에 관한 법률」에 따른 친환경농어업에 대한 기여도를 평가할 때에는 다음의 사항을 고려하여야 한다.
1. 농어업 환경의 유지·개선 실적
2. 유기식품 및 비식용유기가공품, 친환경농수산물 또는 유기농어업자재의 생산·유통·수출 실적
3. 무농약농산물, 무항생제축산물, 무항생제수산물 및 활성처리제 비사용 수산물 또는 유기식품등의 인증 실적 및 사후관리 실적
4. 친환경농어업 기술의 개발·보급 실적
5. 친환경농어업에 관한 교육·훈련 실적
6. 농약·비료 등 화학자재의 사용량 감축 실적
7. 축산분뇨를 퇴비 및 액체비료 등으로 자원화한 실적

(15) 법 제17조(국제협력)

국가와 지방자치단체는 친환경농어업의 지속가능한 발전을 위하여 환경 관련 국제기구 및 관련 국가와의 국제협력을 통하여 친환경농어업 관련 정보 및 기술을 교환하고 인력교류, 공동조사, 연구 · 개발 등에서 서로 협력하며, 환경을 위해(危害)하는 농어업 활동이나 자재 교역을 억제하는 등 친환경농어업 발전을 위한 국제적 노력에 적극적으로 참여하여야 한다.

(16) 법 제18조(국내 친환경농어업의 기준 및 목표 수립)

국가와 지방자치단체는 국제 여건, 국내 자원, 환경 및 경제 여건 등을 고려하여 효과적인 국내 친환경농어업의 기준 및 목표를 세워야 한다.

3 유기식품등의 인증 및 관리

제1절 유기식품등의 인증 및 인증절차 등

(1) 법 제19조(유기식품등의 인증)

① 농림축산식품부장관 또는 해양수산부장관은 유기식품등의 산업 육성과 소비자 보호를 위하여 대통령령으로 정하는 바에 따라 유기식품등에 대한 인증을 할 수 있다.

② 인증을 하기 위한 유기식품등의 인증대상과 유기식품등의 생산, 제조 · 가공 또는 취급에 필요한 인증기준 등은 농림축산식품부령 또는 해양수산부령으로 정한다.

▶ **시행령 제3조(유기식품등 인증의 소관)**

유기식품등에 대한 인증을 하는 경우 유기농산물 · 축산물 · 임산물과 유기수산물이 섞여 있는 유기식품등의 소관은 다음 구분에 따른다.

구분	소관
유기농산물 · 축산물 · 임산물의 비율이 유기수산물의 비율보다 큰 경우	농림축산식품부장관
유기수산물의 비율이 유기농산물 · 축산물 · 임산물의 비율보다 큰 경우	해양수산부장관
유기농산물 · 축산물 · 임산물의 비율과 유기수산물의 비율이 같은 경우	유기식품 등의 인증 신청에 따라 농림축산식품부장관 또는 해양수산부장관

---

(2) 시행규칙 제8조(유기식품의 인증대상)

① 유기식품의 인증대상은 다음과 같다.

    1. 다음의 어느 하나에 해당하는 자

        가. 유기수산물을 생산하는 자. 다만, 양식수산물을 생산하는 경우만 해당한다.

        나. 유기가공식품을 제조 · 가공하는 자

    2. 1의 어느 하나에 해당하는 품목을 취급하는 자

② 인증대상에 관한 세부 사항은 국립수산물품질관리원장이 정하여 고시하되, 농산물 · 축산물 · 임산물과 수산물이 함께 사용된 유기가공식품 및 그 취급자에 관하여는 국립수산물품질관리원장이 국립농산물품질관리원장과 협의하여 정한다.

(3) 유기식품의 인증기준(시행규칙 별표 3)

※ 용어의 정의

구분	내용
수산종자	인증품 생산을 위하여 도입하는 양식용 어린 어류, 패류, 갑각류 및 해조류 등을 말한다.
관행양식장	인증기준에 따르지 아니하고 일반적이고 관행적인 방법으로 수산물을 양식하는 것을 말한다.
채취	인증품으로 출하하기 위하여 양식수산물을 채취, 채포(採捕) 또는 포획하는 것을 말한다.
유해잔류물질	항생제 · 합성항균제 및 호르몬 등 동물의약품의 인위적인 사용으로 인하여 수산동물에 잔류되거나 농약 · 유해중금속 등 환경적인 요소에 따른 자연적인 오염으로 인하여 수산물 내에 잔류되는 화학물질과 그 대사산물을 말한다.
동물용의약품	동물질병의 예방 · 치료 및 진단을 위하여 사용하는 의약품을 말한다.
휴약기간	사육되는 수산동물에 대하여 해당 수산동물 또는 그 생산물을 식용으로 사용하기 전에 동물용의약품의 사용을 제한하는 일정 기간을 말한다.
생산자단체	「수산업협동조합법」에 따라 설립되는 어촌계 중 법인이 아닌 어촌계를 말한다.
생산지침서	인증품 전체 생산과정에 대하여 구체적인 영어(營漁) 방법 등을 상세히 적은 문서를 말한다.
생산관리자	생산자단체에 소속되어 생산지침서의 작성 및 관리, 관련 자료의 기록 및 관리, 인증을 받으려는 생산자에 대한 인증 관련 교육 및 지도, 인증기준에 적합한지를 확인하기 위한 예비심사 등을 수행하는 사람을 말한다.

(4) 법 제20조(유기식품등의 인증 신청 및 심사 등)

① 유기식품등을 생산, 제조 · 가공 또는 취급하는 자는 유기식품등의 인증을 받으려면 해양수산부장관 또는 지정받은 인증기관에 농림축산식품부령 또는 해양수산부령으로 정하는 서류를 갖추어 신청하여야 한다. 다만, 인증을 받은 유기식품등을 다시 포장하지 아니하고 그대로 저장, 운송, 수입 또는 판매하는 자는 인증을 신청하지 아니할 수 있다.

② 다음의 어느 하나에 해당하는 자는 인증을 신청할 수 없다.

1. 인증이 취소된 날부터 1년이 지나지 아니한 자. 다만, 총 2회 이상 인증이 취소된 경우에는 2년이 지나지 아니한 자로 한다.
2. 인증표시의 제거·정지 또는 인증품의 판매정지·판매금지 명령을 받아서 그 처분기간 중에 있는 자
3. 벌금 이상의 형을 선고받고 형이 확정된 날부터 1년이 지나지 아니한 자

③ 해양수산부장관 또는 인증기관은 신청을 받은 경우 유기식품등의 인증기준에 맞는지를 심사한 후 그 결과를 신청인에게 알려주고 그 기준에 맞는 경우에는 인증을 해 주어야 한다. 이 경우 인증심사를 위하여 신청인의 사업장에 출입하는 자는 그 권한을 표시하는 증표를 지니고 이를 신청인에게 보여주어야 한다.

④ 인증심사 결과에 대하여 이의가 있는 자는 인증심사를 한 해양수산부장관 또는 인증기관에 재심사를 신청할 수 있다.

⑤ 유기식품등의 인증을 받은 사업자가 인증받은 내용을 변경할 때에는 그 인증을 한 해양수산부장관 또는 인증기관으로부터 농림축산식품부령 또는 해양수산부령으로 정하는 바에 따라 인증 변경승인을 받아야 한다.

⑥ 그 밖에 인증의 신청, 제한, 심사, 재심사 및 인증 변경승인 등에 필요한 구체적인 절차와 방법 등은 농림축산식품부령 또는 해양수산부령으로 정한다.

(5) 법 제21조(인증의 유효기간 등)

① 인증의 유효기간은 인증을 받은 날부터 1년으로 한다.

② 인증사업자가 인증의 유효기간이 끝난 후에도 계속하여 인증을 받은 유기식품등의 인증을 유지하려면 그 유효기간이 끝나기 전까지 인증을 한 해양수산부장관 또는 인증기관에 갱신신청을 하여 그 인증을 갱신하여야 한다. 다만, 인증을 한 인증기관이 폐업, 업무정지 또는 그 밖의 부득이한 사유로 갱신신청이 불가능하게 된 경우에는 해양수산부장관 또는 다른 인증기관에 신청할 수 있다.

③ 인증 갱신을 하지 아니하려는 인증사업자가 인증의 유효기간 내에 출하를 종료하지 아니한 인증품이 있는 경우에는 해양수산부장관 또는 해당 인증기관의 승인을 받아 출하를 종료하지 아니한 인증품에 대하여만 그 유효기간을 1년의 범위에서 연장할 수 있다. 다만, 인증의 유효기간이 끝나기 전에 출하된 인증품은 그 제품의 유통기한이 끝날 때까지 그 인증표시를 유지할 수 있다.

④ 인증 갱신 및 인증품의 인증 유효기간 연장에 필요한 구체적인 절차와 방법 등은 농림축산식품부령 또는 해양수산부령으로 정한다.

(6) 시행규칙 제16조(인증의 갱신 등)

① 인증 갱신 및 인증품 인증 유효기간을 연장받으려는 자는 해당 인증을 한 국립수산물품질관리원장 또는 인증기관의 장에게 유효기간이 끝나는 날의 2개월 전까지 인증신청서에 다음의 서류를 첨부하여 제출하여야 한다.

1. 인증품 생산계획서 또는 인증품 제조·가공 및 취급 계획서
2. 경영 관련 자료
3. 사업장의 경계면을 표시한 지도(변경사항이 있는 경우만 해당)
4. 생산, 제조·가공, 취급에 관련된 작업장의 구조와 용도를 적은 도면(작업장에 변경사항이 있는 경우만 해당)

② 인증사업자는 인증을 한 인증기관이 폐업, 업무정지 또는 그 밖의 부득이한 사유로 인증 갱신 신청 또는 인증품 유효기간 연장승인 신청이 불가능하게 된 경우에는 국립수산물품질관리원장 또는 다른 인증기관의 장에게 인증 갱신 또는 인증품 유효기간 연장승인 신청서를 제출할 수 있다. 이 경우 원래 인증을 한 인증기관으로부터 그 인증의 신청 및 심사 등에 관한 일체의 서류와 사후관리비용 정산액(사후관리비용을 미리 낸 경우에만 해당)을 돌려받아 인증업무를 새로 맡게 된 국립수산물품질관리원장 또는 다른 인증기관의 장에게 제출할 수 있다.

③ 국립수산물품질관리원장 또는 인증기관의 장은 인증의 유효기간이 끝나는 날의 3개월 전까지 인증을 받은 자에게 인증 갱신 또는 유효기간 연장 절차와 해당 기간까지 갱신·연장을 받지 아니하면 인증 갱신 및 유효기간 연장을 받을 수 없다는 사실을 미리 알려야 한다.

④ 통지는 휴대전화 문자메시지, 전자우편, 팩스, 전화 또는 문서(전자문서를 포함) 등으로 할 수 있다.

(7) 법 제22조(인증사업자의 준수사항)

① 인증사업자는 인증품의 생산, 제조·가공 또는 취급 실적을 농림축산식품부령 또는 해양수산부령으로 정하는 바에 따라 정기적으로 해양수산부장관 또는 해당 인증기관의 장에게 알려야 한다.

② 인증사업자는 농림축산식품부령 또는 해양수산부령으로 정하는 바에 따라 인증심사와 관련된 서류 등을 보관하여야 한다.

▶ **시행규칙 제17조(인증사업자의 준수사항)**

① 인증사업자는 매년 1월 20일까지 전년도 인증품의 생산, 제조·가공 또는 취급 실적을 국립수산물품질관리원장 또는 해당 인증기관의 장에게 제출하거나 인증관리정보시스템에 등록하여야 한다.

② 인증사업자는 자재·원료의 사용에 관한 자료 또는 문서, 인증품의 생산, 제조·가공 또는 취급 실적에 관한 자료 또는 문서를 그 생산연도 다음 해부터 2년간 보관하여야 한다.

---

(8) 법 제23조(유기식품등의 표시 등)

① 인증사업자는 생산, 제조·가공 또는 취급하는 인증품에 직접 또는 인증품의 포장, 용기, 납품서, 거래명세서, 보증서 등(이하 '포장' 등)에 유기 또는 이와 같은 의미의 도형이나 글자의 표시(유기표시)를 할 수 있다. 이 경우 포장을 하지 아니한 상태로 판매하거나 낱개로 판매하는 때에는 표시판 또는 푯말에 유기표시를 할 수 있다.

② 농림축산식품부장관 또는 해양수산부장관은 인증사업자에게 인증품의 생산방법과 사용자재 등에 관한 정보를 소비자가 쉽게 알아볼 수 있도록 표시할 것을 권고할 수 있다.

③ 농림축산식품부장관 또는 해양수산부장관은 유기농수산물을 원료 또는 재료로 사용하면서 인증을 받지 아니한 식품 및 비식용가공품에 대하여는 사용한 유기농수산물의 함량에 따라 제한적으로 유기표시를 허용할 수 있다.

④ 다음에 해당하는 유기식품 등에 대해서는 외국의 유기표시 규정 또는 외국 구매자의 표시 요구사항에 따라 유기표시를 할 수 있다.
  1. 「대외무역법」에 따라 외화획득용 원료 또는 재료로 수입한 유기식품 등
  2. 외국으로 수출하는 유기식품 등

⑤ 유기표시에 필요한 도형이나 글자, 세부 표시사항 및 표시방법에 필요한 구체적인 사항은 농림축산식품부령 또는 해양수산부령으로 정한다.

(9) 시행규칙 제18조(유기식품의 표시)

① 유기 또는 이와 같은 의미의 도형이나 글자의 표시(이하 '유기표시')의 기준은 유기식품의 유기표시 기준과 같다.

② 유기표시를 하려는 인증사업자는 유기표시와 함께 인증사업자의 성명 또는 업체명, 전화번호, 포장작업장 주소, 인증번호, 인증기관명 및 생산지를 유기식품의 인증정보 표시방법에 따라 인증품에 직접 또는 인증품의 포장, 용기, 납품서, 거래명세서, 보증서 등(이하 '포장 등')에 소비자가 알아보기 쉽게 표시하여야 한다. 다만, 포장을 하지 아니한 상태로 판매하거나 낱개로 판매하는 경우에는 유기식품의 인증정보 표시방법에 따라 표시판 또는 푯말에 유기표시를 할 수 있다.

③ 유기수산물의 함량에 따른 제한적 유기표시의 기준은 유기수산물의 함량에 따른 제한적 유기표시의 기준과 같다.

④ 규정에 따른 유기표시에 관한 세부 사항은 국립수산물품질관리원장이 정하여 고시한다.

(10) 유기식품의 유기표시 기준(시행규칙 별표 5)

① 유기표시 도형
  1. 유기수산물 및 유기가공식품

인증기관명 :
인증번호 :

Name of Certifying Body :
Certificate Number :

2. 표시 도형 내부의 '유기식품'의 글자는 품목에 따라 '유기수산물' 또는 '유기가공식품'으로 표기할 수 있다.

3. 작도법

　㉠ 도형 표시방법

　　ⓐ 표시 도형의 가로의 길이(사각형의 왼쪽 끝과 오른쪽 끝의 폭 : W)를 기준으로 세로의 길이는 0.95×W의 비율로 한다.

　　ⓑ 표시 도형의 흰색 모양과 바깥 테두리(좌·우 및 상단부 부분에만 해당한다)의 간격은 0.1×W로 한다.

　　ⓒ 표시 도형의 흰색 모양 하단부 좌측 태극의 시작점은 상단부에서 0.55×W 아래가 되는 지점으로 하고, 우측 태극의 끝점은 상단부에서 0.75×W 아래가 되는 지점으로 한다.

　㉡ 표시 도형의 국문 및 영문 모두 글자의 활자체는 고딕체로 하고, 글자 크기는 표시 도형의 크기에 따라 조정한다.

　㉢ 표시 도형의 색상은 녹색을 기본 색상으로 하되, 포장재의 색깔 등을 고려하여 파란색, 빨간색 또는 검은색으로 할 수 있다.

　㉣ 표시 도형 내부에 적힌 '유기식품', '(ORGANIC)' 및 'ORGANIC'의 글자 색상은 표시 도형 색상과 동일하게 하고, 하단의 '해양수산부'와 'MOF KOREA'의 글자는 흰색으로 한다.

　㉤ 배색 비율은 녹색 C80+Y100, 파랑색 C100+M70, 빨강색 M100+Y100+K10으로 한다.

　㉥ 표시 도형의 크기는 포장재의 크기에 따라 조정할 수 있다.

　㉦ 표시 도형의 위치는 포장재 주 표시면의 측면에 표시하되, 포장재 구조상 측면 표시가 어려울 경우에는 표시 위치를 변경할 수 있다.

　㉧ 표시 도형 밑 또는 좌·우 옆면에 인증기관명과 인증번호를 표시한다.

② 유기표시 문자

구분	표시문자
가. 유기수산물	• 유기식품, 유기수산물 또는 유기양식수산물 • 유기○○ 또는 유기양식○○(○○은 수산물의 일반적 명칭으로 한다. 이하 이 표에서 같다)
나. 유기가공식품	• 유기식품 또는 유기가공식품 • 유기○○

③ 외국에서 생산, 제조·가공된 유기가공식품으로서 해양수산부장관이 국내생산 부족 등으로 수급상 필요하다고 인정하여 고시한 것에 따른 원료를 사용한 유기가공식품의 경우

　1. 유기표시 도형을 사용할 수 없다.

　2. "유기", "Organic" 등의 표현을 제품명으로 사용할 수 있다.

　3. 표시장소는 주 표시면 등 제품의 어느 장소에도 표시할 수 있다.

　4. 원료명 및 함량 표시란에 외국에서 생산, 제조·가공된 유기가공식품으로서 해양수산부장관이 국내생산 부족 등으로 수급상 필요하다고 인정하여 고시한 것에 따른 원료의 함량을 백분율(%)로 표시하여야 한다.

(11) 유기식품의 인증정보 표시방법(시행규칙 별표 6)

① 인증품 또는 인증품의 포장·용기에 표시하는 방법
  1. 표시사항은 해당 인증품을 포장한 사업자의 인증정보와 일치하여야 하며, 해당 인증품의 생산자가 포장자와 일치하지 않는 경우에는 생산자의 인증정보를 추가로 표시하여야 한다.
  2. 각 항목의 구체적인 표시방법은 다음과 같다.
      ㉠ 인증사업자의 성명 또는 업체명 : 인증서에 기재된 명칭(생산자단체가 인증을 받은 경우에는 생산자단체명)을 표시하되, 생산자단체로 인증 받았으나 개별 생산자명을 표시하려는 경우에는 생산자단체명 뒤에 개별 생산자명을 괄호로 표시할 수 있다.
      ㉡ 전화번호 : 해당 제품의 품질관리와 관련하여 소비자 상담이 가능한 판매원의 전화번호를 표시한다.
      ㉢ 포장작업장 주소 : 해당 제품을 포장한 작업장의 주소(도로명 주소를 적지 않는 경우에는 번지까지)를 표시한다.
      ㉣ 인증번호와 인증기관명 : 인증서에 기재된·인증번호와 해당 인증서를 발급한 인증기관명을 표시한다. 이 경우 인증기관명은 약칭을 사용할 수 있다.
      ㉤ 생산지 : 「농수산물의 원산지 표시에 관한 법률」에 따른 원산지 표시방법에 따라 표시한다.

② 납품서, 거래 명세서 또는 보증서 등에 표시하는 방법 … 인증품을 포장하지 않고 거래하는 경우, 산물(散物)로 거래하는 경우 및 공급받는 자가 요구하는 경우에는 공급하는 자가 발행하는 납품서, 거래 명세서 또는 보증서 등에 다음의 사항을 표시하여야 한다.
  1. 인증사업자의 성명 또는 업체명, 전화번호, 포장작업장 주소, 인증번호와 인증기관명, 생산지의 표시사항
  2. 공급하는 자의 명칭과 공급받는 자의 명칭
  3. 인증품 거래 품목, 거래 수량 및 거래일

③ 표시판 또는 푯말로 표시하는 방법
  1. 포장하지 않고 판매하거나 낱개로 판매하는 경우에는 해당 인증품 판매대의 표시판 또는 푯말에 인증사업자의 성명 또는 업체명, 전화번호, 포장작업장 주소, 인증번호와 인증기관명, 생산지의 표시사항을 표시하여야 한다.
  2. 1에 따라 표시하려는 경우 인증품이 아닌 제품과 섞이지 않도록 판매대, 판매구역 등을 구분하여야 한다.

④ 그 밖의 표시사항
  이 표에 따른 표시 외에 '천연', '무공해' 및 '저공해' 등 소비자에게 혼동을 초래할 수 있는 표시를 하여서는 아니 된다.

(12) 유기수산물의 함량에 따른 제한적 유기표시의 기준(시행규칙 별표 7)

① 제한적 유기표시의 일반원칙 … 제한적 유기표시를 할 수 있는 제품에 대하여는 다음의 어느 하나에 해당하는 사항을 해당 제품에 표시하거나 광고하여서는 아니 된다.
  1. 해당 제품에 별표 5에 따른 유기식품의 표시

2. "유기" 또는 이와 유사한 용어를 제품명 또는 제품명의 일부로 사용하거나 표시

② 유기수산물의 함량에 따른 표시기준

1. 다음 기준에 따라 해당 제품의 70퍼센트 이상 유기수산물인 제품

1) 최종 제품에 남아 있는 원료 또는 재료(정제수와 염화나트륨을 제외)의 70퍼센트 이상이 유기수산물이어야 한다.

2) "유기" 또는 이와 유사한 용어를 제품명 또는 제품명의 일부로 사용하는 것 외의 표시를 할 수 있다.

3) 표시장소는 주 표시면을 제외한 표시면에 표시할 수 있다

4) 원료ㆍ재료명, 함량 표시란에 유기수산물의 함량을 백분율(%)로 표시하여야 한다.

2. 특정 원료ㆍ재료로 유기수산물을 사용한 제품

1) 특정 원료ㆍ재료로 유기수산물만을 사용한 제품이어야 한다.

2) 해당 원료ㆍ재료명의 일부로 "유기"라는 용어를 표시할 수 있다.

3) 표시장소는 원료ㆍ재료명 및 함량 표시란에만 표시할 수 있다.

4) 원료ㆍ재료명, 함량 표시란에 유기수산물의 함량을 백분율(%)로 표시하여야 한다.

③ 제한적 유기표시 사업자의 준수사항 … 제한적 유기표시를 하려는 자는 해당 제품에 사용된 유기수산물의 원료ㆍ재료의 함량 등 표시와 관련된 자료를 사업장 내에 비치하고, 국립수산물품질관리원장이 요구하는 경우 관련 자료를 제시하여야 한다.

⒀ 법 제23조의2(수입 유기식품등의 신고)

① 유기표시가 된 인증품 또는 동등성이 인정된 인증을 받은 유기가공식품을 판매나 영업에 사용할 목적으로 수입하려는 자는 해당 제품의 통관절차가 끝나기 전에 농림축산식품부령 또는 해양수산부령으로 정하는 바에 따라 수입 품목, 수량 등을 농림축산식품부장관 또는 해양수산부장관에게 신고하여야 한다.

② 농림축산식품부장관 또는 해양수산부장관은 신고된 제품에 대하여 통관절차가 끝나기 전에 관계 공무원으로 하여금 유기식품등의 인증 및 표시 기준 적합성을 조사하게 하여야 한다.

③ 농림축산식품부장관 또는 해양수산부장관은 신고된 제품이 다음의 어느 하나에 해당하는 경우에는 조사의 전부 또는 일부를 생략할 수 있다.

1. 동등성이 인정된 인증을 시행하고 있는 외국의 정부 또는 인증기관이 발행한 인증서가 제출된 경우

2. 지정된 인증기관이 발행한 인증서가 제출된 경우

3. 그 밖에 1 또는 2에 준하는 경우로서 농림축산식품부령 또는 해양수산부령으로 정하는 경우

④ 신고의 수리 및 조사의 절차와 방법, 그 밖에 필요한 사항은 농림축산식품부령 또는 해양수산부령으로 정한다.

⑭ 시행규칙 제18조의2(수입 유기식품의 신고)

① 유기식품을 수입하려는 자는 식품의약품안전처장이 정하는 수입신고서에 다음의 어느 하나에 해당하는 서류를 첨부하여 식품의약품안전처장에게 제출하여야 한다. 이 경우 수입되는 유기식품의 도착 예정일 5일 전부터 미리 신고할 수 있으며, 미리 신고한 내용 중 도착항 · 도착 예정일 등 주요 사항이 변경되는 경우에는 즉시 그 내용을 문서(전자문서를 포함)로 신고하여야 한다.
  1. 인증서 사본 및 인증기관이 발행한 거래인증서
  2. 동등성 인정 협정을 체결한 국가의 인증기관이 발행한 인증서 사본 및 수입증명서(Import Certificate)

② 식품의약품안전처장은 유기식품의 수입신고를 받은 경우 다음의 구분에 따른 조사방법에 따라 유기식품의 인증 및 표시 기준 적합성을 조사하여 적합하다고 인정하는 경우에는 식품의약품안전처장이 정하는 유기식품의 수입신고확인서를 신고서를 제출한 자에게 발급하여야 한다.
  1. 유기식품 중 「건강기능식품에 관한 법률」에 따른 건강기능식품 : 같은 법 시행규칙에 따른 검사방법
  2. 그 밖의 유기식품 : 「식품위생법 시행규칙」에 따른 검사방법

③ 식품의약품안전처장은 신고된 유기식품이 유기식품의 인증 또는 표시 기준에 적합하지 아니한 경우에는 신고를 수리하지 아니하고, 그 사실을 지체 없이 해당 수입신고인에게 알려야 한다. 이 경우 해당 수입신고인은 유기식품의 표시 기준에 적합하지 아니한 경우에 한정하여 그 위반 사항을 보완하여 다시 신고할 수 있다.

④ 식품의약품안전처장은 신고를 수리한 경우에는 그 내용을 수입 유기식품의 신고 수리대장(전자문서를 포함)에 기재하고, 매년 유기식품의 수입신고 상황을 해당 연도가 끝난 후 1개월 이내에 유기식품의 수입신고 상황 통보(전자문서를 포함)에 따라 해양수산부장관에게 알려야 한다. 다만, 식품의약품안전처의 수입검사 관련 전산시스템과 해양수산부의 수입검사 관련 전산시스템이 연계되어 있는 경우에는 그러하지 아니한다.

⑤ 세관장은 적합성 조사를 하거나 적합성 조사를 위하여 검체(檢體)를 채취하는 식품의약품안전처 소속 공무원의 보세구역 출입에 협조하여야 한다. 이 경우 식품의약품안전처 소속 공무원은 공무원증을 세관장에게 내보여야 한다.

⑮ 법 제24조(인증의 취소 등)

① 농림축산식품부장관 · 해양수산부장관 또는 인증기관은 인증사업자가 다음의 어느 하나에 해당하는 경우에는 그 인증을 취소하거나 인증표시의 제거 또는 정지를 명할 수 있다. 다만, 1에 해당할 때에는 인증을 취소하여야 한다.
  1. 거짓이나 그 밖의 부정한 방법으로 인증을 받은 경우
  2. 인증기준에 맞지 아니한 경우
  3. 정당한 사유 없이 명령에 따르지 아니한 경우
  4. 전업(轉業), 폐업 등의 사유로 인증품을 생산하기 어렵다고 인정하는 경우

② 농림축산식품부장관·해양수산부장관 또는 인증기관은 인증을 취소한 경우 지체 없이 인증사업 자에게 그 사실을 알려야 하고, 인증기관은 농림축산식품부장관 또는 해양수산부장관에게도 그 사실을 알려야 한다.

③ 인증의 취소 및 인증표시의 제거·정지 등에 필요한 구체적인 절차와 처분의 기준 등은 농림축 산식품부령 또는 해양수산부령으로 정한다.

(16) 인증취소 등 행정처분 기준 및 절차(시행규칙 별표 8)

① 일반기준

1. 인증취소는 위반행위가 발생한 인증번호 전체(인증서에 기재된 인증품목, 인증면적 및 인증종 류 전체를 말한다)를 대상으로 적용한다.

2. 1에도 불구하고 생산자단체가 인증받은 경우 다음 ㉠부터 ㉢까지의 어느 하나에 해당하는 때 에는 위반행위를 한 생산자단체의 위반행위자인 구성원에 대해서만 인증취소를 할 수 있다. 이 경우 위반행위자의 수는 인증 유효기간 동안 누적하여 계산한다.

   ㉠ 생산자단체의 구성원이 15명 이하이고, 위반행위를 한 구성원이 5명 이하인 경우

   ㉡ 생산자단체의 구성원이 16명 이상 99명 이하이고, 위반행위를 한 구성원이 10명 이하인 경우

   ㉢ 생산자단체의 구성원이 100명 이상이고, 위반행위를 한 구성원이 15명 이하인 경우

3. 인증품의 인증표시 제거·정지·변경 처분은 위반행위가 발생한 인증품을 대상으로 적용한다.

4. 잔류물질이 검출되어 인증기준에 맞지 아니한 때/인증품이 인증기준에 맞지 아니한 때/인증 품의 표시사항 등을 위반하였을 때/제한적 유기표시방법을 위반하였을 때/인증품이 아닌 제 품을 인증품으로 표시 또는 광고한 것으로 인정되는 때의 규정에서 처분의 대상이 되는 해당 인증품 및 해당 제품은 다음 ㉠ 및 ㉡과 같다. 다만, 해당 인증품등에 다른 인증품등이 혼합 되어 구분이 불가능한 경우는 해당 인증품등과 그 혼합된 다른 인증품등 전체를 처분대상으 로 한다.

   ㉠ 위반사항이 발생한 인증품등

   ㉡ 위반사항이 발생한 인증품등과 생산자, 품목, 생산시기가 동일한 인증품등

② 개별기준

위반사항	근거 법령	행정처분기준
가. 인증신청서, 첨부서류, 인증심사에 필요한 서류를 거짓으로 작성하여 인증을 받은 경우	법 제24조제1항제1호 (법 제34조제4항)	인증 취소
나. 부정한 방법으로 인증을 받은 경우	법 제24조제1항제1호 (법 제34조제4항)	인증 취소

다. 인증기준에 맞지 아니한 경우로서 다음 중 어느 하나에 해당하는 경우
1) 공통기준
  가) 경영 관련 자료를 기록·보관하지 않은 경우 또는 거짓으로 기록하는 경우
  나) 경영 관련 자료를 국립수산물품질관리원장 또는 인증기관의 장이 요구하는 때에 제공하지 않은 경우
  다) 인증품에 인증품이 아닌 제품을 혼합하거나 인증품이 아닌 제품을 인증품으로 판매하는 경우
2) 유기수산물의 생산자
  가) 인공적으로 유전자를 분리하거나 재조합하여 의도한 특성을 갖도록 한 수산종자를 사용한 경우
  나) 허용하지 않는 사료를 급여한 경우
  다) 사료에 첨가해서는 아니 되는 물질을 첨가한 경우
  라) 잡조 제거와 병해 방제를 위하여 유기산 등 허용하지 않는 물질을 사용한 경우
  마) 질병이 없는데도 수산용 동물용의약품을 투여한 경우
  바) 수산질병관리사 또는 수의사의 처방전을 비치하지 않고 수산용 동물용의약품을 사용하거나 해당 약품 휴약기간의 2배(휴약기간이 불필요한 수산용 동물용의약품을 사용한 경우에는 최소 1주일)를 지키지 않고 유기수산물로 출하한 경우
  사) 유기수산물로 출하되는 수산물에서 수산용 동물용의약품이 식품의약품안전처장이 고시한 잔류 허용기준의 3분의 1을 초과하여 검출된 경우
  아) 성장이나 번식을 인위적으로 촉진하기 위해서 합성호르몬제와 성장촉진제를 사용한 경우
3) 유기가공식품의 제조·가공자
  가) 가공원료로 사용할 수 없는 원료·식품첨가물·가공보조제를 사용한 경우(유기원료가 아닌 원료 사용)의 경우는 제외)
  나) 가공과정에서 허용물질이 아닌 물질을 사용하거나 인증기준에 맞지 않는 방법을 사용한 경우
4) 무항생제수산물의 생산자
  가) 질병이 없는데도 수산용 동물용의약품을 투여한 경우
  나) 사료에 첨가해서는 아니 되는 물질을 첨가한 경우
  다) 수산질병관리사 또는 수의사의 처방전을 비치하지 않고 수산용 동물용의약품을 사용하거나 해당 약품 휴약기간의 2배(휴약기간이 불필요한 수산용 동물용의약품을 사용한 경우에는 최소 1주일)를 지키지 않고 출하한 경우
  라) 무항생제수산물로 출하되는 수산물에서 수산용 동물용의약품이 식품의약품안전처장이 고시한 잔류허용기준의 10분의 7을 초과하여 검출된 경우
	법 제24조제1항제2호 (법 제34조제4항)	인증 취소

5) 활성처리제 비사용 수산물의 생산자 양식 과정에서 잡조 제거와 병해 방제를 위하여 유기산 등의 화학물질이나 활성처리제를 사용한 경우 6) 유기식품·무항생제수산물등 취급자 　가) 유기식품·무항생제수산물등에 유기식품·무항생제수산물등이 아닌 제품을 혼합하거나 인증 받은 내용과 다르게 표시하는 경우 　나) 취급자·수입자의 고의 또는 과실로 인하여 유기수산물의 유해잔류물질 기준을 초과한 인증품을 판매한 경우 　다) 취급자·수입자의 고의 또는 과실로 인하여 무항생제수산물의 동물용의약품 잔류허용기준을 초과한 인증품을 판매한 경우 　라) 취급과정에서 허용되지 않는 물질을 사용한 경우		
라. 정당한 사유 없이 명령에 따르지 아니한 경우	법 제24조제1항 제3호(법 제34조제4항)	인증 취소
마. 전업, 폐업 등의 사유로 인증품을 생산하기 어렵다고 인정하는 경우	법 제24조제1항 제4호(법 제34조제4항)	인증 취소
바. 잔류 물질이 검출되어 인증기준에 맞지 아니한 때	법 제31조제4항 전단 (법 제34조제5항)	해당 인증품의 인증표시 제거
사. 그 밖의 인증품이 인증기준에 맞지 아니한 때	법 제31조제4항 전단 (법 제34조제5항)	해당 인증품의 인증표시 정지
아. 인증품의 표시사항 등을 위반하였을 때	법 제31조제4항 전단 (법 제34조제5항)	해당 인증품의 인증표시 변경
자. 제한적 유기표시 방법을 위반하였을 때	법 제31조제4항 전단 (법 제34조제5항)	해당 제품의 세부 표시사항의 변경
차. 인증품이 아닌 제품을 인증품으로 표시 또는 광고한 것으로 인정되는 때	법 제31조제4항 전단 (법 제34조제1항)	해당 제품의 판매금지

(17) 법 제25조(동등성 인정)

① 농림축산식품부장관 또는 해양수산부장관은 유기식품에 대한 인증을 시행하고 있는 외국의 정부 또는 인증기관이 우리나라와 같은 수준의 적합성을 보증할 수 있는 원칙과 기준을 적용함으로써 이 법에 따른 인증과 동등하거나 그 이상의 인증제도를 운영하고 있다고 인정하는 경우에는 그에 대한 검증을 거친 후 유기가공식품 인증에 대하여 우리나라의 유기가공식품 인증과 동등성을 인정할 수 있다. 이 경우 상호주의 원칙이 적용되어야 한다.

② 농림축산식품부장관 또는 해양수산부장관은 동등성을 인정할 때에는 그 사실을 지체 없이 농림축산식품부 또는 해양수산부의 인터넷 홈페이지에 게시하여야 한다.

③ 동등성 인정에 필요한 기준과 절차, 동등성을 인정할 수 있는 유기가공식품의 품목 범위, 동등성을 인정한 국가 또는 인증기관의 의무와 사후관리 방법, 유기가공식품의 표시방법, 그 밖에 필요한 사항은 농림축산식품부령 또는 해양수산부령으로 정한다.

▶ **시행규칙 제20조(유기가공식품의 동등성 인정기준)**

① 동등성 인정에 필요한 기준은 다음과 같다.
  1. 허용물질
  2. 유기식품의 인증기준
  3. 인증심사 절차
  4. 인증기관의 지정기준
  5. 인증품 및 인증사업자의 사후관리
② 동등성 인정기준에 관한 세부 사항은 국립수산물품질관리원장이 정하여 고시한다.

(18) 시행규칙 제21조(유기가공식품의 동등성 인정 절차)

① 외국의 정부는 자국이 시행하는 유기가공식품 인증에 대하여 우리나라로부터 동등성 인정을 받으려면 자국의 인증제도가 동등성 인정에 필요한 기준과 동등하거나 그 이상임을 증명하는 서류 등을 첨부하여 국립수산물품질관리원장에게 신청을 하여야 한다.
② 국립수산물품질관리원장은 신청을 한 국가의 인증제도가 동등성 인정에 필요한 기준과 동등하거나 그 이상임이 인정되는지를 검증하고 그 결과를 해양수산부장관에게 보고하여야 한다.
③ 해양수산부장관은 검증 결과 그 동등성이 인정되면 해당 국가의 정부와 상호주의 원칙에 따라 동등성 인정 협정을 체결할 수 있다.
④ 동등성 검증방법과 절차 등에 관한 세부 사항은 국립수산물품질관리원장이 정하여 고시한다.

(19) 시행규칙 제22조(동등성 인정 대상 품목 범위)

동등성을 인정할 수 있는 유기가공식품의 구체적인 범위는 해양수산부장관이 동등성 인정을 신청한 해당 국가의 정부와 협의하여 정한다.

(20) 시행규칙 제23조(동등성을 인정받은 국가의 의무와 사후관리)

① 동등성을 인정받은 국가의 정부는 우리나라로 수출하는 유기가공식품이 동등성 인정기준에 적합하도록 관리하여야 한다.
② 국립수산물품질관리원장은 동등성을 인정받아 국내에 유통되는 유기가공식품(이하 '동등성 인정제품')이 유기식품의 인증기준에 적합한지를 조사할 수 있다.
③ 국립수산물품질관리원장은 조사 결과 동등성 인정제품이 유기식품의 인증기준에 부적합하다고 확인되면 동등성 인정 협정에서 정한 바에 따라 해당 제품에 대해 그 인증표시 제거·정지·변경, 인증품의 판매금지, 또는 세부 표시사항의 변경 처분을 하거나 그 밖에 시정조치를 요구할 수 있고, 해양수산부장관에게 동등성 인정 협정과 관련하여 필요한 조치를 요청할 수 있다.

(21) 시행규칙 제24조(동등성 인정 내용 게시)

해양수산부장관 및 국립수산물품질관리원장은 동등성 인정 협정이 체결되었을 때에는 해양수산부 및 국립수산물품질관리원의 인터넷 홈페이지에 다음의 사항을 즉시 게시하여야 한다.

1. 국가명
2. 인정 범위(지역·품목 및 인증기관 범위 등)
3. 동등성 인정의 유효기간
4. 동등성 인정의 제한조건 등 협정 전문(全文)

제2절 유기식품등의 인증기관

(1) 법 제26조(인증기관의 지정 등)

① 농림축산식품부장관 또는 해양수산부장관은 유기식품등의 인증과 관련하여 인증심사원 등 필요한 인력과 시설을 갖춘 기관 또는 단체를 인증기관으로 지정하여 유기식품등의 인증을 하게 할 수 있다.
② 인증기관으로 지정받으려는 기관 또는 단체는 농림축산식품부령 또는 해양수산부령으로 정하는 바에 따라 농림축산식품부장관 또는 해양수산부장관에게 인증기관의 지정을 신청하여야 한다.
③ 인증기관 지정의 유효기간은 지정을 받은 날부터 5년으로 하고, 유효기간이 끝난 후에도 유기식품등의 인증업무를 계속하려는 인증기관은 유효기간이 끝나기 전에 그 지정을 갱신하여야 한다.
④ 농림축산식품부장관 또는 해양수산부장관은 인증기관 지정업무와 지정갱신업무의 효율적인 운영을 위하여 인증기관 지정 및 갱신 관련 평가업무를 대통령령으로 정하는 기관 또는 단체에 위임하거나 위탁할 수 있다.

▶ **시행령 제4조(인증기관 지정 등의 평가)**

'대통령령으로 정하는 기관 또는 단체'란 다음의 기관 또는 단체를 말한다.
1. 「정부출연연구기관 등의 설립·운영 및 육성에 관한 법률」에 따른 한국농촌경제연구원 또는 한국해양수산개발원
2. 「과학기술분야 정부출연연구기관 등의 설립·운영 및 육성에 관한 법률」에 따른 한국식품연구원
3. 「고등교육법」에 따른 학교 또는 그 소속 법인
4. 「한국농수산대학 설치법」에 따른 한국농수산대학
5. 그 밖에 친환경농어업 또는 유기식품등에 전문성이 있다고 인정되어 농림축산식품부장관 또는 해양수산부장관이 고시하는 기관 또는 단체

---

⑤ 인증기관은 지정받은 내용이 변경된 경우에는 농림축산식품부장관 또는 해양수산부장관에게 변경신고를 하여야 한다. 다만, 농림축산식품부령 또는 해양수산부령으로 정하는 중요 사항을 변경할 때에는 농림축산식품부장관 또는 해양수산부장관으로부터 승인을 받아야 한다.

⑥ 인증기관의 지정기준, 인증업무의 범위, 인증기관의 지정 및 갱신 관련 절차, 인증기관의 지정 및 갱신 관련 평가업무의 위탁과 인증기관의 변경신고에 필요한 구체적인 사항은 농림축산식품부령 또는 해양수산부령으로 정한다.

▶ 시행규칙 제28조(유기식품 인증업무의 범위)

인증기관의 인증업무의 범위는 다음과 같다.

1. 인증 종류에 따른 인증업무의 범위
   가. 유기수산물을 생산하는 자 및 취급하는 자에 대한 인증
   나. 유기가공식품을 제조·가공하는 자 및 취급하는 자에 대한 인증
2. 인증대상 지역에 따른 인증업무의 범위 : 대한민국에서 하는 1에 따른 인증, 이 경우 인증대상 지역은 전국 단위 또는 특정 지역 단위로 정한다.

▶ 시행규칙 제29조(인증기관의 지정심사 등)

① 국립수산물품질관리원장은 인증기관의 지정 신청을 받았을 때에는 심사계획서를 작성하여 신청인에게 통지하고, 그 심사계획서에 따라 심사를 실시하여야 한다.
② 국립수산물품질관리원장은 심사 결과 지정기준에 적합할 때에는 인증기관으로 지정하고, 인증기관 지정서를 발급하여야 한다.
③ 국립수산물품질관리원장은 인증기관을 지정하였을 때에는 다음의 사항을 국립수산물품질관리원의 인터넷 홈페이지에 게시하여야 한다.
   1. 인증기관의 명칭, 인력 및 대표자
   2. 주된 사무소 및 지방사무소의 소재지
   3. 인증업무의 범위 및 인증업무규정
   4. 인증기관의 지정번호 및 지정일
④ 규정한 사항 외에 인증기관의 지정심사 절차에 관한 세부 사항은 국립수산물품질관리원장이 정하여 고시한다.

---

(2) 법 제26조의2(인증심사원)

① 농림축산식품부장관 또는 해양수산부장관은 농림축산식품부령 또는 해양수산부령으로 정하는 기준에 적합한 자에게 인증심사 업무를 수행하는 인증심사원의 자격을 부여할 수 있다.
② 인증심사원의 자격을 부여받으려는 자는 농림축산식품부령 또는 해양수산부령으로 정하는 바에 따라 농림축산식품부장관 또는 해양수산부장관이 실시하는 교육을 받은 후 농림축산식품부장관 또는 해양수산부장관에게 이를 신청하여야 한다.
③ 농림축산식품부장관 또는 해양수산부장관은 인증심사원이 다음의 어느 하나에 해당하는 때에는 그 자격을 취소하거나 6개월 이내의 기간을 정하여 자격을 정지할 수 있다. 다만, 1부터 3까지에 해당하는 경우에는 그 자격을 취소하여야 한다.
   1. 거짓이나 그 밖의 부정한 방법으로 인증심사원의 자격을 부여받은 경우

2. 거짓이나 그 밖의 부정한 방법으로 인증심사 업무를 수행한 경우

3. 고의 또는 중대한 과실로 인증기준에 맞지 아니한 유기식품등을 인증한 경우

4. 인증심사원의 자격 기준에 적합하지 아니하게 된 경우

5. 인증심사 업무와 관련하여 다른 사람에게 자기의 성명을 사용하게 하거나 인증심사원증을 빌려 준 경우

6. 인증심사원의 교육을 받지 아니한 경우

④ 인증심사원 자격이 취소된 자는 취소된 날부터 3년이 지나지 아니하면 인증심사원 자격을 부여받을 수 없다.

⑤ 인증심사원의 자격 부여 절차 및 자격 취소·정지 기준, 그 밖에 필요한 사항은 농림축산식품부령 또는 해양수산부령으로 정한다.

(3) 법 제26조의3(인증기관 임직원의 결격사유)

다음의 어느 하나에 해당하는 사람은 인증기관의 임원 또는 직원(인증업무를 담당하는 직원에 한정한다)이 될 수 없다.

1. 지정이 취소된 인증기관의 대표로서 인증기관의 지정이 취소된 날부터 3년이 지나지 아니한 사람

2. 인증업무와 관련하여 벌금 이상의 형을 선고받아 형이 확정된 날부터 3년이 지나지 아니한 사람

(4) 제26조의4(인증심사원의 교육)

① 농림축산식품부령 또는 해양수산부령으로 정하는 인증심사원은 업무능력 및 직업윤리의식 제고를 위하여 필요한 교육을 받아야 한다.

② 교육의 내용, 방법 및 실시기관 등 교육에 필요한 사항은 농림축산식품부령 또는 해양수산부령으로 정한다.

(5) 시행규칙 제31조의2(인증심사원의 자격기준 등)

① 인증심사원은 다음의 어느 하나에 해당하는 자격 또는 경력이 있는 사람으로 한다.

1. 「국가기술자격법」에 따른 수산, 식품 분야의 기사 등급 이상의 자격을 취득한 사람

2. 「국가기술자격법」에 따른 수산, 식품 분야의 산업기사 자격을 취득한 사람으로서 친환경인증심사 또는 친환경 관련 분야에서 3년(산업기사가 되기 전의 경력을 포함한다) 이상 근무한 경력이 있는 사람

3. 동등성 인정 협정을 체결한 국가의 인증기관에서 인증 심사 업무를 담당한 경력이 있는 사람

② 인증심사원의 자격을 부여받으려는 사람이 받아야 하는 교육의 시간 및 내용은 다음과 같다.

1. 교육시간 : 30시간

2. 교육내용 : 인증심사원의 역할과 자세, 친환경 수산물 및 인증 관련 법률 및 심사기준, 인증심사 실무 및 평가방법

③ 인증심사원의 자격을 부여받으려는 사람은 인증심사원 자격신청서에 다음의 서류를 첨부하여 국립수산물품질관리원장에게 제출하여야 한다.

  1. 인증심사원의 자격 기준을 갖추었음을 증명하는 서류

  2. 교육을 이수하였음을 증명하는 서류

  3. 최근 6개월 이내에 촬영한 반명함판 사진 2장

④ 국립수산물품질관리원장은 인증심사원의 자격 부여를 신청한 사람이 자격 기준을 갖추었고, 교육을 이수하였음을 확인한 경우에는 인증심사원증을 발급하여야 한다.

⑤ 인증심사원의 자격취소 및 정지 기준은 인증심사원의 자격취소 및 정지의 기준과 같다.

⑥ 인증심사원증의 발급 등에 관한 세부사항은 국립수산물품질관리원장이 정하여 고시한다.

▶ **시행규칙 별표 9의2(인증심사원의 자격취소 및 정지의 기준)**

1. 일반기준

  가. 위반행위가 둘 이상인 경우로서 그에 해당하는 각각의 처분기준이 다른 경우에는 그 중 무거운 처분기준을 적용한다. 다만, 둘 이상의 처분기준이 모두 자격정지인 경우에는 자격정지 기간의 상한을 넘지 않는 범위에서 무거운 처분기준의 2분의 1까지 가중할 수 있다.

  나. 위반행위의 횟수에 따른 행정처분기준을 최근 3년간 같은 위반행위로 행정처분을 받은 경우에 적용한다. 이 경우 행정처분기준의 적용은 같은 위반행위에 대한 행정처분일과 그 처분후의 재적발일을 기준으로 한다.

2. 개별기준

위반행위	근거 법조문	위반횟수별 행정처분기준		
		1회 위반	2회 위반	3회 이상 위반
가. 거짓이나 그 밖의 부정한 방법으로 인증심사원의 자격을 부여 받은 경우	법 제26조의2제3항제1호	자격취소		
나. 거짓이나 그 밖의 부정한 방법으로 인증심사 업무를 수행한 경우	법 제26조의2제3항제2호	자격취소		
다. 고의 또는 중대한 과실로 인증기준에 맞지 아니한 유기 식품 등을 인증한 경우	법 제26조의2제3항제3호	자격취소		
라. 인증심사원의 자격기준에 적합하지 아니하게 된 경우	법 제26조의2제3항제4호	자격정지 3개월	자격정지 6개월	자격취소
마. 인증심사 업무와 관련하여 다른 사람에게 자기의 성명을 사용하게 하거나 인증심사원증을 빌려준 경우	법 제26조의2제3항제5호	자격정지 6개월	자격취소	

(6) 법 제26조의3(인증기관 임직원의 결격사유)

다음의 어느 하나에 해당하는 사람은 인증기관의 임원 또는 직원(인증업무를 담당하는 직원에 한정)이 될 수 없다.

1. 지정이 취소된 인증기관의 대표로서 인증기관의 지정이 취소된 날부터 3년이 지나지 아니한 사람
2. 이 법에 따른 인증업무와 관련하여 벌금 이상의 형을 선고받아 형이 확정된 날부터 3년이 지나지 아니한 사람

(7) 법 제26조의4(인증심사원의 교육)

① 농림축산식품부령 또는 해양수산부령으로 정하는 인증심사원은 업무능력 및 직업윤리의식 제고를 위하여 필요한 교육을 받아야 한다.
② 교육의 내용, 방법 및 실시기관 등 교육에 필요한 사항은 농림축산식품부령 또는 해양수산부령으로 정한다.

(8) 법 제27조(인증기관 등의 준수사항)

해양수산부장관 또는 인증기관은 다음의 사항을 준수하여야 한다.

1. 인증과정에서 얻은 정보와 자료를 인증 신청인의 서면동의 없이 공개하거나 제공하지 아니할 것. 다만, 이 법 또는 다른 법률에 따라 공개하거나 제공하는 경우는 제외한다.
2. 인증기관은 농림축산식품부장관 또는 해양수산부장관(인증기관 지정 및 갱신 관련 평가업무를 위임받거나 위탁받은 기관 또는 단체를 포함)이 요청할 때에는 인증기관의 사무소 및 시설에 대한 접근을 허용하거나 필요한 정보 및 자료를 제공할 것
3. 인증 신청, 인증심사 및 인증사업자에 관한 자료를 농림축산식품부령 또는 해양수산부령으로 정하는 바에 따라 보관할 것
4. 인증기관은 농림축산식품부령 또는 해양수산부령으로 정하는 바에 따라 인증 결과 및 사후관리 결과 등을 농림축산식품부장관 또는 해양수산부장관에게 보고할 것
5. 인증사업자가 인증기준을 준수하도록 관리하기 위하여 농림축산식품부령 또는 해양수산부령으로 정하는 바에 따라 인증사업자에 대하여 불시(不時) 심사를 하고 그 결과를 기록·관리할 것

(9) 시행규칙 제32조(인증기관 등의 준수사항)

① 국립수산물품질관리원장 또는 인증기관의 장은 인증신청서와 첨부서류, 인증심사보고서와 심사자료, 인증사업자에 대한 사후관리 자료를 인증의 유효기간이 끝난 후 2년 동안 보관하여야 한다.
② 인증기관의 지정이 취소되거나 인증기관 지정의 유효기간이 끝났을 때 또는 인증기관이 폐업하는 경우 ①에 따라 보관하여야 하는 자료 및 문서와 수수료 중 사후관리비용 정산액을 지정 취소일, 유효기간 만료일 또는 인증기관 폐업일부터 1개월 이내에 국립수산물품질관리원장에게 제출하여야 한다. 다만, 인증사업자에게 해당 자료·문서와 사후관리비용 정산액을 돌려준 경우에는 그러하지 아니하다.

③ 인증기관의 장은 인증 결과 및 사후관리 결과 등을 보고할 때에는 인증관리 정보시스템에 등록하는 방법으로 하여야 한다.

④ 국립수산물품질관리원장 또는 인증기관의 장은 다음의 어느 하나에 해당하는 인증사업자에 대하여 인증심사의 절차와 방법을 준용하여 불시(不時) 심사를 하고 그 결과를 기록·관리하여야 한다.

1. 인증기준 위반을 이유로 신고·진정·제보된 인증사업자
2. 최근 6개월 이내에 행정처분을 받은 적이 있는 인증사업자

(10) 법 제28조(인증업무의 휴업·폐업)

인증기관이 인증업무의 전부 또는 일부를 휴업하거나 폐업하려는 경우에는 농림축산식품부령 또는 해양수산부령으로 정하는 바에 따라 미리 농림축산식품부장관 또는 해양수산부장관에게 신고하고, 그 인증기관의 인증 유효기간이 끝나지 아니한 인증사업자에게 그 취지를 알려야 한다.

(11) 시행규칙 제33조(인증업무의 휴업·폐업 신고)

① 인증기관이 인증업무의 전부 또는 일부를 휴업하거나 폐업하려는 경우에는 휴업 또는 폐업하기 1개월 전까지 인증기관 휴업(폐업) 신고서에 인증기관 지정서를 첨부하여 국립수산물품질관리원장에게 제출하여야 한다.

② 국립수산물품질관리원장은 휴업(폐업) 신고서를 수리한 경우에는 그 사실을 국립수산물품질관리원의 인터넷 홈페이지에 게시하여야 한다.

③ 인증기관의 장은 휴업(폐업) 신고서가 수리되면 7일 이내에 그 인증기관의 인증 유효기간이 끝나지 아니한 인증사업자에게 그 사실을 휴대전화 문자메시지, 전자우편, 팩스, 전화 또는 문서 등으로 알려 주어야 한다.

(10) 법 제29조(인증기관의 지정취소 등)

① 농림축산식품부장관 또는 해양수산부장관은 인증기관이 다음의 어느 하나에 해당하는 경우에는 지정을 취소하거나 6개월 이내의 기간을 정하여 그 업무의 전부 또는 일부의 정지를 명할 수 있다. 다만, 1, 1의2 및 2부터 5까지의 경우에는 그 지정을 취소하여야 한다.

1. 거짓이나 그 밖의 부정한 방법으로 지정을 받은 경우
1의2. 인증기관의 장이 인증업무와 관련하여 벌금 이상의 형을 선고받아 그 형이 확정된 경우
2. 인증기관이 파산 또는 폐업 등으로 인하여 인증업무를 수행할 수 없는 경우
3. 업무정지 명령을 위반하여 정지기간 중 인증을 한 경우
4. 정당한 사유 없이 1년 이상 계속하여 인증을 하지 아니한 경우
5. 고의 또는 중대한 과실로 인증기준에 맞지 아니한 유기식품등을 인증한 경우
6. 고의 또는 중대한 과실로 인증심사 및 재심사의 처리 절차·방법 또는 인증 갱신 및 인증품의 유효기간 연장의 절차·방법 등을 지키지 아니한 경우
7. 정당한 사유 없이 처분을 하지 아니한 경우

8. 지정기준에 맞지 아니하게 된 경우

9. 시정조치 명령이나 처분에 따르지 아니한 경우

② 농림축산식품부장관 또는 해양수산부장관은 지정취소 또는 업무정지 처분을 한 경우에는 그 사실을 농림축산식품부 또는 해양수산부의 인터넷 홈페이지에 게시하여야 한다.

③ 인증기관의 지정이 취소된 자는 취소된 날부터 3년이 지나지 아니하면 다시 인증기관으로 지정받을 수 없다. 다만, ① 2에 해당하는 사유로 지정이 취소된 경우는 제외한다.

④ 행정처분의 세부적인 기준은 위반행위의 유형 및 위반 정도 등을 고려하여 농림축산식품부령 또는 해양수산부령으로 정한다.

제3절 유기식품등, 인증사업자 및 인증기관의 사후관리

(1) 법 제30조(인증 등에 관한 부정행위의 금지)

누구든지 다음의 어느 하나에 해당하는 행위를 하여서는 아니 된다.

1. 거짓이나 그 밖의 부정한 방법으로 인증을 받거나 인증기관으로 지정받는 행위

1의2. 거짓이나 그 밖의 부정한 방법으로 인증심사 또는 인증을 하거나 인증을 받을 수 있도록 도와주는 행위

1의3. 거짓이나 그 밖의 부정한 방법으로 인증심사원의 자격을 부여받는 행위

2. 인증을 받지 아니한 제품에 유기표시나 이와 유사한 표시(인증품으로 잘못 인식할 우려가 있는 표시 및 이와 관련된 외국어 또는 외래어 표시를 포함한다)를 하는 행위

3. 인증품에 인증받은 내용과 다르게 표시하는 행위

4. 인증을 신청하는 데 필요한 서류를 거짓으로 발급하여 주는 행위

5. 인증품에 인증을 받지 아니한 제품 등을 섞어서 판매하거나 섞어서 판매할 목적으로 보관, 운반 또는 진열하는 행위

6. 2 또는 3의 행위에 따른 제품임을 알고도 인증품으로 판매하거나 판매할 목적으로 보관, 운반 또는 진열하는 행위

7. 인증이 취소된 제품임을 알고도 인증품으로 판매하는 행위

8. 인증을 받지 아니한 제품을 인증품으로 광고하거나 인증품으로 잘못 인식할 수 있도록 광고하는 행위 또는 인증받은 내용과 다르게 광고하는 행위

(2) 법 제31조(인증품 및 인증사업자의 사후관리)

① 농림축산식품부장관 또는 해양수산부장관은 필요하다고 인정하는 경우에는 농림축산식품부령 또는 해양수산부령으로 정하는 바에 따라 소속 공무원 또는 인증기관으로 하여금 다음의 조사(인증기관은 인증을 한 인증사업자에 대한 2의 조사에 한정)를 하게 할 수 있다. 이 경우 시료를 무상으로 제공받아 검사하거나 자료 제출 등을 요구할 수 있다.

1. 인증품에 대한 시판품 조사
2. 인증사업자의 사업장에서 인증품의 생산, 제조·가공 또는 취급 과정이 인증기준에 맞는지 여부 조사

② 조사를 할 때에는 미리 조사의 일시, 목적, 대상 등을 관계인에게 알려야 한다. 다만, 긴급한 경우나 미리 알리면 그 목적을 달성할 수 없다고 인정되는 경우에는 그러하지 아니하다.

③ 조사를 하거나 자료 제출을 요구하는 경우 인증사업자는 정당한 사유 없이 이를 거부·방해하거나 기피하여서는 아니 된다. 이 경우 조사를 위하여 사업장에 출입하는 자는 그 권한을 표시하는 증표를 지니고 이를 관계인에게 보여주어야 한다.

④ 농림축산식품부장관 또는 해양수산부장관은 조사를 한 결과 인증기준 또는 유기식품등의 표시사항 등을 위반하였다고 판단한 때에는 인증사업자 또는 그 인증품의 유통업자에게 해당 인증품의 인증표시 제거·정지·변경, 인증품의 판매정지·판매금지, 회수·폐기, 세부 표시사항의 변경 또는 그 밖에 필요한 조치를 명할 수 있다.

⑤ 농림축산식품부장관 또는 해양수산부장관은 조치명령을 받은 인증품에 대한 인증기관이 따로 있는 경우에는 그 인증기관에 필요한 조치를 하도록 요청할 수 있다. 이 경우 요청을 받은 인증기관은 특별한 사정이 없으면 이에 따라야 한다.

⑥ 처분의 구체적인 기준 등에 관하여 필요한 사항은 농림축산식품부령 또는 해양수산부령으로 정한다.

(3) 시행규칙 제35조(인증품 및 인증사업자에 대한 사후관리)

① 국립수산물품질관리원장이 실시하는 인증품 및 인증사업자에 대한 조사의 종류는 다음과 같다.
1. 인증품 판매장 또는 인증사업자의 사업장 중 일부를 선정하여 실시하는 정기조사
2. 특정업체의 위반사실에 대한 신고가 접수되어 실시하는 수시조사
3. 국립수산물품질관리원장이 필요하다고 인정하는 경우에 실시하는 특별조사

② 조사 사항은 다음과 같다.
1. 인증품이 인증기준에 적합한지를 확인하기 위한 잔류물질 검정조사
2. 인증품의 생산, 제조·가공 또는 취급 과정이 인증기준에 맞는지에 대한 서류조사 및 현장조사

③ 정기조사의 주기와 특별조사에 필요한 사항은 국립수산물품질관리원장이 정하여 고시한다.

(4) 법 제32조(인증기관에 대한 사후관리)

① 농림축산식품부장관 또는 해양수산부장관은 소속 공무원으로 하여금 인증기관이 인증업무를 적절하게 수행하는지, 인증기관의 지정기준에 맞는지, 인증기관의 준수사항을 지키는지를 조사하게 할 수 있다.

② 농림축산식품부장관 또는 해양수산부장관은 조사 결과 인증기관이 다음의 어느 하나에 해당하는 경우에는 시정조치를 명하거나 지정취소 또는 업무정지 처분을 할 수 있다.
1. 인증업무를 적절하게 수행하지 아니하는 경우

2. 지정기준에 맞지 아니하는 경우
3. 인증기관 준수사항을 지키지 아니하는 경우

(5) 제32조의2(인증기관의 평가 및 등급결정)

① 농림축산식품부장관 또는 해양수산부장관은 인증업무의 수준을 향상시키고 우수한 인증기관을 육성하기 위하여 인증기관의 운영 및 업무수행 실태 등을 평가하여 등급을 결정하고 그 결과를 공표할 수 있다.
② 농림축산식품부장관 또는 해양수산부장관은 평가 및 등급결정 결과를 인증기관의 관리·지원·육성 등에 반영할 수 있다.
③ 인증기관의 평가와 등급결정의 기준·방법·절차 및 결과 공표 등에 필요한 사항은 농림축산식품부령 또는 해양수산부령으로 정한다.

(6) 법 제33조(인증기관 등의 승계)

① 다음의 어느 하나에 해당하는 자는 인증사업자 또는 인증기관의 지위를 승계한다.
  1. 인증사업자가 사망한 경우 그 제품 등을 계속하여 생산, 제조·가공 또는 취급하려는 상속인
  2. 인증사업자나 인증기관이 그 사업을 양도한 경우 그 양수인
  3. 인증사업자나 인증기관이 합병한 경우 합병 후 존속하는 법인이나 합병으로 설립되는 법인
② 인증사업자의 지위를 승계한 자는 인증심사를 한 해양수산부장관 또는 인증기관의 장(그 인증기관의 지정이 취소된 경우에는 해양수산부장관 또는 다른 인증기관을 말한다)에게 그 사실을 신고하여야 하고, 인증기관의 지위를 승계한 자는 해양수산부장관 또는 다른 인증기관에게 그 사실을 신고하여야 한다.
③ 지위의 승계가 있을 때에는 종전의 인증사업자 또는 인증기관에 한 행정처분의 효과는 그 지위를 승계한 자에게 승계되며, 행정처분의 절차가 진행 중일 때에는 그 지위를 승계한 자에 대하여 그 절차를 계속 진행할 수 있다.
④ 신고에 필요한 사항은 농림축산식품부령 또는 해양수산부령으로 정한다.

4 무농약농수산물등의 인증

(1) 법 제34조(무농약농수산물등의 인증 등)

① 농림축산식품부장관 또는 해양수산부장관은 무농약농수산물등에 대한 인증을 할 수 있다.
② 인증을 하기 위한 무농약농수산물등의 인증대상과 무농약농수산물등의 생산 또는 취급에 필요한 인증기준 등은 농림축산식품부령 또는 해양수산부령으로 정한다.

> ▶ **시행규칙 제38조(무항생제수산물등의 인증대상)**
>
> ① 무항생제수산물등의 인증대상은 다음과 같다.
> 1. 다음의 어느 하나에 해당하는 자
>   가. 무항생제수산물을 생산하는 자(다만, 양식수산물 중 해조류를 제외한 수산물을 생산하는 경우만 해당)
>   나. 활성처리제 비사용 수산물을 생산하는 자. 다만, 양식수산물 중 해조류를 생산하는 경우(해조류를 식품첨가물이나 다른 원료를 사용하지 아니하고 단순히 자르거나, 말리거나, 소금에 절이거나, 숙성하거나, 가열하는 등의 단순 가공과정을 거친 경우를 포함한다)만 해당한다.
> 2. 1의 어느 하나에 해당하는 품목을 취급하는 자
> ② 인증대상에 관한 세부 사항은 국립수산물품질관리원장이 정하여 고시한다.

③ 무농약농수산물등을 생산 또는 취급하는 자는 무농약농수산물등의 인증을 받으려면 해양수산부장관 또는 지정받은 인증기관에 인증을 신청하여야 한다. 다만, 인증을 받은 무농약농수산물등을 다시 포장하지 아니하고 그대로 저장, 운송 또는 판매하는 자는 인증을 신청하지 아니할 수 있다.

④ 인증의 신청, 제한, 심사 및 재심사, 인증 변경승인, 인증의 유효기간, 인증의 갱신 및 유효기간의 여장, 인증사업자의 준수사항, 인증의 취소 및 인증표시의 정지 등에 관하여는 유기식품 등의 인증 신청 및 심사, 인증의 유효기간, 인증사업자의 준수사항 및 인증의 취소 규정을 준용한다. 이 경우 '유기식품등'은 '무농약농수산물등'으로 본다.

⑤ 무농약농수산물등의 인증 등에 관한 부정행위의 금지, 인증품 및 인증사업자에 대한 사후관리, 인증기관의 사후관리, 인증사업자 또는 인증기관의 지위 승계 등에 관하여는 인증 등에 관한 부정행위의 금지, 인증품 및 인증사업자의 사후관리, 인증기관에 대한 사후관리, 인증기관 등의 승계 규정을 준용한다. 이 경우 '유기식품등'은 '무농약농수산물등'으로 본다.

(2) 법 제35조(무농약농수산물등의 인증기관 지정 등)

① 농림축산식품부장관 또는 해양수산부장관은 무농약농수산물등의 인증과 관련하여 인증심사원 등 필요한 인력과 시설을 갖춘 자를 인증기관으로 지정하여 무농약농수산물등의 인증을 하게 할 수 있다.

> ▶ **시행규칙 제42조(무항생제수산물등 인증업무의 범위)**
>
> 무항생제수산물등의 인증기관의 인증업무 범위는 다음과 같다.
> 1. 인증 종류에 따른 인증업무의 범위 : 무항생제수산물등을 생산하는 자 및 취급하는 자에 대한 인증
> 2. 인증대상 지역에 따른 인증업무의 범위 : 대한민국에서 하는 1에 따른 인증. 이 경우 인증대상 지역은 전국 단위 또는 특정 지역 단위로 정한다.

② 인증기관의 지정·유효기간·갱신·지정변경, 인증기관 등의 준수사항, 인증업무의 휴업·폐업 및 인증기관의 지정취소 등에 관하여는 인증기관의 지정, 인증심사원, 인증기관 등의 준수사항, 인증업무의 휴업·폐업, 인증기관의 지정취소 규정을 준용한다. 이 경우 '유기식품등'은 '무농약 농수산물등'으로 본다.

(3) 법 제36조(무농약농수산물등의 표시기준 등)

① 인증을 받은 자는 생산하거나 취급하는 무농약농수산물등에 직접 또는 그 포장등에 무농약, 무 항생제(축산물 또는 수산물만 해당한다), 활성처리제 비사용(해조류만 해당한다) 또는 이와 같은 의미의 도형이나 글자를 표시(이하 '무농약농수산물등표시')할 수 있다. 이 경우 포장을 하지 아 니하고 판매하거나 낱개로 판매하는 때에는 표시판 또는 푯말에 표시할 수 있다.

② 무농약농수산물등의 생산방법 등에 관한 정보의 표시, 그 밖에 표시사항 등에 관한 구체적인 사 항에 관하여는 유기식품 등의 표시 규정을 준용한다. 이 경우 '유기표시'는 '무농약농수산물등표 시'로 본다.

(4) 무항생제수산물등의 표시 기준(시행규칙 별표 12)

① 표시 도형

  1. 무항생제수산물

인증기관명 :   Name of Certifying Body :
인증번호 :   Certificate Number :

2. 활성처리제 비사용 수산물

인증기관명 :
인증번호 :

Name of Certifying Body :
Certificate Number :

3. 작도법

　㉠ 도형 표시

　　ⓐ 표시 도형의 가로의 길이(사각형의 왼쪽 끝과 오른쪽 끝의 폭 : W)를 기준으로 세로의
　　　길이는 0.95 × W의 비율로 한다.

　　ⓑ 표시 도형의 흰색 모양과 바깥 테두리(좌 · 우 및 상단부 부분에만 해당한다)의 간격은
　　　0.1 × W로 한다.

　　ⓒ 표시 도형의 흰색 모양 하단부 좌측 태극의 시작점은 상단부에서 0.55 × W 아래가 되
　　　는 지점으로 하고, 우측 태극의 끝점은 상단부에서 0.75 × W 아래가 되는 지점으로
　　　한다.

　㉡ ① 1의 표시 도형 내부의 '무항생제'의 글자는 품목에 따라 '무항생제수산물'로 표기할 수
　　　있다.

　㉢ ① 2의 표시 도형 내부의 '활성처리제 비사용'의 글자는 품목에 따라 '활성처리제 비사용
　　　수산물'로 표기할 수 있다.

　㉣ 표시 도형의 국문 및 영문 모두 글자의 활자체는 고딕체로 하고, 글자 크기는 표시 도형
　　　의 크기에 따라 조정한다.

　㉤ 표시 도형의 색상은 녹색을 기본색상으로 하고, 포장재의 색깔 등을 고려하여 파란색, 빨
　　　간색 또는 검은색으로 할 수 있다.

　㉥ 표시 도형 내부의 '무항생제', '활성처리제 비사용', '(NON ANTIBIOTIC)', '(NON ACTIVATOR)',
　　　'NON ANTIBIOTIC', 'NON ACTIVATOR'의 글자 색상은 표시 도형 색상과 동일하게 하고,
　　　하단의 '해양수산부'와 'MOF KOREA'의 글자는 흰색으로 한다.

　㉦ 배색 비율은 녹색 C80 + Y100, 파랑색 C100 + M70, 빨강색 M100 + Y100 + K10으로 한다.

　㉧ 표시 도형의 크기는 포장재의 크기에 따라 조정한다.

　㉨ 표시 도형의 위치는 포장재 주 표시면의 측면에 표시하되, 포장재 구조상 측면표시가 어
　　　려울 경우에는 표시위치를 변경할 수 있다.

　㉩ 표시 도형 밑 또는 좌 · 우 옆면에 인증기관명과 인증번호를 표시한다.

② 표시문자

구분	표시문자
무항생제수산물	• 무항생제, 무항생제수산물, 무항생제○○ 또는 무항생제 양식 ○○
활성처리제 비사용 수산물	• 활성처리제 비사용, 활성처리제 비사용 수산물, 활성처리제 비사용 ○○ 또는 활성처리제 비사용 양식 ○○

비고 : "천연", "무공해" 또는 "저공해" 등 소비자에게 혼동을 초래할 수 있는 표시를 하지 아니할 것

5 유기농어업자재의 공시

(1) 법 제37조(유기농어업자재의 공시)

① 농림축산식품부장관 또는 해양수산부장관은 유기농어업자재가 허용물질을 사용하여 생산된 자재인지를 확인하여 그 자재의 명칭, 주성분명, 함량 및 사용방법 등에 관한 정보를 공시할 수 있다.

② 공시를 할 때에는 공시기준에 따라야 한다.

③ 공시를 하기 위한 공시의 대상 및 공시에 필요한 기준 등은 농림축산식품부령 또는 해양수산부령으로 정한다.

(2) 법 제38조(유기농어업자재 공시의 신청 및 심사 등)

① 유기농어업자재를 생산하거나 수입하여 판매하려는 자가 공시를 받으려는 경우에는 지정된 공시기관에 시험연구기관으로 지정된 기관이 발급한 시험성적서 등 농림축산식품부령 또는 해양수산부령으로 정하는 서류를 갖추어 신청하여야 한다. 다만, 다음의 어느 하나에 해당하는 자는 공시를 신청할 수 없다.

  1. 공시가 취소된 날부터 1년이 지나지 아니한 자

  2. 판매금지, 회수·폐기 또는 공시의 표시 제거·정지 또는 사용정지의 명령을 받아서 그 처분기간 중에 있는 자

  3. 벌금 이상의 형을 선고받고 그 형이 확정된 날부터 1년이 지나지 아니한 자

② 공시기관은 신청을 받은 경우 공시기준에 맞는지를 심사한 후 그 결과를 신청인에게 알려 주고 기준에 맞는 경우에는 공시를 해 주어야 한다.

③ 공시심사 결과에 대하여 이의가 있는 자는 그 공시심사를 한 공시기관에 재심사를 신청할 수 있다.

④ 공시를 받은 자(이하 "공시사업자"라 한다)가 공시를 받은 내용을 변경할 때에는 그 공시심사를 한 공시기관의 장에게 농림축산식품부령 또는 해양수산부령으로 정하는 바에 따라 공시 변경승인을 받아야 한다.

⑤ 그 밖에 공시의 신청, 제한, 심사, 재심사 및 공시 변경승인 등에 필요한 구체적인 절차와 방법 등은 농림축산식품부령 또는 해양수산부령으로 정한다.

(3) 법 제39조(공시의 유효기간 등)

① 공시의 유효기간은 공시를 받은 날부터 3년으로 한다.

② 공시사업자가 공시의 유효기간이 끝난 후에도 계속하여 공시를 유지하려는 경우에는 그 유효기간이 끝나기 전까지 공시를 한 공시기관에 갱신신청을 하여 그 공시를 갱신하여야 한다. 다만, 공시를 한 공시기관이 폐업, 업무정지 또는 그 밖의 부득이한 사유로 갱신신청이 불가능하게 된 경우에는 다른 공시기관에 신청할 수 있다.

③ 공시의 갱신에 필요한 구체적인 절차와 방법 등은 농림축산식품부령 또는 해양수산부령으로 정한다.

(4) 법 제40조(공시사업자의 준수사항)

① 공시사업자는 공시를 받은 제품을 생산하거나 수입하여 판매한 실적을 농림축산식품부령 또는 해양수산부령으로 정하는 바에 따라 정기적으로 그 공시심사를 한 공시기관의 장에게 알려야 한다.

② 공시사업자는 농림축산식품부령 또는 해양수산부령으로 정하는 바에 따라 공시심사와 관련된 서류 등을 보관하여야 한다.

(5) 법 제41조(유기농어업자재 시험연구기관의 지정)

① 농림축산식품부장관 또는 해양수산부장관은 대학 및 민간연구소 등을 유기농어업자재에 대한 시험을 수행할 수 있는 시험연구기관으로 지정할 수 있다.

② 시험연구기관으로 지정받으려는 자는 농림축산식품부령 또는 해양수산부령으로 정하는 시설 및 장비를 갖추어 농림축산식품부장관 또는 해양수산부장관에게 신청하여야 한다.

③ 시험연구기관 지정의 유효기간은 지정을 받은 날부터 4년으로 하고, 유효기간이 끝난 후에도 유기농어업자재에 대한 시험업무를 계속하려는 자는 유효기간이 끝나기 전에 그 지정을 갱신하여야 한다.

④ 시험연구기관으로 지정된 자가 농림축산식품부령 또는 해양수산부령으로 정하는 중요한 사항을 변경하려는 경우에는 농림축산식품부장관 또는 해양수산부장관에게 지정변경을 신청하여야 한다.

⑤ 농림축산식품부장관 또는 해양수산부장관은 지정된 시험연구기관이 다음의 어느 하나에 해당하는 경우에는 시험연구기관의 지정을 취소하거나 6개월 이내의 기간을 정하여 그 업무의 전부 또는 일부의 정지를 명할 수 있다. 다만, 1의 경우에는 그 지정을 취소하여야 한다.

1. 거짓이나 그 밖의 부정한 방법으로 지정을 받은 경우
2. 고의 또는 중대한 과실로 다음의 어느 하나에 해당하는 서류를 사실과 다르게 발급한 경우
   가. 시험성적서

나. 원제(原劑)의 이화학적(理化學的) 분석 및 독성 시험성적을 적은 서류

　　　다. 농약활용기자재의 이화학적 분석 등을 적은 서류

　　　라. 중금속 및 이화학적 분석 결과를 적은 서류

　　　마. 그 밖에 유기농어업자재에 대한 시험·분석과 관련된 서류

　　3. 시험연구기관의 지정기준에 맞지 아니하게 된 경우

　　4. 시험연구기관으로 지정받은 후 정당한 사유 없이 1년 이내에 지정받은 시험항목에 대한 시험
업무를 시작하지 아니하거나 계속하여 2년 이상 업무 실적이 없는 경우

　　5. 업무정지 명령을 위반하여 업무를 한 경우

⑥ 그 밖에 시험연구기관의 지정, 지정취소 및 업무정지 등에 관하여 필요한 사항은 농림축산식품
부령 또는 해양수산부령으로 정한다.

(6) 법 제42조(공시의 표시 등)

공시사업자는 공시를 받은 유기농어업자재의 포장등에 농림축산식품부령 또는 해양수산부령으로 정하
는 바에 따라 유기농어업자재 공시를 나타내는 도형 또는 글자를 표시할 수 있다. 이 경우 공시의 번
호, 유기농어업자재의 명칭 및 사용방법 등의 관련 정보를 함께 표시하여야 하며, 공시기준에 따라 해
당자재의 효능·효과를 표시할 수 있다.

(7) 법 제43조(공시의 취소 등)

① 농림축산식품부장관·해양수산부장관 또는 공시기관은 공시사업자가 다음의 어느 하나에 해당하
는 경우에는 그 공시를 취소하거나 판매금지 처분을 할 수 있다. 다만, 1의 경우에는 그 공시를
취소하여야 한다.

　　1. 거짓이나 그 밖의 부정한 방법으로 공시를 받은 경우

　　2. 공시기준에 맞지 아니한 경우

　　3. 정당한 사유 없이 명령에 따르지 아니한 경우

　　4. 전업·폐업 등으로 인하여 유기농어업자재를 생산하기 어렵다고 인정되는 경우

　　5. 품질관리 지도 결과 공시의 제품으로 부적절하다고 인정되는 경우

② 농림축산식품부장관·해양수산부장관 또는 공시기관은 공시를 취소한 경우 지체 없이 해당 공시
사업자에게 그 사실을 알려야 하고, 공시기관은 농림축산식품부장관 또는 해양수산부장관에게도
그 사실을 알려야 한다.

③ 공시기관의 장은 직접 공시를 한 제품에 대하여 품질관리 지도를 하여야 한다.

④ 공시의 취소 등에 필요한 구체적인 절차 및 처분의 기준, 품질관리에 관한 사항 등은 농림축산
식품부령 또는 해양수산부령으로 정한다.

(8) 법 제44조(공시기관의 지정 등)

① 농림축산식품부장관 또는 해양수산부장관은 공시에 필요한 인력과 시설을 갖춘 자를 공시기관으로 지정하여 유기농어업자재의 공시를 하게 할 수 있다.

② 공시기관으로 지정을 받으려는 자는 농림축산식품부장관 또는 해양수산부장관에게 공시기관의 지정을 신청하여야 한다.

③ 공시기관 지정의 유효기간은 지정을 받은 날부터 5년으로 하고, 유효기간이 끝난 후에도 유기농어업자재의 공시업무를 계속하려는 공시기관은 유효기간이 끝나기 전에 그 지정을 갱신하여야 한다.

④ 공시기관은 지정받은 내용이 변경된 경우에는 농림축산식품부장관 또는 해양수산부장관에게 변경신고를 하여야 한다. 다만, 농림축산식품부령 또는 해양수산부령으로 정하는 중요 사항을 변경할 때에는 농림축산식품부장관 또는 해양수산부장관으로부터 승인을 받아야 한다.

⑤ 공시기관의 지정기준, 지정신청, 지정갱신 및 변경신고 등에 필요한 사항은 농림축산식품부령 또는 해양수산부령으로 정한다.

(9) 법 제45조(공시기관의 준수사항)

① 공시 과정에서 얻은 정보와 자료를 공시의 신청인의 서면동의 없이 공개하거나 제공하지 아니할 것. 다만, 이 법률 또는 다른 법률에 따라 공개하거나 제공하는 경우는 제외한다.

② 농림축산식품부장관 또는 해양수산부장관이 요청할 때에는 공시기관의 사무소 및 시설에 대한 접근을 허용하거나 필요한 정보 및 자료를 제공할 것

③ 공시의 신청·심사 및 유기농어업자재의 거래에 관한 자료를 농림축산식품부령 또는 해양수산부령으로 정하는 바에 따라 보관할 것

④ 농림축산식품부령 또는 해양수산부령으로 정하는 바에 따라 공시 결과 및 사후관리 결과 등을 농림축산식품부장관 또는 해양수산부장관에게 보고할 것

⑤ 공시사업자가 공시기준을 준수하도록 관리하기 위하여 농림축산식품부령 또는 해양수산부령으로 정하는 바에 따라 공시사업자에 대하여 불시 심사를 하고 그 결과를 기록·관리할 것

(10) 법 제46조(공시업무의 휴업·폐업)

공시기관은 공시업무의 전부 또는 일부를 휴업하거나 폐업하려는 경우에는 농림축산식품부령 또는 해양수산부령으로 정하는 바에 따라 미리 농림축산식품부장관 또는 해양수산부장관에게 신고하고, 그 공시기관이 공시를 하여 유효기간이 끝나지 아니한 공시사업자에게는 그 취지를 알려야 한다.

(11) 법 제47조(공시기관의 지정취소 등)

① 농림축산식품부장관 또는 해양수산부장관은 공시기관이 다음의 어느 하나에 해당하는 경우에는 지정을 취소하거나 6개월 이내의 기간을 정하여 그 업무의 전부 또는 일부의 정지를 명할 수 있다. 다만, 1부터 3까지의 경우에는 그 지정을 취소하여야 한다.

1. 거짓이나 그 밖의 부정한 방법으로 지정을 받은 경우
2. 공시기관이 파산, 폐업 등으로 인하여 공시업무를 수행할 수 없는 경우
3. 업무정지 명령을 위반하여 정지기간 중에 공시업무를 한 경우
4. 정당한 사유 없이 1년 이상 계속하여 공시업무를 하지 아니한 경우
5. 고의 또는 중대한 과실로 공시기준에 맞지 아니한 제품에 공시를 한 경우
6. 고의 또는 중대한 과실로 공시심사 및 재심사의 처리 절차·방법 또는 공시 갱신의 절차·방법 등을 지키지 아니한 경우
7. 정당한 사유 없이 처분을 하지 아니한 경우
8. 공시기관의 지정기준에 맞지 아니하게 된 경우
9. 시정조치 명령이나 처분에 따르지 아니한 경우

② 농림축산식품부장관 또는 해양수산부장관은 지정취소 또는 업무정지 등의 처분을 한 경우에는 그 사실을 농림축산식품부 또는 해양수산부의 인터넷 홈페이지에 게시하여야 한다.

③ 공시기관의 지정이 취소된 자는 취소된 날부터 2년이 지나지 아니하면 다시 공시기관으로 지정받을 수 없다. 다만, ① 2의 사유에 해당하여 지정이 취소된 경우에는 제외한다.

④ 행정처분의 세부적인 기준은 위반행위의 유형 및 위반 징도 등을 고려하여 농림축산식품부령 또는 해양수산부령으로 정한다.

(12) 법 제48조(공시에 관한 부정행위의 금지)

① 거짓이나 그 밖의 부정한 방법으로 공시를 받거나 공시기관으로 지정받는 행위
② 공시를 받지 아니한 자재에 유기농어업자재 공시를 나타내는 표시 또는 이와 유사한 표시(공시를 받은 유기농어업자재로 잘못 인식할 우려가 있는 표시 및 이와 관련된 외국어 또는 외래어 표시를 포함한다)를 하는 행위
③ 공시를 받은 유기농어업자재에 공시를 받은 내용과 다르게 표시하는 행위
④ 공시의 신청에 필요한 서류를 거짓으로 발급하여 주는 행위
⑤ 2 또는 3의 행위에 따른 자재임을 알고도 그 자재를 판매하는 행위 또는 판매할 목적으로 보관·운반하거나 진열하는 행위
⑥ 공시가 취소된 자재임을 알고도 공시를 받은 유기농어업자재로 판매하는 행위
⑦ 공시를 받지 아니한 자재를 공시를 받은 유기농어업자재로 광고하거나 공시를 받은 유기농어업자재로 잘못 인식할 수 있도록 광고하는 행위 또는 공시를 받은 유기농어업자재를 공시를 받은 내용과 다르게 광고하는 행위
⑧ 허용물질이 아닌 물질 또는 공시기준에서 허용하지 아니한 물질 등을 유기농어업자재에 섞어 넣는 행위

(13) 법 제49조(유기농어업자재 및 공시사업자의 사후관리)

① 농림축산식품부장관 또는 해양수산부장관은 필요하다고 인정하는 경우에는 농림축산식품부령 또는 해양수산부령으로 정하는 바에 따라 소속 공무원 또는 공시기관으로 하여금 다음의 조사(공시기관은 공시를 한 공시사업자에 대한 2의 조사에 한정한다)를 하게 할 수 있다. 이 경우 시료를 무상으로 제공받아 검사하거나 자료 제출 등을 요구할 수 있다.
  1. 공시를 받은 유기농어업자재에 대한 시판품 조사
  2. 공시사업자의 사업장에서 유기농어업자재의 생산 · 유통 과정을 확인하여 공시기준에 맞는지 여부 조사

② 조사를 할 때에는 미리 조사의 일시, 목적, 대상 등을 관계인에게 알려야 한다. 다만, 긴급한 경우나 미리 알리면 그 목적을 달성할 수 없다고 인정되는 경우에는 그러하지 아니하다.

③ 조사를 하거나 자료 제출을 요구하는 경우 공시사업자는 정당한 사유 없이 거부 · 방해하거나 기피하여서는 아니 된다. 이 경우 조사를 위하여 사업장에 출입하는 자는 그 권한을 표시하는 증표를 지니고 이를 관계인에게 보여주어야 한다.

④ 농림축산식품부장관 또는 해양수산부장관은 조사를 한 결과 공시기준 또는 공시의 표시사항 등을 위반하였다고 판단하였을 때에는 공시사업자 또는 유기농어업자재의 유통업자에게 해당 유기농어업자재의 판매금지, 회수 · 폐기, 공시의 표시 제거 · 정지 · 변경 또는 사용정지, 그 밖에 필요한 조치를 명할 수 있다. 이 경우 농림축산식품부장관 또는 해양수산부장관은 해당 공시를 한 공시기관에게 필요한 조치를 하도록 요청할 수 있다.

⑤ 요청을 받은 공시기관은 특별한 사정이 없는 한 이에 따라야 한다.

⑥ 처분의 구체적인 기준 등에 관하여 필요한 사항은 농림축산식품부령 또는 해양수산부령으로 정한다.

(14) 법 제50조(공시기관의 사후관리)

① 농림축산식품부장관 또는 해양수산부장관은 소속 공무원으로 하여금 공시기관이 공시업무를 적절하게 수행하는지, 공시기관의 지정기준에 맞는지, 공시기관의 준수사항을 지키는지를 조사하게 할 수 있다.

② 농림축산식품부장관 또는 해양수산부장관은 조사결과 공시기관이 다음의 어느 하나에 해당하는 경우에는 시정조치를 명하거나 지정취소 또는 업무정지 처분을 할 수 있다.
  1. 공시업무를 적절하게 수행하지 아니하는 경우
  2. 지정기준에 맞지 아니하는 경우
  3. 공시기관의 준수사항을 지키지 아니하는 경우

(15) 법 제51조(공시기관 등의 승계)

① 다음의 어느 하나에 해당하는 자는 공시사업자 또는 공시기관의 지위를 승계한다.
  1. 공시사업자가 사망한 경우 그 유기농어업자재를 계속하여 생산하거나 수입하여 판매하려는 상속인
  2. 공시사업자나 공시기관이 사업을 양도한 경우 그 양수인
  3. 공시사업자나 공시기관이 합병한 경우 합병 후 존속하는 법인이나 합병으로 설립되는 법인
② 공시사업자의 지위를 승계한 자는 공시심사를 한 공시기관의 장(그 공시기관의 지정이 취소된 경우에는 농림축산식품부장관 또는 해양수산부장관을 말한다)에게 그 사실을 신고하여야 하고, 공시기관의 지위를 승계한 자는 농림축산식품부장관 또는 해양수산부장관에게 그 사실을 신고하여야 한다.
③ 지위의 승계가 있을 때에는 종전의 공시기관 또는 공시사업자에게 한 행정처분의 효과는 그 처분기간 내에 그 지위를 승계한 자에게 승계되며, 행정처분의 절차가 진행 중일 때에는 그 지위를 승계한 자에 대하여 그 절차를 계속 진행할 수 있다.
④ 신고에 필요한 사항은 농림축산식품부령 또는 해양수산부령으로 정한다.

(16) 법 제52조(「농약관리법」 등의 적용 배제)

① 공시를 받은 유기농어업자재에 대하여는 「농약관리법」, 「비료관리법」에도 불구하고 「농약관리법」에 따른 농약이나 「비료관리법」에 따른 비료로 등록하거나 신고하지 아니할 수 있다.
② 유기농어업자재를 생산하거나 수입하여 판매하려는 자가 공시를 받았을 때에는 「농약관리법」에 따른 등록을 하지 아니할 수 있다.

 **보칙**

(1) 법 제53조(친환경 인증관리 정보시스템의 구축·운영)

① 농림축산식품부장관 또는 해양수산부장관은 다음의 업무를 수행하기 위하여 친환경 인증관리 정보시스템을 구축·운영할 수 있다.
  1. 인증기관 지정·등록, 인증 현황, 수입증명서 관리 등에 관한 업무
  2. 인증품 등에 관한 정보의 수집·분석 및 관리 업무
  3. 인증품 등의 사업자 목록 및 생산, 제조·가공 또는 취급 관련 정보 제공
  4. 인증받은 자의 성명, 연락처 등 소비자에게 인증품 등의 신뢰도를 높이기 위하여 필요한 정보 제공
  5. 인증기준 위반품의 유통 차단을 위한 인증취소 등의 정보 공표

② 친환경 인증관리 정보시스템의 구축·운영에 필요한 사항은 농림축산식품부령 또는 해양수산부 령으로 정한다.

▶ **시행규칙 제45조(인증관리 정보시스템의 구축·운영)**

국립수산물품질관리원장은 인증관리 정보시스템을 통하여 유기식품 인증 및 무항생제수산물등 인증에 대한 다음의 정보를 소비자에게 제공할 수 있다.

1. 인증사업자의 성명, 연락처, 인증번호, 인증 유효기간 및 인증 품목
2. 다음에 해당하는 자의 성명, 인증번호 및 인증 품목
   가. 인증취소, 인증표시의 제거 또는 정지처분을 받은 자
   나. 인증품의 인증표시 제거·정지·변경, 인증품의 판매금지, 세부 표시사항의 변경 등의 처분을 받은 자
3. 인증기관의 명칭, 주된 사무소 및 지방사무소의 소재지와 연락처, 인증업무의 범위
4. 지정취소나 업무의 전부 또는 일부의 정지처분을 받은 인증기관의 명칭과 그 행정처분의 내용

---

(2) 법 제53조의2(유기농어업자재 정보시스템의 구축·운영)

① 농림축산식품부장관 또는 해양수산부장관은 다음의 업무를 수행하기 위하여 유기농어업자재 정보시스템을 구축·운영할 수 있다.
   1. 공시기관 지정 현황, 공시 현황, 시험연구기관의 지정 현황 등의 관리에 관한 업무
   2. 공시에 관한 정보의 수집·분석 및 관리 업무
   3. 공시사업자 목록 및 공시를 받은 제품의 생산, 제조, 수입 또는 취급 관련 정보 제공 업무
   4. 공시사업자의 성명, 연락처 등 소비자에게 공시의 신뢰도를 높이기 위하여 필요한 정보 제공 업무
   5. 공시기준 위반품의 유통 차단을 위한 공시의 취소 등 정보 공표 업무
② 유기농어업자재 정보시스템의 구축·운영에 필요한 사항은 농림축산식품부령 또는 해양수산부령 으로 정한다.

(3) 법 제54조(인증제도 활성화 지원)

① 농림축산식품부장관 또는 해양수산부장관은 인증제도 활성화를 위하여 다음의 사항을 추진하여 야 한다.
   1. 이 법에 따른 인증제도의 홍보에 관한 사항
   2. 인증제도 운영에 필요한 교육·훈련에 관한 사항
   3. 이 법에 따른 인증품의 생산, 제조·가공 또는 취급 계획서의 견본문서 개발 및 보급에 관한 사항
② 농림축산식품부장관 또는 해양수산부장관은 다음의 하나에 해당하는 자에게 예산의 범위에서 품 질관리체제 구축 또는 기술지원 및 교육·훈련 사업 등에 필요한 자금을 지원할 수 있다.

1. 농어업인 또는 민간단체
2. 제품 등의 인증사업자, 공시사업자, 인증기관 또는 공시기관
3. 인증제도 관련 교육과정 운영자
4. 인증품 등의 생산, 제조ㆍ가공 또는 취급 관련 표준모델 개발 및 기술지원 사업자

(4) 법 제54조의2(명예감시원)

① 농림축산식품부장관 또는 해양수산부장관은 「농수산물 품질관리법」에 따른 농수산물 명예감시원에게 친환경농수산물, 유기식품등 또는 유기농어업자재의 생산ㆍ유통에 대한 감시ㆍ지도ㆍ홍보를 하게 할 수 있다.
② 농림축산식품부장관 또는 해양수산부장관은 농수산물 명예감시원에게 예산의 범위에서 그 활동에 필요한 경비를 지급할 수 있다.

(5) 법 제55조(우선구매)

① 농림축산식품부장관ㆍ해양수산부장관 또는 지방자치단체의 장은 이 법에 따른 인증품의 구매를 촉진하기 위하여 공공기관(「공공기관의 운영에 관한 법률」에 따른 공공기관을 말한다.)의 장 및 농어업 관련 단체의 장 등에게 그 인증품을 우선구매하도록 요청할 수 있다.
② 국가 또는 지방자치단체는 이 법에 따른 인증품의 소비촉진을 위하여 우선구매를 하는 공공기관 및 농어업 관련 단체 등에 예산의 범위에서 재정지원을 하는 등 필요한 지원을 할 수 있다.

(6) 법 제56조(수수료)

① 다음의 어느 하나에 해당하는 자는 수수료를 해양수산부장관이나 해당 인증기관 또는 공시기관에 납부하여야 한다.
1. 인증을 받으려는 자
2. 인증을 갱신하려는 자
2의2. 시험연구기관으로 지정받거나 시험연구기관 지정을 갱신하려는 자
3. 인증의 유효기간을 연장받으려는 자
4. 공시를 받으려는 자
5. 공시를 갱신하려는 자
② 다음의 어느 하나에 해당하는 자는 수수료를 농림축산식품부장관 또는 해양수산부장관에게 납부하여야 한다.
1. 동등성을 인정받으려는 외국의 정부 또는 인증기관
2. 인증기관으로 지정받거나 인증기관 지정을 갱신하려는 자
3. 공시기관으로 지정받거나 공시기관 지정을 갱신하려는 자
③ 수수료의 금액, 납부방법 및 납부기간 등에 필요한 사항은 농림축산식품부령 또는 해양수산부령으로 정한다.

(7) 수수료 기준(시행규칙 별표 13)

① 공통기준

　1. 신청인이 부담하는 수수료는 신청비, 출장비 및 심사관리비로 구분한다.

　2. 출장비

　　㉠ 공무원이 인증심사 등을 위하여 출장을 하는 경우 출장비는 「공무원 여비 규정」에 따른 5급 공무원 상당의 여비지급기준을 적용하고, 공무원이 아닌 사람이 인증심사 등을 위하여 출장하는 경우 출장비는 「공무원 여비 규정」에 준하는 금액을 적용하여 산정한다.

　　㉡ 출장기간은 인증심사 등 출장 목적에 따라 출장에 소요되는 기간 및 목적지까지 왕복에 소요되는 기간을 적용하고, 출장인원은 실제 인증심사 등에 참여하는 인원을 적용하여 출장비를 산정한다.

　3. 심사관리비

　　㉠ 심사관리비는 서류심사, 현장심사, 심사보고서 작성, 생산과정 조사 등에 소요되는 비용으로 국립수산물품질관리원장 또는 인증기관의 장이 정하는 금액으로 한다.

　　㉡ 국립수산물품질관리원장은 표준심사관리비를 정하여 고시하고, 인증심사 등을 실시하는 경우 표준심사관리비에 따라 심사관리비를 징수하여야 하며, 인증기관에게 표준심사관리비의 적용을 권장할 수 있다.

　　㉢ 인증심사에 필요한 수질 및 생산물 등에 대한 각종 검사비용은 시험·검사기관이 정한 수수료로 하되, 신청인이 납부하여야 한다.

② 개별기준

납부대상	신청비	출장비	심사·관리비
가. 인증을 받으려는 자 또는 갱신·연장하려는 자	5만 원(정보통신망을 이용하여 신청하는 경우 4만 5천 원)	공통기준에 따라 산정하는 금액	공통기준에 따라 산정하는 금액
나. 동등성을 인정받으려는 외국의 정부	국립수산물품질관리원장이 정하는 금액(상호주의에 따라 면제할 수 있다)	국립수산물품질관리원장이 정하는 금액(상호주의에 따라 면제할 수 있다)	국립수산물품질관리원장이 정하는 금액(상호주의에 따라 면제할수 있다)
다. 인증기관으로 지정받거나 인증기관 지정을 갱신하려는 자	10만 원(정보통신망을 이용하여 신청하는 경우 9만 원)	공통기준에 따라 산정하는 금액	없음

③ 납부기간 등

　1. 수수료는 신청 시에 납부하여야 한다. 다만, 출장비와 심사관리비는 인증심사 또는 사후관리가 실시된 이후에 납부할 수 있다.

　2. 납부된 수수료는 반환하지 않는다. 다만, 인증심사가 이루어지기 이전에 신청을 포기한 경우에는 출장비와 심사관리비는 반환하여야 하되, 국립수산물품질관리원장이 수수료를 반환하여야 하는 경우에는 예산에서 반환비용을 처리할 수 있다.

　3. 수수료는 지정된 계좌로 납부받아야 하며, 다른 회계와 구분하여 계리하여야 한다.

(8) 법 제57조(청문 등)

① 농림축산식품부장관 또는 해양수산부장관은 인증심사원의 자격을 취소하거나 인증기관 또는 공시기관의 지정을 취소하려면 청문을 하여야 한다.

② 인증기관 또는 공시기관이 인증이나 공시를 취소하려는 경우에는 해당 사업자에게 의견제출의 기회를 주어야 한다.

③ 의견 제출의 기회를 줄 때에는「행정절차법」을 준용한다. 이 경우 '행정청'은 '인증기관' 또는 '공시기관'으로 본다.

(9) 법 제58조(권한의 위임 또는 위탁)

① 이 법에 따른 농림축산식품부장관 또는 해양수산부장관의 권한 또는 업무는 그 일부를 대통령령으로 정하는 바에 따라 농촌진흥청장, 산림청장, 시·도지사 또는 농림축산식품부 또는 해양수산부 소속 기관의 장에게 위임하거나, 식품의약품안전처장, 「과학기술분야 정부출연연구기관 등의 설립·운영 및 육성에 관한 법률」에 따라 설립된 한국식품연구원의 원장 또는 민간단체의 장이나 「고등교육법」에 따른 학교의 장에게 위탁할 수 있다.

② 위임 또는 위탁을 받은 농림축산식품부 또는 해양수산부 소속 기관의 장 또는 식품의약품안전처장, 농촌진흥청장은 그 위임 또는 위탁을 받은 권한의 일부 또는 전부를 소속 기관의 장에게 재위임하거나 민간단체에 재위탁할 수 있다.

(10) 법 제59조(벌칙 적용 시의 공무원 의제 등)

다음의 어느 하나에 해당하는 사람은 「형법」의 규정에 따른 벌칙을 적용할 때에는 공무원으로 본다.

1. 인증업무에 종사하는 인증기관의 임직원

1의2 지정된 시험연구기관에서 유기농어업자재의 시험업무에 종사하는 임직원

2. 공시업무에 종사하는 공시기관의 임직원

3. 위탁받은 업무에 종사하는 기관, 단체, 법인 또는 「고등교육법」에 따른 학교의 임직원

7 벌칙 등

(1) 법 제60조(벌칙)

① 다음의 어느 하나에 해당하는 자는 3년 이하의 징역 또는 3천만원 이하의 벌금에 처한다.

1. 인증기관의 지정을 받지 아니하고 인증업무를 하거나 공시기관의 지정을 받지 아니하고 공시업무를 한 자

2. 인증기관 지정의 유효기간이 지났음에도 인증업무를 하였거나 공시기관 지정의 유효기간이 지났음에도 공시업무를 한 자

3. 인증기관의 지정취소 처분을 받았음에도 인증업무를 하거나 공시기관의 지정취소 처분을 받았음에도 공시업무를 한 자

4. 거짓이나 그 밖의 부정한 방법으로 인증을 받거나 인증기관으로 지정받은 자 또는 유기농어업자재의 공시를 받거나 공시기관으로 지정받은 자

4의2. 거짓이나 그 밖의 부정한 방법으로 인증심사 또는 인증을 하거나 인증을 받을 수 있도록 도와준 자

4의3. 거짓이나 그 밖의 부정한 방법으로 인증심사원의 자격을 부여받은 자

5. 인증을 받지 아니한 제품에 인증표시 또는 이와 유사한 표시 등을 하거나 인증품으로 잘못 인식할 우려가 있는 표시 및 이와 관련된 외국어 또는 외래어 표시 등을 한 자

6. 공시를 받지 아니한 자재에 공시의 표시 또는 이와 유사한 표시를 하거나 공시를 받은 유기농어업자재로 잘못 인식할 우려가 있는 표시 및 이와 관련된 외국어 또는 외래어 표시 등을 한 자

7. 인증품 또는 공시를 받은 유기농어업자재에 인증 또는 공시를 받은 내용과 다르게 표시를 한 자

8. 인증 또는 공시를 받는 데 필요한 서류를 거짓으로 발급한 자

9. 인증품에 인증을 받지 아니한 제품 등을 섞어서 판매하거나 섞어서 판매할 목적으로 보관, 운반 또는 진열한 자

10. 인증을 받지 아니한 제품에 인증표시나 이와 유사한 표시를 한 것임을 알거나 인증품에 인증을 받은 내용과 다르게 표시한 것임을 알고도 인증품으로 판매하거나 판매할 목적으로 보관, 운반 또는 진열한 자

11. 공시를 받지 아니한 자재에 공시의 표시나 이와 유사한 표시를 한 것임을 알거나 공시를 받은 유기농어업자재에 공시를 받은 내용과 다르게 표시한 것임을 알고도 공시를 받은 유기농어업자재로 판매하거나 판매할 목적으로 보관, 운반 또는 진열한 자

12. 인증이 취소된 제품 또는 공시가 취소된 자재임을 알고도 인증품 또는 공시를 받은 유기농어업자재로 판매한 자

13. 인증을 받지 아니한 제품을 인증품으로 광고하거나 인증품으로 잘못 인식할 수 있도록 광고하거나 인증을 받은 내용과 다르게 광고한 자

14. 공시를 받지 아니한 자재를 공시를 받은 유기농어업자재로 광고하거나 공시를 받은 유기농어업자재로 잘못 인식할 수 있도록 광고하거나 공시를 받은 내용과 다르게 광고한 자

15. 허용물질이 아닌 물질이나 공시기준에서 허용하지 아니하는 물질 등을 유기농어업자재에 섞어 넣은 자

② 다음의 어느 하나에 해당하는 자는 1년 이하의 징역 또는 1천만원 이하의 벌금에 처한다.

1. 수입한 제품(유기표시가 된 인증품 또는 동등성이 인정된 인증을 받은 유기가공식품을 말한다)을 신고하지 아니하고 판매하거나 영업에 사용한 자

2. 인증 또는 공시업무의 정지기간 중에 인증 또는 공시업무를 한 자

3. 인증품 또는 공시를 받은 유기농어업업자재의 표시 제거·정지·변경·사용정지, 판매정지·판매금지, 회수·폐기 또는 세부 표시사항의 변경 등의 명령에 따르지 아니한 자

(2) 법 제61조(양벌규정)

법인의 대표자나 법인 또는 개인의 대리인, 사용인, 그 밖의 종업원이 그 법인 또는 개인의 업무에 관하여 위반행위를 하면 그 행위자를 벌하는 외에 그 법인 또는 개인에게도 해당 조문의 벌금형을 과(科)한다. 다만, 법인 또는 개인이 그 위반행위를 방지하기 위하여 해당 업무에 관하여 상당한 주의와 감독을 게을리하지 아니한 경우에는 그러하지 아니한다.

(3) 법 제62조(과태료)

① 다음의 어느 하나에 해당하는 자에게는 500만원 이하의 과태료를 부과한다.

1. 해당 인증기관 또는 공시기관의 장으로부터 승인을 받지 아니하고 인증받은 내용 또는 공시를 받은 내용을 변경한 자

2. 인증품 또는 공시를 받은 유기농어업자재의 생산, 제조·가공 또는 취급 실적을 농림축산식품부장관 또는 해양수산부장관, 해당 인증기관 또는 공시기관의 장에게 알리지 아니한 자

3. 관련 서류·자료 등을 기록·관리하지 아니하거나 보관하지 아니한 자

4. 인증을 받지 아니한 사업자가 인증품의 포장을 해체하여 재포장한 후 인증표시를 한 자

5. 표시기준을 위반한 자

6. 변경사항을 신고하지 아니하거나 중요 사항을 승인받지 아니하고 변경한 자

7. 인증 결과 또는 공시 결과 및 사후관리 결과 등 보고를 하지 아니하거나 거짓으로 보고를 한 자

8. 신고하지 아니하고 인증업무 또는 공시업무의 전부 또는 일부를 휴업하거나 폐업한 자

9. 정당한 사유 없이 조사를 거부·방해하거나 기피한 자

10. 인증기관 또는 공시기관이나 인증사업자 또는 공시사업자의 지위를 승계하고도 그 사실을 신고하지 아니한 자

② 과태료는 대통령령으로 정하는 바에 따라 농림축산식품부장관 또는 해양수산부장관, 시·도지사가 부과·징수한다.

핵심예상문제

1 농수산물 품질관리법령

〈2016년 제2회〉

1 농수산물 품질관리법상 과태료 부과 대상에 해당하는 것은?

① 제한된 지정해역에서 수산물을 생산한 자

② 유전자변형농수산물을 판매하면서, 해당 농수산물에 유전자변형농수산물임을 표시하지 않은 자

③ 품질인증품의 표시를 한 수산물에 품질인증품이 아닌 수산물을 혼합하여 판매할 목적으로 진열한 자

④ 해양수산부장관이 정하여 고시한 수산가공품을 수출 상대국이 요청에 의해 검사한 경우, 그 결과에 대해 과대광고를 한 자

ANSWER ② 유전자변형농수산물을 생산하여 출하하는 자, 판매하는 자, 또는 판매할 목적으로 보관·진열하는 자는 대통령령으로 정하는 바에 따라 해당 농수산물에 유전자변형농수산물임을 표시하여야 한다. 이를 위반하여 유전자변형농수산물의 표시를 하지 아니한 자에게는 1천만 원 이하의 과태료를 부과한다〈농수산물 품질관리법 제123조 제1항〉.

〈2016년 제2회〉

2 농수산물 품질관리법상 수산물 품질인증 취소사유에 해당하지 않는 것은?

① 의무표시 사항이 누락된 경우

② 품질인증 기준에 현저하게 맞지 아니한 경우

③ 거짓이나 그 밖의 부정한 방법으로 인증을 받은 경우

④ 폐업으로 품질인증품 생산이 어렵다고 판단되는 경우

Ⓐnswer **품질인증의 취소**〈농수산물 품질관리법 제16조〉… 해양수산부장관은 품질인증을 받은 자가 다음의 어느 하나에 해당하면 품질인증을 취소할 수 있다. 다만, ㉠에 해당하면 품질인증을 취소하여야 한다.
  ㉠ 거짓이나 그 밖의 부정한 방법으로 인증을 받은 경우
  ㉡ 품질인증의 기준에 현저하게 맞지 아니한 경우
  ㉢ 정당한 사유 없이 품질인증품 표시의 시정명령, 해당 품목의 판매금지 또는 표시정지 조치에 따르지 아니한 경우
  ㉣ 전업·폐업 등으로 인하여 품질인증품을 생산하기 어렵다고 판단되는 경우

〈2016년 제2회〉

3 다음 농수산물 품질관리 심의회의 설치에 관한 내용으로 바르지 않은 것은?

① 심의회는 위원장 및 부위원장 각 1명을 포함한 60명 이내의 위원으로 구성한다.
② 위원장은 위원 중에서 호선하고 부위원장은 위원장이 위원 중 지명하는 사람으로 한다.
③ 심의 회의 업무 중 특정한 분야의 사항을 효율적으로 심의하기 위하여 대통령령으로 정하는 분야별 분과위원회를 둘 수 있다.
④ 위원의 임기는 6년으로 한다.

Ⓐnswer 위원의 임기는 3년으로 한다.

〈2016년 제2회〉

4 농수산물 품질관리법령상 수산물의 지리적표시 등록거절 사유의 세부기준에 해당하지 않은 것은?

① 해당 품목이 지리적표시 대상지역에서 생산된 수산물인 경우
② 해당 품목의 우수성이 국내나 국외에서 널리 알려지지 않은 경우
③ 해당 품목이 지리적표시 대상지역에서 생산된 역사가 깊지 않은 경우
④ 해당 품목의 명성·품질이 본질적으로 특정지역의 생산환경적 요인이나 인적 요인에 기인하지 않는 경우

Ⓐnswer **지리적표시의 등록거절 사유의 세부기준**〈농수산물 품질관리법 시행령 제15조〉
  1. 해당 품목이 농수산물인 경우에는 지리적표시 대상지역에서만 생산된 것이 아닌 경우
  1의2. 해당 품목이 농수산가공품인 경우에는 지리적표시 대상지역에서만 생산된 농수산물을 주원료로 하여 해당 지리적표시 대상지역에서 가공된 것이 아닌 경우
  2. 해당 품목의 우수성이 국내 및 국외에서 모두 널리 알려지지 아니한 경우
  3. 해당 품목이 지리적표시 대상지역에서 생산된 역사가 깊지 않은 경우
  4. 해당 품목의 명성·품질 또는 그 밖의 특성이 본질적으로 특정지역의 생산환경적 요인과 인적 요인 모두에 기인하지 아니한 경우
  5. 그 밖에 농림축산식품부장관 또는 해양수산부장관이 지리적표시 등록에 필요하다고 인정하여 고시하는 기준에 적합하지 않은 경우

 ⒶNSWER | 1.② 2.① 3.④ 4.①

5 농수산물 품질관리법상 우수표시품의 사후관리 등에 관한 설명으로 옳지 않은 것은?

① 우수표시품 조사시 긴급한 경우에는 조사의 일시, 목적 등을 조사대상자에게 알리지 않을 수 있다.

② 우수표시품 조사시 관계공무원은 그 권한을 표시하는 증표를 지니고, 이를 관계인에게 보여주어야 한다.

③ 해양수산부장관은 우수표시품이 해당 인증기준에 미치지 못하는 경우 인증을 취소할 수 있다.

④ 해양수산부장관은 우수표시품이 표시된 규격에 미치지 못하는 경우 표시정지의 조치를 할 수 있다.

> **A**NSWER 우수표시품에 대한 시정조치〈농수산물 품질관리법 제31조 제1항〉… 농림축산식품부장관 또는 해양수산부장관은 표준규격품 또는 품질인증품이 다음의 어느 하나에 해당하면 대통령령으로 정하는 바에 따라 그 시정을 명하거나 해당 품목의 판매금지 또는 표시정지의 조치를 할 수 있다.
> ㉠ 표시된 규격 또는 해당 인증·등록 기준에 미치지 못하는 경우
> ㉡ 선업·폐업 등으로 해당 품목을 생산하기 어렵다고 판단되는 경우
> ㉢ 해당 표시방법을 위반한 경우

6 농수산물 품질관리법령상 유전자변형수산물의 표시대상품목을 고시하는 기관의 장은?

① 해양수산부장관
② 식품의약품안전처장
③ 국립수산과학원장
④ 국립수산물품질관리원장

> **A**NSWER 유전자변형농수산물의 표시대상품목은 「식품위생법」에 따른 안전정 평가 결과 식품의약품안전처장이 식용으로 적합하다고 인정하여 고시한 품목으로 한다〈농수산물 품질관리법 시행령 제19조〉.

<2016년 제2회>

7 농수산물 품질관리법령상 수산물 안전성조사에 관한 설명으로 옳지 않은 것은?

① 해양수산부장관은 어장 등에 대하여 안전성조사결과 생산단계 안전기준을 위반한 경우 해당 수산물의 폐기 등의 조치를 할 수 있다.
② 안전성조사를 위하여 관계공무원은 해당 수산물을 생산·저장하는 자의 관계 장부나 서류를 열람할 수 있다.
③ 시·도지사 및 시장·군수·구청장은 관할 지역에서 생산·유통되는 수산물의 안전성확보를 위한 세부추진계획을 수립·시행하여야 한다.
④ 시·도지사는 안전성조사를 위하여 필요한 경우 관계공무원에게 무상으로 시료수거를 하게 할 수 있다.

ANSWER ① 식품의약품안전처장이나 시·도지사는 생산과정에 있는 농수산물 또는 농수산물의 생산을 위하여 이용·사용하는 농지·어장·용수·자재 등에 대하여 안전성조사를 한 결과 생산단계 안전기준을 위반한 경우에는 해당 농수산물을 생산한 자 또는 소유한 자에게 다음의 조치를 하게 할 수 있다〈농수산물 품질관리법 제63조 제1항〉.
⊙ 해당 농수산물의 폐기, 용도전환, 출하 연기 등의 처리
ⓒ 해당 농수산물의 생산에 이용·사용한 농지·어장·용수·자재 등의 개량 또는 이용·사용의 금지
ⓒ 그 밖에 총리령으로 정하는 조치
② 농수산물 품질관리법 제62조 제1항
③ 농수산물 품질관리법 제60조 제2항
④ 농수산물 품질관리법 제62조 제1항

<2016년 제2회>

8 농수산물 품질관리법령상 지정해역이 위생관리기준에 맞지 않을 경우 수산물 생산을 제한할 수 있는 경우에 해당하지 않은 것은?

① 선박의 충돌로 해양오염이 발생한 경우
② 지정해역이 일시적으로 위생관리기준에 적합하지 않게 된 경우
③ 강우량의 변화로 지정해역의 오염이 우려되어 해양수산부장관이 수산물의 생산제한이 필요하다고 인정하는 경우
④ 적조·냉수대 등의 영향으로 수산물 폐사가능성이 우려되는 경우

ANSWER 지정해역에서의 생산제한〈농수산물 품질관리법 시행령 제27조 제1항〉
⊙ 선박의 좌초·충돌·침몰, 그 밖에 인근에 위치한 폐기물처리시설의 장애 등으로 인하여 해양오염이 발생한 경우
ⓒ 지정해역이 일시적으로 위생관리기준에 적합하지 아니하게 된 경우
ⓒ 강우량의 변화 등에 따른 영향으로 지정해역의 오염이 우려되어 해양수산부장관이 수산물의 생산제한이 필요하다고 인정하는 경우

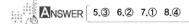 **ANSWER** 5.③ 6.② 7.① 8.④

9 농수산물 품질관리법령상 수산물품질관리사의 직무에 해당하지 않은 것은?

① 수산물의 등급 판정
② 수산물 생산 및 수확 후 품질관리기술 지도
③ 원산지 표시에 관한 지도 · 홍보
④ 수산물의 출하 시기 조절, 품질관리기술에 관한 조언

> **ANSWER** 수산물품질관리사의 직무〈농수산물 품질관리법 제106조 제2항〉
> ㉠ 수산물의 등급 판정
> ㉡ 수산물의 생산 및 수확 후 품질관리기술 지도
> ㉢ 수산물의 출하 시기 조절, 품질관리기술에 관한 조언
> ㉣ 그 밖에 수산물의 품질 향상과 유통 효율화에 필요한 업무로서 해양수산부령으로 정하는 업무

10 농수산물 품질관리법령상 농수산물품질관리심의회의 설치에 대한 설명으로 옳지 않은 것은?

① 심의회는 위원장 및 부위원장 각 1명을 포함한 60명 이내의 위원으로 구성한다.
② 위원장은 위원 중에서 호선하고 부위원장은 위원장이 위원 중에서 지명하는 사람으로 한다.
③ 심의회에 지리적표시 등록심의 분과위원회를 둔다.
④ 심의위원의 임기는 2년으로 한다.

> **ANSWER** 농수산물품질관리심의회의 설치〈농수산물 품질관리법 제3조〉
> ㉠ 이 법에 따른 농수산물 및 수산가공품의 품질관리 등에 관한 사항을 심의하기 위하여 농림축산식품부장관 또는 해양수산부장관 소속으로 농수산물품질관리심의회(이하 "심의회")를 둔다.
> ㉡ 심의회는 위원장 및 부위원장 각 1명을 포함한 60명 이내의 위원으로 구성한다.
> ㉢ 위원장은 위원 중에서 호선(互選)하고 부위원장은 위원장이 위원 중에서 지명하는 사람으로 한다.
> ㉣ 위원은 다음의 사람으로 한다.
> 　1. 교육부, 산업통상자원부, 보건복지부, 환경부, 식품의약품안전처, 농촌진흥청, 산림청, 특허청, 공정거래위원회 소속 공무원 중 소속 기관의 장이 지명한 사람과 농림축산식품부 소속 공무원 중 농림축산식품부장관이 지명한 사람 또는 해양수산부 소속 공무원 중 해양수산부장관이 지명한 사람
> 　2. 다음의 단체 및 기관의 장이 소속 임원 · 직원 중에서 지명한 사람
> 　　가. 「농업협동조합법」에 따른 농업협동조합중앙회
> 　　나. 「산림조합법」에 따른 산림조합중앙회
> 　　다. 「수산업협동조합법」에 따른 수산업협동조합중앙회
> 　　라. 「한국농수산식품유통공사법」에 따른 한국농수산식품유통공사
> 　　마. 「식품위생법」에 따른 한국식품산업협회
> 　　바. 「정부출연연구기관 등의 설립 · 운영 및 육성에 관한 법률」에 따른 한국농촌경제연구원
> 　　사. 「정부출연연구기관 등의 설립 · 운영 및 육성에 관한 법률」에 따른 한국해양수산개발원
> 　　아. 「과학기술분야 정부출연연구기관 등의 설립 · 운영 및 육성에 관한 법률」에 따른 한국식품연구원
> 　　자. 「한국보건산업진흥원법」에 따른 한국보건산업진흥원
> 　　차. 「소비자기본법」에 따른 한국소비자원
> 　3. 시민단체(「비영리민간단체 지원법」에 따른 비영리민간단체를 말한다)에서 추천한 사람 중에서 농림축산식품부장관 또는 해양수산부장관이 위촉한 사람
> 　4. 농수산물의 생산 · 가공 · 유통 또는 소비 분야에 전문적인 지식이나 경험이 풍부한 사람 중에서 농림축산식품부장관 또는 해양수산부장관이 위촉한 사람

ⓤ 위원의 임기는 3년으로 한다.
ⓥ 심의회에 농수산물 및 농수산가공품의 지리적표시 등록심의를 위한 지리적표시 등록심의 분과위원회를 둔다.
ⓦ 심의회의 업무 중 특정한 분야의 사항을 효율적으로 심의하기 위하여 대통령령으로 정하는 분야별 분과위원회를 둘 수 있다.
ⓧ 지리적표시 등록심의 분과위원회 및 분야별 분과위원회에서 심의한 사항은 심의회에서 심의된 것으로 본다.
ⓨ 농수산물 품질관리 등의 국제 동향을 조사·연구하게 하기 위하여 심의회에 연구위원을 둘 수 있다.
ⓩ 규정한 사항 외에 심의회 및 분과위원회의 구성과 운영 등에 필요한 사항은 대통령령으로 정한다.

〈2015년 제1회〉

11 농수산물 품질관리법령상 생산자단체 중 「농어업경영체 육성 및 지원에 관한 법률」에 따른 생산자단체로만 구성된 것은?

① 수산업협동조합, 어업공제조합
② 수산업협동조합, 영어조합법인
③ 어업회사법인, 영어조합법인
④ 어업공제조합, 영어조합법인

> **A**NSWER 「농어업경영체 육성 및 지원에 관한 법률」에 따른 생산자단체〈농수산물 품질관리법 시행규칙 제2조〉
> ㉠ 영농조합법인
> ㉡ 영어조합법인
> ㉢ 농업회사법인
> ㉣ 어업회사법인

〈2015년 제1회〉

12 농림축산식품부장관 또는 해양수산부장관은 지리적표시의 등록 제도의 활성화를 위한 사업으로 옳지 않은 것은?

① 지리적 표시 관련 실태조사에 관한 사항
② 지리적 표시품의 국고 지원
③ 지리적표시의 등록 제도의 홍보
④ 지리적표시의 등록 제도의 운영에 필요한 교육·훈련에 관한 사항

> **A**NSWER 지리적 표시품의 사후관리〈농수산물 품질관리법 제39조〉 ④항
> ㉠ 지리적표시의 등록 제도의 홍보 및 지리적 표시품의 판로지원에 관한 사항
> ㉡ 지리적표시의 등록 제도의 운영에 필요한 교육·훈련에 관한 사항
> ㉢ 지리적 표시 관련 실태조사에 관한 사항

 **A**NSWER | 9.③ 10.④ 11.③ 12.②

13 농수산물 품질관리법령상 농수산물품질관리심의회의 심의사항이 아닌 것은?

① 지리적표시에 관한 사항
② 수산물우수관리인증에 관한 사항
③ 수산물의 위해요소중점관리기준에 관한 사항
④ 수산물품질인증에 관한 사항

> **ANSWER** 심의회의 직무〈농수산물 품질관리법 제4조〉
> ㉠ 표준규격 및 물류표준화에 관한 사항
> ㉡ 농산물우수관리 · 수산물품질인증 및 이력추적관리에 관한 사항
> ㉢ 지리적표시에 관한 사항
> ㉣ 유전자변형농수산물의 표시에 관한 사항
> ㉤ 농수산물(축산물은 제외한다)의 안전성조사 및 그 결과에 대한 조치에 관한 사항
> ㉥ 농수산물(축산물은 제외한다) 및 수산가공품의 검사에 관한 사항
> ㉦ 농수산물의 안전 및 품질관리에 관한 정보의 제공에 관하여 총리령, 농림축산식품부령 또는 해양수산부령
> 으로 정하는 사항
> ㉧ 수출을 목적으로 하는 수산물의 생산 · 가공시설 및 해역(海域)의 위생관리기준에 관한 사항
> ㉨ 수산물 및 수산가공품의 위해요소중점관리기준에 관한 사항
> ㉩ 지정해역의 지정에 관한 사항
> ㉪ 다른 법령에서 심의회의 심의사항으로 정하고 있는 사항
> ㉫ 그 밖에 농수산물 및 수산가공품의 품질관리 등에 관하여 위원장이 심의에 부치는 사항

14 농수산물 품질관리법령상 위해요소중점관리기준을 이행하는 시설로 등록된 생산 · 가공시설에서 위해요소중점관리기준을 불성실하게 이행하는 경우로서 2차 위반 시의 행정처분 기준은?

① 시정명령
② 생산 · 가공 · 출하 · 운반의 제한 · 중지 명령
③ 영업정지 1개월
④ 등록취소

> **ANSWER** 중지 · 개선 · 보수명령 등 및 등록취소의 기준〈농수산물 품질관리법 시행령 별표 2〉

위반행위		행정처분 기준		
		1차 위반	2차 위반	3차 위반
법을 위반하여 위해요소 중점관리기준을 이행하지 않거나 불성실하게 이행 하는 경우	이행하지 않는 경우	생산 · 가공 · 출하 · 운 반의 제한 · 중지 명령	등록취소	
	불성실하게 이행하는 경우	시행명령	생산 · 가공 · 출하 · 운 반의 제한 · 중지 명령	등록취소

〈2015년 제1회〉

15 농수산물 품질관리법령상 지정해역으로 지정하기 위한 해역이 위생관리기준에 맞는지 조사 · 점검하는 권한을 해양수산부장관으로부터 위임받은 자는?

① 국립수산과학원장

② 국립수산물품질관리원장

③ 국립해양조사원장

④ 지방해양수산청장

> **A**NSWER ① 국립수산과학원장은 조사 · 점검결과를 종합하여 다음 연도 2월 말일까지 해양수산부장관에게 보고하여야 한다〈농수산물 품질관리법 시행규칙 제90조 제1항〉.

〈2015년 제1회〉

16 농수산물 품질관리법령상 수산물 및 수산가공품에 대하여 관능검사를 실시할 경우, 포장 제품 500개에 대한 추출 개수와 채점 개수는?

① 추출 개수 5개, 채점 개수 2개

② 추출 개수 9개, 채점 개수 2개

③ 추출 개수 11개, 채점 개수 3개

④ 추출 개수 13개, 채점 개수 4개

> **A**NSWER 포장 제품〈농수산물 품질관리법 시행규칙 별표 24〉

신청 개수		추출 개수	채점 개수
	4개 이하	1	1
5개 이상	50개 이하	3	1
51개 이상	100개 이하	5	2
101개 이상	200개 이하	7	2
201개 이상	300개 이하	9	3
301개 이상	400개 이하	11	3
401개 이상	500개 이하	13	4
501개 이상	700개 이하	15	5
701개 이상	1,000개 이하	17	5
1,001개 이상		20	6

ANSWER 13.② 14.② 15.① 16.④

〈2015년 제1회〉

17 농수산물 품질관리법령상 정부 비축용 및 국내 소비용 수산물에 사용하는 검사 표시의 구분으로 옳지 않은 것은?

① 등급증인   ② 합격증인

③ 검인   ④ 봉인

> **A**NSWER   수산물 및 수산가공품에 대한 검사 결과 표시(정부 비축용 및 국내 소비용)〈농수산물 품질관리법 시행규칙 별표 28〉
> ㉠ 등급증인
> ㉡ 합격증인
> ㉢ 불합격증인
> ㉣ 검인
> ㉤ 봉합지

〈2015년 제1회〉

18 농수산물 품질관리법령상 수산물품질관리사의 직무로 옳은 것을 모두 고른 것은?

㉠ 수산물의 등급 판정
㉡ 수산물의 수매
㉢ 수산물의 품질관리기술에 관한 조언
㉣ 수산물의 가격 평가

---

① ㉠, ㉢   ② ㉡, ㉣

③ ㉠, ㉢, ㉣   ④ ㉡, ㉢, ㉣

> **A**NSWER   수산물품질관리사의 직무〈농수산물 품질관리법 제106조〉
> ㉠ 수산물의 등급 판정
> ㉡ 수산물의 생산 및 수확 후 품질관리기술 지도
> ㉢ 수산물의 출하 시기 조절, 품질관리기술에 관한 조언
> ㉣ 그 밖에 수산물의 품질 향상과 유통 효율화에 필요한 업무로서 해양수산부령으로 정하는 업무

〈2015년 제1회〉

19 농수산물 품질관리법령상 수산물 안전성조사에 관한 설명으로 옳은 것은?

① 생산단계 수산물은 해양수산부령으로 정하는 안전기준에의 적합여부를 조사하여야 한다.

② 저장단계 및 출하되어 거래되기 이전 단계 수산물은 「식품위생법」 등 관계 법령에 따른 잔류 허용기준 등의 초과 여부를 조사하여야 한다.

③ 해양수산부장관은 생산단계 안전기준을 정할 때에는 관계 중앙행정기관의 장과 협의하여야 한다.

④ 시 · 도지사가 안전성조사를 위하여 관계 공무원에게 시료 수거 및 조사 등을 하게 할 경우, 무상으로 시료 수거를 하게 할 수 없다.

ANSWER ① 생산단계 수산물은 총리령으로 정하는 안전기준에의 적합여부를 조사하여야 한다〈농수산물 품질관리법 제61조 제1항〉.
③ 식품의약품안전처장은 생산단계 안전기준을 정할 때에는 관계 중앙행정기관의 장과 협의하여야 한다〈농수산물 품질관리법 제61조 제2항〉.
④ 식품의약품안전처장이나 시 · 도지사는 안전성조사, 위험평가 또는 잔류조사를 위하여 필요하면 관계 공무원에게 시료 수거 및 조사 등을 하게 할 수 있다. 이 경우 무상으로 시료 수거를 하게 할 수 있다〈농수산물 품질관리법 시행규칙 제62조 제1항〉.

〈2015년 제1회〉

20 농수산물 품질관리법령상 포장하지 아니하고 판매하거나 낱개로 판매하는 지리적표시품에 지리적 표시를 할 수 있는 방법으로 옳지 않은 것은?

① 푯말   ② 스티커

③ 꼬리표   ④ 표지판

ANSWER ③ 지리적표시권자가 그 표시를 하려면 지리적표시품의 포장 · 용기의 겉면 등에 등록 명칭을 표시하여야 하며, 지리적표시품의 표시를 하여야 한다. 다만, 포장하지 아니하고 판매하거나 낱개로 판매하는 경우에는 대상품목에 스티커를 부착하거나 표지판 또는 푯말로 표시할 수 있다〈농수산물 품질관리법 시행규칙 제60조〉.

ANSWER | 17.④ 18.① 19.② 20.③

21 농수산물 품질관리법에서 말하는 수산물에 해당하지 않는 것은?

① 「수산업·어촌 발전 기본법」에 따른 어업활동으로부터 생산되는 산물
② 염전에서 바닷물을 자연 증발시켜 제조하는 염산업의 산물
③ 어업활동으로 생산되는 산물
④ 「소금산업 진흥법」에 따른 소금

ANSWER 농수산물 품질관리법에서 말하는 수산물은 「수산물·어촌 발전 기본법」에 따른 어업활동으로부터 생산되는 산물이며 「소금산업 진흥법」에 따른 소금은 제외한다. 「수산물·어촌 발전 기본법」에 따른 어업활동으로부터 생산되는 산물이란 '수산동식물을 포획·채취하거나 양식하는 산업, 염전에서 바닷물을 자연 증발시켜 소금을 생산하는 산업에 의한 것을 가리킨다.

22 농수산물품질관리법상의 생산자단체가 아닌 것은?

① 「농업·농촌 및 식품산업 기본법」의 생산자단체
② 「농어업경영체 육성 및 지원에 관한 법률」에 따라 설립된 영어조합법인
③ 「농어업경영체 육성 및 지원에 관한 법률」에 따라 설립된 어업회사법인
④ 「농수산물의 원산지 표시에 관한 법률」에 따라 설립된 어업회사법인

ANSWER 생산자단체란 「농업·농촌 및 식품산업 기본법」, 「수산업·어촌 발전 기본법」의 생산자단체와 그 밖에 농림축산식품부령 또는 해양수산부령으로 정하는 단체를 말한다(법 제2조 제1항 제2호).
  ※ 생산자단체의 범위(시행규칙 제2조)
    「농수산물 품질관리법」에서 '농림축산식품부령 또는 해양수산부령으로 정하는 단체'란 다음의 단체를 말한다.
    1. 「농어업경영체 육성 및 지원에 관한 법률」에 따라 설립된 영농조합법인 또는 영어조합법인
    2. 「농어업경영체 육성 및 지원에 관한 법률」에 따라 설립된 농업회사법인 또는 어업회사법인

23 농수산물품질관리심의회에 대한 설명으로 틀린 것은?

① 농수산물품질관리심의회는 수산물품질관리원장 소속하에 있다.
② 심의회는 위원장 및 부위원장 각 1명을 포함한 60명 이내의 위원으로 구성한다.
③ 해양수산부 소속 공무원 중 해양수산부장관이 지명한 사람은 위원의 자격이 있다.
④ 위원의 임기는 3년으로 한다.

ANSWER 농수산물 및 수산가공품의 품질관리 등에 관한 사항을 심의하기 위하여 농림축산식품부장관 또는 해양수산부장관 소속으로 농수산물품질관리심의회를 둔다(법 제3조 제1항).

② 동법 제3조제2항

③ 동법 제3조제4항제1호

④ 동법 제3조제5항

※ **농수산물품질관리심의회의 설치**(법 제3조)

① 이 법에 따른 농수산물 및 수산가공품의 품질관리 등에 관한 사항을 심의하기 위하여 농림축산식품부장관 또는 해양수산부장관 소속으로 농수산물품질관리심의회를 둔다.

② 심의회는 위원장 및 부위원장 각 1명을 포함한 60명 이내의 위원으로 구성한다.

③ 위원장은 위원 중에서 호선하고 부위원장은 위원장이 위원 중에서 지명하는 사람으로 한다.

④ 위원은 다음의 사람으로 한다.

1. 교육부, 산업통상자원부, 보건복지부, 환경부, 식품의약품안전처, 농촌진흥청, 산림청, 특허청, 공정거래위원회 소속 공무원 중 소속 기관의 장이 지명한 사람과 농림축산식품부 소속 공무원 중 농림축산식품부장관이 지명한 사람 또는 해양수산부 소속 공무원 중 해양수산부장관이 지명한 사람

2. 다음의 단체 및 기관의 장이 소속 임원·직원 중에서 지명한 사람

가. 「농업협동조합법」에 따른 농업협동조합중앙회

나. 「산림조합법」에 따른 산림조합중앙회

다. 「수산업협동조합법」에 따른 수산업협동조합중앙회

라. 「한국농수산식품유통공사법」에 따른 한국농수산식품유통공사

마. 「식품위생법」에 따른 한국식품산업협회

바. 「정부출연연구기관 등의 설립·운영 및 육성에 관한 법률」에 따른 한국농촌경제연구원

사. 「정부출연연구기관 등의 설립·운영 및 육성에 관한 법률」에 따른 한국해양수산개발원

아. 「과학기술분야 정부출연연구기관 등의 설립·운영 및 육성에 관한 법률」에 따른 한국식품연구원

자. 「한국보건산업진흥원법」에 따른 한국보건산업진흥원

차. 「소비자기본법」에 따른 한국소비자원

3. 시민단체(「비영리민간단체 지원법」에 따른 비영리민간단체)에서 추천한 사람 중에서 농림축산식품부장관 또는 해양수산부장관이 위촉한 사람

4. 농수산물의 생산·가공·유통 또는 소비 분야에 전문적인 지식이나 경험이 풍부한 사람 중에서 농림축산식품부장관 또는 해양수산부장관이 위촉한 사람

⑤ 위원의 임기는 3년으로 한다.

⑥ 심의회에 농수산물 및 농수산가공품의 지리적표시 등록심의를 위한 지리적표시 등록심의 분과위원회를 둔다.

⑦ 심의회의 업무 중 특정한 분야의 사항을 효율적으로 심의하기 위하여 대통령령으로 정하는 분야별 분과위원회를 둘 수 있다.

⑧ 지리적표시 등록심의 분과위원회 및 분야별 분과위원회에서 심의한 사항은 심의회에서 심의된 것으로 본다.

⑨ 농수산물 품질관리 등의 국제 동향을 조사·연구하게 하기 위하여 심의회에 연구위원을 둘 수 있다.

⑩ 규정한 사항 외에 심의회 및 분과위원회의 구성과 운영 등에 필요한 사항은 대통령령으로 정한다.

ANSWER | 21.④ 22.④ 23.①

24 다음 중 수산가공품의 기준에 맞지 않는 것은?

① 수산물과 그 가공품, 농산물과 그 가공품을 함께 원료·재료로 사용한 가공품인 경우에는 농산물 또는 그 가공품의 함량이 수산물의 함량보다 많은 가공품
② 수산물을 원료의 50퍼센트를 넘게 사용하여 가공한 제품
③ 수산물을 재료의 50퍼센트를 넘게 사용하여 가공한 제품
④ 수산물을 원료 또는 재료의 50퍼센트를 넘게 사용하여 2차 이상 가공한 제품

ANSWER ※ 수산가공품의 기준(시행령 제2조)
「농수산물 품질관리법」에 따른 수산가공품은 다음의 어느 하나에 해당하는 제품으로 한다.
1. 수산물을 원료 또는 재료의 50퍼센트를 넘게 사용하여 가공한 제품
2. 1에 해당하는 제품을 원료 또는 재료의 50퍼센트를 넘게 사용하여 2차 이상 가공한 제품
3. 수산물과 그 가공품, 농산물(임산물 및 축산물을 포함)과 그 가공품을 함께 원료·재료로 사용한 가공품인 경우에는 수산물 또는 그 가공품의 함량이 농산물 또는 그 가공품의 함량보다 많은 가공품

25 농수산물품질관리심의회의 소관 사항이 아닌 것은?

① 수산물품질인증 및 이력추석관리에 관한 사항
② 유전자변형농수산물의 표시에 관한 사항
③ 축산물의 가공·포장·보존·유통의 기준 및 성분의 규격에 관한 사항
④ 지리적표시에 관한 사항

ANSWER 축산물의 가공·포장·보존·유통의 기준 및 성분의 규격에 관한 사항은 축산물위생심의위원회의 소관사항이다(축산물 위생관리법 제3조의2).
※ 심의회의 직무(법 제4조)
심의회는 다음의 사항을 심의한다.
1. 표준규격 및 물류표준화에 관한 사항
2. 농산물우수관리·수산물품질인증 및 이력추적관리에 관한 사항
3. 지리적표시에 관한 사항
4. 유전자변형농수산물의 표시에 관한 사항
5. 농수산물(축산물은 제외)의 안전성조사 및 그 결과에 대한 조치에 관한 사항
6. 농수산물(축산물은 제외) 및 수산가공품의 검사에 관한 사항
7. 농수산물의 안전 및 품질관리에 관한 정보의 제공에 관하여 총리령, 농림축산식품부령 또는 해양수산부령으로 정하는 사항
8. 수출을 목적으로 하는 수산물의 생산·가공시설 및 해역의 위생관리기준에 관한 사항
9. 수산물 및 수산가공품의 위해요소중점관리기준에 관한 사항
10. 지정해역의 지정에 관한 사항
11. 다른 법령에서 심의회의 심의사항으로 정하고 있는 사항
12. 그 밖에 농수산물 및 수산가공품의 품질관리 등에 관하여 위원장이 심의에 부치는 사항

26 품질인증의 유효기간은?

① 1년   ② 2년

③ 3년   ④ 5년

ANSWER 품질인증의 유효기간은 품질인증을 받은 날부터 2년으로 한다. 다만, 품목의 특성상 달리 적용할 필요가 있는 경우에는 4년의 범위에서 해양수산부령으로 유효기간을 달리 정할 수 있다(법 제15조 제1항).

27 표준규격에 대한 설명 중 틀린 것은?

① 농수산물의 표준규격은 포장규격 및 등급규격으로 구분한다.

② 표준규격에 맞는 농수산물을 출하하는 자는 포장 겉면에 표준규격품의 표시를 할 수 있다.

③ 국립수산물품질관리원장은 표준규격의 제정 또는 개정을 위하여 필요하면 전문연구기관 또는 대학 등에 시험을 의뢰할 수 있다.

④ 포장규격은 품목 또는 품종별로 그 특성에 따라 고르기, 크기, 형태, 색깔, 신선도, 건조도, 결점, 숙도(熟度) 및 선별 상태 등에 따라 정한다.

ANSWER 농수산물의 표준규격은 포장규격 및 등급규격으로 구분하며, 포장규격은 「산업표준화법」에 따른 한국산업표준에 따라 거래단위, 포장치수, 포장재료 및 포장재료의 시험방법, 포장방법, 포장설계, 표시사항, 그 밖에 품목의 특성에 따라 필요한 사항을 정한다. 품목 또는 품종별로 그 특성에 따라 고르기, 크기, 형태, 색깔, 신선도, 건조도, 결점, 숙도 및 선별 상태 등에 따라 정하도록 하고 있는 것은 등급규격이다(시행규칙 제5조).

① 규칙 제5조 제1항

② 법 제5조 제2항

③ 규칙 제5조 제4항

※ **표준규격의 제정**(시행규칙 제5조)

  ① 농수산물의 표준규격은 포장규격 및 등급규격으로 구분한다.

  ② 포장규격은 「산업표준화법」에 따른 한국산업표준에 따른다. 다만, 한국산업표준이 제정되어 있지 아니하거나 한국산업표준과 다르게 정할 필요가 있다고 인정되는 경우에는 보관·수송 등 유통 과정의 편리성, 폐기물 처리문제를 고려하여 다음의 항목에 대하여 그 규격을 따로 정할 수 있다.

    1. 거래단위

    2. 포장치수

    3. 포장재료 및 포장재료의 시험방법

    4. 포장방법

    5. 포장설계

    6. 표시사항

    7. 그 밖에 품목의 특성에 따라 필요한 사항

  ③ 등급규격은 품목 또는 품종별로 그 특성에 따라 고르기, 크기, 형태, 색깔, 신선도, 건조도, 결점, 숙도 및 선별 상태 등에 따라 정한다.

  ④ 국립농산물품질관리원장, 국립수산물품질관리원장 또는 산림청장은 표준규격의 제정 또는 개정을 위하여 필요하면 전문연구기관 또는 대학 등에 시험을 의뢰할 수 있다.

※ 국립농산물품질관리원장, 국립수산물품질관리원장 또는 산림청장은 표준규격을 제정, 개정 또는 폐지하는 경우에는 그 사실을 고시하여야 한다. 〈시행규칙 제6조〉

ANSWER   24.①   25.③   26.②   27.④

28 표준규격품을 출하하는 자가 표준규격품임을 표시하기 위해 해당 물품의 포장 겉면에 '표준규격품'이라는 문구와 함께 새겨야 할 내용으로 모두 고른 것은?

> ㉠ 품목　　　　　　　　　　　㉡ 산지
> ㉢ 품종　　　　　　　　　　　㉣ 등급
> ㉤ 생산 연도　　　　　　　　　㉥ 무게
> ㉦ 생산자단체의 명칭

① ㉠, ㉢, ㉣, ㉤
② ㉡, ㉢, ㉣, ㉤
③ ㉡, ㉣, ㉤, ㉥, ㉦
④ ㉠, ㉡, ㉢, ㉣, ㉤, ㉥, ㉦

ANSWER　표준규격품의 출하 및 표시방법 등(시행규칙 제7조)

① 농림축산식품부장관, 해양수산부장관, 특별시장·광역시장·도지사·특별자치도지사는 농수산물을 생산, 출하, 유통 또는 판매하는 자에게 표준규격에 따라 생산, 출하, 유통, 판매하도록 권장할 수 있다.

② 표준규격품을 출하하는 자가 표준규격품임을 표시하려면 해당 물품의 포장 겉면에 '표준규격품'이라는 문구와 함께 다음의 사항을 표시하여야 한다.

　　1. 품목

　　2. 산지

　　3. 품종(다만, 품종을 표시하기 어려운 품목은 국립농산물품질관리원장, 국립수산물품질관리원장 또는 산림청장이 정하여 고시하는 바에 따라 품종의 표시를 생략)

　　4. 생산 연도(곡류만 해당)

　　5. 등급

　　6. 무게(실중량). 다만, 품목 특성상 무게를 표시하기 어려운 품목은 국립농산물품질관리원장, 국립수산물품질관리원장, 산림청장이 고시하는 바에 따라 개수(마릿수) 등의 표시를 단일하게 할 수 있다.

　　7. 생산자 또는 생산자단체의 명칭 및 전화번호

29 수산물 등에 대한 품질인증을 할 수 있는 자는?

① 농림축산식품부장관　　　　　　② 해양수산부장관
③ 보건복지부장관　　　　　　　　④ 식품안전처장

ANSWER　해양수산부장관은 수산물의 품질을 향상시키고 소비자를 보호하기 위하여 품질인증제도를 실시한다(법 제14조 제1항).

30 수산물의 품질인증의 표시항목별 인증방법으로 틀린 것은?

① 생산조건 – 수산물 및 수산특산물로 구분
② 산지 – 해당 품목이 생산되는 시·군·구의 행정구역 명칭으로 인증
③ 품명 – 표준어로 인증하되, 그 명칭이 명확하지 아니한 경우 또는 소비자가 식별하는 데 지장이 없다고 인정되는 경우에는 해당 품목의 생태·형태·용도 등에 따라 산지에서 관행적으로 사용되는 명칭으로 인증 가능
④ 생산자 – 명칭·주소 및 전화번호

🅐NSWER **품질인증품의 표시사항 등**(시행규칙 제32조)
② 수산물의 품질인증의 표시항목별 인증방법은 다음과 같다.
1. 산지 : 해당 품목이 생산되는 시·군·구의 행정구역 명칭으로 인증하되, 신청인이 강·해역 등 특정지역의 명칭으로 인증받기를 희망하는 경우에는 그 명칭으로 인증할 수 있다.
2. 품명 : 표준어로 인증하되, 그 명칭이 명확하지 아니한 경우 또는 소비자가 식별하는 데 지장이 없다고 인정되는 경우에는 해당 품목의 생태·형태·용도 등에 따라 산지에서 관행적으로 사용되는 명칭으로 인증할 수 있다.
3. 생산자 또는 생산자집단 : 명칭(법인의 경우에는 명칭과 그 대표자의 성명을 포함)·주소 및 전화번호
4. 생산조건 : 자연산과 양식산으로 인증한다.
③ 품질인증의 표시를 하려는 자는 품질인증을 받은 수산물의 포장·용기의 겉면에 소비자가 알아보기 쉽도록 표시하여야 한다. 다만, 포장하지 아니하고 판매하는 경우에는 해당 물품에 꼬리표를 부착하여 표시할 수 있다.

31 다음 ( ) 안에 들어갈 알맞은 것은?

> 농림축산식품부장관 또는 해양수산부장관은 농수산물의 상품성을 높이고 유통 능률을 향상시키며 공정한 거래를 실현하기 위하여 농수산물의 (㉠)과 (㉡)을 정할 수 있다.

	㉠	㉡
①	포장규격	등급규격
②	등급규격	표준규격
③	포장방법	포장단위
④	포장규격	상품규격

🅐NSWER 농림축산식품부장관 또는 해양수산부장관은 농수산물(축산물은 제외)의 상품성을 높이고 유통 능률을 향상시키며 공정한 거래를 실현하기 위하여 농수산물의 '포장규격'과 '등급규격(표준규격)'을 정할 수 있다(법 제5조).

🅐NSWER | 28.④ 29.② 30.① 31.①

32 다음 중 품질인증을 받기 위한 조건으로 보기 어려운 것은?

① 해당 수산물이 그 산지의 유명도가 높거나 상품으로서의 차별화가 인정되는 것일 것

② 해당 수산물의 생산·출하 과정에서의 자체 품질관리체제와 유통 과정에서의 사후관리체제를 갖추고 있을 것

③ 해당 수산물의 품질과 맛이 뛰어날 것

④ 해당 수산물의 품질 수준 확보 및 유지를 위한 생산기술과 시설·자재를 갖추고 있을 것

ANSWER 품질인증을 받기 위한 기준(시행규칙 제29조 제1항)
품질인증을 받기 위해서는 다음의 기준을 모두 충족해야 한다.
1. 해당 수산물이 그 산지의 유명도가 높거나 상품으로서의 차별화가 인정되는 것일 것
2. 해당 수산물의 품질 수준 확보 및 유지를 위한 생산기술과 시설·자재를 갖추고 있을 것
3. 해당 수산물의 생산·출하 과정에서의 자체 품질관리체제와 유통 과정에서의 사후관리체제를 갖추고 있을 것

33 다음 중 품질인증이 반드시 취소되는 것에 해당하는 것은?

① 품질인증의 기준에 현저하게 맞지 아니한 경우

② 거짓의 방법으로 인증을 받은 경우

③ 정당한 사유없이 품질인증품 표시의 시정명령, 해당 품목의 판매금지 또는 표시정지 조치에 따르지 아니한 경우

④ 폐업 등으로 인하여 품질인증품을 생산하기 어렵다고 판단되는 경우

ANSWER 거짓이나 그 밖의 부정한 방법으로 인증을 받은 경우에는 품질인증을 반드시 취소하여야 한다.
※ **품질인증의 취소(법 제16조)**
해양수산부장관은 품질인증을 받은 자가 다음의 어느 하나에 해당하면 품질인증을 취소할 수 있다. 다만, 1에 해당하면 품질인증을 취소하여야 한다.
1. 거짓이나 그 밖의 부정한 방법으로 인증을 받은 경우
2. 품질인증의 기준에 현저하게 맞지 아니한 경우
3. 정당한 사유 없이 품질인증품 표시의 시정명령, 해당 품목의 판매금지 또는 표시정지 조치에 따르지 아니한 경우
4. 전업·폐업 등으로 인하여 품질인증품을 생산하기 어렵다고 판단되는 경우

34 다음은 수산물 품질인증 표지도형이다. 표지도형 밑에 들어갈 사항은?

① 인증번호

② 인증기간

③ 인증일시, 인증기관

④ 인증기관명, 인증번호

ANSWER 표지도형 밑에 인증기관명과 인증번호를 표시한다.

　　※ 수산물 품질인증 표시(시행규칙 별표 7)

　　　① 표지도형

인증기관명 :　　　　　　　　　　　　　　Name of Certifying Body :

인증번호 :　　　　　　　　　　　　　　　Certificate Number :

　　　② 제도법

　　　1. 도형표시

　　　　ⓐ 표지도형의 가로의 길이(사각형의 왼쪽 끝과 오른쪽 끝의 폭 : W)를 기준으로 세로의 길이는
　　　　　0.95×W의 비율로 한다.

　　　　ⓑ 표지도형의 흰색모양과 바깥 테두리(좌·우 및 상단부만 해당)의 간격은 0.1×W로 한다.

　　　　ⓒ 표지도형의 흰색모양 하단부 좌측 태극의 시작점은 상단부에서 0.55×W 아래가 되는 지점으로
　　　　　하고, 우측 태극의 끝점은 상단부에서 0.75×W 아래가 되는 지점으로 한다.

　　　2. 표지도형의 한글 및 영문 글자는 고딕체로 하고, 글자 크기는 표지도형의 크기에 따라 조정한다.

　　　3. 표지도형의 색상은 녹색을 기본색상으로 하고, 포장재의 색깔 등을 고려하여 파란색 또는 빨간색으
　　　　로 할 수 있다.

　　　4. 표지도형 내부의 '품질인증', '(QUALITY SEAFOOD)' 및 'QUALITY SEAFOOD'의 글자 색상은 표지
　　　　도형 색상과 동일하게 하고, 하단의 '해양수산부'와 'MOF KOREA'의 글자는 흰색으로 한다.

　　　5. 배색 비율은 녹색 C80+Y100, 파란색 C100+M70, 빨간색 M100+Y100+K10으로 한다.

　　　6. 표지도형의 크기는 포장재의 크기에 따라 조정한다.

　　　7. 표지도형 밑에 인증기관명과 인증번호를 표시한다.

　　　8. 표지도형의 위치는 포장재 주 표시면의 옆면에 표시하되, 포장재 구조상 옆면에 표시하기 어려울 경
　　　　우에는 표시위치를 변경할 수 있다.

35 품질인증기관의 지정 취소 사유 가운데 반드시 취소를 해야 하는 것은?

① 변경신고를 하지 아니하고 품질인증 업무를 계속한 경우
② 업무범위를 위반하여 품질인증 업무를 한 경우
③ 업무정지 기간 중 품질인증 업무를 한 경우
④ 품질인증 업무를 성실하게 수행하지 아니하여 공중에 위해를 끼치거나 품질인증을 위한 조사 결과를 조작한 경우

> **ANSWER** 업무정지 기간 중 품질인증 업무를 한 경우, 거짓이나 그 밖의 부정한 방법으로 품질인증기관으로 지정받은 경우, 최근 3년간 2회 이상 업무정지처분을 받은 경우, 품질인증기관의 폐업이나 해산·부도로 인하여 품질인증 업무를 할 수 없는 경우, 지정기준에 미치지 못하여 시정을 명하였으나 그 명령을 받은 날부터 1개월 이내에 이행하지 아니한 경우에 해당하면 반드시 지정을 취소하여야 한다.
>
> ※ **품질인증기관의 지정 취소 등(법 제18조)**
> ① 해양수산부장관은 품질인증기관이 다음의 어느 하나에 해당하면 그 지정을 취소하거나 6개월 이내의 기간을 정하여 품질인증 업무의 전부 또는 일부의 정지를 명할 수 있다. 다만, 1부터 4까지 및 6 중 어느 하나에 해당하면 품질인증기관의 지정을 취소하여야 한다.
> 1. 거짓이나 그 밖의 부정한 방법으로 품질인증기관으로 지정받은 경우
> 2. 업무정지 기간 중 품질인증 업무를 한 경우
> 3. 최근 3년간 2회 이상 업무정지처분을 받은 경우
> 4. 품질인증기관의 폐업이나 해산·부도로 인하여 품질인증 업무를 할 수 없는 경우
> 5. 변경신고를 하지 아니하고 품질인증 업무를 계속한 경우
> 6. 지정기준에 미치지 못하여 시정을 명하였으나 그 명령을 받은 날부터 1개월 이내에 이행하지 아니한 경우
> 7. 업무범위를 위반하여 품질인증 업무를 한 경우
> 8. 다른 사람에게 자기의 성명이나 상호를 사용하여 품질인증 업무를 하게 하거나 품질인증기관지정서를 빌려준 경우
> 9. 품질인증 업무를 성실하게 수행하지 아니하여 공중에 위해를 끼치거나 품질인증을 위한 조사 결과를 조작한 경우
> 10. 정당한 사유 없이 1년 이상 품질인증 실적이 없는 경우

36 다음 ( ) 안에 들어갈 것은?

> 수산물의 품질인증 유효기간을 연장받으려는 자는 해당 품질인증을 한 기관의 장에게 수산물 품질인증 (연장)신청서에 품질인증서 원본을 첨부하여 그 유효기간이 끝나기 ( ) 전까지 제출하여야 한다.

① 1개월
② 3개월
③ 6개월
④ 9개월

> **ANSWER** 수산물의 품질인증 유효기간을 연장받으려는 자는 해당 품질인증을 한 기관의 장에게 수산물 품질인증 (연장)신청서에 품질인증서 원본을 첨부하여 그 유효기간이 끝나기 1개월 전까지 제출하여야 한다(시행규칙 제35조 제1항).

37 다음 중 표지도형에 대한 내용으로 적절하지 못한 것은?

① 표지도형의 색상은 녹색을 기본색상으로 하고, 포장재의 색깔 등을 고려하여 파란색 또는 빨간색으로 할 수 있다.
② 표지도형의 한글 및 영문 글자는 고딕체로 하고, 글자 크기는 표지도형의 크기에 따라 조정한다.
③ 표지도형의 크기는 포장재의 크기에 따라 조정이 불가능하다.
④ 표지도형의 위치는 포장재 주 표시면의 옆면에 표시하되, 포장재 구조상 옆면에 표시하기 어려울 경우에는 표시위치를 변경할 수 있다.

ANSWER 표지도형의 크기는 포장재의 크기에 따라 조정한다〈시행규칙 별표 7〉.

38 지리적표시 제도를 시행하는 목적이 아닌 것은?

① 수산물 품질향상
② 지역특화산업 육성
③ 소비자 보호
④ 농민층 농촌 이탈 방지

ANSWER 해양수산부장관은 지리적 특성을 가진 수산물 또는 수산가공품의 품질 향상과 지역특화산업 육성 및 소비자 보호를 위하여 지리적표시의 등록 제도를 실시한다(법 제32조 제1항).

39 지리적표시 대상지역 가운데 연안해역은 각각 무엇으로 구분되는가?

① 위도, 경도
② 북위, 경도
③ 위도, 적도
④ 적도, 경도

ANSWER 지리적표시의 등록을 위한 지리적표시 대상지역은 자연환경적 및 인적 요인을 고려하여 구획되는데, 해당 품목의 특성에 영향을 주는 지리적 특성, 서식지 및 어획·채취의 환경이 동일한 연안해역의 경우 연안해역은 위도와 경도로 구분하여야 한다.
※ 지리적표시의 대상지역(시행령 제12조)
지리적표시의 등록을 위한 지리적표시 대상지역은 자연환경적 및 인적 요인을 고려하여 다음의 어느 하나에 따라 구획하여야 한다. 다만, 「인삼산업법」에 따른 인삼류의 경우에는 전국을 단위로 하나의 대상지역으로 한다.
1. 해당 품목의 특성에 영향을 주는 지리적 특성이 동일한 행정구역, 산, 강 등에 따를 것
2. 해당 품목의 특성에 영향을 주는 지리적 특성, 서식지 및 어획·채취의 환경이 동일한 연안해역(「연안관리법」에 따른 연안해역)에 따를 것. 이 경우 연안해역은 위도와 경도로 구분하여야 한다.

40 지리적표시의 등록을 신청할 수 없는 자는?

① 수산물을 가공하는 자로 구성된 법인

② 수산가공품을 생산하는 자로 구성된 법인

③ 수산가공품을 가공하는 자로 구성된 법인

④ 수산물품질관리재단

> **A**NSWER 지리적표시의 등록은 특정지역에서 지리적 특성을 가진 수산물 또는 수산가공품을 생산하거나 제조·가공하는 자로 구성된 법인만 신청할 수 있다. 다만, 지리적 특성을 가진 수산물 또는 수산가공품의 생산자 또는 가공업자가 1인인 경우에는 법인이 아니라도 등록신청을 할 수 있다(법 제32조 제2항).

41 지리적표시 등록거절 사유에 해당되지 않는 것은?

① 등록된 타인의 지리적표시와 같거나 비슷한 경우

② 지리적표시 또는 동음이의어 지리적표시의 정의에 맞지 아니하는 경우

③ 국외에서 널리 알려진 타인의 상표

④ 「상표법」에 따라 먼저 출원된 경우

> **A**NSWER 국내에서 널리 알려진 타인의 상표 또는 지리적표시와 같거나 비슷한 경우가 등록 거절 사유에 해당한다.
>
> ※ 지리적표시의 등록(법 제32조 제9항)
> 해양수산부장관은 등록 신청된 지리적표시가 다음의 어느 하나에 해당하면 등록의 거절을 결정하여 신청자에게 알려야 한다.
> 1. 먼저 등록 신청되었거나, 등록된 타인의 지리적표시와 같거나 비슷한 경우
> 2. 「상표법」에 따라 먼저 출원되었거나 등록된 타인의 상표와 같거나 비슷한 경우
> 3. 국내에서 널리 알려진 타인의 상표 또는 지리적표시와 같거나 비슷한 경우
> 4. 일반명칭[수산물 또는 수산가공품의 명칭이 기원적으로 생산지나 판매장소와 관련이 있지만 오래 사용되어 보통명사화된 명칭]에 해당되는 경우
> 5. 지리적표시 또는 동음이의어 지리적표시의 정의에 맞지 아니하는 경우
> 6. 지리적표시의 등록을 신청한 자가 그 지리적표시를 사용할 수 있는 수산물 또는 수산가공품을 생산·제조 또는 가공하는 것을 업으로 하는 자에 대하여 단체의 가입을 금지하거나 가입조건을 어렵게 정하여 실질적으로 허용하지 아니한 경우

42 지리적표시에 관한 설명으로 옳지 않은 것은?

① 해양수산부장관은 등록 신청을 받으면 지리적표시 등록심의 분과위원회의 심의를 거쳐 등록거절 사유가 없는 경우 지리적표시 등록 신청 공고결정을 하여야 한다.

② 해양수산부장관은 공고결정을 할 때에는 그 결정 내용을 관보와 인터넷 홈페이지에 공고한다.

③ 공고일부터 2개월간 지리적표시 등록 신청서류 및 그 부속서류를 관계자만이 열람할 수 있도록 하여야 한다.

④ 해양수산부장관은 등록 신청된 지리적표시가 등록된 타인의 지리적표시와 같거나 비슷한 경우 등록의 거절을 결정하여 신청자에게 알려야 한다.

ⒶNSWER 공고일부터 2개월간 지리적표시 등록 신청서류 및 그 부속서류를 일반인이 열람할 수 있도록 하여야 한다(법 제32조 제5항).
① 법 제32조 제4항
② 법 제32조 제5항
④ 법 제32조 제9항

43 다음 심결 등에 대한 소송의 내용으로 가장 옳지 않은 것은?

① 심결에 대한 소송은 특허법원의 전속관할로 한다.

② 소송은 심결 또는 결정의 등본을 송달받은 날부터 60일 이내에 제기하여야 한다.

③ 특허법원의 판결에 대하여는 대법원에 상고할 수 없다.

④ 심판을 청구할 수 있는 사항에 관한 소송은 심결에 대한 것이 아니면 제기할 수 없다.

ⒶNSWER 심결 등에 대한 소송 〈농수산물 품질관리법 제54조〉
㉠ 심결에 대한 소송은 특허법원의 전속관할로 한다.
㉡ ㉠에 따른 소송은 당사자, 참가인 또는 해당 심판이나 재심에 참가신청을 하였으나 그 신청이 거부된 자만 제기할 수 있다.
㉢ ㉠에 따른 소송은 심결 또는 결정의 등본을 송달받은 날부터 60일 이내에 제기하여야 한다.
㉣ ㉢의 기간은 불변기간으로 한다.
㉤ 심판을 청구할 수 있는 사항에 관한 소송은 심결에 대한 것이 아니면 제기할 수 없다.
㉥ 특허법원의 판결에 대하여는 대법원에 상고할 수 있다.

ⒶNSWER 40.④ 41.③ 42.③ 43.③

44 지리적표시의 등록을 취소하였을 경우 국립수산물품질관리원장이 공고해야 하는 사항이 아닌 것은?

① 등록번호　　　　　　　　　　　② 취소일
③ 취소사유　　　　　　　　　　　④ 취소권자

ANSWER　④는 해당되지 않는다.

　　※ **지리적표시의 등록공고 등**(시행규칙 제58조)
　　국립수산물품질관리원장은 지리적표시의 등록을 취소하였을 때에는 다음의 사항을 공고하여야 한다.
　　1. 취소일 및 등록번호
　　2. 지리적표시 등록 대상품목 및 등록명칭
　　3. 지리적표시 등록자의 성명, 주소(법인의 경우에는 그 명칭 및 영업소의 소재지) 및 전화번호
　　4. 취소사유

45 다음 중 지리적 표시권을 침해한 것으로 보기 어려운 것은?

① 등록된 지리적표시를 위조하는 행위
② 등록된 지리적표시를 모조하는 행위
③ 지리적표시권이 있는 사가 제품의 포장·용기에 사용하는 행위
④ 지리적표시의 명성을 침해하면서 등록된 지리적표시품과 같거나 비슷한 품목에 직접 또는 간접적인 방법으로 상업적으로 이용하는 행위

ANSWER　③은 해당되지 않는다.

　　※ **권리침해의 금지 청구권 등**(법 제36조)
　　① 지리적표시권자는 자신의 권리를 침해한 자 또는 침해할 우려가 있는 자에게 그 침해의 금지 또는 예방을 청구할 수 있다.
　　② 다음의 어느 하나에 해당하는 행위는 지리적표시권을 침해하는 것으로 본다.
　　　1. 지리적표시권이 없는 자가 등록된 지리적표시와 같거나 비슷한 표시를 등록품목과 같거나 비슷한 품목의 제품·포장·용기·선전물 또는 관련 서류에 사용하는 행위
　　　2. 등록된 지리적표시를 위조하거나 모조하는 행위
　　　3. 등록된 지리적표시를 위조하거나 모조할 목적으로 교부·판매·소지하는 행위
　　　4. 그 밖에 지리적표시의 명성을 침해하면서 등록된 지리적표시품과 같거나 비슷한 품목에 직접 또는 간접적인 방법으로 상업적으로 이용하는 행위

46 다음 중 지리적표시품의 시정을 명하거나 판매의 금지, 표시의 정지 또는 등록의 취소를 할 수 있는 사항이 아닌 것은?

① 표시방법을 위반한 경우
② 등록기준에 미치지 못하게 된 경우
③ 해당 지리적표시품 생산량의 급감 등 지리적표시품 생산계획의 이행이 곤란하다고 인정되는 경우
④ 지리적표시품의 판매를 종료한 경우

ANSWER 지리적표시품의 표시 시정 등(법 제40조)
해양수산부장관은 지리적표시품이 다음의 어느 하나에 해당하면 대통령령으로 정하는 바에 따라 시정을 명하거나 판매의 금지, 표시의 정지 또는 등록의 취소를 할 수 있다.
1. 등록기준에 미치지 못하게 된 경우
2. 표시방법을 위반한 경우
3. 해당 지리적표시품 생산량의 급감 등 지리적표시품 생산계획의 이행이 곤란하다고 인정되는 경우

47 지리적표시심판위원회에 대한 내용 중 틀린 것은?

① 지리적표시심판위원회의 소속은 해양수산부장관이다.
② 심판위원회는 위원장 1명을 포함한 10명 이내의 심판위원으로 구성한다.
③ 심판위원의 임기는 3년으로 하며, 연임할 수 없다.
④ 심판위원회의 위원장은 심판위원 중에서 해양수산부장관이 정한다.

ANSWER 심판위원의 임기는 3년으로 하며, 한 차례만 연임할 수 있다(법 제42조 제5항).

48 지리적표시 등록의 거절을 통보받은 자 또는 등록이 취소된 자는 이의가 있으면 등록거절 또는 등록취소를 통보받은 날부터 언제까지 심판을 청구할 수 있는가?

① 10일 이내
② 20일 이내
③ 30일 이내
④ 50일 이내

ANSWER 지리적표시 등록의 거절을 통보받은 자 또는 등록이 취소된 자는 이의가 있으면 등록거절 또는 등록취소를 통보받은 날부터 30일 이내에 심판을 청구할 수 있다(법 제45조).

ANSWER 44.④ 45.③ 46.④ 47.③ 48.③

49 다음 중 유전자변형수산물임을 표시하지 않아도 되는 자는?

① 유전자변형수산물을 생산하여 출하하는 자
② 유전자변형수산물을 생산하여 판매하는 자
③ 유전자변형수산물을 소비하는 자
④ 유전자변형수산물을 판매할 목적으로 보관하는 자

> **A**NSWER 유전자변형수산물을 생산하여 출하하는 자, 판매하는 자, 또는 판매할 목적으로 보관·진열하는 자는 대통령령으로 정하는 바에 따라 해당 수산물에 유전자변형수산물임을 표시하여야 한다(법 제56조 제1항).

50 유전자변형표시 대상 수산물의 수거·조사의 기간은?

① 매년 1회씩   ② 2년 마다 1회씩
③ 3년 마다 1회씩   ④ 5년 마다 1회씩

> **A**NSWER 유전자변형표시 대상 수산물의 수거·조사는 업종·규모·거래품목 및 거래형태 등을 고려하여 식품의약품안전처장이 정하는 기준에 해당하는 영업소에 대하여 매년 1회 실시한다(시행령 제21조 제1항).

51 유전자변형수산물의 표시를 하여야 하는 자의 금지된 행위는?

> ㉠ 유전자변형수산물의 표시를 혼동하게 할 목적으로 그 표시를 손상시키 행위
> ㉡ 유전자변형수산물의 표시를 거짓으로 하는 행위
> ㉢ 유전자변형수산물의 표시를 한 수산물에 다른 수산물을 혼합하여 판매한 행위
> ㉣ 유전자변형수산물을 혼합하여 판매할 목적으로 보관한 행위

① ㉠, ㉡   ② ㉠, ㉡, ㉢
③ ㉠, ㉡, ㉢, ㉣   ④ 없음

> **A**NSWER 모두 금지되는 행위이다.
> ※ 거짓표시 등의 금지(법 제57조)
> 유전자변형농수산물의 표시를 하여야 하는 자는 다음의 행위를 하여서는 아니 된다.
> 1. 유전자변형수산물의 표시를 거짓으로 하거나 이를 혼동하게 할 우려가 있는 표시를 하는 행위
> 2. 유전자변형수산물의 표시를 혼동하게 할 목적으로 그 표시를 손상·변경하는 행위
> 3. 유전자변형수산물의 표시를 한 농수산물에 다른 수산물을 혼합하여 판매하거나 혼합하여 판매할 목적으로 보관 또는 진열하는 행위

52 유전자변형수산물의 표시기준 및 표시방법에 관한 세부사항에 대한 고시를 할 수 있는 자는?

① 농림축산식품부장관
② 식품의약품안전처장
③ 보건복지부장관
④ 해양수산부장관

ANSWER 유전자변형수산물의 표시기준 및 표시방법에 관한 세부사항은 식품의약품안전처장이 정하여 고시한다(시행령 제20조 제3항).

53 식품의약품안전처장은 유전자변형수산물의 표시나 거짓표시 등의 금지를 위반한 자에 대한 처분을 내릴 수 있는데 여기에 해당되는 처분이 아닌 것은?

① 유전자변형수산물 표시의 변경 시정명령
② 유전자변형수산물 표시의 이행 시정명령
③ 유전자변형 표시를 위반한 수산물의 판매 등 거래행위의 금지
④ 시설위생관리기준에 적합한지를 조사

ANSWER ④는 해당되지 않는다.
※ **유전자변형농수산물의 표시 위반에 대한 처분(법 제59조)**
식품의약품안전처장은 유전자변형수산물의 표시 또는 거짓표시 등의 금지를 위반한 자에 대하여 다음의 어느 하나에 해당하는 처분을 할 수 있다.
1. 유전자변형수산물 표시의 이행·변경·삭제 등 시정명령
2. 유전자변형 표시를 위반한 수산물의 판매 등 거래행위의 금지

54 식품의약품안전처장은 유전자변형수산물 표시의무자가 유전자변형수산물의 거짓표시 등의 금지(법 제57조)를 위반하여 처분이 확정된 경우 처분내용, 해당 영업소와 수산물의 명칭 등 처분과 관련된 사항을 인터넷 홈페이지에 공표하여야 한다. 이에 따른 공표명령의 대상자가 아닌 자는?

① 표시위반물량이 수산물의 경우에는 10톤을 넘지 않는 경우
② 표시위반물량의 판매가격 환산금액이 5억 이상인 경우
③ 표시위반물량의 판매가격 환산금액이 10억 이상인 경우
④ 적발일을 기준으로 최근 1년 동안 처분을 받은 횟수가 2회 이상인 경우

ANSWER 표시위반물량이 수산물의 경우에는 10톤 이상일 경우 공표명령 대상자이다.
※ **공표명령의 기준·방법 등(시행령 제22조)**
공표명령의 대상자는 처분을 받은 자 중 다음의 어느 하나의 경우에 해당하는 자로 한다.
1. 표시위반물량이 수산물의 경우에는 10톤 이상인 경우
2. 표시위반물량의 판매가격 환산금액이 수산인 경우에는 5억 원 이상인 경우
3. 적발일을 기준으로 최근 1년 동안 처분을 받은 횟수가 2회 이상인 경우

ANSWER 49.③ 50.① 51.③ 52.② 53.④ 54.①

55 유전자변형수산물 표시 위반에 따른 공표명령을 받은 자가 공표문에 게재하여야 할 사항을 모두 고른 것은?

ⓐ 「농수산물 품질관리법」 위반사실의 공표라는 내용의 표제
ⓑ 영업의 종류
ⓒ 처분일
ⓓ 영업소의 명칭
ⓔ 위반내용
ⓕ 후속조치

---

① ㉠, ㉡, ㉢
② ㉢, ㉤, ㉥
③ ㉠, ㉡, ㉢, ㉣, ㉤
④ ㉠, ㉡, ㉢, ㉣, ㉤, ㉥

ⒶNSWER ㉥을 제외하고 나머지는 모두 공표문에 게재해야 할 사항에 해당한다.
※ **공표명령의 기준·방법 등**(시행령 제22조)
공표명령을 받은 자는 지체 없이 다음의 사항이 포함된 공표문을 「신문 등의 진흥에 관한 법률」에 따라 등록한 전국을 보급지역으로 하는 1개 이상의 일반일간신문에 게재하여야 한다.
1. 「농수산물 품질관리법」 위반사실의 공표라는 내용의 표제
2. 영업의 종류
3. 영업소의 명칭 및 주소
4. 농수산물의 명칭
5. 위반내용
6. 처분권자, 처분일 및 처분내용

56 수산물의 품질 향상과 안전한 수산물의 생산·공급을 위한 안전관리계획을 매년 수립·시행하는 자는?

① 농림축산식품부장관
② 식품의약품안전처장
③ 보건복지부장관
④ 해양수산부장관

ⒶNSWER 식품의약품안전처장은 수산물의 품질 향상과 안전한 수산물의 생산·공급을 위한 안전관리계획을 매년 수립·시행하여야 한다(법 제60조 제1항).

57 다음 중 안전관리계획에 대한 내용으로 틀린 것은?

① 식품의약품안전처장은 축산물을 포함해 농수산물의 품질 향상과 안전한 농수산물의 생산·공급을 위한 안전관리계획을 매년 수립한다.

② 시·도지사 및 시장·군수·구청장은 관할 지역에서 생산·유통되는 농수산물의 안전성을 확보하기 위한 세부추진계획을 수립·시행하여야 한다.

③ 안전관리계획 및 세부추진계획에는 안전성조사, 위험평가 및 잔류조사, 농어업인에 대한 교육 등을 포함한다.

④ 식품의약품안전처장은 시·도지사 및 시장·군수·구청장에게 세부추진계획 및 그 시행 결과를 보고하게 할 수 있다.

ANSWER 식품의약품안전처장은 농수산물(축산물은 제외)의 품질 향상과 안전한 농수산물의 생산·공급을 위한 안전관리계획을 매년 수립·시행하여야 한다.

※ **안전관리계획**(법 제60조)
① 식품의약품안전처장은 농수산물(축산물은 제외)의 품질 향상과 안전한 농수산물의 생산·공급을 위한 안전관리계획을 매년 수립·시행하여야 한다.
② 시·도지사 및 시장·군수·구청장은 관할 지역에서 생산·유통되는 농수산물의 안전성을 확보하기 위한 세부추진계획을 수립·시행하여야 한다.
③ 안전관리계획 및 세부추진계획에는 안전성조사, 위험평가 및 잔류조사, 농어업인에 대한 교육, 그 밖에 총리령으로 정하는 사항을 포함하여야 한다.
④ 식품의약품안전처장은 시·도지사 및 시장·군수·구청장에게 세부추진계획 및 그 시행 결과를 보고하게 할 수 있다.

58 안전관리계획에 따라 안전성조사, 위험평가 또는 잔류조사를 위하여 관계 공무원에게 시료 수거 및 조사를 명령할 수 있는 자는?

① 농수산물품질관리위원회

② 지방의회위원

③ 구청장

④ 시·도지사

ANSWER 시료 수거 등(법 제62조)
식품의약품안전처장이나 시·도지사는 안전성조사, 위험평가 또는 잔류조사를 위하여 필요하면 관계 공무원에게 다음의 시료 수거 및 조사 등을 하게 할 수 있다. 이 경우 무상으로 시료 수거를 하게 할 수 있다.
1. 농수산물과 농수산물의 생산에 이용·사용되는 토양·용수·자재 등의 시료 수거 및 조사
2. 해당 농수산물을 생산, 저장, 운반 또는 판매(농산물만 해당)하는 자의 관계 장부나 서류의 열람

ANSWER | 55.③ 56.② 57.① 58.④

59 수산물 및 수산가공품에 대한 위해요소중점관리기준 내용 중 틀린 것은?

① 해양수산부장관은 외국과의 협약에 규정되어 있거나 수출 상대국에서 정하여 요청하는 경우에는 수출을 목적으로 하는 수산물 및 수산가공품에 유해물질이 섞여 들어오거나 남아 있는 것 또는 수산물 및 수산가공품이 오염되는 것을 방지하기 위하여 생산·가공 등 각 단계를 중점적으로 관리하는 위해요소중점관리기준을 정하여 고시한다.

② 해양수산부장관은 국내에서 생산되는 수산물의 품질 향상과 안전한 생산·공급을 위하여 생산단계, 저장단계 및 출하되어 거래되기 이전 단계의 과정에서 유해물질이 섞여 들어오거나 남아 있는 것 또는 수산물이 오염되는 것을 방지하는 것을 목적으로 하는 위해요소중점관리기준을 정하여 고시한다.

③ 해양수산부장관은 위해요소중점관리기준을 이행하는 자에게 해양수산부령으로 정하는 바에 따라 그 이행 사실을 증명하는 서류를 발급할 수 있다.

④ 해양수산부장관은 위해요소중점관리기준이 효과적으로 준수되도록 하기 위하여 등록을 한 자에게 위해요소중점관리기준의 이행에 필요한 기술·정보를 제공할 수 없다.

ANSWER 위해요소중점관리기준(법 제70조)

① 해양수산부장관은 외국과의 협약에 규정되어 있거나 수출 상대국에서 정하여 요청하는 경우에는 수출을 목적으로 하는 수산물 및 수산가공품에 유해물질이 섞여 들어오거나 남아 있는 것 또는 수산물 및 수산가공품이 오염되는 것을 방지하기 위하여 생산·가공 등 각 단계를 중점적으로 관리하는 위해요소중점관리기준을 정하여 고시한다.

② 해양수산부장관은 국내에서 생산되는 수산물의 품질 향상과 안전한 생산·공급을 위하여 생산단계, 저장단계(생산자가 저장하는 경우만 해당) 및 출하되어 거래되기 이전 단계의 과정에서 유해물질이 섞여 들어오거나 남아 있는 것 또는 수산물이 오염되는 것을 방지하는 것을 목적으로 하는 위해요소중점관리기준을 정하여 고시한다.

③ 해양수산부장관은 등록한 생산·가공시설 등을 운영하는 자에게 위해요소중점관리기준을 준수하도록 할 수 있다.

④ 해양수산부장관은 위해요소중점관리기준을 이행하는 자에게 해양수산부령으로 정하는 바에 따라 그 이행 사실을 증명하는 서류를 발급할 수 있다.

⑤ 해양수산부장관은 위해요소중점관리기준이 효과적으로 준수되도록 하기 위하여 등록을 한 자(그 종업원을 포함)와 등록을 하려는 자(그 종업원을 포함)에게 위해요소중점관리기준의 이행에 필요한 기술·정보를 제공하거나 교육훈련을 실시할 수 있다.

60 2011년 1월 A 안전성검사기관이 업무의 정지명령을 위반하여 계속 안전성조사 및 시험분석 업무를 하여 지정 취소의 처분을 받았다. 그렇다면 취소된 날로부터 어느 정도 기간이 지나야 다시 A는 안전성검사기관으로 지정받을 수 있는가?

① 6개월 ② 1년
③ 2년 ④ 5년

ANSWER 안전성검사기관의 지정(법 제64조)
① 식품의약품안전처장은 안전성조사 업무의 일부와 시험분석 업무를 전문적·효율적으로 수행하기 위하여 안전성검사기관을 지정하고 안전성조사와 시험분석 업무를 대행하게 할 수 있다.
② 안전성검사기관으로 지정받으려는 자는 안전성조사와 시험분석에 필요한 시설과 인력을 갖추어 식품의약품안전처장에게 신청하여야 한다. 다만, 안전성검사기관 지정이 취소된 후 2년이 지나지 아니하면 안전성검사기관 지정을 신청할 수 없다.
③ 안전성검사기관의 지정 기준 및 절차와 업무 범위 등에 필요한 사항은 총리령으로 정한다.

61 수산물의 생산·가공시설 및 수산물을 생산하는 해역의 위생관리기준을 정하여 고시할 수 있는 자는?

① 식품의약품안전처장 ② 국민안전처장
③ 해양수산부장관 ④ 보건복지부장관

ANSWER 해양수산부장관은 외국과의 협약을 이행하거나 외국의 일정한 위생관리기준을 지키도록 하기 위하여 수출을 목적으로 하는 수산물의 생산·가공시설 및 수산물을 생산하는 해역의 위생관리기준을 정하여 고시한다(법 제69조).

62 "해양수산부장관이 위생관리기준에 맞는 해역을 (   )으로 정하여 고시할 수 있다."에서 (   ) 안에 들어갈 알맞은 것은?

① 청정해역 ② 잠정해역
③ 지정해역 ④ 열대해역

ANSWER 해양수산부장관은 위생관리기준에 맞는 해역을 '지정해역'으로 지정하여 고시할 수 있다(법 제71조 제1항).

ANSWER 59.④ 60.③ 61.③ 62.③

63 지정해역에 관한 내용으로 옳지 않은 것은?

① 지정해역 지정을 위한 위생조사 · 점검계획을 수립한 후 해역에 대하여 조사 · 점검을 한 결과 해양수산부장관이 정하여 고시한 해역의 위생관리기준에 적합하다고 인정하는 경우는 지정해역으로 지정할 수 있다.

② 국립수산과학원장은 지정해역의 보존 · 관리를 위한 지정해역 위생관리종합대책을 수립 · 시행하여야 한다.

③ 국립수산과학원장은 지정된 지정해역에 대하여 매월 1회 이상 위생에 관한 조사를 하여야 한다.

④ 국립수산과학원장은 위생조사를 한 결과 지정해역이 지정해역위생관리기준에 부합하지 아니하게 된 경우에는 지체 없이 그 사실을 해양수산부장관, 국립수산물품질관리원장 및 시 · 도지사에게 보고하거나 통지하여야 한다.

ANSWER   해양수산부장관은 지정해역의 보존 · 관리를 위한 지정해역 위생관리종합대책을 수립 · 시행하여야 한다(법 제72조 제1항).

64 다음 중 1년 이상의 기간 동안 매월 1회 이상 위생에 관한 조사를 하여 그 결과가 지정해역 위생관리기준에 부합하는 경우에 지정할 수 있는 지정해역은?

① 고도지정해역   ② 위도지정해역
③ 일반지정해역   ④ 잠정지정해역

ANSWER   지정해역의 지정 등(시행규칙 제86조)
해양수산부장관은 지정해역을 지정하는 경우 다음의 구분에 따라 지정할 수 있으며, 이를 지정한 경우에는 그 사실을 고시하여야 한다.

구분	내용
잠정지정해역	1년 이상의 기간 동안 매월 1회 이상 위생에 관한 조사를 하여 그 결과가 지정해역위생관리기준에 부합하는 경우
일반지정해역	2년 6개월 이상의 기간 동안 매월 1회 이상 위생에 관한 조사를 하여 그 결과가 지정해역위생관리기준에 부합하는 경우

65 지정해역 및 주변해역에서의 제한 또는 금지되는 사항이 아닌 것은?

① 「해양환경관리법」에 따른 오염물질을 배출하는 행위

② 지정해역에서 수산물의 전염병이 발생한 경우 「수산생물질병 관리법」에 따른 수의사의 진료에 따라 동물용 의약품을 사용하는 행위

③ 「수산업법」에 따른 어류 등 양식어업을 하기 위하여 설치한 양식어장의 시설에서 「해양환경관리법」에 따른 오염물질을 배출하는 행위

④ 양식어업을 하기 위하여 설치한 양식시설에서 「가축분뇨의 관리 및 이용에 관한 법률」에 따른 가축(개와 고양이를 포함)을 사육(가축을 방치하는 경우를 포함)하는 행위

ＡNSWER 지정해역 및 주변해역에서의 제한 또는 금지(법 제73조)
① 누구든지 지정해역 및 지정해역으로부터 1킬로미터 이내에 있는 해역에서 다음의 어느 하나에 해당하는 행위를 하여서는 아니 된다.
  1. 「해양환경관리법」에 따른 오염물질을 배출하는 행위
  2. 「수산업법」에 따른 어류 등 양식어업을 하기 위하여 설치한 양식어장의 시설에서 「해양환경관리법」에 따른 오염물질을 배출하는 행위
  3. 양식어업을 하기 위하여 설치한 양식시설에서 「가축분뇨의 관리 및 이용에 관한 법률」에 따른 가축(개와 고양이를 포함)을 사육(가축을 방치하는 경우를 포함)하는 행위
② 해양수산부장관은 지정해역에서 생산되는 수산물의 오염을 방지하기 위하여 양식어업의 어업권자(「수산업법」에 따라 인가를 받아 어업권의 이전·분할 또는 변경을 받은 자와 양식시설의 관리를 책임지고 있는 자를 포함)가 지정해역 및 주변해역 안의 해당 양식시설에서 「약사법」에 따른 동물용 의약품을 사용하는 행위를 제한하거나 금지할 수 있다. 다만, 지정해역 및 주변해역에서 수산물의 질병 또는 전염병이 발생한 경우로서 「수산생물질병 관리법」에 따른 수산질병관리사나 「수의사법」에 따른 수의사의 진료에 따라 동물용 의약품을 사용하는 경우에는 예외로 한다.
③ 해양수산부장관은 제2항에 따라 동물용 의약품을 사용하는 행위를 제한하거나 금지하려면 지정해역에서 생산되는 수산물의 출하가 집중적으로 이루어지는 시기를 고려하여 3개월을 넘지 아니하는 범위에서 그 기간을 지정해역별로 정하여 고시하여야 한다.

66 다음 중 수산물 등에 대한 검사를 생략할 수 없는 것은?

① 지정해역에서 위생관리기준에 맞게 생산·가공된 수산물 및 수산가공품
② 「식품산업진흥법」에 따라 수산물가공업을 신고한 자가 직접 운영하는 어선에서 포획하여 현지에서 직접 수출하는 수산물
③ 「원양산업발전법」에 따른 원양어업허가를 받지 못한 어선에서 포획하여 현지에서 직접 수출하는 수산물
④ 등록한 생산·가공시설 등에서 위생관리기준 또는 위해요소중점관리기준에 맞게 생산·가공된 수산물 및 수산가공품

Ａ<small>NSWER</small> 수산물 등에 대한 검사(법 제88조)

해양수산부장관은 다음의 어느 하나에 해당하는 경우에는 검사의 일부를 생략할 수 있다.
1. 지정해역에서 위생관리기준에 맞게 생산·가공된 수산물 및 수산가공품
2. 등록한 생산·가공시설 등에서 위생관리기준 또는 위해요소중점관리기준에 맞게 생산·가공된 수산물 및 수산가공품
3. 다음의 어느 하나에 해당하는 어선으로 해외수역에서 포획하거나 채취하여 현지에서 직접 수출하는 수산물 및 수산가공품(외국과의 협약을 이행하여야 하거나 외국의 일정한 위생관리기준·위해요소중점관리기준을 준수하여야 하는 경우는 제외)
   가. 「원양산업발전법」에 따른 원양어업허가를 받은 어선
   나. 「식품산업진흥법」에 따라 수산물가공업(대통령령으로 정하는 업종에 한정)을 신고한 자가 직접 운영하는 어선
4. 검사의 일부를 생략하여도 검사목적을 달성할 수 있는 경우로서 대통령령으로 정하는 경우

67 다음 중 지정해역에서 수산물의 생산을 제한할 수 있는 경우가 아닌 것은?

① 선박의 좌초로 인하여 해양오염이 발생한 경우
② 지정해역이 일시적으로 위생관리기준에 적합하지 아니하게 된 경우
③ 강우량의 변화 등에 따른 영향으로 지정해역의 오염이 우려되어 해양수산부장관이 수산물의 생산제한이 필요하다고 인정하는 경우
④ 위해요소중점관리기준을 이행하지 않은 경우

Ａ<small>NSWER</small> 지정해역에서의 생산제한(시행령 제27조)

지정해역에서 수산물의 생산을 제한할 수 있는 경우는 다음과 같다.
1. 선박의 좌초·충돌·침몰, 그 밖에 인근에 위치한 폐기물처리시설의 장애 등으로 인하여 해양오염이 발생한 경우
2. 지정해역이 일시적으로 위생관리기준에 적합하지 아니하게 된 경우
3. 강우량의 변화 등에 따른 영향으로 지정해역의 오염이 우려되어 해양수산부장관이 수산물의 생산제한이 필요하다고 인정하는 경우

68 해양수산부장관은 생산·가공시설 등이 위생관리기준과 위해요소중점관리기준에 맞는지를 조사·점검하는 경우 조사의 주기는?

① 1년에 1회　　　　　　　　　② 2년에 1회

③ 3년에 1회　　　　　　　　　④ 7년에 4회

> **ᴀNSWER** 해양수산부장관은 생산·가공시설 등이 위생관리기준과 위해요소중점관리기준에 맞는지를 조사·점검하여야 하며(법 제76조 제2항), 생산·가공시설 등에 대한 조사·점검주기는 '2년에 1회 이상'으로 한다. 다만, 위생관리기준에 맞추거나 또는 위해요소중점관리기준을 이행하여야 하는 생산·가공시설 등에 대한 조사·점검 주기는 외국과의 협약에 규정되어 있거나 수출 상대국에서 정하여 요청하는 경우 이를 반영할 수 있다(시행령 제25조).

관련법령

69 수산물 및 수산가공품에 대한 검사의 종류 및 방법 중 관능검사시 국립수산물품질관리원장이 전수검사가 필요하다고 정한 수산물 및 수산가공품 외에는 표본추출방법을 사용할 수 있다. 단위 중량이 일정하지 않은 무포장 제품 중 5톤 이상 10톤 미만인 경우 관능검사 채점 지점(마리)은?

① 1　　　　　　　　　　　　② 2

③ 3　　　　　　　　　　　　④ 5

> **ᴀNSWER** 수산물 및 수산가공품에 대한 검사의 종류 및 방법 중 관능검사
> ① 관능검사란 오관(五官)에 의하여 그 적합 여부를 판정하는 검사로서 다음의 수산물 및 수산가공품을 그 대상으로 한다.
> 　㉠ 수산물 및 수산가공품으로서 외국요구기준을 이행했는지를 확인하기 위하여 품질·포장재·표시사항 또는 규격 등의 확인이 필요한 수산물·수산가공품
> 　㉡ 검사신청인이 위생증명서를 요구하는 수산물·수산가공품(비식용수산·수산가공품은 제외)
> 　㉢ 정부에서 수매·비축하는 수산물·수산가공품
> 　㉣ 국내에서 소비하는 수산물·수산가공품
> ② 관능검사 가운데 국립수산물품질관리원장이 전수검사가 필요하다고 정한 수산물 및 수산가공품 외에는 다음의 표본추출방법으로 한다.
> 무포장 제품(단위 중량이 일정하지 않은 것)
>
> | 신청 로트(Lot)의 크기 | 관능검사 채점 지점(마리) |
> | --- | --- |
> | 1톤 미만 | 2 |
> | 1톤 이상~3톤 미만 | 3 |
> | 3톤 이상~5톤 미만 | 4 |
> | 5톤 이상~10톤 미만 | 5 |
> | 10톤 이상~20톤 미만 | 6 |
> | 20톤 이상 | 7 |

ᴀNSWER 66.③ 67.④ 68.② 69.④

70 다음 중 수산물검사기관의 지정기준에 관한 사항으로 틀린 것은?

① 검사업무의 절차 및 방법 등이 담긴 검사업무 규정을 작성하여야 한다.

② 검사대상 종류별로 2명 이상의 검사인력을 확보하여야 한다.

③ 검사관이 근무할 수 있는 적정한 넓이의 사무실과 검사대상품의 분석, 기술훈련, 검사용 장비관리 등을 위하여 검사 현장을 관할하는 사무소별로 10제곱미터 이상의 분석실이 설치되어야 한다.

④ 검사에 필요한 기본 검사장비와 종류별 검사장비를 갖추어야 하며, 장비확보에 대한 세부기준은 해양수산부장관이 정하여 고시한다.

> **A**NSWER 수산물검사기관의 지정기준(시행규칙 별표 25)
> ① 조직 및 인력
> 　　1. 검사의 통일성을 유지하고 업무수행을 원활하게 하기 위하여 검사관리 부서를 두어야 한다.
> 　　2. 검사대상 종류별로 3명 이상의 검사인력을 확보하여야 한다.
> ② 시설 : 검사관이 근무할 수 있는 적정한 넓이의 사무실과 검사대상품의 분석, 기술훈련, 검사용 장비관리 등을 위하여 검사 현장을 관할하는 사무소별로 10제곱미터 이상의 분석실이 설치되어야 한다.
> ③ 장비 : 검사에 필요한 기본 검사장비와 종류별 검사장비를 갖추어야 하며, 장비확보에 대한 세부 기준은 해양수산부장관이 정하여 고시한다.
> ④ 검사업무 규정 : 다음의 사항이 모두 포함된 검사업무 규정을 작성하여야 한다.
> 　　1. 검사업무의 절차 및 방법
> 　　2. 검사업무의 사후관리 방법
> 　　3. 검사의 수수료 및 그 징수방법
> 　　4. 검사원의 준수사항 및 자체관리 · 감독 요령
> 　　5. 그 밖에 해양수산부장관이 검사업무의 수행에 필요하다고 인정하여 고시하는 사항

71 수산물검사관에 관한 사항으로 옳지 않은 것은?

① 수산물검사업무나 재검사 업무를 담당하는 수산물검사관은 수산물 검사 관련 업무에 1년 이상 종사한 사람이 자격이 있다.

② 수산물검사관의 자격이 취소된 사람은 자격이 취소된 날부터 3년이 지나지 아니하면 전형시험에 응시하거나 수산물검사관의 자격을 취득할 수 없다.

③ 국가검역 · 검사기관의 장은 수산물검사관의 검사기술과 자질을 향상시키기 위하여 교육을 실시할 수 있다.

④ 「국가기술자격법」에 따른 수산양식기사의 자격이 있는 자는 수산물검사관 전형시험의 전부를 면제한다.

> **A**NSWER 수산물검사관의 자격이 취소된 사람은 자격이 취소된 날부터 1년이 지나지 아니하면 전형시험에 응시하거나 수산물검사관의 자격을 취득할 수 없다(법 제91조 제2항).

72 다음 중 수산물검사기관의 지정 취소사유 중 반드시 지정 취소를 해야만 하는 것은?

① 업무정지 기간 중에 검사 업무를 한 경우
② 정당한 사유 없이 지정된 검사를 하지 아니하는 경우
③ 지정기준에 미치지 못하게 된 경우
④ 검사를 거짓으로 하거나 성실하지 아니하게 한 경우

> **A**NSWER 수산물검사기관의 지정 취소 등(법 제90조)
> 해양수산부장관은 수산물검사기관이 다음의 어느 하나에 해당하면 그 지정을 취소하거나 6개월 이내의 기간을 정하여 검사 업무의 전부 또는 일부의 정지를 명할 수 있다. 다만, 1 또는 2에 해당하면 그 지정을 취소하여야 한다.
> 1. 거짓이나 그 밖의 부정한 방법으로 지정받은 경우
> 2. 업무정지 기간 중에 검사 업무를 한 경우
> 3. 지정기준에 미치지 못하게 된 경우
> 4. 검사를 거짓으로 하거나 성실하지 아니하게 한 경우
> 5. 정당한 사유 없이 지정된 검사를 하지 아니하는 경우

73 수산물검사관은 검사한 결과나 재검사한 결과 해당 수산물 및 수산가공품에 검사 결과를 표시하지 않아도 되는 경우는?

① 살아 있는 수산물 등 성질상 표시를 할 수 없는 경우
② 해양수산부장관이 검사 결과를 표시할 필요가 있다고 인정하는 경우
③ 정부에서 수매 · 비축하는 수산물 및 수산가공품인 경우
④ 검사를 신청한 자가 요청하는 경우

> **A**NSWER 검사 결과의 표시(법 제93조)
> 수산물검사관은 검사한 결과나 재검사한 결과 다음의 어느 하나에 해당하면 그 수산물 및 수산가공품에 검사 결과를 표시하여야 한다. 다만, 살아 있는 수산물 등 성질상 표시를 할 수 없는 경우에는 그러하지 아니하다.
> 1. 검사를 신청한 자가 요청하는 경우
> 2. 정부에서 수매 · 비축하는 수산물 및 수산가공품인 경우
> 3. 해양수산부장관이 검사 결과를 표시할 필요가 있다고 인정하는 경우
> 4. 검사에 불합격된 수산물 및 수산가공품으로서 관계 기관에 폐기 또는 판매금지 등의 처분을 요청하여야 하는 경우

ANSWER 70.② 71.② 72.① 73.①

74 다음 중 검사, 재검사 및 검정과 관련하여 금지된 행위가 아닌 것은?

① 거짓이나 그 밖의 부정한 방법으로 검정을 받는 행위

② 검사를 받아야 하는 농수산물 및 수산가공품에 대하여 검사를 받지 아니하는 행위

③ 검사를 받지 아니하고 포장·용기나 내용물을 바꾸어 해당 농수산물이나 수산가공품을 판매·수출하거나 판매·수출을 목적으로 보관 또는 진열하는 행위

④ 검사 및 검정 결과의 표시 오기를 수정하는 행위

> **ANSWER** 부정행위의 금지 등(법 제101조)
> 누구든지 검사, 재검사 및 검정과 관련하여 다음의 행위를 하여서는 아니 된다.
> 1. 거짓이나 그 밖의 부정한 방법으로 검사·재검사 또는 검정을 받는 행위
> 2. 검사를 받아야 하는 농수산물 및 수산가공품에 대하여 검사를 받지 아니하는 행위
> 3. 검사 및 검정 결과의 표시, 검사증명서 및 검정증명서를 위조하거나 변조하는 행위
> 4. 검사를 받지 아니하고 포장·용기나 내용물을 바꾸어 해당 농수산물이나 수산가공품을 판매·수출하거나 판매·수출을 목적으로 보관 또는 진열하는 행위
> 5. 검정 결과에 대하여 거짓광고나 과대광고를 하는 행위

75 해양수산부장관은 수산물의 거래 및 수출·수입을 원활히 하기 위하여 검정을 실시할 수 있다. 검정항목 가운데 세균 항목의 대상이 아닌 것은?

① 대장균군   ② 장염비브리오
③ 살모넬라   ④ 노로바이러스

> **ANSWER** 대장균군, 생균수, 분변계대장균, 장염비브리오, 살모넬라, 리스테리아, 황색포도상구균이 세균 항목이며, 노로바이러스는 바이러스 항목에 해당한다.
> ※ 검정항목(시행규칙 별표 30)
>
> | 구분 | 검정항목 |
> |---|---|
> | 일반성분 등 | 수분, 회분, 지방, 조섬유, 단백질, 염분, 산가, 전분, 토사, 휘발성 염기질소, 엑스분, 열탕불용해잔사물, 젤리강도(한천), 수소이온농도(pH), 당도, 히스타민, 트리메틸아민, 아미노질소, 전질소, 비타민 A, 이산화황(SO_2), 붕산, 일산화탄소 |
> | 식품첨가물 | 인공감미료 |
> | 중금속 | 수은, 카드뮴, 구리, 납, 아연 등 |
> | 방사능 | 방사능 |
> | 세균 | 대장균군, 생균수, 분변계대장균, 장염비브리오, 살모넬라, 리스테리아, 황색포도상구균 |
> | 항생물질 | 옥시테트라사이클린, 옥소린산 |
> | 독소 | 복어독소, 패류독소 |
> | 바이러스 | 노로바이러스 |

76 수산물검사에 불복하는 자는 통지받은 날부터 며칠 이내에 해양수산부장관에게 재검사를 신청할 수 있는가?

① 10일 ② 14일
③ 15일 ④ 30일

> **A**NSWER 검사한 결과에 불복하는 자는 그 결과를 통지받은 날부터 14일 이내에 해양수산부장관에게 재검사를 신청할 수 있다(법 제96조 제1항).

77 농림축산식품부장관, 해양수산부장관 또는 식품의약품안전처장이 국민에게 농수산물의 안전과 품질에 관련된 정보의 수집 및 관리를 위해 구축한 정보시스템을 가리키는 용어는?

① 농수산물안전정보시스템
② 농산물품질관리시스템
③ 수산물유통시스템
④ 농수산물유통거래시스템

> **A**NSWER 농림축산식품부장관, 해양수산부장관 또는 식품의약품안전처장은 국민에게 정보를 제공하려는 경우 농수산물의 안전과 품질에 관련된 정보의 수집 및 관리를 위한 정보시스템(농수산물안전정보시스템)을 구축·운영하여야 한다(법 제103조 제2항).

78 다음 중 수산물품질관리사의 직무에 해당하지 않는 것은?

① 수산물의 등급 판정
② 수산물의 규격출하 지도
③ 농산물의 품질 향상과 유통 효율화에 필요한 업무
④ 수산물의 생산 및 수확 후의 품질관리기술 지도

> **A**NSWER ③ 농산물품질관리사의 직무에 해당한다.
> ※ 수산물품질관리사의 직무(법 제106조)
> 1. 수산물의 등급 판정
> 2. 수산물의 생산 및 수확 후 품질관리기술 지도
> 3. 수산물의 출하 시기 조절, 품질관리기술에 관한 조언
> 4. 그 밖에 수산물의 품질 향상과 유통 효율화에 필요한 업무로서 해양수산부령으로 정하는 업무
>   ㉠ 수산물의 생산 및 수확 후의 품질관리기술 지도
>   ㉡ 수산물의 선별·저장 및 포장 시설 등의 운용·관리
>   ㉢ 수산물의 선별·포장 및 브랜드 개발 등 상품성 향상 지도
>   ㉣ 포장수산물의 표시사항 준수에 관한 지도
>   ㉤ 수산물의 규격출하 지도

ANSWER | 74.④ 75.④ 76.② 77.① 78.③

79 다음 중 7년 이하의 징역 또는 1억 원 이하의 벌금에 해당하는 것은?

① 유전자변형수산물의 표시를 거짓으로 하거나 이를 혼동하게 할 우려가 있는 표시를 한 유전자변형수산물 표시의무자
② 「해양환경관리법」에 따른 기름을 배출한 자
③ 우수표시품이 아닌 수산물 또는 수산가공품에 우수표시품의 표시를 하거나 이와 비슷한 표시를 한 자
④ 검사 및 검정 결과의 표시, 검사증명서 및 검정증명서를 위조하거나 변조한 자

> **A**NSWER 유전자변형수산물의 표시를 거짓으로 하거나 이를 혼동하게 할 우려가 있는 표시를 한 유전자변형수산물 표시의무자는 7년 이하의 징역 또는 1억 원 이하의 벌금에 처한다(법 제117조).
> ② 「해양환경관리법」에 따른 기름을 배출한 자는 5년 이하의 징역 또는 5천만 원 이하의 벌금에 처한다(법 제118조).
> ③ 3년 이하의 징역 또는 3천만 원 이하의 벌금(법 제119조 제1호)
> ④ 3년 이하의 징역 또는 3천만 원 이하의 벌금(법 제119조 제8호)
> ※ **벌칙**(제117조)
> 다음의 어느 하나에 해당하는 자는 7년 이하의 징역 또는 1억 원 이하의 벌금에 처한다. 이 경우 징역과 벌금은 병과(併科)할 수 있다.
> 1. 유전자변형수산물의 표시를 거짓으로 하거나 이를 혼동하게 할 우려가 있는 표시를 한 유전자변형수산물 표시의무자
> 2. 유전자변형수산물의 표시를 혼동하게 할 목적으로 그 표시를 손상·변경한 유전자변형수산물 표시의무자
> 3. 유전자변형수산물의 표시를 한 수산물에 다른 수산물을 혼합하여 판매하거나 혼합하여 판매할 목적으로 보관 또는 진열한 유전자변형수산물 표시의무자

80 과실로 「해양환경관리법」에 따른 기름을 배출한 자의 처벌은?

① 1년 이하의 징역 또는 1천만 원 이하의 벌금
② 2년 이하의 징역 또는 2천만 원 이하의 벌금
③ 3년 이하의 징역 또는 3천만 원 이하의 벌금
④ 5년 이하의 징역 또는 5천만 원 이하의 벌금

> **A**NSWER 과실로 「해양환경관리법」에 따른 기름을 배출한 자는 3년 이하의 징역 또는 3천만 원 이하의 벌금에 처한다(법 제121조).

〈2016년 제2회〉

1 농수산물 유통 및 가격안정에 관한 법령상 농수산물도매시장의 거래품목 중 수산부류에 해당하지 않는 것은?

① 조개류 · 갑각류

② 염장어류 · 염건어류

③ 조수육류 · 난류

④ 생선어류 · 건어류

> **A**NSWER ③ 조수육류 · 난류는 축산부류에 해당한다.
> ※ 농수산물도매시장의 거래품목〈농수산물 유통 및 가격안정에 관한 법률 시행령 제2조〉
>   ㉠ 양곡부류 : 미곡 · 맥류 · 두류 · 조 · 좁쌀 · 수수 · 수수쌀 · 옥수수 · 메밀 · 참깨 및 땅콩
>   ㉡ 청과부류 : 과실류 · 채소류 · 산나물류 · 목과류(木果類) · 버섯류 · 서류(薯類) · 인삼류 중 수삼 및 유지작물류와 두류 및 잡곡 중 신선한 것
>   ㉢ 축산부류 : 조수육류(鳥獸肉類) 및 난류
>   ㉣ 수산부류 : 생선어류 · 건어류 · 염(鹽)건어류 · 염장어류(鹽藏魚類) · 조개류 · 갑각류 · 해조류 및 젓갈류
>   ㉤ 화훼부류 : 절화(折花) · 절지(折枝) · 절엽(切葉) 및 분화(盆花)
>   ㉥ 약용작물부류 : 한약재용 약용작물(야생물이나 그 밖에 재배에 의하지 아니한 것을 포함한다). 다만, 「약사법」에 따른 한약은 의약품판매업의 허가를 받은 것으로 한정한다.
>   ㉦ 그 밖에 농어업인이 생산한 농수산물과 이를 단순가공한 물품으로서 개설자가 지정하는 품목

〈2016년 제2회〉

2 농수산물 유통 및 가격안정에 관한 법령상 도매시장 개설자가 시장도매인으로 하여금 우선적으로 판매하게 할 수 있는 것을 모두 고른 것은?

> ㉠ 원산지 표시품
> ㉡ 대량 입하품
> ㉢ 예약 출하품
> ㉣ 도매시장 개설자가 선정하는 우수출하주의 출하품

① ㉠㉡㉢

② ㉠㉡㉣

③ ㉠㉢㉣

④ ㉡㉢㉣

> **A**NSWER 대량 입하품 등의 우대〈농수산물 유통 및 가격안정에 관한 법률 시행규칙 제30조〉… 도매시장 개설자는 다음의 품목에 대하여 도매시장법인 또는 시장도매인으로 하여금 우선적으로 판매하게 할 수 있다.
>   ㉠ 대량 입하품
>   ㉡ 도매시장 개설자가 선정하는 우수출하주의 출하품
>   ㉢ 예약 출하품
>   ㉣ 「농수산물 품질관리법」에 따른 표준규격품 및 우수관리인증농산물
>   ㉤ 그 밖에 도매시장 개설자가 도매시장의 효율적인 운영을 위하여 특히 필요하다고 업무규정으로 정하는 품목

ANSWER 79.① 80.③ / 1.③ 2.④

〈2016년 제2회〉

3 농수산물 유통 및 가격안정에 관한 법령상 농수산물공판장의 개설 등에 관한 설명으로 옳은 것은?

① 생산자단체와 공익법인이 공판장을 개설하려면 시·도지사의 허가를 받아야 한다.
② 공판장에는 중도매인, 매매참가인, 산지유통인 및 경매사를 둘 수 있다.
③ 공판장의 중도매인은 공판장의 개설자가 허가한다.
④ 공판장의 경매사는 공판장의 장이 임면한다.

> **Aɴsᴡᴇʀ** ① 생산자단체와 공익법인이 공판장을 개설하려면 기준에 적합한 시설을 갖추고 시·도지사의 승인을 받아야 한다〈농수산물 유통 및 가격안정에 관한 법률 제43조 제1항〉.
> ③ 공판장의 중도매인은 공판장의 개설자가 지정한다〈동법 제44조 제2항〉.
> ④ 공판장의 경매사는 공판장의 개설자가 임면한다〈동법 제44조 제4항〉.

〈2016년 제2회〉

4 농수산물 유통 및 가격안정에 관한 법령상 농림수협등 또는 공익법인의 산지판매제도의 확립을 위한 산지유통대책에 해당하는 것은?

① 선별·포장·저장 시설의 확충
② 생산조절 또는 유통조절 명령
③ 가격에서 대상 품목 지정
④ 산지유통인의 등록

> **Aɴsᴡᴇʀ** 산지판매제도의 확립〈농수산물 유통 및 가격안정에 관한 법률 제49조〉
> ㉠ 농림수협등 또는 공익법인은 생산지에서 출하되는 주요 품목의 농수산물에 대하여 산지경매제를 실시하거나 계통출하(系統出荷)를 확대하는 등 생산자 보호를 위한 판매대책 및 선별·포장·저장 시설의 확충 등 산지 유통대책을 수립·시행하여야 한다.
> ㉡ 농림수협등 또는 공익법인은 경매 또는 입찰의 방법으로 창고경매, 포전경매(圃田競賣) 또는 선상경매(船上競賣) 등을 할 수 있다.

〈2016년 제2회〉

5 농수산물 유통 및 가격안정에 관한 법령상 농림축산식품부장관 또는 해양수산부장관이 농수산물 소매유통의 개선을 위해 지원할 수 있는 사업이 아닌 것은?

① 농수산물의 생산자단체와 소비자단체 간의 직거래사업
② 농수산물소매시설의 현대화 및 운영에 관한 사업
③ 농수산물직판장의 설치 및 운영에 관한 사업
④ 농수산물 민영도매시장의 설치 및 운영에 관한 사업

ANSWER 농수산물 소매유통의 지원〈농수산물 유통 및 가격안정에 관한 법률 시행규칙 제45조〉
농림축산식품부장관 또는 해양수산부장관이 농수산물 소매유통의 개선을 위해 지원할 수 있는 사업은 다음과 같다.
㉠ 농수산물의 생산자 또는 생산자단체와 소비자 또는 소비자단체 간의 직거래사업
㉡ 농수산물소매시설의 현대화 및 운영에 관한 사업
㉢ 농수산물직판장의 설치 및 운영에 관한 사업
㉣ 그 밖에 농수산물직거래 및 소매유통의 활성화를 위하여 농림축산식품부장관 또는 해양수산부장관이 인정하는 사업

관 련 법 령

〈2016년 제2회〉

6 농수산물 유통 및 가격안정에 관한 법령상 주요 농수산물의 생산지역이나 생산수면(이하 "주산지"라 한다)의 지정 및 해제 등에 관한 설명으로 옳은 것은?

① 주산지의 지정은 읍·면·동 또는 시·군·구 단위로 한다.

② 시장·군수는 주산지를 지정하였을 때에는 이를 고시해야 한다.

③ 주산지 지정의 변경 또는 해제를 할 때에는 농림축산식품부장관 또는 해양수산부장관의 승인을 받아야 한다.

④ 주산지는 주요 농수산물의 재배면적 또는 양식면적이 농림축산식품부장관 또는 해양수산부장관이 고시하는 면적 이하로 지정한다.

ANSWER ① 주요 농수산물의 생산지역이나 생산수면(이하 "주산지")의 지정은 읍·면·동 또는 시·군·구 단위로 한다(농수산물 유통 및 가격안정에 관한 법률 시행령 제4조 제1항).
② 특별시장·광역시장·특별자치시장·도지사 또는 특별자치도지사(이하 "시·도지사")는 주산지를 지정하였을 때에는 이를 고시하고 농림축산식품부장관 또는 해양수산부장관에게 통지하여야 한다(농수산물 유통 및 가격안정에 관한 법률 시행령 제4조 제2항).
③ 주산지 지정의 변경 또는 해제에 관하여는 ① 및 ②를 준용한다(농수산물 유통 및 가격안정에 관한 법률 시행령 제4조 제3항).
④ 주산지는 다음의 요건을 갖춘 지역 또는 수면(水面) 중에서 구역을 정하여 지정한다(농수산물 유통 및 가격안정에 관한 법률 제4조 제3항).
㉠ 주요 농수산물의 재배면적 또는 양식면적이 농림축산식품부장관 또는 해양수산부장관이 고시하는 면적 이상일 것
㉡ 주요 농수산물의 출하량이 농림축산식품부장관 또는 해양수산부장관이 고시하는 수량 이상일 것

ANSWER 3.② 4.① 5.④ 6.①

〈2015년 제1회〉

7 농수산물 유통 및 가격안정에 관한 법령상 도매시장법인·시장도매인 또는 공판장 개설자가 사용하는 표준정산서에 포함되어야 하는 사항이 아닌 것은?

① 출하자명과 출하자 주소
② 공제 명세 및 공제금액 총액
③ 경매사 성명
④ 판매 명세, 판매대금총액 및 매수인

 ANSWER 표준정산서〈농수산물 유통 및 가격안정에 관한 법률 시행규칙 제38조〉
도매시장법인·시장도매인 또는 공판장 개설자가 사용하는 표준정산서에는 다음의 사항이 포함되어야 한다.
㉠ 표준정산서의 발행일 및 발행자명
㉡ 출하자명
㉢ 출하자 주소
㉣ 거래형태(매수·위탁·중개) 및 매매방법(경매·입찰, 정가·수의매매)
㉤ 판매 명세(품목·품종·등급별 수량·단가 및 거래단위당 수량 또는 무게), 판매대금총액 및 매수인
㉥ 공제 명세(위탁수수료, 운송료 선급금, 하역비, 선별비 등 비용) 및 공제금액 총액
㉦ 징산금액
㉧ 송금 명세(은행명·계좌번호·예금주)

〈2015년 제1회〉

8 다음 괄호 안에 들어갈 말을 순서대로 니열한 것은?

> 도매시장법인은 도매시장 개설자가 부류별로 지정하되, 중앙도매시장에 두는 도매시장법인의 경우에는 농림축산식품부장관 또는 해양수산부장관과 협의하여 지정한다. 이 경우 (㉠) 이상 (㉡) 이하의 범위에서 지정 유효기간을 설정할 수 있다.

① ㉠ 5년, ㉡ 10년
② ㉠ 7년, ㉡ 11년
③ ㉠ 9년, ㉡ 13년
④ ㉠ 10년, ㉡ 15년

 ANSWER 도매시장법인의 지정〈농수산물 유통 및 가격안정에 관한 법 제23조〉 ①항
도매시장법인은 도매시장 개설자가 부류별로 지정하되, 중앙도매시장에 두는 도매시장법인의 경우에는 농림축산식품부장관 또는 해양수산부장관과 협의하여 지정한다. 이 경우 5년 이상 10년 이하의 범위에서 지정 유효기간을 설정할 수 있다.

〈2015년 제1회〉

9 농수산물 유통 및 가격안정에 관한 법령상 산지유통인에 관한 설명으로 옳은 것을 모두 고른 것은?

> ㉠ 도매시장법인, 중도매인 및 이들의 주주 또는 임직원은 해당 도매시장에서 산지유통인의 업무를 할 수 있다.
> ㉡ 산지유통인은 부류별로 도매시장 개설자에게 등록하여야 한다.
> ㉢ 도매시장 개설자는 등록을 하여야 하는 자가 등록을 하지 아니하고 산지유통인의 업무를 하는 경우에는 도매시장에의 출입을 금지·제한할 수 있다.
> ㉣ 산지유통인은 등록된 도매시장에서 수산물의 출하업무 외에 판매·매수 또는 중개업무를 할 수 있다.

① ㉠, ㉡   ② ㉠, ㉣

③ ㉡, ㉢   ④ ㉢, ㉣

> **A**NSWER ㉠ 도매시장법인, 중도매인 및 이들의 주주 또는 임직원은 해당 도매시장에서 산지유통인의 업무를 하여서는 아니 된다.
> ㉣ 산지유통인은 등록된 도매시장에서 수산물의 출하업무 외의 판매·매수 또는 중개업무를 하여서는 아니 된다.

〈2015년 제1회〉

10 농수산물 유통 및 가격안정에 관한 법령상 경매사에 관한 설명으로 옳지 않은 것은?

① 도매시장법인이 확보하여야 하는 경매사의 수는 2명 이상으로 하되, 도매시장법인별 연간 거래물량 등을 고려하여 업무규정으로 그 수를 정한다.

② 민영도매시장의 경매사는 민영도매시장의 개설자가 임면한다.

③ 도매시장법인이 경매사를 임면한 경우에는 임면한 날부터 15일 이내에 도매시장 개설자에게 신고하여야 한다.

④ 도매시장의 시장도매인은 해당 도매시장의 경매사로 임명될 수 없다.

> **A**NSWER ③ 도매시장법인이 경매사를 임면한 경우에는 임면한 날부터 30일 이내에 도매시장 개설자에게 신고하여야 한다〈농수산물 유통 및 가격안정에 관한 법률 시행규칙 제20조 제2항〉.

11 농수산물 유통 및 가격안정에 관한 법령상 민영도매시장에 관한 설명으로 옳지 않은 것은? (본 문제에서 "시 · 도지사"라 함은 특별시장 · 광역시장 · 특별자치시장 · 도지사 또는 특별자치도지사를 말한다.)

① 민간인등이 특별시 · 광역시 · 특별자치시 · 특별자치도 또는 시 지역에 민영도매시장을 개설하려면 시 · 도지사의 허가를 받아야 한다.
② 민영도매시장의 중도매인은 민영도매시장의 개설자가 지정한다.
③ 민영도매시장의 시장도매인은 시 · 도지사가 지정한다.
④ 민영도매시장의 개설자는 중도매인, 매매참가인, 산지유통인 및 경매사를 두어 민영도매시장을 직접 운영할 수 있다.

ANSWER ③ 민영도매시장의 시장도매인은 민영도매시장의 개설자가 지정한다〈농수산물 유통 및 가격안정에 관한 법률 제48조〉.

12 농수산물 유통 및 가격안정에 관한 법령상 도매시장에 관한 설명으로 옳은 것은?

① 도매시장의 개설자는 해당 도매시장의 상인으로 구성된 도매시장 관리사무소를 둘 수 있다.
② 중앙도매시장의 개설자는 청과부류와 수산부류에 대하여 도매시장법인을 두어야 한다.
③ 도매시장법인이 다른 노매시상법인을 인수하거나 합병하는 경우에는 해양수신부장관의 승인을 받아야 한다.
④ 도매시장에서 매매참가인의 업무를 하려는 자는 도매시장법인에게 매매참가인으로 신고하여야 한다.

ANSWER ① 도매시장 개설자는 소속 공무원으로 구성된 도매시장 관리사무소를 두거나 「지방공기업법」에 따른 지방공사, 공공출자법인 또는 한국농수산식품유통공사 중에서 시장관리자를 지정할 수 있다〈농수산물 유통 및 가격안정에 관한 법률 제21조 제1항〉.
③ 도매시장법인이 다른 도매시장법인을 인수하거나 합병하는 경우에는 해당 도매시장 개설자의 승인을 받아야 한다〈농수산물 유통 및 가격안정에 관한 법률 제23조의2 제1항〉.
④ 매매참가인의 업무를 하려는 자는 농림축산식품부령 또는 해양수산부령으로 정하는 바에 따라 도매시장 · 공판장 또는 민영도매시장의 개설자에게 매매참가인으로 신고하여야 한다〈농수산물 유통 및 가격안정에 관한 법률 제25조의3〉.

13 다음 중 ( ) 안에 들어가야 하는 것은?

( )이란 특별시 · 광역시 · 특별자치시 · 특별자치도 또는 시가 양곡류 · 청과류 · 화훼류 · 조수육류 · 어류 · 조개류 · 갑각류 · 해조류 및 임산물 등 대통령령으로 정하는 품목의 전부 또는 일부를 도매하게 하기 위하여 관할구역에 개설하는 시장을 말한다.

① 농수산물공판장 ② 농수산물도매시장
③ 농수산물종합유통센터 ④ 한국농수산물유통공사

ANSWER 농수산물도매시장이란 특별시 · 광역시 · 특별자치시 · 특별자치도 또는 시가 양곡류 · 청과류 · 화훼류 · 조수육류(鳥獸肉類) · 어류 · 조개류 · 갑각류 · 해조류 및 임산물 등 대통령령으로 정하는 품목의 전부 또는 일부를 도매하게 하기 위하여 관할구역에 개설하는 시장을 말한다(법 제2조 제2호).

14 농수산물도매시장 중 중앙도매시장이 아닌 곳은?

① 서울특별시 가락동 농수산물도매시장
② 부산광역시 엄궁동 농산물도매시장
③ 대구광역시 북부 농수산물도매시장
④ 강릉시 주문진종합시장

ANSWER 중앙도매시장이란 특별시 · 광역시 · 특별자치시 또는 특별자치도가 개설한 농수산물도매시장 중 해당 관할구역 및 그 인접지역에서 도매의 중심이 되는 농수산물도매시장으로서 농림축산식품부령 또는 해양수산부령으로 정하는 것을 말한다〈법 제2조 제3호〉.
※ **중앙도매시장**(시행규칙 제3조)
 1. 서울특별시 가락동 농수산물도매시장
 2. 서울특별시 노량진 수산물도매시장
 3. 부산광역시 엄궁동 농산물도매시장
 4. 부산광역시 국제 수산물도매시장
 5. 대구광역시 북부 농수산물도매시장
 6. 인천광역시 구월동 농수산물도매시장
 7. 인천광역시 삼산 농산물도매시장
 8. 광주광역시 각화동 농산물도매시장
 9. 대전광역시 오정 농수산물도매시장
 10. 대전광역시 노은 농산물도매시장
 11. 울산광역시 농수산물도매시장

 **A**NSWER | 11.③ 12.② 13.② 14.④

15 지역농업협동조합, 지역축산업협동조합, 품목별·업종별협동조합, 조합공동사업법인, 품목조합연합회, 산림조합 및 수산업협동조합과 그 중앙회 등이 농수산물을 도매하기 위하여 특별시장·광역시장·특별자치시장·도지사 또는 특별자치도지사의 승인을 받아 개설·운영하는 사업장을 무엇이라 하는가?

① 농수산물공판장　　　　　　　　② 도매시장법인
③ 중도매인　　　　　　　　　　　④ 매매참가인

> **ANSWER** 농수산물공판장에 대한 내용이다.
> ② 농수산물도매시장의 개설자로부터 지정을 받고 농수산물을 위탁받아 상장하여 도매하거나 이를 매수하여 도매하는 법인
> ③ 농수산물도매시장·농수산물공판장 또는 민영농수산물도매시장의 개설자의 허가 또는 지정을 받아 다음의 영업을 하는 자를 말한다.
> 　㉠ 농수산물도매시장·농수산물공판장 또는 민영농수산물도매시장에 상장된 농수산물을 매수하여 도매하거나 매매를 중개하는 영업
> 　㉡ 농수산물도매시장·농수산물공판장 또는 민영농수산물도매시장의 개설자로부터 허가를 받은 비상장 농수산물을 매수 또는 위탁받아 도매하거나 매매를 중개하는 영업
> ④ 농수산물도매시장·농수산물공판장 또는 민영농수산물도매시장의 개설자에게 신고를 하고, 농수산물도매시장·농수산물공판장 또는 민영농수산물도매시장에 상장된 농수산물을 직접 매수하는 자로서 중도매인이 아닌 가공업자·소매업자·수출업자 및 소비자단체 등 농수산물의 수요자를 말한다.

16 다음 중 농수산물공판장을 개설할 수 있는 자가 아닌 것은?

① 품목조합연합회
② 「농어업경영체 육성 및 지원에 관한 법률」에 따른 영농조합법인
③ 지역축산업협동조합
④ 시·도지사

> **ANSWER** "농수산물공판장"이란 지역농업협동조합, 지역축산업협동조합, 품목별·업종별협동조합, 조합공동사업법인, 품목조합연합회, 산림조합 및 수산업협동조합과 그 중앙회(농협경제지주회사를 포함. 이하 "농림수협등"), 그 밖에 대통령령으로 정하는 생산자 관련 단체와 공익상 필요하다고 인정되는 법인으로서 대통령령으로 정하는 법인(이하 "공익법인")이 농수산물을 도매하기 위하여 특별시장·광역시장·특별자치시장·도지사 또는 특별자치도지사(이하 "시·도지사")의 승인을 받아 개설·운영하는 사업장을 말한다〈법 제2조 제5호〉.
>
> > ▶ 시행령 제3조(농수산물공판장의 개설자)
> > ① 법 제2조 제5호에서 "대통령령으로 정하는 생산자 관련 단체"란 다음의 단체를 말한다.
> > 　1. 「농어업경영체 육성 및 지원에 관한 법률」에 따른 영농조합법인 및 영어조합법인과 농업회사법인 및 어업회사법인
> > 　2. 「농업협동조합법」에 따른 농협경제지주회사의 자회사
> > ② 법 제2조 제5호에서 "대통령령으로 정하는 법인"이란 「한국농수산식품유통공사법」에 따른 한국농수산식품유통공사를 말한다.

17 다음의 활동을 하는 자는?

> • 농수산물도매시장·농수산물공판장 또는 민영농수산물도매시장에 상장된 농수산물을 매수하여 도매하거나 매매를 중개하는 영업
> • 농수산물도매시장·농수산물공판장 또는 민영농수산물도매시장의 개설자로부터 허가를 받은 비상장 농수산물을 매수 또는 위탁받아 도매하거나 매매를 중개하는 영업

① 시장도매인　　　　　　　　　② 도매시장법인

③ 중도매인　　　　　　　　　　④ 산지유통인

ANSWER　보기는 중도매인의 역할이다. 중도매인은 농수산물도매시장·농수산물공판장 또는 민영농수산물도매시장의 개설자의 허가 또는 지정을 받아 위와 같은 활동을 하는 자들이다(법 제2조 제9호).
　① 시장도매인은 농수산물도매시장 또는 민영농수산물도매시장의 개설자로부터 지정을 받고 농수산물을 매수 또는 위탁받아 도매하거나 매매를 중개하는 영업을 하는 법인을 말한다.
　② 도매시장법인은 농수산물도매시장의 개설자로부터 지정을 받고 농수산물을 위탁받아 상장하여 도매하거나 이를 매수하여 도매하는 법인을 말한다.
　④ 산지유통인은 농수산물도매시장·농수산물공판장 또는 민영농수산물도매시장의 개설자에게 등록하고, 농수산물을 수집하여 농수산물도매시장·농수산물공판장 또는 민영농수산물도매시장에 출하하는 영업을 하는 자를 말한다.

18 농림축산식품부장관 또는 해양수산부장관은 경매사 자격시험에서 부정행위를 한 사람에 대하여 해당 시험의 정지·무효 또는 합격 취소 처분을 하는데, 이 경우 처분을 받은 사람에 대해서는 처분이 있은 날부터 몇 년 간 경매사 자격시험의 응시자격을 정지하는가?

① 7년 간

② 5년 간

③ 4년 간

④ 3년 간

ANSWER　경매사 자격시험〈농수산물 유통 및 가격안정에 관한 법률 제27조의 2〉②항
　농림축산식품부장관 또는 해양수산부장관은 제1항에 따른 경매사 자격시험에서 부정행위를 한 사람에 대하여 해당 시험의 정지·무효 또는 합격 취소 처분을 한다. 이 경우 처분을 받은 사람에 대해서는 처분이 있은 날부터 3년간 경매사 자격시험의 응시자격을 정지한다.

ANSWER　15.① 16.④ 17.③ 18.④

19 농수산물의 주산지의 지정 단위 기준은?

① 읍·면·동

② 광역시 이상

③ 특별시 이상

④ 도 이상

> **A**NSWER　농수산물의 생산지역이나 생산수면(주산지)의 지정은 읍·면·동 또는 시·군·구 단위로 한다(시행령 제4조 제1항).

20 다음 중 수산물의 생산자를 보호하기 위한 하한가격의 예시에 대한 설명으로 옳지 않은 것은?

① 해양수산부장관은 예시가격을 결정할 때에는 「수산물 유통의 관리 및 지원에 관한 법률」에 따른 수산업관측 결과를 고려하여야 한다.

② 해양수산부장관은 예시가격을 결정할 때에는 미리 기획재정부장관과 협의하여야 한다.

③ 해양수산부장관은 해양수산부령으로 정하는 주요 수산물의 수급조절과 가격안정을 위하여 필요하다고 인정할 때에는 해당 수산물의 종자입식 시기 이후에 생산자를 보호하기 위한 하한가격을 예시할 수 있다.

④ 해양수산부장관은 가격을 예시한 경우에는 예시가격을 지지하기 위하여 계약생산 또는 계약출하 장려 및 비축사업 등의 사항을 연계하여 적절한 시책을 추진하여야 한다.

> **A**NSWER　③ 해양수산부장관은 해양수산부령으로 정하는 주요 수산물의 수급조절과 가격안정을 위하여 필요하다고 인정할 때에는 해당 수산물의 종자입식 시기 이전에 생산자를 보호하기 위한 하한가격을 예시할 수 있다.
>
> ※ 가격 예시〈법 제8조〉
>
> ① 농림축산식품부장관 또는 해양수산부장관은 농림축산식품부령 또는 해양수산부령으로 정하는 주요 농수산물의 수급조절과 가격안정을 위하여 필요하다고 인정할 때에는 해당 농산물의 파종기 또는 수산물의 종자입식 시기 이전에 생산자를 보호하기 위한 하한가격[이하 "예시가격"(豫示價格)]을 예시할 수 있다.
>
> ② 농림축산식품부장관 또는 해양수산부장관은 예시가격을 결정할 때에는 해당 농산물의 농림업관측, 주요 곡물의 국제곡물관측 또는 「수산물 유통의 관리 및 지원에 관한 법률」에 따른 수산업관측 결과, 예상 경영비, 지역별 예상 생산량 및 예상 수급상황 등을 고려하여야 한다.
>
> ③ 농림축산식품부장관 또는 해양수산부장관은 예시가격을 결정할 때에는 미리 기획재정부장관과 협의하여야 한다.
>
> ④ 농림축산식품부장관 또는 해양수산부장관은 가격을 예시한 경우에는 예시가격을 지지(支持)하기 위하여 다음의 사항 등을 연계하여 적절한 시책을 추진하여야 한다.
>
> 　1. 농림업관측·국제곡물관측 또는 수산업관측의 지속적 실시
>
> 　2. 「수산물 유통의 관리 및 지원에 관한 법률」에 따른 계약생산 또는 계약출하의 장려
>
> 　3. 「수산물 유통의 관리 및 지원에 관한 법률」에 따른 수매 및 처분
>
> 　4. 유통협약 및 유통조절명령
>
> 　5. 「수산물 유통의 관리 및 지원에 관한 법률」에 따른 비축사업

21 다음 중 ㉠과 ㉡이 가리키는 것은?

> ㉠ 주요 농수산물의 생산자, 산지유통인, 저장업자, 도매업자·소매업자 및 소비자 등의 대표가 해당 농수산물의 자율적인 수급조절과 품질향상을 위하여 생산조정 또는 출하조절을 위한 협약
>
> ㉡ 해양수산부장관은 부패하거나 변질되기 쉬운 수산물로서 해양수산부령으로 정하는 농수산물에 대하여 현저한 수급 불안정을 해소하기 위하여 특히 필요하다고 인정되고 생산자가 요청할 때에는 공정거래위원회와 협의를 거쳐 일정 기간 동안 일정 지역의 해당 수산물의 생산자등에게 생산조정 또는 출하조절을 하도록 하는 명령

	㉠	㉡
①	유통협약	유통명령
②	유통명령	유통협약
③	유통체결	유통조절
④	유통 MOU	유통협약

ANSWER 유통협약 및 유통조절명령(법 제10조)
① 주요 농수산물의 생산자, 산지유통인, 저장업자, 도매업자·소매업자 및 소비자 등(이하 '생산자등')의 대표는 해당 농수산물의 자율적인 수급조절과 품질향상을 위하여 생산조정 또는 출하조절을 위한 협약(이하 '유통협약)을 체결할 수 있다.
② 농림축산식품부장관 또는 해양수산부장관은 부패하거나 변질되기 쉬운 농수산물로서 농림축산식품부령 또는 해양수산부령으로 정하는 농수산물에 대하여 현저한 수급 불안정을 해소하기 위하여 특히 필요하다고 인정되고 농림축산식품부령 또는 해양수산부령으로 정하는 생산자등 또는 생산자단체가 요청할 때에는 공정거래위원회와 협의를 거쳐 일정 기간 동안 일정 지역의 해당 농수산물의 생산자등에게 생산조정 또는 출하조절을 하도록 하는 유통조절명령(이하 '유통명령')을 할 수 있다.
③ 유통명령에는 유통명령을 하는 이유, 대상 품목, 대상자, 유통조절방법 등 대통령령으로 정하는 사항이 포함되어야 한다.
④ 생산자등 또는 생산자단체가 유통명령을 요청하려는 경우에는 내용이 포함된 요청서를 작성하여 이해관계인·유통전문가의 의견수렴 절차를 거치고 해당 농수산물의 생산자등의 대표나 해당 생산자단체의 재적회원 3분의 2 이상의 찬성을 받아야 한다.
⑤ 유통명령을 하기 위한 기준과 구체적 절차, 유통명령을 요청할 수 있는 생산자등의 조직과 구성 및 운영방법 등에 관하여 필요한 사항은 농림축산식품부령 또는 해양수산부령으로 정한다.

ANSWER 19.① 20.③ 21.①

22 다음 중 유통조절명령에 포함되지 않는 사항은?

① 대상자
② 생산의 전문화
③ 대상 품목
④ 유통조절명령의 이유

> **A**NSWER 유통조절명령〈시행령 제11조〉
> 유통조절명령에는 다음의 사항이 포함되어야 한다.
> 1. 유통조절명령의 이유(수급·가격·소득의 분석 자료를 포함)
> 2. 대상 품목
> 3. 기간
> 4. 지역
> 5. 대상자
> 6. 생산조정 또는 출하조절의 방안
> 7. 명령이행 확인의 방법 및 명령 위반자에 대한 제재조치
> 8. 사후관리와 그 밖에 농림축산식품부장관 또는 해양수산부장관이 유통조절에 관하여 필요하다고 인정하는 사항

23 다음 괄호 안에 들어갈 말로 가장 적절한 것은?

> 몰수 농산물 등의 처분절차 등에 관하여 필요한 사항은 ( )으로 정한다.

① 대통령령
② 국무총리령
③ 농림축산식품부령
④ 행정안전부장관령

> **A**NSWER 몰수 농산물 등의 이관〈농수산물 유통 및 가격안정에 관한 법률 제9조의 2〉 제⑤항
> 몰수 농산물 등의 처분절차 등에 관하여 필요한 사항은 농림축산식품부령으로 정한다.

24 도매시장의 개설에 관한 내용 중 적절하지 못한 것은?

① 도매시장은 부류별로 또는 둘 이상의 부류를 종합하여 중앙도매시장의 경우에는 특별시·광역시·특별자치시 또는 특별자치도가 개설한다.

② 도매시장은 양곡부류·청과부류·축산부류·수산부류·화훼부류 및 약용작물부류별로 개설하거나 둘 이상의 부류를 종합하여 개설한다.

③ 시가 지방도매시장을 폐쇄하려면 그 3개월 전에 도지사의 허가를 받아야 한다.

④ 도매시장의 명칭에는 그 도매시장을 개설한 지방자치단체의 명칭이 포함되어선 안 된다.

ANSWER 도매시장의 명칭에는 그 도매시장을 개설한 지방자치단체의 명칭이 포함되어야 한다(시행령 제16조).

※ 법 제17조(도매시장의 개설 등)

① 도매시장은 대통령령으로 정하는 바에 따라 부류별로 또는 둘 이상의 부류를 종합하여 중앙도매시장의 경우에는 특별시·광역시·특별자치시 또는 특별자치도가 개설하고, 지방도매시장의 경우에는 특별시·광역시·특별자치시·특별자치도 또는 시가 개설한다. 다만, 시가 지방도매시장을 개설하려면 도지사의 허가를 받아야 한다.

② 시가 지방도매시장의 개설허가를 받으려면 농림축산식품부령 또는 해양수산부령으로 정하는 바에 따라 지방도매시장 개설허가 신청서에 업무규정과 운영관리계획서를 첨부하여 도지사에게 제출하여야 한다.

③ 특별시·광역시·특별자치시 또는 특별자치도가 도매시장을 개설하려면 미리 업무규정과 운영관리계획서를 작성하여야 하며, 중앙도매시장의 업무규정은 농림축산식품부장관 또는 해양수산부장관의 승인을 받아야 한다.

④ 중앙도매시장의 개설자가 업무규정을 변경하는 때에는 농림축산식품부장관 또는 해양수산부장관의 승인을 받아야 하며, 지방도매시장의 개설자(시가 개설자인 경우만 해당한다)가 업무규정을 변경하는 때에는 도지사의 승인을 받아야 한다.

⑤ 시가 지방도매시장을 폐쇄하려면 그 3개월 전에 도지사의 허가를 받아야 한다. 다만, 특별시·광역시·특별자치시 및 특별자치도가 도매시장을 폐쇄하는 경우에는 그 3개월 전에 이를 공고하여야 한다.

⑥ 업무규정으로 정하여야 할 사항과 운영관리계획서의 작성 및 제출에 필요한 사항은 농림축산식품부령 또는 해양수산부령으로 정한다.

25 다음 중 도매시장의 개설구역이 아닌 곳은?

① 특별시
② 특별자치도
③ 읍·면·동
④ 광역시

ANSWER 개설구역(법 제18조)

① 도매시장의 개설구역은 도매시장이 개설되는 특별시·광역시·특별자치시·특별자치도 또는 시의 관할구역으로 한다.

② 농림축산식품부장관 또는 해양수산부장관은 해당 지역에서의 농수산물의 원활한 유통을 위하여 필요하다고 인정할 때에는 도매시장의 개설구역에 인접한 일정 구역을 그 도매시장의 개설구역으로 편입하게 할 수 있다. 다만, 시가 개설하는 지방도매시장의 개설구역에 인접한 구역으로서 그 지방도매시장이 속한 도의 일정 구역에 대하여는 해당 도지사가 그 지방도매시장의 개설구역으로 편입하게 할 수 있다.

ANSWER 22.② 23.③ 24.④ 25.③

26 지방도매시장의 허가 기준이 아닌 것은?

① 개설하려는 장소가 농수산물 거래의 중심지로서 적절한 위치에 있을 것
② 민영도매시장이 보유하여야 하는 시설의 기준에 따른 적합한 시설을 갖추고 있을 것
③ 운영관리계획서의 내용이 충실할 것
④ 운영관리계획서의 내용이 실현 가능성이 낮을 것

ANSWER 허가기준 등(법 제19조)
① 도지사는 지방도매시장의 개설허가에 따른 허가신청의 내용이 다음의 요건을 갖춘 경우에는 이를 허가한다.
   1. 도매시장을 개설하려는 장소가 농수산물 거래의 중심지로서 적절한 위치에 있을 것
   2. 도매시장·공판장 및 민영도매시장이 보유하여야 하는 시설의 기준에 따른 적합한 시설을 갖추고 있을 것
   3. 운영관리계획서의 내용이 충실하고 그 실현이 확실하다고 인정되는 것일 것
② 도지사는 요구되는 시설이 갖추어지지 아니한 경우에는 일정한 기간 내에 해당 시설을 갖출 것을 조건으로 개설허가를 할 수 있다.
③ 특별시·광역시·특별자치시 또는 특별자치도가 도매시장을 개설하려면 ①의 요건을 모두 갖추어 개설하여야 한다.

27 도매시장 개설자의 의무로 짝지어진 것은?

㉠ 포전매매 활성화
㉡ 도매시장 시설의 정비
㉢ 경쟁 촉진과 공정한 거래질서의 확립
㉣ 상품성 향상을 위한 규격화

① ㉠   ② ㉠, ㉡
③ ㉠, ㉡, ㉢   ④ ㉡, ㉢, ㉣

ANSWER 도매시장 개설자의 의무(법 제20조)
① 도매시장 개설자는 거래 관계자의 편익과 소비자 보호를 위하여 다음의 사항을 이행하여야 한다.
   1. 도매시장 시설의 정비·개선과 합리적인 관리
   2. 경쟁 촉진과 공정한 거래질서의 확립 및 환경 개선
   3. 상품성 향상을 위한 규격화, 포장 개선 및 선도(鮮度) 유지의 촉진
② 도매시장 개설자는 ①의 사항을 효과적으로 이행하기 위하여 이에 대한 투자계획 및 거래제도 개선방안 등을 포함한 대책을 수립·시행하여야 한다.

28 도매시장 개설자가 도매시장 관리사무소 또는 시장관리자로 하여금 하게 할 수 있는 도매시장의 관리업무가 아닌 것은?

① 도매시장 시설물의 관리 및 운영

② 도매시장 개설자 감독

③ 도매시장의 도매시장법인에 대한 지도

④ 도매시장의 정산창구에 대한 관리

> **A**NSWER 도매시장 관리사무소 등의 업무(시행규칙 제18조)
> 도매시장 개설자가 도매시장 관리사무소 또는 시장관리자로 하여금 하게 할 수 있는 도매시장의 관리업무는 다음과 같다.
> 1. 도매시장 시설물의 관리 및 운영
> 2. 도매시장의 거래질서 유지
> 3. 도매시장의 도매시장법인, 시장도매인, 중도매인 그 밖의 유통업무종사자에 대한 지도 · 감독
> 4. 도매시장법인 또는 시장도매인이 납부하거나 제공한 보증금 또는 담보물의 관리
> 5. 도매시장의 정산창구에 대한 관리 · 감독
> 6. 도매시장사용료 · 부수시설사용료의 징수
> 7. 그 밖에 도매시장 개설자가 도매시장의 관리를 효율적으로 수행하기 위하여 업무규정으로 정하는 사항의 시행

29 도매시장 개설자가 부류별로 지정한 도매시장법인의 지정 유효기간은?

① 1년 이상

② 3년 이상 5년 이하

③ 5년 이상 10년 이하

④ 10년 이상

> **A**NSWER 도매시장법인은 도매시장 개설자가 부류별로 지정하되, 중앙도매시장에 두는 도매시장법인의 경우에는 농림축산식품부장관 또는 해양수산부장관과 협의하여 지정한다. 이 경우 5년 이상 10년 이하의 범위에서 지정 유효기간을 설정할 수 있다(법 제23조 제1항).

ANSWER 26.④ 27.④ 28.② 29.③

30 다음 중 틀린 것은?

① 도매시장법인의 주주와 임직원은 예외없이 해당 도매시장법인의 업무와 경합되는 도매업 또는 중도매업을 할 수 없다.

② 도매시장법인이 지정된 후 해당 요건을 갖추지 아니하게 되었을 때에는 3개월 이내에 해당 요건을 갖추어야 한다.

③ 임원 중 파산선고를 받고 복권되지 아니한 사람이나 피성년후견인 또는 피한정후견인이 없는 자는 도매시장법인 요건을 일부 갖추었다고 볼 수 있다.

④ 도매시장법인은 해당 임원이 해당하는 요건을 갖추지 아니하게 되었을 때에는 그 임원을 지체 없이 해임하여야 한다.

ANSWER 도매시장법인의 지정(법 제23조)

① 도매시장법인은 도매시장 개설자가 부류별로 지정하되, 중앙도매시장에 두는 도매시장법인의 경우에는 농림축산식품부장관 또는 해양수산부장관과 협의하여 지정한다. 이 경우 5년 이상 10년 이하의 범위에서 지정 유효기간을 설정할 수 있다.

② 도매시장법인의 주주 및 임직원은 해당 도매시장법인의 업무와 경합되는 도매업 또는 중도매업(仲都賣業)을 하여서는 아니 된다. 다만, 도매시장법인이 다른 도매시장법인의 주식 또는 지분을 과반수 이상 양수하고 양수법인의 주주 또는 임직원이 양도법인의 주주 또는 임직원의 지위를 겸하게 된 경우에는 그러하지 아니하다.

③ 도매시장법인이 될 수 있는 자는 다음의 요건을 갖춘 법인이어야 한다.

  1. 해당 부류의 도매업무를 효과적으로 수행할 수 있는 지식과 도매시장 또는 공판장 업무에 2년 이상 종사한 경험이 있는 업무집행 담당 임원이 2명 이상 있을 것

  2. 임원 중 이 법을 위반하여 금고 이상의 실형을 선고받고 그 형의 집행이 끝나거나(집행이 끝난 것으로 보는 경우를 포함) 집행이 면제된 후 2년이 지나지 아니한 사람이 없을 것

  3. 임원 중 파산선고를 받고 복권되지 아니한 사람이나 피성년후견인 또는 피한정후견인이 없을 것

  4. 임원 중 도매시장법인의 지정취소처분의 원인이 되는 사항에 관련된 사람이 없을 것

  5. 거래규모, 순자산액 비율 및 거래보증금 등 도매시장 개설자가 업무규정으로 정하는 일정 요건을 갖출 것

④ 도매시장법인이 지정된 후 요건을 갖추지 아니하게 되었을 때에는 3개월 이내에 해당 요건을 갖추어야 한다.

⑤ 도매시장법인은 해당 임원이 요건을 갖추지 아니하게 되었을 때에는 그 임원을 지체 없이 해임하여야 한다.

31 도매시장을 효율적으로 관리·운영하고자 설립된 공공출자법인에 대한 내용으로 적절하지 못한 내용은?

① 도매시장 개설자가 설립할 수 있다.
② 관리공사 및 지방자치단체는 공공출자법인이 될 수 있다.
③ 해당 도매시장 또는 그 도매시장으로 이전되는 시장에서 농수산물을 거래하는 상인과 그 상인단체가 공공출자법인에 대한 출자를 할 경우 출자액의 합계가 총출자액의 100분의 20을 초과하여야 한다.
④ 공공출자법인은 「상법」에 따른 설립등기를 한 날에 도매시장법인의 지정을 받은 것으로 본다.

> **ANSWER** 공공출자법인(법 제24조)
> ① 도매시장 개설자는 도매시장을 효율적으로 관리·운영하기 위하여 필요하다고 인정하는 경우에는 도매시장법인을 갈음하여 그 업무를 수행하게 할 공공출자법인을 설립할 수 있다.
> ② 공공출자법인에 대한 출자는 다음의 어느 하나에 해당하는 자로 한정한다. 이 경우 1부터 3까지에 해당하는 자에 의한 출자액의 합계가 총출자액의 100분의 50을 초과하여야 한다.
> 　　1. 지방자치단체
> 　　2. 관리공사
> 　　3. 농림수협등
> 　　4. 해당 도매시장 또는 그 도매시장으로 이전되는 시장에서 농수산물을 거래하는 상인과 그 상인단체
> 　　5. 도매시장법인
> 　　6. 그 밖에 도매시장 개설자가 도매시장의 관리·운영을 위하여 특히 필요하다고 인정하는 자
> ③ 공공출자법인에 관하여 이 법에서 규정한 사항을 제외하고는 「상법」의 주식회사에 관한 규정을 적용한다.
> ④ 공공출자법인은 「상법」에 따른 설립등기를 한 날에 도매시장법인의 지정을 받은 것으로 본다.

32 중도매인에 관한 내용 중 틀린 것은?

① 중도매인의 업무를 하려는 자는 부류별로 해당 도매시장 개설자의 허가를 받아야 한다.
② 중도매업의 허가가 취소된 날부터 2년이 지난 자는 중도매업의 허가를 받을 수 있다.
③ 도매시장 개설자는 중도매업의 허가를 하는 경우 5년 이상 10년 이하의 범위에서 허가 유효기간을 설정할 수 있다.
④ 중도매인은 도매시장에 설치된 도매시장공판장에서 그 업무를 할 수 없다.

> **ANSWER** 허가를 받은 중도매인은 도매시장에 설치된 도매시장공판장에서도 그 업무를 할 수 있다(법 제26조).

ANSWER 30.① 31.③ 32.④

33 중도매인이 될 수 있는 경우는?

① 금고 이상의 실형을 선고받고 그 형의 집행이 끝나지 아니한 사람
② 최저거래금액 및 거래대금의 지급보증을 위한 보증금 등 도매시장 개설자가 업무규정으로 정한 허가조건을 갖추지 못한 자
③ 파산선고를 받고 복권된 사람
④ 도매시장법인의 주주 및 임직원으로서 해당 도매시장법인의 업무와 경합되는 중도매업을 하려는 자

ANSWER **중도매업의 허가**(법 제25조)
　　① 중도매인의 업무를 하려는 자는 부류별로 해당 도매시장 개설자의 허가를 받아야 한다.
　　② 도매시장 개설자는 다음의 어느 하나에 해당하는 경우를 제외하고는 허가를 하여야 한다.
　　　　1. ③의 어느 하나에 해당하는 경우
　　　　2. 그 밖에 이 법 또는 다른 법령에 따른 제한에 위반되는 경우
　　③ 다음의 어느 하나에 해당하는 자는 중도매업의 허가를 받을 수 없다.
　　　　1. 파산선고를 받고 복권되지 아니한 사람이나 피성년후견인
　　　　2. 이 법을 위반하여 금고 이상의 실형을 선고받고 그 형의 집행이 끝나거나(집행이 끝난 것으로 보는 경우를 포함) 면제되지 아니한 사람
　　　　3. 중도매업의 허가가 취소된 날부터 2년이 지나지 아니한 자
　　　　4. 도매시장법인의 주주 및 임직원으로서 해당 도매시장법인의 업무와 경합되는 중도매업을 하려는 자
　　　　5. 임원 중에 1부터 4까지의 어느 하나에 해당하는 사람이 있는 법인
　　　　6. 최저거래금액 및 거래대금의 지급보증을 위한 보증금 등 도매시장 개설자가 업무규정으로 정한 허가조건을 갖추지 못한 자

34 경매사의 업무가 아닌 것은?

① 도매시장법인이 상장한 농수산물에 대한 경락자의 결정
② 도매시장법인이 상장한 농수산물에 대한 경매 우선순위의 결정
③ 공판장의 운영
④ 도매시장법인이 상장한 농수산물에 대한 가격평가

ANSWER **경매사의 업무 등**(법 제28조)
　　㉠ 도매시장법인이 상장한 농수산물에 대한 경매 우선순위의 결정
　　㉡ 도매시장법인이 상장한 농수산물에 대한 가격평가
　　㉢ 도매시장법인이 상장한 농수산물에 대한 경락자의 결정

35 도매시장법인이 확보하여야 하는 최소 경매사의 수는?

① 1명 　　　　　　　　　　　② 2명
③ 5명 　　　　　　　　　　　④ 9명

> **A**NSWER 도매시장법인이 확보하여야 하는 경매사의 수는 2명 이상으로 하되, 도매시장법인별 연간 거래물량 등을 고려하여 업무규정으로 그 수를 정한다(시행규칙 제20조 제1항).

36 산지유통인 할 수 있는 업무인 것은?

① 농수산물의 판매 　　　　　② 농수산물의 매수
③ 농수산물의 출하업무 　　　④ 농수산물의 중개

> **A**NSWER 산지유통인은 등록된 도매시장에서 농수산물의 출하업무 외의 판매 · 매수 또는 중개업무를 하여서는 아니 된다(법 제29조 제4항).

37 도매시장에 상장한 농수산물의 경매 또는 입찰의 방법으로 틀린 것은?

① 도매시장에 상장한 농수산물을 수탁된 순위에 따라 경매 또는 입찰의 방법으로 판매하는 경우에는 최고가격 제시자에게 판매하여야 한다.
② 출하자가 서면으로 거래 성립 최저가격을 제시한 경우에는 그 가격 미만으로 판매하여서는 아니 된다.
③ 도매시장 개설자는 효율적인 유통을 위하여 필요한 경우에는 대량 입하품, 표준규격품, 예약 출하품 등을 우선적으로 판매하게 할 수 있다.
④ 경매 또는 입찰의 방법은 거수수지식을 원칙으로 하되 필요한 경우 전자식의 방법으로 할 수 있다.

> **A**NSWER 경매 또는 입찰의 방법(법 제33조)
> ① 도매시장법인은 도매시장에 상장한 농수산물을 수탁된 순위에 따라 경매 또는 입찰의 방법으로 판매하는 경우에는 최고가격 제시자에게 판매하여야 한다. 다만, 출하자가 서면으로 거래 성립 최저가격을 제시한 경우에는 그 가격 미만으로 판매하여서는 아니 된다.
> ② 도매시장 개설자는 효율적인 유통을 위하여 필요한 경우에는 농림축산식품부령 또는 해양수산부령으로 정하는 바에 따라 대량 입하품, 표준규격품, 예약 출하품 등을 우선적으로 판매하게 할 수 있다.
> ③ ①에 따른 경매 또는 입찰의 방법은 전자식(電子式)을 원칙으로 하되 필요한 경우 농림축산식품부령 또는 해양수산부령으로 정하는 바에 따라 거수수지식(擧手手指式), 기록식, 서면입찰식 등의 방법으로 할 수 있다. 이 경우 공개경매를 실현하기 위하여 필요한 경우 농림축산식품부장관, 해양수산부장관 또는 도매시장 개설자는 품목별 · 도매시장별로 경매방식을 제한할 수 있다.

ANSWER 　33.③ 34.③ 35.② 36.③ 37.④

38 다음 중 도매시장 개설자는 입하량이 현저히 많아 정상적인 거래가 어려운 경우에는 그 사유가 발생한 날에 한정하여 도매시장법인의 경우에는 중도매인·매매참가인 외의 자에게 판매할 수 있도록 할 수 있다. 다음 중 판매할 수 있는 경우가 아닌 것은?

① 도매시장법인이 겸영사업으로 수출을 하는 경우
② 해당 도매시장의 중도매인 또는 매매참가인에게 판매한 후 남는 농수산물이 있는 경우
③ 도매시장 개설자가 도매시장에 입하된 물품의 원활한 분산을 위하여 특히 필요하다고 인정하는 경우
④ 농수산물을 대표할 수 있는 견본품을 경매장에 진열해야 하는 경우

ⒶNSWER　도매시장 개설자는 입하량이 현저히 많아 정상적인 거래가 어려운 경우 등 농림축산식품부령 또는 해양수산부령으로 정하는 특별한 사유가 있는 경우에는 그 사유가 발생한 날에 한정하여 도매시장법인의 경우에는 중도매인·매매참가인 외의 자에게, 시장도매인의 경우에는 도매시장법인·중도매인에게 판매할 수 있다〈법 제34조〉.

※ 거래의 특례(시행규칙 제33조)
　① 도매시장법인이 중도매인·매매참가인 외의 자에게, 시장도매인이 도매시장법인·중도매인에게 농수산물을 판매할 수 있는 경우는 다음과 같다.
　　1. 노매시상법인의 경우
　　　가. 해당 도매시장의 중도매인 또는 매매참가인에게 판매한 후 남는 농수산물이 있는 경우
　　　나. 도매시장 개설자가 도매시장에 입하된 물품의 원활한 분산을 위하여 특히 필요하다고 인정하는 경우
　　　다. 도매시장법인이 겸영사업으로 수출을 하는 경우
　　2. 시장도매인의 경우 : 도매시장 개설자가 도매시장에 입하된 물품의 원활한 분산을 위하여 특히 필요하다고 인정하는 경우

39 다음 중 도매시장의 매매방식 및 절차에 대한 내용으로 잘못된 것은?

① 도매시장에서 도매시장법인이 하는 도매는 출하자로부터 위탁을 받아 하여야 한다.
② 중도매인은 도매시장법인이 상장한 농수산물 외의 농수산물은 거래할 수 없다.
③ 도매시장법인은 도매시장에서 농수산물을 포전매매의 방법으로 매매하여야 한다.
④ 출하자가 매매방법을 지정하여 요청하는 경우에는 그에 따라 매매할 수 있다.

ⒶNSWER　도매시장법인은 도매시장에서 농수산물을 경매·입찰·정가매매 또는 수의매매(隨意賣買)의 방법으로 매매하여야 한다(법 제32조).

40 다음 중 도매시장에서 전자식 경매·입찰의 예외 사유로 보기 어려운 것은?

① 농수산물의 수급조절과 가격안정을 위하여 수매한 농수산물을 판매하는 경우
② 농수산물의 수급조절과 가격안정을 위하여 수입한 농수산물을 판매하는 경우
③ 지역별 특성을 고려하여 도매시장 개설자가 필요하다고 인정하는 경우
④ 해당 도매시장의 중도매인 또는 매매참가인에게 판매한 후 남는 농수산물이 있는 경우

ANSWER 전자식 경매·입찰의 예외(시행규칙 제31조)
거수수지식·기록식·서면입찰식 등의 방법으로 경매 또는 입찰을 할 수 있는 경우는 다음과 같다.
1. 농수산물의 수급조절과 가격안정을 위하여 수매·비축 또는 수입한 농수산물을 판매하는 경우
2. 그 밖에 품목별·지역별 특성을 고려하여 도매시장 개설자가 필요하다고 인정하는 경우

41 농수산물의 선별·포장과 가공 등의 겸영사업을 하려는 도매시장법인이 갖추어야 할 요건으로 틀린 것은?

① 부채비율$\left(\dfrac{부채}{자기자본}\times100\right)$이 300% 이하일 것

② 유동부채비율$\left(\dfrac{유동부채}{부채총액}\times100\right)$이 100% 이하일 것

③ 당기순손실이 1개 회계연도 이상 계속하여 발생하지 아니할 것

④ 유동비율$\left(\dfrac{유동자산}{유동부채}\times100\right)$이 100% 이상일 것

ANSWER 당기순손실이 2개 회계연도 이상 계속하여 발생하지 아니할 것이 요건이다.
※ **도매시장법인의 겸영**(시행규칙 제34조)
① 농수산물의 선별·포장·가공·제빙(製氷)·보관·후숙(後熟)·저장·수출입·배송 등의 겸영사업을 겸영하려는 도매시장법인은 다음의 요건을 충족하여야 한다. 이 경우 1부터 3까지의 기준은 직전 회계연도의 대차대조표를 통하여 산정한다.
  1. 부채비율$\left(\dfrac{부채}{자기자본}\times100\right)$이 300% 이하일 것
  2. 유동부채비율$\left(\dfrac{유동부채}{부채총액}\times100\right)$이 100% 이하일 것
  3. 유동비율$\left(\dfrac{유동자산}{유동부채}\times100\right)$이 100% 이상일 것
  4. 당기순손실이 2개 회계연도 이상 계속하여 발생하지 아니할 것
② 도매시장법인은 겸영사업을 하려는 경우에는 그 겸영사업 개시 전에 겸영사업의 내용 및 계획을 해당 도매시장 개설자에게 알려야 한다. 이 경우 도매시장법인이 해당 도매시장 외의 장소에서 겸영사업을 하려는 경우에는 겸영하려는 사업장 소재지의 시장·군수 또는 자치구의 구청장에게도 이를 알려야 한다.
③ 도매시장법인은 겸영사업을 하는 경우 전년도 겸영사업 실적을 매년 3월 31일까지 해당 도매시장 개설자에게 제출하여야 한다.

ANSWER 38.④ 39.③ 40.④ 41.③

42 도매시장법인이 겸영사업으로 수탁·매수한 농수산물을 매매방법 및 경매·입찰방법 등 규정을 위반하여 판매함으로써 산지 출하자와의 업무 경합 또는 과도한 겸영사업으로 인한 도매시장법인의 도매업무 약화가 우려되는 경우 내릴 수 있는 조치 가운데 겸영사업의 6개월 금지는 몇 차 위반 시인가?

① 1차
② 2차
③ 3차
④ 4차

ANSWER　도매시장법인의 겸영사업의 제한(시행령 제17조의6)
도매시장 개설자는 도매시장법인이 겸영사업으로 수탁·매수한 농수산물을 매매방법 및 경매·입찰방법 등 규정을 위반하여 판매함으로써 산지 출하자와의 업무 경합 또는 과도한 겸영사업으로 인한 도매시장법인의 도매업무 약화가 우려되는 경우에는 시장관리운영위원회의 심의를 거쳐 겸영사업을 다음과 같이 제한할 수 있다.
1. 제1차 위반 : 보완명령
2. 제2차 위반 : 1개월 금지
3. 제3차 위반 : 6개월 금지
4. 제4차 위반 : 1년 금지

43 도매시장법인 또는 시장도매인은 출하자와 소비자의 권익보호를 위하여 거래물량, 가격정보 및 재무상황 등을 공시(公示)하여야 하는데 공시하여야 할 내용에 해당하지 않는 것은?

① 현재 회계연도의 재무제표
② 품목별 반입량
③ 겸영사업을 하는 경우 그 사업내용
④ 주주 및 임원의 현황과 그 변동사항

ANSWER　도매시장법인 등의 공시(시행규칙 제34조의2)
도매시장법인 또는 시장도매인이 공시하여야 할 내용은 다음과 같다.
1. 거래일자별·품목별 반입량 및 가격정보
2. 주주 및 임원의 현황과 그 변동사항
3. 겸영사업을 하는 경우 그 사업내용
4. 직전 회계연도의 재무제표

44 다음 중 도매시장법인이 입하된 농수산물의 수탁을 거부·기피하거나 위탁받은 농수산물의 판매를 거부·기피할 수 없는 경우는?

① 유통명령을 충족하여 출하하는 경우
② 출하자 신고를 하지 아니하고 출하하는 경우
③ 안전성 검사 결과 그 기준에 미달되는 경우
④ 도매시장 개설자가 업무규정으로 정하는 최소출하량의 기준에 미달되는 경우

ANSWER 유통명령을 위반하여 출하하는 경우 입하된 농수산물의 수탁을 거부·기피할 수 있다.
※ **수탁의 거부금지 등**(법 제38조)
도매시장법인 또는 시장도매인은 그 업무를 수행할 때에 다음의 어느 하나에 해당하는 경우를 제외하고는 입하된 농수산물의 수탁을 거부·기피하거나 위탁받은 농수산물의 판매를 거부·기피하거나, 거래 관계인에게 부당한 차별대우를 하여서는 아니 된다.
1. 유통명령을 위반하여 출하하는 경우
2. 출하자 신고를 하지 아니하고 출하하는 경우
3. 안전성 검사 결과 그 기준에 미달되는 경우
4. 도매시장 개설자가 업무규정으로 정하는 최소출하량의 기준에 미달되는 경우
5. 농림축산식품부장관, 해양수산부장관 또는 도매시장 개설자가 정하여 고시한 품목을 「농수산물 품질관리법」에 따른 표준규격에 따라 출하하지 아니한 경우

45 도매시장 개설자는 해당 도매시장에 반입되는 농수산물에 대하여 「농수산물 품질관리법」에 따른 유해물질의 잔류허용기준 등의 초과 여부에 관한 안전성 검사를 하여야 한다. 도매시장 개설자는 안전성 검사 결과 기준미달로 판정될 경우 제한 조치를 할 수 있는데 최근 1년 이내에 2회 적발 시 얼마나 도매시장에 출하하는 것을 제한할 수 있는가?

① 2개월   ② 3개월
③ 5개월   ④ 8개월

ANSWER 안전성 검사 결과 기준미달로 판정되면 최근 1년 이내에 2회 적발 시에는 3개월 동안 도매시장에 출하하는 것을 제한할 수 있다(시행규칙 제35조의2 제2항).
※ **안전성 검사의 실시 기준 및 방법 등**(시행규칙 제35조의2)
도매시장 개설자는 안전성 검사 결과 기준미달로 판정되면 기준미달품 출하자에 대하여 다음에 따라 도매시장에 출하하는 것을 제한할 수 있다.
1. 최근 1년 이내에 1회 적발 시 : 1개월
2. 최근 1년 이내에 2회 적발 시 : 3개월
3. 최근 1년 이내에 3회 적발 시 : 6개월

ANSWER | 42.③   43.①   44.①   45.②

46 도매시장 개설자, 도매시장법인, 시장도매인, 중도매인 또는 대금정산조직이 받는 수수료의 종류가 아닌 것은?

① 도매시장의 유지·관리에 필요한 최소한의 비용으로 징수하는 도매시장의 사용료
② 시설에 대하여 사용자로부터 징수하는 시설 사용료
③ 시장도매인 또는 중도매인이 농수산물의 매매를 중개한 경우에 이를 매매한 자로부터 징수하는 거래액의 일정 비율에 해당하는 중개수수료
④ 검사·인정·확인·승인·검정 등에 따른 부대수수료

> **A**NSWER 수수료 등의 징수제한(법 제42조)
>
> 도매시장 개설자, 도매시장법인, 시장도매인, 중도매인 또는 대금정산조직은 해당 업무와 관련하여 징수 대상자에게 다음의 금액 외에는 어떠한 명목으로도 금전을 징수하여서는 아니 된다.
> 1. 도매시장 개설자가 도매시장법인 또는 시장도매인으로부터 도매시장의 유지·관리에 필요한 최소한의 비용으로 징수하는 도매시장의 사용료
> 2. 도매시장 개설자가 도매시장의 시설 중 농림축산식품부령 또는 해양수산부령으로 정하는 시설에 대하여 사용자로부터 징수하는 시설 사용료
> 3. 도매시장법인이나 시장도매인이 농수산물의 판매를 위탁한 출하자로부터 징수하는 거래액의 일정 비율 또는 일정액에 해당하는 위탁수수료
> 4. 시장도매인 또는 중도매인이 농수산물의 매매를 중개한 경우에 이를 매매한 자로부터 징수하는 거래액의 일정 비율에 해당하는 중개수수료
> 5. 거래대금을 정산하는 경우에 도매시장법인·시장도매인·중도매인·매매참가인 등이 대금정산조직에 납부하는 정산수수료

47 도매시장법인이나 시장도매인이 농수산물의 판매를 위탁한 출하자로부터 징수하는 거래액의 일정 비율 또는 일정액에 해당하는 위탁수수료의 최고한도 가운데 수산부류의 위탁수수료는?

① 거래금액의 1천분의 20
② 거래금액의 1천분의 50
③ 거래금액의 1천분의 60
④ 거래금액의 1천분의 70

> **A**NSWER 수산부류는 거래금액의 1천분의 60이다.
>
> ※ **사용료 및 수수료 등**(시행규칙 제39조)
>
> 위탁수수료의 최고한도는 다음과 같다. 이 경우 도매시장의 개설자는 그 한도에서 업무규정으로 위탁수수료를 정할 수 있다.
> 1. 양곡부류 : 거래금액의 1천분의 20
> 2. 청과부류 : 거래금액의 1천분의 70
> 3. 수산부류 : 거래금액의 1천분의 60
> 4. 축산부류 : 거래금액의 1천분의 20(도매시장 또는 공판장 안에 도축장이 설치된 경우 「축산물위생관리법」에 따라 징수할 수 있는 도살·해체수수료는 이에 포함되지 아니한다)
> 5. 화훼부류 : 거래금액의 1천분의 70
> 6. 약용작물부류 : 거래금액의 1천분의 50

48 공판장에 대한 설명으로 적절하지 못한 것은?

① 공판장에는 중도매인, 매매참가인, 산지유통인 및 경매사를 둘 수 있다.
② 공판장의 중도매인은 공판장의 개설자가 지정한다.
③ 농수산물을 수집하여 공판장에 출하하려는 자는 공판장의 개설자에게 산지유통인으로 등록하여야 한다.
④ 공판장의 경매사는 도지사가 임면한다.

> **A**NSWER 공판장의 경매사는 공판장의 개설자가 임면한다(법 제44조 제4항).
> ※ **공판장의 거래 관계자**(법 제44조)
> ① 공판장에는 중도매인, 매매참가인, 산지유통인 및 경매사를 둘 수 있다.
> ② 공판장의 중도매인은 공판장의 개설자가 지정한다.
> ③ 농수산물을 수집하여 공판장에 출하하려는 자는 공판장의 개설자에게 산지유통인으로 등록하여야 한다.
> ④ 공판장의 경매사는 공판장의 개설자가 임면한다.

49 다음 중 민영도매시장을 개설할 수 있는 경우는?

① 민영도매시장을 개설하려는 곳이 교통체증을 유발할 수 있는 위치에 있다.
② 민영도매시장의 시설이 유통시설의 개선 등에 따른 기준에 적합하지 않다.
③ 운영관리계획서의 내용이 부실하지만 실현가능한 경우이다.
④ 다른 법령에서 민영도매시장 허가를 할 수 없는 경우이다.

> **A**NSWER **민영도매시장의 개설**(법 제47조)
> ① 민간인등이 특별시·광역시·특별자치시·특별자치도 또는 시 지역에 민영도매시장을 개설하려면 시·도지사의 허가를 받아야 한다.
> ② 민간인등이 민영도매시장의 개설허가를 받으려면 농림축산식품부령 또는 해양수산부령으로 정하는 바에 따라 민영도매시장 개설허가 신청서에 업무규정과 운영관리계획서를 첨부하여 시·도지사에게 제출하여야 한다.
> ③ 업무규정 및 운영관리계획서에 관하여는 도매시장의 개설 규정을 준용한다.
> ④ 시·도지사는 다음의 어느 하나에 해당하는 경우를 제외하고는 허가하여야 한다.
> 　1. 민영도매시장을 개설하려는 장소가 교통체증을 유발할 수 있는 위치에 있는 경우
> 　2. 민영도매시장의 시설이 민영도매시장이 보유하여야 하는 시설의 기준에 적합하지 아니한 경우
> 　3. 운영관리계획서의 내용이 실현 가능하지 아니한 경우
> 　4. 그 밖에 이 법 또는 다른 법령에 따른 제한에 위반되는 경우
> ⑤ 시·도지사는 민영도매시장 개설허가의 신청을 받은 경우 신청서를 받은 날부터 30일 이내(이하 "허가 처리기간")에 허가 여부 또는 허가처리 지연 사유를 신청인에게 통보하여야 한다. 이 경우 허가 처리기간에 허가 여부 또는 허가처리 지연 사유를 통보하지 아니하면 허가 처리기간의 마지막 날의 다음 날에 허가를 한 것으로 본다.
> ⑥ 시·도지사는 허가처리 지연 사유를 통보하는 경우에는 허가 처리기간을 10일 범위에서 한 번만 연장할 수 있다.

ANSWER 46.④ 47.③ 48.④ 49.③

50 시 지역에 위치한 민영도매시장 개설의 허가권자는?

① 구청장　　　　　　　　　　　② 시 · 도지사
③ 해양수산부장관　　　　　　　④ 국무총리

> **A**NSWER　민간인 등이 특별시 · 광역시 · 특별자치시 · 특별자치도 또는 시 지역에 민영도매시장을 개설하려면 시 · 도지사의 허가를 받아야 한다(법 제47조 제1항).

51 민영도매시장의 운영 등에 대한 사항으로 틀린 것은?

① 민영도매시장의 개설자는 중도매인을 두어 직접 운영하거나 시장도매인을 두어 이를 운영하게 할 수 있다.
② 민영도매시장의 시장도매인은 민영도매시장의 개설자가 지정한다.
③ 민영도매시장의 중도매인은 민영도매시장의 개설자가 지정한다.
④ 농수산물을 수집하여 민영도매시장에 출하하려는 자는 민영도매시장의 개설자에게 산지유통인으로 등록하지 않아도 된다.

> **A**NSWER　민영도매시장의 운영 등(법 제48조)
> ① 민영도매시장의 개설자는 중도매인, 매매참가인, 산지유통인 및 경매사를 두어 직접 운영하거나 시장도매인을 두어 이를 운영하게 할 수 있다.
> ② 민영도매시장의 중도매인은 민영도매시장의 개설자가 지정한다.
> ③ 농수산물을 수집하여 민영도매시장에 출하하려는 자는 민영도매시장의 개설자에게 산지유통인으로 등록하여야 한다.
> ④ 민영도매시장의 경매사는 민영도매시장의 개설자가 임면한다.
> ⑤ 민영도매시장의 시장도매인은 민영도매시장의 개설자가 지정한다.
> ⑥ 민영도매시장의 개설자가 중도매인, 매매참가인, 산지유통인 및 경매사를 두어 직접 운영하는 경우 그 운영 및 거래방법 등에 관하여는 수탁매매의 원칙, 매매방법, 경매 또는 입찰의 방법, 거래의 특례, 수탁의 거부금지, 매매농수산물의 인수, 하역업무, 출하자에 대한 대금결제, 수수료 등의 징수제한 규정을 준용한다. 다만, 민영도매시장의 규모 · 거래물량 등에 비추어 해당 규정을 준용하는 것이 적합하지 아니한 민영도매시장의 경우에는 그 개설자가 합리적이라고 인정되는 범위에서 업무규정으로 정하는 바에 따라 그 운영 및 거래방법 등을 달리 정할 수 있다.

52 농수산물을 대량 소비지에 직접 출하할 수 있는 농수산물집하장의 설치를 할 수 있는 자는?

① 생산자단체
② 시장
③ 도지사
④ 지방자치단체

ANSWER 농수산물집하장의 설치·운영(법 제50조)
① 생산자단체 또는 공익법인은 농수산물을 대량 소비지에 직접 출하할 수 있는 유통체제를 확립하기 위하여 필요한 경우에는 농수산물집하장을 설치·운영할 수 있다.
② 국가와 지방자치단체는 농수산물집하장의 효과적인 운영과 생산자의 출하편의를 도모할 수 있도록 그 입지 선정과 도로망의 개설에 협조하여야 한다.
③ 생산자단체 또는 공익법인은 운영하고 있는 농수산물집하장 중 유통시설의 개선 등에 따른 공판장의 시설기준을 갖춘 집하장을 시·도지사의 승인을 받아 공판장으로 운영할 수 있다.

53 생산지에서 출하되는 주요 품목의 농수산물에 대하여 산지경매제를 실시하거나 계통출하를 확대하는 등 생산자 보호를 위한 판매대책 및 선별·포장·저장 시설의 확충 등 산지 유통대책을 계획해야 하는 자는?

① 경매사
② 시장
③ 도지사
④ 공익법인

ANSWER 농림수협 또는 공익법인은 생산지에서 출하되는 주요 품목의 농수산물에 대하여 산지경매제를 실시하거나 계통출하(系統出荷)를 확대하는 등 생산자 보호를 위한 판매대책 및 선별·포장·저장 시설의 확충 등 산지 유통대책을 수립·시행하여야 한다(법 제49조 제1항).

54 생산자가 수확하기 이전의 경작상태에서 면적단위 또는 수량단위로 매매하는 것을 무엇이라 하는가?

① 창고매매
② 선상매매
③ 포전매매
④ 산지수확

ANSWER 포전매매에 대한 질문이다. 농림축산식품부장관이 정하는 채소류 등 저장성이 없는 농산물의 포전매매(생산자가 수확하기 이전의 경작상태에서 면적단위 또는 수량단위로 매매하는 것)의 계약은 서면에 의한 방식으로 하여야 한다(법 제53조 제1항).

ANSWER 50.② 51.④ 52.① 53.④ 54.③

55 다음 중 농수산물의 원활한 수급과 유통질서를 확립하기 위하여 농림축산식품부장관 또는 해양수산부장관이 수립하여 고시한 농수산물 유통기구 정비기본방침의 사항이 아닌 것은?

① 유통시설의 개선 등에 따른 시설기준에 미달하는 도매시장의 시설 정비에 관한 사항
② 민영도매시장 시설의 바꿈 및 이전에 관한 사항
③ 소매상의 시설 개선에 관한 사항
④ 대형 마트와 재래시장의 균형 발전에 관한 사항

> **ANSWER** 정비 기본방침 등(법 제62조)
> 농림축산식품부장관 또는 해양수산부장관은 농수산물의 원활한 수급과 유통질서를 확립하기 위하여 필요한 경우에는 다음의 사항을 포함한 농수산물 유통기구 정비기본방침을 수립하여 고시할 수 있다.
> 1. 유통시설의 개선 등에 따른 시설기준에 미달하거나 거래물량에 비하여 시설이 부족하다고 인정되는 도매시장 · 공판장 및 민영도매시장의 시설 정비에 관한 사항
> 2. 도매시장 · 공판장 및 민영도매시장 시설의 바꿈 및 이전에 관한 사항
> 3. 중도매인 및 경매사의 가격조작 방지에 관한 사항
> 4. 생산자와 소비자 보호를 위한 유통기구의 봉사(奉仕) 경쟁체제의 확립과 유통 경로의 단축에 관한 사항
> 5. 운영 실적이 부진하거나 휴업 중인 도매시장의 정비 및 도매시장법인이나 시장도매인의 교체에 관한 사항
> 6. 소매상의 시설 개신에 관한 사항

56 유사 도매시장의 정비계획에 포함되어야 할 사항이 아닌 것은?

① 유사 도매시장의 시설 개선 및 이전대책
② 대책을 시행하는 경우의 예산안 책정
③ 유사 도매시장구역으로 지정하려는 구체적인 지역의 범위
④ 유사 도매시장구역으로 지정하려는 구체적인 지역에 있는 농수산물도매업자의 거래방법의 개선방안

> **ANSWER** 유사 도매시장의 정비(시행규칙 제43조)
> ① 시 · 도지사는 다음의 지역에 있는 유사 도매시장의 정비계획을 수립하여야 한다.
>   1. 특별시 · 광역시
>   2. 국고 지원으로 도매시장을 건설하는 지역
>   3. 그 밖에 시 · 도지사가 농수산물의 공공거래질서 확립을 위하여 특히 필요하다고 인정하는 지역
> ② 유사 도매시장의 정비계획에 포함되어야 할 사항은 다음과 같다.
>   1. 유사 도매시장구역으로 지정하려는 구체적인 지역의 범위
>   2. 1의 지역에 있는 농수산물도매업자의 거래방법의 개선방안
>   3. 유사 도매시장의 시설 개선 및 이전대책
>   4. 유사 도매시장의 시설 개선 및 이전대책을 시행하는 경우의 대상자 선발기준

57 해양수산부장관이 도매시장·공판장 및 민영도매시장의 통합·이전 또는 폐쇄를 명령하려는 경우 고려해야 하는 사항이라 보기 어려운 것은?

① 시설현황

② 최근 6개월간의 거래 실적과 거래 추세

③ 입지조건

④ 통합·이전 또는 폐쇄로 인하여 당사자가 입게 될 손실의 정도

ANSWER **시장의 정비명령**(시행령 제33조)
 ① 농림축산식품부장관 또는 해양수산부장관이 도매시장·공판장 및 민영도매시장의 통합·이전 또는 폐쇄를 명령하려는 경우에는 그에 필요한 적정한 기간을 두어야 하며, 다음의 사항을 비교·검토하여 조건이 불리한 시장을 통합·이전 또는 폐쇄하도록 하여야 한다.
  1. 최근 2년간의 거래 실적과 거래 추세
  2. 입지조건
  3. 시설현황
  4. 통합·이전 또는 폐쇄로 인하여 당사자가 입게 될 손실의 정도
 ② 농림축산식품부장관 또는 해양수산부장관은 도매시장·공판장 및 민영도매시장의 통합·이전 또는 폐쇄를 명령하려는 경우에는 미리 관계인에게 ①의 사항에 대하여 소명을 하거나 의견을 진술할 수 있는 기회를 주어야 한다.
 ③ 농림축산식품부장관 또는 해양수산부장관은 명령으로 인하여 발생한 손실에 대한 보상을 하려는 경우에는 미리 관계인과 협의를 하여야 한다.

58 유사 도매시장구역을 지정할 수 있는 자는?

① 시·도지사

② 공정거래위원장

③ 해양수산부장관

④ 국무총리

ANSWER 시·도지사는 농수산물의 공정거래질서 확립을 위하여 필요한 경우에는 농수산물도매시장과 유사한 형태의 시장을 정비하기 위하여 유사 도매시장구역을 지정할 수 있다.
 ※ **유사 도매시장의 정비**(법 제64조)
  ① 시·도지사는 농수산물의 공정거래질서 확립을 위하여 필요한 경우에는 농수산물도매시장과 유사(類似)한 형태의 시장을 정비하기 위하여 유사 도매시장구역을 지정하고, 농림축산식품부령 또는 해양수산부령으로 정하는 바에 따라 그 구역의 농수산물도매업자의 거래방법 개선, 시설 개선, 이전대책 등에 관한 정비계획을 수립·시행할 수 있다.
  ② 특별시·광역시·특별자치시·특별자치도 또는 시는 정비계획에 따라 유사 도매시장구역에 도매시장을 개설하고, 그 구역의 농수산물도매업자를 도매시장법인 또는 시장도매인으로 지정하여 운영하게 할 수 있다.
  ③ 농림축산식품부장관 또는 해양수산부장관은 시·도지사로 하여금 정비계획의 내용을 수정 또는 보완하게 할 수 있으며, 정비계획의 추진에 필요한 지원을 할 수 있다.

ANSWER   55.④ 56.② 57.② 58.①

59 도매시장법인이 지정조건 또는 승인조건을 위반한 경우나 일정 수 이상의 경매사를 두지 아니하거나 경매사가 아닌 사람으로 하여금 경매를 하도록 하였을 경우 과징금을 부과할 수 있다. 그 금액은?

① 1천만 원 이하
② 3천만 원 이하
③ 5천만 원 이하
④ 1억 원 이하

> **A**NSWER 농림축산식품부장관, 해양수산부장관, 시·도지사 또는 도매시장 개설자는 도매시장법인 등이 6개월 이내의 업무정지 및 허가취소에 해당하거나 중도매인이 허가취소 등에 해당하여 업무정지를 명하려는 경우, 그 업무의 정지가 해당 업무의 이용자 등에게 심한 불편을 주거나 공익을 해칠 우려가 있을 때에는 업무의 정지를 갈음하여 도매시장법인 등에는 1억 원 이하, 중도매인에게는 1천만 원 이하의 과징금을 부과할 수 있다(법 제83조 제1항).

60 다른 중도매인 또는 매매참가인의 거래 참가를 방해하거나 정당한 사유 없이 집단적으로 경매 또는 입찰에 불참한 자에 대한 처벌은?

① 1년 이하의 징역 또는 1천만 원 이하의 벌금
② 2년 이하의 징역 또는 2천만 원 이하의 벌금
③ 3년 이하의 징역 또는 3천만 원 이하의 벌금
④ 5년 이하의 징역 또는 5천만 원 이하의 벌금

> **A**NSWER 다른 중도매인 또는 매매참가인의 거래 참가를 방해하거나 정당한 사유 없이 집단적으로 경매 또는 입찰에 불참한 자에 대한 처벌은 1년 이하의 징역 또는 1천만 원 이하의 벌금에 처한다(법 제88조 제3호).

61 허가를 받지 아니하고 중도매인의 업무를 한 자의 처벌은?

① 1년 이하의 징역 또는 1천만 원 이하의 벌금

② 2년 이하의 징역 또는 2천만 원 이하의 벌금

③ 3년 이하의 징역 또는 3천만 원 이하의 벌금

④ 5년 이하의 징역 또는 5천만 원 이하의 벌금

ANSWER 법 제86조(벌칙)

다음의 어느 하나에 해당하는 자는 2년 이하의 징역 또는 2천만 원 이하의 벌금에 처한다.

1. 수입 추천신청을 할 때에 정한 용도 외의 용도로 수입농산물을 사용한 자

1의2. 도매시장의 개설구역이나 공판장 또는 민영도매시장이 개설된 특별시·광역시·특별자치시·특별자치도 또는 시의 관할구역에서 허가를 받지 아니하고 농수산물의 도매를 목적으로 지방도매시장 또는 민영도매시장을 개설한 자

2. 지정을 받지 아니하거나 지정 유효기간이 지난 후 도매시장법인의 업무를 한 자

3. 허가 또는 갱신허가를 받지 아니하고 중도매인의 업무를 한 자

4. 등록을 하지 아니하고 산지유통인의 업무를 한 자

5. 도매시장 외의 장소에서 농수산물의 판매업무를 하거나 농수산물 판매업무 외의 사업을 겸영한 자

6. 지정을 받지 아니하거나 지정 유효기간이 지난 후 도매시장 안에서 시장도매인의 업무를 한 자

7. 승인을 받지 아니하고 공판장을 개설한 자

8. 업무정지처분을 받고도 그 업(業)을 계속한 자

⟨2016년 제2회⟩

1 농수산물의 원산지 표시에 관한 법령상 살아있는 수산물의 원산지를 표시하지 않은 경우 과태료 부과기준은?

① 5만 원 이상 1,000만 원 이하

② 1차 : 20만 원, 2차 : 40만 원, 3차 : 80만 원

③ 1차 : 30만 원, 2차 : 60만 원, 3차 : 100만 원

④ 1차 : 100만 원, 2차 : 300만 원, 3차 : 500만 원

> **ANSWER** 살아있는 수산물의 원산지를 표시하지 않은 경우 5만 원 이상 1,000만 원 이하의 과태료가 부과된다⟨농수산물의 원산지 표시에 관한 법률 시행령 별표 2 제2호 나목 12)⟩.

⟨2016년 제2회⟩

2 농수산물 원산지 표시제도 교육에 포함되어야 하는 내용이 아닌 것은?

① 원산지 표시 관련 법령

② 원신지 표시 인증 미크 불법

③ 원산지 표시방법

④ 위반자 처벌에 관한 사항

> **ANSWER** 농수산물 원산지 표시제도 교육⟨농수산물의 원산지 표시에 관한 시행령 제23조⟩ ①항
> 농수산물 원산지 표시제도 교육에서는 다음과 같은 내용을 포함하여야 한다.
> 1. 원산지 표시 관련 법령 및 제도
> 2. 원산지 표시방법 및 위반자 처벌에 관한 사항

〈2016년 제2회〉

3 농수산물의 원산지 표시에 관한 법령상 수산물 원산지의 표시기준에 관한 설명으로 옳지 않은 것은?

① 양식수산물은 생산·채취·양식한 지역의 시·도명을 표시하여야 한다.
② 원양어업의 허가를 받은 어선이 해외 수역에서 어획하여 국내에 반입한 수산물은 원양산 으로 표시한다.
③ 국산 수산물로서 지역이 각각 다른 동일 품목을 혼합한 경우 혼합비율이 높은 순서로 3개 지역까지의 시·도명 또는 시·군·구명과 그 혼합비율을 표시한다.
④ 동일 품목의 국산과 국산 외의 수산물을 혼합한 경우 혼합비율이 높은 3개 국가(지역, 해역 등)까지의 원산지와 그 혼합비율을 표시한다.

> **A**NSWER 국산 수산물은 "국산"이나 "국내산" 또는 "연근해산"으로 표시한다. 다만, 양식 수산물이나 연안정착성 수산물 또는 내수면 수산물의 경우에는 해당 수산물을 생산·채취·양식·포획한 지역의 시·도명이나 시·군·구명 을 표시할 수 있다〈농수산물의 원산지 표시에 관한 법률 시행령 별표 1〉.

〈2016년 제2회〉

4 농수산물의 원산지 표시에 관한 법령상 수산물이나 그 가공품을 조리하여 판매·제공하는 음 식점에서의 수산물 원산지 표시대상품목으로만 짝지어진 것은?

① 참돔, 황태, 갈치, 고등어
② 넙치, 낙지, 뱀장어, 미꾸라지
③ 갈치, 황태, 고등어, 뱀장어
④ 넙치, 낙지, 북어, 조피볼락

> **A**NSWER 넙치, 조피볼락, 참돔, 미꾸라지, 뱀장어, 낙지, 명태, 고등어, 갈치, 오징어, 꽃게 및 참조기의 원산지 표시방법 … 원산지는 국내산(국산), 원양산 및 외국산으로 구분하고, 다음의 구분에 따라 표시한다〈농수산물의 원산지 표시에 관한 법률 시행규칙 별표 4〉.
> ㉠ 국내산(국산)의 경우 "국산"이나 "국내산" 또는 "연근해산"으로 표시한다.
> ㉡ 원양산의 경우 "원양산" 또는 "원양산, 해역명"으로 한다.
> ㉢ 외국산의 경우 해당 국가명을 표시한다.

ANSWER 1.① 2.② 3.① 4.②

〈2016년 제2회〉

5 농수산물의 원산지 표시에 관한 법령상 수산물가공품에 관한 설명이다. (   ) 안에 들어갈 내용이 옳게 연결된 것은?

> 원료 배합 비율에 따른 표시대상은 사용된 원료의 배합 비율에서 두 가지 원료의 배합 비율의 합이 (㉠) 퍼센트 이상인 원료가 있는 경우에는 배합 비율이 높은 순서의 (㉡) 순위까지의 원료를 표시대상으로 한다.

① ㉠ : 95　　㉡ : 2　　　　　　　② ㉠ : 95　　㉡ : 3
③ ㉠ : 98　　㉡ : 2　　　　　　　④ ㉠ : 98　　㉡ : 3

> **A**NSWER　원료 배합 비율에 따른 표시대상〈농수산물의 원산지 표시에 관한 법률 시행령 제3조 제2항〉
> 　　㉠ 사용된 원료의 배합 비율에서 한 가지 원료의 배합 비율이 98퍼센트 이상인 경우에는 그 원료
> 　　㉡ 사용된 원료의 배합 비율에서 두 가지 원료의 배합 비율의 합이 98퍼센트 이상인 원료가 있는 경우에는 배합 비율이 높은 순서의 2순위까지의 원료
> 　　㉢ ㉠ 및 ㉡ 외의 경우에는 배합 비율이 높은 순서의 3순위까지의 원료
> 　　㉣ ㉠부터 ㉡까지의 규정에도 불구하고 김치류 중 고춧가루(고춧가루가 포함된 가공품을 사용하는 경우에는 그 가공품에 사용된 고춧가루를 포함한다)를 사용하는 품목은 고춧가루를 제외한 원료 중 배합 비율이 가장 높은 순서의 2순위까지의 원료와 고춧가루

〈2016년 제2회〉

6 농수산물의 원산지 표시에 관한 법령상 농수산물 또는 그 가공품에 대한 원산지 표시사항 중 농수산물 품질관리법에 따라 원산지를 표시한 것으로 볼 수 없는 경우는?

① 품질인증품의 표시를 한 경우
② 이력추적관리의 표시를 한 경우
③ 지리적표시를 한 경우
④ 유전자변형수산물의 표시를 한 경우

> **A**NSWER　다음의 어느 하나에 해당하는 때에는 원산지를 표시한 것으로 본다〈농수산물의 원산지 표시에 관한 법률 제5조 제2항〉.
> 　　㉠ 「농수산물 품질관리법」 또는 「소금산업 진흥법」에 따른 표준규격품의 표시를 한 경우
> 　　㉡ 「농수산물 품질관리법」에 따른 우수관리인증의 표시, 품질인증품의 표시 또는 「소금산업 진흥법」에 따른 우수천일염인증의 표시를 한 경우
> 　　㉢ 「소금산업 진흥법」에 따른 천일염생산방식인증의 표시를 한 경우
> 　　㉣ 「소금산업 진흥법」에 따른 친환경천일염인증의 표시를 한 경우
> 　　㉤ 「농수산물 품질관리법」에 따른 이력추적관리의 표시를 한 경우
> 　　㉥ 「농수산물 품질관리법」 또는 「소금산업 진흥법」에 따른 지리적표시를 한 경우
> 　　㉦ 「식품산업진흥법」에 따른 원산지인증의 표시를 한 경우
> 　　㉧ 「대외무역법」에 따라 수출입 농수산물이나 수출입 농수산물 가공품의 원산지를 표시한 경우
> 　　㉨ 다른 법률에 따라 농수산물의 원산지 또는 농수산물 가공품의 원료의 원산지를 표시한 경우

관련법령

〈2015년 제1회〉

7 농수산물의 원산지 표시에 관한 법률 시행령 별표 1 '원산지의 표시기준'의 내용 중 일부이다. 다음 (   ) 안에 공통으로 들어갈 내용은?

---

1. 농수산물

　다. 원산지가 다른 동일 품목을 혼합한 농수산물

　　1) 국산 농수산물로서 그 생산 등을 한 지역이 각각 다른 동일 품목의 농수산물을 혼합한 경우에는 혼합비율이 높은 순서로 (   ) 지역까지의 시·도명 또는 시·군·구명과 그 혼합비율을 표시하거나 "국산", "국내산" 또는 "연근해산"으로 표시한다.

　　2) 동일 품목의 국산 농수산물과 국산 외의 농수산물을 혼합한 경우에는 혼합비율이 높은 순서로 (   ) 국가(지역, 해역 등)까지의 원산지와 그 혼합비율을 표시한다.

---

① 2개　　　　　　　　　　　② 3개

③ 4개　　　　　　　　　　　④ 5개

ＡNSWER　원산지의 표시기준〈농수산물의 원산지 표시에 관한 법률 시행령 별표 1〉

　　　㉠ 국산 농수산물로서 그 생산 등을 한 지역이 각각 다른 동일 품목의 농수산물을 혼합한 경우에는 혼합 비율이 높은 순서로 3개 지역까지의 시·도명 또는 시·군·구명과 그 혼합 비율을 표시하거나 "국산", "국내산" 또는 "연근해산"으로 표시한다.

　　　㉡ 동일 품목의 국산 농수산물과 국산 외의 농수산물을 혼합한 경우에는 혼합비율이 높은 순서로 3개 국가(지역, 해역 등)까지의 원산지와 그 혼합비율을 표시한다.

〈2015년 제1회〉

8 농수산물의 원산지 표시에 관한 법률의 제정 목적이다. 다음 (   ) 안에 들어갈 내용이 옳게 짝지어진 것은?

이 법은 농산물·수산물이나 그 가공품 등에 대하여 적정하고 합리적인 원산지 표시를 하도록 하여 소비자의 (   )을(를) 보장하고, 공정한 거래를 유도함으로써 (   )와 소비자를 보호하는 것을 목적으로 한다.

---

① 알권리 – 생산자　　　　　　② 알권리 – 판매자

③ 선택권 – 생산자　　　　　　④ 선택권 – 판매자

ＡNSWER　이 법은 농산물·수산물이나 그 가공품 등에 대하여 적정하고 합리적인 원산지 표시를 하도록 하여 소비자의 알권리를 보장하고, 공정한 거래를 유도함으로써 생산자와 소비자를 보호하는 것을 목적으로 한다〈농수산물의 원산지 표시에 관한 법률 제1조〉.

ＡNSWER　5.③　6.④　7.②　8.①

9 농수산물의 원산지 표시에 관한 법령상 수산물의 원산지 표시와 관련된 정보 중 국민이 알아야 할 필요가 있다고 인정되는 정보의 제공에 관한 설명으로 옳지 않은 것은?

① 해양수산부장관은 방사성물질이 유출된 국가 또는 지역 등의 정보에 대하여는 「공공기관의 정보공개에 관한 법률」에서 허용하는 범위에서 이를 국민에게 제공하도록 노력하여야 한다.

② 해양수산부장관이 정보를 제공하는 경우에는 농수산물품질관리심의회의 심의를 거칠 수 있다.

③ 해양수산부장관은 국민에게 정보를 제공하고자 하는 경우 「농수산물 품질관리법」에 따른 농수산물안전정보시스템을 이용할 수 있다.

④ 해양수산부장관은 국민에게 정보를 제공하고자 하는 경우 공청회를 거쳐야 한다.

> **A**NSWER 농수산물의 원산지 표시에 관한 정보제공〈농수산물의 원산지 표시에 관한 법률 제10조〉
> ㉠ 농림축산식품부장관 또는 해양수산부장관은 농수산물의 원산지 표시와 관련된 정보 중 방사성물질이 유출된 국가 또는 지역 등 국민이 알아야 할 필요가 있다고 인정되는 정보에 대하여는 「공공기관의 정보공개에 관한 법률」에서 허용하는 범위에서 이를 국민에게 제공하도록 노력하여야 한다.
> ㉡ ㉠에 따라 정보를 제공하는 경우 심의회의 심의를 거칠 수 있다.
> ㉢ 농림축산식품부장관 또는 해양수산부장관은 국민에게 정보를 제공하고자 하는 경우 「농수산물 품질관리법」에 따른 농수산물안전정보시스템을 이용할 수 있다.

10 농림축산식품부장관 또는 해양수산부장관이 전자정보처리 체계의 정보 이용 등에 대한 협조를 관계 중앙행정기관의 장, 시·도지사 또는 시장·군수·구청장에게 요청할 경우 구체적으로 밝혀야 하는 사항으로 바르지 않은 것은?

① 협조 기간
② 협조에 대한 비용과 필요성 유무
③ 협조 방법
④ 그 밖에 필요한 사항

> **A**NSWER 행정기관 등의 업무협조 절차〈농수산물의 원산지 표시에 관한 시행령 제9조의3〉
> 1. 협조 필요 사유
> 2. 협조 기간
> 3. 협조 방법
> 4. 그 밖에 필요한 사항

〈2015년 제1회〉

11 농수산물의 원산지 표시에 관한 법령상 찌개용, 구이용, 탕용으로 수산물을 조리하여 판매 · 제공하는 일반음식점에서 원산지를 표시하지 않아도 되는 것은?

① 미꾸라지
② 조기
③ 뱀장어
④ 낙지

> **Ａnswer** 음식점 원산지 표시대상 품목 … '넙치, 조피볼락, 참돔, 미꾸라지, 낙지, 뱀장어, 명태, 고등어, 갈치, 오징어, 꽃게, 참조기'

〈2015년 제1회〉

12 농수산물의 원산지 표시에 관한 법령상 다음 ( ) 안에 들어갈 내용이 옳게 짝지어진 것은?

> 해양수산부장관 또는 시 · 도지사는 「농수산물 품질관리법」 제104조의 농수산물 명예감시원에게 농수산물이나 그 가공품의 원산지 표시를 지도 · ( ) · 계몽과 위반사항의 ( )을(를) 하게 할 수 있다.

① 홍보 – 신고
② 홍보 – 단속
③ 교육 – 신고
④ 교육 – 단속

> **Ａnswer** 해양수산부장관 또는 시 · 도지사는 「농수산물 품질관리법」의 농수산물 명예감시원에게 농수산물이나 그 가공품의 원산지 표시를 지도 · 홍보 · 계몽과 위반사항의 신고를 하게 할 수 있다〈농수산물의 원산지 표시에 관한 법률 제11조 제1항〉.

 **Ａnswer** 9.④ 10.② 11.② 12.①

13 원산지표시법에서 정하는 용어의 정의가 바르지 못한 것은?

① 원산지 – 농산물이나 수산물이 생산·채취·포획된 국가·지역이나 해역
② 식품접객업 – 「식품위생법」에 따른 식품접객업
③ 통신판매 – 농수산물도매시장의 개설자의 허가 또는 지정을 받아 영업을 하는 것
④ 집단급식소 – 「식품위생법」에 따른 집단급식소

> **Ⓐnswer** 정의(법 제2조)
> 이 법에서 사용하는 용어의 뜻은 다음과 같다.
> 1. '농산물'이란 「농업·농촌 및 식품산업 기본법」에 따른 농산물을 말한다.
> 2. '수산물'이란 「수산업·어촌 발전 기본법」에 따른 어업활동으로부터 생산되는 산물을 말한다.
> 3. '농수산물'이란 농산물과 수산물을 말한다.
> 4. '원산지'란 농산물이나 수산물이 생산·채취·포획된 국가·지역이나 해역을 말한다.
> 5. '식품접객업'이란 「식품위생법」에 따른 식품접객업을 말한다.
> 6. '집단급식소'란 「식품위생법」에 따른 집단급식소를 말한다.
> 7. '통신판매'란 「전자상거래 등에서의 소비자보호에 관한 법률」에 따른 통신판매(전자상거래로 판매되는 경우를 포함) 중 대통령령으로 정하는 판매를 말한다.

14 해양수산부장관이 수산물 및 가공품에 관한 권한을 국립수산물품질관리원장에게 위임하는 내용으로 옳지 않은 것은?

① 처분 및 공표
② 과징금의 부과·징수
③ 명예감시원의 감독·운영 및 경비의 지급
④ 협조 필요의 사유

> **Ⓐnswer** 권한의 위임위탁〈농수산물의 원산지 표시에 관한 시행령 제9조〉 ①항
> 해양수산부장관이 수산물 및 가공품에 관한 권한을 국립수산물품질관리원장에게 위임하는 내용은 다음과 같다.
> 1. 과징금의 부과·징수
> 1의2. 원산지 표시대상 농수산물이나 그 가공품의 수거·조사
> 2. 처분 및 공표
> 2의2. 원산지 표시 위반에 대한 교육
> 3. 명예감시원의 감독·운영 및 경비의 지급
> 4. 포상금의 지급
> 5. 과태료의 부과·징수

15 농수산물 가공품의 원료에 대한 원산지 표시대상이 아닌 것은?

① 원료 배합 비율에 따른 표시대상 중 물과 당류
② 사용된 원료의 배합 비율에서 한 가지 원료의 배합이 98퍼센트 이상인 원료가 있는 경우에는 그 원료
③ 사용된 원료의 배합 비율에서 두 가지 원료의 배합이 98퍼센트 이상인 원료가 있는 경우에는 배합 비율이 높은 순서의 2순위까지의 원료
④ 김치류 중 고춧가루를 사용하는 품목은 고춧가루를 제외한 원료 중 배합 비율이 가장 높은 순서의 2순위까지의 원료와 고춧가루

> **A**NSWER 원산지의 표시대상(시행령 제3조)
> 농수산물 가공품의 원료에 대한 원산지 표시대상은 다음과 같다. 다만, 물, 식품첨가물, 주정(酒精) 및 당류는 배합 비율의 순위와 표시대상에서 제외한다.
> 1. 원료 배합 비율에 따른 표시대상
>   가. 사용된 원료의 배합 비율에서 한 가지 원료의 배합비율이 98퍼센트 이상인 원료가 있는 경우에는 그 원료
>   나. 사용된 원료의 배합 비율에서 두 가지 원료의 배합비율의 합이 98퍼센트 이상인 경우에는 배합 비율이 높은 순서의 2순위까지의 원료
>   다. 가 및 나 외의 경우에는 배합 비율이 높은 순서의 3순위까지의 원료
>   라. 가와 다에도 불구하고 김치류 중 고춧가루를 사용하는 품목은 고춧가루를 제외한 원료 중 배합 비율이 가장 높은 순서의 2순위까지의 원료와 고춧가루

16 식품접객업 및 집단급식소 중 대통령령으로 정하는 영업소나 집단급식소를 설치·운영하는 자는 대통령령으로 정하는 농수산물이나 그 가공품을 조리하여 판매·제공하는 경우에 그 농수산물이나 그 가공품의 원료에 대하여 원산지를 표시하여야 한다. 여기서 '대통령령으로 정하는 영업소나 집단급식소를 설치·운영하는 자'에 해당하지 않는 것은?

① 휴게음식점영업을 하는 영업소
② 일반음식점영업을 하는 영업소
③ 위탁급식영업을 하는 영업소
④ 구청에 납품하는 급식소

> **A**NSWER 식품접객업 및 집단급식소 중 대통령령으로 정하는 영업소나 집단급식소를 설치·운영하는 자는 대통령령으로 정하는 농수산물이나 그 가공품을 조리하여 판매·제공하는 경우(조리하여 판매 또는 제공할 목적으로 보관·진열하는 경우를 포함)에 그 농수산물이나 그 가공품의 원료에 대하여 원산지(쇠고기는 식육의 종류를 포함)를 표시하여야 한다. 다만, 「식품산업진흥법」에 따른 원산지인증의 표시를 한 경우에는 원산지를 표시한 것으로 보며, 쇠고기의 경우에는 식육의 종류를 별도로 표시하여야 한다(법 제5조 제3항).
> ※ **시행령 제4조**(원산지 표시를 하여야 할 자)
> 법 제5조제3항에서 "대통령령으로 정하는 영업소나 집단급식소를 설치·운영하는 자"란 「식품위생법 시행령」의 휴게음식점영업, 일반음식점영업 또는 위탁급식영업을 하는 영업소나 집단급식소를 설치·운영하는 자를 말한다.

ANSWER 13.③ 14.④ 15.① 16.④

17 다음 중 원산지를 표시한 것으로 보지 않는 것은?

① 「소금산업 진흥법」에 따른 표준규격품의 표시를 한 경우
② 「농수산물 품질관리법」에 따른 우수관리인증의 표시를 한 경우
③ 「수산물 유통의 관리 및 지원에 관한 법률」에 따른 이력표시를 한 경우
④ 「소금산업 진흥법」에 따른 천일염생산방식인증의 표시를 한 경우

> **Ａ**NSWER 원산지 표시(법 제5조)
> ② 다음의 어느 하나에 해당하는 때에는 원산지를 표시한 것으로 본다.
>   1. 「농수산물 품질관리법」 또는 「소금산업 진흥법」에 따른 표준규격품의 표시를 한 경우
>   2. 「농수산물 품질관리법」에 따른 우수관리인증의 표시, 품질인증품의 표시 또는 「소금산업 진흥법」에 따른 우수천일염인증의 표시를 한 경우
>   2의2. 「소금산업 진흥법」에 따른 천일염생산방식인증의 표시를 한 경우
>   3. 「소금산업 진흥법」에 따른 친환경천일염인증의 표시를 한 경우
>   4. 「농수산물 품질관리법」에 따른 이력추적관리의 표시를 한 경우
>   5. 「농수산물 품질관리법」 또는 「소금산업 진흥법」에 따른 지리적표시를 한 경우
>   5의2. 「식품산업진흥법」에 따른 원산지인증의 표시를 한 경우
>   5의 3. 「대외무역법」에 따라 수출입 농수산물이나 수출입 농수산물의 가공품의 원산지를 표시한 경우
>   6. 다른 법률에서 농수산물의 원산지 또는 농수산물 가공품의 원료의 원산지를 표시한 경우

18 원산지를 혼동하게 할 우려가 있는 표시 및 위장판매의 범위에 관한 사항으로 잘못된 것은?

① 원산지 표시란에는 원산지를 바르게 표시하였으나 포장재 등 다른 곳에 이와 유사한 표시를 하여 원산지를 오인하게 하는 표시는 원산지를 혼동하게 할 우려가 있는 표시이다.
② 원산지 표시란에는 외국 국가명을 표시하고 인근에 설치된 현수막 등에는 '우리 농산물만 취급'으로 한 것도 원산지를 혼동하게 할 우려가 있는 표시이다.
③ 원산지 표시란에는 외국 국가명 또는 '국내산'으로 표시하고 포장재 앞면 등 소비자가 잘 보이는 위치에는 큰 글씨로 '국내생산'이라고 사용하는 것도 원산지를 혼동하게 할 우려가 있는 표시이다.
④ 진열장에는 수입산 원산지를 표시하여 진열하고, 판매 시에는 냉장고에서 수입산을 꺼내 주는 경우는 원산지 위장판매에 해당한다.

> **Ａ**NSWER ④ 진열장에는 국내산만 원산지를 표시하여 진열하고, 판매 시에는 냉장고에서 원산지 표시가 안 된 외국산을 꺼내 주는 경우가 원산지 위장판매에 해당한다〈시행규칙 별표 5〉.

19 원산지 표시 기준에 대한 사항으로 잘못된 것은?

① 국산 수산물의 경우 '국산'이나 '국내산' 또는 '연근해산'으로 표시한다.

② 원양어업의 허가를 받은 어선이 해외수역에서 어획하여 국내에 반입한 수산물은 '원양산' 으로 표시를 한다.

③ 국산 농수산물로서 그 생산 등을 한 지역이 각각 다른 동일 품목의 농수산물을 혼합한 경 우 단 하나의 지역만을 선정하여 '국산', '국내산' 또는 '연근해산'으로만 표시한다.

④ 동일 품목의 국산 농수산물과 국산 외의 농수산물을 혼합한 경우에는 혼합비율이 높은 순 서로 3개 국가까지의 원산지와 그 혼합비율을 표시한다.

ANSWER 농수산물의 원산지 표시기준(시행령 별표 1)

농수산물

1. 국산 농수산물
   ㉠ 국산 농산물 : '국산'이나 '국내산' 또는 그 농산물을 생산·채취·사육한 지역의 시·도명이나 시·군· 구명을 표시한다.
   ㉡ 국산 수산물 : '국산'이나 '국내산' 또는 '연근해산'으로 표시한다. 다만, 양식 수산물이나 연안정착성 수산 물 또는 내수면 수산물의 경우에는 해당 수산물을 생산·채취·양식·포획한 지역의 시·도명이나 시·군·구명을 표시할 수 있다.

2. 원양산 수산물
   ㉠ 「원양산업발전법」에 따라 원양어업의 허가를 받은 어선이 해외수역에서 어획하여 국내에 반입한 수산 물은 '원양산'으로 표시하거나 '원양산' 표시와 함께 '태평양', '대서양', '인도양', '남빙양', '북빙양'의 해역 명을 표시한다.
   ㉡ ㉠에 따른 표시 외에 연안국 법령에 따라 별도로 표시하여야 하는 사항이 있는 경우에는 ㉠에 따른 표 시와 함께 표시할 수 있다.

3. 원산지가 다른 동일 품목을 혼합한 농수산물
   ㉠ 국산 농수산물로서 그 생산 등을 한 지역이 각각 다른 동일 품목의 농수산물을 혼합한 경우에는 혼합 비율이 높은 순서로 3개 지역까지의 시·도명 또는 시·군·구명과 그 혼합 비율을 표시하거나 '국산', ' 국내산' 또는 '연근해산'으로 표시한다.
   ㉡ 동일 품목의 국산 농수산물과 국산 외의 농수산물을 혼합한 경우에는 혼합비율이 높은 순서로 3개 국 가(지역, 해역 등)까지의 원산지와 그 혼합비율을 표시한다.

4. 2개 이상의 품목을 포장한 수산물 : 서로 다른 2개 이상의 품목을 용기에 담아 포장한 경우에는 혼합 비율 이 높은 2개까지의 품목을 대상으로 1. ㉡, 2 및 수입 농수산물과 그 가공품 및 반입 농수산물과 그 가공 품의 표시기준 규정의 기준에 따라 표시한다.

20 수입 농수산물과 그 가공품 및 반입 농수산물의 표시에 관한 사항으로 적절하지 못한 것은?

① 수입 농수산물은 국내유통법에 따른 반입 시의 원산지를 표시한다.

② 농수산물 가공품의 경우 사용된 원료의 원산지가 모두 국산일 경우에는 원산지를 일괄하여 '국산'이나 '국내산' 또는 '연근해산'으로 표시할 수 있다.

③ 수입 농수산물의 경우 「남북교류협력에 관한 법률」에 따라 반입한 반입농수산물은 반입 시의 원산지를 표시한다.

④ 농수산물 가공품의 경우 원산지가 다른 동일 원료를 혼합하여 사용한 경우에는 혼합 비율이 높은 순서로 2개 국가까지의 원료 원산지와 그 혼합 비율을 각각 표시한다.

ANSWER 수입 농수산물과 그 가공품 및 반입 농수산물과 그 가공품, 농수산물 가공품의 원산지의 표시기준(시행령 별표 1)

① 수입 농수산물과 그 가공품 및 반입 농수산물과 그 가공품

　1. 수입 농수산물과 그 가공품(수입농수산물등)은 「대외무역법」에 따른 통관 시의 원산지를 표시한다.

　2. 「남북교류협력에 관한 법률」에 따라 반입한 농수산물과 그 가공품(반입농수산물등)은 같은 법에 따른 반입 시의 원산지를 표시한다.

② 농수산물 가공품(수입농수산물등 또는 반입농수산물등을 국내에서 가공한 것을 포함)

　1. 사용된 원료의 원산지를 농수산물 및 수입 농수산물과 그 가공품 및 반입 농수산물과 그 가공품 표시기준에 따라 표시한다.

　2. 원산지가 다른 동일 원료를 혼합하여 사용한 경우에는 혼합 비율이 높은 순서로 2개 국가(지역, 해역 등)까지의 원료 원산지와 그 혼합 비율을 각각 표시한다.

　3. 원산지가 다른 동일 원료의 원산지별 혼합 비율이 변경된 경우로서 그 어느 하나의 변경의 폭이 최대 15퍼센트 이하이면 종전의 원산지별 혼합 비율이 표시된 포장재를 혼합 비율이 변경된 날부터 1년의 범위에서 사용할 수 있다.

　4. 사용된 원료(물, 식품첨가물, 주성 및 당류는 제외)의 원산지가 모두 국산일 경우에는 원산지를 일괄하여 '국산'이나 '국내산' 또는 '연근해산'으로 표시할 수 있다.

　5. 원료의 수급 사정으로 인하여 원료의 원산지 또는 혼합 비율이 자주 변경되는 경우로서 다음의 어느 하나에 해당하는 경우에는 농림축산식품부장관과 해양수산부장관이 공동으로 정하여 고시하는 바에 따라 원료의 원산지와 혼합 비율을 표시할 수 있다.

　　㉠ 특정 원료의 원산지나 혼합 비율이 최근 3년 이내에 연평균 3개국(회) 이상 변경되거나 최근 1년 동안에 3개국(회) 이상 변경된 경우와 최초 생산일부터 1년 이내에 3개국 이상 원산지 변경이 예상되는 신제품인 경우

　　㉡ 원산지가 다른 동일 원료를 사용하는 경우

　　㉢ 정부가 농수산물 가공품의 원료로 공급하는 수입쌀을 사용하는 경우

　　㉣ 그 밖에 농림축산식품부장관과 해양수산부장관이 공동으로 필요하다고 인정하여 고시하는 경우

21 다음 ( ) 안에 들어갈 알맞은 숫자는?

> 해양수산부장관은 원산지표시법 제6조 제1항 또는 제2항(거짓 표시 등의 금지)을 (A)년간
> (B)회 이상 위반한 자에게 그 위반금액의 (C)배 이하에 해당하는 금액을 과징금으로 부
> 과·징수할 수 있다

	A	B	C
①	2	2	5
②	1	2	3
③	2	3	6
④	4	2	1

ANSWER 농림축산식품부장관, 해양수산부장관, 관세청장, 특별시장·특별자치시장·광역시장·도지사 또는 특별자치도
지사는 거짓 표시 등의 금지 규정을 2년간 2회 이상 위반한 자에게 그 위반금액의 5배 이하에 해당하는 금액
을 과징금으로 부과·징수할 수 있다. 이 경우 위반한 횟수는 합산한다(법 제6조의2 제1항).

22 식품접객업 및 집단급식소 중 대통령령으로 정하는 집단급식소를 운영하는 자는 대통령령으로
정하는 농수산물을 조리하여 판매·제공하는 경우에 그 농수산물이나 그 가공품의 원료에 대하
여 원산지를 표시하여야 한다. 이처럼 원산지를 표시해야 하는 자는 「축산물 위생관리법」이나
「가축 및 축산물 이력관리에 관한 법률」 등 다른 법률에 따라 발급받은 원산지 등이 기재된 영
수증이나 거래명세서 등을 매입일부터 언제까지 보관해야 하는가?

① 6개월 　　　　　　　　　　　② 1년
③ 3년 　　　　　　　　　　　　④ 5년

ANSWER 원산지를 표시하여야 하는 자는 「축산물 위생관리법」이나 「가축 및 축산물 이력관리에 관한 법률」 등 다른 법
률에 따라 발급받은 원산지 등이 기재된 영수증이나 거래명세서 등을 매입일부터 6개월간 비치·보관하여야
한다(법 제8조).

ANSWER 20.① 21.① 22.①

05. 핵심예상문제 **291**

23 농림축산식품부장관, 해양수산부장관, 관세청장 또는 시·도지사는 원산지의 표시를 하도록 한 농수산물이나 그 가공품을 생산·가공하여 출하하거나 판매 또는 판매할 목적으로 가공하는 자가 원산지 표시 등의 규정을 위반하여 농수산물이나 그 가공품 등의 원산지 등을 2회 이상 표시하지 아니하거나 거짓으로 표시함에 따라 처분이 확정된 경우 처분과 관련된 사항을 공표하여야 한다. 다음 중 공표하여야 하는 사항에 해당하지 않는 것은?

㉠ 처분 내용	㉡ 해당 영업소의 명칭
㉢ 농수산물의 명칭	㉣ 처분을 받은 자의 주소 및 실명

① ㉠   ② ㉡

③ ㉢   ④ ㉣

Ａnswer 원산지 표시 등의 위반에 대한 처분 등에 따라 공표를 하여야 하는 사항은 다음과 같다(법 제9조 제3항).
    1. 처분 내용
    2. 해당 영업소의 명칭
    3. 농수산물의 명칭
    4. 처분을 받은 자가 입점하여 판매한 「방송법」에 따른 방송채널사용사업자 또는 「전사상서래 등에서의 소비자보호에 관한 법률」에 따른 통신판매중개업자의 명칭
    5. 그 밖에 처분과 관련된 사항으로서 대통령령으로 정하는 사항
        ㉠ "「농수산물의 원산지 표시에 관한 법률」 위반 사실의 공표"라는 내용의 표제
        ㉡ 영업의 종류
        ㉢ 영업소의 주소(「유통산업발전법」에 따른 대규모점포에 입점·판매한 경우 그 대규모점포의 명칭 및 주소를 포함)
        ㉣ 농수산물 가공품의 명칭
        ㉤ 위반 내용
        ㉥ 처분권자 및 처분일
        ㉦ 처분을 받은 자가 입점하여 판매한 「방송법」에 따른 방송채널사용사업자의 채널명 또는 「전자상거래 등에서의 소비자보호에 관한 법률」에 따른 통신판매중개업자의 홈페이지 주소

24 해양수산부장관은 원산지 표시(법 제5조) 및 거짓 표시 등의 금지(제6조)를 위반한 자를 주무관청이나 수사기관에 신고하거나 고발한 자에 대하여 포상금을 지급할 수 있다. 포상금의 최고 지급 한도는?

① 200만 원   ② 300만 원

③ 400만 원   ④ 500만 원

Ａnswer 포상금은 200만 원의 범위에서 지급할 수 있다(시행령 제8조 제1항).

25 원산지 표시를 거짓으로 하거나 이를 혼동하게 할 우려가 있는 표시를 하는 행위를 한 경우 벌칙은?

① 1년 이하의 징역이나 1억 원 이하의 벌금

② 5년 이하의 징역이나 1억 원 이하의 벌금

③ 7년 이하의 징역이나 1억 원 이하의 벌금

④ 10년 이하의 징역이나 1억 원 이하의 벌금

> **A**NSWER 원산지 표시를 거짓으로 하거나 이를 혼동하게 할 우려가 있는 표시를 하는 행위를 한 자는 7년 이하의 징역 이나 1억 원 이하의 벌금에 처하거나 이를 병과할 수 있다(법 제14조).

〈2016년 제2회〉

1 친환경농어업 육성 및 유기식품 등의 관리 · 지원에 관한 법령상 친환경농수산물에 해당하지 않는 것은?

① 무농약농산물
② 유기농수산물
③ 무항생제수산물
④ 활성처리제 사용 수산물

> **A**NSWER 친환경농수산물이란 친환경농어업을 통하여 얻는 것으로 다음의 어느 하나에 해당하는 것을 말한다〈친환경농
> 어업 육성 및 유기식품 등의 관리 · 지원에 관한 법률 제2조 제2호〉.
> ㉠ 유기농수산물
> ㉡ 무농약농산물, 무항생제축산물, 무항생제수산물 및 활성처리제 비사용 수산물

〈2016년 제2회〉

2 친환경농어업 육성 및 유기식품 등의 관리 · 지원에 관한 법령상 유기식품 등의 인증에 관한 설명으로 옳지 않은 것은?

① 인증의 유효기간은 인증을 받은 날로부터 1년으로 한다.
② 인증사업자가 인증의 유효기간 내에 출하를 종료하지 아니한 인증품이 있는 경우 유효기간을 자동으로 1년 연장해준다.
③ 인증사업자가 거짓으로 인증을 받은 경우에는 해당 인증기관이 그 인증을 취소하여야 한다.
④ 인증 갱신을 하려는 자는 해당 인증을 한 국립수산물품질관리원장 또는 인증기관의 장에게 유효기간이 끝나는 날의 2개월 전까지 인증신청서를 제출하여야 한다.

> **A**NSWER ② 인증 갱신을 하지 아니하려는 인증사업자가 인증의 유효기간 내에 출하를 종료하지 아니한 인증품이 있는
> 경우에는 해양수산부장관 또는 해당 인증기관의 승인을 받아 출하를 종료하지 아니한 인증품에 대하여만 그
> 유효기간을 1년의 범위에서 연장할 수 있다. 다만, 인증의 유효기간이 끝나기 전에 출하된 인증품은 그 제품
> 의 유통기한이 끝날 때까지 그 인증표시를 유지할 수 있다〈친환경농어업 육성 및 유기식품 등의 관리 · 지원
> 에 관한 법률 제21조 제3항〉.

〈2016년 제2회〉

3 친환경농어업 육성 및 유기식품 등의 관리·지원에 관한 법령상 해양수산부장관이 인증심사원의 자격을 정지할 수 있는 사유에 해당하는 것은?

① 거짓으로 인증심사원의 자격을 부여받은 경우
② 부정한 방법으로 인증심사 업무를 수행한 경우
③ 인증심사원증을 빌려 준 경우
④ 중대한 과실로 인증기준에 맞지 아니한 유기식품을 인증한 경우

ANSWER 농림축산식품부장관 또는 해양수산부장관은 인증심사원이 다음의 어느 하나에 해당하는 때에는 그 자격을 취소하거나 6개월 이내의 기간을 정하여 자격을 정지할 수 있다. 다만, ㉠부터 ㉢까지에 해당하는 경우에는 그 자격을 취소하여야 한다〈친환경농어업 육성 및 유기식품 등의 관리·지원에 관한 법률 제26조의2 제3항〉.
㉠ 거짓이나 그 밖의 부정한 방법으로 인증심사원의 자격을 부여받은 경우
㉡ 거짓이나 그 밖의 부정한 방법으로 인증심사 업무를 수행한 경우
㉢ 고의 또는 중대한 과실로 인증기준에 맞지 아니한 유기식품등을 인증한 경우
㉣ 인증심사원의 자격 기준에 적합하지 아니하게 된 경우
㉤ 인증심사 업무와 관련하여 다른 사람에게 자기의 성명을 사용하게 하거나 인증심사원증을 빌려 준 경우
㉥ 인증심사원 교육을 받지 아니한 경우

〈2015년 제1회〉

4 친환경농어업 육성 및 유기식품 등의 관리·지원에 관한 법령상 친환경어업 육성계획에 포함되어야 하는 사항을 모두 고른 것은?

> ㉠ 어장의 수질 등 어업 환경 관리 방안
> ㉡ 환경친화형 어업 자재의 개발 및 보급과 어업 폐자재의 활용 방안
> ㉢ 수산물의 부산물 등의 자원화 및 적정 처리 방안

① ㉠, ㉡ ② ㉠, ㉢
③ ㉡, ㉢ ④ ㉠, ㉡, ㉢

ANSWER 친환경어업 육성계획에 포함되어야 하는 사항〈해양수산부 소관 친환경농어업 육성 및 유기식품 등의 관리·지원에 관한 법률 시행규칙 제4조〉
㉠ 어장의 수질 등 어업 환경 관리 방안
㉡ 질병의 친환경적 관리 방안
㉢ 환경친화형 어업 자재의 개발 및 보급과 어업 폐자재의 활용 방안
㉣ 수산물의 부산물 등의 자원화 및 적정 처리 방안
㉤ 유기식품 또는 무항생제수산물 등의 품질관리 방안
㉥ 유기식품 또는 무항생제수산물 등의 수출·수입에 관한 사항
㉦ 국내 친환경어업의 기준 및 목표에 관한 사항
㉧ 그 밖에 해양수산부장관이 친환경어업 발전을 위하여 필요하다고 인정하는 사항

 **ANSWER** 1.④ 2.② 3.③ 4.④

5 친환경농어업 육성 및 유기식품 등의 관리·지원에 관한 법령상 국립수산물품질관리원장이 인증기관을 지정하였을 때 국립수산물품질관리원의 인터넷 홈페이지에 게시하여야 할 사항이 아닌 것은?

① 인증기관의 명칭 및 주요 장비
② 주된 사무소 및 지방사무소의 소재지
③ 인증업무의 범위 및 인증업무규정
④ 인증기관의 지정번호 및 지정일

    ANSWER 국립수산물품질관리원장은 인증기관을 지정하였을 때에는 다음의 사항을 국립수산물품질관리원의 인터넷 홈페이지에 게시하여야 한다〈해양수산부 소관 친환경농어업 육성 및 유기식품 등의 관리·지원에 관한 법률 시행규칙 제29조〉.
        ㉠ 인증기관의 명칭, 인력 및 대표자
        ㉡ 주된 사무소 및 지방사무소의 소재지
        ㉢ 인증업무의 범위 및 인증업무규정
        ㉣ 인증기관의 지정번호 및 지정일

6 해양수산부 소관 친환경농어업 육성 및 유기식품 등의 관리·지원에 관한 법률 시행규칙의 용어정의이다. 다음 (   ) 안에 공통으로 들어갈 내용으로 옳은 것은?

> "(   )"란 양식어장에서 잡조(雜藻) 제거와 병해방제용으로 사용되는 유기산 또는 산성 전해수를 주성분으로 하는 물질로서 해양수산부장관이 고시하는 (   ) 사용기준에 적합한 물질을 말한다.

① 항생처리제
② 차아염소산나트륨처리제
③ 활성처리제
④ 오존처리제

    ANSWER "활성처리제"란 양식어장에서 잡조(雜藻) 제거와 병해방제용으로 사용되는 유기산 또는 산성전해수를 주성분으로 하는 물질로서 해양수산부장관이 고시하는 활성처리제 사용기준에 적합한 물질을 말한다〈해양수산부 소관 친환경농어업 육성 및 유기식품 등의 관리·지원에 관한 법률 시행규칙 제2조〉.

7 다음 ( ) 안에 들어갈 알맞은 것은?

> ( )란 인증기준을 준수하고, 허용물질을 최소한으로 사용하면서 유기식품 및 비식용유기가공품을 생산, 제조·가공 또는 취급하는 일련의 활동과 그 과정을 말한다.

① 친환경농어업   ② 친환경농산물
③ 유기   ④ 허용물질

ＡNSWER   유기(Organic)란 인증기준을 준수하고, 허용물질을 최소한으로 사용하면서 유기식품 및 비식용유기가공품을 생산, 제조·가공 또는 취급하는 일련의 활동과 그 과정을 말한다(법 제2조 제3호).

8 해양수산부장관은 친환경어업 육성계획을 몇 년마다 수립하는가?

① 1년   ② 2년
③ 3년   ④ 5년

ＡNSWER   해양수산부장관은 관계 중앙행정기관의 장과 협의하여 5년마다 친환경어업 육성계획을 세워야 한다(법 제7조 제1항).

9 친환경농어업 육성을 효율적으로 추진하기 위하여 우수 사례를 발굴·홍보를 하도록 하여야 하는 자가 아닌 것은?

① 해양수산부장관   ② 농림축산식품부장관
③ 식품의약품안전처장   ④ 지방자치단체의 장

ＡNSWER   농림축산식품부장관·해양수산부장관 또는 지방자치단체의 장은 친환경농어업 육성을 효율적으로 추진하기 위하여 우수 사례를 발굴·홍보하여야 한다(법 제15조 제2항).

10 다음 중 친환경농수산물에 해당하지 않는 것은?

① 유기농수산물   ② 무농약농산물
③ 무항생제축산물   ④ 저농약수산물

ＡNSWER   친환경농수산물이란 친환경농어업을 통하여 얻는 것으로 유기농수산물, 무농약농산물, 무항생제축산물, 무항생제수산물 및 활성처리제 비사용 수산물을 말한다(법 제2조 제2호).

ＡNSWER   5.①   6.③   7.③   8.④   9.③   10.④

11 농어업 자원 보전과 농어업 환경 개선을 위하여 해양수산부장관이 주기적으로 조사·평가해야 하는 사항으로 모두 고른 것은?

> ㉠ 농어업 용수로 이용되는 지표수와 지하수의 수질
> ㉡ 토양미생물 등의 변동사항
> ㉢ 항생제 등 농어업투입재의 사용 실태
> ㉣ 우수표시품의 시료 수거
> ㉤ 농어업 자원 보전 및 농어업 환경 개선을 위하여 필요한 사항

① ㉠, ㉢
② ㉡, ㉣
③ ㉠, ㉢, ㉣, ㉤
④ ㉠, ㉡, ㉢, ㉤

ANSWER 농어업 자원·환경 및 친환경농어업 등에 관한 실태조사·평가(법 제11조)

농림축산식품부장관·해양수산부장관 또는 지방자치단체의 장은 농어업 자원 보전과 농어업 환경 개선을 위하여 농림축산식품부령 또는 해양수산부령으로 정하는 바에 따라 다음의 사항을 주기적으로 조사·평가하여야 한다.

1. 농경지의 비옥노, 중금속, 농약성분, 토양미생물 등의 변동사항
2. 농어업 용수로 이용되는 지표수와 지하수의 수질
3. 농약·비료·항생제 등 농어업투입재의 사용 실태
4. 수자원 함양, 토양 보전 등 농어업의 공익적 기능 실태
5. 축산분뇨 퇴비화 등 해당 농어업 지역에서의 자체 자원 순환사용 실태
5의2. 친환경농어업 및 친환경농수산물의 유통·소비 등에 관한 실태
6. 그 밖에 농어업 지원 보전 및 농어업 환경 개선을 위하여 필요한 사항

12 농림축산식품부장관 또는 해양수산부장관은 유기식품등의 산업 육성과 소비자 보호를 위하여 유기식품등에 대한 인증을 할 수 있다. 이에 따라 유기식품에 대한 인증을 하는 경우 유기농산물·축산물·임산물과 유기수산물이 섞여 있는 유기식품비율에 따라 소관이 각기 다른데 유기수산물의 비율이 유기농산물·축산물·임산물의 비율보다 큰 경우에는 누구에게 인증을 할 수 있는가?

① 해양수산부장관
② 농림축산식품부장관
③ 보건복지부장관
④ 수산식품검역원장

ANSWER 유기식품등 인증의 소관(시행령 제3조)

유기식품등에 대한 인증을 하는 경우 유기농산물·축산물·임산물과 유기수산물이 섞여 있는 유기식품등의 소관은 다음 구분에 따른다.

구분	소관
유기농산물·축산물·임산물의 비율이 유기수산물의 비율보다 큰 경우	농림축산식품부장관
유기수산물의 비율이 유기농산물·축산물·임산물의 비율보다 큰 경우	해양수산부장관
유기농산물·축산물·임산물의 비율과 유기수산물의 비율이 같은 경우	신청을 받은 농림축산식품부장관 또는 해양수산부장관

13 다음 중 유기식품 인증대상이 아닌 것은?

① 유기수산물을 생산하는 자 가운데 양식수산물을 생산하는 경우
② 유기수산물을 생산하는 자 가운데 자연수산물을 생산하는 경우
③ 유기가공식품을 가공하는 자
④ 유기가공식품을 제조하는 자

> **ANSWER** 유기식품의 인증대상(시행규칙 제8조)
> ① 유기식품의 인증대상은 다음과 같다.
> 　1. 다음의 어느 하나에 해당하는 자
> 　　가. 유기수산물을 생산하는 자(다만, 양식수산물을 생산하는 경우만 해당)
> 　　나. 유기가공식품을 제조·가공하는 자
> 　2. 1의 어느 하나에 해당하는 품목을 취급하는 자
> ② 인증대상에 관한 세부 사항은 국립수산물품질관리원장이 정하여 고시하되, 농산물·축산물·임산물과 수산물이 함께 사용된 유기가공식품 및 그 취급자에 관하여는 국립수산물품질관리원장이 국립농산물품질관리원장과 협의하여 정한다.

14 다음 중 유기식품등의 인증을 받을 필요가 없는 자는?

① 유기식품등을 생산하는 자
② 유기식품등을 제조하는 자
③ 유기식품등을 가공하는 자
④ 인증을 받은 유기식품등을 다시 포장하지 아니하고 그대로 판매하는 자

> **ANSWER** 유기식품등을 생산, 제조·가공 또는 취급하는 자는 유기식품등의 인증을 받으려면 해양수산부장관 또는 지정받은 인증기관에 농림축산식품부령 또는 해양수산부령으로 정하는 서류를 갖추어 신청하여야 한다. 다만, 인증을 받은 유기식품등을 다시 포장하지 아니하고 그대로 저장, 운송, 수입 또는 판매하는 자는 인증을 신청하지 아니할 수 있다(법 제20조 제1항).

15 다음 중 용어의 정의로 옳지 못한 것은?

① 수산종자 – 인증품 생산을 위하여 도입하는 양식용 어린 어류, 패류, 갑각류 및 해조류
② 채취 – 동물질병의 예방ㆍ치료 및 진단을 위하여 사용하는 의약품
③ 관행양식장 – 인증기준에 따르지 아니하고 일반적이고 관행적인 방법으로 수산물을 양식하는 것
④ 휴약기간 – 사육되는 수산동물에 대하여 해당 수산동물 또는 그 생산물을 식용으로 사용하기 전에 동물용의약품의 사용을 제한하는 일정 기간

ANSWER 동물질병의 예방ㆍ치료 및 진단을 위하여 사용하는 의약품은 동물용의약품이다.
  ※ 유기식품의 인증기준(시행규칙 별표 3)

구분	내용
수산종자	인증품 생산을 위하여 도입하는 양식용 어린 어류, 패류, 갑각류 및 해조류 등을 말한다.
관행양식장	인증기준에 따르지 아니하고 일반적이고 관행적인 방법으로 수산물을 양식하는 것을 말한다.
채취	인증품으로 출하하기 위하여 양식수산물을 채취, 채포(採捕) 또는 포획하는 것을 말한다.
유해잔류물질	항생제ㆍ합성항균제 및 호르몬 등 동물의약품의 인위적인 사용으로 인하여 수산동물에 잔류되거나 농약ㆍ유해중금속 등 환경적인 요소에 따른 자연적인 오염으로 인하여 수산물 내에 잔류되는 화학물질과 그 대사산물을 말한다.
동물용의약품	동물질병의 예방ㆍ치료 및 진단을 위하여 사용하는 의약품을 말한다.
휴약기간	사육되는 수산동물에 대하여 해당 수산동물 또는 그 생산물을 식용으로 사용하기 전에 동물용의약품의 사용을 제한하는 일정 기간을 말한다.
생산자단체	「수산업협동조합법」에 따라 설립되는 어촌계 중 법인이 아닌 어촌계를 말한다.
생산지침서	인증품 전체 생산과정에 대하여 구체적인 영어(營漁) 방법 등을 상세히 적은 문서를 말한다.
생산관리자	생산자단체에 소속되어 생산지침서의 작성 및 관리, 관련 자료의 기록 및 관리, 인증을 받으려는 생산자에 대한 인증 관련 교육 및 지도, 인증기준에 적합한지를 확인하기 위한 예비심사 등을 수행하는 사람을 말한다.

16 다음 중 인증사업자의 인증을 반드시 취소하여야 하는 경우는?

① 인증기준에 맞지 아니한 경우
② 부정한 방법으로 인증을 받은 경우
③ 폐업 등의 사유로 인증품을 생산하기 어렵다고 인정하는 경우
④ 전업 등의 사유로 인증품을 생산하기 어렵다고 인정하는 경우

ANSWER 거짓이나 부정한 방법으로 인증을 받은 경우는 반드시 인증을 취소한다(법 제24조 제1항).
  ※ 인증의 취소 등(법 제24조)
    농림축산식품부장관ㆍ해양수산부장관 또는 인증기관은 인증사업자가 다음의 어느 하나에 해당하는 경우에는 그 인증을 취소하거나 인증표시의 제거 또는 정지를 명할 수 있다. 다만, 1에 해당할 때에는 인증을 취소하여야 한다.
    1. 거짓이나 그 밖의 부정한 방법으로 인증을 받은 경우
    2. 인증기준에 맞지 아니한 경우
    3. 정당한 사유 없이 명령에 따르지 아니한 경우
    4. 전업, 폐업 등의 사유로 인증품을 생산하기 어렵다고 인정하는 경우

17 유기식품등의 인증의 유효기간은?

① 1년   ② 2년

③ 3년   ④ 5년

ANSWER 인증의 유효기간 등(법 제21조)
① 인증의 유효기간은 인증을 받은 날부터 1년으로 한다.
② 인증사업자가 인증의 유효기간이 끝난 후에도 계속하여 인증을 받은 유기식품 등의 인증을 유지하려면 그 유효기간이 끝나기 전까지 인증을 한 해양수산부장관 또는 인증기관에 갱신신청을 하여 그 인증을 갱신하여야 한다. 다만, 인증을 한 인증기관이 폐업, 업무정지 또는 그 밖의 부득이한 사유로 갱신신청이 불가능하게 된 경우에는 해양수산부장관이나 다른 인증기관에 신청할 수 있다.
③ 인증 갱신을 하지 아니하려는 인증사업자가 인증의 유효기간 내에 출하를 종료하지 아니한 인증품이 있는 경우에는 해양수산부장관 또는 해당 인증기관의 승인을 받아 출하를 종료하지 아니한 인증품에 대하여만 그 유효기간을 1년의 범위에서 연장할 수 있다. 다만, 인증의 유효기간이 끝나기 전에 출하된 인증품은 그 제품의 유통기한이 끝날 때까지 그 인증표시를 유지할 수 있다.
④ 인증 갱신 및 인증품의 인증 유효기간 연장에 필요한 구체적인 절차와 방법 등은 농림축산식품부령 또는 해양수산부령으로 정한다.

18 다음 중 인증을 신청할 수 있는 자는?

① 인증이 취소된 날부터 2년이 지난 자
② 인증품의 판매금지 명령을 받아서 그 처분기간 중에 있는 자
③ 인증이 취소된 날부터 1년이 지나지 아니한 자
④ 벌금 이상의 형을 선고받고 형이 확정된 날부터 1년이 지나지 아니한 자

ANSWER ①은 인증을 신청할 수 있다.
※ 유기식품등의 인증 신청 및 심사 등(법 제20조 제2항)
다음의 어느 하나에 해당하는 자는 인증을 신청할 수 없다.
1. 인증이 취소된 날부터 1년이 지나지 아니한 자, 다만 총 2회 이상 인증이 취소된 경우에는 2년이 지나지 아니한 자
2. 인증표시의 제거·정지 또는 인증품의 판매정지·판매금지 명령을 받아서 그 처분기간 중에 있는 자
3. 벌금 이상의 형을 선고받고 형이 확정된 날부터 1년이 지나지 아니한 자

ANSWER 15.②   16.②   17.①   18.①

19 유기식품등의 표시에 관한 사항으로 적절하지 못한 것은?

① 인증사업자는 생산, 제조·가공 또는 취급하는 인증품에 직접 유기 또는 이와 같은 의미의 도형이나 글자의 표시를 할 수 있다.

② 포장을 하지 아니한 상태로 판매하거나 낱개로 판매하는 때에는 표시를 생략한다.

③ 유기표시를 하려는 인증사업자는 유기표시와 함께 인증사업자의 성명등을 인증품에 직접 또는 인증품의 포장, 용기, 납품서, 거래명세서, 보증서 등에 소비자가 알아보기 쉽게 표시하여야 한다.

④ 해양수산부장관은 인증사업자에게 인증품의 생산방법과 사용자재 등에 관한 정보를 소비자가 쉽게 알아볼 수 있도록 표시할 것을 권고할 수 있다.

ANSWER 포장을 하지 아니한 상태로 판매하거나 낱개로 판매하는 때에는 표시판 또는 푯말에 유기표시를 할 수 있다 (법 제23조 제1항).

20 유기식품의 인증정보 표시방법으로 틀린 것은?

① 표시사항은 해당 인증품을 포장한 사업자의 인증정보와 일치하여야 하며, 해당 인증품의 생산자가 포장자와 일치하지 않는 경우에는 생산자의 인증정보를 추가로 표시하여야 한다.

② 인증사업자의 성명 또는 업체명은 인증서에 기재된 명칭을 표시하되, 생산자단체로 인증받았으나 개별 생산자명을 표시하려는 경우에는 생산자단체명 뒤에 개별 생산자명을 괄호로 표시할 수 있다.

③ 천연, 무공해, 저공해와 같은 용어를 사용할 수 있다.

④ 작업장 주소는 해당 제품을 포장한 작업장의 주소를 표시한다.

ANSWER '천연', '무공해' 및 '저공해' 등 소비자에게 혼동을 초래할 수 있는 표시를 하여서는 아니 된다(시행규칙 별표 6).

21 인증취소 등 행정처분 기준으로 틀린 것은?

① 인증신청서, 첨부서류, 인증심사에 필요한 서류를 거짓으로 작성하여 인증을 받은 경우 – 인증취소

② 부정한 방법으로 인증을 받은 경우 – 인증취소

③ 잔류 물질이 검출되어 인증기준에 맞지 아니한 때 – 인증취소

④ 전업, 폐업 등의 사유로 인증품을 생산하기 어렵다고 인정하는 경우 – 인증취소

ANSWER 잔류 물질이 검출되어 인증기준에 맞지 아니한 때에는 해당 인증품의 인증표시를 제거해야 한다(시행규칙 별표 8).

22 다음은 유기수산물 및 유기가공식품에 사용하는 유기표시 도형의 모습이다. 표시 도형의 색상은 녹색을 기본으로 하지만 부득이 할 경우 다른 색으로 할 수 있는데 여기에 해당되는 색이 아닌 것은?

① 파란색
② 빨간색
③ 검은색
④ 노란색

ANSWER 표시 도형의 색상은 녹색을 기본 색상으로 하되, 포장재의 색깔 등을 고려하여 파란색, 빨간색 또는 검은색으로 할 수 있다(시행규칙 별표 5).

23 수입 유기식품등의 신고에 대한 내용으로 적절하지 못한 것은?

① 유기표시가 된 인증품을 판매에 사용할 목적으로 수입하려는 자는 해당 제품의 통관절차가 끝난 후에 해양수산부장관에게 신고하여야 한다.
② 지정된 인증기관이 발행한 인증서가 제출된 경우에는 관계 공무원으로 하여금 유기식품등의 인증 및 표시 기준 적합성 조사를 생략할 수 있다.
③ 식품의약품안전처장은 신고된 유기식품이 유기식품의 인증 또는 표시 기준에 적합하지 아니한 경우에는 신고를 수리하지 아니하고, 그 사실을 지체 없이 해당 수입신고인에게 알려야 한다.
④ 유기식품을 수입하려는 자는 식품의약품안전처장이 정하는 수입신고서에 인증서 사본 및 거래인증서를 첨부하여 식품의약품안전처장에게 제출하여야 한다.

ANSWER 유기표시가 된 인증품 또는 동등성이 인정된 인증을 받은 유기가공식품을 판매나 영업에 사용할 목적으로 수입하려는 자는 해당 제품의 통관절차가 끝나기 전에 농림축산식품부령 또는 해양수산부령으로 정하는 바에 따라 수입 품목, 수량 등을 농림축산식품부장관 또는 해양수산부장관에게 신고하여야 한다(법 제23조의2 제1항).

24 동등성 인정 협정이 체결되었을 경우 해양수산부 및 국립수산물품질관리원의 인터넷 홈페이지에 게시할 내용으로만 모두 묶인 것은?

> ㉠ 국가명 ㉡ 인정 범위
> ㉢ 동등성 인정의 유효기간 ㉣ 동등성 인정의 제한조건 등 협정 전문
> ㉤ 동등성 인정 효과

① ㉠, ㉢ ② ㉠, ㉡, ㉤
③ ㉠, ㉡, ㉣ ④ ㉠, ㉡, ㉢, ㉣

ANSWER 동등성 인정 내용 게시(시행규칙 제24조)
해양수산부장관 및 국립수산물품질관리원장은 동등성 인정 협정이 체결되었을 때에는 해양수산부 및 국립수산물품질관리원의 인터넷 홈페이지에 다음의 사항을 즉시 게시하여야 한다.
1. 국가명
2. 인정 범위(지역·품목 및 인증기관 범위 등)
3. 동등성 인정의 유효기간
4. 동등성 인정의 제한조건 등 협정 전문(全文)

25 유기식품에 대한 인증을 시행하고 있는 외국의 정부 또는 인증기관이 우리나라와 같은 수준의 적합성을 보증할 수 있는 원칙과 기준을 적용함으로써 이 법에 따른 인증과 동등하거나 그 이상의 인증제도를 운영하고 있다고 인정하는 경우 인정되는 것은?

① 동등성 ② 대등성
③ 적합성 ④ 유동성

ANSWER 해양수산부장관은 유기식품에 대한 인증을 시행하고 있는 외국의 정부 또는 인증기관이 우리나라와 같은 수준의 적합성을 보증할 수 있는 원칙과 기준을 적용함으로써 이 법에 따른 인증과 동등하거나 그 이상의 인증제도를 운영하고 있다고 인정하는 경우에는 그에 대한 검증을 거친 후 유기가공식품 인증에 대하여 우리나라의 유기가공식품 인증과 '동등성'을 인정할 수 있다. 이 경우 상호주의 원칙이 적용되어야 한다(법 제25조 제1항).

26 유기식품등의 인증기관 지정의 유효기간은?

① 5년 ② 10년
③ 13년 ④ 18년

ANSWER 인증기관 지정의 유효기간은 지정을 받은 날부터 5년으로 한다(법 제26조 제3항).

27 인증심사원으로 자격 기준에 미달되는 사람은?

① 「국가기술자격법」에 따른 수산 분야의 기능사 등급 이상의 자격을 취득한 사람
② 「국가기술자격법」에 따른 식품 분야의 산업기사 등급 이상의 자격을 취득한 사람으로서 친환경인증 심사 또는 친환경 관련 분야에서 3년 이상 근무한 경력이 있는 사람
③ 동등성 인정 협정을 체결한 국가의 인증기관에서 인증 심사 업무를 담당한 경력이 있는 사람
④ 「국가기술자격법」에 따른 수산, 식품 분야의 기사 등급 이상의 자격을 취득한 사람

ANSWER 기능사 등급은 해당되지 않는다.
　※ 인증심사원의 자격기준 등(시행규칙 제31조의2 제1항)
　　인증심사원은 다음의 어느 하나에 해당하는 자격 또는 경력이 있는 사람으로 한다.
　　1. 「국가기술자격법」에 따른 수산, 식품 분야의 기사 등급 이상의 자격을 취득한 사람
　　2. 「국가기술자격법」에 따른 수산, 식품 분야의 산업기사 자격을 취득한 사람으로서 친환경인증 심사 또는 친환경 관련 분야에서 3년(산업기사가 되기 전의 경력을 포함한다) 이상 근무한 경력이 있는 사람
　　3. 동등성 인정 협정을 체결한 국가의 인증기관에서 인증 심사 업무를 담당한 경력이 있는 사람

28 인증기관의 준수사항으로 보기 어려운 것은?

① 인증과정에서 얻은 정보와 자료를 인증 신청인의 서면동의 없이 공개할 것
② 인증기관은 해양수산부장관이 요청할 때에는 인증기관의 사무소 및 시설에 대한 접근을 허용하거나 필요한 정보 및 자료를 제공할 것
③ 인증사업자가 인증기준을 준수하도록 관리하기 위하여 해양수산부령으로 정하는 바에 따라 인증사업자에 대하여 불시(不時) 심사를 하고 그 결과를 기록·관리할 것
④ 인증 신청, 인증심사 및 인증사업자에 관한 자료를 해양수산부령으로 정하는 바에 따라 보관할 것

ANSWER 해양수산부장관 또는 인증기관은 인증과정에서 얻은 정보와 자료를 인증 신청인의 서면동의 없이 공개하거나 제공하지 아니하여야 한다.
　※ 인증기관 등의 준수사항(법 제27조)
　　해양수산부장관 또는 인증기관은 다음의 사항을 준수하여야 한다.
　　1. 인증과정에서 얻은 정보와 자료를 인증 신청인의 서면동의 없이 공개하거나 제공하지 아니할 것. 다만, 이 법 또는 다른 법률에 따라 공개하거나 제공하는 경우는 제외한다.
　　2. 인증기관은 해양수산부장관(인증기관 지정 및 갱신 관련 평가업무를 위임받거나 위탁받은 기관 또는 단체를 포함)이 요청할 때에는 인증기관의 사무소 및 시설에 대한 접근을 허용하거나 필요한 정보 및 자료를 제공할 것
　　3. 인증 신청, 인증심사 및 인증사업자에 관한 자료를 해양수산부령으로 정하는 바에 따라 보관할 것
　　4. 인증기관은 해양수산부령으로 정하는 바에 따라 인증 결과 및 사후관리 결과 등을 해양수산부장관에게 보고할 것
　　5. 인증사업자가 인증기준을 준수하도록 관리하기 위하여 해양수산부령으로 정하는 바에 따라 인증사업자에 대하여 불시(不時) 심사를 하고 그 결과를 기록·관리할 것

 ANSWER　24.④　25.①　26.①　27.①　28.①

29 국립수산물품질관리원장이 실시하는 인증품 및 인증사업자에 대한 조사의 종류에 해당되지 않는 것은?

① 정기조사　　　　　　　　　　② 수시조사
③ 특별조사　　　　　　　　　　④ 임시조사

> **ANSWER** 국립수산물품질관리원장이 실시하는 인증품 및 인증사업자에 대한 조사의 종류는 정기조사, 수시조사, 특별조사가 있다.
>
> ※ **인증품 및 인증사업자에 대한 사후관리**(시행규칙 제35조)
> 　국립수산물품질관리원장이 실시하는 인증품 및 인증사업자에 대한 조사의 종류는 다음과 같다.
> 　1. 인증품 판매장 또는 인증사업자의 사업장 중 일부를 선정하여 실시하는 정기조사
> 　2. 특정업체의 위반사실에 대한 신고가 접수되어 실시하는 수시조사
> 　3. 국립수산물품질관리원장이 필요하다고 인정하는 경우에 실시하는 특별조사

30 유기식품 등에 대한 인증품 및 인증사업자의 사후관리에 관한 내용으로 적절하지 못한 것은?

① 해양수산부장관은 소속 공무원으로 히여금 인증품에 대한 시판품조사를 하게 할 수 있다.
② 조사시는 공정성을 위해 조사 대상자에게 미리 알려주지 않고 해야 한다.
③ 조사를 하거나 자료 제출을 요구하는 경우 인증사업자는 정당한 사유 없이 이를 거부 · 방해하거나 기피하여서는 아니 된다.
④ 해양수산부장관은 조사를 한 결과 유기식품 등의 표시사항 등을 위반하였다고 판단한 때에는 인증사입자 또는 그 인증품의 유동업사에게 해낭 인증품의 인승표시 제거를 명할 수 있다.

> **ANSWER** 인증품 및 인증사업자의 사후관리(법 제31조)
> 　① 해양수산부장관은 필요하다고 인정하는 경우에는 해양수산부령으로 정하는 바에 따라 소속 공무원 또는 인증기관으로 하여금 인증품에 대한 시판품조사를 하게 하거나 인증사업자의 사업장에서 인증품의 생산, 제조 · 가공 또는 취급 과정이 인증기준에 맞는지 여부를 조사하게 할 수 있다. 이 경우 시료를 무상으로 제공받아 검사하거나 자료 제출 등을 요구할 수 있다.
> 　② 조사를 할 때에는 미리 조사의 일시, 목적, 대상 등을 관계인에게 알려야 한다. 다만, 긴급한 경우나 미리 알리면 그 목적을 달성할 수 없다고 인정되는 경우에는 그러하지 아니하다.
> 　③ 조사를 하거나 자료 제출을 요구하는 경우 인증사업자는 정당한 사유 없이 이를 거부 · 방해하거나 기피하여서는 아니 된다. 이 경우 조사를 위하여 사업장에 출입하는 자는 그 권한을 표시하는 증표를 지니고 이를 관계인에게 보여주어야 한다.
> 　④ 해양수산부장관은 조사를 한 결과 인증기준 또는 유기식품 등의 표시사항 등을 위반하였다고 판단한 때에는 인증사업자 또는 그 인증품의 유통업자에게 해당 인증품의 인증표시 제거 · 정지 · 변경, 인증품의 판매정지 · 판매금지, 회수 · 폐기, 세부 표시사항의 변경 또는 그 밖에 필요한 조치를 명할 수 있다.
> 　⑤ 해양수산부장관은 조치명령을 받은 인증품에 대한 인증기관이 따로 있는 경우에는 그 인증기관에 필요한 조치를 하도록 요청할 수 있다. 이 경우 요청을 받은 인증기관은 특별한 사정이 없는 한 이에 따라야 한다.

31 인증신청서, 첨부서류, 인증심사에 필요한 서류를 거짓으로 작성하여 인증을 받은 경우 행정 처분은?

① 해당 인증품의 인증표시 제거
② 해당 인증품의 인증 취소
③ 해당 인증품의 인증표시 변경
④ 해당 인증품의 인증표시 정지

ANSWER 인증신청서, 첨부서류, 인증심사에 필요한 서류를 거짓으로 작성하여 인증을 받은 경우 인증 취소 사유에 해 당한다(시행규칙 별표 8 인증취소 등 행정처분 기준 및 절차 중 개별기준).

32 무농약수산물 등의 인증에 관한 사항으로 적절하지 못한 것은?

① 해양수산부장관은 무농약수산물에 대한 인증을 할 수 있다.
② 무농약수산물을 생산하는 자는 무농약수산물의 인증을 받으려면 해양수산부장관이나 지정 받은 인증기관에 인증을 신청하여야 한다.
③ 인증을 받은 무농약수산물 등을 다시 포장하지 아니하고 그대로 저장, 운송 또는 판매하 는 자도 인증을 신청하여야 한다.
④ 해양수산부장관은 무농약수산물 등의 인증과 관련하여 인증심사원 등 필요한 인력과 시설 을 갖춘 자를 인증기관으로 지정하여 무농약수산물 등의 인증을 하게 할 수 있다.

ANSWER 인증을 받은 무농약수산물 등을 다시 포장하지 아니하고 그대로 저장, 운송 또는 판매하는 자는 인증을 신청 하지 아니할 수 있다(법 제34조 제3항 후단).

33 유기농어업자재의 공시 유효기간은 공시를 받은 날부터 언제까지인가?

① 3년 ② 5년
③ 9년 ④ 10년

ANSWER 유기농어업자재의 공시 유효기간은 공시를 받은 날부터 3년으로 한다(법 제39조 제1항).

ANSWER 29.④ 30.② 31.② 32.③ 33.①

34 무항생제수산물 등의 인증대상이 아닌 것은?

① 무항생제수산물을 생산하는 자 중에서 양식수산물 중 해조류를 생산하는 자
② 무항생제수산물을 생산하는 자 중에서 양식수산물 중 어패류를 생산하는 자
③ 활성처리제 비사용 수산물을 생산하는 자 가운데 해조류를 생산하는 경우
④ 활성처리제 비사용 수산물을 생산하는 자 가운데 해조류를 생산하는 경우 단순 가공을 하는 자

ANSWER 무항생제수산물 등의 인증대상은 무항생제수산물을 생산하는 자로 양식수산물 중 해조류를 제외한 수산물을 생산하는 경우만 해당한다.
※ **무항생제수산물 등의 인증대상**(시행규칙 제38조)
　① 무항생제수산물 등의 인증대상은 다음과 같다.
　　1. 다음의 어느 하나에 해당하는 자
　　　가. 무항생제수산물을 생산하는 자. 다만, 양식수산물 중 해조류를 제외한 수산물을 생산하는 경우만 해당한다.
　　　나. 활성처리제 비사용 수산물을 생산하는 자. 다만, 양식수산물 중 해조류를 생산하는 경우(해조류를 식품첨가물이나 다른 원료를 사용하지 아니하고 단순히 자르거나, 말리거나, 소금에 절이거나, 숙성하거나, 가열하는 등의 단순 가공과정을 거친 경우를 포함)만 해당한다.
　　2. 1의 어느 하나에 해당하는 품목을 취급하는 자
　② 인증대상에 관한 세부 사항은 국립수산물품질관리원장이 정하여 고시한다.

35 다음은 무항생제수산물 등의 표시 기준이다. 틀린 것은?

① 표시 도형의 크기는 포장재의 크기에 따라 조정한다.
② 표시 도형의 위치는 포장재 주 표시면의 뒷면에 표시한다.
③ 포장재 구조상 측면표시가 어려울 경우에는 표시위치를 변경할 수 있다.
④ 표시 도형 밑 또는 좌·우 옆면에 인증기관명과 인증번호를 표시한다.

ANSWER 표시 도형의 위치는 포장재 주 표시면의 측면에 표시하되, 포장재 구조상 측면표시가 어려울 경우에는 표시위치를 변경할 수 있다(시행규칙 별표 12).

36 해양수산부장관은 대학 및 민간연구소 등을 유기농어업자재에 대한 시험을 수행할 수 있는 시험연구기관으로 지정할 수 있다. 다만 법에서 정한 금지 행위를 할 경우 시험연구기관의 지정을 취소하거나 6개월 이내의 기간을 정하여 그 업무의 전부 또는 일부의 정지를 명할 수 있는데 여기에 해당되지 않는 것은?

① 거짓이나 그 밖의 부정한 방법으로 지정을 받은 경우
② 고의 또는 중대한 과실로 시험성적서를 사실과 다르게 발급한 경우
③ 시험연구기관으로 지정받기 전 정당한 사유로 1년 이내에 지정받은 시험항목에 대한 시험업무를 시작하지 아니한 경우
④ 업무정지 명령을 위반하여 업무를 한 경우

※ 유기농어업자재 시험연구기관의 지정(법 제41조)
　① 농림축산식품부장관 또는 해양수산부장관은 대학 및 민간연구소 등을 유기농어업자재에 대한 시험을 수행할 수 있는 시험연구기관으로 지정할 수 있다.
　② 시험연구기관으로 지정받으려는 자는 농림축산식품부령 또는 해양수산부령으로 정하는 시설 및 장비를 갖추어 농림축산식품부장관 또는 해양수산부장관에게 신청하여야 한다.
　③ 시험연구기관 지정의 유효기간은 지정을 받은 날부터 4년으로 하고, 유효기간이 끝난 후에도 유기농어업자재에 대한 시험업무를 계속하려는 자는 유효기간이 끝나기 전에 그 지정을 갱신하여야 한다.
　④ 시험연구기관으로 지정된 자가 농림축산식품부령 또는 해양수산부령으로 정하는 중요한 사항을 변경하려는 경우에는 농림축산식품부장관 또는 해양수산부장관에게 지정변경을 신청하여야 한다.
　⑤ 농림축산식품부장관 또는 해양수산부장관은 지정된 시험연구기관이 다음의 어느 하나에 해당하는 경우에는 시험연구기관의 지정을 취소하거나 6개월 이내의 기간을 정하여 그 업무의 전부 또는 일부의 정지를 명할 수 있다. 다만, 1의 경우에는 그 지정을 취소하여야 한다.
　　1. 거짓이나 그 밖의 부정한 방법으로 지정을 받은 경우
　　2. 고의 또는 중대한 과실로 다음의 어느 하나에 해당하는 서류를 사실과 다르게 발급한 경우
　　　가. 시험성적서
　　　나. 원제(原劑)의 이화학적(理化學的) 분석 및 독성 시험성적을 적은 서류
　　　다. 농약활용기자재의 이화학적 분석 등을 적은 서류
　　　라. 중금속 및 이화학적 분석 결과를 적은 서류
　　　마. 그 밖에 유기농어업자재에 대한 시험·분석과 관련된 서류
　　3. 시험연구기관의 지정기준에 맞지 아니하게 된 경우
　　4. 시험연구기관으로 지정받은 후 정당한 사유 없이 1년 이내에 지정받은 시험항목에 대한 시험업무를 시작하지 아니하거나 계속하여 2년 이상 업무 실적이 없는 경우
　　5. 업무정지 명령을 위반하여 업무를 한 경우

37 유기농어업자재를 수입하여 판매하려는 자가 공시를 신청할 수 없는 경우는?

① 공시 등이 취소된 날부터 2년이 지난 경우
② 판매금지 또는 공시 등의 표시 제거 명령을 받아서 그 처분기간이 종료된 경우
③ 벌금 이상의 형을 선고받고 그 형이 확정된 날부터 1년이 지나지 아니한 자
④ 판매금지 또는 사용정지의 명령을 받아서 그 처분기간이 종료된 경우

> **ANSWER** 벌금 이상의 형을 선고받고 그 형이 확정된 날부터 1년이 지나지 아니한 자는 공시를 신청할 수 없다.
> ※ 유기농어업자재 공시의 신청 및 심사 등(법 제38조)
> 유기농어업자재를 생산하거나 수입하여 판매하려는 자가 공시를 받으려는 경우에는 지정된 공시기관에 따라 시험연구기관으로 지정된 기관이 발급한 시험성적서 등 해양수산부령으로 정하는 서류를 갖추어 신청하여야 한다. 다만, 다음의 어느 하나에 해당하는 자는 공시 등을 신청할 수 없다.
> 1. 공시 등이 취소된 날부터 1년이 지나지 아니한 자
> 2. 판매금지, 회수·폐기 또는 공시의 표시 제거·정지 또는 사용정지의 명령을 받아서 그 처분기간 중에 있는 자
> 3. 벌금 이상의 형을 선고받고 그 형이 확정된 날부터 1년이 지나지 아니한 자

38 유기농어업자재의 공시 및 품질인증에 관한 내용으로 틀린 것은?

① 해양수산부장관은 유기농어업자재가 허용물질을 사용하여 생산된 자재인지를 확인하여 그 자재의 명칭, 주성분명, 함량 및 사용방법 등에 관한 정보를 공시할 수 있다.
② 공시기관은 신청을 받은 경우 공시기준에 맞는지를 심사한 후 그 결과를 신청인에게 알려 주고 기준에 맞는 경우에는 공시를 해 주어야 한다.
③ 공시 등의 심사결과에 대하여 이의가 있는 자는 그 공시심사를 한 공시기관에 재심사를 신청할 수 있다.
④ 공시가 취소된 날부터 1년이 지나지 않은 자는 공시를 받을 수 있다.

> **ANSWER** 유기농어업자재를 생산하려는 자가 공시 등이 취소된 날부터 1년이 지나지 아니한 경우에는 공시를 받을 수 없다(법 제38조 제1항).

39 다음 중 해양수산부장관 또는 공시기관이 공시를 취소하거나 판매금지 처분을 할 수 없는 것은?

① 공시기준에 맞지 아니한 경우
② 부정한 방법으로 공시를 받은 경우
③ 폐업 등으로 인하여 유기농어업자재를 생산하기 어렵다고 인정되는 경우
④ 공시 등의 표시사항 등을 위반하여 유기농어업자재의 판매금지 등의 조치를 정당한 사유로 따르지 아니한 경우

ANSWER **법 제43조**(공시의 취소 등)

① 농림축산식품부장관 · 해양수산부장관 또는 공시기관은 공시사업자가 다음의 어느 하나에 해당하는 경우에는 그 공시를 취소하거나 판매금지 처분을 할 수 있다. 다만, 1의 경우에는 그 공시를 취소하여야 한다.

　1. 거짓이나 그 밖의 부정한 방법으로 공시를 받은 경우

　2. 유기농어업자재의 공시 규정에 따른 공시기준에 맞지 아니한 경우

　3. 정당한 사유 없이 유기농어업자재의 판매금지, 회수 · 폐기, 공시의 표시 제거 · 정지 · 변경 또는 사용정지, 그 밖에 필요한 조치에 따른 명령에 따르지 아니한 경우

　4. 전업 · 폐업 등으로 인하여 유기농어업자재를 생산하기 어렵다고 인정되는 경우

　5. 품질관리 지도 결과 공시의 제품으로 부적절하다고 인정되는 경우

② 농림축산식품부장관 · 해양수산부장관 또는 공시기관은 ①에 따라 공시를 취소한 경우 지체 없이 해당 공시사업자에게 그 사실을 알려야 하고, 공시기관은 농림축산식품부장관 또는 해양수산부장관에게도 그 사실을 알려야 한다.

③ 공시기관의 장은 직접 공시를 한 제품에 대하여 품질관리 지도를 하여야 한다.

④ 공시의 취소 등에 필요한 구체적인 절차 및 처분의 기준, 품질관리에 관한 사항 등은 농림축산식품부령 또는 해양수산부령으로 정한다.

40 다음 중 공시기관의 준수사항으로 틀린 것은?

① 공시 과정에서 얻은 정보와 자료를 공시의 신청인의 서면동의 없이 공개하지 말아야 한다.

② 해양수산부장관이 요청할 때에는 공시기관의 사무소 및 시설에 대한 접근을 허용하거나 필요한 정보 및 자료를 제공해야 한다.

③ 유기농어업자재의 거래에 관한 자료를 신속하게 폐기해야 한다.

④ 공시 결과 및 사후관리 결과 등을 농림축산식품부장관 또는 해양수산부장관에게 보고하여야 한다.

ANSWER **공시기관의 준수사항**(법 제45조)

공시기관은 다음의 사항을 준수하여야 한다.

　1. 공시 과정에서 얻은 정보와 자료를 공시의 신청인의 서면동의 없이 공개하거나 제공하지 아니할 것. 다만, 이 법률 또는 다른 법률에 따라 공개하거나 제공하는 경우는 제외한다.

　2. 농림축산식품부장관 또는 해양수산부장관이 요청할 때에는 공시기관의 사무소 및 시설에 대한 접근을 허용하거나 필요한 정보 및 자료를 제공할 것

　3. 공시의 신청 · 심사 및 유기농어업자재의 거래에 관한 자료를 농림축산식품부령 또는 해양수산부령으로 정하는 바에 따라 보관할 것

　4. 농림축산식품부령 또는 해양수산부령으로 정하는 바에 따라 공시 결과 및 사후관리 결과 등을 농림축산식품부장관 또는 해양수산부장관에게 보고할 것

　5. 공시사업자가 공시기준을 준수하도록 관리하기 위하여 농림축산식품부령 또는 해양수산부령으로 정하는 바에 따라 공시사업자에 대하여 불시 심사를 하고 그 결과를 기록 · 관리할 것

ANSWER 37.③　38.④　39.④　40.③

41 유기식품등의 인증을 받으려는 자가 납부해야 하는 수수료의 종류가 아닌 것은?

① 신청비
② 출장비
③ 심사관리비
④ 여비

ANSWER 신청인이 부담하는 수수료는 신청비, 출장비 및 심사관리비로 구분한다(시행규칙 별표 13).

42 인증기관의 지정을 받지 아니하고 인증업무를 할 경우 처벌은?

① 1년 이하의 징역 또는 1천만 원 이하의 벌금
② 2년 이하의 징역 또는 2천만 원 이하의 벌금
③ 3년 이하의 징역 또는 3천만 원 이하의 벌금
④ 5년 이하의 징역 또는 5천만 원 이하의 벌금

ANSWER 인증기관의 지정을 받지 아니하고 인증업무를 할 경우 3년 이하의 징역 또는 3천만 원 이하의 벌금에 처해진다.
※ 벌칙(법 제60조)
　① 다음의 어느 하나에 해당하는 자는 3년 이하의 징역 또는 3천만 원 이하의 벌금에 처한다.
　　1. 인증기관의 지정을 받지 아니하고 인증업무를 하거나 공시기관의 지정을 받지 아니하고 공시업무를 한 자
　　2. 인증기관 지정의 유효기간이 지났음에도 인증업무를 하였거나 공시기관 지정의 유효기간이 지났음에도 공시업무를 한 자
　　3. 인증기관의 지정취소 처분을 받았음에도 인증업무를 하거나 공시기관의 지정취소 처분을 받았음에도 공시업무를 한 자
　　4. 거짓이나 그 밖의 부정한 방법으로 인증을 받거나 인증기관으로 지정받은 자 또는 유기농어업자재의 공시를 받거나 공시기관으로 지정받은 자
　　4의2. 서짓이나 그 밖의 부정한 방법으로 인증심사 또는 인증을 하거나 인증을 받을 수 있도록 도와준 자
　　4의3. 거짓이나 그 밖의 부정한 방법으로 인증심사원의 자격을 부여받은 자
　　5. 인증을 받지 아니한 제품에 인증표시 또는 이와 유사한 표시 등을 하거나 인증품으로 잘못 인식할 우려가 있는 표시 및 이와 관련된 외국어 또는 외래어 표시 등을 한 자
　　6. 공시를 받지 아니한 자재에 공시 등의 표시 또는 이와 유사한 표시를 하거나 공시를 받은 유기농어업자재로 잘못 인식할 우려가 있는 표시 및 이와 관련된 외국어 또는 외래어 표시 등을 한 자
　　7. 인증품 또는 공시를 받은 유기농어업자재에 인증 또는 공시를 받은 내용과 다르게 표시를 한 자
　　8. 인증 또는 공시를 받는 데 필요한 서류를 거짓으로 발급한 자
　　9. 인증품에 인증을 받지 아니한 제품 등을 섞어서 판매하거나 섞어서 판매할 목적으로 보관, 운반 또는 진열한 자
　　10. 인증을 받지 아니한 제품에 인증표시나 이와 유사한 표시를 한 것임을 알거나 인증품에 인증을 받은 내용과 다르게 표시한 것임을 알고도 인증품으로 판매하거나 판매할 목적으로 보관, 운반 또는 진열한 자
　　11. 공시를 받지 아니한 자재에 공시의 표시나 이와 유사한 표시를 한 것임을 알거나 공시를 받은 유기농어업자재에 공시를 받은 내용과 다르게 표시한 것임을 알고도 공시를 받은 유기농어업자재로 판매하거나 판매할 목적으로 보관, 운반 또는 진열한 자
　　12. 인증이 취소된 제품 또는 공시가 취소된 자재임을 알고도 인증품 또는 공시를 받은 유기농어업자재로 판매한 자
　　13. 인증을 받지 아니한 제품을 인증품으로 광고하거나 인증품으로 잘못 인식할 수 있도록 광고하거나 인증을 받은 내용과 다르게 광고한 자
　　14. 공시를 받지 아니한 자재를 공시를 받은 유기농어업자재로 광고하거나 공시를 받은 유기농어업자재로 잘못 인식할 수 있도록 광고하거나 공시를 받은 내용과 다르게 광고한 자
　　15. 허용물질이 아닌 물질이나 공시기준에서 허용하지 아니하는 물질 등을 유기농어업자재에 섞어 넣은 자

43 다음의 업무를 수행하기 위해 구축·운영하는 시스템은?

- 인증기관 지정·등록, 인증 현황, 수입증명서 관리 등에 관한 업무
- 인증품 등에 관한 정보의 수집·분석 및 관리 업무
- 인증품 등의 사업자 목록 및 생산, 제조·가공 또는 취급 관련 정보 제공
- 인증받은 자의 성명, 연락처 등 소비자에게 인증품 등의 신뢰도를 높이기 위하여 필요한 정보 제공
- 인증기준 위반품의 유통 차단을 위한 인증취소 등의 정보 공표

---

① 친환경 인증관리 정보시스템
② 이력추적관리시스템
③ 유통정보시스템
④ 원산지표시시스템

ANSWER 친환경 인증관리 정보시스템의 구축·운영(법 제53조)
농림축산식품부장관 또는 해양수산부장관은 다음의 업무를 수행하기 위하여 친환경 인증관리 정보시스템을 구축·운영할 수 있다.
1. 인증기관 지정·등록, 인증 현황, 수입증명서 관리 등에 관한 업무
2. 인증품 등에 관한 정보의 수집·분석 및 관리 업무
3. 인증품 등의 사업자 목록 및 생산, 제조·가공 또는 취급 관련 정보 제공
4. 인증받은 자의 성명, 연락처 등 소비자에게 인증품 등의 신뢰도를 높이기 위하여 필요한 정보 제공
5. 인증기준 위반품의 유통 차단을 위한 인증취소 등의 정보 공표

44 인증을 받으려는 자 또는 갱신·연장하려는 자가 납부해야 하는 신청비는?

① 5만 원
② 10만 원
③ 30만 원
④ 40만 원

ANSWER 인증을 받으려는 자 또는 갱신·연장하려는 자가 납부해야 하는 신청비는 5만 원이며, 정보통신망을 이용하여 신청하는 경우 4만 5천 원이다.
※ 수수료 개별기준(시행규칙 별표 13)

납부대상	신청비	출장비	심사·관리비
인증을 받으려는 자 또는 갱신·연장하려는 자	5만 원(정보통신망을 이용하여 신청하는 경우 4만 5천 원)	공통기준에 따라 산정하는 금액	공통기준에 따라 산정하는 금액
동등성을 인정받으려는 외국의 정부	국립수산물품질관리원장이 정하는 금액(상호주의에 따라 면제할 수 있다)	국립수산물품질관리원장이 정하는 금액(상호주의에 따라 면제할 수 있다)	국립수산물품질관리원장이 정하는 금액(상호주의에 따라 면제할 수 있다)
인증기관으로 지정받거나 인증기관 지정을 갱신하려는 자	10만 원(정보통신망을 이용하여 신청하는 경우 9만 원)	공통기준에 따라 산정하는 금액	없음

ANSWER 41.④ 42.③ 43.① 44.①

제2과목

수산물 유통론

CHAPTER

01

제2과목 수산물 유통론

수산물 유통개요

수산물 유통의 개념과 특징

(1) 유통이란

① 유통(Distribution)의 개념

　㉠ 마케팅 활동의 일환으로 자사의 제품이나 서비스를 어떤 유통경로를 통해 표적 시장이나 또는 소비자들에게 제공할 것인가를 결정하고 새로운 시장기회와 고객 가치를 창출하는 일련의 활동이다.

　㉡ 더불어 유통은 생산과 소비를 잇는 경제활동으로 공급업체로부터 최종 소비자로 이어지는 하나의 유통시스템(또는 유통경로시스템)은 제조업체가 생산한 제품이나 서비스 등이 흘러가는 단순한 경로가 아닌 새로운 가치 및 소비를 창출하는 토대가 된다.

　㉢ 이러한 기업의 유통 활동은 상품이나 또는 서비스 등이 생산자 또는 서비스 제공자로부터 최종 고객에게 이르는 과정에 개입되는 다양한 조직들 사이의 거래 관계를 설계하고 운영하며, 이를 통해 협상, 주문, 촉진, 물적 흐름(수송, 보관), 금융, 대금 결제 등과 같은 유통(또는 마케팅) 기능의 흐름을 촉진시키는 활동을 의미한다.

　㉣ 전통적 관점에서 유통경로란 '제조업자(생산자) → 도매상 → 소매상 → 소비자'로 이어지는 수직적 연계를 설계하고 관리하는 과정을 일컫는다. 더불어 기업의 유통 활동 및 역할을 수행하는 조직들의 총체를 의미한다.

② 유통의 구조

　㉠ 기업 경영에 있어 장기적인 유통 관리의 성공 여부는 상품이 생산자 혹은 공급자로부터 최종 고객에게로 원활히 흐르도록 하는 경로 구성원들, 즉 제조, 도매, 소매, 물류 기관 및 거래 조성 기관들이 유통(또는 마케팅) 기능을 어떻게 효과적이며 효율적으로 수행하느냐에 달려 있다.

　㉡ 그러므로 유통 관리의 핵심은 최종 이용자(고객)의 구매 서비스 가치를 극대화하는 유통경로 구조(시스템)를 구축하고, 나아가 경로 구조 내 구성원들의 동참과 협력을 유도하고, 그들과의 지속적인 협력 관계를 유지하도록 노력하여야 한다.

유통의 개념

최초의 생산단계에서 이루어진 생산물이 최후의 소비에 이르기까지 연결하는 영역을 유통이라 한다. 즉, 생산자에 의해 생산된 재화가 판매되어 소비자(수요자)에 의하여 구매되기까지의 계속적인 여러 단계에서 수행되는 활동을 말한다.

 2 수산물 유통의 기능 및 활동

(1) 유통경로가 창출하는 효용

유통경로가 창출하는 효용을 살펴보면 다음과 같다.

① 시간 효용 : 소비자가 제품이나 또는 서비스를 구매하기 원하는 시간에 공급함으로써 발생하게 되는 효용을 말한다.

② 장소 효용 : 소비자가 편리한 장소에서 제품이나 서비스 등을 구매할 수 있을 때 발생하게 되는 효용을 말한다.

③ 소유 효용 : 제품이나 또는 서비스가 제조업자에서 소비자로 이전되어 소비자가 제품이나 서비스를 사용하고 소비할 수 있는 권한을 갖는 것을 유통경로가 도와줌으로써 발생되는 효용을 말한다.

참고 유통의 분류

유통 (광의 유통)	협의의 유통	물적 유통	서비스 유통	정보, 에너지
			상품 유통	보관, 운송
		상적 유통(상거래유통)	도매업, 소매업	
	보조적 유통	규격화, 표준화, 위험부담, 금융활동		

(2) 유통경로의 기능

① 소유권 이전기능 : 구매 및 판매기능으로서 유통경로가 수행하는 기능 중 가장 본질적인 기능이다. 판매기능과 구매기능은 상호보완적이나 구매기능이 판매기능에 우선한다.

㉠ 구매

• 의의 : 상품을 구입하기 위해 계약체결을 위한 상담을 하고 그 계약에 따라 상품을 인도 받고 대금을 지급하는 활동이다.

• 구매과정 : 소비자 수요에 관한 정보수집 → 구매필요 여부 결정 → 구매상품의 품종선택 → 적합성 검사 → 가격, 인도시기, 지급조건에 관한 상담

ⓛ 판매
　　　　• 의의 : 예상고객이 상품이나 서비스를 구매하도록 하는 활동으로 판매기능이 수행되기 위해서
　　　　　는 수요창조활동(판매촉진활동)이 선행되어야 한다.
　　　　• 판매과정 : 수요의 창출계획 및 활동(판촉) → 예상고객 발견 → 판매조건상담 → 소유권 이전
　② 물적 유통기능(운송, 보관)
　　　ⓖ 생산과 소비 사이의 장소적 및 시간적인 격리를 조절하는 기능이다.
　　　ⓛ 운송기능 : 장소적 격리를 극복함으로써 장소효용을 창출한다.
　　　　• 운송기능은 전업화한 운송업자에 위탁수행함이 원칙이나 가끔 중간상이 직접 수행하기도 한다.
　　　　• 운송관리는 운송기능이 위탁수행 되는 경우에 상품의 성질, 형태, 가격, 운송거리의 장단 및
　　　　　지리적 조건 등을 고려해서 수행된다.
　　　ⓒ 보관기능 : 시간적 격리를 극복하여 시간효용을 창출한다.
　　　　• 보관기능은 생산시기로부터 판매시기까지 상품을 보유하는 것이다.
　　　　• 주 목적은 시간적 효용을 창출해서 수요와 공급을 조절하는 것이다.
　　　　• 보관기능은 전업화한 창고업자에 위탁수행되는 경우가 많다.
　③ 조성기능
　　　ⓖ 소유권 이전기능과 물적 유통기능이 원활히 수행될 수 있도록 지원해 주는 기능이다.
　　　ⓛ 표준화기능 : 수요 및 공급의 품질적인 차이를 조절하여 거래과정에서 거래단위, 가격, 지불
　　　　　조건 등을 표준화시킨다.
　　　ⓒ 시장금융기능 : 생산자와 소비자 간의 경제적 격리가 클수록 상품이전과 화폐이전 간의 모순이
　　　　　격화되어 마케팅의 비원활화가 발생되는 것을 방지하기 위한 기능이다. 즉, 생산자 및 소비
　　　　　자의 원활한 마케팅기능을 도모시켜 주는 기능을 말한다.
　　　ⓔ 시장정보기능 : 기업이 필요로 하는 소비자 정보와 소비자가 필요로 하는 상품정보를 수집 및
　　　　　제공하여 양자를 가깝게 유도하여 거래촉진을 유도하는 기능이다.
　　　ⓜ 위험부담기능 : 유통과정에서의 물리적 위험과 경제적 위험을 유통기관이 부담함으로써 소유권
　　　　　이전과 물적 유통기능이 원활히 이루어지도록 해주는 기능으로 일반적으로 보험업이 전담한다.

(3) 수산물 유통의 기능

① 보관기능 : 수산물 생산에 있어서의 조업시기 및 비조업시기 등과 같이 시간의 거리를 보관 및 저
　　장 등을 통해 이루고 생산의 시점과 소비의 시점 사이에 존재하게 되는 시간 거리를 보관 및 저
　　장 등을 통해 해결하는 기능을 말한다.
② 선별기능 : 소비자들이 원하는 수산물의 품질에 연계하기 위해서는 양질의 수산물을 그룹으로 나
　　누어서 표준화 및 등급화를 하여 변화하는 시장의 다양화에 대응해야 하는 기능을 말한다.
③ 거래기능 : 수산 어획물이 공급자에서 소비자에게로 넘겨지는 과정에서 발생하게 되는 교환을 통
　　해 해당 수산물에 대한 소유권이 바뀌는 일련의 경제활동을 말한다.

④ 운송(수송)기능 : 어획한 수산물을 운송하는 것으로 생산지 및 소비지 사이 장소의 거리를 연결시키는 기능을 말한다.

⑤ 가공기능 : 상품의 형태를 변화시키는 가공은 수산물의 새로운 기능을 만들어 내거나 또는 운송효율을 높여준다.

⑥ 상품구색의 기능 : 소비자들의 여러 욕구를 충족시키기 위해 각지의 수산물들을 집하해서 재분배하고 상품의 구색을 갖출 수 있도록 거리를 연결해주는 기능을 말한다.

⑦ 집적 및 분할 기능 : 대도시의 소비지 도매시장은 각 지역 또는 각 공급자들로부터 양질의 연안 수산물을 집하하는 역할을 하며, 이와는 반대로 원양어업 등과 같은 커다란 규모의 어업생산의 수산물들을 각각의 소비시장에 적은 양으로 분할하는 기능을 말한다.

⑧ 정보전달 기능 : 공급된 수산물들에 대한 일종의 정보(원산지, 신선도 등)를 제공해서 공급자 및 소비자 사이의 인식의 거리를 서로 연결시켜 주는 기능을 말한다.

참고 수산물 유통과정 상에서 발생 가능한 문제들

• 수산물 유통 상에서 문제가 되는 것은 수산물 그 자체가 부패성이 강하여 상품성이 극히 낮다.
• 공산품과는 달리 직접 추출하는 '소재중심형(素材中心型)' 생산물이기 때문에 등급화·규격화, 표준화 등이 어렵다.
• 또한 계절적·지역적 생산의 특수성으로 인하여 수급조절이 곤란하다.
• 생산규모의 영세성과 생산의 분산으로 말미암아 유통활동이 저하되는 현상이 나타난다.
• 특히 수산물은 가격 및 소득에 대한 단력성이 낮아 공급량에 의한 가격결정이 불가능하다. 통상적으로 흉어 시의 가격 '등귀율(騰貴率)'은 풍어시의 가격폭락을 메워주지 못할 뿐만 아니라, 수량, 시간 및 공급조절능력의 결여로 인해 어가(魚價)의 심한 계절 변동은 생산자의 소득을 불안정하게 하는 중요 원인이 되고 있다.

---

(4) 수산물 유통 활동 체계

구분	내용	예
상적유통활동	수산물 소유권 이전에 관한 활동	상거래 활동
		유통 금융·보험 활동 : 상적 유통 측면 지원
		기타 조성 활동 : 수산물 수집, 상품 구색
물적유통활동	수산물 자체의 이전에 관한 활동	운송 활동 : 수송, 하역
		보관 활동 : 냉동, 냉장
		정보 전달 활동 : 정보 검색
		기타 부대 활동 : 포장

CHAPTER

제 2 과목 수산물 유통론

수산물 유통기구 및 유통경로

 1 수산물 유통기구 및 조직

(1) 수산물 유통기구의 정의

① 수산물을 생산자로부터 소비자에게 유통시키기 위한 조직체이다.

② 상적 유통 기능과 물적 유통 기능, 정보 전달 기능을 담당하고 수행하는 기구이다.

③ 넓은 의미 : 유통 기능 전반을 담당하는 모든 개별 기관들의 총체적 집합체이다.

  예 중간상, 하역 업체, 운송 업체, 냉동 냉장 창고업, 은행, 수협, 신용 금고, 보험 회사 등

④ 좁은 의미 : 수산물을 생산자로부터 소비자에게 유통시키는 중간상이다.

(2) 수산물 유통구조

① 수산물 유통구조

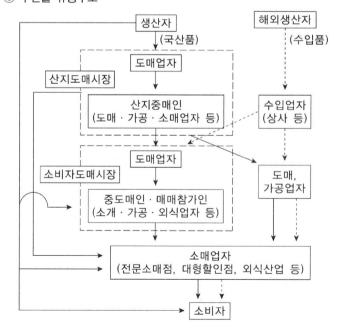

② 수산물 유통구조의 특징

   ⊙ 영세성 및 과다성

     • 유통업에 있어서의 경영의 규모는 영세한 반면에 이와 관련되는 유통업체의 수는 과다한 수준이다.

     • 공판장, 수산물 위판장, 도매시장 내 중도매인의 경우를 보더라도 1~2인 정도이며, 각 전문 취급 수산물로 분화되어져 영세한 규모를 지니고 있다.

   ⊙ 다단계성

     • 각 지역에 나누어져 활동 중인 공급자와 널리 분포되어 있는 소비자들을 연결하기 위해 유통 구조는 1차적 도매시장으로 모이게 되며, 그 후 2차 도매상, 도매상에서 소매상, 소매상에서 최종 소비자에게로 분산되는 유통구조를 지닌다.

     • 이는 다시 말해 공급지(산지)에서 소비자에게 도달하기까지 중간 중간에 일종의 다단계적인 유통망들이 가교적인 역할을 수행하고 있다고 할 수 있다.

   ⓒ 관행적인 거래방식

     • 수산물에 대한 서로 다른 거래관행이 존재하며, 유통기구마다 거래방법 및 그로 인한 거래관행도 서로 다르다.

     • 국내 수산물 유통의 거래관행에는 경매·입찰제, 위탁판매제, 외상거래제, 전도금제 등이 실행되고 있다.

> **참고 유통경로**
>
> | 영향요인 | 짧은 경로 | 긴 경로 |
> |---|---|---|
> | 제품특성 | • 비 표준화된 중량품, 부패성 상품
• 기술적 복잡성, 전문품 | • 표준화된 경량품, 비부패성 상품
• 기술적 단순성, 편의품 |
> | 수요특성 | • 구매단위가 큼
• 구매빈도가 낮고 비규칙적임
• 전문품 | • 구매단위가 작음
• 구매빈도가 높고 규칙적임
• 편의품 |
> | 공급특성 | • 생산자의 수가 적음
• 제한적인 진입 및 탈퇴
• 지역적인 집중 생산 | • 생산자의 수가 많음
• 자유로운 진입 및 탈퇴
• 지역적인 분산 생산 |
> | 유통비용구조 | • 장기적 불안정 → 최적화 추구 | • 장기적으로 안정적 |

(3) 수산물 도매시장

수산물을 도매 거래하기 위해 도시 지역에 개설하는 시장으로 민간 도매시장법인 및 시장도매인이 운영하는 시장

① 수산물 도매시장의 개설과 조직 체계

도매시장	• 개설자 : 지방 자치 단체 • 개설 허가 : 해양수산부 장관(단, 지방 도매 시장은 도지사허가)

▼

도매시장법인, 시장도매인	• 지정 : 개설자 • 승인 : 개설 허가권자

▼

경매사	• 임명 : 도매 시장 법인

▼

중도매인, 매매참가인	• 허가 : 도매 시장 개설자

② 수산물 도매시장 구성원

도매시장법인	• 도매시장 개설자가 지정 • 생산자나 산지 출하자로부터 수산물을 위탁받아 도매를 대행하는 판매 대행 상인 • 수집상으로부터 출하받은 상품을 상장하여 매매 • 경매로 가격 형성하며 금융 결제 기능 지님
시장도매인	• 도매시장 개설자가 지정한 법인 • 도매시장에서 구입하여 판매, 위탁받아 도매하거나 또는 매매를 중개하며 도매 시장 내에 상장, 입찰 않음 • 도매시장 밖의 실수요자에게 도매 판매
중도매인	• 도매시장 개설자가 허가 • 도매시장에 상장, 비상장된 수산물을 구내, 서래 • 경매와 입찰에 참여하여 가격을 결정 • 거래의 의무와 책임 부여, 금융 결제 기능 수행 • 구입 수산물의 일시적 보관, 포장, 가공 기능
매매참가인	• 상장 수산물을 직접 구매하는 가공업자, 소매업자, 수출업자, 소비자 단체 등의 실수요자 • 구매자로서 중도매인과 동일한 참가권 • 도매시장의 공개적, 개방적 운영 측면에서 중요한 역할(도매 법인, 중도매인 견제 기능)
산지유통인	• 수집상으로, 전국 산지의 다양한 수산물 수집→소비지도매시장, 수산물공판장에 출하 • 판매 · 매수 또는 중개 업무는 금지 • 정보 전달, 산지 개발 및 신상품 개발 기능

(4) 수산물 산지도매시장

① 수산물 산지도매시장의 기능

어획물 양륙과 진열 기능	• 어획물의 양륙과 1차적인 가격 형성, 수산물이 유통, 배분되는 시장 • 어업 생산 기점으로 어항 시설이 갖추어진 곳 • 대부분 수협이 개설·운영하는 산지 위판장이 해당
판매 및 거래 형성 기능	• 생산자, 시장도매업자(수협), 중도매인, 매매 참가인 사이에서 거래 형성 • 어업 생산자는 수협에 판매를 위탁 • 수요자인 중도매인들과 경매로 가격을 결정
대금 결제 기능	• 수산물을 구입한 중도매인은 당일에 구입 대금을 수협에 납입 • 수협은 판매 대금에서 수수료를 공제하고 생산자에게 대금을 지불

② 산지도매시장 구비조건

　㉠ 높은 가격을 받을 수 있는 곳

　㉡ 필수용품 조달이나 선박 수리가 가능한 곳

　㉢ 어장과 가까운 곳

　㉣ 접안과 하역이 용이한 곳

　㉤ 수송 시설, 냉동·냉장 시설, 선구점 등을 구비한 곳

　㉥ 생산자에게 판매에 유리한 조건을 제공하는 곳

(5) 수산물 소비지도매시장 : 주로 대도시에 위치

① 소비지도매시장의 필요성

　㉠ 다종 다양한 상품을 특정 장소에서 집중적으로 거래함으로써 수요와 공급에 의한 적정 가격 형성과 효율적인 전문화를 수행한다.

　㉡ 영세한 생산과 소비를 연결시켜 줄 수 있는 전문 상업 기능 필요하다.

　㉢ 수요에 대응한 다종 다양한 상품을 집중화한다.

　㉣ 안정된 생산 판로를 제공하여 공정한 거래를 통해 이익을 추구한다.

② 소비지도매시장의 기능

　㉠ 산지 시장으로부터의 강한 집하 기능

　㉡ 공정 타당한 가격 형성 기능

　㉢ 도시 수요자에게 유통·분산시키는 기능

　㉣ 현금에 의한 신속, 확실한 대금 결제 기능

중앙도매시장	해양 수산부 장관 허가, 서울 가락동 농수산 시장, 노량진 수산 시장 등으로 광역시 이상의 지방 자치 단체에서 개설
지방도매시장	도지사 허가로 개설, 도매 법인이 운영
수협공판장	수협이 개설, 운영하는 소비지 공판장
유사도매시장	민간인이 개설, 운영(소매 시장으로 허가받아 도매 행위)

2 수산물 유통경로

(1) 수산물 유통경로의 개요

① 기업이 소비자에게 전달하는 제품과 서비스는 다양한 경로를 거쳐 목표로 한 최종 소비자에게 보내지거나 소비하게 되는데, 이러한 경로를 유통경로라 한다.

② 즉, 어떤 제품을 최종 소비자가 쉽게 구입할 수 있도록 해주는 과정이라 할 수 있다.

③ 유통경로는 마케팅 믹스 4P's 중 하나이며 유통경로라고 명명된다.

참고 중간상의 유형

중간상 (Middleman)	생산자와 최종소비자 또는 산업체 구매자간의 연결역할을 수행하는 독립적인 중간상을 말한다.
상인중간상 (Merchant Middleman)	제조업자로부터 제품을 구매하여 다시 소비자에게 판매하는 중간상으로서 이들은 제품에 대한 소유권을 가진다.
대리상 (Agent)	구매 및 판매활동의 거래상담기능을 수행하는 중간상으로서 제품에 대한 소유권을 가지지 않는다.
도매상 (Wholesaler)	도매상은 대량의 제품을 소매상이나 산업체 사용자 또는 기관 구매자들을 대상으로 재판매를 전문적으로 수행하는 중간상으로써 제품에 대한 소유권을 가진다.
소매상 (Retailer)	소매상은 최종소비자를 대상으로 판매활동을 하는 중간상을 말한다.
거간 (Broker)	거간은 구매자 또는 판매자의 중개역할을 수행하는 중간상으로서 소유권을 가지지 않는다.
판매 대리점 (Sales Agent)	판매대리점은 독립적인 중간상으로서, 제품이나 서비스의 판매활동기능만 수행하며, 제품에 대한 소유권은 취득하지 않는다.
유통업자 (Distributor)	도매중간상으로서 제조기업이 강력한 촉진지원을 해주는 선택적 또는 전속적인 유통업자를 말한다.
중매상 (Jobber)	제조기업으로부터 제품을 구매하여 도매상 또는 소매상을 대상으로 판매활동을 수행하는 중간상을 말한다.
유통조성 대리상 (Facilitating Agent)	구매나 판매활동 또는 소유권 이전 등의 기능보다는 유통활동을 간접적으로 지원해주는 보조기관이다.

(2) 수산물 유통경로의 형태

① "생산자 → [산지 도매시장 (산지 수협위판장) → 산지 중도매인] → [소비지 수협공판장 → 소비지 중도매인] → 도매상 → 소매상 → 소비자"의 형태
- 이러한 형태의 유통경로는 수산물 공급자(생산자)가 수협에 대해 수산물에 대한 판매를 위탁하고 수협의 책임 하에 공동판매하게 되는 형태의 유통경로이다.
  ㉠ 장점
- 공급자(생산자)는 시장의 리스크가 적다.
- 수산물에 대한 판매대금을 빠르게 수취할 수 있다.
  ㉡ 단점
- 공급자(생산자)는 가격결정에 직접적인 참여가 불가능하다.

② "생산자 → [산지 도매시장(산지 수협위판장) → 산지 중도매인] → 수집상(산지 유통인) → [소비지 중앙도매시장 → 소비지 중도매인] → 도매상 → 소매상 → 소비자"의 형태
- 이러한 형태의 유통경로는 수집상이 생산자(공급자)로부터 직접적으로 수산물을 수집하는 경우 또는 산지의 중도매인을 통해 수집하는 경우가 있다.

③ "생산자 → 객주 → 유사 도매시장 → 도매상 → 소매상 → 소비자"의 형태
  ㉠ 이러한 형태의 유통경로는 2가지 차원으로 구분해 볼 수 있는데, 첫째로는 객주(일종의 상업자본가)가 직접적으로 수산물을 직접 구입해서 판매하고 매매차익을 영위하는 것과 둘째로 수산물을 객주에게 판매를 위탁하고 객주 스스로의 책임 하에서 판매하며 판매 수탁수수료를 받는 것이 있다.
  ㉡ 특징 : 이러한 형태의 경우에는 높은 수수료 및 대차금의 높은 이자, 낮은 매매가격 등의 객주에 의한 횡포가 나타날 수 있다.

④ "생산자 → 직판장 → 소비자"의 형태
- 이러한 형태의 유통경로는 터미널, 공항 및 관광지 등에 공급자(생산자)가 자금을 투하해서 직판장을 개설하거나 또는 수협이 직판장을 개설하기도 한다.
  ㉠ 장점
- 중간유통비용을 감소시켜 소비자들에게 저렴한 가격으로 제품을 판매할 수 있다.
- 판매루트를 줄여서 선도를 유지할 수 있다.
  ㉡ 단점
- 공급자(생산자)는 자금투하에 대한 압박이 있을 수 있으며, 보관 및 수송 등의 역할까지 행해야 하는 어려움이 있다.

⑤ "생산자 → 전자상거래 → 소비자"의 형태
- 이러한 형태의 유통경로는 공급자(생산자)가 휴대폰 및 인터넷 등을 포함한 각종 통신수단을 활용해서 소비자들에게 직접적으로 판매하게 되는 형태이다.

산지 직거래의 문제점

① 가격 형성의 문제 : 생산자 및 소비자 간의 납득할 수 있는 가격의 형성이 어렵다.
② 생산물의 공급 조정의 곤란 : 수산물 특성상 공급조절은 곤란할 경우가 많다.
③ 대금 결제 : 제도화된 대금 결제의 방법이 없으며, 채권확보 방법도 명확하지 않다는 것이 도매시장에 출하하게 하는 한 원인이다.
④ 직거래의 유형이 지나치게 다양하다.
⑤ 직거래 계약 문제 : 직거래 계약의 종류, 수량, 가격이 정해져 있음에도 도매시장 가격이 높을 경우 도매시장에 출하하는 경우가 많다.
⑥ 품목 및 수량 확보 등의 곤란 : 도매시장과 같이 출하자 및 소비자가 많지 않은 관계로 품목 및 수량 등의 구색을 맞추기가 어렵다는 것이다.
⑦ 소비자 조직과 생산자 조직의 성장 속도에 있어 차이가 발생하게 되면 직거래가 곤란하다.
⑧ 거래 물량이 적기 때문에 시장 점유율이 낮다.
⑨ 유통경비 절약 문제 : 규모의 경제 효과를 보기 위해서는 일정량 이상이어야 하는데 직거래의 경우 한세 유동 비용이 너무 높다는 것이다.
⑩ 정부의 정책 지원이 미흡하다.

산지 직거래의 정책 방향

① 정부의 소비자에 대한 행정을 강화해야 한다.
② 직거래 사업을 촉진할 수 있는 조성 기능이 강화되어져야 한다.
③ 직거래 사업에 대한 장소, 시설 보조, 투자 등이 확대되어야 한다.
④ 직거래에 대한 정부의 통제 기능을 강화해서 가격 통제 및 거래 관행 통제가 이루어져야 한다.
⑤ 도매시장에 대한 기능이 활성화되어 경락가격을 공개적으로 결정해서 직거래 가격의 기준을 제시해야 한다.

산지 직거래의 원칙

① 생산지 및 생산자가 명확해야 한다.
② 거래 상대는 항상 대등한 관계를 유지해야 한다.
③ 직거래 사업은 계속성이 있어야 한다.
④ 철저한 상호교류가 이루어져야 한다.
⑤ 생산방법이 명확해야 한다.

(3) 수산물 유통경로의 특징

① 상품성이 저하되고, 유통기간이 길며 비용 또한 많이 소모된다.

② 대형 유통업체들의 성장으로 시장 외 거래가 활성화되고 있다.

③ 통상적으로 영세한 유통기관들이 많아서 유통비용이 증가하고 상대적으로 비효율적이면서 유통마진이 높다.

참고 수산물 운송

① 운송

• 운송은 수산물의 생산지, 가공지, 소비지 등이 여러 지역에 분산되어 있으므로 수산물을 생산지로부터 가공 또는 소비지로 운반하는 기능을 한다.

• 즉, 운송은 수산물 수급의 장소적 조정을 맡아 하며 이는 장소적 효용을 창출한다고 할 수 있다.

② 운송 수단

• 운송수단으로는 철도, 화물 트럭, 선박 및 비행기 등이 있다.

ㄱ 철도는 안전성, 신속성, 정확성이 있고 많은 물량의 운송이 가능하며, 장거리 수송일 경우에 비용은 저렴하지만 제한된 지역에서만 활용할 수 있으며, 단거리일 경우에는 오히려 비용이 많이 소모되는 단점이 있다.

ㄴ 화물 트럭의 경우에는 기동성이 좋고 좁은 지역에도 다닐 수 있기 때문에 소량 운송이 가능하며, 단거리 수송에 가장 적합한 운송 수단이다. 그래서 대부분 수산물은 트럭으로 운송되고 있으며, 수산물이나 또는 축산물 등과 같이 상하기 쉬운 상품은 냉동 탑차로 운송되기 때문에 신선도 유지에 적합하다.

ㄷ 항공의 경우에는 수출이나 또는 수입할 경우에 활용되는데 신속 정확한 이점은 있으나, 비용이 많이 소모되는 단점이 있다.

ㄹ 선박의 경우에는 비용이 적게 들지만 선적 및 하역 등이 어렵고 제한된 지역에서만 활용해야 하며 신속성이 떨어진다는 단점이 있다.

---

(4) 수산물 표준화로 인한 이점

① 수송 및 적재 등의 비용을 낮춤으로써 유통의 효율성을 높인다.

② 상품 품질에 의한 정확한 가격을 형성해서 공정한 거래를 촉진시킨다.

③ 선별 및 포장출하로 소비지에서의 쓰레기 발생을 억제한다.

④ 신용도 및 상품성을 향상시켜서 어민들의 소득을 증가시킬 수 있다.

참고 산물 출하 & 등급화 출하

	이점	단점
산물 출하	• 출하인력 및 출하작업시간의 절감으로 인해 산지단계의 유통비용을 절감 • 포장에서 수확~출하작업의 연계성이 용이	• 품질의 불균일화로 인한 공정가격형성의 곤란 및 공정거래의 저해 • 유통단계에서의 재선별 및 포장작업으로 인해 각종 유통비용 증가요인 • 품질과 용량의 규격화 파악이 곤란
등급화 출하	• 생산자의 상품성 향상 • 소비자들의 선호도 충족 및 수요의 창출 • 시장 정보의 세분화 및 정확성 • 도매시장의 상장경매 실시의 용이 및 공정거래 질서의 확립 • 등급 간의 공정가격 형성으로 인해 가격형성의 효율성 제고 • 선본서래 및 신용거래의 가능으로 인해 기래시간의 단축 및 유통비용의 절감	• 추가비용의 회수에 관한 위험성 존재 • 출하자 간 등급화의 차이로 인한 전국적 통명거래 및 신용거래의 어려움 • 산지 단계에서의 유통비용의 증가

(5) 국내 수산물 표준화

	표준화 대상
등급	품질, 크기
포장	포장방법, 포장치수, 강도, 재질, 외부표시 사항 등
하역	지게차, 전동차, 팰릿, 컨베이어 등
운송	적재함의 크기 및 높이, 트럭 등의 수송 단위
정보	POS, EDI, 전표, 장표, 상품 코드 등
보관 및 저장	하역시설, 저장시설 설치기준 등

> **참고** 단위화물적재시스템(Unit Load System ; ULS)

① 개요

   ⊙ Unit Load System(단위화물적재시스템)은 화물을 일정한 중량 및 부피로 단위화시켜 하역기계
      화와 수송 서비스를 효율적으로 하는 체계인데 운송수단이기보다는 운송체계라고 할 수 있다.

   ⓒ 노동집약적인 하역을 자본 집약적인 하역으로 전환시키는 시스템이라 할 수 있으며, 팔레트에
      의한 일관 팔렛화와 컨테이너에 의한 일관 컨테이너화가 있다.

② 특징

   ⊙ Unit Load System의 장점은 하역 시 상품의 파손 및 분실 등을 방지할 수 있으며, 운송 수단
      의 효율성을 높일 수 있다.

   ⓒ 포장의 간소화와 포장비용을 절감하며, 높이 쌓기를 할 수 있어 저장 공간의 효율성을 높일 수
      있고, 물류관리의 시스템화가 용이해져 하역과 수송의 일관화를 이룰 수 있다.

   ⓒ 하지만, 고액의 자본 투자, 돌아갈 때의 빈(空) 컨테이너의 회수가 곤란하며, 적재효율이 떨어
      지고 지게차, 팔레트 잭과 같은 하역 기계 등이 필요하며 하역공간도 충분히 확보해야 하는 등
      의 문제점도 있다.

   ⓔ 그러므로 Unit Load System이 효율적으로 추진되기 위해서는 모든 장비 및 시설 등이 표준화
      되어 서로 연계가 잘 되어야 한다.

   ⓜ 그럴 경우에 취급 단위 규모화와 화물 적재 및 하역 시간 단축으로 작업효율을 높일 수 있다.

> **참고** 수배송의 공동화

수배송의 공동화란 소량의 농수산물을 개별 운송하지 않고 단일화 및 통일화하여 운송 효율을 높이자
는 것으로 분업의 원리를 이용하자는 측면도 있고, 사회적으로도 교통량을 줄여 교통 혼잡을 줄일 수
도 있으며, 환경문제를 완화시키는 부수적 효과도 있다.

예 도시 간에는 화물 터미널에 집하한 후 수송하는 것도 이에 해당한다고 할 수 있다. 가락시장에서 볼
   수 있는 개인용달이 특정 지역 또는 특정 업체의 납품 농수산물을 여러 점포로부터 위탁받아 일
   괄 배달하는 것이 개별점포마다 직접 배달하는 것보다 운송비는 물론 교통 혼잡 미 유발, 운송의
   신속성 등의 여러 가지 면에서 효율적인 것이 수·배송 공동화의 좋은 예라 할 것이다.

참고 오더피킹(Order Picking)

① 개념

소비자들의 주문에 대응해서 창고의 재고로부터 주문품을 골라내어 모으고 출하하는 과정으로, 좁은 의미로는 피킹 과정만을 의미하고 넓은 의미로는 소비자들로부터 받는 정보에 따라 서류의 유통, 물품의 피킹, 짐의 구비, 포장 배송지별 분류, 트럭의 상차 업무 등을 포함한다. 분류와 유사한 개념이다.

② 종류

동일한 품종의 화물을 모아 사전에 마련한 출하처별 장소로 출하 물품을 나누는 씨뿌리기 방식과 출하처에 필요한 상품을 창고 내의 보관 장소를 돌면서 피킹해서 상품 구색을 갖추는 따내기 방식, 장소와 사람을 고정시키고 상품을 컨베이어 등으로 흘려 출하처별로 모으는 절충 방식이 있다.

참고 크로스 도킹(Cross Docking)

① 개념 : 창고나 또는 물류센터 등으로 입고되는 상품을 보관하는 것이 아닌, 곧바로 소매 점포에 배송하는 물류시스템으로, 보관 및 피킹 작업 등을 세서함으로써 물류비용을 상당히 감소시킬 수 있으며, 더불어 크로스 도킹은 입고 및 출고를 위한 모든 작업의 긴밀한 동기화를 필요로 한다.

② 종류

㉠ 파렛트 크로스 도킹

• 한 종류의 상품으로 적재된 파렛트별로 입고되어지며, 소매 점포에 직접적으로 배송되어지는 가장 단순한 형태의 크로스 도킹을 말한다.

• 특히 양이 상당히 많은 상품 등에 적합한 방식이다.

㉡ 케이스 크로스 도킹

• 파렛트 크로스 도킹보다 보편화된 형태로 한 종류의 상품으로 적재된 파렛트 단위로 소매업체의 물류센터로 입고되어진다.

• 이렇게 파렛트 단위로 입고된 상품은 각 소매 점포별로 주문수량에 의해 피킹 되어지고 남은 파렛트 상품은 익일의 납품을 위해 잠시 보관하는 형태를 지닌다.

㉢ 사전 분류된 파렛트 크로스 도킹

• 사전에 제조업체가 상품을 피킹 및 분류해서 납품할 각 점포별로 파렛트에 적재해서 배송하는 형태이다.

• 이러한 경우 제조업체가 각 점포별 주문사항 등에 대한 정보를 사전에 인지해야 가능하다.

(6) 수산물 유통의 기능 분류

① 상적 유통기능(소유권 이전 기능)
  ㉠ 소비자 발견
  ㉡ 수요의 창조
  ㉢ 판매조건의 상담
  ㉣ 상거래 행위(구매기능 및 판매기능)
② 물적 유통기능
  ㉠ 실물이동 기능 : 운송(수송), 보관, 저장, 가공, 포장, 하역(시간적, 장소적, 형태적 효용의 창출)
  ㉡ 매매조성 기능 : 등급화, 표준화, 시장조사, 유통교육 훈련, 유통금융 및 보험, 시장정보 및 통신, 유통관련 법규 및 행정체제

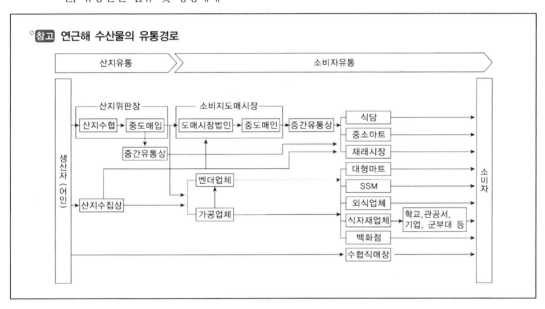

참고 연근해 수산물의 유통경로

CHAPTER

03

제2과목 수산물 유통론

주요 수산물 유통경로

1 활어 유통경로

(1) 활어

① 활어는 어류가 살아 있는 상태로서 유통과정에 오르는 물고기, 조개, 새우 등의 어패류를 의미한다.

② 국내 수산물 생산량은 산지에 양륙될 시에 활어가 차지하는 비중은 대략 53.5%이다.

(2) 활어의 유통구조

① 산지 유통

   ⊙ 활어 유통구조의 경우는 산지 유통 및 소비지 유통으로 분류할 수 있다.

   ⓒ 활어 산지 유통의 경우에는 수협 산지 위판장을 경유하게 되는 계통 줄하 및 산지 수집상이 나 또는 생산자 직거래 등으로 출하하는 비계통 출하로 구분하게 된다.

② 소비지 유통

   ⊙ 수산물 소비지 유통은 통상적으로 산지로부터 소비지로 출하되서 소비자에게로 전달되어지는 과정이다.

   ⓒ 이 때 주요 유통기구는 소비지 도매시장, 소매기구 등이다.

   ⓒ 활어 소비지 유통에서 규모 있는 유통기구는 소비지 도매시장이며, 공영 도매시장보다는 유사 도매시장이라 하는 민간 도매시장의 활어 취급비중이 높다.

 선어 유통경로

(1) 선어

① 어류의 어획과 동시에 신선냉장 처리 또는 저온 보관 등을 통해 냉동하지 않은 원어 상태에서의 수산물을 말하며, 살아 있지 않다는 부분에서 활어와 구분된다.

② 수산물의 선도를 선어의 상태에서 최상으로 유지하기 위해서는 저온의 유지를 통한 빠른 유통이 필수적이다.

③ 선어 유통은 생산에서부터 소비에 이르기까지 저온의 밀폐된 공간이나 또는 수송차량에서만 이루어지는 것이 아니므로 상온에서의 선도를 유지하는 방법에는 빙장 및 빙수장이라는 방식을 활용하게 된다.

④ 빙장의 경우 박스에 얼음과 함께 수산물을 넣어 포장해 유통시키는 것을 의미하며, 빙수장의 경우 빙장과 동일한 방법을 쓰되, 물을 함께 넣는다는 것이 그 차이점이라 할 수 있다.

⑤ 국내의 경우 대부분이 빙장을 활용하고 있는 실정이다.

(2) 선어의 유통경로

① 선어의 유통경로는 산지 유통 및 소비지 유통으로 분류된다.

② 산지 유통의 경우 계통 출하 및 비계통 출하로 구분되어진다. 계통 출하의 경우 유통기구는 산지 수협 위판장이고, 비계통 출하의 경우 유통기구는 산지 수협 위판장을 뺀 산지 수집상 등이다.

③ 소비지 도매시장에서는 산지에서부터 집하한 수산물을 소비지 소매기구인 재래시장이나 소매점, 식당 등을 거래하면서 비록 소매기구임에도 불구하고 도매기구인 소비지 도매시장과의 수산물 집하 경쟁이 치열하다.

> **참고** 선어에 해당하는 것들
>
> • 생물고등어
> • 신선 갈치
> • 냉장 조기

- 도매시장 내의 유통경로는 출하 수산물의 위탁 및 상장, 하역, 경매, 분산, 대금정산 등을 의미하게 된다.
- 수산물의 경우에는 산지 위판장에서 입찰을 통해 가격이 결정되어진다. 또한, 이를 산지 수집상들이 매수해서 대량으로 도매시장에 출하하게 된다.
- 수입 수산물도 마찬가지로 이미 수입가격 및 관세가 책정된 상태에서 도매시장에 출하되므로 도매시장에 출하하는 것은 가격에 대한 결정보다는 대량의 물품들이 판로가 넓은 곳으로 모여들어 판매되는 분산의 의미가 크다고 할 수 있다.
- 하지만 도매시장에서 2차 경매과정을 거치게 하는 것은 유통경비만 증가시키며 결국 소비자에게 전가시키는 결과를 초래하므로 수산물 같이 가격이 결정되어 출하되는 수산물은 상장예외품목으로 지정하던지 수의매매로 판매할 수 있도록 하는 방법 등으로 개선되어야 한다.

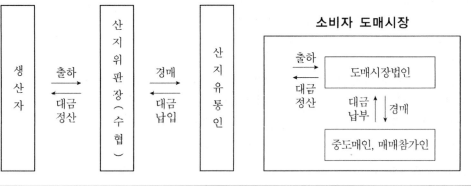

3 냉동수산물 유통경로

(1) 냉동수산물

① 냉동수산물이란 어획된 수산물을 동결해서 유통하는 상품의 형태를 말한다.
② 냉동수산물의 경우 냉동냉장 창고 등에 보관하여 소비자들이 연중 수산물을 소비할 수 있도록 하고 있다. 동시에 생산자에게는 계절성에 따른 일시다량 어획으로 수산물의 가격이 하락해서 수입이 줄어들게 되는 현상을 어느 정도 완충해 준다.
③ 통상적으로 냉동수산물은 선어에 비해서 선도가 낮기 때문에 한 번 동결한 수산물의 경우에는 육질에 포함된 수분 등이 얼면서 팽창하므로 동일한 수산물의 경우 질감이 떨어지게 되므로 동일한 조건이라면 선어에 비해 가격이 상대적으로 낮은 경향이 있다.

(2) 냉동수산물의 유통경로

① 냉동수산물의 경우 양륙되거나 또는 수입 이후에 곧바로 소비되어지지 않으며 먼저 −18℃ 이하의 냉동냉장창고에 보관하게 된다.
② 선어가 저온(0˚~2℃)의 상태에서 유통되어지는 저온 유통일 경우에 냉동수산물은 통상적으로 −18℃ 이하로 운반 및 보관된다.
③ 냉동수산물을 유통시키기 위해 동결기 및 이에 대한 조절이 가능한 특수 설비가 장착된 냉동냉장창고 및 냉동탑차 등은 필수적 유통수단이다.

참고

수산물 유통의 문제점

① 생산자는 다수이고, 대부분이 소규모이다.
② 규격화 및 등급화가 미흡한 상태이다.
③ 유통과정에 있어 자동화가 미흡한 상태이다.
④ 지나치게 많은 유통단계가 존재한다.
⑤ 장기적인 공급 관리가 이루어지지 않는다.
⑥ 상품의 특성 상 장기적인 저장이 어렵다.

수산물 유통환경의 변화

① 생산 및 공급구조에 있어서의 변화
② 수요 및 소비구조에 있어서의 변화
③ 유통경로에 있어서의 다원화
④ 소매유통구조의 변화 및 소비자 중심으로의 유통체제 전환
⑤ 지식정보화시대 및 디지털 경제로의 도래

수산물 유통의 개선 방안

① 경영적인 유통기능의 효율화
② 실물적인 유통기능의 효율화
③ 장기적인 공급 관리
④ 소유권 이전 기능의 효율화
⑤ 수요 및 가격과 소득
⑥ 가격에 따른 생산 반응

---

4 수산가공품 및 건어물 유통경로

(1) 수산가공품

① 수산가공품이란 해양, 하천, 호수 등에서 획득한 어·패·해초류를 가공한 제품을 말한다.

② 수산가공품의 분류

　ⓐ 식용품

　　• 저장 목적 : 냉동품, 건제품, 염장품, 통조림 등

　　• 조미 목적 : 연제품, 훈제품, 젓갈, 조미가공품 등

　ⓑ 공업용품

　ⓒ 약품

　ⓓ 사료

　ⓔ 비료 등

③ 수산가공품의 유통

　ⓐ 수산가공품은 식품의 보장성을 부여하고, 운반·판매·소비하는 데 편리하게 처리를 한 제품으로 그 유통이 수산물에 비해 비교적 용이하다.

　ⓑ 수산가공품은 생산자에게서 가공업자에게로 직접 유통되어 소비자에게 판매되거나, 수집업자나 협동조합에 의해 수집된 생산물이 가공업자에 의해 가공된 후 소비자에게 판매된다.

(2) 건어물

① 건어물이란 생선, 조개류 등의 미생물 발육을 억제하여 오래 저장할 수 있도록 건조한 상품을 말한다.

② 건조법에는 크게 햇볕과 바람을 이용하는 천일 건조와 열풍, 냉풍을 이용하는 인공 건조가 있다.

③ 건어물의 유통경로

　ⓐ 생산자가 직접 건조한 경우 : 생산자 → 산지위판장(중도매인) → 도매시장 및 소비자

　ⓑ 생산자가 직접 건조하지 않은 경우 : 생산자 → 건조업자 → (산지위판장) → 도매시장 및 소비자

> **참고** **수산가공품의 장점**
>
> • 수송이 편리
> • 장기저장이 가능
> • 안전한 생산으로 인한 상품성의 향상

5 수입수산물 유통경로

(1) 수입수산물 유통절차

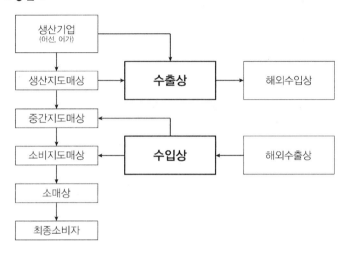

(2) 국제수산물도매시장 등에서의 수입수산물의 유통경로

① BWT(Bonded Warehouse Transaction) 수산물의 취급(관세 유보상태에서의 수산물 수입)

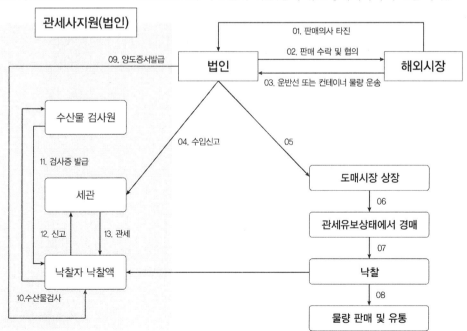

② 수입수산물의 취급

    ㉠ 일반 수입업자가 수산물을 BWT 형태로 도매시장에 상장할 경우 국제수산물도매시장 등에 산지유통인으로 사전 등록되어야 하기도 한다.

    ㉡ 일반 수입업자가 수산물을 수입 후(통관 후) 도매시장에 상장할 경우 : 일반 수입업자는 사전 산지유통인으로 등록하고, 법인과 협의 후 도매시장에 상장조치 또는 하주 측에서 최저거래가격 등을 제시하여 도매시장에 상장조치한다.

참고 양식 넙치의 유통 특성

- 주산지는 제주 및 완도
- 대부분이 유사도매시장을 경유
- 국내 양식 활넙치의 수출비중은 일본이 대략 77%로 대부분을 차지
- 양식 넙치는 산지수협 위판장 같은 제도권 시장이 아닌 사매매 형태의 사적 거래를 통해 유통

CHAPTER

04

제 2 과목 수산물 유통론

수산물 거래

1 소매시장 거래 및 시장 외 거래

(1) 소매시장의 거래

① 개념 : 이는 유통경로 상에서 맨 마지막에 위치하고 있는 최종소비자를 대상으로 해서 거래가 이루어지는 시장을 의미하며, 상대적으로 거래 단위가 적으며 특정 지역의 인구에 비례해서 분포되어 있는 시장이다.

② 기능

㉠ 상품에 관련되는 정보 등을 제공해서 소비자들의 구매를 도와주는 역할을 수행한다.

㉡ 상품의 선택에 있어 필요한 소비자들의 시간 및 비용 등을 감소시키는 역할을 수행한다.

㉢ 자체적인 신용 등을 통해서 소비자들의 금융 부담을 덜어주는 역할을 수행한다.

③ 소매거래 및 도매거래의 차이

	소매거래	도매거래
마진율	높다	낮다
판매량	소량판매의 위주로 이루어진다.	대량판매의 위주로 이루어진다.
적재	점포 내의 진열을 중시한다.	적재의 효율성을 중시한다.
정찰제	보편화 되어 있다.	여러 다양한 할인정책을 한다.

참고 수산물 공동판매의 장점

• 운송비의 절감
• 출하조절의 용이
• 시장교섭력의 향상
• 투입 노동력의 감소

제조업자를 위해 도매상이 수행하는 기능

- 시장 확대의 기능 : 소비자가 생산자의 제품을 필요로 할 때, 용이하게 구매할 수 있도록 생산자는 합리적인 비용으로 필요한 시장 커버리지를 유지하는 데 있어 도매상에게 의존한다. 더불어 도매상을 활용하여 많은 수의 소매상 고객들을 접촉한다면 제조업자는 상당한 비용절감의 효과를 얻을 수 있다.
- 시장정보의 기능 : 도매상은 생산자에 비해 소비자들의 제품이나 또는 서비스 등의 요구에 대해서 파악하기가 쉽다.
- 주문처리의 기능 : 생산자의 제품을 구비하고 있는 도매상들은 소비자의 소량주문에 대해 효율적으로 대처할 수 있다.
- 재고유지의 기능 : 도매상들은 생산자의 재무 분담 및 많은 재고보유에 따른 생산자의 위험을 감소시켜준다.
- 서비스 대행의 기능 : 생산자의 입장에서는 도매상이 소매상에게 각종 서비스 제공을 대행 또는 보조하도록 하는 것이 생산성을 향상시키는 방법이 된다.

소매상을 위해 도매상이 수행하는 기능

- 구색갖춤의 기능 : 도매상은 생산사로부터 제품을 받아 다양한 제품구색을 갖춤으로써, 소매상의 주문업무를 단순화 시킨다.
- 소매상 서비스의 기능 : 소매상은 제품 생산자로부터 배달, 수리 등의 여러 다양한 서비스를 요구하는데, 도매상은 이 같은 서비스를 제공함으로써 소매상들의 노력 및 비용을 절감시켜 준다.
- 신용 및 금융기능 : 외상판매를 함으로써 소매상이 구매대금을 지불하기 전에 제품을 구매할 수 있는 기회를 제공한다.
- 소단위판매의 기능 : 도매상은 생산자로부터 대량주문을 통해 제품을 소량으로 나누어서 소매상들의 소량주문에 응할 수 있으므로 생산자와 소매상 양자의 니즈를 충족시킬 수 있다.
- 기술지원의 기능 : 도매상은 숙련된 판매원을 통해 소매상에게 기술적, 사업적 지원을 제공한다.

(2) 시장 외 거래

① 개념 : 통상적으로 수산물이 도매시장을 거치지 않고 생산지에서 소비지로 직접적으로 유통되는 거래를 의미한다.

② 산지 직거래

ⓐ 도매시장을 거치지 않고 생산자 및 소비자 또는 생산자 단체 및 소비자 단체 등이 서로 직접적으로 연결된 것을 의미한다.

ⓑ 이러한 경우는 시장의 기능을 수직적 통합을 한 형태로써 유통비용을 절감하는 것을 목적으로 한다.

③ 시장 외 거래의 중요도
  ㉠ 거래규격에 있어서의 간략화
  ㉡ 가격결정과정에 있어서의 생산자 참여
  ㉢ 생산자 조직 및 소비자 조직 양자 간의 균형적인 발전
  ㉣ 유통비용의 절감으로 인해 생산자의 수취가격을 올리고 소비자 가격을 낮춰서 경제적인 효과를 추구

④ 수산물 유통의 개선방향
  ㉠ 산지유통시설의 브랜드화 및 표준규격화를 촉진시킨다.
  ㉡ 유통 통계에서의 광범위한 데이터의 수집 및 분석과 더불어 분산을 확장한다.
  ㉢ 산지에서의 유통시설을 확장 및 현대화시키고 공동출하를 확장한다.
  ㉣ 산지 직거래와 전자상거래 등을 활성화해서 생산자의 선택에 대한 기회를 확장한다.

2 공동판매와 계산제

(1) 개요

① 2인 이상의 생산자가 서로 공동의 이익을 위해 공동으로 출하하는 것을 의미한다.
② 공동판매로 인해 노동력의 절감 및 수송비의 절감, 시장교섭력의 제고, 출하조절이 쉬워지는 장점이 있다.
③ 공동판매가 성공적으로 실행되기 위해서는 무조건 위탁, 평균판매, 공동계산이라는 3원칙이 지켜져야 한다.
④ 공동판매의 종류로는 선별 공동화, 수송 공동화, 포장 및 저장의 공동화, 시장 대책을 위한 공동화 등이 있다.

(2) 공동판매의 3원칙

① 무조건 위탁 : 생산된 수산물을 공동의 조직에 위탁하는 경우 조건을 붙이지 않고 일체 위임하는 방식으로 공동조직 및 구성원들 간 절대적인 신뢰를 기반으로 해야 한다.
② 평균판매 : 수산물 출하기의 조절, 수송·보관·저장방법 등의 개선을 통해 수산물을 계획적으로 판매함으로써 어업인이 수취가격을 평준화하는 방법을 말한다.
③ 공동계산 : 각 개별 어가가 생산한 수산물들을 출하주별로 분류하는 것이 아닌 각 어가의 상품들을 혼합해서 등급별로 구분·관리·판매해서 해당 등급에 따라서 비용 및 대금 등을 평균해서 어가에 정산해 주는 방식이다.

협동조합 유통의 효과

- 유통비용의 절감
- 가격안정화의 유도
- 상인의 초과이윤의 억제
- 생산자의 거래교섭력 증대

공동수송의 필요성

- 가격 리스크를 분산시키기 위한 경우
- 가격 변동이 심한 상품의 경우
- 단위 어가 당 생산된 수산물이 적은 경우

(3) 공동계산제의 장단점

① 장점
- ㉠ 출하물량의 규모화로 인한 시장에서의 거래교섭력의 증가
- ㉡ 대량규모에 따른 유리성을 확보하며, 판매 및 수송 등에서 규모의 경제를 실현
- ㉢ 엄격한 품질관리로 인해 상품성을 제고해서 시장의 신뢰를 확보
- ㉣ 개별출하 또는 가격변동 등에 의한 리스그의 분신
- ㉤ 출하시장 및 출하시기의 적절한 조정이 가능

② 단점
- ㉠ 유동성의 저하
- ㉡ 전문경영기술의 부족
- ㉢ 어가지불금의 지연
- ㉣ 개성의 상실

3 전자상거래

(1) 개요

① 전자 상거래는 기업이나 또는 소비자가 컴퓨터 및 전자 매체를 활용한 상품 및 서비스의 거래를 의미한다.

② 좁은 의미에서의 전자 상거래란 인터넷을 활용해서 소비자 및 기업 등이 상품과 서비스를 사고파는 행위를 말한다.

> ※**참고** 전자상거래가 기존의 상거래와는 다른 차이점
>
> • 시간 및 공간에 대한 제약이 없다.
> • 소비자 정보에 대한 획득이 용이하다.
> • 유통경로가 짧다. (도, 소매점 등과 같은 중간 유통경로가 필요 없기 때문이다.)
> • 효과적인 마케팅의 활동이 가능하다. (특정한 소비자들을 상대로 서로 간의 쌍방향 통신에 의해 1대1 마케팅을 할 수 있으며, 또한 실시간 서비스로 인해 소비자들의 필요 및 불만사항 등에 대해서도 빠르게 대응이 가능하다.)
> • 판매 점포가 필요 없다.
> • 소규모의 자본에 따른 사업이 가능한 벤처 업종이다. (토지 또는 건물 등의 구입에 있어 따르는 비용이 필요 없는 관계로 소규모의 자본으로도 창업이 가능하다.)

수산물유통론

(2) 전자상거래의 유형

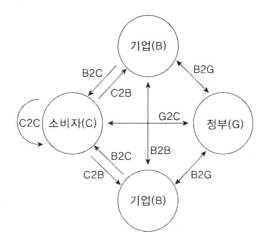

① B2B(Business to Business)
   ㉠ 기업과 기업 간의 전자상거래로 기업 간 부품의 상호 조달 또는 운송망의 공유 등을 인터넷 공간에서 처리하는 방법을 말한다.
   ㉡ 사이버공간 상에서 전자매체를 활용해 이루어지는 기업과 기업 간 거래로써 주로 공사자재나 또는 부품, 재료나 또는 공사 입찰 같은 것들이 취급되어진다.
② B2C(Business to Consumer)
   ㉠ 기업 조직이 소비자를 상대로 전자상거래를 하는 것으로 인터넷 등에 점포를 개설해서 상품을 판매하는 형태를 취하고 있다. **예** 농산물 쇼핑몰
   ㉡ 이러한 방식의 경우에는 실제 점포가 존재하는 것이 아니므로 임대료나 또는 유지비와 같은 비용이 절감되어지는 이점이 있고, 소비자들의 편리한 쇼핑을 지원할 수 있는 내비게이션 체계나 또는 데이터베이스 등의 구축이 성공의 관건이 된다.

③ C2B(Customer to Business)
  ㉠ 소비자가 기업 조직을 대상으로 전자상거래를 하는 것으로 소비자가 상품의 공급자에게 가격, 수량, 부대서비스 등에 대한 조건을 제시하는 형태이다.
  ㉡ 소비자가 원하는 상품 정보를 기업에 제공해서 새로운 제품 및 서비스를 만드는 등의 인터넷 시대를 선도하는 전략으로 등장하고 있다.
④ C2C(Customer to Customer)
  ㉠ 소비자와 소비자 간 전자상거래 방식으로써 소비자가 상품의 구매와 소비의 주체인 동시에 공급의 주체이기도 하다.
  ㉡ 인터넷이 소비자들을 직접적으로 연결시켜주는 시장의 역할을 하게 됨으로써 발생한 거래형태로 현재는 경매나 또는 벼룩시장처럼 중고품을 중심으로 거래가 이루어지고 있다.
⑤ B2G(Business to Government)
  ㉠ 기업 조직과 정부 간의 전자상거래로써 정부의 조달 물품에 대한 기업의 판매행위를 정부기관 및 전자매체 등을 활용해서 거래하는 형태이다.
  ㉡ 법인세 징수 체계 및 정부물품 조달 등이 이에 해당한다. 예 조달청 나라장터
⑥ C2G(Customer to Government)
  ㉠ 소비자 및 정부 간의 전자상거래로써 사회보험연금 지급, 생활보조금 지원, 세금의 납부 및 환불 등이 이에 속한다. 예 국세청 홈택스 서비스
  ㉡ C2G는 세금이나 각종 부가세 등을 인터넷으로 처리하는 것이다

(3) 전자상거래의 기대효과

① 경매가 신속하면서도 명확하게 이루어질 수 있다.
② 시·공간의 제약이 없어 풍부한 잠재고객의 확보가 가능하다.
③ 유통 경로의 단축이 가능하며 이로 인해 수산물의 훼손을 줄일 수 있고, 생산자 수취가격을 높일 수 있으며, 소비자의 지출을 줄일 수 있다.
④ 산지의 공동출하, 공동판매 등의 생산자 단체의 시장지배력이 상승할 수 있다.
⑤ 유통경로의 단축을 통해 경비 절감 및 On-Line 점포 등으로 시설비용을 절감할 수 있다.
⑥ 복잡하면서도 비효율적인 유통 과정을 사이버 공간을 이용한 전자 상거래로 전환시킴으로써 시·공간적인 효율성을 높일 수 있다. 유통경로가 다양해짐으로써 물류센터 및 산지 물류시설 간 또는 소비자 및 생산자간의 직거래를 활성화할 수 있다.

> *참고 전자상거래의 문제점
>
> • 세금 부과의 문제
> • 사용자 및 소비자 간 신뢰의 결여
> • 법적 불확실성의 존재
> • 인프라 접근 및 사용 등에 관한 교육의 미비
> • 보안 및 인증기술의 미비
> • 상관습 규범의 변경 및 지적재산권의 침해 등
> • 사생활 또는 개인의 신상에 대한 소비자 정보의 보호수준 미달

(4) 수산물 전자상거래에 있어서의 활성화 방안

① 어업인들에 대한 정보화 교육을 강화해야 한다.

② 소비자들의 공동 구매를 유도해야 한다.

③ 마케팅에 대한 중요성을 인지하고 소비자들과의 관계형성을 중요시해야 한다.

④ 전자상거래에 필요한 정보수집 및 분산시스템 등을 구축해야 한다.

⑤ 포장 등의 표준화 및 거래단위와 수산물 상품의 품질을 규격화해야 한다.

⑥ 어촌 지역에서의 정보기반 시설 등을 확충해야 한다.

(5) 수산물 전자상거래의 제약요소

① 수산물의 등급화 및 표준화 등이 미흡하다.

② 소량의 주문판매가 성립될 경우에 공산품에 비해 물류비용이 상당히 소요된다.

③ 가격에 대한 불안정성 및 연중 계속적으로 판매할 수 있는 상품을 확보하기가 어렵다.

④ 수산물의 생산자가 고령화되어 인터넷에 대한 활용층이 제한되어 있다.

CHAPTER

05

제2과목 수산물 유통론

수산물 유통수급과 가격

1 수산물 수급이론

(1) 수산물의 공급

① 개요

　㉠ 수산물의 공급은 어민들이 생산한 수산물을 시장에 내다 팔고자 하는 욕구를 의미한다.

　㉡ 한 상품의 공급은 해당 상품의 가격이 높을수록 증가하게 되며, 해당 상품의 가격은 생산비에 의해 결정되어진다.

　㉢ 해당 상품의 생산비는 생산기술 조건 및 생산요소의 가격조건 등에 의해 결정되어진다. 그러므로 한 상품의 공급은 생산의 기술이 발전할수록 더불어 생산 요소의 가격이 저렴해질수록 증가하게 된다.

② 수산물의 공급이 비탄력적인 원인

　㉠ 가격하락에 따른 소득 감소를 생산으로 상쇄시키려고 하는 경향이다.

　㉡ 고가격의 수준이 지속된다는 보장이 없다.

　㉢ 수산업 생산의 확대 및 개선 등을 하기 위한 자금의 입수가 곤란하다.

(2) 수산물의 수요

① 개요

　㉠ 통상적으로 수산물의 수요는 소비자들이 수산물을 소비하고자 하는 욕구를 의미한다.

　㉡ 소비자들이 수산물을 소비하고자 하는 욕구를 표출하는 가장 큰 요인은 시장에서 거래되어지는 당해 수산물에 대한 가격수준이다.

　㉢ 그 밖에 수요에 대한 결정 요소로는 소비자들의 소득수준, 수산물의 가격수준, 교육수준, 주택구조의 발달, 소비자들의 기호, 통신 및 운송수단의 발달, 생활관습 및 습성 등이 있다.

　㉣ 한 상품에 관한 수요는 해당 상품에 대한 가격의 변화와 역의 관계로 움직이며 대체재 가격과는 정의 관계, 보완재 가격과는 역의 관계로 움직인다.

　㉤ 소비자들의 소득이 증가하거나 인구 등이 증가할수록 해당 상품에 관한 수요는 증가하게 되며, 통상적으로 수산물에 관한 수요는 소득탄력성이 낮다고 할 수 있다.

> **참고 수산물에 대한 수요탄력성의 특징**
>
> • 높은 가격 상황에서의 수요는 탄력적이며, 낮은 가격 상황에서의 수요는 비탄력적이다.
> • 인간의 식량인 수산물은 필수품이기에 그 수요는 비탄력적이다.
> • 여러 가지 용도의 수산물에 대한 수요는 탄력적이다.
> • 가까운 대체재가 존재하는 수산물의 수요는 탄력적이다.

② 수요의 교차탄력성

　㉠ 어떠한 제품의 가격변화에 의해 타 제품의 수요량이 보이게 되는 반응의 민감성을 의미한다.

　㉡ 수요의 교차탄력성에 따라 제품을 보완재, 대체재, 독립재 등으로 구분할 수 있다.

　㉢ 통상적으로 교차탄력성이 양(+)의 값을 지니게 되면 대체재로 볼 수 있고, 두 재화 사이에

　　있어서의 대체성이 크면 클수록 더 큰 값을 지니게 된다.

　㉣ 두 재화 간 서로가 보완관계에 있을 경우에 교차탄력성은 음(−)의 값을 지니게 된다.

　㉤ 교차탄력성이 0에 가까울 경우에 두 재화에 대한 수요는 서로 독립적이라 할 수 있다.

> **참고 수요의 가격탄력성**
>
> ① 수요의 가격탄력성 $= \dfrac{\text{수요량 변동률}}{\text{가격 변동률}} = \dfrac{\triangle Q}{Q} \div \dfrac{\triangle P}{P}$
>
> • 수산물 가격변화에 의한 수요량의 변화율을 의미하며, 통상적으로 수산물의 가격탄력성은 비탄력적이다.
>
> ② 수요의 소득탄력성 $= \dfrac{\text{수요량 변동률}}{\text{소득 변동률}} = \dfrac{\triangle Q}{Q} \div \dfrac{\triangle Y}{Y}$
>
> • 소비자들의 소득변화에 대한 수산물의 수요량의 변화율을 의미하며, 통상적으로 소득탄력성은 비탄력적이다.
>
> ③ 수요의 교차탄력성 $= \dfrac{Y\text{재의 수요량 변동률}}{X\text{재의 가격변동률}} \div \dfrac{\triangle Q_y}{Q_y} \div \dfrac{\triangle P_x}{P_x}$
>
> • 어떠한 제품의 가격변화에 의해 타 제품의 수요량이 보이게 되는 반응의 민감성을 의미한다.

2 수산물 가격

(1) 수산물 가격결정의 원리

① 수요함수 및 수요의 법칙

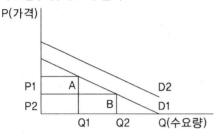

㉠ 수요량 및 가격 간 관계함수를 대수식으로 나타낸 것을 수요함수 (Demand Function)라 한다.

㉡ 수요함수는 각각의 가격수준에 대응해서 소비자가 구입하고자 하는 상품의 수량을 표시한다.

㉢ 수요곡선은 수요함수의 그래프에 의한 표현인데, 이는 특정한 시기에 특정한 상품에 대한 시장에서 해당 상품을 구매하고자 하는 소비자가 있을 경우에 소비자들이 구매하고자 하는 수량은 해당 상품의 가격 수준과 역의 관계에 있다.

㉣ 통상적으로 상품의 가격이 낮아질수록 소비자들이 구입하고자 하는 양은 증가하게 되는 데 이를 수요의 법칙 (Law of Demand)이라 한다.

㉤ 대부분의 수요 그래프는 우하향하는 형태를 나타낸다.

㉥ 수요곡선 자체를 이동시키는 원인으로는 타 재화 가격의 변동, 소득수준의 변화, 인구의 변동, 기호의 변화 등이 있다.

② 공급함수 및 공급의 법칙

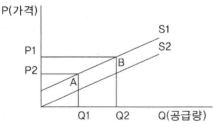

㉠ 공급함수는 상품의 판매자가 각 수준의 가격에 대응해서 매 기에 시장에 내다 판매하려고 내놓은 상품의 수량을 표기한다.

㉡ 동일한 시장에서 같은 상품을 판매하고자 하는 여러 사람들이 있는데, 그들이 판매하고자 하는 수량은 시장에서의 가격에 의존하게 된다.

㉢ 통상적으로 가격이 높아질수록 판매자들이 판매하고자 하는 수량은 많아지고, 가격이 낮아질수록 판매하고자 하는 수량은 줄어들게 된다.

ⓔ 통상적으로 공급량은 가격과 정의 관계에서 변화하게 되는데 이를 공급의 법칙 (Law of Supply) 이라고 한다.

ⓜ 공급곡선은 대부분 우상향하는 형태를 나타낸다.

ⓗ 공급곡선 자체를 이동시키는 원인으로는 경쟁의 정도, 생산요소 가격의 변화, 타 재화의 가격, 기술 수준의 변화 등이 있다.

③ 시장 가격의 결정

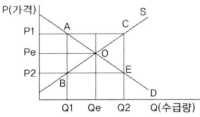

㉠ 통상적으로 공급량이 수요량을 초과할 시에는 가격이 하락하고 이와는 반대로 수요량이 공급량을 초과하게 되면 가격을 상승하게 되는데 이를 수요공급의 법칙이라고 한다.

㉡ 공급량 및 수요량이 일치하게 될 시에만 가격은 정지 상태로 있게 된다.

㉢ 수급량의 균형 하에서 성립되어진 가격을 균형가격이라 하며, 이러한 균형가격을 성립하게 한 수급량을 균형수량이라고 한다.

참고 수요의 탄력도 및 총수입과의 관계

일반적으로 가격의 변화 시에 총수입이 변하는 정도는 수요의 가격탄력성과 상당히 밀접한 관계를 지니고 있는데, 수요의 가격탄력성이 1보다 클 경우에 가격 변화율보다 수요량 변화율이 더 크므로 가격의 하락 시에 총수입이 증가하게 된다.

탄력도 (e)	가격 상승	가격 하락
e < 1	총수입의 증가	총수입의 감소
e > 1	총수입의 감소	총수입의 증가
e = 1	총수입의 불변	총수입의 불변

---

(2) 가격의 기능

① 자원의 배분 : 소비자들에게 있어 상품의 가격은 시장의 상태를 알려주는 일종의 지표가 되며, 가격의 낮고 높음에 의해 자원은 수익성이 높은 상품의 생산에 분배되게 된다.

② 생산물의 배분 : 상품을 소비자들이 구매하는 기준은 가격이다.

③ 소득의 배분 : 상품의 판매 수입은 상품 생산에 참여한 생산요소의 투입량 및 생산요소의 가격에 의해 분배되고, 가격은 소득분배의 중요한 결정요소이다.

(3) 수산물 유통마진율이 높은 이유

① 수산물 유통에 있어서의 그 주체가 영세해서 대량취급에 의한 비용절감에 어려움이 있고, 더불어 소매단계에서의 마진율이 높게 형성된다.

② 수산물의 경우 생산 및 소비 등이 소규모로 분산되어 있는 특징이 있으며, 유통단계에 있어 많은 수의 중간상이 개입되며 수집 및 분산 등에 의해 많은 비용이 들어가는 등의 복잡한 유통경로 및 유통단계 등이 많아 이로 인해 많은 유통비용의 발생을 초래하게 된다.

③ 경제발전에 의해 저장, 가공 및 포장 등의 유통 서비스가 증가하게 되고 그로 인해 이윤 및 비용 등이 증가함에 오히려 어업인 수취율이 감소되는 경향이 있다.

④ 수산물 시장에 있어서의 경쟁구조의 불완전성, 수산물 가격에 있어서의 불안정성에 의한 위험부담에 따른 중간상의 유통이윤이 많다.

⑤ 수산물의 경우 변질, 부패 및 파손 등이 쉬우며 가격에 비해 부피 및 무게 등이 크고 규격화가 곤란하다. 더불어 생산에 있어서도 계절성을 지니고 있어 선별, 가공, 저장, 수송 및 감모비용 등이 많이 소요된다.

> **참고**
>
> **수산물 유통비용의 감소 방안**
> • 수산물 유통정보에 대한 기능의 강화
> • 수산물에 대한 표준화 및 등급화의 활성화
> • 소비지 도매시장의 거래방식에 있어서의 다양화
> • 상, 물 분리를 통한 경제적인 효과의 증대
>
> **시장구조 모형**
>
> 시장에서의 가격 및 생산량에 있어서의 결정과정은 해당 상품이 거래되어지는 시장 형태가 어떠한지에 의해 달라지며 그 기준은 아래의 기준에 의해 분류된다.
>
> | 구분 기준 | 완전경쟁시장 | 불완전경쟁 | | |
> |---|---|---|---|---|
> | | | 독점시장 | 과점시장 | 독점적 경쟁시장 |
> | 공급자 수 | 상당히 많음 | 1 | 소수 | 다수 |
> | 상품의 동질성 여부 | 완전 동질적 | 동질적임 | 동질적임, 이질적임 | 이질적임 |
> | 진입장애 정도 | 없음 | 완전 | 불완전 | 없음 |
>
> **시장구조 결정 요소**
> • 상품의 동질성
> • 생산자의 수 및 크기
> • 시장정보의 완전성
> • 소비자의 수 및 구매량

(4) 가격전략 종류

① 신제품 가격결정 전략
- ㉠ 초기 고가격 전략
  - 초기 고가격전략은 보통 스키밍이라고도 한다.
  - 시장 진입 초기에는 비슷한 제품에 비해 상대적으로 가격을 높게 정한 후에 점차적으로 하락시키는 전략을 의미한다.
  - 이 전략은 특히 자사가 신제품으로 타사에 비해 높은 우위를 가질 때 효과적으로 적용시킬 수 있는 전략이다.
- ㉡ 침투가격 전략
  - 시장 진입 초기에는 비슷한 제품보다 상대적으로 가격을 저렴하게 정한 후에 실질적인 시장 점유율을 확보하고 나서부터는 서서히 가격을 올리는 전략을 의미한다.
  - 통상적으로 침투가격전략은 가격에 상당히 민감하게 반응하는 중, 저소득층을 목표고객으로 정했을 때 효과적이다.
  - 이익수준 또한 낮으므로 타사의 진입을 어렵게 만드는 요소로 작용한다.
  - 이 전략은 대량생산이나 마케팅 제반비용 등을 감소시키는 데 있어 효과적이다.

② 심리적 가격결정방법
- ㉠ 단수가격(Odd Pricing)
  - 시장에서 경쟁이 치열할 때 소비자들에게 심리적으로 값싸다는 느낌을 주어 판매량을 늘리려는 가격결정방법을 의미한다.
  - 제품의 가격을 100원, 1,000원 등과 같이 현 화폐단위에 맞게 책정하는 것이 아닌, 그 보다 조금 낮은 95원, 970원, 990원 등과 같이 단수로 책정하는 방식이다.
  - 단수가격의 설정목적은 소비자의 입장에서는 가격이 상당히 낮은 것으로 느낄 수 있고, 정확한 계산에 의해 가격이 책정되었다는 느낌을 줄 수 있다.
- ㉡ 명성가격(Prestige Pricing)
  - 자신의 명성이나 위신을 나타내는 제품의 경우에 일시적으로 가격이 높아짐에 따라 수요가 증가되는 경향을 보이기도 하는데, 이를 이용하여 고가격으로 가격을 설정하는 방법을 의미한다.
  - 다시 말해 제품의 가격과 품질의 상관관계가 높게 느껴지게 되는 제품의 경우에는 고가격을 유지하는 경우가 많다.
- ㉢ 관습가격(Customery Pricing)
  - 일용품의 경우처럼 장기간에 걸친 소비자의 수요로 인해 관습적으로 형성되는 가격을 의미한다.
  - 소매점에서 포장 과자류 등을 판매할 때, 생산원가가 변동되었다고 하더라도 품질이나 수량을 가감하여 종전가격을 그대로 유지하는 것을 의미한다.
- ㉣ 준거가격(Reference Pricing)
  - 구매자는 어떤 제품에 대해서 자기 나름대로의 기준이 되는 준거가격을 마음속에 지니고 있어서, 제품을 구매할 경우 그것과 비교해보고 제품 가격이 비싼지 여부를 결정하는 것을 의미한다.

3 수산물 유통마진과 비용

(1) 유통마진

① **유통마진의 뜻** : 유통마진이란 소비자가 지불한 가격에서 생산자가 판매한 가격(농가수취가격)을 제한 상품의 가격을 말한다. 유통마진은 부가가치세와 같은 개념으로 요소별로는 유통비용이고 유통기관별로 보면 유통대가다. 따라서 유통마진 속에는 유통과정 중 발생되는 감모량과 선도 등 가치 손실분도 포함되어야 한다.

② **유통마진의 구성 요소** : 유통마진은 유통단계별로는 소매상 서비스에 대한 대가, 도매상에 대한 대가, 가공업자에 대한 대가, 수집상에 대한 대가 등으로 구분할 수 있으며, 대부분 수산물은 소매단계의 유통마진이 가장 높다. 유통기능별로는 운송비용, 가공비용, 저장비용 등이 있는데, 운송비에는 상하차비와 수송 중 발생하는 감모비도 포함된다. 저장비용에는 창고 입·출고비와 감모비용 등이 포함된다. 가공비용은 형태 효용을 증대시키기 위한 투입비용으로 가공을 많이 하면 할수록 비용이 많이 든다.

③ **유통마진율** : 유통마진은 보통 노동에 대한 보수(임금수준), 가공 및 유통효율성, 유통업자의 경쟁 등에 의해 그 정도가 결정되며, 유통마진율은 유통단계별 총 마진에서 해당 단계별 판매가격에 대한 비율을 말한다. 유통마진율은 품목별로 차이는 있으나, 일반적으로 보관(저장)이나 운송이 용이하고 부패성이 적은 품목은 마진율이 낮으며, 부피가 크고 부패하기 쉬워서 저장과 수송이 어려운 품목은 마진율이 높다. 유통마진을 구성요소별로 나누어 보면 유통비용 부문과 마진부문으로 구분되는데 이윤부문의 마진이 더 크며, 유통단계별로는 수집단계나 도매단계보다 소매단계에서 마진이 더 크다.

④ **유통마진이 높은 품목의 일반적 특징**
　㉠ 일반적으로 상품의 부피가 크고 무거우며 수집상의 개입이 많다.
　㉡ 유통과정에서 과도한 중간 상인의 개입으로 유통단계가 많다.
　㉢ 소비지에서 재선별, 소포장하거나 신선 유통을 요구한다.
　㉣ 상품의 저장성이 낮고 산지포장화가 미흡하다.
　㉤ 분산 출하가 어렵고 작목반이 발달되어 있지 않다.

(2) 수산물 유통 마진

① **수산물 유통 마진의 의미**
　㉠ 유통 시장에서 상품의 매매 가격 차이(차액)를 의미한다.
　㉡ 소비자가 구입한 수산물 가격 = 생산자의 몫 + 유통업자의 몫
　㉢ 유통 업자의 몫(유통 마진) = 소비자 구입 가격 − 생산자의 몫
　㉣ 유통 과정에서 상품의 형질 변화, 물리·화학적 변화를 고려하여 형성한다.

② 유통 마진
　　㉠ 유통 마진액 = 판매 가격 − 구입 가격
　　㉡ 유통 마진율(%) = (판매 가격 − 구입 가격/판매 가격) × 100
③ 단계별 유통 마진
　　㉠ 소매 마진 = 소매 가격 − 중 · 도매 가격
　　㉡ 중 · 도매 마진 = 중 · 도매 가격 − 도매 시장 가격
　　㉢ 도매 시장 마진 = 도매 시장 가격 − 출하자 수취 가격
　　㉣ 출하자 마진 = 출하자 수취 가격 − 생산자 수취 가격
④ 수산물 유통 마진의 특징
　　㉠ 유통 단계가 복잡하고 다양하다.
　　㉡ 유통 과정에서 품질변화 가능성이 높다.
　　㉢ 유통 안정성이 낮으므로 유통 마진이 높은 편이다.

(3) 유통비용

① **유통비용의 뜻** : 유통비용은 생산자가 출하할 때부터 소비자가 구매할 때까지의 모든 비용을 말한다. 즉, 농수산물 유통의 총비용은 그 사회에서 모든 농수산물을 유통하는데 사용된 자원, 특히 노동과 자본에 대한 가격을 말하는데, 실제로 이를 측정하기란 어렵다. 그러나 일반적으로 유통비용은 생산자 수취가격에서 소비자지불가격을 제한 금액으로 표현할 수 있으며, 순수유통 비용에다 상업이윤을 합한 금액이기도 하다.

② **유통비용의 절감 방법** : 유통비용은 다음과 같이 직접비와 간접비로 구성되었으며, 그 외에도 선별비, 쓰레기유발부담금, 감모비 등이 있다.

---

* 유통비용 = 생산자 수취가격 − 소비자지불가격
* 유통마진 = 소비자지불가격 − 농가판매가격(= 유통비용 + 상업이윤)
* 유통마진율 = 유통마진 ÷ 소비자지불가격 × 100

CHAPTER

06

제 2 과목 수산물 유통론

수산물 마케팅

 수산물 마케팅 전략

(1) 마케팅 개념

마케팅활동은 기업과 고객 간의 교환행위를 지속적으로 관리함으로써 고객의 욕구만족이 실현되도록 노력하는 기업 활동이며, 기업은 고객의 욕구만족 내지 가치창출활동을 적절히 수행함으로써 기업의 목적인 이익을 창출할 수 있게 되고, 그 결과 기업의 존속과 성장이 가능해지게 되는 것을 의미한다. 마케팅의 정의는 시대에 따라 변화하여 왔는데, 다음과 같이 정의할 수 있다.

① 제품, 서비스, 아이디어를 창출하고 이들의 가격을 결정하고 이들에 관한 정보를 제공하고 이들을 배포하여 개인 및 조직체의 목표를 만족시키는 교환을 성립하게 하는 일련의 인간 활동이라 정의할 수 있다.

② 또한, 마케팅은 단순히 영리를 목적으로 하는 기업뿐만 아니라 비영리조직까지 적용되고 있다. (영리 & 비영리 기관 모두 마케팅활동을 함)

③ 마케팅은 단순한 판매나 영업의 범위를 벗어나 고객을 위한 인간 활동이며, 눈에 보이는 유형의 상품뿐만 아니라 무형의 서비스까지도 마케팅 대상이 되고 있다. (즉, 유형의 제품, 무형서비스, 아이디어 등 모두가 마케팅의 대상이 됨.)

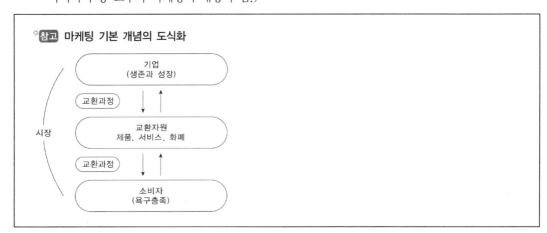

참고 마케팅 기본 개념의 도식화

(2) 마케팅 관리철학

〈마케팅개념의 발전단계〉

| 생산 개념 | → | 제품 개념 | → | 판매 개념 | → | 마케팅 개념 | → | 사회적 마케팅 개념 |

① 생산 개념
- ㉠ 생산지향성시대는 무엇보다도 저렴한 제품을 선호한다는 가정에서 출발한다.
- ㉡ 즉 소비자는 제품이용가능성과 저가격에만 관심이 있다고 할 수 있다.
- ㉢ 그러므로 기업의 입장에서는 대량생산과 유통을 통해 낮은 제품원가를 실현하는 것이 목적이 된다.
- ㉣ 제품의 수요에 비해서 공급이 부족하여 고객들이 제품구매에 어려움을 느끼기 때문에 고객들의 주된 관심이 지불할 수 있는 가격으로 그 제품을 구매하는 것일 때 나타나는 이념이다.

② 제품 개념
- ㉠ 소비자들이 가장 우수한 품질이나 효용을 제공하는 제품을 선호한다는 개념이다.
- ㉡ 이러한 제품지향적인 기업은 다른 어떤 것보다도 보다 나은 양질의 제품을 생산하고 이를 개선하는 데 노력을 기울인다.

③ 판매 개념
- ㉠ 기업이 소비자로 하여금 경쟁회사 제품보다는 자사제품을 더 많은 양을 구매하도록 설득하여야 하며, 이를 위하여 이용가능한 모든 효과적인 판매활동과 촉진도구를 활용하여야 한다고 보는 개념이다. (판매를 위한 강력한 판매조직 형성이 필요하다.)
- ㉡ 생산능력의 증대로 제품공급의 과잉상태가 나타나게 된다.
- ㉢ 고압적인 마케팅 방식에 의존하여 광고, 유통 등에 많은 관심을 갖게 된다.
- ㉣ 즉, 소비자의 욕구보다는 판매방식이나 판매자 시장에 관심을 가진다. (제품판촉에 열을 올린다.)

④ 마케팅 개념
- ㉠ 고객중심적인 마케팅 관리이념으로써, 고객욕구를 파악하고 이에 부합되는 제품을 생산하여 고객욕구를 충족시키는데 초점을 둔다.

관리 철학	출발점	수단	목적
기업 중심	기업의 기존 제품	판매 및 촉진	판매량 증대에 의한 이익
고객 지향	고객의 욕구	전사적인 노력	고객만족을 통한 이익

- ㉡ 고객 지향(Customer Orientation) : 소비자들의 욕구를 기업 관점이 아닌 소비자의 관점에서 정의하는 것을 말한다. 즉, 소비자들의 욕구를 소비자들 스스로가 기꺼이 지불할 수 있는 가격에 충족시키는 것을 말한다.
- ㉢ 전사적 노력 : 기업에는 기업 자체의 목적을 달성하기 위해 각기 다른 기능을 하는 여러 부서들이 있다. 연구개발, 인사, 재무, 생산부서 등 기업의 각 부서 중에서 직접적으로 소비자를 상대하는 부문은 마케팅 부서이다. 하지만, 고객중심의 개념으로 비추어 보면 기업 내 전 부서들의 공통된 노력이 요구된다. 즉, 기업의 전 부서 모두가 고객지향적일 때 올바른 고객욕구의 충족은 이루어질 수 있다.

ⓔ **고객만족을 통한 이익의 실현** : 마케팅 개념은 기업 목적 지향적이어야 하며, 이로 인한 적정한 이익의 실현은 기업 목적달성을 위한 필수불가결한 요소이지만, 이러한 이익은 결국 고객만족 노력에 대한 결과이며 동시에 기업이 이익만을 추구할 경우에는 이러한 목적은 실현될 수 없음을 뜻한다.

⑤ **사회지향적 마케팅** : 기업의 이윤을 창출할 수 있는 범위 안에서 타사에 비해 효율적으로 소비자들의 욕구를 충족시키도록 노력하는데 있어서는 마케팅 개념과 일치한다. 하지만, 사회지향적 마케팅은 여기서 한 발 더 나아가 단기적인 소비자의 욕구충족이 장기적으로는 소비자는 물론 사회의 복지와 상충되어짐에 따라 기업이 마케팅활동의 결과가 소비자는 물론 사회전체에 어떤 영향을 미치게 될 것인가에 대한 관심을 가져야 하며 가급적 부정적 영향을 미치는 마케팅활동을 자제하여야 한다는 사고에서 등장한 개념이다. 다시 말해 사회지향적 마케팅은 고객만족, 기업의 이익에 더불어서 사회 전체의 복지를 요구하는 개념이다.

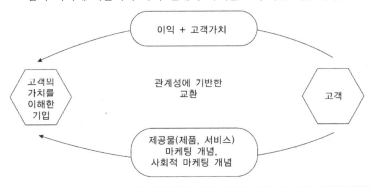

***참고** 마케팅 & 판매의 차이점

마케팅	판매
• 소비자 욕구를 강조	• 제품을 강조
• 고객이 원하는 제품을 위한 생산 제공적 방법의 모색	• 제품생산 후 이익을 얻고, 판매할 방법을 모색
• 대외적, 시장지향성	• 대내적, 기업지향성
• 시장 (구매자)욕구의 강조	• 기업 (판매자)욕구의 강조

---

(3) 수산물 마케팅의 특징

① 수산물이 최종 소비자에게 전달되어지는 과정은 수집, 중계, 분산 과정 등을 거치게 되므로 시장 활동은 지극히 복잡하면서도 유통비용도 많이 들게 된다.

② 이러한 생산은 지역적으로 전문화되고 도시화에 의해 인구의 이동 및 소득, 식품 소비 구조 유형의 변화 등의 사회 경제적인 변화에 따라 변화되어 왔다.

③ 생산 과정에 있어서 창조되는 장소효용, 형태효용, 소유효용, 시간효용 같은 것이 마케팅 과정에서도 동일한 효용을 창조하므로 시장 활동이 생산적이라 할 수 있다.

④ 마케팅은 유통과정과 관련되는데 유통은 운송, 가공, 저장 등의 과정 및 판매까지 관련법령에 의해 통제되므로 복합적인 활동이라 볼 수 있다.

(4) 수산물 마케팅의 역할

① 수산업 발전에 기여 : 유통은 사회에 있어 생산 및 소비를 연결시켜 줌으로써 수산물의 사회적인 순환을 통해서 수산업 발전을 촉진시킨다.

② 수산물의 수급 조절 : 생산된 수산물을 수집, 분류, 등급화하고 필요한 시기에 필요한 양의 수산물을 필요한 장소로 이동시켜 줌으로써 수급을 조절한다.

③ 대량 생산의 촉진 : 유통이 개선되어 대량 유통을 통해 대량소비를 가능하게 하고 이를 위해 대량 생산을 위한 집단생산 등이 촉진되어 수산업의 생산비를 절감할 수 있게 되어 생산구조가 개선된다.

④ 소비자의 경제적 복지 증진 : 필요로 하는 수산물이 필요한 시기에 필요한 형태로 소비자들에게 전달되어 소비자들의 만족한 소비생활을 지속시켜 경제적 복지에 기여하게 된다.

⑤ 문화적 기능 : 판매 지향적인 생산, 표준화, 등급화된 농수산물을 구매함으로써 사회적인 계층 간 차이가 해소되고, 구매활동에 있어 시간이 단축되어 생활의 합리화가 이루어지는 등 생활문화의 변화를 가져다준다.

⑥ 고용 기회 증대 : 유통과정인 수집, 도매, 소매 등에 참여함으로써 고용의 기회가 늘어나고 운반, 보관, 가공, 수출입, 광고 등의 간접적인 유통 과정을 통해 취업기회를 창출하게 된다.

(5) 수산물 마케팅의 종류

① 간접 마케팅 : 생산자가 아닌 유통기관이나 또는 중간상인 등의 전문 유통기관이 마케팅을 전담하는 것을 말하는데 대부분의 경우 이러한 방식에 의한다.

② 직접 마케팅 : 생산된 수산물을 생산자가 직접적으로 판매하는 방식인데 생산자가 개별적으로 생산에서부터 수집, 분류, 등급화, 판매 등의 전체 과정을 수행하는 것은 기업농이 아니고서는 불가능하며, 유통의 효율성이 떨어질 수밖에 없다. 협동조합 운동이나 산지직거래 방식, 체인스토어, 슈퍼마켓, 백화점 판매 등이 직접 마케팅의 대표적인 예다.

(6) 환경 분석 및 마케팅 전략

공산품을 만든 기업 조직이나 수산물을 생산하는 어민들은 시시각각 변화하는 소비자들의 기호 변화에 맞추어 상품과 수산물을 생산하고 그러한 경쟁 속에서 살아남기 위해 마케팅 활동을 해야 한다. 새로운 상품 개발 및 새로운 시장 개척이 그 핵심이다.

① 마케팅 환경 분석(SWOT 분석)

    ㉠ 기업이 수시로 변화하는 외부 환경에 적응하고 생존하기 위해서는 다른 회사와 차별되는 마케팅 전략을 가져야 하는데, 먼저 외부상황을 고려하여 자사에 기회(Opportunities)와 위협(Threats)이 되는 요소를 찾아내야 한다.

    ㉡ 그러한 강점과 약점을 자사의 강점(Strengths)과 약점(Weakness)에 비추어 판단해야 한다.

    ㉢ 이러한 활동을 첫 글자를 따서 SWOT 분석이라 한다. 일반 기업과 마찬가지로 수산물도 시대 변화에 따라 소득수준과 개인별 성향에 따라 소비패턴이 다양하므로 이러한 분석은 필수적이다. 이는 공급량이 지나치게 많기 때문이며, 생산만 하면 소비되는 것이 아니라 소비하는 사람들의 기호 변화에 맞게 만들어지고 공급해야 하기 때문이다.

참고 SWOT 분석

	S	W
O	①	②
T	③	④

㉠ 강점(Strength)
- 강점은 기업 내부의 강점을 의미한다.
- 통상적으로 기업 내의 충분한 자본력, 기술적 우위, 유능한 인적자원 등이 속한다.

㉡ 약점(Weakness)
- 약점은 기업 내부의 약점을 의미한다. 보통, 생산력의 부족이나 미약한 브랜드 인지도 등이 속한다.
- 이 때 강점과 약점은 기업 외부요소를 차단하고, 사실에 기초한 기업 내부의 장, 단점을 말한다.

㉢ 기회(Opportunity)
- 기회는 기업의 사회, 경제적 기회를 의미한다. 예를 들어 현재 자사의 목표시장에 경쟁자가 없거나 또는 경제상황이 회복됨으로 인해 새로운 사업의 기회가 생긴다면 이는 곧 외부로부터 발생하는 기회에 해당된다.

㉣ 위협(Threat)
- 위협은 보통 외부적(사회, 경제적 또는 타사로부터의)인 위협을 의미한다.

---

② 마케팅 전략

    ㉠ 마케팅 전략은 상위목표인 마케팅 목표를 달성하기 위한 수단이다.

    ㉡ 따라서 우선 마케팅 목표가 설정되어야 하는데, 예를 들어 판매량 증대 또는 새로운 시장 개척, 새로운 고객 발견 등으로 목표는 어려우면서 달성 가능하여야 한다.

    ㉢ 다음은 다양한 소비자 집단을 필요와 욕구, 취향, 선호 등에 따라 동일 집단으로 분류하여야 한다.

    ㉣ 이를 시장 세분화라 하는데, 시장을 세분화하는 이유는 마케팅 관리의 경제성 추구와 동시에 바람직한 고객 집단을 발견하여 공략 목표가 되는 소비자 집단을 선정하기 위해서이다.

    ㉤ 시장을 세분화 한 후에는 세분된 소비자 집단마다 자사의 상품이나 자기가 생산한 농수산물에 대한 특별한 이미지를 심어줄 필요가 있다.

ⓗ 지속적으로 소비하게 하기 위해서다. 이렇게 잠재고객 머릿속에 자리매김을 하는 것을 포지셔닝(Positioning)이라 한다.

ⓢ 포지셔닝이 제대로 이루지기 위해서는 경쟁 제품과 차별화된 특징을 만들어야 하며, 고객들이 이상적으로 생각하는 그 상품의 특성에 근거해야 한다.

ⓞ 특별한 이미지를 결정한 다음에는 소비자들에게 심어줘야 한다. 이를 위하여 마케팅 담당자는 상품, 가격, 유통, 촉진과 같은 마케팅 믹스 요소들을 효과적으로 결합해야 한다.

ⓩ 표적시장의 욕구와 선호를 효과적으로 충족시켜 주기 위하여 기업이 제공하는 마케팅 수단들을 마케팅 믹스라 한다.

ⓩ 상품전략(Product), 가격전략(Price), 유통전략(Place), 판매촉진전략(Promotion)이 그것이다.

ⓣ 4P라고도 하며 이 네 가지 수단들은 사전에 설정된 포지션에 부합하도록 일관성 있게 조정되고 통합된다는 의미에서 믹스 (Mix)라고 한다.

③ BCG(Boston Consulting Group) 매트릭스 성장 : 점유율 분석 BCG 매트릭스는 핵심적인 2가지 요소, 즉 시장성장률로 나타나는 시장 매력도와 상대적 시장점유율로 나타나는 경쟁능력을 통해 각 사업 단위가 포트폴리오에서 차지하는 위치를 파악, 기업의 현금흐름을 균형화 하고자 하는데 의미가 있다.

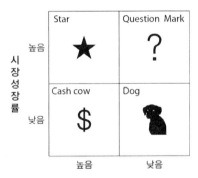

㉠ 별(Star)
- 시장성장률도 높고 상대적 시장점유율도 높은 경우에 해당하는 사업이다.
- 이 사업부의 제품들은 제품수명주기 상에서 성장기에 속한다.
- 여기에 속한 사업부를 가진 기업은 시장 내 선도기업의 지위를 유지하고 성장해가는 시장의 수용에 대처하고, 여러 경쟁기업들의 도전에 극복하기 위해 역시 자금의 투하가 필요하다.
- 만약, 별에 속한 기업들이 효율적으로 잘 운영된다면 이들은 향후 Cash Cow가 된다.

㉡ 자금 젖소(Cash Cow)
- 시장성장률은 낮지만 높은 상대적 시장점유율을 유지하고 있다.
- 이 사업부는 제품수명주기 상에서 성숙기에 속하는 사업부이다.
- 여기에 속한 사업은 많은 이익을 시장으로부터 창출해 낸다.
- 이유는 시장의 성장률이 둔화되었기 때문에 그만큼 새로운 설비투자 등과 같은 신규 자금의 투입이 필요 없고, 시장 내에 선도 기업에 해당되므로 규모의 경제와 높은 생산성을 누리기 때문이다.
- 이러한 Cash Cow에서 산출되는 이익은 전체 기업의 차원에서 상대적으로 많은 현금을 필요로 하는 Star나 Question Mark, Dog의 영역에 속한 사업으로 자원이 배분된다.

ⓒ **물음표(Question Mark)**

- 물음표 사업부는 다른 말로 "문제아"라고도 한다. 이 사업부는 시장성장률은 높으나 상대적 시장점유율이 낮은 사업이다.
- 이 사업부의 제품들은 제품수명주기 상에서 도입기에 속하는 사업부이다.
- 시장에 처음으로 제품을 출시하지 않은 대부분의 사업부들이 출발하는 지점이 물음표이며, 신규로 시작하는 사업이기 때문에 기존의 선도 기업을 비롯한 여러 경쟁기업에 대항하기 위해 새로운 자금의 투하를 상당량 필요로 한다.
- 따라서 이 상황에서는 기업이 자금을 투입할 것인가 또는 사업부를 철수해야 할 것인가를 결정해야하기 때문에 Question mark라고 불리고 있다.
- 만약 한 기업에게 이 물음표에 해당하는 사업부가 여러 개인 것으로 나타나면, 그에 해당되는 모든 사업부에 자금을 지원하는 것보다 전략적으로 보다 소수의 사업부에 집중적 투자하는 것이 효과적이라 할 수 있다.

ⓓ **개(Dog)**

- 개 사업부는 시장성장률도 낮고 시장점유율도 낮은 사업부이다.
- 제품수명주기 상에서 쇠퇴기에 속하는 사업이다.
- 따라서 낮은 시상성장률 때문에 그다시 많은 자금의 소요를 필요로 하지는 않지만, 사업 활동에 있어서 얻는 이익도 매우 적은 사업이다.
- 이 사업에 속한 시장의 성장률이 향후 다시 고성장을 할 가능성이 있는지 또는 시장 내에서 자사의 지위나 점유율이 높아질 가능성은 없는지 검토해 볼 필요가 있다.
- 그럼으로써 이 영역에 속한 사업들을 계속 유지할 것인가 아니면 축소 내지 철수할 것인가를 결성해야한다.

(7) 마케팅 믹스

① 마케팅 관리자는 일반적으로 4P를 잘 배합함으로써 고객을 만족시킬 수 있는 프로그램을 개발해야 하는데, 여기서 말하는 4P는 제품(Product), 가격(Price), 프로모션(Promotion), 유통(Place)의 각각의 영문 앞 글자 P를 따서 만들어졌다.

② 고객의 니즈를 만족시키는 제품과 서비스, 아이디어를 창출하고 이에 대해 고객이 지불할 가격을 결정하며, 구매자와 판매자 서로간의 커뮤니케이션의 수단을 설정하고 소비자가 구매할 경로를 결정하는 것이라 할 수 있다.

> **참고**
>
> **4P에서 4C로의 전환**
>
> - Product → Consumer : 구체적으로 소비자가 원하는 것을 의미
> - Price → Cost : 소비자들이 구매하는데 들어가는 노력, 시간, 심리적 부담 등의 비용 (기업의 입장에서는 가격이지만, 소비자의 입장에서는 비용으로 인식)
> - Promotion → Communication : 판매자와 구매자 서로간의 상호전달을 의미
> - Place → Convenience : 구매의 편의성을 의미
>
> **전통적 소비자 구매행동 모델(AIDMA)**
>
> - Attention : 매체에 삽입된 광고를 접하는 수용자가 주의를 집중하는 단계
> - Interest : 수용자가 광고에 흥미를 느끼는 단계
> - Desire : 수용자가 광고 메시지를 통해 제품의 소비나 사용에 대한 욕구를 느끼는 단계
> - Memory : 광고 메시지나 브랜드 이름 등을 기억, 회상하는 단계
> - Action : 제품의 구매나 매장의 방문 등 광고 메시지에 영향을 입은 행동을 하는 단계

2 수산물 포장 및 브랜드

(1) 개요

상품이란 교환을 목적으로 생산되고, 그 생산된 재화가 유통기관을 통해 최종소비자의 손에 들어갈 때까지의 과정에 있는 모든 유형 및 무형의 재화를 말한다. 더불어 상품은 소비자의 욕구충족을 위한 효용의 집합체라고 할 수 있으며, 따라서 상품에 관련된 요소들은 소비자의 욕구와 효용을 충실하게 반영해서 결정되어야 한다. 이러한 관점에서 보면 통상적으로 상품은 소비자가 상품을 소비함으로써 얻을 수 있는 핵심적인 효용을 지닌 핵심 상품 및 상품의 핵심적인 편익이 눈으로 보고 손으로 만질 수 있도록 구체적으로 드러난 물리적인 속성 차원에서의 실체상품, 그리고 실체상품의 효용가치를 증가시키는 부가서비스 차원의 확장상품 수준으로 구분할 수 있으며, 상품의 품질을 검사하여 상품의 가치를 평가하고 상품의 진위 및 종류를 알아내며 품위나 또는 등급을 결정하고 표시하는 수단을 상품감정이라 한다.

(2) 3가지 수준의 제품개념

① 핵심제품 : 소비자가 상품을 소비함으로써 얻을 수 있는 핵심적인 효용을 의미한다.
② 유형제품(실제제품) : 눈으로 보고 손으로도 만져볼 수 있도록 구체적으로 드러난 물리적인 속성 차원의 상품을 의미한다.

③ **확장제품** : 유형제품의 효용가치를 증가시키는 부가서비스 차원의 상품을 의미. 즉, 유형제품에 부가로 제공되는 서비스, 혜택을 포함한 개념을 의미한다. **예** 설치, 배달, A/S, 신용판매, 품질 보증 등

(3) 제품의 분류

① 소비재
  ㉠ **편의품(Convenience Goods)** : 구매빈도가 높은 저가의 제품을 말한다. 동시에 최소한의 노력과 습관적으로 구매하는 경향이 있는 제품이다.
  ㉡ **선매품(Shopping Goods)** : 소비자가 가격, 품질, 스타일이나 색상 면에서 경쟁제품을 비교한 후에 구매하는 제품이다.
  ㉢ **전문품(Specialty Goods)** : 소비자는 자신이 찾는 품목에 대해서 너무나 잘 알고 있으며, 그것을 구입하기 위해서 특별한 노력을 기울이는 제품이다.
② 산업재
  ㉠ **원자재의 구분**
  • 원자재 : 제품의 제작에 필요한 모든 자연생산물을 의미한다.
  • 가공재 : 원료를 가공 처리하여 제조된 제품으로서 다른 제품의 부분으로서 사용되는데, 이것은 다른 제품의 생산에 투입될 경우에 원형을 잃게 되는 제품을 말한다.
  • 부품 : 생산과정을 거쳐 제조되었지만 그 자체로는 사용가치를 지니지 않는 완제품으로 더 이상 변화 없이 최종 제품의 부분이 된다.
  ㉡ **자본재의 구분**
  • 설비 : 고정자산적 성격이 강하고 매우 비싸며 건물, 공장의 부분으로 부착되어 있는 제품을 말한다.
  • 소모품 : 제품의 완성에는 필요하지만 최종 제품의 일부가 되지 않는 제품을 말한다.

(4) 제품의 서비스 특성

① **무형성** : 무형성은 소비자가 제품을 구매하기 전 보거나, 듣거나, 맛보거나, 느끼거나, 냄새를 맡을 수 없는 즉, 오감을 통해 느낄 수 없는 것을 말한다.
② **소멸성** : 소멸성이란, 판매되지 않은 서비스는 사라지며 이를 재고로 보관할 수 없다는 것을 말한다. 설령 구매되었다 하더라도 1회로서 소멸을 하고, 더불어 서비스의 편익도 사라지게 된다. 즉, 서비스는 제공되는 순간 사라지고 기억만 남게 되는 것을 말한다.
③ **비분리성** : 통상적으로 유형의 제품은 생산과 소비가 시간, 공간적으로 분리가 가능하지만, 서비스는 생산과 동시에 소비가 된다. 즉, 고객이 생산라인에 참여하고, 거래에 직접적으로 영향을 미치게 되며, 타 고객과의 관계도 서비스의 성과에 영향을 미치는 것을 말한다.
④ **이질성** : 이질성은 서비스의 생산 및 인도과정에서의 가변성 요소로 인해 서비스의 내용과 질이 달라질 수 있다는 것을 말한다.

(5) 수산물 제품 브랜드 관리

브랜드는 판매자 또는 판매자 집단의 상품 또는 서비스인 것을 명시하며, 타 경쟁자의 상품과 구별하기 위해 사용되는 명칭, 용어, 기호, 상징, 디자인 또는 그 결합을 의미하며, 자기의 상품을 타인의 상품과 구별하기 위한 표지이기 때문에 '식별표'라고도 한다. 통상적으로 브랜드는 ① 출처표시 기능, ② 상징기능, ③ 광고기능, ④ 품질보증 기능, ⑤ 재산보호 기능 등의 갖가지 유용한 기능을 가지고 있으므로 소비자들에게 호감을 줄 수 있는 브랜드를 개발하는 것이 상당히 중요하다.

(6) 수산물 제품의 포장

① 포장의 개념
포장이란 물품을 수송 및 보관함에 있어서 이에 대한 가치나 상태 등을 보호하기 위하여 적절한 재료나 용기 등에 탑재하는 것을 말한다. 동시에 상표에 대해 소비자로 하여금 바로 인지하게 하는 역할을 수행하게 하는 것이다.

② 포장의 목적
　㉠ 제품의 보호성 : 제품의 보호성은 포장의 근본적인 목적임과 동시에 제품이 공급자에서 소비자로 넘어가기까지 운송, 보관, 하역 또는 수, 배송을 함에 있어서 발생할 수 있는 여러 위험요소로부터 제품을 보호하기 위함이다.
　㉡ 제품의 경제성 : 제품의 경제성은 유통 상의 총비용을 절감한다.
　㉢ 세품의 편리성 : 제품의 편리성은 제품취급을 편리하게 해주는 것을 말한다. 제품이 공급자의 손을 떠나 운송, 보관, 하역 등 일련의 과정에서 편리를 제공하기 위해서이다.
　㉣ 제품의 촉진성 : 제품의 촉진성은 타사 제품과 차별화를 시키면서, 자사 제품 이미지의 상승효과를 기하여 소비자들로 하여금 구매충동을 일으키게 하는 것을 말한다.
　㉤ 제품의 환경보호성 : 제품의 환경보호성은 포장이 공익성과 함께 환경 친화적인 포장을 추구해 나가는 것을 의미한다.

③ 포장의 장점
　㉠ 습도를 유지시킴으로 인해 상품의 외형을 개선하게 한다.
　㉡ 가격을 전달하는데 활용한다.
　㉢ 소매단계에서 부패를 늦추게 하는 역할을 한다.
　㉣ 중, 대규모의 포장은 더욱 더 많은 소비를 촉진시키게 된다.
　㉤ 판매부서의 노동력을 절감시켜 비용을 크게 절감시키게 된다.
　㉥ 상표 또는 내용물을 나타내서 제품을 광고하고 촉진수단으로 활용된다.

3 수산물 가격전략

(1) 개요

통상적으로 가격은 기업 수익에 공헌한다는 점에서는 마케팅 비용을 발생시키는 타 마케팅 요소들과는 달리 차별적인 특징을 지니고 있다. 이러한 관점에서 보게 되면 기업에게는 가격이란 수익과 이익의 원천이지만, 또 다른 면에서 볼 때는 소비자가 지불해야 하는 구입의 대가이므로 촉진의 한 수단이면서 경쟁도구로서의 역할을 수행하게 된다. 그러므로 기업이 선택한 제품의 가격수준에 의해 타 마케팅 활동의 실행수준이 결정되므로 가격은 타 마케팅믹스 전략의 기초가 될 수 있다.

(2) 가격결정에 있어 영향을 미치는 요인들

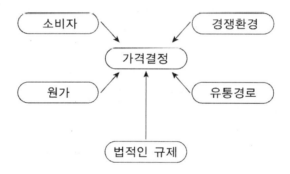

(3) 가격의 역할

① 가격은 경쟁의 도구이다. 마케팅믹스 요소 중에서 가격 이외의 타 변수들은 짧은 기간 안에 변화시킬 수는 없다. 가격의 경우 정해지면 실행할 수 있기에 타 변수에 비해 경쟁적 도구로서의 의미가 있다.

② 가격은 품질에 대한 정보제공의 기능을 지닌다. 예를 들면 제품의 가격이 시장에서 상승하게 되면 제품을 만들기 위해 조달되는 다른 제품을 구성하는 부품들의 양이 많아지고 그런 부품들이 희소해져 가격은 올라간다.

③ 가격은 다른 마케팅믹스 요소 중에서 자사의 이익을 결정하는 유일한 변수 역할을 한다. 이것은 물론, 고객의 니즈에 부합하는 재화나 서비스를 제공함으로써 이익을 얻을 수 있다. 나머지 마케팅믹스인 제품, 유통, 촉진 등은 비용을 유발하는 요소이다.

(4) 일반적인 수산물 가격의 특성

① 수산물의 경우 계절적인 영향을 받게 되어 연중 공급이 일정하지 못하며 가격 또한 불안정하다.

② 수산물의 경우 가격의 변화에 대한 수요 및 공급의 변화가 크지 않아 비탄력적이다.

③ 수산물은 용도의 다양성으로 인해 수급량에 대한 예측이 어려워서 가격이 불안정하다.

④ 수산물은 동질적이거나 비슷한 제품을 많은 공급자가 공급하고 개별 공급자는 가격의 형성에 거의 영향을 주지 못하는 단순한 가격 수용자에 불과하기 때문에 수산물 시장은 완전경쟁시장에 보다 더 가까우며 경쟁가격이 형성될 가능성이 크다.

참고 **수산물이 공산품에 비해 대시장성이 적으며 상품성이 떨어지는 이유**

• 계절적인 편재성 : 수산물의 경우 운송, 보관, 판매 및 금융상의 계절성을 지니고 출하의 계절성이 있으며, 더불어 저장성이 없으므로 판매조건이 불리하다.

• 중고성 : 수산물의 경우 가치에 비해 용적 및 중량 등이 크다.

• 수산물은 주로 식료품으로 활용되고 있으므로 내구성이 약하며 또한 부패성도 높다.

• 용도의 다양성으로 인해 수요 및 공급에 대한 예측이 곤란하며 그러므로 유통 정책의 수립이 어렵다.

---

(5) 가격차별

① 개념

  ㉠ 유통의 주체가 어떠한 수산물에 관해서 독점적인 위치를 확보할 수 있는 여건 등이 구비될 때 실행한다.

  ㉡ 같은 제품에 대해 생산비용이 동일함에도 불구하고 상이한 고객에게 상이한 가격을 책정해서 이윤극대화를 꾀하고자 하는 것을 의미한다.

② 가격차별의 요건

  ㉠ 서로 다른 시장으로 용이하게 구분이 가능해야 한다.

  ㉡ 시장에 대한 지배력을 판매자가 지니고 있어야 한다.

  ㉢ 시장 분리비용이 가격차별의 이익보다 작아야 한다.

  ㉣ 상이한 시장 사이에 수요의 가격탄력도가 각기 달라야 한다.

  ㉤ 상이한 시장 사이에 제품의 재판매가 불가능해야 한다.

참고 **국내 수산물 가격의 폭등 원인**

• 생산(어획)량의 급감

• 국제 유류가격의 급등

• 국제 수급문제로 인한 수입 급감

4 수산물 광고

(1) 수산물 광고

① 개요

　　㉠ 광고는 특정 광고주가 아이디어, 상품 또는 서비스를 촉진하기 위해서 유료의 형태로 제시하는 비인적인 매체를 통한 촉진방법을 말한다.

　　㉡ 광고의 역할로는 경제적 역할, 마케팅 역할, 교육적 역할, 문화적 역할, 커뮤니케이션 역할, 사회적 역할 등이 있다.

　　㉢ 광고의 특징으로는 공중 제시성, 유료성, 표현의 다양성, 보급성, 비인적 매체 활용 등이 있다.

> **참고 광고와 PR의 차이점**
>
> | 광고 | PR |
> |---|---|
> | • 매체에 대한 비용을 지불한다. | • 매체에 대한 비용을 지불하지 않는다. |
> | • 상대적으로 신뢰도가 낮다. | • 상대적으로 신뢰도가 높다. |
> | • 광고 내용, 위치, 일정 등이 통제가 가능하다. | • 통제가 불가능하다. |

② 매체수단별 장·단점

구분	장점	단점
신문	• 지역신문이 다수 존재 • 급한 광고에 적합 • 낮은 광고제작비 • 길고 복잡한 메시지 전달이 가능 • 높은 신뢰성	• 짧은 수명 • 자세히 읽히지 않는다. • 낮은 인쇄화질 • 타 광고의 높은 간섭 • 시각효과에 한정
TV	• 동영상 및 음향 등의 활용으로 다양한 연출이 가능 • 많은 수의 청중들에게 비용 효과적으로 도달이 가능 • 높은 주목률 • 간단한 메시지 전달에 적합	• 청중을 선별하기가 어렵다. • 내용이 빨리 지나간다. • 높은 비용이 소요 • 타 광고의 높은 간섭 • 긴 메시지에는 부적합
라디오	• 도달범위가 넓다. • 청중선별이 가능하다. • 광고제작비가 낮다.	• 청각효과에 한정 • 긴 메시지에 부적합 • TV보다 낮은 주의집중 • 내용이 빨리 지나간다.

잡지	• 청중 선별이 가능 • 높은 신뢰성과 권위가 확보 • 고화질 인쇄가 가능 • 길고 복잡한 메시지 전달이 가능 • 긴 수명 • 반복광고가 가능	• 폭 넓은 청중에게 도달하기가 어렵다. • 급한 광고에는 부적합 • 타 광고의 높은 간섭 • 시각효과에 한정
옥외	• 타 광고의 간섭이 적다. • 수명이 길다. (반복노출) • 비교적 낮은 비용 • 높은 가시성	• 낮은 주목률 • 도시미관 및 환경측면의 비판 및 규제가 있다. • 청중 선별이 어렵다. • 긴 메시지에는 부적합 • 시각효과에 한정
우편	• 청중 선별이 가능 • 타 광고의 간섭이 적다. • 개별화가 가능 • 길고 복잡한 메시지 전달이 가능 • 상품 샘플 우송이 가능	• 폭 넓은 청중에게 도달하기는 어렵다. • 많은 비용이 소요 • 읽히지 않고, 버려지는 경우가 많다. • 시각효과에 한정
인터넷	• 쌍방향 커뮤니케이션으로 청중 관여도가 높다. • 길고 복잡한 메시지 전달이 가능 • 비교적 낮은 비용 • 동영상 및 음향활용이 가능	• 폭 넓은 청중에게 도달하기는 어렵다.

(2) 수산물 판매촉진

판매촉진은 자사의 제품이나 또는 서비스 등의 판매를 촉진하기 위해 단기적인 동기부여 수단을 사용하는 방법을 총망라한 것으로, 광고가 서비스의 구매이유에 대한 정보를 제공하고, 이에 따른 판매를 촉진시키는 방법을 의미한다.

① 판매촉진의 기능

ㄱ 정보제공 기능 : 판매촉진은 소비자들에게 제품을 알리고, 해당 제품에 대한 정보를 소비자들에게 제공한다. 이 때, 제품의 유용성을 알리고 제품에 대한 지식이나 또는 인식개선등에 기여한다.

ㄴ 행동화 기능 : 판매촉진은 갖가지 인센티브를 제공해서 소비자들의 구매행동을 유발시키고, 소비자들의 구매자극 및 구매촉발로 제품의 판매량 증대에 앞장서고 있다.

ㄷ 저비용 판촉기능 : 매체를 통한 광고가 어려운 중소기업의 PR 역할을 한다. 판매촉진은 통상적으로 광고 수수료가 필요 없으므로, 저비용으로 촉진활동을 할 수 있기 때문에, 중소기업의 신제품 소개나 또는 판매 등에 활용된다.

ⓔ **효과측정 기능** : 판매촉진은 인센티브 물품 등을 통해 판매실적을 측정할 수 있으며, 소비자들의 반응을 확인할 수 있고, 단기간의 판매동향을 측정할 수 있다.

　　ⓜ **단기 소구 기능** : 판매촉진은 단기간에 제품의 소개 및 판매하는 단기판매에 효율적이고, 비교적 제품수명이 짧은 제품의 판매에 효과적이다. 동시에, 다이렉트 마케팅에 의한 직접 확인도 가능하게 해 준다.

　　ⓗ **지원보강 기능** : 매체의 광고활동을 보조 및 지원하며, 광고 프로그램의 부족한 측면을 보완하는 역할을 한다. 이 때, 여러 가지 판촉수단들을 동원하여 시너지 효과를 가져오게 하기도 한다.

② **푸시 전략**(Push Strategy)

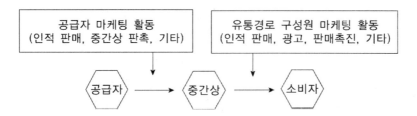

　　㉠ 푸시 전략은 제조업자가 소비자를 향해 제품을 밀어낸다는 의미로 제조업자는 도매상에게 도매상은 소매상에게, 소매상은 소비자에게 제품을 판매하게 만드는 전략을 말한다.

　　㉡ 이것은 중간상들로 하여금 자사의 상품을 취급하도록 하고, 소비자들에게 적극 권유하도록 하는 데에 있다.

　　㉢ 푸시 전략은 소비자늘의 브랜드 애호도가 낮다.

　　㉣ 브랜드에 대한 선택이 점포 안에서 이루어진다.

　　㉤ 동시에 충동구매가 잦은 제품의 경우에 적합한 전략이다.

③ **풀 전략**(Pull Strategy)

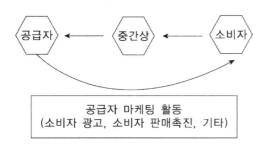

　　㉠ 풀 전략은 제조업자 쪽으로 당긴다는 의미로 소비자를 상대로 적극적인 프로모션 활동을 하여 소비자들이 스스로 제품을 찾게 만들고 중간상들은 소비자가 원하기 때문에 제품을 취급할 수밖에 없게 만드는 전략을 말한다.

　　㉡ 풀 전략은 광고와 홍보를 주로 사용한다.

　　㉢ 소비자들의 브랜드에 대한 애호도가 높다.

　　㉣ 점포에 오기 전에 미리 브랜드 선택에 대해서 관여도가 높은 상품에 적합한 전략이다.

CHAPTER

07

제 2 과목 수산물 유통론

수산물 유통정보와 정책

1 수산물 유통정보

(1) 유통정보의 개요

① 유통정보는 생산자, 유통업자 및 소비자 등 시장 활동에 참가하는 사람들이 보다 유리한 거래 조건을 확보하기 위해 갖가지 의사 결정에 필요한 여러 가지 자료 (생산동향, 유통가격, 유통량 및 소비 동향 등)를 의미한다.

② 생산자(공급자)에게는 보다 유리한 조건으로 판매하기 위한 출하 시장, 출하 시기, 출하량, 출하 가격 등을 결정하는데 도움을 주며, 유통업자에게는 보다 유리한 조건으로 상품을 구입, 판매할 수 있는 시장을 발견하는데 도움이 주게 되며, 소비자에게 보다 낮은 가격으로 품질 좋은 상품 을 구입할 수 있는 시장을 발견하는데 도움이 된다.

③ 한편 정책 입안자들에게는 농수산물의 수요 및 공급량의 조절, 가격 안정, 유통구조의 개선 등 농수산물 유통 정책의 수립과 시행에 필요한 자료를 제공해 준다.

④ 하지만 유통정보의 제공 및 활용이 원활하지 못할 경우에 생산자 및 소비자는 시장 교섭력에 제 약을 받는데 비해, 전문적이면서 전국적인 판매망 및 자금력 등을 지니고 있는 전문 유통인들의 경우 가격 결정 과정을 지배하게 되어 생산자와 소비자는 큰 불이익을 받게 된다. 특히 도매시 장에 있어서의 유통정보는 더욱 그렇다. 따라서 유통정보를 수집 분석하여 제공하는 역할이 얼 마나 중요한지를 알 수 있다.

참고

수산물의 흐름

생산자 → 산지 도매시장 → 소비지 도매시장 → 소비지 소매시장

수산정보의 흐름

소비지 소매시장 → 소비지 도매시장 → 산지 도매시장 → 생산자

---

(2) 수산물 유통정보

① 정보의 개념

　㉠ 정보는 어떠한 사물이나 또는 상태 등과 관련되는 것들에 대해 수신자에게 의미 있는 형태로 전달되어 불확실성을 감소시켜 주는 것과 같이 수신자가 의식적인 행위 등을 취하기 위한 의사결정, 선택의 목적에 효과적으로 사용될 수 있게끔 하는 데이터의 집합을 의미한다.

　㉡ 또한, 정보는 알 수 없는 미래에 대한 불확실성을 감소시켜주는 모든 것을 말하며, 이를 위해 많은 자료들을 객관적이면서 체계적으로 수집, 분리, 보관, 전달 및 보고하기 위한 시스템을 전제로 한다.

　㉢ 정보는 사람이 판단하고 이에 따른 의사결정을 내리고, 행동으로 옮길 때 해당 방향을 정할 수 있도록 해주는 역할을 수행한다.

　㉣ 그러므로 정보는 개인 또는 조직이 효과적인 의사결정을 하는 데 있어 의미가 있으면서 유용한 형태로 처리된 자료들이다.

② 자료

　㉠ 자료는 어떠한 현상이 일어난 사건, 사실 등을 있는 그대로 기록한 것으로 주로, 기호, 숫자, 음성, 문사, 그림, 비디오 등의 형태로 표현된다.

　㉡ 1차 자료 : 조사자가 현재 수행 중인 조사목적을 달성하기 위해 조사자가 직접 수집한 자료를 의미한다.

　㉢ 2차 자료 : 현재의 조사목적에 도움을 줄 수 있는 기존의 모든 자료를 의미한다.

▶ 1차 자료 & 2차 자료

구분	1차 자료	2차 자료
개념	• 조사자가 현재 수행중인 조사목적을 달성하기 위하여 조사자가 직접 수집한 자료를 말한다.	• 현재의 조사목적에 도움을 줄 수 있는 기존의 모든 자료를 말한다.
장점	• 조사목적에 적합한 정확도, 신뢰도, 타당성 평가가 가능하다. • 수집된 자료를 의사결정에 필요한 시기에 적절히 이용 가능하다.	• 일반적으로 자료 취득이 쉽다. • 시간, 비용, 인력에 있어서 저렴하다.
단점	• 2차 자료에 비해 자료수집에 있어 시간, 비용, 인력이 많이 든다.	• 자료수집 목적이 조사목적과 일치하지 않는다. (자료의 신뢰도가 떨어진다.)
유형	• 리포트, 전화 서베이, 대인면접법, 우편이용법 등이 있다.	• 논문, 정부간행물, 각종 통계자료 등이 있다.

(3) 수산물 유통정보의 종류

① 내용 및 특성에 의한 분류
- ㉠ 관측 정보 : 생산 작물 및 파종량, 예상 수확량, 작황 예상, 수급 및 가격 예측 정보 등으로 인해 농업의 미래 상황을 경제적 관점에서 전망해서 영농, 판매계획 수립 및 정책 입안 자료와 농산물 구매 등에 활용하기 위해 과거 및 현재의 농업 관계 자료를 수집 정리하여 과학적으로 분석 예측한 정보를 의미한다.
- ㉡ 시장 정보 : 통상적으로 말하는 유통정보로 시장 출하자 및 매매자의 의사 결정 등을 도와 줄 수 있는 현 가격의 수준, 가격의 형성에 있어 영향을 끼치는 갖가지 요소들에 대한 정보를 의미한다.
- ㉢ 통계 정보 : 이는 일정한 목적을 지니고 사회 및 경제적인 집단의 사실을 조사 및 관찰했을 때 얻게 되는 계량적인 자료로 주로 정책입안 및 평가 기준 자료로서 활용하게 된다.

② 주체(생산, 수집, 분산 등)에 따른 분류
- ㉠ 공식적 유통정보 : 이는 공공 기관에 의해 수집 분석 전파되는 유통정보로 정확성 및 객관성과 공정성 등이 확보된 정보라 할 수 있다.
- ㉡ 비공식적 유통정보 : 이는 주로 시장의 상인들이 자신의 시장 활동을 위해 여러 가지 자료를 수집해서 활용하는 것으로서 객관성 및 공정성 등이 낮다고 할 수 있다.

2 수산물 유통정보 조건

일반적으로 유통 정보가 그 기능을 충분히 발휘하기 위해서는 다음과 같은 조건을 지녀야 하는데, 이러한 조건을 지니지 못한 불완전한 정보는 사용자들에게 손해를 끼칠 수 있으므로 최소한 갖추어야 할 조건들이다.

(1) 수산물 유통정보의 조건

① 정확성 : 유통 정보는 있는 사실을 그대로 전달해야 한다.
② 객관성 : 자료의 수집이나 또는 분석의 과정에서 주관 등이 개입되지 않고 객관적이어야 한다.
③ 유용성 및 간편성 : 정보는 사용자들의 욕구가 최대한 충족될 수 있어야 하며 해당 내용이 구체적이어서 용이하게 사용이 가능하도록 해야 한다.
④ 신속성 및 적시성 : 정보의 생명은 적절한 시기 및 신속성이다. 이는 생산되어진 수산물이 부패하거나 또는 상품성 등이 떨어지지 않도록 적절한 시기에 빠르게 공급되어야 한다.
⑤ 계속성 및 비교 가능성 : 유통정보는 장기적으로 제공되어야 의사 결정의 자료로서 활용이 가능하게 된다. 한편, 전국에서 제공되어지는 정보들을 비교 및 평가해서 활용할 수 있도록 표준화되어야 한다.

(2) 수산물 유통정보의 발생원

① 산지 도매시장 분류
- ㉠ 산지 공판장
- ㉡ 산지 도매시장
- ㉢ 산지 수협의 위판장
- ㉣ 수산 어획물들의 양륙항에 위치해서 대다수의 연근해 수산물에 대한 경매를 통해 1차적인 가격의 형성이 만들어져 소비지의 도매기구 또는 소매기구 등으로 분산되어지고 있다.

② 산지 위판장의 기능
- ㉠ 가장 많은 수산물들에 대한 유통정보가 생성된다.
- ㉡ 양륙항에 위치하면서 수산물에 대한 경매를 통해서 1차적인 가격이 만들어지는 수산물에 대해 소비지의 시장으로 분산시키는 도매기능을 수행하게 된다.

③ 산지 도매시장의 기능
- ㉠ 수산물들에 대한 분산, 수집, 가격 형성의 기능
- ㉡ 유통 조성의 기능 : 금융, 물류, 시장 정보 등과 같은 유통의 효용성을 증가시키는 기능
- ㉢ 상적 기능 : 상품의 소유권에 관한 이전 기능
- ㉣ 물적 기능 : 수산물에 대한 수송, 저장, 가공 등을 통해 효용을 창출하는 기능

(3) 소매 시장

① 소매시장의 기능
- ㉠ 유통과정에 있어서의 최종적인 단계
- ㉡ 소비자들의 욕구 및 기호 등에 맞춰 상품에 관한 재선별 분화 및 재포장, 또는 배송 등의 여러 가지 서비스들을 제공

② 소매시장의 특성
- ㉠ 경쟁력의 강화 및 시설의 보완 등을 위해 노력
- ㉡ 수산물의 선도를 유지시키는 시설의 갖춤
- ㉢ POS (판매시점관리 시스템)을 활용해서 소비자들의 정보 및 재고관리 등에 필요한 정보를 수집

(4) 소비지 도매시장

① 소비지 도매시장의 기능
- ㉠ 생산지의 도매시장이 지니는 각종 정보들을 수집해서 유통 참가자들에게 제공
- ㉡ 소비자에 관한 정보의 생성
- ㉢ 수산물 소비지 도매시장은 산지에서 가져온 수산물들을 소비 시장, 소비자들에게 배분해 주는 일종의 중개시장의 역할

② 소비지 도매 시장의 특징

    ㉠ 소비자들의 상품에 관한 선호가 집합되어 유통 시장에 전달되는 곳

    ㉡ 소비지인 도시 지역 등에 개설하게 되는 시장

    ㉢ 출하된 수산물에 대해 불특정 다수의 도소매 업자들에게 재판매를 하는 곳

3 수산물 유통정보 의사결정

(1) 수산물 유통정보의 의사결정

① 문화적인 요인 : 사상, 종교, 언어, 지역, 관습

② 사회적인 요인 : 성별, 인구, 소득, 연령별, 계층

③ 제도적인 요인 : 법 체계

(2) 수산물 유통정보에서의 수집, 분석, 전파 및 활용

① 유통정보의 수집 및 분석

    ㉠ 국내 수산물 유통정보는 농림축산식품부, 서울시 농수산식품공사 및 한국 농수산식품 유통공사 등이 주로 수집하고 있다.

    ㉡ 산지 유통정보는 주로 농업협동조합 및 수산업협동조합을 중심으로 해서 이루어지고 있으며, 소비지 시장정보는 농림축산식품부 및 서울시 농수산식품공사 및 한국 농수산식품 유통공사가 도매시장과 공판장 등에서 수집하고 있다.

    ㉢ 가락동 농수산물도매시장의 유통정보는 서울시 농수산식품공사가 직접적으로 경매당일에 전산으로 도매 시장법인으로부터 또는 조사 요원들의 직접 조사에 의해 수집 분석한다.

② 유통정보의 전파(분산)

    ㉠ 유통정보는 주로 농림축산식품부에 의해 전파되는데 서울시 농수산식품공사나 한국 농수산식품 유통공사가 직접 전파하게 되는 경우도 있다.

    ㉡ 과거의 경우에는 주로 통계연보 등의 인쇄매체에 의해 전달되었으나, 컴퓨터가 발달하게 되면서 인터넷 홈페이지를 통하거나 또는 컴퓨터 통신망 및 농수산물 전문 방송을 통해서도 전파하고 있다.

    ㉢ 서울시 농수산식품공사는 가락동 도매시장 및 강서 농산물도매시장 및 양재동 양곡도매시장의 당일 정보를 인터넷 홈페이지 (http://www.garak.co.kr)를 통해서 이용자가 필요한 정보를 선택하여 볼 수 있는 체제를 구축하고 있다.

③ 유통정보의 활용

    ㉠ 유통정보는 주로 출하시기에 출하 장소와 출하량, 출하 가격 등을 결정해야 할 때 가장 많이 활용하게 된다.

ⓛ 협의의 유통정보는 도매시장 유통정보라고 볼 때 생산자들이 판매를 하는 시점에서 가장 활용가치가 높다고 할 수 있다.

ⓒ 최근에 들어서 농어촌 깊숙이까지 컴퓨터가 보급되어 농어민들의 도매시장 정보 활용 및 출하에 관련한 의사결정 등에 중요한 기능을 하고 있다.

ⓔ 더불어 산지의 유통인이나 또는 소비지도매시장의 유통인들은 각자의 이윤 추구를 위해서 생산지 정보든 소비지 정보든 가장 잘 활용하는 사람들로 가격교섭력에서 우월한 위치를 차지하기 위해 정보를 독점하려 한다.

 4 수산물 유통정보시스템

(1) 수산물 유통정보시스템의 개요

① 수산 경영과 정보 시스템

　ⓐ 수산업과 연관된 조직의 효율적인 운영을 위해 관련되는 자료를 수집 및 검색해서 필요한 목적에 맞게 처리해 주는 공식적인 시스템들의 조직화된 집합을 말한다.

　ⓑ 정보 시스템의 구성 요소

- 자료(Data)
- 하드웨어(Hardware)
- 소프트웨어(Software)
- 절차(Procedure)
- 사람(People)

② 수산 정보 시스템의 종류

　ⓐ 생산 활동에 따른 관련된 정보 시스템 : 해황 정보 및 어황 정보 등 만들어 사용자에게 제공해 주는 정보 시스템

　ⓑ 분배 활동에 관련된 정보 시스템 : 각종 시장의 상품별 출하량, 거래 가격, 시장의 수급 여건 및 재고 수준의 변동, 생산 전망, 가격 예측, 수산업 기술 및 기후의 변화 예측

　ⓒ 수산업 관리 및 운영 시스템

- 개요 : 수산업에 관련된 행정 기관이나 공공 조직에서 정책적 결정, 운영 결정 시에 이용되는 정보 시스템
- 국가 해양 과학 정보 시스템 : 국가 차원의 통일된 '해양 정보 관리 체제 구축'을 통한 해양 관련 정보의 상호 교류 및 공동 활용을 위해 구축된 정보 시스템
- 해양 과학 정책 지원 시스템 구축 : 업무 분석 및 표준화, 해양 연구 및 조사 사업 DB 등 6개 분야 DB 개발
- 해양 조사 자료 제공 시스템 구축 : 업무 분석 및 표준화, 시스템 상세 설계
- 해양 자료 및 정보 통합 관리 시스템 : 국내 해양 기관 보유 자료를 실시간으로 통합적으로 연계 및 활용이 가능하도록 하게 하는 통합 관리 시스템 구축

- 수산물 유통 정보 시스템 : 수산물 유통 정보를 수집 및 통합해서 사용자에게 양질의 정보를 신속하게 제공하고, 투명한 유통 정보의 제공으로 수산물의 가격 안정 및 수급 조절을 위한 정책 수립의 자료를 제공
- 어선 정보 통신 시스템 : 출어선의 안전 지도, 한·일, 한·중 EEZ 출어선의 지도, 어선 긴급 통신, 방재, 수산 데이터베이스 구축 등에 관한 업무 시스템

(2) 수산물 생산정보의 수집

생산량의 정보에 관련된 어업 생산 통계는 어업별로 통계청에서 수집한다. 조사 대상 기간은 매월 1일에서 말일까지이며, 비계통 표본조사는 한 달 간격으로, 그 밖에는 15일 간격으로 조사하게 된다. 일반 해면어업, 천해 양식 어업, 내수면 어업, 원양 어업에 대해 어업별로 정보를 수집한다.

① 일반 해면어업 및 천해 양식어업
  ㉠ 일반 해면어업 및 천해 양식어업을 하는 가구나 또는 사업체 중에서 수산업 협동조합 위판장이나 또는 법인 어촌계 등과 같은 수산업 협동조합 계통 조직을 사용해서 위판, 공판, 직판 및 기타 판매 등의 절차를 거쳐서 출하하는 경우의 계통 조사
  ㉡ 일반 해면어업과 천해 양식어업을 하는 가구나 또는 사업체 중에서 어가 및 수산 회사에서 수산업 협동조합 계통을 거치지 않고 직접 판매하는 경우(계통조사에 따른 정보의 수집)

- 표본조사 : 자연산 어류, 해조류 및 양식 어패류 등을 생산하는 어가를 대상(자연산어류 어가 조사)

- 전수조사 : 갑각류, 양식 어류 등을 생산하는 어가 및 수산 동식물 등을 생산하는 수산 회사를 대상

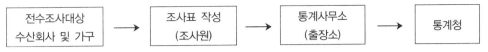

② 내수면 어업(어로양식, 양식어업의 생산량조사)

③ 원양 어업

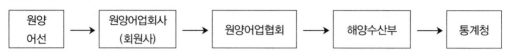

원양 어선 → 원양어업회사 (회원사) → 원양어업협회 → 해양수산부 → 통계청

> **참고** 기관별 도매 수집의 내용
>
> | 조사 기관 | 대상 품목 | 조사 대상 | 조사 빈도 |
> |---|---|---|---|
> | 수산업협동조합 | 13 | 3개 도시 수산물공판장 | 매일 |
> | 농수산물관리공사 | 거래 품목 | 가락동 도매시장 경락 가격 | 매일 |
> | 농수산식품유통공사 | 14 | 법정 도매시장, 도매상 | 매일 |

(3) 유통정보 시스템 용어

① POS(Point of Sales ; 판매시점 관리 시스템)
  ㉠ 개념 : POS는 판매시점관리, 즉 구매, 판매, 배송, 재고활동 등에서 발생하게 되는 각종 정보를 컴퓨터로 보내 각각의 부문이 효과적으로 사용할 수 있는 정보로 가공해서 전달하게 되는 정보관리로서, 이전의 금전등록기 기능에 컴퓨터의 단말기 기능 등을 추가해서 매장의 판매시점에서 발생하는 정보를 입력해서 최종적으로 컴퓨터로 처리하게 되는 매장정보 시스템을 의미한다.
  ㉡ 특싱
   • 단품관리
   • 자동판독
   • 판매시점에서의 정보입력
   • 정보의 집중관리

② CALS(Computer Aided Acquisition Logistics Support)
  ㉠ 개념 : 이 개념은 '제품의 설계, 제작 과정과 보급, 조달 등의 운용과정의 컴퓨터 정보통합 자동화 (Computer Aided Acqusition And Logistic Support)'라는 개념으로 사용되고 있고, 갈수록 개념이 확대되어 최근에는 '광속교역(commerce at light speed)'으로까지 발전되고 있다.
  ㉡ 내용 : CALS는 컴퓨터 네트워크를 활용해서 자동화되고 통합된 상호 교환환경으로 변환시키는 경영전략이다. 다시 말해 시스템의 개발 및 운용과정에서 디지털 정보를 활용하는 자동화된 환경을 제공함으로써 효율적인 업무의 수행, 정확하면서도 신속한 정보공유, 원가의 혁신적인 절감, 종합품질경영(TQM) 능력의 향상 등을 꾀하는 전략이다.

③ SCM(Supply Chain Management ; 공급사슬관리)
  ㉠ 개념 : 원재료의 수급에서 소비자에게 제품을 전달하는 자원 및 정보에 대한 일련의 흐름 전체를 경쟁력 있는 업무의 흐름으로 관리하는 것이다. 이는 사내 및 사외의 공급망을 통합해서 계획하고 관리하며, 각 단위시스템의 통합 및 연동을 전제로 하고 있다.

ⓒ 내용 : 제품 및 정보 등이 생산자로부터 도매업자, 소매상인, 소비자에게 이동하게 되는 전 과 정을 실시간으로 한눈에 볼 수 있다. 이를 통해서 제조업체는 소비자들이 원하는 제품을 적 기에 공급하고 이로 인해 재고를 줄일 수 있다. '공급사슬관리' 또는 '유통 총공급망관리'라고 도 불린다. 기업 조직들은 SCM을 통해 경영의 세계화, 시장의 역동화, 고객 필요성의 다양 화 등에 대응함으로써 기업의 경쟁력을 강화할 수 있고, 모든 거래 당사자들의 연관된 사업 범위 내 가상 조직처럼 정보를 공유할 수 있다.

④ EDI(Electronic Data Interchange ; 전자문서교환)

ⓐ 개념 : 서로 다른 기업 간에 표준화된 전자문서를 이용하여 컴퓨터와 통신망을 통해 비즈니스 데이터를 주고받는 것을 의미한다.

ⓒ 내용 : 이는 국내 기업 간 거래는 물론이거니와 국제무역에서 각종 서류의 작성 및 발송, 서류 정리절차 등의 번거로운 사무처리가 없어져 처리시간의 단축, 비용의 절감 등으로 인해 제품 의 주문, 생산, 납품, 유통의 모든 단계에서 생산성을 획기적으로 향상시킨다. 단, 전자문서 교환의 대상은 컴퓨터가 직접 읽어서 해독가능하고 인간의 개입 없이 다음의 업무처리를 자 체적으로 처리할 수 있는 주문서 및 영수증 등과 같은 정형화된 자료가 대상이다.

⑤ VAN(Value Added Network ; 부가가치 통신망)

ⓐ 개념 : 회선을 직접적으로 보유하거나 통신사업자의 회선을 임차 또는 활용해서 단순한 전송 기능 이상의 정보를 축적하거나 가공, 변환처리 등을 통해 부가가치를 부여한 음성 또는 데 이터 정보를 제공해주는 광범위한 복합서비스의 집합이며, 이 같은 사업자를 VAN 사업자라 한다.

ⓒ VAN의 기능
 • 전송기능
 • 교환기능
 • 통신처리기능 : 접속 및 제어, 프로토콜 및 코드 변환, 미디어 변환, 전자사서함, 동시다자 간 통신, 지정시간 배달
 • 정보처리기능 : 각종 업무의 처리, 데이터베이스의 관리, 고객의 관리

⑥ EOS(Electronic Ordering System ; 전자주문시스템) : EOS는 전자주문시스템 또는 자동발주시스 템으로, POS 데이터를 기반으로 해서 제품의 부족분을 컴퓨터가 거래처에 자동으로 주문하면 신속하고 정확하게 해당점포에 배달해 주는 시스템을 의미한다.

⑦ RFID(Radio Frequency Identification ; 무선주파수 식별법)

ⓐ 개념 : 이는 판독기에서 나오는 무선신호를 통해 상품에 부착된 태그를 식별하여 데이터를 호 스트로 전송하는 시스템이다.

ⓒ 특징
 • 기존의 바코드만으로 작업이 이루어지지 않는 환경에 유용하다.
 • 냉온, 습기, 먼지, 열 등의 열악한 환경에서도 판독률이 높다.
 • 태그의 데이터 변경, 추가가 자유롭다.
 • 일시에 다량의 태그를 판독할 수 있다.

핵심예상문제

1 수산물 유통개요

〈2016년 제2회〉

1 수산업에서 태풍, 적조, 고수온 등의 자연현상으로 발생하는 물리적 위험을 회피하기 위한 수단은?

① 유통명령 ② 현물거래
③ 계약재배 ④ 재해보험

> **ANSWER** ④ 재해보험을 들어 두면 태풍, 적조, 고수온 등의 자연현상으로 발생하는 피해를 보상받을 수 있다.

〈2016년 제2회〉

2 수산물의 생산과 소비 간에 발생하는 거리와 이를 좁혀 주는 유통기능을 옳게 연결한 것은?

㉠ 장소의 거리 – 운송기능	㉡ 시간의 거리 – 보관기능
㉢ 수량의 거리 – 선별기능	㉣ 품질의 거리 – 집적 분할기능

① ㉠㉡ ② ㉠㉣
③ ㉡㉢ ④ ㉢㉣

> **ANSWER** 물적 유통기능 … 생산과 소비 사이의 장소적 및 시간적인 격리를 조절하는 기능이다.
> ㉠ 운송기능 : 장소적 격리를 극복함으로써 장소효용을 창출한다.
> • 운송기능은 전업화한 운송업자에 위탁수행함이 원칙이나 가끔 중간상이 직접 수행하기도 한다.
> • 운송관리는 운송기능이 위탁수행 되는 경우에 상품의 성질, 형태, 가격, 운송거리의 장단 및 지리적 조건 등을 고려해서 수행된다.
> ㉡ 보관기능 : 시간적 격리를 극복하여 시간효용을 창출한다.
> • 보관기능은 생산시기로부터 판매시기까지 상품을 보유하는 것이다.
> • 주 목적은 시간적 효용을 창출해서 수요와 공급을 조절하는 것이다.
> • 보관기능은 전업화한 창고업자에 위탁수행되는 경우가 많다.

3 수산물 유통의 특성에 관한 설명으로 옳은 것은?

① 품질관리가 쉽다.　　　　　② 가격변동성이 크다.

③ 규격화 및 균질화가 쉽다.　　④ 유통경로가 단순하다.

> **A**NSWER 수산물 유통의 특성
> ㉠ 유통경로의 다양성
> ㉡ 생산물 규격화 및 균질화의 어려움
> ㉢ 가격의 변동성
> ㉣ 구매의 소량 분산성

4 수산물 유통에 있어서 물적 활동으로 옳지 않은 것은?

① 운송 활동　　　　　　　　② 보관 활동

③ 금융 활동　　　　　　　　④ 정보 활동

> **A**NSWER 물적 유통 활동
> ㉠ 운송 활동
> ㉡ 보관 활동
> ㉢ 정보 활동
> ㉣ 기타 부대적 물적 유통 활동

5 다음 중 전통적 유통경로를 바르게 표현한 것은?

① 도매상 → 제조업자(생산자) → 소매상 → 소비자

② 제조업자(생산자) → 도매상 → 소매상 → 소비자

③ 제조업자(생산자) → 소매상 → 도매상 → 소비자

④ 소매상 → 제조업자(생산자) → 도매상 → 소비자

> **A**NSWER 전통적 유통경로 … 제조업자(생산자) → 도매상 → 소매상 → 소비자

 ANSWER 　1.④　2.①　3.②　4.③　5.②

6 다음 중 유통경로가 창출하게 되는 효용으로 바르지 않은 것을 고르면?

① 소유 효용　　　　　　　　　　② 장소 효용
③ 판촉 효용　　　　　　　　　　④ 시간 효용

> **ANSWER** 유통경로가 창출하는 효용
> ㉠ 소유 효용
> ㉡ 장소 효용
> ㉢ 시간 효용

7 다음 생산자와 소비자 간의 경제적 격리가 클수록 상품이전과 화폐이전 간의 모순이 격화되어 마케팅의 비원활화가 발생되는 것을 방지하기 위한 기능을 무엇이라고 하는가?

① 시장정보기능　　　　　　　　② 시장금융기능
③ 표준화기능　　　　　　　　　④ 위험부담기능

> **ANSWER** 시장금융기능은 생산자와 소비자 간의 경제적 격리가 클수록 상품이전과 화폐이전 간의 모순이 격화되어 마케팅의 비원활화가 발생되는 것을 방지하기 위한 기능이며, 생산자 및 소비자의 원활한 마케팅기능을 도모시켜 주는 기능을 말한다.

8 다음 중 성격이 다른 하나는?

① 시장금융기능　　　　　　　　② 위험부담기능
③ 시장정보기능　　　　　　　　④ 보관기능

> **ANSWER** ①②③ 유통경로의 기능 중 조성 기능에 속하며, ④ 물적 유통기능에 해당한다.

9 다음 유통에 관한 설명 중 가장 옳지 않은 것은?

① 생산물이 최후의 소비에 이르기까지 연결하는 영역을 유통이라 한다.
② 제품이나 서비스가 제조업자에서 소비자로 이전되어 소비자가 제품이나 서비스를 사용하고 소비할 수 있는 권한을 갖는 것을 유통경로가 도와줌으로써 발생되는 효용을 판촉효용이라고 한다.
③ 소비자가 제품이나 서비스를 구매하기 원하는 시간에 공급함으로써 발생하게 되는 효용을 시간효용이라 한다.
④ 소비자가 편리한 장소에서 제품이나 서비스 등을 구매할 수 있을 때 발생하게 되는 효용을 장소효용이라고 한다.

> **ANSWER** ② 소유효용에 대한 설명이다.

10 다음 수산물 유통의 기능 중 수산물 생산의 시점과 소비의 시점 사이에 존재하게 되는 시간 거리를 저장 등을 통해 해결하는 기능을 무엇이라고 하는가?

① 상품구색의 기능
② 수송기능
③ 보관기능
④ 선별기능

ANSWER 보관기능은 수산물 생산에 있어서의 조업시기 및 비조업시기 등과 같이 시간의 거리를 보관 및 저장 등을 통해 이루고 생산의 시점과 소비의 시점 사이에 존재하게 되는 시간 거리를 보관 및 저장 등을 통해 해결하는 기능이다.

11 다음 수산물 유통의 기능 중 원산지, 신선도 등을 제공해서 공급자 및 소비자 사이의 인식의 거리를 서로 연결시켜 주는 기능을 무엇이라고 하는가?

① 정보전달기능
② 가공기능
③ 거래기능
④ 집적 및 분할기능

ANSWER 정보전달기능은 공급된 수산물들에 대한 일종의 정보 (원산지, 신선도 등)를 제공해서 공급자 및 소비자 사이의 인식의 거리를 서로 연결시켜 주는 기능이다.

12 다음 중 수산물 유통과정 상에서 발생 가능한 문제들로 보기 어려운 것은?

① 부패성이 강해서 상품성이 극히 낮다.
② 계절적 및 지역적인 생산의 특수성으로 인해 수급조절이 곤란하다.
③ 수산물은 공산품과는 달리 직접 추출하는 '소재중심형' 생산물이기 때문에 등급화, 규격화, 표준화 등이 어렵다.
④ 생산규모의 영세성과 생산의 집중으로 말미암아 유통활동이 저하된다.

ANSWER 생산규모의 영세성과 생산의 분산으로 말미암아 유통활동이 저하된다.

13 다음 유통의 분류 중 보조적 개념의 유통에 해당하지 않는 것은?

① 금융활동
② 규격화
③ 상적 유통
④ 표준화

ANSWER ①②④ 보조적 유통의 개념에 해당하며, ③ 협의의 유통에 해당한다.

ANSWER 6.③ 7.② 8.④ 9.② 10.③ 11.① 12.④ 13.③

14 다음의 내용은 수송에 관련한 것 중 무엇에 대한 내용인가?

> 이것의 경우에는 상품의 공급에 있어서 루트 및 배송시간 등의 계획에 있어 상당히 융통성
> 이 있으며, D To D 의 서비스가 가능하고 소비재 또는 고가의 제품에 대한 단거리 배송 시
> 에 활용되는 수단이다.

① 파이프라인   ② 트럭
③ 철도   ④ 항공운송

Ⓐɴsᴡᴇʀ 트럭은 신속하면서도 다양한 서비스의 제공과 함께 저렴한 비용을 장점으로 하고 있으며, 또한 전체 화물수
송에서 차지하는 비율이 지속적으로 증가하고 있는 운송수단이다.

15 다음 중 소매상을 위해서 도매상이 수행하는 기능으로 옳지 않은 것은?

① 신용 및 금융기능   ② 기술지원의 기능
③ 대단위 판매기능   ④ 구색갖춤의 기능

Ⓐɴsᴡᴇʀ 도매상은 생산자로부터 대량주문을 통해 제품을 소량으로 나누어서 소매상들의 소량주문에 응할 수 있어 생산자
와 소매상 양자의 니즈를 충족시킬 수 있으므로 대단위 판매기능이 아닌 소단위 판매기능이 되어야 한다.

16 다음 중 생산자를 위해 도매상이 수행하는 기능으로 바르지 않은 것은?

① 재고유지의 기능   ② 시장확대의 기능
③ 구색갖춤의 기능   ④ 주문처리의 기능

Ⓐɴsᴡᴇʀ ③ 소매상을 위해 도매상이 수행하는 기능에 해당하는 내용이다.
     ※ 생산자를 위해 도매상이 수행하는 기능
         ㉠ 재고유지의 기능
         ㉡ 시장확대의 기능
         ㉢ 주문처리의 기능
         ㉣ 시장정보의 기능
         ㉤ 서비스 대행의 기능

17 다음 중 성격이 다른 하나는?

① 방문판매   ② 자동판매기
③ TV 홈쇼핑   ④ 백화점

Ⓐɴsᴡᴇʀ ①②③ 무점포 소매상에 속하며, ④ 점포 소매상에 속한다.

18 다음의 내용이 설명하는 것으로 적절한 것은?

> 이것은 가장 일반적인 유통업체의 형태로 '종합할인점'이라고도 하며, 농수산물에서 공산품에 이르기까지 다양한 상품을 구비하여 회원제창고업 형태와 함께 유통업체를 주도하고 있다. 신세계백화점의 'E 마트', 그랜드백화점의 '그랜드마트', 대한통운의 '코랙스 마트', 롯데백화점의 '롯데마트' 등이 대표적인 할인점의 예이다.

① Discount Store
② Convenience Store
③ General Merchandising Store
④ Specialty Store

> **A**NSWER 할인점(Discount Store)은 셀프서비스에 의한 대량판매방식을 활용해서 시중가격보다 20~30% 낮은 가격으로 판매하는 가장 일반적인 유통업체로 '종합할인점'이라고도 한다.

19 다음 중 상품을 창고에 보관하지 않으므로, 일반관리비·인건비를 줄일 수 있고, 보관이 힘들거나 고가의 상품인 경우에 물리적인 소유를 함으로써 야기될 수 있는 리스크를 부담하지 않는 도매상의 유형은?

① 진열상 도매상   ② 직송 도매상
③ 트럭 도매상   ④ 현금무배달 도매상

> **A**NSWER 직송 도매상은 상품에 대한 소유권을 지니고 있으며, 생산자로부터 상품을 취득해서 소매상에게 바로 직송하는 형태의 도매상이다.

20 다음 유통경로 믹스의 고려사항을 잘못 연결한 것을 고르면?

① 중간상 특성 : 중간상의 유형별 장점 및 단점
② 기업의 특성 : 원료 및 재료의 특성
③ 제품의 특성 : 기술적 복잡성, 가격 등
④ 경쟁적 특성 : 경쟁자의 유통경로 믹스

> **A**NSWER 기업의 특성으로는 인적, 물적 및 재무적 자원이 있다.

 ANSWER   14.②   15.③   16.③   17.④   18.①   19.②   20.②

21 짧은 경로에 관한 설명으로 가장 옳지 않은 것을 고르면?

① 비표준화된 중량품

② 구매단위가 크다.

③ 부패성 상품

④ 생산자의 수가 많다.

ANSWER ④ 긴 경로에 해당하는 내용이다. 짧은 경로에서는 생산자의 수가 적다.

22 유통경로에 있어서의 갈등관리에 관한 설명으로 가장 옳지 않은 것은?

① 주로 동일한 단계의 경로구성원들에 의해 발생하는 갈등을 수평적 갈등이라고 한다.

② 서로 다른 단계의 경로구성원들에 의해 발생하는 갈등을 수직적 갈등이라고 한다.

③ 수직적 갈등은 주로 판촉경쟁이나 서비스경쟁, 가격경쟁 때문에 발생하게 된다.

④ 경로구성원들 간 상권과 역할에 대한 의견 차이에서 발생하는 갈등을 영역에 대한 의견 불일치라고 한다.

ANSWER 수평적 갈등은 주로 판촉경쟁이나 서비스경쟁, 가격경쟁 때문에 발생하게 된다.

23 아래 박스의 내용 중 무점포소매상에 해당하는 것들로만 바르게 짝지어진 것은?

㉠ 잡화점	㉡ 편의점
㉢ 텔레마케팅	㉣ 전자상거래
㉤ 재래시장	㉥ 자동판매기

① ㉠, ㉡, ㉢

② ㉠, ㉣, ㉥

③ ㉡, ㉣, ㉤

④ ㉢, ㉣, ㉥

ANSWER 무점포 소매상
　　　㉠ 텔레마케팅
　　　㉡ 전자상거래
　　　㉢ 자동판매기
　　　㉣ 우편판매
　　　㉤ 홈쇼핑
　　　㉥ 방문판매

24 다음 중 소유권 이전기능에 있어 구매의 과정을 바르게 나타낸 것을 고르면?

① 소비자 수요에 관한 정보수집 → 구매상품의 품종선택 → 구매필요 여부 결정 → 적합성 검사 → 가격, 인도시기, 지급조건에 관한 상담

② 구매상품의 품종선택 → 소비자 수요에 관한 정보수집 → 적합성 검사 → 가격, 인도시기, 지급 조건에 관한 상담 → 구매필요 여부 결정

③ 구매상품의 품종선택 → 적합성 검사 → 소비자 수요에 관한 정보수집 → 가격, 인도시기, 지급 조건에 관한 상담 → 구매필요 여부 결정

④ 소비자 수요에 관한 정보수집 → 구매필요 여부 결정 → 구매상품의 품종선택 → 적합성 검사 → 가격, 인도시기, 지급 조건에 관한 상담

ANSWER 소유권 이전기능에 있어 구매의 과정…소비자 수요에 관한 정보수집 → 구매필요 여부 결정 → 구매상품의 품종선택 → 적합성 검사 → 가격, 인도시기, 지급 조건에 관한 상담

25 다음 중 유통혁명시대에 있어서의 특성변화로 옳지 않은 것은?

① 소비자 : 불특정 다수 → 특화된 소비자
② 관리핵심 : 개별기업 관리 → 공급체인 관리
③ 이익원 : 가치창출 능력 → 수익제고 능력
④ 경쟁우위 요소 : 비용, 품질 → 정보, 시간

ANSWER 이익원 : 수익제고 능력 → 가치창출 능력

26 다음 소유권 이전기능에 있어 판매의 과정을 순서대로 바르게 표현한 것을 고르면?

① 판매조건상담 → 수요의 창출계획 및 활동(판촉) → 소유권 이전 → 예상고객 발견
② 수요의 창출계획 및 활동(판촉) → 판매조건상담 → 예상고객 발견 → 소유권 이전
③ 수요의 창출계획 및 활동(판촉) → 예상고객 발견 → 판매조건상담 → 소유권 이전
④ 판매조건상담 → 예상고객 발견 → 수요의 창출계획 및 활동(판촉) → 소유권 이전

ANSWER 소유권 이전기능에 있어 판매의 과정…수요의 창출계획 및 활동(판촉) → 예상고객 발견 → 판매조건상담 → 소유권 이전

 ANSWER 21.④ 22.③ 23.④ 24.④ 25.③ 26.③

27 다음 유통경로에 대한 내용 중 짧은 유통경로에 대한 설명으로 가장 옳지 않은 것은?

① 구매의 빈도가 낮고 비규칙적인 경우
② 생산자의 수가 적은 경우
③ 비표준화된 중량품인 경우
④ 지역적인 분산 생산이 가능한 경우

ANSWER 유통경로의 길이

영향요인	짧은 경로	긴 경로
제품의 특성	• 기술적 복잡성, 전문품 • 비표준화된 중량품, 부패성 제품	• 기술적 단순성, 편의품 • 표준화된 경량품, 비부패성 제품
수요의 특성	• 구매빈도가 낮으며 비규칙적임 • 구매의 단위가 큼 • 전문품	• 구매의 빈도가 높으며 규칙적임 • 구매의 단위가 작음 • 편의품
공급의 특성	• 제한적인 진입 및 탈퇴 • 생산자의 수가 적음 • 지역적인 집중 생산	• 자유로운 진입 및 탈퇴 • 생산자의 수가 많음 • 지역적인 분산 생산
유통비용의 구조	장기적 불안정 → 최적화 추구	장기적으로 안정적

28 다음 중 유통산업의 경제적 역할로 보기 어려운 것은?

① 생산자 및 소비자 간의 매개역할
② 중간마진의 축소
③ 고용의 창출
④ 물가의 조정

ANSWER 유통산업의 경제적 역할
　　　　㉠ 생산자 및 소비자 간의 매개역할
　　　　㉡ 산업발전의 촉매역할
　　　　㉢ 고용의 창출
　　　　㉣ 물가의 조정

29 아래의 글을 읽고 무엇에 대한 설명인지를 고르면?

이 전략은 제품의 생산과 유통·포장·용역 등의 과정이 하청기업의 발주나 외주를 통해 이루어지는 경영형태로서, 기업 외부에서 필요한 것을 마련하는 방식의 경영전략을 말한다. 이러한 전략을 취하는 이유로는 조직 내부 갈등을 해결하기 위해 제3자에게 문제를 위임, 기업 조직이 업무나 기능을 자체적으로 제공, 유지하기에는 수익성이 부족, 내부적인 전문성은 없지만 당장 그 기능이 필요해서 그러한 부분을 외부에서 조달하기 위함이다. 하지만 기업 조직에서 이러한 전략을 선택하는 가장 큰 이유는 조직의 유연성 및 민첩성을 제고하는 가장 효과적인 수단이기 때문이다.

① 통합화 전략
② 다각화 전략
③ 전략적 제휴
④ 아웃소싱 전략

ⒶNSWER 아웃소싱 전략(Outsourcing Strategy)은 사업부분을 외부 전문가나 기업에 위탁하여 기업의 효율을 높이는 전략이다. 비용절감과 핵심 사업부분에 집중할 수 있고 노동조합의 문제가 원만해진다는 장점이 있지만 고객에 대한 충성도 하락과 근로자들의 고용불안 등의 문제가 발생할 수 있다.

수 산 물 유 통 론

2 수산물 유통기구 및 유통경로

〈2016년 제2회〉

1 수산물 유통구조의 일반적 특징이 아닌 것은?

① 유통단계가 복잡하다.
② 영세한 출하자가 많다.
③ 소량, 반복적으로 소비한다.
④ 도매시장 중심으로 유통한다.

> **A**NSWER ④ 공판장, 수산물 위판장, 도매시장 내 중도매인의 경우를 보더라도 1~2인 정도이며, 각 전문취급 수산물로 분화되어져 영세한 규모를 지니고 있다.
> ※ **수산물 유통구조의 특징**
> ㉠ 영세성 및 과다성
> ㉡ 다단계성
> ㉢ 관행적인 거래방식
> ㉣ 등급화, 규격화, 표준화의 어려움
> ㉤ 수급조절의 곤란

〈2016년 제2회〉

2 수산물 공영도매시장에 관한 설명으로 옳지 않은 것은?

① 도매시장법인은 둘 수 있으나, 시장도매인은 둘 수 없다.
② 다수의 출하자와 구매자가 참여한다.
③ 대금을 즉시 받을 수 있는 제도적 장치가 마련되어 있다.
④ 수산물의 대량 거래가 가능하다.

> **A**NSWER 시장도매인 … 시장도매인은 농산물도매시장 또는 민영농산물도매시장의 개설자로부터 지정을 받고 농산물을 매수 또는 위탁받아 도매하거나 매매를 중개하는 영업을 하는 법인으로서, 도매시장에 입주하여 각각 산지로부터 농산물을 수탁 또는 매수하여 구매자(소매상, 대형유통업체 등)에게 판매, 물량 수집과 분산을 함께 하는 법인이다.
> ㉠ **물량집하기능** : 전국에서 생산되는 다양한 농산물을 수집하는 기능
> ㉡ **물량분산기능** : 구매자와 직접 수의매매(협상가격) 또는 중개로 판매

〈2016년 제2회〉

3 수산물 유통시장을 교란시키는 원인이 아닌 것은?

① 불법 어획물의 판매 증가
② 원산지 표시 위반
③ 중간 유통업체의 과도한 이윤
④ 다양한 유통경로의 등장

    ANSWER ④ 다양한 유통경로의 등장은 수산물 유통시장을 교란시키는 원인으로 보기 어렵다.

〈2015년 제1회〉

4 수산물의 직접적 유통 및 유통기구에 관한 설명으로 옳지 않은 것은?

① 수산업협동조합의 전문 중매인을 경유한다.
② 생산자와 소비자 사이에 직접적으로 이루어지는 것을 말한다.
③ 수산물 생산자는 생산 및 판매활동의 주체이다.
④ 수산물 유통에는 수산물과 화폐의 교환이 일어난다.

    ANSWER 수산물과 화폐의 교환이 생산자와 소비자 사이에 직접적으로 이루어지는 것을 수산물의 직접적 유통이라고
                한다. 따라서 직접적 유통은 매매 당사자 간의 거래 관계에 있어 중간상과 같은 상업 기관의 개입 없이 이루
                어진다.

〈2015년 제1회〉

5 생산자가 출어자금을 차입하여 어획한 후 차입자에게 어획물의 판매권을 양도하는 유통경로는?

① 생산자 → 산지 위판장 → 소비자
② 생산자 → 객주 → 소비자
③ 생산자 → 수집상 → 도매인 → 소비자
④ 생산자 → 수협 → 중간도매상 → 소비자

    ANSWER 차입자에게 어획물 판매권을 양도하는 유통경로
            생산자 → 객주 → 유사도매시장 → 도매상 → 소매상 → 소비자

 **A**NSWER 1.④ 2.① 3.④ 4.① 5.②

〈2015년 제1회〉

6 수산물 산지시장의 기능으로 옳지 않은 것은?

① 양륙 및 진열의 기능　　② 거래형성의 기능
③ 대금결제의 기능　　　　④ 생산 및 어획의 기능

> **A**NSWER　산지시장의 기능
> ㉠ 양륙 및 진열의 기능
> ㉡ 거래형성의 기능
> ㉢ 대금결제의 기능
> ㉣ 판매 기능

〈2015년 제1회〉

7 수산물 계통출하의 주된 유통기구는?

① 객주　　　　　　　　　② 유사도매시장
③ 인터넷 전자상거래　　　④ 수협 위판상

> **A**NSWER　④ 산지 유통은 수협 위판장을 중심으로 이루어지며, 대부분 계통출하의 형태로 이루어진다.

〈2015년 제1회〉

8 수산물 도매시장의 유통주체가 아닌 것은?

① 도매시장법인　　　　　② 시장도매인
③ 도매물류센터　　　　　④ 중도매인

> **A**NSWER　수산물 도매시장의 구성원
> ㉠ 도매시장법인
> ㉡ 시장도매인
> ㉢ 중도매인
> ㉣ 매매참가인
> ㉤ 산지유통인

〈2015년 제1회〉

9 수산물 도매시장의 중도매인 기능으로 옳지 않은 것은?

① 보관 및 포장 기능   ② 금융 기능

③ 가공 기능   ④ 수집 및 출하 기능

> **A**NSWER   중도매인의 기능
>   ㉠ 상품의 선별 기능
>   ㉡ 평가 기능
>   ㉢ 분하 기능
>   ㉣ 보관 기능
>   ㉤ 가공 기능
>   ㉥ 금융 기능

〈2015년 제1회〉

10 수산물 유통경로 중 산지 직판장 거래에 관한 설명으로 옳은 것은?

① 선도유지가 어렵다.

② 중간 유통비용이 적게 든다.

③ 저렴한 가격으로 판매가 어렵다.

④ 소비사가 수송, 보관 등을 담당한다.

> **A**NSWER   ① 선도유지가 용이하다.
>   ③ 중간 유통비용의 절감으로 소비자에게 보다 저렴한 가격으로 판매할 수 있다.
>   ④ 어업자가 수송, 보관 등을 담당한다.

11 다음 중 긴 유통경로에 관한 설명으로 옳지 않은 것은?

① 시장에서의 제한적인 진입 및 탈퇴가 이루어진다.

② 지역적으로 분산 생산이 이루어진다.

③ 표준화된 경량품이나 비부패성의 상품이 이에 해당한다.

④ 구매의 단위가 작다.

> **A**NSWER   긴 유통경로에서는 시장에서의 자유로운 진입 및 탈퇴가 이루어진다.

 **A**NSWER   6.④   7.④   8.③   9.④   10.②   11.①

12 다음 중 짧은 유통경로에 대한 내용으로 바르지 않은 것을 고르면?

① 구매의 단위가 크다.
② 구매의 빈도가 낮으며, 비규칙적이다.
③ 생산자의 수가 많다.
④ 지역적인 집중생산이 이루어진다.

    ANSWER   짧은 유통경로에서는 생산자의 수가 적다.

    ※ 유통경로

영향요인	짧은 경로	긴 경로
제품특성	• 비 표준화된 중량품, 부패성 상품 • 기술적 복잡성, 전문품	• 표준화된 경량품, 비부패성 상품 • 기술적 단순성, 편의품
수요특성	• 구매단위가 큼 • 구매빈도가 낮고 비규칙적임 • 전문품	• 구매단위가 작음 • 구매빈도가 높고 규칙적임 • 편의품
공급특성	• 생산자의 수가 적음 • 제한적인 진입 및 탈퇴 • 지역적인 집중 생산	• 생산자의 수가 많음 • 자유로운 진입 및 탈퇴 • 지역적인 분산 생산
유통비용구조	장기적 불안정 → 최적화 추구	장기적으로 안정적

13 다음 중 독립적인 중간상으로서 제품에 관한 소유권은 취득하지 않는 중간상의 유형은?

① 대리상
② 판매 대리점
③ 유통업자
④ 상인 중간상

    ANSWER   판매 대리점은 제품 또는 서비스의 판매활동기능만을 수행하고, 제품에 대한 소유권은 취득하지 않는다.

14 다음 중 아래와 같은 형태의 수산물 유통경로에 관련한 설명으로 바르지 않은 것은?

> 생산자 → [산지 도매시장(산지 수협위판장) → 산지 중도매인] → [소비지 수협공판장 → 소비지 중도매인] → 도매상 → 소매상 → 소비자

① 위 형태의 수산물 공급자는 수협에 대해서 수산물에 관한 판매를 위탁하고 수협의 책임 하에 공동판매하게 되는 유통경로의 형태를 취한다.
② 공급자의 경우 시장의 리스크가 적다.
③ 공급자는 가격결정에 있어 직접적인 참여가 가능하다.
④ 수산물에 따른 판매대금을 빠르게 수취할 수 있다.

    ANSWER   위와 같은 형태의 유통경로에 공급자는 가격결정에 있어 직접적인 참여가 불가능하다.

15 다음 중 아래와 같은 형태의 수산물 유통경로에 대한 내용으로 옳지 않은 것을 고르면?

> 생산자 → 직판장 → 소비자

① 공항이나 터미널 등에 공급자가 자신의 자금을 투하시켜 직판장을 개설하거나 또는 수협이 직판장을 개설하기도 한다.
② 중간유통비용이 증가하여 소비자들에게 고가의 가격으로 제품판매가 가능하다.
③ 공급자의 경우 자금의 투하에 대한 부담이 있을 수 있고, 보관이나 수송 등의 역할까지도 수행해야 한다는 어려움이 있다.
④ 판매루트를 줄여 선도의 유지가 가능하다.

> **A**NSWER 위와 같은 형태의 유통경로는 중간에 나타나는 유통경로를 없애고 일종의 직거래의 경로형태를 취함으로써 중간유통비용을 줄이고 소비자들에게 저렴한 가격으로 제품을 판매할 수 있다.

16 다음 산지 직거래의 문제점에 관한 내용 중 바르지 않은 것은?

① 수산물의 특성 상 공급조절은 곤란할 경우가 많다.
② 직거래의 유형이 상당히 다양하다.
③ 정부에서의 든든한 정책지원이 그 기반이 된다.
④ 거래 물량이 적은 관계로 시장 점유율이 낮다.

> **A**NSWER 산지 직거래에서는 정부에서의 정책 지원이 미흡하다.

17 다음 중 산지 직거래에 있어서의 정책방향으로 적절하지 않은 것은?

① 직거래에 대한 정부의 통제 기능을 강화하여 가격 통제 및 거래 관행 통제가 이루어져야 한다.
② 직거래 사업에 대한 장소, 시설 보조, 투자 등의 확대가 이루어져야 한다.
③ 직거래 사업을 촉진할 수 있는 조성 기능이 강화되어야 한다.
④ 정부의 소비자에 관한 행정을 약화시켜야 한다.

> **A**NSWER 정부에서는 소비자들에 대한 행정을 강화시켜야 한다.

ANSWER 12.③ 13.② 14.③ 15.② 16.③ 17.④

18 다음 중 산지 직거래 원칙으로 옳지 않은 것은?

① 생산방법이 명확해야 한다.
② 생산지와 생산자가 등이 명확해야 한다.
③ 철저한 상호교류가 이루어져야 한다.
④ 직거래 사업의 경우에는 일시성이 있어야 한다.

　　ANSWER 직거래 사업은 계속성이 있어야 한다.

19 다음 중 수산물 표준화에 관련한 내용으로 바르지 않은 것은?

① 어민들의 소득을 증가시킬 수 있다.
② 쓰레기 발생을 촉진시킨다.
③ 유통의 효율성을 높인다.
④ 공정한 거래를 촉진시킨다.

　　ANSWER 수산물 표준화로 인해 제품 품질 등에 의한 정확한 가격을 형성해서 공정한 거래를 촉진시키게 된다.

20 다음 수산물 운송에 있어서의 운송수단에 관한 설명으로 가장 옳지 않은 것을 고르면?

① 항공의 경우 신속 정확하며, 비용 또한 저렴하다.
② 화물 트럭의 경우 소량 운송이 가능하며, 단거리 수송에 가장 적합한 수단이다.
③ 철도의 경우 장거리 수송일 경우에 비용은 저렴하다.
④ 선박의 경우 신속성이 떨어지는 단점이 있다.

　　ANSWER 항공의 경우 신속하다는 이점이 있는 반면에 비용 또한 상당히 소모된다는 단점이 있다.

21 다음 중 등급화 출하에 대한 설명으로 바르지 않은 것은?

① 추가비용의 회수에 있어 위험성이 존재한다.
② 등급 간 공정가격의 형성으로 인해 가격형성의 효율성이 제고된다.
③ 산지 단계에서의 유통비용이 증가하게 된다.
④ 제품 품질의 불균일화로 인해 공정가격형성의 곤란 및 공정거래의 저해를 초래한다.

　　ANSWER ④ 산물출하에 관한 설명이다.

22 다음 중 산물출하의 내용으로 옳지 않은 것은?

① 포장에서부터 수확~출하 작업의 연계성이 용이하다.
② 도매시장의 상장경매 실시가 용이하다.
③ 품질 및 용량의 규격화 파악이 곤란하다.
④ 출하인력 및 출하작업시간의 절감으로 인해 산지단계에서의 유통비용을 절감한다.

Ⓐnswer ② 등급화 출하에 관한 설명이다.

23 다음 중 유닛로드 시스템(Unit Load System)에 대한 내용으로 바르지 않은 것은?

① 자본 집약적인 하역을 노동 집약적인 하역으로 전환시키는 시스템이다.
② 하역 시에 상품의 파손 및 분실 등의 방지를 할 수 있다.
③ 포장의 간소화 및 포장비용을 절감할 수 있다.
④ 높이 쌓기로 인해 저장 공간의 효율성을 높일 수 있다.

Ⓐnswer 유닛로드 시스템은 노동 집약적인 하역을 자본 집약적인 하역으로 전환시키는 시스템이다.

24 다음 중 수산물 유통의 기능에 있어 성격이 다른 하나는?

① 수요의 창조
② 소비자의 발견
③ 보관, 운송 등의 실물이동 기능
④ 판매조건의 상담

Ⓐnswer ①②④ 상적 유통기능에 해당하며, ③ 물적 유통기능에 해당한다.

25 다음 수산물 유통의 기능에서 매매조성 기능으로 보기 어려운 것은?

① 표준화
② 등급화
③ 시장조사
④ 수요의 창조

Ⓐnswer 매매조성 기능
ⓐ 표준화
ⓑ 등급화
ⓒ 유통교육 훈련
ⓓ 시장조사
ⓔ 시장정보 및 통신
ⓕ 유통금융 및 보험
ⓖ 유통관련 법규 및 행정체제

 Ⓐnswer 18.④ 19.② 20.① 21.④ 22.② 23.① 24.③ 25.④

26 다음 중 일반적인 경로 구성원들이 소비자들에게 제공하는 서비스에 해당하지 않는 것은?

① 대기시간
② 제품의 단일성
③ 입지의 편의성
④ 최소구매단위

     ANSWER 일반적인 경로 구성원들이 소비자들에게 제공하는 서비스
               ㉠ 대기시간
               ㉡ 입지의 편의성
               ㉢ 최소구매단위
               ㉣ 제품의 다양성

27 다음 유통경로에 대한 설명 중 집약적 유통에 관한 내용으로 적절하지 않은 것을 고르면?

① 소비자들은 제품구매에 별다른 노력을 기울이지 않게 된다.
② 충동구매가 증가하게 된다.
③ 중간상들에 대한 통제가 쉬워진다.
④ 재고 또는 주문관리 등에 있어서 어려움이 따른다.

     ANSWER 집약적 유통은 가능한 한 많은 소매상들로 해서 자사의 제품을 취급하게 하도록 함으로써 소비자들에 대한
             인지도를 확대하는 것으로 중간상들이 늘어날수록 이들에 대한 통제는 점점 더 어려워지게 된다.

28 각 판매지역별로 하나 또는 극소수의 중간상들에게 자사제품의 유통에 대한 독점권을 부여하는 방식의 전략을 전속적 유통이라고 하는데, 이에 관련한 설명으로 가장 거리가 먼 것은?

① 중간상들에게 독점판매권과 함께 높은 이익을 제공함으로써, 그들의 적극적인 판매 노력을 기대할 수 있다.
② 중간상들 대한 판매가격 및 신용정책 등에 대한 강한 통제를 행사할 수 있다.
③ 독점적으로 판매권을 허용하므로 판매기회는 더더욱 많아지게 된다.
④ 자사의 제품 이미지에 적합한 중간상들을 선택함으로써 브랜드 이미지 강화를 꾀할 수 있다.

     ANSWER 전속적 유통에서는 제한된 유통으로 인해 판매기회가 상실될 수 있다.

29 다음 중 선택적 유통에 관한 설명으로 옳지 않은 것은?

① 집약적 유통 및 전속적 유통의 중간 형태에 해당하는 전략이다

② 일정 자격을 갖춘 하나 이상 또는 소수의 중간상들에게 판매를 허가하는 전략이다.

③ 생산자는 선택된 중간상들과의 친밀한 거래관계의 구축을 통해 적극적인 판매노력을 기대할 수 있다.

④ 소비자가 구매 전 상표 대안들을 비교 및 평가하는 특성을 지닌 비탐색품에 적절한 전략이다.

ANSWER 선택적 유통에서는 소비자가 구매 전 상표 대안들을 비교 및 평가하는 특성을 지닌 선매품에 적절한 전략이다.

30 다음 중 도매시장의 기능으로 보기 어려운 것은?

① 국가 세입의 감소 및 물가정책 수행의 기능

② 수급조절의 기능

③ 거래 상 안전의 기능

④ 유통경비 절감의 기능

ANSWER 도매시장의 기능
　　　　ⓐ 수급조절의 기능
　　　　ⓑ 거래 상 안전의 기능
　　　　ⓒ 유통경비 절감의 기능
　　　　ⓓ 국가 세입의 증대 및 물가정책 수행의 기능
　　　　ⓔ 가격형성의 기능
　　　　ⓕ 위험전가 기능을 통한 보험기능의 수행
　　　　ⓖ 배급의 기능

ANSWER 26.② 27.③ 28.③ 29.④ 30.①

31 다음 중 아래의 내용이 설명하는 것은?

> 이 소매 업태는 일정액의 연회비를 받는 회원제여서 정기적이면서 안정적인 고객을 확보할 수 있으며, 대부분 도심 외곽 지역의 넓은 부지에 창고형의 매장을 갖추고 있으며, 매장의 높이는 4~5m 정도이다. 또한, 대량매입, 대량판매의 형식을 취하며, 박스 및 묶음 단위로 판매하는 것을 원칙으로 하고 있으며, 대표적인 업체로는 코스트코, 샘즈 클럽, 마크로, 킴스클럽 등이 있다.

① 하이퍼 마켓
② 카테고리 킬러
③ 회원제 창고형 도소매점
④ 할인점

> **A**NSWER 회원제 창고형 도소매점은 소비자들에게 일정한 회비를 받고 회원인 고객에게만 30~50% 할인된 가격으로 정상품을 판매하는 유통 업태이다.

32 소비자들에게 전달하는 제품과 서비스는 다양한 경로를 거쳐 목표로 한 최종 소비자에게 보내지거나 소비하게 되는데 이를 무엇이라고 하는가?

① 마케팅 믹스　　　　　　　　② 유통경로
③ 유통기관　　　　　　　　　④ 유통시장

> **A**NSWER 유통경로는 어떤 제품을 최종 소비자가 쉽게 구입할 수 있도록 해주는 과정을 의미한다.

33 다음 수산물 유통경로의 특징에 대한 내용으로 바르지 않은 것을 고르면?

① 상품성이 저하되고 많은 비용이 소모된다.
② 대형 유통업체들의 성장으로 인해 시장 외 거래가 활성화된다.
③ 영세 규모의 유통기관들이 많은 관계로 유통비용이 증가한다.
④ 효율적이면서 유통마진 또한 낮다.

> **A**NSWER 수산물 유통경로는 상대적으로 비효율적이면서 유통마진이 높다.

34 다음의 내용이 설명하는 것은?

> 이것은 배달된 상품을 수령하는 즉시 중간에 저장단계가 거의 없거나 또는 전혀 없이 배송
> 지점으로 배송하는 것을 말하는데, 즉 창고나 물류센터 등에서 수령한 상품을 창고에서 재
> 고로 보관하는 것이 아닌 즉시에 배송할 준비를 하는 물류시스템이다.

① 오더 피킹
② 크로스 도킹
③ 공급사슬관리
④ 전사적 자원관리

> **A**NSWER 크로스 도킹은 상품을 중간에 보관하는 것이 아닌 곧바로 소매 점포에 배송하는 물류시스템을 말한다. 또한
> 크로스 도킹은 입고 및 출고를 위한 모든 작업의 긴밀한 동기화를 필요로 한다.

35 다음 중 제조업체가 각 점포별 주문사항에 대한 정보를 사전에 알고 있어야 하며, 이러한 방법에 의해 제조업체에게 종종 추가적인 비용을 발생시키는 물류 용어를 무엇이라고 하는가?

① 오더 피킹
② 파렛트 크로스 도킹
③ 케이스 크로스 도킹
④ 사전 분류된 파렛트 크로스 도킹

> **A**NSWER 사전 분류된 파렛트 크로스 도킹은 사전에 제조업체가 상품을 피킹 및 분류해서 납품할 각 점포별로 파렛트
> 에 적재해서 배송하는 형태를 취하고 있으며, 이러한 경우에 제조업체가 각 점포별 주문사항 등에 대한 정보
> 를 사전에 인지해야 가능한 방식이다.

36 다음 중매상(중도매인)에 관한 내용으로 옳지 않은 것은?

① 경매 또는 입찰을 통해 매입해서 판매하는 상인으로 도매시장에서의 중도매인을 의미한다.
② 상장예외 품목은 중도매인이 직접적으로 위탁받아 판매한다.
③ 도매인과 소매인의 중간에서 소량매매를 한다.
④ 생산자의 판매가격과 더불어 매출인의 구입가격도 중도매인이 결정한다.

> **A**NSWER 중매상(중도매인)은 도매인과 소매인의 중간에서 대량매매를 한다.

ANSWER 31.③ 32.② 33.④ 34.② 35.④ 36.③

37 다음의 내용을 읽고 괄호 안에 들어갈 말을 순서대로 바르게 나열한 것을 고르면?

> (㉠)은/는 대형화된 슈퍼마켓에 할인점을 접목시켜서 상품을 저가로 판매하는 소매업체를 가리키는 개념으로 식품 및 비식품 등을 풍부하게 취급하고 대규모의 주차장을 보유한 매장면적 2,500m² 이상의 소매 점포를 의미하며, (㉡)은/는 소완구용품, 아동의류, 스포츠용품, 식품 인터넷 포털사이트, 가전제품, 가구 등과 같이 상품 분야별로 여러 곳에 특화된 전문 매장을 지니고 이를 집중적으로 판매하는 소매 업태를 일컫는다.

① ㉠ 회원제 창고형 도소매점   ㉡ 하이퍼마켓
② ㉠ 카테고리 킬러   ㉡ 하이퍼마켓
③ ㉠ 카테고리 킬러   ㉡ 회원제 창고형 도소매점
④ ㉠ 하이퍼마켓   ㉡ 카테고리 킬러

ANSWER 하이퍼마켓은 대형화된 슈퍼마켓에 할인점을 접목시켜서 상품을 저가로 판매하는 소매업체를 가리키는 개념으로 식품 및 비식품 등을 풍부하게 취급하고 대규모의 주차장을 보유한 매장면적 2,500m² 이상의 소매 점포를 의미하며, 카테고리 킬러는 소완구용품, 아동의류, 스포츠용품, 식품 인터넷 포털사이드, 가진제품, 가구 등과 같이 상품 분야별로 여러 곳에 특화된 전문 매장을 지니고 이를 집중적으로 판매하는 소매 업태를 일컫는다.

38 다음 수산물 유통의 매매조성 기능에서 실물적 위험에 해당하지 않는 것은?

① 화재   ② 기호변화
③ 부패   ④ 가격저하

ANSWER 실물적 위험에는 화재, 부패, 가격저하, 도난 등으로 인한 위험 등이 있다.

39 다음 수산물 유통 기능 중 경제적 리스크를 예방하는 방법에 해당하지 않는 것은?

① 손해보험제도   ② 계약 재배
③ 헷징 (Hedging)   ④ 선물거래

ANSWER 수산물 유통 기능 중 경제적 리스크를 예방하는 방법으로는 계약 재배, 헷징(Hedging), 선물거래 등이 있다.

40 수산물 유통기능은 크게 기본기능과 보조적 기능으로 분류되어진다. 다음 중 기본기능에서 경영적 기능에 해당하는 것으로 올바른 것을 고르면?

① 하역 ② 운송
③ 의사결정 기능 ④ 가공

Ⓐnswer ①②④ 실물이동 기능에 속하며, ③ 경영적 기능에 속한다.

41 다음 수산물 유통활동 중 물적 유통활동에 해당하지 않는 것을 고르면?

① 냉장 및 냉장 ② 상거래 활동
③ 하역 및 수송 ④ 정보의 검색

Ⓐnswer 물적 유통활동은 수산물 자체의 이전에 대한 활동을 의미하는데 이는 보관활동, 운송활동, 정보전달활동 등이 있다. ② 상적 유통활동에 속하는 내용이다.

42 다음 중 수산물 유통의 특징으로 보기 어려운 것은?

① 구매에 있어서의 소량 분산성
② 생산물의 균질화 및 규격화의 어려움
③ 가격의 고정성
④ 유통경로의 다양성

Ⓐnswer 수산물 유통의 특징
㉠ 가격의 변동성
㉡ 유통경로의 다양성
㉢ 구매에 있어서의 소량 분산성
㉣ 생산물의 균질화 및 규격화의 어려움

43 다음 수산물의 유통기능 중 소비자들이 원하는 시점에 언제라도 구입이 가능하도록 하는 기능은?

① 운송기능 ② 집적기능
③ 보관기능 ④ 선별기능

Ⓐnswer 보관기능은 소비자들이 원하는 시점에 언제라도 구입이 가능하도록 하는 수산물을 보관하고 소비자들이 구입하고자 할 때 다시 말해 적시에 수산물을 공급하는 역할을 수행하게 된다.

 Ⓐnswer 37.④ 38.② 39.① 40.③ 41.② 42.③ 43.③

44 다음 중 도매시장 법인 개설을 위한 조건으로 바르지 않은 것은?

① 도매 업무에 관한 수행능력의 보유
② 자격 조건을 갖춘 경매사의 확보
③ 법정 기준 보증금 및 운전자금에 대한 확보
④ 5년 이상의 업무 경력자 1인을 확보해야 한다.

ANSWER 2년 이상의 업무 경력자 2인 이상을 확보해야 한다.

45 다음 수산물 도매시장의 구성원에 관한 설명 중 도매시장 법인에 대한 내용이 아닌 것은?

① 수집상에게 출하 받은 제품을 상장해서 매매한다.
② 경매로 가격을 형성하고, 금융결제의 기능은 지니지 않는다.
③ 도매시장의 개설자가 지정한다.
④ 공급자 또는 산지의 출하자로부터 수산물을 위탁받아서 도매를 대행하는 판매대행 상인이다.

ANSWER 도매시장 법인은 경매로 가격을 형성하게 되고 금융결제의 기능을 지닌다.

46 다음 수산물 도매시장의 구성원에 대한 내용 중 중도매인에 관련한 설명으로 바르지 않은 것은?

① 거래 의무 및 책임을 부여하고 금융결제의 기능을 수행한다.
② 경매 및 입찰 등에 참가해서 가격을 결정한다.
③ 소매 시장 개설자가 허가한다.
④ 구입한 수산물에 대해 일시적인 보관, 포장 및 가공기능 등을 수행한다.

ANSWER 중도매인은 도매 시장 개설자가 허가한다.

47 다음 수산물 도매시장의 구성원에 대한 내용 중 산지 유통인에 대한 내용으로 옳지 않은 것은?

① 일종의 구매자로서 중도매인과 동일한 참가권을 지니게 된다.
② 매수 및 판매 또는 중개 업무 등은 금지된다.
③ 정보의 전달, 산지 개발 및 신제품에 대한 개발 기능을 지닌다.
④ 수집상으로서 전국 산지의 여러 가지의 수산물을 수집한다.

ANSWER ① 수산물 도매시장의 구성원 중 매매참가인에 관한 내용이다.

48 다음 중 산지 도매시장의 구비조건으로 바르지 않은 것을 고르면?

① 어장과 가까이 위치한 곳

② 고가격을 받을 수 있는 곳

③ 하역 및 접안 등이 용이한 곳

④ 공급자에게 보관이 유리한 조건을 제공하는 곳

> **A**NSWER 산지 도매시장의 구비조건
> ㉠ 어장과 가까이 위치한 곳
> ㉡ 고가격을 받을 수 있는 곳
> ㉢ 하역 및 접안 등이 용이한 곳
> ㉣ 선박에 대한 수리 및 필수용품의 조달이 가능한 곳
> ㉤ 운송 시설, 냉장 및 냉동시설, 선구점 등을 구비한 곳
> ㉥ 공급자(생산자)에게 판매에 있어서 유리한 조건을 제공할 수 있는 곳

49 다음 중 수산물 산지 도매시장의 기능으로 바르지 않은 것은?

① 대금결제에 대한 기능

② 도매시장의 고급스런 인테리어 기능

③ 판매와 거래 형성에 대한 기능

④ 어획물의 양륙 및 진열의 기능

> **A**NSWER 수산물 산지 도매시장의 기능
> ㉠ 대금결제의 기능
> ㉡ 어획물의 양륙 및 진열의 기능
> ㉢ 판매와 거래 형성의 기능

50 다음 중 수산물 소비지 도매시장의 필요성에 대한 설명으로 가장 거리가 먼 것은?

① 수요에 대응 가능한 다종의 다양한 제품의 집중화

② 안정된 공급 판로를 제공해서 공정한 거래를 통한 이익의 추구

③ 다양한 제품을 수요에 맞게 장소를 불문하고 거래함으로써 수요 및 공급 등에 의한 적정한 가격의 형성과 더불어 효율적인 전문화 수행

④ 영세한 생산 및 소비를 연결시켜 주는 전문적 상업 기능의 필요

> **A**NSWER 다양한 제품을 특정 장소에서 집중적으로 거래함으로써 수요 및 공급 등에 의한 적정한 가격의 형성과 더불어 효율적인 전문화 수행한다.

 ANSWER 44.④ 45.② 46.③ 47.① 48.④ 49.② 50.③

51 다음 중 소비지 도매시장의 기능으로 바르지 않은 것은?

① 공정하면서도 타당한 가격 형성의 기능
② 산지 시장으로부터의 약한 집하 기능
③ 현금에 의한 빠르면서도 정확한 대금결제의 기능
④ 도시의 수요자에게 유통 및 분산시키는 기능

ANSWER 산지 시장으로부터의 강한 집하 기능이다.

52 다음 중 도지사의 허가로 개설되며 도매 법인이 운영하는 소비지 도매시장은?

① 유사 도매시장
② 수협 공판장
③ 지방 도매시장
④ 중앙 도매시장

ANSWER 지방 도매시장은 도지사의 허가로 개설되고, 도매 법인이 운영하는 소비시 도매시장이다.

53 다음 수산물 유통경로 중 수협 위탁 유통경로를 바르게 표현한 것은?

① 생산자 → 산지 두매시장 → 산지 중도매인 → 소비지 수협 공판장 → 소비지 중도매인 → 도매상 → 소매상 → 소비자
② 생산자 → 산지 도매시장 → 소비지 수협 공판장 → 소비지 중도매인 → 산지 중도매인 → 도매상 → 소매상 → 소비자
③ 생산자 → 산지 중도매인 → 소비지 중도매인 → 산지 도매시장 → 도매상 → 소매상 → 소비지 수협 공판장 → 소비자
④ 산지 도매시장 → 생산자 → 소비지 중도매인 → 소비지 수협 공판장 → 도매상 → 산지 중도매인 → 소매상 → 소비자

ANSWER 수협 위탁 유통경로 … 생산자 → 산지 도매시장 → 산지 중도매인 → 소비지 수협 공판장 → 소비지 중도매인 → 도매상 → 소매상 → 소비자

54 다음 수산물 유통경로 과정에서 산지 유통인에 의한 유통경로를 바르게 표현한 것은?

① 산지 중도매인 → 수집상 → 생산자 → 산지 도매시장 → 소비지 중앙 도매시장 → 소비지 중도매인 → 도매상 → 소매상 → 소비자

② 수집상 → 소비지 중앙 도매시장 → 산지 중도매인 → 생산자 → 산지 도매시장 → 소비지 중도매인 → 도매상 → 소매상 → 소비자

③ 산지 도매시장 → 산지 중도매인 → 수집상 → 생산자 → 소비지 중도매인 → 도매상 → 소매상 → 소비지 중앙 도매시장 → 소비자

④ 생산자 → 산지 도매시장 → 산지 중도매인 → 수집상 → 소비지 중앙 도매시장 → 소비지 중도매인 → 도매상 → 소매상 → 소비자

> ᴀNSWER 산지 유통인에 의한 유통경로 … 생산자 → 산지 도매시장 → 산지 중도매인 → 수집상 → 소비지 중앙 도매시장 → 소비지 중도매인 → 도매상 → 소매상 → 소비자

55 다음 그림과 관련된 설명으로 보기 어려운 것을 고르면?

생산자	→	전자상거래	→	소비자

① 여러 통신 수단들을 통해서 생산물들을 직접 판매
② 소비자가 판매 전문 사이트를 통해서 거래하며 판매 수수료를 지불
③ 생산자 및 소비자가 온라인상에서 직접 거래
④ 생산자가 자신의 홈페이지를 만들어 제품 주문을 접수하며 판매

> ᴀNSWER 생산자가 판매 전문 사이트를 통해서 거래하며 판매 수수료를 지불한다.

56 다음 중 수산물 유통마진에서의 특징으로 볼 수 없는 것은?

① 유통 안정성이 낮은 편이다.
② 유통 단계가 상당히 단순하다.
③ 유통 마진이 높은 편이다.
④ 유통 과정에서 제품의 품질에 대한 변화 가능성이 높다.

> ᴀNSWER 수산물은 유통 단계가 복잡하면서도 다양하다는 특징이 있다.

ᴀNSWER 51.② 52.③ 53.① 54.④ 55.② 56.②

57 다음 중 객주 경유 유통경로를 순서대로 바르게 나열한 것을 고르면?

① 생산자 → 도매상 → 소매상 → 객주 → 유사 도매시장 → 소비자
② 생산자 → 객주 → 도매상 → 유사 도매시장 → 소매상 → 소비자
③ 생산자 → 객주 → 유사 도매시장 → 도매상 → 소매상 → 소비자
④ 생산자 → 소매상 → 객주 → 유사 도매시장 → 도매상 → 소비자

Aɴsᴡᴇʀ 객주 경유 유통경로 … 생산자 → 객주 → 유사 도매시장 → 도매상 → 소매상 → 소비자

58 다음 중 시설에 대한 자금의 부담을 지고 있지만 판매 경로의 단축으로 인해 선도 유지를 향상시키고, 중간 비용을 절감할 수 있어서 최근 선호를 받고 있는 유통경로는?

① 직판장 개설 유통경로
② 산지 유통인에 의한 유통경로
③ 수협 위탁 유통경로
④ 전자상거래에 의한 유통경로

Aɴsᴡᴇʀ 직판장 개설 유통경로는 생산자 또는 해당 단체 등에서 직판장을 만들어 소비자들에게 판매하는 형태를 취하고 있으며, 특히 버스 터미널, 고속도로 휴게소, 공항 등에서 생산자 직판장을 운영하고 있다.

59 다음 중 수협이 개설하고 운영하는 일종의 산지 시장으로 어획물 양륙 및 1차 가격의 형성, 분배기능 등을 지고 있는 것을 무엇이라고 하는가?

① 대형마트   ② 공판장
③ 농수산물 시장   ④ 위판장

Aɴsᴡᴇʀ 수협이 개설하고 운영하는 일종의 산지 시장으로 어획물 양륙 및 1차 가격의 형성, 분배기능 등을 지고 있는 것을 위판장이라고 한다.

60 다음 중 중도매 마진을 바르게 표현한 것은?

① 중도매자진＝소매가격－중도매가격
② 중도매마진＝출하자수취가격－생산자수취가격
③ 중도매마진＝중도매가격－도매시장가격
④ 중도매마진＝도매시장가격－출하자수취가격

Aɴsᴡᴇʀ 중도매마진＝중도매가격－도매시장가격

61 아래의 내용은 유통경로의 유용성 중 무엇에 대한 것인가?

> 점포의 위치, 설비, 진열, 인테리어, 조명 등의 물적 요인과 판매원들의 친절이나 봉사 등
> 의 인적요인이 서로 조화를 이루어 소비자들의 니즈를 충족시켜 줄 수 있다.

① 쇼핑의 즐거움 제공
② 제품구색 불일치의 완화
③ 거래의 표준화
④ 생산 및 소비의 연결

> Aɴsᴡᴇʀ 쇼핑의 즐거움 제공은 점포의 위치, 설비, 진열, 인테리어, 조명 등의 물적 요인과 판매원들의 친절이나 봉사
> 등의 인적요인이 서로 조화를 이루어 소비자들의 니즈를 충족시켜 줄 수 있다.

62 복수 유통경로의 설명으로 바르지 않은 것을 고르면?

① 세분화된 개별시장에 접근하는 것이 효율성이 큰 방식이다.
② 판매범위가 넓다.
③ 판매량이 크게 증가한다.
④ 동일한 제품에 대해 1개의 경로를 동시에 활용하는 유통경로로써, 주로 가전제품의 유통
경로 등에 이용된다.

> Aɴsᴡᴇʀ 복수 유통경로는 동일한 제품에 대해 2개 이상의 경로를 동시에 활용하는 유통경로로써, 주로 가전제품의 유
> 통경로 등에 이용된다.

63 다음 중 다중 유통경로에 대한 설명으로 바르지 않은 것을 고르면?

① 동일한 시장을 대상으로 동일한 제품 및 서비스를 복수 이상의 경로로 공급하는 방식이다.
② 복수 유통경로보다 유통경로 간의 갈등이 더 심화되는 문제점이 있다.
③ 특정 경로에 대한 의존도가 높아질 수 있다.
④ 동시에 여러 세분시장을 포괄할 수 있다.

> Aɴsᴡᴇʀ 다중 유통경로는 특정 경로에 대한 의존도를 줄일 수 있다.

Aɴsᴡᴇʀ   57.③ 58.① 59.④ 60.③ 61.① 62.④ 63.③

64 아래의 내용 중 수직적 마케팅시스템의 특징으로 잘못 설명된 것은?

① 총유통비용의 절감 가능하다.
② 자원 및 원재료 등의 안정적 확보가 불가능하다.
③ 각 유통단계에서의 전문화 상실될 우려가 있다.
④ 혁신적인 기술의 보유가 가능하다.

　　ANSWER　수직적 마케팅시스템은 자원 및 원재료 등의 안정적인 확보가 가능하다.

65 아래의 글을 읽고 괄호 안에 들어갈 말로 가장 적절한 것을 고르면?

> (　　　　　)은/는 제품이 제조업자에서 소비자에게 이전되는 과정의 유통단계를 집중 적으로 관리하고 계획한 유통경로로써, 프랜차이즈 시스템이 대표적이다.

① 수직적 마케팅시스템
② 수평적 마케팅시스템
③ 유통경로시스템
④ 복수경로 마케팅시스템

　　ANSWER　수직적 마케팅 시스템(VMS : Vertical Marketing System)은 제품이 제조업자에서 소비자에게 이전되는 과정이 유통단계를 집중적으로 관리하고 계획한 유통경로로써, 프랜차이즈 시스템이 대표적이다.

66 아래의 내용을 읽고 괄호 안에 들어갈 말을 순서대로 바르게 나타낸 것은?

> (㉠)은/는 유통경로상의 한 구성원이 다음 단계의 경로 구성원을 소유에 의해 지배하는 형태이고, (㉡)은/는 유통경로상의 상이한 단계에 있는 독립적인 유통기관들이 상호 경제적인 이익을 달성하기 위하여 계약을 기초로 통합하는 형태이며, (㉢)은/는 경로 리더에 의해 생산 및 유통단계가 통합되어지는 형태로, 일반적으로 경로 구성원들이 상이한 목표를 가지고 있기 때문에 이를 조정 및 통제하는 일이 어렵다.

	㉠	㉡	㉢
①	관리형 수직적 마케팅시스템	기업형 수직적 마케팅시스템	계약형 수직적 마케팅시스템
②	기업형 수직적 마케팅시스템	관리형 수직적 마케팅시스템	계약형 수직적 마케팅시스템
③	기업형 수직적 마케팅시스템	계약형 수직적 마케팅시스템	관리형 수직적 마케팅시스템
④	관리형 수직적 마케팅시스템	계약형 수직적 마케팅시스템	기업형 수직적 마케팅시스템

ANSWER 기업형 수직적 마케팅시스템은 유통경로상의 한 구성원이 다음 단계의 경로 구성원을 소유에 의해 지배하는 형태이고, 계약형 수직적 마케팅시스템은 유통경로상의 상이한 단계에 있는 독립적인 유통기관들이 상호 경제적인 이익을 달성하기 위하여 계약을 기초로 통합하는 형태이며, 관리형 수직적 마케팅시스템은 경로 리더에 의해 생산 및 유통단계가 통합되어지는 형태로, 일반적으로 경로 구성원들이 상이한 목표를 가지고 있기 때문에 이를 조정 및 통제하는 일이 어렵다.

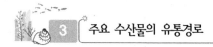

3 주요 수산물의 유통경로

〈2016년 제2회〉

1 선어의 유통과정에 관한 설명으로 옳지 않은 것은?

① 산지위판장에서는 경매 전에 양륙과 배열을 한다.
② 산지 경매 이후에 재선별이나 재입상을 한다.
③ 산지 입상과정에서 선어용은 스티로폼 상자, 냉동용은 골판지 상자에 입상된다.
④ 소비지 도매시장에서 소매용으로 재선별한다.

> **ANSWER** ④ 소비지 도매시장에서는 산지에서부터 집하한 수산물을 소비지 소매기구인 재래시장이나 소매점, 식당 등과 거래한다.

〈2016년 제2회〉

2 냉동 수산물의 상품적 기능으로 옳지 않은 것은?

① 수산물을 연중 소비할 수 있도록 한다.
② 보관을 통해 수산물의 품질을 높인다.
③ 부패하기 쉬운 수산물의 보관·저장성을 높인다.
④ 계절적 일시 다량 어획으로 인한 수산물의 가격 폭락을 완충해 준다.

> **ANSWER** 통상적으로 냉동 수산물은 선어에 비해서 선도가 낮다. 한 번 동결한 수산물의 경우에는 육질에 포함된 수분 등이 얼면서 팽창하므로 동일한 수산물의 경우 질감이 떨어지게 되므로 동일한 조건이라면 선어에 비해 가격 이 상대적으로 낮은 경향이 있다.

〈2016년 제2회〉

3 양식 굴의 유통에 관한 설명으로 옳은 것은?

① 국내 소비는 가공굴 위주이다.
② 국내 소비용 생굴(알굴)은 식품안전을 위해 가열하여 유통한다.
③ 껍질 채로 유통되기도 한다.
④ 수출은 생굴(알굴)이 많다.

> **ANSWER** ① 국내 소비는 생굴 위주이다.
> ② 국내 소비용 생굴은 가열하지 않고 유통한다.
> ④ 수출은 가공굴이 많다.

〈2016년 제2회〉

4 수산가공품의 유통이 가지는 특성이 아닌 것은?

① 부패 억제를 통해 장기 저장이 가능하다.
② 소비자의 다양한 기호를 만족시킬 수 있다.
③ 공급을 조절할 수 있다.
④ 저장성이 높을수록 일반 식품과 유통결로가 다르다.

ANSWER ④ 저장성이 낮을수록 일반 식품과 유통경로가 다르다.

〈2015년 제1회〉

5 선어의 유통에 관한 설명으로 옳지 않은 것은?

① 일반적으로 비계통출하 보다 계통출하 비중이 높다.
② 빙수장이나 빙장 등이 필요하다.
③ 고등어는 갈치의 유통경로와 매우 유사하다.
④ 선어는 원양에서 어획된 것이 대부분이다.

ANSWER ④ 선어는 주로 우리나라의 연근해에서 어획된 것이 대부분이다.

〈2015년 제1회〉

6 냉동수산물에 관한 설명으로 옳지 않은 것은?

① 냉동수산물의 유통경로는 단순하다.
② 냉동수산물의 운송은 주로 냉동탑차에 의해 이루어진다.
③ 냉동수산물은 대부분 수협 위판장을 거치지 않는다.
④ 냉동수산물은 동결 상태로 유통된다.

ANSWER ① 냉동수산물의 유통경로는 보관의 장기성, 유통 과정의 취급 용이성 등에 의해 다양하다.

ANSWER 1.④ 2.② 3.③ 4.④ 5.④ 6.①

7 현재 우리나라에서 생산되는 양식 어종 중 유통량이 가장 많은 것은?

① 도다리 ② 조피볼락
③ 넙치 ④ 참돔

> **A**NSWER ③ 2014년도 어류양식 총생산량은 83,437톤으로 그 중 넙치류(52.0%), 조피볼락(29.5%), 숭어류(5.8%), 참돔 (4.9%) 순으로 생산량이 많았다.

8 활어의 유통에 관한 설명으로 옳지 않은 것은?

① 일반적으로 계통출하 보다 비계통출하의 비중이 높다.
② 산지유통과 소비지유통으로 구분된다.
③ 공영도매시장에서 주로 이루어지고 있다.
④ 다른 수산물에 비해 차별적인 유통기술이 필요하다.

> **A**NSWER ③ 민간도매시장에서 주로 이루어지고 있다.

9 저온상태를 유지하면서 수산물을 유통하는 방식은?

① 수산물유통이력제 ② 콜드 체인
③ 쿼터제 ④ 짓가림제

> **A**NSWER ② 저온유통을 콜드 체인이라고 하며, 2℃ 이하의 온도에서 관련 상품을 취급한다.

10 다음 중 국내 수산물 생산량이 산지에 양륙될 시에 활어가 차지하는 비중은 대략 얼마인가?

① 48.7% ② 53.5%
③ 66.7% ④ 70.5%

> **A**NSWER 국내 수산물 생산량이 산지에 양륙될 시에 활어가 차지하는 비중은 대략 53.5%이다.

11 다음 중 수산 생물자원의 특징에 대한 설명으로 바르지 않은 것은?

① 생산 장소의 특성 상 기상 등의 영향을 많이 받게 된다.
② 이동성을 지니고 있고 주인이 명확하며 관리가 용이하다.
③ 생산물의 부패 및 변질이 쉽게 나타난다.
④ 계속적인 생산이 가능하다.

    🅰NSWER   수산 생물자원은 이동성을 지니며, 주인이 명확하지 않고 관리가 어렵다는 특징이 있다.

12 다음의 내용을 읽고 괄호 안에 들어갈 말로 옳은 것은?

> 활어 소비지 유통에서 규모 있는 유통기구는 (   )이며, 공영 도매시장보다는 유사 도매시장이라 하는 민간 도매시장의 활어 취급비중이 높다.

① 산지 도매시장   ② 산지 소매시장
③ 소비지 소매시장   ④ 소비지 도매시장

    🅰NSWER   활어 소비지 유통에서 규모 있는 유통기구는 소비지 도매시장이며, 공영 도매시장보다는 유사 도매시장이라 하는 민간 도매시장의 활어 취급비중이 높다.

13 다음 내용의 괄호 안에 들어갈 말로 가장 적절한 것을 고르면?

> (   ) 이후에 제5차 경제개발 계획으로 인해 수산 진흥책을 수립해서 원양 어업의 활성화를 꾀하였다.

① 1940년대   ② 1950년대
③ 1960년대   ④ 1980년대

    🅰NSWER   1960년대 이후에 제5차 경제개발 계획으로 인해 수산 진흥책을 수립해서 원양 어업의 활성화를 꾀하였다.

    🅰NSWER   7.③   8.③   9.②   10.②   11.②   12.④   13.③

14 다음 중 선어에 대한 설명으로 바르지 않은 것은?

① 어획과 동시에 신선냉장 처리 또는 저온 보관 등을 통해 냉동하지 않은 원어 상태에서 수산물이다.
② 선어의 상태에서 최상으로 유지하기 위해서는 저온의 유지를 통한 빠른 유통이 빠질 수 없다.
③ 선어 유통은 생산에서부터 소비에 이르기까지 저온의 밀폐된 공간이나 또는 수송차량에서만 이루어진다.
④ 국내의 경우 대부분이 빙장을 활용하고 있다.

    ANSWER 선어 유통은 생산에서부터 소비에 이르기까지 저온의 밀폐된 공간이나 또는 수송차량에서만 이루어지는 것이 아니기 때문에 상온에서의 선도를 유지하는 방법에는 빙장 및 빙수장 이라는 방식을 활용하게 된다.

15 다음 수산업에 관련한 내용 중 동해에 대한 설명으로 가장 거리가 먼 것은?

① 해저가 급경사를 이루고 있다.
② 염분 34.0~34.1%인 동해 고유수가 존재한다.
③ 평균 수심은 대략 1,000m이다.
④ 북한한류 및 동한난류가 서로 만나 조경을 이루어서 어족이 상당히 풍부하다.

    ANSWER 동해의 평균 수심은 대략 1,700m이며, 깊은 곳의 경우에는 대략 4,000m이다.

16 냉동 수산물의 경우 양륙되거나 또는 수입 이후에 곧바로 소비되어지지 않으며 먼저 몇 도 이하의 냉동냉장창고에 보관하게 되는가?

① -12℃   ② -14℃
③ -16℃   ④ -18℃

    ANSWER 냉동 수산물의 경우 양륙되거나 수입 이후에 곧바로 소비되어지지 않으며 먼저 -18℃ 이하의 냉동냉장창고에 보관하게 된다.

17 다음 중 국내 수산업에 관한 내용으로 가장 옳지 않은 것은?

① 3면이 바다로 둘러싸여 있어서 수산업을 하기에는 더 없이 좋은 조건을 갖추고 있다.
② 한류 및 난류의 교차로 인해 수산자원이 풍부하다.
③ 한류에는 북한 한류 및 리만 한류가 있으며, 난류에는 동한 난류 및 쓰시마 난류 등이 있다.
④ 수산물의 생산물은 연간 300백만 톤을 상회하고 있으며, 최근에 들어 더욱 증가하고 있다.

    ANSWER 수산물의 생산물은 연간 300백만 톤을 상회하고 있으며, 최근에 들어서는 감소 추세에 있다.

18 다음의 내용을 읽고 괄호 안에 들어갈 말로 가장 적절한 것을 고르면?

> 선어가 저온 (　　　)의 상태에서 유통되어지는 저온 유통일 경우에 냉동 수산물은 통상
> 적으로 −18℃ 이하로 운반 및 보관되어진다.

① 0~2℃　　　　　　　　　　　② 2~4℃

③ 4~6℃　　　　　　　　　　　④ 6~8℃

> **A**NSWER 선어가 저온 0~2℃의 상태에서 유통되어지는 저온 유통일 경우에 냉동 수산물은 통상적으로 −18℃ 이하로
> 운반 및 보관되어진다.

19 다음 중 세계 3대 어장에 해당하지 않는 것은?

① 북해 어장

② 태평양 북부 어장

③ 인도양 남부 어장

④ 대서양 북서부 어장

> **A**NSWER 세계 3대 어장
> 　　　　㉠ 태평양 북부 어장
> 　　　　㉡ 북해 어장
> 　　　　㉢ 대서양 북서부 어장

20 다음 중 수산물 유통에 있어서의 문제점으로 보기 어려운 것은?

① 장기적인 공급 관리가 이루어지지 않는다.

② 규격화 및 등급화가 미흡한 상태이다.

③ 생산자는 소수이고, 대부분이 대규모이다.

④ 상품의 특성 상 장기적인 저장이 어렵다.

> **A**NSWER 수산물 유통에 있어서의 문제점
> 　　　　㉠ 생산자는 다수이고, 대부분이 소규모이다.
> 　　　　㉡ 장기적인 공급 관리가 이루어지지 않는다.
> 　　　　㉢ 유통과정에 있어 자동화가 미흡한 상태이다.
> 　　　　㉣ 규격화 및 등급화가 미흡한 상태이다.
> 　　　　㉤ 지나치게 많은 유통단계가 존재한다.
> 　　　　㉥ 상품의 특성 상 장기적인 저장이 어렵다.

수산물유통론

21 다음 중 국내 수산업의 진흥을 위한 대책으로 바르지 않은 것은?

① 연안 어업에 대한 지속적인 육성

② 양식업에 대한 개발 및 새로운 어장의 개척

③ 어업 경영의 합리화 및 어민 후계자의 육성

④ 수산물에 대한 안정적인 공급

> **A**NSWER 원양어업에 대한 지속적인 육성을 해야 한다.

22 다음 중 수산물 유통환경의 변화를 잘못 설명한 것은?

① 유통경로에 있어서의 다원화

② 도매유통구조의 변화 및 판매자 중심으로의 유통체제 전환

③ 수요 및 소비구조에 있어서의 변화

④ 생산 및 공급구조에 있어서의 변화

> **A**NSWER 수산물 유통환경의 변화
> ㉠ 유통경로에 있어서의 다원화
> ㉡ 생산 및 공급구조에 있어서의 변화
> ㉢ 수요 및 소비구조에 있어서의 변화
> ㉣ 지식정보화시대 및 디지털 경제로의 도래
> ㉤ 소매유통구조의 변화 및 소비자 중심으로의 유통체제 전환

23 다음 해저 지형에 대한 설명 중 대륙붕에 대한 내용으로 바르지 않은 것은?

① 해안선에서 완만한 경사를 따라 수심 200m까지의 해저 지형이다.

② 세계 주요 어장을 형성하고 있다.

③ 평균 폭은 75km이다.

④ 전체 해양면적의 12%를 차지하고 있다.

> **A**NSWER 대륙붕은 전체 해양면적의 7.6%를 차지하고 있다.

24 다음 중 수산물 유통에 있어서의 개선방안으로 옳지 않은 것을 고르면?

① 경영적인 유통기능의 효율화

② 실물적인 유통기능의 효율화

③ 소유권 이전 기능의 효율화

④ 단기적인 공급 관리

ANSWER 수산물 유통의 개선 방안
        ㉠ 가격에 따른 생산 반응
        ㉡ 경영적인 유통기능의 효율화
        ㉢ 소유권 이전 기능의 효율화
        ㉣ 장기적인 공급 관리
        ㉤ 수요 및 가격과 소득
        ㉥ 실물적인 유통기능의 효율화

25 다음의 내용을 읽고 괄호 안에 들어갈 말을 순서대로 바르게 나열한 것은?

> 해수의 온도 측면에서 보면, 태양의 복사열로 인해 위도가 (   ), 수심이 (   ) 수온이 높다.

① ㉠ 낮을수록, ㉡ 얕을수록
② ㉠ 높을수록, ㉡ 깊을수록
③ ㉠ 낮을수록, ㉡ 깊을수록
④ ㉠ 높을수록, ㉡ 얕을수록

    ANSWER 해수의 온도 측면에서 보면, 태양의 복사열로 인해 위도가 낮을수록, 수심이 얕을수록 수온이 높다.

26 다음 중 수산물의 가격이 결정되어지는 곳은?

① 소비지 도매시장   ② 산지 소매시장
③ 산지 위판장   ④ 소비지 소매시장

    ANSWER 수산물의 경우에는 산지 위판장에서 입찰을 통해 가격이 결정되어진다.

27 다음 중 수산자원에 관한 내용으로 바르지 않은 것은?

① 점점 사라져가는 육상에서의 식량 자원을 대체
② 해조류 및 어패류 등의 식량 소재
③ 해수에 녹아 있는 용존 광물로부터 자원 생산
④ 동물성 단백질의 주요 공급원

    ANSWER ③ 광물자원에 대한 내용이다.

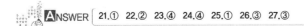

ANSWER   21.① 22.② 23.④ 24.④ 25.① 26.③ 27.③

28 다음의 내용 중 성격이 다른 하나는?

① 지구 생태계의 파괴
② 기름의 유출 및 해상 쓰레기의 투기
③ 부영양화로 인한 수산 생물의 감소
④ 양식 생물의 대량 폐사

ANSWER ①③④ 해양 오염의 영향을 설명한 것이고, ② 해양 오염의 원인을 설명한 것이다.

29 다음 중 해양 생물의 먹이 사슬을 바르게 표현한 것은?

① 영양 염류 → 동물 플랑크톤 → 식물 플랑크톤 → 작은 어류 → 큰 어류 → 영양 염류
② 영양 염류 → 작은 어류 → 동물 플랑크톤 → 식물 플랑크톤 → 큰 어류 → 영양 염류
③ 영양 염류 → 동물 플랑크톤 → 식물 플랑크톤 → 큰 어류 → 작은 어류 → 영양 염류
④ 영양 염류 → 식물 플랑크톤 → 동물 플랑크톤 → 작은 어류 → 큰 어류 → 영양 염류

ANSWER 해양 생물의 먹이 사슬
영양 염류 → 식물 플랑크톤 → 동물 플랑크톤 → 작은 어류 → 큰 어류 → 영양 염류

30 다음 중 어업관리의 강도를 큰 순서대로 열거하면?

① 신고어업 > 허가어업 > 면허어업   ② 면허어업 > 신고어업 > 허가어업
③ 면허어업 > 허가어업 > 신고어업   ④ 허가어업 > 면허어업 > 신고어업

ANSWER 어업관리의 강도
면허어업 > 허가어업 > 신고어업

31 다음 중 인공종묘 생산의 단계를 바르게 표현한 것은?

① 어미의 확보 및 관리 → 채란 및 부화 → 먹이생물의 배양 → 치어의 사육과정
② 먹이생물의 배양 → 어미의 확보 및 관리 → 채란 및 부화 → 치어의 사육과정
③ 어미의 확보 및 관리 → 먹이생물의 배양 → 채란 및 부화 → 치어의 사육과정
④ 먹이생물의 배양 → 채란 및 부화 → 어미의 확보 및 관리 → 치어의 사육과정

ANSWER 인공종묘 생산의 단계
먹이생물의 배양 → 어미의 확보 및 관리 → 채란 및 부화 → 치어의 사육과정

32 다음 물속에서의 용존 산소량의 변화에 관한 설명으로 가장 바르지 않은 것은?

① 염분이 감소하게 되면 용존 산소량은 증가하게 된다.
② 수온이 증가하게 되면 용존 산소량은 감소하게 된다.
③ 유기물이 많아질수록 용존 산소량은 증가하게 된다.
④ 용존 산소량의 경우 낮보다는 밤에 더욱 감소하게 된다.

Ａ**NSWER** 유기물이 많아질수록 용존 산소량은 감소하게 된다.

33 다음 중 알레르기성 식중독은 얼마 이상일 때 주로 발병하는가?

① $\dfrac{50\text{mg}}{100\text{g}}$

② $\dfrac{40\text{mg}}{100\text{g}}$

③ $\dfrac{3\text{mg}}{100\text{g}}$

④ $\dfrac{20\text{mg}}{100\text{g}}$

Ａ**NSWER** 알레르기성 식중독은 $\dfrac{50\text{mg}}{100\text{g}}$ 이상일 때 주로 발병하게 된다.

34 다음 중 대서양 북서부 어장에 관련한 내용으로 바르지 않은 것은?

① 트롤 어장으로 적합하다.
② 래브라도 한류와 멕시코 만류가 교차한다.
③ 북아메리카 동해안 해역의 어장이다.
④ 세계 최대의 어장이다.

Ａ**NSWER** 세계 최대의 어장은 태평양 북부 어장이다.

35 다음 중 태평양 북부 어장에 대한 설명으로 가장 바르지 않은 것은?

① 세계 최대의 어장이다.
② 청어, 전갱이류, 새우, 굴, 대합, 다랑어, 연어 등이 대표적 어획물이다.
③ 해안선의 굴곡이 심하며 퇴와 여울 등이 많다.
④ 꽁치, 명태 등의 어획 쿼터제를 실시하고 있다.

Ａ**NSWER** ③ 대서양 북서부 어장에 대한 설명이다.

 Ａ**NSWER** 28.② 29.④ 30.③ 31.② 32.③ 33.① 34.④ 35.③

36 다음 수산가공업의 발달에 관한 내용으로 옳지 않은 것은?

① 원시시대 : 건제품의 개발, 그 후에는 훈제, 염장 및 젓갈 등을 가공
② 1873년에 암모니아 냉동기의 개발로 인해 수산물에 대한 장기적인 저장이 가능
③ 1904년 프랑스의 아페르 : 통조림의 개발
④ 최근에는 제품의 다양화 및 제품 품질이 발달하였다.

> **A**NSWER 1804년 프랑스의 아페르는 통조림을 개발하였다.

37 다음 중 배타적 경제수역(Exclusive Economic Zone ; EEZ)에 관한 설명으로 바르지 않은 것은?

① 영해 기선으로부터 300해리까지의 수역을 말한다.
② 유엔 해양법 협약에서 처음 도입되었다.
③ 우리나라는 1996년에 배타적 경제수역을 선포하였다.
④ 외국 선박에 대한 자유 항해를 보장하고 있다.

> **A**NSWER 배타적 경제수역은 영해 기선으로부터 200해리까지의 수역을 의미한다.

38 다음 중 양식의 목적으로 바르지 않은 것은?

① 추적용 생물 생산
② 체험 어업용 어패류의 생산
③ 타 산업용 재료의 생산
④ 인류의 식량생산

> **A**NSWER 양식의 목적
> ㉠ 체험 어업용 어패류의 생산
> ㉡ 타 산업용 재료의 생산
> ㉢ 인류의 식량생산
> ㉣ 자연 자원의 증강을 위한 방류용 또는 이식용 종묘
> ㉤ 관상용 생물 생산
> ㉥ 미끼용 생물 생산

39 다음 중 양식 대상종의 조건에 부합하지 않는 것은?

① 먹이에 대한 확보가 용이해야 한다.

② 종묘가 입수 가능해야 한다.

③ 공업적인 가치가 있어야 한다.

④ 희소성이 있어야 한다.

> **A**NSWER 양식 대상종의 조건
> ㉠ 먹이에 대한 확보가 용이해야 한다.
> ㉡ 종묘가 입수 가능해야 한다.
> ㉢ 희소성이 있어야 한다.
> ㉣ 상업적인 가치가 있어야 한다.
> ㉤ 맛이 좋으며, 사육하기 용이해야 한다.

40 다음 중 수산양식에 대한 설명으로 바르지 않은 것은?

① 경제적인 가치를 지니고 있는 생물을 인위적으로 번식 및 성장시켜서 이를 수확하는 것을 말한다.

② 종묘 방류자 및 성장 후의 포획자가 다르다.

③ 대상 생물의 주인이 있다.

④ 영리를 목적으로 한다.

> **A**NSWER 자원관리의 경우에는 종묘 방류자 및 성장 후의 포획자가 다르지만, 양식의 경우 종묘 방류자 및 성장 후의 포획자가 동일하다.

41 다음 중 유수식 양식에 관련한 내용으로 적절하지 않은 것을 고르면?

① 물이 풍부한 하천 지형 및 계곡을 활용해서 사육지에 물을 지속적으로 흐르게 하는 방법이다.

② 최근에 들어 육상 수조식 양식도 이에 속한다.

③ 못의 형태는 육각형 수조를 활용한다.

④ 산소의 공급량은 흐르는 물의 양에 비례한다.

> **A**NSWER 유수식 양식에서는 원형 수조, 긴 수로형을 활용한다.

 ANSWER [36.③ 37.① 38.① 39.③ 40.② 41.③]

42 다음 중 순환 여과식 양식에 대한 내용으로 바르지 않은 것은?

① 사육 수조의 물을 여과조 또는 여과기로 정화해서 다시 활용하는 방법이다.

② 겨울에는 수온이 낮아서 보일러 가동으로 인한 사육경비가 많이 들어가게 된다.

③ 성장의 경우 서식 적수온의 범위 내에서 수온에 비례해서 대사가 증가하며, 이로 인해 성장이 빨라진다.

④ 저밀도의 양식이 가능하다.

    ANSWER 순환 여과식 양식은 고밀도의 양식이 가능하다.

43 다음 중 밧줄식 양식에 대한 설명으로 가장 바르지 않은 것은?

① 실내 수조에서 배양한 종묘가 붙어 있는 실이다.

② 어미줄에 씨줄을 일정 간격으로 끼워서 양식한다.

③ 밧줄에만 붙어살던 것을 바위에 붙어살 수 있도록 수면 위 일정한 깊이에 바위를 설치한 것이다.

④ 다시마, 미역, 톳 등의 양식에 활용한다.

    ANSWER 바위에만 붙어살던 것을 밧줄에 붙어살 수 있도록 수면 아래 일정한 깊이에 밧줄을 설치한 것이다.

44 양식장 환경에 대한 설명 중 냉수성인 연어 및 송어의 적응범위를 바르게 나타낸 것을 고르면?

① 0℃~10℃ 내외, 7℃ 이상에서 성장이 잘 된다.

② 0℃~20℃ 내외, 15℃ 이상에서 성장이 잘 된다.

③ 0℃~30℃ 내외, 21℃ 이상에서 성장이 잘 된다.

④ 0℃~40℃ 내외, 33℃ 이상에서 성장이 잘 된다.

    ANSWER 냉수성인 연어 및 송어의 적응범위는 0℃~20℃ 내외, 15℃ 이상에서 성장이 잘 된다.

45 양식장 환경에 대한 설명 중 온수성인 뱀장어 및 잉어의 적응범위를 바르게 나타낸 것을 고르면?

① 0℃~10℃ 이상, 3℃ 내외에서 성장이 잘 된다.

② 0℃~30℃ 이상, 25℃ 내외에서 성장이 잘 된다.

③ 0℃~50℃ 이상, 47℃ 내외에서 성장이 잘 된다.

④ 0℃~70℃ 이상, 62℃ 내외에서 성장이 잘 된다.

    ANSWER 온수성인 뱀장어 및 잉어의 적응범위는 0℃~30℃ 이상, 25℃ 내외에서 성장이 잘 된다.

46 다음 중 자원관리에 관한 설명으로 바르지 않은 것은?

① 산란기의 어미를 보호하고, 종묘를 방류해서 자원을 자연 상태로 번성시켜서 채포하는 것을 의미한다.

② 양식과는 다르게 자원의 조성이 목적이 된다.

③ 대상 생물의 주인이 있다.

④ 종묘의 방류자 및 성장 후의 포획자는 서로 다르다.

ANSWER 자원관리는 자원의 조성이 목적이므로 양식과는 다르게 대상 생물의 주인이 없다.

47 양식장의 환경에 대한 내용 중 염분의 변화에 강한 종에 해당하지 않는 것은?

① 대합   ② 굴

③ 바지락   ④ 전복

ANSWER 염분의 변화에 강한 종
ㄱ 대합
ㄴ 굴
ㄷ 바지락
ㄹ 담치

48 양식장의 환경 중 담수에서 부족하기 쉬운 것에 해당하지 않는 것은?

① 인   ② 칼륨

③ 칼슘   ④ 질소

ANSWER 담수에서 부족하기 쉬운 것
ㄱ 인
ㄴ 칼륨
ㄷ 질소

49 저서동물의 양식방법 중 부착동물에 해당하지 않는 것은?

① 멍게   ② 담치

③ 굴   ④ 바지락

ANSWER ④ 포복동물에 해당한다.

ANSWER 42.④ 43.③ 44.② 45.② 46.③ 47.④ 48.③ 49.④

50 다음 중 양식과 관련하여 인공 사료의 가공 시에 주의해야 할 내용으로 바르지 않은 것을 고르면?

① 흡수가 잘 되어서 성장이 잘 되는 좋은 질과 적절한 형태로 가공되어야 한다.
② 성장 단계에 의해 사료 입자의 크기가 입의 크기에 맞게 적절하게 가공해야 한다.
③ 단기적인 보존을 목적으로 가공해야 한다.
④ 어류가 필요로 하는 성분들을 골고루 갖춰야 한다.

ANSWER 장기적인 보존을 목적으로 가공해야 한다.

51 다음 중 반습 사료의 수분 함유는 얼마인가?

① 20%~30%
② 30%~40%
③ 40%~50%
④ 50%~60%

ANSWER 반습 사료에는 수분이 20%~30% 함유되며, 이는 모이스트 펠릿이나 반죽의 형태로 가공된다.

52 다음 중 습사료의 수분 함유는 얼마인가?

① 25%~35%
② 35%~45%
③ 45%~55%
④ 50%~75%

ANSWER 습사료에는 수분이 50%~75% 정도가 함유되며, 모이스트 펠릿이나 반죽의 형태로 가공된다.

53 다음 중 200kg의 잉어에 1,000kg의 사료를 먹여서 600kg으로 성장시켰을 때 사료계수를 구하면?

① 1.5
② 2.5
③ 3.5
④ 4.5

ANSWER 사료계수 $= \dfrac{\text{사료공급량}}{\text{증육량}} = \dfrac{1,000}{(600-200)} = 2.5$

사료계수 $= \dfrac{\text{사료공급량}}{\text{증육량}}$ (단, 증육량 = 수확 시 중량 − 방양 시 중량)

* 방양은 물고기 등을 놓아기른다는 의미임

54 다음 중 인공 종묘의 생산과정을 순서대로 바르게 나열한 것은?

① 채란, 수정, 부화 → 먹이 생물 배양 → 어미 확보 및 관리 → 자어(유생)의 사육
② 먹이 생물 배양 → 채란, 수정, 부화 → 어미 확보 및 관리 → 자어(유생)의 사육
③ 먹이 생물 배양 → 어미 확보 및 관리 → 채란, 수정, 부화 → 자어(유생)의 사육
④ 채란, 수정, 부화 → 어미 확보 및 관리 → 먹이 생물 배양 → 자어(유생)의 사육

ANSWER 인공종묘의 생산 과정
먹이 생물 배양 → 어미 확보 및 관리 → 채란, 수정, 부화 → 자어(유생)의 사육

55 양식 생물의 질병에 관한 설명 중 산소부족으로 인한 질병의 내용으로 바르지 않은 것은?

① 동물의 성장이 나빠지게 된다.
② 산소가 부족해도 폐사하지는 않는다.
③ 질병이 쉽게 걸리게 된다.
④ 좁은 면적에 과밀 양식은 금지해야 한다.

ANSWER 산소가 심하게 부족하게 될 시에 양식 생물은 폐사하게 된다.

56 기포병(Gas Disease ; 가스병)은 수중의 질소 포화도가 대략 몇 % 이상일 때 발생하게 되는가?

① 90%~100% 이상   ② 100%~110% 이상
③ 115%~125% 이상   ④ 130%~140% 이상

ANSWER 기포병은 수중의 질소 포화도가 대략 115%~125% 이상일 때 발생하게 된다.

57 양식 생물 질병에 관한 내용 중 병에 걸린 어류의 증상으로 바르지 않은 것을 고르면?

① 몸통 표면에 점액 상의 회색 빛깔의 분비물이 분비하게 된다.
② 몸통의 빛깔이 까맣게 변하거나 또는 퇴색된다.
③ 힘없이 유영하게 된다.
④ 무리에 끼어들어 움직이게 된다.

ANSWER 병에 걸린 어류들은 같은 무리에서 벗어나서 못의 가장 자리에 가만히 있게 된다.

ANSWER   50.③   51.①   52.④   53.②   54.③   55.②   56.③   57.④

58 통상적으로 살아 있는 수산물을 적정한 일종의 시설 내에서 잠시 보관하는 것을 축양이라고 한다. 다음 중 이러한 축양이 필요한 시점이라고 보기 어려운 것을 고르면?

① 양식이나 또는 어업한 수산물을 살아있는 상태로 최종적인 소비지까지 운반한 후에 축양하고자 할 때

② 다량으로 가져온 수산물들을 가격이 높은 시기에 보관하고자 할 때

③ 낚시터 및 활어 횟집에 커다란 어류 등을 살아있는 상태로 공급하고자 할 때

④ 자원 조성용 종묘 및 양식용 종묘 등을 생산해서 운반 전에 보관하고자 할 때

> **A**NSWER 다량으로 가져온 수산물들을 가격이 낮은 시기에 보관하고자 할 때 축양이 필요하다.

59 다음 중 생물 운반의 기본원리에 해당하지 않는 것은?

① 산소의 보충
② 오물의 제거
③ 대사 기능의 저하
④ 생물의 체중 증가

> **A**NSWER 생물운반의 기본 원리
> ㉠ 산소의 보충
> ㉡ 오물의 제거
> ㉢ 대사 기능의 저하

60 다음 중 활어의 실제적인 운반법으로 가장 옳지 않은 것은?

① 마취 운반
② 비닐봉지 운반
③ 손으로 운반
④ 대형용기 사용 운반

> **A**NSWER 활어의 실제 운반법
> ㉠ 마취 운반
> ㉡ 비닐봉지 운반
> ㉢ 대형용기 사용 운반

61 다음 중 조피볼락(우럭)의 양식에 관한 내용으로 바르지 않은 것은?

① 종묘 생산기간이 길며, 소량 종묘 생산이 가능하다.
② 난태성으로 부화된 자어의 크기는 대략 6~7㎜이다.
③ 남해안 및 서해안 등에서 가두리 양식이 활발하게 진행되고 있다.
④ 완전양식이 가능하다.

> **A**NSWER 종묘 생산기간이 짧으며, 대량 종묘 생산이 가능하다.

62 다음 중 양식 생물 질병의 발생 원인으로 바르지 않은 것은?

① 수온의 급변   ② 수질의 정화

③ 기생충 감염   ④ 산소의 부족

> **A**NSWER 양식 생물 질병의 발생원인
> ㉠ 수온의 급변
> ㉡ 기생충 감염
> ㉢ 산소의 부족
> ㉣ 수질의 악화
> ㉤ 지하수의 직접적인 사용
> ㉥ 스트레스
> ㉦ 물곰팡이

63 다음은 유영 동물의 양식에 관한 내용 중 넙치(광어)에 대한 설명이다. 이 중 옳지 않은 것을 고르면?

① 우리나라 및 일본 등의 연안에 많이 분포한다.

② 저서생활을 한다.

③ 앞쪽(머리쪽)에서 보았을 때 눈이 오른쪽에 있다.

④ 반대쪽 몸통은 흰색을 띠고 있다.

> **A**NSWER 앞쪽(머리쪽)에서 보았을 때 눈이 왼쪽에 있다.

64 다음 중 방어의 양식에 관련한 설명으로 부적절한 것은?

① 주로 가두리에 수용해서 생 사료 및 배합사료로 양식한다.

② 6월 및 7월 등에 치어를 모자반 등 떠다니는 부유물 아래에서 채포해서 종묘로 활용한다.

③ 사료비의 비율이 높으며, 환경의 변화에 민감하다는 특징이 있다.

④ 장기간의 양성으로 인해 수익성이 높다.

> **A**NSWER 방어는 단기간의 양성으로 인해 수익성이 높은 반면에 먹이를 많이 먹고 에너지 소비가 많다.

 ANSWER [58.②   59.④   60.③   61.①   62.②   63.③   64.④]

65 다음 중 굴류의 양식에 관한 내용으로 가장 바르지 않은 것은?

① 국내 전 연안에 분포되어 있다.

② 국내 조개류 양식 대상종 중에서 가장 큰 생산량을 내고 있다.

③ 굴류의 양성방법은 오로지 나뭇가지 양성만 실시한다.

④ 시장성이 워낙 좋아서 국내 소비 및 외국으로의 수출이 활발하게 진행되고 있다.

Ⓐ NSWER 굴류의 양성방법에는 나뭇가지 양성, 바닥 양성, 수하식 양성 등이 있다.

66 다음 중 지수식 양식에 관한 내용으로 적절하지 않은 것은?

① 이 방식은 최근에 들어 활용하게 된 양식 기법이다.

② 이러한 방식은 뱀장어, 새우류, 잉어류 등의 양식에 적절한 기법이다.

③ 물의 경우에는 누수 및 증발에 의해 줄어들게 되는 양만큼 보충하게 된다.

④ 산소의 소비 경우에는 어류의 호흡 및 노폐물이 미생물에 의해 분해될 시에 소모되는 양으로 결정된다.

Ⓐ NSWER 지수식 양식은 연못 또는 육상에 일종의 둑을 형성해서 여기에 못을 만들거나 또는 바다 등에 제방으로서 천해의 일부를 막고 양성하는 기법으로 예전부터 활용되어 온 가장 오래된 양식 기법이다.

67 다음 중 혈합육(적색육)에 관련한 설명으로 바르지 않은 것은?

① 주로 옅은 색을 띠고 있다.

② 회유성 어류에 혈합육의 비중이 높다.

③ 어느 한 곳에서만 머물지 않으며, 머나먼 바다 등으로 옮겨 다니면서 생활하는 어류이다.

④ 꽁치, 고등어, 정어리 등의 붉은살 어류 등에 많이 들어 있다.

Ⓐ NSWER ① 보통육(백색육)에 관한 내용이다.

68 다음 중 유수식 양식에 대한 내용으로 옳지 않은 것은?

① 이는 물이 충분한 하천 지형 또는 계곡 등을 활용해서 사육지에 지속적으로 물을 흐르게 하거나 또는 양수기 등으로 물을 육상으로 끌어올려 육상의 수조에서 양식하게 하는 기법을 말한다.

② 바닷물을 끌어서 양식하는 육상 수조의 경우에는 주로 넙치를 양식하고 있다.

③ 산소 공급량의 경우 물의 양에 반비례하므로, 사육의 밀도는 이에 따라 감소시킬 수 있다.

④ 수조형태의 경우에는 원형 수조 및 긴 수로형을 활용한다.

Ⓐ NSWER 산소 공급량의 경우 물의 양에 비례하므로, 사육 밀도도 이에 맞춰 증가시킬 수 있다.

69 해조류의 주요 성분 중 젤리, 양과자 및 의약품의 제조 등에 활용되는 것은?

① 알긴산 ② 한천
③ 카라기난 ④ 마그네슘

ANSWER 한천은 홍조류인 우뭇가사리, 꼬시래기 등의 홍조류에서 추출한다.

70 수산물의 특성에 대한 설명 중 생산 특성에 관한 내용으로 바르지 않은 것을 고르면?

① 생산량에 대한 변동이 심하다.
② 계획생산이 어렵다.
③ 자연 환경에 대한 영향을 크게 받지 않는다.
④ 어획의 장소 및 시기 등이 한정되어 있다.

ANSWER 수산물은 자연 환경에 의한 영향을 크게 받는다.

71 수산물의 품질에 관련한 특성을 잘못 설명한 것은?

① 내장 등과 함께 수송되기 때문에 세균 및 효소 등에 의한 변질이 촉진되어진다.
② 어패류에 부착된 세균은 상온에서만 증식이 활발하기 때문에 쉽게 변질되어진다.
③ 불포화 지방산의 함유량이 많아 산화에 의한 변질이 일어나기 용이하다.
④ 어획 시에 상처를 입게 되어 부패 및 변질되기가 용이하다.

ANSWER 어패류에 부착된 세균은 저온에서도 증식이 활발하게 진행되므로 쉽게 변질되어진다.

72 다음 중 수산물의 사후변화단계를 순서대로 바르게 나열한 것을 고르면?

① 사후 경직 → 해당 작용 → 해경 → 자가 소화 → 부패
② 해당 작용 → 사후 경직 → 자가 소화 → 해경 → 부패
③ 사후 경직 → 해당 작용 → 자가 소화 → 해경 → 부패
④ 해당 작용 → 사후 경직 → 해경 → 자가 소화 → 부패

ANSWER 수산물의 사후변화단계
해당 작용 → 사후 경직 → 해경 → 자가 소화 → 부패

ANSWER 65.③ 66.① 67.① 68.③ 69.② 70.③ 71.② 72.④

73 어패류의 선도 유지에 있어서 활용되는 방법 중 빙장법에 관한 내용으로 적절하지 않은 것은?

① 선어에 대한 수송 및 저장 등에 널리 활용되는 방식이다.
② 어체 체내의 수분을 얼리지 않은 상태에서 단기간 동안 선도를 유지한다.
③ 청수빙(수도물의 사용)만을 활용한다.
④ 얼음을 활용해서 어체의 온도를 저하시킨다.

> **A**NSWER 빙장법은 청수빙 수도물의 사용) 및 해수빙(바닷물의 사용)을 활용한다.

74 어패류의 선도 유지에 있어서 활용되는 방법 중 하나인 냉각 해수 저장법에 대한 설명으로 바르지 않은 것은?

① 선도 보존의 효과가 좋지 않다.
② 주로 지방질의 함유량이 높은 어종에 활용한다.
③ 이 방식은 빙장법을 대신할 수 있는 방식으로 향후에도 연구 개발이 필요하다.
④ 이패류를 −1℃로 냉각시킨 후에 해수에 침지한 후 냉장하는 방식이다.

> **A**NSWER 냉가 해수 저장법은 선도 보존의 효과가 좋다.

75 수산 가공 기계에 대한 내용 중 상자형 건조기에 대한 설명으로 가장 거리가 먼 것은?

① 취급이 용이하며, 비용이 적게 든다.
② 건조 속도가 빠르며, 열효율이 높다.
③ 구조가 간단하다.
④ 균일한 제품을 얻기가 곤란하다.

> **A**NSWER 상자형 건조기는 건조 속도가 느리고, 열효율이 낮다.

76 수산 가공 기계에 대한 내용 중 터널형 건조기에 관한 내용으로 바르지 않은 것은?

① 균일한 제품을 얻기가 용이하다.
② 연속적인 작업이 가능하며, 열 손실도 적다.
③ 특별한 건조 시설이 필요하지 않다.
④ 열효율이 높으며, 건조의 속도가 빠르다.

> **A**NSWER 터널형 건조기는 원료를 실은 수레를 터널 형태의 건조기 내에서 이동시키면서 열풍으로 건조시키는 방식으로 일정한 건조시설이 필요하며, 비용도 많이 든다.

77 다음 중 수산 식품의 유통단계를 순서대로 바르게 나열한 것은?

① 유통 → 조리 → 생산 → 섭취
② 생산 → 조리 → 유통 → 섭취
③ 생산 → 유통 → 조리 → 섭취
④ 유통 → 생산 → 조리 → 섭취

ANSWER 수산 식품의 유통 단계
   생산 → 유통 → 조리 → 섭취

수 산 물 유 통 론

78 다음의 설명들 중에서 옳지 않은 것은?

① 수산물의 경우 원료의 특성 상 선도가 느리게 떨어지며, 변질이 쉽게 되지 않으므로 식품 위생의 개념이 농·축산물보다는 덜 중요하다고 할 수 있다.
② 병원성 세균에 의해 발생하게 되는 식중독을 세균성 식중독이라 한다.
③ 장염 비브리오균 식중독은 여름에 집중적으로 발생하게 되므로 여름철의 어패류 생식에 주의해야 한다.
④ 전체적인 유통 단계에서 위생적으로 수산물을 취급해야 식품으로서 안전성을 확보할 수 있다.

ANSWER 수산물의 경우에는 원료의 특성 상 선도가 빨리 떨어지며, 더불어 변질되기 쉽기 때문에 식품 위생의 개념이 농·축산물보다 더욱 중요시 된다.

79 다음 중 살모넬라균에 의한 식중독의 증상으로 바르지 않은 것은?

① 발생 빈도가 높다.
② 주로 10~12월에 집중적으로 발생한다.
③ 일주일 이내에 회복하게 된다.
④ 설사, 복통, 발열 및 구토 증세를 보이게 된다.

ANSWER 살모넬라균에 의한 식중독은 주로 5~10월에 발생한다.

ANSWER 73.③ 74.① 75.② 76.③ 77.③ 78.① 79.②

80 다음 중 독소형 식중독에 관한 설명으로 가장 바르지 않은 것은?

① 여름에만 집중적으로 발병하게 된다.
② 이 세균은 자연계에서는 가장 강력한 독소를 생산해낸다.
③ 중증일 경우에는 호흡곤란으로 인해 사망할 수도 있다.
④ 저장식품 및 통조림 등은 가열 조리 후에 섭취해야 한다.

ANSWER 독소형 식중독은 계절과는 무관하게 발병하게 된다.

81 다음 중 복어 독에 의한 식중독의 설명으로 가장 옳지 않은 것을 고르면?

① 복어의 독은 부위, 종류 및 계절 등에 따라 달라진다.
② 신경 독으로써 독력이 약하며, 치사율 또한 낮다.
③ 증상 초기에는 혀 끝 및 입술 등에 마비가 오게 된다.
④ 가열을 하더라도 독소가 파괴되지 않는다.

ANSWER 복어의 독은 신경 독으로써 독력이 상당히 강하고, 치사율 또한 아주 높다.

82 조개 독에 의한 식중독의 설명 중 마비성 조개류 독에 대한 내용이 아닌 것은?

① 근육이 마비되며, 언어 장애 등을 유발하게 된다.
② 바지락, 굴, 가리비 등의 이매패류 등에 의해 발생된다.
③ 독의 세기 및 증상 등이 복어 독과 흡사하다.
④ 한해성 심해 등에 살고 있는 고둥에 있는 테트라민 독소에 의해서 대부분 발생한다.

ANSWER ④ 테트라민에 의한 중독을 설명한 것이다.

4 수산물 거래

〈2016년 제2회〉

1 수산물 공동판매에 관한 설명으로 옳은 것은?

① 공동선별이 공동계산보다 발달된 형태이다.

② 수산물 유통비용을 절감한다.

③ 산지위판장을 통해서만 가능하다.

④ 유통업자 간 판매시기와 장소를 조정하는 행위이다.

> **A**NSWER 수산물 공동판매
> ㉠ 2인 이상의 생산자가 서로 공동의 이익을 위해 공동으로 출하하는 것을 의미한다.
> ㉡ 공동판매로 인해 노동력의 절감 및 수송비의 절감, 시장교섭력의 제고, 출하조절이 쉬워지는 장점이 있다.
> ㉢ 공동판매가 성공적으로 실행되기 위해서는 무조건 위탁, 평균판매, 공동계산이라는 3원칙이 지켜져야 한다.
> ㉣ 공동판매의 종류로는 선별 공동화, 수송 공동화, 포장 및 저장의 공동화, 시장 대책을 위한 공동화 등이 있다.
> ㉤ 공동선별 – 공동판매 – 공동계산의 형태로 실시한다.

〈2016년 제2회〉

2 수산물 경매제도의 장점이 아닌 것은?

① 거래의 투명성을 높일 수 있다.

② 거래의 안정성이 향상된다.

③ 가격의 변동성을 줄일 수 있다.

④ 거래의 공정성을 높일 수 있다.

> **A**NSWER ③ 경매제도는 단기 수급상황이 반영되어 수산물 가격이 급등락하는 문제가 발생하는 경우가 많다.
> ※ 수산물 경매제도의 장점
> ㉠ 거래의 투명성을 높일 수 있다.
> ㉡ 거래의 안전성이 향상된다.
> ㉢ 거래의 공정성을 높일 수 있다.

ANSWER 80.① 81.② 82.④ / 1.② 2.③

〈2016년 제2회〉

3 수산물 전자상거래에 관한 설명으로 옳은 것은?

① 영업시간과 진열공간의 제약이 있다.

② 상품의 표준규격화가 쉽다.

③ 짧은 유통기간으로 인해 반품처리가 어렵다.

④ 상품의 품질 확인이 쉽다.

> **A**NSWER ① 영업시간과 진열공간의 제약이 없다.
> ② 수산물의 등급화 및 표준화 등이 미흡하다.
> ④ 직접 상품의 품질을 확인하기 어렵다.

〈2016년 제2회〉

4 수산물 소매상에 관한 설명으로 옳지 않은 것은?

① 수집시장과 분산시장을 연결해 준다.

② 전통시장, 대형마트 등이 있다.

③ 최종소비자에게 수산물을 판매하는 기능을 한다.

④ 최종소비자의 기호변화 정보를 생산자 등에게 전달하는 기능을 한다.

> **A**NSWER ① 수집시장과 분산시장을 연결해 주는 것은 도매상의 역할이다.

〈2015년 제1회〉

5 수산물 공동판매에 속하지 않는 것은?

① 공동수송

② 공동생산

③ 공동선별

④ 공동계산

> **A**NSWER 공통판매의 유형
> ㉠ **공동수송** : 단순히 수송만 공동으로 하는 경우
> ㉡ **공동선별** : 선별작업을 공동으로 하는 경우
> ㉢ **공동계산** : 계산을 공동으로 하는 경우
> ㉣ **공동판매** : 출하 시기 및 판매처의 조정·가격전략의 구사·홍보 등 마케팅 기능을 공동으로 수행하는 경우

〈2015년 제1회〉

6 수산물 공동판매의 기능으로 옳지 않은 것은?

① 어획물 가공　　　　　　　　　② 출하 조정

③ 유통비용 절감　　　　　　　　④ 어획물 가격제고

> Ⓐnswer 수산물 공동판매의 기능
> ㉠ 어획물 가격제고 · 안정 · 유지
> ㉡ 유통비용 절감
> ㉢ 출하 조정

〈2015년 제1회〉

7 생산자 측면에서 수산물 전자상거래의 장애요인을 모두 고른 것은?

㉠ 미흡한 표준화	㉡ 어려운 반품처리
㉢ 짧은 유통기간	㉣ 낮은 운송비

① ㉠, ㉢　　　　　　　　　　　② ㉡, ㉢

③ ㉠, ㉡, ㉢　　　　　　　　　④ ㉠, ㉡, ㉢, ㉣

> Ⓐnswer ㉠ 수산물은 품목이 다양하고 품질이 상이하기 때문에 상품의 표준화 및 규격화가 어렵다.
> ㉡, ㉢ 짧은 유통기간으로 인하여 반품처리가 어렵다.

8 다음 중 소매거래에 관련한 내용으로 보기 어려운 것을 고르면?

① 마진율이 높다.

② 정찰제가 보편화 되어 있다.

③ 판매량에 있어 대량판매 위주로 이루어진다.

④ 적재 면에서 보면 점포 내 진열을 중요시한다.

> Ⓐnswer 소매거래는 판매량에 있어 소량판매 위주로 이루어진다.

 Ⓐnswer 　3.③　4.①　5.②　6.①　7.③　8.③

9 다음 중 전자상거래에 관한 내용으로 가장 옳지 않은 것은?

① 거래시간은 24시간이다.

② 거래대상 지역은 일부지역에 국한되어 있다.

③ 고객수요에 대해서는 온라인으로 수시 획득한다.

④ 고객들의 욕구를 신속하게 포착하고 즉각적으로 대응한다.

ANSWER 전자상거래의 거래대상 지역은 전 세계적이다.

※ 전자상거래 & 전통적 상거래의 비교

	전자상거래	전통적 상거래
유통채널	기업 ↔ 소비자	기업 → 도매상 → 소매상
거래대상의 지역	전 세계적	일부의 지역
거래시간	24시간	제한된 영업시간
고객수요의 파악	재입력이 불필요한 디지털, 온라인상에서 수시로 획득	정보의 재입력이 필요, 데이터 영업사원이 획득
마케팅 활동	기업과 고객과의 쌍방향 통신을 통한 1:1 마케팅	소비자들의 의사에 관계없이 진행하는 일방적 마케팅
고객에 대한 대응	소비자들의 욕구를 신속하게 포착하고 즉시적으로 대응	소비자 욕구포착의 어려움, 대응의 지연
판매의 거점	온라인 공간	판매공간이 필요
소요자본	인터넷 서버의 구입, 홈페이지 구축 등에 있어 상대적으로 적은 비용의 소요	건물, 토지 능의 구입에 있어 큰 액수의 자금이 필요

10 다음의 내용은 소매거래와 도매거래의 차이점을 설명한 표이다. 괄호 안에 들어갈 말로 가장 적절한 것은?

	소매거래	도매거래
마진율	(㉠)	(㉡)
판매량	소량판매의 위주로 이루어진다.	대량판매의 위주로 이루어진다.
적재	점포 내의 진열을 중시한다.	적재의 효율성을 중시한다.
정찰제	보편화 되어 있다.	여러 다양한 할인정책을 한다.

① ㉠ 높다 ㉡ 낮다   ② ㉠ 낮다 ㉡ 높다

③ ㉠ 높다 ㉡ 높다   ④ ㉠ 낮다 ㉡ 낮다

ANSWER 소매거래와 도매거래의 차이점

	소매거래	도매거래
마진율	높다.	낮다.
판매량	소량판매의 위주로 이루어진다.	대량판매의 위주로 이루어진다.
적재	점포 내의 진열을 중시한다.	적재의 효율성을 중시한다.
정찰제	보편화 되어 있다.	여러 다양한 할인정책을 한다.

11 다음 중 제조업자를 위해서 도매상이 수행하는 기능으로 보기 가장 어려운 것은?

① 시장 정보의 기능　　　　② 시장 확대의 기능
③ 신용 및 금융기능　　　　④ 주문 처리의 기능

ANSWER 제조업자를 위해서 도매상이 수행하는 기능
ㄱ 시장 정보의 기능
ㄴ 시장 확대의 기능
ㄷ 주문 처리의 기능
ㄹ 재고 유지의 기능
ㅁ 서비스 대행의 기능

12 다음 중 소매상을 위해 도매상이 수행하는 기능으로 바르지 않은 것은?

① 기술 지원의 기능　　　　② 시장 정보의 기능
③ 소단위 판매의 기능　　　　④ 신용 및 금융기능

ANSWER 소매상을 위해 도매상이 수행하는 기능
ㄱ 기술 지원의 기능
ㄴ 구색 갖춤의 기능
ㄷ 소단위 판매의 기능
ㄹ 소매상 서비스의 기능
ㅁ 신용 및 금융기능

13 다음 중 시장 외 거래의 중요도에 관한 설명으로 바르지 않은 것은?

① 유통비용의 절감으로 인해 생산자의 수취가격을 올리고 소비자 가격을 낮춰서 경제적인 효과를 추구
② 생산자 조직 및 소비자 조직 양자 간의 균형적인 발전
③ 거래규격에 있어서의 간략화
④ 가격결정과정에 있어서의 중간상 참여

ANSWER 가격결정과정에 있어서의 생산자 참여이다.

수산물유통론

14 다음 중 수산물 유통의 개선방향으로 적절하지 않은 것은?

① 유통 통계에서의 광범위한 데이터의 수집 및 분석과 더불어 분산을 확장시킨다.
② 산지유통시설의 브랜드화 및 표준규격화를 촉진시킨다.
③ 산지에서의 유통시설을 확장 및 현대화시키고 공동출하를 축소한다.
④ 산지 직거래와 전자상거래 등을 활성화해서 생산자의 선택에 대한 기회를 확장시킨다.

> **A**NSWER 산지에서의 유통시설을 확장 및 현대화시키고 공동출하를 확장한다.

15 다음 중 전자상거래와 기존의 상거래와의 다른 차이점으로 바르지 않은 것을 고르면?

① 소비자 정보에 대한 획득이 용이하다.
② 시간 및 공간에 대한 제약이 없다.
③ 유통경로가 길다.
④ 효과적인 마케팅의 활동이 가능하다.

> **A**NSWER 전자상거래는 도·소매점 등과 같은 중간 유통경로가 필요 없기 때문에 유통경로가 짧다.

16 다음 중 사이버공간 상에서 전자매체를 활용해 이루어지는 기업과 기업 간 거래로써 주로 공사 자재나 또는 부품, 재료나 또는 공사 입찰 같은 것들이 취급되어지는 전자상거래의 유형은?

① B2C
② B2B
③ C2B
④ C2C

> **A**NSWER B2B(Business to Business)는 기업과 기업 간의 전자상거래로 기업 간 부품의 상호 조달 또는 운송망의 공유 등을 인터넷 공간에서 처리하는 방법을 의미한다.

17 다음 중 소비자가 원하는 상품 정보를 기업에 제공해서 새로운 제품 및 서비스를 만드는 등의 인터넷 시대를 선도하는 전략으로 등장하고 있는 형태의 전자상거래 유형은?

① B2C
② B2G
③ C2G
④ C2B

> **A**NSWER C2B(Customer to Business)는 소비자가 기업 조직을 대상으로 전자상거래를 하는 것으로 소비자가 상품의 공급자에게 가격, 수량, 부대서비스 등에 대한 조건을 제시하는 형태의 전자상거래 방식이다.

18 다음 중 실제 점포가 존재하는 것이 아니므로 임대료나 또는 유지비와 같은 비용이 절감되어 지는 이점이 있고, 소비자들의 편리한 쇼핑을 지원할 수 있는 내비게이션 체계나 또는 데이터베이스 등의 구축이 성공의 관건이 되는 전자상거래의 유형은?

① C2C   ② B2C

③ C2G   ④ B2B

> **A**NSWER B2C(Business to Consumer)는 기업 조직이 소비자를 상대로 전자상거래를 하는 것으로 인터넷 등에 점포를 개설해서 상품을 판매하는 형태를 취하는 전자상거래의 유형이다.

19 다음 중 전자상거래의 기대효과에 관한 설명으로 가장 옳지 않은 것은?

① 유통경로의 단축을 통해 경비 절감 및 On-Line 점포 등으로 시설비용을 절감이 가능하다.
② 산지의 공동출하, 공동판매 등의 생산자 단체의 시장지배력의 상승이 가능하다.
③ 경매가 신속하면서도 명확하게 이루어질 수 있다.
④ 시·공간의 제약으로 인해 풍부한 잠재고객의 확보가 불가능하다.

> **A**NSWER 전자상거래는 시·공간의 제약이 없는 관계로 풍부한 잠재고객의 확보가 가능하다.

20 다음 중 수산물 전자상거래 있어서의 활성화 방안으로 적절하지 않은 것은?

① 전자상거래에 필요한 정보수집 및 분산시스템 등을 구축해야 한다.
② 포장 등의 표준화 및 거래단위와 수산물 상품의 품질을 규격화해야 한다.
③ 소비자들의 단독 구매를 유도해야 한다.
④ 어업인들에 대한 정보화 교육을 강화해야할 필요가 있다.

> **A**NSWER 소비자들의 공동 구매를 유도해야 한다.

수
산
물
유
통
론

 ANSWER 14.③ 15.③ 16.② 17.④ 18.② 19.④ 20.③

21 다음 중 전자상거래의 문제점으로 보기 어려운 것을 고르면?

① 법적 확실성의 존재
② 사용자 및 소비자 간 신뢰의 결여
③ 보안 및 인증기술의 미비
④ 사생활 또는 개인의 신상에 대한 소비자 정보의 보호수준 미달

> **A**NSWER 전자상거래의 문제점
> ㉠ 세금 부과의 문제
> ㉡ 사용자 및 소비자 간 신뢰의 결여
> ㉢ 법적 불확실성의 존재
> ㉣ 인프라 접근 및 사용 등에 관한 교육의 미비
> ㉤ 보안 및 인증기술의 미비
> ㉥ 상관습 규범의 변경 및 지적재산권의 침해 등
> ㉦ 사생활 또는 개인의 신상에 대한 소비자 정보의 보호수준 미달

22 다음 중 수산물 전자상거래에 있어서의 제약요소로 보기 어려운 것은?

① 수산물의 등급화 및 표준화 등이 미흡하다.
② 수산물의 생산자가 고령화되어 인터넷에 대한 활용층이 제한되어 있다.
③ 대량의 주문판매가 성립될 경우에 이는 공산품에 비해 물류비용이 상당히 소요된다.
④ 가격에 대한 불안정성 및 연중 계속적으로 판매할 수 있는 상품을 확보하기가 어렵다.

> **A**NSWER 소량의 주문판매가 성립될 경우에 이는 공산품에 비해 물류비용이 상당히 소요된다.

23 다음 중 공동판매의 종류에 해당하지 않는 것은?

① 선별 공동화
② 위탁의 공동화
③ 수송 공동화
④ 포장 및 저장의 공동화

> **A**NSWER 공동판매의 종류
> ㉠ 선별 공동화
> ㉡ 수송 공동화
> ㉢ 포장 및 저장의 공동화
> ㉣ 시장 대책을 위한 공동화

24 다음 중 공동판매의 3원칙에 해당하지 않는 것은?

① 평균판매 ② 공동계산
③ 무조건 위탁 ④ 협동조합의 설치

ANSWER 공동판매의 3원칙은 무조건 위탁, 공동계산, 평균판매이다.

25 다음 중 협동조합 유통의 효과로 바르지 않은 것은?

① 유통비용의 절감 ② 상인의 초과비용의 억제
③ 가격안정화의 유도 ④ 생산자의 거래교섭력 증대

ANSWER 협동조합 유통의 효과
㉠ 유통비용의 절감
㉡ 가격안정화의 유도
㉢ 상인의 초과이윤의 억제
㉣ 생산자의 거래교섭력 증대

26 다음 중 공동수송의 필요성에 관한 내용으로 바르지 않은 것은?

① 단위 어가 당 생산된 수산물이 적은 경우
② 가격 변동이 심한 상품의 경우
③ 보관 상품의 부패성이 심한 경우
④ 가격 리스크를 분산시키기 위한 경우

ANSWER 공동수송의 필요성
㉠ 가격 변동이 심한 상품의 경우
㉡ 가격 리스크를 분산시키기 위한 경우
㉢ 단위 어가 당 생산된 수산물이 적은 경우

27 다음 중 공동계산제의 이점으로 보기 어려운 것은?

① 개별출하 또는 가격변동 등에 의한 리스크의 분산
② 소량규모에 따른 유리성을 확보하며, 판매 및 수송 등에서 규모의 경제를 실현
③ 출하시장 및 출하시기의 적절한 조정이 가능
④ 출하물량의 규모화로 인한 시장에서의 거래교섭력의 증가

ANSWER 대량규모에 따른 유리성을 확보하며, 판매 및 수송 등에서 규모의 경제를 실현한다.

 ANSWER 21.① 22.③ 23.② 24.④ 25.② 26.③ 27.②

28 다음 중 공동계산제의 단점으로 바르지 않은 것은?

① 유동성의 저하
② 개성의 상실
③ 전문경영기술의 부족
④ 상품가격의 저하

> **A**NSWER 공동계산제의 단점
> ㉠ 유동성의 저하
> ㉡ 전문경영기술의 부족
> ㉢ 어가지불금의 지연
> ㉣ 개성의 상실

29 다음 중 선물거래에 관한 기본개념의 설명으로 가장 옳지 않은 것은?

① 선물거래란 거래 당사자가 특정 상품을 미래의 일정 시점에 사전에 정해진 가격으로 인도 및 인수할 것을 현 시점에서 표준화한 계약 조건에 의해 약정하는 계약을 말한다.
② 선물 거래가 이루어지는 일정 장소를 선물거래소라고 한다.
③ 선물거래소는 정부에 의해서 허가받지 않는다.
④ 선물거래소의 경우 선물거래소라는 조직화된 시장을 통해 거래된다.

> **A**NSWER 선물거래소는 정부에 의해 허가되는 형태를 띠고 있다.

30 다음 중 선물거래의 기능에 해당하지 않는 것은?

① 위험전가의 기능
② 자본형성의 기능
③ 가격예시의 기능
④ 생산원가의 기능

> **A**NSWER 선물거래의 기능
> ㉠ 위험전가의 기능
> ㉡ 가격예시의 기능
> ㉢ 재고의 배분 기능
> ㉣ 자본형성의 기능

31 선물거래의 전략 중 일시적 가격불균형을 활용해서 현물 및 선물에 동시에 반대 포지션을 취해 무위험이익을 취하려는 거래를 무엇이라고 하는가?

① 스프레드 거래
② 차익거래
③ 투기거래
④ 헤징

Ⓐnswer 차익거래는 일시적 가격불균형을 활용해서 현물 및 선물에 동시에 반대 포지션을 취해 무위험이익을 취하려는 거래를 의미한다.

32 다음은 선물 거래가 가능한 수산물에 관한 내용이다. 아래의 내용을 읽고 괄호 안에 들어갈 말을 순서대로 바르게 나열한 것을 고르면?

> (㉠)은/는 계절과 연도 및 지역별 가격의 진폭이 큰 품목이나 또는 연중 가격정보의 제공 등이 가능한 품목을 말하며, (㉡)은/는 연간 절대 거래량이 많으며 생산 및 수요의 잠재력이 높은 품목을 말한다.

① ㉠ 가격의 진폭 ㉡ 시장의 규모
② ㉠ 가격의 진폭 ㉡ 저장성
③ ㉠ 시장의 규모 ㉡ 수요 및 공급
④ ㉠ 표준 가격   ㉡ 정부의 시책

Ⓐnswer 가격의 진폭은 계절과 연도 및 지역별 가격의 진폭이 큰 품목이나 또는 연중 가격정보의 제공 등이 가능한 품목을 말하며, 시장의 규모는 연간 절대 거래량이 많으며 생산 및 수요의 잠재력이 높은 품목을 말한다.

33 다음 중 현물 포지션이 없는 상황에서 선물가격변동을 활용해서 시세차익을 얻기 위해 선물 포지션을 취하는 거래는?

① 스프레드 거래
② 헤징
③ 투기거래
④ 차익거래

Ⓐnswer 투기거래는 현물 포지션이 없는 상황에서 선물가격변동을 활용해서 시세차익을 얻기 위해 선물포지션을 취하는 거래를 말한다.

34 인터넷 상에 홈페이지로 개설된 상점을 통하여 실시간으로 제품을 거래하는 것을 무엇이라고 하는가?

① 전자상거래   ② 역경매

③ 경매   ④ 인트라넷

> **A**NSWER   전자상거래는 소비자와의 거래뿐만 아니라 거래와 관련되는 공급자, 금융기관, 운송기관, 정부기관 등과 같이 거래에 관련되는 모든 기관과의 행위를 포함하고 있다.

35 다음 중 전자상거래에 관련한 내용으로 가장 거리가 먼 것은?

① 전자상거래는 시, 공간의 제약이 없다.
② 전자상거래의 경우 소비자 행동에 대한 피드백이 용이하다.
③ 전자상거래는 시장진입이 어렵다.
④ 전자상거래는 세분화된 소비자전략 수립이 가능하다.

> **A**NSWER   전자상거래는 시장으로의 진입이 용이하다.

36 전자상거래의 활동 중 상거래에 해당하지 않는 것을 고르면?

① B to B(Business to Business)
② B to O(Business to Organ)
③ B to G(Business to Government)
④ C to B(Customer to Business)

> **A**NSWER   전자상거래의 활동 중에서 상거래에 해당하는 것으로는 B to G, C to B, B to B 등이 있다.

37 정보 시스템의 보안위협에 관한 내용 중 바르지 않은 것은?

① 메시지의 전달과정에 있어서의 변조될 수 있는 위험
② 개인 신용카드 정보에 대한 도청 및 변조
③ 불법 정보 시스템의 접근
④ 개인시스템의 암호를 잊어버리는 것

> **A**NSWER   정보 시스템의 보안위협에는 국가의 산업시설에 대한 공격적인 파일의 등장, SNS를 통한 각종 악성파일의 등장, 각종 악성코드의 등장 등이 있다.

38 다음 중 POS의 활용단계를 잘못 설명한 것을 고르면?

① 1단계 – 단순상품관리의 단계
② 2단계 – 상품기획 및 판매장의 효율성 향상단계
③ 3단계 – 전략적 경쟁의 단계
④ 4단계 – 마케팅의 단계

> **A**NSWER POS의 활용단계
> ㉠ 1단계 – 단순상품관리의 단계
> ㉡ 2단계 – 상품기획 및 판매장의 효율성 향상단계
> ㉢ 3단계 – 재고관리의 단계
> ㉣ 4단계 – 마케팅의 단계
> ㉤ 5단계 – 전략적 경쟁의 단계

39 의사결정지원 시스템에 대한 내용 중 바르지 않은 것은?

① 환경의 변화를 반영한다.
② 대화식의 정보처리가 가능하다.
③ 그래픽을 활용한다.
④ 유연한 설계의 필요성은 요구되지 않는다.

> **A**NSWER 의사결정지원 시스템은 의사결정이 이루어지는 과정 중 발생이 가능한 환경의 변화를 반영할 수 있도록 유연
> 하게 설계되어져야 한다.

40 다음 중 의사결정지원 시스템의 문제점으로 바르지 않은 것은?

① 표현된 결과를 맹신할 경우에 의사결정의 질이 떨어질 수 있다.
② 효율적인 모델 구축을 위해 해당 분야의 기술 전문 인력이 필요하다.
③ 구조적인 문제에 대해서 언제나 유용하지는 않다.
④ 그래픽 또는 인터페이스 등의 기능으로 인해 의사결정지원 시스템의 특징을 살리지 못하는 경향이 있다.

> **A**NSWER 의사결정지원 시스템의 문제점
> ㉠ 나타난 결과를 맹신할 경우 의사결정의 질이 떨어질 수 있다.
> ㉡ 효율적인 모델 구축을 위해서 기술 전문 인력이 필요하다.
> ㉢ 비구조적인 문제에 대해서 언제나 유용하지는 않다.
> ㉣ 그래픽 또는 인터페이스 등의 기능으로 인해 의사결정지원 시스템의 특징을 살리지 못하는 경향이 있다.

ANSWER 34.① 35.③ 36.② 37.④ 38.③ 39.④ 40.③

41 다음 중 의사결정지원 시스템에 관한 설명으로 바르지 않은 것은?

① 의사결정이 이루어지는 과정 중에는 발생 가능한 환경의 변화를 반영할 수 없도록 통제되어 설계되어야 한다.

② 그래픽을 활용하여 해당 정보처리 결과를 보여주고 출력하는 기능이 있어야 한다.

③ 의사결정자 및 시스템 간의 대화식의 정보처리가 가능하도록 설계되어야 한다.

④ 갖가지 원천으로부터 데이터를 획득해서 의사결정에 필요한 정보처리를 할 수 있도록 설계되어야 한다.

> **A**NSWER 의사결정지원 시스템의 특성
> ㉠ 그래픽을 활용해서 해당 정보처리 결과를 보여주고 출력하는 기능이 있어야 한다.
> ㉡ 의사결정자 및 시스템 간의 대화식의 정보처리가 가능하도록 설계되어야 한다.
> ㉢ 의사결정이 이루어지는 과정 중에 발생 가능한 환경의 변화를 반영할 수 있도록 유연하게 설계되어야 한다.
> ㉣ 갖가지 원천으로부터 데이터를 획득해서 의사결정에 필요한 정보처리를 할 수 있도록 설계되어야 한다.

42 다음의 데이터 형태 중 표현력이 가장 우수한 형태는?

① 이미지   ② 오디오
③ 텍스트   ④ 비디오

> **A**NSWER 이미지는 정지된 화상으로 표현하는 것을 말하며, 사진과 같은 방식으로 제공되며, 오디오는 말로 표현하는 것을 말하며, 전화서비스와 같은 방식으로 제공되고, 비디오는 움직이는 화상으로 표현하는 것을 말하며, TV나 화상회의 같은 방식으로 제공된다.

43 다음 중 전자상거래에 대한 설명으로 바른 것을 고르면?

① 소비자 대상 전자상거래에서는 주로 고가 제품 위주로 거래되고 있다.

② B2C는 기업 간 전자상거래를 의미한다.

③ 인터넷 비즈니스는 인터넷을 통한 전자상거래를 의미한다.

④ 일대일 마케팅이 불가능하다.

> **A**NSWER ① 소비자 대상 전자상거래는 주로 중저가 제품 위주로 거래되고 있다.
> ② B2C는 기업과 소비자 간의 전자상거래를 의미한다.
> ④ 전자상거래는 일대일 마케팅이 가능하다.

44 다음 박스 안의 내용은 전자상거래 거래주체별 유형 중 무엇에 대한 설명인가?

> 이는 사성통신망이나 부가가치통신망 등의 네트워크 상에서 주로 EDI 및 CALS를 활용해서 주문을 하거나 또는 송장을 받고 지불을 하는 것으로써, 무역, 제조 등의 분야에서 활용되고 있고, 점차 타 업종으로 확산되고 있다.

① 기업과 기업 간의 전자상거래(B2B ; Business to Business)
② 기업과 소비자 간의 전자상거래(B2C ; Business to Customer)
③ 기업과 정부 간의 전자상거래(B2G ; Business to Government)
④ 소비자와 정부 간 전자상거래(C2G ; Customer to Government)

ANSWER 기업과 기업 간의 전자상거래(B2B ; Business to Business)
  ㉠ 기업 간 거래로서 사설통신망이나 부가가치통신망 등의 네트워크 상에서 주로 EDI 및 CALS를 이용하여 기업 간에 주문을 하거나 송장을 받고 지불을 하는 것으로, 무역, 제조 등의 분야에서 활용되고 있으며, 점차 타 업종으로 확산되고 있다.
  ㉡ 기업과 기업 사이의 부품의 상호조달, 유통망 공유 등을 인터넷을 통하여 처리하는 형태로, 기업업무의 통합성을 향상시킨다.
  ㉢ 정보보안과 거래당사자 보호에 신중을 기하여야 한다.
  ㉣ B2B 전자상거래의 응용형태에는 EDI, CALS, Open-EDI, 경매시스템이 있다.

45 다음 중 전자상거래 시스템의 구축과정을 순서대로 바르게 나열한 것은?

① 시스템 구축단계 → 전자계약의 체결단계 → 전자인증단계 → 전자결제단계 → 물류, 수송 및 배송단계
② 시스템 구축단계 → 전자계약의 체결단계 → 전자결제단계 → 전자인증단계 → 물류, 수송 및 배송단계
③ 전자계약의 체결단계 → 시스템 구축단계 → 전자인증단계 → 전자결제단계 → 물류, 수송 및 배송단계
④ 시스템 구축단계 → 전자계약의 체결단계 → 전자인증단계 → 물류, 수송 및 배송단계 → 전자결제단계

ANSWER 전자상거래 시스템의 **구축절차** … 시스템 구축단계 → 전자계약의 체결단계 → 전자인증단계 → 전자결제단계 → 물류, 수송 및 배송 단계

 ANSWER 41.① 42.③ 43.③ 44.① 45.①

46 다음 중 전자상거래 구축 솔루션 종류에 포함되지 않는 것은?

① 결제, 조회시스템 솔루션

② 사용자등록, 검색, 주문 솔루션

③ 쇼핑몰 구축 솔루션

④ 예산 솔루션

> **A**NSWER 전자상거래 구축 솔루션 종류
> ㉠ 결제, 조회시스템 솔루션
> ㉡ 사용자등록, 검색, 주문 솔루션
> ㉢ 쇼핑몰 구축 솔루션
> ㉣ 발주, 공급 솔루션
> ㉤ 보안 솔루션

47 전자상거래 프로세스를 순서대로 나열하면?

① 전자적 커뮤니케이션 단계 → 제품주문 단계 → 대금지불 단계 → 주문처리 및 배송 단계 → 사후 및 서비스 지원

② 전자적 커뮤니케이션 단계 → 제품주문 단계 → 주문처리 및 배송 단계 → 대금지불 단계 → 사후 및 서비스 지원

③ 전자적 커뮤니케이션 단계 → 주문처리 및 배송 단계 → 제품주문 단계 → 대금지불 단계 → 사후 및 서비스 지원

④ 전자적 커뮤니케이션 단계 → 대금지불 단계 → 주문처리 및 배송 단계 → 제품주문 단계 → 사후 및 서비스 지원

> **A**NSWER 전자상거래 프로세스 … 전자적 커뮤니케이션 단계 → 제품주문 단계 → 대금지불 단계 → 주문처리 및 배송 단계 → 사후 및 서비스 지원

5 수산물 유통수급과 가격

〈2016년 제2회〉

1 B 영어조합법인의 '어린이용 생선가스'가 인기를 얻자 다수의 업체들이 유사상품을 출시하고, B 법인의 판매성장률이 둔화될 때의 제품수명주기상 단계는?

① 도입기   ② 성장기

③ 성숙기   ④ 쇠퇴기

> **A**NSWER ③ 성숙기는 제품에 대한 대다수 잠재 고객들의 구매로 인해 매출이 주춤하게 되는 기간이다. 또한 모든 경쟁자들이 시장에 다 들어와 있기 때문에 이익이 정체·하락한다.

〈2016년 제2회〉

2 생물 꽃게 한 마리에 '3,990원'으로 표시하여 판매할 때의 가격전략은?

① 단수가격   ② 명성가격

③ 개수가격   ④ 단일가격

> **A**NSWER 단수가격(Odd Pricing)
> ㉠ 시장에서 경쟁이 치열할 때 소비자들에게 심리적으로 값싸다는 느낌을 주어 판매량을 늘리려는 가격결정 방법을 의미한다.
> ㉡ 제품의 가격을 100원, 1,000원 등과 같이 현 화폐단위에 맞게 책정하는 것이 아닌, 그보다 조금 낮은 95원, 970원, 990원 등과 같이 단수로 책정하는 방식이다.
> ㉢ 단수가격의 설정목적은 소비자의 입장에서는 가격이 상당히 낮은 것으로 느낄 수 있고, 정확한 계산에 의해 가격이 책정되었다는 느낌을 줄 수 있다.

〈2016년 제2회〉

3 소비자 가격이 30,000원이고 생산자 수취가격이 21,000원인 완도산 전복의 유통마진율(%)은?

① 30   ② 35

③ 40   ④ 50

> **A**NSWER 유통마진율 $= \dfrac{\text{판매가격} - \text{구입가격}}{\text{판매가격}} \times 100 = \dfrac{30,000 - 21,000}{30,000} \times 100 = 30\%$

> **A**NSWER   46.④   47.① / 1.③   2.①   3.①

4 갈치 한 마리 가격이 5,000원에서 10,000원으로 상승할 때 소비량의 감소율(%)은? (단, 수요의 가격탄력성은 0.4라고 가정한다.)

① 20   ② 30

③ 40   ④ 50

ＡNSWER 수요의 가격탄력성은 상품의 가격이 변동할 때, 이에 따라 수요량이 얼마나 변동하는지를 나타내는 것으로, 가격이 1% 올라갈 때에 수요량이 2% 줄었다면 이 재화의 수요의 가격탄력성은 2가 된다. 문제에서 가격이 100% 올랐는데 수요의 가격탄력이 0.4이라고 했으므로 소비량은 40% 감소한다.

5 수산물 유통마진의 구성 요소가 아닌 것은?

① 감모비   ② 생산자 이윤

③ 수송비   ④ 점포임대료

ＡNSWER 유통마진
       ㉠ 직접비용 : 포장비, 수송비, 감소비 등
       ㉡ 간접비용 : 임대료, 인건비 등
       ㉢ 이윤 : 직접비와 간접비를 공제한 이윤
       ㉣ 유통마진율

6 시장외 유통으로 거래되는 원양산 오징어의 가격결정방법으로 옳은 것을 모두 고른 것은?

㉠ 입찰	㉡ 경매
㉢ 수의매매	㉣ 정가매매

① ㉠㉡   ② ㉠㉢

③ ㉠㉡㉢   ④ ㉡㉢㉣

ＡNSWER 원양산 오징어는 산지 경우 양육항구만 지정되어 있고 내육지에 대해서는 특별한 제한을 두고 있지 않다. 유통경로는 생산자→1차 도매업자→2차 도매업자→도매상(가공업자)→소매상→소비자의 과정이 일반적인데 판매가격은 연근해 오징어와 다른 방식으로 결정된다. 즉, 생산자와 1차 도매업자 간에는 수의계약 또는 지명경쟁입찰에 의해, 기타 유통단계에 있어서는 쌍방 간의 협의에 의해 결정된다.

〈2015년 제1회〉

7 전어가격이 마리당 200원에서 300원으로 오르자 판매량이 600마리에서 400마리로 줄었다. 수요의 가격탄력성은?

① −1

② $\dfrac{1}{2}$

③ $\dfrac{2}{3}$

④ $\dfrac{3}{4}$

ANSWER 수요의 가격탄력성 = $\dfrac{\text{수요량의 변동분}}{\text{원래의 수요량}} \div \dfrac{\text{가격의 변동분}}{\text{원래의 가격}}$

$= \dfrac{200}{600} \div \dfrac{100}{200} = \dfrac{2}{3}$

〈2015년 제1회〉

8 수산물 공급곡선이 우상향하는 양(+)의 기울기를 갖는 이유로 옳지 않은 것은?

① 가격 상승

② 공급량 증가

③ 보관비 및 운송비 상승

④ 수요자의 기호도 변화

ANSWER ④ 수요에 영향을 끼치는 요인이다.

※ 가격이 상승하면 공급량이 증가하므로 공급곡선은 우상향한다. 우상향현상은 공급자의 이윤을 극대화하는 현상이다.

〈2015년 제1회〉

9 다음은 오징어를 판매한 가격을 나타낸 것이다. 소매상의 마진율(%)은?

㉠ 생산어가수취 : 900원	㉡ 산지수집상 : 1,000원
㉢ 도매상 : 1,200원	㉣ 소매상 : 1,600원

① 10

② 15

③ 20

④ 25

ANSWER 유통 마진율 = (판매가격 − 구입가격) ÷ 판매가격 × 100

소매 마진율 = (소매가격 − 중도매가격) ÷ 소매가격 × 100

$= (1,600 - 1,200) \div 1,600 \times 100 = 25$

10 수산물 가격결정에 있어 사전에 구매자와 판매자가 서로 협의하여 가격을 결정하는 방식은?

① 정가매매 ② 수의매매

③ 낙찰경매 ④ 서면입찰

> **A**NSWER 수의매매란 판매자와 구매자가 직접 상대하여 가격을 흥정하여 결정하는 거래방법으로, 일반적인 도매나 소매거래에서 사용되는데 우리나라의 농수산물도매시장에서는 특수한 경우 또는 경매가 불가능한 품목에 한해 예외적으로 허용하고 있다.

11 다음 중 통상적인 수산물 가격의 특성에 대한 설명으로 옳지 않은 것은?

① 수산물은 용도의 다양성으로 인해 수급량에 대한 예측이 어려워서 가격이 불안정하다.

② 수산물은 계절적인 영향을 받게 되어 연중 공급이 일정하지 못하며 가격 또한 불안정하다.

③ 수산물은 동질적이거나 비슷한 제품을 많은 공급자가 공급하고 개별 공급자는 가격의 형성에 거의 영향을 주지 못하는 단순한 가격 수용자에 불과하므로 수산물 시장은 완전경쟁시장에 보다 더 가까우며 경쟁가격이 형성될 가능성이 크다.

④ 수산물은 가격의 변화에 대한 수요 및 공급의 변화가 큰 관계로 탄력적이다.

> **A**NSWER 수산물은 가격의 변화에 대한 수요 및 공급의 변화가 크지 않아 비탄력적이다.

12 다음 중 가격차별의 요건에 관한 설명으로 옳지 않은 것은?

① 시장 분리비용이 가격차별의 이익보다 작아야 한다.

② 상이한 시장 사이에 수요의 가격탄력도가 각기 달라야 한다.

③ 시장에 대한 지배력을 구매자가 지니고 있어야 한다.

④ 서로 다른 시장으로 용이하게 구분이 가능해야 한다.

> **A**NSWER 가격차별의 요건
> ㉠ 서로 다른 시장으로 용이하게 구분이 가능해야 한다.
> ㉡ 시장에 대한 지배력을 판매자가 지니고 있어야 한다.
> ㉢ 시장 분리비용이 가격차별의 이익보다 작아야 한다.
> ㉣ 상이한 시장 사이에 수요의 가격탄력도가 각기 달라야 한다.
> ㉤ 상이한 시장 사이에 제품의 재판매가 불가능해야 한다.

13 다음 중 수산물에 대한 수요탄력성의 특징의 내용으로 바르지 않은 것은?

① 가까운 대체재가 존재하는 수산물의 수요는 비탄력적이다.
② 여러 가지 용도의 수산물에 대한 수요는 탄력적이다.
③ 인간의 식량인 수산물은 필수품이기에 그 수요는 비탄력적이다.
④ 고가격 상황에서 수요는 탄력적이며, 저가격 상황에서의 수요는 비탄력적이다

> **A**NSWER 수산물에 대한 수요탄력성의 특징
> ㉠ 높은 가격 상황에서의 수요는 탄력적이며, 낮은 가격 상황에서의 수요는 비탄력적이다.
> ㉡ 인간의 식량인 수산물은 필수품이기에 그 수요는 비탄력적이다.
> ㉢ 여러 가지 용도의 수산물에 대한 수요는 탄력적이다.
> ㉣ 가까운 대체재가 존재하는 수산물의 수요는 탄력적이다.

14 다음 중 수요에 대한 결정요소로 바르지 않은 것은?

① 수산물의 가격수준　　　　② 소비자들의 기호
③ 판매자들의 판매수준　　　④ 생활관습 및 습성

> **A**NSWER 수요에 대한 결정요소
> ㉠ 소비자들의 소득수준
> ㉡ 수산물의 가격수준
> ㉢ 교육수준
> ㉣ 주택구조의 발달
> ㉤ 소비자들의 기호
> ㉥ 통신 및 운송수단의 발달
> ㉦ 생활관습 및 습성

15 다음 중 수요의 교차탄력성에 관한 설명으로 부적절한 것을 고르면?

① 수요의 교차탄력성은 어떤 제품의 가격변화에 의해 타 제품의 수요량이 보이게 되는 반응의 민감성이다.
② 수요의 교차탄력성에 의해 제품을 보완재, 대체재, 독립재 등으로 구분이 가능하다.
③ 두 재화 간의 서로가 보완관계에 있을 때 교차탄력성은 음의 값을 지니게 된다.
④ 교차탄력성이 1에 가까울 경우에 두 재화에 대한 수요는 서로 독립적이라 할 수 있다.

> **A**NSWER 교차탄력성이 0에 가까울 경우에 두 재화에 대한 수요는 서로 독립적이라 할 수 있다.

 **A**NSWER 10.② 11.④ 12.③ 13.① 14.③ 15.④

16 다음 중 수요곡선 자체를 이동시키는 원인으로 바르지 않은 것은?

① 경쟁의 정도
② 소득수준의 변화
③ 인구의 변동
④ 기호의 변화

    ANSWER 수요곡선 자체를 이동시키는 원인
        ㉠ 타 재화 가격의 변동
        ㉡ 소득수준의 변화
        ㉢ 인구의 변동
        ㉣ 기호의 변화

17 다음 중 공급곡선 자체를 이동시키는 원인에 해당하지 않는 것은?

① 타 재화의 가격
② 기술 수준의 변화
③ 인구의 변동
④ 생산요소 가격의 변화

    ㄴ**A**NSWER 공급곡선 자체를 이동시키는 원인
        ㉠ 경쟁의 정도
        ㉡ 생산요소 가격의 변화
        ㉢ 타 재화의 가격
        ㉣ 기술 수준의 변화

18 다음의 내용을 참조하여 괄호 안에 공통적으로 들어갈 말로 올바른 것을 고르면?

탄력도(e)	가격 상승	가격 하락
$e < 1$	총수입의 증가	총수입의 감소
$e > 1$	총수입의 감소	총수입의 증가
$e = 1$	총수입의 (　　)	총수입의 (　　)

① 증가
② 불변
③ 감소
④ 크게 증가

    ANSWER 수요 탄력도 및 총수입과의 관계

탄력도(e)	가격 상승	가격 하락
$e < 1$	총수입의 증가	총수입의 감소
$e > 1$	총수입의 감소	총수입의 증가
$e = 1$	총수입의 불변	총수입의 불변

19 다음 중 수산물의 유통마진율이 높은 이유로 옳지 않은 것은?

① 주체가 영세해서 대량취급에 의한 비용절감에 어려움이 있다.
② 복잡한 유통경로로 인해 많은 유통비용의 발생을 초래하게 된다.
③ 도매단계에서의 마진율이 높게 형성된다.
④ 생산에 있어서 계절성을 지니고 있어 선별, 가공, 저장, 수송 및 감모비용 등이 많이 소요된다.

ANSWER 소매단계에서의 마진율이 높게 형성된다.

20 다음 중 수산물 유통비용의 감소 방안에 해당하지 않는 것은?

① 상, 물 통합을 통한 경제적인 효과의 증대
② 수산물 유통정보에 대한 기능의 강화
③ 수산물에 대한 표준화 및 등급화의 활성화
④ 소비지 도매시장의 거래방식에 있어서의 다양화

ANSWER 수산물 유통비용의 감소 방안
　　　　ᄀ 수산물 유통정보에 대한 기능의 강화
　　　　ᄂ 수산물에 대한 표준화 및 등급화의 활성화
　　　　ᄃ 소비지 도매시장의 거래방식에 있어서의 다양화
　　　　ᄅ 상, 물 분리를 통한 경제적인 효과의 증대

21 다음 중 시장구조의 결정요소로 잘못된 것은?

① 상품의 이질성
② 소비자의 수 및 구매량
③ 시장정보의 완전성
④ 생산자의 수 및 크기

ANSWER 시장구조의 결정요소
　　　　ᄀ 상품의 동질성
　　　　ᄂ 생산자의 수 및 크기
　　　　ᄃ 시장정보의 완전성
　　　　ᄅ 소비자의 수 및 구매량

ANSWER   16.① 17.③ 18.② 19.③ 20.① 21.①

22 다음 박스 안의 내용을 참조하여 괄호 안에 들어갈 말을 순서대로 바르게 나열한 것을 고르면?

구분 기준	완전경쟁시장	불완전경쟁		
		독점시장	과점시장	독점적 경쟁시장
공급자 수	상당히 많음	1	(㉠)	(㉡)
상품의 동질성 여부	완전 동질적	동질적임	동질적임, 이질적임	이질적임
진입장애 정도	없음	완전	불완전	없음

① ㉠ 소수, ㉡ 소수　　　　　　② ㉠ 다수, ㉡ 다수
③ ㉠ 다수, ㉡ 소수　　　　　　④ ㉠ 소수, ㉡ 다수

ᴀɴsᴡᴇʀ 시장구조 모형

구분 기준	완전경쟁시장	불완전경쟁		
		독점시장	과점시장	독점적 경쟁시장
공급자 수	상당히 많음	1	소수	다수
상품의 동질성 여부	완전 동질적	동질적임	동질적임, 이질적임	이질적임
진입장애 정도	없음	완전	불완전	없음

23 다음 중 침투가격 전략에 대한 설명으로 바르지 않은 것은?

① 가격에 상당히 민감하게 반응하는 중, 저소득층을 목표고객으로 정했을 때 효과적이다.
② 대량생산이나 마케팅 제반비용 등을 감소시키는 데 있어 효과적이다.
③ 시장 진입 초기에는 비슷한 제품에 비해 상대적으로 가격을 높게 정한 후에 점차적으로 하락시킨다.
④ 이익수준 또한 낮으므로 타사의 진입을 어렵게 만드는 요소로 작용한다.

ᴀɴsᴡᴇʀ ③ 초기 고가격 전략에 대한 설명이다.

24 예를 들어 소매점에서 과자 등을 판매할 시에, 비록 생산원가가 변동되었다고 하더라도 제품 품질이나 또는 수량 등을 가감해서 종전의 가격을 그대로 유지하는 것을 무엇이라 하는가?

① 위신가격　　　　　　　　　　② 관습가격
③ 단수가격　　　　　　　　　　④ 준거가격

ᴀɴsᴡᴇʀ 관습가격은 일용품의 경우와 같이 오랜 기간에 걸친 소비자의 수요로 인해 관습적으로 형성되는 가격을 의미한다.

25 다음 중 가격의 중요성에 대한 설명으로 바르지 않은 것은?

① 가격은 제품의 시장수요 및 경쟁적 지위, 시장점유율 등에 직접적이면서도 즉각적인 영향을 끼치며, 기업 조직의 수익에 밀접하게 연관성을 지닌다.

② 가격은 심리적인 측면에서 보게 되면 소비자들은 가격을 전통적인 교환비율이기 보다는 품질의 지표로 활용할 수도 있으므로, 기업 조직은 가격에 대한 소비자의 심리적 반응을 충분히 고려해야 한다.

③ 가격은 제품을 생산을 위해 투입되어야 하는 노동, 자본, 토지, 기업자 능력 등의 여러 가지 생산요소들의 결합 형태에 영향을 끼친다.

④ 가격은 마케팅믹스의 타 요소들로부터 영향을 받지만 이와 동시에 타 요소에게는 영향을 끼치지 않는다.

ANSWER 기업 조직에서 신제품을 개발하거나 또는 기존 제품의 품질 등을 개선하려는 제품에 대한 의사결정은 이러한 조치에 수반되는 비용을 소비자들이 기꺼이 부담해 줄 경우에나 수행 가능하므로 원가 및 적정의 이윤을 보상하려는 가격결정의 경우 마케팅믹스의 타 요소들에게 영향을 끼친다.

26 다음 중 가격파괴 현상을 일으킨 요소로만 묶은 것은?

㉠ 기술개발	㉡ 유통마진 축소
㉢ 판매관리비 감축	㉣ 정치, 경제환경
㉤ 물류투자 확대	

① ㉠, ㉡, ㉢　　　　　　　　　② ㉠, ㉢, ㉤

③ ㉡, ㉢, ㉣　　　　　　　　　④ ㉡, ㉢, ㉤

ANSWER 가격파괴의 원인
　　㉠ 유통마진 축소
　　㉡ 판매관리비 감축
　　㉢ 물류투자 확대
　　㉣ 값싼 외국제품의 수입
　　㉤ 기획 상품의 도입

ANSWER 22.④　23.③　24.②　25.④　26.④

27 다음의 내용을 읽고 괄호 안에 들어갈 말을 순서대로 바르게 나열한 것을 고르면?

> (㉠)은/는 소비자들이 마음속으로, '이 정도까지는 지불할 수도 있다'고 생각하는 가장 높은 수준의 가격이고, (㉡)은/는 기본가격에다 추가사용료 등의 수수료를 추가하는 방식의 가격결정방식이며, (㉢)은/는 자사가 제공하는 여러 개의 제품이나 서비스 등을 묶어 하나의 가격으로 판매하는 것이다.

① ㉠ 부가가치 가격결정 ㉡ 이중요율 ㉢ 제품라인 가격결정
② ㉠ 경쟁기반 가격결정 ㉡ 명성가격결정 ㉢ 묶음가격
③ ㉠ 유보가격 ㉡ 이중요율 ㉢ 묶음가격
④ ㉠ 단수가격 ㉡ 부산물 가격결정 ㉢ 유보가격

ANSWER 유보가격은 소비자들이 마음속으로, '이 정도까지는 지불할 수도 있다'고 생각하는 가장 높은 수준의 가격이고, 이중요율은 기본가격에다 추가사용료 등의 수수료를 추가하는 방식의 가격결정방식이며, 묶음가격은 자사가 제공하는 여러 개의 제품이나 서비스 등을 묶어 하나의 가격으로 판매하는 것이다.

28 다음의 내용을 읽고 관련한 내용으로 옳은 것을 고르면?

> 통상적으로 이러한 가격정책은 소비자들의 심리를 활용해서 현재의 화폐단위에 맞게 채워서 정하지 않고 1,000원보다는 975원, 10,000원보다는 9,800원 등과 같이 책정한다. 이렇게 하면 소비자들은 실제 가격차이보다 훨씬 큰 가격 차이를 느껴 저렴하다고 생각하며, 가격을 정확한 원가계산에 의해 가능한 낮게 책정했다고 느끼기도 한다.

① 이러한 가격결정방법은 제품의 가격 및 품질의 상관관계가 높게 느껴지게 되는 제품의 경우에는 고가격을 유지하는 경우가 많다.
② 이러한 가격방법은 일반 소비재의 경우에는 현실적인 적용이 어렵고, 발생하는 건수가 많지 않은 산업재 및 제조업자와 중간상 간의 거래에 많이 활용되는 방식이다.
③ 시장에서 경쟁이 치열할 때 소비자들에게 심리적으로 값싸다는 느낌을 주어 판매량을 늘리려는 가격결정방법이다.
④ 이러한 가격결정방법은 사업의 확장, 시장침투, 또는 경쟁이 심한 시장에서의 유지를 위해 활용하는 방법이다.

ANSWER 위 내용은 단수가격에 대한 설명이다. 단수가격 방법은 시장에서 경쟁이 치열할 시에 소비자들에게 심리적으로 값싸다는 느낌을 주어 판매량을 늘리려는 가격결정방법이다. 다시 말해, 제품의 가격을 100원, 1,000원 등과 같이 현 화폐단위에 맞게 책정하는 것이 아니라, 그보다 조금 낮은 95원, 970원, 990원 등과 같이 단수로 책정하는 방식이다.

29 다음 중 공급 및 수요 등을 맞추기가 쉽지 않고, 반품 또한 될 수 없다는 특징을 지니고 있는 서비스의 특징은?

① 투명성

② 이질성

③ 무형성

④ 비분리성

> **A**NSWER 비분리성은 통상적으로 유형의 제품은 생산과 소비가 시간 및 공간적으로 분리가 가능하지만, 서비스의 경우에는 생산과 동시에 소비가 되는 서비스의 성격을 의미하며, 결과적으로 공급 및 수요 등을 맞추기가 쉽지 않고, 반품 또한 할 수 없다는 특징이 있다.

30 다음 중 항시 저가격 전략(Every Day Low Price ; EDLP)에 대한 설명으로 바르지 않은 것은?

① 품절감소 및 재고관리 개선의 효과가 있다.

② 효율적인 물류시스템의 구축이 가능하다.

③ 백화점 등에서 주로 활용하는 방법이다.

④ 언제나 저가격이므로 따로 세일에 대한 광고를 할 필요가 없다.

> **A**NSWER 항시 저가격 전략은 대형마트 등에서 주로 활용하는 방법이다.

31 다음 중 하이로우(High/Low) 가격정책에 관한 내용으로 가장 거리가 먼 것을 고르면?

① 이러한 방식은 고가격을 제시하면서 상황에 따라 저려함 가격으로 할인하기도 하는 전략이다.

② 백화점 등에서 많이 활용한다.

③ 동일한 제품으로 다양한 니즈를 지닌 소비자들에 대한 특성에 소구가 가능하다.

④ 광고비 감소의 효과를 가져다 준다.

> **A**NSWER ④ 항시 저가격 전략에 해당하는 내용이다.

ANSWER 27.③ 28.③ 29.④ 30.③ 31.④

〈2016년 제2회〉

1 수산물 포장의 기능이 아닌 것은?

① 제품의 보호성 ② 취급의 편리성
③ 판매의 촉진성 ④ 재질의 고급화

> ANSWER 포장의 기능
> ㉠ 제품의 보호성(위생성 및 보존성)
> ㉡ 취급의 편리성
> ㉢ 판매의 촉진성

〈2015년 제1회〉

2 수산물 마케팅 믹스 4P와 4C의 전략을 바르게 연결한 것은?

	〈기업관점(4P)〉	〈고객관점(4C)〉
①	유통경로(Place)	의사소통(Communication)
②	가격전략(Price)	고객의 비용(Cost to the customer)
③	상품전략(Product)	편리성(Convenience)
④	촉진전략(Promotion)	고객가치(Customer value)

> ANSWER 마케팅 믹스 4P와 4C의 전략

기업관점(4P)	고객관점(4C)
유통경로(Place)	편리성(Convenience)
가격전략(Price)	고객의 비용(Cost to the customer)
상품전략(Product)	고객가치(Customer value)
촉진전략(Promotion)	의사소통(Communication)

3 수산물 유통 시 포장에 관한 설명으로 옳은 것을 모두 고른 것은?

> ㉠ 수산물의 신선도를 유지시켜 준다.
> ㉡ 가격의 공개로 수산물의 신뢰도를 높인다.
> ㉢ 생산내역을 명기하므로 광고 수단으로 유용하다.

① ㉡   ② ㉠, ㉢
③ ㉡, ㉢   ④ ㉠, ㉡, ㉢

> **A**NSWER 식품 포장의 기능
> ㉠ 제품이 수송 및 취급 중에 손상을 받지 않도록 보호한다.
> ㉡ 식품을 오래 저장할 수 있도록 보존성을 높인다.
> ㉢ 밀봉 및 차단 기능을 한다.
> ㉣ 제품의 취급이 간편하도록 편리성을 부여한다.
> ㉤ 디자인이나 표시 내용을 통한 광고로 판매촉진 효과를 부여한다.
> ㉥ 제품의 외관을 아름답게 하여 상품성을 높인다.
> ㉦ 내용물에 대한 정보를 소비자에게 전달한다.
> ㉧ 미생물이나 유해물질의 혼입을 막아 식품의 안전성을 높인다.
> ㉨ 식품을 담아서 운반하고 소비되도록 분배하는 취급수단이 된다.

4 다음 중 마케팅에 관한 개괄적인 설명으로 바르지 않은 것은?

① 마케팅활동은 기업과 고객 간의 교환행위를 지속적으로 관리함으로써 고객의 욕구만족이 실현되도록 노력하는 기업 활동이다.
② 마케팅은 단순히 영리를 목적으로 하는 방식이다.
③ 마케팅은 단순한 판매나 또는 영업의 범위를 벗어나 고객을 위한 인간 활동이다.
④ 마케팅은 눈에 보이는 유형의 상품뿐만 아니라 무형의 서비스까지도 마케팅 대상이 되고 있다.

> **A**NSWER 마케팅은 단순히 영리를 목적으로 하는 기업뿐만 아니라 비영리조직까지 적용되고 있다.

ANSWER 1.④ 2.② 3.④ 4.②

5 다음 중 마케팅 개념의 발전단계를 바르게 표현한 것은?

① 생산개념 → 마케팅개념 → 판매개념 → 제품개념 → 사회적 마케팅개념
② 생산개념 → 제품개념 → 마케팅개념 → 판매개념 → 사회적 마케팅개념
③ 생산개념 → 제품개념 → 판매개념 → 마케팅개념 → 사회적 마케팅개념
④ 생산개념 → 마케팅개념 → 제품개념 → 판매개념 → 사회적 마케팅개념

> **ANSWER** 마케팅 관리철학 … 생산개념 → 제품개념 → 판매개념 → 마케팅개념 → 사회적 마케팅개념

6 다음 마케팅 관리 철학 중 판매개념에 관한 설명으로 바르지 않은 것을 고르면?

① 판매자 시장보다는 소비자의 욕구에 더욱 관심을 가지게 된다.
② 생산능력의 증대로 인해 제품공급의 과잉상태가 나타나게 된다.
③ 고압적인 마케팅 방식에 의존하게 된다.
④ 소비자로 하여금 경쟁회사 제품보다는 자사제품을 그리고 더 많은 양을 구매하도록 설득하여야 한다.

> **ANSWER** 판매개념의 단계에서는 판매를 위한 강력한 판매조직 형성이 필요하게 되며, 이를 위해 소비자들의 욕구보다는 판매방식 또는 판매자 시장에 더욱 관심을 가지게 된다.

7 마케팅 관리 철학 중 생산개념에 관한 내용으로 가장 거리가 먼 것은?

① 이러한 시기에는 저렴한 제품을 선호한다는 가정 하에서 출발하게 된다.
② 제품의 수요에 비해서 공급이 부족해 소비자들이 제품구매에 어려움을 느끼기 때문에 소비자들의 주된 관심이 지불할 수 있는 가격으로 그 제품을 구매하는 것일 때 나타나는 개념이다.
③ 소비자들은 오로지 제품의 활용가능성과 고가격에만 관심이 있다고 할 수 있다.
④ 판매자의 입장에서는 대량생산과 유통을 통해 낮은 제품원가를 실현하는 것이 목적이 된다.

> **ANSWER** 생산개념의 단계에서 소비자들은 제품 활용가능성과 저가격에만 관심이 있다고 할 수 있다.

8 다음의 내용 중 소비자 관점에서의 마케팅 방식을 실현하는 것을 고르면?

① 생산개념   ② 마케팅개념
③ 판매개념   ④ 제품개념

> **ANSWER** 생산개념, 판매개념, 제품개념은 공급자 또는 판매자 위주의 방식이며, 마케팅개념은 소비자들의 관점에서 행하게 되는 개념이다.

9 다음의 내용이 설명하는 것은?

> 이것은 단기적인 소비자의 욕구충족이 장기적으로는 소비자는 물론 사회의 복지와 상충되어
> 짐에 따라서 기업이 마케팅활동의 결과가 소비자는 물론 사회전체에 어떤 영향을 미치게 될
> 것인가에 대한 관심을 가져야 하며 가급적 부정적 영향을 미치는 마케팅활동을 자제하여야
> 한다는 사고에서 등장한 개념이다.

① 사회지향적인 마케팅개념　　　　② 마케팅 개념
③ 판매개념　　　　　　　　　　　④ 제품개념

> **A**NSWER 사회지향적인 마케팅 개념은 고객만족, 기업의 이익에 더불어서 사회 전체의 복지를 요구하는 개념이다.

10 다음 중 마케팅에 관한 내용으로 보기 어려운 것을 고르면?

① 소비자들의 욕구를 강조한다.
② 대외적이면서 시장지향성이다.
③ 제품을 생산한 후 이익을 얻고, 판매할 방법을 모색한다.
④ 시장욕구를 강조한다.

> **A**NSWER 마케팅은 소비자들이 원하는 제품을 위한 생산 제공적인 방법을 모색하게 된다.

11 다음 중 판매에 관련한 설명으로 바르지 않은 것은?

① 제품을 강조한다.
② 시장지향성이다.
③ 판매자의 욕구를 강조한다.
④ 제품을 생산한 후 이익을 얻고, 판매할 방법을 모색한다.

> **A**NSWER 판매는 소비자의 욕구보다는 판매자의 욕구에 초점을 맞추고 있으며 대내적이면서 기업지향성의 성격을 띠고
> 있다.

12 다음 중 수산물 마케팅의 특징에 대한 내용으로 옳지 않은 것을 고르면?

① 생산은 지역적으로 전문화되고 사회경제적인 변화에 따라 변화되어 왔다.

② 생산 과정에 있어서 창조되는 장소효용, 형태효용, 소유효용, 시간효용 같은 것이 마케팅 과정에서도 동일한 효용을 창조하므로 시장 활동이 생산적이다.

③ 수산물이 최종 소비자에게 전달되어지는 과정은 수집, 중계, 분산 과정 등을 거치게 되므로 시장 활동은 지극히 단순하면서도 유통비용도 적게 들게 된다.

④ 마케팅은 유통과정과 관련되는데 유통은 운송, 가공, 저장 등의 과정 및 판매까지 관련법령에 의해 통제되므로 복합적인 활동이다.

> **A**NSWER 수산물이 최종 소비자에게 전달되어지는 과정은 수집, 중계, 분산 과정 등을 거치게 되므로 시장 활동은 지극히 복잡하면서도 유통비용도 많이 들게 되는 번거로움이 있다.

13 다음 중 수산물 마케팅의 역할로 바르지 않은 것은?

① 수산물 수급 조절   ② 소량 생산의 촉진

③ 고용기회의 확대   ④ 수산업 발전에 기여

> **A**NSWER 수산물 마케팅의 역할
> ㉠ 수산업 발전에 기여
> ㉡ 수산물 수급 조절
> ㉢ 대량 생산의 촉진
> ㉣ 소비자의 경제적인 복지 증진
> ㉤ 문화적 기능
> ㉥ 고용기회의 확대

14 다음 중 판매 지향적인 생산, 표준화, 등급화된 농수산물을 구매함으로써 사회적인 계층 간 차이가 해소되고, 구매활동에 있어 시간이 단축되어 생활의 합리화가 이루어지는 것은 수산물 마케팅의 역할 중 무엇과 관련이 깊은가?

① 소비자의 경제적 복지 증진   ② 고용기회의 증대

③ 수산업 발전 기여   ④ 문화적 기능

> **A**NSWER 수산업 마케팅 역할 중 문화적 기능은 판매 지향적인 생산, 표준화, 등급화된 농수산물을 구매함으로써 사회적인 계층 간 차이가 해소되고, 구매활동에 있어 시간이 단축되어 생활의 합리화가 이루어지는 등 생활문화의 변화를 가져다주게 된다.

15 다음의 내용이 의미하는 것은?

> 생산된 수산물을 생산자가 직접적으로 판매하는 방식인데 생산자가 개별적으로 생산에서부터 수집, 분류, 등급화, 판매 등의 전체 과정을 수행하는 것은 기업농이 아니고서는 불가능하며, 유통의 효율성이 떨어질 수밖에 없다.

① 수직적 갈등
② 직접 마케팅
③ 간접 마케팅
④ 수평적 갈등

ANSWER 직접 마케팅은 생산된 수산물을 생산자가 직접적으로 판매하는 방식인데 생산자가 개별적으로 생산에서부터 수집, 분류, 등급화, 판매 등의 전체 과정을 수행하는 것은 기업농이 아니고서는 불가능하며, 유통의 효율성이 떨어질 수밖에 없으며, 이러한 예로는 협동조합 운동이나 또는 산지직거래 방식, 체인스토어, 슈퍼마켓, 백화점 판매 등이 있다.

수
산
물
유
통
론

16 다음 중 마케팅 환경 분석에 있어 쓰이는 도구인 SWOT분석의 의미로 잘못된 것은?

① Strength
② Weakness
③ Open
④ Threat

ANSWER SWOT분석
ㄱ Strength
ㄴ Weakness
ㄷ Opportunity
ㄹ Threat

17 다음 마케팅을 실행하기 위해서는 SWOT 분석은 필수적이다. 이 때 기업 내의 충분한 자본력, 기술적 우위, 유능한 인적자원 등은 어느 부분에 해당하는가?

① Weakness
② Threat
③ Opportunity
④ Strength

ANSWER SWOT 분석
강점(Strength)은 기업 내부의 강점을 의미하는데, 이는 통상적으로 기업 내의 충분한 자본력, 기술적 우위, 유능한 인적자원 등이 속하게 된다.

	S	W
O	①	②
T	③	④

 ANSWER   12.③   13.②   14.④   15.②   16.③   17.④

18 다음 SWOT분석에서 생산력의 부족이나 또는 미약한 브랜드 인지도 등이 속하게 되는 부분은?

① Strength
② Weakness
③ Opportunity
④ Threat

> **A**NSWER SWOT 분석
> 약점(Weakness)은 기업 내부의 약점을 의미하며, 이에는 생산력의 부족이나 미약한 브랜드 인지도 등이 속하게 된다.

19 표적시장에서의 욕구 및 선호를 효과적으로 충족시켜 주기 위하여 기업이 제공하는 마케팅 수단들을 마케팅 믹스라 하는데, 이러한 마케팅 믹스의 요소에 해당하지 않는 것을 고르면?

① Person
② Price
③ Product
④ Promotion

> **A**NSWER 마케팅 믹스 4P's
> Product, Price, Place, Promotion

20 일반적으로 시장을 세분화 한 후에는 세분된 소비자 집단마다 자사의 상품이나 자기가 생산한 농수산물에 대한 특별한 이미지를 심어줄 필요가 있는데, 이 때 잠재고객들의 머릿속에 자사 제품의 브랜드를 자리매김 시키는 것을 무엇이라고 하는가?

① 마케팅믹스 전략
② 시장세분화
③ 포지셔닝
④ 목표시장 선정

> **A**NSWER 포지셔닝은 소비자들의 마음속에 자사제품이나 기업을 표적시장, 경쟁, 기업 능력과 관련해서 가장 유리한 포지션에 안착되도록 노력하는 것을 말한다.

21 BCG 매트릭스 상에서 별(Star) 사업부에 관한 설명으로 바르지 않은 것을 고르면?

① 고성장 고점유율의 사업부이다.
② 이 사업부의 제품들은 제품수명주기 상에서 성숙기에 속한다.
③ 별 사업부에 속한 기업들이 효율적으로 잘 운영된다면 이들은 향후 Cash Cow가 된다.
④ 이에 속한 사업부를 가진 기업은 시장 내 선도기업의 지위를 유지하고 성장해가는 시장의 수용에 대처하고, 여러 경쟁기업들의 도전에 극복하기 위해 역시 자금의 투하가 필요하다.

> **A**NSWER 별 사업부의 제품들은 제품수명주기 상에서 성장기에 속한다.

22 시장성장률로 나타나는 시장 매력도와 상대적 시장점유율로 나타나는 경쟁능력을 통해 각 사업 단위가 포트폴리오에서 차지하는 위치를 파악, 기업의 현금흐름을 균형화 하고자 하는 것은?

① 4P's
② SWOT 분석
③ BCG 매트릭스
④ GE 매트릭스

ⓐNSWER BCG 매트릭스는 세로축을 시장성장률로 두고, 가로축을 상대적 시장점유율로 두어 2×2 매트릭스를 형성하고 있다. BCG 매트릭스에서의 시장성장률은 각 SBU가 속하는 산업 전체의 평균매출액 증가율로서 표시되며, 시장성장률의 고, 저를 나누는 기준점으로는 전체 산업의 평균성장률을 활용하게 된다.

23 BCG 매트릭스에서 자금젖소(Cash Cow) 사업부에 대한 내용으로 가장 옳지 않은 것은?

① 이 사업부는 제품수명주기 상에서 성숙기에 속하는 사업부이다.
② 이러한 Cash Cow 사업부에서 산출되는 이익은 전체 기업의 자원에서 상대적으로 낮은 현금을 필요로 하는 Star 사업부나 Question Mark 사업부, Dog 사업부의 영역에 속한 사업으로 자원이 배분된다.
③ 이 사업부는 시장성장률은 높지만 낮은 상대적 시장점유율을 유지하고 있다.
④ 이러한 사업부는 시장의 성장률이 둔화되었기 때문에 그만큼 새로운 설비투자 등과 같은 신규 자금의 투입이 필요 없다.

ⓐNSWER 자금젖소(Cash Cow) 사업부는 시장성장률은 낮지만 높은 상대적 시장점유율을 유지하고 있다. 또한, 이 사업부에서의 사업은 많은 이익을 시장으로부터 창출해내는 사업부이다.

수산물유통론

24 다음 BCG 매트릭스에 관한 설명 중 물음표 사업부의 내용으로 바르지 않은 것은?

① 이 사업부는 시장성장률은 높으나 상대적 시장점유율이 낮은 사업이다.
② 신규로 시작하는 사업이기 때문에 기존의 선도 기업을 비롯한 여러 경쟁기업에 대항하기 위해 새로운 자금의 투하를 상당량 필요로 하게 된다.
③ 이 사업부의 상황에서는 기업이 자금을 투입할 것인가 또는 사업부를 철수해야 할 것인가를 결정해야 한다.
④ 이 사업부의 제품들은 제품수명주기 상에서 성장기에 속하는 사업부이다.

> **A**NSWER 물음표 사업부의 제품들은 제품수명주기 상에서 도입기에 속하는 사업부이다.

25 통상적으로 마케팅 관리자는 일반적으로 4P를 잘 배합함으로써 고객을 만족시킬 수 있는 프로그램을 개발해야 하는데, 이에는 Product, Price, Promotion, Place가 있는데 다음 중 4P's에서 4C로의 연결이 잘못된 것을 고르면?

① Product → Consumer
② Place → Confirm
③ Price → Cost
④ Promotion → Communication

> **A**NSWER 4P에서 4C로의 전환
> ㉠ Product → Consumer
> ㉡ Price → Cost
> ㉢ Promotion → Communication
> ㉣ Place → Convenience

26 다음 중 전통적 소비자 구매행동모델(AIDMA)의 요소로 바르지 않은 것은?

① Attention
② Interest
③ Design
④ Memory

> **A**NSWER 전통적 소비자 구매행동모델(AIDMA)
> ㉠ Attention : 매체에 삽입된 광고를 접하는 수용자가 주의를 집중하는 단계
> ㉡ Interest : 수용자가 광고에 흥미를 느끼는 단계
> ㉢ Desire : 수용자가 광고 메시지를 통해 제품의 소비나 사용에 대한 욕구를 느끼는 단계
> ㉣ Memory : 광고 메시지나 브랜드 이름 등을 기억, 회상하는 단계
> ㉤ Action : 제품의 구매나 매장의 방문 등 광고 메시지에 영향을 입은 행동을 하는 단계

27 수산물 소비자 행동 중 구매의사결정의 과정을 바르게 나열한 것을 고르면?

① 문제인식 → 구매 → 정보탐색 → 대안평가 → 구매 후 행동
② 문제인식 → 정보탐색 → 대안평가 → 구매 → 구매 후 행동
③ 문제인식 → 정보탐색 → 구매 → 대안평가 → 구매 후 행동
④ 문제인식 → 구매 → 대안평가 → 정보탐색 → 구매 후 행동

ANSWER 구매의사결정과정
　　　　　문제인식 → 정보탐색 → 대안평가 → 구매 → 구매 후 행동

28 수산물 소비행동에서 구매의사결정에 관련한 설명 중 가장 옳지 않은 것은?

① 선택대안에 대한 평가과정 중에서 단일의 변수가 작용한다.
② 소비자는 니즈에 맞는 구매 정보를 탐색하며 몇 개의 선택대안들을 평가하는 과정을 거치게 된다.
③ 소비자는 동기 등 여러 가지 요인에 의해서 구매에 대한 필요성을 인지한다.
④ 소비자가 상표 소비 후 느끼는 만족 또는 불만족은 소비자의 차후 구매의사결정과정에 영향을 미치게 된다.

ANSWER 선택대안의 평가과정 중에서 여러 가지 변수가 작용하게 된다.

29 내부탐색이란?

① 소비자는 자신의 문제를 인식하고 나면, 이렇게 인식된 욕구를 충족시키기 위해서 그에 대한 대안을 탐색하는 과정을 말한다.
② 정보를 수집하는 중간이나 또는 정보를 수집한 후에 소비자는 그 동안의 정보탐색을 통해 알게 된 내용을 기반으로 구매대상이 되는 여러 대안들을 평가하게 되는 단계이다.
③ 자신의 기억 외의 원천으로부터 정보를 탐색하는 활동이다.
④ 자신의 기억 또는 내면 속에 저장되어 있는 관련된 정보에서 의사결정에 도움이 되는 것을 끄집어내는 과정이다.

ANSWER 내부탐색은 어떠한 제품을 반복 구매했다면 그 제품의 경우 쉽게 제품에 대한 과거정보를 머릿속에 떠올려 이용할 수 있다.

30 전체시장을 하나의 시장으로 보지 않고, 소비자 특성의 차이 또는 기업의 마케팅 정책, 예를 들어 가격이나 제품에 대한 반응에 따라 전체시장을 몇 개의 공통된 특성을 가지는 세분시장으로 나누어서 마케팅을 차별화시키는 것을 시장세분화라고 하는데, 다음 중 시장세분화의 요건으로 바르지 않은 것을 고르면?

① 실행 가능성　　　　　　　　② 유지 가능성
③ 측정 가능성　　　　　　　　④ 접근 가능성

ANSWER 시장세분화의 요건

구분	개념
측정 가능성	마케터는 각 세분시장에 속하는 구성원을 확인하고, 세분화 근거에 따라 그 규모나 구매력 등의 크기를 측정할 수 있어야 함.
유지 가능성	각 세분시장은 별도의 마케팅 노력을 할애받을 만큼 규모가 크고 수익성이 높아야 함.
접근 가능성	마케터는 각 세분시장에게 기업이 별도의 상이한 마케팅 노력을 효과적으로 집중시킬 수 있어야 함.
실행 가능성	마케터는 각 세분시장에게 적합한 마케팅 믹스를 실제로 개발할 수 있는 능력과 자원을 가지고 있어야 한다
내부적 동질성과 외부적 이질성	특정한 마케팅 믹스에 대한 반응이나 세분화 근거에 있어서 같은 세분시장의 구성원은 동질성을 보여야 하고, 다른 세분시장의 구성원과는 이질성을 보여야 한다.

31 표적시장의 선정에 관한 설명 중 무차별적 마케팅 전략에 관한 설명으로 적절하지 않은 것은?

① 소비자들의 욕구를 만족시킨다.
② 전체시장을 하나의 동일한 시장으로 간주하고, 하나의 제품을 제공하는 전략이다.
③ 경쟁사가 쉽게 틈새시장을 활용해 진입할 수 있다.
④ 규모의 경제를 이룰 수 있다.

　　ANSWER 무차별적 마케팅 전략은 전체시장을 하나의 동일한 시장으로 간주하고, 하나의 제품을 제공하는 전략으로 소비자들의 욕구를 만족시키기 어렵기 때문에 경쟁사가 이를 간파하고 틈새시장을 활용해 시장에 진입할 수 있다는 문제점을 야기시키게 된다.

32 다음 중 차별적 마케팅 전략에 대한 내용으로 바르지 않은 것은?

① 전체 시장을 여러 개의 세분시장으로 나누고, 이들 모두를 목표시장으로 삼아 각기 다른 세분시장의 상이한 욕구에 부응할 수 있는 마케팅믹스를 개발하여 적용하게 된다.
② 자원이 풍부한 대기업 등에서 활용한다.
③ 전체 시장의 매출은 하락한다.
④ 각 세분시장에 차별화된 제품과 광고 판촉을 제공하기 위해 비용 또한 늘어난다.

　　ANSWER 차별적 마케팅 전략은 소비자들의 욕구에 맞는 제품을 가지고 여러 개의 세분시장으로 나누어 경영을 하게 됨으로서 소비자들의 욕구에 부응하며 이로 인해 전체 시장에서의 매출은 증가하게 된다.

33 다음 중 집중적 마케팅 전략에 관한 내용으로 가장 옳지 않은 것은?

① 전체 세분시장 중 특정 세분시장을 목표시장으로 삼아 집중 공략하는 전략이다.
② 해당 시장의 소비자 욕구를 보다 정확히 이해하여 그에 걸 맞는 제품과 서비스를 제공함으로서 전문화의 명성을 얻을 수 있다는 이점이 있다.
③ 생산, 판매 및 촉진활동을 전문화함으로서 비용을 절감이 가능한 방식이다.
④ 자원이 풍부한 대기업 등에서 주로 활용하는 전략이다.

> **A**NSWER 집중적 마케팅 전략은 특정 세분시장을 목표시장으로 삼아 집중 공략하는 전략이므로 자원이 한정되어 있는 중소기업 등에서 활용하는 전략이다.

34 다음 중 포지셔닝의 성공적 차별화 요소에 해당하지 않는 것은?

① 차별성   ② 보관성
③ 우수성   ④ 수익성

> **A**NSWER 포지셔닝의 성공적 차별화 요소
> ㉠ 선점성
> ㉡ 전달성
> ㉢ 우수성
> ㉣ 중요성
> ㉤ 차별성
> ㉥ 수익성
> ㉦ 가격적절성

35 다음의 사례와 관련이 깊은 것은?

> 1인 가족이 증가하게 되면서 그에 맞는 미니어쳐 제품을 판매함에 있어 어느 특정한 기능보다는 작은 사이즈로 1인 가족의 경우에 적합하다는 것을 강조

① 이미지 포지셔닝
② 경쟁 제품에 의한 포지셔닝
③ 제품 사용자에 의한 포지셔닝
④ 제품 속성에 의한 포지셔닝

> **A**NSWER 제품 사용자에 의한 포지셔닝은 제품이 특정 사용자 계층에 적합하다고 소비자에게 강조하여 포지셔닝 하는 전략을 의미한다.

ANSWER | 30.② 31.① 32.③ 33.④ 34.② 35.③

36 수산물 제품전략에 관한 내용 중 3가지 수준의 제품개념에 속하지 않는 것은?

① 비탐색품   ② 유형제품

③ 핵심제품   ④ 확장제품

> Ⓐɴsᴡᴇʀ   3가지 수준의 제품전략
> > ㉠ 유형제품
> > ㉡ 핵심제품
> > ㉢ 확장제품

37 다음 중 포지셔닝 맵의 절차를 순서대로 바르게 나열한 것은?

① 차원의 수를 결정 → 경쟁사 제품 및 자사 제품의 위치확인 → 차원의 이름을 결정 → 이상적인 포지션의 결정

② 경쟁사 제품 및 자사 제품의 위치확인 → 차원의 수를 결정 → 차원의 이름을 결정 → 이상적인 포지션의 결정

③ 자원의 수를 결정 → 차원의 이름을 결정 → 경쟁사 제품 및 자사 제품의 위치확인 → 이상적인 포지션의 결정

④ 경쟁사 제품 및 자사 제품의 위치확인 → 차원의 이름을 결정 → 차원의 수를 결정 → 이상적인 포지션의 결정

> Ⓐɴsᴡᴇʀ   포지셔닝 맵의 절차
> > 차원의 수를 결정 → 차원의 이름을 결정 → 경쟁사 제품 및 자사 제품의 위치확인 → 이상적인 포지션의 결정

38 제품에 관한 내용 중 편의품에 관한 설명으로 바르지 않은 것을 고르면?

① 구매빈도가 높은 저가의 제품이다.

② 고객의 쇼핑노력은 최대한이다.

③ 최소한의 노력 및 습관적으로 구매하는 경향이 짙은 제품이다.

④ 제품회전율은 상대적으로 빠르다.

> Ⓐɴsᴡᴇʀ   편의품은 구매빈도가 높은 저가의 제품을 말한다. 동시에 최소한의 노력과 습관적으로 구매하는 경향이 있는 제품이므로 고객의 쇼핑노력은 최소한이다.

39 다음의 내용과 연관관계가 가장 깊은 것은?

> 배달, 설치, A/S, 품질보증 및 신용판매

① 핵심제품   ② 유형제품

③ 비탐색품   ④ 확장제품

> **A**NSWER 확장제품은 유형제품의 효용가치를 증가시키는 부가서비스 차원의 상품을 의미. 즉, 유형 제품에 부가로 제공되는 서비스, 혜택을 포함한 개념을 의미한다.

40 제품에 관한 설명 중 선매품에 대한 내용으로 가장 옳지 않은 것은?

① 구매 전의 계획정도는 어느 정도 존재한다.

② 고객의 쇼핑노력은 거의 없다.

③ 브랜드 충성도는 어느 정도 존재한다.

④ 제품회전율은 느린 편이다.

> **A**NSWER 선매품은 소비자가 가격, 품질, 스타일이나 색상 면에서 경쟁제품을 비교한 후에 구매하는 제품으로 고객의 쇼핑노력은 어느 정도 존재하고 있다고 할 수 있다.

41 제품에 관련한 내용 중 전문품에 관한 설명으로 적절하지 않은 것은?

① 구매 전의 계획 정도는 상당히 높다.

② 가격은 최고가이다.

③ 브랜드 충성도 면에서 보면 이들은 특정상표만을 선호하는 경향이 크다.

④ 제품회전율은 소비재 중 가장 빠르다.

> **A**NSWER 전문품은 소비자 자신이 찾는 품목에 대해서 너무나 잘 알고 있으며, 그것을 구입하기 위해서 특별한 노력을 기울이는 제품이기 때문에 제품회전율은 소비재 중 가장 느리다고 할 수 있다.

42 소비자가 애써 찾아다니며 구매하지 않는 제품이며, 훗날에는 필요가 있겠지만 지금 당장은 구매할 필요가 없다고 생각하는 제품을 무엇이라고 하는가?

① 소모품   ② 전문품

③ 비탐색품   ④ 편의품

> **A**NSWER 비탐색품은 통상적으로 소비자에게 알려져 있지 않거나 또는 알려져 있더라도 소비자의 입장에서 구매의사가 낮은 제품을 의미한다. 이에는 헌혈, 보험, 백과사전류 등이 있다.

ANSWER   36.①   37.③   38.②   39.④   40.②   41.④   42.③

43 다음 중 서비스의 특성에 해당하지 않는 것은?

① 이질성 　　　　　　　　　② 소멸성
③ 유형성 　　　　　　　　　④ 비분리성

> **A**NSWER 서비스의 특성
> ㉠ 무형성
> ㉡ 소멸성
> ㉢ 비분리성
> ㉣ 이질성

44 제품을 구매했다 하더라도 1회로서 소멸을 하고, 더불어 서비스의 편익도 사라지게 된다. 이는 서비스는 제공되는 순간 사라지고 기억만 남게 된다는 것으로 서비스의 특징 중 무엇에 대한 설명인가?

① 비분리성 　　　　　　　　② 소멸성
③ 무형성 　　　　　　　　　④ 이질성

> **A**NSWER 소멸성이란 판매되지 않은 서비스는 사라지며 이를 재고로 보관할 수 없다는 것을 말한다.

45 다음의 내용을 읽고 괄호 안에 들어갈 말을 순서대로 바르게 나열한 것을 고르면?

> (㉠)은/는 기업이 가지고 있는 제품계열의 수를 의미하며, (㉡)은/는 각 제품계열 안에 있는 품목 수를 의미하며, (㉢)은/는 제품믹스 내의 모든 제품품목의 수를 의미한다.

① ㉠ 제품믹스의 폭　　㉡ 제품믹스의 길이　　㉢ 제품믹스의 깊이
② ㉠ 제품믹스의 폭　　㉡ 제품믹스의 깊이　　㉢ 제품믹스의 길이
③ ㉠ 제품믹스의 길이　㉡ 제품믹스의 폭　　㉢ 제품믹스의 깊이
④ ㉠ 제품믹스의 폭　　㉡ 제품믹스의 깊이　　㉢ 제품믹스의 길이

> **A**NSWER 제품믹스의 폭은 기업이 가지고 있는 제품계열의 수를 의미하며, 제품믹스의 깊이는 각 제품계열 안에 있는 품목 수를 의미하며, 제품믹스의 길이는 제품믹스 내의 모든 제품품목의 수를 의미한다.

46 수산물 제품 브랜드 관리에서 통상적으로 브랜드가 지니고 있는 기능으로 바르지 않은 것은?

① 재산보호 기능　　　　　　　② 품질보증 기능
③ 제품보호 기능　　　　　　　④ 출처표시 기능

　　Ⓐnswer　통상적으로 브랜드가 지니는 기능
　　　　　ⓐ 광고기능
　　　　　ⓑ 출처표시 기능
　　　　　ⓒ 상징기능
　　　　　ⓓ 품질보증 기능
　　　　　ⓔ 재산보호 기능

47 수산물 제품의 포장에 관한 내용 중 포장의 목적에 해당하지 않는 것은?

① 제품의 가격성　　　　　　　② 제품의 보호성
③ 제품의 경제성　　　　　　　④ 제품의 편리성

　　Ⓐnswer　포장의 목적
　　　　　ⓐ 제품의 보호성
　　　　　ⓑ 제품의 경제성
　　　　　ⓒ 제품의 편리성
　　　　　ⓓ 제품의 촉진성
　　　　　ⓔ 제품의 환경보호성

48 수산물 제품의 포장에 관련한 설명 중 포장의 이점으로 보기 어려운 것은?

① 판매부서의 노동력을 절감시켜 비용을 크게 절감시키게 된다.
② 습도를 유지시킴으로 인해 상품의 외형을 개선하게 한다.
③ 가격을 전달하는데 활용한다.
④ 도매단계에서 부패를 늦추게 하는 역할을 한다.

　　Ⓐnswer　포장은 소매단계에서 부패를 늦추게 하는 역할을 한다.

Ⓐnswer | 43.③　44.②　45.②　46.③　47.①　48.④

49 수산물의 제품수명주기에 관한 내용 중 제품수명주기의 순서를 바르게 나열한 것은?

① 도입기 → 성숙기 → 성장기 → 쇠퇴기
② 성장기 → 도입기 → 성숙기 → 쇠퇴기
③ 도입기 → 성장기 → 성숙기 → 쇠퇴기
④ 성숙기 → 도입기 → 성장기 → 쇠퇴기

ANSWER 제품수명주기
도입기 → 성장기 → 성숙기 → 쇠퇴기

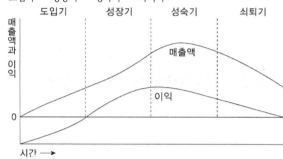

50 수산물의 제품수명주기에 관한 내용 중 도입기에 대한 설명으로 옳지 않은 것을 고르면?

① 제품수정이 이루어지는 단계이다.
② 시장 진입 초기이므로, 과다한 유통촉진비용이 두입된다.
③ 제품에 대한 인지도나 수용도가 낮고, 판매성장률 또한 매우 낮다
④ 이익은 전혀 없거나 또는 있다 해도 극히 미미한 수준이다.

ANSWER 도입기에서는 제품의 수정이 이루어지지 않은 기본형 제품이 출시된다.

51 수산물의 제품수명주기에 관한 내용 중 성장기의 특징으로 볼 수 없는 것은?

① 제품이 시장에 수용되어 정착되는 단계이다.
② 성장기에 들어서면 제품의 판매량은 빠르게 증가하게 된다.
③ 이익이 최고조에 달하는 단계이다.
④ 기존수준을 유지하거나 또는 수요가 급격히 증가함에 따라 약간 떨어지기도 한다.

ANSWER 성장기에서는 실질적인 이익이 창출되는 단계이다.

52 수산물의 제품수명주기에 관한 내용 중 성숙기에 대한 설명으로 적절하지 않은 것은?

① 제품에 대한 마진을 줄이고, 가격을 평균생산비 수준까지 인하하게 된다.

② 유사품, 대체품을 생산하는 경쟁자도 늘어난다.

③ 이익이 최고조에 달하게 된다.

④ 제품개선 및 주변제품개발을 위한 R&D 예산을 늘리게 된다.

Ⓐnswer 성숙기에서는 시장에서의 경쟁이 포화상태가 된다.

53 다음 중 수산물이 공산품에 비해 대시장성이 적으며 상품성이 떨어지는 이유로 바르지 않은 것을 고르면?

① 수산물은 저장성이 없으므로 판매조건이 불리하다.

② 수산물은 주로 식료품으로 활용되고 있으므로 내구성이 약하며 또한 부패성도 높다.

③ 수산물의 경우 가치에 비해 용적 및 중량 등이 크다.

④ 수산물은 용도의 단일화로 인해 수요 및 공급에 대한 예측이 가능하며 유통 정책의 수립이 용이하다.

Ⓐnswer 수산물은 용도의 다양성으로 인해 수요 및 공급에 대한 예측이 곤란하기 때문에 유통 정책의 수립이 어렵다.

54 마케팅믹스 요소 중에서 자사의 이익을 결정하는 유일한 변수 역할을 하는 것은?

① 유통   ② 가격

③ 판매촉진   ④ 제품

Ⓐnswer 가격은 타 마케팅믹스 요소 중에서 자사의 이익을 결정하는 유일한 변수 역할을 수행하며, 고객의 니즈에 부합하는 재화나 서비스를 제공함으로써 이익을 얻을 수 있다.

55 수산물 광고와 관련한 내용 중 바르지 않은 것을 고르면?

① 매체에 따른 비용을 지불한다.

② 특정 광고주가 아이디어, 상품 또는 서비스를 촉진하기 위해서 유료의 형태로 제시하는 비인적인 매체를 통한 촉진방법이다.

③ 상대적으로 신뢰도가 높다.

④ 광고의 내용, 일정, 위치 등의 통제가 가능하다.

Ⓐnswer 광고는 상대적으로 신뢰도가 낮다.

 **Ⓐnswer** 49.③ 50.① 51.③ 52.② 53.④ 54.② 55.③

56 다음의 내용을 읽고 이 글의 내용과 가장 관련성이 높은 설명을 고르면?

> 세이브 존은 민족 최대 명절 추석을 맞아 9월 2일까지 '추석 상차림 특가전'을 진행하며 6대 신용카드 활용 시 최대 40% 할인 혜택을 부여한다. 산양산삼 10년근 선물세트는 6만9000원에 판매한다. 선물세트 종류는 지점별로 다르며 상세 할인정보는 세이브 존 홈페이지를 통해 확인 할 수 있다. 서울 노원점은 수산물 제수용품을 9900원의 균일가에 선보인다. 또 행사 기간 중 300팩 한정으로 활전복 6~7미를 9900원에 만나볼 수 있다. 경기 광명점은 호주산 청정우 고급 LA 갈비를 100g에 1900원의 파격가에 판매한다. 또 원황 배 2.5kg 한 박스를 6900원의 가격에 선보인다. 제사상 준비에 필요한 각종 용품 역시 할인가에 만나볼 수 있다. 키친아트 후라이팬은 9900원, 전기그릴은 2만9000원에 내놓는다.

① 위 내용은 장기간에 걸친 소비자의 수요로 인해 관습적으로 형성되는 가격결정방식이다.
② 위 내용과 같은 가격정책은 소비자의 입장에서는 가격이 상당히 낮은 것으로 느낄 수 있고, 정확한 계산에 의해 가격이 책정되었다는 느낌을 줄 수 있는 가격결정방식이다.
③ 위 내용은 자신의 명성이나 위신을 나타내는 제품의 경우에 일시적으로 가격이 높아짐에 따라 수요가 증가되는 경향을 보이기도 하는데, 이를 이용하여 고가격으로 가격을 설정하는 방법이다.
④ 위 내용은 구매자는 어떤 제품에 대해서 자기 나름대로의 기준이 되는 준거가격을 마음속에 지니고 있어서, 제품을 구매할 경우 그것과 비교해보고 제품 가격이 비싼지 여부를 결정하는 가격결정방식이다.

ANSWER 위 지문은 단수가격의 사례를 제시한 것이다. 단수가격은 시장에서 경쟁이 치열할 때 소비자들에게 심리적으로 값싸다는 느낌을 주어 판매량을 늘리려는 가격결정방법이며, 제품의 가격을 100원, 1,000원 등과 같이 현 화폐단위에 맞게 책정하는 것이 아닌, 그 보다 조금 낮은 95원, 970원, 990원 등과 같이 단수로 책정하는 방식이다.

57 다음 중 광고의 특징이 아닌 것은?

① 유료성
② 인적 매체의 활용
③ 보급성
④ 공중 제시성

ANSWER 광고의 특징
    ㉠ 유료성
    ㉡ 보급성
    ㉢ 공중 제시성
    ㉣ 표현의 다양성
    ㉤ 비인적 매체의 활용

58 다음 중 광고의 역할로 바르지 않은 것은?

① 마케팅 역할 ② 교육적 역할

③ 사회적 역할 ④ 법적 역할

Ⓐ NSWER 광고의 역할
⊙ 마케팅 역할
ⓛ 문화적 역할
ⓒ 경제적 역할
ⓔ 교육적 역할
ⓜ 사회적 역할
ⓗ 커뮤니케이션 역할

59 다음 중 PR에 관한 내용으로 바르지 않은 것은?

① PR은 사람이 아닌 다른 매체를 통해서 제품이나 기업자체를 뉴스나 논설의 형식으로 널리 알리는 방식이다.

② 통제가 가능하다.

③ 상대적으로 신뢰도가 높다.

④ 매체에 대한 비용을 지불하지 않는다.

Ⓐ NSWER PR은 통제가 불가능하다.

60 다음 중 신문매체에 대한 설명으로 바르지 않은 것은?

① 낮은 인쇄화질 ② 지역 신문이 다수 존재

③ 높은 광고 제작비 ④ 높은 신뢰성

Ⓐ NSWER 신문매체의 특징
⊙ 장점
• 낮은 광고 제작비
• 지역 신문이 다수 존재
• 길고 복잡한 메시지 전달이 가능
• 높은 신뢰성
ⓛ 단점
• 낮은 인쇄화질
• 시각효과에 한정
• 자세히 읽히지 않음

Ⓐ NSWER 56.② 57.② 58.④ 59.② 60.③

수
산
물
유
통
론

61 다음 중 TV 매체에 대한 내용으로 옳지 않은 것은?

① 높은 주목률

② 낮은 비용이 소요

③ 많은 수의 청중들에게 비용 효과적으로 도달이 가능

④ 긴 메시지에는 부적합

> **A**NSWER TV 매체의 특징
> ㉠ 장점
>   • 높은 주목률
>   • 많은 수의 청중들에게 비용 효과적으로 도달이 가능
>   • 동영상 및 음향 등의 활용으로 다양한 연출이 가능
> ㉡ 단점
>   • 긴 메시지에는 부적합
>   • 높은 비용이 소요
>   • 청중을 선별하기가 어려움

62 다음 중 라디오 매체에 관한 내용으로 적절하지 않은 것은?

① 뛰어난 시청각 효과

② 넓은 도달범위

③ 낮은 광고제작비

④ 청중선별이 가능

> **A**NSWER 라디오 매체의 특징
> ㉠ 장점
>   • 광고제작비가 낮다.
>   • 도달범위가 넓다.
>   • 청중선별이 가능하다.
> ㉡ 단점
>   • 내용이 빨리 지나간다.
>   • 청각효과에 한정
>   • TV보다 낮은 주의집중

63 다음 중 판매촉진의 기능으로 바르지 않은 것은?

① 행동화 기능

② 정보제공 기능

③ 효과측정 기능

④ 고비용 판촉 기능

> **A**NSWER 판매촉진의 기능
> ㉠ 행동화 기능
> ㉡ 정보제공 기능
> ㉢ 효과측정 기능
> ㉣ 저비용 판촉기능
> ㉤ 지원보강 기능
> ㉥ 단기소구 기능

64 다음 중 제품의 수요에 비해서 공급이 부족하여 고객들이 제품구매에 어려움을 느끼기 때문에 고객들의 주된 관심이 지불할 수 있는 가격으로 그 제품을 구매하는 것일 때 발생하게 되는 마케팅 개념을 무엇이라고 하는가?

① 마케팅개념
② 제품개념
③ 사회적 마케팅개념
④ 생산개념

> **A**NSWER 생산개념은 저렴한 제품을 선호한다는 가정에서 출발하게 된다. 소비자는 제품이용가능성과 저가격에만 관심이 있다고 할 수 있다. 그렇기에 기업 조직의 입장에서는 대량생산 및 유통을 통해 낮은 제품원가를 실현하는 것이 목적이 되는 개념이다.

65 다음은 푸시전략에 대한 내용이다. 이에 대한 설명 중 틀린 것은?

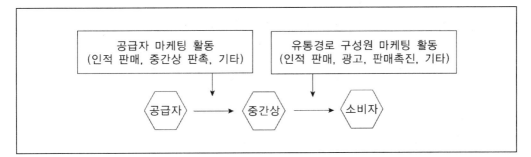

① 제조업자가 소비자를 향해 제품을 밀어낸다는 의미이다.
② 브랜드에 대한 선택이 점포 방문 이전에 이루어진다.
③ 이러한 전략의 경우 소비자들의 브랜드 애호도가 낮다.
④ 충동구매가 잦은 제품의 경우에 적합한 전략이다.

> **A**NSWER 푸시 전략의 경우 브랜드에 대한 선택이 점포 내에서 이루어진다.

66 다음 그림은 풀 전략을 나타낸 것이다. 그림을 참조하여 바르지 않은 설명을 고르면?

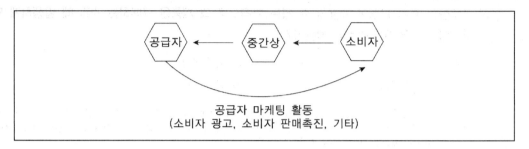

① 위 그림은 소비자를 상대로 적극적인 프로모션 활동을 하여 소비자들이 스스로 제품을 찾게 만들고 중간상들은 소비자가 원하기 때문에 어쩔 수 없이 제품을 취급할 수밖에 없게 만드는 전략이다.
② 이러한 전략의 경우 광고 및 홍보를 주로 활용하게 된다.
③ 점포에 방문하기 전 사전에 브랜드 선택에 대해 관여도가 높은 제품에 적합한 전략이다.
④ 소비자들의 브랜드에 관한 애호도가 낮다.

ANSWER 풀 전략의 경우 소비자들의 브랜드에 대한 애호도가 높다.

67 다음 중 마케팅의 기본요소에 속하지 않는 것은?

① 교환   ② 시장
③ 배송   ④ 수요

ANSWER 마케팅의 기본요소
　　　　㉠ 교환
　　　　㉡ 제품
　　　　㉢ 시장
　　　　㉣ 수요
　　　　㉤ 필요 및 욕구

68 다음의 내용 중 소비자들의 지위를 강조하게 되는 광고를 널리 활용하게 되는 제품은?

① 비탐색품   ② 전문품
③ 선매품   ④ 편의품

ANSWER 전문품은 소비자들의 지위를 강조하게 되는 광고를 널리 활용하게 되는 제품에 적합하다.

69 통상적으로 선매품의 경우에 많이 활용되는 유통경로 전략은 무엇인가?

① 전속적 유통
② 집중적 유통
③ 선택적 유통
④ 통합적 유통

Ⓐnswer 선택적 유통은 판매지역별로 자사의 제품을 취급하기를 원하는 중간상들 중에서 일정 자격을 갖춘 하나 이상 또는 소수의 중간상들에게 판매를 허가하는 전략으로 소비자가 구매 전 상표 대안들을 비교 및 평가하는 특성을 지닌 선매품에 적절한 전략이다.

70 다음 중 전문품에 많이 활용하는 유통경로 전략은?

① 선택적 유통
② 개방적 유통
③ 전속적 유통
④ 집중적 유통

Ⓐnswer 전속적 유통은 각 판매지역별로 하나 또는 극소수의 중간상들에게 자사제품의 유통에 대한 독점권을 부여하는 방식의 전략으로 소비자들의 경우 자신들이 원하는 제품을 취급하는 점포까지에 가서 기꺼이 쇼핑하는 노력도 감수하는 특성을 지닌 전문품에 적절한 전략이다.

71 다음 중 PR 담당자의 역할로 바르지 않은 것은?

① 커뮤니케이션 분산자
② 전문 기획자
③ 문제해결 촉진자
④ 커뮤니케이션 기술자

Ⓐnswer PR 담당자의 역할
ⓐ 커뮤니케이션 기술자
ⓑ 커뮤니케이션 촉진자
ⓒ 문제해결 촉진자
ⓓ 전문 기획자

72 다음 중 프로모션 예산의 설정방법에 해당하지 않은 것은?

① 매출액 비율법
② 가용예산 활용법
③ 목표 및 과업기준법
④ 중간상 기준법

Ⓐnswer 프로모션 예산의 설정방법
ⓐ 매출액 비율법
ⓑ 목표 및 과업기준법
ⓒ 가용예산 활용법
ⓓ 경쟁자 기준법

Ⓐnswer 66.④ 67.③ 68.② 69.③ 70.③ 71.① 72.④

73 다음 중 성격이 다른 하나는?

① 샘플
② 보너스 팩
③ 중간상 공제
④ 할인판매

> **A**NSWER ①②④ 소비자 대상 판매촉진에 해당하며, ③ 중간상 대상 판매촉진에 해당한다.

74 다음 중 인적판매에 관한 설명으로 바르지 않은 것은?

① 타 촉진수단에 비해서 개인적이다.
② 낮은 비용을 발생시킨다.
③ 직접적인 접촉을 통해서 많은 양의 정보제공이 가능하다.
④ 능력 있는 판매원의 확보가 쉽지 않다.

> **A**NSWER 인적판매는 판매원을 고용하기 때문에 높은 비용을 발생시킨다.

75 다음 중 인터넷 광고의 특성으로 바르지 않은 것은?

① 멀티미디어 활용 가능
② 잠재고객의 세분화 가능
③ 고객에 대한 일방적인 커뮤니케이션
④ 시공간의 한계 극복

> **A**NSWER 인터넷 광고의 특성
> ㉠ 잠재고객의 세분화 가능
> ㉡ 시공간의 한계 극복
> ㉢ 멀티미디어 활용 가능
> ㉣ 고객과의 일대일 상호작용이 가능

76 다음 중 인터넷 광고에 대한 내용으로 옳지 않은 것은?

① 광고 효과 측정에 대한 객관적인 수단의 부재
② 정보관리에 대한 낮은 부하
③ 적은 사용자 계층
④ 통일된 표준이 있음

> **A**NSWER 인터넷 광고
> ㉠ 광고 효과 측정에 대한 객관적인 수단의 부재
> ㉡ 통일된 표준이 없음
> ㉢ 정보관리에 대한 낮은 부하
> ㉣ 적은 사용자 계층

77 다음 중 광고사전조사의 방법에 해당하지 않는 것은?

① 포트폴리오 테스트　　　　　② 회상 테스트
③ 실험실 테스트　　　　　　　④ 직접평가

> **A**NSWER　광고사전조사의 방법
> ㉠ 포트폴리오 테스트
> ㉡ 실험실 테스트
> ㉢ 직접평가

78 다음 중 소비자에 대한 라이프스타일 분석에 포함되지 않는 것은?

① 흥미　　　　　　　　　　　② 활동
③ 의견　　　　　　　　　　　④ 구매

> **A**NSWER　라이프스타일 분석
> ㉠ 흥미
> ㉡ 활동
> ㉢ 의견

79 고객의 취향이 다양화되고 수요가 불안정하며 기업 간 경쟁이 치열해짐에 따라 한 기업의 자원뿐만 아니라 여러 기업의 마케팅 자원을 공동으로 이용함으로써 상호 이익을 극대화 하고 위험을 회피할 수 있는 효율적인 방안을 모색하는 마케팅 기법을 무엇이라고 하는가?

① Relationship Marketing
② Symbiotic Marketing
③ Mass Marketing
④ Green Marketing

> **A**NSWER　공생 마케팅(Symbiotic Marketing)은 기업 간 협력이라고 하며, 이들은 동일한 유통경로 수준에 있는 기업들이 서로의 자본, 생산 및 마케팅 기능 등을 결합해 경쟁우위를 공유하기 위한 마케팅 전략이다.

 ANSWER　73.③　74.②　75.③　76.④　77.②　78.④　79.②

80 다음 중 인터넷 마케팅의 특징으로 바르지 않은 것은?

① 시간과 공간의 비제약성
② 대규모의 투자
③ 1대1 마케팅의 가능
④ 상호작용적인 마케팅

ANSWER 인터넷 마케팅의 특징
ⓐ 시간과 공간의 비제약성
ⓑ 단순한 유통채널
ⓒ 정보획득이 용이
ⓓ 소규모의 투자
ⓔ 상호작용적인 마케팅
ⓕ 1대1 마케팅의 가능
ⓖ 비용의 절감

81 다음 중 소매고객의 특성에 해당하지 않는 것을 고르면?

① 가격
② 제품
③ 운영시간
④ 서비스

ANSWER 운영시간은 점포의 선택에 해당된다.

82 다음 중 서비스의 특징에 해당되는 내용만으로 바르게 묶인 것은?

ⓐ 판매되지 않은 서비스도 재고의 형태로 보관이 가능하다.
ⓑ 서비스는 생산과 동시에 소비가 되는 성격을 지닌다.
ⓒ 제품 구매 이전에 인간의 오감으로 느낄 수 없는 것이다.
ⓓ 인도과정에서의 가변적인 요소로 인해서 서비스의 내용과 질 등이 달라질 수 있다.

---

① ⓐ, ⓑ, ⓒ
② ⓐ, ⓑ, ⓓ
③ ⓑ, ⓒ, ⓓ
④ ⓐ, ⓒ, ⓓ

ANSWER 서비스의 특징으로는 무형성, 소멸성, 비분리성, 이질성 등이 있으며, ⓑ은 비분리성, ⓒ은 무형성, ⓓ은 이질성 등을 각각 설명한 것이다.

83 다음은 제품수명주기의 마케팅 전략을 도표화한 것이다. 괄호 안에 들어갈 말을 순서대로 바르게 표현한 것을 고르면?

구분	도입기	성장기	성숙기	쇠퇴기
원가	(㉠)	보통	낮다	낮다
소비자	혁신층	조기 수용자	중기 다수자	최후 수용자
제품	기본 형태의 제품을 추구	제품의 확장, 서비스, 품질보증의 도입	제품 브랜드와 모델의 다양화	경쟁력 상실한 제품의 단계적인 철수
유통	선택적 방식의 유통	집약적 방식의 유통	더 높은 집약적 유통	선택적 방식의 유통
판매	낮다	높게 성장	낮게 성장	쇠퇴함
경쟁자	(㉡)	증가	다수 → 감소	(㉢)

① ㉠ 보통 ㉡ 다수 ㉢ 감소
② ㉠ 보통 ㉡ 소수 ㉢ 증가
③ ㉠ 낮다 ㉡ 다수 ㉢ 증가
④ ㉠ 높다 ㉡ 소수 ㉢ 감소

ANSWER 제품수명주기의 단계별 마케팅 전략

구분	도입기	성장기	성숙기	쇠퇴기
원가	높다	보통	낮다	낮다
소비자	혁신층	조기 수용사	중기 나수사	최후 수용사
제품	기본 형태의 제품을 추구	제품의 확장, 서비스, 품질보증의 도입	제품 브랜드와 모델의 다양화	경쟁력 상실한 제품의 단계적인 철수
유통	선택적 방식의 유통	집약적 방식의 유통	더 높은 집약적 유통	선택적 방식의 유통
판매	낮다	높게 성장	낮게 성장	쇠퇴함
경쟁자	소수	증가	다수 → 감소	감소
광고	조기의 소비자 및 중간상들에 대한 제품인지도의 확립	많은 소비자들을 대상으로 제품에 대한 인지도 및 관심의 구축	제품에 대한 브랜드의 차별화 및 편의를 강조	중추적인 충성 고객의 유지가 가능한 정도의 수준으로 줄임
가격	고가격	저가격	타 사에 대응 가능한 가격	저가격
판촉	제품의 사용구매를 유인하기 위한 고강도 판촉전략	수요의 급성장에 따른 판촉 비중의 감소	자사 브랜드로의 전환을 촉구하기 위한 판촉의 증가	최소의 수준으로 감소
이익	손실	점점 높아진다	높다	감소한다
마케팅 목표	제품의 인지 및 사용구매의 창출	시장점유율의 최대화	이전 점유율의 유지 및 이윤의 극대화	비용의 절감

84 소매업 촉진전략에 관한 설명으로 옳지 않은 것을 고르면?

① 제품 및 서비스에 대한 차별성의 확보

② 시장에 적합한 제품 및 서비스를 선택하고 효율적인 촉진전략의 사용

③ 최근 경쟁의 심화로 인해 촉진을 중요시하는 경향으로 특히, 애고 소구를 위해 노력

④ 고객관계 관리를 통한 고객 로열티의 강화

> **A**NSWER ③ 도매업 촉진전략에 관한 내용이다.
> ※ 소매업 촉진전략
> ㉠ 제품 및 서비스에 대한 차별성의 확보
> ㉡ 시장에 적합한 제품 및 서비스를 선택하고 효율적인 촉진전략의 사용
> ㉢ 고객관계 관리를 통한 고객 로열티의 강화
> ㉣ 구성원들에 대한 교육 및 CRM 기능의 구축을 통해 고객만족도를 상승
> ㉤ 상권분석을 통한 시장성의 확인 및 시장으로의 진입

85 다음 중 PLC 상에서 도입기의 마케팅 전략으로 틀리게 서술한 것은?

① 도입기의 경우에는 소비자들에 대한 기본적 수요를 자극하는 노력이 필요하다.

② 제품에 대한 소비자들의 인지 및 활용 등을 높이기 위해서 광고나 판촉 등이 주가 된다.

③ 제품개발에 투자한 비용을 충당하기 위해 제품의 가격은 통상적으로 높게 책정되는 경향이 강하다.

④ 도입기에서의 유통전략은 자사의 제품을 많이 취급할 수 있도록 하는 방법으로 점포의 수를 늘리는 집약적 유통전략을 사용한다.

> **A**NSWER ④ 제품수명주기의 성장기에 해당하는 것으로 구매자들 사이에서 구전효과와 지속적인 광고를 하게 되고 잠재고객들로 하여금 시험구매를 하게 되는 단계이기 때문에 자사의 제품을 많이 취급할 수 있도록 하는 방법으로 점포의 수를 늘리는 집약적 유통전략을 사용하게 된다.

86 상품의 라이프 사이클 측면에서 분류하는 상품 유형에 속하지 않는 것은?

① 성수기 상품　　　　　　　　② 도입기 상품

③ 성장기 상품　　　　　　　　④ 성숙기 상품

> **A**NSWER 라이프 사이클에 의한 상품의 분류
> ㉠ 도입기의 상품
> ㉡ 성장기의 상품
> ㉢ 성숙기의 상품
> ㉣ 쇠퇴기의 상품

87 예를 들어 여행사가 항공권, 유람선, 식사비를 모두 포함하는 것과 같이 2개 이상의 제품 또는 서비스를 제공하는 데 활용하는 가격을 무엇이라 하는가?

① 묶음가격
② 다중가격
③ 선도가격
④ 리베이트

🅰NSWER 묶음가격은 2개 이상의 제품(서비스)을 하나로 묶어 싸게 판매하는 것을 말한다. 묶음가격은 인기 있는 제품과 인기 없는 제품을 묶어 제공함으로써 시너지 효과를 노리고 핵심제품의 수요를 증대시키므로 기업의 매출과 이익은 증대된다.

88 다음 중 구매전략으로 바르지 않은 것을 고르면?

① 주문량을 하나의 공급자에 주문한다.
② 타 회사의 구매자와 잠재공급자에 관하여 상의한다.
③ 잠재공급자 회사를 방문한다.
④ 구매 전에 구매자 회사의 상사와 상의한다.

🅰NSWER 일반적인 구매전략 항목
　　ㄱ 구매 전에 구매자 회사의 상사와 상의한다.
　　ㄴ 잠재공급자에 관한 2차 정보를 수집한다.
　　ㄷ 보다 나은 가격조건을 위하여 잠재공급자와 상의한다.
　　ㄹ 널리 알려진 공급자를 선정한다.
　　ㅁ 타 회사의 구매자와 잠재공급자에 관하여 상의한다.
　　ㅂ 잠재공급자 회사를 방문한다.
　　ㅅ 계약위반시의 엄격한 처벌규정을 정한다.
　　ㅇ 개인적으로 선임하는 공급자를 선정한다.
　　ㅈ 구매전문가와 상의한다.
　　ㅊ 주문량을 여러 공급자에게 나누어 주문한다.
　　ㅋ 공급자 회사의 책임자에게서 잘하겠다는 약속을 받는다.
　　ㅌ 공급자를 정하기 전에 심사숙고한다.
　　ㅍ 생산계획의 차질을 우려하여 생산부서와 사전에 협의한다.
　　ㅎ 근접한 공급자를 선정한다.

89 상품매입업무의 통상적인 순서를 바르게 나열한 것을 고르면?

① 매입계획 - 발주 - 상품선정 - 매입처선정 - 가격결정 - 판매추적
② 가격결정 - 매입계획 - 매입처선택 - 상품선택 - 발주 - 판매추적
③ 매입계획 - 매입처선정 - 상품선택 - 발주 - 검품·가격결정 - 판매추적
④ 판매추적 - 가격결정 - 발주 - 상품선정 - 매입계획 - 매입처선택

> **A**NSWER 상품매입업무의 통상적인 순서
> ㉠ 매입계획의 수립
> ㉡ 매입처의 선택
> ㉢ 상품선택 및 상담, 절충
> ㉣ 매입수량 및 매입상품을 받아들이는 시기의 결정과 발주
> ㉤ 도착된 상품의 검품과 가격결정
> ㉥ 판매의 후속조치

90 다음 중 매입 업무에 있어서의 범위에 관련한 내용으로 바르지 않은 것은?

① 매입의 후속조치
② 매입수량 및 매입상품을 받아들이는 시기의 결정과 발주
③ 매입처의 선택
④ 상품의 선택 및 상담 절충

> **A**N3WER 매입업무의 범위
> ㉠ 매입수량 및 매입상품을 받아들이는 시기의 결정과 발주
> ㉡ 상품의 선택 및 상담, 절충
> ㉢ 매입처의 선택
> ㉣ 매입계획의 수립
> ㉤ 도착된 상품의 검품과 가격 결정
> ㉥ 판매의 후속조치

91 다음 중 마케팅 프로세스의 순서로 올바른 것을 고르면?

① 조사·분석 → 목표 → 매입 → 상품관리 → 판매
② 목표 → 조사·분석 → 상품관리 → 매입
③ 매입처 → 매입 → 재고 → 판매 → 고객
④ 목표 → 판매 → 상품관리 → 조사·분석

> **A**NSWER 마케팅 프로세스는 목표 → 조사·분석 → 판매 → 상품관리 → 매입 등으로 이루어진다.

92 다음의 내용은 시장세분화의 요건을 나타낸 것이다. 이 중 옳은 것만 묶은 것을 고르면?

㉠ 유지가능성	㉡ 실행가능성
㉢ 측정가능성	㉣ 접근가능성
㉤ 내부적 동질성 및 외부적 이질성	

① ㉠, ㉡, ㉢

② ㉡, ㉣, ㉤

③ ㉠, ㉢, ㉤

④ ㉠, ㉡, ㉢, ㉣, ㉤

Ⓐnswer 시장세분화의 요건
㉠ 유지가능성
㉡ 측정가능성
㉢ 실행가능성
㉣ 접근가능성
㉤ 내부적인 동질성 및 외부적인 이질성

93 다음 중 재고관리에 관련한 내용으로 바르지 않은 것을 고르면?

① 적정 재주문량은 각각의 비용항목들을 합한 총재고비용의 최대점이 최적주문량이 된다.

② 경제적 주문량은 간략한 수식으로 인해 제조업자 및 대형도매상 등에 의해 널리 활용되고 있다.

③ 안전재고는 조달기간 중에 예상되는 최대수요에서 평균수요를 뺀 만큼으로 결정하게 된다.

④ 재 주문시점을 결정할 시에는 재 주문결정에서 다음 재 주문결정까지의 경과시간 뿐만 아니라 주문의 발주로부터 인도까지의 경과시간까지도 고려해야 한다.

Ⓐnswer 적정 재주문량은 주문비, 재고유지비, 재고부족비 등을 함께 고려하여 결정하는데 각각의 비용항목들을 합한 총재고비용의 최소점이 최적주문량이 된다.

Ⓐnswer 89.③ 90.① 91.② 92.④ 93.①

수산물유통론

94 다음 중 매입계획의 입안 시 고려하지 않아도 되는 항목은?

① 매입할 상품 ② 바이어의 취미
③ 매입수량 ④ 제조업체

> **A**NSWER 매입계획의 입안 시 고려 요소
> ㉠ 매입할 상품
> ㉡ 매입수량
> ㉢ 제조업체
> ㉣ 매입처
> ㉤ 매입가격
> ㉥ 매입 시기
> ㉦ 매입조건기준
> ㉧ 연간 매입스케줄

95 재발주 시의 검토할 매입조건에 해당하지 않은 것을 고르면?

① 매입처와의 우호적 관계
② 수익성 체크
③ 판매처 절충기술
④ 발주 후의 지원

> **A**NSWER 발주업무에 있어 고려되어야 할 사항
> ㉠ 매입조건의 검토
> ㉡ 수익성의 체크
> ㉢ 매입처 절충의 기술
> ㉣ 발주 후의 플로업
> ㉤ 매입처와의 우호관계 유지

96 기업 내 정보에 해당하지 않은 것을 고르면?

① 품절전표 ② 판매원의 의견
③ 과거판매자료 ④ 소비자 조사자료

> **A**NSWER 기업 내 정보
> ㉠ 과거의 판매기록과 상품재고자료
> ㉡ 재고관리자료
> ㉢ 판매원의 의견
> ㉣ 경영이념과 경영방침

97 제품수명주기의 단계별 마케팅전략 중 성숙기에 관련한 내용으로 보기 어려운 것은?

① 소비자층은 중기 다수자이다.
② 제품의 경우는 기본 형태의 제품을 추구한다.
③ 광고의 경우 제품에 대한 브랜드 차별화 및 편의를 강조한다.
④ 프로모션의 경우 자사 브랜드로의 전환을 촉구하기 위한 판촉이 증가하게 된다.

>**Ａ**NSWER 성숙기에서 제품의 경우에는 제품 브랜드와 모델의 다양화를 꾀하게 된다.

98 브랜드 상표군에 대한 설명으로 가장 바르지 않은 것을 고르면?

① 비상기상표군은 소비자들의 머릿속에서 부적합하다고 생각되어 의식적으로 고려상표군에서 제외되는 브랜드이다.
② 고려상표군은 소비자들의 구매 고려대상으로 포함된 제품 및 브랜드이다.
③ 인지상표군은 소비자들이 들어보았거나 또는 활용해 본 적이 있는 브랜드이다.
④ 선택상표군은 고려상표군 중에서도 최종적으로 구매 전 비교하게 되는 브랜드이다.

>**Ａ**NSWER 비상기상표군은 소비자들의 기억 구조에는 존재하고 있지만, 소비자들의 최종 구매단계에서는 떠올리지 못하는 브랜드를 말한다.

99 다음 중 발주에 관련한 내용으로 바르지 않은 것은?

① 발주란 소비자들이 원하는 제품을 적시에 필요로 하는 양만큼 갖추어 제품에 따른 품절이 발생되지 않도록 하는 활동이다.
② 발주방식은 크게 정량 발주방식과 정기 발주방식으로 구분되어진다.
③ 발주를 잘하기 위해서는 자점, 경쟁점포, 소비자들에 대한 정보가 존재해야만 어떠한 제품을 얼마만큼 언제 발주할 것인지를 결정할 수 있다.
④ 고기류 및 생식류의 경우에는 정량 발주방식이, 통조림류 및 냉동건조식품의 경우에는 정기 발주방식이 적당하다.

>**Ａ**NSWER 냉동건조식품이나 통조림류는 정량 발주방식이, 고기 및 생식류는 정기 발주방식이 적당하다.

ＡNSWER 94.② 95.③ 96.④ 97.② 98.① 99.④

수산물유통론

100 다음 중 BCG Matrix 및 GE Matrix에 대한 비교 설명으로 가장 옳지 않은 것은?

① BCG 매트릭스에서의 셀 구성 수는 4가지이다.

② GE Matrix에서의 시장매력도는 시장잠재력, 절대적 시장규모, 경쟁구조 및 사회·정치·경제·기술 등의 많은 변수들이 있다.

③ GE Matrix에서는 경험곡선이론을 개념적 토대로 삼고 있다.

④ BCG Matrix에서는 현금흐름을 수익성에 대한 초점으로 두고 있다.

ANSWER GE Matrix에서는 경쟁우위론을 개념적 토대로 하고 있다.

※ BCG Matrix 및 GE Matrix 비교

속성 \ 기법	BCG	GE Matrix
사업강점의 정의	시장점유율 (단일 변수)	사업부문의 규모, 위치, 시장점유율, 경쟁우위 등의 여러 변수
시장매력도	시장성장 (단일 변수)	시장잠재력, 경쟁구조, 절대적인 시장규모, 정치·경제·사회·기술 등의 여러 변수
셀 구성 수	4개	9개
수익성 초점	현금흐름	ROI
개념적 토대	제품수명주기이론, 경험곡선이론	경쟁우위론

101 다음 중 시장세분화에 대한 요건으로 가장 바르지 않은 것은?

① 실행가능성

② 유지가능성

③ 내부적인 이질성 및 외부적인 동질성

④ 측정가능성

ANSWER 시장세분화 요건
ㄱ 실행가능성
ㄴ 유지가능성
ㄷ 측정가능성
ㄹ 접근가능성
ㅁ 내부적인 동질성 및 외부적인 이질성

102 아래의 그림은 수익 및 현금흐름 등이 실제적으로 판매량과 밀접한 관계에 있다는 가정 하에 작성된 모형인 BCG 매트릭스를 나타낸 것이다. 이를 참조하여 서술한 내용 중 가장 타당성이 떨어지는 것을 고르면?

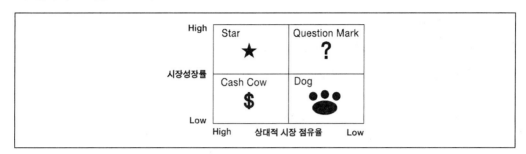

① 별 사업부의 제품들은 PLC 상에서 보면 성장기에 속한다고 할 수 있다

② 위 그림은 수익에 대한 주요 지표로 현금흐름에 초점을 두고 시장성장률 및 시장점유율이라는 2가지 변수를 고려해서 이를 사업 포트폴리오로 구성한 것이다.

③ 젖소 사업부에 속하는 사업들은 상당히 많은 이익을 시장으로부터 창출해 낸다는 특징이 있다.

④ 물음표 사업부는 PLC 상에서 보게 되면 도입기에 속하는 사업부라고 할 수 있다.

> **A**NSWER 위 그림은 주요 지표로 현금흐름에 초점을 두고 시장성장률 및 상대적 시장점유율이라는 2가지 변수를 고려해서 이를 사업 포트폴리오로 구성한 것이다.

103 마케팅 성과 지표 중 소비자 행동지표에 속하지 않는 것을 고르면?

① 소비자 만족도 ② 소비자의 수
③ 충성도 ④ 소비자 유지율

> **A**NSWER ① 소비자들의 주관적 태도에 속하는 내용이다.
> ※ 마케팅 성과 지표 중 소비자 행동지표
> ㉠ 소비자의 수
> ㉡ 충성도
> ㉢ 재구매율
> ㉣ 소비자 유지율

ANSWER 100.③ 101.③ 102.② 103.①

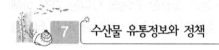

〈2016년 제2회〉

1 상품, 가격 등의 유통정보를 전달하는 매체는?

① RFID(Radio Frequency Identification)
② VAN(Value Added Network)
③ EDI(Electronic Data Interchange)
④ CRM(Customer Relationship Management)

> **ANSWER** RFID(Radio Frequency Identification, 무선주파수 식별법) … 판독기에서 나오는 무선신호를 통해 상품에 부
> 착된 태그를 식별하여 데이터를 호스트로 전송하는 시스템이다.

〈2016년 제2회〉

2 고등어 생산량의 80% 이상이 부산공동어시장에 양륙된다. 이러한 지역성을 가지는 이유로 옳지 않은 것은?

① 일시 대량어획 수산물을 처리할 수 있는 큰 규모의 시장이다.
② 시장 주변에 냉동창고가 밀집되어 있어 보관이 용이하다.
③ 의무(강제)상장제에 의해 지정된 양륙항이다.
④ 대량거래가 가능한 중도매인이 존재한다.

> **ANSWER** ③ 지정된 위판장을 통하지 않고는 판매를 하지 못하도록 법으로 규제하는 강제상장제는 이중경매, 중매인의
> 도매상 행위 증가 등의 문제점으로 인해 폐지되었으며 1995년부터 임의상장제가 시행되어 현재에 이르고 있다.

〈2016년 제2회〉

3 수산물 유통 정책의 목적과 수단이 옳게 연결된 것은?

① 유통효율 극대화 – 수산물 가격정보 공개
② 가격안정 – 정부비축
③ 적정한 가격 수준 – 수산물 물류표준화
④ 식품안전 – 물가의 감시

> **ANSWER** 정부비축은 수급상황에 따라 수산물의 가격이 급등락하는 것에 대비하기 위한 정책이다. 물량이 많아 가격이
> 하락하면 정부에서 물량을 사들이고 물량이 적어 가격이 상승하면 사들였던 물량을 풀어 가격을 안정시키는
> 것이다.

4 민간협력형 수산물 가격 및 수급 안정 정책이 아닌 것은?

① 수산업관측   ② 유통협약

③ 자조금   ④ 수산물유통시설 지원

> **A**NSWER 수산물유통시설 지원 사업은 정부가 추진하는 수산물 유통구조 개선 종합대책이다.

5 수산물의 식품안전성을 확보하기 위해 도입한 제도가 아닌 것은?

① 수산물 안전성 조사제도

② 식품안전관리인증기준(HACCP)제도

③ 지리적표시제도

④ 수산물이력제도

> **A**NSWER 지리적표시제도 … 농림축산식품부장관 또는 해양수산부장관은 지리적 특성을 가진 농수산물 또는 농수산가공품의 품질 향상과 지역특화산업 육성 및 소비자 보호를 위하여 지리적표시의 등록 제도를 실시한다.

6 수산물 유통정책의 목적으로 옳지 않은 것은?

① 유통효율의 극대화

② 수산자원 조성

③ 가격안정

④ 식품안전성 확보

> **A**NSWER 수산물 유통정책의 목적
>   ㉠ 유통효율의 극대화
>   ㉡ 가격안정
>   ㉢ 가격수준의 적정화
>   ㉣ 식품안전성 확보

ANSWER   1.①   2.③   3.②   4.④   5.③   6.②

7 수산물 국제교역에 있어 특정 국가(지역) 간 배타적인 무역특혜를 상호 부여하는 협정은?

① DDA
② WTO
③ FTA
④ WHO

ANSWER ① 2001년 11월 14일 카타르 도하 각료회의에서 합의된 WTO 제4차 다자간 무역협상을 지칭한다. 회원국들은 도하에서 '각료선언문' 채택에 합의함으로써 이를 토대로 3년간 농업·서비스업·수산업·반덤핑 분야의 개별 협상을 진행해 2005년 1월 1일까지 공산품, 농산품, 서비스업 등 각 분야의 시장 개방 협상을 마친다는 계획이다.
② 세계무역기구이다. 기존의 관세 및 무역에 관한 일반협정(GATT)을 흡수, 통합해 명실공히 세계무역질서를 세우고 UR협정의 이행을 감시하는 역할을 하는 국제기구이다.
④ 보건·위생 분야의 국제적인 협력을 위하여 설립한 UN 전문기구이다.

8 다음 중 수산물의 흐름을 바르게 순서대로 바르게 나열한 것은?

① 산지 도매시장 → 생산자 → 소비지 도매시장 → 소비지 소매시장
② 생산자 → 소비지 노매시장 → 산지 도매시장 → 소비지 소매시장
③ 소비지 도매시장 → 산지 도매시장 → 생산자 → 소비지 소매시장
④ 생산자 → 산지 도매시장 → 소비지 도매시장 → 소비지 소매시장

ANSWER 수산물의 흐름
생산자 → 산지 도매시장 → 소비지 도매시장 → 소비지 소매시장

9 다음 중 수산정보의 흐름을 순서대로 바르게 나열한 것은?

① 소비지 소매시장 → 소비지 도매시장 → 산지 도매시장 → 생산자
② 소비지 소매시장 → 산지 도매시장 → 소비지 도매시장 → 생산자
③ 소비지 도매시장 → 소비지 소매시장 → 산지 도매시장 → 생산자
④ 소비지 도매시장 → 산지 도매시장 → 소비지 소매시장 → 생산자

ANSWER 수산정보의 흐름
소비지 소매시장 → 소비지 도매시장 → 산지 도매시장 → 생산자

10 어선의 종류에 관한 내용 중 배를 만드는 재료에 의한 분류에 해당하지 않는 것은?

① 합성수지선
② 강선
③ 경금속선
④ 유자망 어선

ANSWER ④ 어획 대상물과 어법에 따른 분류에 해당하는 어선이다.

11 다음 중 정보에 관한 내용으로 바르지 않은 것을 고르면?

① 정보는 수신자가 의식적인 행위 등을 취하기 위한 의사결정, 선택의 목적에 효과적으로 사용될 수 있게끔 하는 데이터의 집합이다.

② 정보는 개인 또는 조직이 효과적인 의사결정을 하는 데 있어 의미가 있으면서 유용한 형태로 처리된 자료들이다.

③ 정보는 어떠한 현상이 일어난 사건, 사실 등을 있는 그대로 기록한 것으로 주로, 기호, 숫자, 음성, 문자, 그림, 비디오 등의 형태로 표현된다.

④ 정보는 알 수 없는 미래에 대한 불확실성을 감소시켜주는 모든 것이다.

ANSWER ③ 자료의 개념을 설명한 것이다.

12 다음 중 1차 자료에 관한 설명으로 가장 옳지 않은 것은?

① 조사자가 조사목적을 달성하기 위해서나 또는 필요에 의해 직접 수집한 자료이다.

② 대표적인 예로써 정부간행물, 각종 통계자료 등이 있다.

③ 조사의 목적에 합당한 신뢰도, 정확도 등의 평가가 가능하다.

④ 자료의 수집에 있어 상대적으로 시간, 비용 등이 많이 소요된다.

ANSWER ② 2차 자료의 대표적인 사례이다.

13 다음 어선의 종류 중 성격이 다른 하나는?

① 안강망 어선   ② 연안 어선
③ 채낚기 어선   ④ 선망 어선

ANSWER ①③④ 어획 대상물 및 어법에 따른 어선의 분류에 속하며, ② 어장에 따른 어선의 분류에 속한다.
※ 어휘 대상물 및 어법에 따른 어선의 분류
ⓐ 안강망 어선
ⓑ 채낚기 어선
ⓒ 선망 어선
ⓓ 예망 어선
ⓔ 유자망 어선
ⓕ 통발 어선
ⓖ 연승 어선

ANSWER 7.③ 8.④ 9.① 10.④ 11.③ 12.② 13.②

14 다음은 2차 자료에 관련한 내용들이다. 이 중 가장 바르지 않은 항목은?

① 현 조사의 목적에 도움을 줄 수 있는 기존의 모든 자료를 의미한다.

② 비용, 시간 등에 있어 상대적으로 저렴하다.

③ 자료수집 목적이 조사의 목적과 일치하지 않는다.

④ 통상적으로 자료의 취득이 어렵다.

> **A**NSWER 2차 자료는 상대적으로 1차 자료에 비해 자료의 취득이 용이하다.

15 다음 수산물 유통정보의 종류 중 그 성격이 나머지 셋과 다른 하나는?

① 시장정보

② 통계정보

③ 관측정보

④ 공식적 유통정보

> **A**NSWER 수산물 유통정보의 종류
> ㉠ 내용 및 특성에 따른 분류
> • 관측정보
> • 시장정보
> • 통계정보
> ㉡ 주체 등에 따른 분류
> • 공식적인 유통정보
> • 비공식적인 유통정보

16 다음의 내용이 설명하는 것으로 옳은 것은?

> 이 선박은 최근에 들어 철선 및 목선에 대한 대체 선박으로 많이 건조되고 있으며, 폐기 시에 많은 비용이 드는 특징이 있다.

① 근해어선

② 공모선

③ 가공선

④ FRP선

> **A**NSWER FRP선(Fiberglass Reinforced Plastic Ship ; 강화유리 섬유선)은 유리 섬유를 폴리에스테르 수지에 결합한 강화유리 섬유를 원료로 건조한 선박을 말한다.

17 다음 중 수산물 유통정보의 조건으로 바르지 않은 것은?

① 정확성 　　　　　　　　　　② 유용성
③ 주관성 　　　　　　　　　　④ 간편성

ㆍ Answer　수산물 유통정보의 조건
　　　　ㄱ 유용성 및 간편성
　　　　ㄴ 신속성 및 적시성
　　　　ㄷ 계속성 및 비교가능성
　　　　ㄹ 객관성
　　　　ㅁ 정확성

18 다음 중 생산된 수산물이 부패하거나 또는 상품성 등이 떨어지지 않도록 적절한 시기에 빠르게 공급되어야 한다는 것은 수산물 유통정보의 조건 중 무엇에 대한 것인가?

① 계속성 및 비교가능성 　　　　② 신속성 및 적시성
③ 정확성 　　　　　　　　　　④ 객관성

ㆍ Answer　수산물 유통 정보에서의 생명은 적시성 및 신속성이다. 왜냐하면 생산되어진 수산물이 부패하거나 상품성 등이 떨어지지 않도록 적절한 시기에 빠르게 공급되어야 하기 때문이다.

19 어선의 주 기관 중 4행정 사이클 기관은 흡입, 압축, 폭발, 배기의 4행정 동안에 몇 번 폭발하는가?

① 3회 　　　　　　　　　　② 2회
③ 1회 　　　　　　　　　　④ 0회

ㆍ Answer　4행정 사이클 기관은 흡입, 압축, 폭발, 배기의 4행정 동안에 1회 폭발하며, 1사이클을 위해 크랭크축은 2회 전한다.

20 전국에서 제공되는 수산물의 정보들을 비교 및 평가해서 활용할 수 있도록 표준화되어야 한다는 것은 수산물 유통정보의 조건 중 무엇에 관한 것인가?

① 계속성 및 비교가능성 　　　　② 유용성 및 간편성
③ 신속성 및 적시성 　　　　　　④ 정확성

ㆍ Answer　계속성 및 비교가능성에서 유통정보는 장기적으로 제공되어야 의사 결정의 자료로서 활용이 가능하게 된다. 한편, 전국에서 제공되는 정보들을 비교 및 평가해서 활용할 수 있도록 표준화되어야 한다.

Answer　14.④ 15.④ 16.④ 17.③ 18.② 19.③ 20.①

21 다음 중 산지 도매시장의 분류에 해당하지 않는 것은?

① 산지 공판장
② 산지 도매시장
③ 산지 수협의 위판장
④ 산지 소비자

> **A**NSWER 산지 도매시장의 분류
> ㉠ 산지 공판장
> ㉡ 산지 도매시장
> ㉢ 산지 수협의 위판장

22 다음 중 어군 탐지기의 구성요소에 대한 설명으로 바르지 않은 것을 고르면?

① 송파기는 발진기에서 만들어진 펄스 신호를 수면 위로 발사하는 장치이다.
② 발진기는 단속적 초음파의 신호를 발생시키게 하는 장치를 말한다.
③ 지시기는 반사 신호를 지속적으로 기록 또는 영상으로 표현하기 위한 장치이다.
④ 증폭기는 수파기에 수신되어진 미약한 반사 신호를 크게 증폭시키는 장치를 말한다.

> **A**NSWER 송파기는 발진기에서 만들어진 펄스 신호를 수중으로 발사하는 장치를 말한다.

23 다음 중 산지 도매시장의 기능에 속하지 않는 것은?

① 유통 조성의 기능
② 소비 기능
③ 물적 기능
④ 수산물들에 대한 분산, 수집, 가격 형성의 기능

> **A**NSWER 산지 도매시장의 기능
> ㉠ 물적 기능
> ㉡ 상적 기능
> ㉢ 유통 조성의 기능
> ㉣ 수산물들에 대한 분산, 수집, 가격 형성의 기능

24 다음 산지 도매시장의 기능 중 유통 조성의 기능에 해당하는 것으로 보기 어려운 것을 고르면?

① 물류
② 상품의 소유권에 대한 이전 기능
③ 금융
④ 시장 정보

> **A**NSWER 상품의 소유권에 대한 이전 기능은 상적 기능에 해당한다.

25 다음의 내용을 읽고 괄호 안에 들어갈 말로 가장 적절한 것은?

> 어군 탐지기란 해저의 수심 및 형태, 어군들의 존재 여부 및 위치 등에 대한 정보를 알아내
> 고자 하는 기기를 말하는데, 어군 탐지기는 주로 (   ) 어군을 탐지한다.

① 수직 상방   ② 수평 하방

③ 수평 상방   ④ 수직 하방

    ANSWER   어군 탐지기는 수직 하방의 어군들을 주로 탐지하는 역할을 한다.

26 다음 중 수산물 소매시장에 관한 내용으로 바르지 않은 것을 고르면?

① 경쟁력의 강화 및 시설의 보완 등을 위해 노력한다.

② 수산물의 선도를 유지시키는 시설을 갖추고 있다.

③ POS를 활용하여 소비자들에 대한 정보 및 재고관리 등에 있어 필요한 정보를 수집한다.

④ 유통의 과정에 있어 가장 첫 번째 단계이다.

    ANSWER   수산물 소매시장은 유통 과정에 있어 최종적 단계에 해당한다.

27 어구 조작용 기계 장치 중 여러 종류의 줄을 감아올리게 되는 기계 장치를 무엇이라고 하는가?

① 트롤 윈치   ② 양망기

③ 사이드 드럼   ④ 양승기

    ANSWER   사이드 드럼은 여러 종류의 줄을 감아올리는 기계 장치를 말하며, 소형 연근해 어선 등에 널리 사용되어진다.

28 다음 중 소비지 도매시장에 관한 내용으로 적절하지 않은 것은?

① 수산물 소비지 도매시장은 산지에서 가져온 수산물들을 소비시장, 소비자들에게 분배해
주는 일종의 중개시장의 역할을 수행한다.

② 소비지인 도시지역 등에 개설하게 되는 시장이다.

③ 출하된 수산물에 대해 특정 소수의 도소매업자들에게 재판매를 하는 곳이다.

④ 소비자들의 상품에 관한 선호가 집합되어 유통시장에 전달되는 곳이다.

    ANSWER   소비지 도매시장은 출하된 수산물에 대해 불특정 다수의 도소매업자들에게 재판매를 하는 곳이다.

ANSWER   21.④   22.①   23.②   24.②   25.④   26.④   27.③   28.③

29 다음은 원양어업이 진출하고 있는 주요 어장 및 업종에 관한 내용이다. 아래의 내용 중 연결 관계가 바르지 않은 것은?

① 남태평양 : 다랑어 선망 어업, 다랑어 연승 어업
② 아르헨티나 및 페루 근해 : 트롤 어업
③ 북태평양 : 꽁치 봉수망 어업, 명태 트롤 어업
④ 아프리카 근해 : 대서양 트롤 어업

    ANSWER   아르헨티나 및 페루 근해 : 오징어 채낚기 어업

30 수산물 유통정보의 의사결정에 관한 설명 중 문화적인 요소에 해당하지 않는 것을 고르면?

① 사상   ② 관습
③ 인구   ④ 언어

    ANSWER   수산물 유통정보의 의사결정에 따른 문화적인 요소
             ㉠ 종교
             ㉡ 사상
             ㉢ 지역
             ㉣ 언어
             ㉤ 관습

31 다음 중 어업 자원의 합리적인 관리를 위한 규제사항으로 가장 옳지 않은 것을 고르면?

① 어장 및 어기의 제한   ② 어획량의 비제한
③ 어선, 어구의 수 및 규모의 제한   ④ 그물코 크기 및 어획물 크기의 제한

    ANSWER   어업자원의 합리적 관리를 위해 어획량을 제한한다.

32 수산물 유통정보의 의사결정에 관한 내용 중 사회적인 요소에 속하지 않는 것은?

① 종교   ② 계층
③ 인구   ④ 성별

    ANSWER   수산물 유통정보의 의사결정에 따른 사회적인 요소
             ㉠ 소득
             ㉡ 계층
             ㉢ 인구
             ㉣ 성별
             ㉤ 연령별

33 다음 중 오징어 채낚기 어업에 대한 설명으로 바르지 않은 것을 고르면?

① 국내(동해)에서 잡히는 오징어의 경우 주로 남해안 및 동중국해 사이에 걸쳐 겨울에 산란하게 된다.
② 이들은 성장함에 따라 동해 및 황해로 북상하면서 먹이를 찾는 색이회유를 하게 된다.
③ 어획에 따른 적정 수온은 5℃~10℃이다.
④ 주된 어기는 8~10월이다.

$\mathbb{A}$NSWER 어획에 따른 적정한 수온은 10℃~18℃이다.

34 다음 중 정보 시스템의 구성요소로 바르지 않은 것은?

① 절차   ② 자료
③ 컴퓨터 언어구조   ④ 사람

$\mathbb{A}$NSWER 정보 시스템의 구성요소
  ㉠ 절차(Procedure)
  ㉡ 사람(People)
  ㉢ 자료(Data)
  ㉣ 하드웨어(Hardware)
  ㉤ 소프트웨어(Software)

35 꽁치의 경우에는 한류 및 난류가 서로 부딪히는 해역에서 주로 봄에 산란하게 된다. 다음 중 꽁치 어획에 있어서의 적정 수온 범위로 옳은 것은?

① 5℃~7℃   ② 10℃~20℃
③ 15℃~23℃   ④ 20℃~27℃

$\mathbb{A}$NSWER 꽁치 어획에 있어서의 적정 수온 범위는 10℃~20℃이다.

36 수산업 관리 및 운영 시스템에 관한 내용 중 출어선의 안전 지도, 한·일, 한·중 EEZ 출어선의 지도, 어선 긴급 통신, 방재, 수산 데이터베이스 구축 등에 관한 업무 시스템 등을 맡고 있는 것은?

① 수산물 유통 정보시스템   ② 어선 정보통신시스템
③ 국가 해양 과학 정보시스템   ④ 분배 활동에 관한 정보시스템

$\mathbb{A}$NSWER 어선 정보통신시스템은 출어선의 안전 지도, 한·일, 한·중 EEZ 출어선의 지도, 어선 긴급 통신, 방재, 수산 데이터베이스 구축 등에 관한 업무 시스템 등을 맡고 있다.

$\mathbb{A}$NSWER 29.② 30.③ 31.② 32.① 33.③ 34.③ 35.② 36.②

37 다음 중 아래 그림에 의한 방식으로 주로 어획하게 되는 어종으로 바르지 않은 것은?

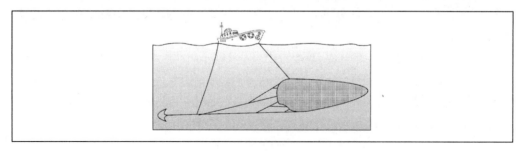

① 갈치   ② 조기

③ 멸치   ④ 오징어

> **A**NSWER 위 그림은 안강망 어업방식을 그림으로 도식화한 것이다. 이러한 방식으로 어획되는 대표적인 어종은 멸치, 조기, 갈치, 민어 등이 있다.

38 수산업 관리 및 운영 시스템에 관한 내용 중 사용자에게 양질의 정보를 신속하게 제공하고, 투명한 유통정보의 제공으로 수산물의 가격 안정 및 수급 조절을 위한 정책 수립의 자료를 제공하는 업무를 맡고 있는 것은?

① 어선 정보통신시스템

② 수산물 유통정보시스템

③ 생산 활동에 의한 관련된 정보시스템

④ 국가 해양과학 정보시스템

> **A**NSWER 수산물 유통정보시스템은 수산물 유통정보를 수집 및 통합해서 사용자에게 양질의 정보를 신속하게 제공하고, 투명한 유통정보의 제공으로 수산물의 가격 안정 및 수급 조절을 위한 정책 수립의 자료를 제공하는 업무를 맡고 있다.

39 다음 중 원양트롤 어업에 관한 내용으로 바르지 않은 것은?

① 저서 어족을 한 번에 대량으로 어획이 가능한 효율적이면서 적극적인 어법이다.

② 국내의 경우에는 1960년대 후반에 선미식 트롤선을 도입하였다.

③ 원양트롤 어선은 어선들 중에서 가장 소형선이다.

④ 선미식 트롤선은 어로를 효과적으로 수행한다.

> **A**NSWER 원양트롤 어선은 어선들 중에서 가장 대형선이다.

40 다음은 수산물 생산정보의 수집에 관한 사항이다. 아래의 내용을 읽고 괄호 안에 들어갈 말을 순서대로 바르게 나열한 것은?

> 조사 대상 기간은 매월 (㉠)에서 말일까지이며, 비계통 표본조사는 한 달 간격으로, 그 밖에는 (㉡) 간격으로 조사하게 된다.

① ㉠ 3일, ㉡ 10일
② ㉠ 5일, ㉡ 13일
③ ㉠ 1일, ㉡ 15일
④ ㉠ 7일, ㉡ 17일

ANSWER 수산물 생산정보의 수집에서 조사 대상 기간은 매월 1일에서 말일까지이며, 비계통 표본조사는 한 달 간격으로, 그 밖에는 15일 간격으로 조사하게 된다.

41 다음 중 어패류에 다량으로 포함되어 있는 유리 아미노산의 성분인 타우린의 기능으로 바르지 않은 것을 고르면?

① 혈류의 개선
② 콜레스테롤 수치의 증가
③ 당뇨병의 예방
④ 시력 향상

ANSWER 타우린의 기능
㉠ 혈류의 개선
㉡ 당뇨병의 예방
㉢ 시력 향상
㉣ 콜레스테롤 수치의 감소
㉤ 강심 작용

42 다음 중 유통정보 시스템의 하나인 POS 시스템의 특징으로 옳지 않은 것은?

① 자동판독
② 단품관리
③ 판매시점에서의 정보입력
④ 정보의 분산관리

ANSWER POS 시스템의 특징
㉠ 자동판독
㉡ 단품관리
㉢ 정보의 집중관리
㉣ 판매시점에서의 정보입력

ANSWER | 37.④ 38.② 39.③ 40.③ 41.② 42.④

43 다음에서 설명하는 것은?

> 컴퓨터 네트워크를 활용해서 자동화되고 통합된 상호 교환환경으로 변환시키는 경영전략인데, 이는 시스템의 개발 및 운용과정에서 디지털 정보를 활용하는 자동화된 환경을 제공함으로써 효율적인 업무의 수행, 정확하면서도 신속한 정보공유, 원가의 혁신적인 절감, 종합품질경영(TQM) 능력의 향상 등을 꾀하는 전략이다.

① CALS(Computer Aided Acquisition Logistics Support)
② EDI(Electronic Data Interchange)
③ SCM(Supply Chain Management)
④ VAN(Value Added Network)

> **A**NSWER CALS는 '제품의 설계, 제작 과정과 보급, 조달 등의 운용과정의 컴퓨터 정보통합 자동화'라는 개념으로 사용되고 있고, 갈수록 개념이 확대되어 최근에는 '광속교역'으로까지 발전되고 있다.

44 다음 중 구매, 판매, 배송, 재고활동 등에서 발생하게 되는 각종 정보를 컴퓨터로 보내 각각의 부문이 효과적으로 사용할 수 있는 정보로 가공해서 전달하게 되는 정보관리를 뜻하는 것은?

① LAN
② Cross Docking
③ POS
④ VAN

> **A**NSWER POS(Point of Sales ; 판매시점 관리 시스템)는 이전의 금전등록기 기능에 컴퓨터의 단말기 기능 등을 추가해서 매장의 판매시점에서 발생하는 정보를 입력해서 최종적으로 컴퓨터로 처리하게 되는 매장정보 시스템을 의미한다.

45 상품 및 정보 등이 생산자로부터 도매업자, 소매상인, 소비자에게 이동하게 되는 전 과정을 실시간으로 한눈에 볼 수 있으며, 이를 통해 제조업체는 소비자들이 원하는 제품을 적기에 공급하고 이로 인해 재고를 줄일 수 있는 것을 무엇이라고 하는가?

① EOS(Electronic Ordering System)
② RFID(Radio Frequency Identification)
③ SCM(Supply Chain Management)
④ POS(Point of Sales)

> **A**NSWER SCM(Supply Chain Management)은 원재료의 수급에서부터 소비자에게 제품을 전달하는 자원 및 정보에 대한 일련의 흐름 전체를 경쟁력 있는 업무의 흐름으로 관리하는 것이다. 이는 사내 및 사외의 공급망을 통합해서 계획하고 관리하며, 각 단위시스템의 통합 및 연동을 전제로 하고 있는 시스템이다.

46 다음 중 아래의 내용이 설명하고자 하는 것은?

> 이것은 국내 기업 간 거래는 물론이거니와 국제무역에서 각종 서류의 작성 및 발송, 서류정리절차 등의 번거로운 사무처리가 없어져 처리시간의 단축, 비용의 절감 등으로 인해 제품의 주문, 생산, 납품, 유통의 모든 단계에서 생산성을 획기적으로 향상시키는 기술이다.

① VAN(Value Added Network)
② CALS(Computer Aided Acquisition Logistics Support)
③ EOS(Electronic Ordering System)
④ EDI(Electronic Data Interchange)

> **A**NSWER EDI는 서로 다른 기업 간에 표준화된 전자문서를 이용하여 컴퓨터와 통신망을 통해 비즈니스 데이터를 주고받는 것을 말하는데, 전자문서교환의 대상은 컴퓨터가 직접 읽어서 해독가능하고 인간의 개입 없이 다음의 업무처리를 자체적으로 처리할 수 있는 주문서 및 영수증 등과 같은 정형화된 자료가 대상이다.

47 이것은 전기통신사업으로부터 통신 회선을 차용해서 독자적인 네트워크로 각종 정보를 부호·화상·음성 등으로 교환하고 정보를 축적하거나 또는 복수로 해서 전송하는 등의 단순한 통신이 아닌 부가가치가 높은 서비스를 하는 것이다. 더불어서 단순히 컴퓨터의 고도 활용촉진 뿐만 아니라 앞으로의 고도정보화 사회에 다각적인 정보 활용 수단을 제공한다는 점에서 중요한 의미를 지니고 있는 이것을 무엇이라고 하는가?

① EDI(Electronic Data Interchange)
② VAN(Value Added Network)
③ RFID(Radio Frequency Identification)
④ SCM(Supply Chain Management)

> **A**NSWER VAN은 회선을 직접적으로 보유하거나 통신사업자의 회선을 임차 또는 활용해서 단순한 전송기능 이상의 정보를 축적하거나 가공, 변환처리 등을 통해 부가가치를 부여한 음성 또는 데이터 정보를 제공해주는 광범위한 복합서비스의 집합이다.

48 다음 중 VAN(Value Added Network)의 기능으로 바르지 않은 것을 고르면?

① 교환기능
② 전송기능
③ 정보처리기능
④ 제어기능

> **A**NSWER VAN(Value Added Network)의 기능
> ㉠ 교환기능
> ㉡ 전송기능
> ㉢ 정보처리기능
> ㉣ 통신처리기능

49 다음 중 아래 박스 안의 내용과 관련성이 높은 것은?

> 이것은 컴퓨터 통신망으로 주문을 받아 처리하며 납품 일정까지 짜주는 시스템을 의미한다. 또한 중앙의 대형 시스템과 납품업체의 고객들을 연결시켜 주기 때문에 실시간 비즈니스를 가능하게 해 준다. 더불어서 공급망 및 재고관리는 물론 더 나아가 주문 처리까지 자동화해서 자원계획 및 구입을 간소화하사는 데 그 목표가 있는 시스템이다.

① POS(Point of Sales)
② EOS(Electronic Ordering System)
③ VAN(Value Added Network)
④ CALS(Computer Aided Acquisition Logistics Support)

> **A**NSWER EOS는 POS 데이터를 기반으로 해서 제품의 부족분을 컴퓨터가 거래처에 자동으로 주문하면 신속하고 정확하게 해당점포에 배달해 주는 시스템을 의미한다.

50 IC칩 및 무선 등을 통해 식품·동물·사물 등의 다양한 개체에 대한 정보를 관리할 수 있는 인식 기술을 지칭하며, 이를 기업 조직의 상품에 활용할 경우 생산으로부터 판매에 이르는 전체 과정의 정보를 초소형 칩에 내장시켜 이를 무선주파수로 추적이 가능하다. 더불어서 지금까지 유통분야에서 통상적으로 물품관리를 위해서 활용된 바코드를 대체할 수 있는 차세대의 인식기술로 꼽히고 있는 이것을 무엇이라고 하는가?

① RFID(Radio Frequency Identification)
② EOS(Electronic Ordering System)
③ SCM(Supply Chain Management)
④ EDI(Electronic Data Interchange)

> **A**NSWER RFID는 판독기에서 나오는 무선신호를 통해 상품에 부착된 태그를 식별하여 데이터를 호스트로 전송하는 시스템이다.

51 다음 중 RFID(Radio Frequency Identification)의 특징에 관한 설명으로 부적절한 것은?

① 태그의 데이터 변경이나 추가 등이 자유롭다.

② 기존의 바코드만으로 작업이 이루어지지 않는 환경에서 유용하게 사용된다.

③ 한 번에 많은 양의 태그를 판독할 수 있다.

④ 냉온, 습기, 먼지, 열 등의 열악한 환경에서는 판독률이 낮다.

ANSWER RFID는 냉온, 습기, 먼지, 열 등의 열악한 환경에서도 판독률이 높다는 특징이 있다.

52 다음 중 유통정보시스템이 유통구조에 미치는 영향으로 보기 어려운 것은?

① 진입장벽의 강화

② 경로파워의 변화

③ 도매상의 기능 강화

④ 기업경쟁력의 강화

ANSWER 유통정보시스템이 유통구조에 미치는 영향
　　　　　　Ⓘ 기업경쟁력의 강화
　　　　　　ⓛ 기업경영의 변화
　　　　　　ⓒ 진입장벽의 강화
　　　　　　ⓔ 경로파워의 변화
　　　　　　ⓜ 도매상의 기능 약화

53 정보시스템의 종류에서 관리영역별 정보시스템에 해당하는 것으로 보기 힘든 것은?

① 마케팅정보시스템

② 중역정보시스템

③ 생산정보시스템

④ 재무정보시스템

ANSWER 정보시스템의 종류
　　　　　　Ⓘ 관리영역별 : 생산정보시스템, 마케팅정보시스템, 재무정보시스템, 회계정보시스템, 인사정보시스템
　　　　　　ⓛ 경영활동별 : 거래처리시스템, 경영정보시스템, 중역정보시스템, 의사결정지원시스템, 전략정보시스템
　　　　　　ⓒ 정보기술별 : 하드웨어, 소프트웨어, 응용시스템, 통신시스템

ANSWER 48.④ 49.② 50.① 51.④ 52.③ 53.②

54 다음 중 정보시스템 기술의 도입으로 인한 혜택으로 보기 어려운 것은?

① 유통비용을 절감할 수 있다.

② 유통 흐름을 촉진시킬 수 있다.

③ 공급자 및 소비자가 서로 간접적으로 커뮤니케이션을 수행하므로 유통채널이 단순해진다.

④ 서류작업 등의 업무가 간단해진다.

> **A**NSWER 정보시스템 기술의 도입으로 인한 혜택
> ㉠ 유통비용을 절감할 수 있다.
> ㉡ 유통 흐름을 촉진시킬 수 있다.
> ㉢ 서류작업 등의 업무가 간단해진다.
> ㉣ 제조, 운송 사이클의 속도를 증가시킬 수 있다.
> ㉤ 공급자 및 소비자가 직접적으로 의사소통을 하므로 유통채널이 단순해진다.

55 다음 중 EDI의 활용효과에 해당하지 않는 것은?

① 국내 경쟁력의 강화

② 고객에 대한 신속한 대응

③ 유통채널이 개선

④ 노동생산성의 향상

> **A**NSWER EDI의 활용효과
> ㉠ 인건비 및 사무처리비용의 감소
> ㉡ 거래처와의 협력관계 증진
> ㉢ 노동생산성의 향상
> ㉣ 재고비용 및 기타비용의 절감
> ㉤ 고객에 대한 신속한 대응
> ㉥ 보다 질 좋은 정보이용
> ㉦ 국제 경쟁력의 강화
> ㉧ 유통채널의 개선

56 다음 중 정보에 대한 내용으로 바르지 않은 것을 고르면?

① 플로우 : 지식창조에 있어서의 매개자료

② 능동적 : 주체적으로 생각, 가공 및 판단

③ 정태적 : 정보체계 및 가치판단

④ 단편적인 사고 : 원인이나 또는 결과

> **A**NSWER ② 수동적 : 외부에서 수용

57 다음 중 정보시스템의 특징에 관한 내용으로 바르지 않은 것을 고르면?

① 의사결정을 지원해주는 포괄적인 개념이다.
② 목표는 조직 전체의 목표에 부합되어야 한다.
③ 컴퓨터와 컴퓨터 간의 시스템이다.
④ 다양한 하위시스템으로 구성된 통합시스템이다.

> **A**NSWER 정보시스템의 특징
> ㉠ 인간과 컴퓨터 간의 시스템이다.
> ㉡ 의사결정을 지원해주는 포괄적인 개념이다.
> ㉢ 목표는 조직 전체의 목표에 부합되어야 한다.
> ㉣ 다양한 하위시스템으로 구성된 통합시스템이다.

수 산 물 유 통 론

58 정보시스템의 구성 요소 중 하드웨어의 요소에 해당하지 않는 것을 고르면?

① 처리장치　　　　　　　　　　② 입력장치
③ 컴퓨터 운영통제시스템　　　　④ 출력장치

> **A**NSWER 정보시스템의 구성 요소 중 하드웨어의 요소
> ㉠ 입력장치
> ㉡ 출력장치
> ㉢ 처리장치

59 다음 중 POS 데이터의 분석내용에 속하지 않는 것은?

① 매출분석　　　　　　　　　　② 시계열분석
③ 상관관계분석　　　　　　　　④ 판매자정보분석

> **A**NSWER POS 데이터의 분석내용
> ㉠ 매출분석
> ㉡ 시계열분석
> ㉢ 고객정보분석
> ㉣ 상관관계분석

ANSWER │ 54.③　55.①　56.②　57.③　58.③　59.④

60 시스템의 구성요소가 아닌 것은?

① 입력　　　　　　　　　　② 피드백

③ 처리　　　　　　　　　　④ 출력

> **A**NSWER　시스템의 구성요소
> ㉠ 입력
> ㉡ 출력
> ㉢ 처리

61 다음 중 시스템의 특성을 설명한 것 중 가장 옳지 않은 것은?

① 시스템은 통제되어야 한다.

② 시스템은 상승효과를 동반한다.

③ 시스템은 계층적 구조의 성격을 지닌다.

④ 시스템은 하나의 전체가 아닌 개개의 요소로 인지되어야 한다.

> **A**NSWER　시스템의 특성
> ㉠ 시스템은 통제되어야 한다.
> ㉡ 시스템은 상승효과를 동반한다.
> ㉢ 시스템은 계층적 구조의 성격을 지닌다.
> ㉣ 시스템은 개개요소가 아닌 하나의 전체로 인지되어야 한다.
> ㉤ 시스템은 투입물을 입력받아서 처리과정을 거친 후에 출력물을 밖으로 내보낸다.

62 다음 중 RFID에 관한 설명으로 가장 옳지 않은 것은?

① 태그는 재사용이 가능하다.

② 유지 및 보수가 어렵고, 바코드 시스템처럼 유지비가 많이 든다.

③ 직접적인 접촉을 하지 않더라도 자료의 인식이 가능하다.

④ 인식 방향에 관계없이 ID 및 정보의 인식이 가능하다.

> **A**NSWER　RFID는 유지보수가 간편하며, 바코드 시스템처럼 유지비가 들지 않는다.

63 다음 중 RFID의 구성요소로서 적절하지 않은 것은?

① 태그(Tag)

② 리더(Reader)

③ 호스트(Host)

④ 컨트롤러(Controller)

ANSWER RFID의 구성요소
  ㉠ 태그(Tag)
  ㉡ 리더(Reader)
  ㉢ 호스트(Host)
  ㉣ 안테나(Antenna)

64 다음 중 정보의 특성으로 바르지 않은 것은?

① 완전성

② 정확성

③ 복잡성

④ 신뢰성

ANSWER 정보의 특성
  ㉠ 정확성 : 정확한 자료에 근거하여 주관적 편견이 개입되지 않아야 한다.
  ㉡ 완전성 : 중요성이 높은 자료가 충분히 내포되어 있어야 한다.
  ㉢ 신뢰성 : 정보의 신뢰성은 데이터의 원천과 수집방법에 달려있다.
  ㉣ 관련성 : 의사결정자가 필요로 하는 정보를 선택하게 하는 매우 중요한기준이다.
  ㉤ 경제성 : 필요한 정보를 산출하기 위한 비용과 정보이용에 따른 가치창출 사이에 균형을 유지하기 위해서는 경제성이 있어야 한다.
  ㉥ 단순성 : 의사결정자가 무엇이 중요한 정보인지를 결정하기 위해서는 단순해야 하고 지나치게 복잡해서는 안 된다.
  ㉦ 적시성 : 정보는 사용자가 필요로 하는 시간대에 전달되어야 한다.
  ㉧ 입증가능성 : 정보는 입증 가능해야 한다. 입증가능성은 같은 정보에 대해 다른 여러 정보원을 체크해 봄으로써 살펴볼 수 있다.
  ㉨ 접근성 : 정보를 획득하고 이해하거나 이용하는 데 쉽고 간단해야 한다.

65 다음 중 유통정보시스템에 대한 내용으로 가장 바르지 않은 것은?

① 경로갈등을 해결하고 상호협력을 증진시키기 위해 필요하다.

② 경영정보시스템과 마케팅정보시스템을 포함하기 때문에 이들 간의 연계가 필요하다.

③ 경로구성원 간의 원활한 커뮤니케이션을 촉진시켜 경로성과를 향상시킨다.

④ 의사결정을 지원해주는 포괄적인 개념이다.

> **A**NSWER 유통정보시스템은 기업의 유통과정에서 발생하는 다양한 의사결정을 지원하기 위해 구축되는 정보시스템으로,
> 경영정보시스템과 마케팅정보시스템의 하위 정보시스템이다.
> ※ 유통정보시스템의 구성
>   ㉠ 구매관리시스템(재고관리시스템과 연계)
>   ㉡ 실적관리시스템(수요예측시스템과 연계)
>   ㉢ 주문처리시스템(출하/재고관리시스템과 연계)
>   ㉣ 수요예측시스템(구매 및 생산시스템과 연계)
>   ㉤ 대금관리시스템(회계정보시스템과 연계)
>   ㉥ 연계시스템
>   ㉦ 출하 및 재고관리시스템(주문처리 및 생산계획시스템과 연계)
>   ㉧ 수배송관리시스템(생산 및 출하/재고관리시스템과 연계)

66 다음 중 유통정보시스템 구축을 하기 위한 내부 데이터베이스의 연결이 잘못된 것은?

① 고객서비스 관련 데이터 : 서비스 기록, 고객불만 사례

② 상품 및 생산 관련 데이터 : 생산계획, 품질관리 기록, 생산비용

③ 판매 및 영업 관련 데이터 : 재고, 출하, 창고관리 기록

④ 조달물류 관련 데이터 : 원료·자재 등 재고 기록, 외상매입 기록, 입찰 기록

> **A**NSWER 유통정보시스템 구축을 위한 내부 데이터베이스
>   ㉠ 고객서비스 관련 데이터 : 서비스 기록, 고객 불만의 사례
>   ㉡ 상품 및 생산 관련 데이터 : 생산계획, 품질관리 기록, 생산비용
>   ㉢ 조달물류 관련 데이터 : 원료·자재 등 재고 기록, 외상매입 기록, 입찰 기록
>   ㉣ 판매 및 영업 관련 데이터 : 판매예측, 외상매출 기록, 주문 및 견적, 판매수당
>   ㉤ 판매물류 관련 데이터 : 재고, 출하, 창고관리 기록

67 다음은 LAN에 관한 설명이다. 이 중 바르지 않은 것은?

① 저속의 데이터 채널을 구성함으로써 전송로의 효율성을 높인다.

② 멀티미디어 기기를 유기적으로 연결하여 다량의 각종 정보를 신속하게 교환하는 통신망이다.

③ 사무자동화, 공장자동화 등 여러 분야로의 활용이 가능하다.

④ 좁은 지역 내에서 분산된 여러 장치들을 연결하여 정보를 공유하거나 상호 교환한다.

> **A**NSWER LAN(Local Area Network)은 고속데이터 채널을 구성함으로써 전송로의 효율성을 높인다.

68 다음 중 POS 시스템을 통해 얻을 수 있는 정보로 바르지 않은 것은?

① 연월일, 시간대별 데이터 : 연월일, 시간대
② 상품코드별 데이터 : 상품코드, 상품명
③ 판매실적 데이터 : 판매수량, 판매금액
④ 고객별 데이터 : 매입·물류·판매·체크 담당자

> **A**NSWER POS 시스템을 통해 얻을 수 있는 정보
> ㉠ 연월일, 시간대별 데이터 : 연월일, 시간대
> ㉡ 상품코드별 데이터 : 상품코드, 상품명
> ㉢ 판매실적 데이터 : 판매수량, 판매금액
> ㉣ 고객별 데이터 : ID, 고객속성
> ㉤ 상권·점포·상품속성, 매장·매체·판촉연출, 기타 : 경합·입지조건, 매장면적, 취급 상품, 광고자, POP, 특매, 기상
> ㉥ 곤돌라별 데이터 : 점포, 선반위치
> ㉦ 담당자별 데이터 : 매입·물류·판매·체크 담당자

69 RFID에 관한 설명으로 가장 거리가 먼 것은?

① RFID는 완제품의 상태로 공장 문 밖을 나가 슈퍼마켓 진열장에 전시되는 전 과정의 추적이 가능하다.
② RFID는 소비자가 이 태그를 부착한 물건을 고르면 대금이 자동 결제되는 것은 물론이고 재고 및 소비자 취향관리까지도 포괄적으로 이뤄진다.
③ RFID는 대형 할인점에 적용될 경우 계산대를 통과하자마자 물건가격이 집계되어 시간을 대폭 절약할 수 있다.
④ RFID는 물품에 붙이는 전자태그에 생산, 수배송, 보관, 판매, 소비의 전 과정에 관한 정보를 담고 있지만, 자체 안테나를 통해 리더로 하여금 정보를 읽고, 인공위성이나 이동통신망과 연계하여 정보를 활용하지는 못하는 기술이다

> **A**NSWER RFID는 물품에 붙이는 전자태그에 생산, 수배송, 보관, 판매, 소비의 전 과정에 관한 정보를 담고 있으며, 자체 안테나를 통해 리더로 하여금 정보를 읽고, 인공위성이나 이동통신망과 연계하여 정보를 활용하는 기술이다.

ANSWER 65.② 66.③ 67.① 68.④ 69.④

70 정보화 사회의 특성으로 바른 것을 고르면?

① 분권화   ② 동시화

③ 규격화   ④ 전문화

> **A**NSWER   정보화 사회의 특성
>   ㉠ 탈규격화(다양화)
>   ㉡ 탈집중화(분산화)
>   ㉢ 탈극대화
>   ㉣ 분권화

71 다음 중 유통산업의 효율을 위해서 유통업자, 제조업자, 유통관련단체 간 정보기술 및 정보통신기술을 활용하는 것을 지칭하는 것은?

① 유통정보화   ② 유통계열화

③ 사무자동화   ④ 공장자동화

> **A**NSWER   유통정보화는 유통산업중개자, 제조업자 또는 유통관련 단체 간에 정보기술 및 정보통신 기술을 활용해서 유통정보 또는 이와 관련된 정보를 교환하거나 처리, 전송 또는 보관하는 정보처리활동을 행함으로써 유통산업의 효율화를 도모하는 것이다.

72 다음의 내용과 관련이 있는 의사결정 상황을 고르면?

> 의사결정에서의 결과에 대해 객관적인 확률이나 기타 여하한 지식에 의해서도 알 수 없는 상황이므로, 기업의 최고경영자에게는 가장 어려운 의사결정 상황이다.

① 확실성 상황   ② 위험 상황

③ 불확실성 상황   ④ 상충 하의 상황

> **A**NSWER   불확실성에서의 의사결정 : 의사결정에 필요한 정보들이 불확실하여 어떠한 상황이 발생할지 전혀 모르는 경우이다.

73 다음 정보시스템의 발전단계 중 정보관리 단계에 해당하는 것은?

① 정보시스템의 개발효과가 부분적으로 나타나기 시작하는 단계

② 통합시스템을 통한 정보가 전략적으로 활용되는 단계

③ 부분별로 중복되어 있는 비효율을 제거하여 전사적인 통합시스템을 구축하는 단계

④ 체계적인 정보시스템 구축을 위해 우선순위에 따라 개발되는 단계

> **A**NSWER 정보시스템의 발전단계: 착수−전파−통제−통합−정보관리−성숙 단계로 세분되며, 정보관리단계는 최적화 및 전략화의 단계로 경쟁우위요소로서의 기능이 요구된다.

74 유통정보시스템의 구축절차 중 기획단계가 아닌 것은?

① 목적에 부합하는 개발전략의 수립

② 당위성에 대한 전사적 홍보 및 교육

③ 사용하고 있는 장표들의 서식 및 내용의 조사

④ 문제점 도출 및 보완을 위한 개방적 의사전달 채널의 확보

> **A**NSWER ④ 적용단계에 해당한다.

수확 후 품질관리론

CHAPTER

01

제 3 과목 수확 후 품질관리론

원료품질관리 개요

1 원료품질관리의 개념과 필요성

(1) 수확 후 품질관리의 개념

수확 후 품질관리는 어획된 수산물이 생산자의 손을 떠나서 최종 소비자에게 도달하는 전 과정을 의미한다.

(2) 목적

수산물의 신선도유지, 부패의 방지, 품질의 개선, 손실의 예방, 유통기간의 연장 등이 그 목적이 된다.

(3) 수산물 유통의 특징

① 계절의 편재성
  ㉠ 수산물의 계절의 편재에 의해 수확되어진 물량이 비슷한 시기에 출하되는 현상이 나타나 가격이 하락하는 경우가 많은 편이다.
  ㉡ 인력 편재, 자재 공급, 시장출하의 계절성 및 자연조건의 변화 등이 나타나기 때문에 시장에서 수산물에 대한 가격형성을 예측하기가 쉽지 않다.
  ㉢ 기술의 개선 등을 통해서 수산물에 대한 출하시기를 조절하며, 장기적인 저장기술을 개발해서 활용기간의 연장 및 가공기술의 개발로 활용방법을 다양화해야 한다.

② 부패성
  ㉠ 수산물의 경우 수확에서부터 운송, 저장, 보관 등 유통의 전체 과정에 있어 신선도를 유지하기가 용이하지 않다.
  ㉡ 수산물의 대부분은 유기산물이기 때문에 손상되거나 부패되기가 쉽다.
  ㉢ 수산물에 대한 상품의 가치는 유통의 전체 과정에서 신선도를 유지해야 하기 때문에 저온 유통체계를 체계화시켜야 한다.

③ 양과 질의 불균일성
  ㉠ 생산기술의 발달로 인해 균일한 상품이 생산되도록 하여야 하며, 더불어 이를 등급화 및 표준화해야 한다.
  ㉡ 수산물의 경우 생산 장소, 생산기술 및 방법 등에 의해 같은 품종이라 하더라도 생산량 및 품질이 균일하지 않다.
  ㉢ 수산물의 경우 생산량 및 품질 등이 균일하지 않기 때문에 등급화 및 표준화 등이 어렵고 가격 또한 불안정하다.

④ 공급 및 수요의 비탄력성
  ㉠ 수산물의 경우에 자연의 영향을 많이 받기 때문에 수요 변화에 의한 빠른 공급이 이루어지지 않으며, 더불어 가격이 하락한다고 할지라도 바로 공급의 감소를 가져오기는 힘들다.
  ㉡ 수산물은 식품으로써 인간의 생존에 필수적인 관계로 공급의 변화에 의해 수요가 크게 변화하지 않는다.
  ㉢ 수산물의 경우 가격의 변화에 의한 공급 및 수요의 변화가 상당히 작다. 다시 말해 비탄력적이다.

⑤ 규모의 영세성
  ㉠ 수산물의 경우에는 규모가 작으며 영세하다.
  ㉡ 수산물은 법인 등으로 인한 수산업의 규모화가 필요하다.

⑥ 부피 및 중량
  ㉠ 수산물의 경우에는 그 가치에 비해 상당히 부피가 크고, 무겁기 때문에 운송비용과 저장, 보관을 함에 있어 많은 비용이 소요된다.
  ㉡ 등급규격 및 포장규격에 맞는 표준 규격품으로 수산물을 포장 및 출하해서 부피 및 중량 등을 감소시킴으로서 운송비용의 감소 및 쓰레기 처리비용 등을 낮추는 사회적인 이익까지도 동시에 얻을 수 있다.

⑦ 용도의 다양성
  ㉠ 수산물에 대한 주 용도는 식품이다. 하지만 가공식품, 식품원료, 공업원료로도 널리 활용되고 있다.
  ㉡ 수산물은 1차 산업과 더불어 2, 3차 산업도 수산업의 관련 산업으로 인지하고 활용가치가 높은 대체물을 개발해야 한다.

(4) 수산물 수송 방법

① 자동차 운송(육상운송)
  ㉠ 개념 : 자동차 운송은 공로망의 확충 및 운반차량의 발전과 대형화의 추세로 인해 한 나라의 종합운송체계의 핵심적 역할을 맡고 있을 뿐만 아니라 국제복합운송의 발전에 의해 철도운송과 함께 가장 중요한 연계 운송수단이 되고 있다.

ⓛ 특징
- 대규모의 고정자본을 투하하지 않고도 도심지, 공업 및 상업단지의 문전까지 신속정확하게 운송할 수 있는 편의성이 존재한다.
- 단거리 운송에서 철도보다도 훨씬 경제적이다.
- 수송량에 따른 부가가치가 상대적으로 높다.
- 단거리 문전수송이므로 화물의 파손 및 리스크가 적다.
- 자동차의 경우에 규모의 경제에서 파생되는 이익과의 연관관계가 적으므로 투자가 용이하다.
- 트럭의 종류가 풍부하면서도 기동력이 높으므로 다양한 수송수요에 대응할 수 있다.
- 도로망의 확충으로 인해 운송 상의 경제성 및 편이성 등이 높다.
- 소량의 화물들을 신속하게 운송할 수 있다.

ⓒ 장점
- 근거리 운송 시 철도에 비해 경제적이다.
- 문전에서 문전까지 신속하면서도 정확한 일관운송이 가능하다.
- 포장이 비교적 간단하면서도 용이하다.
- 배차가 용이하다.

ⓔ 단점
- 도로혼잡 등의 교통문제를 유발한다.
- 대량운송에 부적합하다.
- 적재중량의 제한을 받는다.
- 단거리와는 다르게 원거리 운송 시에는 운임이 높다.

② 철도운송
ⓗ 개념 : 철도운송은 육상운송 중에서도 자동차보다 먼저 화물을 대량으로 수송하기 시작하였으나 공로의 대대적인 투자 및 개발, 화물자동차의 발전 및 대량보급으로 인해 철도운송의 경쟁력이 상당히 저하되었다. 하지만 현재까지도 중장거리 수송을 중심으로 해서 대량운송의 역할을 수행하고 있다.

ⓛ 특징
- 독점적인 운영 : 경제적 특성으로 인해 정부에서는 경쟁업체의 허가를 내주지 않는 경향이 있어 자연히 독점기업으로 존재하게 되며, 정부에서 직접적으로 경영하는 국영기업의 경우 운송료율도 정부의 규제 하에 두는 경우가 많다.
- 지속적인 투자 : 철도는 자동차와는 다르게 철도운송 목적만을 위해 대형자본이 투자되고 형태가 대규모화, 전문화, 고정화되기 때문에 영업 성적이 불량하더라도 타 산업으로 전환할 수 없을 뿐만 아니라 노선을 뜯어 매각처분도 할 수 없어 투입자본의 대부분이 매몰되어버리는 경제적인 특성을 지니고 있다.
- 대량운송에 유리 : 철도운송은 운임부담이 적은 대량의 화물을 원거리로 수송하는 경우에 수송비용이 적게 들어 경제적이고 전국적으로 철도망이 되어 있으므로 국내 어느 곳이나 원거리 수송이 가능하다.

ⓒ 장점
- 대량화물을 동시에 효율적으로 운송한다.
- 중장거리 운송일수록 운송비가 저렴하다.
- 안전성이 높고 계획운행이 가능하다.
- 전국적인 운송망 보유한다.
- 전천후 운송수단이다.
- 유리한 운임의 할인제도가 있다.

　　ⓔ 단점
- 근거리 운송 시 상대적으로 운임비율이 높다.
- 환적 작업이 필요하다.
- 열차편성에 장시간이 소요된다.
- 운임설정이 비탄력적이다.
- 적재중량당 용적량이 적다
- 문전에서 문전까지의 운송이 곤란하다.
- 배차 탄력성이 적다.
- 화차 소재 관리가 곤란하다.

③ 해상운송

　　㉠ 개념 : 화물선을 운송수단으로 해서 원양항로 및 연안항로를 따라 운항하는 운송시스템을 의미한다. 해상운송의 경우에는 정확성, 신속성, 편리성 등이 항공운송이나 육상운송에 비해 떨어지지만 일시에 대량으로 장거리를 운송할 수 있다는 경제성으로 인해 현재 수출입 화물의 대부분이 해상운송에 의존하고 있다.

　　㉡ 특징
- 국제적인 경쟁 산업이다.
- 수송의 신속성, 안전성, 정확성이 이루어진다.
- 수송비의 저렴하다.

　　㉢ 장점
- 대량운송이 용이하다.
- 장거리 운송에 적합하다.
- 운송비가 저렴하다.
- 대륙 간 운송이 가능하다.

　　㉣ 단점
- 기후에 민감하다.
- 긴 운송시간을 요한다.
- 항만시설에 하역기기 등의 설치가 필요하다.
- 타 운송수단에 비해 위험도가 높다.

④ 항공수송

    ㉠ 개념 : 항공기에 여객 및 화물을 싣고 국내외의 공항에서 공로를 통해 타 공항까지 운항하는 운송시스템이다.

    ㉡ 장점

- 중·소량, 고가 화물의 원거리 (장거리) 수송에 적합하다.
- 운송시간이 상당히 짧다.

    ㉢ 단점

- 가장 비싸며, 경직적이다.
- 기후 조건이 나쁠 시에는 거의 운항이 불가하다.
- 안전도가 비교적 높지 못하다.
- 중량의 제한을 많이 받는다.

2 수산물 원료품질관리의 특징개요

(1) 수산물의 성분

① 어·패류 성분

    ㉠ 수분 : 60~90%

    ㉡ 단백질

- 어패류를 구성하는 주요 성분 중 하나이다.
- 피부를 구성하는 기질 단백질인 콜라겐이 축육(소, 돼지, 말, 면양, 염소의 고기 등)보다 적어 조직이 연한 특징이 있다.
- 단백질 함량은 종류에 따른 차이가 많다. 어류는 약 20%로 가장 많고, 그 가운데 붉은살 생선이 흰살 생선보다 약간 많다.
- 오징어, 조개류 등의 연체동물은 약 15% 정도로 단백질 함량을 보이며 굴, 멍게, 해삼 등은 약 5% 정도로 매우 낮은 편에 속한다.

    ㉢ 탄수화물

- 탄수화물은 에너지를 공급하는 물질이다.
- 탄수화물은 어·패류에서 보통 다당류인 글리코겐으로 존재한다.
- 함량은 어류 및 갑각류는 1% 정도이며, 패류는 1~8% 정도이다. 패류의 글리코겐 함량은 계절에 따라서 큰 차이가 나고, 특히 제철에는 함량이 높다.

    ㉣ 지질

- 지질이란 단백질, 당질과 함께 생체를 구성하는 주요 유기물질을 말한다.
- 지질은 어류 종류에 따라 함량의 차이를 보이는데, 적색류 어류는 보통 피하조직에 지질이 많이 분포하며, 백색류 어류에는 내장에 주로 분포하는 특징이 있다.

- 어육은 불포화지방산이 다량 함유되어 산화되는 속도가 매우 빠르다.
- 산란 전 어체는 지질이 풍부해 영양가와 맛이 일품이다.

ⓜ 엑스 성분(Extracts) : 어ㆍ패류의 성분 중에서 단백질, 지방, 색소 등을 제외한 분자량이 비교적 적은 수용성 물질을 통틀어서 엑스 성분이라 한다. 어패류의 맛을 결정하는 것은 엑스 성분이며, 함량은 종류에 따라 다소 차이가 있으나 보통 2% 내외이며, 하등 동물일수록 많아지는 경향이 있다.

ⓗ 냄새 성분 : 어류의 특유 비린내가 나는 대표적인 원인 물질은 트리메틸아민 옥사이드(TMAO)이다. 어ㆍ패류의 선도가 떨어져서 나는 냄새는 암모니아, 메틸메르캅탄, 인돌, 스카톨, 저급 지방산 등이 있다.

ⓢ 색소성분

구분	내용
미오글로빈	근세포 속에 있는 헤모글로빈과 비슷한 헴 단백질로 적색 색소를 함유하고 있어 조류나 포유류의 근육을 붉게 보이는 물질이다. 일반적으로 붉은살 생선에 주로 함유되어 있으며, 산소와 결합하면 옥시 미오글로빈이 되어 선홍색으로 바뀐다.
카로티노이드	가재, 게, 새우의 껍질에서 발견되는 물질로 황색 내지 적색의 색소를 가지고 있다. 안전성이 있어 가열하여도 쉽게 변하지 않는다.

ⓞ 기타 성분

구분	내용
불포화 지방산	운동량이 많은 어류 정어리, 참치, 고등어, 가다랭이, 꽁치, 청어 등에서 많이 함유하고 있다.
DHA	등푸른 생선에 많이 함유된 성분으로 머리를 좋게 하고 치매를 예방하며 염증성 질환의 원인을 없애는 물질로 알려져 있다.
타우린	타우린은 중추신경계의 기능을 조절하는 물질로 새우, 오징어, 문어에 많이 포함되어 있다.
EPA	음식물을 통해 섭취해야만 하는 불포화 지방산(오메가 3 지방산)으로 콜레스테롤 저하, 뇌기능 촉진 등 각종 질병 예방에 효과가 있는 물질이다.
비타민A	주로 간에 많이 함유되어 있다.
비타민D	비타민 A와 마찬가지로 간에 많이 함유된 물질로 특히 회유어에 다량 함유되어 있다.
무기질	신체를 구성하는 중요한 요소인 무기질은 에너지원은 아니지만, 여러 가지 생리 기능을 조절하는데 사용된다. 나트륨(Na), 칼륨(K), 염소(Cl), 칼슘(Ca), 마그네슘(Mg), 인(P) 등이 있다.

② 해조류 성분 : 해조류의 주요 성분은 탄수화물과 무기질로 구성되어 있으며, 과거부터 해조류는 식용, 비료, 사료 등으로 널리 사용되었다. 현재는 식품 가공용 원료, 기능성 식품 등으로 사용된다. 해조류는 크게 홍조류, 녹조류, 갈조류로 나뉜다.

○ 탄수화물 : 탄수화물은 고분자 난소화성 다당류로 존재한다. 우뭇가사리에 함유된 탄수화물을 추출하여 제품으로 한 것이 한천이다.

구분	종류	내용
탄수화물(고분자 다당류)	한천	• 홍조류 • 우뭇가사리, 진두발, 꼬시래기 등
	카라기난	• 홍조류 • 식용으로 사용
	알긴산	• 갈조류 • 아이스크림, 주스 등 식품 소재로 사용

○ 무기질 : 해조류 중에 함유된 무기질의 대표적인 것은 요오드(I)이며, 이외에 마그네슘(Mg) 및 망간(Mn) 등이 있다.

○ 색소성분 : 패류에 주로 있는 헤모시아닌은 전복이나 소라 같은 패류의 존재하는 물질로 구리 성분에 의하여 푸른 색깔의 혈색소를 나타낸다.

(2) 수산물과 영양

① 영양 구성 : 어류는 흰살 생선과 붉은살 생선에 따라 구성과 영양에 차이가 있다.

② 붉은살 생선

○ 종류 : 붉은살 생선은 혈압육의 함량이 많은 생선을 말하며 참치, 방어, 꽁치, 전어 등이 있다.

○ 혈합육 : 어류에는 보통육과 혈합육이 존재하며, 미오글로빈(myoglobin)이 다량 함유되어 있으며 진한 적색을 띤다. 혈합육에는 지방, 타우린(taurine), 무기질 등의 함량이 보통육보다 높아서 영양적으로는 우수하지만, 선도 저하가 보통육보다 비교적 빠르다.

○ 특징 : 흰살 생선에 비해 비린내가 심하다. 또한 지방 함량이 높아 익히지 않은 상태에서는 살이 연하나 가열하면 단단해지므로 구이나 조림용으로 적당하다.

③ 흰살 생선

○ 종류 : 도미, 대구, 명태, 광어, 가자미, 민어, 조기, 갈치, 우럭 등이 있다.

○ 특징 : 살이 단단하고, 지방 함량이 적어 소화가 잘 되며, 맛이 담백하고, 붉은살 생선에 비해 비린내가 적다.

(3) 수산물의 사후변화

어패류가 어획된 이후에는 다음과 같은 현상들이 나타난다.

① 해당작용 : 사후에는 산소의 공급이 끊기므로 글리코겐이 분해되어 젖산이 생성되는 과정이 발생한다.

② 사후경직 : 사후경직이란 동물의 사후의 일정시간 후에 근육이 수축하여 딱딱하게 되는 현상을 말하며 사후경직 기간이 길수록 선도가 오래 유지되고 부패가 늦게 일어난다.

③ 해경 : 해경은 사후경직에 의해 수축된 근육이 풀리는 현상을 말한다.

④ 자가소화 : 근육의 주성분인 단백질, 지방질 및 글리코겐이 근육 및 내장 중에 존재하는 효소의 작용 등으로 분자량이 적은 화합물이 되어서 근육 조직에 변화가 일어나는 현상이다.

⑤ 부패 : 부패란 미생물의 작용으로 인하여 어패류의 구성성분이 유익하지 못한 물질로 분해되면서 악취와 독성물질을 배출하는 현상을 말한다. 자가 소화에 의하여 생성된 물질을 영양원으로 증식된 미생물이 생산한 효소의 작용에 따라 단백질, 지방, 당류의 분해, 트리메틸아민(TMA ; trimethylamine)과 암모니아, 황화수소와 같은 악취 성분이 생겨서 부패한 상태로 변한다.

▶ 어패류의 사후변화

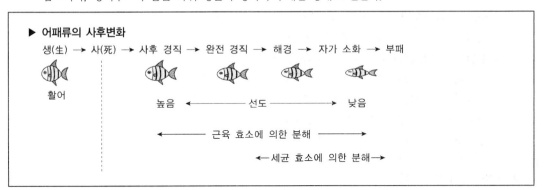

생(生) → 사(死) → 사후 경직 → 완전 경직 → 해경 → 자가 소화 → 부패

활어

높음 ◀──── 선도 ────▶ 낮음

◀──── 근육 효소에 의한 분해 ────▶

◀── 세균 효소에 의한 분해 ──▶

(4) 수산물의 선도 측정법

수산물의 선도를 측정하는 방법에는 관능적 방법, 화학적 방법, 물리적 방법, 세균학적 방법이 있으며, 가장 많이 사용되는 선도 판정법은 관능적 방법과 화학적 방법이다.

① 관능적 방법 : 시각, 촉각, 후각 등 인간의 오감을 사용해 선도를 측정하는 방법이다.

㉠ 관능적 측정 기준

항목	부위	평가	
		신선	초기부패
외관	체표	• 윤이 나고 싱싱한 광택이 있다. • 비늘이 단단히 부착되어 있다.	• 광택이 없어진다. • 비늘의 탈락이 많다.
	눈알	• 혼탁이 없다. • 혈액의 침출이 적다.	희고 혼탁하며, 눈알이 안으로 들어간다.
	아가미	신선한 선홍색을 띤다.	주변부터 암색을 띠게 되며 차츰 암녹회색이 된다.
	복부	복부가 갈라지지 않는다.	복부가 갈라져서 내장이 노출되거나 항문으로부터 장내용물이 나온다.
냄새	전체	이취가 없다.	불쾌한 비린내가 난다.
	아가미	거의 냄새가 없다.	불쾌한 냄새가 난다.
굳기	등, 꼬리	손가락으로 누르면 탄력이 있다.	탄력이 약하다.
	복부	내장이 단단하고 탄력이 있다.	손가락으로 누르면 항문으로부터 장 내용물이 나온다.

㉡ 관능적 선도 측정의 고려사항 : 어패류의 종류가 많고 부패의 진행과정이 대단히 복잡하므로 어느 특정의 방법으로 일률적인 선도판정이 곤란하다. 정확한 선도판정을 위해서는 여러 가지의 판정 방법을 대상 어패류의 종류와 상태에 따라서 병행 실시하는 것이 필요하다.

② **화학적 측정법** : 화학적 측정법은 암모니아, 트리메틸아민(TMA), 휘발성염기질소(VBN), pH 등으로 선도를 알아보는 방법이다.

ⓐ **pH 측정** : 살아 있는 어유의 pH는 7.2~7.4 정도이다. 그러나 어류가 죽은 후에는 젖산이 생성되어 pH 값이 저하되면서 최저 도달 pH 값은 붉은살 생선은 pH 5.6~5.8, 흰살 생선의 경우는 pH 6.2~6.4에 이른다. 이후에는 선도가 저하함에 따라 암모니아, 트리메칠아민 등의 생성에 의하여 pH 값은 다시 상승하게 되므로 이 과정의 pH값의 변동에 통해 선도를 판정한다.

ⓑ **휘발성 염기질소**(VBN ; volatile basic nitrogen) **측정** : 선도저하에 수반해서 어육 중에 생성, 증가하는 암모니아, 트리메칠아민, 디메칠아민 등을 휘발성 염기질소라 하며, 이를 측정하여 선도를 판정하는 방법을 말한다. 휘발성 염기질소 측정에 의한 선도판정법은 단독으로 또는 다른 판정법과 병행하여 가장 광범위하게 이용되고 있는 선도판정법이다. 특히, 트리메틸아민(TMA) 측정에 의한 선도판정법은 단독 판정법으로도 중요하다.

▶ **휘발성 염기질소량 기준**

구분	내용
신선한 어육	5~10mg %
보통 선도의 어육	15~25mg %
초기 부패의 어육	30~40mg %
부패한 어육	50mg % 이상

③ **세균학적 선도 판정법** : 어체 세균을 측정해서 그 숫자를 통해 선도의 이상 여부를 판단하는 방법이다. 이 방법은 측정결과를 얻는데 까지 상당한 시간을 요한다. 어육 1g중의 세균수가 10^5 (100,000마리) 이하일 경우 신선한 것으로 판단하며, 10^5~10^6이면 초기부패 단계이고, 15×10^6 (15,000,000마리) 이상이면 부패한 것으로 판단한다.

참고 어류의 사후경직 현상

• 어육의 투명도가 감소된다.
• 물리적으로 탄성을 잃게 된다.
• 근육이 강하게 수축되어 단단해진다.
• 통상적으로 사후경직으로 인한 수축현상은 혈압육(적색육)이 보통육(백색육)에 비해 더욱 잘 일어난다.

---

(5) 수산물의 특성

① 원료특성
  ㉠ 다양한 종류가 존재한다.
  ㉡ 식용이 가능한 부분의 조직, 성분 조성이 다르다.

② 품질특성
  ㉠ 어패류 부착 세균이 저온에서 활발히 작용하기 때문에 부패가 쉽다.
  ㉡ 불포화지방산이 다량 함유되어 산화에 의한 변질이 발생한다.

③ 생산특성
  ㉠ 자연환경적 측면에 영향을 크게 받는다.
  ㉡ 어획자원에 따른 생산량의 변동폭이 크다.
  ㉢ 어획시기와 장소가 특정되어 있다.
  ㉣ 계획 생산이 어렵다.

▶ 부패와 유사한 개념 정리

구분	내용
부패	• 식품의 고유특성인 색, 향, 맛, 형태 등이 물질의 산화, 환원 등으로 인하여 식품의 가치 손실되는 것을 말한다. 크게 물리적 요인(햇빛, 온도), 화학적 요인(공기, 수분), 생물학적 요인(미생물)이 부패의 원인이 되며 미생물이 부패원인의 대부분 차지한다. • 부패는 보통 단백질의 변질로 사람에게 유리한 경우노 있나.
변패	탄수화물이나 지질이 변질한 것을 가리킨다.
산패	지질의 분해를 말한다.
발효	주로 탄수화물의 분해되는 과정을 말하며 사람에게 유리한 경우가 있다.

참고 **어육단백질**
• 콜라겐은 근기질단백질에 해당한다.
• 혈압육(적색육)은 보통육(백색육)에 비해 근형질단백질이 많다.
• 근육단백질은 용매에 대한 용해성 차이에 의해 3종류로 분류된다.
• 어육단백질은 근기질단백질이 적으며, 근원섬유단백질이 많은 관계로 축육에 비해 어육의 조직이 연하다.

CHAPTER

02

제3과목 수확 후 품질관리론

저장

1 저장의 개념 및 기능

(1) 어획 후 처리 과정

① 어획 후 처리 : 어획된 수산물이 선상에서 양륙된 어항까지, 그리고 산지시장에서 소비자가 구매하는 소매점까지의 유통과정에서 선도 및 품질관리에 신속하고 적절하게 대응함으로써 품질유지와 식품안전성을 확보하고, 진처리가공, 포장, 저상 등 소비자의 니즈를 산지단계에서부터 적용함으로써 비용절감과 상품성을 제고하기 위한 목적으로 수행하는 생산, 품질, 식품안전성, 경영, 마케팅의 일관된 경제적 관리활동이다.

② 어획 후 관리의 중요성 : 수산물은 어획 후 처리 정도에 따라 가치에 큰 차이가 나타날 수 있으며, 이는 어업인 소득에도 적지 않은 영향을 미치는 요인이기 때문에 중요하다.

③ 우리나라의 수산물 양륙과정

　㉠ 양륙 : 양륙은 어선의 어획물을 육지로 올리는 것을 의미하며, 양륙 방법은 다양하지만, 주로 어상자 양륙, 크레인을 이용한 양망, 피시펌프(Fish pump) 이용 등이 사용된다.

구분	내용
어상자 양륙	어획한 수산물을 선상(船上)에서 바로 어상자에 입상해서 양륙하는 것이다. 일반적으로 저인망 계열의 어선들이 주로 출어 때에 어상자를 어선에 실고 나가 어획과 동시에 선상에서 입상한다. 이 때 사용되는 어상자는 목(木)상자, 스티로폼 상자, PE 상자 등이 있으며, 주로 목상자가 이용되고 있다.
크레인을 이용한 양륙	대형선망과 같이 어종이 단순하면서 대량 어획을 하는 업종에서 나타나고 있다. 이들은 어선의 어창에 동일 어종을 어획한 후 저장하고, 양륙 시에 크레인 등을 통해 양망하여 양륙한다. 양륙된 어획물은 위판장 등의 바닥에 놓여진 후, 선별과 입상의 과정을 거친다.

피시펌프 이용 양륙	피시펌프를 어선의 어창에 넣어 펌프를 이용하여 어획물을 육상으로 양륙하는 것이다. 이 과정에서 수산물을 강력한 펌프의 압력으로 빨아올리기 때문에 어체의 손상이 나타날 수 있어 우리나라에서 선택되는 경우는 드물다. 주로 노르웨이와 같이 양륙과 동시에 가공을 하는 경우와 양식장에서 가공용으로 원료를 빨아올리는 경우에 사용된다.

ⓛ 선별 및 포장 : 양륙된 수산물은 어상자에 입상되어 양륙되든 크레인 등에 의해 양륙되든 위판장의 바닥에 풀어지고 나서는 선별과 동시에 포장을 한다.

ⓒ 배열 : 선별 및 포장이 종료되면 경매를 위한 사전준비로 배열 과정이 이루어진다. 위판장에서는 경매 전에 경매사들이 배열된 수산물의 하주와 물량을 확인하는 절차를 수행한다.

ⓔ 경매 : 배열 과정이 지나면, 경매사들과 중도매인 간의 경매가 시작되며, 배열해 놓은 어상자 더미 사이를 지나가면서 경매를 한다.

ⓜ 상차 및 출하 : 경매가 끝나면 각 수산물은 어업인(생산자)에서 중도매인 혹은 매매참가인에게 소유권이 이전된다. 중도매인은 소유권이 이전된 수산물을 소비지도매시장, 지역 내외의 구매자, 인근 냉동창고 등에 수송하기 위해 수송차량에 상차 후 출하를 하게 된다. 이 과정에서 경우에 따라 전처리 과정을 거치기도 한다.

> **▶ 어선어업의 양륙과정**
>
> 양륙 → 선별 → 포장 → 운반 → 배열 → 경매 → 상차 → 출하(수송)

(2) 선창에서 어획물의 처리

어패류는 수분이 많고 조직이 연하고 미생물이 부착하기 쉬우며 취급이 불결하여 육류보다도 더욱 부패하기 쉬운 식품이다. 따라서 식중독의 위험성을 가지기 때문에 선도 유지는 매우 중요하다. 수산물의 선도를 유지하기 위해서는 신속한 처리와 저온 보관, 어획물의 청결함이 요구된다.

① 신속한 처리 : 어획물은 잡은 다음에는 가급적 신속하게 처리해 경직기간이 길게 연장되도록 하여 선도가 오래 지속되도록 하여야 한다. 이를 위해서는 다음의 사항을 지켜야 한다.

ⓐ 빠른 시간 내에 씻고 어상지에 넣어 빙장 또는 냉장한다.

ⓑ 큰 고기는 장시간 그대로 두어 고통을 주어 죽게 하는 것보다 즉살시킨다.

ⓒ 고급어종은 내장물을 신속히 제거하여 미생물이 육질에 오염되기 전에 저온 보장한다.

② 저온보장 : 어획물의 저온보장은 미생물의 발육을 지연시키기 때문에 가장 유효한 수단이라 할 수 있다. 즉, 선상 취급 관리에서 세균을 완전히 막기는 곤란하나 빙장, 수빙, 냉장 등의 방법으로 미생물의 발육을 억제시켜 선도를 유지할 수 있다. 저온보장을 할 경우 다음의 방법이 요구된다.

ⓐ 어창 벽의 주위와 상하에는 얼음을 충분히 친다.

ⓑ 어상자의 바닥에도 충분한 얼음 깐다.

ⓒ 어상자 위에는 충분한 얼음을 덮고 녹은 물은 잘 빠지도록 한다.

ⓓ 어창바닥 및 벽면내도 충분한 얼음을 깐 다음 어상자를 적제한다.

③ 어획물의 청결 상태 유지 : 어획물은 정중하게 다루어 어체 손상이 없어야 함은 물론, 어체 표면을 깨끗이 씻어 점액질이나 내장유출물 등의 세균 매개물을 없게 해줌으로서 세균의 수를 줄여 장기간 선도를 유지시킬 수 있다.

ⓐ 어획물에 묻은 오물과 피는 깨끗이 씻어야 한다.

ⓑ 어창이나 갑판 어상자는 깨끗이 씻고 소독하여야 한다.

ⓒ 어획물에 접촉되는 모든 기구들은 자주 씻고 소독한 후 사용해야 한다.

ⓓ 삽, 갈고리, 광주리, 작업복, 장화, 장갑 따위는 깨끗이 씻고 가끔 소독하여 사용해야 한다.

ⓔ 어창도 소독제로 가끔 소독하도록 한다.

2 저장방식

(1) 광선이용법

① 자외선 : 자외선 살균등은 형광등과 동일한 원리로서 저압수은등을 사용한다. 이러한 살균등에 의한 살균 효과는 15W 정도의 광원에서 1분 내외로 대장균을 사멸시킨다. 현재 이러힌 살균등은 냉장고 내에 설치하여 고기의 숙성을 촉진시키고 장기보존에 활용되고 있다.

② X-선 : 최근 미국에서 300만 볼트의 고전압의 X-선 및 음극선이 세균을 사멸시키는 목적으로 연구되고 있으며 고등어육에 응용되어 세균을 거의 사멸시킬 수 있었다

(2) 첨가물 이용법

① 방부제 : 현재 어육제품에 허가되고 있는 방부제는 sorbic acid 및 그 염은 경육, 어육 연제품, 성게젓 등에 2g/kg 이하, 어패건제품, 된장 등에 1g/kg으로 제한하고 타 식품에 첨가를 금하고 있다.

② 산화방지제 : 어육제품에 많이 쓰이는 산화방부제는 BHA와 BHT으로 어패류의 건제품, 염장품에 대하여는 1kg 중 0.2g 이하, 어패 경육의 냉동품에 있어서는 침지액 1kg 중에 1g 이하의 사용이 허가되고 있다.

③ 드립방지제 : 어육의 해동 시 드립방제제로는 당류, 소금, 축합인산염 등의 처리가 효과적인 것으로 알려지고 있다. 냉동어는 보통 해동 시 10% 전후의 drip loss가 생겨 단백질, 무기질, 기타 수용성 영양분의 손실이 일어난다. 냉동 전에 어류 fillet을 폴리인산염에 단시간 침지 처리하면 동결 중 단백질변성 및 빙결정의 성장을 억제시켜 해동 시 드립을 감소시키고 가열 조리로도 보수성을 유지함과 향미를 개선하게 된다.

④ 발색제 : 아질산 나트륨, 질산나트륨, 질산 칼륨, 황산 제1철 등이 사용되며 식육제품, 경육제품, 어육소시지, 어육햄에 0.05~0.07g/kg으로 허용되고 있다. 질산염의 발색은 원료육 중의 육색소인 미오글로빈, 혈색소인 헤모글로빈과 결합하여 nitroso-myoglobin, nitroso-hemoglobin으로 되어 육제품 색을 고정시키게 되는 것이다.

(3) 저온저장법

① 빙장 : 이 방법은 재료의 온도를 급속히 내리기 위해서 얼음의 장점을 살린 일반적인 방법이며 수송하는 동안이나, 또는 단기간 저장에 이용된다. 동결저장을 하기 위한 예냉으로 좋은 방법이 된다. 어획한 후 죽은 것은 가급적 속히 빙장함으로써 사후경직을 늦추고 또 경직이 생기면 이 것을 길게 끌어 줌으로써 선도를 오랫동안 유지할 수가 있다. 얼음을 이용하는 방법에는 쇄빙법 과 수빙법이 있다.

  ㉠ 쇄빙법(碎氷法) : 얼음조각과 어채를 섞어서 냉각시키는 방법이다. 어체가 납작하고 큰 것은 얼음과 어체를 교대로 한 켜씩 놓기도 한다. 아주 큰 어체는 내장을 제거한 공간이나 아가미 에 얼음을 밀어 넣는데 이런 것을 포빙법(抱氷法)이라 한다.

  ㉡ 수빙법(水氷法) : 담수나 해수에 얼음을 섞어서 0℃ 또는 2℃ 이하의 온도로 된 액체에 어체를 투입하여 냉각시키는 방법이다. 청색의 생선을 빙장하면 퇴색이 되는데 해수나 염수를 써서 수빙법으로 저장하면 빛깔이 유지된다.

  ㉢ 약제얼음이용법 : 선어의 저장과 수송에 가장 널리 채용되고 있는 빙장법에서 사용되는 얼음의 양을 제한하는 것은 해동 후 물이 어육 내에 침투하여 세균의 좋은 배지가 되기 쉬운 결점이 되기 때문이다. 이러한 결점을 보완하기 위하여 종래부터 알려져 온 방부제를 함유시킨 소위 약제빙을 사용하여 빙장하는 방법이 연구되어 왔다. 약제얼음은 보통얼음보다 쉽게 용해되어 어체의 품질을 유지하는데 유효하고 저장 중 약제가 어체에 침투되지 않아 생선 맛에는 영향 이 없다. 그러나 하나의 결점은 어육의 용해성 물질의 손실이 크게 되고 피부의 색을 변하게 하는 경우도 있다는 점이다.

② 냉각저장 : 어체를 동결시키지 않고 0℃ 정도로 저장하는 방법은 단기간일 때 흔히이용한다. 이런 때는 반드시 미리 쇄빙법이나 수빙법으로 빙장한 것을 냉장하도록 해야 한다. 냉장온도는 얼음 이 약간씩 녹을 수 있는 상태, 즉 0℃ 보다 약간 높은 온도가 좋고, 어종에 따른 특별한 기준온 도는 없다.

③ 동결저장 : 어체의 크기 또는 다음 과정의 가공을 미리 감안해서 어느 정도 미리 가공하여 냉동하 기도 한다. 예를 들면 고래고기는 스테이크 상태로, 멸치, 꽁치 등은 라운드 상태로 냉동하기도 한다. 큰 새우는 유두(有頭), 유두유족(有頭有足), 무두무족(無頭無足), 박각(剝殼 ; 생으로 벗기 는 방법과 익혀서 벗기는 방법), 발장(拔腸 ; 등쪽으로 통하는 장관을 핀셋으로 빼냄) 등의 가공 을 한 상태로 냉동한다. 게는 소금물로 증숙(蒸熟)한 후 탈각한 고기만으로 또는 증숙한 통째로 냉동한다. 오징어는 통째로 하거나 펴서 냉동하고, 낙지는 소금에 약간 절인 상태, 또는 열탕에 데친 것을 동결시킨다. 바지락이나 굴은 내용물만을 모아서 냉수로 충분히 씻어서 세균을 감소 시키고 냉동한다. 한편 지방성 어류는 냉동 중에 산패할 우려가 있으므로 항산화 수단을 가한다. 얼음층으로 식품을 감싸주는 빙의형성(glaze)법과 비타민C, ACM(비타민 C와 구연산의 혼합물) 등의 항산화제를 이용하는 방법이 있다. 새우는 흑변하기 쉬우므로 $NaHSO_3$의 1% 수용액에 20~30분간 담갔다가 동결한다.

④ 수산가공품의 저온 냉장 : 수산가공품 중에서 어육 소시지, 어육햄, 건조된 어포류, 절임류, 조림 류, 젓갈류, 훈제품 등은 그대로도 어느 정도 저장성이 잇는 것들이다. 그런데 근래에는 어묵이 나 어육 소시지, 어육 햄을 제외한 것들은 -10℃ ~ 20℃로 동결 저장하여 품질의 향상을 도모 하고 있다.

CHAPTER
03

제 3 과목 수확 후 품질관리론

선별 및 포장

1 선별

(1) 수산물의 선별 개요

수산물 선별은 불필요한 물질 및 변형, 부패된 산물을 분리 및 제거하고 객관적인 품질평가기준에 의해 등급을 분류하며, 이렇게 분류된 등급에 상응하게 되는 품질을 보증함으로써 수산물의 균일성으로 상품에 대한 가치를 높이고 유통 상의 상거래 질서를 공정하게 유지하도록 해야 한다.

(2) 수산물의 선별방식

① 색에 의한 선별 : 수산물 품종 고유의 색택에 따른 선별로서 광학선별기, 색채선별기 등이 활용된다.

② 무게에 의한 선별 : 수산물의 개체중량에 의해 구분되는 선과기로서 계측방법은 수산물 개체의 분동, 중량, 용수철의 장력 등에 의해 선별하게 되는 기계식 중량선별기에서 중량센서를 계측중심부로 활용하게 되는 전자식 중량 선별기로 구분할 수 있다.

③ 크기에 의한 선별 : 수산물의 크기 기준에 의한 선별 및 체질에 따른 선별로서 드럼식의 형상선별기 등이 활용된다.

④ 모양에 의한 선별 : 수산물 고유의 모양에 따른 선별로서 원판분리기 등이 활용된다.

⑤ 비파괴 선별 : 반사 및 흡수특성과 광의 투과 등을 활용해서 구성성분, 정량 및 정성을 분석하는 선별방식으로써 비파괴 측정기 등이 이에 해당한다.

(3) 수산물의 어종별 바른 검수 및 선별방식

① 해조류

　㉠ 해조류의 경우에는 녹조류, 홍조류, 갈조류 등으로 구분하여 신선한 원료의 색깔, 향미, 중량, 건조 상태를 체크해야 한다.

　㉡ 건조도는 수분의 함량이 15%이하의 것이어야 하며 특히 염분이 많을수록 건조도는 불량한 편이다.

ⓒ 김은 빛깔이 검고 윤기가 있으며 두께가 얇고 (돌김은 두께가 두껍고 구멍이 촘촘히 나 있는 것이 좋다) 일정한 것으로 이물질이 없는 것이 최상품이며 약간 비릿한 냄새가 나며 구웠을 때 파란빛으로 변화하는 것이 좋다.

ⓔ 해조류는 종류에 의해 차이가 있지만 고유의 색태에 홍조 빛을 띠는 것이 특징이다.

ⓜ 미역은 흑갈색으로 검푸른 빛을 띠고 잎이 넓고 줄기가 가는 것이 좋다.

ⓗ 향미는 양호한 상품일수록 향미가 좋으며 냄새로는 약간의 비린내가 나며 바다냄새가 많을수록 좋다.

ⓞ 협착물이 없어야 한다.

ⓞ 다시마는 국물용으로는 두꺼운 것이 좋고 쌈용으로는 얇은 것, 딱딱하게 건조된 것, 잡티가 없는 것이 좋다.

ⓩ 상품화된 상태로 파지 및 규격에 일치해야 하며 중량은 수분의 감소를 감안해서 확인하되 수분감량이 마른 것의 경우는 2%를 초과해서는 안 된다.

② 어류

ⓗ 우선적으로 생물 상태에서 눈과 아가미의 색깔을 확인한다. 생선의 눈이 팽팽하고 맑은 청백색으로 빛이 나며 아가미는 붉은색을 띠고 근육질이 단단하게 보이는 것이 신선하다.

ⓛ 새우는 껍질이 단단하고 투명하며 윤기가 있으며, 머리가 달려 있는 것이 좋으며 머리 부분이 검게 되었거나 전체가 흰색으로 투명한 것은 피하며 껍질이 잘 벗겨지지 않아야 한다.

ⓒ 색채가 맑고 (어류의 고유색채), 눈알이 푸르고 맑으며 아가미가 선명하고 적홍색을 띠어야 한다.

ⓔ 오징어, 문어는 살이 두텁고 처지지 않고, 색채가 선명한 것이 좋으며 색채가 하얗거나 붉은 색을 띠거나 또는 변한 것은 피한다.

ⓜ 비늘이 있는 어류는 비늘이 어체에 밀착되어 있어야 하며, 불쾌한 냄새가 나지 않아야 하고 표피에 상처가 없어야 한다.

ⓗ 생태는 눈이 맑으며 아가미는 선홍색을 띠어야 하며 손으로 눌렀을 때 단단하여야 하며 특히 동태를 해동해서 판매하는 경우가 있으나 우리나라의 명태 소비량보다 생산량이 적으므로 동태를 구입하는 것이 좋다.

ⓞ 게는 발이 모두 붙어 있고 무거우며 살이 있는 것이 좋고, 입과 배 사이에 검은 반점이 없어야 한다. 더불어 게는 살아 있다고 해도 산란기가 지나면 살이 없으므로 이때는 피하는 것이 좋다.

③ 건어류

ⓗ 북어채는 색깔이 연한 노란색을 띠고 육질이 부드러운 것이 좋고, 가루가 적고 수분이 적은 것이 좋다.

ⓛ 마른오징어는 선명하며 곰팡이 및 적분이 피지 않는 것이 좋으며 다리부분이 검은색을 띠지 않는 것이 좋다.

ⓒ 마른멸치는 용도에 따라 올바른 종류를 선택해야 하고 맑은 은빛을 내고 기름이 피지 않는 것이 좋으며 수분함량이 20~30% 이하인 것이 좋다. 그러나 국물용 멸치는 생산시기에 따라 다소 차이는 있지만 봄 멸치를 건조한 경우에는 기름이 약간 띠는 것이 좋고 국물이 많이 우러나온다. 더불어 만져서 딱딱하지 않고 부드러운 촉감이 나는 것이 좋다.

ⓔ 해조류와 동일하게 선별한다.

④ 패류

　㉠ 패류는 부패가 강하고 심하면 심한 악취가 난다.

　㉡ 굴은 몸집이 오돌오돌하고 통통하며 탄력성이 있고 색이 많은 것이 좋으며 손으로 눌렀을 때 미끈미끈하며 탄력성이 있고 바로 오그라드는 것이 좋다.

　㉢ 신선한 향기를 갖고 있어야 하며 껍질에는 윤기가 있으며 그 종류의 특유한 색깔과 광택 및 탄력성이 있으며 반투명으로 생활력을 지니고 있어야 한다.

　㉣ 바지락은 껍질에 구멍이 없으며 작은 것이 상품이다.

　㉤ 조개류는 가능한 한 살아 있어야 한다.

　㉥ 대합은 표면의 무늬가 엷고 껍질이 두꺼운 것이어야 한다.

⑤ 원양 및 수입산 수산물의 특징

　㉠ 색택이 자연스럽지 못하고 진하며 화려한 편이다.

　㉡ 머리가 없거나 꼬리가 절단되어 유통되고 해동 후 육질의 탄력이 급격히 저하된다.

　㉢ 대부분 원양산은 냉동상태로 유통되지만, 수입산의 경우 대중 어종은 생물 및 냉동상태로 같이 유통된다.

　㉣ 동일한 어종이라도 대부분 크기가 크고 값은 저렴한 편이다.

⑥ 국내산 수산물의 특징

　㉠ 국내산은 대부분 기격이 비싼 편이다.

　㉡ 표피는 부드러우며 육질은 탄력성이 강하다.

　㉢ 대부분이 선어로 유통되고 있지만, 주생산시기가 지난 경우에 냉동어로 유통되며 건어물의 경우는 산지의 가공업자를 통해 건조 유통된다.

　㉣ 색택이 자연스럽고 고유의 색을 지니고 있다.

　㉤ 동일한 어종이라도 크기는 대체로 작지만 맛은 월등하다.

2 포장

(1) 개요

① 개념 : 포장은 물품을 수송 및 보관함에 있어 이에 대한 가치나 또는 상태 등을 보호하기 위해 적절한 재료나 용기 등에 탑재하는 것을 의미한다. 더불어서 상표에 대해 소비자로 하여금 바로 인지하게 하는 역할을 수행하게 하는 것을 말한다. 포장은 요즘 들어 제품전략의 중요한 역할을 차지하고 있다. 포장의 근본적인 목적은 절도, 파손 등의 각종 위험으로부터 제품을 보호하기 위한 것이나 최근의 마케팅 경향은 포장 또한 제품구매에 영향을 미친다고 봄으로 소비자의 마음에 들게 만들어야 한다.

② 목적

- ㉠ **제품의 보호성** : 제품의 보호성은 포장의 근본적인 목적임과 동시에, 제품이 공급자에서 소비자로 넘어가기까지 운송, 보관, 하역 또는 수·배송을 함에 있어서 발생할 수 있는 여러 위험요소로부터 제품을 보호하기 위한 것이다.
- ㉡ **제품의 촉진성** : 제품의 촉진성은 타사 제품과 차별화를 시키면서, 자사 제품 이미지의 상승효과를 기해 소비자들로 하여금 구매충동을 일으키게 하는 것을 의미한다.
- ㉢ **제품의 경제성** : 제품의 경제성은 유통 상에서 발생하게 되는 총비용을 절감한다.
- ㉣ **제품의 환경보호성** : 제품은 포장이 공익성과 함께 환경 친화적인 포장을 추구해 나가는 것을 의미한다.
- ㉤ **제품의 편리성** : 제품취급을 편리하게 해주는 것을 말한다. 제품이 공급자의 손을 떠나 운송, 보관, 하역 등 일련의 과정에서 편리를 제공하기 위해서이다.

(2) 포장의 종류

① 소비 및 유통측면에서의 포장방법

- ㉠ **낱 포장(개별포장)** : 제품의 상품가치를 높이거나, 물품 특징을 보호하기 위해 그에 적합한 용기 등을 물품에 시공한 상태를 의미한다.
- ㉡ **속 포장(내부포장)** : 포장된 화물의 내부포장을 말하고, 물품에 대한 수분, 습기, 열 또는 충격을 막아주며 그에 적합한 재료나 또는 용기 등을 물품에 시공한 상태를 의미한다.
- ㉢ **겉포장(외부포장)** : 포장된 화물의 외부포상을 말하며, 이는 물품에 상자, 포대, 또는 나무통 및 금속 등의 용기에 넣거나 아니면 용기를 이용하지 않고 그대로 묶어서 함을 활용한 방법 또는 시공한 상태를 의미한다.

② 유통의 기능에 따른 포장방법

- ㉠ **1차 포장(Primary Packaging)** : 1차 포장은 식품포장을 포장의 수준에 따라 분류하여 제품을 직접 포장하는 최초의 포장형태를 의미한다.

  예 유리병, 캔, 플라스틱 파우치
- ㉡ **2차 포장(Secondary Packaging)**
  - 2차 포장은 골판지 상자 등과 같이 1차 포장된 제품 여러 개를 한 단위로 묶어 포장한 것을 의미한다.
  - 상품 또는 낱개 포장 1개 또는 2개 이상을 적절한 중간거래의 단위로 포장한 것을 의미하며, 판매할 때 전시 기능을 부여하기도 한다. 즉, 유통용이나 또는 소매점 등에서 1차 포장된 제품들을 진열하는 목적으로 활용되기도 한다.
- ㉢ **3차 포장(Tertiary Package)** : 2차 포장된 것을 여러 개씩 담도록 한 것을 말하는데, 이는 운송 및 저장의 안전성 및 효율 등을 높이기 위한 대단위 포장방식이다.

(3) 포장재의 조건

① 겉포장재

    ⑦ 외부로부터의 충격 방지

    ⓒ 운송 및 취급에 대한 편리성

    ⓒ 적절하지 못한 환경으로부터의 내용물에 대한 보호

② 속포장재

    ⑦ 적정한 공간의 확보 및 충격의 흡수성

    ⓒ 유통 중에 발생 가능한 부패 또는 오염의 확산 등을 막을 수 있는 재질

    ⓒ 상품이 서로 부딪혀서 물리적인 상처를 받지 않도록 주의해야 한다.

참고

포장재의 구비조건

- 작업성
- 차단성
- 편리성
- 보존성
- 위생성
- 정보성
- 안전성
- 경제성
- 보호성
- 환경친화성

포장규격

- 포장치수
- 포장재료
- 거래단위
- 표시사항
- 포장방법
- 포장설계

---

(4) 골판지 상자의 특성

① 장점

    ㉠ 대량 주문요구에 대한 수용이 가능하다.

    ㉡ 대량 생산품의 포장에 적합하다.

    ㉢ 조건에 어울리는 강도 및 형태의 제작이 용이하다.

    ㉣ 외부의 충격을 완충해서 내용물에 대한 손상을 방지한다.

    ㉤ 가벼우면서도 체적이 작은 관계로 보관이 편리하기에 수송 및 물류비가 절감되는 효과가 있다.

    ㉥ 작업이 용이하면서도 기계화 및 생력화가 가능하다.

② 단점

    ㉠ 취급 시의 변형 및 파손 등이 나타나기 쉽다.

    ㉡ 습기에 약하며 더불어 수분에 따른 강도가 저하된다.

    ㉢ 소단위의 생산 시에 단위 당 많은 비용이 발생하게 된다.

③ 수산물 저장 및 어획 후 관리상에서 발생하게 되는 골판지 상자의 강도저하의 원인

    ㉠ 적재하중에 의한 강도저하

    ㉡ 저온저장고 내 흡습으로 인한 강도저하

    ㉢ 세척 시의 탈수과정에서 수분이 남았을 때 과습에 의한 저하

    ㉣ 수산물이 저온저장고에서 상온으로 출고되었을 시 결로에 의한 강도저하

CHAPTER

04

제3과목 수확 후 품질관리론

가공

 1 제품유형별 가공

(1) 수산물의 처리

① **수산가공** : 수산가공이란 수산물을 상하지 않게 저장하거나 가공하여 보다 좋은 제품을 만드는 활동을 가리킨다.

② **가공처리 목적**
  ㉠ 원료의 부패와 변질 방지를 위해 가공처리를 한다.
  ㉡ 변질이나 부패를 막음으로 장기간 저장이 가능해진다.
  ㉢ 운반, 저장, 소비에 편리함을 줄 수 있다.
  ㉣ 가공을 통해 수산물 가격의 안정성을 도모할 수 있다.
  ㉤ 가공을 통해 영양적 가치와 위생적 안정성을 높일 수 있다.
  ㉥ 수산자원 이용도를 높일 수 있다.

③ **수산물의 저장성이 낮은 이유**
  ㉠ 수분함량이 많아 변패가 쉽다.
  ㉡ 조직이 연하고 어획 시 피로도가 크다.
  ㉢ 단백질 분해효소로 인한 자기분해가 쉽게 일어난다.
  ㉣ 아가미, 표피 등에 장내세균에 위한 부패가 빠르게 일어난다.

▶ **어패류의 품질저하 원인 3요소**

• 효소 혹은 자기소화작용
• 산화작용
• 세균작용

---

(2) 어종별 처리형태 구분

① 어류

구분	내용
라운드(Round)	두부, 내장을 포함한 원형 그대로의 것
세미드레스드 (Semi – Dressed)	원형 그대로인 어체에서 아가미와 내장을 제거한 것
드레스드(Dressed)	아가미, 내장, 머리를 제거한 것
팬 드레스드 (Pan Dressed)	머리, 아가미, 내장, 지느러미, 꼬리를 제거한 것
필릿(Fillet)	척추뼈 부분을 제거하고 2개의 육편으로 처리한 것을 말하며 껍질이 붙은 것 (Skin On)과 꼬리가 있는 것(Tail On) 등으로 구분하여 표시할 수 있다.
청크(Chunk)	Dressed 또는 Fillet를 일정한 크기로 가로로 절단한 것
스테이크(Steak)	Dressed 또는 Fillet를 2cm정도의 두께로 절단한 것
다이스(Dice)	어육을 2~3cm의 육면체형으로 절단한 것
로인(Loin)	혈합육과 껍질을 제거한 것

▶ 어체의 처리형태

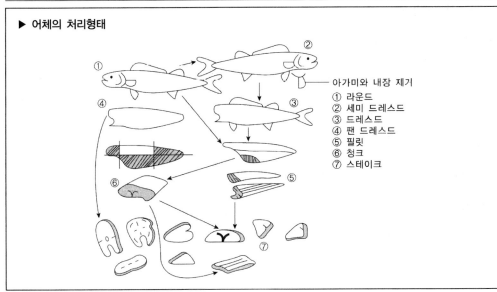

② 갑각류

ㄱ 새우류

ⓐ 껍질이 붙은형

구분	내용
Whole or Head on	머리가 붙어 있는 것
Headless or Shell on	머리를 제거한 것
Shell on, Tail off	머리 및 꼬리를 제거한 것

ⓑ 껍질을 벗긴형

구분		내용
Tail on(꼬리가 붙어 있는 것)	Regular	탈장 아니한 것
	Deveined	탈장한 것
Tail off	꼬리를 제거한 것	

ⓛ 게류

구분	내용
원형(Round)	날 것 또는 자숙한 게를 원형대로 냉동한 것
게살(Crab meat)	게의 다리살 또는 몸통살을 Block 상태로 냉동한 것

③ 패류

구분	내용
개별형(Form Individual)	날 것 또는 자숙한 것을 개별로 냉동한 것
블록형(Form Block)	날 것 또는 자숙한 것을 일정한 Block 형태로 냉동한 것

(3) 수산 가공방식

구분	내용
냉동품	미생물의 발육을 억제시키는데 사용하는 방법으로 수산동·식물을 원형·처리 또는 가공하여 동결시킨 제품을 말한다.
건세품	수산동·식물의 수분을 감소시키기 위하여 건조하거나 단순히 삶거나, 굽거나, 염장히여 말린 제품을 말한다.
염장법	소금에 절여 저장하는 염장법은 소금 농도가 15% 이상이 되면 탈수작용이 일어나 세균의 번식이 억제되는 원리를 이용한 것이다.
훈연법	목재를 불완전 연소시켜 발생한 연기를 식품에 부착시키는 방식을 말한다.
연제품	어육에 약간의 식염을 가하여 고기갈이한 뒤 성형하여 가열한 방식으로 우리가 알고 있는 어묵, 어육햄, 어육소시지, 맛살 등이 이 방식을 이용한 것이다.
통·병제품	식품을 통이나 병에 넣고 밀봉한 후 가열, 살균한 방식으로 저장성이 좋고 휴대가 간편한 장점이 있다.

(4) 동결품

① 동결방식 : 식품을 동결하기 위한 저온을 생성하는 방법에는 기계를 이용한 방식과 자연 냉동 방식이 있다.

   ⓛ 기계식 냉동법 : 암모니아, 프레온 등의 냉매가 증발할 때에 증발 작용을 이용한 방식으로 압축기, 응축기 등을 탑재한 기계식 냉장고가 사용된다.

ⓛ **자연식 냉동법** : 융해, 증발 또는 승화 기에 발생하는 열을 흡수하는 자연방식을 말한다.

구분	내용
융해 잠열식	얼음이 0℃에서 녹을 때 발생되는 1kg당 79.68kcal의 융해 잠열을 이용하는 방법이다.
승화 잠열식	드라이 아이스(-78.5℃)가 승화할 때 발생되는 1kg당 137kcal의 승화 잠열을 이용하는 방법이다.
증발 잠열식	액화 질소(-196℃) 및 액화 천연 가스(-160℃)가 증발할 때 발생되는, 1kg당 각각 48kcal 및 118kcal의 증발 잠열을 이용하는 방법을 말한다.

② 동결 식품의 특성

구분	내용
저장성	동결식품은 전처리 → 급속 동결 → 포장 → -18℃ 이하에서 저장 및 유통의 단계를 거치기 때문에 품질 변화를 최소화하면서 1년 이상 장기 보존에 적합하다.
편의성	머리, 내장 등의 먹을 수 없는 부분의 일괄 처리가 되어 있어 즉석 조리가 가능하다.
안전성	-18℃ 이하에서 처리하여 변패의 염려가 적다.

③ **동결 곡선** : 식품의 동결 과정에서 식품의 온도와 시간과의 관계를 나타낸 것을 동결 곡선이라 한다. 동결은 식품의 표면에서 중심으로 이동한다. 최대 빙결정 생성대는 식품 중의 수분 80% 이상이 빙결정으로 만들어지는 구간으로 가능한 빨리 통과시켜야 품질이 우수한 동결품이 생성된다. 따라서 가능한 한 빨리 통과시키는 급속 동결을 해야 한다.

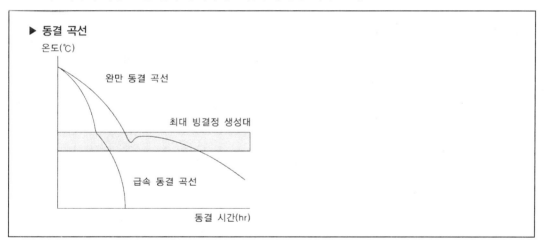

④ **수산물 동결 방법** : 동결 방법은 최대 빙결정 생성대를 통과하는데 걸리는 시간에 따라 급속 동결과 완만 동결로 구별된다.
　ㄱ **수산물 동결 방법** : 반송풍 동결, 송풍 동결, 브라인(brine)식, 접촉식, 그리고 액화 가스 동결법 등이 있다.
　ㄴ **일반 어류의 동결 방법** : 송풍 동결법, 수리미의 동결은 접촉식이며, 초급속 동결에는 액화 가스 동결법 등이 사용된다.

(5) 염장품

① 염장법 : 염장이란 식염의 탈수와 방부작용을 보존에 응용한 가공법으로 소금의 삼투압을 이용하여 수분 활성도를 낮추어 저장성 향상하는 방식이다.

② 염장법의 종류 : 수산물 염장법에는 어패류의 표면, 도미나 복강 내에 소금을 살포하는 마른간법과 식염수에 생선을 침지하는 물간법으로 구분한다.

    ㉠ 마른간법 : 마른 간법은 특별한 장비가 필요없고 적은 소금량으로 탈수효과가 크다. 또한 소금의 침입속도가 빠르기 때문에 단시간에서 염장 효과를 발휘하는 방식이다. 다만 식염 침투가 불균일하다는 단점이 있다.

    ㉡ 물간법 : 물간법은 물이 새지 않는 통에 일정 농도의 식염수를 넣고 그 안에 어체와 보충 식염을 넣는 방식을 말한다.

    ㉢ 개량물간법 : 마른 간법과 물간법을 혼합한 방식으로 마른간법의 단점이던 식염 침투의 불균일을 해결할 수 있다.

③ 수산 염장품의 종류 : 수산 염장을 이용한 것들에는 어류와 어란, 해조류가 있다.

구분	종류
어류	청어, 대구, 고능이, 연어, 멸치, 참치, 방어, 정어리, 오징어
어란	명태알, 연어알, 청어알, 철갑 상어알
해조류	염장 미역

(6) 건제품

① 건제품의 원리 : 수산 건조품은 수분을 제거하여 수분 활성도를 낮춤으로써, 미생물의 생육을 억제함과 동시에 독특한 풍미나 조직을 가지도록 한 방식이다.

② 건조 방법 : 수산물의 건조방식으로는 천일 건조, 드럼 건조, 열풍 건조, 분무 건조, 진공 건조, 진공 동결 건조 등이 있다.

③ 건제품의 종류

구분	내용
염건품	• 원료를 소금에 절인 후에 말린 것 • 굴비, 가자미, 민어, 대구, 옥돔, 정어리, 고등어, 전갱이, 꽁치
소건품	• 원료를 그대로 또는 간단히 처리한 후에 말린 것 • 오징어, 한치, 상어 지느러미, 김, 미역, 다시마
자건품	• 원료를 삶은 후에 말린 것 • 멸치, 해삼, 패주, 전복, 새우
동건품	• 천일 또는 동결 장치로 원료를 동결시킨 후 융해시키는 작업을 몇 번 반복하여 탈수, 건조시켜서 만든 것 • 황태, 한천
자배건품	• 원료를 자숙(김으로 쪄서 익힘), 배건(불에 쬐어 말림) 및 일건(양달건조)시킨 제품 • 가다랑어, 고등어, 정어리

(7) 훈제품

① **훈제** : 훈제란 소금에 절인 고기를 연기에 익혀 말리면서 그 연기의 성분이 흡수되는 것을 말하며 독특한 풍미에 방부성이 더해져 오래 저장할 수 있다.

② **훈제 원리** : 목재를 불완전 연소시켜 발생되는 연기 속의 알데히드류, 페놀류 등의 성분을 어패류를 쐬어 건조시켜 풍미와 보존성을 부여한다.

③ **훈제 방법** : 훈연법에는 냉훈법, 온훈법, 액훈법 등으로 구분한다.
　　㉠ 냉훈법 : 어·패류의 근육 단백질이 응고하지 않을 정도의 저온(15~30℃)에서 연기에 1~3주 동안 그을려 저장하는 방법이다.
　　㉡ 온훈법 : 고온(30~80℃)에서 단시간(3~5시간) 훈연하는 방식이다. 염분이 5% 이하, 수분이 50% 전후의 제품이 된다.
　　㉢ 액훈법 : 연기 중의 유효 성분을 녹인 물에 원료를 담갔다가 말리거나 그 겉면에 물을 뿌려서 다시 말리는 방법이다. 훈연액은 목재분을 건류하여 얻은 목초액 또는 훈연 중의 향기 성분에 상당하는 훈연 향료에 식품을 첨가하여 건조한다.

(8) 연제품

① **연제품** : 연제품에 대한 사전적 정의는 '고기 따위를 간 후에 부재료를 넣어서 삶거나 구워 굳힌 제품'을 말한다. 즉 어묵, 튀김 어묵, 부들 어묵, 어육햄처럼 어육에 식염을 가하여 고기갈이한 뒤 성형하여 가열한 식품의 가리킨다.

② **연제품 특징**
　　㉠ 어종이나 어체 크기에 관계없이 원료의 사용 범위가 넓고 맛의 조절이 자유로움
　　㉡ 어떤 식품 소재라도 배합이 가능
　　㉢ 바로 섭취 가능

③ **연제품 성형 과정** : 어육+소량의 소금(2~3%) → 고기갈이 → 고기풀(점질성의 졸) → 가열 → 어묵(탄력 있는 겔)

④ **연제품 재료** : 연제품에는 주로 냉동 고기풀(수리미)가 사용된다. 수리미(surimi)는 1960년대 일본에서 북태평양 명태 자원의 고도 이용을 위하여 개발된 것으로, 채육하여 수세한 어육에 설탕, 솔비톨, 중합 인산염을 첨가하여 급속 동결시킨 상태를 말한다. 수송과 운반의 용이함과 장기 저장이 가능하고 불가식부 일괄 처리가 가능하다는 장점 때문에 많이 애용된다.

> ▶ **졸과 겔**

구분	내용
졸(sol)	액체 중에 콜로이드 입자가 분산되어 유동성을 가지고 있으며, 식품이 점질성을 띠고 있는 상태를 말한다.
겔(gel)	콜로이드 용액(졸)이 일정한 농도 이상으로 진해져서 튼튼한 그물 조직이 형성되어 굳어진 것으로, 탄력을 지닌 상태를 말한다.

(9) 통조림

① 통조림 : 식품을 밀봉한 용기에 넣어 가열, 살균하고 밀봉해서 오래 저장될 수 있도록 만든 밀봉 용기 식품을 말한다.

② 통조림의 특성

구분	내용
보존성	미생물 침입 방지하여 장기간 저장이 가능하다.
밀폐성	내용물의 이상여부를 확인하기 어렵다.
간편성	휴대가 용이하며 조리가 쉽다.
위생성	미생물 증식이 어렵다.

③ 통조림 가공 공정 : 통조림 가공은 일반적으로 원료 → 전처리 → 세정 → 살쟁임 → 액주입 → 칭량 → 탈기 → 밀봉 → 살균 → 냉각 → 검사 → 포장 등의 단계로 구성된다.

④ 통조림의 종류 : 수산물 통조림의 종류에는 보일드 통조림, 기름 담금 통조림, 조미 통조림 등이 있다.

구분	내용
보일드 종소림	• 원료를 조리 후에 소량의 식염을 가하여 밀봉 살균한 제품 • 연어, 고등어, 정어리, 굴, 새우, 게 등
기름 담금 통조림	• 어체를 삶은 후에 뼈, 껍질, 혈합육 등을 제거하고 소량의 식염과 식물유를 같이 넣어서 만든 통조림 • 참치, 가다랑어 등
조미 통조림	• 설탕과 간장을 주체로 한 조미액을 사용 • 고등어, 전갱이, 오징어 통조림 등

(10) 수산 발효식품

① 종류 : 어·패류의 근육 및 내장에 식염을 가하여 부패를 방지하면서, 원료의 자가 소화 효소, 세균·효모, 밥·쌀겨 등에 의한 특유의 풍미를 생성시킨 것을 수산 발효 식품이라 한다.

② 종류 : 수산발효식품에는 젓갈, 액젓, 식해가 있다.

　㉠ 젓갈 : 어·패류의 근육, 내장, 생식소 등에 고농도의 소금을 넣고 숙성한 것으로 말한다.

　㉡ 액젓 : 어·패류를 고농도의 소금으로 염장하여 1년 이상의 장기간에 걸쳐서 숙성시켜서 액화시킨 것을 말한다.

　㉢ 식해 : 어·패류를 주원료로 하여 소금과 가열한 전분(쌀밥)을 혼합하여 유산 발효시킨 보존식품이다.

2 가공기계

(1) 원료 처리 기계

어체를 처리할 때 소요되는 노동력의 절감을 위해 1970년대 냉동 고기풀(수리미, surimi) 생산 때부터 본격적으로 도입되었다.

① 크기 선별기(roll 선별기)

특징	• 어체 처리 또는 어상자에 담아 출하할 때 사용 • 어체를 크기별로 3 ~ 6단계로 구분 • 내구성, 위생성을 위해 스테인리스강을 사용
작동 원리	• 대량 처리에는 롤(roll) 선별 방식을 많이 사용 • 한 쌍의 롤을 경사지게 설치→롤 회전(반대 방향)→롤 사이의 간격에 따라 작은 것부터 아래 컨베이어로 분리 • 롤 위쪽에서 물을 분사→어체가 잘 미끄러짐
적용	• 정어리, 고등어, 전갱이, 명태 등의 선별에 사용 • 귤(통조림용), 복숭아, 아스파라거스 등의 분리에도 사용

> **참고** 크기 선별기
>
>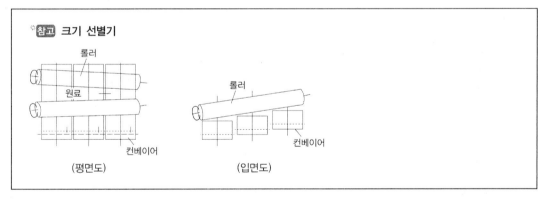
>
> (평면도)　　　　　　　(입면도)

② 머리 및 내장 제거기 : 냉동 고기풀 제조에 주로 사용

가공 공정	특징
머리 제거	2개의 회전 디스크 칼날로 두부를 V형으로 절단(1개 사용 때보다 수율 크게 향상)
할복	어체를 컨베이어면에 고정시키고 이동시키면서 회전 디스크 칼날로 복부를 절개
내장 제거	회전 척을 어체 머리 부분에 물리고 회전→내장이 뽑혀 나옴
흑막 제거	롤러 브러시로 흑막을 제거(흑막이 백색육에 혼입되면 품질 저하)
절단	회전 디스크 칼날로 척추골의 한쪽면(육편이 2매) 또는 양쪽면(육편이 3매)을 절단(필릿)

③ 탈피기

특징	• 어체의 껍질을 제거하는 기계 • 엔드리스(endress) 회전 밴드형 칼(탈피칼) 사용
작동 원리	이송 컨베이어에 필릿을 놓고 육과 껍질 사이로 필릿의 길이 방향에 수직으로 고속 주행하는 밴드 칼을 통과시켜 표피를 제거
적용	주로 청어나 대구 등의 필릿 탈피 작업에 사용

(2) 건조기

① **열풍 건조기** : 식품을 선반이나 트레이(tray)에 담은 수레를 건조실에 넣은 후 열풍을 가하여 건조

상자형 건조기	• 원료를 선반에 넣고 정지된 상태에서 열풍을 강제 순환시켜 건조 • 구조가 간단하고 취급이 용이하며, 비용이 적게 듦 • 연속 작업 불가, 열손실이 많음 • 균일한 제품 얻기가 곤란 • 열 효율이 낮고 건조 속도가 느림
터널형 건조기	• 원료를 실은 수레(대차)를 터널 모양의 건조기 안에서 이동시키면서 열풍으로 건조 • 일정한 건조 시설이 필요, 비용이 많이 듦 • 연속 작업 가능, 열 손실이 적음 • 균일한 제품 얻기가 쉬움 • 열 효율이 높고 건조 속도가 빠름

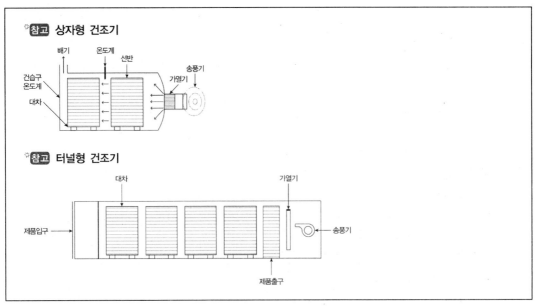

참고 상자형 건조기

참고 터널형 건조기

② 진공 동결 건조기

건조 원리	식품을 −30 ~ −40℃ 정도에서 급속 동결시킨 후 이때 만들어진 빙결정을 높은 진공(1~0.1torr)에서 승화시켜 건조(1torr = 1mmHg)
구조	• 급속 동결 장치 : 식품을 급속 동결 • 건조실 : 식품을 건조 • 가열 장치 : 얼음의 승화 잠열을 제공 • 응축기 : 승화시 발생하는 수증기 응축 • 진공 펌프 : 건조실 내부를 진공 상태로 유지
특징 및 용도	• 식품 조직의 외관이 양호함 • 열에 의한 성분 변화가 없어 맛, 냄새, 영양가, 물성 등의 품질을 유지 • 북어, 맛살, 전통국 등 고가 제품의 건조에 사용

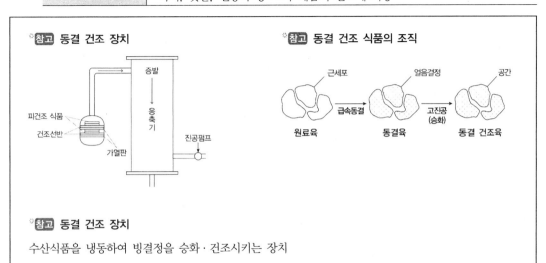

※참고 **동결 건조 장치**

※참고 **동결 건조 식품의 조직**

※참고 **동결 건조 장치**

수산식품을 냉동하여 빙결정을 승화·건조시키는 장치

③ 제습 건조기

건조 원리	• 가열기에서 공기를 건조→송풍으로 식품을 건조→흡습한 공기는 냉각기에서 냉각, 응축→배출 • 건조 실내 온도, 습도 자동 조절 기능
구조	• 냉각기 – 공기 냉각 기능 • 가열기 – 공기 가열 기능 • 가습기 – 습도 조절 기능 • 송풍기 – 열풍 공급 기능
특징 및 용도	• 원적외선 방사 가열과 병용하면 더욱 효과적 • 최근 많이 사용되는 건조 방법(부가 가치가 높은 제품에 사용)

(3) 통조림용 기기

① 이중 밀봉기(seamer, 시머)

이중 밀봉의 원리	• 뚜껑의 컬(curl)을 몸통의 플랜지(flange) 밑으로 말아 넣어서 압착 • 이 때 몸통과 뚜껑이 이중으로 밀봉됨
밀봉기 주요 4요소	• 제1밀봉(시밍) 롤(roll) : 뚜껑의 컬(curl)을 몸통의 플랜지(flange) 밑으로 말아 넣어 압착 • 제2밀봉(시밍) 롤 : 제1롤이 압착한 것을 더욱 견고하게 눌러서 밀봉을 완성 • 시밍 척(chuck) : 밀봉 시 관을 단단히 고정하고 받쳐 주는 장치 • 리프터(lifter) : 관을 들어 올려 시밍 척에 고정시키고 밀봉 후 내려 주는 장치로 관의 크기에 맞도록 홈이 파져 있음 ※ 밀봉기의 주요 3요소 : 롤, 척, 리프터

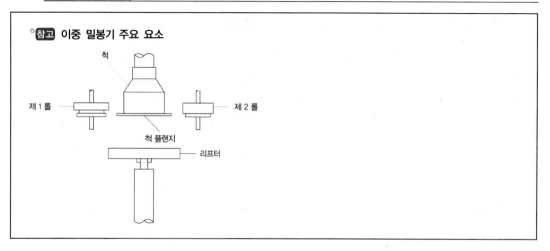

참고 이중 밀봉기 주요 요소

② 레토르트(retort)

원리	• 수증기의 기화 잠열을 이용하여 통조림을 가열 살균하는 밀폐식 고압 살균솥 • 100℃ 이상을 유지하기 위해 고압 증기 사용
특징	• 가열 매체가 증기와 열수 • 포화 수증기 : 통조림 살균, 열수 – 유리병, 플라스틱 용기 제품 살균 • 고압에 견딜 수 있도록 강철판으로 견고하게 제작 • 보통 원통의 수평형(횡형)을 널리 사용 • 정치식과 회전식 : 회전식이 열 전달이 빨라 살균 시간을 단축 • 살균 후 품질 변화를 줄이기 위해 급랭 : 냉각수를 주입하여 40℃까지 가압 냉각

> **참고 원통 수평형 레토르트**
>
>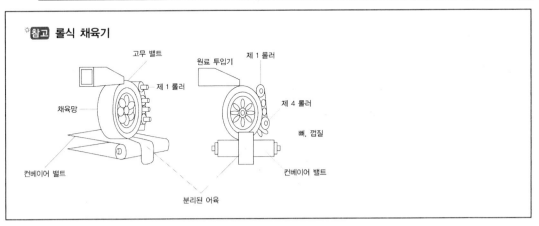
>
> ① 증기 ② 냉각수 ③ 배수구(오버플로) ④ 밴드, 블리더 ⑤ 공기 ⑥ 안전 밸브, 감압 밸브

(4) 연제품용 기기

① 채육기

원리	• 머리와 내장이 제거된 생선을 뼈와 껍질을 분리하여 살코기만 발라내는 기계 원리 • 원료를 고무 벨트와 채육망 사이에 넣고 압착→살코기는 채육망 안으로, 뼈와 껍질은 롤러 밖으로 분리
구조 및 특징	• 롤(roll)식과 스탬프(stamp)식이 있으며, 주로 롤식을 많이 사용 • 고무 벨트와 채육망은 서로 반대 방향으로 회전 • 4개의 롤로 구성 • 냉동 고기풀 및 연제품 제조에 사용

> **참고 롤식 채육기**
>
> 고무 벨트 제 1 롤러 원료 투입기 제 1 롤러
> 채육망 제 4 롤러
> 뼈, 껍질
> 컨베이어 벨트 컨베이어 벨트
> 분리된 어육

② 세절기(사이런트 커터, silent cutter)

원리	• 살코기를 고속 회전하는 칼날로 잘게 부수고, 여러 가지 부원료를 혼합시키는 기계 원리 • 살코기가 담긴 접시는 수평으로 회전 • 세절이 끝나면 배출 회전막이 작동하여 원료를 배출

특징	• 칼날 3 ~ 4개로 구성, 수직으로 고속 회전 • 온도 감지기 : 마찰로 인한 육의 온도 상승을 감지 • 세절기 뚜껑 : 살코기 밖으로 유출되는 것을 방지 • 스톤 모르타르(stone mortar)보다 세절 능력이 우수 • 어육 소시지, 연제품, 냉동 고기풀 세절에 사용

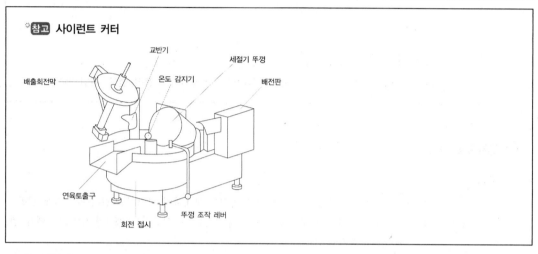

참고 사이런트 커터

③ 성형기

㉠ 고기갈이를 마친 고기풀의 점착성을 이용하여 적당한 모양으로 가공 처리

㉡ 제품의 종류에 따라 성형 방법이 다르고 기계의 종류도 다양

㉢ 가공 순서 : 고기풀을 호퍼에 공급 → 노즐을 통해 압출 → 모양판을 통과 → 성형 → 가열 → 냉각

(5) 동결 장치

① 접촉식 동결 장치

원리	• 냉각시킨 냉매나 염수(브라인)를 흘려 금속판(동결판)을 냉각 • 이 금속판 사이에 원료를 넣고 압력을 가하여 동결 • 냉동 고기풀 제조에 사용
특징	• 금속판을 통해 냉매와 직접 접촉 → 동결 속도가 빠름 • 금속판의 두께가 얇아야 접촉 효과가 큼(50 ~ 60mm) • 일정 모양을 갖춘 포장 식품인 경우 동결 효과 큼 • 해동 장치로도 사용 가능 : 금속판에 온수를 흘려 보내 냉동 고기풀을 해동

② 송풍식 동결 장치

원리	냉각기를 동결실 상부에 설치하고, 송풍기로 강한 냉풍을 강제로 순환시켜 식품을 동결시키는 장치
특징	• 동결실, 냉각기, 송풍기로 구성 • 식품을 적재한 팰릿(pallet)이나 대차를 냉풍으로 동결 • 동결 속도가 빠르고, 대용량을 단시간에 처리 가능

위생관리

1 위해요소 중점관리 제도

(1) 수산물 품질인증

① 품질인증품 분류
- ㉠ 수산물
- ㉡ 수산특산물
- ㉢ 수산전통식품

② 대상품목 및 인증표시방법

<table>
<tr><th colspan="2"></th><th>품목</th></tr>
<tr><td rowspan="5">수산물 품질인증
(78종)</td><td>건제품 (15품목)</td><td>마른오징어, 덜마른오징어, 마른옥돔, 마른멸치, 마른한치, 마른꽃새우, 황태, 황태포, 황태채, 굴비, 마른홍합, 마른굴, 꽁치과메기, 마른뱅어포, 덜마른한치</td></tr>
<tr><td>염장품 (3품목)</td><td>간 다시마, 간 미역, 간 고등어</td></tr>
<tr><td>해조류 (9품목)</td><td>마른김, 마른돌김, 마른가닥미역, 마른썰은미역, 마른실미역, 마른다시마, 마른썰은다시마, 찐톳, 마른김(자반용)</td></tr>
<tr><td>횟감용 수산물
(23품목)</td><td>− 신선·냉장품(13) : 넙치, 조피볼락, 참돔, 방어, 삼치, 농어, 오징어, 붕장어, 우렁쉥이, 생굴, 홍어, 병어, 전어
− 냉동품(10) : 새조개, 피조개, 새우, 북방대합, 한치, 참치, 학 꽁치, 홍어, 병어, 키조개(개아지살)</td></tr>
<tr><td>냉동 수산물
(28품목)</td><td>고등어, 갈치, 삼치, 뱀장어, 붕장어, 대구, 꽃게, 가자미, 참조기, 참돔, 눈볼대, 전갱이, 오징어, 문어, 꽁치, 청어, 새우, 옥돔, 굴, 병어, 민어, 홍어, 키조개(개아지살), 전복, 주꾸미, 명태, 붉은 대게살(자숙, 각육), 붉은 대게살(자숙, 붕육)</td></tr>
<tr><td rowspan="2">수산 특산물
품질인증 (11종)</td><td>조미가공품 (9품목)</td><td>조미쥐치포, 조미개량조개, 조미오징어, 조미찢은오징어, 조미늘인오징어, 조미썰은쥐치포, 조미늘인쥐치포, 송어(훈제), 산천어(훈제)</td></tr>
<tr><td>해조가공품 (2품목)</td><td>다시마환, 다시마과립</td></tr>
</table>

수산전통식품 품질인증 (47종)	젓갈류 (30품목)	– 젓갈(24) : 오징어, 명란, 창란, 조개, 꼴뚜기, 까나리, 어리굴, 소라, 곤쟁이, 멸치, 대구 아가미, 명태 아가미, 토하, 자리, 새우, 오분자기, 밴댕이, 자하, 가리비, 청어 알, 우렁쉥이(멍게), 갈치 속, 한치, 전복 – 액젓(4) : 멸치, 까나리, 청매실 멸치, 새우 – 식해(2) : 가자미, 명태
	죽류 (6품목)	북어, 대구, 전복, 홍합, 대합, 굴
	게장류 (3품목)	꽃게, 민꽃게, 참게
	건제품 (2품목)	굴비, 마른가닥미역
	기타 (6품목)	조미김, 재첩국, 고추장굴비, 양념장어, 부각류(해조류), 어간장

(2) 친환경 수산물

① '친환경수산물'은 친환경수산업을 영위하는 과정에서 생산되어진 수산물이나 이를 원료로 해서 위생적으로 가공한 식품을 의미한다.

② '친환경수산업'은 사람의 인체에 유해한 화학적인 합성물질 등을 활용하지 않거나 동물용의약품 등의 활용을 최소화해서 수서생태계 및 환경을 유지, 보전하면서 안전한 수산물을 생산하는 수산업을 의미한다.

③ 환경 수산물 인증의 유효기간은 인증을 받은 날로부터 2년으로 한다.

④ 사후관리

　㉠ 생산과정조사 : 친환경수산물 인증품의 생산 및 출하과정에서 인증기준에 규정된 사항의 준수 여부 등에 대해 조사

　㉡ 시판품 조사

　　• 판매를 목적으로 진열 및 보관 중인 인증품을 대상으로 조사

　　• 각종 표시사항 및 내용물의 일치여부, 출하기준 준수여부, 인증품이 아닌 수산물의 혼합여부, 허위 및 유사표시 여부 등에 대해 조사

(3) 유기수산물

① 인증대상

　㉠ 유기수산물 : 식용을 목적으로 생산하는 양식수산물

　㉡ 유기가공식품 : 유기수산물을 원료 또는 재료로 하여 제조 · 가공 · 유통하는 식품

　㉢ 무항생제수산물 : 해조류를 제외한 「수산업법 시행령」의 규정에 의한 육상해수양식어업 및 「내수면어업법 시행령」의 규정에 의한 육상양식어업으로 생산한 수산물

　㉣ 활성처리제 비사용 수산물 : 김, 미역, 톳, 다시마, 마른김, 마른미역, 간미역

　㉤ 취급자 인증 : ㉠부터 ㉣까지의 인증품을 매입하여 포장단위를 변경하여 포장한 인증품(포장하지 않고 판매하는 인증품과 판매장에서 소비자가 직접 원하는 수량만큼을 덜어서 구매하는 인증품은 제외)

② 인증기준
  ㉠ 서류심사 시 인증기준 확인사항
    • 경영관리 : 수산물의 생산과정 등을 기록한 인증품 생산계획서 등의 확인
    • 양식장 환경 : 1년 이내에 실시한 수질검사 성적서의 확인
    • 종묘의 선택 : 병성감정 결과통지서의 확인
    • 사료 및 영양관리 : 사료검정서의 확인(연 1회)
  ㉡ 현장심사 시 인증기준 확인사항
    • 경영관리 : 생산자단체가 인증을 받을 경우, 생산관리자(예비심사 등을 수행하는 사람으로 수
      산물 품질관리 교육을 6시간 이상 이수한 자)를 1명 이상 지정하였는지 여부 확인
    • 양식관리
    – 양식시설에 식별변호 명기하여 사육이력 확인하였는지 여부
    – 수산물 동물의약품 또는 화학약품 및 유기산 등 사용여부 확인(사용금지)
    • 동물복지 및 질병관리
    – 질병발생 후 처방전 및 동물용의약품 사용내역 기록관리 여부에 확인
    – 출하 시 휴약기간 2배 경과여부의 확인 (휴약기간 미 설정 시 최소 1주일)
    – 동물용의약품 투약수조 관리 (투약정보 표지판 부착) 여부의 확인
    – 동물용의약품 보관함 별도 관리 및 잠금장치 여부의 확인
    • 사료 및 영양관리 : 사료에 합성화합물, 합성 질소, 비단백태질소화합물 등의 사용 여부의 확
      인(사용금지)
    • 생산물의 기준 확인
    – 유기수산물 : 동물용의약품 잔류허용기준의 10분의 1이하
    – 무항생제수산물 : 동물용의약품 잔류허용기준의 2분의 1이하
    – 활성처리제 비사용 수산물 : 유기산 등 사용금지
    • 생산물의 채취 : 인증품 출하내역 기록 · 관리 여부의 확인
    • 운반관리 : 운반 시 용수 및 얼음의 위생적 관리, 용존산소 적정 여부의 확인
    • 가공원료
    – 제품에 인위적으로 첨가하는 물, 소금을 제외한 제품 중량의 5퍼센트 범위에서 비 유기원료
      사용하였는지 확인
    – 물은 먹는 물 관리법 제5조, 소금은 식품위생법 제7조의 기준에 적합 여부의 확인
    • 원료관리 : 원재료 입고 시 유기식품의 표시사항 확인 및 납품서, 거래명세서 또는 보증서 의
      확인
    • 가공방법
    – 식품을 화학적으로 변형시키거나 반응 시키는 일체의 첨가물, 보조제, 그 밖의 물질 사용
      여부의 확인(사용금지)
    – 전리방사선, 석면 등 식품 및 환경에 영향을 미칠 수 있는 물질 사용 여부의 확인 (사용금지)
    • 포장 : 합성살균제, 보존제, 훈증제 등의 사용 여부 확인 (사용금지)
    • 작업장 시설기준 : 식품위생법 시행규칙 별표 14의 업종별 시설기준 중 해당 업종에 해당하는
      시설기준에 적합한지 여부의 확인
    • 생산물의 품질관리 등 : 취급하는 인증품에 롯트번호, 표준바코드 또는 전자태그 표시 또는
      부착여부의 확인

(4) 지리적 표시

① 개념 : 지리적표시라 함은 농수산물 또는 농수산 가공품의 명성·품질 기타 특징이 본질적으로 특정지역의 지리적 특성에 기인하는 경우 그 특정지역에서 생산된 특산품임을 표시하는 것을 말한다.

② 목적

    ㉠ 우수한 지리적 특성을 가진 수산물 및 가공품의 지리적표시를 등록·보호함으로써 지리적특산품의 품질향상, 지역특화산업으로의 육성도모

    ㉡ 지리적 특산품 생산자를 보호하여 우리 수산물 및 가공품의 경쟁력 강화

    ㉢ 소비자에게 충분한 제품구매정보를 제공함으로써 소비자의 알권리 충족

③ 신청자격 : 특정지역에서 지리적 특성을 가진 수산물 또는 수산 가공품을 생산하거나 가공하는 자로 구성된 단체(법인만 해당한다)에 한정한다. 다만, 지리적 특성을 가진 수산물 또는 수산 가공품의 생산자 또는 가공업자가 1인일 때에는 개인도 가능하다.

(5) 수산물 이력제

① 목적 : 수산물의 식품사고 발생 시 원인규명 및 신속한 조치와 수산물의 생산이력 확인 및 투명한 유통질서 확립을 위해 도입되었다.

② 등록요건

    ㉠ 대상품목 : 모든 국산수산물(원양산 포함)

    −활·냉장·냉동수산물 및 단순가공(건조, 염장 등)한 수산가공품

    ㉡ 신청자격 : 수산물이력제에 참여하고자 하는 생산·유통·판매업체)

    ㉢ 대상품목 : 생산 → 판매까지 이력추적관리 및 리콜 등 회수가 가능한 수산물

    ㉣ 등록기간 : 3년(3년까지 유효기간 연장 가능)

(6) 수산물 원산지 표시제도

① 개념 : 수산물이나 그 가공품 등에 대하여 적정하고 합리적인 원산지 표시를 하도록 하여 소비자의 알 권리를 보장하고 공정한 거래를 유도함으로써 생산자와 소비자를 보호하기 위한 제도를 말한다.

② 표시의무자

    ㉠ 수산물 및 수산가공품을 생산·가공하여 출하하는 자

    ㉡ 백화점, 할인마트, 도매시장, 전통시장 등에서 수산물 및 수산가공품을 판매하는 자

    ㉢ TV홈쇼핑, 인터넷, 신문, 배달 앱 등에서 수산물 및 수산가공품을 판매하는 자

    ㉣ 먹는 소금 제조 및 유통·판매하는 자

③ 표시기준

    ㉠ 국산 수산물 : 국산이나 국내산 또는 연근해산

    ㉡ 원양산 수산물 : 원양산 또는 원양산(해역명)

ⓒ 수산물 가공품 : 사용된 원료의 원산지

ⓔ 수입 수산물과 그 가공품 : 수입 국가명(「대외무역법」에 따른 통관시의 원산지)

④ 표시방법

　ⓐ 포장하여 판매하는 수산물은 포장에 인쇄하거나 스티커, 전자저울에 의한 라벨지 등으로 부착

　ⓑ 포장하지 아니하고 판매하는 수산물은 꼬리표 등을 부착하거나 스티커, 푯말, 판매용기 등에
　　표시

　ⓒ 활어 등 살아있는 수산물은 수족관 등의 보관시설에 동일품명의 국산과 수입산이 섞이지 않
　　도록 구획하고 푯말 또는 표시판 등으로 표시

(7) 수출입 검역

① 검역대상 지정 검역물

　ⓐ 이식용 수산 동물(정액 또는 란을 포함)

　ⓑ 식용, 관상용, 시험·연구조사용 수산생물 중 어류·패류·갑각류(정액 또는 란을 포함)

　ⓒ 수산생물제품 중 냉동, 냉장한 전복류 및 굴

　ⓓ 수산생물전염병의 병원체 및 이를 포함한 진단액류가 들어있는 물건

② 검역대상 전염병

		전염병
어류	8종	잉어봄바이러스병, 유행성조혈기괴사증, 전염성연어빈혈증, 바이러스성출혈성패혈증, 잉어허피스바이러스병, 참돔이리도바이러스병, 유행성궤양증후군, 자이로닥틸루스증 (자이로닥틸루스살라리스)
패류	6종	마르테일리아감염증(마르테일리아레프리젠스), 보나미아감염증(보나미아오스트래, 보나미아익시티오사), 제노할리오티스캘리포니엔시스감염증, 퍼킨수스감염증(퍼킨수스마리누스), 전복바이러스성폐사증
갑각류	7종	전염성피하 및 조혈기괴사증, 가재전염병, 흰반점병, 노란머리병, 전염성근괴사증, 타우라증후군, 흰꼬리병

③ 검역방법

	검역종류	처리기간	주요대상
수출·입	서류검사	2일	검역신청서 및 첨부서류의 적정성 여부를 검사
	임상검사	3일	지정검역물의 유영·행동, 외부소견 및 해부학적 소견을 종합하여 검사
	정밀검사	15일	병리조직학적·분자생물학적·혈청학적 및 생화학적 분석방법 등으로 검사

(8) 파견 검역

① 파견 검역 신청인 : 지정검역물 수입자 또는 수출국가

② 파견 검역관의 여비정산
- ㉠ 국립수산물품질관리원장은 파견검역 전 국외여비 규정에 따라 수출국 파견여비를 산정하여 기한 내 납부 고지
- ㉡ 파견검역 여비를 납부하지 아니한 경우 파견검역 의사가 없는 것으로 보고, 신청인에게 파견 검역이 취소되었음을 알림

③ 파견 검역방법
- ㉠ 현지에서 검역신청서 접수, 매건 서류, 임상 및 정밀검사 실시
- ㉡ 신청인이 국립수산물품질관리원에서 정밀검사를 희망하는 경우에 현지에서 서류검사 및 임상 검사를 실시하고 정밀검사용 시료는 지정된 수산물품질관리원 지원에 송부
- ㉢ 지정된 수산물품질관리원 지원장은 송부 받은 시료에 대해서 정밀검사를 실시하고 검역결과 를 파견검역관에게 통보

④ 증명서발급 및 검역물의 관리 : 파견검역관은 검역결과 적합한 경우 검역증명서를 발급하고 반출 시까지 지정 검역물을 다른 곳으로 옮길 수 없도록 관리 (승명시 발급일로부터 7일 이내 반출을 위한 선적 완료 지시 등)

(9) 유전자 변형수산물(LMO ; Living Modified Organism)

① 개념
- ㉠ 현대생명공학기술을 활용해사 새로운 유전물질(DNA조각)을 수산물에 주입해서 기존에 없는 유용한 형질(속성장, 질병내성 등)을 지니도록 만든 것을 의미한다.
- ㉡ 인위적으로 유전자를 재조합하거나 또는 유전자를 구성하는 핵산을 세포 또는 세포 내 소기 관으로 직접 주입하는 기술이다.
- ㉢ 분류학에 의한 과의 범위를 넘는 세포융합으로서 자연 상태의 생리적 증식이나 또는 재조합 이 아니고 전통적인 교배나 선발에서 활용되지 않는 기술이다.

② LMO 수산물의 현황
- ㉠ 국제적인 어업여건의 악화로 '잡는 어업'이 이미 한계에 도달하였고, '기르는 어업'도 해양환경 변화에 의해 한계를 드러내면서 새로운 환경 및 여건에서 양식이 쉬운 새로운 수산물에 대한 수요가 증가하고 있고, 이에 대한 대안으로 LMO 수산물 개발이 한창 진행 중이다.
- ㉡ LMO 수산물에 관한 연구는 성장촉진, 질병내성 등의 분야에서 다양하게 진행되어 무지개송 어, 연어, 틸라피아, 형광송사리 등 전 세계적으로 대략 35종이 넘는 어류를 대상으로 유전 자변형이 시도된 바 있다.
- ㉢ 미국 및 캐나다 합작사인 아쿠아 바운티사에서 속성장 대서양연어를 개발해서 미 FDA에 상 품으로 승인 요청 중이며, 대만 및 미국은 관상용 형광물고기를 개발해서 자국 및 아시아 지 역에 시판하고 있다.
- ㉣ 97년 국내에서 속성장 미꾸라지 개발 성공하였으나, 상업화하지는 않는다.

(10) 수출용 검사

① 외국과의 협약에 의한 검사
  - ㉠ 미국 : 신선, 냉장, 냉동 이매패류
  - ㉡ EU국가 : 수산물(이매패류, 극피류, 피낭류 및 해양복족류 포함) 및 수산 제품
  - ㉢ 중국 : 원료수산동물, 단순가공품(식용소금을 제외한 첨가물이나 다른 원료를 사용하지 아니하고 원형을 알아 볼 수 있는 정도로 절단, 가열, 자숙, 건조 또는 염장, 염수장 등과 같이 가공한 수산 동물) 및 활 수생동물(이식용 종묘 및 난 포함)
  - ㉣ 일본 : 생굴 및 피조개, 기타 이매패류, 처리복어, 활 넙치, 뱀장어
  - ㉤ 베트남 : 식용원료수산물, 식품첨가물이나 다른 원료를 사용하지 아니하고 절단, 가열, 숙성, 건조 또는 염장, 염수장 등과 같이 가공한 수산 동·식물
  - ㉥ 인도네시아 : 식용 어류, 갑각류, 연체동물 및 그 외 수생동물, 제품의 구성성분이 유지되고, 제품 외관상 원형상태를 알아볼 수 있도록 절단, 조리, 건조, 염장 또는 염수장, 훈연, 냉장 및 냉동 처리된 수산생물(식용소금 또는 생 원료를 제외한 식품 첨가물 또는 다른 물질 사용이 없어야 함)
  - ㉦ 태국 : 활수산동물을 포함한 원료수산동물, 절단, 가열, 자숙, 건조 또는 염장, 염수장, 훈제, 냉장, 동결 등과 같이 가공한 수산 동물(식용소금을 제외한 첨가물이나 다른 원료를 사용하지 않아야 함)
  - ㉧ 러시아 : 식용 수산물 및 수산동·식물을 원료로 하는 수산가공품
  - ㉨ 에콰도르 : 식용 수산물 및 양식 제품에서 유래한 원재료 및 냉동, 껍질제거, 개별급속냉동, 절단, 건조, 염장 또는 염수장 등의 방식으로 가공된 수산 동식물
  - ※ 위생관리기준에 적합한 생산·가공시설로 등록된 공장 (EU, 중국 및 러시아는 선박 포함)에서 생산된 수산물 및 수산가공품에 한한다.
  - ※ 미국 수출 이매패류(신선, 냉장, 냉동)는 해양수산부 장관이 정하여 고시한 지정해역에서 생산, 채취되어야 한다.
  - ※ EU 수출 이매패류, 극피류, 피낭류 및 해양복족류는 EU 지역으로 수출 가능한 국가(우리나라 포함)의 정부에서 관리하는 지정해역에서 생산, 채취되어야 한다.
  - ※ 수산제품의 포장에는 품명, 국가명, 생산, 가공시설 명칭 및 등록번호 표시해야 한다.
② 검사신청인 또는 수입국이 요청하는 기준, 규격에 의한 검사 : 그 기준, 규격이 명시된 서류 또는 검사생략에 관한 서류를 첨부하여 신청

(11) 안전성 조사

① 개념
  - ㉠ 수산물의 품질향상과 안전한 수산물을 생산 및 공급하기 위해 수산물에 잔류된 중금속, 항생물질, 식중독균, 방사능 등의 유해물질을 총리령으로 정하는 허용기준 및 식품위생법 등의 관계법령에 따라 잔류허용기준을 넘는지 여부를 조사

ⓛ 수산물은 그 특성상 오염·부패가 쉬우므로 생산 및 출하 단계부터 안전성조사를 실시함으로써 불량수산물 유통근절로 안전한 수산물 생산체계를 구축하고 수산물의 사전 안전성이 확인된 수산물만 유통되도록 함으로써 국민보건 향상에 기여할 수 있으며, 관련 생산자, 저장자, 출하자는 좋은 품질의 수산물을 만들어 상품의 가치를 높이고, 소비자는 안전한 수산물을 섭취할 수 있게 된다.

② 조사대상 및 검사항목
  ㉠ 조사대상은 주로 연근해산, 원양산 수산물로 생산, 저장, 거래 전 단계의 수산물과 수산물의 생산을 위해 활용 또는 활용하는 용수, 어장, 자재 등이다.
  ㉡ 검사항목으로는 중금속, 항생물질, 식중독균(장염비브리오균), 패류독소, 복어 독, 말라카이트 그린 등이다.

③ 조사기관
  ㉠ 생산, 저장, 거래 전 단계 수산물은 국립수산물품질관리원 각 지원
  ㉡ 생산단계 해역 패류 독소 조사는 국립수산과학원

④ 부적합품 발생 시의 조치
  ㉠ 유해물질이 허용기준을 넘는 때에는 생산·저장 또는 출하하는 자에게 서면으로 기준초과 사실을 통지, 생산단계인 경우는 용수, 어장, 자재 등의 개량명령과 이용, 사용의 금지, 수산물의 출하연기, 용도전환, 폐기명령과 처리방법을 지정한다.
  ㉡ 생산자, 저장자, 출하자는 이에 따른 필요조치를 취해야 한다.

⑿ 생산가공 시설관리

① 정의 : HACCP은 위해요소분석(Hazard Analysis)과 중요관리점(Critical Control Point)의 영문 약자로서 '위해요소중점관리기준'이고도 불린다. HACCP은 식품을 만드는 과정에서 생물학적, 화학적, 물리적 위해요인들이 발생할 수 있는 상황을 과학적으로 분석하고 사전에 위해요인의 발생여건들을 차단하여 소비자에게 안전하고 깨끗한 제품을 공급하기 위한 시스템적인 규정을 말한다.

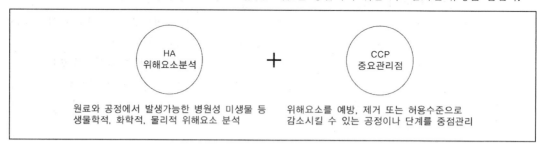

② 수산물 위해요소중점관리 : 위해요소중점관리란 수산물에 위해물이 혼입 또는 잔류하거나 수산물이 오염되는 것을 방지하기 위해 위해가 발생할 수 있는 생산과정 등을 중점적으로 관리하는 것을 말한다.

③ 세부관리기준 : 해양수산부장관은 국내에서 생산되는 수산물의 품질 향상과 안전한 생산·공급을 위하여 생산단계, 저장단계 및 출하되어 거래되기 이전 단계의 과정에서 유해물질이 섞여 들어오거나 남아 있는 것 또는 수산물이 오염되는 것을 방지하는 것을 목적으로 하는 위해요소중점관리의 세부관리기준을 정하도록 되어 있다.

④ **적용대상** : 생산 · 출하 전 단계 수산물 중 다음의 육상어류 양식장에 적용된다.

　㉠ 「수산업법」의 규정에 의하여 육상해수양식어업으로 허가한 양식업체

　㉡ 「내수면어업법」의 규정에 의하여 육상양식어업으로 신고한 양식업체

⑤ **위반 시 제재** : 위해요소중점관리기준 적용 사업자가 해당 기준을 이행하지 않거나 불성실하게 이행하는 경우에는 생산 · 가공 · 출하 · 운반의 시정 · 제한 · 중지명령, 생산 · 가공시설 등의 개선 · 보수명령 또는 등록취소 처분을 받는다.

참고 수산물 검정항목 및 수수료

	검역항목	단위	항목 당 수수료(원)
일반성분	수분, 회분	1항목	8,000
	지방, 조섬유	1항목	26,000
	단백질, 산가, 염분, 전분	1항목	6,000
	휘발성염기질소, 토사	1항목	8,600
	열탕불용해잔사물, 엑스분	1항목	8,600
	수소이온농도, 제리강도(한천)	1항목	8,600
	히스타민, 당도, 트리메틸아민	1항목	8,600
	전질소, 아미노질소	1항목	26,000
	비타민 A	1항목	74,900
	이산화황	1항목	43,000
	붕산	1항목	20,000
	일산화탄소	1항목	6,000
식품첨가물	인공감미료	1점	22,000
중금속	수은	1점	33,000
	구리, 납, 카드뮴	1점	76,700
	아연	1점	46,000
방사능	방사능	1점	50,000
세균	대장균군, 생균수, 분변계대장균	1항목	13,000
	살모넬라, 장염비브리오, 황색포도상구균, 리스테리아	1항목	15,000
항생물질	옥소린산(정성, 정량), 옥시테트라싸이클린(정성, 정량)	1항목	20,000(정성) 40,000(정량)
독소	패류독소, 복어독소	1항목	53,100
바이러스	노로바이러스	1점	100,000
이식용 수산물 어류질병	세균성, 곰팡이성 질병	1항목	15,000
	기생충성 질병	1항목	10,000
	바이러스성 질병	1항목	50,000
기타(교부)	검정증명서 사본	1부	500

수확
후품
질관
리론

2 수산물 독소관리

(1) 식중독

음식물의 섭취로 인해 인체에 들어간 병원 미생물이나 유독, 유해한 물질에 의해 일어나는 질병을 총칭한다.

① 식중독의 분류

세균성 식중독	감염형 식중독	살모넬라균, 장염 비브리오균, 비브리오 패혈증, 리스테리아균, 병원성 대장균
	독소형 식중독	포도상구균, 보툴리눔균
동물성 자연 독에 의한 식중독	복어 독	테트로도톡신(TTX)
	조개류 독	마비성 조개류 독
		설사성 조개류 독
		기억 상실성 조개류 독
		기타 조개류 독
알레르기성 식중독		히스타민(histamine) 생성

② 세균성 식중독 : 병원성 세균에 의하여 발생되는 식중독

섭취균량	증식	삼복기	경과
다량	음식물 내	아주 짧다	대체로 짧다

전염성	2차 감염	예방조치	면역성
거의 없다	거의 드물다	균 증식 억제 가능	있다

㉠ 감염형 식중독 : 식품 내에 세균이 증식하고 있는 상태에서 그 균을 식품과 같이 섭취함으로써 발병

• 살모넬라균에 의한 식중독

원인 세균 특징	• 그람 음성 간균 • 장내세균 • 내열성이 큼
중독 증상	• 복통, 설사, 발열, 구토 증세 • 1주일 이내 회복 • 5 ~ 10월에 주로 발생 • 발생 빈도가 높음

원인 식품	• 어패류와 그 가공품 • 육류와 그 가공품, 우유 및 유제품 • 가축, 가금류의 장관 내에 보균 • 보균 동물의 육을 생식
예방책	• 저온 유통 • 가열 조리하여 빨리 섭취 • 쥐, 파리, 바퀴 벌레 제거 • 조리자 정기 검진

• 장염 비브리오에 의한 식중독

원인 세균 특징	• 무포자 간균 • 호염성 세균(3% 식염 농도에서 최적 증식) • 열에 약하고 민물에 잘 사멸
중독 증상	• 격렬한 복통, 설사(피) • 급성 위장염 증상 • 오한, 발열, 두통 • 여름철 연안 해수에 널리 분포(7 ~ 9월 집중 발생)
원인 식품	• 어패류가 주원인 식품 • 어패류의 가공품 • 생선회, 초밥 등의 생식 • 도시락 등의 복합 조리 식품 • 오염된 어패류로부터 조리기구, 행주, 손 등을 통해 2차 오염
예방책	• 가열 섭취 • 수돗물로 세척 • 조리 기구, 행주 소독 • 어패류 구입 즉시 냉장 보관 • 조리 후 신속히 섭취 • 저온 유통 체계

- 비브리오 패혈증

원인 세균 특징	• 비브리오속 세균 • 비브리오 불니피쿠스(V. vulnificus)가 원인균으로 작용 • 그람 음성균 • 무포자 간균 • 호염성 세균 • 편모를 지니고 운동성이 있음 • 열에 약함
중독 증상	• 오한, 발열, 심한 통증 • 어깨, 팔, 다리에 수포(물집) 발생 • 피부가 자색으로 병변(괴저성 궤양) • 간 기능이 저하된 사람은 패혈증으로 발전 • 사망률이 높다. • 여름철 서남 해안 지역에서 주로 발생(6~9월 집중 발생)
원인 식품	• 어패류 생식 • 굴, 대합, 홍합 등이 패류와 새우, 게, 닉지, 오징어 등의 이송에 많이 부착 서식 • 불충분하게 조리힌 젓길이나 생선 • 해수와의 접촉(피부, 호흡기)을 통해 감염
예방책	• 가열 조리 섭취 • 하절기 어패류 검사 철저 • 간 질환자, 알콜 중독자, 신체 허약자는 기간 내 어패류의 생식 금지 • 어패류 구입 즉시 냉장 보관 • 상처난 피부를 해수에 접촉시키지 말 것 • 저온 유통 체계 유지

- 리스테리아균에 의한 식중독

원인 세균 특징	• 그람 양성균 • 인축 공통 병원균 • 고염, 저온 상태에서도 증식 활발
중독 증상	임산부, 신생아, 노약자에게는 패혈증, 수막염, 유산 등 초래
원인 식품	• 건강한 사람은 감기 증세 • 냉동 수산물, 냉동 만두, 냉동 피자 등의 냉동 식품 • 살균하지 않은 우유
예방책	• 가열 조리하여 빨리 섭취 • 식육, 어패류 생식 금지 • 냉장고 청결 유지

ⓛ **독소형 식중독** : 식품 중에서 세균이 증식하여 만든 독소에 의해 발병

• 보툴리눔균에 의한 식중독

원인 세균 특징	• 혐기성 세균으로 토양 및 바다 펄에 생식 • 내열성의 아포 형성 • 자연계에서 가장 강한 독소 생산 • 클로스트리듐 보툴리눔(Cl. botulinum)이 원인균 • 통조림 살균의 지표 세균 • 계절과 관계없이 발병
중독 증상	• 구토, 설사 • 시력 저하, 동공 확대 • 언어 장애 • 두통, 현기증, 갈증, 복부 팽만 • 중증이면 호흡 곤란으로 사망 • 발열이 없는 것이 특징 • 치사율이 40%로 높다.
원인 식품	• 어패류, 유기 토양, 호수의 물 등에 널리 분포 • 살균이 부족한 햄, 소시지 등의 축육 제품 • 살균이 불충분한 통조림 식품
예방책	• 가열 조리 후 섭취 • 어류의 내장을 깨끗이 제거 • 통조림 식품의 살균 조건을 준수 • 통조림과 저장 식품은 가열 조리 후 섭취

• 포도상구균에 의한 식중독

원인 세균 특징	• 그람 양성균 • 엔테로톡신 독소 생성 • 내열성이 강함
중독 증상	• 급성 위장염 증세 • 구토, 복통, 설사
원인 식품	• 상처 있는 사람이 조리한 음식 • 우유, 버터, 치즈 등의 유제품 • 곡류와 그 가공품 • 어패류와 그 가공품
예방책	• 화농성 질환자 조리 금지 • 위생적인 환경 유지 • 저온 체계 유지

③ 동물성 자연 독에 의한 식중독 : 복어 독, 조개류 독이 대표적인 중독

　ㄱ 복어 독에 의한 식중독

원인 세균 특징	• 테트로도톡신이 독소 성분(염기성 화합물) • 신경 독으로 독력이 강하고, 치사율이 아주 높음 • 난소, 간장, 껍질, 내장에 독소 성분 많음(육에는 별로 없음) • 가열에 의해 독소가 파괴되지 않음
중독 증상	• 초기 : 입술 및 혀끝 마비 • 진행 : 구토, 두통, 언어 장애, 지각 마비 • 중증 : 호흡 곤란, 혈압 강하, 호흡 마비로 사망 • 독성은 종류, 부위, 계절, 지역에 따라 달라짐
예방책	• 복어 요리 전문가에 의해 요리 후 섭취 • 난소, 간장 등의 부위는 주의해서 취급 • 유독 부분을 폐기할 때 오염에 주의

　ㄴ 조개 독에 의한 식중독

마비성 조개류 독	• 적조를 일으키는 유독 플랑크톤이 생산하는 독소에 의해 조개류가 유독화 • 유독화된 진주담치, 굴, 바지락, 가리비 등의 이매패류에 의해 발생 • 독 세기와 증상이 복어 독과 유사 • 정기적인 독성 검사 실시하여 독소가 허용치 이상이면 조개 채취 및 이동 금지 • 근육 마비, 언어 장애 등을 유발
설사성 조개류 독	• 섭조개, 가리비, 백합 등에서 발생하는 지용성 독소 • 설사가 주 증상, 메스꺼움, 구토, 복통 증세를 유발
기억 상실성 조개류 독	• 도모산 중독 • 이매패류 및 게, 멸치, 고등어 등의 어류가 특정 지역의 규조류 섭취로 독소 축적
베네루핀 중독	• 모시조개, 굴, 바지락이 유독 플랑크톤에 의해 중장선에 독소 축적 • 독소 성분이 베네루핀으로 열에 강함 • 메스꺼움, 구토, 복통, 변비, 피하 출혈 반점 발현 : 치사율이 높음
테트라민 중독	• 한해성 심해에 서식하는 고둥에 있는 테트라민 독소에 의해 발생 • 현기증, 두통, 멀미 증세

④ 알레르기성 식중독

원인 세균 특징	• 프로테우스 모르가니균이 부패 세균으로 작용 • 아미노산인 히스티딘(histidine)이 부패 세균에 의해 탈탄산되어 독성 물질인 히스타민(histamine)으로 전환
중독 증상	• 히스타민 성분이 과민 반응을 일으켜 알레르기 증상을 유발 • 몸에 발진, 구토, 설사 증세 유발
원인 식품	선도가 떨어진 붉은살 어류인 고등어, 꽁치, 정어리, 가다랑어, 전갱이 및 그 가공품
예방책	• 선도가 좋은 붉은살 어류를 원료로 사용 • 냉동, 냉장 보관 • 가공품의 완전 살균 처리 • 조리 기구 소독 및 세정

(2) 중금속

① 중금속의 특성

유해 중금속	비소(As), 수은(Hg), 카드뮴(Cd), 납(Pb), 주석(Sn) 등
인체 유해성	• 생물체 내에서 배출되지 않고 체내에 축적되어 부작용을 유발(생물 농축) • 체내의 단백질과 잘 반응하여 단백질 고유 구조를 파괴 • 정상적인 물질 대사를 저해하고 강한 독성을 끼침
체내 축적 원인	• 산업 폐기물, 공장 폐수에 의한 환경 오염으로 식품을 오염 • 부적절한 기구, 용기, 포장에서 식품을 오염 • 식품의 제조, 가공 중에 혼입되어 식품을 오염

② 유해 중금속 종류

비소(As)	• 굴, 새우, 홍합, 어류 등에 함유(해산물에 상대적으로 많이 함유) • 자연적으로 함유된 비소는 문제되지 않음 • 식품의 생산·제조·가공 중에 혼입된 경우에는 문제 유발(살충제, 광산 주위의 오염 식수) • 소화 기관 장애, 신경 장애, 피부암, 폐암, 간암 등을 유발→일본의 비소 분유 사건
수은(Hg)	• 대표적인 환경 오염 물질(공장 폐수에 많이 함유) • 메틸 수은이 어패류의 체내에 축적 → 수족 마비, 현기증, 언어장애 등의 신경 장애 유발 • 미나마타병 유발
카드뮴(Cd)	• 식기 도금, 플라스틱 안정제로 사용된 카드뮴이 용출되어 식품을 오염 • 급성 중독 : 소화관 장애 • 만성 중독 : 신장 기능 장애, 관절 통증, 골연화증(골격 변형, 사지 굴곡) • 이타이이타이병 유발
납(Pb)	• 안료, 도료, 농약, 납땜→식품을 오염(어패류, 야채, 쌀)→인체 축적 • 어패류는 수질 오염을 통하여 오염 • 빈혈이 주된 증상, 안면 창백(납빛), 치아 사이에 청흑색 띠 착색, 수면 장애, 구토, 심한 피로(신장과 소화 기관 장애)
주석(Sn)	• 통조림 용기에서 유출→식품을 오염→인체에 축적 • 통조림 개관 후 남은 내용물은 따로 보관

> **참고 패류독소 식중독**
>
> • 패류독소는 냉장, 동결 등의 저온에서 파괴되지 않을 뿐 아니라 가열, 조리하여도 잘 파괴되지 않는다.
> • 설사성 패류독소 식중독은 설사가 주요 증상으로 나타나며 복통 및 구토 등을 일으킬 수 있다.
> • 마비성 패류독소 식중독은 섭취 후 30분~3시간 내에 마비, 언어장애, 구토 증상 등을 나타낸다.
> • 기억상실성 패류독소 식중독은 기억상실이 주요 증상으로 나타나며 구토, 매스꺼움 등을 일으킬 수 있다.

핵심예상문제

 1 원료품질관리 개요

〈2016년 제2회〉

1 오징어나 문어를 가열하거나 선도가 저하되면 표피가 적갈색으로 변한다. 이 때 관여하는 색소는?

① 클로로필(chlorophyll)

② 카로테노이드(carotenoid)

③ 옴모크롬(ommochrome)

④ 헤모시아닌(hemocyanin)

ＡNSWER ③ 오징어, 문어의 껍질 색소는 옴모크롬이다. 이것을 가열하면 단백질과 결합하여 적색으로 된다.

〈2016년 제2회〉

2 이매패의 폐각근에서 주로 함유되어 있는 무척추 수산동물 특유의 단백질은?

① 액틴(actin)

② 미오신(myosin)

③ 엘라스틴(elastin)

④ 파라미오신(paramyosin)

ＡNSWER 파라미오신 … 연체동물, 환형동물 등 무척추동물 근육의 주요 구조단백질의 하나이다. 근육의 굵은 필라멘트 심(芯)을 형성하고 있으며, 고농도 염용액에 녹고 저농도 염용액에서 쉽게 위결정(paracrystal)이 된다.
※ 이매패 … 연체동물의 한 부류로 조개류(대합조개, 홍합, 가리비, 굴 등)를 말한다.

ＡNSWER ┃ 1.③ 2.④

〈2016년 제2회〉

3 어패류의 엑스성분이 아닌 것은?

① 색소

② 유기산

③ 베타인(betaine)

④ 유리아미노산

> **A**NSWER 어패류의 엑스분은 유리 아미노산, 저분자 질소화합물 및 저분자 탄수화물 등을 통틀어 말한다. 어패류의 맛은 엑스분이 관여하고 있으며 오징어, 새우, 문어 등의 맛성분은 타우린과 베타인, 조개류는 호박산 또는 호박산 나트륨이다.

〈2016년 제2회〉

4 어류의 사후변화 과정 중 사후경직 현상에 해당하지 않는 것은?

① ATP의 감소

② Creatine phosphate의 감소

③ TCA cycle에 의한 유기산의 축적

④ 액틴(actin)과 미오신(myosin)의 결합

> **A**NSWER ③ TCA cycle은 고등동물의 생체 내에서 피루브산의 산화를 통해 에너지원인 ATP를 생산하는 과정을 갖는 Tricarboxylic Acid Cycle의 약칭이다.
>
> ※ 어류의 사후경직 … 동물의 사후, 근육 특히 골격근에 나타나는 경직 현상으로, 동물이 죽은 후, 근육 내에 존재하는 크레아틴인산(creatine phosphate)이나 글리코겐이 감소해서 ATP의 재합성이 이루어지지 않으므로, ATP이 함량이 감소하게 되어 이완현상을 일으키지 못해 경직이 일어난다. 생난육의 수축기구에 대한 연구가 진행되어 경직에 따른 근육 단백질의 변화는 ATP의 소실에 따른 미오신과 액틴의 결합에 의한 액토미오신 형성에 깊은 관계가 있다는 것이 알려지고 있다. 이 경직에 대한 지식은 어획물을 처리하는데 대단히 중요하다. 고민사시킨 어류는 직살시킨 어류보다 죽은 직후의 글리코겐 및 ATP량이 적고, 경직 현상이 빨리 일어나며 또한 그 지속시간도 짧다.

〈2016년 제2회〉

5 어묵의 주원료인 연육을 동결 저장할 때 단백질의 변성지표는?

① 솔비톨(sorbitol) 함량

② 표면 색깔

③ Ca-ATPase 활성

④ 아미노산 조성

> **A**NSWER ③ Ca-ATPase 등 효소와 같은 기능 단백질일 경우 활성의 증감을 측정하여 단백질 변성지표로 삼는다.
>
> ※ 어육을 동결시 물이 동결하여 단백질 입자가 접근하여 결합하여 변성된다. 또한 수분이 동결하면서 잔존액 중에 존재하는 염류나 산의 농도가 높아져 단백질 분자가 서로 결합하여 염석되어 변성된다. 어육의 동결 저장 중에 가수분해효소에 의한 지질의 가수분해가 일어나며, 동결저장하여 해동할 때 육질이 스폰지화되어 고유의 물성이 변하게 된다.

6 콜라겐 추출을 위해 사용되는 원료는?

① 상어 껍질   ② 굴 패각

③ 미역 포자엽   ④ 새우 껍질

> **A**NSWER ① 콜라겐은 어류의 껍질과 비늘로부터 많이 제조된다.

7 한천의 제조 원료는?

① 우뭇가사리   ② 모자반

③ 톳   ④ 김

> **A**NSWER ① 한천의 원료가 되는 해조류는 홍조류로, 우뭇가사리와 꼬시래기가 있다.

8 수산물의 품질관리를 위한 관능적 요소가 아닌 것은?

① 색   ② 맛

③ 냄새   ④ 세균수

> **A**NSWER 관능적 요소
> ㉠ 껍질의 상태(색깔, 비늘 등)
> ㉡ 아가미의 색깔
> ㉢ 안구의 상태(혈액의 침출 등)
> ㉣ 복부(연화, 항문에 장의 내용물 노출 등)
> ㉤ 육의 투명감
> ㉥ 냄새 및 지느러미의 상처 등

9 ATP(Adenosine triphosphate) 분해 생성물을 지표로 하여 어류의 신선도를 측정하는 방법은?

① K값 측정법   ② 인돌 측정법

③ 아미노질소 측정법   ④ 휘발성염기질소 측정법

> **A**NSWER K값 측정법은 전 ATP 관련 화합물에 대한 HxR(이노신) 및 Hx(하이포크산틴)의 합계량의 비를 구하고, 그 비율이 높은 것일수록 선도는 저하하고 있다고 판정한다.

ANSWER 3.① 4.③ 5.③ 6.① 7.① 8.④ 9.①

10 어류의 사후변화 과정을 순서대로 나열한 것은?

⊙ 사후경직   ⓛ 해당작용

ⓒ 해경   ⓡ 자가소화

ⓜ 부패

---

① ⊙ - ⓒ - ⓡ - ⓛ - ⓜ

② ⓛ - ⊙ - ⓒ - ⓡ - ⓜ

③ ⓒ - ⓡ - ⓛ - ⊙ - ⓜ

④ ⓡ - ⓛ - ⊙ - ⓒ - ⓜ

ANSWER 어패류의 사후변화 … 해당작용 → 사후경직 → 해경 및 자가소화 → 부패

11 다음 중 수확 후 품질관리에 관한 설명으로 적절하지 않은 것은?

① 수확 후의 관리는 수산물 물류 효율화를 기하기 위한 핵심기술이다.

② 고품질 및 규격화 수산물의 연중 공급요구 등이 증가하고 있다.

③ 유통경로별 수산물의 유통 점유비율이 감소하고 있다.

④ 소비자들의 신선도 및 안전도 등에 대한 요구가 증대되고 있다.

ANSWER 유통경로별 수산물의 유통 점유비율이 증가하고 있다.

12 다음 중 수산물 수확 후의 품질 변화의 요소로 바르지 않은 것은?

① 관리기술의 활용정도

② 생산된 수산물의 특성

③ 사회 문화적인 소비수준

④ 법적인 제재

ANSWER 수산물 수확 후의 품질 변화의 요소
    ⊙ 관리기술의 활용정도
    ⓛ 생산된 수산물의 특성
    ⓒ 사회 문화적인 소비수준

13 다음 수산물 유통에 관한 내용 중 가장 옳지 않은 것은?

① 수산물의 경우 생산 장소 및 기술과 방법 등에 의해 동일한 품종이라 할지라도 생산량과 품질이 균일하지 않다.
② 수산물의 주요한 용도는 가공식품, 식품원료 또는 공업원료이지만, 식품으로도 활용된다.
③ 수산물의 경우 품질 및 생산량이 불균일하므로 등급화, 표준화 등이 어렵고 가격 또한 불안정하다.
④ 수산물의 경우에 가격의 변화에 따른 수요 및 공급의 변화가 상당히 적다.

ANSWER 수산물의 주요한 용도는 식품이지만, 가공식품, 식품원료, 공업원료로도 활용되고 있다.

14 수산물의 유통에 대한 설명으로 가장 바르지 않은 것을 고르면?

① 수산물은 지니고 있는 가치에 비해 부피가 작고 가벼우므로 운송비용이나 포장, 보관 등에 있어 비용이 적게 드는 이점이 있다.
② 수산물은 시기적으로 보았을 때 공급 및 수요를 적절히 예측해서 과잉공급 및 공급부족 등이 일어나지 않도록 조절해야 한다.
③ 대부분의 수산물은 내구성이 약하며, 손상 및 부패하기 쉽다.
④ 수산물에 대한 상품의 가치는 유통의 전체 과정에서 신선도를 유지해야 하기 때문에 저온 유통체계를 체계화해야 한나.

ANSWER 수산물은 지니고 있는 가치에 비해 부피가 크고 무거운 편이므로 운송비용이나 포장, 보관 등에 있어서 비용이 많이 드는 특징이 있다.

15 수산물 유통에서 복잡한 유통경로에 관한 내용으로 보기 어려운 것은?

① 유통마진이 커진다.
② 수산어가의 수취율이 작아진다.
③ 수확 후의 품질관리가 까다로운 품목일수록 유통마진이 작아진다.
④ 통상적으로 4~5단계의 복잡다단한 경로로 소비자들에게 전달되어진다.

ANSWER 통상적으로 수산물에 대한 수확 후의 품질관리가 까다로운 품목일수록 유통마진은 커진다.

 **A**NSWER ⟮ 10.② 11.③ 12.④ 13.② 14.① 15.③ ⟯

16 다음 수산물 유통에 대한 설명 중에서 수산물 수송에 관련한 내용으로 바르지 않은 것은?

① 트럭 수송의 경우 기동성이 있고, 문전수송이 가능하며 소량수송이 가능하다.
② 철도 수송은 정확성 및 안전성 등이 우수하지만, 장거리인 경우에 비용이 많이 소요된다.
③ 해상 수송은 운송비가 저렴하고 대량수송이 가능하지만 제한적이다.
④ 항공 수송은 고가의 신선한 수산물 등에 많이 활용되지만 비용이 많이 소요된다.

ANSWER 철도 수송은 정확성 및 안전성 등이 우수하지만, 단거리인 경우에 비용이 상당히 많이 소요된다.

17 다음 중 수산물의 유통과정을 순서대로 바르게 나열한 것을 고르면?

① 생산자 → 수집상 → 소매상 → 도매상 → 도매시장 → 소비자
② 생산자 → 수집상 → 도매상 → 도매시장 → 소매상 → 소비자
③ 생산자 → 수집상 → 도매시장 → 도매상 → 소매상 → 소비자
④ 생산자 → 수집상 → 도매시장 → 소매상 → 도매상 → 소비자

ANSWER 수산물의 유통과정 : 생산자 → 수집상 → 도매시장 → 도매상 → 소매상 → 소비자

18 다음 중 수산물 유통의 특징으로 보기 어려운 것은?

① 비부패성   ② 규모의 영세성
③ 계절의 편재성   ④ 용도의 다양성

ANSWER 수산물 유통의 특징
        ㉠ 용도의 다양성
        ㉡ 계절의 편재성
        ㉢ 양과 질의 불균일성
        ㉣ 부패성
        ㉤ 공급 및 수요의 비탄력성
        ㉥ 규모의 영세성
        ㉦ 부피 및 중량

19 다음 중 수확 후 품질관리의 목적에 해당하지 않는 것을 고르면?

① 부패의 방지   ② 손실의 예방
③ 신선도의 유지   ④ 유통기간의 축소

> **A**NSWER 수확 후 품질관리의 목적
> ㉠ 부패 방지
> ㉡ 손실 예방
> ㉢ 품질 개선
> ㉣ 신선도 유지
> ㉤ 유통기간 연장

20 예냉된 수산물을 운송할 때, 몇 ℃ 이하에서 수송해야 하는가?

① 5℃   ② 7℃
③ 10℃   ④ 13℃

> **A**NSWER 저온이나 예냉된 수산물의 경우 냉장차, 냉장 트레일러, 컨테이너 등을 활용해서 10℃ 이하에서 수송해야 한다.

수확 후품 질관 리론

21 수산물 수송 방법 중 자동차 운송 방법에 관한 설명으로 가장 옳지 않은 것은?

① 소량의 화물들을 신속하게 운송할 수 있다.
② 수송량에 따른 부가가치가 상대적으로 높다.
③ 단거리 문전수송이므로 화물의 파손 및 리스크가 적다.
④ 단거리 운송에서 철도보다 훨씬 비경제적이다.

> **A**NSWER 자동차 운송은 단거리 운송에서 철도보다 훨씬 경제적이다.

22 수산물 수송 방법 중 자동차 운송의 특징으로 바르지 않은 것은?

① 포장이 비교적 간단하면서도 용이하다.
② 도로혼잡 등의 교통문제를 유발한다.
③ 대량운송에 적합하다.
④ 문전에서 문전까지 신속하면서도 정확한 일관운송이 가능하다.

> **A**NSWER 자동차 운송은 대량운송에 부적합하다.

ANSWER 16.② 17.③ 18.① 19.④ 20.③ 21.④ 22.③

23 수산물 수송 방법 중 철도운송의 특징으로 볼 수 없는 것은?

① 독점적 운영   ② 불필요한 환적작업

③ 지속적 투자   ④ 대량운송에 유리

    ANSWER 철도운송은 자동차 운송방식과는 달리 환적 작업을 필요로 하는 운송수단이다.

24 수산물 수송 방법 중 철도운송의 장점으로 바르지 않은 것은?

① 전국적인 운송망의 보유

② 중장거리 운송일수록 운송비가 저렴하다.

③ 안전성이 높고 계획운행이 가능하다.

④ 배차가 용이하다.

    ANSWER ④ 자동차 운송의 장점에 대한 내용이다.

25 수산물 수송 방법 중 철도운송에 관한 설명으로 가장 거리가 먼 것은?

① 원거리 운송 시 상대적으로 운임비율이 높다.

② 운임설정이 비탄력적이다.

③ 전천후 운송수단이다.

④ 대량화물을 동시에 효율적으로 운송할 수 있다.

    ANSWER 철도는 근거리 운송 시 상대적으로 운임비율이 높으며, 중장거리 운송일수록 운임비율이 낮아진다.

26 수산물 수송 방법 중 해상운송에 대한 내용으로 바르지 않은 것은?

① 기후에 민감하다.

② 운송시간이 길다.

③ 운송비가 높다.

④ 장거리 운송에 적합하다.

    ANSWER 해상운송은 운송비가 저렴하다는 이점이 있는 운송수단이다.

27 수산물 수송 방법 중 항공수송에 관한 내용으로 가장 옳지 않은 것은?

① 운송시간이 상당히 짧다.
② 중량의 제한을 거의 받지 않는다.
③ 가장 비싸며, 경직적이다.
④ 안전도가 비교적 높지 못하다.

ANSWER 항공수송은 중량의 제한을 많이 받는 운송수단이다.

수학
후품
질관
리론

28 다음의 내용을 참고하여 괄호 안에 들어갈 말을 순서대로 바르게 나열한 것을 고르면?

수단 비교	(㉠)	(㉡)	(㉢)
운송량	대량, 중량화물의 중·원거리 수송에 적합	대량, 중량화물의 원거리 수송에 적합	중·소량·고가 화물의 원거리 수송에 적합
운임	중거리 수송에 적합하나 경직적임	원거리 수송 시 가장 저렴하며 비교적 탄력적	가장 비싸며, 경직적
기후	전천후 운송수단	기후의 영향을 많이 받음	기후가 나쁠 때는 운항 불가
안전성	사고에 대한 안전도가 높음	안전도가 비교적 높지 못함	안전도가 비교적 높지 못함
중량	중량제한을 거의 받지 않음	중량제한을 받지 않음	중량제한을 많이 받음
신속성	운송시간이 다소 길다.	운송시간이 아주 길다.	운송시간이 아주 짧다.

① ㉠ 철도운송 ㉡ 해상운송 ㉢ 항공운송
② ㉠ 철도운송 ㉡ 항공운송 ㉢ 해상운송
③ ㉠ 항공운송 ㉡ 해상운송 ㉢ 철도운송
④ ㉠ 해상운송 ㉡ 항공운송 ㉢ 철도운송

ANSWER 운송수단 방식

수단 비교	철도운송	해상운송	항공운송
운송량	대량, 중량화물의 중·원거리 수송에 적합	대량, 중량화물의 원거리 수송에 적합	중·소량·고가 화물의 원거리 수송에 적합
운임	중거리 수송에 적합하나 경직적임	원거리 수송 시 가장 저렴하며 비교적 탄력적	가장 비싸며, 경직적
기후	전천후 운송수단	기후의 영향을 많이 받음	기후가 나쁠 때는 운항 불가
안전성	사고에 대한 안전도가 높음	안전도가 비교적 높지 못함	안전도가 비교적 높지 못함
중량	중량제한을 거의 받지 않음	중량제한을 받지 않음	중량제한을 많이 받음
신속성	운송시간이 다소 길다.	운송시간이 아주 길다.	운송시간이 아주 짧다.

ANSWER 23.② 24.④ 25.① 26.③ 27.② 28.①

29 다음에서 설명하는 것과 가장 연관성이 높은 것을 고르면?

- 소량의 화물들을 신속하게 운송할 수 있다.
- 수송량에 따른 부가가치가 상대적으로 높다.
- 포장이 비교적 간단하면서도 용이하다.

---

① 철도 운송
② 항공 운송
③ 자동차 운송
④ 해상 운송

ANSWER 자동차 운송은 대규모의 고정자본을 투하하지 않고도 도심지, 공업 및 상업단지의 문전까지 신속정확하게 운송할 수 있는 편의성이 있다.

30 어패류의 사후변화과정으로 옳은 것은?

① 해경 → 경직 → 자가소화 → 부패
② 해경 → 자가소화 → 경지 → 부패
③ 경직 → 해경 → 자가소화 → 부패
④ 경직 → 자가소화 → 해경 → 부패

ANSWER 어패류는 사후경직→해경 → 자가소화→부패의 과정을 거친다.

※ 어패류의 사후변화

구분	내용
사후경직	사후경직이란 동물의 사후의 일정시간 후에 근육이 수축하여 딱딱하게 되는 현상을 말하며 사후경직 기간이 길수록 선도가 오래 유지되고 부패가 늦게 일어난다.
해경	해경은 사후경직에 의해 수축된 근육이 풀리는 현상을 말한다.
자가소화	근육의 주성분인 단백질, 지방질 및 글리코겐이 근육 및 내장 중에 존재하는 효소의 작용 등으로 분자량이 적은 화합물이 되어서 근육 조직에 변화가 일어나는 현상이다.
부패	부패란 미생물의 작용으로 인하여 어패류의 구성성분이 유익하지 못한 물질로 분해되면서 악취와 독성물질을 배출하는 현상을 말한다. 자가 소화에 의하여 생성된 물질을 영양원으로 증식된 미생물이 생산한 효소의 작용에 따라 단백질, 지방, 당류의 분해, 트리메탈아민(TMA ; trimethylamine)과 암모니아, 황화수소와 같은 악취 성분이 생겨서 부패한 상태로 변한다.

31 수산물의 특성으로 옳지 않은 것은?

① 어획량이 불안정하다.

② 종류가 많다.

③ 부패·변질되기 쉽다.

④ 자연환경에 영향을 받지 않는다.

ANSWER 수산물의 특성

　　㉠ 원료특성
　　　• 다양한 종류가 존재한다.
　　　• 식용이 가능한 부분의 조직, 성분 조성이 다르다.
　　㉡ 품질특성
　　　• 어패류 부착 세균이 저온에서 활발히 작용하기 때문에 부패가 쉽다.
　　　• 불포화지방산이 다량 함유되어 산화에 의한 변질이 발생한다.
　　㉢ 생산특성
　　　• 자연환경적 측면에 영향을 크게 받는다.
　　　• 어획자원에 따른 생산량의 변동폭이 크다.
　　　• 어획시기와 장소가 특정되어 있다.
　　　• 계획 생산이 어렵다.

32 다음 해조류 중 홍조류에 속하는 것은?

① 톳

② 미역

③ 김

④ 파래

ANSWER 해조류

　　㉠ 홍조류 : 김, 우뭇가사리, 불등가사리, 풀가사리 등
　　㉡ 갈조류 : 톳, 미역, 다시마, 대황, 모자반 등
　　㉢ 녹조류 : 파래, 청각, 청대 등

33 어류에 대한 관능적 선도판정 항목에 해당되지 않은 것은?

① 어체의 경직 상태

② 어체 표면의 세균수

③ 안구의 상태

④ 아가미의 색깔

ANSWER 관능적 선도판정법 … 피부의 상태(색깔, 비늘 등), 아가미의 색깔, 안구의 상태(혈액의 침출 등), 복부(연화, 항문에 장의 내용물 노출 등), 육의 투명감, 냄새 등을 관찰하여 선도를 판정하는 방법을 말한다.

수확
후품
질관
리론

34 다음 중 한천 제조에 사용되지 않는 해조류는?

① 우뭇가사리 ② 꼬시래기
③ 감태 ④ 비단풀

ANSWER 한천에 사용되는 해조류는 우뭇가사리, 진두발, 꼬시래기, 비단풀 등이 사용된다. 감태는 알긴산이나 요오드 · 칼륨을 만드는 주요 원료로 사용된다.

35 우리나라에서 생산되는 패류 중 마비성 패류독(PSP)의 검출율이 가장 높은 것은?

① 전복 ② 재첩
③ 진주담치 ④ 개량조개

ANSWER 마비성 패류독(PSP)은 진주담치나 굴, 바지락, 피조개, 가리비 등과 같은 이매패류가 유독플랑크톤을 먹이로 섭취해 패류의 체내에 축적되는 플랑크톤의 독을 일컫는 것으로 진주담치에서 가장 높은 축적률을 보이고 있고 굴과 바지락, 피조개 등은 진주담치와 비교해 20~50%의 축적률이 있다고 알려져 있다.

36 다음 중 해조류의 성분과 관련이 적은 것은?

① 알긴산(alginic acid)

② 카라기난(carrageenan)

③ 키틴(chitin)

④ 푸코이단(fucoidan)

ANSWER ③ 키틴은 갑각류의 외골격을 구성하는 물질로 거미, 게, 새우와 같은 갑각류와 곤충의 외피 및 미생물의 세포벽에 많이 분포하면서 단백질과 복합체를 이루고 있는 다당류이다.
① 알긴산(alginic acid)은 다시마, 미역, 모자반, 감태 등과 같은 갈조류에 들어 있는 친수성 고분자 다당류이다.
② 카라기난(carrageenan)은 카라기난은 청정해역에서 자라는 홍조류 식물에서 추출한 복합 다당류로, 식품응용에 있어서 분산과 유화안정제, 팽윤제, Fat replacer, 증점제, 결착제, 식이섬유, 결정방지제, 그리고 겔화제 등 다양한 범위에서 사용된다. 이뿐만 아니라 의약품, 화장품, 그리고 기타 분야에서 사용되기도 한다.
④ 푸코이단(fucoidan)은 다시마나 미역과 같은 바다 나물로부터 추출된 물질이다.

37 어류의 관능적 선도평가 항목과 거리가 먼 것은?

① 안구의 투명도

② 아가미 색깔

③ 복부의 탄력도

④ 근육의 구성

Ⓐnswer 근육의 구성이 아니라 근육의 경도 등을 살펴야 한다. 근육의 경도가 사후경직 중에 있는 것은 아주 신선한 것이다. 손가락으로 눌러서 탄력이 강하게 느껴지고 원상복귀가 빠르다.

※ 어류의 관능적 선도평가 항목

<table>
<tr><td rowspan="2">항목</td><td rowspan="2">부위</td><td colspan="2">평가</td></tr>
<tr><td>신선</td><td>초기부패</td></tr>
<tr><td rowspan="4">외관</td><td>체표</td><td>• 윤이 나고 싱싱한 광택이 있다.
• 비늘이 단단히 부착되어 있다.</td><td>• 광택이 없어진다.
• 비늘의 탈락이 많다.</td></tr>
<tr><td>눈알</td><td>• 혼탁이 없다.
• 혈액의 침출이 적다.</td><td>희고 혼탁하며, 눈알이 안으로 들어간다.</td></tr>
<tr><td>아가미</td><td>신선한 선홍색을 띤다.</td><td>주변부터 암색을 띠게 되며 차츰 암녹회색이 된다.</td></tr>
<tr><td>복부</td><td>복부가 갈라지지 않는다.</td><td>복부가 갈라져서 내장이 노출되거나 항문으로부터 장내용물이 나온다.</td></tr>
<tr><td rowspan="2">냄새</td><td>전체</td><td>이취가 없다.</td><td>불쾌한 비린내가 난다.</td></tr>
<tr><td>아가미</td><td>거의 냄새가 없다.</td><td>불쾌한 냄새가 난다.</td></tr>
<tr><td rowspan="2">굳기</td><td>등, 꼬리</td><td>손가락으로 누르면 탄력이 있다.</td><td>탄력이 약하다.</td></tr>
<tr><td>복부</td><td>내장이 단단하고 탄력이 있다.</td><td>손가락으로 누르면 항문으로부터 장 내용물이 나온다.</td></tr>
</table>

38 선도 판정법 중에서 가장 신속하게 판정할 수 있는 방법은?

① 관능적 방법

② 세균학적 방법

③ 물리적 방법

④ 해부학적 방법

Ⓐnswer 관능적 방법이 가장 빠르게 선도를 파악할 수 있다.

39 어류 부패취에 영향을 미치는 대표 성분은?

① 인돌, 스카톨

② 트립토판, 펩톤

③ 펩신, 트립신

④ 라이신, 글루타민산

Ⓐnswer 어류의 특유 비린내가 나는 대표적인 원인 물질은 트리메틸아민 옥사이드(TMAO)이며 이외에도 어·패류의 선도가 떨어져서 나는 냄새는 암모니아, 메틸메르캅탄, 인돌, 스카톨, 저급 지방산 등이 있다.

Ⓐnswer 34.③ 35.③ 36.③ 37.④ 38.① 39.①

40 홍조류에는 점질다당이 다량 함유되어 있어 여러 가지 생리활성기능을 가지고 있다. 김에 들어있는 대표적인 점질다당류는?

① agar
② alginic acid
③ porphyran
④ mannitol

> **ANSWER** 홍조류인 김에 특히 많이 들어있는 포피란(porphyran)은 생리활성물질로 장의 활동을 도와 우리 몸에 유해한 성분을 장내에서 몸 밖으로 신속히 배출시켜 대장암을 예방하고 푸코이단이나 알긴산 등과 함께 암세포를 죽이고 또 성장을 억제하는 역할을 하기도 한다.

41 어류의 혈합육에 대한 설명으로 틀린 것은?

① 고등어, 정어리, 다랑어 등 회유어에 잘 발달하여 있다.
② 보통육보다 선도저하 및 부패가 비교적 느리다.
③ 미오글로빈과 헤모글로빈이 다량 함유되어 있다.
④ 타우린이 풍부하고 무기질 함량이 높으며, 보통육보다 영양적으로 우수하다.

> **ANSWER** 어류에는 보통육과 혈합육이 존재하며, 혈합육에는 미오글로빈(myoglobin)이 다량 함유되어 있으며 진한 적색을 띤다. 혈합육에는 지방, 티우린(taurine), 무기질 등의 함량이 보통육보다 높아서 영양적으로는 우수하지만, 선도 저하가 보통육보다 비교적 빠르다. 붉은살 생선은 혈압육의 함량이 많은 생선을 말하며 참치, 방어, 꽁치, 전어 등이 있다.

42 다음 중 수산물의 특성이 다른 하나는?

① 어획자원에 따른 생산량의 변동폭이 크다.
② 어획이 자연환경에 영향을 받는다.
③ 생리활성물질을 다량 함유하고 있다.
④ 쉽게 부패한다.

> **ANSWER** 생리활성물질을 다량 함유하고 있는 것은 수산물의 장점이며 나머지는 단점에 해당한다.

43 어류는 가장 맛이 좋은 계절이 있으며, 이는 보통 어종의 산란시기와 밀접한 관계가 있다. 산란시기와 더불어 변동의 폭이 가장 큰 일반성분은 무엇인가?

① 지질
② 단백질
③ 탄수화물
④ 회분

> **ANSWER** 지질이란 단백질, 당질과 함께 생체를 구성하는 주요 유기물질을 말한다. 지질은 어류 종류에 따라 함량의 차이를 보이는데, 적색류 어류는 보통 피하조직에 지질이 많이 분포하며, 백색류 어류에는 내장에 주로 분포하는 특징이 있다. 산란 전 어체는 지질이 풍부해 영양가와 맛이 뛰어나다.

44 다음은 수산물이 지니고 있는 일반적인 특성이다. 틀린 것은?

① 불포화지방산이 다량 함유되어 산화에 의한 변질이 발생한다.
② 어획시기와 장소가 특정되어 있다.
③ 어종이 다양하며, 암수성별, 어획시기 등에 따라 성분차이가 심하다.
④ 살아있는 상태에서는 천연 독성분을 갖고 있지 않다.

Ⓐ NSWER 복어의 독성분인 천연화학물질인 테트로도톡신(Tetrodotoxin)이 대표적 천연 독성분이다. 이외에도 독소를
지니고 있는 수산물은 고둥류, 담치류, 바지락 등이 있다.

45 어패류가 부패하기 쉬운 이유로 틀린 것은?

① 어체조직이 연약하다.　　　　　　② 세균의 부착 기회가 많다.
③ 비타민 함유량이 많다.　　　　　　④ 효소의 활성이 크다.

Ⓐ NSWER 어패류 부착 세균이 저온에서 활발히 작용하기 때문에 부패가 쉬우며, 불포화지방산이 다량 함유되어 산화에
의한 변질이 발생한다. 특히 어체의 경우 근육이 연약하며 이것을 보호하는 근막, 외피 등이 얇고 비늘도 떨
어지기 쉬운 어류가 많다는 것이다. 외상을 받으면 이곳으로 부패 세균이 침입하기 쉽고, 사후에 어체 표면에
많은 점질성 물질이 미생물 증식의 원인이 된다.

46 어체에서 부패성 미생물을 다량 함유하고 있는 부위가 아닌 것은?

① 내장　　　　　　　　　　　　　② 근육
③ 아가미　　　　　　　　　　　　④ 표피

Ⓐ NSWER 어체는 근육이 연약할 뿐 아니라 근육 가운데 육성분 분해효소를 함유하고 있다. 내장과 아가미 및 표피에는
다양한 부패성 미생물이 존재하기 때문에 사후 혐기적 대사과정에서 쉽게 육성분이 분해되는 특성이 있다.

47 회유성 어류나 운동성이 활발한 어류에는 혈합육(血合肉)이 포함되어 있다. 다음 중 혈합육의 함량이 가장 많은 생선은?

① 고등어　　　　　　　　　　　　② 가자미
③ 도미　　　　　　　　　　　　　④ 명태

Ⓐ NSWER 혈합육(적색육)은 고등어, 꽁치, 정어리 등의 붉은살 어류에 많이 들어있으며 주로 회유성 어류에 혈합육 비
중이 높다.

Ⓐ NSWER 40.③　41.②　42.③　43.①　44.④　45.③　46.②　47.①

48 다음의 선어류 선도 판정에서 선도가 떨어진 것은?

① 아가미가 선홍색을 띤 것
② 어체 표면의 점액이 많고 진득진득한 것
③ 육을 뼈에서 발라내기 힘든 것
④ 복부가 탄력이 있는 것

ANSWER ② 어체 표면의 점액은 처음에는 투명하나 선도가 떨어지면서 진득진득해지고 황갈색으로 변화한다.
① 신선한 것은 담적색 또는 암적색이고, 조직은 단단하게 보인다. 악취가 없고 해수어 냄새가 난다. 선도가 떨어지는데 따라서 차차 적색에서 회색을 띄우게 되고, 결국에는 회녹색으로 된다. 변색은 처음 아가미의 주변부터 시작하여 나중에는 아가미 전체에 미치게 된다. 냄새도 서서히 자극성을 나타내게 되고, 마지막에는 완전한 부패취를 낸다.
③ 어체의 근육내부의 모세혈관도 처음에는 선명하나, 시간의 경과와 더불어 불명료하게 되고 혈액이 육질에 침윤하게 된다. 선도가 좋은 어육은 뼈에서 발라내기가 힘드나, 오래된 것은 등뼈주변의 육이 적갈색으로 변하고 분리가 쉽게 된다.
④ 신선한 것은 내장이 단단하게 붙어 있어 손가락으로 눌러도 연약한 감이 없다. 선도저하와 더불어 연화, 팽창하여 항문으로부터 장의 내용물이 흘러나오게 된다. 또 내장은 자기소화 되기 쉬우므로 오래되면 녹아내리게 된다.

49 농산물은 열매를 수확한 이후부터 에틸렌이라는 물질로 인해 노화나 과일의 숙성을 촉진을 한다. 즉 에틸렌은 수확한 농산물의 저장성과 품질을 떨어뜨리는 데 결정적인 역할을 하는데 수산물에서 이와 비슷한 역할을 하는 것은?

① 엑스 성분
② 암모니아
③ 메르캅탄
④ 아데노신3인산(ATP)

ANSWER 수산물의 경우 활어를 제외하면 죽은 상태에서 사후강직이 일어나면서 아데노신3인산(ATP)의 변화가 선도를 좌우하는 데 반해, 농산물은 살아있는 상태에서 에틸렌의 변화가 선도를 좌우한다는 차이가 있다.

50 다음에서 설명하는 성분은?

- 갈조류에서 추출되며 점성이 높은 식이성 섬유질이다.
- 미역, 감태, 다시마에 많이 들어있다.
- 아이스크림 등 식품 공업 원료로도 사용된다.

① 알긴산
② DHA
③ EPA
④ 콜로이드

ANSWER 알긴산은 미역, 다시마, 감태 등 갈조류에 많이 들어 있는 점질성의 식이 섬유질 다당류로서 배변 및 정장 효과가 뛰어나다. 요오드는 해조류에 많이 들어있는 대표적인 무기질 성분이고, EPA와 DHA는 붉은살 어류에 많이 들어있으며 생리 기능성을 지닌 불포화 지방산이다.

〈2016년 제2회〉

1 수산물을 장기간 동결 저장할 때 나타나는 품질변화에 해당하지 않는 것은?

① 육의 보수력 증가
② 승화
③ 색소의 변화
④ 동결화상

ᴀɴꜱᴡᴇʀ ① 수산물을 장기간 동결 저장할 때 육의 보수력은 감소한다.

〈2016년 제2회〉

2 특정온도에서 저장한 냉동 고등어의 실용 저장기간(PSL)이 400일이라면 1일 품질저하율(%/일)은?

① 0.0025
② 0.25
③ 0.004
④ 0.4

ᴀɴꜱᴡᴇʀ 실용 저장기간이 400일인 냉동 고등어의 1일 품질저하율은 $\frac{100}{400} = 0.25$이다.

〈2016년 제2회〉

3 수분 함량이 80%인 어류를 −20℃에서 동결 저장할 때 어육의 동결율(%)은? (단, 어육의 빙결점은 −2℃이다.)

① 10
② 72
③ 90
④ 95

ᴀɴꜱᴡᴇʀ 동결률은 동결점과 공정점(共晶點) 사이의 온도에서 식품 속의 수분이 얼어 있는 비율을 말하며 동결 수분율이라고도 한다. 식품 중의 수분은 동결점에서 0%, 공정점에서 100% 동결한다. 따라서 빙결점이 −2℃인 어육의 동결률은 $\frac{-20-(-2)}{-20} \times 100 = \frac{-18}{-20} \times 100 = 90$이다.

ᴀɴꜱᴡᴇʀ 48.② 49.④ 50.① / 1.① 2.② 3.③

4 기계적으로 −1~2℃ 정도로 만든 바닷물에 어패류를 침지시키는 저온 저장 방법은?

① 쇄빙법   ② 수빙법

③ 냉각 해수법   ④ 드라이아이스법

    ANSWER ① **쇄빙법(碎氷法)** : 얼음조각과 어채를 섞어서 냉각시키는 방법이다. 어체가 납작하고 큰 것은 얼음과 어체를 교대로 한 켜씩 놓기도 한다. 아주 큰 어체는 내장을 제거한 공간이나 아가미에 얼음을 밀어 넣는데 이런 것을 포빙법(抱氷法)이라 한다.

           ② **수빙법(水氷法)** : 담수나 해수에 얼음을 섞어서 0℃ 또는 2℃ 이하의 온도로 된 액체에 어체를 투입하여 냉각시키는 방법이다. 청색의 생선을 빙장하면 퇴색이 되는데 해수나 염수를 써서 수빙법으로 저장하면 빛깔이 유지된다.

           ④ 드라이아이스는 고체상태에서 녹아 바로 기체로 변화하는 승화성을 띠기 때문에 주위의 열을 흡수하여 온도를 급격히 낮춘다. 그러므로 함께 담겨진 물질을 차갑게 유지시키는 냉각제로 널리 쓰인다.

5 수산물의 빙장 중 흑변이 문제가 되는 것은?

① 징어리   ② 고등어

③ 명태   ④ 새우

    ANSWER 흑변이란 일정 온도 이상 올라가면 내장의 소화액이 다른 조직을 소화시켜 머리 부분이 검게 보이는 현상이다. 새우는 자가소화효소를 가지고 있어 사후 육질이 급속히 가수분해되면서 냉동 외에는 선도 유지가 어려워서 식품 가공상의 문제점이 발생한다.

6 냉동품의 글레이징(glazing) 목적은?

① 건조 및 산화방지   ② 포장용이

③ 무게를 늘리기 위함   ④ 운반용이

    ANSWER 어·패류를 장기간 저장하면 얼음 결정이 증발하여 무게가 감소하거나 표면이 변색되는 현상이 나타나는데, 이러한 현상을 방지하기 위해 냉동 수산물을 0.5~2℃의 물에 5~10초 담갔다가 꺼낼 경우 아주 얇은 층의 얼음막이 형성된다. 이를 글레이징(빙의)이라 한다. 동결품은 냉동저장 중 환경공기와 접촉되므로서 건조, 변색, 유지, 산화 등 표면변질이 심하게 일어난다. 즉 어체 표면의 수분이 증발하여 투명감이 상실되고 건조 섬유상으로 변화한다. 그리하여 풍미 악화와 변색을 방지하기 위하여 어체 표면에 엷은 얼음의 막을 부착시켜 고유의 맛과 형태를 유지하고자 빙의를 사용한다.

7 다음 중 어패류의 선도를 가장 장기간 유지할 수 있는 저장방법은?

① 동결저장법　　　　　　　　　　② 냉각해수저장법
③ 빙온법　　　　　　　　　　　　④ 빙장법

　ANSWER　어획물을 저온에서 저장하는 방법에는 크게 '냉각저장법'과 '동결저장법'이 있으며 동결저장법은 –18℃ 이하에
서 장기간 저장하는 방법이다. –18℃ 이하에서 수산물을 저장하면 미생물이나 효소에 의한 변패 등이 억제되
어 선도 유지 기간이 매우 길게 연장된다. 어종에 따라 다르지만 보통 6개월에서 1년 정도 선도 유지가 가능
하다.

8 다음 중 저온저장법에 관한 내용 중 틀린 것은?

① 수산물의 저온 저장법은 냉각 저장법과 동결 저장법으로 구분된다.
② 빙장법은 어체를 얼려 어체의 온도를 냉각하는 방식이다.
③ 냉각 해수 저장법은 해수를 –1℃로 냉각시켜 어패류를 침지시켜 저장하며, 선도 보존 효
　과가 우수하다.
④ 동결 저장법은 가장 선도 유지 효과가 큰 저온 저장법이다.

　ANSWER　② 빙장법은 어체를 얼리지 않고 얼음으로 어체의 온도를 냉각하기 때문에 연안성 선어의 단기간 선도 유지
　　　　　에 주로 이용된다.
　　　　　① 수산물의 저온 저장법은 냉각 저장법(빙장법, 냉수해수 저장법)과 동결 저장법으로 구분된다.
　　　　　④ 동결 저장법은 가장 선도 유지 효과가 큰 저온 저장법으로 보통 6개월에서 1년 이상 보관이 가능하나.

9 선어의 단기간 저장에 가장 많이 사용하는 방법은?

① 냉동법　　　　　　　　　　　　② 부분동결법
③ 빙온법　　　　　　　　　　　　④ 빙장법

　ANSWER　빙장은 얼음을 사용하여 저온으로 어체를 저장하는 방법인데, 얼음이 녹은 후 다시 어체의 온도가 상승한다
는 단점이 있다. 그렇기 때문에 빙장법은 단기간 선도유지를 위한 수단으로 사용된다.

10 동결어를 해동할 때 외부로 흘러나오는 액즙은?

① 드립(drip)　　　　　　　　　　② 글레이징(glazing)
③ 프리저번(freezer burn)　　　　　④ 표면경화(skin effect)

　ANSWER　드립(drip)이란 동결품을 녹일 경우 식품에 흡수되지 못하고 흘러나오는 물이 생기는 현상이다. 동결품을 해
동하면 빙결정이 녹아서 수분이 생성되며, 이 수분이 동결 전의 상태로 육질에 흡수되지 못하는 경우에는 드
립(drip)이 생성되면서 밖으로 유출된다.

ANSWER　4.③　5.④　6.①　7.①　8.②　9.④　10.①

11 다음 중 어류의 드립(Drip) 방제제로 가장 거리가 먼 것은?

① 당류　　　　　　　　　　　　② 식염
③ 메틸알코올　　　　　　　　　④ 축합인산염

> **A**NSWER　어육의 해동시 드립(Drip) 방제제로는 당류, 소금, 축합인산염 등의 처리가 효과적인 것으로 알려지고 있다.

12 동결 생선을 녹일 때에 생기는 드립(drip)에 대한 설명으로 틀린 것은?

① 복원이 되지 못하고 유출되는 액즙이다.
② 드립에는 영양분이 들어있다.
③ 드립에는 맛성분이 들어있다.
④ 드립에는 근원섬유 단백질이 들어있다.

> **A**NSWER　동결품을 해동하면 빙결정이 녹아서 수분이 생성되며 이 수분이 동결 전의 상태로 육질에 흡수되지 못하는 경우에는 드립(drip)으로서 밖으로 유출하게 된다. 또 드립 중에는 수용성 단백질, 엑스분, 염류, 비타민 등의 성분이 함께 유출되므로 맛 성분과 영양 성분이 소실된다.

13 어획 후 처리에 관한 내용으로 적절하지 못한 것은?

① 수산업에서 어획 후 처리는 생산현장인 바다에서부터 이루어지는 경우가 많다.
② 선상에서 어획 후 저리가 이루어지는 경우는 어장에서 양륙항까지 운송하는 동안의 선도유지와 품질관리를 위해 냉동 또는 해수 얼음을 채운 어창에 넣어 저온에서 수송하게 된다.
③ 선상에서 어획물 포장의 경우 소비자와 직접 연결할 수 있는 소포장이 많다.
④ 어획 후 처리의 주체와 장소의 경우는 수산업에서는 위판장이 주된 장소이자 주체가 된다.

> **A**NSWER　포장의 경우에는 대량수송을 위해 나무나 플라스틱, 스티로폼 재질의 어상자를 사용하게 되는데, 농산물과는 달리 산지에서 소비자와 직접 연결할 수 있는 소포장을 하는 경우는 적다.

14 어획 후 처리에 대한 내용이 부적절한 것은?

① 최근 들어 일반 소비자들의 라이프스타일의 변화 등에 따라 수산물 소비형태도 다양한 변화를 보이고 있다.
② 어획 후 처리란 어획된 수산물이 선상에서 양륙되기 전까지의 과정만을 말한다.
③ 어획 이후 즉시 선도가 저하되는 상품성격을 가지고 있다.
④ 수산물은 어획 후 처리 정도에 따라 가치에 큰 차이가 나타날 수 있으며, 이는 어업인 소득에도 적지 않은 영향을 미치는 요인이다.

ANSWER 어획 후 처리란 어획된 수산물이 선상에서 양륙된 어항까지, 그리고 산지시장에서 소비자가 구매하는 소매점까지의 유통과정에서 선도 및 품질관리에 신속하고 적절하게 대응함으로써 품질유지와 식품안전성을 확보하고, 전처리가공, 포장, 저장 등 소비자의 니즈를 산지단계에서부터 적용함으로써 비용절감과 상품성을 제고하기 위한 목적으로 수행하는 생산, 품질, 식품안전성, 경영, 마케팅의 일관된 경제적 관리활동이다.

15 일반적인 어선어업의 양륙과정을 가장 올바르게 나타낸 것은?

① 양륙 → 선별 → 포장 → 운반 → 배열 → 경매 → 상차 → 출하
② 포장 → 선별 → 양륙 → 운반 → 배열 → 경매 → 출하 → 상차
③ 운반 → 포장 → 선별 → 운반 → 경매 → 배열 → 상차 → 출하
④ 포장 → 양륙 → 선별 → 운반 → 배열 → 상차 → 경매 → 출하

ANSWER 어선어업의 양륙과정은 일반적으로 양륙 → 선별 → 포장 → 운반 → 배열 → 경매 → 상차 → 출하의 과정을 따른다.

16 어획물을 담는 어상자 가운데 목상자에 관한 내용 중 틀린 것은?

① 나무를 소재로 하여 내구성이 약해 뒤틀림 현상으로 반복 사용이 어려운 단점이 있다.
② 나무와 나무 사이에 간격이 있기 때문에 원형의 어체를 유지시키면서 보관하기에 편리하다.
③ 원료를 주로 폐목이나 폐건축자재를 사용하여 위생상의 문제점이 있다.
④ 다른 소재에 비해 상자 당 가격이 고가이다.

ANSWER ④ 목상자는 다른 상자들에 비해 가격이 저렴한 편이다.
어상자는 크게 목상자, 플라스틱 상자(PE), 발포스티로폼 상자로 구분된다. 경우에 따라서는 종이 상자도 사용되지만, 갈치나 고등어를 냉동하거나, 냉동수산물을 주로 취급하는 원양어업에서 나타나는 포장재이다. 연근해 어선어업에서는 냉동창고에 입고할 용도가 아니라면 주로 목상자와 발포스티로폼 상자를 이용하고 있으며, 플라스틱 상자(PE)는 상대적으로 이용 정도가 낮다.
※ 목상자 장·단점

구분	내용
장점	• 나무와 나무 사이에 간격이 있기 때문에 원형의 어체를 유지시키면서 보관하기에 편리 • 다른 소재에 비해 상자 당 가격이 저렴 • 선상 보관 시에 통풍이 잘 되어 어획물의 보관에 용이
단점	• 나무의 결에 미생물이 오랫동안 보존되면서 위생상의 문제 발생 • 나무를 소재로 하여 내구성이 약해 뒤틀림 현상으로 반복 사용이 불가 • 원료를 주로 폐목이나 폐건축자재를 사용하여 위생상의 문제 • 어상자의 나무 사이로 보온재(주로 얼음)나 해수가 떨어져 주변 도로 및 시장 환경을 악화

ANSWER | 11.③ 12.④ 13.③ 14.② 15.① 16.④

17 발포스티로폼 상자에 대한 설명 중 옳지 못한 것은?

① 일반적으로 육면체에 빈틈이 없는 형태를 취하고 있다.

② 목상자에 비해 세척 등 위생 관리가 가능하다.

③ 상자 내에 얼음, 아이스백 등 보온재를 사용하기에 용이하다.

④ 어획 후 선상에서 목상자보다 어체 형태를 유지하기에 적합하다.

ANSWER 발포스티로폼 상자는 어획 후 선상에서 목상자보다 어체 형태를 유지하기에 적합하지 않으며, 사용 후 재사용을 위한 내구성이 충분하지 않으며, 리사이클 처리 시설이 없는 경우에는 환경오염의 원인이 되기도 하는 단점을 가지고 있다.

※ 발포스티로폼 상자 장·단점

구분	내용
장점	• 목상자에 비해 세척 등 위생 관리가 가능 • 목상자에 비해서는 가격이 높지만 플라스틱 상자에 비해서는 가격이 낮음 • 상자 내에 보온재(얼음, 아이스백 등)를 사용하기에 용이 • 상자 자체가 폐쇄형으로 수산물의 잔해(오염수 등) 및 보온재의 탈수를 막을 수 있음
단점	• 어획 후 선상에서 목상자보다 어체 형태를 유지하기에 적합하지 않음 • 사용 후 재사용을 위한 내구성이 충분하지 않으며, 리사이클 처리 시설이 없는 경우에는 환경오염의 원인이 됨

3 선별 및 포장

〈2016년 제2회〉

1 수산물의 레토르트파우치용으로 적합한 식품 포장재는?

① 가공필름

② 폴리염화비닐

③ 오블레이트

④ 셀로판

> **ANSWER** 레토르트파우치 … 식품을 충전한 다음 밀봉하여 100~140℃로 가열 살균하기 위한 유연한 작은 주머니(Pouch)를 말한다 재료로서 대표적인 것은, 표층은 강도 면에서 폴리에스테르, 중층은 가스, 빛, 물이 투과하지 않는 알미늄박, 내층은 가열 밀봉성 및 식품과의 접촉 재료성이 좋은 폴리올레핀 등으로 되어 있다. 이것을 접착제를 사용하여 적층한 3층 필름(가공필름)으로 특징은 금속관보다 엷고, 내용물의 중심 온도가 목적 온도에 도달하는 데 걸리는 시간이 짧기 때문에 품질이 좋아진다. 통조림과 마찬가지로 상온 유통이 되고, 장기간 보존 가능하며, 용기 보존 공간이 적어도 되며, 무게가 가볍다. 또한, 광고 기재 장소도 넓고, 포장된 상태로 단시간 가열하여 식단에 올릴 수 있는 것 등의 이점이 있다.

〈2016년 제2회〉

2 수산물을 MA(modified atmosphere) 포장하여 저장할 때 문제점으로 옳지 않은 것은?

① 고농도 이산화탄소에 의한 포장의 팽창

② 이산화탄소 용해에 의한 신맛의 생성

③ 이산화탄소 내성 미생물에 의한 2차 발효

④ pH 변화에 의한 보수성의 감소

> **ANSWER** MA(Modified atmosphere) 저장 … 어패육, 축육 등을 탄산가스 조성을 조절한 환경에 저장하는 방법으로 40~80%의 탄산가스와 60~20%의 산소, 질소, 공기 또는 그것의 혼합 기체 중에 어패류를 냉장하면, 단순히 냉장하는 것에 비하여 Self life를 약 2배로 연장할 수 있다.
>
> ※ MA저장의 위험성
> ㉠ 포장 내부의 산소와 이산화탄소 농도를 정확하게 조절할 수 없으므로 포장재의 가스투과도가 지나치게 낮으면 저산소장해 및 고이산화탄소장해가 발생할 우려가 있다.
> ㉡ 포장 내부의 고습도 조건에서 수분 응결로 인한 부패 증가가 우려된다.

 **ANSWER** 17.④ / 1.① 2.①

〈2015년 제1회〉

3 수산물 포장에 관한 설명으로 옳지 않은 것은?

① 제품의 수송 및 취급 중 손상되기 쉽다.
② 내용물에 대한 정보를 소비자에게 제공한다.
③ 유해물질의 혼입을 차단해 준다.
④ 제품의 취급이 간편하여 편의성을 제공한다.

> **A**NSWER ① 수산물 포장은 제품이 수송 및 취급 중에 손상을 받지 않도록 보호하는 기능을 한다.

〈2015년 제1회〉

4 종이류 포장재료의 일반적 특징으로 옳지 않은 것은?

① 접착 가공이 용이하고 개봉이 쉽다.
② 재활용 또는 폐기물처리가 어렵다.
③ 원료를 쉽게 구할 수 있고 가격이 저렴하다.
④ 가볍고 적당한 강직성이 있어 기계적으로 가공하기 쉽다.

> **A**NSWER ② 종이류 포장재료는 재활용 또는 폐기물처리가 용이하다.

〈2015년 제1회〉

5 선상에서의 어획물 선별 및 상자담기에 관한 설명으로 옳지 않은 것은?

① 신속히 처리한다.
② 어획물에 상처가 나지 않도록 주의하여야 한다.
③ 상자당 어종별 크기별로 구분해서 담는다.
④ 어종에 관계없이 등을 위로 향하는 배립형으로 담는다.

> **A**NSWER 입상 배열방법은 어종이나 용도 및 예정 저장기간을 고려하여 적절히 선택하도록 해야 한다.

6 다음 중 수산물에 대한 선별방식으로 옳지 않은 것은?

① 파괴 선별   ② 무게에 의한 선별
③ 크기에 의한 선별   ④ 모양에 의한 선별

> **A**NSWER 수산물의 선별방식
> ㉠ 무게에 의한 선별
> ㉡ 색에 의한 선별
> ㉢ 모양에 의한 선별
> ㉣ 크기에 의한 선별
> ㉤ 비파괴 선별

7 다음의 내용을 읽고 괄호 안에 들어갈 말로 가장 적절한 것을 고르면?

> 해조류의 경우 검수 및 선별방식으로 녹조류, 홍조류, 갈조류 등으로 구분하여 신선한 원료의 색깔, 향미, 중량, 건조 상태를 체크해야 하며, 건조도는 수분의 함량이 (   ) 이하의 것이어야 하며 특히 염분이 많을수록 건조도는 불량한 편이다.

① 5%   ② 10%

③ 15%   ④ 20%

> **A**NSWER 해조류의 경우 검수 및 선별방식으로 녹조류, 홍조류, 갈조류 등으로 구분하여 신선한 원료의 색깔, 향미, 중량, 건조 상태를 체크해야 하며, 건조도는 수분의 함량이 15% 이하의 것이어야 하며 특히 염분이 많을수록 건조도는 불량한 편이다.

수확 후품 질관 리론

8 다음의 내용을 읽고 괄호 안에 들어갈 말로 가장 적절한 것은?

> 건어류의 경우 북어채는 색깔이 연한 노란색을 띄고 육질이 부드러운 것이 좋고, 가루가 적고 수분이 적은 것이 좋으며, 마른오징어는 선명하며 곰팡이 및 적분이 피지 않는 것이 좋으며 다리부분이 검은색을 띄지 않는 것이 좋고 마른멸치는 용도에 따라 올바른 종류를 선택해야 하고 맑은 은빛을 내고 기름이 피지 않는 것이 좋으며 수분함량이 (   ) 이하인 것이 좋다.

① 20~30%   ② 30~40%

③ 40~50%   ④ 50~60%

> **A**NSWER 건어류의 경우 북어채는 색깔이 연한 노란색을 띄고 육질이 부드러운 것이 좋고, 가루가 적고 수분이 적은 것이 좋으며, 마른오징어는 선명하며 곰팡이 및 적분이 피지 않는 것이 좋으며 다리부분이 검은색을 띄지 않는 것이 좋고 마른멸치는 용도에 따라 올바른 종류를 선택해야 하고 맑은 은빛을 내고 기름이 피지 않는 것이 좋으며 수분함량이 20~30% 이하인 것이 좋다.

9 다음 중 원양 및 수입산 수산물에 대한 특징으로 옳지 않은 것은?

① 동일한 어종이라도 대부분 크기가 크고 값은 저렴한 편이다.

② 머리가 없거나 꼬리가 절단되어 유통되고 해동 후 육질의 탄력이 급격히 저하된다.

③ 색택이 자연스럽지 못하고 진하며 화려한 편이다.

④ 대부분 수입산은 냉동상태로 유통되지만, 원양산의 경우 대중 어종은 생물 및 냉동상태로 같이 유통된다.

> **A**NSWER 대부분 원양산은 냉동상태로 유통되지만, 수입산의 경우 대중 어종은 생물 및 냉동상태로 같이 유통된다.

ANSWER   3.① 4.② 5.④ 6.① 7.③ 8.① 9.④

10 다음 중 국내산 수산물에 관한 설명으로 가장 바르지 않은 것은?

① 표피는 부드러우며 육질은 탄력성이 강하다.
② 대부분이 냉동어로 유통되고 있지만, 주 생산시기가 지난 경우에 선어로 유통되며 건어물의 경우는 산지의 중간상을 통해 건조 유통된다.
③ 색택이 자연스럽고 고유의 색을 지니고 있다.
④ 국내산은 대부분이 가격이 비싼 편이다.

ANSWER 대부분이 선어로 유통되고 있지만, 주 생산시기가 지난 경우에 냉동어로 유통되며 건어물의 경우는 산지의 가공업자를 통해 건조 유통된다.

11 다음 중 포장의 목적으로 바르지 않은 것은?

① 제품의 보호성   ② 제품의 편리성
③ 제품의 촉진성   ④ 제품의 저렴성

ANSWER 포장의 목적
　　　㉠ 제품의 촉진성
　　　㉡ 제품의 보호성
　　　㉢ 제품의 편리성
　　　㉣ 제품의 경제성
　　　㉤ 제품의 환경보호성

12 포장에 관한 내용 중 그 의미가 다른 하나는?

① 낱포장   ② 겉포장
③ 1차 포장   ④ 속포장

ANSWER 포장의 종류
　　　㉠ 소비 및 유통측면에서의 포장방법
　　　　•낱포장
　　　　•속포장
　　　　•겉포장
　　　㉡ 유통의 기능에 따른 포장방법
　　　　•1차 포장
　　　　•2차 포장
　　　　•3차 포장

13 다음 중 물품을 상자, 포대, 또는 나무통 및 금속 등의 용기에 넣거나 아니면 용기를 사용하지 않고 그대로 묶어서 표시하는 방법 또는 시공한 상태의 포장방식을 무엇이라고 하는가?

① 겉포장   ② 1차 포장
③ 2차 포장   ④ 3차 포장

> **A**NSWER 겉포장은 포장된 화물의 외부포장을 말하며, 이는 물품을 상자, 포대, 또는 나무통 및 금속 등의 용기에 넣거나 아니면 용기를 이용하지 않고 그대로 묶어서 표시하는 방법 또는 시공한 상태를 의미한다.

14 다음 중 유통용이나 또는 소매점 등에서 1차 포장된 제품들을 진열하는 목적으로 활용되기도 하는 포장방식을 무엇이라고 하는가?

① 속포장   ② 낱포장
③ 2차 포장   ④ 3차 포장

> **A**NSWER 2차 포장은 골판지 상자 등과 같이 1차 포장된 제품 여러 개를 한 단위로 묶어 포장한 것을 의미한다.

15 포장재의 조건에 관한 내용 중 겉포장재에 대한 것으로 옳지 않은 것은?

① 적정한 공간의 확보 및 충격의 흡수성
② 운송 및 취급에 대한 편리성
③ 외부로부터의 충격 방지
④ 적절하지 못한 환경으로부터의 내용물에 대한 보호

> **A**NSWER ① 속포장재에 관한 내용이다.
> ※ 겉포장재에 대한 조건
> ㉠ 외부로부터의 충격 방지
> ㉡ 운송 및 취급에 대한 편리성
> ㉢ 적절하지 못한 환경으로부터의 내용물에 대한 보호

ANSWER | 10.② 11.④ 12.③ 13.① 14.③ 15.①

16 포장재의 조건에 대한 설명 중 속포장재에 관한 내용으로 바르지 않은 것은?

① 상품이 서로 부딪혀서 물리적인 상처를 받지 않도록 주의
② 유통 중에 발생 가능한 부패 또는 오염의 확산 등을 막을 수 있는 재질
③ 적정한 공간의 확보 및 충격의 흡수성
④ 운송 및 취급에 대한 편리성

ANSWER ④ 겉포장재에 대한 내용이다.
※ 속포장재에 대한 조건
㉠ 적정한 공간의 확보 및 충격의 흡수성
㉡ 유통 중에 발생 가능한 부패 또는 오염의 확산 등을 막을 수 있는 재질
㉢ 상품이 서로 부딪혀서 물리적인 상처를 받지 않도록 주의해야 한다.

17 다음 중 포장재의 구비조건으로 가장 옳지 않은 것은?

① 안전성 　　　　　　　② 사회성
③ 경제성 　　　　　　　④ 정보성

ANSWER 포장재의 구비조건
㉠ 작업성
㉡ 편리성
㉢ 위생성
㉣ 안전성
㉤ 보호성
㉥ 차단성
㉦ 보존성
㉧ 정보성
㉨ 경제성
㉩ 환경친화성

18 다음 중 포장규격에 해당하지 않는 것을 고르면?

① 포장치수 　　　　　　② 포장재료
③ 포장비용 　　　　　　④ 포장설계

ANSWER 포장규격
㉠ 포장치수
㉡ 거래단위
㉢ 포장방법
㉣ 포장재료
㉤ 표시사항
㉥ 포장설계

19 다음 중 골판지 상자의 특성에 관한 설명 중 바르지 않은 것은?

① 조건에 어울리는 강도 및 형태의 제작이 용이하다.

② 소량 생산품의 포장에 적합하다.

③ 외부의 충격을 완충해서 내용물에 대한 손상을 방지한다.

④ 습기에 약하며 더불어 수분에 따른 강도가 저하된다.

> **A**NSWER 골판지 상자는 대량 생산품의 포장에 적합하다.
> ※ 골판지 상자의 특성
>   ㉠ 장점
>   • 대량 주문요구에 대한 수용이 가능하다.
>   • 대량 생산품의 포장에 적합하다.
>   • 조건에 어울리는 강도 및 형태의 제작이 용이하다.
>   • 외부의 충격을 완충해서 내용물에 대한 손상을 방지한다.
>   • 가벼우면서도 체적이 작은 관계로 보관이 편리하기에 수송 및 물류비가 절감되는 효과가 있다.
>   • 작업이 용이하면서도 기계화 및 생력화가 가능하다.
>   ㉡ 단점
>   • 취급 시의 변형 및 파손 등이 나타나기 쉽다.
>   • 습기에 약하며 더불어 수분에 따른 강도가 저하된다.
>   • 소단위의 생산 시에 단위 당 많은 비용이 발생하게 된다.

수확
후품
질관
리론

20 다음 중 수산물 저장 및 어획 후 관리상에서 발생하게 되는 골판지 상자의 강도저하의 원인에 대한 설명으로 가장 적절하지 않은 것은?

① 적재하중에 의한 강도저하

② 세척 시의 탈수과정에서 수분이 남았을 때 과습에 의한 저하

③ 고온저장고 내 흡습으로 인한 강도저하

④ 수산물이 저온저장고에서 상온으로 출고되었을 시 결로에 의한 강도저하

> **A**NSWER 수산물 저장 및 어획 후 관리상에서 발생하게 되는 골판지 상자의 강도저하의 원인
>   ㉠ 적재하중에 의한 강도저하
>   ㉡ 저온저장고 내 흡습으로 인한 강도저하
>   ㉢ 세척 시의 탈수과정에서 수분이 남았을 때 과습에 의한 저하
>   ㉣ 수산물이 저온저장고에서 상온으로 출고되었을 시 결로에 의한 강도저하

 **A**NSWER 16.④ 17.② 18.③ 19.② 20.③

21 다음 중 품질규격의 목적으로 바르지 않은 것은?

① 중간상들의 경우 자신의 상품 및 타 상품에 관한 품질의 차이를 인지함으로써 생산기술 및 상품성을 높인다.

② 시장의 유통질서를 확립하기 위해 거래 시의 판단을 용이하게 한다.

③ 좋은 상품에 관한 시장 및 소비자들의 요구와 여러 다양한 소비자들의 계층 요구에 대한 충족을 위해 상품의 다양한 등급화가 이뤄져야 한다.

④ 품질 및 가격에 대한 거래 당사자 간의 분쟁을 해결해서 공정한 거래를 실현시킨다.

> **A**NSWER 품질규격의 목적
>   ㉠ 시장의 유통질서를 확립하기 위해 거래 시의 판단을 용이하게 한다.
>   ㉡ 품질 및 가격에 대한 거래 당사자 간의 분쟁을 해결해서 공정한 거래를 실현시킨다.
>   ㉢ 생산자의 경우 자신의 상품 및 타 상품에 관한 품질의 차이를 인지함으로써 생산기술 및 상품성을 높인다.
>   ㉣ 좋은 상품에 관한 시장 및 소비자들의 요구와 여러 다양한 소비자들의 계층 요구에 대한 충족을 위해 상품의 다양한 등급화가 이뤄져야 한다.

22 수산물의 어종별 검수 및 선별방식에 관한 내용 중 해조류에 관한 설명으로 바르지 않은 것은?

① 해조류의 경우에는 녹조류, 홍조류, 갈조류 등으로 구분하여 신선한 원료의 색깔, 향미, 중량, 건조 상태를 체크해야 한다.

② 건조도는 수분의 함량이 5% 이하의 것이어야 하며 특히 염분이 적을수록 건조도는 불량한 편이다.

③ 미역은 흑갈색으로 검푸른 빛을 띠고 잎이 넓고 줄기가 가는 것이 좋다.

④ 해조류는 종류에 의해 차이가 있지만 고유의 색태에 홍조 빛을 띠는 것이 특징이다.

> **A**NSWER 건조도는 수분의 함량이 15% 이하의 것이어야 하며 특히 염분이 많을수록 건조도는 불량한 편이다.

23 다음의 내용을 읽고 괄호 안에 들어갈 말로 가장 적절한 것을 고르면?

> 수산물의 어종별 검수 및 선별방식에 있어 해조류의 경우에는 상품화된 상태로 파지 및 규격에 일치해야 하며 중량은 수분의 감소를 감안해서 확인하되 수분감량이 마른 것의 경우는 (   )를 초과해서는 안 된다.

① 9%   ② 7%

③ 5%   ④ 2%

> **A**NSWER 수산물의 어종별 검수 및 선별방식에 있어 해조류의 경우에는 상품화된 상태로 파지 및 규격에 일치해야 하며 중량은 수분의 감소를 감안해서 확인하되 수분감량이 마른 것의 경우는 2%를 초과해서는 안 된다.

24 수산물의 어종별 검수 및 선별방식에 관한 내용 중 패류에 관한 것으로 적절하지 못한 것은?

① 바지락은 껍질에 구멍이 있으며 큰 것이 상품이다.
② 패류는 부패가 강하고 심하면 심한 악취가 난다.
③ 대합은 표면의 무늬가 엷고 껍질이 두꺼운 것이어야 한다.
④ 조개류는 가능한 한 살아 있어야 한다.

ANSWER 바지락은 껍질에 구멍이 없으며 작은 것이 상품이다.

25 수산물의 어종별 검수 및 선별방식에 관한 내용 중 어류에 대한 설명으로 가장 적절하지 않은 것을 고르면?

① 생선의 눈이 팽팽하고 맑은 청백색으로 빛이 나며 아가미는 붉은색을 띄고 근육질이 단단하게 보이는 것이 신선하다.
② 색채가 맑고, 눈알이 푸르고 맑으며 아가미가 선명하고 적홍색을 띠어야 한다.
③ 생태는 눈이 맑으며 아가미는 선홍색을 띠어야 하며 손으로 눌렀을 때 단단하여야 하며 특히 동태를 해동해서 판매하는 경우가 있으나 우리나라의 명태 생산량보다 소비량이 적으므로 동태를 구입하는 것이 좋다.
④ 비늘이 있는 어류는 비늘이 어체에 밀착되어 있어야 하며, 불쾌한 냄새가 나지 않아야 하고 표피에 상처가 없어야 한다.

ANSWER 생태는 눈이 맑으며 아가미는 선홍색을 띠어야 하며 손으로 눌렀을 때 단단하여야 하며 특히 동태를 해동해서 판매하는 경우가 있으나 우리나라의 명태 소비량보다 생산량이 적으므로 동태를 구입하는 것이 좋다.

26 수산물의 어종별 검수 및 선별방식에 관한 내용 중 건어류에 관한 설명으로 가장 옳지 않은 것은?

① 통상적으로 북어채는 색깔이 연한 노란색을 띠고 육질이 부드러운 것이 좋고, 가루가 적고 수분이 적은 것이 좋다.
② 국물용 멸치는 생산시기에 따라 다소 차이는 있지만 봄 멸치를 건조한 경우에는 기름이 약간 띠는 것이 좋고 국물이 많이 우러나온다.
③ 건어류는 해조류와 다른 방식으로 선별한다.
④ 마른오징어의 경우 선명하며 곰팡이 및 적분이 피지 않는 것이 좋으며 다리부분이 검은색을 띠지 않는 것이 좋다.

ANSWER 건어류는 해조류와 동일하게 선별한다.

ANSWER 21.① 22.② 23.④ 24.① 25.③ 26.③

수확
후품
질관
리론

27 다음의 내용을 읽고 괄호 안에 들어갈 말로 가장 적절한 것은?

> 수산물의 어종별 검수 및 선별방식 중 건어류에서 마른 멸치는 용도에 의해 바른 선택을 해야 하며 맑은 은빛을 내며 기름이 피지 않는 것이 좋으며, 수분의 함량이 (   ) 이하인 것이 좋다.

① 10~20%   ② 20~30%

③ 30~40%   ④ 40~50%

    ANSWER 수산물의 어종별 검수 및 선별방식 중 건어류에서 마른 멸치는 용도에 의해 바른 선택을 해야 하며 맑은 은빛을 내며 기름이 피지 않는 것이 좋으며, 수분의 함량이 20~30% 이하인 것이 좋다.

가공

〈2016년 제2회〉

1 수산건제품 제조시 이용되는 동건법과 동결건조법의 건조 원리를 순서대로 올바르게 연결한 것은?

① 동결 및 융해 – 동결 및 승화
② 동결 및 증발 – 동결 및 해동
③ 동결 및 증발 – 동결 및 승화
④ 동결 및 융해 – 동결 및 가열

> **A**NSWER 수산건제품의 제조에는 동결과 융해를 되풀이하여 수분을 제거하는 방법이 주로 이용된다. 이는 동결과 승화 (고체→기체)를 원리로 한다.

〈2016년 제2회〉

2 상자형 열풍건조기와 비교하여 터널형 열풍건조기의 특징으로 옳은 것을 모두 고른 것은?

> ㉠ 열손실이 많다.
> ㉡ 시설비용이 많이 든다.
> ㉢ 연속작업이 용이하다.
> ㉣ 구조가 간단하고 취급이 쉽다.

① ㉠㉡
② ㉡㉢
③ ㉠㉢㉣
④ ㉡㉢㉣

> **A**NSWER 열풍건조기…식품을 선반이나 트레이(tray)에 담은 수레를 건조실에 넣은 후 열풍을 가하여 건조
> ㉠ 상자형 열풍건조기 : 원료를 선반에 넣고 정지된 상태에서 열풍을 강제 순환시켜 건조
> • 구조가 간단하고 취급이 용이하며, 비용이 적게 듦
> • 연속작업 불가, 열손실이 많음
> • 균일한 제품 얻기가 곤란
> • 열효율이 낮고 건조 속도가 느림
> ㉡ 터널형 열풍건조기 : 원료를 실은 수레(대차)를 터널 모양의 건조기 안에서 이동시키면서 열풍으로 건조
> • 일정한 건조 시설이 필요, 비용이 많이 듦
> • 연속작업 가능, 열손실이 적음
> • 균일한 제품 얻기가 쉬움
> • 열효율이 높고 건조 속도가 빠름

 **A**NSWER ⟨ 27.② / 1.① 2.② ⟩

〈2016년 제2회〉

3 염장법에 관한 설명으로 옳은 것은?

① 마른간법은 소금 사용량에 비해 소금의 침투가 느리다.
② 마른간법은 염장초기에 부패가 빠르다.
③ 물간법은 제품의 짠맛을 조절할 수 없다.
④ 물간법은 염장 중 공기와 접촉되지 않으므로 지방산화가 적다.

> **ᴀɴsᴡᴇʀ** ①② 마른간법은 특별한 장비가 필요 없고 적은 소금량으로 탈수효과가 크다. 또한 소금의 침입속도가 빠르기 때문에 단시간에서 염장 효과를 발휘하는 방식이다.
> ③ 물간법은 물이 새지 않는 통에 일정 농도의 식염수를 넣고 그 안에 어체와 보충 식염을 넣는 방식으로 짠맛을 조절할 수 있다.

〈2016년 제2회〉

4 장기저장이 가능한 냉훈품의 가공원리가 아닌 것은?

① 건조
② 환원
③ 염지
④ 항균성

> **ᴀɴsᴡᴇʀ** 냉훈품 … 낮은 온도에서 장시간 훈건하여 만든 제품. 냉훈품은 저장성에 중점을 두어 만들어진 제품이므로, 가염량도 많고 충분히 훈건하기 때문에 제품의 수분이 적어 장기저장에 견딘다.
> 원료→수세→내장·아가미 제거→수세→소금절임→소금빼기→훈건→마무리
> ※ **냉훈법** … 저온에서 장기간 훈건하는 저장성에 중점을 둔 훈제법이다. 먼저, 어체를 조리한 다음 마른간하여 어체에 짠 맛을 붙이는 동시에 어느 정도 탈수시켜 육을 단단하게 하여 저장성을 갖게 하여 훈연이 침투하기 좋도록 한다. 다음에 물에 침지하여 소금을 뺀다. 이는 식미를 조정함과 동시에 부패하기 쉬운 가용성 물질을 제거하기 위한 것이다. 탈염이 끝난 것은 떡갈나무, 상수리나무 등 견목을 불완전 연소시켜 20~30℃ 전후에서 장기간(1~3주) 훈건한다. 냉훈품은 일반적으로 수분 함량이 낮아 보통 40% 정도이다.

〈2016년 제2회〉

5 동남아시아에서 주로 생산되는 동결 연육의 주원료이며, 자연응고가 잘 일어나고 되풀림이 쉬운 어종은?

① 갈치
② 임연수어
③ 고등어
④ 실꼬리돔

> **ᴀɴsᴡᴇʀ** 실꼬리돔은 우리나라의 남해안부터 제주도를 지나 대만과 베트남, 인도네시아, 오스트레일리아에 이르는 동지나해, 남지나해와 남태평양 지역에 사는 물고기로, 꼬리지느러미 윗부분이 길게 실처럼 늘어져서 실꼬리돔이라는 이름이 붙었다. 자연응고가 잘 일어나고 되풀림이 쉬워 우리나라에서 요즘 어묵 재료로 많이 쓰인다.

6 염장품과 젓갈 가공원리의 차이점은?

① 식염 첨가량　　　　　　　　② 육질 분해

③ 사용 원료　　　　　　　　　④ 염장 방법

> ⒶNSWER 소금에 절여 저장하는 염장법은 소금 농도가 15% 이상이 되면 탈수작용이 일어나 세균의 번식이 억제되는 원리를 이용한 것이다. 젓갈은 어ㆍ패류의 근육, 내장, 생식소 등에 고농도의 소금을 넣고 숙성한 것으로 두 제품은 육질 분해에서 차이가 난다.

7 한천은 원료와 제조 방법에 따라 자연한천과 공업한천으로 구분한다. 공업한천의 원료와 탈수법의 연결이 옳은 것은?

① 개우무 – 동결탈수법　　　　② 우뭇가사리 – 동건법

③ 꼬시래기 – 압착탈수법　　　④ 진두발 – 동건법

> ⒶNSWER 한천에 사용되는 해조류는 우뭇가사리, 진두발, 꼬시래기, 비단풀 등이 사용된다. 공업한천은 꼬시래기를 원료로 압착탈수하여 제조한다.

8 수산물을 삶아서 건조한 제품은?

① 굴비　　　　　　　　　　　② 마른김

③ 마른멸치　　　　　　　　　④ 간고등어

> ⒶNSWER ③ 수산물을 삶아서 건조한 제품을 자건품이라고 하는데, 마른멸치, 마른전복, 마른해삼, 마른새우, 마른홍합, 마른게살 등이 있다.

9 고등어 염장 시 소금의 침투속도에 관한 설명으로 옳지 않은 것은?

① 염장온도가 높을수록 빠르다.　　　② 지방 함량이 적을수록 빠르다.

③ 소금의 사용량이 많을수록 빠르다.　④ 소금에 칼슘염이 많을수록 빠르다.

> ⒶNSWER ④ 소금의 사용량이 많을수록, 염장온도가 높을수록, 지방 함량이 적을수록 소금의 침투속도는 빠르다.

 ⒶNSWER 　3.④　4.②　5.④　6.②　7.③　8.③　9.④

〈2015년 제1회〉

10 연육(Surimi) 제조를 위한 기계가 아닌 것은?

① 레토르트(Retort) ② 리파이너(Refiner)

③ 사일런트 커터(Silent cutter) ④ 스크루 압착기(Screw press)

> **A**NSWER ① 레토르트는 가압 하에서 100℃를 넘어 습열 살균하는 것을 의미한다. 레토르트 살균에 사용되는 부대를 레토르트 파우치, 살균된 식품을 레토르트 식품이라고 부른다.

〈2015년 제1회〉

11 급속동결과 완만동결의 특성에 관한 설명으로 옳은 것은?

① 조직손상은 완만동결보다 급속동결이 심하다.
② 빙결정의 수는 완만동결보다 급속동결이 많다.
③ 빙결정의 크기는 완만동결보다 급속동결이 크다.
④ 빙결정의 크기와 수는 완만동결과 급속동결에 따른 차이가 없다.

> **A**NSWER ① 조직손상은 급속동결보다 완만동결이 심하다.
> ③, ④ 빙결정의 크기는 급속동결보다 완만동결이 크다.

〈2015년 제1회〉

12 염장 어류에 곡류와 향신료 등의 부원료를 사용하여 숙성 발효시킨 제품은?

① 멸치젓 ② 까나리액젓

③ 명란젓 ④ 가자미식해

> **A**NSWER 식해는 어패류를 주원료로 하여 전분질과 향신료와 같은 부원료를 함께 배합하여 발효·숙성시킨 전통 수산 발효식품이다.

〈2015년 제1회〉

13 통조림의 진공도를 측정한 결과 진공도가 20cmHg이라면 진진공도(cmHg)는? (단, 통조림의 상부공간(headspace) 내용적은 6.0mL이고, 진공계침(버돈관)의 내용적은 1.2mL이다.)

① 22.0 ② 24.0

③ 26.0 ④ 28.0

> **A**NSWER 진진공도 = 측정진공도 + $\left(\dfrac{진공도}{상부공간\ 내용적}\right)$ + 진공계침 내용적
>
> $= 20 + \dfrac{20}{6} + 1.2 ≒ 24.53$

14 수산물을 냉각된 금속판 사이에서 동결시키는 장치는?

① 송풍동결장치 ② 침지식동결장치

③ 접촉식동결장치 ④ 액화가스동결장치

> **A**NSWER ① 동결실 상부에 냉각 코일을 설치하고 송풍기로 하부의 냉동 대상물에 냉풍을 보내 동결시키는 것으로, 냉동 대상물을 대차에 의해 출입시키며 연속적인 냉동작업을 할 수 있다.
> ② 냉각 부동액(2차 냉매)에 식품을 침지하여 동결하는 것이다.
> ④ 저온에서 증발하는 액화가스의 증발잠열을 이용한다.

15 0℃의 물 1톤을 하루 동안 0℃의 얼음으로 동결하고자 할 때 시간당 제거해야 할 열량(kcal/hr)은? (단, 얼음의 융해잠열은 79.68kcal/kg이며, 기타 조건은 고려하지 않음)

① 33.20 ② 79.68

③ 3,320 ④ 79,680

> **A**NSWER $1RT = 1,000\text{kg} \times 79.68kcal/kg \div 24h$
> $= 3,320\text{kcal/hr}$

16 수산가공 원료의 일반적인 특성이 아닌 것은?

① 어획시기의 한정성

② 어획장소의 한정성

③ 생산량의 계획성

④ 어종의 다양성

> **A**NSWER 수산물은 계획생산이 가장 어려운 산업이다. 어획 종류나 양을 예측하기 힘들며, 해류나 기상의 영향을 많이 받기 때문이다.

17 원형 그대로인 어체에서 아가미, 내장 및 머리를 제거한 가공형태는?

① 라운드(round)   ② 세미드레스드(semi-dressed)
③ 드레스드(dressed)   ④ 필릿(fillet)

ANSWER 원형 그대로인 어체에서 아가미와 내장 및 머리를 제거한 것은 드레스드이다.

※ 어류의 처리 형태

구분	내용
라운드(Round)	두부, 내장을 포함한 원형 그대로의 것
세미드레스드 (Semi-Dressed)	원형 그대로인 어체에서 아가미와 내장을 제거한 것
드레스드(Dressed)	아가미, 내장, 머리를 제거한 것
팬 드레스드 (Pan Dressed)	머리, 아가미, 내장, 지느러미, 꼬리를 제거한 것
필릿(Fillet)	척추뼈 부분을 제거하고 2개의 육편으로 처리한 것을 말하며 껍질이 붙은 것(Skin On)과 꼬리가 있는 것(Tail On) 등으로 구분하여 표시할 수 있다
청크(Chunk)	Dressed 또는 Fillet를 일정한 크기로 가로로 절단한 것
스테이크(Steak)	Dressed 또는 Fillet를 2cm 정도의 두께로 절단한 것
다이스(Dice)	어육을 2~3cm의 육면체형으로 절단한 것
로인(Loin)	혈합육과 껍질을 제거한 것

18 어체의 처리형태 중 혈합육과 껍질을 제거한 것은?

① 라운드(round)   ② 세미 드레스드(semi-dressed)
③ 로인(Loin)   ④ 필릿(fillet)

ANSWER ① 라운드는 두부, 내장을 포함한 원형 그대로의 것이다.
  ② 세미 드레스드는 원형 그대로인 어체에서 아가미와 내장을 제거한 것을 말한다.
  ④ 필릿(필렛)은 척추뼈 부분을 제거하고 2개의 육편으로 처리한 것으로 드레스드하여 3장 뜨기한 형태를 가리킨다.

19 다음 중 젓갈류가 아닌 것은?

① 멸치액젓   ② 새우젓
③ 명태식해   ④ 과메기

ANSWER 과메기는 청어나 꽁치를 냉동과 해동을 반복하여 바닷바람에 건조시킨 것을 말한다.

20 다음 중 연체동물에 해당되지 않는 것은?

① 꽃게   ② 오징어

③ 피조개   ④ 문어

  🄰NSWER 꽃게는 갑각류이다.

21 다음 중 자건품(煮乾品)에 해당되는 것은?

① 굴비   ② 마른멸치

③ 마른오징어   ④ 마른명태

  🄰NSWER 자건품은 원료를 삶은 후에 말린 것으로 멸치, 해삼, 패주, 전복, 새우 등이 있다.

  ※ 건제품의 종류

구분	내용
염건품	• 원료를 소금에 절인 후에 말린 것 • 굴비, 가자미, 민어, 대구, 옥돔, 정어리, 고등어, 전갱이, 꽁치
소건품	• 원료를 그대로 또는 간단히 처리한 후에 말린 것 • 오징어, 한치, 상어 지느러미, 김, 미역, 다시마
자건품	• 원료를 삶은 후에 말린 것 • 멸치, 해삼, 패주, 전복, 새우
동건품	• 천일 또는 동결 장치로 원료를 동결시킨 후 융해시키는 작업을 몇 번 반복하여 탈수, 건조시켜서 만든 것 • 황태, 한천
자배건품	• 원료를 자숙(김으로 쪄서 익힘), 배건(불에 쬐어 말림) 및 일건(양달건조)시킨 제품 • 가다랑어, 고등어, 정어리

22 어류 건제품 제조과정에서 나타나는 현상과 관련이 적은 것은?

① 지방의 산화   ② 단백질의 변성

③ 프리저 번의 발생 ④ 색소 퇴색

  🄰NSWER 프리저 번은 식품의 잘못된 냉동에 의하여 색과 맛이 변화가 생기는 것을 말한다.

23 훈제품 제조에 사용되는 일반적인 훈연재로 적합하지 않은 것은?

① 전나무

② 참나무

③ 떡갈나무

④ 밤나무

> **Answer** 훈연용 목재는 일반적으로 활엽수를 사용하며, 참나무, 떡갈나무, 벗나무, 밤나무, 자작나무, 포플라, 플라타너스 등이 사용된다. 훈연용 나무의 종류에 따라서 훈제품의 향기가 달라진다. 훈연 연기 속에 포함된 알데하이드류, 페놀류는 살균력이 있으며, 페놀류는 항산화성도 갖고 있다. 소나무, 전나무, 잣나무 등 침엽수 계통은 수액이 많아 이물질이 발생하므로 훈연재로 쓰이지 않는다.

24 일반적으로 수산 가공용 원료의 선도유지 방법에 해당되지 않는 것은?

① 저온 처리

② 자외선 처리

③ 방사선 조사

④ 트리메틸아민(TMA) 처리

> **Answer** 트리메틸아민(TMA)은 어체 특유의 부패취를 나게 하는 성분이다.

25 염장방법 중 마른간법과 비교하여 물간법의 장점을 설명한 것으로서 틀린 것은?

① 소금의 침투가 균일하다.

② 소금의 침투속도가 빠르다.

③ 제품이 짠맛을 조절할 수 있다.

④ 공기와 접촉이 적기 때문에 지방의 산화가 적다.

> **Answer** 소금의 침입속도가 빠른 것은 마른간법이며, 물간법은 식염 침투가 균일하게 들어간다.
>
> ※ **염장법의 종류**
> 수산물 염장법에는 어패류의 표면, 도미나 복강 내에 소금을 살포하는 마른간법과 식염수에 생선을 침지하는 물간법으로 구분한다.
>
> | 구분 | 내용 |
> |---|---|
> | 마른간법 | 마른간법은 특별한 장비가 필요없고 적은 소금량으로 탈수효과가 크다. 또한 소금의 침입속도가 빠르기 때문에 단시간에서 염장 효과를 발휘하는 방식이다. 다만 식염 침투가 불균일하다는 단점이 있다. |
> | 물간법 | 물간법은 물이 새지 않는 통에 일정 농도의 식염수를 넣고 그 안에 어체와 보충 식염을 넣는 방식을 말한다. |

26 염장품, 젓갈, 액젓, 식해에 대한 설명이다. 틀린 것은?

① 염장품과 젓갈은 소금 첨가량의 차이이다.

② 젓갈과 식해는 전분첨가 유무의 차이이다.

③ 염장품과 젓갈은 발효 유무의 차이이다.

④ 젓갈과 액젓은 발효 기간의 차이이다.

ANSWER 젓갈은 발효를 하나 염장품은 발효를 하지 않는다. 젓갈은 상온에서 2~3개월 발효하는 반면, 액젓은 실온에서 12개월 이상 발효를 한다.

※ 수산발효식품

구분	내용
젓갈	어·패류의 근육, 내장, 생식소 등에 고농도의 소금을 넣고 숙성한 것으로 말한다.
액젓	어·패류를 고농도의 소금으로 염장하여 1년 이상의 장기간에 걸쳐서 숙성시켜서 액화시킨 것을 말한다.
식해	어·패류를 주원료로 하여 소금과 가열한 전분(쌀밥)을 혼합하여 유산 발효시킨 보존 식품이다.

27 다음 중 건제품에 속하지 않는 것은?

① 자건품　　　　　　　　② 염건품

③ 염신품　　　　　　　　④ 소건품

ANSWER 건제품에는 염건품, 소건품, 자건품, 동건품 등이 있다.

28 마른김의 품질저하 요인 중 가장 큰 영향을 미치는 것은?

① 수분　　　　　　　　　② 미생물

③ 효소　　　　　　　　　④ 온도

ANSWER 마른김은 15% 정도의 수분이 존재하면 변질되기가 쉽다. 따라서 습기, 열, 빛을 피해 보관하여야 장기보관을 할 수 있다. 마른김의 수분 15%를 건조기를 통하여 5% 이하로 건조하여 은박밀봉한 후 장기보관 하는 건조작업을 화입이라고 한다.

29 어체의 척추뼈 부분을 제거하고 2개의 육편으로 처리한 것을 무엇이라 하는가?

① round
② semi-dress
③ Fillet
④ chunk

ANSWER 필릿(Fillet)에 대한 질문이다. 필릿은 척추뼈 부분을 제거하고 2개의 육편으로 처리한 것을 말하며 껍질이 붙은 것(Skin On)과 꼬리가 있는 것(Tail On)등으로 구분하여 표시할 수 있다.

30 마른 멸치는 다음의 어디에 속하는가?

① 소건품
② 자건품
③ 염건품
④ 동건품

ANSWER 마른 멸치는 원료를 삶은 후에 말린 자건품에 해당한다. 자건품에는 멸치 외에도 해삼, 패주, 전복, 새우 등이 사용된다.

구분	내용
염건품	• 원료를 소금에 절인 후에 말린 것 • 굴비, 가자미, 민어, 대구, 옥돔, 정어리, 고등어, 전갱이, 꽁치
소건품	• 원료를 그대로 또는 간단히 처리한 후에 말린 것 • 오징어, 한치, 상어 지느러미, 김, 미역, 다시마
자건품	• 원료를 삶은 후에 말린 것 • 멸치, 해삼, 패주, 전복, 새우
동건품	• 천일 또는 동결 장치로 원료를 동결시킨 후 용해시키는 작업을 몇 번 반복하여 탈수, 건조시커서 만든 것 • 황태, 한천
자배건품	• 원료를 자숙(김으로 쪄서 익힘), 배건(불에 쬐어 말림) 및 일건(양달건조)시킨 제품 • 가다랑어, 고등어, 정어리

31 우뭇가사리, 꼬시래기 등의 홍조류를 원료로 하여, 동결 건조 방법으로 만드는 해조 가공품은 무엇인가?

① 젓갈
② 한천
③ 액젓
④ 감태

ANSWER 한천은 우뭇가사리의 점장을 동결건조한 젤라틴과 비슷한 물성을 가진 투명체로 우뭇가사리에 함유된 탄수화물을 추출하여 만든 물질이다.

5 위생관리

〈2016년 제2회〉

1 통조림 제조공정 중 탈기의 목적으로 옳지 않은 것은?

① 살균 및 냉각 중 관의 파손 방지
② 저장 중 관내면의 부식 억제
③ 내용물의 색택과 향미의 변화 금지
④ 보툴리누스균(*Clostridium botulinum*)의 사멸

> **A**NSWER 탈기는 통조림을 가공할 때 관에 내용물을 담은 후 관 및 내용물의 조직 속에 있는 공기를 제거하여 진공상 태로 만드는 공정으로 살균 및 냉각 중 관의 파손 방지, 저장 중 관내면의 부식 억제, 내용물의 색택과 향미 의 변화 방지 등의 목적이 있다.

〈2016년 제2회〉

2 식품안전관리인증기준(HACCP)의 선행요건이 아닌 것은?

① 청소 및 살균
② 기구 및 설비 검사
③ 작업환경 관리
④ 위해 허용한도 설정

> **A**NSWER HACCP은 위해요소분석(Hazard Analysis)과 중요관리점(Critical Control Point)의 영문 약자로서 '위해요소 중점관리기준'이고도 불린다. HACCP은 식품을 만드는 과정에서 생물학적, 화학적, 물리적 위해요인들이 발생 할 수 있는 상황을 과학적으로 분석하고 사전에 위해요인의 발생여건들을 차단하여 소비자에게 안전하고 깨 끗한 제품을 공급하기 위한 시스템적인 규정을 말한다.
> ㉠ HA(위해요소분석) : 원료와 공정에서 발생가능한 병원성 미생물 등 생물학적, 화학적, 물리적 위해요소 분석
> ㉡ CCP(중요관리점) : 위해요소를 예방, 제거 또는 허용수준으로 감소시킬 수 있는 공정이나 단계를 중점관리
> ㉢ 선행요건 프로그램에 포함되어야 할 사항 : 영업장·종업원·제조시설·냉동설비·용수·보관·검사·회수 관리 등 필수적인 위생관리

ANSWER 29.③ 30.② 31.② / 1.④ 2.④

〈2016년 제2회〉

3 식품안전관리인증기준(HACCP)의 7원칙에 해당하지 않는 것은?

① 위해요소 분석 　　　　　　　　　② 모니터링 체계 확립
③ 품질관리 기준 설정 　　　　　　　④ 중요관리점 결정

> **A**NSWER　HACCP의 7원칙
> 　　　ㄱ 위해요소 분석
> 　　　ㄴ 중요관리점(CCP) 결정
> 　　　ㄷ CCP 한계기준 설정
> 　　　ㄹ CCP 모니터링 체계 확립
> 　　　ㅁ 개선조치방법 수립
> 　　　ㅂ 검증절차 및 방법 수립
> 　　　ㅅ 문서화, 기록유지방법 설정

〈2016년 제2회〉

4 식품안전관리인증기준(HACCP)의 준비단계 절차를 순서대로 올바르게 나열한 것은?

㉠ HACCP팀 구성	㉡ 공정흐름도 작성
㉢ 용도 확인	㉣ 공정흐름도 현장 확인
㉤ 제품설명서 작성	

① ㉠ - ㉡ - ㉢ - ㉤ - ㉣
② ㉠ - ㉡ - ㉣ - ㉢ - ㉤
③ ㉠ - ㉤ - ㉡ - ㉣ - ㉢
④ ㉠ - ㉤ - ㉢ - ㉡ - ㉣

> **A**NSWER　HACCP 준비단계 … HACCP팀 구성→제품설명서 작성→용도 확인→공정흐름도 작성→공정흐름도 현장 확인
> 　　　※ HACCP에는 7원칙 12절차가 있는데 12절차는 준비단계 5절차와 7원칙을 합친 것이다.

〈2016년 제2회〉

5 복어독에 관한 설명으로 옳지 않은 것은?

① 식품공전상 국내 식용가능 복어 종류는 21종이다.
② 사람의 최소치사량은 20,000MU이다.
③ 중독 증상은 섭취 후 30분~4시간 사이에 나타난다.
④ 복어독의 강도는 청산가리(NaCN)의 약 1,250배이다.

> **A**NSWER　② 사람에 대한 복어독의 최소치사량은 2mg(10,000MU)이다.

6 패혈증 비브리오균에 관한 설명으로 옳지 않은 것은?

① 식염농도 5~7% 배지에서 잘 번식한다.

② 원인균은 비브리오 불니피쿠스(*Vibrio vulnificus*)이다.

③ 잠복기는 20시간 정도이다.

④ 어패류를 날 것으로 먹을 때에 감염될 수 있다.

Ⓐnswer ① 비브리오 패혈증을 일으키는 비브리오 불니피쿠스균은 바다에 살고 있는 그람 음성 세균으로 소금(NaCl)의 농도가 1~3%인 배지에서 잘 번식하는 호염균이다.

7 다음이 설명하는 독소형 식중독균은?

> • 1914년 바버(Barber)에 의해 급성위장염 원인균으로 밝혀졌다.
> • 이 균이 생산하는 독소는 엔테로톡신(enterotoxin)이다.
> • 독소는 100℃에서 30분간 가열해도 무독화 되지 않는다.
> • 화농성 질환에 걸린 식품관계자에 의해 감염될 수 있다.

① 살모넬라균(*Salmonella*)

② 포도상구균(*Staphylococcus aureus*)

③ 바실루스 세레우스균(*Bacillus cereus*)

④ 프로테우스 모르가니균(*Proteus morganii*)

Ⓐnswer 제시된 내용은 자연계에 널리 분포되어 있는 세균의 하나로 식중독뿐만 아니라 피부의 화농·중이염·방광염 등 화농성질환을 일으키는 원인균인 포도상구균에 대한 설명이다.

8 매물고둥류를 섭취한 후 배멀미 증상을 동반하는 식중독 원인물질은?

① 삭시톡신(saxitoxin)   ② 시구아톡신(ciguatoxin)

③ 테트라민(tetramine)   ④ 도모산(domoic acid)

Ⓐnswer 테트라민 … 매물고둥류의 침샘에 존재하는 독성물질로, 이를 섭취할 경우 멀미를 하거나 술에 취한 것 같은 기분을 느끼거나 안구 뒤쪽의 통증, 복통, 현기증, 두드러기 등의 증상이 나타난다.
① 삭시톡신 : 대합이나 홍합 등에 존재하는 마비성 패류독이다.
② 시구아톡신 : 부시리, 전갱이, 곰치 등에서 주로 보이는 독이다.
④ 도모산 : 기억상실성 패독이다.

Ⓐnswer   3.③   4.④   5.②   6.①   7.②   8.③

〈2015년 제1회〉

9 수산물에서 발생되는 바이러스성 식중독의 특징으로 옳지 않은 것은?

① 감염 후 장기간 면역이 생성되어 재감염되지 않는다.
② 약제에 대한 내성이 강하여 제어가 곤란하다.
③ 사람과 일부 영장류의 장내에서 증식하는 특징이 있다.
④ 소량으로도 감염되며 발병율도 높다.

    ANSWER ① 바이러스성 식중독은 대부분은 2차 감염된다.

〈2015년 제1회〉

10 수산물과 독소성분의 연결이 옳지 않은 것은?

① 모시조개 : venerupin   ② 독꼬치 : ciguatoxin
③ 개조개 : saxitoxin   ④ 진주담치 : tetrodotoxin

    ANSWER ④ tetrodotoxin은 복어에 들이 있는 독소성분이다.

〈2015년 제1회〉

11 한국의 식품공전에서 수산물 중금속 관리기준이 설정되어 있지 않은 것은?

① 납   ② 비소
③ 카드뮴   ④ 수은

    ANSWER 수산물의 중금속 기준

대상식품	납(mg/kg)	카드뮴(mg/kg)	수은(mg/kg)	메틸수은(mg/kg)
어류	0.5 이하	0.1 이하 (민물 및 회유 어류에 해당된다) 0.2 이하 (해양어류에 해당된다)	0.5 이하(심해성 어류, 다랑어류 및 새치류는 제외한다)	1.0 이하(심해성 어류, 다랑어류 및 새치류에 해당된다)
연체류	2.0 이하(다만, 내장을 포함한 낙지는 2.0 이하)	2.0 이하(다만, 내장을 포함한 낙지는 3.0 이하)	0.5 이하	–
갑각류	1.0 이하[다만, 내장을 포함한 꽃게류(꽃게과에 속하는 꽃게 종)는 2.0 이하]	1.0 이하[다만, 내장을 포함한 꽃게류(꽃게과에 속하는 꽃게 종)는 5.0 이하]	–	–
해조류	–	0.3 이하[김(조미김을 포함하며, 생물 기준 적용)에 해당된다]	–	–

〈2015년 제1회〉

12 위해요소중점관리(HACCP)의 7원칙 중 식품의 위해를 사전에 방지하고 안전성을 확보할 수 있는 단계는?

① 기록관리
② 시정조치 설정
③ 검증방법 설정
④ 중요관리점 설정

ANSWER HACCP 7원칙

ⓐ **위해요소분석**: 위해요소(Hazard) 분석은 HACCP팀이 수행하며, 이는 제품설명서에서 파악된 원·부재료별로, 그리고 공정흐름도에서 파악된 공정/단계별로 구분하여 실시한다. 이 과정을 통해 원·부재료별 또는 공정/단계별로 발생 가능한 모든 위해요소를 파악하여 목록을 작성하고, 각 위해요소의 유입경로와 이들을 제어할 수 있는 수단(예방수단)을 파악하여 기술하며, 이러한 유입경로와 제어수단을 고려하여 위해요소의 발생 가능성과 발생시 그 결과의 심각성을 감안하여 위해(Risk)를 평가한다.

ⓑ **중요관리점 결정**: 위해요소분석이 끝나면 해당 제품의 원료나 공정에 존재하는 잠재적인 위해요소를 관리하기 위한 중요관리점을 결정해야 한다. 중요관리점이란 위해요소분석에서 파악된 위해요소를 예방, 제거 또는 허용 가능한 수준까지 감소시킬 수 있는 최종 단계 또는 공정을 말한다.

ⓒ **CCP 한계기준 설정**: HACCP팀이 각 CCP에서 취해져야 할 예방조치에 대한 한계기준을 설정하는 것이다. 한계기준은 CCP에서 관리되어야 할 생물학적, 화학적 또는 물리적 위해요소를 예방, 제거 또는 허용 가능한 안전한 수준까지 감소시킬 수 있는 최대치 또는 최소치를 말하며, 안전성을 보장할 수 있는 과학적 근거에 기초하여 설정되어야 한다.

ⓓ **CCP 모니터링체계확립**: 모니터링이란 CCP에 해당되는 공정이 한계기준을 벗어나지 않고 안정적으로 운영되도록 관리하기 위하여 종업원 또는 기계적인 방법으로 수행하는 일련의 관찰 또는 측정수단이다. 모니터링 체계를 수립하여 시행하게 되면 첫째, 작업과정에서 발생되는 위해요소의 추적이 용이하며, 둘째, 작업공정 중 CCP에서 발생한 기준 이탈(deviation) 시점을 확인할 수 있으며, 셋째, 문서화된 기록을 제공하여 검증 및 식품사고 발생시 증빙자료로 활용할 수 있다.

ⓔ **개선조치방법 수립**: HACCP 계획은 식품으로 인한 위해요소가 발생하기 이전에 문제점을 미리 파악하고 시정하는 예방체계이므로, 모니터링 결과 한계기준을 벗어날 경우 취해야 할 개선조치방법을 사전에 설정하여 신속한 대응조치가 이루어지도록 하여야 한다.

ⓕ **검증절차 및 방법 수정**: HACCP 팀은 HACCP 시스템이 설정한 안전성 목표를 달성하는데 효과적인지, HACCP 관리계획에 따라 제대로 실행되는지, HACCP 관리계획의 변경 필요성이 있는지를 확인하기 위한 검증절차를 설정하여야 한다. HACCP팀은 이러한 검증활동을 HACCP 계획을 수립하여 최초로 현장에 적용할 때, 해당식품과 관련된 새로운 정보가 발생되거나 원료·제조공정 등의 변동에 의해 HACCP 계획이 변경될 때 실시하여야 한다. 또한, 이 경우 이외에도 전반적인 재평가를 위한 검증을 연 1회 이상 실시하여야 한다.

ⓖ **문서화, 기록유지방법 설정**: 기록유지는 HACCP 체계의 필수적인 요소이며, 기록유지가 없는 HACCP 체계의 운영은 비효율적이며 운영근거를 확보할 수 없기 때문에 HACCP 계획의 운영에 대한 기록의 개발 및 유지가 요구된다. HACCP 체계에 대한 기록유지 방법 개발에 접근하는 방법 중의 하나는 이전에 유지 관리하고 있는 기록을 검토하는 것이다. 가장 좋은 기록유지 체계는 필요한 기록내용을 알기 쉽게 단순하게 통합한 것이다. 즉, 기록유지 방법을 개발할 때에는 최적의 기록담당자 및 검토자, 기록시점 및 주기, 기록의 보관 기간 및 장소 등을 고려하여 가장 이해하기 쉬운 단순한 기록서식을 개발하여야 한다.

〈2015년 제1회〉

13 송어양식장 위해요소중점관리(HACCP)의 선행요건 중 위생관리 항목으로 옳은 것을 모두 고른 것은?

> ㉠ 사용용수의 위생안전 관리　　　　　㉡ 생산량의 기록 관리
> ㉢ 교차오염의 방지　　　　　　　　　　㉣ 화장실의 위생 관리

① ㉠, ㉡　　　　　　　　　　　　　② ㉠, ㉡, ㉢

③ ㉠, ㉢, ㉣　　　　　　　　　　　④ ㉠, ㉡, ㉢, ㉣

> **ANSWER** HACCP 추진을 위한 식품제조·가공업소의 주요 선행요건 관리 사항
> ㉠ 영업장 : 작업장, 건물 바닥·벽·천장, 배수 및 배관, 출입구, 통로, 창, 채광 및 조명, 부대시설(화장실·탈의실 등)
> ㉡ 위생관리 : 작업 환경 관리(동선 계획 및 공정 간 오염방지, 온도·습도 관리, 환기시설 관리, 방충·방서 관리), 개인위생 관리, 폐기물 관리, 세척 또는 소독
> ㉢ 제조·가공 시설·설비 관리 : 제조시설 및 기계·기구류 등 설비관리
> ㉣ 냉장·냉동시설·설비 관리
> ㉤ 용수관리
> ㉥ 보관·운송관리 : 구입 및 입고, 협력업소 관리, 운송, 보관
> ㉦ 검사 관리 : 제품검사, 시설 설비 기구 등 검사
> ㉧ 회수 프로그램 관리

〈2015년 제1회〉

14 수산물 식중독균에 관한 설명으로 옳지 않은 것은?

① Campylobacter jejuni는 멸치내장에 존재한다.

② Listeria monocytogenes는 냉장온도에서도 증식할 수 있다.

③ Vibrio vulnificus는 패혈증을 일으키는 병원균으로 어패류 등에서 발견된다.

④ Vibrio parahaemolyticus는 해수 또는 기수에 서식하는 호염성 세균이다.

> **ANSWER** ① Camphylobacter는 포유류의 장관 내에 존재한다.

15 다음과 같은 특징을 갖고 있는 기생충은?

> ㉠ 오렌지색으로 비교적 대형이다.
> ㉡ 어류의 내장에서 흔히 발생된다.
> ㉢ 명태에 흔하며 대구, 청어 및 가자미류에서도 발견된다.

① 광절열두조충　　　　　　　　② 고래회충
③ 구두충　　　　　　　　　　　④ 간흡충

> **A**NSWER ① 사람 및 개, 고양이 등의 주로 회장(回腸)에서 기생하는 3 ~ 10m에 이르는 대형 조충이다.
> ② 선형동물의 속의 미생물로 유충이 인체에 기생하여 고래회충증을 일으킨다.
> ④ 간흡충, 타이간흡충, 고양이간흡충은 후고흡충과에 속하는 포유류의 담관내 흡충이다.

16 다음 중 수산물의 결점에 해당하지 않는 것을 고르면?

① 생리적 원인　　　　　　　　② 유전적 원인
③ 화학적 원인　　　　　　　　④ 문화적 원인

> **A**NSWER 수산물의 결점
> ㉠ 생리석 원인
> ㉡ 유전적 원인
> ㉢ 환경적 원인
> ㉣ 생태적 원인
> ㉤ 기계적 원인
> ㉥ 생물학적 원인
> ㉦ 화학적 원인
> ㉧ 부적절한 수확 후 관리에 따른 원인

17 다음 중 수산물에 의한 조직감 유형에 대한 설명으로 바르지 않은 것은?

① 수분의 함량과 관련해서 과즙의 양에 의해 조직감이 평가된다.
② 숙성이 진행되어 경도가 증가하게 되므로 씹는 느낌의 사각거림이 중요한 조직감의 요인 으로 평가된다.
③ 용이하게 연화되는 특성으로 인해 연화의 정도로 조직감을 평가한다.
④ 석세포가 씹히게 되는 느낌과 다즙성으로 평가된다.

> **A**NSWER 숙성이 진행되어 경도가 감소하게 되므로 씹는 느낌의 사각거림이 중요한 조직감의 요인으로 평가된다.

 **A**NSWER　13.③　14.①　15.③　16.④　17.②

18 수산물 품질평가에 관련한 사항 중 비파괴검사법에 있어 파괴적 평가방법에 따른 특성으로 바르지 않은 것을 고르면?

① 빠르면서도 정확하다.
② 시설의 대형화가 요구되어진다.
③ 시설에 따른 초기 투자의 비용이 작다.
④ 활용한 시료에 대한 반복적인 사용이 가능하다.

> **A**NSWER 시설에 따른 초기의 투자비용이 크다.

19 수산물 품질인증품 분류에 해당하지 않은 것은?

① 수산물
② 수산가공품
③ 수산특산물
④ 수산전통식품

> **A**NSWER 수산물 품질인증품 분류
> ㉠ 수산물
> ㉡ 수산특산물
> ㉢ 수산전통식품

20 수산물 인증대상에 관한 내용 중 그 연결이 바르지 않은 것을 고르면?

① 유기가공식품 – 유기수산물을 원료 또는 재료로 하여 제조 · 가공 · 유통하는 식품
② 활성처리제 비사용 수산 – 전복, 뱀장어, 흰 다리 새우
③ 유기수산물 – 김, 굴, 홍합, 미역, 다시마
④ 무 항생제 수산물 – 넙치, 무지개송어

> **A**NSWER 수산물 인증대상
> ㉠ 유기수산물 : 김, 굴, 홍합, 미역, 다시마
> ㉡ 유기가공식품 : 유기수산물을 원료 또는 재료로 하여 제조 · 가공 · 유통하는 식품
> ㉢ 무 항생제 수산물 : 넙치, 무지개송어, 뱀장어, 전복, 흰 다리 새우
> ㉣ 활성처리제 비사용 수산 : 김, 미역, 톳, 다시마, 마른 김, 마른미역, 간미역

21 수산물 인증기준에 관한 내용 중 서류심사 시의 인증기준 확인사항으로 바르지 않은 것은?

① 경영관리 – 수산물의 생산과정 등을 기록한 인증품 생산계획서 등의 확인
② 종묘의 선택 – 병성감정 결과통지서의 확인
③ 양식장 환경 – 3년 이내에 실시한 수질검사 성적서의 확인
④ 사료 및 영양관리 – 사료검정서의 확인(연 1회)

ANSWER 양식장 환경 - 1년 이내에 실시한 수질검사 성적서의 확인이다.

22 다음 중 수산물 대상품목 및 인증표시방법에 관한 내용에서 나머지 셋과 성격이 다른 하나는?

① 염장품   ② 횟감용 수산물

③ 젓갈류   ④ 냉동수산물

ANSWER 수산물 대상품목 및 인증표시방법

		품목
수산물 품질인증 (78종)	건제품(15품목)	마른오징어, 덜 마른오징어, 마른옥돔, 마른멸치, 마른 한치, 마른 꽃새우, 황태, 황태포, 황태채, 굴비, 마른홍합, 마른 굴, 꽁치과 메기, 마른뱅어포, 덜 마른 한치
	염장품(3품목)	간 다시마, 간 미역, 간 고등어
	해조류(9품목)	마른김, 마른돌김, 마른가닥미역, 마른 썰은 미역, 마른실미역, 마른다시마, 마른 썰은 다시마, 찐 톳, 마른김(자반용)
	횟감용 수산물 (23품목)	- 신선 · 냉장품(13) : 넙치, 조피볼락, 참돔, 방어, 삼치, 농어, 오징어, 붕장어, 우렁쉥이, 생굴, 홍어, 병어, 전어 - 냉동품(10) : 새조개, 피조개, 새우, 북방대합, 한치, 참치, 학꽁치, 홍어, 병어, 키조개(개아지살)
	냉동 수산물 (28품목)	고등어, 갈치, 삼치, 뱀장어, 붕장어, 대구, 꽃게, 가자미, 참조기, 참돔, 눈볼대, 전갱이, 오징어, 문어, 꽁치, 청어, 새우, 옥돔, 굴, 병어, 민어, 홍어, 키조개(개아지살), 전복, 주꾸미, 명태, 붉은 대게살(자숙, 각육), 붉은 대게살(자숙, 붕육)
수산 특산물 품질인증 (11종)	조미가공품 (9품목)	조미쥐치포, 조미개량조개, 조미 오징어, 조미 찢은 오징어, 조미 늘인 오징어, 조미 썰은 쥐치포, 조미 늘인 쥐치포, 송어(훈제), 산천어(훈제)
	해조가공품 (2품목)	다시마환, 다시마과립
수산전통식품 품질인증 (47종)	젓갈류(30품목)	- 젓갈(24) : 오징어, 명란, 창란, 조개, 꼴뚜기, 까나리, 어리 굴, 소라, 곤쟁이, 멸치, 대구 아가미, 명태 아가미, 토하, 자리, 새우, 오분자기, 밴댕이, 자하, 가리비, 청어 알, 우렁쉥이(멍게), 갈치 속, 한치, 전복 - 액젓(4) : 멸치, 까나리, 청 매실 멸치, 새우 - 식해(2) : 가자미, 명태
	죽류(6품목)	북어, 대구, 전복, 홍합, 대합, 굴
	게장류(3품목)	꽃게, 민꽃게, 참게
	건제품(2품목)	굴비, 마른 가닥 미역
	기타(6품목)	조미 김, 재첩국, 고추장굴비, 양념장어, 부각류(해조류), 어간장

23 다음 중 친환경 수산물 인증의 유효기간은 얼마인가?

① 4년 ② 3년
③ 2년 ④ 1년

> **A**NSWER 친환경 수산물 인증의 유효기간은 인증을 받은 날로부터 2년으로 한다.

24 다음 중 괄호 안에 들어갈 말로 가장 적절한 것은?

> (   )은/는 인체에 유해한 화학적 합성물질 등을 사용하지 아니하거나 동물용의약품 등의 사용을 최소화하여 수서생태계와 환경을 유지·보전하면서 안전한 수산물을 생산하는 수산업을 말한다.

① 수산물 이력제 ② 유기수산물
③ 원산지 표시 ④ 친환경 수산업

> **A**NSWER 친환경 수산업은 인체에 유해한 화학적 합성물질 등을 사용하지 아니하거나 동물용의약품 등의 사용을 최소화하여 수서생태계와 환경을 유지·보전하면서 안전한 수산물을 생산하는 수산업을 말한다.

25 다음의 내용을 읽고 괄호 안에 들어갈 말을 순서대로 바르게 나열한 것을 고르면?

> 수산물의 현장심사 시 인증기준의 확인사항 중 생산물의 기준 확인은 아래와 같다.
> • 유기 수산물 – 동물용의약품 잔류허용기준의 (㉠) 이하
> • 무 항생제 수산물 – 동물용의약품 잔류허용기준의 (㉡) 이하

① ㉠ $\frac{1}{10}$, ㉡ $\frac{1}{2}$ ② ㉠ $\frac{1}{5}$, ㉡ $\frac{1}{3}$

③ ㉠ $\frac{1}{2}$, ㉡ $\frac{1}{10}$ ④ ㉠ $\frac{1}{3}$, ㉡ $\frac{1}{5}$

> **A**NSWER 수산물의 현장심사 시 인증기준의 확인사항 중 생산물의 기준 확인은 아래와 같다.
>
> ㉠ 유기수산물 – 동물용의약품 잔류허용기준의 $\frac{1}{10}$ 이하
>
> ㉡ 무 항생제 수산물 – 동물용의약품 잔류허용기준의 $\frac{1}{2}$ 이하

26 수산물 현장심사 시 인증기준의 확인사항에 관한 설명 중 동물복지 및 질병관리에 대한 내용으로 가장 거리가 먼 것은?

① 질병발생 후의 처방전 및 동물용의약품 사용내역 기록관리 등의 여부 확인
② 동물용의약품 투약수조 관리 등의 여부 확인
③ 동물용의약품 보관함 별도 관리 및 잠금장치 여부 등의 확인
④ 출하 시의 휴약 기간 5배 경과여부 등의 확인

ANSWER ④ 출하 시 휴약 기간 2배 경과여부를 확인하여야 한다.

27 다음 중 수산물 이력제의 등록요건에 관한 설명 중 가장 옳지 않은 것을 고르면?

① 대상품목은 원양산을 포함한 모든 국산 수산물이다
② 신청자격은 수산물 이력제에 참가하고자 하는 생산, 유통, 판매업체 등이다.
③ 수산물 이력제의 등록기간은 5년이다.
④ 대상품목으로는 생산에서 판매에 이르기까지의 이력추적관리 및 리콜 등의 회수가 가능한 수산물이다.

ANSWER 수산물 이력제의 등록기간은 3년이다(3년까지 유효기간 연장 가능).

28 수산물 검역에 관한 내용 중 검역대상 지정 검역물에 대한 설명으로 가장 바르지 않은 것은?

① 정액 또는 란을 제외한 이식용 수산 동물
② 수산생물제품 중 냉장 및 냉동한 전복류 및 굴
③ 정액 또는 란을 포함한 식용, 관상용, 시험·연구조사용 수산생물 중 어류·패류·갑각류
④ 수산생물전염병의 병원체 및 이를 포함한 진단액류가 들어있는 물건

ANSWER 정액 또는 란을 포함한 이식용 수산 동물이다.

ANSWER 23.③ 24.④ 25.① 26.④ 27.③ 28.①

29 위해요소중점관리제도(HACCP)에 관한 설명 중 틀린 것은?

① HACCP란 식품의 안전위해를 확인, 평가 및 관리하기 위한 제도이다.
② 중요관리점(CCP)이란 식품위해를 방지·제거하거나 허용수준 이하로 관리하는 단계를 말한다.
③ HACCP은 우리나라의 독특한 체계이다.
④ HACCP 적용시 가공식품의 품질향상 및 교역증진 효과가 기대된다.

> **A**NSWER 위해요소중점관리(HACCP ; Hazard Analysis Critical Control Point)란 수산물에 위해물이 혼입 또는 잔류하거나 수산물이 오염되는 것을 방지하기 위해 위해가 발생할 수 있는 생산과정 등을 중점적으로 관리하는 것을 말한다. 해썹(HACCP)은 전 세계적으로 가장 효과적이고 효율적인 식품 안전 관리 체계로 인정받고 있으며, 미국, 일본, 유럽연합, 국제기구 등에서도 모든 식품에 HACCP을 적용할 것을 적극 권장하고 있다.

30 생산가공에 대한 시설관리 사항 중 주요 위생관리기준에 대한 설명으로 바르지 않은 것은?

① 생산가공시설 및 장비에 관한 특수조건
② 패류의 생산·가공 및 처리·서장·수송에 관한 기준
③ 일반 위생관리기준
④ 위해요소중점관리기준(HACCP)

> **A**NSWER 주요 위생관리기준
>   ㉠ 생산가공시설 및 장비에 관한 일반조건
>   ㉡ 일반 위생관리기준
>   ㉢ 패류의 생산·가공 및 처리·저장·수송에 관한 기준
>   ㉣ 위해요소중점관리기준

31 다음 중 수산물 검정항목 중 성격이 다른 하나는?

① 황색포도상구균   ② 인공감미료
③ 리스테리아   ④ 살모넬라

> **A**NSWER ①③④ 수산물 검정항목 중 세균에 속하며, ② 식품첨가물에 속한다.

32 수산물 검정항목에 대한 내용 중 일반성분에 해당하지 않는 것은?

① 트리메틸아민   ② 이산화황
③ 단백질   ④ 옥소린산

> **A**NSWER ④ 항생물질에 해당한다.
>   ※ 일반성분 … 수분, 화분, 지방, 조섬유, 단백질, 염분, 산가, 전분, 토사, 휘발성염기질소, 엑스분, 한천, pH, 당도, 히스타민, 트리메탈아민, 비타민 A, 아미노질소, 이산화황, 붕산, 일산화탄소 등

33 다음 수산물 검정항목에 관한 내용 중 항목 당 수수료가 나머지 셋과 다른 하나는?

① 휘발성염기질소, 토사
② 히스타민, 당도, 트리메틸아민
③ 일산화탄소
④ 열탕불용해잔사물, 엑스분

ANSWER 수산물 검정항목 및 수수료

	검역항목	단위	항목 당 수수료 (원)
일반성분	수분, 회분	1항목	8,000
	지방, 조섬유	1항목	26,000
	단백질, 산가, 염분, 전분	1항목	6,000
	휘발성염기질소, 토사	1항목	8,600
	열탕불용해잔사물, 엑스분	1항목	8,600
	수소이온농도, 제리강도(한천)	1항목	8,600
	히스타민, 당도, 트리메틸아민	1항목	8,600
	전질소, 아미노질소	1항목	26,000
	비타민 A	1항목	74,900
	이산화황	1항목	43,000
	붕산	1항목	20,000
	일산화탄소	1항목	6,000
식품첨가물	인공감미료	1짐	22,000
중금속	수은	1점	33,000
	구리, 납, 카드뮴	1점	76,700
	아연	1점	46,000
방사능	방사능	1점	50,000
세균	대장균군, 생균수, 분변계대장균	1항목	13,000
	살모넬라, 장염비브리오, 황색포도상구균, 리스테리아	1항목	15,000
항생물질	옥소린산(정성, 정량), 옥시테트라싸이클린 (정성, 정량)	1항목	20,000(정성) 40,000(정량)
독소	패류독소, 복어독소	1항목	53,100
바이러스	노로바이러스	1점	100,000
이식용 수산물어류질병	세균성, 곰팡이성 질병	1항목	15,000
	기생충성 질병	1항목	10,000
	바이러스성 질병	1항목	50,000
기타 (교부)	검정증명서 사본	1부	500

34 다음 수산물 검역대상 전염병에 관한 설명 중 패류 6종에 속하지 않는 것을 고르면?

① 제노할리오티스캘리포니엔시스감염증 ② 유행성궤양증후군
③ 전복바이러스성폐사증 ④ 마르테일리아감염증

ANSWER 검역대상 전염병

		전염병
어류	8종	잉어봄바이러스병, 유행성조혈기괴사증, 전염성연어빈혈증, 바이러스성출혈성패혈증, 잉어허피스바이러스병, 참돔이리도바이러스병, 유행성궤양증후군, 자이로닥틸루스증(자이로닥틸루스살라리스)
패류	6종	마르테일리아감염증(마르테일리아레프리젠스), 보나미아감염증(보나미아오스트래, 보나미아익시티오사), 제노할리오티스캘리포니엔시스감염증, 퍼킨수스감염증(퍼킨수스마리누스), 전복바이러스성폐사증
갑각류	7종	전염성피하 및 조혈기괴사증, 가재전염병, 흰반점병, 노란머리병, 전염성근괴사증, 타우라증후군, 흰꼬리병

35 다음 수산물 검역대상 전염병에 대한 내용 중 어류 8종에 해당하는 전염병으로 바르지 않은 것은?

① 잉어봄바이러스병 ② 보나미아감염증
③ 전염성연어빈혈증 ④ 자이로닥틸루스증

ANSWER 검역대상 전염병

		전염병
어류	8종	잉어봄바이러스병, 유행성조혈기괴사증, 전염성연어빈혈증, 바이러스성출혈성패혈증, 잉어허피스바이러스병, 참돔이리도바이러스병, 유행성궤양증후군, 자이로닥틸루스증(자이로닥틸루스살라리스)
패류	6종	마르테일리아감염증(마르테일리아레프리젠스), 보나미아감염증(보나미아오스트래, 보나미아익시티오사), 제노할리오티스캘리포니엔시스감염증, 퍼킨수스감염증(퍼킨수스마리누스), 전복바이러스성폐사증
갑각류	7종	전염성피하 및 조혈기괴사증, 가재전염병, 흰반점병, 노란머리병, 전염성근괴사증, 타우라증후군, 흰꼬리병

36 수산생물질병 관리법상 수산동물이 아닌 것은?

① 해조류 ② 극피동물
③ 갑각류 ④ 어류

ANSWER 수산동물이란 살아 있는 어류, 패류, 갑각류, 연체동물 중 두족류, 극피동물 중 성게류, 해삼류, 척색동물 중 미색류, 갯지렁이·개불류·양서류·자라류·고래류와 그 정액 또는 알을 말한다. 해조류는 수산식물에 해당한다.

37 수산물 검역대상 전염병에 관한 내용 중에서 갑각류에 해당하지 않는 것은?

① 타우라증후군
② 유행성조혈기괴사증
③ 노란머리병
④ 가재전염병

Ⓐnswer 검역대상 전염병

		전염병
어류	8종	잉어봄바이러스병, 유행성조혈기괴사증, 전염성연어빈혈증, 바이러스성출혈성패혈증, 잉어허피스바이러스병, 참돔이리도바이러스병, 유행성궤양증후군, 자이로닥틸루스증(자이로닥틸루스살라리스)
패류	6종	마르테일리아감염증(마르테일리아레프리젠스), 보나미아감염증(보나미아오스트래, 보나미아익시티오사), 제노할리오티스캘리포니엔시스감염증, 퍼킨수스감염증(퍼킨수스마리누스), 전복바이러스성폐사증
갑각류	7종	전염성피하 및 조혈기괴사증, 가재전염병, 흰반점병, 노란머리병, 전염성근괴사증, 타우라증후군, 흰꼬리병

38 수산물 검역방법에 관한 내용 중 서류검사는 검역신청서 및 첨부서류의 적정성 여부를 하게 되는데 처리기간은 얼마인가?

① 10일
② 6일
③ 4일
④ 2일

Ⓐnswer 수산물 검역방법에 관한 내용 중 서류검사는 검역신청서 및 첨부서류의 적정성 여부를 하게 되는데 처리기간은 2일이다.

39 수산물 검역방법에 관한 설명 중 임상검사는 지정검역물에 대한 유영 및 행동, 외부소견 및 해부학적 소견 등을 종합해서 검사하게 되는데 이에 대한 처리기간은?

① 1일
② 3일
③ 5일
④ 7일

Ⓐnswer 수산물 검역방법에 관한 설명 중 임상검사는 지정검역물에 대한 유영 및 행동, 외부소견 및 해부학적 소견 등을 종합해서 검사하게 되는데 이에 대한 처리기간은 3일이다.

Ⓐnswer 34.② 35.② 36.① 37.② 38.④ 39.②

40 수산물 검역방법에 관한 내용 중에서 정밀검사는 분자생물학적, 병리조직학적, 혈청학적 및 생화학적 분석방법 등으로 검사하게 된다. 이 때 정밀검사의 처리기간은 얼마인가?

① 15일   ② 13일
③ 11일   ④ 10일

> **A**NSWER 수산물 검역방법에 관한 내용 중에서 정밀검사는 분자생물학적, 병리조직학적, 혈청학적 및 생화학적 분석방법 등으로 검사하게 되는데, 이 때 정밀검사의 처리기간은 15일이다.

41 수산물·수산가공품 검사기준에 관한 내용 중 수산물 등의 표시기준에 의거하여 표시해야 하는 항목에 속하지 않는 것은?

① 원산지명   ② 제품명
③ 가격   ④ 중량

> **A**NSWER 수산물 등의 표시기준에 의거하여 표시해야 하는 항목
> ㉠ 원산지명
> ㉡ 제품명
> ㉢ 중량(내용량)
> ㉣ 업소명(제조업소명 또는 가공업소명)

42 다음 내용을 읽고 괄호 안에 들어갈 말로 적절한 것을 고르면?

> LMO 수산물에 대한 연구는 질병내성, 성장촉진 등의 분야에서 다양하게 진행되어 연어, 무지개송어, 형광송사리, 틸라피아 등 전 세계적으로 대략 (   )이 넘는 어류를 대상으로 해서 유전자 변형이 시도된 바 있다.

① 20종   ② 25종
③ 30종   ④ 35종

> **A**NSWER LMO 수산물에 대한 연구는 질병내성, 성장촉진 등의 분야에서 다양하게 진행되어 연어, 무지개송어, 형광송사리, 틸라피아 등 전 세계적으로 대략 35종이 넘는 어류를 대상으로 해서 유전자 변형이 시도된 바 있다.

43 다음 수산물의 위생관리 대상 중 인간이 이를 섭취했을 시에 치명적 해를 입을 수 있는 요소에 해당하지 않는 것은?

① 대장균
② 중금속
③ 음용수
④ 항생 물질

ANSWER 수산물의 위생관리 대상 중 인간이 이를 섭취했을 시에 치명적 해를 입을 수 있는 요소로는 대장균, 중금속, 어패류의 독, 항생물질, 세균 등이 있다.

44 다음 중 해양 독소로 인한 식중독의 예방법으로 옳지 않은 것은?

① 수산물은 낮은 온도에 보관해서 부패를 막는다.
② 직접적으로 잡아 판매하는 생선 및 조개류를 먹는다.
③ 조개류 채취 전 해당 지역의 적조 상황을 체크한다.
④ 조리된 어패류가 모두 안전하다고 생각해서는 안 된다.

ANSWER ② 직접적으로 잡아 판매하는 생선 및 조개류는 먹지 않는다.
　　　 ※ 예방책
　　　　 ㉠ 여름철에는 어패류를 날 것으로 먹지 말고 가열 조리하여 섭취할 것
　　　　 ㉡ 수산 식품은 저온에서 보관 및 유통할 것
　　　　 ㉢ 선도가 나쁜 어패류는 섭취하지 말 것
　　　　 ㉣ 복어 등의 어패류는 반드시 자격 소지자가 조리하여 섭취할 것
　　　　 ㉤ 어패류는 민물로 깨끗이 세척하여 조리할 것
　　　　 ㉥ 손, 주방 기구, 조리대는 세제로 깨끗이 닦고 잘 말릴 것
　　　　 ㉦ 간염이나 화농성 질환이 있는 사람은 조리하지 말 것

45 다음 중 수산물에 대한 특징으로 보기 어려운 것은?

① 생산지역 및 계절적인 편의
② 계획 생산의 어려움
③ 생산의 다종 다양성
④ 부패 및 변질의 어려움

ANSWER 수산물은 부패 및 변질이 쉽게 발생한다.
　　　 ※ 수산물의 특징
　　　　 ㉠ 생산지역 및 계절적인 편의
　　　　 ㉡ 계획 생산의 어려움
　　　　 ㉢ 생산의 다종 다양성
　　　　 ㉣ 부패 및 변질의 용이성

 ANSWER 　40.① 41.③ 42.④ 43.③ 44.② 45.④

46 식중독에 대한 원인균 중 성격이 다른 하나는?

① 병원성 대장균 ② 비브리오 패혈증
③ 테트로도톡신 ④ 리스테리아균

ANSWER 병원성 대장균, 비브리오 패혈증, 리스테리아균은 세균성 식중독이며, 테트로도톡신은 동물성 자연독에 해당한다.
※ 식중독 분류

세균성 식중독	감염형 식중독	장염 비브리오균, 살모넬라균, 리스테리아균, 비브리오 패혈증, 병원성 대장균
	독소형 식중독	보툴리눔균, 포도상구균
동물성 자연독에 의한 식중독	복어 독	테트로도톡신
	조개류 독	설사성 조개류 독
		마비성 조개류 독
		기억 상실성 조개류 독
		기타 조개류 독
알레르기성 식중독	히스타민의 생성	

47 다음 중 동물성 자연독에 의한 식중독에 해당하지 않는 것은?

① 설사성 조개류 독 ② 포도상구균 독
③ 기억 상실성 조개류 독 ④ 마비성 조개류 독

ANSWER 포도상구균은 세균성 식중독 가운데 독소형 식중독이다.
①③④ 동물성 자연독에 의한 식중독 가운데 조개류 독이다.

48 어패류에 의한 동물성 자연독 중에서 복어 독은 사람에게 치명적인 신경 독이다. 복어의 조직 중에서 독소가 가장 많이 함유되어 있는 부분은 어디인가?

① 방광 ② 뇌, 아가미
③ 간장, 난소 ④ 쓸개

ANSWER 복어는 독을 가진 것으로 유명한데 난소와 간장에 강독이 많이 들어 있다.

49 다음 중 장염 비브리오에 의한 식중독의 내용으로 가장 바르지 않은 것은?

① 어패류가 주원인 식품이다.

② 오염되어진 어패류에서부터 행주나 조리기구 등을 통해 2차 오염이 우려된다.

③ 열에 강하고 소금물에 잘 사멸한다.

④ 특히 4계절 중 여름철 연안의 해수 등에 널리 분포되어 있다.

ANSWER 장염 비브리오균은 열에 약하고 민물에 잘 사멸한다.

※ 장염 비브리오균에 의한 식중독

원인세균 특징	• 호염성 세균 • 무포자 간균 • 열에 약하며 민물에 잘 사멸
중독 증상	• 급성 위장염 증상 • 격렬한 복통, 설사 • 오한, 발열, 두통 • 여름철 연안 해수에 널리 분포
원인 식품	• 어패류의 가공품 • 어패류가 주원인인 식품 • 도시락 등의 복합 조리 식품 • 생선회, 초밥 등의 생식 • 오염된 어패류로부터 조리기구, 행주, 손 등을 통해 2차 오염
예방책	• 수돗물로 세척 • 가열 섭취 • 조리 기구, 행주 소독 • 어패류 구입 즉시 냉장 보관 • 조리 후 신속히 섭취 • 저온 유통 체계

50 다음 중 살모넬라균에 의해 발생되는 식중독에 대한 설명으로 부적합한 것은?

① 내열성이 작다.
② 식품은 가열 조리해서 최대한 빨리 섭취해야 한다.
③ 설사, 복통, 구토 증세를 보인다.
④ 조리자의 경우에는 정기적인 검진을 받아야 한다.

ANSWER 살모넬라균은 내열성이 크다.

※ 살모넬라균에 의해 발생되는 식중독

원인세균 특징	• 장내 세균 • 그람 음성 간균 • 내열성이 크다
중독 증상	• 복통, 설사, 발열, 구토 증세 • 1주일 내 회복 • 5~10월에 주로 발생 • 발생 빈도가 높다
원인 식품	• 육류 및 그 가공품, 우유 및 유제품 • 어패류 및 그 가공품 • 가축, 가금류의 장관 내 보균 • 보균 동물의 육을 생식
예방책	• 가열 조리해서 빨리 섭취 • 저온 유통 • 파리, 쥐, 바퀴벌레 제거 • 조리자 정기 검진

51 다음 중 리스테리아균으로 인해 발생하게 되는 식중독에 대한 설명으로 가장 옳지 않은 것은?

① 노약자나 신생아 또는 임산부에게 유산 또는 수막염 등을 초래한다.
② 식품을 가열 조리한 후 빨리 섭취해야 한다.
③ 저온 상태에서는 증식이 거의 이루어지지 않는다.
④ 건강한 사람의 경우에는 감기 증세를 보이게 된다.

ANSWER 리스테리아균은 저온 상태에서도 증식이 활발하게 이루어진다.

※ 리스테리아균으로 인해 발생하게 되는 식중독

원인세균 특징	• 인축 공통 병원균 • 그람 양성균 • 고염, 저온 상태에서도 증식 활발
중독 증상	신생아, 임산부, 노약자에게는 수막염, 패혈증, 유산 등을 초래
원인 식품	• 냉동 수산물, 냉동 만두, 냉동 피자 등의 냉동 식품 • 건강한 사람은 감기 증세 • 살균하지 않은 우유
예방책	• 가열 조리해서 빨리 섭취 • 식육의 생식 • 식육, 어패류의 생식 금지 • 냉장고 청결 유지

52 다음 중 비브리오 패혈증에 대한 설명으로 가장 거리가 먼 것은?

① 고온 유통체계를 유지해야 한다.
② 편모를 지니고 운동성이 있다.
③ 새우, 굴, 오징어 등에 부착되어 서식한다.
④ 어패류 구입하자마자 바로 냉장 보관해야 한다.

ANSWER 저온 유통체계를 유지해야 한다.

※ 비브리오 패혈증

원인세균 특징	• 비브리오 불니피쿠스가 원인균으로 작용 • 비브리오 속 세균 • 무포자 간균 • 그람 음성균 • 호염성 세균 • 편모를 지니고 운동성이 있음 • 열에 약함
중독 증상	• 어깨, 팔, 다리에 수포 발생 • 오한, 발열, 심한 통증 • 간 기능이 저하된 사람은 패혈증으로 발전 • 피부가 자색으로 병변 • 사망률이 높다 • 여름철 서남 해안 지역에서 주로 발생
원인 식품	• 대합, 굴, 홍합 등의 패류와 게, 새우, 오징어, 낙지 등 • 어패류 생식 • 불충분하게 조리한 젓갈 또는 생선 • 해수와의 접촉을 통해 감염
예방책	• 하절기 어패류 검사 철저 • 가열 조리 섭취 • 어패류 구입 즉시 냉장 보관 • 간 질환자, 알코올 중독자, 신체 허약자들은 기간 내 어패류의 생식 금지 • 상처나 피부를 해수에 접촉시키지 말 것 • 저온 유통 체계를 유지

ANSWER 50.① 51.③ 52.①

53 다음 유해 중금속에 대한 내용 중 카드뮴에 관한 설명으로 틀린 것은?

① 고혈압, 신장손상, 단백뇨 등을 일으킨다.

② 뼈가 연화되어 골절이 발생한다.

③ 플라스틱 안정제, 식기 도금으로 사용된 카드뮴이 용출되어 식품을 오염시킨다.

④ 미나마타병을 일으킨다.

ANSWER 카드뮴은 이타이이타이병을 일으키며, 미나마타병의 원인은 수은이다.

※ 유해 중금속

카드뮴 (Cd)	급성 중독	소화관 장애
	만성 중독	신장기능 장애, 관절 통증, 골연화증

54 다음 중 중금속에 대한 설명으로 가장 바르지 않은 것을 고르면?

① 정상적인 물질 대사를 저해하고 강한 독성을 끼친다.

② 무해 중금속으로는 수은(Hg), 비소(As), 납(Pb), 카드뮴(Cd), 주석(Sn) 등이 있다.

③ 생물체 내에서 배출되지 않고, 오히려 체내에 축적되어 부작용을 유발하게 된다.

④ 체내의 단백질과 질 반응해서 단백질 고유의 구조를 파괴시킨다.

ANSWER 유해 중금속으로는 수은(Hg), 비소(As), 납(Pb), 카드뮴(Cd), 주석(Sn) 등이 있다.

※ 중금속의 특징

유해 중금속	비소, 수은, 카드뮴, 납, 주석 등
인체 유해성	• 체내의 단백질과 잘 반응해서 단백질 고유 구조를 파괴 • 생물체 내에서 배출되지 않고 체내에 축적되어 부작용을 유발 • 정상적인 물질 대사를 저해하고 강한 독성을 끼침
체내 축적 원인	• 부적절한 기구, 용기, 포장에서 식품을 오염 • 산업 폐기물, 공장의 폐수 등에 의한 환경 오염으로 식품을 오염 • 식품의 제조, 가공 등에 혼입되어 식품을 오염

55 유해 중금속에 대한 내용 중 비소(As)에 관한 설명으로 부적절한 것은?

① 새우, 굴, 어류 등에 함유되어 있다.

② 신경 장애, 소화기관의 장애, 간암, 피부암 등을 유발한다.

③ 자연적으로 함유된 비소라도 상당한 문제를 일으키게 된다.

④ 식품의 생산, 제조 및 가공 중에 혼입된 경우에 문제가 발생하게 된다.

ANSWER 자연적으로 함유되어진 비소의 경우에는 문제되지 않는다.

ANSWER 53.④ 54.② 55.③

수산 일반

CHAPTER

01

제 4 과목 수산 일반

수산업 개요

1 수산업의 개념 및 특성

(1) 수산업의 개념

① **수산업** : 수산업이란 영리를 목적으로 물 속에서 생산되는 수산자원을 인류생활에 이용하기 위해 어획, 양식, 제조, 가공 등을 하는 산업을 말한다. 대한민국은 국토의 삼면이 바다로 둘러싸여 있으며, 수심이 얕은 대륙붕과 넓은 간석지 등이 넓게 분포되어 있어 수산업에 좋은 입지 조건을 가지고 있다. 수산업은 국가 기간산업으로써 국민의 기본적인 생활에 필요한 식량을 공급하고 있으며, 수산업을 통해 생산되는 수산물은 국민 건강의 중추적 역할을 담당하고 있다.

② **수산업의 구분** : 수산업은 수산물을 생산하는 방법에 따라 크게 어업, 양식업, 수산가공업으로 나뉜다.

　㉠ **어업** : 어업은 수산물을 생산하는 수산업의 한 종류로써 수산동식물을 포획·채취하거나 양식하는 사업을 말한다. 어업은 수산업 중에서 가장 많은 종사자와 생산량을 차지하는 분야이기 때문에 어업을 수산업과 혼동하는 경우가 많지만 어업은 수산업의 한 분야일 뿐이며, 양식업은 어업 하위군에 속하는 활동이다.

　㉡ **어획물운반업** : 어업현장에서 목적지까지 어획물이나 그 제품을 운반하는 사업을 말한다.

　㉢ **수산물가공업** : 수산동식물을 직접 원료 또는 재료로 하여 식료·사료·비료 또는 가죽을 제조하거나 가공하는 사업을 말한다.

　㉣ **기타 수산 관련 산업** : 어업, 어획물 운반업, 수산물가공업 이외에도 수산물 판매, 유통, 어구 제작 등이 있다.

> **참고 수산업의 특성**
> - 수산물의 생산량은 매년 일정하지 않다.
> - 수산 생물자원의 주인은 명확하지 않다.
> - 생산은 수역의 위치 및 해양 기상 등의 영향을 많이 받는다.
> - 수산 생물자원은 관리를 잘하면 재생성이 가능한 자원이다.

▶ 수산업의 구분

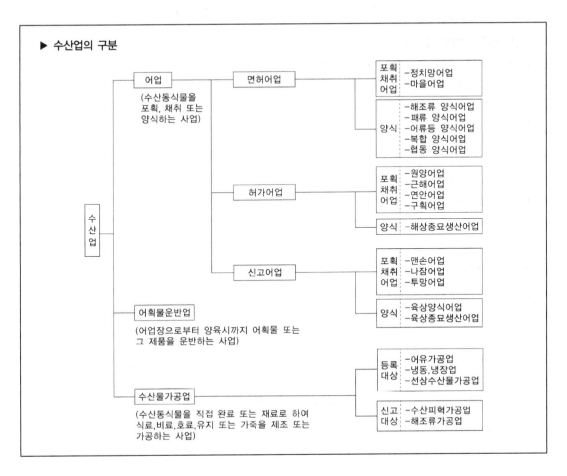

(2) 수산업의 중요성

① 수산물은 농산물과 다르게 따로 재배 기간이 필요하지 않다. 그러므로 원하는 경우 수산물을 어획하여 공급이 가능한 식량의 안정적 조달 기능을 지니고 있다.

② 수산생물자원은 청색혁명, 생명공학 및 신물질산업 발전의 중요한 투입요소로서의 기능을 가지고 있어, 미래 산업발전의 원동력이 될 수 있다. 더불어 청색혁명의 기본은 바다에 서식하는 수산생물자원에 기원을 두고 있고, 새로운 미래의 산업으로 부상하고 있는 생명공학이나 신물질산업 또한 그 원료를 육상에서 찾는 데는 한계가 있어 바다에서 가능성을 찾아야 한다.

③ 수산업은 식량, 생태계 보존 등의 다원적인 기능을 수행하면서 어촌과 어업의 지속 가능한 발전을 지탱하는 원천이다.

④ 수산생물자원은 우리나라가 보유하고 있는 자연자원 중 경제적 가치가 가장 높은 자원임과 동시에 식량공급원으로서의 기능을 담당하고 있다. 그러므로 수산업은 국민 식량공급 기능과 국부 창출을 담당하는 산업으로서의 중요성이 있다.

⑤ 또한, 어업인 삶의 터전과 고용 기회를 제공하게 되는데, 이러한 어업활동은 소득의 창출 및 고용효과를 이끌어 내 국가경제 발전에도 기여한다.

> ### 참고 국내 수산업의 중요성
>
> • 식품 안전의 보장 면에서 중요 역할을 담당
> • 인간에게 필요로 하는 각종 영양분을 균형 있게 공급함으로 인해 인간의 신체건강 증진에 공헌
> • 식품의 안정적인 공급원
> • 국가의 안보에 이바지
> • 연안 지역 경제개발에 있어서 중요한 위치를 차지
> • 전통문화의 형성 및 유지 등에 공헌
> • 해양 레크리에이션의 발전에 기여
> • 환경보전에 이바지

(3) 수산업 환경

① 국내 수산업에 대한 자연적 입지 요건
　　㉠ 국내는 북반구의 북태평양에 위치하고 있고, 3면이 바다로 둘러싸인 해양 국가로 해안선이 총 연장은 14,533km(남쪽 11,542km)이다.
　　㉡ 그리고 연안에는 섬이 4,198개(남쪽에 3,153개)가 산재해 있이 수산업이 빌딜하기에 너없이 좋은 입지 조건을 지니고 있다.
　　㉢ 더불어 국내가 관할하는 바다의 넓이는 447,000km²로써 육지 면적의 대략 4.5배가 된다.
　　㉣ 그 외 북동 태평양의 서편을 따라서 흐르는 쿠로시오 해류에서 빠져 나온 쓰시마 난류와 동해 북쪽으로부터 리만 해류, 북한 한류 등이 남하하고 있다.
　　㉤ 이로 인해 한류성 및 난류성의 수산 생물자원에 대한 종류가 다양하면서도 풍부하다.
② 남해의 환경
　　㉠ 국내의 남해는 넓이가 대략 7만 5천km²이고, 동해 및 서해의 중간적인 해양의 특성을 지니고 있어서, 쓰시마 난류가 제주 동편에서 대한 해협을 거쳐서 동해로 흘러 들어간다.
　　㉡ 여름철의 경우 난류의 세력이 강해지면 표면의 수온은 30℃까지 올라가게 되고, 겨울에는 연안을 제외하고서는 10℃ 이하로 내려가는 경우가 거의 없다.
　　㉢ 그렇기에 난류성 어족의 월동장이 되고, 봄과 여름에는 산란장이 되고 있으며, 겨울에는 한류성의 어족인 대구의 산란장이 되고 있다.
　　㉣ 국내의 남해안에서 대구가 많이 어획되는 것도 이러한 이유 때문이다.
　　㉤ 또한, 남해는 수산 생물의 종류가 다양하면서도 자원이 풍부해 좋은 어장이 형성된다.
　　㉥ 조류 및 조석은 동해보다는 강하며 황해보다는 약하다.

③ 서해의 환경

    ㉠ 국내의 서해는 넓이가 대략 40만 4천km²이고, 평균 수심은 대략 44m이며, 이 중 가장 깊은 곳은 대략 103m이다.

    ㉡ 국내의 서해안에는 광활한 간석지가 발달되어 있고, 염분의 경우에는 33.0‰ 이하로 낮아 계절에 따른 염분 및 수온의 차가 심하다.

    ㉢ 또한, 조석 및 간만의 차가 심하며, 강한 조류로 인해 수심이 얕은 연안에서는 상·하층수의 혼합이 왕성해, 이로 인한 외양수 및 연안수 사이에 조석전선이 형성되기도 한다.

    ㉣ 더불어 겨울에는 수온이 표면 및 해저가 거의 같이 낮아지나, 여름의 경우에는 표층 수온이 24~25℃로 높아지지만, 서해 중부의 해저에는 겨울철에 형성된 6~7℃의 냉수괴가 그대로 남아 있는 관계로 냉수성 어류의 분포에 영향을 미치게 된다.

④ 동해의 환경

    ㉠ 동해의 경우에는 넓이가 대략 100만 8천km²이고, 연안에서부터 대략적으로 10해리만 나가면 수심이 200m 이상으로 깊어지게 되며, 해저가 급경사로 이루어져 있다.

    ㉡ 또한, 깊은 곳의 경우에는 대략 4,000m이고, 평균적인 수심은 대략 1,700m이다.

    ㉢ 더불어서 동해의 하층에는 수온이 0.1~0.3℃, 염분은 34.0~34.01‰(천분율, Per mille)의 동해 고유수가 있으며, 그 위에는 따뜻한 해류인 동한 난류가 위층을 흘러간다.

- 방어정치망 어업
- 오징어 채낚기 어업
- 꽁치 걸그물 어업
- 명태연승 및 자망어업
- 계통발 어업

(4) 세계 수산 어장

① 태평양 북부 어장
  - ㉠ 태평양 북부 어장은 북동 태평양 어장과 북서 태평양 어장을 포함하고 있으며, 중국, 쿠릴열도, 연해주, 캐나다 및 미국의 태평양 북부의 구역까지 상당히 넓은 해역으로서 세계 최대의 어장이다.
  - ㉡ 북동 태평양 어장은 소비 시장 거리기 먼 관계로 수산 가공입이 발달되어 있다.
  - ㉢ 타 어장보다 늦게 개발되었지만, 어획량이 급격히 증가하고 있다.
  - ㉣ 태평양 북부 어장의 경우에는 특히 명태·대구류, 청어·정어리류, 연어류, 적어류, 전갱이류, 참치류, 넙치·가자미류 등 어류와 새우, 게 등 갑각류 및 굴, 대합 등 조개류, 더불어서 해조류의 생산이 많다.
  - ㉤ 또한, 북서 태평양 어장은 쿠릴 해류와 쿠로시오 해류기 만나시 조경 수역을 만들너 내륙붕의 발달로 인해 좋은 어장의 조건을 지니고 있으므로 어획량이 가장 많은 어장이다.
  - ㉥ 국내는 이러한 어장에서 미국, 일본, 중국, 캐나다, 러시아 등의 여러 국가와 함께 조업하고 있으며, 어업에 관한 조약 및 협정 등을 체결하고 있다.

② 북서 대서양 어장
  - ㉠ 북서 대서양 어장은 래브라도 반도, 캐나다의 뉴펀들랜드, 노바스코샤 반도 및 미국의 메인주, 뉴잉글랜드 지방 일대의 북아메리카 동해안 해역을 의미한다.
  - ㉡ 어획물로는 청어류 및 대구류가 주 대상 어종이며, 고등어류, 새우류, 가자미류, 적어류, 오징어류, 가리비, 굴 등의 생산이 많으며, 무엇보다도 트롤 어장으로 적합한 관계로 많은 원양 어업국들이 출어해서 조업하고 있다.
  - ㉢ 이 어장의 경우에는 해안선의 굴곡이 심하며, 퇴(bank)와 여울(shoal) 등이 많으며, 멕시코 만류의 북상 난류 및 래브라도 한류가 만나서 좋은 어장을 형성한다.
  - ㉣ 하지만, 최근에 들어서는 남획에 의한 자원 고갈을 막기 위해 수산물에 대한 자원관리가 엄격해지고 있다.

③ 북동 대서양 어장
  - ㉠ 북동 대서양 어장은 북해의 대륙붕을 중심으로 한 대서양 북동부 해역으로서 북대서양 해류 및 동 그린란드 해류가 만나서 조경 수역이 발달해 어족 자원이 풍부하다.

ⓒ 더불어 일찍부터 연안국에 의해 고도로 개발되었고, 수산물의 소비지인 유럽의 여러 국가가 인접해 있으므로 어장으로서 상당히 유리한 조건을 지니고 있다.

ⓔ 북동 대서양 어장의 주요 어획물로는 대구를 비롯해 전갱이, 청어, 적어류(볼락류) 등이 있으며, 그 외 굴, 갑각류, 담치, 진주 등이 있으나, 점차적으로 어획량이 감소하는 추세에 있다.

▶ 세계의 어장

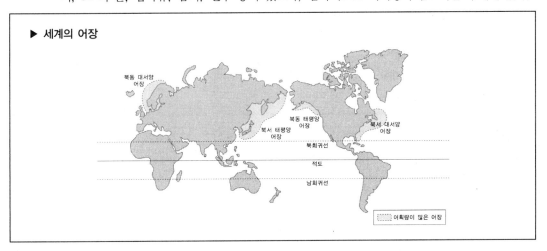

(5) 수산자원 일반

① 수산생물 특성

ⓐ 수산식물의 경우 물에 잘 뜰 수 있는 대형구조를 취하고 있다.

ⓑ 육상생물에 비해 수산생물은 해양이라는 환경으로 되어 있어 종족 보존에 유리하다.

ⓒ 해양 및 육지 생태계의 일반적인 차이점

생태적 요소의 구분	해양	육지
매체 및 특성	물이며, 균일하다.	공기이며, 다양하다.
온도 및 염분	변화 폭이 -3~5도로 좁다.	변화 폭이 -40~40도로 넓다.
산소량	6~7ml/L	대기의 20%, 200ml/L
태양광	표층에 일부 존재하고 거의 들어가지 않음	거의 모든 곳에 빛이 들어감
중력	무중력 상태이고, 부력 작용	중력 작용
체물질의 조성	단백질	탄수화물
분포	넓다	좁다
종의 다양성	종의 수는 적고, 개체 수는 많다.	종의 수는 많고, 개체 수는 적다.
적으로부터의 방어 및 행동	거의 노출되고, 느리다.	숨을 곳이 많고, 빠르다.
난의 크기	작다	크다
유생기	유생 시기가 있으며 길다.	유생 시기가 없다.
생식 전략	다산다사	소산소사
먹이 연쇄	길다	짧다

② 정부의 수산업 진흥 정책
　　㉠ 양식 기술의 개발
　　㉡ 새로운 어장의 개척
　　㉢ 수산물의 안정적인 공급
　　㉣ 어항 시설의 확충 및 어선의 대형화
　　㉤ 원양 어획물의 가공 및 공급의 확대
　　㉥ 수출시장의 다변화
　　㉦ 해외 어업협력의 강화
　　㉧ 어업 경영의 합리화

참고 수산물의 특징

• 생산지역 및 계절적인 편의
• 계획 생산의 어려움
• 생산의 다종 다양성
• 부패 및 변질의 용이성

---

2 수산업의 현황과 발달

(1) 어업의 개요

① 어업 : 어업이란 영리를 목적으로 수산생물을 잡거나 기르는 행위를 말한다. 물고기나 해조류, 갑각류 따위를 인공적으로 길러서 번식하게 하는 양식업도 어업의 한 부분으로서 잡는 어업에서 비롯된 생물자원 고갈 문제를 해결할 수 있는 중요한 어로활동이다. 일반적으로 어업이라 함은 잡는 어업을 가리키며, 잡는 어업은 어로활동이 이루어지는 장소에 따라 바다에서 하는 '해면어업'과 담수에서 하는 '내수면어업'으로 나누어진다.
　㉠ 해면어업 : 바다생물을 대상으로 하는 어업을 말한다. 해면어업은 보통 활동 장소에 따라 연안어업, 원양어업, 근해어업으로 구분한다.

구분	내용
연안어업	육지에서부터 가까운 연안의 수역에서 소형어선을 이용하여 수산물을 어획하는 어로 행위를 말한다.
원양어업	육지에서 멀리 떠난 원양에 출어하여 수일 혹은 수개월 간에 걸쳐 어장에 체류하는 대규모 어업을 말한다.
근해어업	연안어업이 아침에 출어하여 석양에 돌아올 수 있는 거리 안에서 이루어지는 어업이라면 근해어업은 그보다 조금 멀리 조업을 하는 것으로 2~3일 정도 출어하여 조업하는 어업이다. 연안어업과 원양어업의 중간인 어업이다.

ⓛ 내수면어업 : 하천, 댐, 호수, 늪, 저수지와 그 밖에 인공적으로 조성된 담수나 기수와 같은 내
수면에서 수산동식물을 포획·채취하거나 양식하는 사업을 말한다. 해안에서 하는 어업과 마
찬가지로 내수면에서 수산물을 포획하거나 채취를 하는 활동을 할 경우 특별자치도지사·시
장·군수·구청장의 면허 또는 허가를 받아야 한다.

▶ **어업의 특성**

어업은 낚시와 달리 일회성이나 재미를 목적으로 하는 것이 아니라 영리를 목적으로 계속성과 반복성
을 갖는다.

---

(2) 우리나라의 어업 환경

① **온난화 가속** : 지구의 온난화가 심화되면서 우리나라 연안에서도 열대성 어류와 해파리들이 출몰
하는 것으로 나타났다. 근해어장에서 흔하게 잡히던 명태와 대구는 이제 자취를 감추고 있으며
그 자리를 열대성 생물들이 차지하고 있다.

② **해파리 증가** : 우리나라도 해마다 유해한 대형해파리, 노무라입깃해파리들의 숫자가 증가함에 따
라 양식장을 비롯한 어로활동에도 큰 피해를 주고 있다. 이를 대처하기 위해 국립수산과학원에
서는 '해파리정보센터'를 운영하고 있다. 이곳에서는 해파리 출현 및 이동경로를 모니터링하고 있
으며, 국민과 정부 기관이 협력하는 모니터링 체계를 구축하고 정보를 연계·공유하는 종합적인
대응체계를 구축하고 있다.

③ **수질 오염** : 대부분의 강물과 지하수는 바다로 흘러들어 가기 때문에 강물과 지하수의 오염은 결
국 해양 오염으로 이어진다. 바다는 매우 넓고, 많은 물을 포함하고 있어서 육지에서 흘러 들어
가는 오염 물질을 희석시킬 수 있고, 또 많은 해양 생물이 자정 작용을 하기 때문에 오염에 의
한 피해가 쉽게 나타나지 않는다. 그러나 최근에는 오염 물질이 자정작용의 한계치보다 더 많이
유입되고 수온이 높아져서 적조 현상이 발생하기도 한다. 이러한 바다 오염으로 생태계가 파괴
되고, 양식 어류 등이 죽어 큰 피해로 이어지기도 하며, 이로 인해 더 큰 해양 오염이 발생한다.

---

(3) 우리나라 어장

① **동해**

ⓐ **특성** : 우리나라의 동해의 특징은 연안에서 대략 10해리 이상 나가면 수심이 200m 이상으로
깊어지고 해저는 급경사를 이루며 수심은 가장 깊은 곳이 약 4,000m 정도로 알려져 있으며
평균수심은 1,400m에 이른다.

ⓑ **주요 어항** : 동해안은 해안선이 단조로워 항구의 발달은 불리한 편이며, 속초, 주문진, 포항,
장생포 등이 주요 어항이다.

수
산
일
반

ⓒ 주요 어종

구분	종류
어류	• 난류성 – 고등어, 꽁치, 방어, 삼치, 상어 등 • 한류성 – 대구, 명태, 도루묵 등
갑각류	왕게, 털게, 철모새우 등
연체류	오징어, 문어, 소라, 전복 등
해조류	미역, 다시마 등

② 서해

ⓐ 특성 : 계절에 따라 수온과 염분의 변화가 심한 서해안은 평균수심이 44m, 최대수심 103m이다. 전체가 대륙붕으로 이루어져 있으며, 간석지가 발달하여 양식업이 활발히 이루어진다.

ⓑ 주요 어항 : 인천·군산 등이 주요 어항이며, 조차가 커서 독(dock)과 같은 항만시설이 잘 발달하였다.

ⓒ 주요 어종

구분	종류
어류	조기, 민어, 고등어, 강달이, 삼치, 준치, 홍어 등
패류	바지락, 대합, 전복, 굴 등
연체류	오징어 등
갑각류	새우, 젓새우, 꽃게 등

③ 남해

ⓐ 특성 : 평균 수심이 100m 정도이며, 여름철에 난류 세력이 강해지면 표면 수온은 30℃까지 높아지고, 연안을 제외하고는 겨울에도 10℃ 이하로 내려가는 일은 거의 없어 어로활동이 안정되어 있다.

ⓑ 주요 어항 : 부산, 마산, 제주 등이 주요 어항이다.

ⓒ 주요 어종

구분	종류
어류	• 난류성 – 멸치, 고등어, 전갱이, 삼치, 방어, 갈치, 쥐치, 붕장어, 도미, 숭어 등 • 한류성 – 대구, 돌묵상어 등
패류	굴, 바지락, 소라, 전복, 대합 등
해조류	김, 미역, 우뭇가사리 등
극피류	해삼, 성게 등

> **▶ 리아스식 해안**
>
> 리아스식 해안은 하천에 의해 침식되어 형성된 지형으로 해안선이 복잡하나 복잡한 해안선 때문에 상대적으로 물이 잔잔하고 양식에 알맞은 지형이다. 우리나라의 남해안과 서해안이 리아스식 해안에 속한다.

(4) 어업과 어선

① 어획 대상물과 어법에 따른 분류

    ㉠ 유자망 어선 : 수건 모양의 그물을 수면에 수직으로 펼쳐서 조류를 따라 흘려보내면서 그물코에 꽂히게 하여 잡는 어선을 말한다. 꽁치, 멸치, 삼치, 상어 등이 주요 대상 어종이다.

    ㉡ 예망 어선 : 예망이란 어구를 수평 방향으로 일정한 시간 동안 끌어서 어획하는 그물류를 총칭한다. 예망 어선으로는 보통 기선저인망, 트롤, 기선 권현망, 범선저인망 등이 있다.

    ㉢ 선망 어선 : 선망어업은 긴 사각형의 그물로 어군을 둘러쳐 포위한 다음 발줄 전체에 있는 조임줄을 조여 어군이 그물 아래로 도피하지 못하도록 하고 포위 범위를 점차 좁혀 대상 생물을 어획하는 어업으로 근해 대형선망, 다랑어 선망 어선 등이 있다.

    ㉣ 연승 어선 : 연승어선은 낚시(주낙 등)를 여러 개 달아 잡는 것으로 상어 연승, 다랑어 연승 어선 등이 있다.

    ㉤ 채낚기 어선 : 낚시 1개 또는 여러 개를 단 어구를 이용하여 낚시가 달린 줄을 낚싯대, 자동조획기, 수동조획기 등을 이용하여 수산동물을 낚거나 채어서 잡는 어업을 채낚기 어업이라 하며 주요 대상 어종은 오징어, 가다랭이 등이 있다.

    ㉥ 통발 어선 : 대나무나 그물로 만든 함정(통발)을 이용해 어획하는 어업으로 장어, 게 등이 주요 대상이다.

    ㉦ 안강망 어선 : 안강망은 조류가 빠른 곳에서 어구를 조류에 밀려가지 않게 고정해 놓고, 어군이 조류의 힘에 의해 강제로 자루에 밀려 들어가게 하여 잡는 어구를 말한다.

② 어획물 또는 그 제품을 운반하는 선박

    ㉠ 선어 운반선 : 낮은 온도에서 어획물을 보존하여 운반하는 어선을 말한다.

    ㉡ 활어 운반선 : 살아 있는 상태의 어획물을 운반하는 어선을 말한다.

    ㉢ 냉동어 운반선 : 수분이 동결된 어획물을 운반하는 어선을 말한다.

구분	내용
트롤 어선	트롤어선은 동력선으로 전개판이 달린 자루모양의 그물을 끌어서 대상물을 잡는 어업으로 보통 깊은 바다에서 대량의 어획물을 채취하는데 사용된다. 자루처럼 생긴 그물을 계속해서 끌고 다니면서 포획하는 방식의 어선이다.
주낙 어선	낚시줄에 여러 개의 낚시를 얼레에 감아 물살에 따라 줄로 어류를 잡는 어선을 말한다.
건착망 어선	긴 네모꼴의 그물로 어군을 둘러쳐 포위한 다음 어군이 아래로 도피하지 못하도록 포위범위를 좁혀 잡는 어선을 말한다.

(5) 어업자원관리를 위한 노력

① 바다목장 조성 : 바다목장이란 일정한 연안어장에 인공어초, 해중림어초와 같은 인공구조물을 투하하여 인위적으로 수산자원의 산란과 서식장을 조성한 뒤 해역의 생태계를 고려하여 품종을 선정, 종묘를 방류하여 연안어장의 자원증대를 도모하는 사업을 말한다.

우리나라 바다목장은 1998년부터 2006년까지 경남 통영해역에서 처음 추진되었으며, 이어서 2001년에 전남(여수)다도해형 바다목장사업, 2002년에는 동해(울진), 서해(태안), 제주 바다목장사업이 착수되어 전남 바다 목장사업은 2011년, 동해, 서해 및 제주바다목장사업은 2014년에 사업완료를 목표로 하고 있다.

바다목장사업은 해역별 특성에 적합한 바다목장 모델을 개발하고, 지방자치단체나 희망지역단체에서 활용할 수 있는 모델과 기준을 확립하여 어업인들이 직접적인 혜택을 받을 수 있도록 추진하고 있다.

② 총허용어획량제도(TAC ; Total Allowable Catch) : 개별어종에 대해 연간 잡을 수 있는 어획량을 미리 지정하여 그 한도 내에서만 어획을 할 수 있는 제도를 말한다. 총허용어획량제도의 적용대상수역은 대한민국의 영해 및 배타적경제수역과 그 주변 수역으로서 한·일 어업협정과 한·중 어업협정에 의한 일본과 중국의 배타적경제수역을 제외한 수역이다.

UN 해양법 협약에 의거한 '배타적 경제수역(EEZ ; Exclusive Economic Zone)'의 설정으로 우리나라 주변해역은 중국과 일본 각국 관할 수역으로 나누어지게 됨으로서, 이용 어장의 축소와 자원의 분할이 불가피하게 되었다. 특히, 우리나라 주변해역에 서식하는 주요 어업자원은 월동과 산란을 위해 계절에 따라 회유를 하기 때문에 각국의 관할수역으로 왕래하는 공동자원의 성격을 가지고 있다. 따라서 우리나라 주변수역 어업자원 이용의 기득권 확보와 적극적인 이업자원 관리를 하기 위해 총허용어획량제도(TAC) 운영을 하고 있다.

총허용어획량제도의 대상 생물로는 오징어, 제주소라, 개조개, 키조개, 고등어, 전갱이, 도루묵, 참홍어, 꽃게, 대게, 붉은대게가 지정되어 있다.

▶ **총허용어획량제도 대상어종**

2016년도 TAC 대상어종(11종)

| 오징어 | 제주소라 | 개조개 | 키조개 | 고등어 |
| 전갱이 | 도루묵 | 참홍어 | 꽃게 | 대게 | 붉은대게 |

---

③ 바다식목일 지정 : 사막화는 육상에서 뿐만 아니라 바다 속에서도 진행이 된다. 해조류로 무성하던 바다숲이 지구온난화, 해양오염 등의 영향으로 자취를 감추면서 이곳에서 서식하던 어패류마저 사라져 사막처럼 황폐화된 텅 빈 바다로 변해가고 있다.

정부에서는 바닷속 생태계의 중요성과 황폐화의 심각성을 국민에게 알리고 범국민적인 관심 속에서 바다숲이 조성될 수 있도록 하기 위하여 매년 5월 10일을 바다식목일을 정하여 각종 행사를 진행하고 있다.

④ **종묘방류** : 종묘방류란 어류나 패류의 어린 개체를 인위적으로 생산하여 질병검사에 의한 건강개체를 선별한 후 성장에 적합한 자연환경에 방류함으로써 직접적으로 수산자원을 증강시키는 활동을 가리킨다. 지속적인 방류효과 조사와 유전적 다양성 모니터링 등을 통하여 조사하고 보다 건강하고 자연생태계의 다양성을 유지 할 수 있는 어린 개체가 생산·방류 될 수 있도록 어미개체에 대한 유전정보를 수집·관리하고 있다.

> ▶ **바다숲**
>
> 바다숲이란 바다 밑의 큰 바닷말(다시마 등 해조류)이나 해초류(잘피 등 종자식물류)가 무리지어 살고 있는 해역을 말한다. 바다숲은 수산생물의 산란장 역할뿐만 아니라 먹이, 은신처 등의 역할을 제공하며, 태양광을 이용한 광합성으로 이산화탄소를 흡수한다.

CHAPTER

02

제 4 과목 수산 일반

수산자원 관리

1 수산자원의 특징

(1) 수산자원과 우리의 생활

① 선사 시대 : 단순 채취(해안의 조개 무덤)

② 신석기 이후 : 도구로 수산 생물을 포획(어로 행위)

③ 근대 : 영양성을 중시, 가공하여 섭취(통조림)

④ 현대와 미래 : 기호성 · 기능성 식품 원료, 의약품의 소재로 활용

(2) 해양 생태계

① 생태계 : 자연계를 구성하는 생물적 환경과 무생물적 환경으로 구성 → 물질 순환을 통해 평형을 유지

② 생태계 구성 요인 : 생산자, 소비자, 분해자, 무생물적 요소

③ 해양 생태계의 구조

　　㉠ 생산자 : 식물 플랑크톤이 영양염류인 질산염, 인산염, 규산염 등을 흡수하여 광합성에 의해 유기물을 생산

　　㉡ 소비자 : 생산자가 만든 유기물을 이용하는 동물(동물 플랑크톤, 작은 어류, 큰 어류)

　　㉢ 분해자 : 유기물을 분해하여 다시 무기물로 환원(박테리아)

　　㉣ 무생물적 요소 : 물, 공기, 토양, 영양염류

④ 해양생물의 먹이 사슬

　　영양염류 → 식물 플랑크톤 → 동물 플랑크톤 → 작은 어류 → 큰 어류 → 영양염류

(3) 해저지형

① 대륙붕

　　㉠ 해안선에서 완만한 경사를 따라 수심 200m까지의 해저 지형, 전체 해양 면적의 7.6% 차지

　　㉡ 평균 수심 128m, 평균 폭 75km, 평균 경사 0.1°

ⓒ 세계 주요 어장의 90% 이상 형성

ⓔ 산업과 관련된 생산 활동, 인간의 생활과 밀접한 해양 공간

② 대륙사면

ⓖ 대륙붕과 대양의 경계로 비교적 급한 경사 지형으로 평균 경사는 약 4°를 유지

ⓛ 전체 해양 면적의 12%를 차지

③ 대양저

ⓖ 해저지형에서 대륙붕과 대륙사면을 제외한 해저지형의 모든 부분

ⓛ 심해저평원, 대양저산맥, 해구 등으로 구성

④ 해구

ⓖ 대양저 중에서 가장 깊은 부분으로 수심이 6,000m 이상인 좁고 깊은 V자 지형

ⓛ 전체 해양 면적의 1%를 차지

ⓒ 해연 : 해구 중 가장 깊은 곳

대륙붕은 수심이 얕고 온도가 적당하며 광합성이 잘 되므로, 수산 자원들이 많아 대부분의 어장이 형성되는 곳이다.

---

⑤ 해저지형의 육지로부터의 거리

대륙붕 → 대륙사면 → 대양저 → 해구

⑥ 해저지형의 면적의 크기

대양저 > 대륙사면 > 대륙붕 > 해구

(4) 해수

① 해수의 성분

96.5%의 물과 3.5%의 염류로 구성

② 해수의 염분

ⓖ 해수 1kg 중에 들어 있는 염류의 총량으로 표시하며, 단위는 퍼밀(‰)을 사용하는데, 일반적으로 35‰의 값을 지닌다.

ⓛ 단위 : PSU, ‰

③ 해수의 온도

ⓖ 평균 표면 수온은 약 17.5℃(북반구 19℃, 남반구 16℃)

ⓛ 태양의 복사열 때문에 위도가 낮을수록, 수심이 얕을수록 수온이 높다.

④ 해수의 색

빛 중에서도 가장 깊숙이 투과할 수 있는 파란색 빛의 산란으로 파랗게 보인다.

(5) 해양자원과 해양환경

① 수산자원의 특성

ㄱ 어패류, 해조류 등의 식량 소재

ㄴ 인류의 중요한 식품 원료이며, 동물성 단백질의 주요 공급원

ㄷ 고갈되어 가는 육상의 식량 자원을 대체

② 광물자원의 특성

ㄱ 해수 중에 녹아 있는 용존 광물로부터 자원(Mg) 생산

ㄴ 해저에 매장되어 있는 석탄, 철, 니켈, 망간, 석유, 가스 등의 무진장한 광물을 생산(광물자원의 안정적 수급 가능)

ㄷ 산업적 관심 광물 : 석유, LNG, 망간, 니켈 등

ㄹ 바닷물에는 80여종의 광물질이 녹아 있는데 이중 소금, 마그네슘, 칼슘 등이 상업적으로 생산

③ 해양환경의 보전

ㄱ 해양자정능력

• 해양은 투입된 모든 폐기물을 아주 낮은 농도로 희석시킬 수 있는 능력을 가지고 있다.

• 폐기물에 포함되어 있는 생물 분해성 유기화합물은 해양생물들에 의해 상당히 빨리 분해된다.

• 폐기물의 분해로 발생되는 영양염은 해양생물의 먹이가 되어 생산성을 증가시키기도 한다.

• 분해될 수 있는 유기물을 적절한 양만큼만 투기한다면 해양은 투기장으로 매우 유용하며 생태계 보존의 측면에서도 안전한 장소가 될 수 있다.

ㄴ 해양오염방지대책

• 해양오염은 먼저 연안 갯벌의 황폐화가 시작되고 차츰 연안과 근해로 확산됨

• 연안에서 유입되는 각종 오염물질의 감소 및 정화

• 해양 쓰레기 투기 단속, 폐어구 회수, 선박 기름 유출 사고 예방

• 지속적인 수질 검사 및 단속 강화

• 폐기물의 해양 투기 종류, 배출 허용 해역 등을 지정

ㄷ 적조

• 해양의 내수면에서 식물 플랑크톤이 대량 번식하여 물이 적색 또는 연한 황색을 띠는 현상

• 적조가 발생하면 용존 산소가 부족하여 수산생물이 대량 폐사

• 육지로부터의 영양염류의 유입을 막고, 해저에 쌓인 유기퇴적물을 제거하여야 함

(6) 수산자원 생물의 특성

① 해양의 안정된 환경 때문에 과거부터 현재까지 유지되는 생물의 종류가 많다.

② 수산식물은 연하고 물에 잘 뜰 수 있는 구조(부유)를 가지고 있다.

③ 잎, 줄기, 뿌리의 구분 없이 전체 표면에서 영양분이나 빛을 흡수하여 생육하는 해조류가 많다.

④ 스스로 발광하는 동물이 많다.

⑤ 알에서 생긴 유생은 변태를 거듭하여 어미가 되는 동물이 많으며, 유생시기를 지나면 해저에 고착 생활을 하는 동물이 많다. 해파리와 같이 몸통 전체가 연한 형태의 생물이 많은데 이는 심한 온도의 변화가 없었기 때문이다.

(7) 수산자원의 종류 및 일반적 특징

① 수산자원의 종류
  ㉠ 어류
  ㉡ 갑각류
  ㉢ 연체류
  ㉣ 포유류
  ㉤ 해양생물

② 수산자원의 일반적 특징
  ㉠ 갱신가능 자원 : 생산되며 소멸된다.
  ㉡ 고갈가능 자원 : 관리를 잘못하여 자원이 일정 수준 이하로 떨어지면 자원 자체의 재생산력을 잃어버린다.
  ㉢ 사망에 의하여 개체수가 감소하며 출생에 의하여 개체수가 증가한다.

③ 수산자원의 기본적 속성
  ㉠ 1차적 속성(기본적 속성) : 밀도와 자원량
  ㉡ 2차적 속성(밀도를 결정) : 출생률, 성장률, 사망률, 이입률, 이출률
  ㉢ 3차적 속성(2차적 속성에 영향) : 성비, 연령조성, 체장 및 체중 조성, 유전자 조성

④ 수산자원 관리방안
  ㉠ 증식자원관리어업, 재생산관리어업
  ㉡ 어획상노 및 어획량 규세
  ㉢ 성육환경 개선작업
  ㉣ 자연사망의 관리

⑤ 수산자원의 변동에 관련되는 요소
  ㉠ 가입의 관리방안(증식자원관리어업, 재생산관리어업)
  ㉡ 어획의 관리방안(가입자원관리어업) : 어업규제 및 어획량 규제
  ㉢ 성장관리방안 : 성육환경 개성, 환경관리의 일부
  ㉣ 자연사망의 관리방안

⑥ 수산자원 관리이론
  ㉠ 잉여 생산량 모델
    • 자원군의 크기와 그 자원군이 생산하는 잉여 생산량과의 관계를 규명
    • 어획량과 노력량 자료만을 가지고 쉽게 이용 가능
    • 세부적 속성을 고려하지 않음
    • 입력자료 : 어획량, 어획노력량
  ㉡ 가입당 생산자 모델
    • 가입량, 증중량, 자연사망 및 어획사망량을 분리하여 어업자원을 평가하고 관리하는데 사용
    • 여러 가지 자료를 조합하여 가입연령을 예측
    • 체장, 연령 등의 정보를 나타냄

- 최대 생산량을 초래하는 가입연령을 예측
- 서로 다른 가입연령에 대한 생산량과 서로 다른 노력량에 대한 생산량을 동시에 검토
- 다양한 연급군에 의한 효과를 검토할 때 유용
- 한 자원의 변천과정을 포괄적으로 설명

ⓒ 재생산 모델
- 생물학적 근거를 바탕으로 하며 모자원과 가입과의 관계를 수학적인 공식으로 명확히 나타냄
- 연령구조, 포란수, 성비, 성숙 등 재생산 정보 통합 가능
- 가입량에 대한 환경적인 영향조사에 유용한 기초 제공
- 장기간에 대한 자료의 필요성과 이용 가능한 자료의 변이가 심하여 매개변수 추정이 난해
- 연어류를 제외한 어종에게 적용하기에는 한계가 있음
- 특정종을 제외하고는 포식이 일어난다는 가정이 적합지 않음

(8) 수산자원의 생태학적 특징

① 단위자원
  ㉠ 수산자원은 일정한 지리적 분포구역 내에서 개체 상호 간의 임의교배를 통해서 동일한 유전자를 공유함으로써 일정한 유전자 조성을 가지며 동일한 생태학적 특성과 독자적인 수량변동의 양상을 보이는 집단이다.
  ㉡ 하나의 종으로 이루어진 개체군은 하나의 자원을 구성하기도 하나 여러 개의 자원으로 구성된다.

② 분포 및 회유
  ㉠ 원인 : 이상적인 환경조건에서 살아간다.
  - 비생물학적 요인 : 수온, 염분, 수심, 광선, 용존산소 등
  - 생물학적 요인 : 먹이, 외적요인, 기생충, 경쟁종 등
  ㉡ 분포 : 일반적 조사 방법
  - 직접 표시 : 유용성이 제한
  - 표지표(tsg)로서 표시 : 체외표지법, 체내표지법
  –정보 : 분포범위, 회유경로, 회유속도, 성장률, 총사망률, 어획율, 자연사망율 추정, 표본체취
  –조사방법 : 일정한 시간 간격으로 각 해구의 CPUE(단위노력당 어획량)를 구하여 그 등밀도선을 그리고 어군분포의 무게중심을 구하면 어군분포의 중심을 알 수 있다.
  ㉢ 회유 : 종의 집단 이동
  - 성육 단계에 따른 회유
  –유기회유 : 알에서 부화한 유생이 성장하기에 적합한 장소로 이동
  –색이회유 : 먹이가 풍부한 곳으로 이동
  –월동회유 : 따뜻한 외양역으로 이동
  –산란회유 : 산란에 적합한 장소로 이동
  - 방향에 따른 회유

－완전회유 : 해양과 담수 사이 이동

　　　　᪲ 은어

　　－하천회유 : 하천의 상류에서 하류 사이 이동

　　　　᪲ 피라미

　　－해양회유 : 해양에서만 성육, 산란

　　　　᪲ 명태, 꽁치, 정어리, 다랑어류

③ 연령

　㉠ 연령

　　• 연령 추정 : 성장률 추정, 개체군 변화 분석

　　• 연령 형질 : 보편적으로 비늘(둥근 비늘, 빗비늘), 이석, 척추골, 새개골, 기조 등

　　　᪲ 패류 : 패각, 물개류 : 이빨, 고래류 : 수염, 갑각류(닭새우) : 1촉각의 편상부절수

　㉡ 연령사정법

　　• 연륜법

　　－몸의 단단한 부위에 생기는 기록 해석

　　－연중성장이 늦은 기간 동안 형성

　　－가장 많이 이용

　　－연령 형질을 이용

　　• 체장빈도법

　　－동시 출생군에 속하는 거의 모든 개체들은 성장률이 같으므로 같은 크기를 나타냄

　　－월이 진행됨에 따라 같은 노드로 이동(체장조성에는 쉽게 구별할 수 있는 모드가 존재)

　　• 표지방류법

　　－표지된 어류 방류 후 재포 - 성장량을 구하여 연령 사정

　　－성장에 관한 정보를 얻은 후 성장조성에 연령-체장 상관표를 이용하여 연령 조성

　　－성장정보에 관한 정보를 얻기가 용이

④ 성숙과 산란

　㉠ 성숙

　　• 성숙연령 : 성장률이 높아지면 성숙 연령이 저하

　　┌───┐
　　│　자원 감소 → 영양상태 향상 → 성장률 상승 → 성숙연령 저하　│
　　└───┘

　　• 성성숙연령 : 암컷 중 50%의 개체가 성숙

　　• 군성숙도 : 암컷수에 대한 암컷의 비

　㉡ 산란

　　• 산란기와 산란장 : 고유의 산란장과 산란기를 가짐

　　• 산란기와 산란장 조사

　　－생식선의 성숙도

　　－숙도지수 조사

　　－비만도 조사

　　－난소의 조직학적 관찰

－알이나 자어의 출현 시기, 장소조사
- 포란수 : 중량법이나 용적법으로 난수추정
- 개체군의 초기 감소 : 산란된 난이 유어기에 이르기까지 높은 사망률로 대량 감소

2 수산자원의 종류

(1) 수산생물의 종류

① 부유생물
　㉠ 물에 뜬 채로 흘러 다니는 생물로 식물 부유생물, 동물 부유생물로 구분 또는 몸의 크기, 살고 있는 깊이에 따라 구분
　㉡ 바닷물의 움직임에 따라 수동적으로 움직이는 작은 동식물
　㉢ 바다의 먹이사슬에서 가장 기본이 되며, 해양생물의 중요한 에너지 공급원
　㉣ 식물 부유생물
　　• 식물 플랑크톤으로, 광합성을 통해 에너지를 자체 생산하는 기초 생산자 및 에너지 공급원인 단세포 식물체
　　• 빛이 투과되는 표층에 분포
　　• 주로 미세 부유생물이며, 편모조류, 규조류 등이 해당
　㉤ 동물 부유생물
　　• 동물 플랑크톤 및 해양 무척추동물
　　• 어류들의 알과 치어 및 유생으로 보통 1mm 이상의 크기를 지님
　　• 식물 부유생물보다 크며 원생동물, 해파리 등이 해당

② 저서생물
　㉠ 바다의 바닥에서 사는 생물로 저서식물(해조류)와 저서동물(갯지렁이 등)로 분류
　㉡ 저서식물
　　• 녹조류 : 청각, 파래, 우산말
　　• 갈조류 : 미역, 모자반, 다시마, 감태
　　• 홍조류 : 새발, 풀가사리, 우뭇가사리, 김
　　• 엽록소로 광합성
　　• 포자로 번식하는 엽상식물
　㉢ 저서동물
　　• 해면동물
　　－아주 원시적인 생물로 조직이나 기관이 없고 신경, 근육, 감각기능을 가진 세포는 없지만 몸의 위쪽 끝의 출수공과 체벽에 나 있는 수많은 입수공을 통하여 물을 통과시켜 섭이
　　－몸의 안쪽에는 수많은 동정세포라는 것이 있어 작은 식물성 부유생물을 포획하고 소화

- 따개비류 : 바다에서 공생 또는 기생생활을 하며 여섯 쌍의 섭식용 부속지를 가지고 처음에는 자유유영을 하지만 금방 기질에 부착하여 석회질 껍데기를 형성하고 그 속에서 서식
- 고둥류
  - 바다 깊은 곳에서 상부 조간대까지 널리 분포
  - 잘 발달한 머리와 기어 다니기에 좋은 넓고 편평한 발로 되어 있으며, 껍데기는 한 장인데 일반적으로 나사 모양으로 꼬여 있으나 삿갓 모양인 것도 있음
    - 예 소라, 전복, 고둥
- 조개류 : 바위 조간대 아래에 서식하며 2장의 조가비를 가지고 있음
    - 예 담치류, 바지락, 꼬막, 조개류, 굴류

③ 유영동물
  - ㉠ 물고기류, 두족류, 포유류 등을 총칭한다.
  - ㉡ 물고기류
    - 물에서 살며 아가미와 지느러미가 있는 동물을 이르는 말
    - 바다 척추동물 중 가장 많은 종류와 개체수를 가짐
    - 아가미로 호흡하고 지느러미로 평형을 유지하며 뼈로 몸체를 유지하고 비늘이 있음
    - 피부에 점액질이 있어 질병으로부터 몸을 보호
    - 무악류, 연골어류, 경골어류로 분류
    - 경골어류
      - 몸의 뼈가 딱딱하고, 부레와 비늘이 있다.
      - 고등어, 조기, 갈치, 전갱이 등 대부분 어류
    - 연골어류
      - 몸의 뼈가 물렁물렁하고, 대부분 부레와 비늘이 없다.
      - 홍어, 가오리, 상어 등
  - ㉢ 두족류
    - 좌우 대칭이며 잘 발달된 중추신경계가 연골 속에 들어 있는 형태
    - 눈은 척추동물의 눈과 구조적으로 유사하며 머리에는 흡반을 가진 발들을 가짐
    - 팔완류 : 주꾸미, 문어, 낙지
    - 십완류 : 꼴뚜기, 오징어
    - 연체동물에 속하며 바다에서만 생활하고 분포 범위가 넓음
    - 피부에 색소 세포가 발달하여 환경에 따라 몸 빛깔의 변화가 가능
    - 몸은 좌우 대칭이며 팔, 머리, 몸통으로 구분
    - 뼈가 거의 퇴화된 반면 물을 이용하여 몸의 형태를 유지
    - 상처부위의 혈액을 응고시키는 혈소판이 없음
  - ㉣ 포유류
    - 바다소목 : 듀공, 매너티
    - 식육목 곰과 : 북극곰
    - 식육목 기각상과 : 물범, 물개, 바다사자, 바다코끼리
    - 식육목 족제비과 : 해달, 바다수달

- 고래목 : 고래, 돌고래
- 젖으로 새끼를 키우며, 물과 육지에서 생활하고 허파로 호흡
- 털이 있어 체온을 유지하며, 보통 태생이라고 네 발을 지님

ⓜ 갑각류
- 수산생물 중 가장 많은 종이 알려져 있음
- 대부분 바다에서 서식하나 민물에서도 생활함
- 자웅이체이며, 머리, 가슴, 배 3부분으로 구성
- 노플리우스 또는 조에아 유생으로 부화
- 새우, 게, 가재 등

④ 연체동물
ⓐ 다판류
- 주로 바닷물에 서식하나 몇몇 종은 하천 및 호수에 서식한다.
- 많은 종이 고착형과 해파리형의 시기를 거친다.
- 고착형에 의한 군집을 이루는 경우도 있다.
- 군부, 털군부, 연두군부

ⓑ 굴족류
- 코끼리의 송곳니처럼 생긴 긴 석회질의 패각을 가지고 있으며 양 끝이 뚫려 있다.
- 패각의 길이가 3~4cm 징도이며 앞 부분이 긴 발로 굴을 판다.
- 쇠뿔조개, 여덟모뿔조개

ⓒ 복족류
- 몸과 패각은 나선형이며 머리 부분은 촉수와 눈을 가지고 있다.
- 식용으로 중요하며 패각은 장식용 및 공예품으로 사용된다.
- 매물고둥, 군소, 전복, 대수리

ⓓ 이매패류
- 몸은 옆으로 납작하여, 두 개의 패각이 접철식으로 배면에 위치한다.
- 경제적으로 중요한 저서동물이다.
- 커다란 도끼모양의 발로 이동하며 일반적으로 입수관과 출수관이 있어 물의 순환으로 먹이를 흡수한다.
- 굴, 홍합, 바지락

ⓔ 두족류
- 빠른 유영을 하며 촉수가 있고 항상 흡반을 가지고 있다.
- 잘 발달된 머리와 눈을 가지고 있다.
- 오징어, 문어

⑤ 극피동물
ⓐ 불가사리
- 팔은 5개이고 팔길이는 얕은 바다에서 서식하는 종은 10cm 이하이고 심해에 서식하는 종은 20cm 정도 이다.

- 몸통에 해당하는 체반을 중심으로 팔이 방사상으로 뻗어 있으며 체반과 팔 사이는 잘록한 편 이다.
  ⓛ 성게
  - 순형류라고도 한다.
  - 몸은 비교적 둥글고 납작한 비스킷 모양이며 좌우 대칭이다.
  - 딱딱한 껍데기를 가지고 있다.
  ⓒ 바다나리
  - 갯나리라고도 한다.
  - 몸은 뿌리·줄기·관의 세 부위로 이루어져 있다.
  - 고생대에 나타나 살아 있는 화석이라고도 불린다.

(2) 수산자원 생물의 조사

① 수산자원 생물의 특성
  ㉠ 수산생물 중 산업적으로 유용하게 이용할 수 있는 생물 집단
  ㉡ 석유나 광물 자원처럼 언젠가 소멸되는 자원이 아니라, 이용하더라도 자체의 증식에 의해 보충되거나 새로운 개체가 만들어 지는 재생 가능한 자원
  ㉢ 어느 한도 내에서는 자기 조절이 가능하여 항상 일정한 개체수로 유지되는 자기 조절적인 자원
  ㉣ 자원생물은 습성, 수량, 규모가 다른 몇 개의 집단이 있는 경우가 많으며 동일종이라 하더라도 자연에서의 주서식처, 회유경로가 다르거나 산란장과 산란시기 등이 서로 다른 개체군을 계군이라 함
  ㉤ 계군의 양을 추정하는데에는 어획의 통계자료를 정비해야 함
  ㉥ 어획의 통계자료 : 어기별, 어장별, 어업 종류별, 어종별로 어획량과 어획노력량(노동량은 제외)을 조사

② 수산자원 생물의 조사 목적
  ㉠ 어업의 합리적 경영
  ㉡ 적절한 수산자원 생물의 관리

③ 수산자원 생물의 조사방법
  ㉠ 통계조사, 형태측정법, 계군분석법, 연령사정법, 표지방류법 등
  ㉡ 통계조사 : 어선을 대상으로 실시함
  - 전수조사 : 모든 어선에 대해 어기별, 어장별, 어업 종류별, 어획량 등을 집계
  - 표본조사 : 조사 대상 중에서 임의로 어선을 추출하여 전수조사의 내용을 집계
  ㉢ 형태측정법
  - 계군의 특성을 파악하기 위해 어획물의 크기를 부분별로 측정
  - 수산자원 생물의 동태와 계군의 특성을 파악하는데 이용
  - 전장 측정 : 입 끝에서 꼬리 끝까지 측정
    예 어류, 새우, 문어

- 표준 체장 측정 : 입 끝에서 몸통 끝까지 측정
  - 예 어류
- 두흉 갑장 측정 : 머리와 가슴가지의 길이를 측정
  - 예 새우, 게류
- 두흉 갑폭 측정 : 머리와 가슴의 좌우 양단 길이를 측정
  - 예 게류
- 피린 체장 측정 : 입 끝부터 비늘이 덮여 있는 몸의 말단까지 측정
  - 예 멸치
- 동장 측정 : 몸통 길이만 측정
  - 예 오징어

② 계군분석법
- 1가지 방법보다는 여러 방법을 종합하여 결론을 내리는 것
- 어획통계자료에 의하여 어황의 공통성, 주기성, 변동성 등을 비교, 검토하여 어군의 이동이나 회유로를 추정하면 각 계군을 식별할 수 있음
- 형태학적 방법 : 계군의 특정 형질에 관한 통계자료를 비교·분석하는 생물 측정학적 방법과 비늘 유지대의 위치, 가시 형태 등을 측정하는 해부학적 방법이 있음
- 생태학적 방법 : 각 계군의 생활사, 산란기, 분포 및 회유 상태, 기생충의 종류와 기생물 등을 비교·분서
- 표지방류법 : 수산자원의 일부 개체에 표지를 붙여 방류하였다가 다시 회수하여 이동 상태를 직접 파악. 절단법, 염색법, 부착법 등 사용
- 어황분석법 : 어획 통계자료를 활용하여 어군의 이동이나 회유로를 추정·분석

⑩ 표지방류법
- 계군의 이동 상태를 직접 파악할 수 있기 때문에 가장 좋은 계군 식별방법
- 자원량을 간접적으로 추정하고 회유 경로를 추적할 수 있음
- 이동속도, 분포범위, 인공부화 방류효과, 귀소성, 성장률, 사망률 등을 추정
- 두 해역 사이에 어군이 교류하면 이들은 동일한 계군으로 취급

⑭ 연령사정
- 수산자원 생물의 연령을 결정함으로써 사망률, 수명, 생활사, 생물학적 최소형(처음으로 산란하는 체장)을 파악
- 연령을 추정하는 방법
- 사육에 의한 방법
- 체장빈도법(피터센법)
- 연령 형질이 없는 갑각류나 연령 형질이 뚜렷하지 않은 어린 개체들의 연령사정에 좋음
- 연간 1회의 짧은 산란기를 가지며, 개체의 성장률이 비슷한 생물의 연령 사정에 효과적
- 표지방류법
- 연령형질법
- 가장 널리 이용되는 방법
- 어류의 비늘, 이석, 등뼈, 지느러미, 연조, 패각, 고래의 수염 및 이빨 등을 이용

- 이석을 통한 연령사정은 광어, 고등어, 대구, 가자미에 효과적
- 연골어류인 홍어, 가오리, 상어는 이석을 통한 연령 사정이 적합지 않음
- 연안 정착성 어종인 노래미, 쥐노래미는 비늘이나 이석이 아닌 등뼈 이용
- 비늘은 뒤쪽보다 앞쪽 가장자리의 성장이 더 빠름
  - 이석 이용 : 광어, 대구, 가자미, 고등어

④ 자원량 추정
   ㄱ 수산자원의 변동 경향을 파악하기 위하여 표본을 이용하여 통계를 내어 간접적으로 자원량을 추정
   ㄴ 자원량이 추정되면 자원의 효율적 관리와 이용을 위한 정보로 사용
   ㄷ 자원량의 추정방법
- 자원총량추정법
  - 직접적 방법 : 전수조사법, 표본채취에 의한 부분조사법
  - 간접적 방법 : 표지 방류 채포 결과 사용, 총 산란량을 추정하여 천연자원을 추정하는 방법, 어군탐지기 사용 방법
- 자원상대지수법 : 자원 총량의 추정이 어려울 때 사용

⑤ 자원량의 변동
   ㄱ 자원변동이 없는 평형 상태가 가장 이상적인 상태

가입량+개체 성장에 따른 체중 증가량=자연 사망량+어획 사망량

   ㄴ 자연 증가량(잉여 생산량)

가입	성장	자연 사망	어획 사망
자원 증가 요소		자원 감소 요소	
자연 요인에 의해 좌우		인위적 요인으로 조절	

- 연령 형질 이용
  - 어류의 비늘, 이석(넙치, 고등어), 등뼈(척추골), 고래의 수염 및 이빨, 지느러미 연조, 패각 등 나이를 암시하는 형질을 조사하여 연령을 사정하는 방법
  - 가장 널리 이용
- 체장 조성 자료를 이용
  - 많은 어류의 체장을 측정하여 체정 도수 분포도를 그려 나타나는 봉우리의 변동 경향을 보고 자원을 구성하는 연령급군의 연령을 추정
  - 갑각류나 연령 형질이 없거나 뚜렷하지 않고 어린 개체들의 연령 사정에 사용
  - 연간 1회의 짧은 산란기를 가지며, 개체의 성장률이 거의 같은 자원 생물의 연령 결정에 효과적

   ㄷ 수산자원의 변동에 영향을 주는 요소
- 가입 : 수산 생물이 자란 후 어장에 도달하여 자원량에 포함되는 것(유어나 치어는 가입에 포함되지 않음. 단, 상어는 포함)
- 성장 : 가입된 개체가 시간이 지남에 따라 체중이 증가하는 것

- 자연 사망 : 가입된 개체군 중에서 어획되지 않고 자연적으로 죽는 것
- 어획 사망 : 가입된 개체군 중에서 어획되어 결국 죽는 것

> 어획 사망 = 가입량 + 개체 성장에 따른 체중 증가량 − 자연 사망량

② 남획 상태
- 어획량이 자연 증가량보다 많아지면 자원은 점차 감소되어 자원의 균형이 깨짐
- 남획이 잘 되는 어종 : 수명이 길고, 가입한 후 장기간에 걸쳐 성장하며 산란장이 특별한 장소에 한정, 군집성이 강하며 집중적인 어획의 대상이 되는 자원
  예 넙치, 연어, 송어
- 남획 상태의 증후
  - 어린 개체가 차지하는 비율이 점점 높아짐
  - 성 성숙 연령이 낮아짐
  - 어획물이 평균 연령이 해마다 조금씩 낮아짐
  - 정상적인 어획량으로 회복되는 기간이 길어짐
  - 각 연령군의 평균 체장 및 평균 체중은 대형화
  - 어획물 곡선의 우측의 경사가 해마다 증가
- 남획이 잘 안되는 어종 : 수명이 짧고 자연 사망률이 높은 자원
  예 멸치, 오징어, 새우

⑥ 수산자원 생물의 인위적 관리
  ㉠ 자원관리는 자원이 가지고 있는 생물학적 특성에 기초를 두며, 자원관리는 가입, 자연사망, 환경, 어획관리 등으로 실시
  ㉡ 자원관리
  - 자원을 효율적으로 이용하기 위하여 자원상태를 양적, 질적으로 향상·유지시키는 행위
  - 자원관리는 남획 방지가 주목표이므로 자원의 변동 요인과 관련시켜야 함
  ㉢ 가입관리
  - 목적 : 자원의 번식 보호 및 번식 촉진 등의 증식행위
  - 관리방법
    - 인공 수정란 방류
    - 인공 부화 방류
    - 인공 산란장 설치
    - 산란 어미 고기 보호(금어기, 금어구 설정)
    - 고기의 길 설치
    - 산란용 어미 방류
  - 초기 감소 : 생활사 초기에 대량 사망하는 현상
  - 대량 사망이 일어나는 시기 : 부화 후 난황 흡수를 마칠 때부터 유어기까지, 미성기 이후에는 사망률이 안정
  - 인공부화방류
    - 수정란을 부화시켜 방류하는 것으로 수정란 방류보다 생존율이 높음

- 수정란을 부화시켜 방류하면 생존율은 50~60% 정도
- 최적의 환경을 제공하고 자연환경에 충분히 적응할 수 있을 때까지 사육하여 성장시킨 다음 방류
  예 전복, 넙치, 보리새우, 연어
ⓔ 자연 사망 관리
- 목적
- 수산자원 생물에 해를 끼치는 천적이나 경쟁 종을 배제하고 질병, 기생충으로부터 보호·관리하는 행위
- 천적 중 문어는 조개류, 갑각류 및 어류 양식장에 막대한 피해를 끼침
- 피뿔고둥이나 두드럭고둥은 천공샘에서 강한 산을 분비하여 조개의 껍데기를 뚫고 육질을 포식함
- 관리방법
- 외래 생물의 이식을 규제
- 적조 예방
- 생태계 내의 생물을 인위적으로 조작
- 자연 사망을 일으키는 가장 중요한 요소는 천적
- 자연 사망의 대표적인 원인은 적조
ⓜ 환경
- 목적 : 수산자원 생물의 성장을 촉징하도록 적합한 환경을 인위적으로 제공
- 관리방법
- 수질 개선 : 석회 살포, 산소 주입, 물길 제공, 수량 증가
- 성육 장소 조성 : 바다 숲, 인공어초 조성, 전석, 투석, 갯닦기, 돌밭, 암초 폭파, 콘크리트 바르기
- 대책 : 대형수초 제거, 해적생물과 병해생물 제거, 조류 소통 촉진
- 조개류의 환경 개선 방법 : 갈이, 객토, 고르기, 바다 숲 조성

▶ **적극적인 어장 환경 관리 방법**

인공 어초
- 적극적인 어장 환경 관리 방법으로 어류에게 성육 장소를 제공
- 시멘트나 폐타이어를 사용하며, 우리나라 전 연안에 설치
- 어초의 모양은 다양하며, 주로 육면체형, 원통형 등이 많이 사용

ⓗ 어획관리
- 인위적으로 할 수 있는 가장 적극적인 방법으로 수산자원에 대하여 현실적으로 사람이 조치할 수 있는 방법임
- 목적 : 어획에 관여하는 여러 요소들을 규제하여 어획 사망량을 조절

• 관리방법

　–어획량과 어획의 강도 규제 : 어선 수 제한, 사용 어구 수 제한, 어획량 할당 등

　–미성어의 보호 : 그물코 밑 체장 제한

　–산란용 어미고기의 적정 유지

• 질적 규제 : 어구의 사용금지, 그물코 및 체장의 제한

• 양적 규제

　–어선 척수와 사용 어구 수를 제한하는 어획 노력량 규제 및 어획량 규제

　–어획량이나 어획강도의 규제는 성장과 재생산을 동시에 고려한 수단임

• 긴급히 어업 규제를 할 필요성이 있는 경우(연어 및 송어)

　–경제적 가치가 대단히 큰 어종

　–대체할 어종이 없는 경우

　–어획이 특히 쉬운 어종

• 인접 연안국 간 수산자원을 관리하도록 구체화 하게 된 배경

　–유엔 해양법 발효

　–국제 어업 관리제도

　–배타적 경제 수역

　–국제 수산기구의 활성화

◈ 자원량의 변동을 구하는 공식

> 연말의 자원량 = 연초의 자원량 + 가입량 + 생장량 − 자연사망량 − 어획량

(3) 수산자원 생물의 체형

① 방추형

　㉠ 빠르게 헤엄칠 수 있으며, 바다 전체가 서식지

　㉡ 지느러미로 움직이고 작은 물고기나 플랑크톤 및 바다 동물의 유생을 섭이

　㉢ 고등어, 꽁치, 참치 등

② 측편형

　㉠ 물의 바닥에 붙어 안전하게 숨을 수 있음

　㉡ 연안의 바닷가에 서식하며 지느러미로 헤엄치고 작은 물고기나 플랑크톤 및 바다 동물의 유
　　생을 섭이

　㉢ 가자미, 광어, 전어, 돔 등

③ 오징어형

　㉠ 헤엄도 치고 다리로 물고기도 잡는 포식자

　㉡ 주로 차가운 바다에 서식하며 지느러미로 움직이나 급하게 움직일 경우 물을 뿜어 냄

　㉢ 작은 물고기 등을 섭이

　㉣ 오징어, 꼴뚜기 등

④ **편평형**
  ㉠ 바닥에 숨어 안전하게 숨기도 하고 먹이도 잡아 먹음
  ㉡ 연안의 바닷가에 서식하여 지느러미로 헤엄치나 발달된 가슴지느러미로 걷는 듯 움직이고 함
  ㉢ 작은 물고기 등을 섭이
  ㉣ 아귀, 가오리 등

⑤ **장어형**
  ㉠ 물바닥 모래 속에도 잘 숨고 물 속에서 이리저리 잘 움직임
  ㉡ 모래로 된 해저에 서식하여 지느러미와 몸을 움직여 이동
  ㉢ 작은 물고기나 플랑크톤 및 바다 동물의 유생을 섭이
  ㉣ 장어, 붕장어, 곰치, 뱀장어 등

⑥ **구형**
  ㉠ 몸을 부풀려 적에게 위협을 줌
  ㉡ 전 세계 바다에 서식하며 지느러미로 헤엄치며 몸을 움직임
  ㉢ 작은 물고기나 플랑크톤 및 바다 동물의 유생을 섭이
  ㉣ 복어 등

(4) 주요 수산자원 생물의 특성

① **새우류**
  ㉠ 다리가 10개로 십각류로 분류되며 전 세계의 담수, 기수, 함수 지역에 널리 분포
  ㉡ 연안 또는 대륙붕 부근의 유기질이 많은 사니질, 연안의 암초지대 등지에서 군서
  ㉢ 대부분 식용으로 사용되며 경제성이 높음
  ㉣ 봄철부터 여름철에 걸친 산란을 위하여 연안의 내만으로 이동하는 산란 회유하는 경우도 있음
  ㉤ 종류 : 대하, 도화새우, 보리새우, 중하, 젓새우, 펄닭새우, 닭새우 등

② **게류**
  ㉠ 갑각류로서 자웅이체로 번식기가 되면 교미한 후 암놈은 수정된 알을 복부에 가지고 다니면서 알이 발생하는 동안 보호
  ㉡ 알은 어미의 뱃속에서 노플리우스라는 유생시기를 거친 후 그보다 더 발달된 단계에서 부화
  ㉢ 부화한 후 몇 번 더 탈피하고 변태의 과정을 거치면서 성체로 성장
  ㉣ 잡식성으로 주로 해조류나 작은 바다생물들을 가리지 않고 섭이
  ㉤ 수심 200~500m 이상에서부터 몇 m 정도의 연안에도 서식

③ **가재류**
  ㉠ 바다 밑바닥에서 주로 서식하며 비교적 한류가 흐르는 찬 바다에 서식
  ㉡ 육식성으로 단단하고 날카로운 집게발을 이용하여 조개 등의 껍질을 부수고 작은 집게발과 이빨을 이용하여 잘게 잘라 섭이
  ㉢ 복부에는 부수적인 다리들이 없고, 헤엄치는 꼬리인 유영지만 달려 있음
  ㉣ 복부의 마디를 구부렸다 폈다 하는 동작을 반복하여 뒷걸음질을 칠 수 있음

④ 바지락
- ㉠ 앞 끝이 좁고 얇으며 뒷부분은 넓고 두꺼움
- ㉡ 패각 표면에는 가는 방사륵이 치밀하게 있으며, 방사륵보다 조금 약한 상장륵이 교차하며 과립을 이루는데 각정 부근에는 약하나 주연으로 갈수록 굵어 후배부에는 뚜렷한 돌기를 이룸
- ㉢ 내면은 백색이나 뒤쪽은 자색
- ㉣ 조간대~10m 모래펄에 서식하며 산란기는 6~9월
- ㉤ 주 산란기는 7~8월이며 다회 산란하고 수명은 7~8년
- ㉥ 식용 가능

⑤ 백합
- ㉠ 각질은 매우 중후하고 둥근 삼각형이나 양구는 분명하지 못하고 인대는 흑색으로 짧고 크게 돌출
- ㉡ 각표는 평활하고 반투명한 각피가 존재하며 색채의 변화가 심하나 회백갈색의 바탕에 암갈색의 굵은 종반이 존재
- ㉢ 조간대 또는 천혜의 모래나 진흙에 서식하며 서해안에서 많이 양식
- ㉣ 대합, 중합, 문합, 화합, 무명조개라고도 함
- ㉤ 난생이며 주웅이제, 산란기는 5~11월

⑥ 동죽
- ㉠ 각폭이 크고 둥근 삼각형이며 특히 각정부가 크고 높이 돌출
- ㉡ 각정 근처를 제외하고는 다소 굵은 윤맥이 있으며 회백색이고 각피는 황갈색이며 광택이 있음
- ㉢ 조간대의 모래나 진흙이 많은 곳에 서식
- ㉣ 서해안에 다산하며 내장에 모래가 많음
- ㉤ 산란기는 6~8월이며 식용개체로 중요한 수산자원

⑦ 굴
- ㉠ 껍질의 모양은 불규칙이고 변화가 심하며 조간대 부근에 있는 소형의 개체들도 동일한 종류
- ㉡ 가늘고 길며 크게 성장하는 형도 있음
- ㉢ 껍질 표면의 성장맥은 비늘 모양으로 거칠며, 황백색으로 자색의 줄무늬를 이룸
- ㉣ 난생으로 산란기는 6~7월이며 내만 등 비교적 염도가 낮은 조간대의 암초에 착생
- ㉤ 종묘는 가리비 중의 패각에 부착시켜 채묘
- ㉥ 개체의 영양상태에 따라 성이 바뀌며 일반적으로 영양상태가 나쁘면 수컷이 됨

⑧ 가오리류
- ㉠ 우리나라에서는 홍어, 참홍어 등이 주로 혼획
- ㉡ 서해안과 남해를 비롯한 동중국해 및 일본 중부이남 해역에서 주로 분포
- ㉢ 산란기는 11~12월이며 산란 후 3~8개월 만에 부화되어 체폭이 5cm인 새끼로 태어남
- ㉣ 오징어류, 젓새우류, 새우류, 게류, 갯가재류 등을 먹으며 어류는 거의 먹지 않음
- ㉤ 수명은 5~6년 정도

⑨ 가자미류
　㉠ 여름에는 백령도 연안에 분포하다가 수온이 내려가는 가을에 남하
　㉡ 산란기는 2~4월이며, 수온은 10~20℃, 수심 200m 이하의 바닥의 모래나 펄 질에 서식
　㉢ 새우·게류, 오징어류, 소형어류 등을 섭이

⑩ 삼치
　㉠ 봄과 여름에 산란과 먹이 섭취를 위해 연안 또는 북쪽으로 이동하며 가을과 겨울에는 남하
　㉡ 산란기는 4~6월경이며, 부화 후 만 2년부터 산란에 참가하고 체장 78cm 크기이면 약 85만 개의 알을 포란
　㉢ 성장속도가 매우 빨라 부화 후 6개월이면 40cm 이상 자라며 유어 시기엔 갑각류, 소형어류를 섭이하나 성어가 되면 어식성으로 멸치, 까나리 등 어류를 섭이
　㉣ 몸 빛깔은 등쪽은 회색을 띤 청색, 배쪽은 은백색으로 금속성 광택을 띠며 몸 옆구리에는 회색의 반점이 7~8줄 세로로 점이 흩어져 있음

⑪ 고등어
　㉠ 전 세계 해역에 광범위하게 분포하며 연안성 부어류로 표층부터 수심 300m 범위의 대륙사면에 주로 서식
　㉡ 산란기는 3~6월이며 대형선망 및 저인망어업에 의해 주로 어획

⑫ 꽁치
　㉠ 봄 산란군과 가을 산란군으로 구분되며 22cm 정도인 봄 산란군은 4~7월에 산란, 30cm 전후 정도인 가을 산란군은 10~11월 사이에 산란
　㉡ 유자망을 이용한 채낚기, 정치망, 소형선망 등으로 어획
　㉢ 동해안 일대 및 일본 북해도 주변에 주로 분포

⑬ 대구
　㉠ 동해, 서해 중부 등 넓은 지역에 걸쳐 분포
　㉡ 산란기는 12~3월이며, 산란장은 진해만, 영일만, 서해남부 외해와 소청도 등
　㉢ 대륙붕과 대륙사면에 서식하며 유어시기에는 곤쟁이류, 단각류, 소형어류를 섭이
　㉣ 성어기에는 어류, 두족류, 새우류 등을 섭이

⑭ 멸치
　㉠ 전 연안에 걸쳐 분포하며 12~15℃ 수온대에서 월동
　㉡ 산란기는 5~7월이며 최대 크기는 14cm 정도

⑮ 명태
　㉠ 북위 35° 이북의 근해에 분포
　㉡ 산란기는 12~2월
　㉢ 산란장은 강원도 수원단 및 웅진부근해역

⑯ 아귀류

    ㉠ 황아귀는 서해, 제주도 서남쪽, 둥중국해 등에 분포하며 아귀는 동중국해 남부 및 필리핀 근해에 분포

    ㉡ 우리나라 어획량의 95% 이상은 황아귀

    ㉢ 산란기는 2~4월이며, 참조기, 멸치, 갈치, 눈강달이, 샛비늘치 등을 섭이

⑰ 옥돔류

    ㉠ 옥두어, 황옥돔, 옥돔 등이 주로 어획

    ㉡ 산란기는 지역마다 다르나 제주도 근해는 10~11월, 동중국해는 6~11월, 황해 남부는 9~12월

    ㉢ 단각류, 곤쟁이류, 갯지렁이류, 새우류, 게류, 어류 등을 주로 섭이

    ㉣ 연승어업과 저인망어업으로 주로 어획

⑱ 오징어

    ㉠ 단년생으로 산란장과 산란기에 따라 3개 계군으로 구분

    ㉡ 가을에 발생되는 오징어 군은 9~12월 겨울발생군은 1~3월에 발생

    ㉢ 여름발생군은 회유하지 않고 각 연안 역에서 발생

⑲ 전어

    ㉠ 연안의 표층~중층에 주로 서식하는 연안성 어종

    ㉡ 산란기는 3~6월이며 소형의 동물성, 식물성 플랑크톤 및 유기물 등을 섭이

    ㉢ 몸 빛깔은 등 쪽은 누런빛을 띤 짙은 청색이며 배 쪽은 은백색

⑳ 광어

    ㉠ 몸이 평평하고 바닥쪽의 몸이 희며, 몸 왼쪽에 두 눈이 있음

    ㉡ 육상 수조에서 양식 전 과정의 완전 양식이 가능

    ㉢ 성장 속도가 빠르고 활동성이 작아 사료계수가 낮음

    ㉣ 남해 연안에서 활발히 양식이 이루어짐

㉑ 연어

    ㉠ 회유성 소화성 어류로 민물 → 바다 → 민물로 이동

    ㉡ 산란기는 가을이며 경골어류

    ㉢ 해양에서 생활하다가 산란기가 되면 강을 거슬러 올라 산란

    ㉣ 자원 조성을 위해 치어를 강에 방류

㉒ 멍게

    ㉠ 피낭 또는 외투막이라고 하는 주머니 모양의 두꺼운 막에 싸여 있음

    ㉡ 유생은 올챙이 모양을 하고 있으며 부유생활을 하는데 이 시기에 꼬리에 척색이 있으므로 미색류에 해당

    ㉢ 입은 처음에는 붙는 부위에 가까우나 입과 접착 부위 사이의 조직이 빠르게 성장하므로 점차 멀어짐

    ㉣ 대부분의 꼬리는 떨어져 버리고 나머지는 몸으로 흡수

    ㉤ 결과적으로 기질에서 해수 쪽으로 향한 입을 가진 고착생물이 되고 성체가 되면 척색이 없어지고 피낭이 성장해 셀룰로오스 성분인 튜니신으로 구성된 가죽 같은 껍질로 뒤덮인 형태

㉓ 숭어
- ㉠ 성장은 빠른 편으로 부화 후 1년이면 체장 25cm, 2년이면 30cm로 성장
- ㉡ 체장은 전체적으로 약 50cm 정도이고 먹이는 작은 어류나 오징어류를 90% 이상 섭이, 그 외 새우류나 게류는 10% 정도 섭이
- ㉢ 몸 빛깔은 등쪽은 회청색이며, 배쪽은 은백색으로 가슴 지느러미 기저에 청색의 반점
- ㉣ 몸은 가늘고 긴 측편형으로 머리는 다소 납작한 평
- ㉤ 입은 작고 윗턱은 아래턱 보다 약간 길며, 양턱에는 작은 이빨이 있으며 눈에는 기름 눈꺼풀이 발달

㉔ 뱀장어
- ㉠ 한국 전역을 비롯하여 중국, 일본, 베트남 등지의 주로 남쪽에 분포
- ㉡ 몸은 가늘고 긴 원통형이나 꼬리는 옆으로 납작
- ㉢ 민물, 바다 등 하천부터 하구의 개펄까지 서식처는 다양하며 육식성에 탐식성으로 모든 수서 동물을 섭이
- ㉣ 봄에서 여름까지 산란하며 산란장은 바다
- ㉤ 부화된 유어를 랩토세팔루스라고 하며 가을에 흰 실뱀장어로 변태
- ㉥ 연안이나 근해에서 월동한 후 초봄에 각 하천으로 거슬러 올라간 뒤 성어가 되면 9~10월에 바다로 내려가 산란장을 향해 이동(바다 → 민물 → 바다)
- ㉦ 몸길이는 50~60cm 정도가 일반적이며, 80cm 이상인 경우도 있음

참고 **수산자원생물의 계군 식별 방법**

- 산란기의 조사
- 체장 조성 조사
- 회유경로 조사
- 기생충의 종류 조사

CHAPTER

03

제4과목 수산 일반

어구 · 어법

1 어구와 어획 방법

(1) 어구의 분류

① 구성 재료에 따른 분류

  ㉠ 낚기어구 : 낚싯줄에 낚시를 매단 어구

   예 대낚기, 보채낚기, 손줄낚기

  ㉡ 그물어구 : 어군을 도망가지 못하게 하는 어구

   예 천연섬유, 합성섬유의 그물

  ㉢ 잡어구 : 기타 어획에 필요한 어구

② 이동성에 따른 분류

  ㉠ **운용어구** : 설치 위치를 쉽게 옮길 수 있는 어구

   예 손망, 자망

  ㉡ 고정어구 : 설치 위치를 옮길 수 없는 어구

   예 정치 어구

③ 기능에 따른 분류

  ㉠ 주어구 : 직접 어획에 사용되는 어구

   예 그물, 낚시

  ㉡ 보조어구 : 어획 능률을 높이는 데 사용되는 어구

   예 어군탐지기, 집어등

  ㉢ 부어구 : 어구의 조작 효율을 높이는 데 사용되는 어구

   예 동력 장치

(2) 낚기어구의 종류와 어획 방법

① 낚기어구 : 낚싯줄, 낚시, 낚싯대, 미끼, 뜸, 발돌 등

② 낚기어법 : 낚시에 미끼를 꿰어 어류를 낚아 올리는 어획 방법

③ 낚기어구의 구분

  ㉠ 외줄 낚기

- 대낚기 : 낚싯대에 낚싯줄을 매단 것
- 보채낚기 : 보채에 낚싯줄을 매고 낚시를 묶은 것
- 끌낚기 : 낚시에 가짜 미끼를 달아 수평 방향으로 끄는 것(연안 소형어선 삼치 잡이 이용)
- 손줄낚기 : 낚싯대가 사용되지 않는 것(연안 소형어선 여러 어류 잡을 때 이용)

  ㉡ 주낙(연승) : 긴 줄(모릿줄)과 짧은 줄(아릿줄)로 구성

- 뜬주낙 : 수평 방향으로 어구를 드리워서 표층·중층의 어류를 낚기 위한 것(다랑어)
- 땅주낙 : 해저 깊은 곳의 어류를 낚기 위한 것(갈치, 붕장어, 명태, 도미 등)
- 선주낙 : 수직 방향으로 펼쳐 유영층이 두터운 어류를 낚기 위한 것(오징어)

(3) 함정어구와 어법

① 함정어구 : 일정한 장소에 설치해 둔 어구에 들어간 어류를 나가지 못하게 가두어 잡는 방법

② 함정어법의 종류

  ㉠ 유인함정어법 : 어획 대상 생물을 어구 속으로 유인하고 함정에 빠뜨려 어획하는 방법

    📖 문어 단지 : 문어, 주꾸미 등

     통발류 : 장어, 게, 새우 등

  ㉡ 유도함정어법 : 어군의 통로를 차단하고 어획이 쉬운 곳으로 어류를 유도하여 잡아 올리는 어법

    📖 정치망 : 길그물(회유를 차단), 통그물(가둘 수 있는 우리)

  ㉢ 강제함정어법 : 물의 흐름이 빠른 곳에 어구를 고정하여 설치해 두고, 어군이 강한 조류에 밀려 강제적으로 자루 그물에 들어가게 하여 어획하는 어법

    📖 죽방렴(고정어구)과 난장망(이동어구) : 남·서해안에서 멸치나 조기잡이, 갈치잡이 어법

     주목망(고정어구) → 인강망(이동어구)으로 발전 : 서해안의 갈치, 조기잡이

③ 걸그물 어구와 어법

  ㉠ 걸그물(자망)어구

- 긴 사각형의 어구로 어군이 헤엄쳐 다닌 곳에 수직 방향으로 펼쳐 두고 지나가는 어류가 그물코에 꽂히게 하여 접는 방법
- 그물코의 크기는 어획 대상 어류의 아가미 부분의 둘레 크기와 일치해야 한다.

▶ **걸그물 어구의 종류**

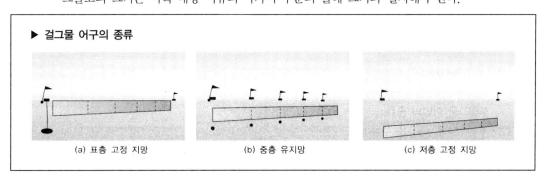

(a) 표층 고정 지망   (b) 중층 유지망   (c) 저층 고정 지망

ⓛ 걸그물 어법의 종류
  • 어획하는 수층에 따른 분류 : 표층 걸그물, 중층 걸그물, 저층 걸그물
  • 어구 사용방법에 따른 분류 : 고정 걸그물, 흘림 걸그물, 두릿 걸그물

④ 두릿그물(선망) 어구와 어법
  ㉠ 표층이나 중층에 모여 있는 어군을 긴 수건 모양의 그물로 둘러싸서 가둔 다음, 그물이 포위
    범위를 좁혀서 잡는 방법이다.
  ㉡ 선망에는 죔줄, 고리, 발줄이 있으며 죔줄은 아래쪽으로 어군 빠짐을 방지한다.
  ㉢ 군집성이 큰 어류에 대량 어획에 효과적이어서 세계적으로 널리 이용되며 집어등을 이용하여
    밀집 후 어획한다.
  ㉣ 한 척이면 외두리 선망, 두 척이면 쌍두리 선망이다.
  ㉤ 선망의 대표적인 어류는 전갱이, 다랑어, 고등어 등이 있다.

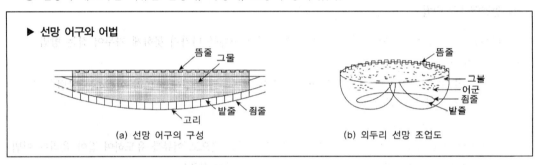

▶ 선망 어구와 어법

(a) 선망 어구의 구성　　　　　(b) 외두리 선망 조업도

⑤ 들그물(부망) 어구와 어법
  ㉠ 수면 아래에 그물을 펼쳐 두고 어군을 그물 위로 유인한 후 그물을 들어 올려서 잡는 어법이다.
  ㉡ 꽁치 봉수망, 숭어들망, 멸치들망, 자리돔 들망 등은 연안의 소규모 어업에서 이용된다.

⑥ 후릿그물(인기망) 어구와 어법
  ㉠ 자루의 양쪽에 긴 날개가 있고 그 끝에 끌줄이 달린 그물을 멀리 투망해 놓고 지나 배에서
    끌줄을 오므리면서 끌어당겨서 어획하는 방법이다.

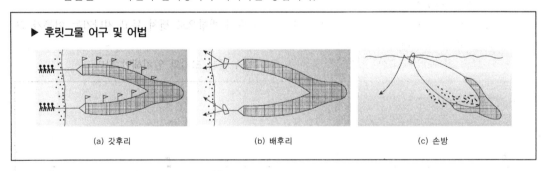

▶ 후릿그물 어구 및 어법

(a) 갓후리　　　　　(b) 배후리　　　　　(c) 손방

ⓛ 후릿그물 어법의 종류
  • 후리 : 표층 어족을 주대상 → 갓후리(육지), 배후리(배) → 기선 권현망으로 발전
  • 방 : 저측 어족을 주대상 → 손방 → 외끌이 기선 저인망으로 발전

⑦ 끌그물(예망) 어구와 어법
  ⊙ 끌그물(자루그물+날개그물) 어법은 한 척 또는 두 척의 어선이 일정 시간 동안 어구를 끌고 이동하여 어획하는 방법으로 적극적, 공격적, 기계적인 형태이다.
  ⓒ 끌그물 어법은 다른 어느 어법보다도 어획성능이 우수하고 산업적으로 중요하고 규모가 큰 어구가 많다.
  ⓒ 끌그물 어법의 종류
    • 기선 권현망 어법 : 연안 표층 부근을 유영하는 남해안 멸치를 잡는 어법
    • 쌍끌이 기선 저인망 어법 : 2척의 배로 끌줄을 끌어서 조업하는 어법
    • 트롤 어법 : 그물 어구의 입구를 수평 방향으로 벌리게 하는 전개판을 사용하여 한 척의 배로 조업하는 어법으로 끌그물 중 가장 발달한 어법이다.

▶ 끌그물 어법의 종류

(a) 트롤   (b) 기선 권현망   (c) 쌍끌이 기선 저인망

▶ 끌그물 어법의 발전과정

범선 저인망 → 쌍끌이 기선 저인망 → 빔 트롤 → 오터 트롤

---

⑧ 트롤 어법
  ⊙ 어망 입구가 넓고 앞부리가 뾰족한 화살촉 같은 형상의 트롤망을 일단의 배들로 잡아당기는 저인망 어법이다.
  ⓒ 17세기 유럽에는 범선이 어망을 끌었으나 19세기에 기선이 등장하면서 발달하게 되었다.
  ⓒ 아주 작은 물고기까지 완전히 포획하는 어법으로 연안어업과의 마찰이 끊이지 않는다.
  ⓔ 현재는 심해 트롤, 원양의 표층, 중층 트롤로 새우나 크릴 잡이에 사용된다.

(4) 그물을 사용한 어법의 종류

① 안강망 : 강제함정어법 중 어획 성능이 가장 우수, 어장 이동 가능
② 정치망
  ⊙ 자리 그물이라고도 하며, 어군의 자연적인 통로를 차단하여 함정으로 유도하여 고기를 잡는 어법
  ⓒ 일반적으로 유도함정어법을 사용하는 것을 의미한다.
  ⓒ 어구를 일정한 장소에 일정기간 부설해 두고 어획하는 어구 · 어법으로 단번에 대량 어획하는 데 사용된다.
  ⓔ 연안의 얕은 곳 대략 수심 50m 이하에 사용한다.

ⓜ 정치망은 어구를 일정한 장소에 일정 기간 동안 고정해 놓고 조업하는 것이므로 어장의 선정
  이 중요하다.

ⓗ 대상 어종의 내유량이 많은 곳에 부설하여야 하며, 어구를 부설하는 해저 바닥은 그물 아랫
  자락이 파손될 우려가 많으므로 펄이나 모래 또는 가는 자갈이 있는 곳이 좋다.

ⓢ 정치망은 유체 저항을 받으면 그물 모양이 비뚤어져 물고기가 들어가는 것을 방해하므로 유
  속이 느린 해역에 설치하는 것이 좋다.

③ 정치망 그물

　ⓞ 길그물과 통그물로 구성

　　• 길그물은 어군의 자연적인 통로를 차단하여 통그물로 유도하기 위한 길다란 띠 모양의 그물
　　　로 길이는 어장의 조건에 따라 짧은 것은 300m, 긴 것은 5,000m

　　• 통그물은 긴 타원형의 우리로 긴 축이 길그물에 수직이 되게 부설하며, 크게 운동장, 비탈그
　　　물 및 원통의 3부분으로 구성

　　－운동장 : 어군이 일단 들어가서 머물 수 있는 공간

　　－비탈그물 : 운동장과 원통 사이에 설치하여 운동장에 머물던 어군을 원통으로 유도함과 동시
　　　에 원통에 들어간 어군이 되돌아 나오지 못하게 하는 장치

　　－원통 : 어군을 최종적으로 가두어서 물고기를 어획하는 장소

　ⓛ 통그물의 모양에 따른 구분

　　• 대망류 : 길그물과 통그물로만 구성, 대부망, 대모망 등

　　－대부망 : 통그물의 모양이 삼각형을 닮았고, 한 변이 대상 생물이 들어가는 입구가 되도록 설
　　　계되어 있으며, 어군이 들어가기도 쉽고 되돌아 나오기도 쉬우므로 어획 성능이 높지 않다.

　　－대모망 : 대부망의 단점을 보완하기 위하여 통그물의 모양을 긴 직사각형 또는 다원형으로 설
　　　계하여 원통에 입망한 대상 생물이 대부망보다 되돌아 나오기 힘들도록 개량한 어구이다.

　　－낙망 : 대모망보다 되돌아 나오기 어렵도록 통그물을 헛통과 원통으로 만들고 헛통과 원통 사
　　　이에 비탈 그물을 설치한 어구이다.

　　－낙망은 길그물을 기준으로 하여 원통이 한쪽에만 있는 것을 편낙망, 좌우 양쪽에 있는 것을
　　　양낙망이라 하며, 비탈그물이 2개 있는 것을 이중 낙망이라고 한다.

　　• 승망류 : 낙망 길그물+통그물(가짜 헛통과 진짜 자루로 구성)

　　－이각망, 삼각망, 사각망

④ 부시리각망

　ⓞ 육지에서 바다 쪽으로 길그물을 부설하고 그 끝에 직사각형의 통그물을 부설하여 길그물에
　　의해 통그물로 유도된 대상 생물을 잡는 것이다.

　ⓛ 어구의 부설은 뜸줄과 발줄에서 각기 닻줄을 내어 닻으로 고정시키며 수면으로부터 바닥까지
　　완전히 차단하여 부설한다.

　ⓒ 양망은 새벽 5~6시에 어장에 나가 통그물에 설치된 까래그물을 입구에서부터 끌어올려 통그
　　물에 갇힌 어군을 한 곳에 모아 잡으며, 현재는 통그물의 한쪽 모서리에 승망과 같이 테와
　　깔때기가 장치된 주머니 그물을 부착하고 어군을 이곳에 모아 주머니 그물만 끌어올려 잡기
　　도 한다.

　ⓔ 해역에 따라 배 1척이 사용하는 어구수는 다양하며, 일반적으로 1~3통을 사용한다.

ⓜ 연중 부설하여 놓고 어획이 좋을 때는 오전과 오후에 양망을 하나 일반적으로 오전에만 양망을 하며, 간혹 철망하여 그물에 붙은 해조류나 물때를 제거하고 파손된 부분을 보수하여 다시 부설한다.

⑤ 멸치각망

ⓐ 어구의 구조, 부설 방법 및 어획 방법은 부시리각망과 유사하다.

ⓑ 멸치를 대상으로 하기 때문에 그물의 규격이 부시리각망과 다르며 통그물의 한쪽 모서리에 승망과 같이 테와 깔때기가 장치된 주머니 그물이 없다.

ⓒ 길그물은 PA Td210 18합사 망목 51mm, 원통그물은 여자망지 120경을 사용한다.

ⓓ 양망은 보통 오전과 오후로 나누어 2회 실시하며, 배에서 통그물의 입구에 연결된 줄을 양승기로 감아 통그물에 설치된 까래그물을 입구 부분부터 끌어올려 통그물의 입구를 차단시킨 다음 까래그물을 인력으로 끌어올려 통그물에 갇힌 어군을 한 곳에 모아 잡는다.

ⓔ 어구는 연중 부설하여 놓으며 배 한 척이 사용하는 어구수는 일반적으로 1~3통이다.

ⓕ 간혹 철망하여 그물에 붙은 해조류나 물때를 제거하고 파손된 부분을 보수하여 다시 부설한다.

⑥ 대부망

ⓐ 크게 길그물과 통그물로 구성되어 있으며, 해안으로부터 바깥쪽으로 길게 뻗친 길그물로써 어군의 자연적인 통로를 차단하여 길그물의 바깥쪽 끝에 설치된 통그물로 유도하여 잡는 것이다.

ⓑ 대부망의 발달된 형태인 대모망과 함께 가두리그물류 중 대망류에 속하는 것으로 통그물의 귀에 커다란 틈이 있어서 그 부력에 의하여 통그물의 위인저리가 수명에 떠서 지지된다.

ⓒ 대부망은 대망류의 초기의 것이며 통그물의 모양이 대체로 삼각형에 가깝고, 그 한 변이 입구가 되도록 한 것으로서 어군이 들어가기도 쉬우나 되돌아 나오기도 쉬워서 어획 성능이 좋지 않았다.

ⓓ 현재 이러한 형태의 어구는 거의 쓰여지지 않으며 대개가 낙망 형태로 개량되었다.

⑦ 대모망

ⓐ 대부망의 단점을 개선하여 어군이 들어가기도 어렵지만 되돌아 나오기도 어렵도록 한 것이다.

ⓑ 대모망은 처음에는 원통과 길그물의 2개 부분으로 되어 길그물에 유도된 고기를 원통에서 어획하였으나 현재는 많이 개량되어 장등, 헛통, 원통의 3개 부분으로 된 것도 있으며 원통 안에 이중 낙망을 부설하여 어획효과를 올리는 것도 있다.

ⓒ 대모망, 개량식 대모망은 명칭과는 별개로 실제 사용하는 어구는 대모망 본래의 모습과 는 다른 낙망 형태를 하고 있는 것이 대부분이다.

ⓓ 어획능률을 높이기 위해 비탈그물을 부설한 것으로 개량식 대모망이라고 하며 어구의 형태는 낙망과 같이 길그물, 헛통(운동장), 비탈그물(승망), 원통의 4부분으로 되어 있다.

ⓔ 어구 설치는 먼저 직경 15~20cm, 길이 5~6m인 소나무 말목과 로프를 이용하여 틀을 만든 다음 길그물을 부착하고, 헛통은 밑 부분에 그물이 없이 바로 땅과 연결되게 하며 비탈그물과 원통은 바닥그물까지 부설한다.

ⓕ 강원도의 경우 비탈그물의 끝 부분이 비스듬히 올라와 있는 전형적인 낙망 형태를 하고 있지만 남해안의 경우에는 수심이 낮아 바닥에 닿도록 설치한다.

      Ⓐ 어구가 일단 설치되면 철망 시까지 고정시켜 두며 1일 2회씩 정조 시에 어선 1~2척이 양망한다.

⑧ 자망(걸그물)

      ㉠ 배드민턴 네트 모양의 그물을 물 속에 수직으로 길게 쳐 놓아 지나다니는 물고기가 그물코에 걸리거나 말려들도록 하는 그물이다.

      ㉡ 그물코의 크기는 대상물의 아가미 둘레의 크기와 거의 일치해야 하며, 대상물의 유영층에 따라 그물을 펼쳐야 하므로 사용 깊이에 따라 표층 걸그물, 중층 걸그물, 저층 걸그물로 분류된다.

⑨ 유자망(흘림걸그물) : 수건 모양의 그물을 수명에 수직으로 펼쳐서 조류를 따라 흘려보내면서 대상물이 그물코에 꽂히게 하여 잡는 어구·어법이다.

2 어구의 재료와 구성

(1) 낚기어구 재료

① 낚시
      ㉠ 낚시의 크기와 모양을 다르게 하는 요인
         • 어획 대상물의 종류
         • 봄십의 크기
         • 입의 크기
         • 이빨의 세기
         • 활동력의 정도
         • 감각의 발달 정도
         • 식성
      ㉡ 낚시의 규격
         • 굵은 것 : 무게로 몇 그램
         • 보통 : 뻗친 길이로 몇 mm 또는 몇 호

② 낚싯줄
      ㉠ 보통은 투명하고 가는 힘줄을 사용
      ㉡ 이빨이 날카로운 어류 : 낚시가 달리는 부분에 철사나 와이어 사용
      ㉢ 힘줄의 규격 : 길이 40m의 무게가 몇 그램인지에 따라 호수로 표시

③ 낚싯대
      ㉠ 낚시를 빨리 들어 올리고 위치를 옮기기 쉽게 하는 것이다.
      ㉡ 고기의 떨어짐 방지와 고기의 활동력을 억제하여 낚아 올리기 쉽게 한다.

ⓒ 낚싯대의 구비조건
- 곧고 가벼워야 한다.
- 탄력성이 우수해야 한다.
- 밑동에서 끝까지 고르게 가늘어야 한다.
- 고르게 휘어야 한다.

④ 미끼 : 대상물이 즐겨 먹어야 하고, 구입이 쉽고, 장기가 저장이 가능한 것이 좋다.
  📵 오징어 미끼→오징어살, 장어 미끼→멸치, 다랑어류와 상어류 미끼→꽁치, 가다랭이 미끼
  →산 멸치, 어종에 따라 가짜 미끼도 사용함

⑤ 뜸과 발돌
  ㉠ 뜸 : 낚시를 일정한 깊이에 드리워지도록 하는 것
  ㉡ 발돌 : 낚시를 빨리 물속에 가라앉게 하고 원하는 깊이에 머물게 하는 것

(2) 낚기어구의 구성

① 목줄메기
  ㉠ 요령
- 매기 쉬울 것
- 매듭이 작고 쉽게 풀리지 않을 것
- 낚시가 빠지지 않도록 맬 것

  ㉡ 오징어 낚시 : 연속적으로 여러 개가 매어 있는 경우 난단히 내야 함
② 낚싯줄 잇는 방법
  ㉠ 면사 : 막매듭
  ㉡ 나일론실 : 겹막 매듭, 도래 매듭, 장고 매듭, 겹장고 매듭

(3) 그물어구 재료

① 그물실
  ㉠ 그물실 구비 조건
- 질기고 굵기가 고를 것
- 썩지 않을 것
- 마찰에 잘 견딜 것
- 탄력성이 있고, 늘어나도 쉽게 회복될 것

  ㉡ 그물실 재료
- 과거 : 천연섬유(면사, 삼, 짚 등)
- 현재 : 합성섬유(나일론, 비닐론, 폴리에틸렌 등)

  ㉢ 합성섬유의 특징
- 잘 썩지 않고, 굵기나 길이 및 단면의 모양과 색깔 등 인공적 조절이 쉽다.
- 햇볕의 노출에 약하다.

② 그물감

　　㉠ 마름모꼴의 그물코가 연속된 것으로 하나의 그물코는 4개의 발과 4개의 매듭으로 되어 있다.

　　㉡ 그물감의 종류

　　　• 매듭이 있는 그물감(결절망지)
　　　–참매듭 : 수공 편망 용이, 매듭이 잘 미끄러짐, 최근에는 사용하지 않음
　　　–막매듭 : 기계 편망 용이, 잘 미끄러지지 않음, 대부분의 그물감에 사용, 물의 저항이 큼
　　　• 매듭이 없는 그물감(무결절망지)
　　　–엮은 그물감 : 모기장처럼 씨줄과 날줄을 교차시켜 가며 짠 것
　　　–여자 그물감 : 씨줄과 날줄을 2가닥으로 꼬아가며 일정 간격으로 서로 얽어 직사각형이 되게 짠 것
　　　–관통 그물감 : 실을 꼬아 가며 일정 간격마다 서로 맞물리게 하여 짠 것
　　　–라셀 그물감 : 일정한 굵기의 실로써 뜨개질 하는 형식으로 짠 것

　　㉢ 매듭이 없는 그물감의 장·단점

　　　• 장점
　　　–편망 재료가 적게 든다.
　　　–물의 저항이 적다.
　　　• 단점
　　　–한 개의 발이 끊어졌을 때 이웃의 매듭이 잘 풀린다.
　　　–수선이 어렵다.

　　㉣ 그물코의 크기

　　　• 그물코의 뻗친 길이로 표시하는 방법 : 한 그물코의 양 끝 매듭의 중심 사이 길이, mm
　　　• 일정 길이 안의 매듭의 수로 표시하는 방법 : 5치(15.15cm) 안의 매듭의 수를 '몇 절'이라고 표시
　　　• 일정 폭 안의 씨줄의 수로 표시하는 방법 : 여자 그물감의 약 50cm 폭 안의 씨줄의 수로 '몇 경'이라고 표시
　　　• 1개의 발의 길이로 표시하는 방법(그물코의 뻗친 길이 표시) : 그물코 한 개의 발의 양쪽 끝매듭의 중심 사이를 잰 길이
　　　• 그물코의 안지름을 측정하는 것은 아주 작은 그물코를 나타낼 때 사용

③ 줄 : 그물 어구의 뼈대를 형성하거나 힘이 많이 미치는 곳에 사용

④ 뜸과 발돌

　　㉠ 뜸 : 물 속 어구의 형상이나 위치를 일정하게 유지시키기 위하여 위쪽에 달아 뜨게 하는 것

　　㉡ 발돌 : 아래쪽에 달아 가라앉게 하는 것

(4) 그물어구의 구성

① 마함(그물 가장자리)의 구성 : 절단된 가장자리의 코는 풀리기 쉬우므로 원래의 그물실과 같거나 조금 굵은 실로 마지막 코에 덮코를 붙인 것을 마참이라 한다.

② 보호망 : 가장자리에 원살의 그물실보다 굵은 실로 몇 코 더 떠서 붙이는 것

③ 그물감 붙이기
ㄱ 기워붙이기 : 그물을 분리할 필요가 없을 때에 수공 편망법에 따라 접합부에 완전한 그물코가 형성되게 붙이는 방법
ㄴ 항쳐붙이기 : 그물을 분리할 필요가 있을 때 떼어 내기 쉽도록 얽어매여 붙이는 방법

④ 그물감의 주름주기
ㄱ 그물을 구성할 때에는 그물감을 길이보다 짧은 줄에 달아 그물코가 벌어지게 하는 것
ㄴ 주름 : 그물감의 뻗친 길이−줄의 길이
ㄷ 주름률 : 주름÷그물감의 뻗친 길이
ㄹ 성형률 : 줄 길이÷그물감의 뻗친 길이

⑤ 그물실의 연소에 의한 감별법
ㄱ 그물실의 섬유를 감별하는 방법 : 태워서 감별하는 방법, 화학약품에 대한 용해성 판단, 염료에 대한 색깔 반응 등 다양한 방법이 있으나 가장 간단한 방법은 태워서 관찰하는 방법이다.
ㄴ 나일론 : 태우면 약간 타지만 불꽃을 떼면 곧 꺼진다. 타면서 특이한 악취가 난다. 타고 나면 검은 덩어리가 남고 식으면 더욱 단단해 진다.
ㄷ 비닐론 : 태우면 오그라들면서 조금 타지만 불꽃을 때면 잘 타지 않는다. 타고 나면 흑갈색의 덩어리가 남는데 나일론보다는 다소 무르다.
ㄹ 아크릴 : 오그라들면서 약간 타고, 타고 남은 재는 흑갈색의 덩어리로 단단하다.
ㅁ 폴리에스테르 : 녹아서 둥글어지고 쉽게 타지 않으며, 다소 향기 있는 냄새가 난다. 타고 나은 재는 흑갈색의 덩어리로 약간 무르다.
ㅂ 폴리에틸렌 : 불꽃 속에서 잘 타지 않으며, 오그라들지도 않고, 다소 특이한 냄새가 난다. 타고 남은 재는 원색의 덩어리로 단단하다.

⑥ 신소재 어구 재료
ㄱ 신소재인 초강력사를 이용하면 유류비용 인건비 절감 효과 및 어구의 대형화와 조업 과정의 기계화에 의한 어획 효과의 확대, 안전도 확보 등 여러 면에서 획기적인 어업 발전이 이루어 질 것으로 예측된다.
ㄴ 어선과 마력의 크기, 어업의 종류 등에 따라 어구의 수와 크기 등 관련 법의 수정이 불가피 하다.

CHAPTER

04

제4과목 수산 일반

수산양식 관리

수산양식 개요

(1) 양식업의 개념

양식업은 일정한 구역이나 또는 시설 등을 독점적으로 소유하고 그 곳에서 자신이 선택한 유용한 수중 생물의 생활 및 환경 등을 잘 관리해서 해당 생물의 번식 및 성장을 꾀하면서 자원조성용 또는 상품으로 키워내는 방법을 의미한다.

(2) 양식업의 방법

① 어류나 새우류와 같이 먹이나 적당한 환경을 찾아 계속 헤엄쳐 다니며 생활을 하는 종류들을 양식하는 것을 유영 동물 양식이라 한다.
② 유영 동물의 양식 방법에는 지수식, 가두리식, 유수식, 순환여과식 양식 등이 있다.
   ㉠ 지수식 양식
   • 옛날부터 활용되어 온 가장 오래된 양식 방법으로써 육상이나 연못 등에 둑을 쌓아서 못을 만들거나, 바다 등에 제방으로 천해의 일부를 막고 양성하는 방법이다.
   • 뱀장어, 잉어류, 새우류, 가물치 등을 양식하기에 적당한 방식이다.
   • 물은 증발이나 누수로 인해서 줄어드는 양만큼 보충하고, 호흡에 필요한 산소는 물 표면을 통해 공기 중에서 녹아 들어가는 것과 수초나 부유 식물의 광합성 작용에 의해 공급하며, 산소 소비는 어류의 호흡 및 노폐물 등이 미생물에 의해 분해될 때 소모되는 양으로 결정된다.

ⓛ 가두리식 양식

- 상대적으로 수심이 깊은 내만에서 그물로 만든 가두리를 수면에 뜨게 하거나, 수중에 매달아 어류를 기르는 양식 방법을 말한다.
- 통상적으로 많이 활용하는 표층 가두리 양식은 가두리 그물을 뜸 틀에 고정해 대형의 뜸으로 뜨게 한 다음에 그 속에서 양성한다.
- 가두리 양식에서 용존 산소의 공급 및 대사 노폐물의 교환은 그물코를 통해 이루어지며, 감성돔, 조피볼락, 숭어류, 농어, 참돔 등의 많은 양의 어류를 수용해 양식하기에 적합한 방식이다.

ⓒ 유수식 양식

- 수원이 충분한 계곡이나 하천의 지형 등을 활용해 사육지에 물을 연속적으로 흘러 보내거나, 양수기로 물을 육상으로 끌어올려서 육상 수조에서 양식하는 방법을 말한다.
- 또한 이 방식에서 산소의 공급량은 공급하는 물의 양에 비례하게 되므로, 사육 밀도도 증가시킬 수 있다.
- 내수면에서는 주로 찬물을 좋아하는 연어, 송어류의 양식에 활용되고, 따뜻한 물이 많이 흐르는 곳의 경우에는 잉어류의 양식에 활용된다.
- 바닷물을 육상으로 끌어올려서 양식하게 되는 육상 수조에서는 넙치를 주로 양식한다.
- 이러한 양식 방법에서의 수조 형태로는 주로 긴 수로형이나 또는 원형 수조 등을 활용한다.

ⓔ 순환여과식 양식

- 사육수를 정화해 다시 사용하는 방법으로, 고밀도의 양식이 가능하다.
- 또한 수온이 낮은 겨울의 경우에는 보일러 등으로 사육수를 가온하기 때문에 이로 인한 사육 경비가 많이 든다는 문제점이 있다.
- 수중에 서식하고 있는 양식 생물의 성장은 대상 생물의 서식 적정 수온 범위 내에서 수온에 비례해 증가되는데, 이는 활발한 먹이 섭취를 하게 되어서 성장이 빨라지게 되기 때문이다.
- 사육 수조를 통과한 물에는 먹이 찌꺼기와 대사 노폐물 등이 섞여 있기 때문에, 다시 순환시키기 전에 침전 또는 여과 장치를 활용해서 처리해야 한다.
- 생물 여과 장치는 양식 생물에 해로운 암모니아가 여과 재료의 표면에 발생된 아질산균, 질산균과 작용해서 아질산염을 거쳐 질산염으로 되기 때문에 해가 없게 된다.

수산일반

(3) 부착 및 저서동물의 양식

① 통상적으로 저서동물 중에는 담치, 굴, 우렁쉥이 등과 같이 바위나 또는 돌과 같은 단단한 물체에
붙어 부착 생활을 하는 동물이 있는 반면에 대합, 피조개, 바지락 등과 같이 모래나 또는 진흙
바닥 등에서 조금씩 조금씩 움직이며 포복 저서 생활을 하는 동물이 있다.

② 이러한 부착 및 저서동물을 양식하는 방법에는 바닥식 및 수하식이 있다.

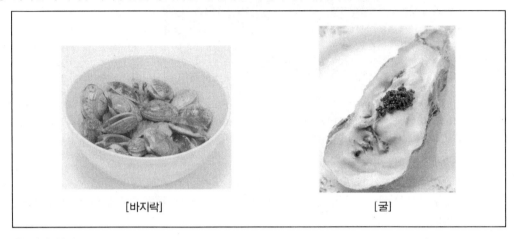

[바지락]　　　　　　　　　　　　[굴]

　ⓐ 바닥 양식
　　• 바닥 양식의 경우에는 얕은 바다의 펄 바닥이나 또는 바위 등에 붙어 기어 다니며 사는 포복
　　　동물의 양식에 활용된다.
　　• 바지라, 대합, 꼬막, 피조개 등은 주로 펄 바닥에 사는 생물이고, 해삼 및 전복 등은 암석 바
　　　닥에 사는 생물이다.
　　• 이들 생물의 양식에 있어서는 별도의 시설을 요하지 않는 것이 통상적이지만, 가능하면 이들
　　　생물들이 잘 성장할 수 있도록 환경을 조성해 주는 것이 좋다.
　　• 소라, 전복 등과 같은 포복성의 저서 패류를 그물로 만든 용기에 넣어 해수의 중층이나 또는
　　　저층 등에 매달아 기르거나, 육상의 수조에서 기르기도 한다.
　　ⓑ 수하식 양식
　　• 담치, 굴, 우렁쉥이 등의 부착성 무척추동물의 양식을 위해 이들 생물이 부착한 기질을 뗏목
　　　이나 또는 밧줄 등에 매달아 물속에 넣어 기르는 방법을 말한다.
　　• 더불어서 부착기가 물속에 잠겨 있도록 유지하는 데에는 밧줄, 뗏목, 말목 등을 활용한다.
　　• 또한, 부착 기질은 생물의 종류에 따라 다르고, 채묘된 부착 기질을 일정한 간격을 두고 펜
　　　줄을 수하연이라 한다.
　　• 이 같이 수하식 양식 방법은 성장이 상대적으로 균일하고, 저질에 매몰되거나 또는 저서 해
　　　적에 의한 피해를 받을 염려가 없기 때문에 해면을 입체적으로 활용이 가능하다.

(4) 해조류 양식

해조류 양식의 경우에는 주로 다시마, 미역이나 김 등을 그 대상으로 하고 있으며, 이러한 해조류 양식의 방식으로는 뜬발식 양식, 밧줄식 양식, 말목식 양식 등이 있다.

① 뜬발식 양식
- ㉠ 처음 김 양식을 했을 시기에는 얕은 간석지 등의 바닥에 대나무를 꽂아 두었을 때 김 포자가 스스로 자연적으로 부착해 성장했는데, 이를 섶발이라 하였으며 이 후에는 대쪽으로 발을 엮어서 물속에 수평으로 매달아 양식해 왔는데 이를 뜬발이라고 하였다.
- ㉡ 최근에 들어 대발 대신 합성 섬유로 만들어진 그물을 사용하게 되었으며, 이러한 김발을 뜬발이라고 하는 이유는 김발의 설치 시 말목 대신에 뜸 및 닻줄 등을 활용해서 설치하기 때문이다.

② 밧줄식 양식
- ㉠ 미역, 톳, 다시마, 모자반 등의 양식에 활용되고 있고, 이들 양식 생물이 이전에는 바위에만 붙어살던 것을 밧줄에 붙여 살 수 있도록 수면 아래의 일정한 깊이에 밧줄을 설치한 것을 의미한다.
- ㉡ 이러한 방식을 어미줄이라고 하고, 이렇게 어미줄에는 실내 수조에서 배양한 종묘가 붙어 있는 실, 다시 말해 씨줄을 감거나 또는 씨줄을 짧게 끊어 일정한 간격으로 어미줄에 끼워서 싹이 자라도록 하게 하는 방식이다.

③ 말목식 양식
- ㉠ 이는 지주식 양식이라고도 하며, 오래 전부터 김 양식에 많이 활용해 왔던 방법으로서, 수심 10m 정도보다는 얕은 바다에서 바닥에 소나무나 또는 참나무 등으로 된 말목을 박고, 여기에 김빌을 수평으로 내단 방법을 의미한다.
- ㉡ 김발 높이의 경우에는 4~5시간 노출선에 맞춘다.
- ㉢ 김발의 재료는 기존의 경우에는 대나무를 쪼개 엮은 대발을 활용하였지만, 최근에는 들어 대발 대신에 합성 섬유로 만든 그물을 활용한 김발을 사용하고 있다.

참고 자원관리와 양식의 차이점

자원관리	양식
• 대상 생물에 대한 주인이 없다.	• 대상 생물에 대한 주인이 있다.
• 국가, 사회단체, 공공기관 → 자원에 대한 조성이 목적이다.	• 회사, 개인 → 영리를 목적으로 한다.
• 종묘 방류자와 성장 후의 포획자가 서로 다르다.	• 종묘 방류자와 성장 후의 포획자가 서로 동일하다.
• 산란기의 어미를 보호, 종묘를 방류해서 자원을 자연의 상태로 번성시켜서 채포하는 것을 말한다.	• 경제적인 가치를 지니고 있는 생물들을 인위적으로 번식 및 성장시켜서 수확하는 것을 말한다.

(5) 양식업 목적(생산물에 대한 활용 목적에 따라)

① 자연의 자원 증강을 위한 방류용의 종묘 생산

② 인류 식량의 생산

③ 관상용의 어류 생산

④ 미끼용의 어류 생산

⑤ 유어장(낚시터)의 어류 생산

(6) 양식장의 환경

① 폐쇄적인 양식장 환경의 특성

　　㉠ 인간이 인위적으로 수질 환경에 대해 조절이 가능하게끔 하는 양식장을 말한다.

　　㉡ 화학적인 환경

　　　• 양식 생물의 호흡 및 유기물의 분해 과정에서 소비되는 용존 산소의 공급

　　　• 유기물의 산화를 위한 여과 기능의 구비

　　㉢ 물리적인 환경

　　　• 광선의 조절 : 차광시설이나 인공조명의 시설

　　　• 온도의 조절 : 냉각기나 보일러, 비닐하우스 등의 활용

　　㉣ 생물적인 환경 : 미생물이나 양식 생물, 기생충, 수초, 병원성 세균, 플랑크톤 등

② 개방적인 양식장 환경의 특성

　　㉠ 양식장 수질환경이 자연의 환경에 열려 있어 자연스러운 소통이 가능한 양식장을 말한다.
　　　(즉, 환경에 대한 인위적인 조절이 불가능하다.)

　　㉡ 화학적인 환경 요인

　　　• 영양 염류, 염분, 이산화탄소, 용존 산소, 이온 농도, 황화수소, 암모니아 등

　　　• 영양 염류는 조방적 양식에서 기초 생산자의 생산에 있어서 필수적인 요소

　　　• 양식 생물의 번식이나 생리 및 성장 등에 영향을 미친다.

　　㉢ 물리적인 환경 요인

　　　• 수온, 계절풍, 투명도, 광선, 파도, 양식장 지형 등

　　　• 양식장의 선택에 있어 중요한 요소이다.

　　　• 양식종의 번식이나 생리 및 성장 등에 영향을 미친다.

　　㉣ 생물적인 환경 요인 : 생물 간 상호 관계(저서동물, 부유생물, 세균, 수생식물 등) 및 화학적,
　　　물리적인 요소들과 연관이 있다.

참고 관상어류의 종류

• 특이한 어류

• 희귀한 어류

• 아름다운 어류

---

③ 주요 수질에 관한 환경 요소

　㉠ **용존 산소**(Dissolved Oxygen ; DO) : 물속에 녹아 있는 산소
　　• 수온과 염분이 증가하면 용존 산소량은 감소하게 된다.
　　• 맑은 날은 용존 산소 증가하고, 밤이나 흐린 날은 감소하게 된다.
　　• 수온이 증가하게 되면 생물 대사율 증가로 인해 산소 요구량도 증가하게 된다.
　　• 수온이 올라가는 주성장기는 산소가 부족하기 쉬워 포기를 실시한다.
　　• 양식 생물의 호흡에 필수 요소이다.

　㉡ **영양 염류** : 인산염(PO_4), 질산염(NO_3), 규산염(SiO_2) 등은 해수 안에서 분포하고 있는 염류 중 식물의 광합성 작용에 있어 필수 요소이다.
　　• 담수에서 부족되기 쉬운 것 : 인, 칼륨, 질소 등
　　• 바다에서 부족되기 쉬운 것 : 규산, 질소, 인 등
　　• 부족되기 쉬운 영양염 : 질소, 인, 규산, 칼륨 등

　㉢ **황화수소**(H_2S)
　　• 저질을 까맣게 변화시키고, 나쁜 냄새를 풍긴다.
　　• 물의 유동이 적으며, 용존 산소가 적은 저수지, 양어지의 저질이나 배수구에 유기 물질이 많이 쌓인 곳 등에서 발생한다.
　　• 어패류 등에 유독하므로 물의 소통을 좋게 하여 바닥이나 배수구에 유기물 축적을 방지해야 한다.

　㉣ **암모니아**(NH_3)
　　• 어류 등의 배설물에 의해 생성된다. (사육 밀도가 높게 되면 암모니아가 축적된다.)
　　• pH가 높을수록 암모니아의 비율이 많아지게 되므로 pH가 높지 않도록 잘 관리해야 한다.
　　• 암모늄염(NH_4^+)의 형태는 해가 없으나, 암모니아(NH_3)는 저농도에서도 유독하다.

　㉤ **수온 및 염분**
　　• 어류의 경우에는 그들의 적응 범위의 온도 내에서는 수온이 높을수록 성장이 잘 된다.
　　• 물의 염분에 의해 서식 생물의 종류가 다르고, 양식 시에는 염분의 변화에 대해 잘 견디는 종을 선택한다.
　　• 수온에 의해 서식하는 생물이 다르며, 살아가기에 알맞은 서식 수온이 있다.
　　• 바다와 강을 오르내리면서 염분을 조절하는 종 : 연어, 숭어, 은어, 뱀장어, 송어 등
　　• 염분의 변화에 약한 종 : 전복(주로 먼 바다 생활 종) 등
　　• 염분의 변화에 강한 종 : 담치, 굴, 바지락, 대합 등

(7) 주요 양식대상 수산생물

① 식용

㉠ 해수

어류	넙치	광어(廣魚)라고도 불리는 넙치는 가자미목 넙치과에 속하는 바닷물고기이다. 몸이 넙적하고 눈이 왼쪽으로 몰려 있다. 우리나라 전 연안에 분포한다.
	방어	우리나라 동해, 남해의 전 연안에 분포한다. 다 자란 방어는 몸 길이가 1m를 훌쩍 넘는 대형 어류이다. 전갱이, 멸치, 정어리, 두족류, 까나리 등을 주요 먹이로 하는 육식성 어류이다.
	조피볼락	우럭으로 불리우는 양볼락과에 속하는 난태생 어류로 비교적 낮은 수온에 서식한다. 성장이 빠르고 저수온에 강하여 월동이 가능하기 때문에 양식 대상종으로 각광을 받고 있다.
	점농어	우리나라의 각 연안, 특히 여수를 기점으로 대부분이 서해안에 주로 분포하는 외래 어종이다.
패류	가리비	껍데기가 부채처럼 생긴 가리비는 얕은 바다에 서식한다. 이들은 미세한 부유생물(특히 규조류)과 유기물질을 먹이로 한다. 종류로는 큰가리비, 국자가리비, 비단가리비가 있다.
	굴	바위에 붙어살기 때문에 석화(石花)라고도 불리는 굴은 단단한 껍데기 속에 연한 몸체가 있어 식용으로 이용하는 대표적인 생물이다. 우리나라에 서식하는 종으로는 참굴, 강굴, 바윗굴, 털굴, 벗굴이 있다.
	전복	옛날부터 식용으로 해온 주요 수산물의 하나로 수온이 10~23℃의 온대 연안에서 주로 서식한다. 우리나라에는 흰류성 진복인 침진복과 난류성 전복인 말전복, 시볼트전복, 까막전복, 오분자기가 서식하고 있다.
	피조개	돌조개과에 속하는 피조개는 보통 털꼬막, 새꼬막으로 불린다. 내해의 조간대부터 수심 50m 사이의 펄 바닥에 서식을 한다.
해조류	김	염분적응성이 강하여 해조류 중에서 가장 넓게 분포하는 종인 김은 세계적으로 50여 종이 있으며 우리나라에서는 대략 10여 종이 서식하고 있다.
	다시마	갈색의 조류에 속하는 2~3년생의 해조이다. 흔히 미역과 혼동하기 쉬운데 다시마는 몸의 길이는 2~4m, 폭은 20~30cm 내외이며, 황갈색 또는 흑갈색의 띠 모양을 이룬다. 잎바탕이 두껍고 거죽이 미끄러우며 약간 쭈글쭈글한 무늬가 있다. 우리나라에서 양식 가능한 종류는 참다시마와 애기다시마 2종이다.
	모자반	모자반은 갈조식물에 속하는 해조류로서 우리나라에서는 18종이 자생하는 것으로 알려져 있다. 참조자반과 꽹생이모자반은 식용으로 사용하고 이외의 종은 비료나 해조분의 원료로 이용되고 있다.
	미역	우리나라 전 연안에 분포하며 국으로 끓이거나 무침을 해서 식용한다.
	톳	톳은 파도가 심하지 않고 요철이 많으며 펄이 약간 덮인 지대에서 주로 서식한다. 맛이 좋아 식용으로 이용되며 특히 칼슘과 철분을 풍부하게 함유하고 있다.

(1) 종묘의 생산

① 인공 종묘 생산

　㉠ 채포한 자연산 어미나 양식한 어미로부터 채란 및 부화, 유생기의 사육 등에 이르기까지 전체적으로 인위적인 관리를 통해 종묘를 생산하는 방법을 말한다.

　㉡ 이러한 방식의 경우 종묘 생산 시기의 조절로 인해 계획적인 양식이 가능하다는 이점이 있다. (완전 양식이 가능하다.)

　㉢ 시설 및 관리면에서 자연적인 채묘보다는 어려우며, 경비가 많이 든다는 문제점이 있다.

> **참고 클로렐라(Chlorella)**
> • 녹조류의 미세 단세포적인 생물을 말한다.
> • 해수산 및 기수, 담수산 등이 있다.
> • 크기는 $3 \sim 8\mu m$ 정도이다.
> • 비타민, 단백질, 무기염류의 영양 성분을 지니고 있어 로티퍼의 먹이로 활용된다.

② 자연 종묘 생산

　㉠ 자연산의 어린 것을 효율적으로 수집해 양식용 종묘로 활용하는 방법이다.

　㉡ 어류 등의 종묘 생산

　　• 바다나 호수 등에서 자란 치어를 그물로 채집, 포획해서 종묘로 활용 → 자연 종묘

　　• 숭어는 염전 저수지나 양어장의 수문 등을 통해 들어온 치어를 채집해 활용한다.

　　• 농어 등은 치어의 밀도가 높을 때 포획해서 종묘로 활용한다.

　　• 방어의 경우에는 6~7월에 쓰시마 난류를 따라 북상하는 치어들이 떠다니는 모자반 등의 해조류 밑에 모이는 습성을 활용해서 이들을 그물로 채포하여 종묘로 활용한다.

　　• 뱀장어의 경우에는 바다에서 부화해 해류를 따라 부유 생활을 하면서 유생기를 지나게 한 후, 이른 봄에 담수를 찾아드는 것을 잡아 모아서 양식용 종묘로 활용한다.

　㉢ 조개류 등의 종묘 생산

　　• 피조개, 굴 등의 자연 채묘 경우에는 채묘 예보를 실시해 종묘를 확보한다.

　　• 대부분의 자연 채묘에 의해서 종묘를 확보해 양식에 활용한다.

　　• 부착 시기에 채묘기를 유생 최대 밀도 수층에 설치해서 부착한다.

> **참고** **채묘시설의 분류**
>
> • **침설 고정식 채묘시설** : 수심이 상대적으로 얕은 곳의 저층에서 채묘하는 방법을 말한다.
> • **고정식 채묘시설** : 수심이 얕은 간석지에 말목을 박고 채묘상을 만들어 설치하는 것을 말한다.
> • **완류식 채묘시설** : 대나무나 나뭇가지를 세워 주거나, 해수의 흐름을 완만하게 조절해 주는 방법을 말한다.
> • **침설 수하식 채묘시설** : 수심이 깊은 곳의 저층에 채묘기를 설치해 채묘하는 방법을 말한다.
> • **부동식 채묘시설** : 수심이 깊은 곳에서 뗏목이나 또는 밧줄 시설 등을 활용한 수하시설을 말한다.

(2) 영양 및 사료

① 사료에 필요로 하는 주성분 : 탄수화물, 단백질, 비타민, 무기염류, 지방 등

　㉠ 양식 생물 및 영양의 공급

　　• 어류 및 새우류 : 집약적인 양식의 경우 → 영양 및 사료의 공급
　　• 해조류 : 물속에 녹아 있는 영양 염류를 흡수해서 성장 → 인위적인 공급이 불필요
　　• 피조개, 굴, 가리비 등 : 자연 발생의 먹이를 여과 섭식 → 인위적인 공급이 불필요

　㉡ 사료의 필요로 하는 영양소

탄수화물	에너지원
단백질	양식 어류들의 몸을 구성하게 되는 가장 기초가 되는 성분
비타민 및 무기염류	대사 과정 중 촉매 및 활성 물질
지방 및 지방산	생리 활성 물질 및 에너지원
타 구성 성분	항산화제, 착색제, 항생제, 점착제, 먹이 유인 물질 및 기타 호르몬

　㉢ 사료의 타 구성 성분

먹이유인 물질	어류의 종묘 생산에 있어 중요한 초기의 미립자 사료에 중요한 첨가물
항산화제	사료 중 비타민, 지방산 등의 산화를 방지하기 위한 목적으로 활용 → 비타민 E 활용
점착제	사료의 제조 시에 물속에서 사료의 안정성을 증대시키고 펠릿의 성형을 도와주기 위해 사료에 첨가되는 물질
착색제	횟감의 질, 관상어의 색이 선명하도록 첨가되어지는 물질 → 크산토필(식물체), 아스타산틴(갑각류 껍데기)
항생제	질병의 치료 목적으로 사료에 첨가되는 물질 → 신중히 주의해서 사용
기타 호르몬	조기 성 성숙, 성장의 촉진, 종묘의 성 전환 등에 활용

② 사료의 형태

　㉠ 인공사료의 가공 시에 주의해야 할 사항

　　• 물속에 넣어 줄 때 사료가 허실되지 않을 것
　　• 장기 보존을 목적으로 가공
　　• 성장의 단계에 따라 사료 입자의 크기가 입의 크기에 알맞게 가공

- 흡수가 잘 되어서 성장이 잘되는 좋은 질 및 알맞은 형태로 가공
- 어류가 필요로 하는 성분을 골고루 갖출 것

> **⁂참고 허실 사료에 대한 문제점**
>
> - 세균, 섬모충류 등의 번식으로 인해 질병이 유발된다.
> - 잔류 사료의 부패로 인해 수질이 악화된다.
> - 사료의 허실로 인한 경비가 가중된다.
> - 양식 동물이 사료를 먹기까지 사료가 흩어지지 않도록 주의해야 한다.

ⓛ 건조 사료의 형태
- 펠릿 – 압축해서 알갱이로 만든 형태
- 부상 사료 – 열, 압력 등에 의해 팽창시킨 형태
- 크럼블 – 펠릿을 부순 형태
- 침강 사료 – 가라앉는 사료
- 플레이크 – 사료를 납작하게 만든 형태
- 미립자 사료 – 미세한 가루의 형태
- 모이스트 펠릿 – 습기가 있는 알갱이 사료
- 가루 – 분말의 형태

ⓒ 건조 사료의 이점
- 수분 함량이 저은 관계로 제작, 공정, 보관 등에 있어서 경제적이다.
- 영양적인 가치를 대상 어종의 요구에 맞출 수 있다.
- 자동 공급기에 의해 사료의 공급이 용이하다.

> **⁂참고 인공 배합사료의 이점**
>
> - 사료의 공급 및 가격 등이 안정적이다.
> - 어류의 사료 공급량을 적당히 조절함으로써 질병 발생을 억제한다.
> - 관리와 공급이 용이하고, 자동 사료 공급기의 사용으로 인해 인건비가 절감된다.
> - 사료의 공급량 및 투여 방법의 조절로 생산량에 대한 조절이 가능하다.
> - 사료에 따라 상온(20~25℃)에서 3개월 정도 저장이 가능하다.

③ 사료 공급법
ⓐ 어류의 1일 사료 공급량은 몸무게의 1~5%(보통 2~3%) 정도이다.
ⓑ 뱀장어, 미꾸라지 등의 어린 치어기는 몸무게의 10~20% 정도 먹는다.
ⓒ 한 번에 주는 먹이의 양은 포식하는 양의 70~80% 정도이다.
ⓓ 사료의 효율을 높이고, 건강한 어류 양식을 위해서 특히 치어기에 조금씩 자주 준다.
ⓔ 사료의 먹는 양은 양식 동물의 종류, 크기 및 수온, 용존 산소 등의 수질에 따라 각각 다르다.
ⓕ 사료의 섭취는 수질의 영향이 크기 때문에 좋은 수질의 유지에 대해 노력해야 한다.
ⓖ 수온 상승 및 어류가 성장하게 되면 먹이를 주는 횟수 및 시간 등이 중요해진다.

◎ 어종에 따른 먹이 주는 횟수
- 메기, 송어, 뱀장어 등 : 1일 1회 공급
- 잉어 등 : 위가 없기 때문에 여러 번 나누어 준다.

⁂ **참고**

양식의 2대 요소

- 환경
- 먹이

양식의 3대 요소

- 환경
- 먹이
- 질병 및 해적

---

(3) 운반 및 축양

① 운반방식
  ㉠ 미꾸라지, 뱀장어 등은 기온이 낮은 겨울에는 공기 중에서 상자나 바구니 등에 담아 2~10시간 정도의 운반이 가능하다.
  ㉡ 공기 중 장시간 동안 살 수 있는 조개 및 게 등은 상자나 또는 바구니 등에 담아 운반해야 한다.
  ㉢ 대부분의 어류는 물속에 넣어서 운반하는데 이 때에는 특별한 장치나 운반상의 주의가 요구되어진다.
② 활어의 실제 운반방식
  ㉠ 대형 용기를 활용한 운반
  - 잉어의 경우 : 2톤 용기에 1톤의 활어를 수용하여 10시간 이상 운반이 가능하다.
  - 다량의 활어를 운반하기 위해 대형 용기에 수용하고 산소 주입을 한다.
  - 산소 주입 : 공업용 산소 탱크 활용, 블로어 펌프나 또는 컴프레서를 활용한다.
  ㉡ 비닐 봉지를 활용한 운반
  - 폴리에틸렌 봉지나 또는 비닐 등에 물을 반쯤 채운다.
  - 그 속에 어류를 수용한 후에 공업용 산소를 채운다.
  - 치어들의 운반에 주로 활용한다.
  - 일부의 식용어 및 관상어 등의 운반에도 활용된다.
  - 일사 광선을 피한다.
  ㉢ 마취 운반
  - 마취 운반에는 마취제나 또는 냉각 마취 방법 등을 활용한다.
  - 냉각 마취 운반은 뱀장어 종묘 운반 등에 활용된다.
  - 마취시키게 될 경우 대사 기능 및 활동력 등이 저하되므로 운반에 유리하다.

③ 축양

　　㉠ 개념 : 축양은 살아 숨쉬는 수산 동물을 적정한 시설 내에서 일시적으로 보관하는 것을 의미

　　　 하며, 체중을 늘리는 것이 목적이 아니므로 통상적으로 먹이를 주지 않는다.

　　㉡ 축양이 필요한 경우

　　　• 다량으로 어획한 수산물을 가격이 낮은 시기에 보관하고자 할 때

　　　• 낚시터 및 활어 횟집 등 큰 어류를 살아있는 상태로 공급할 때

　　　• 자원 조성용 종묘 또는 양식용 종묘를 생산해서 운반 전 보관할 때

　　　• 어업 생산물이나 양식된 생산물을 살아있는 상태로 최종 소비지까지 운반 후 축양할 때

 3 **양식 질병관리**

(1) 기생충 및 미생물 등에 따른 질병

① 발병의 종류

　　㉠ 기생충 및 미생물 등이 직접적으로 양식 어류 등에 침입해서 발병

　　㉡ 먹이 및 수질이 나빠져서 어류의 기능이 저하

② 물곰팡이

　　㉠ 알 등에 용이하게 기생하기에 종묘의 생산 시에 상당히 주의해야 한다.

　　㉡ 봄철의 어류 및 알에 기생해서 일종의 실 같은 균사로 인해 표면에 솜뭉치가 붙어 있는 것처

　　　 럼 보이게 된다.

③ 양어장 등에 잘 발생하게 되는 기생충 : 닻벌레, 백점충, 물이, 포자충, 아가미 흡충, 트리코디나

　 충, 피부 흡충 등

　　㉠ 체표가 광택이 없으면서 뿌옇게 변하게 된다.

　　㉡ 어체 표면에 좁쌀만한 흰 점이 생기게 된다.

　　㉢ 몸을 양어지 벽에 부비게 되는 현상을 보이게 된다.

④ 병에 걸린 어류의 증상 : 이런 경우에는 어류들이 먹이를 안 먹고, 평소의 행동 또는 체색 등이 달

　 라진다.

　　㉠ 무리에서 벗어나서 못의 가장자리에 가만히 있게 된다.

　　㉡ 아가미나 지느러미가 부식하거나 또는 결손된다.

　　㉢ 힘없이 유영하게 된다.

　　㉣ 몸을 바닥이나 벽 또는 타 물체에 비비게 된다.

　　㉤ 안구가 돌출하게 된다.

　　㉥ 어류의 몸 표면에 점액상의 회색 분비물을 분비하게 된다.

　　㉦ 피부나 또는 지느러미 등에 출혈 또는 출혈 반점 등이 생기게 된다.

　　㉧ 어류 몸의 빛깔이 검게 변하거나 또는 퇴색하게 된다.

(2) 환경의 요인에 따른 질병

① 산소의 부족에 따른 질병

  ㉠ 어류의 성장이 나빠지고 질병에 걸리기 쉽게 된다.

  ㉡ 심하면 폐사하게 된다.

  ㉢ 이를 예방하기 위해서는 새벽에 산소량 조사의 실시하거나, 좁은 면적에 과밀 양식은 금지해야 한다.

② 기포병

  ㉠ 기포병은 피하 조직에 방울이 생기고, 심하게 되면 안구의 돌출 및 폐사할 수 있다.

  ㉡ 산소의 결핍 및 질소 가스의 과포화 상태로 직접적으로 양어지에 많이 주입될 때 기포병이 발병할 수 있다.

  ㉢ 이에 대한 대안으로는 포기를 해서 질소 가스를 제거한 후에 활용한다.

참고 기포병

• 질소의 가스에 따른 가스병이다.

• 수중 질소 포화도가 115%~125% 이상이 될 시에 발병하게 된다.

• 130% 이상이 될 시에 단 시간 내 치명적인 장애 유발이 나타나게 된다.

---

③ **어류의 먹이 찌꺼기 및 배설물 등에 따른 발병**: 배설물이나 또는 먹이 찌꺼기 등의 유기물 등이 분해되어 암모니아나 아질산이 생성되는데 이로 인해 아가미에 혈액이 괴고, 유착으로 인해 호흡의 곤란, 심하면 죽게 된다.

④ 수온의 급변화

  ㉠ 양식 어류에 충격을 주게 되며, 어린 물고기의 경우에 5~10℃의 온도차가 있는 물을 갈게 되면 죽을 수도 있다.

  ㉡ 이를 예방하기 위해서는 수온의 5℃ 이상 급변을 방지해야 한다.

⑤ 중금속 및 농약 등에 따른 발병

  ㉠ 하천수를 활용하는 양식장의 경우에는 이러한 물질 등에 대한 유입이 없는 곳을 선택해야 한다.

  ㉡ 이러한 물질들이 양어지에 유입될 경우에는 양식 동물들이 죽거나 또는 등뼈가 굽어지는 상태를 유발할 수 있다.

  ㉢ 이를 예방하기 위해서는 약품에 의한 치료보다는 좋은 환경 조성 및 관리 방법의 개선 등으로 인해 근본적인 원인에 대한 제거가 중요하다.

  ㉣ 더불어서 어류에게 스트레스를 적게 주는 것이 중요하다.

(3) 양식생물 질병

① **질병의 개요**: 질병이란 유기체의 신체적 기능이 비정상적으로 된 상태를 의미한다. 이러한 질병은 동물뿐만 아니라 식물에게도 나타나며, 외부의 질병의 원인이 되는 세균이나 바이러스 등이 침투하여 질병이 발생한다. 「수산생물질병 관리법」에서는 '수산생물질병'에 대해 병원체 감염이나 그 밖의 원인에 의하여 수산생물에 이상이 초래된 상태라고 정의하고 있다.

② **질병의 발생 요소** : 질병은 다음 세 가지 요인이 충족될 경우 발생한다.

　㉠ **병인(병원체)** : 병인이란 질병의 원인이 되는 세균이나 바이러스, 기생충 등을 말한다.

　㉡ **숙주** : 숙주란 질병에 걸리는 주체를 말한다. 숙주의 건강상태가 나빠지면 저항력이 약해져 쉽게 질병에 노출된다.

　㉢ **환경** : 깨끗한 환경에서는 병인이 증식하기 힘들고, 숙주 역시 건강한 상태를 유지할 수 있다. 그러나 좁은 수조에 과밀양식, 변질 사료로 인한 수질악화처럼 환경이 나빠지면 숙주의 저항력이 약해지고 병인이 다량으로 번식하게 되어 질병에 쉽게 걸리게 된다.

③ **질병 원인의 구분** : 수산생물 질병은 전염성 여부에 따라 전염성질병과 비전염성질병으로 구분하며, 전염성질병은 주로 세균, 기생충, 바이러스가 원인이다. 비전염성질병은 먹이, 수질악화, 산소부족 등이 원인이다.

병원		원인
내인성		성별, 연령, 품종, 유전, 면역 등 어체 내의 기능 장애와 손상에 의한 것을 말한다.
외인성	비기생성	• 영양적 요소 : 비타민이나 무기물 등 결핍증, 중독증(과산화 지질 등) • 환경적 요소 : 수질(pH, 용존가스 등), 수온
	기생성	• 병원생물 : 바이러스, 세균, 곰팡이 등 • 기생충 : 조충류, 선충류, 갑각류, 단생류 등

④ **질병의 확인** : 질병을 확인하는 방법으로 육안에 의한 검사와 병리학적 검사가 있다.

　㉠ **육안 검사** : 육안 검사는 눈으로 상태를 확인하는 검사법으로 외부검사와 내부검사로 나눈다.

　㉡ **병리 검사** : 병리 검사는 혈액학적, 조직학적, 세균학적, 바이러스학적, 기생충학적 검사가 있다.

⑤ **주요 어류 질병**

　㉠ **세균성질병** : 에로모나스병(솔방울병), 콜룸나리스병(아가미부식병), 비브리오병, 연쇄상구균증, 에드와드병, 노카르디아증, 활주세균증 등이 있다.

구분	내용
에로모나스병	봄에 각종 담수어류에서 발병한다. 비늘이 일어서 솔방울 모양으로 보이기 때문에 솔방울병이라 불린다. 병인은 주로 Aeromonas hydrophila속의 세균이 다수 검출되는 점으로 미루어보아 이 세균에 의한 것으로 의심된다. 만성화가 되면 피부와 근육에 궤양을 야기하며, 구강, 지느러미, 아가미 덮개부위, 그리고 항문부위의 발적 및 출혈을 동반한다. 또한 안구돌출, 항문돌출, 지느러미결손 등이 나타난다.
콜룸나리스병	봄철 수온이 15℃를 넘는 4월경부터 시작하여 수온이 상승하는 여름철을 중심으로 유행이 되며, 잉어류뿐만 아니라 각종 담수어류의 아가미 새엽의 부식과 피부의 손상을 야기한다. 꼬리지느러미의 흰색반점에서 출발하여 두부쪽으로 진행되며 꼬리지느러미와 뒷지느러미는 심하게 부식될 수도 있다. 만성화될수록 피부의 회백성 궤양병소는 심부조직으로 확산되어 패혈증을 야기한다.

비브리오병	비브리오균에 감염되어 나타나는 질병이다. 가장 현저한 변화를 보이는 조직은 근육, 심장근, 위장관 및 아가미이며, 균이 각 조직에 골고루 분포하는 편은 아니고 집락 형태로 조직에 존재한다. 외관적으로 체표면에 찰과상과 같은 환부가 형성되는 수가 많으며 체색이 검어지고 지느러미나 체표에 출혈이 심해지면서 체표면에 출혈성 궤양이나 농창도 관찰된다. 지느러미 기조가 노출된 정도로 지느러미 손상이 심하고 안구돌출과 안구 가장자리의 종창, 출혈, 안구백탁이 일어난다.
연쇄상구균증	병원균의 오염사료를 매개로 한 감염되는 연쇄상구균증은 안구돌출과 백탁, 안구주변의 출혈, 아가미 뚜껑 내측의 발적, 출혈, 농양, 꼬리지느러미와 가슴지느러미 기부 및 미병부의 발적, 출혈, 궤양성 농양의 형성 등이 나타난다.
에드와드병	우리나라 양식장에 발생하는 실뱀장어, 장어치어의 주요 질병 중 하나로 보고되고 있으며 야외 사육지에서는 여름을 중심으로 봄부터 가을까지 발생하는 고수온기의 질병이다. 에드와드병의 발생은 25℃를 넘으면 급격하게 발생율, 피해율도 함께 증가하게됨으로 고수온기에는 저밀도로 사육하는 것과, 사육어에 가능한 물리적 스트레스를 적게 주어야 한다. 사육밀도가 낮으면 에드와드병의 발생 및 피해는 극히 적다.
노카르디아증	Nocardia asteroides에 의한 감염증으로 피하와 내장 여러 장기의 소상 괴사 및 농양을 특징으로 하는 화농성 질병이다. 피하조직, 근육에 농양, 다발적 결절, 아가미 결절, 간, 비장, 신장에 결절형성이 일어난다.
활주세균증	감염어는 체색흑화가 특징적이며 주둥이나 지느러미가 부식되고 결손된다. 두부, 몸 및 지느러미가 붉어지고 출혈과 궤양이 생긴다. 어체의 아가미나 피부의 상처를 통해 병원균이 감염되어 발병된다.

ⓒ 바이러스성 질병 : 전염성 췌장괴사증, 전염성 조혈괴사증, 이리도 바이러스감염증, 버나 바이러스감염증, 림포시스티스증, 새우흰반점바이러스병 등이 있다.

구분	내용
전염성 췌장괴사증	집약적인 사육조건에서 양식되는 어린 연어과 치어에서 발생되는 바이러스성 급성전염병이다. 바이러스의 오염원이 없는 곳에서 사육수를 채취하고, 사용한 사육수를 재사용하지 않는 것이 바람직하다. 사육밀도를 감소시킴으로써 누적폐사율을 감소시키는데 도움이 될 수 있다.
전염성 조혈괴사증	전염성 조혈괴사증은 무지개송어, 홍연어, 태평양산 연어 및 대서양 연어의 랍도 바이러스감염증이다. 전염성 조혈괴사증은 궁극적으로 어류의 삼투조절기능에 장애를 주어 폐사에 이르게 하며 부종과 출혈증상을 동반한다. 이 바이러스는 혈관, 조혈조직 및 신세포의 내피세포에서 증식하며 임상증상을 나타낸다.
이리도 바이러스병	이리도 바이러스병은 고수온기 돔류를 포함한 여러 가지 해산어류에 감염되어 대량폐사를 일으키는 질병이다. 주요 감염 어종은 돔류, 방어류(방어, 잿방어), 부시리, 농어, 전갱이류(줄전갱이, 전갱이), 복어, 붉바리, 벤자리, 넙치 등이 있다.

버나바이러스감염증	버나바이러스 감염에 의한 것으로 오염사육수나 감염어를 통해 이루어지며 수온이 18~20℃일 때 증식이 빨라 어체 내 침입, 증식하여 방어력이 생기기 전에 증식하므로 폐사율이 높아진다. 주요 감염 어종은 해산어류 중 방어, 넙치, 가자미 등이다.
림포시스티스증	림포시스티스증은 바이러스 감염증으로 감염시에 피부와 지느러미에 영향을 끼쳐 물고기의 외관을 보기 싫게 만드는 질병이다.
새우흰반점바이러스병	수온이 20℃ 이상으로 올라가면 빠르게 증식하는데 질병에 걸리면 1주일 이내에 80-90%까지 폐사하는 경우가 많다. 병에 걸린 새우들은 양식장 가장자리를 힘없이 유영하고 먹이 섭취량이 현저히 줄어들며 주요 증상으로는 새우의 외피가 붉게 변하면서 몸색깔은 흰색을 띠고 근육이 외피와 쉽게 분리되는 특성을 보이며 심한 경우 껍데기 안쪽에 불규칙하게 영지버섯 모양의 흰색 무늬들이 나타난다.

© 기생충병 : 백점병, 스쿠티카증, 아가미흡충증 등이 있다.

구분	내용
백점병	넙치, 참돔, 농어 및 복어 등의 아가미나 피부의 피하 조직밑에 기생하여 발생하는 기생충성 질병이다. 외형적으로 물고기의 몸이 흰 점으로 덮이는 증상이 나타난다.
스쿠티카증	섬모충류에 속하는 스쿠티카충류가 해산어류의 체표와 아가미 등 외부기관을 비롯하여 근육 및 뇌 조직에 침입하여 발생하는 기생충성 질병으로 특히, 육상 수조식의 넙치 종묘에 감염되어 대량폐사를 일으키는 실병이다.
아가미흡충증	해산어 아가미흡충증은 조피볼락(우럭), 농어, 방어, 참돔 및 복어 등의 아가미에 장애를 주어 호흡곤란증을 특징으로 하는 기생충성 질병이다.

⑥ **질병의 예방** : 질병을 치료하는 것보다 질병에 걸리지 않도록 미리 예방하는 것이 중요하듯이 질병을 예방하기 위해서는 첫째, 병인(병원체)과의 접촉을 차단해야 하며, 둘째, 병원체에 접촉을 하여도 면역력을 증가시켜 질병에 걸리지 않도록 한다. 셋째, 환경을 개선하여 대상 생물이 스트레스에 노출되지 않도록 한다.

⑦ **질병의 치료** : 수산생물에게 질병이 확인되면 적절한 치료를 시작하게 되는데, 수산용 의약품들은 대부분 사료에 첨가하여 투여하는 방식이다. 따라서 알맞은 약제가 투하되도록 사전에 생물 개체수를 조사해서 급이(給餌, 인공사료를 주는 것)되도록 노력하여야 한다.

4 주요 종의 양식

(1) 해조류에 대한 양식

① 미역

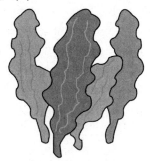

㉠ 미역은 국내의 전 해역에 걸쳐 분포하고 있는 해조류이다.

㉡ 최근에 들어 염장 미역, 건미역 등의 수요 증가와 가정에서의 소비 및 식품 첨가제로의 사용
으로 수요가 증가하고 있다.

㉢ 양성 : 채묘 틀에 합성 섬유를 감아 유주자 부착시켜 여름 동안 광선을 조절하면서 배우체 관
리 → 가을철의 수온인 20℃ 이하에서 성숙해서 아포체로 성장 → 약 2주일 후 아포체가
5~10mm로 자랐을 때 씨줄을 12~16mm 굵기의 어미줄에 감거나 뜨는 끼워서 양성한다.

㉣ 미역은 1년생 : 늦가을부터 이른 봄까지 성장(수온 15℃ 이하) → 봄부터 초여름까지 성숙하여
유주자를 방출한 후 모체는 녹아 버리게 된다.

㉤ 수확

　• 수온이 15℃ 이하가 되는 기간이 긴 곳 – 먼저 자란 것부터 수확하게 된다.

　• 수온이 15℃ 이하가 되는 기간이 짧은 곳 – 한꺼번에 수확을 실시한다.

㉥ 통로조직이 없으며, 다세포 식물이다.

㉦ 미역과 같은 해조류는 뿌리, 줄기, 잎의 구분이 없다.

㉧ 물속의 영양염을 몸 표면에서 직접적으로 흡수한다.

② 다시마

㉠ 국내에서는 1967년 일본 홋카이도에서 다시마를 이식해 자연에 정착시켰다.

㉡ 홋카이도를 중심으로 북위 36°를 남방 한계로 해서 북반구 북부에 분포되어 있다.

㉢ 여름에 실내에서 종묘를 배양해 가을에 수온이 18℃로 내려갔을 시 바다에 내어 양식한다.

㉣ 다시마는 여름의 실내 배양 시설의 수온이 24℃를 넘지 않아야 하며, 여름의 경우에도 낮은 수온에서만 배양이 가능하다.

㉤ 연평도, 백령도 등에 자연산 분포, 부산 기장 및 전남 완도 등에서 많이 양식하고 있다.

㉥ **수확**: 통상적으로 수심 5~10m 이상 되는 영양염류가 풍부하면서도 조류 소통이 좋은 곳에서 어미줄 1m당 20~30kg의 다시마를 수확한다.

③ 김류

㉠ 김은 중성 포자에 의한 영양 번식으로 인해 여러 번의 채취가 가능하다.

㉡ 양식종으로 중요한 품종으로는 방사무늬김, 참김, 둥근 돌김, 모무늬 돌김 등이 있다.

㉢ 서식처는 주로 조간대(염분 및 노출에 대한 적응력이 강함)에서 서식하고 있다.

㉣ 고급 제품의 안정적인 생산을 위해 어장 정화 및 품질 관리, 적정 생산량의 조절 등이 필요하다.

㉤ 국내 김 양식은 1960년대 이후에 양식 기술의 비약적 발전으로 인해 생산량이 증가하고 있다.

㉥ 따뜻한 지방의 경우는 겨울에만 엽상체로 번식하고, 추운 지방의 경우에는 연중 엽상체로 번식한다.

(2) 부착 및 저서 동물에 대한 양식

① 담치류

ⓐ 담치는 이매패강 홍합목 홍합과에 딸린 연체동물의 하나로 흔히 우리가 알고 있는 홍합이라고 하며, 기다란 달걀꼴로 두꺼운 껍데기 표면은 검은색의 광택이 있는 표피로 덮여 있으며, 내면의 경우에는 진주 광택을 띠고 있고 주로 얕은 바다의 바위나 또는 산호초 따위 등에 붙어서 고착 생활을 한다.

ⓑ 국내 전 연안에 분포하고 있으며, 굴 수하연에 다량으로 부착하여 해적 생물로 취급되었다.

ⓒ 조류 소통이 좋으며 파도가 직은 내만 등에 더욱 많이 분포되어 있나.

ⓓ 국내의 양식 대상종으로는 진주담치, 참담치(홍합) 능이 있다.

ⓔ 양성 방법으로는 말목 부착식 양성 또는 수하식 양성으로 1년 양성 후에 수확한다.

ⓕ 수정란 → 담륜자 유생(1일 후) → D상 유생(2일 후) → 각 정기 유생(10일 후) → 부착 치패(0.3mm 전후의 크기)의 성장과정을 거치게 된다.

② 바지락 및 대합류

ⓐ 바지락 및 대합류는 국내 서남 해안에서 많이 생산되고 있다.

ⓑ 국내에 서식하는 대합류에는 라마르크대합, 대합 등이 있다.

ⓒ 국내에 서식하고 있는 바지락류에는 가는줄바지락, 바지락 등이 있다.

ⓓ 바지락 및 대합류는 국내 시판 및 일본으로 수출되는 중요종이다.

ⓔ 양식의 최적지로는 파도가 조용하며, 간출 시간 2~3시간, 수심 3~4m 사이의 지반이 안정적이고, 바닷물의 유통이 좋고, 육수의 영향을 받으며, 먹이 생물이 많은 곳이다.

③ 굴류

㉠ 굴류는 국내의 조개류 양식 대상 종 중에서 생산량이 가장 많다.

㉡ 국내의 전 연안에 분포하고 있으며, 시장성이 좋아 국내 소비 및 외국으로 수출되고 있다.

㉢ 이에 대한 양성 방법으로는 나뭇가지 양성, 바닥 양성, 수하식 양성 등이 있다.

㉣ 수정란 → 담륜자 유생(1일 후) → D상 유생 → 각 정기 유생 → 부착 치패(0.3mm 전후의 크기, 2~3주 후)의 성장과정을 거치게 된다.

㉤ 통상적으로 6~7월에 전기 채묘한 치패는 2~3주일 후에 단련시키지 않고 양성장으로 옮겨서 종묘로 활용한다.

㉥ 8~9월에 후기 채묘한 종묘는 조간대에 4~5시간 동안 노출시켜서 단련 종묘를 만들고, 다음 해 4월까지 1.5cm 정도 성장시켜 5월에 양식 어장에서 양성하게 된다.

④ 가리비류

㉠ 국내에서 생산되는 중요 가리비류의 종으로는 참가리비, 비단가리비, 해가리비 등이 있다.

㉡ 비단가리비의 경우에는 국내 전 연안에 분포, 각 장이 7.5cm 정도의 소형종, 색깔이 아름다우며, 조간대 아래부터 10m나 되는 곳까지 저질이 암반이나 또는 자갈인 곳에서 족사로 부착해 여과 섭식하며 서식하고 있다.

㉢ 참가리비는 각 장이 20cm, 가장 큰 종이며, 한류계로 동해안에 분포되어 있으며, 수심 10~50m에 분포하고 있으며, 저질이 주로 자갈이나 또는 패각질이 많으며, 미립질이 30% 이하인 곳 등에서 서식하고 있다.

㉣ 가리비류의 양성 방법으로는 귀매달기, 다층 채롱 등에 수용해서 양성하며, 2년 후에 수확한다.

㉤ 수정란 → 담륜자 유생(약 4일 후) → D형 유생(5~7일 후) → 각 정기 유생(약 15~17일 후) → 부착 치패(약 40일 후)의 성장과정을 거치게 된다.

⑤ 전복류

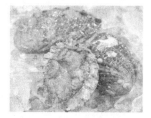

㉠ 국내 분포 종 중에서 난류계에는 오분자기, 말전복, 마대오분자기, 까막전복, 시볼트전복 등이 있으며, 한류계에는 참전복이 있는데, 이 중 산업적인 주요 종은 까막전복 및 참전복 등이 있다.

㉡ 최근에 들어 전복류는 인공 종묘 생산에 의해 해조류가 많은 곳에 치패를 방류해 자원 관리형 양식 어업이 기대되는 종이다.

㉢ 예전부터 기호품 및 약용 등으로 활용되어 고가이고, 조가비는 칠기 등의 공예품의 원료로서 활용되었다.

㉣ 인공 종묘 생산의 경우에는 플라스틱 파판에 부착 규조를 미리 발생시킨 후에, 부착 치패를 파판에 부차시켜서 관리한다.

㉤ 전복류는 고가이고, 인공 종묘를 대량 생산하게 되어 추후 생산량의 증대가 기대되고 있다.

㉥ 서식지의 경우 외양성으로 암초시대에서 해소류를 먹고 자라는데 그 중에서도 특히, 다시마와 미역을 잘 먹는다.

㉦ 양성 방법으로는 중간 정도 육성한 후에 연안으로 방류시켜 재포, 연승 수하식, 가두리식, 육상 수조식 등으로 양성한다.

⑥ 멍게(우렁쉥이)

㉠ 멍게는 국내 동해 및 남해 연안의 외양 등에 면한 바위나 또는 돌 등에 분포하는 척색 동물을 말한다.

㉡ 산란 시기는 겨울철(통영 근해산 – 12월, 동해 남부산 – 2월경)이다.

㉢ 암수가 한 몸으로 되어 있으며, 난소는 암갈색, 정소는 유백색을 띠고 있다.

㉣ 알 및 정자가 방출되어 타 개체의 알과 정자 등에 의해 수정되어진다.

㉤ 알은 분리 부성란으로 인해 수중에 떠다닌다.

㉥ 수정란 → 올챙이형 유생(25~29시간 후) → 부착기 유생(4~5일 후) : 꼬리의 척색이 소실 → 입·출 수공 형성된 멍게의 모양(약 24~30일 후)을 갖추는 성장과정을 거치게 된다.

---

① 개념 : 채묘되어진 치패 등을 조간대의 단련 상에서 이를 주기적으로 대기 중에 노출시키는 것을 말한다.

② 이점
- 양성되는 기간이 짧다.
- 생존율이 높은 편이다.
- 질병에도 강하며, 성장도 빠른 편이다.

⑦ 꼬막류

　㉠ 국내에서 생산되는 꼬막류의 주요 종으로는 꼬막, 피조개, 새꼬막 등이 있다.

　㉡ 남서 해안의 조간대 아래 무른 펄로 된 저질에 주로 서식하고 있다.

　㉢ 꼬막 및 새꼬막은 내수용이며, 피조개는 일본 수출용으로 활용되어지고 있다.

※참고 꼬막류의 분포, 서식 및 주산지

① 꼬막
- 꼬막류 중에서 가장 천해종이다.
- 꼬막은 서해안 및 남해안 등에 많이 분포되어 있으며, 가장 소형이다.
- 저질의 경우에는 다소 연한 개흙질이 많은 곳이 좋다.
- 간조 시에 드러나는 조간대에 주로 시식한다.
- 방사륵의 수는 17~18개이다.
- 주산지로는 사천만, 여자만, 아산만, 득량만, 가막만, 장흥 및 신안의 연안 등이다.

② 피조개
- 꼬막류 중에서 가장 깊은 곳에 분포하며, 가장 대형이다.
- 이들의 경우에는 저질에 잠입해 살아가기 때문에 개흙질로 된 연한 곳이 좋다.
- 국내의 남해안 및 동해안의 내만이나 내해 등에 분포한다.
- 방사륵의 수는 42~43개이다.
- 주산지로는 진해만, 고성만, 여자만, 거제만, 득량만, 강진만, 나로도 내만, 영일만 등이다. (특히, 진해만의 동부에서 생산되는 것은 육질이 연하면서 붉어 최상품으로 손꼽히고 있다.)

③ 새꼬막
- 이들은 저질 중에 얕게 잠입하기 때문에 니질 또는 사니질 등이 좋다.
- 서식하는 수심은 저조선에서 10m 이내이며, 수심은 보통 1~5m에 주로 서식하고 있다.
- 서해안 및 남해안 등 파도의 영향을 적게 받는 내만이나 섬 안쪽 등에 서식한다.
- 방사륵의 수는 29~32개이다.
- 주산지로는 배둔만, 여자만, 득량만, 사천만, 가막만 등이다.

수
산
일
반

(3) 유영동물에 대한 양식

① 우럭(조피볼락)

　㉠ 우럭은 연안의 정착성 어종이다.

　㉡ 우럭은 완전 양식이 가능하다.

　㉢ 우럭은 난태생으로 부화 자어는 6~7mm 크기이다.

　㉣ 국내의 남해안 및 서해안 등지에서 기두리 양식이 활발하다.

　㉤ 대량 종묘 생산이 가능하며, 종묘의 생산 기간이 짧다.

　㉥ 우럭은 국내 전 연안, 중국, 일본 등에 서식하고 있으며 그 중에서도 특히 국내의 서해안에 많다.

② 뱀장어

　㉠ 뱀장어 양식의 경우에는 내수면의 양식 어업에서 중요한 비중을 차지하고 있다.

　㉡ 초기에는 좁은 수로나 또는 못 등에 수용하고, 어육, 실지렁이 또는 배합사료 등으로 양식한다.

　㉢ 점점 성장하면서 크기 차이가 심하기 때문에 선별을 실시해야 한다.

　　• 선별 1일 전에 급이 중지하고, 수온을 13℃ 정도 내려 뱀장어를 안정시킨다.

　　• 크기별로 선별기로 선별하고, 필요시에는 항생제 등으로 소독을 실시한다.

　㉣ 뱀장어의 유생은 부화 10일 후에 버들잎 모양의 납작한 유생 → 자라면서 해류를 따라 연안의 하천에 소상하는 실뱀장어를 채포해 양식의 종묘로 활용한다.

ⓜ 이들 뱀장어는 주로 담수에서 성장해 필리핀 동부의 수심 300~500m 되는 깊은 곳에서 산란을 한다.

ⓗ 뱀장어 양식 시에 가장 중요한 것은 수질에 대한 관리이다. → 수질 변화에 따른 사전예측 및 대책 수립이 중요하다.

③ 방어

㉠ 방어는 육식성이며 주로 정어리, 오징어, 전갱이, 고등어, 멸치 등을 잡아먹는다.

㉡ 방어는 국내의 동해안, 남해안 등에 분포하고 있다.

㉢ 회유성 어류(봄 : 동중국해 → 제주도 → 남해안 → 동해안, 가을 : 역으로)이다.

㉣ 더불어서 방어는 가두리에 수용해서 생 사료 및 배합 사료로서 양식하게 된다.

㉤ 종묘 생산의 경우 6, 7월에 치어를 모자반 등 떠다니는 부유물 밑에서 채포해 종묘로 활용한다.

㉥ 방어의 경우에는 단기간의 양성으로 인해 수익성이 높지만, 먹이를 많이 먹고 활발하게 활동하는 관계로 에너지의 소비가 많다. 그래서 사료비의 비율이 높으며, 환경 변화 등에 민감하다.

④ 넙치(광어)

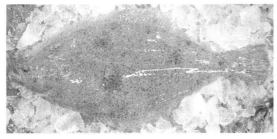

㉠ 앞(머리 쪽)에서 보아 눈이 왼쪽에 있다.(가자미와 도다리는 오른쪽에 있다.)

㉡ 넙치는 국내 및 일본 등의 연안에 분포되어 있다.

㉢ 반대쪽의 몸은 흰색이며, 저서 생활을 한다.

㉣ 넙치의 경우 성장의 속도가 빠르고, 사료 계수가 낮으므로 양식종으로서 인기가 가장 높다.

㉤ 더불어 넙치는 완전 양식이 가능하며, 종묘 생산 조절이 가능하다.

㉥ 제주도, 남해안 등의 국내 연안에서 종묘 생산이 활발하게 이루어지고 있다.

㉦ 넙치는 육상 수조식으로 많이 양식하고 있다.

⑤ 잉어류

ⓐ 잉어류는 국내의 양식어 중 가장 오랜 역사를 지니고 있으며, 내수면 양식 어종 중에서 가장 큰 비중을 차지하고 있다.

ⓑ 식성은 잡식성이다.

ⓒ 서식지로는 저수지, 호수, 하천 등이며, 맑은 물보다는 다소 흐린 물에서 잘 자라는 특성이 있다.

ⓓ 잉어류 중에서도 가장 많이 양식되는 종류로는 유럽계의 이스라엘 잉어(향어)로 온수성의 대표종으로서 국내 고유종보다 체고가 높으며, 성상 또한 빠르다.

ⓔ 성장의 경우 먹이 및 수온 등에 따라 다르고, 유럽계의 경우에 당년 생은 가을까지 200g 이상 성장을 하고, 다음 해 가을까지 1.5~2.0kg까지 성장하게 된다.

ⓕ 서식 수온 범위에서 성장 수온은 15℃ 이상이며, 최적의 성장 수온은 24~28℃이고, 7℃ 이하에서는 먹이를 먹지 않는다.

ⓖ 수온이 20℃일 때에는 4일 만에 부화하기도 하며, 부화 후 2~3일부터는 바퀴벌레나 또는 어린 물벼룩 등을 잡아먹는다.

ⓗ 산란 수온은 통상적으로 18℃ 정도이다.

⑥ 송어류

ⓐ 무지개 송어는 냉수성 어류 중에서도 대표적인 양식종으로 이는 전 세계적으로 널리 양식되고 있다.

ⓑ 식성의 경우에는 동물성으로 수서 곤충이나 작은 어류들을 잡아먹는다.

ⓒ 채란용 친어는 3~4년된 암수의 알 및 정액 등을 채취해서 건식법으로 수정한다.

ⓔ 수정 후, 1~2분 후에 알을 씻고 부화기에서 부화하며,(부화 최적 수온은 10℃이다) 약 16일 지나게 되면 눈이 생기는 데 이를 발안기라고 하며 약 31일이 지나면 부화한다.

ⓜ 부화한 자어의 경우에는 난황을 흡수하고 바닥에 누워 지내게 되며, 난황을 모두 흡수하면 수면 위로 떠올라 먹이를 찾게 되는데 이 시기를 부상기라고 한다.

ⓗ 이 때 먹이는 실지렁이나 또는 입자 등이 작은 크럼블(부스러기) 사료를 주게 되며, 후에 입자가 큰 펠릿(pellet) 사료를 투여하게 된다.

ⓢ 성장의 경우에는 수온에 따라 다르며, 수온 13℃에서 1년 - 100~200g, 2년 - 600~1000g, 3년 - 1200~2000g까지 성장하게 된다.

ⓞ 식용어의 양성은 5~10g 정도의 종묘를 상품의 크기로 기르는 과정이며, 양성 수조는 긴 수로형, 또는 원형이며 유수식으로 양성한다.

ⓩ 더불어서 송어의 서식 수온 범위는 0~25℃이며, 성장 수온은 10~20℃이고, 최적 성장 수온은 15℃이다.

⑦ 메기류

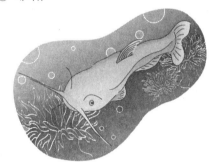

㉠ 국내에서 양식되는 종으로는 참메기(대부분이 양식), 차넬메기(미국에서 도입) 등이 있다.

㉡ 메기의 경우에는 3~5일 만에 부화하며, 2~3주일 후에 전장 3cm 정도 성장하게 된다.

㉢ 참메기의 산란 시기는 5월 중순~7월 중순이며, 대부분이 야간이나 새벽에 산란하며 침성 점착란이다.

㉣ 차넬메기는 육식성이고 야행성 어류이며, 탐식성을 나타낸다.

㉤ 개체 간의 성장 차가 심하며, 암컷이 수컷보다도 크게 자라게 된다.

㉥ 고밀도 사육 시에는 일종의 공식 현상(자기들끼리 서로 잡아먹는 현상)이 생기게 된다.

⑧ 돔류(감성돔, 돌돔, 참돔 등)

[돌돔]

[참돔]

㉠ 이들은 주로 가두리에서 양식하고, 워낙에 맛이 좋아 양식 대상 유망종이다.

㉡ 종묘 생산은 인공 종묘 및 자연 종묘 등을 활용한다.

㉢ 더불어서 돔류는 완전 양식 가능하다.

㉣ 돔류는 타 어종에 비해서 성장이 느리다.

㉤ 더 나아가 좋은 색택을 위해 가재, 새우 등의 생사료를 활용하고 있으며, 카로티노이드계 천연 색소를 먹이에 투여하고 있다.

⑨ 새우류

㉠ 국내의 새우 양식 대상종으로는 대하 및 보리새우 등이 있다.

㉡ 양식용 종묘의 경우에는 이른 봄에 자연산의 성숙한 어미를 잡아 인공 부화시키고, 치하기를 지나 2cm쯤 되게 되면 사육지에 방양하게 된다.

㉢ 양성지에서는 가을에 출하할 수 있도록 사료의 성분 및 양을 조절하게 된다.

㉣ 먹이의 경우에는 배합 사료를 주면서 가을까지 상품의 크기로 성장시킨다.

㉤ 보리새우는 서해안 및 남해안에 분포하고 있으며, 주로 하구나 또는 내만 등에서 많이 생산되어지고 있다.

㉥ 대하는 낮에 활동하기 때문에 1일 2~3회 정도의 먹이를 주며, 보리새우의 경우에는 야행성인 관계로 저녁에 1일 1회 정도 먹이를 준다.

⑩ 역돔(틸라피아 ; 태래어, 민물돔)

㉠ 역돔의 원산지는 아프리카이며 열대성 담수 어류이다.

㉡ 통상적으로 서식 수온은 15~45℃이며, 최적의 성장 수온은 24~32℃이다.

㉢ 역돔은 식물질의 사료를 잘 먹으며, 성장이 빠르고, 더불어 환경 변화에 대한 저항성이 강하다.

㉣ 통상적으로 산란은 수온 21℃ 이상이면 계속해서 산란하게 되며, 수정란은 암컷의 입 속에 넣어 부화시킨다.

㉤ 역돔에 대한 양식 시의 문제점으로는 상품의 가치가 있는 대형어가 양성 중에 계속해서 산란하는 것이다.

㉥ 역돔은 수온이 20℃ 이하로 내려가게 되면 보온 및 가온 등의 시설이 필요하다.

㉦ 어릴 때에는 동물성의 먹이를 먹으며, 성장해 감에 따라 식물성 또는 잡식성으로 변하게 된다.

㉧ 틸라피아의 번식력 억제 방법

• 고밀도의 사육

• 잡종의 생산

• 성전환의 처리

• 암컷 및 수컷의 분리 사육

CHAPTER
05

수산업 관리제도

1 국내수산업 관리제도

(1) 수산업법의 목적

① 수산업에 관한 기본 제도를 정하여 수산자원을 조성 · 보호한다.

② 수면을 종합적으로 이용 · 관리하여 수산업의 생산성 향상시킨다.

③ 수산업 발전과 어업의 민주화 도모한다.

(2) 수산업법에서의 수산업 규정

어업	• 수산동식물을 포획 · 채취하거나 양식하는 사업과 염전에서 바닷물을 자연 증발시켜 소금을 생산하는 사업 ※ 양식 : 수산동식물을 인공적인 방법으로 길러서 거두어들이는 행위와 이를 목적으로 어선 · 어구를 사용하거나 시설물을 설치하는 행위 • 수산업법에서는 편의상 양식업도 어업에 포함(같은 수면 이용)
수산물 가공업	수산동식물을 직접 원료 또는 재료로 하여 식료 · 사료 · 비료 · 호료 · 유지 또는 가죽을 제조하거나 가공하는 사업
어획물 운반업	어업현장에서 양륙지까지 어획물이나 그 제품을 운반하는 사업

(3) 어업의 관리제도

① 수산자원의 고갈, 어장을 둘러싼 분쟁, 바다 생태계의 파괴 등을 방지→수산업법에 따라 행정관청으로부터 어업 면허, 어업 허가를 받거나 신고하도록 규정

② 수산업법은 이러한 목적을 달성하기 위해 어업 관리 제도를 두고 운영

ⓐ 면허어업

어업의 면허	일정 기간 동안 그 수면을 독점하여 배타적으로 이용하도록 권한을 부여하는 것
면허어업	반드시 면허를 받아야 영위할 수 있는 어업
면허어업 종류	정치망어업, 해조류양식어업, 어류 등 양식어업, 복합양식어업, 협동 양식어업, 마을어업, 패류 양식어업, 외해양식어업
면허행정 관청	시 · 군 또는 자치구의 구

ⓛ 허가어업

어업의 허가	• 수산동식물의 보존과 어업 질서 유지를 위해 어업 행위를 적절하게 제한 • 일반적으로 금지되어 있는 어업을 일정한 조건을 갖춘 특정인에게 해제하여 어업 행위의 자유를 회복시켜 주는 것		
허가어업 종류	해양수산부장관	시·도지사	시장·군수 또는 구청장
	근해어업, 원양어업	연안어업, 해상종묘 생산어업	구획어업
어업 유효 기간	5년(연장 가능)		

ⓒ 신고어업

어업의 신고	영세 어민이 면허나 허가 같은 까다로운 절차를 밟지 않고 신고만 함으로써 소규모 어업을 할 수 있도록 하는 것
신고어업 종류	맨손어업, 나잠어업, 투망어업, 육상양식어업, 육상종묘생산어업
신고 행정 관청	시·군 또는 자치구의 구(어선, 어구, 시설 등을 신고)
어업 유효 기간	5년

(4) 수산자원 보호령

수산자원의 번식 보호와 어업 조정에 관한 사항을 대통령령으로 규정한 수산업법의 지원 관리 규정

특정 어업의 금지 구역 설정	금지 구역 내에서 지정된 어업에 대하여 연중 어로 행위 금지
특정 어구 사용 금지	해조 인망류 어구와 일반 해역에서의 3중 자망 사용을 제한
그물코 크기와 어구 규모 제한	수산자원 보호령에서 규정한 크기보다 작은 것은 사용 금지
특정 어구 제작·판매·사용 금지	수산업법에 의해 면허·허가·신고된 어구만 사용 가능
어구 사용 금지 구역과 기간 설정	자원 보호를 위해 해역에서 일정 어구와 어법 사용을 금지하고 기간을 제한
포획 또는 채취의 금지 구역과 기간, 체장 설정	산란장, 산란기 포획 및 채취 금지, 어획체장 설정
어란 채취와 치어 포획의 제한	방류된 어란과 치어는 포획 금지
어도 차단 금지	소하성 어류 회유 통로 확보
어선·어구의 제한 또는 금지	척수 제한, 불법 어구 적재 및 사용을 위한 어선 시설 개조 금지

(5) TAC 관리제도(총허용어획량 관리제도)

TAC 관리제도의 정의	• 특정 어장에서 특정 어종의 자원 상태를 조사, 연구하여 분포하고 있는 자원의 범위 내에서 연간 어획할 수 있는 총량을 산정 → 어업자에게 배분 • 그 이상의 어획을 금지하여 수산자원의 관리를 도모
TAC 관리제도의 의미	• 국제 해양 질서에 부응하는 국가의 어업 자원 관리방식으로 정착 • 어업 관리의 정보화와 과학화를 통해 수산업의 산업적 영역 확대 • 기존 생산 위주의 어업 관리에서 유통과 소비를 연계하는 시스템적 종합 어업 관리로 전환하여 제품의 부가 가치를 향상

2 국제수산업 관리제도

(1) 유엔 해양법 협약

① 유엔 해양법의 역사와 의의

발효 일자	• 1994년 11월 16일에 유엔 해양법 협약 발효 • 우리 나라는 1996년 1월 29일에 가입하여 1996년 2월 28일부터 발효
유엔 해양법의 의미	• 국가 권력의 작용 정도에 따라 : 영해 → EEZ → 공해로 구분 • 해양의 국제법 질서를 유지 • 해양 이용상의 국제 분쟁을 평화적으로 해결

② 영역 관할권에 따른 해양의 구분

영해 기선	통상 기선	연안을 따라 표기한 저조선
	직선 기선	섬이 많거나 해안의 굴곡이 심한 경우의 기준
내수	영해 기선 안쪽의 바다로 영토의 일부영해	
영해	• 영토의 해안 또는 군도 수역에 접속한 일정 범위의 수역으로 영해 기선으로부터 12해리까지의 수역 • 연안 경찰권, 연안 어업 및 자원 개발권, 연안 무역권, 연안 환경 보전권, 독점적 상공 이용권, 해양 과학 조사권 등의 영해 주권 행사	
접속 수역	• 연안국이 설정한 영해 범위 밖의 24해리 이내의 수역 • 자국 영토 또는 영해 내에서의 관세, 출입국, 보건 위생에 관한 법규 위반을 예방하거나 처벌할 목적으로 제한적인 관할권을 행사하는 수역	
EEZ	• 배타적 경제 수역(exclusive economic zone) • 영해 기선으로부터 200해리 범위까지의 수역 • 당해 연안국에 해양 자원에 대한 배타적 이용권을 부여 • 자원 이용에 대한 연안국의 주권적 권리와 제한적 관할권을 행사 • 국가 영역이 아니고, 완전한 공해의 성격도 아님	
공해	• 국가 관할권 밖의 수역으로 모든 국가에게 개방된 수역 • 해저·해상 및 그 하층토를 제외한 해면과 상부 수역 • 모든 나라는 항행, 어업, 비행, 해저 전선 및 부설, 구조물 설치, 과학 조사의 자유를 행사	

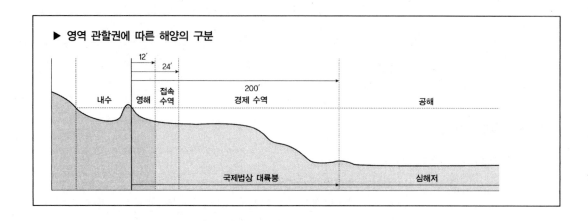

▶ 영역 관할권에 따른 해양의 구분

(2) EEZ와 국제 어업 관리

경계 왕래 어족의 관리 (명태, 돔, 오징어)	• EEZ에 서식하는 동일 어족 또는 관련 어족이 2개국 이상의 EEZ에 걸쳐 서식할 경우 당해 연안국들이 협의하여 그의 보존과 개발을 조정하고 보장하는 조치 강구 • 동일 어족 또는 관련 어족이 특정국의 EEZ와 그 바깥의 인접한 공해에서 동시에 서식할 경우 그 연안국과 공해 수역 내에서 그 어종을 어획하는 국가는 서로 합의하여 이족의 보존에 필요한 조치 강구
고도 회유성 어족 (다랑어, 가다랭이)	광역의 해역을 회유하는 어종을 어획하는 연안국은 EEZ와 그 바깥의 인접 공해에서 어족의 자원을 보호하고 국제 기구와 협력
소하성 어류 (연어)	• 모천국이 1차적 이익과 책임을 가지고 자국의 EEZ에 있어서 어업 규제 및 보존의 의무를 지님 • EEZ 밖의 수역인 공해나 다른 국가의 EEZ에서는 모천국이라도 어획 금지
강하성 어종 (뱀장어)	그 어종이 생장기를 대부분 보내는 수역을 가지는 연안국이 관리 책임을 지고 회유하는 어종의 출입을 확보

(3) 동북아 지역의 국제 어업 협력 체계

① 우리나라의 어업 환경
  ㉠ EEZ 및 EFZ(exclusive fisheries zone : 배타적 어업 수역) 선포로 해외 어장의 축소
    • 전통적 원양 어업국의 입지 약화
    • 어업 협정 체결, 입어료 지불, 어획량과 어구 및 어선 수 규제 등의 조치 등을 통해 어업 활동 지속적 유지
  ㉡ 동북아 지역 국가들의 경쟁적 조업으로 어업 자원 감소
    • 우리나라, 중국, 일본 등 동북아 국가들의 수산물 수요가 큼→어업활동 범위가 연안에서 근해로 확대→경쟁적 조업→어업 자원 감소
  ㉢ 수산자원의 보존과 관리를 위해 이들 나라들과의 상호 협조 체제 유지는 필수적임

② 우리나라의 어업 협정

　㉠ 한·일 어업 협정 – 1999년 1월 22일 발효

기본 이념	• 해양 생물 자원의 합리적인 보존·관리와 최적 이용 도모 • 양국의 전통적 어업 분야의 협력 관계 유지·발전 • 유엔 해양법 협약의 기본 정신에 입각하여 새로운 어업질서 확립
주요 내용	• 양국의 배타적 경제 수역을 협정 수역으로 결정 • 자국의 EEZ 내에서 타방 체약국 국민의 어업 활동을 상호 허용 • 동해 중앙부와 제주도 남부 수역은 EEZ 획정에 합의 실패→중간 수역으로 설정 • 중간 수역에서 해양 생물 자원 보존·관리에 협력 • 자국의 EEZ 관련 법령을 타방 체약국에 적용 않기로 합의
주요 특징	• 양 체약국의 EEZ에서는 당해 연안국이 어업 자원의 보존·관리상 주권적 권리를 행사하며, 쌍방간의 전통적 어업 실적을 인정하여 상호 입어를 허용(연안국주의) • 중간 수역에서는 기존의 어업 질서를 유지하되, 동해 중간 수역은 공해적 성격의 수역으로 하고, 제주도 남부 중간 수역은 공동 관리 수역으로 정함(선적국주의)
유효 기간	• 어업 협정 발효 후 3년간 효력 • 일방 체약국이 종료 의사를 통고한 날로부터 6개월 후에 종료

　㉡ 한·중 어업 협정 – 2001년 6월 30일 발효

기본 이념	• 해양 생물 자원의 보존과 합리적 이용, 정상적인 어업 질서 유지 • 어업 분야 상호 협력 강화
주요 내용	• 양국이 합의하는 일정 범위의 양국 EEZ가 협정 수역 • EEZ에서의 상호 입어에 관한 기본 원칙 및 절차와 조건, 협정 위반에 대한 단속은 연안국주의로 규정 • EEZ 경계 획정시까지 일정 범위에 대하여 잠정 조치 수역과 그 양쪽에 과도 수역을 설정 • 이들 수역에서의 어업 활동 규칙은 어업 공동 위원회를 통해 공동으로 제정 • 범칙 어선 단속은 선적국주의에 따름 • 과도 수역은 EEZ와 잠정 조치 수역의 완충 수역 성격을 띠며, 협정 발효 4년 후(2005년)에는 양측의 EEZ로 편입되는 수역(현재는 양국의 EEZ에 포함) • 현행 조업 유지 수역 : 협정 체결 전과 같이 자유로운 어업 활동 허용
유효 기간	• 협정 발효 후 5년간 효력 • 일방 체약국이 종료 의사를 통고하면 1년 후에 종료
협정의 의미	• 우리 연안에 대거 진출하여 불법 어업을 자행해 온 중국의 어업 세력 축출 • 황해와 동중국해 어장의 수산자원 보존

ⓒ 기타 어업 협정

한국 · 러시아 어업 협정	• 1991년 협정 체결 및 발효, 북서 태평양 해양 생물 자원보존 및 이용을 위해 협력 • 상호주의에 의해 입어 허용(러시아 EEZ 내에서 명태, 꽁치 쿼터 배정받아 조업) • 소하성 어류의 어획 금지, 오호츠크 공해 및 베링 공해자원 보존에 협력 • 유효 기간은 5년이지만, 협정 종료 통고 않으면 1년씩 자동 연장
일 · 중 어업 협정	• 1999년 협정 체결, 2000년 발효, 동중국해에서 양국 EEZ의 상호 입어 허용 • EEZ 경계 획정 불일치로 잠정 조치 수역 설정 및 영토문제로 유보 수역 설정 • 한 · 일, 한 · 중 어업 협정과 유사한 성격의 협정

제4과목 수산 일반

핵심예상문제

1 수산업 개요

〈2016년 제2회〉

1 1990년대 이후 우리나라 수산업의 대내외 환경과 특징에 관한 설명으로 옳지 않은 것은?

① 수산정책을 전담하는 수산청의 창설로 수산업에 대한 투자 효율이 높아졌다.

② 세계무역기구(WTO) 체제의 출범 이후 수산물 시장 개방이 확대되었다.

③ 주변국과의 어업협정에 따라 근해어업의 조업지가 줄어들었다.

④ 유엔해양법 발효와 이에 따른 배타적경제수역(EEZ) 체제의 강화로 원양어장을 확보하는 데 어려움이 가중되었다.

ANSWER ① 수산청은 1948년 8월 상공부 수산국으로 출범했으며, 1961년 농림부로 소속이 바뀌었다가 1966년 농림부 수산국에서 산하 외청인 수산청으로 격상됐다. 1996년 8월 해양수산부를 신설하면서 수산청과 해운항만청이 통합됐다.

〈2016년 제2회〉

2 2016년 기준으로 우리나라 총허용어획량(TAC) 제도의 대상 종이 아닌 것은?

① 갈치 ② 전갱이
③ 개조개 ④ 고등어

ANSWER 총허용어획량제도(TAC ; Total Allowable Catch) … 개별어종에 대해 연간 잡을 수 있는 어획량을 미리 지정하여 그 한도 내에서만 어획을 할 수 있는 제도를 말한다. 총허용어획량제도의 대상 생물로는 오징어, 제주소라, 개조개, 키조개, 고등어, 전갱이, 도루묵, 참홍어, 꽃게, 대게, 붉은대게가 지정되어 있다.

ANSWER 1.① 2.①

〈2016년 제2회〉

3 우리나라 수산업의 중요성에 관한 설명으로 옳지 않은 것은?

① 동물성 단백질의 중요한 공급원이다.

② 해외 수산자원 확보에 중요한 역할을 한다.

③ 국가의 기간산업으로 국민에게 식량을 공급한다.

④ 에너지 산업에서 중요한 위치를 차지하고 있다.

> **ANSWER** ④ 수산업이 에너지 산업에서 중요한 위치를 차지하는 것은 아니다.
>
> ※ 수산업의 중요성
> ⊙ 동물성 단백질을 제공하는 중요한 역할을 한다.
> ⓒ 국가적 기간산업으로 국민에게 식량을 공급한다.
> ⓒ 개발되지 않은 수산자원과 이용도 높은 수산물을 활용해 식량 확보 문제를 해결한다.
> ⓒ 해외 수산자원 확보에 중요한 역할을 한다.

〈2015년 제1회〉

4 우리나라 최근 3년(2012 ~ 2014)간 정부 수신통계에서 국내 총 수산물 생산량이 가장 많은 어업으로 옳은 것은?

① 양식어업   ② 원양어업

③ 연근해어업   ④ 내수면어업

> **ANSWER** 우리나라 어업생산통계(2012 ~ 2014)   (단위 : 백 톤)

	2012년	2013년	2014년
일반해면어업	10,910	10,447	10,598
천해양식어업	14,890	15,152	15,470
내수면어업	281	254	298
원양어업	5,753	5,499	6,691

〈2015년 제1회〉

5 우리나라 수산업의 지속적인 발전을 위한 내용으로 옳지 않은 것은?

① 수산물의 안정적 공급

② 외국과의 어업 협력 강화

③ 연근해의 어선 세력 확대

④ 수산자원의 조성

ANSWER 우리나라 수산업의 지속적인 발전을 위한 방안
　　　㉠ 인공 어초 형성, 인공 종묘 방류 등에 의한 자원 조성
　　　㉡ 어선의 대형화와 어항시설의 확충 및 영어 자금지원의 확대
　　　㉢ 어업과 양식의 신기술 개발
　　　㉣ 원양어업의 지속적 육성을 위하여 새 해양질서에 대처한 외교 강화, 해외 어업 협력 강화, 새로운 어장의 개척
　　　㉤ 어업 경영의 합리화
　　　㉥ 수산물의 안정적 공급
　　　㉦ 수출 시장의 다변화
　　　㉧ 원양 어획물의 가공·공급의 확대 및 수산 가공품의 품질 고급화
　　　㉨ 어민 후계자 육성 대책 마련

〈2015년 제1회〉

6 총허용어획량(Total allowable catch)제도에 관한 내용으로 옳지 않은 것은?

① 수산자원관리의 운영체계

② 과학적인 수산자원 평가

③ 어업이 개시되기 전에 어획가능량 설정

④ 어선어업의 경쟁적 조업 유도

ANSWER ④ 어선어업의 경쟁적 조업 유도하고는 관련이 없다.

　　　※ **총허용어획량**(Total allowable catch)**제도**
　　　TAC은 수산 자원을 합리적으로 관리하기 위하여 어종별로 연간 잡을 수 있는 상한선을 정하고, 그 범위 내에서 어획할 수 있도록 하는 것이다. 세계적으로 어족 자원의 고갈을 방지하기 위하여 각국은 TAC으로 어획량을 규제하고 있다. 고갈되어 가고 있거나 보호해야 할 어종에 대해서 보다 현실적이고 직접적으로 어획량 자체를 조정·관리하는 방법이 수산 자원의 관리 수단으로 이용되고 있는데, TAC이 바로 그런 수단의 하나이다. 우리나라도 우리 수역 내의 수산 자원을 보호하고 관리하기 위하여 수산자원보호령을 제정해 놓았는데, 이 법령 안에는 어종별로 보호 규정들이 세심하게 마련되어 있다.

7 다음 중 수산업의 구분으로 바르지 않은 것은?

① 수산물 가공업　　　　　　　　② 수산 정보업

③ 양식업　　　　　　　　　　　　④ 어업

ANSWER 수산업은 크게 수산물을 생산하는 방법에 따라 어업, 양식업, 수산물 가공업으로 구분한다. 그러나 현대적 의미에서 수산업은 1차·2차·3차 산업 모두를 대상으로 하는 종합적 산업으로 해양 환경, 해양 레포츠 등의 분야도 포함되고 있다.

 **A**NSWER 3.④ 4.① 5.③ 6.④ 7.②

수
산
일
반

8 다음 중 국내 수산업의 중요성에 해당하지 않는 것은?

① 식품 안전의 보장 면에서 중요 역할을 담당한다.
② 해양 레크리에이션의 발전에 기여한다.
③ 국가의 안보에 이바지한다.
④ 어업 기술의 진보로 인해 환경파괴를 심화시킨다.

> **A**NSWER 국내 수산업의 중요성
> ㉠ 식품 안전의 보장 면에서 중요 역할을 담당한다.
> ㉡ 수산물은 인간에게 필요로 하는 각종 영양분을 균형 있게 공급함으로 인해 인간 신체건강의 증진에 공헌
> 한다.
> ㉢ 식품의 안정적인 공급원이다.
> ㉣ 국가의 안보에 이바지한다.
> ㉤ 연안 지역 경제개발에 있어서의 중요한 위치를 차지한다.
> ㉥ 전통문화의 형성 및 유지 등에 공헌하며 해양 레크리에이션의 발전에 기여한다.
> ㉦ 환경보전에 이바지한다.

9 다음 중 수산업의 특성에 해당하지 않는 것은?

① 중단성   ② 확실성
③ 위험성   ④ 이동성

> **A**NSWER 수산업의 특성으로는 중단성, 위험성, 이동성, 불규칙성, 불확실성 등이 있다.

10 다음 중 내수면어업에 해당하지 않는 것을 고르면?

① 호소어업   ② 원양어업
③ 담수어업   ④ 하천어업

> **A**NSWER 원양어업은 해면어업에 속한다. 어업은 그 장소에 따라 해면어업과 내수면어업으로 나눌 수 있다.
> ※ 해면양식어업과 내수면양식어업
> ㉠ 해면어업 : 바다, 바닷가, 어업을 목적으로 하여 인공적으로 조성된 육상의 해수면 및 수산자원보호구역
> 으로 지정된 공유수면이나 그에 인접된 토지에서 하는 어업
> ㉡ 내수면어업 : 하천·댐·호소·저수지 등 인공으로 조성된 담수나 기수의 수류 또는 수면에서 하는 어업

11 정부의 수산업 진흥 정책에 대한 설명 중 옳지 않은 것은?

① 양식 기술의 개발
② 새로운 어장의 개척
③ 어항 시설의 확충 및 어선의 소형화
④ 수산물의 안정적인 공급

> **A**NSWER 정부의 수산업 진흥 정책
> ㉠ 양식 기술의 개발
> ㉡ 새로운 어장의 개척
> ㉢ 수산물의 안정적인 공급
> ㉣ 어항 시설의 확충 및 어선의 대형화
> ㉤ 원양 어획물의 가공 및 공급의 확대
> ㉥ 수출시장의 다변화
> ㉦ 해외 어업협력의 강화
> ㉧ 어업 경영의 합리화

12 다음의 내용을 읽고 괄호 안에 들어갈 말로 가장 적절한 것을 고르면?

> (   )란 고등어·오징어 등과 같이 생산량이 많고 즐겨먹는 대중 어종은 특정 시기에 대량으로 어획되어 가격이 폭락하거나 폭등하는 등 매점매석의 대상이 되기에 정부가 어종이 많이 생산될 때 일정한 물량을 매입해서 냉동 창고 등에 비축한 후 생산되지 않는 시기에 시장에 방출하여 가격의 폭락 및 폭등을 예방하는 정책을 말한다.

① 수산식품산업정책   ② 수산물시장정책
③ 수매비축제도   ④ 수급안정정책

> **A**NSWER 수매비축제도란 정부가 대중 어종의 가격 폭락 및 폭등을 막기 위해 일정한 물량을 매입해 비축해두는 제도를 말한다.

13 수산물 유통 정책에서 정부의 기능은 무엇으로 구분되는가?

① 수입과정 및 수급기능   ② 생산기능 및 운송기능
③ 보관기능 및 판매기능   ④ 통제기능 및 조성기능

> **A**NSWER 수산물 유통 정책에서 정부의 기능은 통제기능 및 조성기능으로 나뉜다.

 **A**NSWER 8.④ 9.② 10.② 11.③ 12.③ 13.④

14 다음 중 수산업에 대한 국내의 여건 변화로 가장 거리가 먼 것은?

① 남북 수산 협력 사업에 대한 추진
② 생산 위주의 정책에서 유통 및 가공 중심의 정책으로의 전환
③ 기존 어업관리 제도의 유지
④ 배타적 경제 수역 체제 도입

> **Ⓐnswer** 현재 우리나라 수산업은 체제의 출범에 따른 세계시장 WTO의 개방화와 신해양법 협약의 발효에 따른 자원자
> 국화 및 공해어족보호 등 수산업을 둘러싼 국내외 여건은 다양하고 급격하게 변화하여 보다 적극적인 대응이
> 필요한 시점이다. 즉 세계의 인구증가와 생활수준의 향상, 수산물 생산의 정체 등으로 세계의 수산물 수급 불
> 균형에 따른 공급부족이 예상되고 국내적으로는 연근해 생산량 및 원양어업 생산량의 지속적인 감소로 수입
> 수산물이 증가하여 국내수산업에 많은 영향을 미치고 있어 기존 어업관리 제도의 변화가 필요한 시점이다.
>
> ※ **수산업에 대한 국내의 여건 변화**
> ㉠ 남북 수산 협력 사업에 대한 추진
> ㉡ 생산 위주의 정책에서 유통 및 가공 중심의 정책으로의 전환
> ㉢ 배타적 경제 수역 체제 도입
> ㉣ 새로운 어업 관리 제도의 도입
> ㉤ 수산물의 유통, 수산행정의 규제, 수협 개혁의 추진

15 다음의 내용을 읽고 문맥 상 들어갈 말로 가장 적합한 것은?

> (   )은 수산 자원이 고갈되어 생산량을 지속시킬 수가 없게 되었을 때, 수산 생물의 자연
> 생산력이 최대로 유지될 수 있도록, 여러 가지 방법을 도입해서 자원량의 유지가 가능한 어
> 업의 형태를 의미한다.

① 유지 관리형 어업
② 복지 관리형 어업
③ 생산 관리형 어업
④ 자원 관리형 어업

> **Ⓐnswer** 자원 관리형 어업이란 수산 자원이 고갈되어 생산량을 지속시킬 수가 없게 되었을 때, 수산 생물의 자연 생
> 산력이 최대로 유지될 수 있도록, 여러 가지 방법을 도입해서 자원량의 유지가 가능한 어업의 형태를 의미한다.

16 다음 중 양식에 대한 설명으로 바르지 않은 것은?

① 종묘 방류자 및 성장 후의 포획자가 동일하다.
② 대상 생물의 주인이 없다.
③ 경제적인 가치가 있는 생물을 인위적으로 번식 및 성장시켜 수확하는 것이다.
④ 개인, 회사가 영리를 목적으로 한다.

> **A**NSWER 양식은 경제적인 가치가 있는 생물을 인위적으로 번식 및 성장시켜 수확하는 것으로 대상 생물에 주인이 있다.
> ※ 양식 및 자원관리의 비교

양식	자원관리
• 경제적인 가치를 지니고 있는 생물들을 인위적으로 번식 및 성장시켜 수확하는 것을 말한다. • 개인, 회사 – 영리를 목적으로 한다. • 대상 생물의 주인이 있다. • 종묘 방류자와 성장 후의 포획자가 동일하다.	• 산란기에 어미를 보호, 종묘를 방류시켜 자원을 자연 상태로 번성시켜 채포하는 것을 말한다. • 국가, 공공기관, 사회단체 – 자원의 조성이 목적이다. • 대상 생물의 주인이 없다. • 종묘 방류자와 성장 후의 포획자가 다르다.

17 다음 중 유엔 해양법협약에서 처음 도입된 제도로 영해의 기선으로부터 200해리까지의 수역을 가리키며, 경제수역 내에서는 연안국이 생물자원 및 광물자원에 대해서 주권적 권리를 행사하는 데 이를 무엇이라고 하는가?

① 영해
② 배타적 경제수역
③ 영유권
④ 어업협정 경계선

> **A**NSWER 배타적 경제수역은 유엔 해양법협약에서 처음 도입된 제도로 영해의 기선으로부터 200해리까지의 수역이다. 경제수역 내에서는 연안국이 생물자원 및 광물자원에 대해서 주권적 권리를 행사하고, 더불어 인공섬 또는 시설물을 설치하고 이용하거나, 해양 과학 조사 및 해양 환경 보전에 대해서는 관할권을 행사하며, 외국 선박에 대해서는 항해의 자유가 보장된다.

18 다음 중 양식업의 목적에 해당하지 않는 것은?

① 인류의 식량 생산
② 미끼용 어류 생산
③ 관상용 어류 생산
④ 인위적 자원 증강을 위한 방류용의 종묘 생산

> **A**NSWER 자연 자원의 증강을 위한 방류용 종묘의 생산이 양식업의 목적이다.

 ANSWER 14.③ 15.④ 16.② 17.② 18.④

19 다음 중 수산 생물의 본격적 양식 활동이 활발해진 시기는 언제인가?

① 19세기   ② 18세기

③ 17세기   ④ 16세기

> **A**NSWER   수산 생물의 본격적인 양식 활동은 19세기에 비로소 활발해졌다. 특히 19세기 후반 유럽의 여러 나라, 미국 및 캐나다 등에서는 국립 양어장을 설치해서 오늘에 이르기까지 양어는 물론이고, 수산 자원 조성을 위한 종묘 생산과 치어 방류를 실행하고 있다.

20 다음 중 수산물 및 공산품과의 상품에 대한 성격의 차이를 설명한 것으로 바르지 않은 것은?

① 수산물은 표준화 체계가 미비한 반면에, 공산품은 표준화 체계가 구축되었다.

② 수산물은 유통기간이 짧은 반면에, 공산품은 유통기간이 길다.

③ 수산물은 반품처리가 용이한 반면에, 공산품은 반품처리가 어렵다.

④ 수산물은 가격 대비 운송비가 높은 반면에, 공산품은 가격 대비 운송비가 낮다.

> **A**NSWER   수산물은 쉽게 부패하는 성질 때문에 반품의 처리가 어렵다.
>
> ※ 수산물 및 공산품 상품의 차이 비교
>
> | 수산물 | 공산품 |
> |---|---|
> | • 표준화 체계가 미비하다. | • 표준화의 체계가 구축되었다. |
> | • 반품의 처리가 어렵다. | • 반품에 대한 처리가 어렵다. |
> | • 생산 및 공급이 불안정하다. | • 생산 및 공급이 안정적이다. |
> | • 가격 대비 운송비가 높다. | • 가격 대비 운송비가 낮다. |
> | • 유통기간이 짧다. | • 유통기간이 길다. |

21 우리나라 동해안의 주요 어업에 속하지 않는 것은?

① 방어정치망 어업   ② 안강망 어업

③ 오징어 채낚기 어업   ④ 꽁치 걸그물 어업

> **A**NSWER   안강망 어업은 서해안의 대표적 어업 방식이다.
>
> ※ 우리나라 동해안의 주요 어업
>
> ㉠ 방어정치망 어업
>
> ㉡ 오징어 채낚기 어업
>
> ㉢ 꽁치 걸그물 어업
>
> ㉣ 명태연승 및 자망어업
>
> ㉤ 계통발 어업

22 우리나라 서해안의 주요 어업으로 바르지 않은 것은?

① 기선저인망 어업 ② 선망 어업
③ 방어정치망 어업 ④ 트롤 어업

Aɴꜱᴡᴇʀ 방어정치망 어업은 동해안의 주요 어업이다.
※ 우리나라 서해안의 주요 어업
ⓐ 트롤 어업
ⓑ 안강망 어업
ⓒ 기선저인망 어업
ⓓ 선망 어업
ⓔ 걸그물 어업

23 다음의 내용은 냉각 해수 저장법에 대한 것이다. 괄호 안에 들어갈 말로 가장 적합한 것은?

> 냉각 해수 저장법은 어획되어진 수산물을 (　) 정도로 냉각된 해수에 침지시켜서 저장하는
> 방법으로 선도 보존 효과가 좋다. 일반적으로 지방 함량이 높은 연어, 참치, 청어, 정어리,
> 고등어 등을 빙장법 대신에 이용이 가능하고, 앞으로 개발이 필요하다.

① 5℃ ② 0℃
③ −1℃ ④ −10℃

Aɴꜱᴡᴇʀ 냉각 해수 저장법은 어획되어진 수산물을 −1℃ 정도로 냉각된 해수에 침지시켜서 저장하는 방법으로 선도 보존 효과가 좋다. 일반적으로 지방 함량이 높은 연어, 참치, 청어, 정어리, 고등어 등을 빙장법 대신에 이용 가능하며, 앞으로 개발이 필요하다.

24 다음의 내용은 동결 저장법에 대한 설명이다. 내용을 읽고 괄호 안에 들어갈 말로 가장 적합한 것을 고르면?

> 어·패류를 동결하여 (　) 이하에서 저장하게 되면 미생물 및 효소에 의한 변패 및 지방
> 산패 등이 억제된다. 어종에 따라서 약간씩 저장 기간이 다르긴 하지만, 6개월에서 1년 정도
> 는 선도를 유지시킬 수 있다. 이 때 동결 수산물에 빙의를 입히게 되면 더욱 더 효과적이다.

① −18℃ ② −20℃
③ −22℃ ④ −25℃

Aɴꜱᴡᴇʀ 어·패류를 동결하여 −18℃ 이하에서 저장하게 되면 미생물 및 효소에 의한 변패 및 지방 산패 등이 억제된다. 어종에 따라서 약간씩 저장 기간이 다르긴 하지만, 6개월에서 1년 정도는 선도를 유지시킬 수 있다. 이 때 동결 수산물에 빙의(氷衣)를 입히게 되면 더욱더 효과적이다.

 Aɴꜱᴡᴇʀ 19.① 20.③ 21.② 22.③ 23.③ 24.①

수산일반

25 다음은 염장간법에 대한 설명 중 마른간법의 내용을 서술한 것이다. 이 때 괄호 안에 들어갈 말로 가장 적절한 것을 고르면?

> 마른간법은 식염을 직접 어체에 뿌려서 염장하는 방법이다. 특별한 설비가 필요 없고, 단순히 바닥이 경사진 저장 탱크에 어체 및 소금을 번갈아 가면서 쌓으면 된다. 활용되는 소금의 양은 제품의 종류 및 기후 등에 따라 다르지만, 통상적으로 원료 무게의 (   )를 사용한다.

① 5~10%
② 10~20%
③ 20~25%
④ 20~35%

Ⓐnswer 마른간법은 식염을 직접 어체에 뿌려서 염장하는 방법이다. 특별한 설비가 필요 없고, 단순히 바닥이 경사진 저장 탱크에 어체 및 소금을 번갈아 가면서 쌓으면 된다. 활용되는 소금량은 제품의 종류 및 기후 등에 따라 다르지만, 통상적으로 원료 무게의 20~35%를 사용한다.

26 수산 식품에 대한 내용 중 동결식품의 저장 및 유통 단계를 바르게 표현한 것은?

① 전처리 → 포장 → 급속 동결 → 18도 이하 저장
② 전처리 → 급속 동결 → 포장 → 18도 이상 저장
③ 전처리 → 급속 동결 → 포장 → 18도 이하 저장
④ 전처리 → 포장 → 급속 동결 → 18도 이상 저장

Ⓐnswer 동결식품의 저장 및 유통 단계는 전처리 → 급속 동결 → 포장 → 18도 이하로 저장순이다.

27 수산물 처리에 대한 내용 중 가공처리의 목적으로 볼 수 없는 것은?

① 운반 및 조리의 어려움
② 저장성의 부여
③ 부가가치의 향상
④ 유효 성분의 활용

Ⓐnswer 가공처리를 할 경우 운반 및 조리의 용이성이 있다.
　　　　※ 가공처리의 목적
　　　　　　㉠ 운반 및 조리의 용이
　　　　　　㉡ 저장성의 부여
　　　　　　㉢ 유효 성분의 이용
　　　　　　㉣ 부가가치의 향상

28 다음에 나열된 어업에 대한 내용의 공통점은?

- 협동양식어업
- 정치망어업
- 조개류양식어업
- 어류 등의 양식어업
- 해조류 양식어업
- 마을어업
- 복합양식어업

① 면허어업
② 신고어업
③ 허가어업
④ 시설어업

Ⓐnswer 보기는 모두 면허어업에 해당한다.

※ 면허어업

다음에 해당하는 어업을 하려는 자는 시장·군수·구청장의 면허를 받아야 한다. 다만, 외해양식어업을 하려는 자는 해양수산부장관의 면허를 받아야 한다.

구분	내용
정치망어업	일정한 수면을 구획하여 대통령령으로 정하는 어구를 일정한 장소에 설치하여 수산동물을 포획하는 어업
해조류양식어업	일정한 수면을 구획하여 그 수면의 바닥을 이용하거나 수중에 필요한 시설을 설치하여 해조류를 양식하는 어업
패류양식어업	일정한 수면을 구획하여 그 수면의 바닥을 이용하거나 수중에 필요한 시설을 설치하여 패류를 양식하는 어업
어류등양식어업	일정한 수면을 구획하여 그 수면의 바닥을 이용하거나 수중에 필요한 시설을 설치하거나 그 밖의 방법으로 패류 외의 수산동물을 양식하는 어업
복합양식어업	양식어업 외의 어업으로서 양식어장의 특성 등을 고려하여 위 내용까지의 규정에 따른 서로 다른 양식어업 대상품종을 2종 이상 복합적으로 양식하는 어업
마을어업	일정한 지역에 거주하는 어업인이 해안에 연접한 일정한 수심 이내의 수면을 구획하여 패류·해조류 또는 정착성 수산동물을 관리·조성하여 포획·채취하는 어업
협동양식어업	마을어업의 어장 수심의 한계를 초과한 일정한 수심 범위의 수면을 구획하여 일정한 지역에 거주하는 어업인이 협동하여 양식하는 어업
외해양식어업	외해의 일정한 수면을 구획하여 수중 또는 표층에 필요한 시설을 설치하거나 그 밖의 방법으로 수산동식물을 양식하는 어업

29 허가어업에서의 어업 유효기간은 얼마인가?

① 5년
② 4년
③ 3년
④ 1년

Ⓐnswer 허가어업이란 통상적으로 금지되어 있는 어업을 일정 조건을 갖춘 특정인에게 해제해서 어업 행위의 자유를 회복시켜 주는 것과 수산동식물의 보존 및 어업의 질서유지를 위해 어업의 행위를 적절하게 제한하는 것을 의미한다. 허가어업의 유효기간은 5년으로 한다.

Ⓐnswer 25.④ 26.③ 27.① 28.① 29.①

30 신고어업에서의 어업 유효기간은 얼마인가?

① 7년   ② 5년

③ 3년   ④ 1년

ANSWER   신고어업에서의 어업 유효기간은 5년이다.

31 다음의 어업에 대한 내용의 공통점은?

- 육상양식어업
- 맨손어업
- 투망어업

① 시설어업   ② 신고어업

③ 면허어업   ④ 허가어업

ANSWER   신고어업은 영세한 어민들이 면허 또는 허가 같은 번거로운 절차를 거치지 않고 신고만 함으로써 소규모의 어업이 가능하도록 위한 조치이다.

※ 신고어업의 종류

구분	내용
나잠어업	산소공급장치 없이 잠수한 후 낫·호미·칼 등을 사용하여 패류, 해조류, 그 밖의 정착성 수산동식물을 포획·채취하는 어업
맨손어업	손으로 낫·호미·해조틀이 및 갈고리류 등을 사용하여 수산동식물을 포획·채취하는 어업
투망어업	투망을 사용하여 수산동물을 포획하는 어업

32 다음 중 TAC 관리 제도의 특성으로 바르지 않은 것은?

① 자원 관리의 일체성 구축   ② 수산물의 안정된 수급 체계 구축

③ 과학적 자원 평가 체계 확립   ④ 분리 시스템적 운영체계

ANSWER   TAC는 수산자원을 합리적으로 관리하기 위하여 어종별로 연간 잡을 수 있는 상한선을 정하고 그 범위 내에서 어획할 수 있도록 하는 제도를 말한다.

※ TAC 관리 제도의 특성
ㄱ 자원 관리의 일체성 구축
ㄴ 과학적 자원 평가 체계 확립
ㄷ 종합 시스템적 운영체계
ㄹ 수산물의 안정된 수급 체계 구축

33 다음 중 해양 생태계에 관한 내용으로 가장 바르지 않은 것은?

① 태양광은 표층에 일부 존재하고 거의 들어가지 않는다.

② 산소량은 6~7ml/L 정도이다.

③ 무중력 상태이며, 부력작용이 일어난다.

④ 종의 수는 많고, 개체 수는 적다.

🅰NSWER 해양 및 육지의 생태계에 있어서의 일반적인 차이점

생태적 요소의 구분	해양	육지
매체 및 특성	물이며, 균일하다	공기이며, 다양하다
온도 및 염분	변화 폭이 -3~5도로 좁다	변화 폭이 -40~40도로 넓다
산소량	6~7ml/L	대기의 20%, 200ml/L
태양광	표층에 일부 존재하고 거의 들어가지 않음	거의 모든 곳에 빛이 들어감
중력	무중력 상태이고, 부력작용	중력 작용
체물질의 조성	단백질	탄수화물
분포	넓다	좁다
종의 다양성	종의 수는 적고, 개체 수는 많다	종의 수는 많고, 개체 수는 적다
적으로부터의 방어 및 행동	거의 노출되고, 느리다	숨을 곳이 많고, 빠르다
난의 크기	작다	크다
유생기	유생 시기가 있으며 길다	유생 시기가 없다
생식 전략	다산다사	소산소사
먹이 연쇄	길다	짧다

2 수산자원 관리

〈2016년 제2회〉

1 지속가능한 연근해 수산자원의 이용을 위한 수단이 아닌 것은?

① 연근해 어업구조 조정
② 자율관리어업 확대
③ 총허용어획량(TAC) 제도 확대
④ 생사료 공급 확대

> **A**NSWER ④ 생사료는 수산자원 남획 및 바다오염의 주범이다.

〈2016년 제2회〉

2 수산생물 중 고래류의 연령형질로 타당한 것은?

① 비늘 ② 이석
③ 지느러미 연조 ④ 이빨 및 수염

> **A**NSWER 연령형질은 물고기의 나이를 추정할 수 있는 비늘, 이석, 척추골, 상후두골, 새개골, 쇄골, 지느러미 줄기 등
> 의 형질을 말한다. 고래류는 이빨 및 수염으로 나이를 추정한다.

〈2016년 제2회〉

3 수산자원 및 수산물의 특성에 관한 내용으로 옳은 것은?

① 재생성 자원이 아니다.
② 부패와 변질이 어렵다.
③ 표준화와 등급화가 쉽다.
④ 수요와 공급이 비탄력적이다.

> **A**NSWER ① 재생성 자원이다.
> ② 부패와 변질이 쉽다.
> ③ 표준화와 등급화가 어렵다.

〈2015년 제1회〉

4 다음의 해조류 중 갈조류가 아닌 것은?

① 김   ② 모자반

③ 미역   ④ 다시마

> **A**NSWER ① 홍조류에 해당한다.

〈2015년 제1회〉

5 올챙이 모양(尾蟲形)의 유생으로 부화하여 유영생활 후 부착하는 품종으로 옳은 것은?

① 전복   ② 가리비

③ 우렁쉥이(멍게)   ④ 굴

> **A**NSWER 우렁쉥이는 유생 때는 올챙이과 같은 모양으로 헤엄치며 다니다 고형물에 붙어 자란다. 한 개체가 정소와 난소를 모두 가지고 있는 자웅 동체이고, 이들은 번식할 때 무성 생식와 유성 생식 두 가지 방법을 사용한다.

〈2015년 제1회〉

6 고등어의 연령을 파악하기 위해 이용되는 것으로 옳은 것은?

① 이석(耳石)   ② 부레

③ 측선(側線)   ④ 아가미

> **A**NSWER 이석(耳石)은 어류 내벽의 분비물에 의해 형성된 딱딱한 석회질의 돌로, 고등어의 경우 이석을 추출해서 절단, 영구 표본을 만든 다음 영상분석 시스템으로 촬영해서 길이를 측정하면 연령을 알 수 있다.

〈2015년 제1회〉

7 연골어류가 아닌 것은?

① 두툽상어   ② 쥐가오리

③ 참다랑어   ④ 홍어

> **A**NSWER ③ 경골어류에 해당한다.

ANSWER 　1.④　2.④　3.④　4.①　5.③　6.①　7.③

8 우리나라의 연안에서 서식하는 전복류 중 난류종(계)이 아닌 것은?

① 참전복   ② 오분자기

③ 말전복   ④ 시볼트전복

> **A**NSWER ① 한류계에 해당한다.

9 수산자원 관리 방법 중 환경관리에 해당되지 않는 것은?

① 수질개선   ② 성육장소 개선

③ 바다숲 조성   ④ 어획량 규제

> **A**NSWER 환경관리란 수산생물에게 적절한 환경을 인위적으로 유지 또는 조성하여 성육환경을 개선하고 바다숲을 조성하여 각종 생물을 모으고, 자연 사망을 줄이는 종합적인 자원 증강의 수단이다. 어획량 규제는 환경관리에 해당하지 않는다.

10 다랑어류의 자원관리를 위한 지역수산관리기구로 옳은 것은?

① 국제해사기구(IMO)

② 국제포경위원회(IWC)

③ 남극해양생물자원보존위원회(CCAMLR)

④ 중서부태평양수산위원회(WCPFC)

> **A**NSWER ① 해상의 안전과 항해의 능률을 위하여 해운에 영향을 각종 기술적 사항과 관련된 정부 간 협력을 촉진하고, 선박에 의한 해상오염을 방지하고, 국제해운과 관련된 법적 문제를 해결하는 임무를 수행하는 UN산하의 국제기구이다.
> ② 무분별한 고래 남획을 규제하기 위해 1946년 만들어진 국제기구이다.
> ③ 남극 주변해역을 관할구역으로 하여 남극해양생물의 보존 및 합리적 이용을 위해 1981년에 설립된 국제기구로 대한민국은 1985년 4월 28일에 가입하였다.

11 수산생물의 서식에 영향을 미치는 환경요인 중 물리적 요인이 아닌 것은?

① 수온   ② 해수유동

③ 광선   ④ 먹이생물

> **A**NSWER 물리적 요인 … 수온, 염분, 광선, 투명도, 해수의 유동, 지형 등

12 수산자원의 계군을 식별하는 방법 중 회유경로를 추적할 수 있는 조사 방법으로 옳은 것은?

① 형태학적 방법
② 생리학적 방법
③ 표지방류 방법
④ 조직학적 방법

Ａnswer 표지방류법은 수산자원의 한 군집 내의 일부 개체에 표지를 적당한 부위에 붙여서 본래의 환경에 방류했다가 다시 회수하여 그 자원의 동태를 연구하는 방법으로 자원량의 간접적 추정, 회유, 경로의 추적, 이동속도, 분포범위, 귀소성, 연령, 성장률, 인공 부화 방류의 효과 등을 추정할 수 있다.

13 다음 중 부유생물에 대한 설명으로 바르지 않은 것은?

① 스스로 헤엄칠 수 있는 능력이 없거나 아주 미약하여 바닷물의 움직임에 따라 수동적으로 움직이는 작은 동식물을 의미한다.
② 심해 산란층, 집단성, 주야 수직 이동을 하는 군집의 특성 등을 지니고 있다.
③ 동물 부유생물은 스스로의 운동 능력이 없거나 약하고, 크기도 매우 작지만 바다의 먹이사슬에서 가장 기본이 되며, 해양생물의 중요한 에너지 공급원이라 할 수 있다.
④ 부유생물은 통상적으로 식물 부유생물 및 동물 부유생물로 구분할 수 있다.

Ａnswer 식물 부유생물은 스스로의 운동 능력이 없거나 약하고, 크기도 매우 작지만 바다의 먹이사슬에서 가장 기본이 되며, 해양생물의 중요한 에너지 공급원이라 할 수 있다.

14 다음 중 가오리, 홍어, 상어 등의 수산자원 생물들에 대한 내용으로 바르지 않은 것은?

① 이들의 경우 대부분이 부레와 비늘을 지니고 있지 않다.
② 대개의 종류는 강에서 살고 또한 보통은 포식성이다.
③ 대체로 열대와 온대 해역에 종류가 많다.
④ 데본기의 중기에서부터 번영하기 시작하여 현세에 이르고 있다.

Ａnswer 위 생물들은 연골어류에 속하는 어종으로 대개의 종류는 바다에서 살고 보통은 포식성이다.

Ａnswer 8.① 9.④ 10.④ 11.④ 12.③ 13.③ 14.②

15 바다에 버려진 폐그물을 정리함으로써 얻을 수 있는 효과로 옳은 것은?

① 수산자원의 보호에 도움이 된다.
② 해양의 부영양화 현상을 방지할 수 있다.
③ 연안 갯벌의 황폐화를 방지할 수 있다.
④ 적조현상을 방지할 수 있다.

> **A**NSWER 폐그물을 정리함으로써 폐그물에 걸려 사망하는 어류의 수를 감소할 수 있다.

16 다음 중 바다환경을 개선하기 위한 방안으로 가장 적절한 것은?

① 어항 시설 확충   ② 표지 방류
③ 인공종묘 방류   ④ 바다 숲 조성

> **A**NSWER 환경관리방법
> ㉠ 수질 개선 : 석회 살포, 산소 주입, 물길 제공, 수량 증가
> ㉡ 성육 장소 조성 : 바다 숲, 인공어초 조성, 전석, 투석, 갯닦기, 돌밭, 암초 폭파, 콘크리트 바르기
> ㉢ 대책 : 대형수초 제거, 해적생물과 병해생물 제거, 조류 소통 촉진

17 어류의 자원을 진단할 때 남획으로 나타나는 징후로 볼 수 없는 것은?

① 어획물에서 대형어의 비율이 감소한다.
② 단위 노력당 어획량이 점차 감소한다.
③ 자원 분포 영역이 확대되어, 어장 면적이 증가되는 현상이 나타난다.
④ 연령별 체장과 체중이 감소하며 성 성숙 연령이 낮아지는 경향을 보인다.

> **A**NSWER 어획물에서 대형어의 비율은 감소하나 연령별 평균 체장과 체중은 대형화 된다.

18 다음 중 어획량을 늘려도 남획 상태에 빠질 가능성이 가장 적은 생물은?

① 대구   ② 대게
③ 닭새우   ④ 오징어

> **A**NSWER 광어, 연어, 송어 등 산란장이 한 장소에 국한되어 있거나 군집성이 강한 수산자원은 남획되기 쉽다. 닭새우
> 와같이 그 개체의 수 자체가 많지 않은 수산자원도 남획되기 쉽다. 그러나 오징어, 멸치, 새우 등 수명이 짧
> 고 자연 사망률이 높은 수산자원은 어획량의 영향을 거의 받지 않으므로 남획 상태에 쉽게 빠지지 않는다.

19 계군분석법 중 표지방류법을 이용하여 얻을 수 있는 정보가 아닌 것은?

① 회유 경로 추적
② 성장률 추정
③ 사망률 추정
④ 산란장 추정

ANSWER 표지방류법
㉠ 일부 개체에 표지를 붙여 방류했다가 다시 회수하여 그 자원의 동태를 연구하는 방법
㉡ 계군의 이동상태를 직접 파악할 수 있어 가장 좋은 식별법 중 하나
㉢ 회유경로, 이동속도, 분포범위, 귀소성, 연령, 성장률, 사망률 등을 추정

20 수산자원 생물의 연령 측정 시 연령형질을 이용하는 방법에 대한 설명으로 틀린 것은?

① 어류의 비늘, 이석 등 생활형태에 따라 주기적으로 자라나는 형질을 이용한다.
② 일반적으로 비늘은 뒤쪽보다 앞쪽 가장자리의 성장이 더 빠르다.
③ 비늘은 어체 부위에 따라 발생하는 시기가 다르므로 연령 사정을 위한 비늘 채취부위는 신중하게 고려해야 한다.
④ 연령 사정에 활용되는 이석의 가치는 어종에 따라 다르며 상어, 가오리류는 매우 유용하게 활용된다.

ANSWER 이석을 통한 연령 사정이 매우 유용하게 활용되는 수산자원으로는 광어, 고등어, 대구, 가자미 등이 있다.

21 수산자원량 추정 시 자원총량의 추정이 어려울 경우 실시하는 방법은?

① 전수조사법
② 표본채취법
③ 표지방류법
④ 상대지수법

ANSWER 자원량의 추정방법
㉠ 자원총량추정법
• 직접적 방법 : 전수조사법, 표본채취에 의한 부분조사법
• 간접적 방법 : 표지 방류 채포 결과 사용, 총 산란량을 추정하여 천연자원을 추정하는 방법, 어군탐지기 사용 방법
㉡ 자원상대지수법 : 자원 총량의 추정이 어려울 때 사용

22 수산자원 생물 중 새우의 형태를 측정하는 데 가장 적절한 방법은?

① 전장측정

② 피린 체장 측정

③ 두흉 갑장 측정

④ 두흉 갑폭 측정

23 수산자원 생물의 연령사정법에 대한 설명으로 옳은 것은?

① 연령형질법을 피터센법이라고도 한다.

② 상어나 가오리는 이석을 이용한다.

③ 연령형질이 없는 갑각류는 체장빈도법을 이용한다.

④ 비늘은 앞쪽 가장자리보다 뒤쪽의 성장이 더 빠르다.

24 다음 빈 칸에 들어갈 품종으로 알맞은 것은?

품종 : (   )
초기 생활사 : 난황기 → 저어기 → 치어기
특징 : 성장하면서 눈이 왼쪽으로 이동

① 가자미

② 광어

③ 고등어

④ 삼치

ANSWER 광어
　　　　　⊙ 몸이 평평하고 바닥쪽의 몸이 희며, 몸 왼쪽에 두 눈이 있음
　　　　　⊙ 육상 수조에서 양식 전 과정의 완전 양식이 가능
　　　　　⊙ 성장 속도가 빠르고 활동성이 작아 사료계수가 낮음
　　　　　⊙ 남해 연안에서 활발히 양식이 이루어짐

25 다음 중 어류의 체형과 행동 특성이 비슷한 종류끼리 바르게 짝지어진 것은?

⊙ 고등어	⊙ 가오리
⊙ 참돔	⊙ 뱀장어
⊙ 전갱이	

① ⊙, ⊙　　　　　　　　　　② ⊙, ⊙

③ ⊙, ⊙　　　　　　　　　　④ ⊙, ⊙

　　　ANSWER 어류의 체형
　　　　　⊙ 방추형 : 고등어, 꽁치, 전갱이
　　　　　⊙ 측편형 : 전어, 돔
　　　　　⊙ 구형 : 복어
　　　　　⊙ 장어형 : 뱀장어

26 연어에 대한 설명으로 옳지 않은 것은?

① 소하성 어류이다.
② 자원조성을 위해 치어를 강에 방류하기도 한다.
③ 뼈는 가늘고 약한 연골이다.
④ 해양에서 생활하다 산란기가 되면 강을 거슬러 올라간다.

　　　ANSWER 연어는 뼈가 단단하고 부레와 비늘이 있는 경골어류이다.

수산일반

ANSWER　22.③　23.③　24.②　25.②　26.③

27 남태평양에서 주로 어획되던 참다랑어가 우리나라 남해안에서 어획되었다면 이를 통해 무엇을 파악할 수 있는가?

① 지구온난화로 인하여 수온이 상승한 것이다.
② 헤일의 영향으로 어군이 이동한 것이다.
③ 총허용 어획량 관리제도의 성과로 인하여 자원량이 증가한 것이다.
④ 리만 해류의 영향으로 회유 해역이 변한 것이다.

> **A**NSWER 열대성, 대양성 어종인 참다랑어가 우리나라 남해안에서 어획되었다면 이는 남해안의 수온이 높다는 것을 알 수 있다.

28 다음과 같은 특징을 가진 수산생물은 무엇인가?

> • 조가비의 겉면에 요철이 있으며, 좌우 비대칭이다.
> • 3~4개의 호흡공이 있으며, 조가비 내면에 광택이 있다.

① 꼬막   ② 바지락
③ 담치   ④ 참전복

> **A**NSWER ①②③은 서로 대칭되는 2개의 조가비를 가지고 있다.

29 해조류에 대한 설명으로 옳지 않은 것은?

① 뿌리, 줄기, 잎, 열매가 있다.
② 엽체 전체에서 광합성을 할 수 있다.
③ 몸 표면을 통하여 영양분을 흡수한다.
④ 양분과 물을 운반하는 통로조직은 없다.

> **A**NSWER 해조류는 줄기나 잎의 분화된 기능을 하는 기관이 없다.

30 해양오염 방지 대책에 대한 설명으로 옳지 않은 것은?

① 연안에서 유입되는 각종 오염물질의 감소 및 정화
② 해양 쓰레기 투기 단속
③ 폐기물의 해양 투기 종류 및 배출허용 해역 등 지정
④ 격년마다 수질검사 및 단속 강화

Ⓐɴsᴡᴇʀ 해양오염 방지 대책
　　　㉠ 연안에서 유입되는 각종 오염물질의 감소 및 정화
　　　㉡ 해양 쓰레기 투기 단속, 폐어구 회수, 선박 기름 누출 사고 예방
　　　㉢ 지속적인 수질 검사와 단속 강화
　　　㉣ 폐기물의 해양 투기 종류, 배출 허용 해역 등 지정

31 다음에서 설명하는 것은 무엇인가?

> • 물고기의 아가미에 붙어 숨을 못 쉬게 함으로써 폐사를 유발시킨다.
> • 가두리 양식어장에 큰 피해를 준다.
> • 해양의 내수면에서 식물 플랑크톤이 대량 번식하여 수산생물을 대량 폐사시킨다.

① 지구온난화
② 자정능력 약화
③ 적조 현상
④ 중금속 오염

Ⓐɴsᴡᴇʀ 적조 현상 … 해양의 내수면에서 식물 플랑크톤이 대량 번식하여 물이 적색 또는 연한 황색을 띠는 현상으로 적조가 발생하면 용존 산소가 부족하여 수산 생물이 대량 폐사한다. 적조를 방지하기 위해서는 육지로부터의 영양염류의 유입을 막고 해저에 쌓인 유기퇴적물을 제거해야 한다.

32 수산생물의 생활 특성에 대한 설명으로 옳지 않은 것은?

① 해양의 안정된 환경 때문에 과거부터 현재까지 유지되는 생물의 종류가 많다.
② 수산식물은 연하고 물에 잘 뜰 수 있는 구조를 가지고 있다.
③ 스스로 발광하는 동물은 없다.
④ 알에서 생긴 유생은 변태를 거듭하여 어미가 되며 유생시기를 지나면 해저에 고착생활을 하는 동물이 많다.

Ⓐɴsᴡᴇʀ 수산생물의 생활 특성
　　　㉠ 해양의 안정된 환경 때문에 과거부터 현재까지 유지되는 생물의 종류가 많다.
　　　㉡ 수산식물은 연하고 물에 잘 뜰 수 있는 구조를 지니고 있다.
　　　㉢ 잎, 줄기, 뿌리의 구분 없이 전체 표면에서 영양분이나 빛을 흡수하여 생육하는 해조류가 많다.
　　　㉣ 스스로 발광하는 동물이 많다.
　　　㉤ 알에서 생긴 유생은 변태를 거듭하여 어미가 되는 동물이 많으며, 유생시기를 지나면 해저에 고착생활을 하는 동물이 많다. 해파리와 같은 몸통 전체가 연한 형태의 생물이 많은데 이는 심한 온도의 변화가 없었기 때문이다.

 Ⓐɴsᴡᴇʀ 27.① 28.④ 29.① 30.④ 31.③ 32.③

33 수산자원의 종류에 해당하지 않는 것은?

① 어류

② 갑각류

③ 연체류

④ 양서류

ANSWER 수산자원의 종류 … 어류, 갑각류, 연체류, 포유류, 해양생물 등

34 수산자원의 생태학적 특성 중 회유에 대한 설명이 잘못된 것은?

① 명태, 꽁치, 정어리 등은 해양회유를 한다.

② 은어는 해양과 담수 사이를 이동하는 완전회유를 한다.

③ 먹이가 풍부한 곳으로 이동하는 것을 색이회유라 한다.

④ 산란에 적합한 장소로 이동하는 것을 유기회유라 한다.

ANSWER 산란에 적합한 장소로 이동하는 것을 산란회유라 한다.
※ 유기회유 … 알에서 부화한 유생이 성장하기에 적합한 장소로 이동하는 것을 말한다.

35 저서식물에 대한 설명으로 옳지 않은 것은?

① 엽록소로 광합성을 하며 포자로 번식하는 엽상식물이다.

② 주로 민물에 서식하는 녹조류로는 청각, 파래, 우산말을 들 수 있다.

③ 바다에 서식하는 갈조류에는 미역, 모자반, 다시마, 감태 등이 있다.

④ 바닷물의 영양분을 직접 흡수하여 이용하므로 뿌리, 줄기, 잎, 씨가 있다.

ANSWER 저서식물의 특징
㉠ 바닷물이 몸체를 지지해 주며, 몸의 표면을 통하여 바닷물 속의 영양분을 직접 흡수하여 이용한다.
㉡ 뿌리, 줄기, 잎, 열매, 씨가 없으며 양분과 물을 운반하는 통도 조직이 없다.
㉢ 몸 전체에서 광합성을 할 수 있다.

36 다음 중 조간대에 서식하는 생물에 해당하지 않는 것은?

① 해조류

② 갑각류

③ 패류

④ 어류

ANSWER 조간대는 만조 때의 해안선과 간조 때의 해안선 사이의 부분으로 만조 때에는 바닷물에 잠기고 간조 때에는 외부에 드러나는 곳이다. 조간대에 사는 생물로는 해조류, 패류, 갑각류, 고둥류, 연체류, 환형류, 강구류, 식물, 조류 등이 있다.

37 연체동물문 두족강에 속하는 두족류는 현존하는 무척추동물 둥 가장 활동적이고 몸이 큰 편이다. 두족류는 발의 수에 따라 팔완류와 십완류로 구분하는데 다음 중 팔완류에 해당하지 않는 것은?

① 주꾸미 ② 낙지
③ 문어 ④ 오징어

ANSWER 두족류의 종류
　　㉠ **팔완류** : 주꾸미, 문어, 낙지
　　㉡ **십완류** : 오징어, 꼴뚜기

38 수산자원의 생물조사 시 이용되는 표지방류법에 대한 설명으로 옳지 않은 것은?

① 계군의 이동 상태를 직접 파악할 수 있기 때문에 가장 좋은 계군 식별 방법이다.
② 자원량을 직접적으로 추정하고 회유 경로를 추적할 수 있다.
③ 두 해역 사이에 어군이 교류하면 이들은 동일한 계군으로 취급한다.
④ 이동속도, 분포범위, 인공부화방류효과, 귀소성, 성장률, 사망률 등을 추정할 수 있다.

ANSWER 표지방류법
　　㉠ 계군의 이동 상태를 직접 파악할 수 있기 때문에 가장 좋은 계군 식별방법이다.
　　㉡ 자원량을 간접적으로 추정하고 회유 경로를 추적할 수 있다.
　　㉢ 두 해역 사이에 어군이 교류하면 이들은 동일한 계군으로 취급한다.
　　㉣ 이동속도, 분포범위, 인공부화방류효과, 귀소성, 성장률, 사망률 등을 추정할 수 있다.

39 연령형질 중 이석을 사용하여 연령을 추정할 수 없는 수산자원 생물은?

① 광어 ② 고등어
③ 홍어 ④ 가자미

ANSWER 연골어류인 홍어와 상어는 비늘이 없기 때문에 비늘과 이석은 연령사정에 부적합하다.

40 다음 중 남획이 잘 되는 어종에 해당하는 것은?

① 멸치 ② 새우
③ 연어 ④ 오징어

ANSWER 남획이 잘 되는 어종은 수명이 길고 가입한 후 장기간에 걸쳐 성장한다. 산란장이 특정한 장소에 한정되며 군집성이 강하여 집중적인 어획의 대상이 되는 자원이 해당된다. 북태평양의 넙치, 연어, 송어가 대표적이다.

 ANSWER | 33.④ 34.④ 35.④ 36.④ 37.④ 38.② 39.③ 40.③

41 수산자원 생물의 먹이사슬 순서가 바르게 연결된 것은?

① 영양염류 → 식물 플랑크톤 → 동물 플랑크톤 → 어류
② 영양염류 → 동물 플랑크톤 → 어류 → 식물 플랑크톤
③ 식물 플랑크톤 → 영양염류 → 동물 플랑크톤 → 어류
④ 식물 플랑크톤 → 동물 플랑크톤 → 영양염류 → 어류

> **A**NSWER 수산자원 생물의 먹이사슬 순서
> 영양염류 → 식물 플랑크톤 → 동물 플랑크톤 → 작은 어류 → 큰 어류 → 영양염류

42 해조류는 홍조류, 갈조류, 녹조류로 구분한다. 다음 중 갈조류에 해당하는 수산생물은?

① 파래　　　　　　　　　　　② 김
③ 우뭇가사리　　　　　　　　④ 다시마

> **A**NSWER 해조류의 종류
> ㉠ 홍조류 : 김, 우뭇가사리 등
> ㉡ 녹조류 : 청각, 파래, 우산말 등
> ㉢ 갈조류 : 미역, 다시마, 모자반 등

43 다음 중 경골어류에 해당하지 않는 생물은?

① 고등어　　　　　　　　　　② 조기
③ 상어　　　　　　　　　　　④ 갈치

> **A**NSWER 경골어류는 몸의 뼈가 딱딱하고 부레와 비늘이 있는 생물로 고등어, 조기, 갈치, 전갱이 등 대부분의 어류가
> 해당된다.
> ※ 연골어류
> ㉠ 몸의 뼈가 물렁물렁하고 대부분 부레와 비늘이 없다.
> ㉡ 홍어, 상어, 가오리 등

44 다음 중 연체동물에 해당하지 않는 수산생물은?

① 전복　　　　　　　　　　　② 오징어
③ 성게　　　　　　　　　　　④ 굴

> **A**NSWER 연체동물의 종류 … 전복, 조개, 굴, 오징어 등
> ※ 극피동물의 종류 … 불가사리, 성게, 해삼 등

45 수산자원 생물의 동태와 계군의 특성을 파악하는 데에는 형태 측정법이 이용된다. 다음 중 오징어의 형태 측정 방법으로 적절한 것은?

① 입 끝에서 몸통 끝까지 측정
② 머리와 가슴의 좌우 양단 길이를 측정
③ 입 끝부터 비늘이 덮여 있는 몸의 말단까지 측정
④ 몸통 길이만 측정

> **A**NSWER ① 표준 체장 측정 – 어류
> ② 두흉 갑폭 측정 – 게류
> ③ 피린 체장 측정 – 멸치
> ④ 동장 측정 – 오징어

46 다음에서 설명하는 수산생물은 생물의 분류상 어디에 해당하는가?

> • 자웅이체 생물
> • 머리, 가슴, 배 3부분으로 구성
> • 노플리우스 또는 조에아 유생으로 부화
> • 대부분 바다에 서식하나 민물에서 시식하는 경우도 있음
> • 두판류, 패충류, 공벌레류, 크릴새우, 새우류, 바다가재류, 게 등이 여기에 해당

① 포유류   ② 어류
③ 갑각류   ④ 두족류

> **A**NSWER ① 털이 있어 체온을 유지하며, 보통 태생이고 네 발을 가진다. 젖으로 새끼를 키우며 물과 육지에서 생활하고 허파로 호흡을 한다. 고래류, 물개, 바다표범, 수달 등이 해당된다.
> ② 주로 아가미로 호흡하고 지느러미가 있는 생물로 수중생활에 적응되어 있고 운동기관은 주로 꼬리부분이다. 몸은 비늘로 보호되어 있는 것이 많고 뼈관인 것도 있다. 비중조절을 위해 부레를 가진 것이 많으며 감각기관으로 측선기관이 발달되어 있다. 삼치, 병어, 전어, 연어, 숭어, 장어 등이 해당된다.
> ④ 몸은 좌우 대칭이며 팔, 머리, 몸통으로 구분된다. 뼈가 거의 퇴화된 반면 물을 이용하여 몸의 형태를 유지한다. 연체동물에 속하며 바다에서만 생활하며 분포 범위가 넓다. 피부에 색소 세포가 발달하여 환경에 따라 몸 빛깔의 변화가 가능하다. 오징어, 꼴뚜기, 주꾸미, 문어, 낙지 등이 해당된다.

47 수산생물의 체형에 따른 분류 중 구형에 해당하는 것은?

① 장어   ② 꽁치

③ 아귀   ④ 복어

ANSWER ① 장어형
            ② 방추형
            ③ 편평형
            ④ 구형

48 다음 중 척추동물에 해당하는 수산생물은?

① 해삼   ② 성게

③ 가오리   ④ 해파리

ANSWER 척추동물은 등뼈가 있는 동물로 다랑어, 넙치, 가오리 등의 어류가 해당된다.
            극피동물인 성게, 해삼, 불가사리, 강장동물인 해파리, 말미잘 등은 무척추동물에 해당한다.

49 해파리, 말미잘, 산호 등은 수산생물의 종류 중 어디에 해당하는가?

① 부유생물   ② 자포동물

③ 연체동물   ④ 극피동물

ANSWER 자포동물
            ㉠ 히드로충류
              • 주로 바다에 서식하나 하천이나 호수에 서식하는 경우도 있음
              • 고착형과 해파리형의 시기를 거침
              • 히드라가 대표적
            ㉡ 해파리류
              • 주로 바다 및 연안에 서식하여 자유 유영을 하며 생활
              • 고착형은 짧은 유생기에 국한
              • 해파리가 대표적
            ㉢ 산호충류
              • 주로 바다에 서식하며 단독 혹은 군체의 고착형
              • 해파리형의 시기는 없으며 위수강은 격벽에 의한 방으로 나뉘어짐
              • 산호류, 말미잘 등이 대표적

50 다음 중 유영동물에 해당하지 않는 것은?

① 고등어 　　　　　　② 오징어
③ 전복 　　　　　　　④ 새우

ANSWER 전복, 소라, 고둥은 저서동물 중 고둥류에 해당되며 심해에서부터 상부 조간대까지 널리 분포한다. 잘 발달한 머리와 기어 다니기에 알맞은 넓고 편평한 발로 되어 있으며, 껍데기는 한 장이며 일반적으로 나사 모양으로 꼬여 있으나 삿갓 모양인 경우도 있다.

※ 유영동물
　⊙ 바다에 서식하는 척추동물 중 가장 많은 종류와 개체수를 가지고 있다.
　ⓛ 아가미로 호흡하며, 지느러미로 평형을 유지하고 뼈와 비늘을 가지고 있다.
　ⓒ 피부에 점액질이 있어 질병으로부터 몸을 보호한다.
　ⓔ 어류, 두족류, 포유류, 갑각류 등이 해당된다.

〈2016년 제2회〉

1 우리나라에서 사용하는 그물코의 크기를 표시하는 방법이 아닌 것은?

① 일정한 길이 안의 매듭의 수나 발의 수
② 일정한 길이 안의 매듭의 평균 길이
③ 일정한 폭 안의 씨줄의 수
④ 그물코의 뻗친 길이

> **A**NSWER 그물코의 크기 표시
> ㉠ 일정한 길이 안의 매듭의 수나 발의 수
> ㉡ 일정한 폭 안의 씨줄의 수
> ㉢ 그물코의 뻗친 길이
> ㉣ 1개의 발의 길이
> ㉤ 그물고의 내경

〈2015년 제1회〉

2 우리나라에서 멸치를 가장 많이 어획하는 어업의 명칭은?

① 대형선망어업   ② 기선권현낭어업
③ 잠수기어업   ④ 근해채낚기어업

> **A**NSWER 멸치는 기선권현망, 유자망, 정치망, 낭장망, 연안들망, 죽방렴 등 30여 개의 다양한 어업에서 어획되고 있지만 주로 기선권형망어업에서 50~60% 이상을 어획하고 있다.

〈2015년 제1회〉

3 어구를 고정하고 조류의 힘에 의해 해저 가까이에 있는 어군을 어획하는 어업은?

① 근해안강망어업   ② 기선선망어업
③ 근해트롤어업   ④ 근해채낚기어업

> **A**NSWER 근해안강망어업 … 닻으로 그물을 지지하고 긴 자루 모양의 그물 입구에 전개장치를 부착하여 입구를 좌우로 전개시키는 방법을 사용하여 조류를 따라 그물이 회전하므로 조작 없이도 두 방향 모두에서 어획이 가능하다. 조류의 힘에 의하여 어군이 그물 안으로 들어가도록 하여 어획하는 강제 함정어법의 일종이며 수심에 관계없이 조업이 가능하다.

〈2015년 제1회〉

4 어로 과정에서 밝은 불빛(집어등)을 이용하여 어획하는 어종으로 옳은 것은?

① 명태   ② 오징어
③ 대게   ④ 대구

Ⓐɴsᴡᴇʀ 오징어는 수직 운동이 심해 낮에는 100~200미터 깊이에 있다가 밤이 되면 얕은 수면으로 올라와 소형 어류를 잡아먹는다. 이때 행동이 공격적이면서 불빛에 잘 모이는데 이 습성을 이용하여 채서 낚는 채낚기가 대표적인 어법이다. 채낚기는 플라스틱, 나무, 납으로 미끼 모양을 만들어 낚시채에 붙인다. 색채를 넣거나 형광물질을 발라 자연산 미끼처럼 보이도록 하고 집어등으로 어획 효과를 높이는게 특징이다. 어선들은 1~2킬로와트의 백열등을 수십 개씩 사용하거나 아크 방전식으로 30~120 킬로와트 정도까지 밝힌다. 집어등은 배의 가장자리 안쪽에 설치하되, 불빛이 수중에 투과하는 각이 30도 내외가 되게 하여 낚시가 보이지 않도록 한다. 조업시간은 해가 진 직후부터 해가 뜰 때까지이며 일몰 직후와 일출 직전에 잘 걸린다.

5 다음 중 구성 재료에 의한 어구의 구분으로 옳지 않은 것은?

① 운용어구   ② 그물어구
③ 낚기어구   ④ 잡어구

Ⓐɴsᴡᴇʀ 구성 재료에 의한 어구의 분류
ⓐ 그물어구
ⓑ 낚기어구
ⓒ 잡어구

6 집어등의 특징으로 가장 거리가 먼 것은?

① 달이 밝을 시 집어효과가 저하된다.
② 유인용의 미끼가 필요 없다.
③ 넓은 지역의 어군들을 모은다.
④ 주간에도 활용이 가능하다.

Ⓐɴsᴡᴇʀ 집어등의 특징
ⓐ 넓은 지역의 어군들을 모은다.
ⓑ 유인용의 미끼가 필요 없다.
ⓒ 달이 밝을 시 집어효과가 저하된다.
ⓓ 야간에만 활용이 가능하다.

 Ⓐɴsᴡᴇʀ │ 1.② 2.② 3.① 4.② 5.① 6.④

수
산
일
반

7 다음 중 기능에 의한 어구의 구분으로 바르지 않은 것은?

① 주어구
② 고정어구
③ 부어구
④ 보조어구

> **A**NSWER 기능에 의한 어구의 구분
> ㉠ 주어구
> ㉡ 부어구
> ㉢ 보조어구

8 낚기 어구의 구분에 관한 내용 중 외줄낚기의 종류에 해당하지 않는 것은?

① 끌낚기
② 손줄낚기
③ 보채낚기
④ 소낚기

> **A**NSWER 외줄낚기의 종류에는 손줄낚기, 보채낚기, 끌낚기, 대낚기가 있다.

9 다음 낚기 어구의 구분에 대한 내용 중 주낙의 종류로 보기 이려운 것은?

① 선주낙
② 땅주낙
③ 하주낙
④ 뜬주낙

> **A**NSWER 낚기 어구의 분류
> ㉠ 주낙
> • 땅주낙 : 저층에서의 어류들을 낚기 위한 것이다.
> • 선주낙 : 연직의 방향으로 펼쳐서 유영층이 두꺼운 어류를 낚기 위한 것이다.
> • 뜬주낙 : 수평의 방향으로 어구를 드리워 표·중층의 어류들을 낚기 위한 것이다.
> ㉡ 외줄 낚기
> • 손줄낚기 : 낚싯대가 활용되지 않는 것을 말한다.
> • 보채낚기 : 보채에 낚싯줄을 내달아 낚시를 묶은 것을 말한다.
> • 끌낚기 : 낚시에 가짜 미끼를 달아 놓아 이를 수평의 방향으로 끄는 것을 말한다.
> • 대낚기 : 낚싯대에 낚싯물을 매달아 놓은 것을 말한다.

10 다음 걸그물 어법에서 어구의 운용방식에 따른 분류에 해당하지 않는 것은?

① 고정 걸그물
② 저층 걸그물
③ 두릿 걸그물
④ 흘림 걸그물

> **A**NSWER 어구의 운용방식에 따른 분류
> ㉠ 흘림 걸그물
> ㉡ 고정 걸그물
> ㉢ 두릿 걸그물

11 걸그물 어법에서 어획하는 수층에 따른 분류로 보기 어려운 것은?

① 흘림 걸그물　　　　　　② 저층 걸그물
③ 표층 걸그물　　　　　　④ 중층 걸그물

　　ANSWER　어획하는 수층에 따른 분류
　　　　　㉠ 저층 걸그물
　　　　　㉡ 중층 걸그물
　　　　　㉢ 표층 걸그물

12 다음 중 끌그물 어법의 발전과정을 순서대로 바르게 나열한 것은?

① 빔 트롤 → 쌍끌이 기선 저인망 → 범선 저인망 → 오터 트롤
② 범선 저인망 → 쌍끌이 기선 저인망 → 빔 트롤 → 오터 트롤
③ 범선 저인망 → 빔 트롤 → 쌍끌이 기선 저인망 → 오터 트롤
④ 빔 트롤 → 범선 저인망 → 쌍끌이 기선 저인망 → 오터 트롤

　　ANSWER　끌그물 어법의 발전과정…범선 저인망 → 쌍끌이 기선 저인망 → 빔 트롤 → 오터 트롤

13 다음 어법의 종류 중 소극적 어법에 해당하는 것들로만 바르게 짝지어진 것은?

㉠ 덮그물 어법	㉡ 채그물 어법
㉢ 끌그물 어법	㉣ 들그물 어법
㉤ 걸그물 어법	㉥ 함정 어법

① ㉠, ㉡, ㉢　　　　　　② ㉡, ㉣, ㉤
③ ㉢, ㉤, ㉥　　　　　　④ ㉣, ㉤, ㉥

　　ANSWER　소극적 어법의 종류
　　　　　㉠ 걸그물 어법
　　　　　㉡ 맨손 어법
　　　　　㉢ 함정 어법
　　　　　㉣ 낚기 어법
　　　　　㉤ 물잇그물 어법
　　　　　㉥ 들그물 어법
　　　　　㉦ 얽에그물 어법

 ANSWER　7.② 8.④ 9.③ 10.② 11.① 12.② 13.④

14 다음 중 낚시의 크기 및 모양을 다르게 하는 요인에 해당하지 않는 것은?

① 어획대상물의 가격　　　　　② 이빨의 세기
③ 활동력 정도　　　　　　　　④ 몸집의 크기

> **A**NSWER　낚시의 크기 및 모양을 다르게 하는 요인
> ㉠ 이빨의 세기
> ㉡ 활동력 정도
> ㉢ 몸집의 크기
> ㉣ 입의 크기
> ㉤ 어획대상물의 종류
> ㉥ 식성
> ㉦ 감각의 발달 정도

15 다음 내용으로 미루어 보아 괄호 안에 들어갈 말을 순서대로 바르게 나열한 것은?

• 낚기 어구 – 주낙, 대낚시
• (　㉠　) – 자망, 저인망
• (　㉡　) – 어군탐지기, 집어등
• 잡어구 – 통발, 작살

---

① ㉠ 보조어구, ㉡ 그물어구
② ㉠ 보조어구, ㉡ 낚기어구
③ ㉠ 그물어구, ㉡ 잡어구
④ ㉠ 그물어구, ㉡ 보조어구

> **A**NSWER　• 낚기어구 – 주낙, 대낚기
> • 그물어구 – 자망, 저인망
> • 보조어구 – 어군탐지기, 집어등
> • 잡어구 – 통발, 작살

16 다음 중 두릿그물 어구에 대한 설명으로 바르지 않은 것은?

① 군집성이 작은 것에 효과적인 방식이다.
② 집어등을 활용해서 밀집 후 어획하는 방식이다.
③ 이에는 외두리 선망, 쌍두리 선망 등이 있다.
④ 다랑어 선망 어업, 전갱이 선망 어업 등이 있다.

> **A**NSWER　두릿그물 어구는 군집성이 큰 것에 효과적인 방식이다.

17 다음 그림에 대한 내용으로 올바른 설명은?

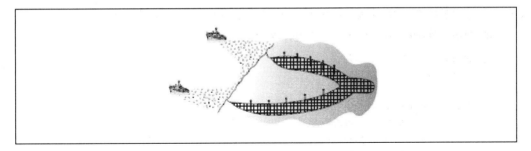

① 2척의 배로 끌줄을 끌어서 조업하는 어법이다.
② 연안의 표층 부근을 유영하는 멸치 등을 어획하는 어법이다.
③ 그물의 입구를 수평 방향으로 벌리게 하는 전개판을 활용해서 하나의 배로 조업하는 어법이다.
④ 낚시에 미끼를 꿰어서 물고기를 낚아 올리는 어법이다.

   ANSWER 위 그림은 기선 권현망이다. 기선 권현망은 연안의 표층 부근을 유영하는 멸치 등을 어획하는 어법이다.

18 다음 그림을 표현하는 것으로 가장 적절한 것은?

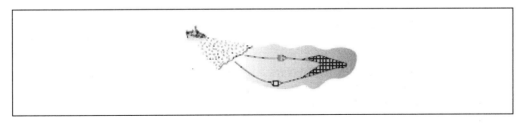

① 낚시에 미끼를 꿰어서 물고기를 낚아 올리는 어법이다.
② 그물의 입구를 수평 방향으로 벌리게 하는 전개판을 활용해서 하나의 배로 조업하는 어법으로 끌그물 어법 중에서 가장 발달한 형태의 어법이다.
③ 낚시 등에 가짜 미끼를 달아서 수평 방향으로 끄는 방식의 어법이다.
④ 연안의 표층 부근을 유영하는 멸치 등을 어획하는 어법이다.

   ANSWER 위 그림은 트롤 어법을 나타낸 것이다. 트롤 어법은 그물의 입구를 수평 방향으로 벌리게 하는 전개판을 활용해서 하나의 배로 조업하는 어법으로 끌그물 어법 중에서 가장 발달한 형태의 어법이다.

ANSWER 14.① 15.④ 16.① 17.② 18.②

19 다음 그물 어구의 재료에 대한 내용 중 그물실의 구비 조건으로 바르지 않은 것은?

① 탄력성이 있어야 하고, 늘어난다 하더라도 용이하게 회복될 것
② 환경문제와도 연관되므로 잘 썩어야 할 것
③ 질기면서도 굵기가 고를 것
④ 마찰 등에 잘 견뎌야 할 것

> **A**NSWER 그물실의 구비조건
> ㉠ 탄력성이 있어야 하고, 늘어난다 하더라도 용이하게 회복될 것
> ㉡ 마찰 등에 잘 견뎌야 할 것
> ㉢ 잘 썩지 않아야 할 것
> ㉣ 질기면서도 굵기가 고를 것

20 마름모꼴의 그물코가 연속된 것을 그물감이라고 한다. 다음 중 매듭이 없는 그물감의 종류에 해당하지 않는 것은 고르면?

① 라셸 그물감   ② 엮은 그물감
③ 참 그물감   ④ 관통 그물감

> **A**NSWER 그물감의 종류
> ㉠ 매듭이 있는 그물감
> • 막매듭 : 기계 편망 용이, 잘 미끄러지지 않음, 대부분의 그물감에 활용, 물의 저항이 큼
> • 참매듭 : 수공 편망 용이, 매듭이 잘 미끄러짐, 최근 잘 활용 안함
> ㉡ 매듭이 없는 그물감
> • 여자 그물감 : 씨줄과 날줄을 2가닥으로 꼬아 가며 일정한 간격으로 서로 얽어 직사각형이 되게 짠 것
> • 엮은 그물감 : 모기장처럼 씨줄과 날줄을 교차시켜가며 짠 것
> • 라셸 그물감 : 일정한 굵기의 실로써 뜨개질하는 형식으로 짠 것
> • 관통 그물감 : 실을 꼬아 가며 일정 간격마다 서로 맞물리게 하여 짠 것

21 다음 중 매듭이 없는 그물감의 특징으로 바르지 않은 것은?

① 한 개의 발이 끊어졌을 경우, 이웃의 매듭이 잘 풀린다.
② 편망 재료가 적게 든다.
③ 물에 대한 저항이 적다.
④ 수선이 용이하다.

> **A**NSWER 매듭이 없는 그물감의 특징
> ㉠ 장점
> • 물의 저항이 적다.
> • 편망 재료가 적게 든다.
> ㉡ 단점
> • 수선이 어렵다.
> • 한 개의 발이 끊어졌을 때 이웃의 매듭이 잘 풀린다.

22 다음 어구의 분류 중 그 분류 기준이 다른 하나는?

① 낚기어구　　　　　　　　　② 그물어구
③ 잡어구　　　　　　　　　　④ 주어구

> **A**NSWER ④ 기능에 따른 분류에 해당한다.
> ※ 구성재료에 따른 어구의 분류
> 　㉠ 낚기어구 : 낚싯줄에 낚시를 매단 어구
> 　㉡ 그물어구 : 어군을 도망가지 못하게 하는 어구
> 　㉢ 잡어구 : 기타 어획에 필요한 어구
> ※ 기능에 따른 분류
> 　㉠ 주어구 : 직접 어획에 사용되는 어구
> 　㉡ 보조어구 : 어획 능률을 높이는 데 사용되는 어구
> 　㉢ 부어구 : 어구의 조작 효율을 높이는 데 사용되는 어구

23 낚기어구의 한 종류로 모릿줄과 아릿줄로 구성된 것은?

① 외줄낚기　　　　　　　　　② 주낙
③ 함정어구　　　　　　　　　④ 손줄낚기

> **A**NSWER 주낙…긴 줄(모릿줄)과 짧은 줄(아릿줄)로 구성되며 뜬주낙, 땅주낙, 선주낙으로 구분한다.

24 다음 중 문어나 주꾸미를 어획하는 데 사용되는 어법은?

① 낚기어법　　　　　　　　　② 부망어법
③ 선망어법　　　　　　　　　④ 함정어법

> **A**NSWER 함정어법 중 어획 대상 생물을 어구 속으로 유인하고 함정에 빠뜨려 어획하는 유인 함정어법을 사용하여 문
> 어, 주꾸미, 장어, 게, 새우 등을 잡는다.

25 함정어법의 종류에 해당하지 않는 것은?

① 유인함정어법　　　　　　　② 유도함정어법
③ 강제함정어법　　　　　　　④ 고정함정어법

> **A**NSWER 함정어법의 종류
> 　㉠ 유인함정어법 : 어획 대상 생물을 어구 속으로 유인하고 함정에 빠뜨려 어획하는 방법
> 　㉡ 유도함정어법 : 어군의 통로를 차단하고 어획이 쉬운 곳으로 어류를 유도하여 잡아 올리는 어법
> 　㉢ 강제함정어법 : 물의 흐름이 빠른 곳에 어구를 고정하여 설치해 두고, 어군이 강한 조류에 밀려 강제적으로
> 　　자루 그물에 들어가게 하여 어획하는 어법

 ANSWER | 19.② 20.③ 21.④ 22.④ 23.② 24.④ 25.④

26 어획 성능이 가장 우수하며 어장 이동이 가능한 강제함정어구는?

① 정치망   ② 안강망

③ 대부망   ④ 대모망

> **A**NSWER 안강망 … 조류가 빠른 곳에서 어구(漁具)를 조류에 밀려가지 않게 고정해 놓고, 어군(魚群)이 조류의 힘에 의
> 해 강제로 자루에 밀려들어가게 하여 잡는 어구·어법

27 가두리는 함정어구류의 일종이다. 다음 중 가두리 그물류의 종류에 속하지 않는 것은?

① 부시리각망   ② 멸치각망

③ 대부망   ④ 부망

> **A**NSWER 가두리는 함정어구류의 일종으로 가두리 그물류에는 부시리각망, 멸치각망, 대부망, 대모망 등이 있다.

28 낚싯줄을 구분하는 방법으로 옳은 것은?

① 길이 10m의 무게가 몇 그램인지에 따라 호수로 표시

② 길이 20m의 무게가 몇 그램인지에 따라 호수로 표시

③ 길이 30m의 무게가 몇 그램인지에 따라 호수로 표시

④ 길이 40m의 무게가 몇 그램인지에 따라 호수로 표시

> **A**NSWER 낚싯줄을 구분하는 방법 … 길이 40m의 무게가 몇 그램인지에 따라 호수로 표시

29 낚시를 할 때 어획 대상별 미끼를 잘못 연결한 것은?

① 오징어 – 오징어살   ② 장어 – 멸치

③ 참치 – 멸치   ④ 상어 – 꽁치

> **A**NSWER 미끼 … 대상물이 즐겨 먹어야 하고, 구입이 쉽고, 장기간 저장이 가능한 것이 좋다.
>   📖 오징어 미끼 → 오징어살, 장어 미끼 → 멸치, 다랑어류와 상어류 미끼 → 꽁치, 가다랭이 미끼 → 산 멸
>   치, 어종에 따라 가짜 미끼도 사용함

30 다음 중 낚시를 일정한 깊이에 드리워지도록 하는 어구는?

① 낚싯줄   ② 낚싯대

③ 뜸   ④ 발돌

> **A**NSWER 뜸과 발돌
>   ㉠ 뜸 : 낚시를 일정한 깊이에 드리워지도록 하는 것
>   ㉡ 발돌 : 낚시를 빨리 물속에 가라앉게 하고 원하는 깊이에 머물게 하는 것

31 다음 중 어구의 성격이 다른 하나는?

① 자망 ② 선망
③ 부망 ④ 통발

> **A**NSWER 어구의 종류
> ㉠ 낚기어구 : 대낚기, 손낚기, 주낙
> ㉡ 그물어구 : 저인망, 자망, 선망, 부망
> ㉢ 보조어구 : 집어등, 어군탐지기
> ㉣ 잡어구 : 작살, 통발, 문어단지

32 어법이 발달하면서 어획에 있어 점점 중요하게 인식되고 있는 어구를 무엇이라 하는가?

① 낚시어구 ② 그물어구
③ 보조어구 ④ 잡어구

> **A**NSWER 보조어구 … 어획 능률을 높이는 데 사용되는 어구로 어법이 발달하면서 점점 중요하게 인식되고 있다.

33 정치망 어업에 대한 설명으로 옳지 않은 것은?

① 유도함정어법을 사용하는 것
② 연안의 얕은 곳 대략 수심 50m 이하에 사용
③ 조류에 의해 밀려오는 어군을 어획
④ 어구를 일정한 장소에 일정기간 부설해 두고 어획

> **A**NSWER 정치망 어업
> ㉠ 일반적으로 유도함정어법을 사용하는 것을 의미한다.
> ㉡ 어구를 일정한 장소에 일정기간 부설해 두고 어획하는 어구·어법으로 단번에 대량 어획하는데 사용된다.
> ㉢ 연안의 얕은 곳 대략 수심 50m 이하에 사용한다.

34 다음 중 보조어구에 해당하는 것은?

① 그물 ② 동력장치
③ 어군탐지기 ④ 낚싯대

> **A**NSWER 보조어구 … 어획 능률을 높이는 데 사용되는 어구
> 예 어군탐지기, 집어등

 ANSWER 26.② 27.④ 28.④ 29.③ 30.③ 31.④ 32.③ 33.③ 34.③

35 다음에서 설명하는 어법은 무엇인가?

> • 표층이나 중층에 모여 있는 어군을 긴 수건 모양의 그물로 둘러싸서 가둔 다음, 그물이 포위 범위를 좁혀서 잡는 방법
> • 군집성이 큰 어류에 대량 어획에 효과적
> • 대표적인 어류는 전갱이, 다랑어, 고등어 등

① 걸그물 어법　　　　　　　　　　② 두릿그물 어법
③ 들그물 어법　　　　　　　　　　④ 끌그물 어법

ⓐNSWER　두릿그물(선망) 어법
　　　⑤ 표층이나 중층에 모여 있는 어군을 긴 수건 모양의 그물로 둘러싸서 가둔 다음, 그물이 포위 범위를 좁혀서 잡는 방법이다.
　　　ⓛ 선망에는 죔줄, 고리, 발줄이 있으며 죔줄은 아래쪽으로 어군 빠짐을 방지한다.
　　　ⓒ 군집성이 큰 어류에 대량 어획에 효과적이어서 세계적으로 널리 이용되며 집어등을 이용하여 밀집 후 어획한다.
　　　ⓔ 한 척이면 외두리 선망, 두 척이면 쌍두리 선망이다.
　　　ⓜ 선망의 대표적인 어류는 전갱이, 다랑어, 고등어 등이 있다.

36 함정어법에 대한 설명으로 틀린 것은?

① 유도함정어법의 대표적 어구는 문어단지와 통발류이다.
② 강제함징어법은 물의 흐름이 빠른 곳에 어구를 고정하여 설치해 둔다.
③ 유인함정어법은 어획 대상을 어구 속으로 유인하여 함정에 빠뜨리는 방법이다.
④ 유도함정어법은 어군의 통로를 차단하고 어획이 쉬운 곳에서 어류를 유도하여 잡는 방법이다.

ⓐNSWER　① 유인함정어법의 어구에 해당한다.
　　　※ 유인함정어법은 어획 대상 생물을 어구 속으로 유인하여 함정에 빠뜨려 어획하는 방법으로 문어단지, 통발류가 대표적인 어구에 해당한다.

37 긴 사각형의 어구로 어군이 헤엄쳐 다니는 곳에 수직 방향으로 펼쳐 두고 지나가는 어류가 그물코에 꽂히게 하여 잡는 방법을 무엇이라고 하는가?

① 자망어법　　　　　　　　　　　② 선망어법
③ 부망어법　　　　　　　　　　　④ 인기망어법

ⓐNSWER　② 표층이나 중층에 모여 사는 어군을 긴 수건 모양의 그물로 둘러싸서 가둔 다음, 그물의 포위 범위를 좁혀서 잡는 방법
　　　③ 수면 아래에 그물을 펼쳐 두고 어군을 그물 위로 유인한 후 그물을 들어 올려서 잡는 방법
　　　④ 자루의 양쪽에 긴 날개가 있고 그 끝에 끌줄이 달린 그물을 멀리 투망해 놓고 배에서 끌줄을 오므리면서 끌어당겨서 어획하는 방법

38 수건 모양의 그물을 수면에 수직으로 펼쳐서 조류를 따라 흘려보내면서 대상물이 그물코에 꽂히게 하여 잡는 어법은?

① 유자망어법   ② 선망어법

③ 부망어법   ④ 트롤어법

> **A**NSWER 유자망어법 … 어구를 고정하지 않고 물의 흐름에 따라 흘러가게 하여 유영생물을 그물코에 꽂히도록 해서 잡는 어법을 말한다.

39 그물의 종류 중 대부망의 단점을 개선하여 어군이 들어가기도 어렵지만 되돌아 나오기도 어렵도록 만든 것은?

① 부시리각망   ② 멸치각망

③ 대모망   ④ 정치망

> **A**NSWER 대모망 … 대부망의 단점을 개선하여 어군이 들어가기도 어렵지만 되돌아 나오기도 어렵도록 한 것으로 처음에는 원통과 길그물의 2개 부분으로 되어 길그물에 유도된 어군을 원통에서 어획하였으나 최근에는 장등, 헛통, 원통의 3개 부분으로 된 것도 있으며 원통 안에 이중 낙망을 부설하여 어획효과를 올리는 것도 있다.

40 끌그물 어법의 한 종류로 연안의 표층 부근을 그물을 끌고 유영하며 남해안에서 멸치를 잡는 어법으로 주로 사용되는 것은?

① 인기망어법   ② 트롤어법

③ 기선권현망어법   ④ 쌍끌이기선저인망어법

> **A**NSWER ① 자루의 양쪽에 긴 날개가 있고 그 끝에 끌줄이 달린 그물을 멀리 투망해 놓고 배에서 끌줄을 오므리면서 끌어당겨서 어획하는 방법
> ② 그물 어구의 입구를 수평방향으로 벌리게 하는 전개판을 사용하여 한 척의 배로 조업하는 어법
> ④ 2척의 배로 끌줄을 모아서 조업하는 대표적인 저인망 어법

41 북태평양에서 명태를 잡을 때 사용하는 어법으로 어구를 물고기가 있는 곳으로 끌고 다니면서 고기를 잡는 방법을 무엇이라고 하는가?

① 예망어법   ② 트롤어업

③ 자망어법   ④ 선망어법

> **A**NSWER 트롤어법 … 끌그물 어법 중 가장 발달한 현대적 어법으로, 해황이 거칠고 수심이 깊은 바다에서 장기간 조업이 가능하다. 북태평양에서 명태를 잡을 때 주로 사용하는 어법으로 어구를 물고기가 있는 곳으로 끌고 다니면서 고기를 잡는다. 트롤 어구가 작동하는 수심의 층에 따라 저층, 중층 등으로 나눌 수 있다. 일명 저격어법이라고도 한다.

 ANSWER 35.② 36.① 37.① 38.① 39.③ 40.③ 41.②

수산일반

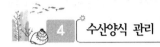

4 수산양식 관리

〈2016년 제2회〉

1 염분농도(salinity) 변화에 관하여 가장 민감한 협염성 양식 대상 종은?

① 참돔   ② 송어

③ 바지락   ④ 굴

> **A**NSWER 협염성 … 외계의 염분 변화에 견디는 능력이 작고, 거의 일정한 염분환경 밖에서는 생존할 수 없는 생물의 성질
> ① 참돔은 염분농도 변화에 민감하여 협염성 양식의 대상이다.

〈2016년 제2회〉

2 우리나라에서 무지개송어(*Oncorhynchus mykiss*)의 양식에 관한 설명으로 옳은 것은?

① 현재 완전양식이 가능한 어종이다.

② 암수 구별이 형태적으로 불가능하다.

③ 산란기는 일반적으로 5~7월이다.

④ 양식 최적 수온은 2~6℃이다.

> **A**NSWER ② 주둥이가 뾰족하게 튀어나오고 아래턱이 구부러진 것이 수컷, 주둥이가 둥글둥글한 것이 암컷이다.
> ③ 야생에서 산란은 봄 또는 가을 2번 이루어지는데 양식의 경우 인위적으로 조절하여 10~12월에 산란을 유도한다.
> ④ 무지개송어가 무리 없이 생활할 수 있는 온도 범위는 10~20℃이다.

〈2016년 제2회〉

3 다음에서 바이러스 감염에 의해 발생하는 어류의 질병으로 옳은 것만을 고른 것은?

㉠ 비브리오병	㉡ 림포시스티병
㉢ 전염성 조혈기 괴사병	㉣ 미포자충병

① ㉠㉡   ② ㉠㉣

③ ㉡㉢   ④ ㉢㉣

> **A**NSWER 바이러스 감염에 의해 발생하는 질병으로 전염성췌장괴사증, 전염성조혈기괴사증, 이리도바이러스감염증, 버나바이러스감염증, 림포시스티스증, 새우흰반점바이러스병 등이 있다.
> ㉠ 비브리오병은 세균성 감염에 의해 발생한다.
> ㉣ 미포자충병은 기생충에 의해 발생한다.

4 어류의 장기 중에서 면역 기관이 아닌 것은?

① 간   ② 비장

③ 생식소   ④ 신장

> **A**NSWER ③ 생식소는 생식 기관이다.

5 우리나라 양식 대상 해조류 중 1년생인 것은?

① 톳   ② 다시마

③ 우뭇가사리   ④ 미역

> **A**NSWER ④ 미역은 늦가을부터 이른 봄까지 성장(수온 15℃ 이하)하고 봄부터 초여름까지 성숙하여 유주자를 방출한 후 모체는 녹아 버리게 된다.
> ①②③ 톳, 다시마, 우뭇가사리는 다년생이다.

6 우리나라에서 양식되는 전복에 관한 설명으로 옳지 않은 것은?

① 양식산 전복의 주생산지는 전라남도이다.
② 참전복은 난류계이고, 말전복은 한류계이다.
③ 1~2cm 전후의 치패를 채롱이나 바구니 등에 넣어 중간육성을 시작한다.
④ 양식방법에는 해상 가두리식, 육상 수조식 등이 있다.

> **A**NSWER ② 참전복은 한류계이고, 말전복은 난류계이다.

7 어미의 몸 속에서 알을 부화시킨 후에 새끼를 출산하는 양식 대상 어류는?

① 넙치(광어)   ② 참돔
③ 농어   ④ 조피볼락(우럭)

> **A**NSWER ④ 조피볼락은 우럭으로 불리우는 양볼락과에 속하는 난태생(체내수정을 통하여 배가 형성되고, 부화된 자어가 난황을 어느 정도 섭취할 때까지 어미의 체내에 머무는 생식 방법) 어류로 비교적 낮은 수온에 서식한다. 성장이 빠르고 저수온에 강하여 월동이 가능하기 때문에 양식 대상종으로 각광을 받고 있다.

 **A**NSWER 1.① 2.① 3.③ 4.③ 5.④ 6.② 7.④

〈2016년 제2회〉

8 다음에서 양식장의 화학적 환경 요인을 모두 고른 것은?

> ⊙ 용존산소　　　　　　　　　　ⓒ 투명도
> ⓒ 수온　　　　　　　　　　　　ⓔ 영양염류

① ⊙ⓒ　　　　　　　　　　　② ⊙ⓔ
③ ⓒⓒ　　　　　　　　　　　④ ⓒⓔ

> **A**NSWER　투명도와 수온은 물리적 환경 요인이다.
> ※ 어장 환경의 요인
> ⊙ 생물학적 요인 : 경쟁생물, 먹이생물, 해적생물
> ⓒ 화학적 요인 : 영양염류, 염분, 용존산소
> ⓒ 물리적 요인 : 광선, 수온, 지형, 바닷물의 유동, 투명도

〈2016년 제2회〉

9 양식에 있어서 인공 종묘의 먹이생물에 관한 설명으로 옳지 않은 것은?

① 클로렐라(*Chlorella*)는 동물성 먹이생물 배양에 이용된다.
② 로티퍼(*rotifer*)는 어류 자어 성장을 위한 먹이생물로 이용된다.
③ 알테미아(*Artermia*)는 어류 자어 및 패류 유생 모두의 먹이생물로 이용된다.
④ 케토세로스(*Chaetoceros*)는 패류 유생의 먹이생물로 이용된다.

> **A**NSWER　③ 알테미아는 새우나 은어, 돔 등 여러 양식 어류의 미세한 자어기 사육을 위해서 널리 이용되는 중요한 먹이
> 생물이다. 패류 유생의 먹이생물로는 키토세로스, 모노크리시스, 나비쿨라 등이 이용된다.

〈2016년 제2회〉

10 양식에 관한 설명으로 옳지 않은 것은?

① 양식에서는 대상 생물이 요구하는 영양을 갖춘 적정한 먹이 공급이 중요하다.
② 수산동물을 양식하는 방법은 지수식, 유수식, 순환여과식 등이 있다.
③ 산란기의 어미 보호나 바다에 수정란을 방류하는 것도 양식의 범주에 포함된다.
④ 양식은 이용 가치가 높은 수산생물을 일정한 구역이나 시설에서 기르고 번식시킨다는 의미이다.

> **A**NSWER　③ 양식은 식용이나 기타 목적에 이용하기 위하여 종묘를 만들거나 기르는 일로 산란기의 어미 보호나 바다에
> 수정란을 방류하는 것은 양식의 범주에 포함되지 않는다.

11 해조류의 양식방법이 아닌 것은?

① 말목식   ② 부류식
③ 밧줄식   ④ 순환여과식

ANSWER ④ 유영동물의 양식방법이다.

〈2015년 제1회〉

12 어류양식에서 발병하는 세균성 질병이 아닌 것은?

① 림포시스티스(Lymphocystis)병
② 아에로모나스(Aeromonas)병
③ 에드워드(Edward)병
④ 비브리오(Vibrio)병

ANSWER ① 넙치, 농어, 참돔, 가자미 등의 담수 및 해수어 또는 야생어에서도 발생하며, 이 질병을 일으키는 원인체는 DNA 바이러스인 이리도바이러스(Iridovirus)이다.

〈2015년 제1회〉

13 활어 운반과정에서 고려해야 할 기본적인 사항으로 옳지 않은 것은?

① 운반용수의 저온유지 및 조절   ② 사료의 충분한 공급
③ 산소의 적정한 보충   ④ 오물의 적기 제거

ANSWER ② 활어운반을 하기 전에 2~3일 정도는 굶겨서 장을 깨끗하게 비워놔야 한다. 활어차에 있는 탱크나 비닐봉지 등에 들어가게 되면 물고기들은 극심한 스트레스를 받는다. 이 과정에서 먹은 것을 토하는 등의 문제로 수질이 악화될 수 있으므로 사료를 주어서는 안 된다.

〈2015년 제1회〉

14 미역양식에서 가이식(假移植)을 하는 주된 목적으로 옳은 것은?

① 유엽체의 성장 촉진   ② 유주자의 방출 촉진
③ 아포체의 성장 촉진   ④ 배우체의 발아 성장 촉진

ANSWER ③ 미역양식에서 가이식은 씨줄에 감긴 채 아포체를 해수에 담가 성장 촉진시킨다.

ANSWER 8.② 9.③ 10.③ 11.④ 12.① 13.② 14.③

〈2015년 제1회〉

15 다음 조건에서의 사료계수는?

> • 한 마리 평균 10g인 뱀장어 치어 5,000마리를 길러서 성어 550kg을 생산하였다.
> • 사용된 총 사료의 공급량은 1,000kg이다.

① 1

② 2

③ 3

④ 5

> Ⓐɴsᴡᴇʀ 사료계수 = 먹인 총사료량(건조중량) ÷ 체중 순증가량(습중량)
> $= 1,000\text{kg} \div \{550\text{kg} - (5,000 \times 10\text{g})\} = 1,000\text{kg} \div (550\text{kg} - 50\text{kg})$

〈2015년 제1회〉

16 우리나라에서 현재 완전양식으로 생산되는 어종이 아닌 것은?

> 완전양식이란 양식한 어미로부터 종묘(종자)를 생산하고, 이 종묘(종지)를 길러서 어미로 키우는 것을 말한다.

① 넙치(광어)

② 조피볼락(우럭)

③ 무지개송어

④ 뱀장어

> Ⓐɴsᴡᴇʀ ④ 뱀장어 양식은 천연 뱀장어의 치어를 잡아 기르는 형태로 이루어진다.

17 다음 중 유영동물의 양식방법에 해당하지 않는 것은?

① 지수식 양식

② 유수식 양식

③ 가장자리식 양식

④ 가두리식 양식

> Ⓐɴsᴡᴇʀ 유영동물의 양식방법
> ㉠ 지수식 양식
> ㉡ 가두리식 양식
> ㉢ 유수식 양식
> ㉣ 순환여과식 양식

18 다음 중 뱀장어, 잉어류, 새우류, 가물치 등을 양식하기에 적당한 양식방법은?

① 가두리식 양식
② 지수식 양식
③ 순환여과식 양식
④ 유수식 양식

ANSWER 지수식 양식방법은 옛날부터 활용되어 온 가장 오래된 양식 방법으로써 육상이나 또는 연못 등에 둑을 쌓아서 못을 만들거나, 바다 등에 제방으로서 천해의 일부를 막고 양성하는 방법으로 뱀장어, 잉어류, 새우류, 가물치 등을 양식하기에 적당한 방식이다.

19 다음의 글이 설명하고 있는 양식방법은?

> 이 양식방법에서 물은 증발이나 누수로 인해서 줄어드는 양만큼 보충하고, 호흡에 필요한 산소는 물 표면을 통해 공기 중에서 녹아 들어가는 것과 수초나 부유 식물의 광합성 작용에 의해 공급하며, 산소 소비는 어류의 호흡 및 노폐물 등이 미생물에 의해 분해될 때 소모되는 양으로 결정된다.

① 유수식 양식
② 지수식 양식
③ 순환여과식 양식
④ 가두리식 양식

ANSWER ② 지수식 양식방법은 옛날부터 활용되어 온 가장 오래된 양식 방법으로써 육상이나 연못 등에 둑을 쌓아서 못을 만들거나, 바다 등에 제방으로서 천해의 일부를 막고 양성하는 방법이다.

20 다음 중 감성돔, 조피볼락, 숭어류, 농어, 참돔 등의 많은 양의 어류를 수용해 양식하기에 적합한 양식방법은?

① 가두리식 양식
② 순환여과식 양식
③ 지수식 양식
④ 유수식 양식

ANSWER 가두리식 양식방법은 용존 산소의 공급 및 대사 노폐물의 교환은 그물코를 통해 이루어지며, 감성돔, 조피볼락, 숭어류, 농어, 참돔 등의 많은 양의 어류를 수용해 양식하기에 적합한 방식이다.

 ANSWER 15.② 16.④ 17.③ 18.② 19.② 20.①

21 다음 그림과 연관성이 가장 먼 것을 고르면?

① 상대적으로 수심이 깊은 내만에서 그물로 만든 가두리를 수면에 뜨게 하거나, 수중에 매달아 어류를 기르게 하는 양식 방법이다.
② 용존 산소의 공급 및 대사 노폐물의 교환은 그물코를 통해 이루어진다.
③ 수조 형태로는 주로 긴 수로형이나 또는 원형 수조 등을 활용한다.
④ 감성돔, 조피볼락, 숭어류, 농어, 참돔 등의 많은 양의 어류를 수용해 양식하기에 적합하다.

> **A**NSWER 위 그림은 가두리식 양식방법을 설명하고 있다.
> ③ 유수식 양식방법을 설명한 것이다.

22 다음 중 양식에 관한 설명으로 바르지 않은 것은?

① 종묘 방류자 및 성장 후의 포획자가 서로 동일하다.
② 영리를 목적으로 한다.
③ 대상 생물에 대한 주인이 없다.
④ 경제적인 가치를 지니고 있는 생물들을 인위적으로 번식 및 성장시켜서 수확하는 것이다.

> **A**NSWER 양식은 대상 생물에 대한 주인이 있다.

23 다음 중 유수식 양식방법에 관한 설명으로 가장 옳지 않은 것은?

① 수원이 충분한 계곡이나 또는 하천의 지형 등을 활용해 사육지에 물을 연속적으로 흘러 보내거나, 양수기로 물을 육상으로 끌어올려서 육상 수조에서 양식하는 방법이다.
② 내수면에서는 주로 찬물을 좋아하는 연어, 송어류의 양식에 활용되고, 따뜻한 물이 많이 흐르는 곳의 경우에는 잉어류의 양식에 활용된다.
③ 바닷물을 육상으로 끌어올려서 양식하게 되는 육상 수조에서는 넙치를 주로 양식하고 있다.
④ 산소의 공급량이 공급하는 물의 양에 반비례하게 되므로, 사육 밀도가 낮아진다.

> **A**NSWER 유수식 양식방법에서 산소의 공급량은 공급하는 물의 양에 비례하게 되므로, 사육 밀도도 이에 의해 증가시킬 수 있다.

24 다음 중 순환여과식 양식방법에 관한 내용으로 바르지 않은 것은?

① 사육 수조를 통과한 물에는 먹이 찌꺼기와 대사 노폐물 등이 섞여 있기 때문에, 다시 순환시키기 전에 침전 또는 여과 장치를 활용해서 처리해야 한다.
② 사육수를 정화해 다시 사용하지 않는 방법으로, 저밀도의 양식이 가능하다.
③ 수중에 서식하고 있는 양식 생물의 성장은 대상 생물의 서식 적정 수온 범위 내에서 수온에 비례해 증가된다.
④ 수온이 낮은 겨울의 경우에는 보일러 등으로 사육수를 가온하기 때문에 이로 인한 사육 경비가 많이 든다.

ANSWER 순환여과식 양식방법은 사육수를 정화해서 다시 사용하는 방법으로, 고밀도의 양식이 가능하다.

25 다음 중 담치, 굴, 우렁쉥이 등의 부착성 무척추동물의 양식을 위해 이들 생물이 부착한 기질을 뗏목이나 밧줄 등에 매달아 물속에 넣어 기르는 방법을 무엇이라고 하는가?

① 뜬발식 양식   ② 유수식 양식
③ 수하식 양식   ④ 바닥 양식

ANSWER 수하식 양식은 부착기가 물속에 잠겨 있도록 유지하는 데에는 밧줄, 뗏목, 말목 등을 활용하며, 성장이 상대적으로 균일하고, 저질에 매몰되거나 저서 해적에 의한 피해를 받을 염려가 없기 때문에 해면을 입체적으로 활용이 가능하다.

수
산
일
반

26 다음 중 양식업의 목적으로 가장 거리가 먼 것은?

① 실험용 어류 생산
② 관상용 어류 생산
③ 인류 식량의 생산
④ 자연의 자원 증강을 위한 방류용 종묘 생산

ANSWER 양식업의 목적
    ⊙ 관상용 어류 생산
    ⓛ 미끼용 어류 생산
    ⓒ 인류 식량의 생산
    ⓔ 유어장(낚시터) 어류 생산
    ⓜ 자연의 자원 증강을 위한 방류용 종묘 생산

 ANSWER | 21.③ 22.③ 23.④ 24.② 25.③ 26.①

27 다음 폐쇄적 양식장의 환경에 관한 내용 중 물리적 환경에서의 온도조절에 활용되는 것이 아닌 것은?

① 차광시설　　　　　　　　　② 냉각기
③ 보일러　　　　　　　　　　④ 비닐하우스

　　　ANSWER　폐쇄적인 양식장 환경에서의 온도조절은 냉각기나 보일러, 비닐하우스 등을 활용하며, 광선의 조절은 차광시설이나 인공조명의 시설 등을 활용한다.

28 다음 수질에 관한 환경 요소 중 용존 산소(Dissolved Oxygen ; DO)의 내용으로 바르지 않은 것은?

① 맑은 날은 용존 산소 증가하고, 밤이나 흐린 날은 감소하게 된다.
② 양식 생물의 호흡에 필수 요소이다.
③ 수온 및 염분이 증가하면 용존 산소량도 증가하게 된다.
④ 수온이 올라가는 주성장기는 산소가 부족하기 쉬워 포기를 실시한다.

　　　ANSWER　용존 산소(Dissolved Oxygen ; DO)
　　　　　　ⓐ 수온과 염분이 증가하면 용존 산소량은 감소하게 된다.
　　　　　　ⓑ 맑은 날은 용존 산소 증가하고, 밤이나 흐린 날은 감소하게 된다.
　　　　　　ⓒ 수온이 증가하게 되면 생물 대사율 증가로 인해 산소 요구량도 증가하게 된다.
　　　　　　ⓓ 수온이 올라가는 주성장기는 산소가 부족하기 쉬워 포기를 실시한다.
　　　　　　ⓔ 양식 생물의 호흡에 필수 요소이다.

29 다음 영양 염류에 관한 내용 중 담수에서 부족하기 쉬운 것에 해당하지 않는 것은?

① 인　　　　　　　　　　　　② 칼륨
③ 규산　　　　　　　　　　　④ 질소

　　　ANSWER　담수에서 부족되기 쉬운 것
　　　　　　㉠ 인
　　　　　　㉡ 칼륨
　　　　　　㉢ 질소

30 다음 중 염분의 변화에 강한 종에 해당하지 않는 것은?

① 바지락　　　　　　　　　　② 전복
③ 대합　　　　　　　　　　　④ 담치

ANSWER 염분의 변화에 강한 종
    ㉠ 바지락
    ㉡ 대합
    ㉢ 담치
    ㉣ 굴

31 다음 중 기포병은 수중 질소 포화도가 얼마일 때 발병하게 되는가?

① 100%~110% 이상

② 115%~125% 이상

③ 130%~145% 이상

④ 150%~165% 이상

    ANSWER 기포병은 수중 질소 포화도가 115%~125% 이상이 될 시에 발병하게 된다.

32 다음 중 클로렐라(Chlorella)에 대한 내용으로 바르지 않은 것은?

① 비타민, 단백질, 무기염류의 영양 성분을 지니고 있어 로티퍼의 먹이로 활용된다.

② 크기는 $3 \sim 8\mu m$ 정도이다.

③ 녹조류의 미세 다세포적인 생물이다.

④ 해수산 및 기수, 담수산 등이 있다.

    ANSWER 클로렐라는 녹조류의 미세 단세포적인 생물이다.

수
산
일
반

33 다음 중 병에 걸린 어류의 증상으로 바르지 않은 것은?

① 몸을 바닥이나 벽 또는 타 물체에 비비게 된다.

② 어류 몸의 빛깔이 검게 변하거나 퇴색하게 된다.

③ 아가미나 지느러미가 부식하거나 결손된다.

④ 무리에서 벗어나서 활발히 움직인다.

    ANSWER 병에 걸린 어류의 증상
        ㉠ 무리에서 벗어나서 못의 가장자리에 가만히 있게 된다.
        ㉡ 아가미나 지느러미가 부식하거나 결손된다.
        ㉢ 힘없이 유영하게 된다.
        ㉣ 몸을 바닥이나 벽 또는 타 물체에 비비게 된다.
        ㉤ 안구가 돌출하게 된다.
        ㉥ 어류의 몸 표면에 점액상의 회색 분비물을 분비하게 된다.
        ㉦ 피부나 또는 지느러미 등에 출혈 또는 출혈 반점 등이 생기게 된다.
        ㉧ 어류 몸의 빛깔이 검게 변하거나 퇴색하게 된다.

ANSWER | 27.① 28.③ 29.③ 30.② 31.② 32.③ 33.④

34 다음 중 인공사료의 가공 시 주의사항으로 잘못 설명된 것은?

① 단기 보존을 목적으로 가공

② 물속에 넣어 줄 때 사료가 허실되지 않을 것

③ 어류가 필요로 하는 성분을 골고루 갖출 것

④ 성장의 단계에 따라 사료 입자의 크기가 입의 크기에 알맞게 가공

> **A**nswer 인공사료의 가공 시에 주의해야 할 사항
> ㉠ 물속에 넣어 줄 때 사료가 허실되지 않을 것
> ㉡ 장기 보존을 목적으로 가공
> ㉢ 성장의 단계에 따라 사료 입자의 크기가 입의 크기에 알맞게 가공
> ㉣ 흡수가 잘되어서 성장이 잘되는 좋은 질 및 알맞은 형태로 가공
> ㉤ 어류가 필요로 하는 성분을 골고루 갖출 것

35 다음 중 사료 공급법에 대한 설명으로 바르지 않은 것은?

① 사료의 효율을 높이고, 건강한 어류 양식을 위해서 특히 치어기에 조금씩 자주 준다.

② 한 번에 주는 먹이의 양은 포식하는 양의 40~50% 정도이다.

③ 뱀장어, 미꾸라지 등의 어린 치어기는 몸무게의 10~20% 정도 먹는다.

④ 사료의 섭취는 수질의 영향이 크기 때문에 좋은 수질의 유지에 대해 노력해야 한다.

> **A**nswer 통상적으로 한 번에 주는 먹이의 양은 포식하는 양의 70~80% 정도이다.

36 다음 중 인공 배합사료의 이점에 관한 설명으로 가장 옳지 않은 것은?

① 사료의 공급 및 가격 등이 안정적이다.

② 어류의 사료 공급량을 적당히 조절함으로써 질병 발생을 억제한다.

③ 사료에 따라 상온에서 7개월 정도 저장이 가능하다.

④ 사료의 공급량 및 투여 방법의 조절로 생산량에 대한 조절이 가능하다.

> **A**nswer 인공 배합사료의 이점
> ㉠ 사료의 공급 및 가격 등이 안정적이다.
> ㉡ 어류의 사료 공급량을 적당히 조절함으로써 질병 발생을 억제한다.
> ㉢ 관리와 공급이 용이하고, 자동 사료 공급기의 사용으로 인해 인건비가 절감된다.
> ㉣ 사료의 공급량 및 투여 방법의 조절로 생산량에 대한 조절이 가능하다.
> ㉤ 사료에 따라 상온(20~25℃)에서 3개월 정도 저장이 가능하다.

37 다음 중 양식의 3대 요소로 바르지 않은 것은?

① 질병   ② 펌프

③ 먹이   ④ 환경

> **A**NSWER   양식의 3대 요소
>   ㉠ 환경
>   ㉡ 먹이
>   ㉢ 질병 및 해적

38 다음 활어 운반방식에 관한 내용 중 비닐봉지를 활용한 운반법의 설명으로 바르지 않은 것은?

① 치어들의 운반에 주로 활용한다.
② 폴리에틸렌 봉지나 비닐 등에 물을 가득 채운다.
③ 일사 광선을 피한다.
④ 일부의 식용어 및 관상어 등의 운반에도 활용된다.

> **A**NSWER   폴리에틸렌 봉지나 비닐 등에 물을 반쯤 채운다.

39 다음 중 축양이 필요한 경우로 보기 어려운 것은?

① 자원 조성용 종묘 또는 양식용 종묘를 생산해서 운반 전 보관할 때
② 낚시터 및 활어 횟집 등 큰 어류를 살아있는 상태로 공급할 때
③ 소량으로 어획한 수산물을 가격이 높은 시기에 보관하고자 할 때
④ 어업 생산물이나 양식된 생산물을 살아있는 상태로 최종 소비지까지 운반 후 축양할 때

> **A**NSWER   축양이 필요한 경우
>   ㉠ 다량으로 어획한 수산물을 가격이 낮은 시기에 보관하고자 할 때
>   ㉡ 낚시터 및 활어 횟집 등 큰 어류를 살아있는 상태로 공급할 때
>   ㉢ 자원 조성용 종묘 또는 양식용 종묘를 생산해서 운반 전 보관할 때
>   ㉣ 어업 생산물이나 양식된 생산물을 살아있는 상태로 최종 소비지까지 운반 후 축양할 때

ANSWER   34.①   35.②   36.③   37.②   38.②   39.③

40 해조류에 대한 양식에 관한 설명 중 다시마에 대한 것으로 바르지 않은 것은?

① 다시마는 여름의 실내 배양 시설의 수온이 30℃를 넘지 않아야 한다.
② 국내에서는 1967년 일본 홋카이도에서 다시마를 이식해 자연에 정착시켰다.
③ 홋카이도를 중심으로 북위 36°를 남방 한계로 해서 북반구 북부에 분포되어 있다.
④ 연평도, 백령도 등에 자연산 분포, 부산 기장 및 전남 완도 등에서 많이 양식하고 있다.

> **A**NSWER 다시마는 여름의 실내 배양 시설의 수온이 24℃를 넘지 않아야 한다.

41 다음 중 단련종묘에 관한 설명으로 바르지 않은 것은?

① 양성기간이 짧다.   ② 질병에 강하다.
③ 생존율이 높다.   ④ 가격이 높다.

> **A**NSWER 단련종묘의 특징
> ㉠ 양성되는 기간이 짧다.
> ㉡ 생존율이 높은 편이다.
> ㉢ 질병에도 강하며, 싱징도 빠른 편이다.

42 다음 아래의 유영동물 양식에 관한 설명으로 바르지 않은 것을 고르면?

① 연안의 정착성 어종이다.
② 난태생으로 부화 자어는 6~7mm 크기이다.
③ 완전 양식이 불가능하다.
④ 대량 종묘 생산이 가능하며, 종묘의 생산 기간이 짧다.

> **A**NSWER 위 그림은 유영동물 중 우럭(조피볼락)을 나타내고 있다. 우럭은 완전 양식이 가능한 유영동물이다.

43 다음 중 역돔의 일반적인 서식 수온은?

① 10~21℃

② 12~27℃

③ 15~45℃

④ 19~36℃

Ⓐnswer 역돔(틸라피아)의 서식 수온은 15~45℃이다.

44 다음의 내용을 읽고 괄호 안에 들어갈 말로 가장 적절한 것은?

잉어류는 국내의 양식어 중 가장 오랜 역사를 지니고 있으며, 내수면 양식 어종 중에서 가장 큰 비중을 차지하고 있다. 잉어류는 성장의 경우 먹이 및 수온 등에 따라 다르고, 유럽계의 경우에 당년 생은 가을까지 200g 이상 성장을 하고, 다음 해 가을까지 1.5~2.0kg까지 성장하게 된다. 서식 수온 범위에서 성장 수온은 15℃ 이상이며, 최적의 성장 수온은 (   )이다.

① 24~28℃

② 22~23℃

③ 20~23℃

④ 15~19℃

Ⓐnswer 잉어류는 서식 수온 범위에서 성장 수온은 15℃ 이상이며, 최적의 성장 수온은 24~28℃이고, 7℃ 이하에서는 먹이를 먹지 않는다.

45 다음 중 돔류에 관한 일반적인 사항으로 바르지 않은 것은?

① 돔류는 완전 양식이 가능하다.

② 돔류는 타 어종에 비해서 성장이 빠르다.

③ 주로 가두리에서 양식하고, 워낙에 맛이 좋아 양식 대상 유망종이다.

④ 종묘 생산은 인공 종묘 및 자연 종묘 등을 활용한다.

Ⓐnswer 돔류는 타 어종에 비해 성장이 느리다.

Ⓐnswer 40.① 41.④ 42.③ 43.③ 44.① 45.②

46 다음은 유수식 양식장에 대한 내용이다. 이 중 가장 바르지 않은 것을 고르면?

① 수조의 형태로는 주로 긴 수로형이나 원형 수조를 사용한다.

② 물이 충분한 계곡이나 하천 지형을 활용해서, 사육지에 물을 지속적으로 흘러 보내거나, 양수기로 물을 육상으로 끌어올려 육상 수조에서 양식하는 방식이다.

③ 산소의 공급량은 공급하는 물의 양에 비례하게 되므로, 사육 밀도도 이에 따라 증가시킬 수 있다.

④ 내수면에서는 주로 찬물을 좋아하는 잉어류의 양식에 활용되고 따뜻한 물이 많이 흐르는 곳에서는 연어 및 송어류의 양식에 활용된다.

Ⓐnswer 유수식 양식장은 내수면에서는 주로 차가운 물을 좋아하는 송어, 연어류의 양식 등에 활용되고, 따뜻한 물이 많이 흐르는 곳에서는 잉어류의 양식에 활용된다.

47 다음 중 김발의 발달과정으로 바른 것은?

① 섶발 → 흘림발 → 뜬발
② 섶발 → 뜬발 → 흘림발
③ 흘림발 → 섶발 → 뜬발
④ 흘림발 → 뜬발 → 섶발

Ⓐnswer 김발의 발달과정 … 섶발 → 뜬발 → 흘림발

48 다음 내용을 읽고 괄호 안에 들어갈 말을 순서대로 바르게 나열한 것을 고르면?

(㉠)은 수심이 깊은 곳의 저층에 채묘기를 설치하여 채묘하는 방법을 말하며, (㉡)은 수심이 비교적 얕은 곳의 저층에서 채묘하는 방법을 말한다.

① ㉠ 침설 수하식 채묘 시설, ㉡ 부동식 채묘 시설
② ㉠ 침설 수하식 채묘 시설, ㉡ 침설 고정식 채묘 시설
③ ㉠ 침설 고정식 채묘 시설, ㉡ 침설 수하식 채묘 시설
④ ㉠ 침설 고정식 채묘 시설, ㉡ 완류식 채묘 시설

Ⓐnswer 침설 수하식 채묘 시설은 수심이 깊은 곳의 저층에 채묘기를 설치하여 채묘하는 방법을 말하며, 침설 고정식 채묘 시설은 수심이 비교적 얕은 곳의 저층에서 채묘하는 방법을 말한다.

49 다음 사료의 구성 성분에 대한 내용 중 항산화제에 대한 내용으로 옳은 것은?

① 질병 치료의 목적으로 사료에 첨가되는 물질이다.

② 사료 중의 지방산, 비타민 등의 산화 방지를 목적으로 사용한다.

③ 횟감의 질과 관상어의 색깔이 선명하도록 첨가하는 물질이다.

④ 어류의 종묘 생산에 중요한 초기 미립자 사료에 중요한 첨가물이다.

Ⓐnswer 사료의 구성 성분

점착제	사료의 제조 시 물 속에서 사료의 안정성을 증가시키고 펠릿의 성형을 돕기 위해 사료에 첨가하는 물질
항생제	질병 치료의 목적으로 사료에 첨가되는 물질 - 신중하게 주의해서 활용
항산화제	사료 중의 지방산, 비타민 등의 산화 방지를 목적으로 활용 - 비타민 E 사용
착색제	횟감의 질과 관상어의 색깔이 선명하도록 첨가하는 물질 - 아스타산틴, 크산토필
먹이유인 물질	어류의 종묘 생산에 중요한 초기 미립자 사료에 중요한 첨가물
기타 호르몬	성장의 촉진, 조기 성 성숙, 종묘의 성 전환 등에 활용

50 다음 중 송어류의 최적 성장 수온은 얼마인가?

① 5도

② 10도

③ 15도

④ 20도

Ⓐnswer 송어류의 최적 성장 수온은 15도이다.

51 다음 중 수산 생물의 본격적 양식 활동이 활발해진 시기는 언제인가?

① 19세기

② 18세기

③ 17세기

④ 16세기

Ⓐnswer 수산 생물의 본격적인 양식 활동은 19세기에 비로소 활발해졌다. 특히 19세기 후반 유럽의 여러 나라, 미국 및 캐나다 등에서는 국립 양어장을 설치해서 오늘에 이르기까지 양어는 물론이고, 수산 자원 조성을 위한 종묘 생산과 치어 방류를 실행하고 있다.

Ⓐnswer 46.④ 47.② 48.② 49.② 50.③ 51.①

52 다음 중 극 미세 부유 생물의 크기는?

① 0.5~1mm

② 0.005~0.5mm

③ 5㎛ 이하

④ 1~10mm

ANSWER 극 미세 부유 생물은 크기가 5㎛ 이하이며, 통상적으로 사용하고 있는 채집망으로는 채집이 불가능해서 거름 종이 이용법, 가라 앉침법, 원심 분리법 등에 의해서 채집이 가능하다.

53 다음 중 미세 부유 생물의 크기는?

① 5㎛

② 0.005~0.5mm

③ 0.5~1mm

④ 1~10mm

ANSWER 미세 부유 생물의 크기는 0.005~0.5mm 정도 되는 대부분의 식물 부유 생물들이다.

54 다음 내용을 읽고 괄호 안에 들어갈 말을 순서대로 바르게 나열한 것은?

수산생물은 유영 능력이 없거나 미약한 흐름에 따라 생활하는 (㉠), 스스로 유영 능력을 갖고 있는 (㉡), 해양 밑바닥에 살고 있는 (㉢) 등으로 구분한다.

① ㉠ 유영동물, ㉡ 부유생물, ㉢ 저서생물

② ㉠ 부유생물, ㉡ 유영동물, ㉢ 저시생물

③ ㉠ 부유생물, ㉡ 저서생물, ㉢ 유영동물

④ ㉠ 저서생물, ㉡ 부유생물, ㉢ 유영동물

ANSWER 수산생물은 유영 능력이 없거나 미약한 흐름에 따라 생활하는 부유생물(Plankton), 스스로 유영 능력을 갖고 있는 유영동물(Nekton), 해양 밑바닥에 살고 있는 저서생물(Benthos) 등으로 구분한다.

55 다음 해조류 양식방법 중 밧줄식 양식에 대한 설명으로 가장 옳지 않은 것은?

① 바지락, 대합, 피조개, 고막 등의 양식에 사용

② 어미줄에 씨줄을 일정한 간격으로 끼워서 양식

③ 바위에만 붙어살던 것을 밧줄에 붙어 살 수 있도록 수면 아래의 일정한 깊이에 밧줄 설치

④ 실내 수조에서 배양한 종묘가 붙어 있는 실

ANSWER 미역, 다시마, 톳, 모자반 등의 양식에 이용한다.

56 다음 어장의 환경요인 중 성격이 다른 하나는?

① 광선 ② 수온
③ 용존산소 ④ 지형

ANSWER 어장의 물리적 환경요인
ⓐ 광선
ⓑ 수온
ⓒ 지형
ⓓ 투명도
ⓔ 바닷물의 유동

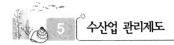 **5** 수산업 관리제도

〈2016년 제2회〉

1 수산업법상 수산업에 포함되는 활동이 아닌 것은?

① 수산동식물을 인공적으로 길러서 생산하는 활동
② 소비자에게 원활한 수산물을 공급하기 위한 유통 활동
③ 자연에 있는 수산동식물을 포획·채취하는 생산 활동
④ 생산된 수산물을 원료로 활용하여 다른 제품을 제조하거나 가공하는 활동

> **A**NSWER 수산업이란 어업·어획물운반업 및 수산물가공업을 말한다〈수산업법 제2조〉.
> ㉠ **어업**: 수산동식물을 포획·채취하거나 양식하는 사업과 염전에서 바닷물을 자연 증발시켜 소금을 생산하는 사업을 말한다.
> ㉡ **어획물운반업**: 어업현장에서 양륙지까지 어획물이나 그 제품을 운반하는 사업을 말한다.
> ㉢ **수산물가공업**: 수산동식물을 직접 원료 또는 재료로 하여 식료·사료·비료·효료·유지 또는 가죽을 제조하거나 가공하는 사업을 말한다.

〈2016년 제2회〉

2 수산업과 어촌이 나아갈 방향과 수산업과 어촌의 지속가능 발전을 도모하는 것을 목적으로 제정된 법은?

① 수산업법
② 수산자원관리법
③ 어촌어항법
④ 수산업·어촌 발전 기본법

> **A**NSWER 수산업·어촌 발전 기본법은 수산업과 어촌이 나아갈 방향과 국가의 정책 방향에 관한 기본적인 사항을 규정하여 수산업과 어촌의 지속가능한 발전을 도모하고 국민의 삶의 질 향상과 국가 경제 발전에 이바지하는 것을 목적으로 한다.

〈2016년 제2회〉

3 면허어업에 관한 설명으로 옳지 않은 것은?

① 어업면허의 유효기간은 10년이며, 연장이 가능하다.
② 면허어업은 반드시 면허를 받아야 영위할 수 있는 어업이다.
③ 해조류양식어업의 면허처분권자는 해양수산부장관이다.
④ 면허어업은 일정기간 동안 그 수면을 독점하여 배타적으로 이용하도록 권한을 부여한다.

> **A**NSWER 면허어업 … 정치망어업, 해조류양식어업, 패류양식어업, 어류등양식어업, 복합양식어업, 마을어업, 협동양식어업, 외해양식어업에 해당하는 어업을 하려는 자는 시장·군수·구청장의 면허를 받아야 한다. 다만, 외해양식어업을 하려는 자는 해양수산부장관의 면허를 받아야 한다.

〈2015년 제1회〉

4 수산업법에서 정의하고 있는 수산업은?

① 어업, 양식어업, 조선업

② 어업, 어획물운반업, 수산물가공업

③ 양식어업, 해운업, 원양어업

④ 수산물가공업, 연안여객선업, 내수면어업

> **A**NSWER "수산업"이란 어업 · 어획물운반업 및 수산물가공업을 말한다〈수산업법 제2조〉.

〈2015년 제1회〉

5 수산업법상 수산업 관리제도와 유효기간의 설명으로 옳은 것을 모두 고른 것은?

㉠ 면허어업은 10년이다.	㉡ 허가어업은 10년이다.
㉢ 신고어업은 5년이다.	㉣ 등록어업은 5년이다.

① ㉠, ㉡   ② ㉠, ㉢

③ ㉡, ㉣   ④ ㉢, ㉣

> **A**NSWER ㉡ 어업허가의 유효기간은 5년으로 한다〈수산업법 제46조 제1항〉.
> ㉣ 수산업에 관한 기본법인 수산업법에 따르면, 어업을 크게 면허어업 · 허가어업 · 신고어업로 나누고 있다.
> 등록어업은 존재하지 않는다.

〈2015년 제1회〉

6 수산업법상 면허어업이 아닌 것은?

① 어류등양식어업   ② 해조류양식어업

③ 패류양식어업   ④ 육상해수양식어업

> **A**NSWER ④ 허가어업에 해당한다.
> ※ 면허어업의 종류
> ㉠ 정치망어업
> ㉡ 해조류양식어업
> ㉢ 패류양식어업
> ㉣ 어류등양식어업
> ㉤ 복합양식어업
> ㉥ 마을어업
> ㉦ 협동양식어업
> ㉧ 외해양식어업

 ANSWER   1.② 2.④ 3.③ 4.② 5.② 6.④

7 다음 중 수산업법의 목적이 아닌 것은?

① 수산업에 관한 기본제도를 정한다.
② 수산자원을 조성 · 보호한다.
③ 수산업 발전과 어업의 국가화를 도모한다.
④ 수산자원 및 수면을 종합적으로 이용한다.

> **A**NSWER 수산업법의 목적(수산업법 제1조)
> 이 법은 수산업에 관한 기본제도를 정하여 수산자원 및 수면을 종합적으로 이용하여 수산업의 생산성을 높임으로써 수산업의 발전과 어업의 민주화를 도모하는 것을 목적으로 한다.

8 수산업 관리제도의 필요성에 대해 잘못 설명한 것은?

① 수산자원의 고갈을 방지할 수 있다.
② 어장을 둘러싼 분쟁을 방지할 수 있다.
③ 바다 생태계 파괴를 방지한다.
④ 수산물 생산량을 최대로 증진할 수 있다

> **A**NSWER 수산자원의 고갈, 어장을 둘러싼 분쟁, 바다 생태계의 파괴 등을 방지하기 위해 수산업법에 따라 행정 관청으로부터 어업 면허, 어업 허가를 받거나 신고하도록 규정하고 있다.

9 허가어업의 유효기간은 몇 년인가?

① 2년　　　　　　　　　② 3년
③ 5년　　　　　　　　　④ 10년

> **A**NSWER ③ 허가어업의 유효기간은 5년으로 연장이 가능하다.

10 허가어업 중 근해어업의 허가를 내주는 행정관청은 어디인가?

① 해양수산부장관　　　　② 시 · 도지사
③ 시장 · 군수　　　　　　④ 구청장

허가 어업 종류	해양수산부장관	시 · 도지사	시장 · 군수 또는 구청장
	근해어업, 원양어업	연안어업, 해상종묘생산어업	구획어업

11 다음 수산자원 보호령에 대한 설명 중 옳지 않은 것은?

① 그물코의 크기는 수산자원 보호령에서 규정한 크기보다 작은 것은 사용을 금지할 수 있다.
② 방류된 어란과 치어는 포획할 수 있다.
③ 자원 보호를 위해 해역에서 일정 어구와 어법 사용을 금지하고 기간을 제한할 수 있다.
④ 불법 어구 적재 및 사용을 위한 어선 시설 개조를 금지할 수 있다.

ＡNSWER ② 방류된 어란과 치어는 포획이 금지된다.

12 다음은 무엇에 대한 설명인가?

> 영세 어민이 까다로운 절차를 밟지 않고 신고만 함으로써 소규모 어업을 할 수 있도록 하는 것

① 면허어업
② 허가어업
③ 신고어업
④ 등록어업

ＡNSWER 신고어업은 영세 어민이 면허나 허가 같은 까다로운 절차를 밟지 않고 신고만 함으로써 소규모 어업을 할 수 있도록 하는 것으로 맨손어업, 나잠어업, 투망어업, 육상양식어업, 육상종묘생산어업 등이 있다.

수 산 일 반

13 다음 중 신고어업에 해당하지 않는 것은?

① 맨손어업
② 투망어업
③ 나잠어업
④ 조개류 양식어업

ＡNSWER ④ 조개류 양식어업은 면허어업이다.

14 다음에 설명하고 있는 것은?

> • 특정 어장에서 특정 어종의 자원 상태를 조사·연구하여 분포하고 있는 자원의 범위 내에서 연간 어획할 수 있는 총량을 산정한다.
> • 어업자로 하여금 산정된 어획량 이상의 어획을 금지하여 수산자원의 관리를 도모한다.

① TAC 관리제도
② TAX 관리제도
③ BWT 관리제도
④ BAC 관리제도

ＡNSWER 제시된 내용은 총 허용어획량 관리제도(TAC)에 대한 설명이다.

ＡNSWER 7.③ 8.④ 9.③ 10.① 11.② 12.③ 13.④ 14.①

최신기출문제

2018년 7월 21일 제4회 시행

2018년 7월 21일 제4회 시행

 1 수산물품질관리 관계법령

1 농수산물 품질관리법 제1조(목적)에 관한 내용이다. ( ) 안에 들어갈 내용을 순서대로 옳게 나열한 것은?

> 농수산물의 ( )을 확보하고 상품성을 향상하며 공정하고 투명한 거래를 유도함으로써 ( )의 소득증대와 ( ) 보호에 이바지하는 것을 목적으로 한다.

① 안전성, 농어업인, 소비자　　　　② 위생성, 농어업인, 판매자
③ 안전성, 생산자, 판매자　　　　　④ 위생성, 생산자, 소비자

> **ANSWER** 농수산물 품질관리 제1소(목적) … 이 법은 농수산물의 적절한 품질관리를 통하여 농수산물의 안전성을 확보하고 상품성을 향상하며 공정하고 투명한 거래를 유도함으로써 <u>농어업인</u>의 소득 증대와 <u>소비자</u> 보호에 이바지하는 것을 목적으로 한다.

2 농수산물 품질관리법령상 용어의 정의로 옳지 않은 것은?

① 수산물 : 수산업 · 어촌 발전 기본법에 따른 어업활동으로부터 생산되는 기술
② 수산가공품 : 수산물을 국립수산과학원장이 정하는 재료 등의 기준에 따라 가공한 제품
③ 지리적표시권 : 등록된 지리적표시를 배타적으로 사용할 수 있는 지식재산권
④ 유해물질 : 항생물질, 병원성 미생물, 곰팡이 독소 등 식품에 잔류하거나 오염되어 사람의 건강에 해를 끼칠 수 있는 물질로서 총리령으로 정하는 것

> **ANSWER** ② **수산가공품** : 수산물을 대통령령으로 정하는 원료 또는 재료의 사용비율 또는 성분함량 등의 기준에 따라 가공한 제품
> ※ **수산가공품의 기준**〈농수산물 품질관리법 시행령 제2조〉
> 　㉠ 수산물을 원료 또는 재료의 50퍼센트를 넘게 사용하여 가공한 제품
> 　㉡ ㉠에 해당하는 제품을 원료 또는 재료의 50퍼센트를 넘게 사용하여 2차 이상 가공한 제품
> 　㉢ 수산물과 그 가공품, 농산물(임산물 및 축산물을 포함)과 그 가공품을 함께 원료 · 재료로 사용한 가공품인 경우에는 수산물 또는 그 가공품의 함량이 농산물 또는 그 가공품의 함량보다 많은 가공품

3 농수산물 품질관리법령상 수산물품질관리사에 관한 설명으로 옳지 않은 것을 모두 고른 것은?

> ㉠ 수산물품질관리사 제도는 수산물의 품질 향상과 유통의 효율화를 촉진하기 위해 도입되었다.
> ㉡ 수산물품질관리사는 수산물 등급 판정의 직무를 수행할 수 있다.
> ㉢ 수산물품질관리사는 국립수산물품질관리원장이 지정하는 교육 실시기관에서 교육을 받아야 한다.
> ㉣ 다른 사람에게 수산물품질관리사의 자격증을 빌려준 자는 3년 이하의 징역 또는 3천만 원 이하의 벌금에 처한다.

① ㉠, ㉡   ② ㉠, ㉢
③ ㉢, ㉣   ④ ㉡, ㉢, ㉣

ANSWER ㉢ 농림축산식품부령 또는 해양수산부령으로 정하는 농산물품질관리사 또는 수산물품질관리사는 업무 능력 및 자질의 향상을 위하여 필요한 교육을 받아야 한다〈농수산물 품질관리법 제107조의2(농산물품질관리사 또는 수산물품질관리사의 교육) 제1항〉.
　교육 실시기관은 다음의 어느 하나에 해당하는 기관으로서 <u>수산물품질관리사의 교육 실시기관은 해양수산부장관이</u>, 농산물품질관리사의 교육 실시기관은 국립농산물품질관리원장이 각각 지정하는 기관으로 한다〈농수산물 품질관리법 시행규칙 제136조의5(농산물품질관리사 또는 수산물품질관리사의 교육 방법 및 실시기관 등) 제1항〉.
　• 「한국농수산식품유통공사법」에 따른 한국농수산식품유통공사
　• 「한국해양수산연수원법」에 따른 한국해양수산연수원
　• 농림축산식품부 또는 해양수산부 소속 교육기관
　• 「민법」에 따라 설립된 비영리법인으로서 농산물 또는 수산물의 품질 또는 유통 관리를 목적으로 하는 법인
㉣ 농산물품질관리사 또는 수산물품질관리사는 다른 사람에게 그 명의를 사용하게 하거나 그 자격증을 빌려 주어서는 아니 된다〈농수산물 품질관리법 제108조(농산물품질관리사 또는 수산물품질관리사의 준수사항) 제2항〉. 위반하여 다른 사람에게 농산물품질관리사 또는 <u>수산물품질관리사의 명의를 사용하게 하거나 그 자격증을 빌려준 자는 1년 이하의 징역 또는 1천만 원 이하의 벌금에 처한다</u>〈농수산물 품질관리법 제120조(벌칙) 제12호〉.

최신기출문제

ANSWER 1.① 2.② 3.③

4 농수산물 품질관리법령상 수산물 품질인증에 관한 설명으로 옳은 것은?

① 품질인증의 유효기간은 인증을 받은 날부터 5년으로 한다.

② 품질인증 대상품목은 식용을 목적으로 생산한 수산물로 한다.

③ 품질인증을 받으려는 자는 관련서류를 첨부하여 국립수산과학원장에게 신청하여야 한다.

④ 거짓이나 그 밖의 부정한 방법으로 인증을 받은 경우 품질인증 취소사유에는 해당되지 않는다.

> **A**NSWER ② 품질인증 대상품목은 식용을 목적으로 생산한 수산물로 한다〈농수산물 품질관리법 시행규칙 제28조(수산물의 품질인증 대상품목)〉.
> ① 품질인증의 유효기간은 품질인증을 받은 날부터 2년으로 한다. 다만, 품목의 특성상 달리 적용할 필요가 있는 경우에는 4년의 범위에서 해양수산부령으로 유효기간을 달리 정할 수 있다〈농수산물 품질관리법 제15조(품질인증의 유효기간 등) 제1항〉.
> ③ 품질인증을 받으려는 자는 해양수산부령으로 정하는 바에 따라 해양수산부장관에게 신청하여야 한다〈농수산물 품질관리법 제14조 제2항〉.
> ④ 해양수산부장관은 품질인증을 받은 자가 다음의 어느 하나에 해당하면 품질인증을 취소할 수 있다. 다만, ㉠에 해당하면 품질인증을 취소하여야 한다〈농수산물 품질관리법 제16조(품질인증의 취소)〉.
> ㉠ 거짓이나 그 밖의 부정한 방법으로 인증을 받은 경우
> ㉡ 품질인증의 기준에 현저하게 맞지 아니한 경우
> ㉢ 정당한 사유 없이 품질인증품 표시의 시정명령, 해당 품목의 판매금지 또는 표시정지 조치에 따르지 아니한 경우
> ㉣ 전업·폐업 등으로 인하여 품질인증품을 생산하기 어렵다고 판단되는 경우

5 농수산물 품질관리법령상 유전자변형수산물에 관한 설명으로 옳지 않은 것은?

① 인공적으로 유전자를 재조합하여 의도한 특성을 갖도록 한 수산물을 유전자변형수산물이라 한다.

② 유전자변형수산물의 표시대상품목은 해양수산부장관이 정하여 고시한다.

③ 유전자변형수산물을 판매하기 위하여 보관하는 경우에는 해당 수산물이 유전자변형수산물임을 표시하여야 한다.

④ 유전자변형수산물의 표시를 거짓으로 한 자는 7년 이하의 징역 또는 1억 원 이하의 벌금에 처한다.

> **A**NSWER ② 유전자변형농수산물의 표시대상품목은 「식품위생법」에 따른 안전성 평가 결과 식품의약품안전처장이 식용으로 적합하다고 인정하여 고시한 품목(해당 품목을 싹틔워 기른 농산물을 포함)으로 한다〈농수산물 품질관리법 시행령 제19조(유전자변형농수산물의 표시대상품목)〉.

6 농수산물 품질관리법상 생산·가공시설의 등록·관리에 관한 내용이다. ( )에 들어갈 내용으로 옳은 것은?

> 해양수산부장관은 외국과의 협약을 이행하기 위하여 (㉠)을/를 목적으로 하는 수산물의 생산·가공시설의 (㉡)을 정하여 고시한다.

① ㉠ : 수출, ㉡ : 위생관리기준
② ㉠ : 수입, ㉡ : 검역기준
③ ㉠ : 판매, ㉡ : 검역기준
④ ㉠ : 유통, ㉡ : 위생관리기준

> **A**NSWER 해양수산부장관은 외국과의 협약을 이행하거나 외국의 일정한 위생관리기준을 지키도록 하기 위하여 <u>수출을</u> 목적으로 하는 수산물의 생산·가공시설 및 수산물을 생산하는 해역의 <u>위생관리기준</u>을 정하여 고시한다〈농수산물 품질관리법 제69조(위생관리기준)〉.

7 농수산물 품질관리법상 해양수산부장관으로부터 다음 기준으로 수산물 및 수산가공품의 검사를 받는 대상이 아닌 것은?

> • 수산물 및 수산가공품이 품질 및 규격에 맞을 것
> • 수산물 및 수산가공품에 유해물질이 섞여 들어있지 않을 것

① 정부에서 수매하는 수산물
② 정부에서 비축하는 수산가공품
③ 검사기준이 없는 수산물
④ 수출 상대국의 요청에 따라 검사가 필요하여 해양수산부장관이 고시한 수산물

> **A**NSWER 수산물 등에 대한 검사〈농수산물 품질관리법 제88조 제1항, 제2항〉
> ㉠ 다음의 어느 하나에 해당하는 수산물 및 수산가공품은 품질 및 규격이 맞는지와 유해물질이 섞여 들어오는지 등에 관하여 해양수산부장관의 검사를 받아야 한다.
> • 정부에서 수매·비축하는 수산물 및 수산가공품
> • 외국과의 협약이나 수출 상대국의 요청에 따라 검사가 필요한 경우로서 해양수산부장관이 정하여 고시하는 수산물 및 수산가공품
> ㉡ 해양수산부장관은 ㉠ 외의 수산물 및 수산가공품에 대한 검사 신청이 있는 경우 검사를 하여야 한다. 다만, 검사기준이 없는 경우 등 해양수산부령으로 정하는 경우에는 그러하지 아니한다.

ANSWER 4.② 5.② 6.① 7.③

8 농수산물 품질관리법상 생산단계 수산물 안전기준을 위반한 경우에 시·도지사가 해당 수산물을 생산한 자에게 처분할 수 있는 조치로 옳은 것을 모두 고른 것은?

> ㉠ 해당 수산물의 폐기
> ㉡ 해당 수산물의 용도 전환
> ㉢ 해당 수산물의 출하 연기

① ㉠, ㉡   ② ㉠, ㉢

③ ㉡, ㉢   ④ ㉠, ㉡, ㉢

ANSWER 안전성조사 결과에 따른 조치〈농수산물 품질관리법 제63조 제1항〉…식품의약품안전처장이나 시·도지사는 생산과정에 있는 농수산물 또는 농수산물의 생산을 위하여 이용·사용하는 농지·어장·용수·자재 등에 대하여 안전성조사를 한 결과 생산단계 안전기준을 위반한 경우에는 해당 농수산물을 생산한 자 또는 소유한 자에게 다음의 조치를 하게 할 수 있다.
㉠ 해당 농수산물의 폐기, 용도 전환, 출하 연기 등의 처리
㉡ 해당 농수산물의 생산에 이용·사용한 농지·어장·용수·자재 등의 개량 또는 이용·사용의 금지
㉢ 그 밖에 총리령으로 정하는 조치(해당 농수산물의 생산자에 대하여 법에 따른 농수산물안전에 관한 교육을 받게 하는 조치)

9 농수산물 품질관리법상 지정해역의 보존·관리를 위하여 지정해역 위생관리종합대책을 수립·시행하는 기관은?

① 대통령   ② 국무총리

③ 해양수산부장관   ④ 식품의약품안전처장

ANSWER 해양수산부장관은 지정해역의 보존·관리를 위한 지정해역 위생관리종합대책을 수립·시행하여야 한다〈농수산물 품질관리법 제72조(지정해역 위생관리종합대책) 제1항〉.

10 농수산물 유통 및 가격 안전에 관한 법령상 '주산지'에 관한 시·도지사의 권한이 아닌 것은?

① 주산지의 변경·해제

② 주산지협의체의 설치

③ 주요 농수산물의 생산지역이나 생산수면의 지정

④ 주요 농수산물의 생산·출하 조절이 필요한 품목의 지정

ANSWER 주산지의 지정 및 해제 등〈농수산물 유통 및 가격안정에 관한 법률 제4조 제1항, 제2항〉
㉠ 시·도지사는 농수산물의 경쟁력 제고 또는 수급을 조절하기 위하여 생산 및 출하를 촉진 또는 조절할 필요가 있다고 인정할 때에는 주요 농수산물의 생산지역이나 생산수면(주산지)을 지정하고 그 주산지에서 주요 농수산물을 생산하는 자에 대하여 생산자금의 융자 및 기술지도 등 필요한 지원을 할 수 있다.
㉡ ㉠에 따른 주요 농수산물은 국내 농수산물의 생산에서 차지하는 비중이 크거나 생산·출하의 조절이 필요한 것으로서 농림축산식품부장관 또는 해양수산부장관이 지정하는 품목으로 한다.

11 농수산물 유통 및 가격 안정에 관한 법령상 수산부류 거래품목이 아닌 것은?

① 염장어류

② 젓갈류

③ 염건어류

④ 조수육류

ANSWER 농수산물도매시장의 거래품목〈농수산물 유통 및 가격안정에 관한 법률 시행령 제2조〉

ㄱ 양곡부류 : 미곡·맥류·두류·조·좁쌀·수수·수수쌀·옥수수·메밀·참깨 및 땅콩

ㄴ 청과부류 : 과실류·채소류·산나물류·목과류(木果類)·버섯류·서류(薯類)·인삼류 중 수삼 및 유지작물류와 두류 및 잡곡 중 신선한 것

ㄷ 축산부류 : 조수육류(鳥獸肉類) 및 난류

ㄹ 수산부류 : 생선어류·건어류·염(鹽)건어류·염장어류(鹽藏魚類)·조개류·갑각류·해조류 및 젓갈류

ㅁ 화훼부류 : 절화(折花)·절지(折枝)·절엽(切葉) 및 분화(盆花)

ㅂ 약용작물부류 : 한약재용 약용작물(야생물이나 그 밖에 재배에 의하지 아니한 것을 포함한다). 다만, 「약사법」에 따른 한약은 같은 법에 따라 의약품판매업의 허가를 받은 것으로 한정한다.

ㅅ 그 밖에 농어업인이 생산한 농수산물과 이를 단순가공한 물품으로서 개설자가 지정하는 품목

12 농수산물 유통 및 가격 안정에 관한 법령상 '생산자 관련 단체'를 모두 고른 것은?

㉠ 영농조합법인	㉡ 산지유통인
㉢ 영어조합법인	㉣ 농협경제지주회사의 자회사

① ㉠, ㉡

② ㉡, ㉢

③ ㉢, ㉣

④ ㉠, ㉢, ㉣

ANSWER 생산자 관련 단체 … 법 제2조 제5호에서 "대통령령으로 정하는 생산자 관련 단체"란 다음의 단체를 말한다〈농수산물 유통 및 가격안정에 관한 법률 시행령 제3조(농수산물공판장의 개설자) 제1항〉.

• 「농어업경영체 육성 및 지원에 관한 법률」에 따른 영농조합법인 및 영어조합법인과 농업회사법인 및 어업회사법인

• 「농업협동조합법」에 따른 농협경제지주회사의 자회사

13 농수산물 유통 및 가격 안정에 관한 법령상 경매 또는 입찰의 방법에 관한 설명으로 옳지 않은 것은?

① 경매 또는 입찰의 방법은 전자식을 원칙으로 한다.
② 공개경매를 실현하기 위하여 도매시장 개설자는 도매시장별로 경매방식을 제한할 수 있다.
③ 도매시장 개설자는 해양수산부령으로 정하는 바에 따라 예약출하품 등을 우선적으로 판매하게 할 수 있다.
④ 출하자가 서면으로 거래성립 최저가격을 제시한 경우에는 도매시장법인은 그 가격 미만으로 판매할 수 있다.

> **A**NSWER ④ 도매시장법인은 도매시장에 상장한 농수산물을 수탁된 순위에 따라 경매 또는 입찰의 방법으로 판매하는 경우에는 최고가격 제시자에게 판매하여야 한다. 다만, 출하자가 서면으로 거래 성립 최저가격을 제시한 경우에는 그 가격 미만으로 판매하여서는 아니 된다〈농수산물 유통 및 가격안정에 관한 법률 제33조(경매 또는 입찰의 방법) 제1항〉.

14 농수산물 유통 및 가격 안정에 관한 법률상 농수산물 공판장에 관한 설명으로 옳지 않은 것은?

① 생산자 단체가 공판장을 개설하려면 시·도지사의 승인을 받아야 한다.
② 공판장의 경매사는 공판장의 개설자가 임면한다.
③ 공판장에는 중도매인, 산지유통인 및 경매사를 둘 수 있다.
④ 공판장의 중도매인은 공판장 개설자의 허가를 받아야 한다.

> **A**NSWER ④ 공판장의 중도매인은 공판장의 개설자가 지정한다〈농수산물 유통 및 가격안정에 관한 법률 제44조 제2항 참조〉.

15 농수산물 유통 및 가격 안정에 관한 법률상 농수산물 전자거래소의 거래수수료에 관한 설명으로 옳지 않은 것은?

① 전자거래소는 구매자로부터 사용료를 징수한다.
② 거래수수료는 거래금액의 1천분의 70을 초과할 수 없다.
③ 전자거래소는 판매자로부터 사용료 및 판매수수료를 징수한다.
④ 거래계약이 체결된 경우에는 한국농수산식품유통공사가 구매자를 대신하여 그 거래대금을 판매자에게 직접 결제할 수 있다.

> **A**NSWER 사용료 및 수수료 등〈농수산물 유통 및 가격안정에 관한 법률 시행규칙 제39조 제1항〉… 도매시장 개설자가 징수하는 도매시장 사용료는 다음의 기준에 따라 도매시장 개설자가 이를 정한다. 다만, 도매시장의 시설중 도매시장 개설자의 소유가 아닌 시설에 대한 사용료는 징수하지 아니한다.
> • 도매시장 개설자가 징수할 사용료 총액이 해당 도매시장 거래금액의 1천분의 5(서울특별시 소재 중앙도매시장의 경우에는 1천분의 5.5)를 초과하지 아니할 것. 다만, 다음의 방식으로 거래한 경우 그 거래한 물량에 대해서는 해당 거래금액의 1천분의 3을 초과하지 아니하여야 한다.

- 농수산물 전자거래소에서 거래한 경우
- 정가 · 수의매매를 전자거래방식으로 한 경우와 거래 대상 농수산물의 견본을 도매시장에 반입하여 거래한 경우
- 도매시장법인 · 시장도매인이 납부할 사용료는 해당 도매시장법인 · 시장도매인의 거래금액 또는 매장면적을 기준으로 하여 징수할 것

16 농수산물 유통 및 가격 안정에 관한 법률상 도매시장 개설자에게 '산지유통인 등록 예외'의 경우가 아닌 것은?

① 종합유통센터 · 수출업자 등이 남은 농수산물을 도매시장에 상장하는 경우
② 중도매인이 상장 농수산물을 매매하는 경우
③ 도매시장법인이 다른 도매시장법인으로부터 매수하여 판매하는 경우
④ 시장도매인이 도매시장법인으로부터 매수하여 판매하는 경우

ANSWER 산지유통인 등록의 예외〈농수산물 유통 및 가격안정에 관한 법률 시행규칙 제25조〉
ⓐ 종합유통센터 · 수출업자 등이 남은 농수산물을 도매시장에 상장하는 경우
ⓑ 도매시장법인이 다른 도매시장법인 또는 시장도매인으로부터 매수하여 판매하는 경우
ⓒ 시장도매인이 도매시장법인으로부터 매수하여 판매하는 경우

17 농수산물의 원산지 표시에 관한 법령상 용어의 정의로 옳지 않은 것은?

① 원산지 : 농산물이나 수산물이 생산 · 채취 · 포획된 국가 · 지역이나 해역
② 식품접객업 : 식품위생법에 따른 식품접객업
③ 집단급식소 : 수산업 · 어촌 발전 기본법에 따른 집단급식소
④ 통신판매 : 전자상거래 등에서의 소비자보호에 관한 법률에 따른 통신판매 중 우편, 전기 통신 등을 이용한 판매

ANSWER ③ "집단급식소"란 「식품위생법」 제2조 제12호에 따른 집단급식소를 말한다〈농수산물의 원산지 표시에 관한 법률 제2조(정의) 제6호〉.
※ 「식품위생법」 제2조 제12호 … "집단급식소"란 영리를 목적으로 하지 아니하면서 특정 다수인에게 계속하여 음식물을 공급하는 다음의 어느 하나에 해당하는 곳의 급식시설로서 대통령령(1회 50명 이상에게 식사를 제공하는 급식소)으로 정하는 시설을 말한다.
ⓐ 기숙사
ⓑ 학교
ⓒ 병원
ⓓ 「사회복지사업법」의 사회복지시설
ⓔ 산업체
ⓕ 국가, 지방자치단체 및 「공공기관의 운영에 관한 법률」에 따른 공공기관
ⓖ 그 밖의 후생기관 등

ANSWER 13.④ 14.④ 15.② 16.② 17.③

18 농수산물의 원산지 표시에 관한 법령상 일반음식점에서 뱀장어, 대구, 명태, 꽁치를 조리하여 판매하는 중 원산지를 표시하지 않아 과태료를 부과 받았다. 부과된 과태료의 총 합산금액은? (단, 모두 1차 위반이며, 경감을 고려하지 않는다.)

① 30만 원   ② 60만 원

③ 90만 원   ④ 120만 원

> **A**NSWER 넙치, 조피볼락, 참돔, 미꾸라지, 뱀장어, 낙지, 명태(황태, 북어 등 건조한 것은 제외), 고등어, 갈치, 오징어, 꽃게 및 참조기의 원산지를 표시하지 않은 경우 1차 위반 과태료는 품목별 30만 원이다. 따라서 부과된 과태료의 총 합산금액은 60만 원이다.

19 농수산물의 원산지 표시에 관한 법령상 수산물 등의 원산지 표시방법에 관한 설명으로 옳지 않은 것은?

① 포장재의 원산지 표시 위치는 소비자가 쉽게 알아볼 수 있는 곳에 표시한다.

② 포장재의 원산지표시 글자색은 포장재의 바탕색 또는 내용물의 색깔과 다른 색깔로 선명하게 표시한다.

③ 살아있는 수산물의 경우 원산지 표시 글자 크기는 30포인트 이상으로 한다.

④ 포장재의 원산지 표시 글자크기는 포장면적이 $3,000cm^2$ 이상인 경우는 10포인트 이상으로 한다.

> **A**NSWER ④ 포장 표면적이 $3,000cm^2$ 이상인 경우 글자 크기는 20포인트 이상이다.
>
> ※ 글자 크기
>   ㉠ 포장 표면적이 $3,000cm^2$ 이상인 경우 : 20포인트 이상
>   ㉡ 포장 표면적이 $50cm^2$ 이상 $3,000cm^2$ 미만인 경우 : 12포인트 이상
>   ㉢ 포장 표면적이 $50cm^2$ 미만인 경우 : 8포인트 이상. 다만, 8포인트 이상의 크기로 표시하기 곤란한 경우에는 다른 표시사항의 글자 크기와 같은 크기로 표시할 수 있다.

20 농수산물의 원산지 표시에 관한 법령상 수산물의 원산지 표시를 혼동하게 할 목적으로 그 표시를 손상·변경하는 행위를 한 경우의 벌칙기준은?

① 3년 이하의 징역이나 5천만 원 이하의 벌금에 처하거나 이를 병과할 수 있다.

② 5년 이하의 징역이나 1억 원 이하의 벌금에 처하거나 이를 병과할 수 있다.

③ 7년 이하의 징역이나 1억 원 이하의 벌금에 처하거나 이를 병과할 수 있다.

④ 10년 이하의 징역이나 1억 5천만 원 이하의 벌금에 처하거나 이를 병과할 수 있다.

> **A**NSWER 원산지 표시를 혼동하게 할 목적으로 그 표시를 손상·변경하는 행위는 농수산물의 원산지 표시에 관한 법률 제6조(거짓표지 등의 금지) 제1항 제2호에 해당하는 거짓표시 행위이다. 제6조 제1항 또는 제2항을 위반한 자는 7년 이하의 징역이나 1억 원 이하의 벌금에 처하거나 이를 병과할 수 있다〈농수산물의 원산지 표시에 관한 법률 제14조(벌칙) 제1항 참조〉.

21 농수산물의 원산지 표시에 관한 법령상 수산물의 원산지 표시대상자가 원산지를 2회 이상 표시하지 않아 처분이 확정된 경우, 원산지 표시제도 교육 이수명령의 이행기간은?

① 교육 이수명령을 통지받은 날부터 최대 1개월 이내
② 교육 이수명령을 통지받은 날부터 최대 2개월 이내
③ 교육 이수명령을 통지받은 날부터 최대 3개월 이내
④ 교육 이수명령을 통지받은 날부터 최대 5개월 이내

ANSWER 농수산물 원산지 표시제도 교육 이수명령의 이행기간은 교육 이수명령을 통지받은 날부터 최대 3개월 이내로 정한다〈농수산물의 원산지 표시에 관한 법률 제9조의2(원산지 표시 위반에 대한 교육) 제2항〉.

22 농수산물의 원산지 표시에 관한 법령상 수산물의 원산지 표시의 정보제공에 관한 설명이다. ( )에 들어갈 내용으로 옳은 것은?

> 해양수산부장관은 수산물의 원산지 표시와 관련된 정보 중 ( )이 유출된 국가 또는 지역 등 국민이 알아야 할 필요가 있다고 인정되는 정보에 대하여 국민에게 제공하도록 노력하여야 한다.

① 방사성물질   ② 패류독소물질
③ 항생물질   ④ 유기독성물질

ANSWER 농림축산식품부장관 또는 해양수산부장관은 농수산물의 원산지 표시와 관련된 정보 중 <u>방사성물질</u>이 유출된 국가 또는 지역 등 국민이 알아야 할 필요가 있다고 인정되는 정보에 대하여는 「공공기관의 정보공개에 관한 법률」에서 허용하는 범위에서 이를 국민에게 제공하도록 노력하여야 한다〈농수산물의 원산지 표시에 관한 법률 제10조(농수산물의 원산지 표시에 관한 정보제공) 제1항〉.

23 농수산물의 원산지 표시에 관한 법령상 수산물의 원산지 표시여부·표시사항과 표시방법 등의 적정성을 확인하기 위하여 관계 공무원으로 하여금 원산지 표시대상 수입 수산물에 대해 수거 또는 조사하게 할 수 있는 기관의 장이 아닌 것은?

① 해양수산부장관   ② 관세청장
③ 식품의약품안전처장   ④ 시·도지사

ANSWER <u>농림축산식품부장관, 해양수산부장관, 관세청장이나 시·도지사</u>는 원산지의 표시 여부·표시사항과 표시방법 등의 적정성을 확인하기 위하여 대통령령으로 정하는 바에 따라 관계 공무원으로 하여금 원산지 표시대상 농수산물이나 그 가공품을 수거하거나 조사하게 하여야 한다. 이 경우 관세청장의 수거 또는 조사 업무는 원산지 표시 대상 중 수입하는 농수산물이나 농수산물 가공품(국내에서 가공한 가공품은 제외)에 한정한다〈농수산물의 원산지 표시에 관한 법률 제7조(원산지 표시 등의 조사) 제1항〉.

 ANSWER 18.② 19.④ 20.③ 21.③ 22.① 23.③

24 친환경농어업 육성 및 유기식품 등의 관리·지원에 관한 법령상 유기수산물의 인증 유효기간은?

① 인증을 받은 날부터 1년
② 인증을 받은 날부터 2년
③ 인증을 받은 날부터 3년
④ 인증을 받은 날부터 4년

ANSWER 유기식품 등의 인증 신청 및 심사 등에 따른 인증의 유효기간은 인증을 받은 날부터 1년으로 한다〈친환경농
어업 육성 및 유기식품 등의 관리·지원에 관한 법률 제21조(인증의 유효기간 등) 제1항〉.

25 친환경농어업 육성 및 유기식품 등의 관리·지원에 관한 법률에 관한 설명으로 옳지 않은 것은?

① 유기식품에는 유기수산물, 유기가공식품, 비식용유기가공품이 있다.
② 친환경수산물에는 유기수산물, 무항생제수산물, 활성처리제 비사용 수산물이 있다.
③ 유기어업자재는 유기수산물을 생산하는 과정에서 사용할 수 있는 허용물질로 만든 제품을
말한다.
④ 친환경어업을 경영하는 사업자는 화학적으로 합성된 자재를 사용하지 아니하거나 그 사용
을 최소화하도록 노력하여야 한다.

ANSWER ① "유기식품"이란 「농업·농촌 및 식품산업 기본법」 제3조 제7호의 식품(사람이 직접 먹거나 마실 수 있는
농수산물, 농수산물을 원료로 하는 모든 음식물) 중에서 유기적인 방법으로 생산된 <u>유기농수산물과 유기가공
식품</u>(유기농수산물을 원료 또는 재료로 하여 제조·가공·유통되는 식품)을 말한다. "비식용유기가공품"이란
사람이 직접 섭취하지 아니하는 방법으로 사용하거나 소비하기 위하여 유기농수산물을 원료 또는 재료로 사
용하여 유기적인 방법으로 생산, 제조·가공 또는 취급되는 가공품을 말한다. 다만, 「식품위생법」에 따른 기
구, 용기·포장, 「약사법」에 따른 의약외품 및 「화장품법」에 따른 화장품은 제외한다〈친환경농어업 육성 및
유기식품 등의 관리·지원에 관한 법률 제2조(정의) 제4호, 제5호〉.

26 '선어'에 해당하는 것을 모두 고른 것은?

> ㉠ 생물고등어
> ㉡ 활돔
> ㉢ 신선갈치
> ㉣ 냉장조기

① ㉠, ㉡, ㉢

② ㉠, ㉡, ㉣

③ ㉠, ㉢, ㉣

④ ㉡, ㉢, ㉣

> **A**NSWER 선어란 경직 중 또는 해경(사후 경직 후 시간이 경과하여 다시 유연하게 되는 현상) 직후의 신선한 어류를 지
> 칭한다. 품질 면으로 보아 악변이 일어나지 않은 상태의 것으로, 시장 용어로서는 저온에서 보존되어 있는 미
> 동결어를 가리킨다.
> ③ 활돔은 살아있는 상태로 유통과정에 오르는 활어이다.

27 국내산 고등어 유통에 관한 설명으로 옳지 않은 것은?

① 주 생산 업종은 근해채낚기어업이다.

② 총허용어획량(TAC) 대상 어종이다.

③ 대부분 산지수협 위판장을 통해 유통된다.

④ 크기에 따라 갈사, 갈고 갈소고, 소소고, 소고, 중고, 대고 등으로 구분한다.

> **A**NSWER ① 연근해어업 중 가장 규모화 된 어업으로 자리매김한 대형선망어업은 국내 고등어 생산량의 90% 이상을
> 담당한다. 근해채낚기어업의 대상어종은 주로 오징어, 복어, 갈치 등이다.

ANSWER | 24.① 25.① 26.③ 27.①

28 활어는 공영도매시장보다 유사도매시장에서 거래량이 많다. 이에 관한 설명으로 옳지 않은 것은?

① 유사도매시장은 부류별 전문도매상의 수집활동을 중심으로 운영된다.
② 유사도매시장은 생산자의 위탁을 중심으로 운영된다.
③ 유사도매시장은 주로 활어를 취급하기 때문에 넓은 공간(수조)을 갖추고 있다.
④ 유사도매시장은 활어차, 산소공급기, 온도조절기 등 전문 설비를 갖추고 있다.

ANSWER ② 유사도매시장은 위탁상들이 수십 년간 자연발생적으로 집단을 형성하며 번영회 등 상인조직을 구성하여 운영하고 있으며, 위탁상 개인별로 직접 산지에서 매취하거나 위탁받아 판매하고 일정 수수료를 징수하거나 물량집하를 위해 선도금을 지급하는 등 집하활동을 수행하고 있다.
※ 시·도지사는 농수산물의 공정거래질서 확립을 위하여 필요한 경우에는 농수산물도매시장과 유사한 형태의 시장을 정비하기 위하여 유사도매시장구역을 지정하고 그 구역의 농수산물도매업자를 도매시장법인 또는 시장도매인으로 지정하여 운영하게 할 수 있다〈농수산물 유통 및 가격안정에 관한 법률 제64조(유사도매시장의 정비) 제1항, 제2항 참조〉.

29 양식 넙치의 유통 특성에 관한 설명으로 옳은 것을 모두 고른 것은?

> ㉠ 주로 산지수협 위판장을 통해 유통된다.
> ㉡ 대부분 유사도매시장을 경유한다.
> ㉢ 주산지는 제주와 완도이다.
> ㉣ 최대 수출대상국은 미국이다.

① ㉠
② ㉠, ㉣
③ ㉡, ㉢
④ ㉡, ㉢, ㉣

ANSWER ㉠ 양식 넙치는 산지수협 위판장 같은 제도권 시장이 아니라 사매매 형태의 사적 거래를 통하여 유통된다는 특징이 있다. 제주와 완도에서 생산되는 양식 넙치 중 약 57%가 산지위판장이 아니라 양식업자와 산지수집상 간의 거래를 통하여 소비지로 분산되고 있다.
㉣ 국내 양식 활넙치 수출비중은 일본이 약 77%로 대부분을 차지하고 있다.

30 수산물 공급의 직접적인 증감요인에 해당하지 않는 것은?

① 생산기술(비용)
② 인구 규모
③ 소비자 선호도
④ 소득 수준

ANSWER 수산물 공급의 직접적인 증감요인에는 인구 규모, 소비자 선호도, 소득 수준 등이 있다.
① 생산기술(비용)은 간접적인 증감요인에 해당한다.

31 국내 수산물 가격이 폭등하는 원인에 해당하지 않는 것은?

① 수산식품 안전성 문제 발생
② 생산(어획)량 급감
③ 국제 수급문제로 수입 급감
④ 국제 유류가격 급등

ⒶNSWER ① 수산식품 안전성 문제가 발생할 경우 수산물 가격이 폭락하는 원인이 된다.

32 수산가공품의 장점이 아닌 것은?

① 장기저장이 가능하다.
② 수송이 편리하다.
③ 안전한 생산으로 상품성이 향상된다.
④ 수산물 본연의 맛과 질감을 유지할 수 있다.

ⒶNSWER ④ 수산물가공품은 저장, 수송, 상품성 면에서 장점이 있지만, 수산물 본연의 맛과 질감을 변화시킨다.

33 냉동상태로 유통되는 비중이 가장 높은 수산물은?

① 명태   ② 조피볼락
③ 고등어   ④ 전복

ⒶNSWER ① 명태는 다른 수산물에 비해 냉동상태로 유통되는 비중이 높다. 따라서 냉동창고비 등 유통비 비중이 높아진다.

34 최근 연어류 수입이 급증하고 있는데, 이에 관한 설명으로 옳은 것은?

① 국내에 수입되는 연어류는 대부분 일본산이다.
② 국내에 수입되는 연어류는 대부분 자연산이다.
③ 최근에는 냉동보다 신선냉장 연어류 수입이 많다.
④ 국내에서 연어류는 대부분 통조림으로 소비된다.

ⒶNSWER ①② 전 세계 양식 연어 생산량의 50%를 담당하는 나라는 노르웨이로, 국내에 수입되는 연어류는 대부분 노르웨이산 양식 연어이다.
　　　　④ 국내에서 연어류는 대부분 훈제된 형태나, 냉장된 날것의 형태로 소비된다.

ⒶNSWER　28.②　29.③　30.①　31.①　32.④　33.①　34.③

35 활오징어의 유통단계별 가격이 다음과 같을 때, 소비지 도매단계의 유통마진율(%)은 약 얼마인가? (단, 유통비용은 없는 것으로 가정한다.)

구분	오징어 생산자	산지유통인	소비지도매상	횟집
가격(원/마리)	7,000	7,400	8,400	12,000

① 12
② 15
③ 18
④ 21

ANSWER $\frac{8,400 - 7,400}{8,400} \times 100 = 11.9 \cdots$

따라서 소비지 도매단계의 유통마진율은 약 12%이다.

36 다음 사례에 나타난 수산물의 유통기능이 아닌 것은?

> 제주도 서귀포시에 있는 A 영어조합법인이 가을철에 어획한 갈치를 냉동창고에 보관하였다가 이듬해 봄철에 수도권의 B 유통업체에 전량 납품하였다.

① 장소효용
② 소유효용
③ 시간효용
④ 품질효용

ANSWER 유통의 기능
　㉠ 장소효용(공간효용) : 소비자가 어디에서나 원하는 장소에서 제품이나 서비스를 구매할 수 있는 편익를 제공
　㉡ 소유효용 : 생산자나 중간상으로부터 제품이나 서비스의 소유권이 이전되는 편익를 제공
　㉢ 시간효용 : 소비자가 원하는 시기에 언제든지 제품을 구매할 수 있는 편익를 제공
　㉣ 품질효용(형태효용) : 제품과 서비스를 고객에게 좀 더 매력적으로 보이기 위하여 그 형태나 모양을 변경시키는 모든 활동

37 수산물 유통의 일반적 특성으로 옳은 것은?

① 생산 어종이 다양하지 않다.
② 공산품에 비해 물류비가 낮다.
③ 품질의 균질성이 낮다.
④ 계획 생산 및 판매가 용이하다.

ANSWER ① 생산 어종이 다양하다.
② 공산품에 비해 물류비가 높다.
④ 계획 생산 및 판매가 용이하지 않다.

38 수산물 소매상에 관한 설명으로 옳은 것은?

① 브로커(broker)는 소매상에 속한다.
② 백화점과 대형마트는 의무휴무제 적용을 받는다.
③ 수산물 가공업체에 판매하는 것은 소매상이다.
④ 수산물 전문점의 품목은 제한적이나 상품 구성은 다양하다.

> **A**NSWER ① 브로커는 상품에 대한 소유권 없이 단지 상품의 거래를 도와주고 그에 따른 대가로 수수료를 받는 존재로, 도매상에 속한다.
> ② 백화점은 의무휴무제 적용을 받지 않는다.
> ③ 수산물 가공업체에 판매하는 것은 도매상이다.

39 수산물 전자상거래에 관한 설명으로 옳은 것을 모두 고른 것은?

> ⊙ 거래방법을 다양하게 선택할 수 있다.
> ⊙ 소비자 정보를 파악하기 어렵다.
> ⓒ 소비자 의견을 반영하기 쉽다.
> ⓔ 불공정한 거래의 피해자 구제가 쉽다.

① ⊙, ⓒ   ② ⊙, ⓒ
③ ⓒ, ⓒ   ④ ⓒ, ⓔ

> **A**NSWER ⓒ 전자상거래는 실물시장거래에 비해 소비자 정보를 파악하기 용이하다.
> ⓔ 전자상거래의 단점으로 불공정한 거래의 피해자 구제가 어렵다는 것이 있다.

40 수산물 소비자를 대상으로 하는 직접적인 판매촉진 활동이 아닌 것은?

① 시식 행사   ② 쿠폰 제공
③ 경품 추첨   ④ PR

> **A**NSWER ④ PR(Public Relation)은 불특정 다수의 일반 대중을 대상으로 이미지의 제고나 제품의 홍보 등을 주목적으로 전개하는 커뮤니케이션 활동으로, 시식 행사, 쿠폰 제공, 경품 추첨 등과 같이 소비자를 대상으로 하는 직접적인 판매촉진 활동으로 보기 어렵다.

ANSWER | 35.① 36.④ 37.③ 38.④ 39.② 40.④

41 수산물 공동판매의 장점이 아닌 것은?

① 출하조절이 용이하다.
② 투입 노동력이 증가한다.
③ 시장교섭력이 향상된다.
④ 운송비가 절감된다.

> **A**NSWER ② 수산물 공동판매의 경우, 개별판매에 비해 투입 노동력이 감소한다.

42 심리적 가격전략에 해당하지 않는 것은?

① 단수가격   ② 침투가격
③ 관습가격   ④ 명성가격

> **A**NSWER 소비자를 대상으로 하는 심리적 가격전략이란 소비자의 심리적 반응과 소비행동에 착안해서 가격을 설정함으로써 상품에 대한 이미지를 바꾸거나 구입의욕을 높이는 것을 말한다.
> ㉠ **명성가격전략** : 품질과 브랜드 이름, 높은 품격을 호소하는 가격설정법이다.
> ㉡ **단수가격전략** : 990원과 같이 일부러 단수를 매기는 방법으로 소비자가 가격표를 보는 순간에 저렴하다는 인상을 받게 하는 효과를 노리는 가격설정법이다.
> ㉢ **단계가격전략** : 소비자가 예산을 기준으로 구매하는 경우에 대응하는 가격설정법으로 명절 선물세트 가격이 1만 원, 2만 원, 3만 원 등 단계별로 설정되는 것이 그 예이다.
> ㉣ **관습가격전략** : 오래 전부터 설정된 제품의 가격이 변하지 않은 것이다.

43 국내 수산물 유통이 직면한 문제점이 아닌 것은?

① 표준화 · 등급화의 미흡
② 수산가공식품의 소비 증가
③ 복잡한 유통단계
④ 저온물류시설의 부족

> **A**NSWER 국내 수산물 유통이 직면한 문제점으로는 표준화 · 등급화의 미흡, 복잡한 유통단계, 저온물류시설의 부족 등이 있다.

44 공영도매시장의 수산물 거래방법 중 협의 · 조정하여 가격을 결정하는 것은?

① 경매   ② 입찰
③ 수의매매   ④ 정가매매

> **A**NSWER 수의매매 … 도매시장법인 등이 농산물 출하자 및 구매자와 협의 · 조정하여 가격과 수량, 기타 거래조건을 결정하는 방식으로 상대매매라고도 한다.

45 소비자 공영도매시장에서 수산물의 수집과 분산기능을 모두 수행할 수 있는 유통주체는?

① 산지유통인

② 매매참가인

③ 중도매인(단, 허가받은 비상장 수산물은 제외)

④ 시장도매인

> **A**NSWER ④ 시장도매인 제도는 출하자 선택권 확대, 도매시장 경쟁촉진 등을 위해 도입한 거래제도로 농산물의 수집과 분산 기능을 동시에 수행할 수 있는 법인(시장도매인)을 시장개설자가 지정하여 운영하는 제도이다.

46 A는 중국에 수산물을 수출하기 위해 생산·가공시설을 부산광역시 남항에서 운영하고자 한다. 해당 생산·가공시설 등록신청서를 어느 기관에 제출하여야 하는가?

① 부산광역시장

② 국립수산과학원장

③ 국립수산물품질관리원장

④ 식품의약품안전처장

> **A**NSWER 수산물 수출을 위해 생산·가공시설을 운영하고자 하는 해당 생산·가공시설 등록신청서를 국립수산물품질관리원장에게 제출해야 한다. 국립수산물품질관리원은 수산생물 국경검역, 국내 수산물의 안전성 조사, 원산지 표시 단속, 수출지원, 수산물 인증제도 등의 업무를 수행한다.

47 최근 완도지역의 전복 산지가격이 kg당(10마리) 50,000원에서 30,000원으로 급락하자, 생산자단체에서는 전복 소비촉진 행사를 추진하였다. 이 사례에 해당되는 사업은?

① 유통협약사업

② 유통명령사업

③ 정부 수매비축사업

④ 수산물자조금사업

> **A**NSWER ④ 농수산자조금이란 자조금단체가 농수산물의 소비촉진, 품질향상, 자율적인 수급조절 등을 도모하기 위하여 농수산업자가 납부하는 금액을 주요 재원으로 하여 조성·운용하는 자금이다.
>
> ※ 자조금의 용도〈농수산자조금의 조성 및 운용에 관한 법률 제4조〉
>   ㉠ 농수산물의 소비촉진 홍보
>   ㉡ 농수산업자, 소비자, 대납기관 및 수납기관 등에 대한 교육 및 정보제공
>   ㉢ 농수산물의 자율적 수급 안정, 유통구조 개선 및 수출활성화 사업
>   ㉣ 농수산물의 소비촉진, 품질 및 생산성 향상, 안전성 제고 등을 위한 사업 및 이와 관련된 조사·연구
>   ㉤ 자조금사업의 성과에 대한 평가
>   ㉥ 자조금단체 가입율 제고를 위한 교육 및 홍보
>   ㉦ 그 밖에 자조금의 설치 목적을 달성하기 위하여 의무자조금관리위원회 또는 임의자조금위원회가 필요하다고 인정하는 사업

 ANSWER | 41.② 42.② 43.② 44.③ 45.④ 46.③ 47.④

48 수산물 산지 유통정보에 해당하지 않는 것은?

① 수산물 시장별정보(한국농수산식품유통공사)
② 어류양식동향조사(통계청)
③ 어업생산동향조사(통계청)
④ 어업경영조사(수협중앙회)

49 수산물의 상적 유통기관에 해당하는 것은?

① 운송업체
② 포장업체
③ 물류정보업체
④ 도매업체

50 소비지 공영도매시장에 관한 설명으로 옳지 않은 것은?

① 다양한 품목의 대량 수집·분산이 용이하다.
② 콜드체인시스템이 완비되어 저온유통이 활발하다.
③ 공정한 가격을 형성하고 유통정보를 제공한다.
④ 원산지 표시 점검, 안전성 검사 등 소비자 식품 안전을 도모한다.

51 다음은 어류의 사후경직 현상에 관한 설명으로 옳은 것을 모두 고른 것은?

> ㉠ 근육이 강하게 수축되어 단단해진다.
> ㉡ 어육의 투명도가 떨어진다.
> ㉢ 물리적으로 탄성을 잃게 된다.
> ㉣ 사후경직의 수축현상은 일반적으로 혈압육(적색육)이 보통육(백색육)에 비해 더 잘 일어난다.

① ㉠, ㉣
② ㉠, ㉡, ㉢
③ ㉡, ㉢, ㉣
④ ㉠, ㉡, ㉢, ㉣

Ⓐɴsᴡᴇʀ ㉠㉡㉢㉣ 모두 사후경직 현상에 대한 옳은 설명이다.

52 수산물의 선도에 관한 설명으로 옳지 않은 것은?

① 휘발성염기질소(VBN)는 사후 직후부터 계속적으로 증가한다.
② K값은 ATP(adenosine triphosphate) 관련 물질 분해에 따라 사후 신속히 증가하다가 K값의 변화가 완료된다.
③ 수산물을 가공원료로 이용하는 경우에는 휘발성염기질소(VBN)가 적합한 선도지표이다.
④ 넙치를 선어용 횟감으로 이용하는 경우에는 K값이 적합한 선도지표이다.

Ⓐɴsᴡᴇʀ ① 휘발성염기질소는 보통 단백질이 미생물 등의 작용으로 분해되면서 발생한다. 따라서 사후 직후에는 극히 적으며, 선도저하가 시작되면서 급격히 증가한다.

53 어육단백질에 관한 설명으로 옳지 않은 것은?

① 근육단백질은 용매에 대한 용해성 차이에 따라 3종류로 구별된다.

② 혈압육(적색육)은 보통육(백색육)에 비해 근형질단백질이 적다.

③ 어육단백질은 근기질단백질이 적고 근원섬유단백질이 많아 축육에 비해 어육의 조직이 연하다.

④ 콜라겐(collagen)은 근기질단백질에 해당된다.

> **ANSWER** ② 근형질이란 근조직의 근원섬유 사이에 있는 세로의 간질물질로, 혈압육이 보통육에 비해 근형질단백질이 많다.

54 말린 오징어나 말린 전복의 표면에 형성되는 백색 분말의 주성분은?

① 티로신(tyrosine)

② 만니톨(mannitol)

③ MSG

④ 타우린(taurine)

> **ANSWER** ④ 오징어와 낙지 등의 신경섬유에 풍부하게 들어있는 타우린이 건조 과정에서 표면에 백색 분말로 형성된다.

55 다음에서 시간–온도 허용한도(T.T.T.)에 의한 냉동오징어의 품질저하량은? (단, −18℃에서 품질유지기한은 100일로 한다.)

> A 과장은 냉동오징어를 구매하여 −18℃ 냉동창고에서 500일 간 냉동저장 후 B 구매자에게 판매하였다. 이 때, B 구매자로부터 품질에 대한 클레임을 받게 되었으며 이에 A 과장은 "−18℃ 냉동보관제품으로 품질에 이상이 없다"라고 주장하였다.

① 2.5

② 5

③ 7.5

④ 10

> **ANSWER** −18℃에서 100일 간 품질이 유지되므로 1일 품질저하량은 $\frac{1}{100} = 0.01$ 이다. 따라서 500일 간 냉동저장된 냉동오징어의 품질저하량은 $0.01 \times 500 = 5$이다.

56 냉동기의 냉동능력을 나타내는 '1 냉동 톤(ton of refrigeration)'의 정의는?

① 0℃의 물 1톤을 12시간에 0℃의 얼음으로 만드는 냉동능력을 말한다.
② 0℃의 물 1톤을 24시간에 0℃의 얼음으로 만드는 냉동능력을 말한다.
③ 0℃의 물 1톤을 12시간에 −4℃의 얼음으로 만드는 냉동능력을 말한다.
④ 0℃의 물 1톤을 24시간에 −4℃의 얼음으로 만드는 냉동능력을 말한다.

> **A**NSWER 1 냉동 톤…0℃의 물 1톤을 24시간에 0℃의 얼음으로 만드는 냉동능력을 나타내는 단위로, RT(Refrigerator Ton)라는 단위를 사용한다.

57 수산물의 냉동 및 해동에 관한 설명으로 옳지 않은 것은?

① 상온보다 낮은 온도로 낮추기 위한 냉각방법으로는 증발잠열을 이용하는 방법이 산업적으로 널리 이용된다.
② 수산물을 냉동할 경우 일반적으로 제품내부온도가 −1℃에서 −5℃ 사이의 온도범위에서 빙결점이 가장 많이 생성된다.
③ 냉동수산물 해동 시 제품의 내부로 들어갈수록 평탄부의 형성없이 급속히 해동되는 경향이 있다.
④ 수산물 동결 시 빙결정 수가 적으면 빙결정의 크기가 커진다.

> **A**NSWER ③ 냉동수산물은 해동 시 제품의 내부로 들어갈수록 천천히 해동되는 경향이 있다.

58 어육소시지와 같은 제품을 봉합·밀봉하는 방법으로 실, 끈 또는 알루미늄 재질을 사용하여 포장용기의 끝을 묶는 방법은?

① 기계적 밀봉법
② 접착제 사용법
③ 결속법
④ 고주파 접착법

> **A**NSWER 결속법…실, 끈 또는 알루미늄 재료를 이용하여 포장용기의 끝을 묶는 방법으로, 어육소시지, 김치 등과 같은 제품을 봉합, 밀봉할 때 활용한다.

ANSWER 53.② 54.④ 55.② 56.② 57.③ 58.③

59 수산물 표준규격 제3조(거래단위)에 따라 '기본으로 하는 수산물의 표준거래단위'에 해당되지 않은 것은?

① 5kg   ② 10kg

③ 20kg   ④ 50kg

> **A**NSWER   수산물의 표준거래단위는 3kg, 5kg, 10kg, 15kg 및 20kg을 기본으로 한다〈수산물 표준규격 제3조(거래단위) 제1항 참조〉.

60 고밀도 폴리에틸렌 등을 적층 필름 주머니에 식품을 넣고 밀봉한 후 가열 살균한 식품은?

① 레토르트 파우치 식품

② 통조림 식품

③ 진공 포장한 건조식품

④ 저온 살균 우유

> **A**NSWER   ① 레토르트 파우치란 식품을 충전한 다음 밀봉하여 100~140℃로 가열·살균하기 위한 유연한 작은 주머니(pouch)로, 고밀도 폴리에틸렌 등을 이용한 적층 필름 등이 재료로 쓰인다.

61 수산식품의 냉동·저장 시, 품질변화와 방지책의 연결로 옳지 않은 것은?

① 건조 – 포장

② 지질산화 – 글레이징(glazing)

③ 단백질 변성 – 동결변성방지제 첨가

④ 드립 발생 – 급속 동결 후 저장 온도의 변동을 크게 함

> **A**NSWER   ④ 드립이란 냉동 식품을 해동하면 유출되는 액으로, 드립 속에는 맛 성분이 용해되어 드립이 많이 유출되는 것은 바람직하지 못하다. 이를 방지하기 위해서는 급속 동결 후 저장 온도의 변동을 적게 해야 한다.

62 수산식품을 냉동하여 빙결정을 승화·건조시키는 장치는?

① 열풍 건조 장치

② 분무 건조 장치

③ 동결 건조 장치

④ 냉풍 건조 장치

> **A**NSWER   동결 건조 장치 … 식품의 동결건조를 위해 승화열을 공급하는 가열판, 건조 중에 생성된 수증기를 얼음으로 응축시키는 응축기, 진공실 및 진공펌프로 구성되어 있는 장치

63 훈제품 중 냉훈품의 저장성을 증가시키는 요인에 해당되지 않는 것은?

① 훈연 중 건조에 의한 수분의 감소
② 가열에 의한 미생물의 사멸
③ 훈연 성분 중의 항균성 물질
④ 첨가된 소금의 영향

> **A**NSWER 냉훈법은 단백질이 열에 응고하지 않을 정도의 비교적 저온(보통 25℃ 이하)에서 장기간(1~3주)에 걸쳐 훈건하는 방법이다.
> ② 가열은 냉훈법과 관련이 적다.

64 가다랑어 자배건품(가쓰오부시) 제조 시, 곰팡이를 붙이는 이유에 해당하지 않는 것은?

① 병원성 세균의 증가
② 지방 함량의 감소
③ 수분 함량의 감소
④ 제품의 풍미 증가

> **A**NSWER 가쓰오부시는 가다랑어의 살을 저며 김에 찌고 건조시켜 곰팡이가 피게 한 일본 가공식품으로, 곰팡이를 피우는 이유로는 지방과 수분 함량을 감소시키고, 향미와 빛깔을 좋게 하기 위해서이다.

65 수산가공품 중에서 건제품의 연결이 옳은 것은?

① 동건품 – 황태
② 소건품 – 마른 멸치
③ 염건품 – 마른 오징어
④ 자건품 – 굴비

> **A**NSWER ① **동건품** : 원료를 자연저온에 의해서 동결한 후 용해하는 과정을 반복시키면서 건조한 제품→황태 등
> ② **소건품** : 원료를 그대로 또는 적당한 형태로 조리하여 잘 씻은 다음 건조한 제품→마른 오징어, 마른 김, 마른 미역 등
> ③ **염건품** : 염장 후 건조한 식품→굴비, 고등어, 정어리 등
> ④ **자건품** : 원료를 자숙한 다음 건조한 제품→마른 멸치 등

최
신
기
출
문
제

ANSWER 59.④ 60.① 61.④ 62.③ 63.② 64.① 65.①

66 식품공전 상 액젓의 규격 항목에 해당하는 것을 모두 고른 것은?

㉠ 총질소	㉡ 타르색소
㉢ 대장균군	㉣ 세균 수

① ㉠, ㉣

② ㉠, ㉡, ㉢

③ ㉡, ㉢, ㉣

④ ㉠, ㉡, ㉢, ㉣

67 꽁치 통조림의 진공도를 측정한 결과 진공도가 25.0cmHg일 때, 관의 내기압(cmHg)은? (단, 측정 당시 관의 외기압은 75.3cmHg로 한다.)

① 25.0

② 50.3

③ 75.3

④ 100.3

68 수산식품의 비효소적 갈변현상이 아닌 것은?

① 냉동 참치육의 갈변

② 참치 통조림의 갈변

③ 동결 가리비 패주의 황변

④ 새우의 흑변

69 세균성 식중독을 예방하는 방법이 아닌 것은?

① 익혀먹기
② 냉동식품을 실온에서 장시간 해동하기
③ 청결 및 손 씻기
④ 교차오염방지

> **A**NSWER ② 냉동식품을 실온에서 장시간 해동할 경우 식중독 균이 쉽게 번식할 수 있다. 냉동식품은 냉장실에서 해동
> 해야 한다.

70 간 기능이 약한 60대 남자가 여름철에 조개류를 날것으로 먹은 후 발한·오한 증세가 있었
고, 수일 후 패혈증으로 입원하였다. 가장 의심되는 원인세균은?

① 대장균(*Escherichia coli*)
② 캠필로박터 제주니(*Campylobacter jejuni*)
③ 살모넬라 엔테리티디스(*Salmonella enteritidis*)
④ 비브리오 불니피쿠스(*Vibrio vulnifics*)

> **A**NSWER ④ 비브리오 불니피쿠스는 주로 어패류에 존재하며 비브리오 패혈증을 일으킨다. 간이 안 좋거나 면역이 저
> 하된 사람과 같은 고위험군은 어패류를 날 것으로 먹는 것을 피하는 것이 좋다.

71 식품안전관리인증기준(HACCP)의 7가지 원칙 중 다음 4개의 적용과정을 순서대로 나열한 것은?

| ㉠ 중요관리점(CCP)의 결정 | ㉡ 모든 잠재적 위해요소 분석 |
| ㉢ 각 CCP에서의 모니터링 체계 확립 | ㉣ 각 CCP에서 한계기준(CL) 결정 |

① ㉠-㉡-㉣-㉢
② ㉠-㉣-㉢-㉡
③ ㉡-㉠-㉢-㉣
④ ㉡-㉠-㉣-㉢

> **A**NSWER HACCP 7원칙
> ㉠ 위해 요소 분석
> ㉡ 중요 관리점 결정
> ㉢ 한계 기준 설정
> ㉣ 모니터링 체계 확립
> ㉤ 개선 조치 방법 수립
> ㉥ 검증 절차 및 방법 수립
> ㉦ 문서화 및 기록 유지

ANSWER 66.② 67.② 68.④ 69.② 70.④ 71.④

72 (　)에 들어갈 적합한 중금속의 종류는?

> • 1952년 일본 규슈 미나마타만 어촌바다에서 어패류를 먹은 주민들이 중추신경이상증세를 보였고, 그 원인은 아세트알데히드 제조공장에서 방류한 폐수 중 (　)에 의해 발생되었다.
> • (　)중독 증상은 사지마비, 언어장애, 정신장애 등이 나타나고, 임산부의 경우 자폐증, 기형아의 원인이 된다.

① 납　　　　　　　　　　　② 그리
③ 수은　　　　　　　　　　④ 비소

ANSWER　제시된 내용은 미나마타병과 관련된 설명이다. 미나마타병은 수은 중독으로 인해 발생하는 다양한 신경학적 증상과 징후를 특징으로 하는 증후군이다.

73 수산식품 제조·가공업소가 HACCP인증을 받기 위해 준수하여야 하는 선행요건이 아닌 것은?

① 우수인력 채용관리
② 냉장·냉동설비관리
③ 영업장(작업장)관리
④ 위생관리

ANSWER　HACCP을 적용하고자 하는 업체의 영업자는 식품위생법 등 관련 법적 요구사항을 준수하면서 위생적으로 식품을 제조·가공·조리하기 위한 기본시스템을 갖추기 위하여 작업기준 및 위생관리기준을 포함하는 선행요건 프로그램을 먼저 개발하여 시행하여야 한다. 선행요건프로그램에 포함되어야 할 사항은 영업장·종업원·제조시설·냉동설비·용수·보관·검사·회수관리 등 영업장을 위생적으로 관리하기 위해 기본적이고도 필수적인 위생관리 내용이다.

74 식품위생법 상 판매 가능한 수산물은?

① 말라카이트그린이 검출된 메기
② 메틸 수은이 5.0mg/kg 검출된 새치
③ 마비성 패독이 0.3mg/kg 검출된 홍합
④ 복어독(tetrodotoxin)이 20MU/g 검출된 복어

ANSWER　③ 마비성 패독기준은 0.8mg/kg 이하로 0.3mg/kg의 마비성 패독이 검출된 홍합은 판매 가능하다.
① 말라카이트그린 및 대사물질은 식품에서 검출되어서는 안 된다.
② 새치의 메틸 수은 기준은 1.0mg/kg 이하이다.
④ 복어독 기준은 10MU/g 이하이다.

75 패류독소 식중독에 관한 설명으로 옳지 않은 것은?

① 패류독소는 주로 패류의 내장에 존재하며 조리 시 쉽게 열에 파괴된다.

② 마비성패류독소 식중독(PSP) 증상은 섭취 후 30분 내지 3시간 이내에 마비, 언어장애, 오심, 구토 증상을 나타낸다.

③ 설사성패류독소 식중독(DSP)은 설사가 주요 증상으로 나타나고 구토, 복통을 일으킬 수 있다.

④ 기억상실성패류독소 식중독(ASP)은 기억상실이 주요 증상으로 나타나고 메스꺼움, 구토를 일으킬 수 있다.

Ⓐɴsᴡᴇʀ ① 패류독소는 냉장, 동결 등의 저온에서 파괴되지 않을 뿐 아니라 가열, 조리하여도 잘 파괴되지 않으므로 허용기준 이상의 패류독소가 검출된 패류채취금지해역에서는 패류를 채취하거나 섭취해서는 안 된다.

76 우리나라 수산업의 자연적 입지조건에 관한 설명으로 옳지 않은 것은?

① 동해의 하층에는 동해 고유수가 있다.

② 남해는 난류성 어족의 월동장이 된다.

③ 서해(황해) 연안에서는 강한 조류로 상·하층의 혼합이 잘 일어난다.

④ 서해(황해), 동해, 남해 중 가장 넓은 해역은 서해이다.

ANSWER ④ 동해 > 서해 > 남해 순으로 면적이 넓다.

77 우리나라 수산업법에서 규정하고 있는 수산업에 해당하는 것을 모두 고른 것은?

> ㉠ 연안 낚시터를 조성하여 유어·수상레저를 제공하는 사업
> ㉡ 동해 연안에서 자망으로 대게를 잡는 활동
> ㉢ 어획물을 어업현장에서 양륙지까지 운반하는 사업
> ㉣ 노르웨이 연어를 수입하여 대형마트에 공급
> ㉤ 실뱀장어를 양식하여 판매

① ㉠, ㉢   ② ㉡, ㉣

③ ㉡, ㉢, ㉤   ④ ㉢, ㉣, ㉤

ANSWER 수산업이란 어업·어획물운반업 및 수산물가공업을 말한다〈수산업법 제2조(정의) 제1호〉.

78 2010년 이후 우리나라 정부 수산통계에서 연간 양식 생산량이 가장 많은 것은?

① 해조류   ② 패류

③ 어류   ④ 갑각류

ANSWER ① 2010년 이후 우리나라 양식수산물 생산량 증가는 해조류 생산량 증가가 견인해 왔다.

79 수산업의 특성에 관한 설명으로 옳은 것을 모두 고른 것은?

> ㉠ 수산 생물자원은 주인이 명확하지 않다.
> ㉡ 수산 생물자원은 관리만 잘 하면 재생성이 가능한 자원이다.
> ㉢ 생산은 수역의 위치 및 해양 기상 등의 영향을 많이 받는다.
> ㉣ 수산물의 생산량은 매년 일정하다.

① ㉠
② ㉡, ㉢
③ ㉠, ㉡, ㉢
④ ㉡, ㉢, ㉣

ANSWER ㉣ 수산물의 생산량은 일정하지 않다.

80 식물 플랑크톤에 관한 설명으로 옳지 않은 것은?

① 부영부(pelagic zone)에 서식한다.
② 다세포 식물도 포함된다.
③ 광합성 작용을 한다.
④ 규조류(돌말류)는 주요 식물 플랑크톤이다.

ANSWER ② 식물플랑크톤은 수중에서 부유생활을 하고 있는 단세포 조류이다.

81 미역에 관한 설명으로 옳지 않은 것은?

① 통로조직이 없다.
② 다세포 식물이다.
③ 몸은 뿌리, 줄기, 잎으로 나누어진다.
④ 물속의 영양염을 몸 표면에서 직접 흡수한다.

ANSWER ③ 미역과 같은 해조류는 뿌리, 줄기, 잎의 구분이 없다. 뿌리는 헛뿌리로 땅에 얇게 묻혀 있고 몸 전체가 광합성을 하는 잎의 역할을 한다.

82 몸은 좌우대칭이고 팔, 머리, 몸통으로 구분되며, 10개의 팔과 2개의 눈을 가진 두족류는?

① 문어 ② 낙지
③ 쭈꾸미 ④ 갑오징어

ⒶNSWER 문어, 낙지, 주꾸미의 팔은 8개이다.

83 수산자원생물의 계군을 식별하기 위한 방법으로 옳은 것을 모두 고른 것은?

㉠ 산란기의 조사 ㉡ 체장 조성 조사
㉢ 회유 경로 조사 ㉣ 기생충의 종류 조사

① ㉡ ② ㉡, ㉣
③ ㉠, ㉢, ㉣ ④ ㉠, ㉡, ㉢, ㉣

ⒶNSWER ㉠㉡㉢㉣ 모두 수산자원생물의 계군을 식별하기 위해 사용되는 방법이다.

84 자원량의 변동을 나타내는 러셀(Russell)의 방정식에서 '자연 증가량'을 결정하는 요소가 아닌 것은?

① 가입량 ② 성장량
③ 어획 사망량 ④ 자연 사망량

ⒶNSWER 자연증가량은 가입량과 성장량의 합에서 자연 사망량을 뺀 값이다. 어획 사망량은 인위적 요소로 자연 증가량과 관계 없다.
  ※ 러셀의 방정식
    $Pt = Pt + 1 - Pt = (Rt + Gt - Dt) - Yt$
  • Pt : 특정 해의 초기 수산자원량
  • Pt + 1 : 이듬해의 초기 수산자원량
  • Rt : 1년 동안 가입량
  • Gt : 1년 동안 성장량
  • Dt : 1년 동안 자연 사망량
  • Yt : 1년 동안 어획 사망량

85 다음 중 그물코 한 발의 길이가 가장 짧은 것은?

① 90경 여자 그물감
② 42절 라셀 그물감
③ 그물코 뻗친 길이가 35mm인 결절 그물감
④ 그물코 발의 길이가 15mm인 무결절 그물감

ANSWER 1개의 그물코는 4개의 발과 4개의 매듭으로 되어 있다. 그물코 1개의 발의 길이로 크기를 표시하는 방법은 주로 150mm 이상 되는 그물코를 표시할 때 사용하는데 그물감을 펼쳐 놓았을 때 그물코 1개의 발의 양쪽 끝 매듭의 중심사이를 잰 길이를 말한다. 이 길이는 그물코의 뻗친 길이의 $\frac{1}{2}$ 이 된다.

86 서해의 주요 어업으로 옳은 것은?

① 오징어 채낚기어업
② 대게 자망어업
③ 붉은대게 통발어업
④ 꽃게 자망어업

ANSWER ①②③은 동해의 주요 어업이다.

87 과도한 어획 회피, 치어 및 산란 성어의 보호를 위한 어업 자원의 합리적 관리 수단은?

① 조업 자동화
② 어장 및 어기의 제한
③ 해외 어장 개척
④ 어구 사용량의 증대

ANSWER 과도한 어획 회피, 치어 및 산란 성어의 보호를 위해서는 어장 및 어기 제한이 필요하다.

88 양식장 적지 선정을 위한 산업적 조건이 아닌 것은?

① 교통
② 인력
③ 관광산업
④ 해저의 지형

ANSWER 양식장의 입지 조건 중 산업적 조건으로는 교통, 인력, 관광·여가 산업, 정책 및 개발 계획 등이 있다.

ANSWER 82.④ 83.④ 84.③ 85.② 86.④ 87.② 88.④

최신기출문제

89 활어차를 이용한 양식 어류의 활어 수송에 관한 설명으로 옳지 않은 것은?

① 운반 전에 굶겨서 운반하는 것이 바람직하다.
② 운반 중 산소 부족을 방지하기 위하여 산소 공급 장치를 이용하기도 한다.
③ 활어 수송차량으로 신속하게 운반하며, 외상이 생기지 않도록 한다.
④ 운반 수온은 사육 수온보다 높게 유지하여 수온 스트레스를 줄인다.

ANSWER ④ 활어차의 운반 수온과 사육 수온의 온도차가 크면 수온차로 인한 스트레스가 발생한다.

90 다음 중 지수식 양어지에서 하루 중 용존산소량이 가장 낮은 시간대는?

① 오전 4~5시   ② 오전 10~11시
③ 오후 2~3시   ④ 오후 5~6시

ANSWER 낮에는 식물성 플랑크톤이나 수초 등의 광합성 작용으로 인해 수중의 용존산소량이 증가하지만 밤에는 호흡
작용으로 산소를 소비하므로 용존산소량이 감소한다. 따라서 해 뜨기 전인 오전 4~5시경이 하루 중 용존산
소량이 가장 낮다.

91 양어 사료에 관한 설명으로 옳지 않은 것은?

① 양어 사료는 가축 사료보다 단백질 함량이 더 높다.
② 어류의 필수 아미노산은 24가지이다.
③ 잉어 사료는 뱀장어 사료보다 탄수화물 함량이 더 높다.
④ 어유(fish oil)는 필수 지방산의 중요한 공급원이다.

ANSWER 물고기는 크게 담수어종, 해수어종으로 나뉘어진다. 담수·해수 어종에 관계없이 보편적으로 물고기가 요구하
는 필수아미노산은 아르기닌, 히스티딘, 아이소루신, 루신, 라이신, 메치오닌, 페닌알라닌, 트레오닌, 발린 등
이 있다.

92 양식 생물과 채묘 시설이 옳게 연결된 것은?

① 굴 : 말목식 채묘 시설   ② 피조개 : 완류식 채묘 시설
③ 바지락 : 뗏목식 채묘 시설   ④ 대합 : 침설 수하식 채묘 시설

ANSWER 채묘법
　㉠ 고정식(말목식) : 굴 등
　㉡ 부동식(뗏목식) : 굴, 진주조개, 피조개, 가리비 등
　㉢ 침설고정식 : 피조개, 새고막 등
　㉣ 침설수하식 : 피조개, 우렁쉥이 등
　㉤ 완류식 : 바지락, 대합 등

93 어류 양식장에서 질병을 치료하는 방법 중 집단 치료법이 아닌 것은?

① 주사법　　　　　　　　　　② 약욕법
③ 침지법　　　　　　　　　　④ 경구 투여법

　　Ⓐ**NSWER** 주사법은 다른 치료법에 비해 어류에 가해지는 스트레스가 크고 집단 치료가 되지 않아 많은 노동력을 필요
　　　　로 하는 단점이 있다.

94 (　　)에 들어갈 유생의 명칭은?

> 보리새우의 유생은 노우플리우스, 조에아, (　　) 및 후기 유생의 4단계를 거쳐 성장한다.

① 메갈로파　　　　　　　　　② 담륜자
③ 미시스　　　　　　　　　　④ 피면자

　　Ⓐ**NSWER** 새우는 알→노플리우스(Nauplius) 유생→조에아(Zoea) 유생→미시스(Mysis) 유생→아성체→성체와 같은
　　　　변태 과정을 거친다.

95 부화 후 아우리쿨라리아(auricularia)와 돌리올라리아(doliolaria)로 변태 과정을 거쳐 저서
생활로 들어가는 양식 생물은?

① 소라　　　　　　　　　　　② 해삼
③ 꽃게　　　　　　　　　　　④ 우렁쉥이(멍게)

　　Ⓐ**NSWER** 해삼은 알→아우리쿨라리아 유생→돌리올라리아 유생→메타돌리올라리아 유생→펜타크툴라 유생→성체
　　　　와 같은 변태 과정을 거친다.

96 녹조류가 아닌 것은?

① 파래　　　　　　　　　　　② 청각
③ 모자반　　　　　　　　　　④ 매생이

　　Ⓐ**NSWER** ③ 모자반은 갈조류이다.

Ⓐ**NSWER** | 89.④　90.①　91.②　92.①　93.①　94.③　95.②　96.③

97 관상어류의 조건으로 옳지 않은 것은?

① 희귀한 어류
② 특이한 어류
③ 아름다운 어류
④ 성장이 빠른 어류

ANSWER ④ 관상어류는 보면서 즐기는 것을 목적으로 하는 어류로, 성장이 빠른 어류는 관상어류로 적합하지 않다.

98 수산업법에 따른 어업 관리제도 중 면허 어업에 속하는 것은?

① 정치망 어업
② 근해 선망 어업
③ 근해 통발 어업
④ 연안 복합 어업

ANSWER 면허어업〈수산업법 제8조 제1항〉… 다음의 어느 하나에 해당하는 어업을 하려는 자는 시장·군수·구청장의 면허를 받아야 한다. 다만, 외해양식어업을 하려는 자는 해양수산부장관의 면허를 받아야 한다.
　㉠ **정치망어업** : 일정한 수면을 구획하여 대통령령으로 정하는 어구를 일정한 장소에 설치하여 수산동물을 포획하는 어업
　㉡ **해조류양식어업** : 일정한 수면을 구획하여 그 수면의 바닥을 이용하거나 수중에 필요한 시설을 설치하여 해조류를 양식하는 어업
　㉢ **패류양식어업** : 일정한 수면을 구획하여 그 수면의 바닥을 이용하거나 수중에 필요한 시설을 설치하여 패류를 양식하는 어업
　㉣ **어류등양식어업** : 일정한 수면을 구획하여 그 수면의 바닥을 이용하거나 수중에 필요한 시설을 설치하거나 그 밖의 방법으로 패류 외의 수산동물을 양식하는 어업
　㉤ **복합양식어업** : ㉡부터 ㉣까지 및 ㉧에 따른 양식어업 외의 어업으로서 양식어장의 특성 등을 고려하여 ㉡부터 ㉣까지의 규정에 따른 서로 다른 양식어업 대상품종을 2종 이상 복합적으로 양식하는 어업
　㉥ **마을어업** : 일정한 지역에 거주하는 어업인이 해안에 연접한 일정한 수심 이내의 수면을 구획하여 패류·해조류 또는 정착성 수산동물을 관리·조성하여 포획·채취하는 어업
　㉦ **협동양식어업** : 마을어업의 어장 수심의 한계를 초과한 일정한 수심 범위의 수면을 구획하여 ㉡부터 ㉤까지의 규정에 따른 방법으로 일정한 지역에 거주하는 어업인이 협동하여 양식하는 어업
　㉧ **외해양식어업** : 외해의 일정한 수면을 구획하여 수중 또는 표층에 필요한 시설을 설치하거나 그 밖의 방법으로 수산동식물을 양식하는 어업

99 2017년 기준 우리나라 총허용어획량(TAC)이 적용되는 대상 수역과 관리 어종이 아닌 것은?

① 동해 연안에서 통발로 잡은 문어
② 연평도 연안에서 통발로 잡은 꽃게
③ 남해 근해에서 대형 선망으로 잡은 고등어
④ 동해 근해에서 근해 자망으로 잡은 대게

ANSWER 2017년도 총허용어획량의 설정 및 관리에 관한 시행계획 변경(시행 2017. 11. 10.)

㉠ 적용대상해역 등(제3조 제1항) … 총허용어획량의 적용대상해역은 대한민국의 영해 및 배타적경제수역과 그 주변 수역으로서 한·일 어업협정에 의한 일본의 배타적경제수역과 한·중 어업협정에 의한 중국의 배타적경제수역을 제외한 수역으로 한다. 다만, 수산관계법령으로 어업별 조업구역(면허어업은 면허된 어장면적을 말한다)·수산자원의 포획·채취 금지기간·구역 및 수심 등이 규정되어 있는 경우에는 그 제한된 범위로 한다.

㉡ 총허용어획량 계획(별표 2) (단위 : 톤)

대상어업	대상어종	총허용어획량	비고
	계	439,212	
대형선망	고등어	154,523	망치고등어 제외
대형선망	전갱이	28,998	가라지 포함
근해통발	붉은대게	58,315	
근해자망, 근해통발	대게	1,549	
잠수기	키조개	7,838	
연·근해자망, 연·근해통발	꽃게	8,379	
근해채낚기, 대형선망, 대형트롤 및 동해구트롤	오징어	170,816	살오징어만 해당
동해구트롤, 동해구기지	도루묵	8,794	

100 (   )에 들어갈 숫자를 순서대로 옳게 나열한 것은?

> 국제해양법에서 영해의 폭은 영해 기선에서 (   )해리 수역 이내가 되어야 한다. 영해의 한계를 넘어서 관할권을 행사할 수 있는 접속수역은 영해 밖의 12해리 폭으로 정할 수 있으며, 배타적 경제 수역은 영해 기선에서 (   )해리까지의 구역에 설정할 수 있다.

① 12, 176
② 12, 200
③ 24, 176
④ 24, 200

ANSWER 국제해양법에서 영해의 폭은 영해 기선에서 12해리 수역 이내가 되어야 한다. 영해의 한계를 넘어서 관할권을 행사할 수 있는 접속수역은 영해 밖의 12해리 폭으로 정할 수 있으며, 배타적 경제 수역은 영해 기선에서 200해리까지의 구역에 설정할 수 있다.

ANSWER 97.④ 98.① 99.① 100.②

공무원시험/자격시험/독학사/검정고시/취업대비 동영상강좌 전문 사이트

공무원	9급 공무원	서울시 기능직 일반직 전환	각 시·도 기능직 일반직 전환	교육청 기능직 일반직 전환
	관리운영직 일반직 전환	사회복지직 공무원	우정사업본부 계리직	서울시 기술계고 경력경쟁
기술직 공무원	물리	화학	생물	
	기술계 고졸자 물리/화학/생물			
경찰·소방공무원	소방특채 생활영어	소방학개론		
군 장교, 부사관	육군부사관	공군부사관	해군부사관	부사관 국사(근현대사)
	공군 학사사관후보생	공군 조종장학생	공군 예비장교후보생	공군 국사 및 핵심가치
NCS, 공기업, 기업체	공기업 NCS	공기업 고졸 NCS	코레일(한국철도공사)	한국수력원자력
	국민건강보험공단	국민연금공단	LH한국토지주택공사	한국전력공사
자격증	임상심리사 2급	건강운동관리사	사회조사분석사	한국사능력검정시험
	국어능력인증시험	청소년상담사 3급	관광통역안내사	국내여행안내사
	텔레마케팅관리사	사회복지사 1급	경비지도사	경호관리사
	신변보호사	전산회계	전산세무	
무료강의	국민건강보험공단	사회조사분석사 기출문제	독학사 1단계	대입수시적성검사
	사회복지직 기출문제	농협 인적성검사	지역농협 6급	기업체 취업 적성검사
	한국사능력검정시험 백발백중 실전 연습문제		한국사능력검정시험 실전 모의고사	

서원각 www.goseowon.co.kr
QR코드를 찍으면 동영상강의 홈페이지로 들어가실 수 있습니다.

서원각

자격시험 대비서

핵심이론 〉　　　출제예상문제 〉　　　온라인강의 제공

교재구입 시
무료동영상강의
제공

임상심리사 2급　　　건강운동관리사　　　사회조사분석사 종합본　　　사회조사분석사 기출문제집

국어능력인증시험　　　청소년상담사 3급　　　관광통역안내사 종합본

서원각
동영상강의
혜택